금속재료시험·열처리

기능사 필기+실기

시대에듀

합격에 윙크[Win-Q]하다

[금속재료시험·열처리기능사] 필기+실기

Always with you

사람이 길에서 우연하게 만나거나 함께 살아가는 것만이 인연은 아니라고 생각합니다.
책을 펴내는 출판사와 그 책을 읽는 독자의 만남도 소중한 인연입니다.
시대에듀는 항상 독자의 마음을 헤아리기 위해 노력하고 있습니다.
늘 독자와 함께하겠습니다.

PREFACE

머리말

금속재료시험 · 열처리 분야의 전문가를 향한 첫 발걸음!

인구론(인문계 졸업생의 90%는 논다), 돌취생(입사 후 다시 취업준비생으로 돌아온 사람), 이태백(20대의 태반은 백수), 열정페이 등의 신조어는 우리나라의 비틀어진 노동시장 환경을 풍자하고 있다.

오늘날 이 시대를 살아가는 노동자 및 구직자들에게는 많은 스펙이 필요하며 평생 직장이 아닌 평생 직업을 위한 자기개발 및 노력이 요구되고 있다.

금속재료의 다양화와 고급화로 금속재료시험도 보다 정밀성과 신속성을 요하고 있다. 이에 따라 금속의 특성 및 시험 원리를 이해하고 내구성 있는 금속재료를 생산하고 시험할 수 있는 능력이 필요하게 되었으며, 산업현장에서 필요로 하는 열처리기능 및 요소별 기본 작업 방법을 이해하고, 산업기술 분야에 응용되는 각종 열처리 방법에 관한 지식과 기능 습득을 위해 이 책을 제작하게 되었다.

본 교재는 다음과 같은 특징을 가지고 있다.

❶ 12년간의 기능사 출제 문제를 분석하여, 자주 출제되는 이론과 중요한 내용들이 필수적으로 포함되고, 최대한 이해하기 쉽도록 설명하였다.

❷ 기출(복원)문제의 정답 및 해설을 통해 학습자가 보다 쉽고 편하게 학습할 수 있도록 작성하였다.

❸ 실기시험의 필답형 및 작업형 관련 자료를 수집하여 시험에 대비하도록 하였으며 동영상 자료 및 실습절차를 상세히 설명하여 실기작업에 대한 부담감을 덜게 하였다.

모든 일이 다 그렇듯 이 책의 원고를 끝내고 나서 시원함과 아쉬움이 남는다. 앞으로 이 분야를 더욱 더 사랑하고 공부하여 다음에는 더욱 알차고 더 나은 책을 만들어야겠다는 다짐으로 마무리한다.

편저자 씀

시험안내

금속재료시험기능사

개 요

중화학공업의 발달과 함께 금속재료의 다양화와 고급화로 금속재료시험도 보다 정밀성과 신속성을 요하고 있다. 이에 따라 금속의 특성 및 시험원리를 이해하고 내구성 있는 금속재료를 생산하고 시험할 수 있는 숙련기능인력의 양성이 필요하여 자격제도를 제정하였다.

진로 및 전망

제철소, 제련소, 금속기계제조업체에 진출하거나 조선 · 자동차 · 항공 · 전기전자 · 방위산업체 등에 진출할 수 있다. 자격증 취득 시 취업이 유리한 편이고 취업 후 대부분 품질관리(QC)부서에서 근무하므로 많은 업체에서 산업기사 이상의 상위 자격 취득자를 선호하고 있으므로 경력을 쌓은 후 상위 자격을 취득하는 편이 승진 및 업무에 도움이 된다.

시험일정

구분	필기원서접수 (인터넷)	필기시험	필기합격 (예정자)발표	실기원서접수	실기시험	최종 합격자 발표일
제1회	1월 초순	1월 하순	1월 하순	2월 초순	3월 중순	4월 중순
제4회	8월 중순	9월 초순	9월 하순	9월 하순	11월 초순	12월 중순

※ 상기 시험일정은 시행처의 사정에 따라 변경될 수 있으니, www.q-net.or.kr에서 확인하시기 바랍니다.

시험요강

❶ 시행처 : 한국산업인력공단

❷ 시험과목
- ㉠ 필기 : 1. 금속재료 2. 금속제도 3. 재료시험
- ㉡ 실기 : 재료시험 실무

❸ 검정방법
- ㉠ 필기 : 객관식 60문항(1시간)
- ㉡ 실기 : 복합형[필답형(1시간) + 작업형(2시간 정도)]

❹ 합격기준(필기 · 실기) : 100점을 만점으로 하여 60점 이상 득점자

열처리기능사

개 요

산업현장에서 필요로 하는 열처리기능 및 요소별 기본작업 방법을 이해하고, 산업기술 분야에 응용되는 각종 열처리방법에 관한 지식과 기능을 갖춘 숙련기능인력을 양성하고자 자격제도를 제정하였다.

진로 및 전망

제철소, 제련소, 금속기계제조업체에 진출하거나 조선 · 자동차 · 항공 · 전기전자 · 방위산업체 등에 진출할 수 있다. 열처리 직종은 기계부품, 제조공정 중 필수적 공정이며 설비자동화의 추진으로 열처리 기술상의 많은 발전을 가져왔으며 특히 자원이 부족한 산업구조를 지니고 있는 우리나라에서는 열처리 전문 기술인력을 육성하여 기술 축적을 시키면 적은 투자에도 고부가가치를 생산할 수 있어 국제경쟁력에서 우위에 설 수 있는 분야라고 할 수 있다. 그러므로 향후 숙련기능을 가진 인력의 역할이 더욱 중요해지고 그 수요도 증가할 것으로 전망된다.

시험일정

구 분	필기원서접수 (인터넷)	필기시험	필기합격 (예정자)발표	실기원서접수	실기시험	최종 합격자 발표일
제1회	1월 초순	1월 하순	1월 하순	2월 초순	3월 중순	4월 초순
제2회	3월 중순	3월 하순	4월 중순	4월 하순	6월 초순	6월 하순

※ 상기 시험일정은 시행처의 사정에 따라 변경될 수 있으니, www.q-net.or.kr에서 확인하시기 바랍니다.

시험요강

❶ 시행처 : 한국산업인력공단

❷ 시험과목

㉠ 필기 : 1. 금속소재 열처리 2. 금속재료 및 금속제도

㉡ 실기 : 금속열처리 실무

❸ 검정방법

㉠ 필기 : 객관식 60문항(1시간)

㉡ 실기 : 작업형(3시간 30분 정도)

❹ 합격기준(필기 · 실기) : 100점을 만점으로 하여 60점 이상 득점자

시험안내

출제기준(금속재료시험기능사)

필기과목명	주요항목	세부항목	
금속재료, 금속제도, 재료시험	재료시험편 준비	• 시험편 식별번호 부여	• 시험편 준비
	인장시험	• 인장시험 준비	• 인장시험
	경도시험	• 경도시험 준비	• 경도시험
	충격시험	• 충격시험 준비	• 충격시험
	압축시험	• 압축시험 준비	• 압축시험
	불꽃시험	• 불꽃시험 준비	• 불꽃시험
	거시조직검사	• 시험편 준비	• 육안검사
	광학현미경 분석	• 시험편 준비 • 분석결과 정리	• 광학현미경 운용
	피로 · CTOD(균열선단열린변위) · 크리프시험	• 피로시험 • CTOD(균열선단열린변위)시험 • 크리프시험	
	굽힘 · 마모시험	• 굽힘시험	• 마모시험
	변형성, 탄성시험	• 전성, 연성, 강성, 탄성시험	
	재료시험설비 자원관리	• 장비 유지관리	• 실험실 안전점검
	비파괴검사	• 방사선비파괴검사(2306030103_18v3) • 초음파비파괴검사(2306030104_18v3) • 자기비파괴검사(2306030105_18v3) • 침투비파괴검사(2306030106_18v3) • 와전류비파괴검사(2306030107_18v3)	
	도면 검토	• 제도의 기초 • 투상법 • 도형의 표시방법 • 치수 기입방법 • 공차 및 도면 해독 • 재료기호 • 기계요소 제도	
	합금 함량 분석	• 금속의 특성과 상태도	
	재료 설계 자료 분석	• 금속재료의 특성 • 비철금속재료	• 철강재료 • 신소재 및 그 밖의 합금

출제기준(열처리기능사)

필기과목명	주요항목	세부항목
금속소재 열처리, 금속재료 및 금속제도	어닐링 · 노멀라이징 열처리	• 어닐링처리 • 노멀라이징처리
	퀜칭 · 템퍼링 열처리	• 퀜칭처리 • 템퍼링처리 • 후처리작업
	화학적 표면경화 열처리	• 침탄 열처리 • 질화 열처리
	물리적 표면경화 열처리	• 고주파유도경화 열처리 • 화염경화 열처리
	항온염욕 열처리	• 항온 열처리 • 염욕 열처리
	열처리 생산설비 유지관리	• 설비 보수 • 설비 유지관리
	열처리 작업안전관리	• 사고 예방 • 작업안전 수행 • 응급조치
	거시조직검사	• 불꽃시험에 의한 재질 판별
	진공 열처리 · 심랭처리	• 진공 열처리 • 심랭처리
	열처리 품질평가	• 로트별 시료 채취 • 검사시편 제작 • 열처리 품질 검사 • 열처리 품질 판정
	열처리 생산설비 점검	• 설비 점검기준 작성 • 설비 보전사항 기록
	도면 검토	• 제도의 기초 • 투상법 • 도형의 표시방법 • 치수 기입방법 • 공차 및 도면 해독 • 재료기호 • 기계요소 제도
	합금 함량 분석	• 금속의 특성과 상태도
	재료 설계 자료 분석	• 금속재료의 성질과 시험 • 철강재료 • 비철금속재료 • 신소재 및 그 밖의 합금

CBT 응시 요령

기능사 종목 전면 CBT 시행에 따른

CBT 완전 정복!

"CBT 가상 체험 서비스 제공"

한국산업인력공단

(http://www.q-net.or.kr) 참고

시험장 감독위원이 컴퓨터에 나온 수험자 정보와 신분증이 일치하는지를 확인하는 단계입니다. 수험번호, 성명, 생년월일, 응시종목, 좌석번호를 확인합니다.

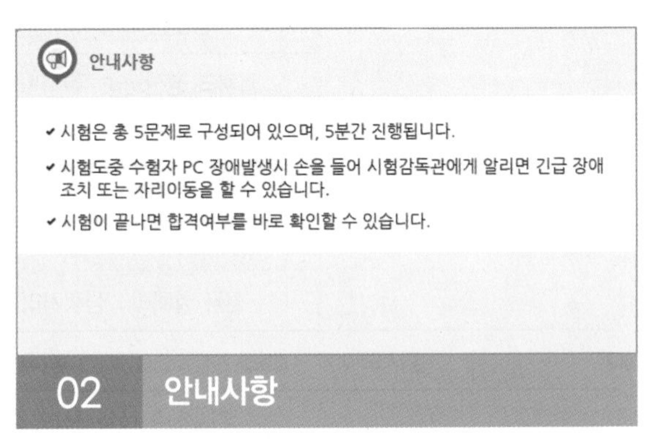

시험에 관한 안내사항을 확인합니다.

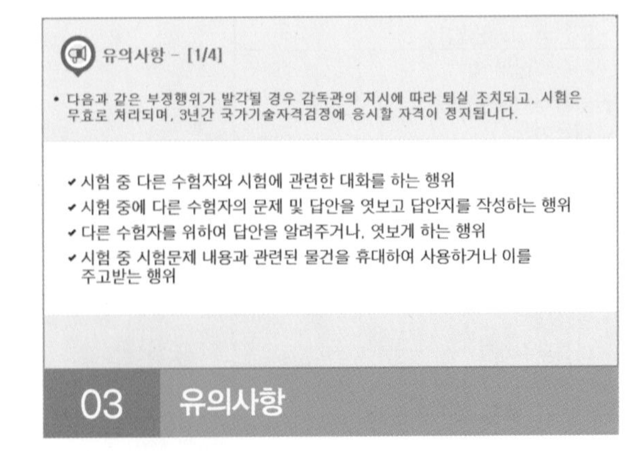

부정행위에 관한 유의사항이므로 꼼꼼히 확인합니다.

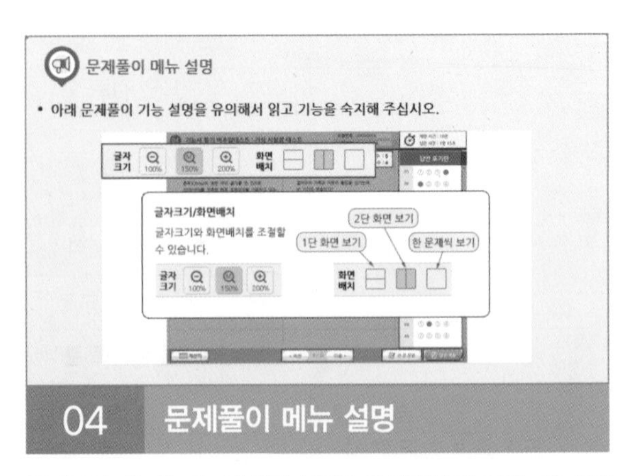

문제풀이 메뉴의 기능에 관한 설명을 유의해서 읽고 기능을 숙지해 주세요.

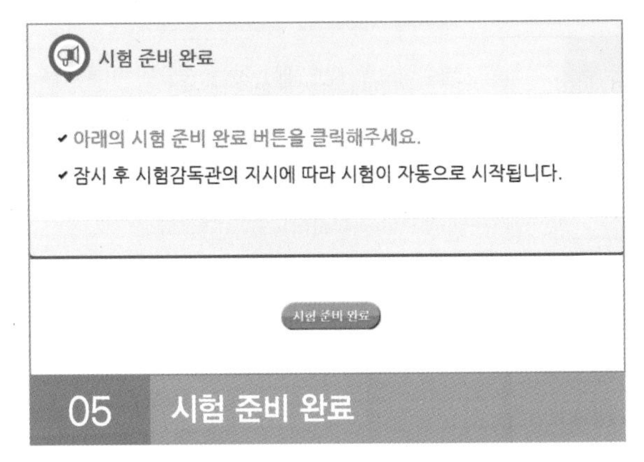

05 시험 준비 완료

시험 안내사항 및 문제풀이 연습까지 모두 마친 수험자는 시험 준비 완료 버튼을 클릭한 후 잠시 대기합니다.

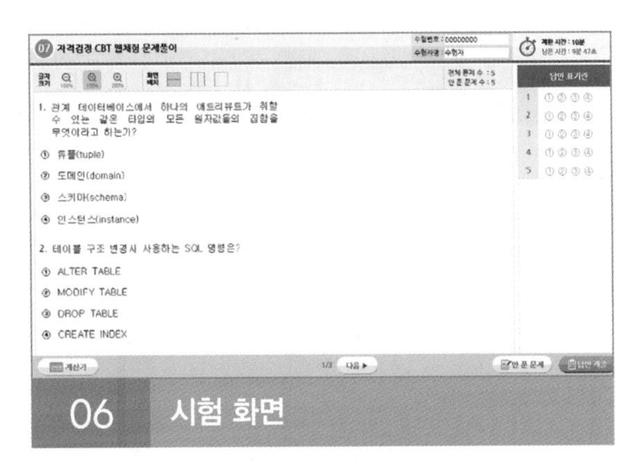

06 시험 화면

시험 화면이 뜨면 수험번호와 수험자명을 확인하고, 글자크기 및 화면배치를 조절한 후 시험을 시작합니다.

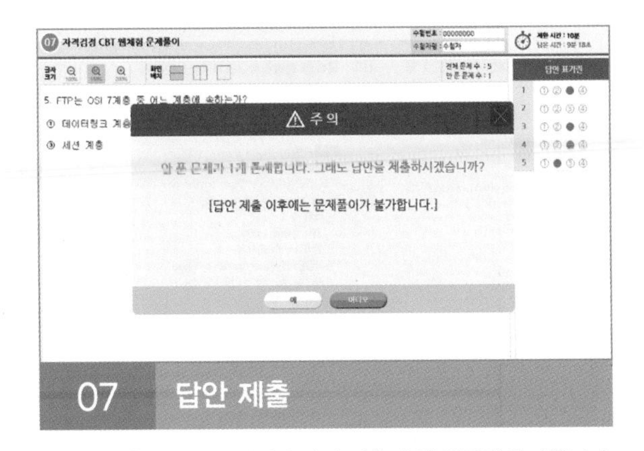

07 답안 제출

[답안 제출] 버튼을 클릭하면 답안 제출 승인 알림창이 나옵니다. 시험을 마치려면 [예] 버튼을 클릭하고 시험을 계속 진행하려면 [아니오] 버튼을 클릭하면 됩니다. 답안 제출은 실수 방지를 위해 두 번의 확인 과정을 거칩니다. [예] 버튼을 누르면 답안 제출이 완료되며 득점 및 합격여부 등을 확인할 수 있습니다.

CBT 완전 정복 Tip

내 시험에만 집중할 것

CBT 시험은 같은 고사장이라도 각기 다른 시험이 진행되고 있으니 자신의 시험에만 집중하면 됩니다.

이상이 있을 경우 조용히 손을 들 것

컴퓨터로 진행되는 시험이기 때문에 프로그램상의 문제가 있을 수 있습니다. 이때 조용히 손을 들어 감독관에게 문제점을 알리며, 큰 소리를 내는 등 다른 사람에게 피해를 주는 일이 없도록 합니다.

연습 용지를 요청할 것

응시자의 요청에 한해 연습 용지를 제공하고 있습니다. 필요시 연습 용지를 요청하며 미리 시험에 관련된 내용을 적어놓지 않도록 합니다. 연습 용지는 시험이 종료되면 회수되므로 들고 나가지 않도록 유의합니다.

답안 제출은 신중하게 할 것

답안은 제한 시간 내에 언제든 제출할 수 있지만 한 번 제출하게 되면 더 이상의 문제풀이가 불가합니다. 안 푼 문제가 있는지 또는 맞게 표기하였는지 다시 한 번 확인합니다.

구성 및 특징

01 금속재료 일반

핵심이론 01 | 금속재료 기초

① 금속의 특성
  ㉠ 고체상태에서 결정구조를 가진다.
  ㉡ 전기 및 열의 양도체이다.
  ㉢ 전 · 연성이 우수하다.
  ㉣ 금속 고유의 색을 가진다.
  ㉤ 소성변형이 가능하다.

② 경금속과 중금속
비중 4.5(5)를 기준으로 이하는 경금속(Al, Mg, Ti, Be), 이상은 중금속(Cu, Fe, Pb, Ni, Sn)이다.

③ 금속의 성질
  ㉠ 기계적 성질 : 강도, 경도, 인성, 취성, 연성, 전성, 피로한도 등이다.
  - 강도 : 재료가 외력에 대하여 작용하는 저항력을 의미(인장강도, 압축강도, 전단강도, 비틀림강도 등)
  - 경도 : 한 재료에 다른 재료로 눌렀을 때 그 물체에 대한 저항력의 크기
  - 인성 : 충격에 대한 재료의 저항으로 질긴 정도
  - 취성 : 충격하중에 쉽게 파괴되는 성질
  - 연성 : 인장 시 재료가 변형하여 늘어나는 정도
    Pb > Sn > Zn > Cu > Ni > Fe > Al > Ag > Au
  - 전성 : 재료를 가압하여 얇게 펴지는 성질
  - 피로한도 : 파괴하중 이하의 하중이 주기적으로 반복되어 적은 하중에서 파괴되는 한도

  ㉡ 물리적 성질 : 비중, 용융점, 전기전도율, 열전도율, 자성, 융해잠열, 비열, 선팽창계수 등이다.

- 비중 : 물과 같은 부피를 갖는 물체와 무게의 비

[각 금속별 비중]

Mg	1.74	Mn	7.43
Cr	7.19	Co	8.8
Sn	7.28	Ag	10.5
Fe	7.86	Au	19.3
Ni	8.9	Al	2.7
Cu	8.9	Zn	7.1
Mo	10.2	Pb	11.3
W	19.2		

- 용융점 : 고체 금속을 가열시켜 액체로 변화되는 온도점

[각 금속별 용융점]

W
Cr
Fe
Co
Ni
Cu
Au

- 전기전도
  동시키는
  Ag > C
  > Pb >
- 열전도율
  지 이동
- 자 성
  - 강자성
    합(Fe
  - 상자성
    제거

2024년 제1회 최근 기출복원문제

01 완전풀림 상태에서 금속결정 내의 전위밀도로 옳은 것은?

① 10^2cm^2 ② 10^7cm^2
③ $10^{15}cm^2$ ④ $10^{19}cm^2$

해설
완전풀림 상태는 가공 변형이 전혀 없는 상태로, 금속결정 내의 전위밀도는 10^7cm^2이다.

02 실온 이하에서 재결정이 되는 금속은?

① Cu ② Al
③ Mg ④ Sn

해설
주석과 그 합금 : 비중 7.3, 용융점 232℃, 상온에서 재결정하고, SnO_2를 형성해 내식성이 증가한다.

03 동소변태의 설명 중 옳지 않은 것은?

① 일정한 온도에서 일어난다.
② 급격히 일어난다.
③ 점진적이고, 연속적이다.
④ 비연속적이다.

해설
동소변태 : 같은 물질이 다른 상으로 결정 구조의 변화를 가져오는 것으로, 일정한 온도에서 급격히 점진적이고 연속적으로 나타나는 특징이 있다.

04 금속의 결정격자구조가 아닌 것은?

① FCC ② CDB
③ BCC ④ HCP

해설
결정구조
- 체심입방격자(Body Centered Cubic)
  - Ba, Cr, Fe, K, Li, Mo, Nb, V, Ta
  - 배위 수 : 8
  - 원자 충진율 : 68%
  - 단위격자 속 원자 수 : 2
- 면심입방격자(Face Centered Cubic)
  - Ag, Al, Au, Ca, Ir, Ni, Pb, Ce, Pt
  - 배위 수 : 12
  - 원자 충진율 : 74%
  - 단위격자 속 원자 수 : 4
- 조밀육방격자(Hexagonal Close Packed)
  - Be, Cd, Co, Mg, Zn, Ti
  - 배위 수 : 12
  - 원자 충진율 : 74%
  - 단위격자 속 원자 수 : 2

05 금속의 비열이란?

① 1g의 물질의 온도를 1℃ 높이는 데 필요한 열량
② 1kg의 물질의 온도를 1℃ 높이는 데 필요한 열량
③ 금속 1g을 용해시키는 데 필요한 열량
④ 금속 1kg을 용해시키는 데 필요한 열량

정답 1 ② 2 ④ 3 ④ 4 ② 5 ①

핵심이론

필수적으로 학습해야 하는 중요한 이론들을 각 과목별로 분류하여 수록하였습니다.
시험과 관계없는 두꺼운 기본서의 복잡한 이론은 이제 그만! 시험에 꼭 나오는 이론을 중심으로 효과적으로 공부하십시오.

과년도 + 최근 기출복원문제

지금까지 출제된 과년도 기출문제와 최근 기출복원문제를 수록하였습니다. 과년도 기출문제와 함께 가장 최근에 출제된 기출문제를 복원한 기출복원문제로 최신의 출제경향을 파악하고, 새롭게 출제된 문제의 유형을 익힐 수 있도록 하였습니다.

실기(필답형)

시험에 꼭 나오는 실기시험 필답형의 예상문제를 과목별로 수록하여 수험생들이 실기시험 문제를 미리 공부하여 시험에 합격할 수 있도록 하였습니다.

01 금속재료시험기능사 실기(필답형)

※ 실기 필답형 문제는 수험자의 기억에 의해 복원된 것입니다. 실제 시행문제와 상이할 수 있음을 알려 드립니다.

합/격/포/인/트

금속재료 실기 복합형 중 필답형 시험의 경우 금속 재료 조직 및 조직 시험, 기계적 시험법, 비파괴 시험법, 그 밖의 시험법에서 80% 이상이 출제된다고 생각하면 되며, 기존 이론 부분의 내용을 정확히 파악하고 있다면 충분히 작성할 수 있는 문제들로 구성되어 있다. 본 편에서 구성되는 문제의 경우 2001년부터 2017년 1회까지의 기출 문제를 분석하여 중복되는 문제를 삭제 후 자주 출제되는 문제만 추려서 정리하였다. 출제 문제의 모든 부분은 핵심이론별로 정리되어 있고, 해설의 경우 주관식으로 작성되는 부분이므로 답을 참고하여 관련 이론에서 보충 공부할 수 있도록 한다.

[01] 금속재료 일반

1 금속재료 기초

01 다음 그림의 금속의 결정격자 명칭을 쓰시오.

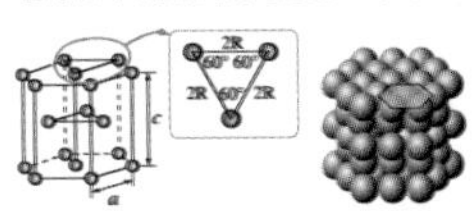

02 다음 그림처럼 나뭇가지 모양으로 형성된 것은?

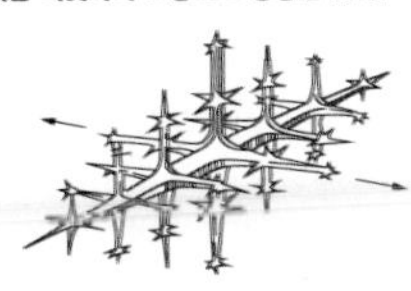

536 ■ PART 03 실기

01 금속재료시험기능사 실기(작업형)

KEYWORD 본 편에서는 금속재료시험기능사 작업형에 대하여 설명하며, 그 종류로는 불꽃시험, 경도시험, 충격시험, 조직시험이 해당된다. 기존 이론과 더불어 해당 시험기의 작동 방법에 대해 알아보고 불꽃시험의 방법, 종류, 불꽃의 유형을 사진 및 동영상으로 확인하고, 조직시험 후 관찰하는 법에 대해 설명한다.

[01] 금속재료시험 작업형 개요

(1) 불꽃시험
시험 보기에서의 4종류 시험편을 받은 후 그라인더 불꽃시험법을 이용하여 각각의 강종을 판별한다.

(2) 브리넬시험
시험 보기에서의 4종류 시험편 중 한 가지 시험편을 받은 후 임의의 3곳을 측정하여 평균치를 이용하여 경도값을 측정한다.

(3) 충격시험
시험 보기에서의 4종류 시험편 중 한 가지 시험편을 받은 후 샤르피 충격시험기를 이용하여 충격에너지 및 충격치를 계산한다.

(4) 조직시험
시험 보기에서의 4종류 시험편 중 한 가지 시험편을 받은 후 연마 → 부식 → 현미경 관찰 순으로 강종을 판별한다.

(a) 불꽃 시편 (b) 브리넬 경도 시편 (c) 충격 시편 (d) 조직 시편
[금속재료시험 시험편]

626 ■ PART 03 실기

실기(작업형)

시험에 꼭 나오는 실기시험 작업형의 예상문제를 올컬러로 수록하여 수험생들이 미리 공부하여 시험에 합격할 수 있도록 하였습니다.

최신 기출문제 출제경향

금속재료시험기능사

2021년 1회

- 탄화물 형성 원소, 질화층 생성 원소
- 미소 경도 분포를 측정하는 시험법 : 마이크로 비커스 경도시험
- 결정립의 회복 → 재결정 → 결정립 성장단계
- 마멸시험의 원리 및 종류
- 와류탐상시험법의 시험 코일
- X-선 브래그(Bragg) 공식($n\lambda=2d\sin\theta$)
- 스프링 도시법, 단면도의 종류

2022년 1회

- 평형상태도의 X축과 Y축
- Cr-Ni강의 용도
- 형상기억합금의 종류
- 금속의 응고, 과랭
- 주철명과 이에 따른 특징
- 강재의 표시 기호
- 매크로시험의 특징
- 광학적 이방성을 가진 금속

2023년 1회

- 저융점 합금 및 자성재료의 종류
- 취성 : 적열취성, 청열취성, 상온취성, 고온취성 등
- 부식제 : 철강재료, 귀금속, Al, Cu, Ni, Zn 등
- 비파괴 검사 : 와전류탐상의 특징, 자분탐상 장치
- 온도계 : 열전온도계, 저항온도계, 방사온도계 등

2024년 1회

- 완전풀림 상태에서 금속결정 내의 전위밀도
- 금속의 결정격자구조 : 체심입방격자, 면심입방격자, 조밀육방격자
- 질량효과
- 강의 페라이트 결정입도시험 : 비교법(FGC), 절단법(FGI), 평적법(FGP)
- 설퍼 프린트 화학반응식
- S-N곡선 : 피로한도 측정

열처리기능사

2021년 1회

- 주철, 자연 균열, 열간가공, 스텔라이트, 오스테나이트계 스테인리스강
- 제진재료, 네이벌 황동, 불변강, 청열취성, 서멧, Al-Si계 합금, 철강석 함유량
- 코일 스프링의 제도, 국부투상도, 등각투상도, IT 기본공차
- 전해연마, 공정반응, 시효, 마텐자이트 변태, 소르바이트, 이온질화, 뜨임취성, 열전쌍온도계, 분사담금질, 오스포밍, 심랭처리, 고체침탄법

2022년 1회

- 알루미늄합금의 종류, 변태의 의미, 면심입방격자, 타이타늄의 특징, 불변강의 특징
- 콘스탄탄, 표준고속도강 성분, 청열메짐, 철과 강의 구분, 형상기억합금
- 제도용지, 단면도, 정투상 3각법, 치수 기입 방법의 종류
- 침탄 후 2차 열처리, 안정화처리, 베이나이트, TTT곡선, 화염경화법, 고주파경화법, 열전쌍 온도계, 열처리 치공구의 특징
- 잔류 오스테나이트의 특징, 두랄루민 열처리, 마템퍼링, 염욕열처리, 오스포밍, 화염커튼, 진공열처리, 마레이징강, 내화벽돌

2023년 1회

- 담금질 : 마텐자이트, 냉각제, M_S점, 심랭처리, 냉각속도
- 금속조직 : 확산, 접종, 순금속과 합금 비교, 슬립(Slip)
- 비철금속 : Y합금, 플라티나이트, 콜슨합금
- 정투상 제3각법에 따른 해당 면도 투상
- 풀림 : 확산풀림, 구상화풀림, 풀림의 효과
- 열처리 설비 : 내화재, 발열체, 열처리로, 사용가스

2024년 1회

- 금속재료 : 결정구조, 니켈 합금, 주석, 연신율, 재결정온도
- 철과 강 : 탄소 함유량에 의한 분류, 주철의 특징, 공정반응, 스테인리스강, 순철의 변태점
- 기계제도 : 정투상 3각법, 공차기호, 나사 호칭, 선의 용도, 투상도와 단면도, 치수 기입
- 일반 열처리 : 뜨임취성 방지, 어닐링, 담금질, 냉각방법, 마텐자이트, 노멀라이징, 질량효과
- 특수 열처리 : 표면경화열처리법, 침탄법, 질화법, 진공열처리, 결함, 심랭처리, 항온 열처리
- 열처리 설비 : 냉각제, 온도계, 열처리가스, 내화재, 번아웃, 온도제어, 열전대

D-20 스터디 플래너

20일 완성!

D-20	D-19	D-18	D-17
시험안내 및 빨간키 훑어보기	CHAPTER 01 금속재료 일반 핵심이론 01 금속재료 기초 ~ 핵심이론 08 함유된 물질의 영향	CHAPTER 01 금속재료 일반 핵심이론 09 특수강 ~ 핵심이론 14 신소재 및 그 밖의 합금	CHAPTER 02 재료시험과 검사 핵심이론 01 금속의 소성변형 ~ 핵심이론 07 인장시험

D-16	D-15	D-14	D-13
CHAPTER 02 재료시험과 검사 핵심이론 08 충격시험 ~ 핵심이론 16 굽힘시험	CHAPTER 02 재료시험과 검사 핵심이론 17 크리프시험 ~ 핵심이론 28 기타 검사	CHAPTER 03 금속열처리 핵심이론 01 열처리의 기초 ~ 핵심이론 03 특수 열처리	CHAPTER 03 금속열처리 핵심이론 04 열처리로와 설비 ~ 핵심이론 06 성분검사와 안전 관리

D-12	D-11	D-10	D-9
CHAPTER 04 금속제도 핵심이론 01 제도의 규격과 통칙 ~ 핵심이론 02 도면 그리기	복 습 CHAPTER 01 금속재료 일반 ~ CHAPTER 02 재료시험과 검사	복 습 CHAPTER 03 금속열처리 ~ CHAPTER 04 금속제도	2013년 과년도 기출문제 풀이

D-8	D-7	D-6	D-5
2014년 과년도 기출문제 풀이	2015년 과년도 기출문제 풀이	2016년 과년도 기출문제 풀이	2017~2019년 과년도 기출복원문제 풀이

D-4	D-3	D-2	D-1
2020~2021년 과년도 기출복원문제 풀이	2022~2023년 과년도 기출복원문제 풀이	2024년 최근 기출복원문제 풀이	기출복원문제 오답 정리 및 복습

합격 수기

약 한 달간의 여정을 글로 쓰게 될 줄은 생각지 못했네요.

아는 친한 분이 공부 방법을 알려달라고 부탁해서 정리하다가 이렇게 쓰게 되었습니다. 솔직히 특별한 건 없는데 그래도 도움이 되면 좋겠습니다. 일단 공부하기 전에 잘 보이는 곳에 저 자신을 격려하는 글과 목표와 비전을 써서 붙였습니다. 그리고 책을 가장 앞부분부터 보고, 목차 페이지에서는 어떤 내용이 있는지 본 후 계획을 세웠습니다. 책은 Win-Q를 봤는데 앞에는 이론이 있고 뒤에는 기출문제가 있는 형식입니다. 3주 목표를 세우고 하루마다 분량을 계획하고 그대로 실천하기 위해 노력했습니다. 확실히 해야 하는 이유와 계획이 있으면 딴 길로 새지 않는 것 같습니다. 앞에 이론부분은 1주 동안 보고 나머지 2주 좀 넘는 기간 동안 기출문제를 공부했습니다. 기출문제를 많이 풀어보니 확실히 감이 잡히는 느낌이 들었습니다. 오답노트는 따로 정리하진 않았고 앞에서부터 쭉 풀었습니다. 그렇게 하였더니 고득점까진 아니었지만 합격선은 무난하게 넘는 점수로 합격했습니다. 다들 집중하셔서 금속재료, 그 외 자격증 준비하시는 분들도 합격하시길 기원합니다.

2021년 금속재료시험기능사 합격자

안녕하세요. 열처리기능사 합격자입니다.

저는 이 자격증을 두 번째 만에 붙었는데요. 처음에는 자신있어서 알고 있는 지식으로 보면 붙을 수 있을 거라 자만했습니다. 그런데 떨어졌고 그때 왜 그랬는지 계속 후회만 하다가 마음을 가다듬고 이번에는 책을 사서 제대로 공부하고 시험봐야겠다는 생각이 들었습니다. 지인의 추천으로 윙크책을 사서 보게 되었는데 단기에 공부하고 시험보기 좋은 구성입니다. 너무 짧게는 힘들 수 있으니 1달을 목표로 잡고 공부하기 시작했습니다. 조금씩 기복이 있어서 컨디션이 좋은 날은 많이 공부하고 그렇지 않은 날에는 조금만 했습니다. 저는 특히 기출문제에 많은 시간을 들였는데 이전에 다른 자격증 준비할 때 문제를 풀면서 공부하고 감각을 익히는 것이 많은 도움이 되었던 기억이 있어서입니다. 내용은 2번 읽고 바로 문제로 넘어가서 최근 문제부터 뒤로 시간재서 풀고 해설보면서 공부했습니다. 해설과 앞에 내용이 대부분 동일하기 때문에 굳이 앞에 이론을 찾지 않았습니다. 그렇게 공부하고 갔는데 오히려 첫 시험보다 더 긴장이 되는 겁니다. 그래도 침착하게 풀고 합격 통보를 받았습니다. 문제 풀 때 실제 시험처럼 한 회씩 풀다보면 점점 많은 지식들이 쌓이는 자신을 발견하게 될 겁니다. 다들 파이팅이요!

2022년 열처리기능사 합격자

이 책의 목차

빨리보는 간단한 키워드

빨간키

#합격비법 핵심 요약집 #최다 빈출키워드 #시험장 필수 아이템

CHAPTER 01 금속재료 일반

금속의 특성

고체상태에서 결정구조, 전기 및 열의 양도체, 전·연성 우수, 금속 고유의 색

경금속과 중금속

비중 4.5(5)를 기준으로 이하는 경금속(Al, Mg, Ti, Be), 이상은 중금속(Cu, Fe, Pb, Ni, Sn)

금속의 성질

- 기계적 성질 : 강도, 경도, 인성, 취성, 연성, 전성, 피로한도
- 물리적 성질 : 비중, 용융점, 전기전도율, 열전도율, 자성, 비열, 선팽창계수
- 화학적 성질 : 부식, 내식성, 이온화
- 재료의 가공성 : 주조성, 소성가공성, 절삭성, 접합성

고체금속의 결정구조

- 체심입방격자(Body Centered Cubic) : Ba, Cr, Fe, K, Li, Mo, Nb, V, Ta
- 면심입방격자(Face Centered Cubic) : Ag, Al, Au, Ca, Ir, Ni, Pb, Ce, Pt
- 조밀육방격자(Hexagonal Close Packed) : Be, Cd, Co, Mg, Zn, Ti

금속의 응고

핵 발생 → 결정의 성장 → 결정립계 형성 → 결정립 성장

불변반응

- 공석반응 : 일정한 온도의 한 고용체에서 두 종류의 고체가 동시에 석출하여 나오는 반응($\gamma \rightarrow \alpha + \beta$)
- 공정반응 : 일정한 온도의 액체에서 두 종류의 고체가 동시에 정출하여 나오는 반응($L \rightarrow \alpha + \beta$)
- 포정반응 : 일정한 온도에서 한 고용체와 용액의 혼합체가 전혀 다른 고체가 형성되는 반응($\alpha + L \rightarrow \beta$)
- 편정반응 : 하나의 액체에서 다른 액상 및 고용체가 동시에 형성되는 반응($L_1 \rightarrow L_2 + \alpha$)
- 포석반응 : 서로 다른 조성의 두 고체가 전혀 다른 하나의 고체로 형성되는 반응($\alpha + \beta \rightarrow \gamma$)

변태점 측정법

시차열분석법, 열분석법, 비열법, 전기저항법, 열팽창법, 자기분석법, X선분석법 등

순철의 조직에 의한 분류

- 순철 : 0.025%C 이하
- 아공석강 : 0.025~0.8%C
- 공석강 : 0.8%C
- 과공석강 : 0.8~2.0%C
- 아공정주철 : 2.0~4.3%C
- 공정주철 : 4.3%C
- 과공정주철 : 4.3~6.67%C

철-탄소 평형상태도

Fe-C 2원 합금조성(%)과 온도와의 관계를 나타낸 상태도로 변태점, 불변반응, 각 조직 및 성질을 알 수 있음

변태점

- A_0 변태 : 210℃, 시멘타이트 자기변태점
- A_1 변태 : 723℃, 철의 공석온도
- A_2 변태 : 768℃, 순철의 자기변태점
- A_3 변태 : 910℃, 철의 동소변태
- A_4 변태 : 1,400℃, 철의 동소변태

각종 취성에 대한 설명

- 저온취성 : 0℃ 이하, 특히 -20℃ 이하의 온도에서는 급격하게 취성을 갖게 되어 충격을 받으면 부서지기 쉬운 성질
- 상온취성 : P을 다량 함유한 강에서 발생하며 Fe_3P로 결정입자가 조대화되며, 경도 및 강도는 높아지나 연신율이 감소하는 메짐으로 특히 상온에서 충격값이 감소됨
- 청열취성 : 냉간가공 영역 안, 210~360℃ 부근에서 기계적 성질인 인장강도는 높아지나 연신이 갑자기 감소하는 현상
- 적열취성 : 황이 많이 함유되어 있는 강이 고온(950℃ 부근)에서 메짐(강도는 증가, 연신율은 감소)이 나타나는 현상
- 백열취성 : 1,100℃ 부근에서 일어나는 메짐으로 황이 주원인, 결정립계의 황화철이 융해하기 시작하는 데 따라서 발생
- 수소취성 : 고온에서 강에 수소가 들어간 후 200~250℃에서 분자 간의 미세한 균열이 발생하여 취성을 갖는 성질

특수강

보통강에 하나 또는 2종의 원소를 첨가하여 특수한 성질을 부여한 강으로 기계적 성질 증대, 내식성·내마모성 증대, 고온에서의 기계적 성질 저하 방지, 결정입도 성장 방지, 담금질능 향상을 위해 사용

특수강의 분류

분 류	강의 종류	용 도
구조용	• 강인강(Ni강, Mn강, Ni-Cr강, Ni-Cr-Mo강 등) • 표면경화용강(침탄강, 질화강)	• 크랭크축, 기어, 볼트, 피스톤, 스플라인축 등
공구용	• 절삭용강(W강, Cr-W강, 고속도강) • 다이스강(Cr강, Cr-W강, Cr-W-V강) • 게이지강(Mn강, Mn-Cr-W강)	• 절삭공구, 프레스금형, 고속 절삭공구 등
내식·내열용	• 스테인리스강(Cr강, Ni-Cr강) • 내열강(고Cr강, Cr-Ni강, Cr-Mo강)	• 칼, 식기, 주방용품, 화학장치 • 내연기관 밸브, 고온용기
특수 목적용	• 쾌삭강(Mn-S강, Pb강) • 스프링강(Si-Mn강, Si-Cr강, Cr-V강) • 내마멸강 • 영구자석강(담금질 경화형, 석출 경화형) • 전기용강(Ni-Cr계, Ni-Cr-Fe계, Fe-Cr-Al계) • 불변강(Ni강, Ni-Cr강)	• 볼트, 너트, 기어 등 • 코일스프링, 판스프링 등 • 파쇄기, 레일 등 • 항공, 전화 등 계기류 • 고온 전기저항재 등 • 바이메탈, 시계진자 등

주 철

- Fe-C 상태도적으로 봤을 때 2.0~6.67%C가 함유된 합금을 말하며, 2.0~4.3%C를 아공정주철, 4.3%C를 공정주철, 4.3~6.67%C를 과공정주철이라 함
- 주철은 경도가 높고 취성이 크며, 주조성이 좋은 특성을 가짐

주철의 마우러 조직도

C, Si의 양과 조직의 관계를 나타낸 조직도

주철의 분류

- 파단면에 따른 분류 : 회주철, 반주철, 백주철
- 탄소함량에 따른 분류 : 아공정주철, 공정주철, 과공정주철
- 일반적인 분류 : 보통주철, 고급주철, 합금주철, 특수주철(가단주철, 칠드주철, 구상흑연주철)

황동 및 특수황동 종류

- 황동 : 7:3황동(70%Cu-30%Zn), 6:4황동(60%Cu-40%Zn), 톰백(5~20%Zn 함유, 모조금)
- 특수 황동 : 쾌삭황동, 델타메탈, 주석황동, 애드미럴티황동, 네이벌황동, 니켈황동

청동합금의 종류

애드미럴티포금, 베어링청동, Al청동, Ni청동, CA합금, CAZ합금, Si청동, 인청동

알루미늄과 그 합금

- Al-Cu-Si : 라우탈(알구시라)
- Al-Ni-Mg-Si-Cu : 로엑스(알니마시구로)
- Al-Cu-Mn-Mg : 두랄루민(알구망마두)
- Al-Cu-Ni-Mg : Y-합금(알구니마와이)
- Al-Si-Na : 실루민(알시나실)
- Al-Mg : 하이드로날륨(알마하 내식 우수)

신소재 및 그 밖의 합금

- 섬유강화 금속복합재료 : 휘스커 같은 섬유를 Al, Ti, Mg 등의 합금 중에 균일하게 배열시켜 복합시킨 재료
- 분산강화 금속복합재료 : 금속에 0.01~0.1μm 정도의 산화물을 분산시킨 재료
- 입자강화 금속복합재료 : 분말야금법으로 금속에 1~5μm 비금속입자를 분산시킨 재료(서멧, Cermet)

CHAPTER 02 재료시험과 검사

탄성변형과 소성변형

- 탄성변형 : 외부로부터 힘을 받은 물체의 모양이나 체적의 변화가 힘을 제거했을 때 원래로 돌아가는 성질(스펀지, 고무줄, 고무공, 강철 자 등)
- 소성변형 : 탄성한도보다 더 큰 힘(항복점 이상)이 가해졌을 때, 재료가 영구히 변형을 일으키는 것

훅의 법칙(비례한도)

$\sigma = E \times \varepsilon$[$\sigma$: 응력, E : 탄성률(영률), ε : 변형률]

슬 립

재료에 외력이 가해졌을 때 결정 내에서 인접한 격자면에서 미끄러짐이 나타나는 현상

슬립면과 슬립방향

- 슬립면 : 원자밀도가 가장 큰 면
- 슬립방향 : 원자밀도가 가장 큰 방향

밀러지수

- X, Y, Z의 3축을 어느 결정면이 끊는 절편을 원자간격으로 측정한 수의 역수의 정수비
- 면 : (XYZ), 방향 : [XYZ]으로 표시

냉간가공과 열간가공의 비교

냉간가공	열간가공
재결정온도보다 낮은 온도에서 가공	재결정온도보다 높은 온도에서 가공
변형응력이 높음	변형응력이 낮음
치수정밀도가 양호	치수정밀도가 불량
표면상태가 양호	표면상태가 불량
연강, Cu합금, 스테인리스강 등 가공	압연, 단조, 압출가공에 사용

재결정온도

소성가공으로 변형된 결정입자가 변형이 없는 새로운 결정이 생기는 온도

[금속의 재결정온도]

금 속	재결정온도	금 속	재결정온도
W	1,200℃	Fe, Pt	450℃
Ni	600℃	Zn	실 온
Au, Ag, Cu	200℃	Pb, Sn	실온 이하
Al, Mg	150℃		

경도 측정 방법

- 압입자를 이용한 방법 : 브리넬 경도시험, 로크웰 경도시험, 비커스 경도시험, 마이어 경도시험
- 반발을 이용한 방법 : 쇼어 경도
- 한 재료를 다른 물체를 긁어 긁히는 정도로 측정하는 방법 : 모스 경도, 마텐스 경도
- 기타 측정 방법 : 하버트 진자 경도, 초음파 경도 등

브리넬 경도시험(HB, Brinell Hardness Test)

일정한 지름(D)의 강구 또는 초경합금을 이용하여 일정한 하중(P)을 주어 시험편에 구형의 오목부를 만든 후 하중을 제거하고 오목부의 표면적으로 하중을 나눈 값으로 측정하는 시험

$$\mathrm{HB}=\frac{P}{A}=\frac{2P}{\pi D(D-\sqrt{D^2-d^2})}=\frac{P}{\pi Dt}$$

로크웰 경도시험(HRC, HRB, Rockwell Hardness Test)

강구 또는 다이아몬드 원추를 시험편에 처음 일정한 기준하중을 주어 시험편을 압입하고 다시 시험하중을 가하여 생기는 압흔의 깊이 차로 구하는 시험

스케일	누르개	기준하중(kg)	시험하중(kg)	경도를 구하는 식	적용 경도
HRB	강구 또는 초경합금, 지름 1.588mm	10	100	HRB = 130 − 500h	0~100
HRC	원추각 120°의 다이아몬드		150	HRC = 100 − 500h	0~70

비커스 경도시험(HV, Vickers Hardness Test)

정사각추(136°)의 다이아몬드 압입자를 시험편에 놓고 1~150kg까지 하중을 가하여 시험편에 생긴 피라미드 자국의 표면적으로 하중을 나눈 값으로 경도를 구하는 시험

인장시험

재료에 인장시편 규격에 맞도록 제작한 뒤 시험기에 걸어 축방향으로 인장하여 파단할 때까지의 응력과 변형률을 측정하여 재료의 변형에 대한 저항력의 크기를 측정하는 시험

충격시험

충격력에 대한 재료의 충격저항을 알아보는 데 사용하며, 파괴되지 않으려는 성질인 인성과 파괴가 잘되는 성질인 취성의 정도를 알아보는 시험

육안검사

- 파면검사 : 강재를 파단시켜 그 파면의 색, 조밀, 모양을 보아 조직이나 성분 함유량을 추정하며, 내부 결함 유무를 검사하는 방법
- 매크로 조직검사 : 재료를 직접 육안으로 관찰하거나 저배율(10배 이하)의 확대경을 사용하여 재료의 결함 및 품질상태를 판단하는 검사. 염산수용액을 사용하여 75~80℃에서 적당시간 부식 후 알칼리 용액으로 중화시켜 건조 후 조직을 검사하는 방법

매크로 검사 용어

분 류	기 호	비 고
수지상 결정 (Dendrite)	D	강괴의 응고에 있어서 수지상으로 발달한 1차 결정이 단조 또는 압연 후에도 그 형태를 그대로 가지고 있는 것
잉곳 패턴 (Ingot Pattern)	I	강괴의 응고과정에 있어서 결정상태의 변화 또는 성분의 편차에 따라 윤곽상으로 부식의 농도차가 나타난 것
중심부 편석 (Center Segregation)	S_c	강괴의 응고과정에서 성분의 편차에 따라 중심부에 부식의 농도차가 나타난 것
다공질 (Looseness)	L	강재 단면 전체에 걸쳐서 또는 중심부에 부식이 단시간에 진행하여 해면상으로 나타난 것
중심부 다공질	L_c	
피트(Pit)	T	부식에 의해 강재 단면 전체에 걸쳐서 또는 중심부에 육안으로 볼 수 있는 크기로 점상의 구멍이 생긴 것
중심부 피트	T_c	
기포 (Blow Hole)	B	강괴의 기포 또는 핀 홀(Pin Hole)이 완전히 압착되지 않고 중심부에 그 흔적을 남기고 있는 것
비금속 개재물 (Nonmetallic Inclusion)	N	육안으로 알 수 있는 비금속 개재물
파이프(Pipe)	P	강괴의 응고수축에 따른 1차 또는 2차 파이프가 완전히 압축되지 않고 중심부에 그 흔적을 남긴 것
모세균열 (Hair Crack)	H	부식에 의하여 단면에 미세하게 모발상으로 나타난 흠
중심부 파열 (Center Defects)	F	부적당한 단조 또는 압연작업으로 인하여 중심부에 파열이 생긴 것
주변 흠 (Seam Laps)	W	강재의 주변 기포에 의한 흠 또는 압연 및 단조에 의한 흠, 그밖에 강재의 외부에 생긴 흠

설퍼 프린트법

브로마이드 인화지를 1~5%의 황산수용액(H_2SO_4)에 5~10분 담근 후 시험편에 1~3분간 밀착시킨 다음 브로마이드 인화지에 붙어 있는 취화은($AgBr_2$)과 반응하여 황화은(AgS)을 생성시켜 건조시키면 황이 있는 부분에 갈색 반점의 명암도를 조사하여 강 중의 황의 편석 및 분포도를 검사하는 방법

분 류	기 호	비 고
정편석	S_N	황이 외부로부터 중심부를 향해 증가하여 분포되는 형상으로, 외부보다 내부가 짙은 농도로 착색되는 것으로 일반 강재에서 보통 발생하는 편석
역편석	S_I	황이 외부로부터 중심부를 향해 감소하여 분포되는 형상으로, 외부보다 중심부쪽의 착색도가 낮게 나타나는 편석
중심부편석	S_C	황이 강재의 중심부에 중점적으로 분포되어 농도가 짙은 착색부가 나타나는 편석
점상편석	S_D	황의 편석부가 짙은 농도로 착색되는 점상편석
선상편석	S_L	황의 편석부가 짙은 농도로 착색되는 선상편석
주상편석	S_{Co}	형강 등에서 자주 발생하는 편석으로 중심부편석이 주상으로 나타난 편석

현미경 조직검사 방법

시험편 채취 → 시험편 가공 및 연마 → 부식액 제조 → 상 관찰

부식액의 종류

재 료	부식액
철강재료	나이탈, 질산 알코올(질산 5mL + 알코올 100mL)
	피크랄, 피크린산 알코올(피크린산 5g + 알코올 100mL)
귀금속(Ag, Pt 등)	왕수(질산 1mL + 염산 5mL + 물 6mL)
Al 및 Al 합금	수산화나트륨(수산화나트륨 20g + 물 100mL)
	플루오린화수소산(플루오린화수소 0.5mL + 물 99.5mL)
Cu 및 Cu 합금	염화제이철 용액(염화제이철 5g + 염산 50mL + 물 100mL)
Ni, Sn, Pb 합금	질산 용액
Zn 합금	염산 용액

비금속 개재물 검사

황화물계 개재물(A 그룹), 알루민산염 개재물(B 그룹), 규산염 개재물(C 그룹), 구형 산화물 개재물(D 그룹), 단일 구형 개재물(DS 그룹)

페라이트 결정입도 측정법

KS D 0209에 규정된 강의 페라이트 결정입도 시험이며 0.2%C 이하인 탄소강의 페라이트 결정입도를 측정하는 시험법으로 비교법(FGC), 절단법(FGI), 평적법(FGP)이 있음

조직량 측정법

관찰되는 전체 상 중 한 종류의 상량을 측정하는 것으로 면적 분율법, 직선법, 점산법이 있음

불꽃시험

강을 그라인더로 연삭할 때 발생하는 불꽃의 색과 모양에 따라 탄소량과 특수원소를 판별하는 시험으로 탄소함량이 높을수록 길이가 짧아지고, 파열 및 불꽃의 양은 많아짐

에릭센시험

재료의 전・연성을 측정하는 시험으로 Cu판, Al판 및 연성판재를 가압성형하여 변형능력을 시험

압축시험

재료를 압축하여 압축강도, 비례한도, 항복점, 탄성계수 등을 측정

크리프

재료를 고온에서 내력보다 작은 응력으로 가해 주면 시간이 지나면서 변형이 진행되는 현상

피로시험

어떤 기계나 구조물 등 제작하여 사용할 때 변동응력, 반복응력이 반복되어도 파괴되지 않는 내구한도를 결정하기 위한 시험

마멸시험

2개 이상의 물체가 서로 접촉하면서 상대운동 시 접촉면이 마찰에 의하여 감소되는 현상을 이용한 시험

파괴검사와 비파괴검사의 차이점

- 파괴검사 : 시험편이 파괴될 때까지 하중, 열, 전류, 전압 등을 가하거나, 화학적 분석을 통해 소재 혹은 제품의 특성을 구하는 검사
- 비파괴검사 : 소재 혹은 제품의 상태, 기능을 파괴하지 않고 소재의 상태, 내부구조 및 사용 여부를 알 수 있는 모든 검사

■ 침투탐상검사

모세관 현상을 이용하여 표면에 열려 있는 개구부(불연속부)에서의 결함을 검출하는 방법

■ 자분탐상검사

강자성체 시험체의 결함에서 생기는 누설자장을 이용하여 표면 및 표면 직하의 결함을 검출하는 방법

■ 초음파탐상검사

초음파(물질 내의 원자 또는 분자의 진동으로 발생하는 탄성파로 20kHz~1GHz 정도의 주파수를 발생시키는 영역대의 음파)를 이용하여 시험체 내부의 결함을 탐상하는 방법

■ 방사선탐상검사

X선, γ선 등 투과성을 가진 전자파로 대상물에 투과시킨 후 결함의 존재 유무를 필름 등의 이미지(필름의 명암도차)로 판단하는 비파괴검사 방법

■ 와전류탐상검사

코일에 고주파 교류 전류를 흘려주면 전자유도현상의 의해 전도성 시험체 내부에 맴돌이 전류를 발생시켜 재료의 특성을 검사

CHAPTER 03 금속열처리

▌시 효

과포화 고용체로부터 다른 상이 석출하는 현상을 이용하여 금속재료 및 그 밖의 성질을 변화시키는 처리로 두랄루민, 베릴륨합금의 열처리에 적용

▌일반열처리의 목적

- 담금질(퀜칭) : 강도 또는 경도 증가
- 뜨임(템퍼링) : 인성 부여
- 풀림(어닐링) : 조직의 연화 및 적절한 가공상태로 하기 위한 목적, 잔류응력 제거
- 불림(노멀라이징) : 균일한 표준조직을 만듦
- 심랭처리(서브제로처리) : 잔류 오스테나이트를 마텐자이트화

▌담금질 변태온도

- 550°C : Ar′변태점, 화색 소실 온도, 코 온도
- 250°C : Ar″변태점, M_s(마텐자이트 변태가 시작됨)점

▌냉각방법의 3형식

연속냉각, 2단냉각, 항온냉각

▌변 태

- 동소변태 : 동일한 원소가 원자배열이나 결합방식의 변화
- 자기변태 : 원자의 스핀방향이 바뀌어 자성이 변하는 것

▌공석변태

오스테나이트에서 페라이트와 시멘타이트의 층상구조인 펄라이트로 변태함

▌마텐자이트변태

오스테나이트를 임계냉각속도 이상 급랭하면 탄소가 확산할 시간을 가지지 못하고, α철 안에 과포화된 고용상태로 존재하게 됨

▌ Fe – Fe_3C 상태도에서 변태점

- A_0변태 : 210°C, 시멘타이트의 자기변태
- A_1변태 : 723°C, 공석변태
- A_2변태 : 768°C, 자기변태, 상자성체 ↔ 강자성체로 변화
- A_3변태 : 910°C, 동소변태, α철(BCC) ↔ γ철(FCC)로 변태
- A_4변태 : 1,400°C, 동소변태, γ철(FCC) ↔ δ철(BCC)로 변태

▌ 임계냉각속도

강을 담금질하여 경화시키는 데 필요한 최소냉각속도로, 마텐자이트 조직이 나타나는 최소냉각속도이다. Co, S, Se 등의 원소가 첨가되면 임계냉각속도는 증가한다.

▌ 열처리과정에서 발생하는 조직의 경도 순서

시멘타이트 > 마텐자이트 > 트루스타이트 > 소르바이트 > 펄라이트 > 오스테나이트 > 페라이트

▌ 인상(시간)담금질

변형, 균열 및 치수의 변화를 최소화하기 위해 냉각수 속에 넣어 일정 온도로 급랭한 후 꺼내 유랭시키거나 공랭시키면서 냉각시간을 조절하는 방법

▌ 질량효과

재료 표면은 급랭에 의해 담금질이 잘되는 데 반해 재료의 중심에 가까울수록 안 되는 현상

▌ 일반열처리 냉각방법

- 담금질 : 급랭
- 풀림 : 서랭(노랭)
- 불림 : 공랭

▌ 뜨임취성

뜨임 후 재료에 나타나는 취성으로 주로 Ni·Cr강에 나타나며, 이를 방지하기 위해 냉각속도를 크게 하거나 소량의 Mo, V, W을 첨가

▌ 구상화 풀림

A_1변태점 부근에서 기계적 성질의 개선을 위해 망상 시멘타이트 또는 층상 펄라이트 중의 시멘타이트를 가열처리에 의해 제품 중의 탄소를 구상화시키는 열처리

오스템퍼링

M_s 이상 코(550℃)온도 이하인 온도에서 항온변태가 종료할 때까지 항온을 유지하고, 공기 중으로 냉각하여 베이나이트를 얻는 조작

마템퍼링

M_s와 M_f 사이에서 항온변태가 거의 종료될 때까지 항온을 유지하고, 공기 중에서 냉각하여 마텐자이트와 베이나이트의 혼합조직을 얻는 조작

오스포밍

과랭 오스테나이트 상태에서 소성가공을 한 후 열처리 실시, 가공열처리라고도 함

진공의 단위

1기압(atm) = 1.01×10^5Pa = 760torr = 760mmHg

고온용 염욕

1,000~1,300℃의 온도범위, 염화바륨 단일염 사용

침탄법

강의 표면에 탄소를 확산침투한 후 담금질하여 표면을 경화시킴

질화법

500~600℃의 변태점 이하에서 암모니아가스를 주로 사용하여 질소를 확산침투시켜 표면층 경화

고주파경화법

고주파전류에 의하여 발생한 전자유도전류가 피가열체의 표면층만을 급속히 가열 후 물을 분사하여 급랭시킴으로써 표면층을 경화시키는 열처리

화염경화법

산소-아세틸렌 화염을 사용하여 강의 표면을 적열상태가 되게 가열한 후 냉각수를 뿌려 급랭시켜 강의 표면층만 경화시키는 열처리

금속침투법

제품을 가열한 후 표면에 다른 종류의 금속을 피복시키는 동시에 확산에 의해 합금층을 얻는 방법

종 류	세라다이징	칼로라이징	크로마이징	실리코나이징	보로나이징
침투원소	Zn	Al	Cr	Si	B

내화재

SK 26번(1,580℃) 이상의 내화도를 가진 것으로 규정

- 산성내화재 : 규산(SiO_2)을 다량으로 함유한 내화재, 샤모트벽돌, 규석벽돌
- 염기성내화재 : 마그네시아(MgO)와 산화크롬(Cr_2O_3)을 주성분으로 함
- 중성내화재 : Al_2O_3을 주성분으로 함, 고알루미나질 벽돌, 크롬벽돌

열전쌍온도계

두 종류의 금속선 양단에 온도차와 기전력의 비례관계를 통해 온도를 측정하는 장치

복사(방사)온도계

측정하는 물체가 방출하는 적외선 방사에너지를 이용한 온도계

광고온계

광고온계는 흑체로부터 복사선 가운데 가시광선을 이용한 온도계

숏블라스팅

숏이라고 불리는 강구를 고속으로 분사하여 표면의 스케일을 제거하는 작업

마레이징강의 열처리

마텐자이트+에이징(시효)

수인처리

오스테나이트강의 인성을 증가시키기 위해 적당한 고온에서 수랭하는 열처리 조작, 고망간강이나 18-8 스테인리스강의 열처리에 이용

실루민 개량처리

Al · Si의 대표합금으로 공정점 부근에 주조조직이 거칠고 Si는 육각판 모양의 취성이 있는데 이를 개량처리를 통해 개선함, 플루오린화알칼리, 나트륨, 수산화나트륨, 알칼리 등을 용탕 안에 넣어 조직을 미세화하고 공정점을 이동시킴

CHAPTER 04 금속제도

KS 규격

KS A : 기본, KS B : 기계, KS C : 전기전자, KS D : 금속

가는실선 용도

치수선, 치수보조선, 지시선, 회전단면선, 중심선, 수준면선

2개 이상 선이 중복 시 우선순위

외형선-숨은선-절단선-중심선-무게중심선-치수선

용지의 크기

- A4 용지 : 210×297mm, 가로 : 세로 = 1 : $\sqrt{2}$
- A3 용지 : 297×420mm
- A2 용지 : 420×594mm
- A3 용지는 A4 용지의 가로, 세로 치수 중 작은 치수값의 2배로 하고, 용지의 크기가 증가할수록 같은 원리로 점차적으로 증가함

등각투상도

정면, 평면, 측면을 하나의 투상면 위에 동시에 볼 수 있도록 두 개의 옆면 모서리가 수평선과 30°가 되게 하여 이 세 축이 120°의 등각이 되도록 입체도로 투상한 것을 의미함

온단면도

제품을 절반으로 절단하여 내부 모습을 도시하며, 절단선은 나타내지 않음

한쪽(반)단면도

제품을 1/4 절단하여 내부와 외부를 절반씩 보여주는 단면도

회전도시단면도

핸들, 벨트 풀리, 훅, 축 등의 단면을 표시할 때에는 투상면에 절단한 단면의 모양을 90° 회전하여 안이나 밖에 그린 단면도

표면거칠기의 종류

중심선 평균거칠기(R_a), 최대높이거칠기(R_{max}, R_y), 10점 평균거칠기(R_z)

치수공차

최대허용치수와 최소허용치수와의 차, 위치수허용차와 아래치수허용차와의 차

틈새, 죔새

- 틈새 : 구멍의 치수가 축의 치수보다 클 때, 여유 공간이 발생
- 죔새 : 구멍의 치수가 축의 치수보다 작을 때, 강제적으로 결합시켜야 할 때

끼워맞춤

- 헐거운끼워맞춤 : 항상 틈새가 생기는 상태로 구멍의 최소치수가 축의 최대치수보다 큰 경우
- 억지끼워맞춤 : 항상 죔새가 생기는 상태로 구멍의 최대치수가 축의 최소치수보다 작은 경우
- 중간끼워맞춤 : 상황에 따라서 틈새와 죔새가 발생할 수 있는 경우

나사요소

- 나사의 피치 : 나사산과 나사산 사이의 거리
- 나사의 리드 : 나사를 360° 회전시켰을 때 상하방향으로 이동한 거리

$$L(\text{리드}) = n(\text{줄수}) \times P(\text{피치})$$

묻힘키(성크키)

보스와 축에 키홈을 파고 키를 견고하게 끼워 회전력을 전달함

모 듈

$$\text{모듈} = \frac{\text{피치원지름}}{\text{잇 수}}$$

베어링 안지름

베어링 안지름번호 두자리가 00, 01, 02, 03일 경우 10, 12, 15, 17mm가 되고 04부터 ×5를 하여 안지름을 계산함

금속재료의 호칭

- GC100 : 회주철
- SF340 : 탄소단강품
- SM45C : 기계구조용 탄소강
- SS400 : 일반구조용 압연강재
- SC360 : 탄소주강품
- STC3 : 탄소공구강

Win-Q

※ 핵심이론과 기출문제에 나오는 KS 규격의 표준번호 및 표준명이 변경된 부분이 있으므로 정확한 표준번호와 표준명은 국가표준인증통합정보시스템(e-나라 표준인증, https://www.standard.go.kr)에서 확인하시기 바랍니다.

PART 01

핵심이론

#출제 포인트 분석 #자주 출제된 문제 #합격 보장 필수이론

CHAPTER 01 금속재료 일반

핵심이론 01 금속재료 기초

① 금속의 특성

㉠ 고체상태에서 결정구조를 가진다.

㉡ 전기 및 열의 양도체이다.

㉢ 전・연성이 우수하다.

㉣ 금속 고유의 색을 가진다.

㉤ 소성변형이 가능하다.

② 경금속과 중금속

비중 4.5(5)를 기준으로 이하는 경금속(Al, Mg, Ti, Be), 이상은 중금속(Cu, Fe, Pb, Ni, Sn)이다.

③ 금속의 성질

㉠ 기계적 성질 : 강도, 경도, 인성, 취성, 연성, 전성, 피로한도 등이다.

- 강도 : 재료가 외력에 대하여 작용하는 저항력을 의미(인장강도, 압축강도, 전단강도, 비틀림강도 등)
- 경도 : 한 재료에 다른 재료로 눌렀을 때 그 물체에 대한 저항력의 크기
- 인성 : 충격에 대한 재료의 저항으로 질긴 정도
- 취성 : 충격하중에 쉽게 파괴되는 성질
- 연성 : 인장 시 재료가 변형하여 늘어나는 정도
  Pb > Sn > Zn > Cu > Ni > Fe > Al > Ag > Au
- 전성 : 재료를 가압하여 얇게 펴지는 성질
- 피로한도 : 파괴하중 이하의 하중이 주기적으로 반복되어 적은 하중에서 파괴되는 한도

㉡ 물리적 성질 : 비중, 용융점, 전기전도율, 열전도율, 자성, 융해잠열, 비열, 선팽창계수 등이다.

- 비중 : 물과 같은 부피를 갖는 물체와 무게의 비

[각 금속별 비중]

Mg	1.74	Mn	7.43
Cr	7.19	Co	8.8
Sn	7.28	Ag	10.5
Fe	7.86	Au	19.3
Ni	8.9	Al	2.7
Cu	8.9	Zn	7.1
Mo	10.2	Pb	11.3
W	19.2		

- 용융점 : 고체 금속을 가열시켜 액체로 변화되는 온도점

[각 금속별 용융점]

W	3,410℃	Al	660℃
Cr	1,890℃	Mg	650℃
Fe	1,538℃	Zn	420℃
Co	1,495℃	Pb	327℃
Ni	1,455℃	Bi	271℃
Cu	1,083℃	Sn	231℃
Au	1,063℃	Hg	−38.8℃

- 전기전도율 : $1cm^2$의 단면적인 재료가 1초간 이동시키는 전기량(cal/cm・sec・℃)
  Ag > Cu > Au > Al > Mg > Zn > Ni > Fe > Pb > Sb
- 열전도율 : 물체 내의 분자와 분자 사이의 열에너지 이동(kcal/m・h・℃)
- 자 성
  - 강자성체 : 자기포화상태로 자화되어 있는 집합(Fe, Ni, Co)
  - 상자성체 : 자기장 방향으로 약하게 자화되고, 제거 시 자화되지 않는 물질(Al, Pt, Sn, Mn)

– 반자성체 : 자화 시 외부 자기장과 반대방향으로 자화되는 물질(Hg, Au, Ag, Cu)

- 융해잠열 : 어떤 물질 1g을 용해시키는 데 필요한 열량
- 비열 : 어떤 물질 1g의 온도를 1℃ 올리는 데 필요한 열량
- 선팽창계수 : 어떤 길이를 가진 물체가 1℃ 높아질 때 길이의 증가와 늘기 전 길이와의 비
  – 선팽창계수가 큰 금속 : Pb, Mg, Sn 등
  – 선팽창계수가 작은 금속 : Ir, Mo, W 등

㉢ 화학적 성질 : 부식, 내식성, 이온화

- 부식 : 금속이 물 또는 대기환경에 의해 표면이 비금속 화합물로 변하는 것으로 이온화경향이 H(수소)보다 작은 경우 부식이 힘듦
- 내식성 : 부식이 발생하기 어려운 성질
- 이온화 : 이온화경향이 클수록 산화되기 쉽고 전자친화력이 작다. 또한 수소원자 위에 있는 금속은 묽은 산에 녹아 수소를 방출한다.

  K > Ca > Na > Mg > Al > Zn > Cr > Fe > Co > Ni

  (암기법 : 카카나마 알아크철코니)

㉣ 재료의 가공성 : 주조성, 소성가공성, 절삭성, 접합성

- 주조성 : 금속을 용해하여 제품을 만드는 데 있어서의 난이성
- 소성가공성 : 소성가공이 용이한 정도
- 절삭성 : 절삭의 난이성을 나타내는 정도
- 접합성 : 접합의 만족성의 정도

10년간 자주 출제된 문제

1-1. 비중으로 중금속(Heavy Metal)을 옳게 구분한 것은?

① 비중이 약 2.0 이하인 금속
② 비중이 약 2.0 이상인 금속
③ 비중이 약 4.5 이하인 금속
④ 비중이 약 4.5 이상인 금속

1-2. 금속의 일반적인 특성을 설명한 것 중 틀린 것은?

① 전성 및 연성이 좋다.
② 전기 및 열의 양도체이다.
③ 금속 고유의 광택을 가진다.
④ 수은을 제외한 모든 금속은 상온에서 액체상태이다.

1-3. 주기율표상에 나타난 금속원소 중 용융온도가 가장 높은 원소와 가장 낮은 원소로 올바르게 짝지어진 것은?

① 철(Fe)과 납(Pb)
② 구리(Cu)와 아연(Zn)
③ 텅스텐(W)과 이리듐(Ir)
④ 텅스텐(W)과 수은(Hg)

1-4. 금속의 이온화경향에 대한 설명으로 틀린 것은?

① 금속이 전자를 잃기 쉬운 경향의 순서이다.
② 이온화경향이 큰 순서는 K > Ca > Na > Al이다.
③ 이온화경향이 작을수록 귀한(Noble) 금속 즉, 귀금속이라 한다.
④ 이온화경향의 순서와 전기음성도의 순서는 서로 반대되는 순서를 지닌다.

1-5. 다음 중 산과 작용하였을 때 수소가스가 발생하기 가장 어려운 금속은?

① Ca ② Na
③ Al ④ Au

1-6. 금속에 같은 극이 생겨 서로 반발하는 반자성체 금속이 아닌 것은?

① Bi ② Sb
③ Mn ④ Au

|해설|

1-1

경금속과 중금속 : 비중 4.5(5)를 기준으로 이하를 경금속(Al, Mg, Ti, Be), 이상을 중금속(Cu, Fe, Pb, Ni, Sn)

1-2

금속의 특성 : 고체상태에서 결정구조, 전기 및 열의 양도체, 전·연성 우수, 금속 고유의 색을 가짐, 수은을 제외하고 상온에서 고체상태

1-3

용융점 : 고체금속을 가열시켜 액체로 변화되는 온도점

[각 금속별 용융점]

W	3,410℃	Al	660℃
Cr	1,890℃	Mg	650℃
Fe	1,538℃	Zn	420℃
Co	1,495℃	Pb	327℃
Ni	1,455℃	Bi	271℃
Cu	1,083℃	Sn	231℃
Au	1,063℃	Hg	-38.8℃

1-4

- 부식 : 금속이 물 또는 대기환경에 의해 표면이 비금속 화합물로 변하는 것으로 이온화경향이 H(수소)보다 작은 경우 부식이 힘듦
- 내식성 : 부식이 발생하기 어려운 성질
- 이온화 : 금속이 전자를 잃고 양이온으로 되는 것이며, 이온화경향이 클수록 산화되기 쉽고 전자친화력이 작다. 또한 수소 원자 위에 있는 금속은 묽은 산에 녹아 수소를 방출한다.
  K > Ca > Na > Mg > Al > Zn > Cr > Fe > Co > Ni
  (암기법 : 카카나마 알아크철코니)
- 전기음성도 : 분자에서 원자가 공유 전자쌍을 끌어당기는 상대적 힘의 크기로, 전기음성도가 가장 큰 플루오린(F) 4.0을 기준으로 다른 원자들의 상대적 값을 정한다.

1-5

Au은 이온화경향이 낮은 금속으로 수소가스가 발생하기 가장 어려운 금속이다.

1-6

반자성체(Diamagnetic Material)

수은, 금, 은, 비스무트, 구리, 납, 물, 아연과 같이 자화를 하면 외부 자기장과 반대방향으로 자화되는 물질을 말하며, 투자율이 진공보다 낮은 재질을 말한다.

정답 1-1 ④ 1-2 ④ 1-3 ④ 1-4 ④ 1-5 ④ 1-6 ③

핵심이론 02 | 금속의 상변태

① 결정구조

㉠ 한 금속은 많은 결정구조의 집합체이다.

㉡ 결정입자 : 원자가 규칙적으로 배열되어 있는 공간격자이다.

㉢ 최인접 원자의 개수가 많고 높은 원자조밀도를 가진다.

㉣ 결합의 방향성이 없다.

㉤ 각 원자구는 금속이온을 나타낸다.

㉥ 단위정 : 공간격자를 이루는 최소한의 단위이다.

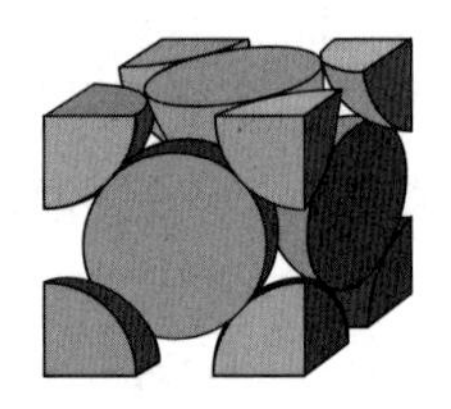

㉦ 격자상수 : 단위포 3개의 모서리 길이이다.

㉧ 배위수 : 각 원자에 최인접, 접촉하는 원자수이다.

㉨ 원자충진율 : 단위정 내에서 원자구가 차지하는 부피 분율이다.

② 고체금속의 결정구조

㉠ 체심입방격자(Body Centered Cubic) : Ba, Cr, Fe, K, Li, Mo, Nb, V, Ta

- 배위수 : 8
- 원자충진율 : 68%
- 단위격자 속 원자수 : 2
- 강도가 크고 용점이 높으며, 전연성이 작다.

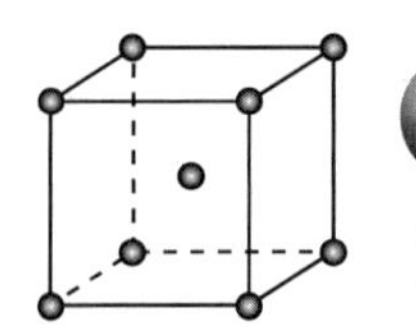

㉡ 면심입방격자(Face Centered Cubic) : Ag, Al, Au, Ca, Ir, Ni, Pb, Ce, Pt

- 배위수 : 12
- 원자충진율 : 74%
- 단위격자 속 원자수 : 4
- 전기전도도가 크며 전연성이 크다.

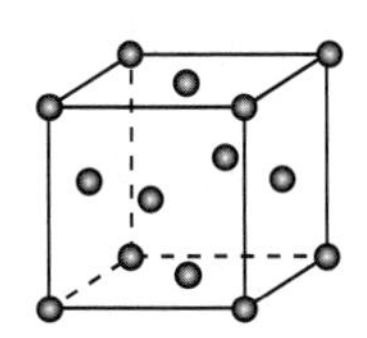

㉢ 조밀육방격자(Hexagonal Close Packed) : Be, Cd, Co, Mg, Zn, Ti

- 배위수 : 12
- 원자충진율 : 74%
- 단위격자 속 원자수 : 2
- 결합력이 적고 전연성이 작다.

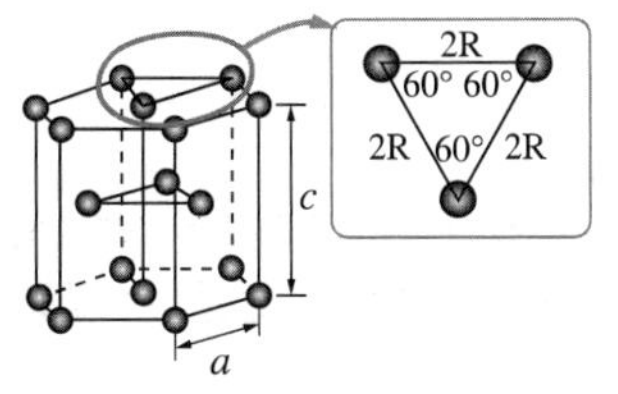

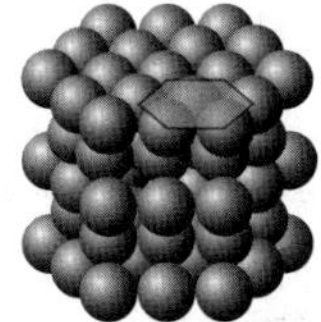

10년간 자주 출제된 문제

2-1. 다음 중 체심입방격자(BCC)의 배위수(최근접원자수)는?

① 4개 ② 8개
③ 12개 ④ 24개

2-2. 다음의 결정구조 중 전연성이 크므로 가공하기 쉬운 격자는?

① 단순입방격자
② 체심입방격자
③ 면심입방격자
④ 조밀육방격자

2-3. 백금(Pt)의 결정격자는?

① 정방격자
② 면심입방격자
③ 조밀육방격자
④ 체심입방격자

|해설|

2-1, 2-3

결정구조

- 체심입방격자(Body Centered Cubic) : Ba, Cr, Fe, K, Li, Mo, Nb, V, Ta
  - 배위수 : 8, 원자충진율 : 68%, 단위격자 속 원자수 : 2
- 면심입방격자(Face Centered Cubic) : Ag, Al, Au, Ca, Ir, Ni, Pb, Ce, Pt
  - 배위수 : 12, 원자충진율 : 74%, 단위격자 속 원자수 : 4
- 조밀육방격자(Hexagonal Close Packed) : Be, Cd, Co, Mg, Zn, Ti
  - 배위수 : 12, 원자충진율 : 74%, 단위격자 속 원자수 : 2

2-2

면심입방격자(FCC)는 전기전도도가 크며 전연성이 좋다.

정답 2-1 ② 2-2 ③ 2-3 ②

핵심이론 03 | 금속의 응고 및 변태

① 액체금속이 온도가 내려감에 따라 응고점에 이르러 응고가 시작되면 원자는 결정을 구성하는 위치에 배열되며, 원자의 운동에너지는 열의 형태로 변화한다.

② 금속의 냉각곡선

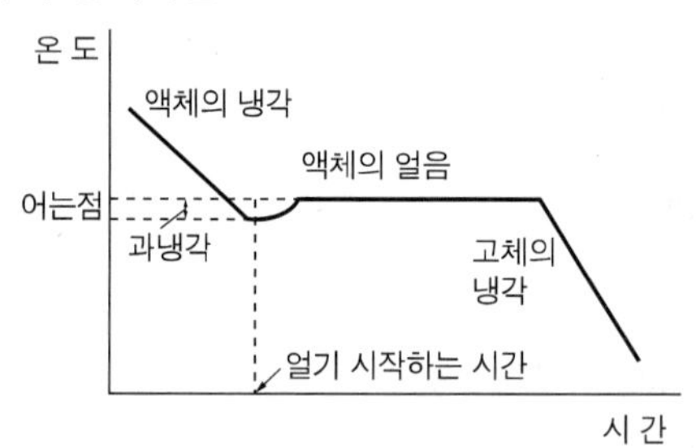

㉠ 과냉각 : 응고점보다 낮은 온도가 되어야 응고가 시작된다.

㉡ 숨은열 : 응고 시 방출되는 열(응고잠열)이다.

③ 수지상 결정 : 생성된 핵을 중심으로 나뭇가지모양으로 발달하여 계속 성장하며 결정립계를 형성한다.

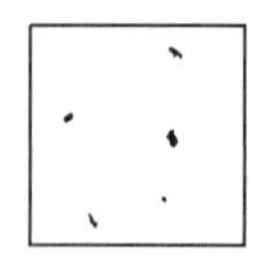
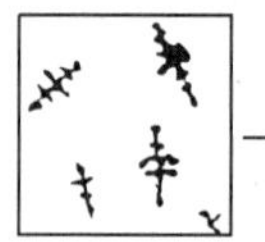
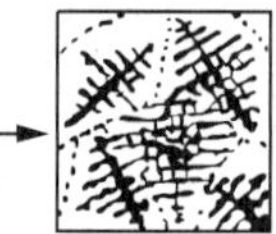

핵 발생 ——→ 결정의 성장 ——→ 결정립계의 형성

④ 결정입자의 미세도 : 응고 시 결정핵이 생성되는 속도와 결정핵의 성장속도에 의해 결정되며, 주상결정과 입상결정입자가 있다.

㉠ 주상결정 : 용융금속이 응고하며 결정이 성장할 때 온도가 높은 방향으로 길게 뻗은 조직이다.
$G \geq V_m$(G : 결정입자의 성장속도, V_m : 용융점이 내부로 전달되는 속도)

㉡ 입상결정 : 용융금속이 응고하며 용융점이 내부로 전달하는 속도가 더 클 때 수지상정이 성장하며, 입상정을 형성한다.
$G < V_m$(G : 결정입자의 성장속도, V_m : 용융점이 내부로 전달되는 속도)

⑤ 금속의 변태

㉠ 상변태 : 한 결정구조에서 다른 결정구조로 바뀌는 것이다.

㉡ 동소변태 : 같은 물질이 다른 상으로 결정구조의 변화를 가져오는 것이다.

㉢ 자기변태 : 원자배열의 변화 없이 전자의 스핀작용에 의해 자성만 변화하는 변태이다.

10년간 자주 출제된 문제

3-1. 금속의 응고과정 순서로 옳은 것은?

① 결정핵의 생성 → 결정의 성장 → 결정립계 형성
② 결정의 성장 → 결정립계 형성 → 결정핵의 생성
③ 결정립계 형성 → 결정의 성장 → 결정핵의 생성
④ 결정핵의 형성 → 결정립계 형성 → 결정의 성장

3-2. 금속을 가열하거나 용융금속을 냉각하면 원자배열이 변화하면서 상변화가 생긴다. 이와 같이 구성원자의 존재형태가 변하는 것을 무엇이라 하나?

① 변 태　　② 자 화
③ 평 형　　④ 인 장

3-3. 용융금속이 응고할 때 작은 결정을 만드는 핵이 생기고, 이 핵을 중심으로 금속 나뭇가지모양으로 발달하는 것을 무엇이라 하는가?

① 입상정
② 수지상정
③ 주상정
④ 결정립

3-4. 용탕을 금속주형에 주입 후 응고할 때, 주형면에서 중심방향으로 성장하는 나란하고 가느다란 기둥모양의 결정을 무엇이라고 하는가?

① 단결정
② 다결정
③ 주상결정
④ 크리스털결정

|해설|

3-1

금속의 응고과정

3-2

금속의 변태

- 상변태 : 한 결정구조에서 다른 결정구조로 바뀌는 것
- 동소변태 : 같은 물질이 다른 상으로 결정구조의 변화를 가져오는 것
- 자기변태 : 원자배열의 변화 없이 자성만 변화하는 변태

3-3

수지상결정 : 생성된 핵을 중심으로 나뭇가지모양으로 발달하여, 계속 성장하며 결정립계를 형성

3-4

주상결정 : 용융금속이 응고하며 결정이 성장할 때 온도가 높은 방향으로 길게 뻗은 조직

$G \geq V_m$(G : 결정입자의 성장속도, V_m : 용융점이 내부로 전달되는 속도)

정답 3-1 ① 3-2 ① 3-3 ② 3-4 ③

핵심이론 04 합 금

① 합금의 정의 : 두 가지 이상 금속 및 비금속원소가 합하여 금속의 성질을 가지는 것이다.

② 고용체(Solid Solution) : 고체상태의 용체이다.

㉠ 침입형 고용체 : 용질원자가 용매원자보다 작은 경우 용매금속의 결정격자 속으로 침입해 들어가는 고용체이다.

㉡ 치환형 고용체 : 용질원자가 용매원자와 위치를 치환하여 들어가는 고용체이다.

㉢ 침입형 고용체와 치환형 고용체를 결정하는 요인은 다음과 같다.

- 원자의 크기 : 두 원자 간 반지름 차이가 대략 ±15% 미만일 경우 치환형 고용체가 가능하다.
- 결정 구조 : 많은 고용도를 가지게 하려면 두 원자종이 같은 결정구조여야 한다.
- 전기음성도 : 두 원소 간 전기음성도차가 클수록 금속 간 화합물을 형성하기 쉽다.
- 원자가 : 낮은 원자가를 가지는 금속보다 높은 원자가를 가지는 금속이 더 많이 고용된다.

③ 불변반응

㉠ 공석반응 : 일정한 온도의 한 고용체에서 두 종류의 고체가 동시에 석출하여 나오는 반응($\gamma \rightarrow \alpha + \beta$)이다.

㉡ 공정반응 : 일정한 온도의 액체에서 두 종류의 고체가 동시에 정출하여 나오는 반응($L \rightarrow \alpha + \beta$)이다.

㉢ 포정반응 : 일정한 온도에서 한 고용체와 용액의 혼합체가 전혀 다른 고체가 형성되는 반응($\alpha + L \rightarrow \beta$)이다.

㉣ 편정반응 : 하나의 액체에서 다른 액상 및 고용체가 동시에 형성되는 반응($L_1 \rightarrow L_2 + \alpha$)이다.

㉤ 포석반응 : 서로 다른 조성의 두 고체가 전혀 다른 하나의 고체로 형성되는 반응($\alpha + \beta \rightarrow \gamma$)이다.

④ 금속 간 화합물

㉠ 각 성분이 서로 간단한 원자비로 결합되어 있는 화합물이다.

㉡ 원래의 특징이 없어지고, 성분금속보다 단단하고 용융점이 높아진다.

㉢ 일반 화합물에 비해 결합력이 약하고, 고온에서 불안정하다.

⑤ 전율 고용체

어떤 비율로 혼합하더라도 단상 고용체를 만드는 합금으로 금과 은, 백금과 금, 코발트와 니켈, 구리와 니켈 등이 있다.

10년간 자주 출제된 문제

4-1. 용액(L_1) → 결정(M) + 용액(L_2)과 같은 반응을 하며, 정해진 온도에서 3상이 평형을 이루는 상태도는?

① 공정형 ② 포정형
③ 편정형 ④ 금속 간 화합물형

4-2. 용융액에서 두 개의 고체가 동시에 나오는 반응은?

① 포석반응 ② 포정반응
③ 공석반응 ④ 공정반응

4-3. 베가드의 법칙(Vegard's Law)에 적용되는 고용체는?

① 침입형 고용체 ② 치환형 고용체
③ 공정형 고용체 ④ 공석형 고용체

|해설|

4-1

편정반응 : 하나의 액체에서 다른 액상 및 고용체가 동시에 형성되는 반응($L_1 \rightarrow L_2 + \alpha$)

4-2

공정반응 : 일정한 온도의 액체에서 두 종류의 고체가 동시에 정출하여 나오는 반응($L \rightarrow \alpha + \beta$)

4-3

- 치환형 고용체 : 용질원자가 용매원자와 위치를 치환하여 들어가는 고용체
- 베가드의 법칙 : 치환형 고용체의 격자 파라미터가 원자 %로 표시되는 성분에 따라 직선으로 변화하는 것

정답 4-1 ③ 4-2 ④ 4-3 ②

핵심이론 05 금속의 조직

① 변태점 측정법 : 시차열분석법, 열분석법, 비열법, 전기저항법, 열팽창법, 자기분석법, X선분석법 등이다.

㉠ 열분석법 : 금속을 가열 냉각 시 열의 흡수 및 방출로 인한 온도의 상승 또는 하강에 의해 온도와 시간과의 관계 곡선으로 변태점을 결정한다.

㉡ 전기저항에 의한 분석법 : 금속의 변태점에서 전기저항이 불연속으로 변화하는 성질을 이용한다.

㉢ 열팽창법 : 온도가 상승하며 팽창이나 변태가 있을 시 팽창곡선에서 변화하는 성질을 이용한다.

㉣ 자기분석법 : 강자성체가 상자성체로 되며, 자기강도가 감소되는 성질을 이용한다.

㉤ X선분석법 : X선의 회절성질을 이용하여 변태점을 측정한다.

② 상(Phase)

㉠ 계 : 한 물질 또는 몇 개의 물질이 집합의 외부와 관계없이 독립해서 한 상태를 이루고 있는 것이다.

㉡ 상 : 1계의 계에 있어 균일한 부분(기체, 액체, 고체는 각각 하나의 상으로 물에서는 3상이 존재함)이다.

㉢ 상률(Phase Rule) : 계 중의 상이 평형을 유지하기 위한 자유도의 법칙이다.

㉣ 자유도 : 평형상태를 유지하며 자유롭게 변화시킬 수 있는 변수의 수이다.

㉤ 깁스(Gibbs)의 상률 : $F = C + 2 - P$(F : 자유도, C : 성분 수, P : 상의 수)

㉥ 상평형 : 하나 이상의 상이 존재하는 계의 평형, 시간에 따라 상의 특성이 불변한다.

㉦ 평형상태도 : 온도와 조성 및 상의 양 사이의 관계이다.

10년간 자주 출제된 문제

5-1. 다음 그림은 물의 상태도이다. 이때 T점의 자유도는 얼마인가?

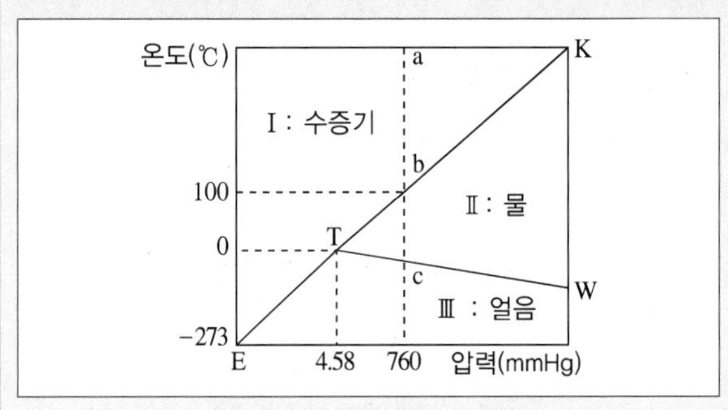

① 0　　② 1
③ 2　　④ 30

5-2. 금속의 변태를 측정하는 시험 방법이 아닌 것은?

① 열분석법　　② 자기분석법
③ 평형측정법　　④ 전기저항법

|해설|

5-1

자유도 F=2+C−P로 C는 구성물질의 성분 수(물 = 1개), P는 어떤 상태에서 존재하는 상의 수(고체, 액체, 기체)로 3이 된다. 즉, F=2+1−3=0로 자유도는 0이다.

5-2

변태점 측정법 : 시차열분석법, 열분석법, 비열법, 전기저항법, 열팽창법, 자기분석법, X선분석법 등

정답 5-1 ① 5-2 ③

핵심이론 06 철강재료

① 철과 강

㉠ 철강의 제조 : 주로 Fe_2O_3이 주성분인 철광석을 이용하여 제선법과 제강법으로 나누어진다.

- 제선법 : 용광로에서 코크스, 철광석, 용제(석회석) 등을 첨가하여 선철을 제조한다.
- 제강법 : 선철의 함유원소를 조절하여 강으로 제조하기 위해 평로제강법, 전로제강법, 전기로제강법 등의 방법을 사용한다.
- 강괴 : 제강작업 후 내열주철로 만들어진 금형에 주입하여 응고시킨 것이다.
  - 킬드강 : 용강 중 Fe−Si, Al 분말 등 강탈산제를 첨가하여 산소가 거의 없는 완전 탈산된 강으로 기포가 없고 편석이 적은 장점이 있고, 기계적 성질이 양호하다.
  - 세미킬드강 : 탈산 정도가 킬드강과 림드강의 중간 정도인 강으로 구조용강, 강판 재료에 사용된다.
  - 림드강 : 탈산처리가 중간 정도 된 용강을 그대로 금형에 주입하여 응고시킨 강이다.
  - 캡트강 : 용강을 주입 후 뚜껑을 씌어 내부편석을 적게 한 강으로 내부결함은 적으나 표면결함이 많다.

㉡ 철강의 분류

- 제조방법에 따른 분류 : 전로법, 평로법, 전기로법
- 탈산도 : 킬드강, 세미킬드강, 림드강, 캡트강
- 용도에 의한 분류
  - 구조용강 : 보통강, 저합금강, 침탄강, 질화강, 스프링강, 쾌삭강
  - 공구용강 : 탄소공구강, 특수공구강, 다이스강, 고속도강
  - 특수용도용강 : 베어링강, 자석강, 내식강, 내열강

• 조직에 의한 분류
  - 순철 : 0.025%C 이하
  - 아공석강 : 0.025~0.8%C
  - 공석강 : 0.8%C
  - 과공석강 : 0.8~2.0%C
  - 아공정주철 : 2.0~4.3%C
  - 공정주철 : 4.3%C
  - 과공정주철 : 4.3~6.67%C

② 순 철

㉠ 순철의 정의 : 탄소함유량이 0.025%C 이하인 철
해면철(0.03%C) > 연철(0.02%C) > 카르보닐철(0.02%C) > 암코철(0.015%C) > 전해철(0.008%C)

㉡ 순철의 성질
• A_2, A_3, A_4 변태를 가진다.
• A_2 변태 : 768℃
  강자성 $\alpha-\text{Fe} \Leftrightarrow$ 상자성 $\alpha-\text{Fe}$
• A_3 변태 : $\alpha-\text{Fe(BCC)} \Leftrightarrow \gamma-\text{Fe(FCC)}$
• A_4 변태 : $\gamma-\text{Fe(FCC)} \Leftrightarrow \delta-\text{Fe(BCC)}$
• 각 변태점에서는 불연속적으로 변화한다.
• 자기변태는 원자의 스핀방향에 따라 자성이 바뀐다.
• 고온에서 산화가 잘 일어나며, 상온에서 부식된다.
• 내식력이 약하다.
• 강·약산에 침식되고, 비교적 알칼리에 강하다.

10년간 자주 출제된 문제

6-1. 용강 중에 기포나 편석은 없으나 중앙 상부에 큰 수축공이 생겨 불순물이 모이고 Fe-Si, Al 분말 등의 강한 탈산제로 완전 탈산한 강은?

① 킬드강 ② 캡트강
③ 림드강 ④ 세미킬드강

6-2. 용강 중에 Fe-Si 또는 Al 분말 등 강한 탈산제를 첨가하여 완전히 탈산시킨 강은?

① 림드강 ② 킬드강
③ 캡트강 ④ 세미킬드강

6-3. 아공석강의 탄소함유량(%C)으로 옳은 것은?

① 0.025~0.8%C ② 0.8~2.0%C
③ 2.0~4.3%C ④ 4.3~6.67%C

6-4. 탄소량을 약 0.8% 함유한 강은?

① 공석강 ② 아공석강
③ 과공석강 ④ 공정주철

6-5. 다음 중 연강의 탄소함량은 약 몇 %인가?

① 0.14 ② 0.45
③ 0.55 ④ 0.85

6-6. 철강은 탄소함유량에 따라 순철, 강, 주철로 구별한다. 순철과 강, 강과 주철을 구분하는 탄소량은 약 몇 %인가?

① 0.025%, 0.8% ② 0.025%, 2.0%
③ 0.80%, 2.0% ④ 2.0%, 4.3%

|해설|

6-1, 6-2
• 강괴 : 제강작업 후 내열주철로 만들어진 금형에 주입하여 응고시킨 것
• 킬드강 : 용강 중 Fe-Si, Al 분말 등 강탈산제를 첨가하여 산소가 거의 없는 완전 탈산된 강으로 기포가 없고 편석이 적은 장점이 있고, 기계적 성질이 양호하다.

6-3
아공석강의 탄소함유량은 0.025~0.8%C이며, 공석강 0.8%C, 과공석강 0.8~2.0%C이다.

6-4, 6-6
탄소강의 조직에 의한 분류
• 순철 : 0.025%C 이하
• 아공석강 : 0.025~0.8%C
• 공석강 : 0.8%C
• 과공석강 : 0.8~2.0%C
• 아공정주철 : 2.0~4.3%C
• 공정주철 : 4.3%C
• 과공정주철 : 4.3~6.67%C

6-5
연강은 탄소함유량이 0.12% 이하인 강을 의미하며, 가장 근접한 0.14%가 정답이 된다.

정답 6-1 ① 6-2 ② 6-3 ① 6-4 ① 6-5 ① 6-6 ②

핵심이론 07 철 – 탄소 평형상태도

① Fe–C 2원 합금 조성(%)과 온도와의 관계를 나타낸 상태도로 변태점, 불변반응, 각 조직 및 성질을 알 수 있다.

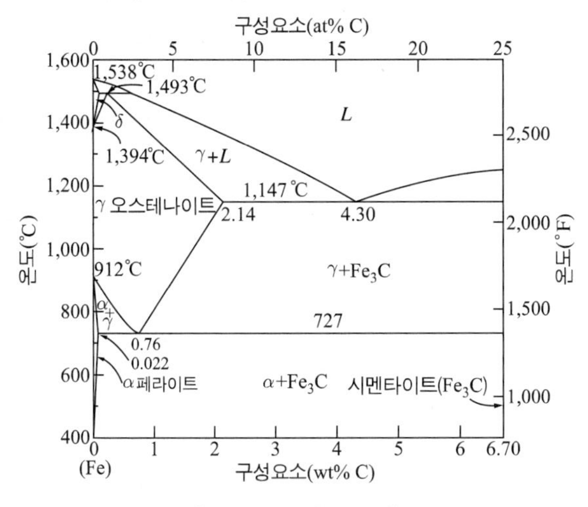

[철–탄소 평형상태도]

② 변태점

㉠ A_0 변태 : 210℃, 시멘타이트 자기변태점

㉡ A_1 변태 : 723℃, 철의 공석 온도

㉢ A_2 변태 : 768℃, 순철의 자기변태점

㉣ A_3 변태 : 910℃, 철의 동소변태

㉤ A_4 변태 : 1,400℃, 철의 동소변태

③ 불변반응

㉠ 공석점 : 723℃, $\gamma - Fe \Leftrightarrow \alpha - Fe + Fe_3C$

㉡ 공정점 : 1,130℃, Liquid $\Leftrightarrow \gamma - Fe + Fe_3C$

㉢ 포정점 : 1,490℃, Liquid $+ \delta - Fe \Leftrightarrow \gamma - Fe$

④ Fe–C 평형상태도 내 탄소함유량

$\alpha - Fe$(0.025%C), $\gamma - Fe$(2.0%C), Fe_3C(금속 간 화합물, 6.67%C)

⑤ 탄소강의 조직

㉠ 페라이트(Ferrite)

- $\alpha - Fe$, 탄소함유량 0.025%C까지 함유한 고용체로 강자성체이며 전연성이 크다.
- 체심입방격자(BCC)의 결정구조를 가지며, 순철에 가까워 전연성이 뛰어나다.

㉡ 오스테나이트(Austenite)

- $\gamma - Fe$, 탄소함유량이 2.0%C까지 함유한 고용체로 비자성체이며 인성이 크다.
- 면심입방격자(FCC)의 결정구조를 가지며, A_1 변태점 이상 가열 시 얻을 수 있다.

㉢ 펄라이트

- α 철+시멘타이트, 탄소함유량이 0.85%C일 때 723℃에서 발생하며, 내마모성이 강하다.
- 페라이트와 시멘타이트가 층상조직으로 관찰되어지며, 강자성체이다.

㉣ 레데부라이트

γ–철 + 시멘타이트, 탄소함유량이 2.0%C와 6.67%C의 공정주철의 조직으로 나타난다.

㉤ 시멘타이트

Fe_3C, 탄소함유량이 6.67%C인 금속 간 화합물로 매우 강하며 메짐이 있다. 또한 A_0 변태를 가져 210℃에서 시멘타이트의 자기변태가 일어나며, 백색의 침상 조직을 가진다.

10년간 자주 출제된 문제

7-1. Fe-C 평형상태도에서 변태점에 대한 설명으로 옳은 것은?

① A_1 변태점을 철의 자기변태점이라 한다.
② A_3, A_4 변태점을 동소변태점이라 한다.
③ A_2 변태점을 시멘타이트의 자기변태점이라 한다.
④ A_3 변태점 온도는 210℃이고, A_4 변태점 온도는 768℃이다.

7-2. 주철의 조직으로 오스테나이트와 시멘타이트의 공정인 조직의 명칭은?

① 베이나이트
② 소르바이트
③ 트루스타이트
④ 레데부라이트

7-3. 동소변태에 대한 설명으로 옳은 것은?

① A_3와 A_4 변태를 동소변태라 한다.
② A_0와 A_2 변태를 동소변태라 한다.
③ 자기적 성질이 변하는 것을 동소변태라 한다.
④ 전자의 스핀작용에 의해 강자성체에서 자성체로 변화하는 것을 동소변태라 한다.

7-4. 자기변태에 대한 설명으로 옳은 것은?

① Fe의 자기변태점은 210℃이다.
② 결정격자가 변화하는 것이다.
③ 강자성을 잃고 상자성으로 변화하는 것이다.
④ 일정한 온도 범위 안에서 급격히 비연속적인 변화가 일어난다.

|해설|

7-1, 7-3

동소변태란 같은 물질이 다른 상으로 결정구조의 변화를 가져오는 것으로 Fe-C 평형상태도에서는 A_3, A_4 동소변태점을 가지고 있다.

7-2

레데부라이트 : γ-철 + 시멘타이트, 탄소함유량이 2.0%C와 6.67%C의 공정주철의 조직으로 나타난다.

7-4

자기변태 : 원자배열의 변화 없이 전자의 스핀작용에 의해 자성만 변화하는 변태

정답 7-1 ② 7-2 ④ 7-3 ① 7-4 ③

핵심이론 08 함유된 물질의 영향

① 탄소강에 함유된 원소의 영향

㉠ 탄소강에 함유된 5대 원소 : C, P, S, Si, Mn

㉡ 탄소(C) : 탄소량의 증가에 따라 인성, 충격치, 비중, 열전도율, 열팽창계수는 감소하며 전기저항, 비열, 항자력, 경도, 강도는 증가하게 된다. 또한 화합탄소를 형성하여 경도를 유지하게 한다.

㉢ 인(P) : Fe과 결합하여 Fe_3P을 형성하며 결정입자 조대화를 촉진시킨다. 인장강도, 경도를 다소 증가시키지만 연신율을 감소시키고, 상온에서 충격값을 저하시켜 상온메짐의 원인이 된다.

㉣ 황(S) : FeS로 결합되면 융점이 낮아지며, 고온에서 취약하고 가공 시 파괴의 원인이 된다. 또한 적열취성의 원인이 된다.

㉤ 규소(Si) : 선철 원료 및 탈산제(Fe-Si)로 많이 사용되며, 유동성·주조성이 양호해진다. 경도 및 인장강도, 탄성 한계를 높이며 연신율, 충격값을 감소시킨다.

㉥ 망간(Mn) : 적열취성의 원인이 되는 황(S)을 MnS의 형태로 결합하여 슬래그를 형성하여 제거되어, 황의 함유량을 조절하며 절삭성을 개선시킨다.

② 각종 취성에 대한 설명

㉠ 저온취성 : 0℃ 이하 특히 -20℃ 이하의 온도에서는 급격하게 취성을 갖게 되어 충격을 받으면 부서지기 쉬운 성질이다.

㉡ 상온취성 : P을 다량 함유한 강에서 발생하며 Fe_3P로 결정입자가 조대화되며, 경도·강도는 높아지나 연신율이 감소하는 메짐으로 특히 상온에서 충격값이 감소된다.

㉢ 청열취성 : 냉간가공 영역 안 210~360℃ 부근에서 기계적 성질인 인장강도는 높아지나 연신이 갑자기 감소하는 현상이다.

㉣ 적열취성 : 황이 많이 함유되어 있는 강이 고온(950℃ 부근)에서 메짐(강도는 증가, 연신율은 감소)이 나타나는 현상이다.

㉤ 백열취성 : 1,100℃ 부근에서 일어나는 메짐으로, 황이 주원인으로 결정립계의 황화철이 융해하기 시작하는 데 따라서 발생한다.

㉥ 수소취성 : 고온에서 강에 수소가 들어간 후 200~250℃에서 분자 간의 미세한 균열이 발생하여 취성을 갖는 성질이다.

③ 비금속 개재물의 영향

㉠ 재료의 내부에 점 상태로 존재해 인성을 저하하고 메짐의 원인이 된다.

㉡ 열처리 시 개재물로부터 균열이 발생한다.

㉢ 산화철, Al_2O_3, SiO_2 등 단조, 압연 중 균열을 일으키며, 고온메짐의 원인이 된다.

10년간 자주 출제된 문제

8-1. 철강 내에 포함된 다음 원소 중 철강의 성질에 미치는 영향이 가장 큰 것은?

① Si ② Mn
③ C ④ P

8-2. 담금질 효과를 높이며, 뜨임취성을 방지하기 위한 합금강의 첨가원소는?

① Ni ② Mo
③ Mn ④ Si

8-3. 탄소강은 210~360℃ 부근에서 인장강도는 높아지나 연신율이 갑자기 감소하여 메짐(취성)을 가지게 되는 현상은?

① 저온메짐
② 고온메짐
③ 적열메짐
④ 청열메짐

8-4. 탄소강 중의 비금속 개재물이 미치는 영향을 설명한 것 중 틀린 것은?

① 침탄강, 베어링강 등에서 열처리할 때 피로파괴의 원인이 된다.
② 비금속 개재물은 황화물, 산화물, 질화물 등으로 구성된다.
③ 압연할 때 적열메짐의 원인이 된다.
④ 제강공정 중 기포를 생성한다.

8-5. 강에 인(P)이 많이 함유되면 나타나는 결함은 무엇인가?

① 적열메짐 ② 연화메짐
③ 저온메짐 ④ 고온메짐

|해설|

8-1

- 탄소강에 함유된 5대 원소 : C, P, S, Si, Mn
- 탄소(C) : 탄소량의 증가에 따라 인성, 충격치, 비중, 열전도율, 열팽창계수는 감소하며 전기저항, 비열, 항자력, 경도, 강도는 증가한다. 또한 화합탄소를 형성하여 경도를 유지하게 한다.

8-2

Mo : 페라이트 중 조직을 강화하는 능력이 Cr, Ni보다 크고, 크리프 강도를 높이는 데 사용한다. 또한 뜨임메짐을 방지하고 열처리효과를 깊게 한다.

8-3, 8-5

- 상온메짐(저온메짐) : P을 다량 함유한 강에서 발생하며 Fe_3P로 결정입자가 조대화되며, 경도·강도는 높아지나 연신율이 감소하는 메짐으로 특히 상온에서 충격값이 감소된다. 저온메짐의 경우 겨울철 기온과 비슷한 온도에서 메짐 파괴가 일어난다.
- 청열메짐 : 냉간가공 영역 안, 210~360℃ 부근에서 기계적 성질인 인장강도는 높아지나 연신이 갑자기 감소하는 현상이다.

8-4

비금속 개재물은 Fe_2O_3, FeO, MnS, MnO, Al_2O_3, SiO_2 등이 있으며, 다음과 같은 영향을 준다.

- 재료의 내부에 점 상태로 존재하여 인성을 저하시키고 메짐의 원인이 된다.
- 열처리 시 개재물로부터 균열이 생긴다.
- 산화철, Al_2O_3 등은 압연이나 단조작업 중 균열을 일으키기 쉬우며, 고온메짐의 원인이 된다.

정답 8-1 ③ 8-2 ② 8-3 ④ 8-4 ④ 8-5 ③

핵심이론 09 특수강

① 특수강의 기초

㉠ 특수강 : 보통강에 하나 또는 2종의 원소를 첨가하여 특수한 성질을 부여한 강이다.

㉡ 특수강의 목적

기계적 성질 증대, 내식성·내마모성 증대, 고온에서의 기계적 성질 저하 방지, 결정입도 성장 방지, 담금질능 향상이 목적이다.

② 특수강의 분류

분 류	강의 종류	용 도
구조용	• 강인강(Ni강, Mn강, Ni－Cr강, Ni-Cr-Mo강 등) • 표면경화용강(침탄강, 질화강)	크랭크축, 기어, 볼트, 피스톤, 스플라인축 등
공구용	• 절삭용강 (W강, Cr-W강, 고속도강) • 다이스강 (Cr강, Cr-W강, Cr-W-V강) • 게이지강 (Mn강, Mn-Cr－W강)	절삭공구, 프레스 금형, 고속 절삭공구 등
내식·내열용	스테인리스강 (Cr강, Ni-Cr강)	칼, 식기, 주방용품, 화학장치
	내열강 (고Cr강, Cr-Ni강, Cr-Mo강)	내연기관 밸브, 고온 용기
특수 목적용	쾌삭강(Mn-S강, Pb강)	볼트, 너트, 기어 등
	스프링강 (Si-Mn강, Si-Cr강, Cr-V강)	코일스프링, 판스프링 등
	내마멸강	파쇄기, 레일 등
	영구자석강 (담금질 경화형, 석출 경화형)	항공, 전화 등 계기류
	전기용강 (Ni-Cr계, Ni-Cr-Fe계, Fe-Cr-Al계)	고온 전기저항재 등
	불변강(Ni강, Ni-Cr강)	바이메탈, 시계진자 등

③ 특수강에 함유된 원소의 영향

㉠ Ni : 오스테나이트 구역 확대 원소로 내식·내산성이 증가하며, 시멘타이트를 불안정하게 만들어 흑연화를 촉진시킨다.

㉡ Mn : 탈산제 및 적열취성 방지 원소이며, 담금질성을 높게 하는 특징을 가진다. 또한 시멘타이트를 안정하게 하고, A_3 변태점을 내려가게 하여 오스테나이트를 안정하게 한다.

㉢ Cr : 탄소와 결합하여 탄화물을 형성하고 내마멸성, 내식, 내열성을 향상시킨다. 또한 결정입자 성장을 방지하며, 적은 양에도 경도·강도를 높이고 담금질성을 좋게 한다.

㉣ W : 고온강도, 경도가 높아지며, 탄화물을 생성하는 특징을 가진다. 잔류자기 및 보자력이 커 영구자석용으로 많이 쓰인다.

㉤ Mo : 페라이트 중 조직을 강화하는 능력이 Cr, Ni보다 크고, 크리프강도를 높이는 데 사용한다. 또한 뜨임메짐을 방지하고 열처리효과를 깊게 한다.

㉥ Si : 전자기적 성질을 개선시키고, 산소와 친화력이 강해 탈산제로도 사용된다.

㉦ V : 고온경도 및 내마모성을 증대시키고 인장강도, 탄성한계를 높인다.

④ 첨가원소가 변태점, 경화능에 미치는 영향

㉠ 변태온도를 내리고 속도가 늦어지는 원소 : Ni

㉡ 변태온도가 높아지고 속도가 늦어지는 원소 : Cr, W, Mo

㉢ 탄화물을 만드는 것 : Ti, Cr, W, V 등

㉣ 페라이트 고용강화를 시키는 것 : Ni, Si 등

㉤ 질량효과를 작게 하는 원소 : Ni, Cr, Mo 등

㉥ 변태온도 및 속도에 영향이 없는 원소 : Cu, S, Si, Ti 등

⑤ 특수강의 종류

㉠ 구조용 특수강 : Ni강, Ni-Cr강, Ni-Cr-Mo강, Mn강(듀콜강, 해드필드강), Ni, Cr, Mo, W, V 등을 첨가하여 강인성을 좋게 한 강

• Ni강 : Ni은 페라이트 중에 고용되어 강인성을 증가시키며, 경화층이 대단히 크다.

• Cr강 : Cr은 담금질 시 경화능을 좋게 하고 질량효과를 개선시키기 위해 사용한다. 따라서 담금질이 잘되면 경도, 강도, 내마모성 등의 성질이 개선되며, 임계 냉각속도를 느리게 하여 공기 중에서 냉각하여도 경화하는 자경성이 있다. 하지만 입계부식을 일으키는 단점도 있다.
• Ni-Cr-Mo강 : Mo은 뜨임저항을 방지하는 목적으로 사용하며, 담금질 시 질량효과를 감소시키고 뜨임메짐을 방지한다. 고급 내연기관의 크랭크축, 강력 볼트, 기어 등에 사용한다.
• Ni-Cr강 : Ni은 페라이트 기지의 인성 증가, Cr은 탄화물에 의한 경도 증가로 강인성이 증가하며, 담금질 경화성이 좋은 강으로 고온에서도 결정립이 조대해지지 않아 기계적 성질이 증가된다.
• Mn강
  - 저망간강(듀콜강) : Mn이 1.0~1.5% 정도 함유되어 펄라이트 조직을 형성하고 있는 강으로 롤러, 교량 등에 사용된다.
  - 고망간강(해드필드강) : Mn이 10~14% 정도 함유되어 오스테나이트 조직을 형성하고 있는 강으로 인성이 높고 내마모성이 우수하다. 수인법으로 담금질하며 철도레일, 질드롤 등에 사용된다.

㉡ 내열강

페라이트계 내열강, 오스테나이트계 내열강, 테르밋(탄화물, 붕화물, 산화물, 규화물, 질화물)

• 내열강의 구비 조건
  - 고온에서 화학적, 기계적 성질이 안정될 것
  - 사용온도에서 변태 혹은 탄화물 분해가 되지 않을 것
  - 열에 의한 팽창 및 변형이 발생하지 않을 것
• 페라이트(Ferrite)계 내열강 : Fe-Cr강으로 내식성 증대 및 크리프강도가 좋다.
• 오스테나이트(Austenite)계 내열강 : 18-8(Cr-Ni) 스테인리스강에 Ti, Mo, Ta, W 등을 첨가하여 고온에서 페라이트계보다 내열성이 크다.
• 테르밋 : 비금속분말(탄화물, 붕화물, 산화물 등)을 금속성분에 의해 소결결합시킨 복합재료로 초내열 재료이다. 터빈 날개와 같이 고용융점이 필요한 부품에 사용된다.

㉢ 스테인리스강

Cr 또는 Cr-Ni계가 있으며, 표면이 치밀한 Cr_2O_3의 산화피막이 형성되어 내식성이 뛰어난 강, 불수강

• 조직학상 분류 : 페라이트계, 마텐자이트계, 오스테나이트계
• Ferrite 스테인리스강 : 13%의 Cr이 첨가되어 내식성을 증가시켜 질산에는 침식이 안 되나 다른 산류에서는 침식이 발생한다.
• Martensite계 스테인리스강 : 12~14%의 Cr이 첨가되어 탄화물의 영향으로 담금질성은 좋으나, 풀림처리에도 냉간가공성이 나쁘다.
• Austenite계 스테인리스강 : 18%Cr-8%Ni이 대표적인 강으로, 비자성체이며 산과 알칼리에 강하다.

㉣ 공구용 특수강

특수공구강, 다이스강, 고속도강, 스텔라이트, 소결 탄화물 합금

• 합금공구강(STS)

  절삭용 및 내충격용, 내마모용 합금공구강이 있으며, 강인성·내마모성이 좋고 열처리변형이 적은 것에 사용된다.
• 고속도강(SKH)

  18%W-4%Cr-1%V으로 절삭공구강에서 대표적으로 사용되며, 고속절삭에도 연화되지 않으며, 열전도율이 나쁘고 자경성을 가지고 있다.

• 스텔라이트

- 경질 주조 합금 공구 재료로 주조한 상태 그대로 연삭하여 사용하는 비철합금이다.
- Co-Cr-W-C, 단조가공이 안 되어 금형주조에 의해 제작된다.
- 600℃ 이상에서는 고속도강보다 단단하여 절삭능력이 고속도강보다 1.5~2.0배 크다.
- 취성이 있어 충격에 의해 쉽게 파괴가 일어난다.

• 소결탄화물

금속탄화물을 코발트를 결합제로 소결하는 합금, 비디아, 미디아, 카볼로이, 텅갈로이 등

㉤ 전자기용

Si강판, 센더스트(5~15%Si-3~8%Al), 퍼멀로이(Fe-70~90%Ni) 등이 있다.

㉥ 쾌삭강

황쾌삭강, 납쾌삭강, 흑연쾌삭강으로 Pb, S 등을 소량 첨가하여 절삭성을 향상시킨 강이다.

㉦ 게이지강 : 내마모성, 담금질 변형 및 내식성 우수한 재료로 치수 변화가 작아 블록게이지 등 정밀계측기에 사용된다.

㉧ 불변강

인바(36%Ni 함유), 엘린바(36%Ni-12%Cr 함유), 플라티나이트(42~46%Ni 함유), 코엘린바(Cr-Co-Ni 함유)로 탄성계수가 작고, 공기나 물속에서 부식되지 않는 특징이 있어 정밀계기재료, 차, 스프링 등에 사용된다.

㉨ 스프링강

강철선, 피아노선에 많이 쓰이며 Si-Mn, Cr-V강 등이 대표적이다.

10년간 자주 출제된 문제

9-1. 특수강에서 다음 금속이 미치는 영향으로 틀린 것은?

① Si : 전자기적 성질을 개선한다.
② Cr : 내마멸성을 증가시킨다.
③ Mo : 뜨임메짐을 방지한다.
④ Ni : 탄화물을 만든다.

9-2. 구조용 합금강, 공구용 합금강을 나눌 때 기어, 축 등에 사용되는 구조용 합금강 재료에 해당되지 않는 것은?

① 침탄강 ② 강인강
③ 질화강 ④ 고속도강

9-3. 공구용 재료로서 구비해야 할 조건이 아닌 것은?

① 강인성이 커야 한다.
② 내마멸성이 작아야 한다.
③ 열처리와 공작이 용이해야 한다.
④ 상온과 고온에서의 경도가 높아야 한다.

9-4. 스텔라이트(Stellite)에 대한 설명으로 틀린 것은?

① 열처리를 실시하여야만 충분한 경도를 갖는다.
② 주조한 상태 그대로를 연삭하여 사용하는 비철합금이다.
③ 주요 성분은 40~55%Co, 25~33%Cr, 10~20%W, 2~5%C, 5%Fe이다.
④ 600℃ 이상에서는 고속도강보다 단단하며, 단조가 불가능하고 충격에 의해서 쉽게 파손된다.

9-5. 표준 고속도강의 조성으로 옳은 것은?

① 15%(Cr)-4%(W)-1%(V)
② 15%(Mo)-4%(Cr)-1%(V)
③ 18%(Cr)-4%(In)-1%(V)
④ 18%(W)-4%(Cr)-1%(V)

9-6. 주위의 온도변화에 따라 선팽창계수나 탄성률 등의 특정한 성질이 변화하지 않는 강은?

① 베어링강 ② 스프링강
③ 쾌삭강 ④ 불변강

9-7. 강에 S, Pb 등의 특수원소를 첨가하여 절삭할 때, 칩을 잘게 하고 피삭성을 좋게 만든 강은 무엇인가?

① 불변강 ② 쾌삭강
③ 베어링강 ④ 스프링강

10년간 자주 출제된 문제

9-8. 절삭공구강의 일종으로 500~560℃까지 가열하여도 연화되지 않고 고온에서도 경도 감소가 작으며 주요성분이 W, Cr, V 등 함유되어 있는 이 공구강 표시기호는?

① STC ② STD
③ SKH ④ STS

9-9. 18-8 스테인리스강에 대한 설명으로 틀린 것은?

① 강자성체이다.
② 내식성이 우수하다.
③ 오스테나이트계이다.
④ 18%Cr-8%Ni의 합금이다.

9-10. 담금질효과를 높이며, 뜨임취성을 방지하기 위한 합금강의 첨가원소는?

① Ni ② Mo
③ Mn ④ Si

9-11. 다음 중 소결탄화물 공구강이 아닌 것은?

① 듀콜(Ducole)강 ② 미디아(Midia)
③ 카볼로이(Carboloy) ④ 텅갈로이(Tungalloy)

|해설|

9-1

Ni : 오스테나이트 구역 확대 원소로 내식·내산성이 증가하며, 시멘타이트를 불안정하게 만들어 흑연화를 촉진시킨다.

9-2

- 구조용강 : 보통강, 저합금강, 침탄강, 질화강, 스프링강, 쾌삭강
- 공구용강 : 탄소공구강, 특수공구강, 다이스강, 고속도강

9-3

공구용 재료는 강인성과 내마모성이 커야 하며, 경도·강도가 높아야 한다.

9-4

스텔라이트는 경질 주조 합금 공구 재료로 주조한 상태 그대로 연삭하여 사용하는 비철합금이다.

9-5

표준형 고속도강은 탄소(C) 기반으로 텅스텐(18%)-크롬(4%)-바나듐(1%)으로 이루어져 있다.

9-6

불변강 : 인바(36%Ni 함유), 엘린바(36%Ni-12%Cr 함유), 플라티나이트(42~46%Ni 함유), 코엘린바(Cr-Co-Ni 함유)로 탄성계수가 작고, 공기나 물속에서 부식되지 않는 특징이 있어 정밀계기 재료, 차, 스프링 등에 사용된다.

9-7

쾌삭강에는 황쾌삭강, 납쾌삭강, 흑연쾌삭강이 있으며 Pb, S 등을 소량 첨가하여 절삭성이 향상시킨 강이다. 피삭성이란 칩이 잘게 잘 잘려져나가는 것을 의미한다.

9-8

고속도강(SKH) : 18%W-4%Cr-1%V으로 절삭공구강에서 대표적으로 사용되며, 고속절삭에도 연화되지 않으며, 열전도율이 나쁘고 자경성을 가지고 있다.

9-9

Austenite계 스테인리스강 : 18%Cr-8%Ni이 대표적인 강으로 비자성체에 산과 알칼리에 강하다.

9-10

Mo : 페라이트 중 조직을 강화하는 능력이 Cr, Ni보다 크고, 크리프 강도를 높이는 데 사용한다. 또한 뜨임메짐을 방지하고 열처리효과를 깊게 한다.

9-11

- 구조용 특수강 : Ni강, Ni-Cr강, Ni-Cr-Mo강, Mn강(듀콜강, 해드필드강)
- 소결탄화물 : 금속탄화물을 코발트를 결합제로 소결하는 합금, 비디아, 미디아, 카볼로이, 텅갈로이 등

정답 9-1 ④ 9-2 ④ 9-3 ② 9-4 ① 9-5 ④ 9-6 ④ 9-7 ② 9-8 ③ 9-9 ① 9-10 ② 9-11 ①

핵심이론 10 주 철

① 주 철

㉠ 주철 : Fe-C 상태도적으로 봤을 때 2.0~6.67%C가 함유된 합금을 말하며, 2.0~4.3%C를 아공정주철, 4.3%C를 공정주철, 4.3~6.67%C를 과공정주철이라 한다. 주철은 경도가 높고 취성이 크며, 주조성이 좋은 특성을 가진다.

㉡ 주철에 함유된 탄소

- 유리탄소 : 유리된 상태로 존재하며, Si가 많고 냉각속도가 느릴 때 나타나며 흑연이라고도 한다.
- 화합탄소 : 화합된 상태로 펄라이트 또는 시멘타이트로 존재하며, Fe_3C에서 3Fe+C로 분해되는 경우가 있다.
- 전탄소 : 유리탄소와 화합탄소를 합한 탄소량을 의미한다.

② 주철의 조직도

㉠ 마우러 조직도 : C, Si의 양과 조직의 관계를 나타낸 조직도이다.

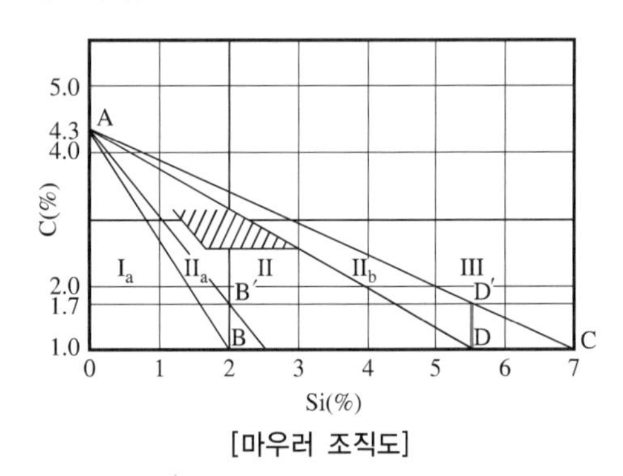

[마우러 조직도]

- Ⅰ : 백주철(펄라이트+Fe_3C)
- $Ⅱ_a$: 반주철(펄라이트+Fe_3C+흑연)
- Ⅱ : 펄라이트 주철(펄라이트+흑연)
- $Ⅱ_b$: 회주철(펄라이트+페라이트)
- Ⅲ : 페라이트 주철(페라이트+흑연)

㉡ 주철 조직의 상관관계 : C, Si량 및 냉각속도

㉢ 주철에 함유된 원소의 영향

- 탄소(C) : 탄소가 4.3%C까지 증가되면 용융점은 저하되고, 주조성이 좋아진다.
- 규소(Si) : Si의 증가에 따라 흑연화가 진행되어 시멘타이트가 적어진다.
- 망간(Mn) : MnS을 형성하는 탈황제로 사용된다.
- 황(S) : FeS을 형성하여 취성을 야기하고 Si에 의한 흑연화 작용을 방해한다.
- 인(P) : 3원 공정인 스테다이트(Ferrite-Cementite-Fe_3P)로 존재하며, 시멘타이트가 많아지며 경도가 높고 취성이 큰 성질을 가진다.

③ 주철의 성질

㉠ 탄소가 2.0~6.67%C로 경도가 높고, 취성이 큰 특징이 있다.

㉡ 경도는 시멘타이트 양에 비례하여 증가하고, Si에 의해 분해되어 경도가 낮아진다.

㉢ 인(P)이 첨가되면 스테다이트를 형성하므로 경도가 높아진다.

㉣ 인장강도, 경도가 높을수록 비중이 증가하는 경향을 보인다.

㉤ 화합탄소가 적고, 유리탄소가 균일하게 분포될수록 투자율은 커진다.

㉥ 전기비저항은 Si와 Ni이 증가할수록 높아진다.

㉦ 인장강도는 흑연의 함유량과 형상에 따라 달라지며 압축강도는 인장강도의 3~4배 크다.

㉧ 흑연이 자체적으로 윤활작용을 해 내마모성이 크다.

㉨ Si와 C가 많을수록 비중과 용융온도는 저하하며, Si, Ni의 양이 많아질수록 고유저항은 커지며, 흑연이 많을수록 비중이 작아진다.

㉩ 주철의 성장 : 600℃ 이상의 온도에서 가열과 냉각을 반복하면 주철의 부피가 증가하여 균열이 발생하는 것이다.

㉪ 주철의 성장원인 : 시멘타이트의 흑연화, Si의 산화에 의한 팽창, 균열에 의한 팽창, A_1 변태에 의한 팽창 등이다.

ⓔ 주철의 성장방지책 : Cr, V을 첨가하여 흑연화를 방지, 구상조직을 형성하고 탄소량 저하, Si 대신 Ni로 치환한다.

④ 주철의 분류

㉠ 파단면에 따른 분류 : 회주철, 반주철, 백주철

㉡ 탄소함량에 따른 분류 : 아공정주철, 공정주철, 과공정주철

㉢ 일반적인 분류 : 보통주철, 고급주철, 합금주철, 특수주철(가단주철, 칠드주철, 구상흑연주철)

⑤ 주철의 종류

㉠ 보통주철 : 편상흑연과 페라이트가 다수인 주철로 기계구조용에 사용한다.

㉡ 고급주철 : 인장강도가 높고 미세한 흑연이 균일하게 분포된 주철로 란츠법, 에멜법의 방법으로 제조되고, 미하나이트주철이 대표적인 고급주철에 속한다.

- 미하나이트주철 : 저탄소·저규소의 주철에 Ca-Si를 접종해 강도를 높인 주철이다.
- 접종 : 흑연의 핵을 미세하게 하여 조직이 균일하게 분포하도록 하기 위해 C, Si, Ca, Al 등을 첨가하여 흑연의 핵 생성을 빠르게 하는 것이다.

㉢ 칠드주철 : 금형의 표면 부위는 급랭시키고, 내부는 서랭시켜 표면은 경하고 내부는 강인성을 갖는 주철로 내마멸성을 요하는 롤이나 바퀴에 많이 쓰인다.

㉣ 가단주철 : 백심가단주철, 흑심가단주철, 펄라이트 가단주철이 있으며 탈탄, 흑연화, 고강도를 목적으로 사용한다.

㉤ 구상흑연주철 : 흑연을 구상화하여 균열을 억제시키고 강도 및 연성을 좋게 한 주철로 시멘타이트형, 펄라이트형, 페라이트형이 있으며, 구상화제로는 Mg, Ca, Ce, Ca-Si, Ni-Mg 등이 있다.

10년간 자주 출제된 문제

10-1. 다음 중 주철의 성질로 틀린 것은?

① 메짐이 크다.
② 단조할 수 있다.
③ 탄소가 2.11% 이상이다.
④ 용융상태에서 주조를 한다.

10-2. 표면은 단단하고 내부는 회주철로 강인한 성질을 가지며 압연용 롤, 철도 차량, 분쇄기 롤 등에 사용되는 주철은?

① 칠드주철
② 흑심가단주철
③ 백심가단주철
④ 구상흑연주철

10-3. 황(S)이 적은 선철을 용해하여 구상흑연주철을 제조할 때 많이 사용되는 흑연구상화제는?

① Zn
② Mg
③ Pb
④ Mn

10-4. 감쇠능이 커서 진동을 많이 받는 방직기의 부품이나 기어박스 등에 많이 사용되는 재료는?

① 연 강
② 회주철
③ 공석강
④ 고탄소강

10-5. 주철의 조직으로 오스테나이트와 시멘타이트의 공정인 조직의 명칭은?

① 베이나이트
② 소르바이트
③ 트루스타이트
④ 레데부라이트

|해설|

10-1
주철은 취성이 커서 단조할 수 없다.

10-2
칠드주철 : 금형의 표면 부위는 급랭시키고, 내부는 서랭시켜 표면은 경하고 내부는 강인성을 갖는 주철로 내마멸성을 요하는 롤이나 바퀴에 많이 쓰인다.

10-3
구상흑연주철의 구상화는 마카세(Ma, Ca, Ce)로 암기한다.

10-4
회주철은 편상흑연이 있어 진동을 잘 흡수하는 성질을 가지며 방직기 부품, 기어, 기어박스 및 기계몸체 등의 재료로 많이 사용된다.

10-5
레데부라이트 : γ-철 + 시멘타이트, 탄소함유량이 2.0%C와 6.67%C의 공정주철의 조직으로 나타난다.

정답 10-1 ② 10-2 ① 10-3 ② 10-4 ② 10-5 ④

핵심이론 11 | 비철금속재료

① 구리 및 구리합금

㉠ 성질 : 면심입방격자, 융점 1,083℃, 비중 8.9, 내식성이 우수하다.

㉡ 황동의 특성

- Cu-Zn의 합금, α상 면심입방격자, β상 체심입방격자
- 황동의 종류 : 7:3황동(70%Cu-30%Zn), 6:4황동(60%Cu-40%Zn), 톰백(5~20%Zn, 모조금)
- 내식성이 우수하고, 산화력이 큰 질산 및 고온의 황산에는 침식된다.
- 탈아연부식 : 6 : 4황동에서 주로 나타나며 황동의 표면 또는 내부가 해수 혹은 부식성 물질이 있는 액체와 접촉되면 아연이 녹아버리는 현상이다.
  - 방지법 : Zn이 30% 이하인 α황동을 사용, 0.1~0.5%의 As 또는 Sb, 1%의 Sn 첨가된 황동을 사용
- 자연균열(응력부식균열) : 공기 중 암모니아와 같은 염류에 의해 입계부식을 일으켜 가공 시 내부응력에 의해 균열이 발생하는 현상이다.
  - 방지법 : 도금, 페인팅(칠), 가공재를 180~260℃로 응력제거풀림 처리
- 고온 탈아연 : 고온에서 증발에 의해 황동의 표면으로부터 아연이 탈출하는 현상이다.
  - 방지법 : 표면에 산화물 피막을 형성

㉢ 특수황동의 종류

- 쾌삭황동 : 황동에 1.5~3.0% 납을 첨가하여 절삭성이 좋은 황동이다.
- 델타메탈 : 6:4황동에 Fe 1~2% 첨가한 강이다. 강도, 내산성 우수, 선박, 화학기계용에 사용한다.
- 주석황동 : 황동에 Sn 1% 첨가한 강, 탈아연부식을 방지한다.
- 애드미럴티황동 : 7:3황동에 Sn 1% 첨가한 강으로, 전연성 우수, 판, 관, 증발기 등에 사용한다.
- 네이벌황동 : 6:4황동에 Sn 1% 첨가한 강으로, 판, 봉, 파이프 등에 사용한다.
- 니켈황동 : Ni-Zn-Cu 첨가한 강으로 양백이라고도 한다. 전기저항체에 주로 사용한다.

㉣ 청동의 특성

- Cu-Sn의 합금, α, β, γ, δ 등 고용체 존재, 해수에 내식성 우수, 산, 알칼리에 약하다.
- 인장강도는 20%Sn에서 최대이며, 경도는 30%Sn에서 최대이다.
- 대기 및 해수에는 내식성이 있으나 고온에서 산화되기 쉽다.

㉤ 청동합금의 종류

- 애드미럴티포금 : 8~10%Sn-1~2%Zn을 첨가한 합금이다.
- 베어링청동 : 주석청동에 Pb 3% 정도 첨가한 합금, 윤활성 우수, 납청동
- Al청동 : 8~12%Al 첨가한 합금(Al-Ni-Fe-Mn), 화학공업, 선박, 항공기 등에 사용한다.
- Ni청동 : Cu-Ni-Si 합금, 전선 및 스프링재에 사용하며, 콜슨합금이 대표적 합금이다.
  - CA합금 : 이 합금에 3~6%Al을 첨가한 합금으로 스프링 재료이다.
  - CAZ합금 : CA합금에 10% 이하인 Zn을 첨가한 합금으로 장거리 전선용이다.
- Si청동 : 2~3% Si를 첨가한 합금으로 용접성이 우수하고 응력 부식 균열 저항성이 우수하다.
- 인청동 : 청동에 탈산제인 P를 첨가한 강으로 Sn, P이 포함된 청동, 밸브, 스프링재에 사용한다.

10년간 자주 출제된 문제

11-1. 구리 및 구리합금에 대한 설명으로 옳은 것은?

① 구리는 자성체이다.
② 금속 중에 Fe 다음으로 열전도율이 높다.
③ 황동은 주로 구리와 주석으로 된 합금이다.
④ 구리는 이산화탄소가 포함되어 있는 공기 중에서 녹청색 녹이 발생한다.

11-2. 다음 비철금속 중 구리가 포함되어 있는 합금이 아닌 것은?

① 황 동 ② 톰 백
③ 청 동 ④ 하이드로날륨

11-3. 10~20%Ni, 15~30%Zn에 구리 약 70%의 합금으로 탄성재료나 화학기계용 재료로 사용되는 것은?

① 양 백 ② 청 동
③ 엘린바 ④ 모넬메탈

11-4. 황동에서 탈아연부식이란 무엇인가?

① 황동제품이 공기 중에 부식되는 현상
② 황동 중에 탄소가 용해되는 현상
③ 황동이 수용액 중에서 아연이 용해하는 현상
④ 황동 중의 구리가 염분에 녹는 현상

11-5. 진공 또는 Co의 환원성 분위기에서 용해 주조하여 만들며 O_2나 탈산제를 품지 않는 구리는?

① 전기구리
② 전해인성구리
③ 탈산구리
④ 무산소구리

|해설|

11-1
구리는 비자성체이며, Ag(은) 다음으로 열전도율이 높다. 또 황동은 구리와 아연의 합금, 청동은 구리와 주석의 합금이다. 공기 중에서 녹청색 녹이 형성된다.

11-2
Al–Mg : 하이드로날륨, 내식성이 우수

11-3
- 니켈황동 : Ni – Zn – Cu 첨가한 강, 양백이라고도 함, 전기저항체에 주로 사용
- 청동 : Cu–Sn의 합금, α, β, γ, δ 등 고용체 존재, 해수에 내식성 우수, 산・알칼리에 약함
- 엘린바 : 36%Ni – 12%Cr 함유하며, 탄성계수가 작고 공기나 물속에서 부식되지 않음
- 모넬메탈 : 니켈합금으로 60%Ni을 포함하고 내식・내열용으로 사용

11-4
탈아연부식(Dezincification) : 황동의 표면 또는 내부까지 불순한 물질이 녹아 있는 수용액의 작용으로 탈아연되는 현상으로 6 : 4황동에 많이 사용된다. 방지법으로는 Zn이 30% 이하인 α황동을 쓰거나 As, Sb, Sn 등을 첨가한 황동을 사용한다.

11-5
구리 내 산소가 0.02% 이하인 것을 탈산구리, 0.01% 이하인 것을 저산소구리, 0.001% 이하인 것을 무산소구리라 한다.

정답 11-1 ④ 11-2 ④ 11-3 ① 11-4 ③ 11-5 ④

핵심이론 12 알루미늄과 알루미늄합금

① 알루미늄의 성질

㉠ 비중 2.7, 용융점 660℃, 내식성이 우수하며 산·알칼리에 약하다.

㉡ 대기 중 표면에 산화알루미늄(Al_2O_3)을 형성하여 얇은 피막으로 인해 내식성이 우수하다.

㉢ 산화물 피막을 형성시키기 위해 수산법, 황산법, 크롬산법을 이용한다.

② 주조용 알루미늄합금

㉠ Al-Cu : 12%Cu를 첨가하여 주물재료로 사용하며 고용체의 시효경화가 일어난다. 내식성이 떨어지며 고온에서 균열이 발생한다. 상온시효를 일으키며, 시간의 경과에 따라 강도와 경도가 증가한다.

㉡ Al-Si : 실루민, 10~14%Si를 첨가하며 Na을 첨가하여 개량화처리를 실시한다. 용융점이 낮고 유동성이 좋아 넓고 복잡한 모래형 주물에 이용한다. 개량화처리 시 용탕과 모래형 수분과의 반응으로 수소를 흡수하여 기포가 발생한다. 다이캐스팅에는 급랭으로 인해 조직이 미세화된다. 열간메짐이 없고 Si 함유량이 많아질수록 팽창계수와 비중은 낮아지며 주조성, 가공성이 나빠진다.

- 개량화처리 : 금속나트륨, 수산화나트륨, 플루오린화 알칼리, 알칼리염류 등을 용탕에 장입하면 조직이 미세화되는 처리이다.

㉢ Al-Cu-Si : 라우탈, 주조성 및 절삭성이 좋다.

③ 가공용 알루미늄합금

㉠ Al-Cu-Mn-Mg : 두랄루민, 시효경화성 합금으로 항공기, 차체 부품 등에 쓰인다.

- 용체화처리 : 합금원소를 고용체 용해온도 이상으로 가열하여 급랭시켜 과포화 고용체로 만들어 상온까지 유지하는 처리로 연화된 이후 시효에 의해 경화된다.
- 시효경화 : 용체화처리 후 100~200℃의 온도로 유지하여 상온에서 안정한 상태로 돌아가며 시간이 지나면서 경화되는 현상이다.

㉡ Al-Mn : 알민, 가공성과 용접성이 우수하며 저장탱크, 기름탱크에 사용된다.

㉢ Al-Mg-Si : 알드리(알드레이), 내식성과 전기전도율이 우수하여 송전선 등에 사용된다.

㉣ Al-Mg : 하이드로날륨, 내식성이 우수하다.

㉤ 알클래드 : 고강도 합금판재인 두랄루민의 내식성 향상을 위해 순수 Al 또는 Al합금을 피복한 것으로 강도와 내식성이 동시에 증가한다.

④ 내열용 알루미늄합금

㉠ Al-Cu-Ni-Mg : Y합금, 석출경화용 합금으로 실린더, 피스톤, 실린더헤드 등에 사용한다.

㉡ Al-Ni-Mg-Si-Cu : 로엑스, 내열성 및 고온강도가 크다.

㉢ Y합금-Ti-Cu : 코비탈륨, Y합금에 Ti, Cu를 0.2% 정도씩 첨가한 것으로 피스톤에 사용한다.

10년간 자주 출제된 문제

12-1. Al-Mg-Si계 합금은 Al에 0.5%Si, 0.43%Mg이 함유된 합금으로 담금질 후에 상온가공에 의하여 기계적 성질이 개선되고 내식성이 우수하고, 전기전도율이 좋아 송전선에 많이 사용 되는 것은?

① 알 민 ② 두랄루민
③ 알드리 ④ 알클래드

12-2. 다음 중 두랄루민과 관련이 없는 것은?

① 용체화처리 ② 상온시효처리한다.
③ 알루미늄합금 ④ 단조경화합금이다.

12-3. Al에 1~1.5%의 Mn을 합금한 내식성 알루미늄합금으로 가공성, 용접성이 우수하여 저장탱크, 기름탱크 등에 사용되는 것은?

① 알 민 ② 알드리
③ 알클래드 ④ 하이드로날륨

12-4. 알루미늄합금 중 시효처리에 의해 석출경화를 이용하는 열처리형 합금이 아닌 것은?

① 2000계 ② 3000계
③ 6000계 ④ 7000계

12-5. Al-Si계 합금에 관한 설명으로 틀린 것은?

① Si 함유량이 증가할수록 열팽창계수가 낮아진다.
② 실용합금으로는 10~13%의 Si가 함유된 실루민이 있다.
③ 용융점이 높고 유동성이 좋지 않아 복잡한 모래형 주물에는 이용되지 않는다.
④ 개량처리를 하면 용탕과 모래 수분과의 반응으로 수소를 흡수하여 기포가 발생된다.

|해설|

12-1

가공용 알루미늄합금

- Al-Cu-Mn-Mg : 두랄루민, 시효경화성 합금, 항공기와 차체 부품에 사용
- Al-Mn : 알민, 가공성, 용접성 우수, 저장탱크, 기름탱크에 사용
- Al-Mg-Si : 알드리(알드레이), 내식성 우수, 전기전도율 우수, 송전선 등에 사용
- Al-Mg : 하이드로날륨, 내식성이 우수
- 알클래드 : 고강도 합금판재인 두랄루민의 내식성 향상을 위해 순수 Al 또는 Al합금을 피복한 것. 강도와 내식성 동시 증가

12-2

Al-Cu-Mn-Mg : 두랄루민, 시효경화성 합금, 항공기와 차체 부품에 사용

- 용체화처리 : 합금원소를 고용체 용해온도 이상으로 가열하여 급랭시켜 과포화 고용체로 만들어 상온까지 유지하는 처리로 연화된 이후 시효에 의해 경화
- 시효경화 : 용체화처리 후 100~200℃의 온도로 유지하여 상온에서 안정한 상태로 돌아가며 시간이 지나면서 경화가 되는 현상

12-3

Al-Mn : 알민, 가공성, 용접성 우수, 저장탱크・기름탱크에 사용

12-4

알루미늄합금의 분류

가공형태	열처리형태	합금성분별
단련용 합금 (압출, 압연, 단조, 프레스 등의 가공에 사용되는 합금)	비열처리용 합금 (고용체 강화, 분산 강화 및 가공 경화에 의해 재료 성질 개선)	순알루미늄(1000계)
		Al-Mn계(3000계)
		Al-Si계(4000계)
		Al-Mg계(5000계)
	열처리용 합금 (시효경화 열처리 방법에 의해 재질 강화)	Al-Cu-Mg계(2000계)
		Al-Mg-Si계(6000계)
		Al-Zn-Mg계(7000계)

12-5

Al-Si : 실루민, 10~14%Si를 첨가하며 Na을 첨가하여 개량화처리를 실시함, 용융점이 낮고 유동성이 좋아 넓고 복잡한 모래형 주물에 이용함. 개량화처리 시 용탕과 모래형 수분과의 반응으로 수소를 흡수하여 기포가 발생함. 다이캐스팅에는 급랭으로 인한 조직의 미세화, 열간메짐이 없음

정답 12-1 ③ 12-2 ④ 12-3 ① 12-4 ② 12-5 ③

핵심이론 13 | 기타 금속합금

① 니켈 및 니켈합금

㉠ 면심입방격자에 상온에서 강자성을 띠며, 알칼리에 잘 견딘다.

㉡ 니켈합금의 종류

- Ni-Cu합금
  - 양백(Ni-Zn-Cu) : 장식품, 계측기
  - 콘스탄탄(40%Ni-55~60%Cu) : 열전쌍
  - 모넬메탈(60%Ni) : 내식·내열용
- Ni-Cr합금
  - 니크롬(Ni-Cr-Fe) : 전열 저항성(1,100℃)
  - 인코넬(Ni-Cr-Fe-Mo) : 고온용 열전쌍, 전열기 부품
  - 알루멜(Ni-Al)-크로멜(Ni-Cr) : 1,200℃ 온도 측정용

② 마그네슘 및 마그네슘합금

㉠ 마그네슘의 성질

- 비중 1.74, 용융점 650℃, 조밀육방격자형
- 전기전도율은 Cu, Al보다 낮다.
- 알칼리에는 내식성이 우수하나 산이나 염수에 침식이 진행된다.
- O_2에 대한 친화력이 커 공기 중 가열, 용해 시 폭발이 발생한다.

㉡ 마그네슘합금의 종류

- 주물용 마그네슘합금 : Mg-Al계(4~6%Al을 첨가한 강), Mg-희토류계(디디뮴 : 미시메탈에서 세륨을 제외한 합금원소를 첨가해 기계적 성질을 개선)
- 가공용 마그네슘합금 : Mg-Al-Zn계, Mg-Zn-Zr계, Mg-Zn-RE계 등

③ 기타 금속 및 합금의 성질

㉠ 아연과 그 합금 : 비중 7.14, 용융점 419℃, 조밀육방격자 구조로 쌍정을 가진다. 베어링용 합금, 금형용 합금 등이 있다.

※ 쌍정(Twin) : 소성변형 시 상이 거울을 중심으로 대칭으로 나타나는 것과 같은 현상

㉡ 주석과 그 합금 : 비중 7.3, 용융점 232℃, 상온에서 재결정이 일어나며 SnO_2을 형성해 내식성을 증가시킨다.

㉢ 타이타늄과 그 합금 : 비중 4.54, 용융점 1,670℃, 내식성이 우수하며 조밀육방격자 구조이다. 고온성질이 우수하다.

㉣ 코발트와 그 합금 : 비중 8.85, 용융점 1,490℃, 조밀육방격자 구조이며 방사선 동위원소로도 사용한다.

㉤ 납과 그 합금 : 비중 11.3, 용융점 325℃, 주조성, 윤활성, 내식성이 우수하며, X선 차단재로 사용한다.

㉥ 저용융점합금 : 250℃ 이하에서 용융점을 가지는 합금이다(Pb, Bi, Sn, In 등).

㉦ 베어링합금

- 특 징
  - 화이트메탈, Cu-Pb합금, Sn청동, Al합금, 주철, Cd합금, 소결합금
  - 경도와 인성, 항압력이 필요하다.
  - 하중에 잘 견디고 마찰계수가 작아야 한다.
  - 비열 및 열전도율이 크고 주조성과 내식성이 우수하다.
  - 소착(Seizing)에 대한 저항력이 커야 한다.
- Cu계 베어링합금 : 포금, 인청동, 납청동계의 켈밋 및 Al계 청동이 있으며 켈밋은 주로 항공기, 자동차용 고속베어링으로 적합하다.
- Al계 베어링합금 : 고강도 마찰저항과 열전도율이 크고, 균일한 조직을 얻어 미끄럼베어링으로 사용한다.
- Cd계 베어링합금 : NI, Ag, Cu 및 Mg 등 소량 첨가한 것은 피로강도와 고온에서 경도가 커 하중이 큰 고속베어링에 사용한다.

- 오일리스 베어링(Oilless Bearing) : 분말야금에 의해 제조된 소결 베어링합금으로 분말상 Cu에 약 10%Sn과 2%흑연 분말을 혼합하여 윤활제 또는 휘발성 물질을 가한 후 가압성형하여 소결한 것이다. 급유가 어려운 부분의 베어링용으로 사용한다.

10년간 자주 출제된 문제

13-1. 독성이 없어 의약품, 식품 등의 포장형 튜브 제조에 많이 사용되는 금속으로 탈색효과가 우수하며, 비중이 약 7.3인 금속은?

① 주석(Sn) ② 아연(Zn)
③ 망간(Mn) ④ 백금(Pt)

13-2. 다음 중 베어링용 합금이 갖추어야 할 조건 중 틀린 것은?

① 마찰계수가 크고 저항력이 작을 것
② 충분한 점성과 인성이 있을 것
③ 내식성 및 내소착성이 좋을 것
④ 하중에 견딜 수 있는 경도와 내압력을 가질 것

13-3. 비료공장의 합성탑, 각종 밸브와 그 배관 등에 이용되는 재료로 비강도가 높고, 열전도율이 낮으며 용융점이 약 1,670℃인 금속은?

① Ti ② Sn
③ Pb ④ Co

13-4. 저용융점 합금의 용융온도는 약 몇 ℃ 이하인가?

① 250 이하 ② 450 이하
③ 550 이하 ④ 650 이하

13-5. 마그네슘 및 마그네슘합금의 성질에 대한 설명으로 옳은 것은?

① Mg의 열전도율은 Cu와 Al보다 높다.
② Mg의 전기전도율은 Cu와 Al보다 높다.
③ Mg합금보다 Al합금의 비강도가 우수하다.
④ Mg알칼리에 잘 견디나 산이나 염수에는 침식된다.

|해설|

13-1

주석과 그 합금 : 비중 7.3, 용융점 232℃, 상온에서 재결정, SnO_2을 형성해 내식성 증가

13-2

베어링합금
- 화이트메탈, Cu-Pb합금, Sn청동, Al합금, 주철, Cd합금, 소결합금
- 경도와 인성, 항압력이 필요
- 하중에 잘 견디고 마찰계수가 작아야 함
- 비열 및 열전도율이 크고 주조성과 내식성 우수
- 소착(Seizing)에 대한 저항력이 커야 함

13-3

타이타늄과 그 합금 : 비중 4.54, 용융점 1,670℃, 내식성 우수, 조밀육방격자, 고온성질 우수

13-4

저용융점합금 : 250℃ 이하에서 용융점을 가지는 합금

13-5

마그네슘의 성질
- 비중 1.74, 용융점 650℃, 조밀육방격자형
- 전기전도율은 Cu, Al보다 낮다.
- 알칼리에는 내식성이 우수하나 산이나 염수에 침식이 진행된다.
- O_2에 대한 친화력이 커 공기 중 가열, 용해 시 폭발이 발생한다.

정답 13-1 ① 13-2 ① 13-3 ① 13-4 ① 13-5 ④

핵심이론 14 신소재 및 그 밖의 합금

① 금속복합재료

㉠ 섬유강화 금속복합재료(FRM, Fiber Reinforced Metals)

- 휘스커 같은 섬유를 Al, Ti, Mg 등의 합금 중에 균일하게 배열시켜 복합시킨 재료이다.
- 강화섬유는 비금속계와 금속계로 구분한다.
- Al 및 Al합금이 기지로 가장 많이 사용되며, Mg, Ti, Ni, Co, Pb 등이 있다.
  - 제조법 : 주조법, 확산결합법, 압출 또는 압연법 등

㉡ 분산강화 금속복합재료

- 금속에 0.01~0.1μm 정도의 산화물을 분산시킨 재료이다.
- 고온에서 크리프특성이 우수하다. Al, Ni, Ni-Cr, Ni-Mo, Fe-Cr 등이 기지로 사용된다.
- 저온 내열재료(SAP, Sintered Aluminium Powder Product) : Al 기지 중에 Al_2O_3의 미세입자를 분산시킨 복합재료로 다른 Al합금에 비해 350~550℃에서도 안정한 강도를 지닌다.
- 고온 내열재료(TD Ni, Thoria Dispersion Strengthened Nickel) : Ni 기지 중에 ThO_2입자를 분산시킨 내열재료로 고온 안정성이 우수하다.
  - 제조법 : 혼합법, 열분해법, 내부산화법 등

㉢ 입자강화 금속복합재료 : 분말야금법으로 금속에 1~5μm 비금속 입자를 분산시킨 재료이다(서멧, Cermet).

- 제조법 : 소결, 분말야금법

② 클래드재료

㉠ 두 종류 이상의 금속 특성을 얻는 재료로, 주로 바이메탈에 사용된다.

㉡ 제조법 : 폭발압착법, 압연법, 확산결합법, 단접법, 압출법 등

③ 다공질재료 : 다공성이 큰 성질을 이용한 재료이다.

④ 형상기억합금 : 힘에 의해 변형되더라도 특정온도에 올라가면 본래의 모양으로 돌아오는 합금으로 Ti-Ni이 대표적으로 마텐자이트 상변태를 일으킨다.

※ 마텐자이트 변태 : Fe이 온도 상승에 따라 $\alpha-$Fe(BCC)에서 $\gamma-$Fe, $\delta-$Fe로 외관의 변화를 보이지 않는 고체 간의 상변태

⑤ 제진재료

㉠ 진동과 소음을 줄여주는 재료로 제진계수가 높을수록 감쇠능이 좋다.

㉡ 제진합금 : Mg-Zr, Mn-Cu, Ti-Ni, Cu-Al-Ni, Al-Zn, Fe-Cr-Al 등

㉢ 내부마찰이 매우 크며 진동에너지를 열에너지로 변환시키는 능력이 크다.

㉣ 제진기구는 훅의 법칙을 따르며 외부에서 주어진 에너지가 재료에 흡수되어 진동이 감쇠하게 되며 열에너지로 변환된다.

⑥ 비정질합금

㉠ 금속을 용해 후 고속급랭시켜 원자가 규칙적으로 배열되지 못하고 액체상태로 응고되어 금속이 되는 것이다.

㉡ 제조법 : 기체급랭법(진공증착법, 스퍼터링법), 액체급랭법(단롤법, 쌍롤법, 원심급랭법, 분무법)

⑦ 자성재료

㉠ 경질자성재료 : 알니코, 페라이트, 희토류계, 네오디뮴, Fe-Cr-Co계 반경질 자석, Nd 자석 등

㉡ 연질자성재료 : Si강판, 퍼멀로이, 센더스트, 알펌, 퍼멘듈, 슈퍼멘듈 등

10년간 자주 출제된 문제

14-1. 재료를 실온까지 온도를 내려서 다른 형상으로 변형시켰다가 다시 온도를 상승시키면 어느 일정한 온도 이상에서 원래의 형상으로 변화하는 성질을 이용한 합금으로 대표적인 합금이 Ni-Ti계인 합금의 명칭은?

① 형상기억합금
② 비정질합금
③ 클래드합금
④ 제진합금

14-2. 서멧(Cermet)과 관련이 있는 것은?

① 다공질재료
② 클래드재료
③ 입자강화 금속복합재료
④ 섬유강화 금속복합재료

14-3. 전위 등의 결함이 없는 재료를 만들기 위하여 휘스커 섬유에 Al, Ti, Mg 등의 연성과 인성 높은 금속을 합금 중에 균일하게 배열시킨 재료는 무엇인가?

① 클래드재료
② 입자강화 금속복합재료
③ 분산강화 금속복합재료
④ 섬유강화 금속복합재료

14-4. 다음 중 경질자성재료에 해당되는 것은?

① Si강판
② Nd자석
③ 센더스트
④ 퍼멀로이

14-5. 제진재료에 대한 설명으로 틀린 것은?

① 제진합금으로는 Mg-Zr, Mn-Cu 등이 있다.
② 제진합금에서 제진기구는 마텐자이트 변태와 같다.
③ 제진재료는 진동을 제어하기 위하여 사용되는 재료이다.
④ 제진합금이란 큰 의미에서 두드려도 소리가 나지 않는 합금이다.

|해설|

14-1

형상기억합금 : 힘에 의해 변형되더라도 특정 온도에 올라가면 본래의 모양으로 돌아오는 합금으로 Ti-Ni이 대표적으로 마텐자이트 상변태를 일으킨다.

※ 마텐자이트 변태 : Fe이 온도 상승에 따라 α-Fe(BCC)에서 γ-Fe, δ-Fe로 외관의 변화를 보이지 않는 고체 간의 상변태

14-2

입자강화 금속복합재료 : 분말야금법으로 금속에 1~5μm 비금속 입자를 분산시킨 재료(서멧, Cermet)

14-3

섬유강화 금속복합재료(FRM, Fiber Reinforced Metals) : 휘스커 같은 섬유를 Al, Ti, Mg 등의 합금 중에 균일하게 배열시켜 복합시킨 재료

14-4

- 경질자성재료 : 알니코, 페라이트, 희토류계, 네오디뮴, Fe-Cr-Co계 반경질 자석, Nd자석 등
- 연질자성재료 : Si강판, 퍼멀로이, 센더스트, 알펌, 퍼멘듈, 슈퍼멘듈 등

14-5

제진재료

- 진동과 소음을 줄여주는 재료로 제진계수가 높을수록 감쇠능이 좋다.
- 제진합금 : Mg-Zr, Mn-Cu, Ti-Ni, Cu-Al-Ni, Al-Zn, Fe-Cr-Al 등
- 내부마찰이 매우 크며 진동에너지를 열에너지로 변환시키는 능력이 크다.
- 제진기구는 훅의 법칙을 따르며 외부에서 주어진 에너지가 재료에 흡수되어 진동이 감쇠하게 되며 열에너지로 변환된다.

정답 14-1 ① 14-2 ③ 14-3 ④ 14-4 ② 14-5 ②

CHAPTER 02 재료시험과 검사

핵심이론 01 금속의 소성변형

① 금속의 가공

㉠ 금속가공법 : 용접, 주조, 절삭가공, 소성가공, 분말야금 등

- 용접 : 동일한 재료 또는 다른 재료를 가열, 용융 혹은 압력을 주어 고체 사이의 원자결합을 통해 결합시키는 방법이다.
- 절삭가공 : 절삭공구를 이용하여 재료를 깎아 가공하는 방법이다.
- 소성가공 : 단조, 압연, 압출, 프레스 등 외부에서 힘이 가해져 금속을 변형시키는 가공법이다.
- 분말야금 : 금속분말을 이용하여 열과 압력을 가함으로써 원하는 형태를 만드는 방법이다.

㉡ 탄성변형과 소성변형

- 탄성변형 : 외부로부터 힘을 받은 물체의 모양이나 체적의 변화가 힘을 제거했을 때 원래로 돌아가는 성질(스펀지, 고무줄, 고무공, 강철자 등)이다.
- 소성변형 : 탄성한도보다 더 큰 힘(항복점 이상)이 가해졌을 때, 재료가 영구히 변형을 일으키는 것이다.

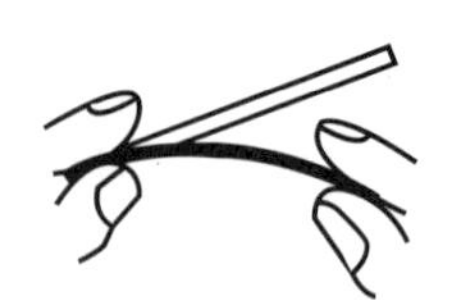
(a) 탄성변형

(b) 소성변형

[탄성변형과 소성변형의 모식도]

㉢ 응력-변형률 곡선

- 금속재료가 외부에 하중을 받을 때 응력과 변형률의 관계를 나타낸 곡선이다.
- 응력이 증가함에 따라 변형률도 증가하며, E점 이내까지는 응력을 가하였다 제거하면 원상태로 돌아가게 된다. 이러한 관계가 형성되는 최대한의 응력을 비례한도라 하며 다음의 공식이 성립된다.
  훅의 법칙(비례한도) : $\sigma = E \times \varepsilon$
  [σ : 응력, E : 탄성률(영률), ε : 변형률]
- A지점인 상부항복점으로부터 소성변형이 시작되며, 항복점이란 외력을 가하지 않아도 영구변형이 급격히 시작되는 지점을 의미한다.
- M지점은 최대응력점을 나타내며 Z는 파단 시 응력점을 나타내고 있다.

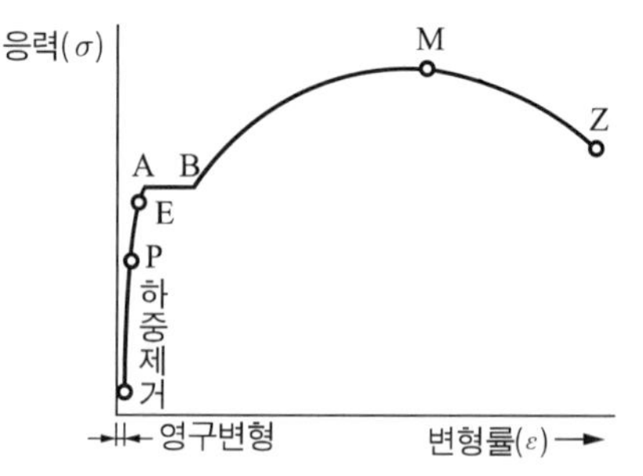

- P : 비례한도 • E : 탄성한도
- A : 상부항복점 • B : 하부항복점
- M : 최대응력점 • Z : 파단응력점

[연강의 응력-변형률 곡선]

㉣ 전위 : 정상 위치에 있던 원자들이 이동하여 비정상적인 위치에서 새로운 배열을 하는 결함이다.

- 칼날전위 : 잉여 반면의 끝을 따라 나타나는 선을 중심으로 위치한 선결함이다.
- 나선전위 : 뒤틀림 전단응력에 의한 전위선 부근에서 나선형 경로로 발생하는 선결함이다.
- 혼합전위 : 대부분의 전위는 칼날전위와 나선전위가 혼합된 형태로 존재한다.

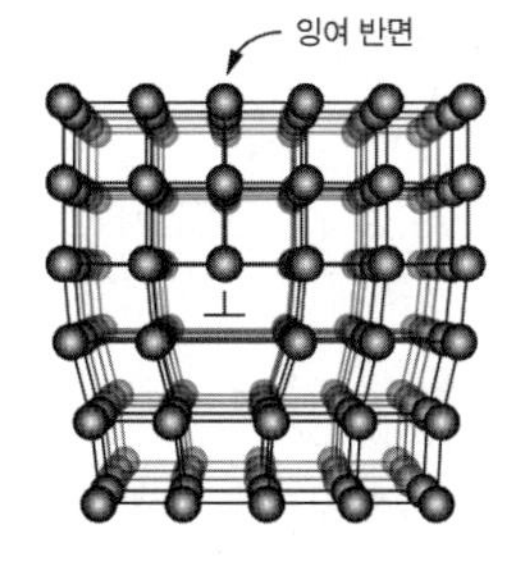

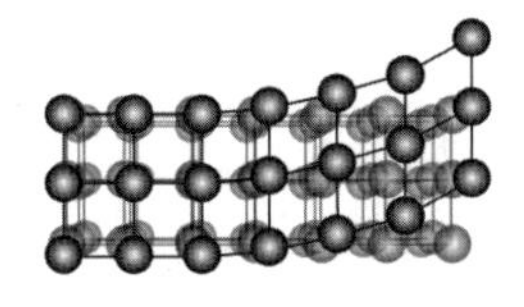

칼날전위　　　　　　나선전위

[칼날전위와 나선전위의 모식도]

㉤ 점결함 : 공공(Vacancy)이 대표적인 점결함이 있으며 자기침입형 점결함이 있다.

㉥ 계면결함 : 결정립계, 쌍정립계, 적층결함, 상계면 등이다.

㉦ 체적결함 : 기포, 균열, 외부 함유물, 다른 상 등이다.

② 슬립과 쌍정

㉠ 슬립 : 재료에 외력이 가해졌을 때 결정 내에서 인접한 격자면에서 미끄러짐이 나타나는 현상이다.

㉡ 슬립면 : 원자밀도가 가장 큰 면

- 체심입방격자(BCC) : (110), (211), (321)
- 면심입방격자(FCC) : (111), (110), (011)
- 조밀육방격자(HCP) : (0001)

㉢ 슬립방향 : 원자밀도가 가장 큰 방향

- 체심입방격자(BCC) : [111]
- 면심입방격자(FCC) : [110]
- 조밀육방격자(HCP) : [2110]

㉣ 밀러지수 : X, Y, Z의 3축을 어느 결정면이 끊는 절편을 원자간격으로 측정한 수의 역수의 정수비로 면 - (XYZ), 방향 - [XYZ]으로 표시한다.

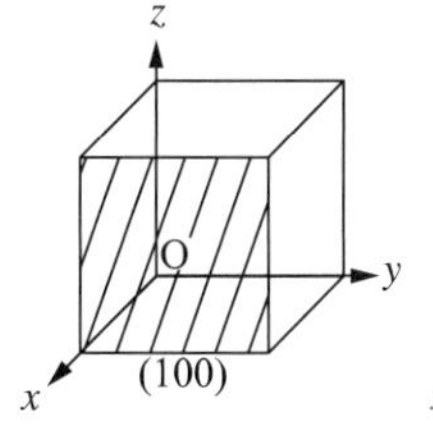

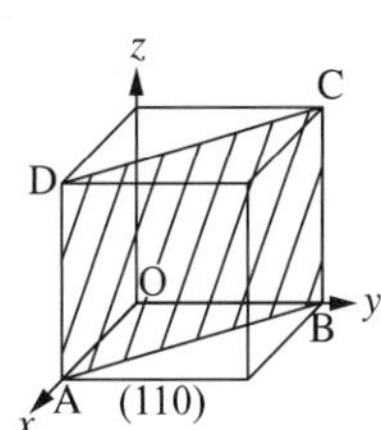

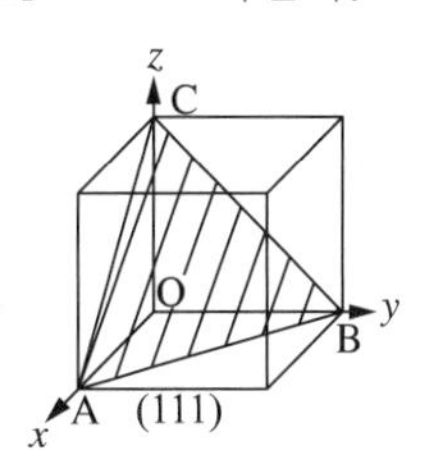

[밀러지수의 예]

㉤ 쌍정(Twin)

- 슬립이 일어나기 어려운 경우 발생한다.
- 결정의 일부분이 전단변형을 일으킨다.
- 재료 연마 표면을 부식하면 현미경으로 관찰이 가능하다.
- 소성변형이 일어날 때 그 부분만 일정한 각도만큼 회전하여 발생한다.
- 상이 거울을 중심으로 대칭되어 나타나는 현상이다.

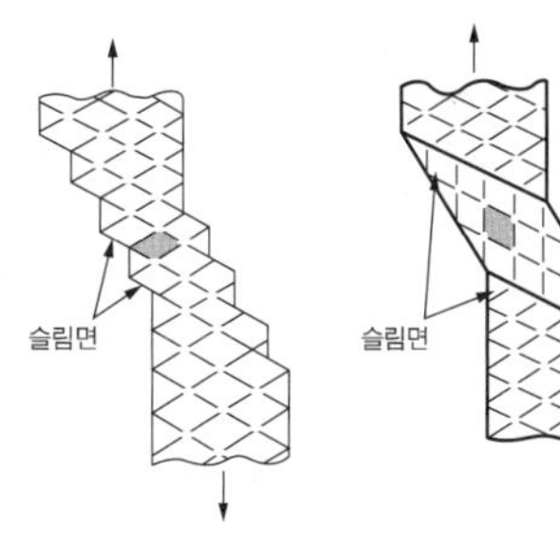

단결정　　　　슬립에 의한 변형　　쌍정에 의한 변형

[슬립과 쌍정의 모식도]

③ 금속의 소성변형과 재결정

㉠ 냉간가공과 열간가공의 비교

냉간가공	열간가공
재결정온도보다 낮은 온도에서 가공	재결정온도보다 높은 온도에서 가공
변형응력이 높다.	변형응력이 낮다.
치수정밀도가 양호	치수정밀도가 불량
표면상태가 양호	표면상태가 불량
연강, Cu합금, 스테인리스강 등 가공	압연, 단조, 압출가공에 사용

※ 가공이 쉬운 결정격자 순서 : 면심입방격자 > 체심입방격자 > 조밀육방격자

㉡ 금속의 강화기구

- 결정립 미세화에 의한 강화 : 소성변형이 일어나는 과정 시 슬립(전위의 이동)이 일어나며, 미세한 결정을 갖는 재료는 굵은 결정립보다 전위가 이동하는데 방해하는 결정립계가 더 많으므로 더 단단하고 강하다.

- 고용체 강화 : 침입형 혹은 치환형 고용체가 이종 원소로 들어가며 기본 원자에 격자변형률을 주므로 전위가 움직이기 어려워져 강도와 경도가 증가한다.
- 변형 강화 : 가공 경화라고도 하며, 변형이 증가(가공이 증가)할수록 금속의 전위밀도가 높아지며 강화된다.

㉢ 재결정온도 : 소성가공으로 변형된 결정입자가 변형이 없는 새로운 결정이 생기는 온도이다.

[금속의 재결정온도]

금 속	재결정온도	금 속	재결정온도
W	1,200℃	Fe, Pt	450℃
Ni	600℃	Zn	실 온
Au, Ag, Cu	200℃	Pb, Sn	실온 이하
Al, Mg	150℃		

㉣ 재결정에 관한 통칙
- 재결정은 냉간가공도가 높을수록 낮은 온도에서 일어난다.
- 재결정 가열온도가 동일하면 가공도가 낮을수록 오랜 시간을 요하고, 가공도가 동일하면 풀림시간이 길수록 낮은 온도에서 일어난다.
- 재결정입자 크기는 주로 가공도에 의하여 변화하고, 가공도가 낮을수록 큰 결정이 생긴다.
- 재결정은 합금보다 순금속에서 더 빠르게 일어나며, 합금원소를 첨가할수록 높아진다.

㉤ 냉간가공된 금속의 풀림에 의한 성질
- 회복 → 재결정 → 결정립 성장
- 회복 : 냉간가공에 의한 결정입자의 내부변형이 제거되는 과정
- 재결정 : 가공에 의한 변형된 결정입자가 새로운 결정입자로 변하는 과정
- 결정립 성장 : 새로운 결정입자가 온도와 시간에 의해 성장이 일어나는 과정

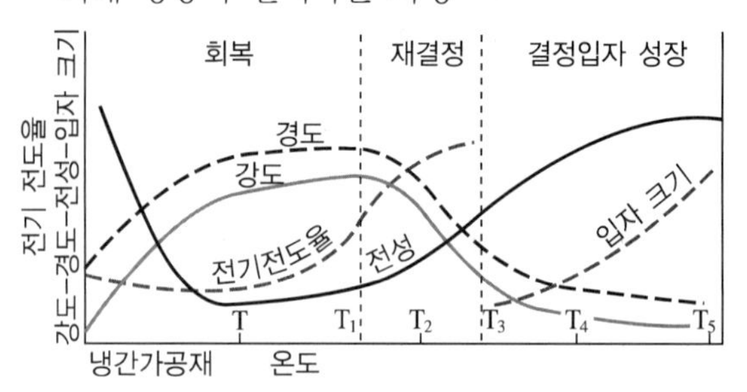

[냉간가공한 재료의 가열효과]

10년간 자주 출제된 문제

1-1. 금속의 결정구조를 생각할 때 결정면과 방향을 규정하는 것과 관련이 가장 깊은 것은?

① 밀러지수 ② 탄성계수
③ 가공지수 ④ 전이계수

1-2. 다음 중 슬립(Slip)에 대한 설명으로 틀린 것은?

① 원자밀도가 가장 큰 격자면에서 잘 일어난다.
② 원자밀도가 최대인 방향으로 잘 일어난다.
③ 슬립이 계속 진행하면 결정이 점점 단단해져서 변형이 쉬워진다.
④ 다결정에서는 외력이 가해질 때 슬립방향이 서로 달라 간섭을 일으킨다.

1-3. 쌍정(Twin)에 대한 설명으로 틀린 것은?

① 쌍정면을 경계로 하여 결정 부위가 변화한다.
② 쌍정에 의한 변형은 슬립에 의한 변형보다 매우 크다.
③ 쌍정은 결정의 변형 부분과 변형되지 않은 부분이 대칭을 이루게 된다.
④ 쌍정은 원자가 어느 결정면의 특정한 방향으로 정해진 거리만큼 이동하여 이루어진다.

1-4. 훅의 법칙에 의하여 응력과 변형량의 비는 탄성한계 내에서는 일정치가 된다. 이 일정치에 해당되는 것은?

① 영 률 ② 탄성한도
③ 비례한도 ④ 푸아송의 비

10년간 자주 출제된 문제

1-5. 금속을 냉간가공하였을 때 기계적 성질의 변화를 설명한 것 중 옳은 것은?

① 경도, 인장강도는 증가하나 연신율, 단면수축률은 감소한다.
② 경도, 인장강도는 감소하나 연신율, 단면수축률은 증가한다.
③ 경도, 인장강도, 연신율, 단면수축률이 감소한다.
④ 경도, 인장강도, 연신율, 단면수축률이 증가한다.

1-6. 베가드의 법칙(Vegard's Law)에 적용되는 고용체는?

① 침입형 고용체 ② 치환형 고용체
③ 공정형 고용체 ④ 공석형 고용체

1-7. 금속가공에서 냉간가공과 열간가공을 구별하는 온도의 기준으로 옳은 것은?

① 연소온도 ② 응고온도
③ 변태온도 ④ 재결정온도

1-8. 훅의 법칙이 적용되는 탄성한계(E)의 관계식으로 옳은 것은?(단, δ는 공학적 응력, ε는 공학적 변형률)

① $E=\varepsilon\times\delta$ ② $E=\dfrac{\delta}{\varepsilon}$

③ $E=\dfrac{\varepsilon}{\delta}$ ④ $E=\dfrac{\varepsilon}{2\delta}$

|해설|

1-1

밀러지수 : X, Y, Z의 3축을 어느 결정면이 끊는 절편을 원자 간격으로 측정한 수의 역수의 정수비로 면 - (XYZ), 방향 - [XYZ]으로 표시

1-2

- 슬립 : 재료에 외력이 가해졌을 때 결정 내에서 인접한 격자면에서 미끄러짐이 나타나는 현상
- 결정립 미세화에 의한 강화 : 소성변형이 일어나는 과정 시 슬립(전위의 이동)이 일어나며, 미세한 결정을 갖는 재료는 굵은 결정립보다 전위가 이동하는 데 방해하는 결정립계가 더 많으므로 더 단단하고 강하여 변형이 어려워진다.

1-3

쌍정(Twin) : 소성변형 시 상이 거울을 중심으로 대칭으로 나타나는 것과 같은 현상으로, 슬립이 일어나지 않는 금속이나 단결정에서 주로 일어난다.

1-4

응력이 증가함에 따라 변형률도 증가하며, E점 이내까지는 응력을 가하였다 제거하면 원상태로 돌아가게 된다. 이러한 관계가 형성되는 최대한의 응력을 비례한도라 하며 다음의 공식이 성립된다.
훅의 법칙(비례한도) : $\sigma=E\times\varepsilon$
[σ : 응력, E : 탄성률(영률), ε : 변형률]

1-5

냉간가공과 열간가공을 구분하는 기준은 재결정온도이며, 냉간가공 시 조직이 미세화되며 경도, 인장강도는 증가하지만 비례적으로 연신율, 단면수축률은 감소한다.

1-6

- 치환형 고용체 : 용질원자가 용매원자와 위치를 치환하여 들어가는 고용체
- 베가드의 법칙 : 치환형 고용체의 격자 파라미터는 원자 %로 표시되는 성분에 따라 직선으로 변화하는 것

1-7

냉간가공과 열간가공의 비교

냉간가공	열간가공
재결정온도보다 낮은 온도에서 가공	재결정온도보다 높은 온도에서 가공
변형응력이 높다.	변형응력이 낮다.
치수정밀도가 양호	치수정밀도가 불량
표면상태가 양호	표면상태가 불량
연강, Cu합금, 스테인리스강 등 가공	압연, 단조, 압출가공에 사용

1-8

훅의 법칙(비례한도) : $\sigma=E\times\varepsilon$
[σ : 응력, E : 탄성률(영률), ε : 변형률]

정답 1-1 ① 1-2 ③ 1-3 ② 1-4 ① 1-5 ① 1-6 ② 1-7 ④ 1-8 ②

핵심이론 02 | 브리넬 경도시험

① 경도 측정 방법

㉠ 압입자를 이용한 방법 : 브리넬 경도시험, 로크웰 경도시험, 비커스 경도시험, 마이어 경도시험

㉡ 반발을 이용한 방법 : 쇼어 경도

㉢ 한 재료를 다른 물체를 긁어 긁히는 정도로 측정하는 방법 : 모스 경도, 마텐스 경도

㉣ 기타 측정 방법 : 하버트 진자 경도, 초음파 경도 등

② 브리넬 경도시험(HB, Brinell Hardness Test)

㉠ 일정한 지름(D)의 강구 또는 초경합금을 이용하여 일정한 하중(P)을 주어 시험편에 구형의 오목부를 만든 후 하중을 제거하고 오목부의 표면적으로 하중을 나눈 값으로 측정하는 시험이다.

브리넬 경도 계산 공식

$$HB = \frac{P}{A} = \frac{2P}{\pi D(D - \sqrt{D^2 - d^2})} = \frac{P}{\pi D t}$$

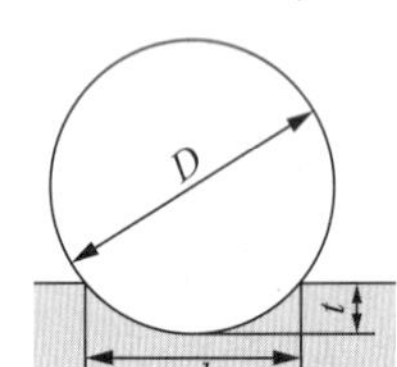

- P : 하중(kg)
- D : 강구의 지름(mm)
- d : 오목부의 지름(mm)
- t : 들어간 최대깊이(mm)
- A : 압입 자국의 표면적(mm^2)

㉡ 브리넬 경도시험기의 구조

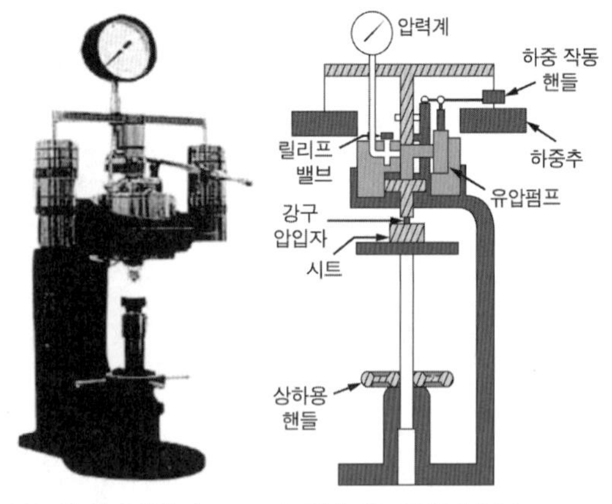

[브리넬 경도시험기의 구조]

유압식 경도시험기로 앤빌 위에 시료를 올린 후 상하용 핸들을 이용하여 위아래 조정을 할 수 있다. 하중 작동 핸들로 유압을 걸어주며, 하중추가 올라가며 하중이 가해지게 된다. 그 후 하중을 제거한다.

㉢ 시험편

- 시험편의 양면은 충분히 두껍고 평행하며, 시험면이 잘 연마되어 있어야 한다.
- 시험편의 두께는 들어간 깊이의 10배 이상이 되어야 하며, 너비는 들어간 깊이의 4배 이상 되어야 한다.
- 오목부의 중심에서 시험편 가장자리까지 거리는 2.5배 이상으로 한다.

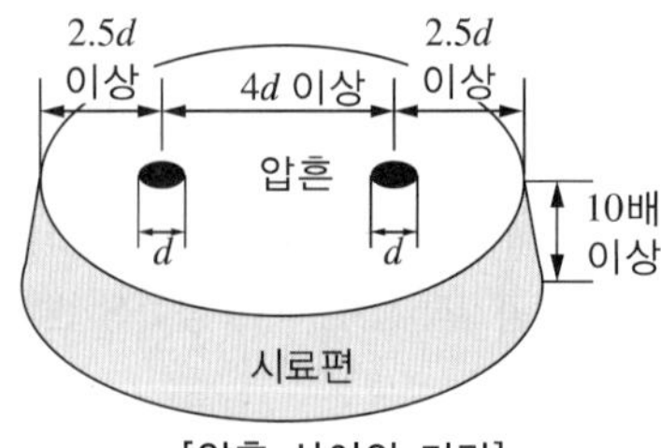

[압흔 사이의 거리]

㉣ 브리넬 경도시험 방법

- 시험면이 시험기 받침대와 평행이 되도록 조정한다.
- 상하 조절 레버를 돌려 시험면에 압입자와 밀착(접촉)시킨다.
- 유압밸브를 손으로 돌려 잠근다.
- 하중 레버를 상하로 움직여 하중을 가한다.
- 일정시간 유지 후 서서히 유압밸브를 열어 유압을 제거하고 핸들을 돌려 시험편을 꺼낸다.
- 확대경을 이용하여 압입된 오목부 지름(d)을 측정한다.
- 브리넬 경도 측정공식을 사용하여 경도를 측정한 후 HB값을 작성한다.

해당 동영상은 시대에듀 홈페이지(시대플러스 무료 동영상)에서 보실 수 있습니다.

㉤ 브리넬 경도시험 시 유의사항

- 경도가 큰 재질의 경도를 측정할 때는 다음과 같은 범위에서 볼의 재질을 적당한 것으로 선정하여 시험하여야 한다.
  - 탄소강 볼(HB < 400~500)
  - 크롬강 볼(HB < 650~700)
  - 텅스텐 카바이드 볼(HB < 800)
  - 다이아몬드 볼(HB < 850)
- 하중시간이 길어지면 경도가 증가되므로 시험결과에 하중시간을 표시하여 준다.
- 규정하중을 초과하여 시험하지 않는다.
  - 철강재(3,000kg)
  - 구리, 알루미늄합금(1,000kg)
  - 연질합금(500kg)
  - 굳은 재료의 박판(750kg)

10년간 자주 출제된 문제

2-1. 회주철 경도측정을 브리넬 경도시험방법으로 측정하고자 할 때 하중 및 강구의 지름이 맞는 것은?

① 1,500kgf/mm², 5mm
② 1,500kgf/mm², 10mm
③ 3,000kgf/mm², 5mm
④ 3,000kgf/mm², 10mm

2-2. 다음 보기에서 브리넬 경도(Brinell Hardness)시험방법에 대한 순서로 옳은 것은?

|보기|
㉠ 시험면에 압입자를 접촉시킨다.
㉡ 서서히 유압밸브를 열어 유압을 제거하고 핸들을 돌려 시험편을 꺼낸다.
㉢ 유압밸브를 조이고 하중 중추가 떠오를 때까지 유압 레버를 작동시켜 하중을 가한다.
㉣ 시험면이 시험기 받침대와 평형되게 조정한다.
㉤ 시험하중에 도달되면 철강에서는 15초, 비금속에서는 30초의 하중 유지시간을 준다.

① ㉣ → ㉠ → ㉢ → ㉤ → ㉡
② ㉣ → ㉡ → ㉠ → ㉤ → ㉢
③ ㉣ → ㉢ → ㉡ → ㉤ → ㉠
④ ㉣ → ㉤ → ㉢ → ㉠ → ㉡

2-3. 브리넬 경도시험에서 시험편의 두께는 적어도 누르개 자국 깊이의 몇 배 이상이어야 하는가?

① 2 ② 4
③ 6 ④ 8

2-4. 브리넬 경도계의 탄소강 볼 압입자의 사용범위(HB)는?

① 탄소강 볼 < 400~500
② 탄소강 볼 < 650~700
③ 탄소강 볼 < 800
④ 탄소강 볼 < 850

2-5. 어떤 사람이 경도시험 한 결과를 HB S (10/3000) 324로 표기하였다면 이 사람이 사용한 경도계와 경도값은?

① 브리넬 경도계, 750
② 비커스 경도계, 750
③ 비커스 경도계, 324
④ 브리넬 경도계, 324

| 해설 |

2-1
브리넬 경도시험기 중 회주철의 경우 하중 3,000kgf/mm^2, 강구의 직경 10mm를 사용한다.

2-2
브리넬 경도시험방법
- 시험면이 시험기 받침대와 평행이 되도록 조정한다.
- 상하 조절 레버를 돌려 시험면에 압입자와 밀착(접촉)시킨다.
- 유압밸브를 손으로 돌려 잠근다.
- 하중 레버를 상하로 움직여 하중을 가한다.
- 일정시간 유지 후 서서히 유압밸브를 열어 유압을 제거하고 핸들을 돌려 시험편을 꺼낸다.
- 확대경을 이용하여 압입된 오목부 지름(d)을 측정한다.
- 브리넬 경도 측정공식을 사용하여 경도를 측정한 후 HB값을 작성한다.

2-3
브리넬 경도시험편
- 시험편의 양면은 충분히 두껍고 평행하며, 시험면이 잘 연마되어 있어야 한다.
- 시험편의 두께는 들어간 깊이의 10배 이상이 되어야 하며, 너비는 들어간 깊이의 4배 이상되어야 한다.
- 오목부의 중심에서 시험편 가장자리까지 거리는 2.5배 이상으로 한다.

2-4
브리넬 경도에서 볼의 재질에 따른 사용범위

볼의 재질	사용범위
탄소강 볼	HB<400~500
크롬강 볼	HB<650~700
텅스텐 카바이드 볼	HB<800
다이아몬드 볼	HB<850

2-5
- HB : 브리넬 경도
- 10 : 강구 압입자 직경
- 324 : 브리넬 경도값

정답 2-1 ④ 2-2 ① 2-3 ④ 2-4 ① 2-5 ④

핵심이론 03 로크웰 경도시험

① 로크웰 경도시험(HRC, HRB, Rockwell Hardness Test)의 특징

㉠ 강구 또는 다이아몬드 원추를 시험편에 처음 일정한 기준하중을 주어 시험편을 압입하고, 다시 시험하중을 가하여 생기는 압흔의 깊이 차로 구하는 시험이다.

㉡ HRC와 HRB의 비교

스케일	HRB	HRC
누르개	강구 또는 초경합금, 지름 1.588mm	원추각 120°의 다이아몬드
기준하중(kg)	10	
시험하중(kg)	100	150
경도를 구하는 식	HRB=130−500h	HRC=100−500h
적용 경도	0~100	0~70

여기서, h : 압입자국의 깊이(mm)

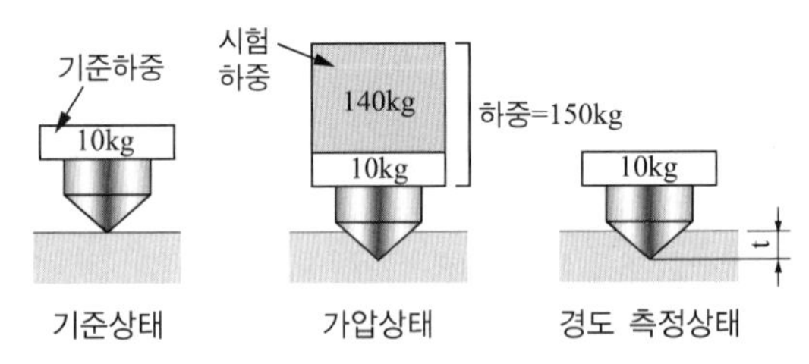

[C-Scale 측정 시 모식도]

② 로크웰 경도시험기의 구조

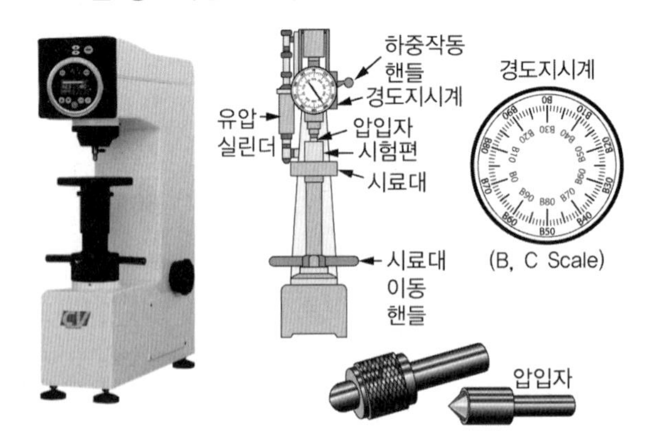

[로크웰 경도시험기의 구조]

㉠ 로크웰 경도시험기는 앤빌(시료대) 위 시험편을 올린 후 하중작동핸들을 통해 하중을 가하여 주고 경도지시계를 이용하여 B-Scale, C-Scale의 경도값을 측정할 수 있다.

㉡ 경도지시계의 눈금에서 흑색은 HRC이며, 적색은 HRB이다.

㉢ 경도지시계에서 C-scale은 0~100까지, B-scale은 30~130까지 눈금이 있다.

③ 시험편

㉠ 시험면과 시험편은 평행해야 한다.

㉡ 충분한 두께를 가지고, 오목부로 인한 뒷면의 변형이 없어야 한다.

④ 로크웰 경도시험방법

㉠ 경도계를 점검한 후 시험편을 앤빌 위에 두고 상하 조절 레버를 이용하여 압입자와 밀착시킨다.

㉡ 다이얼을 돌려 "SET"의 위치가 바늘과 일치하도록 맞춘다.

㉢ 시험 하중으로 시험편을 누른다.

㉣ 시험 하중을 제거한 후 결과를 기록하고 평가한다.

해당 동영상은 시대에듀 홈페이지(시대플러스 무료 동영상)에서 보실 수 있습니다.

⑤ 로크웰 경도시험 시 유의사항

㉠ 시험편은 규격에 의한 두께로 하고, 표면상태를 청결히 한다.

㉡ 압입자, 시험편, 앤빌 등의 교체 혹은 앤빌 상하 레버를 크게 움직였을 경우 예비 조작을 실시한 후 본시험에 적용한다.

㉢ 시험면은 압입자의 수직으로 놓고 시험하여야 한다.

10년간 자주 출제된 문제

3-1. 로크웰 경도시험에서 다이아몬드콘 압입자를 사용하기에 가장 적절한 것은?

① 연 강 ② 경질합금
③ 비철합금 ④ 구리합금

3-2. 다음 중 로크웰 경도시험에서 압입자로 강구(Steel Ball)를 사용하는 스케일은?

① A ② B
③ C ④ D

3-3. 로크웰 경도시험기의 눈금판에는 흑색으로 0~100까지의 눈금이 있고, 적색으로 30~130까지의 눈금이 있다. 흑색의 눈금을 읽어야 하는 스케일은?

① B 스케일 ② C 스케일
③ F 스케일 ④ G 스케일

|해설|

3-1

로크웰 경도시험에서 HRC의 경우 다이아몬드 콘을 사용하며 적용 경도는 0~70까지이므로 경질합금에 사용하는 것이 적당하다.

3-2

HRC와 HRB의 비교

스케일	HRB	HRC
누르개	강구 또는 초경합금, 지름 1.588mm	원추각 120°의 다이아몬드
기준하중(kg)	10	
시험하중(kg)	100	150
경도를 구하는 식	HRB=130-500h	HRC=100-500h
적용 경도	0~100	0~70

여기서, h : 압입자국의 깊이(mm)

3-3

- 경도지시계의 눈금에서 흑색은 HRC이며, 적색은 HRB이다.
- 경도지시계에서 C-Scale은 0~100까지, B-Scale은 30~130까지 눈금이 있다.

정답 3-1 ② 3-2 ② 3-3 ②

핵심이론 04 | 비커스 경도시험

① 비커스 경도시험(HV, Vickers Hardness Test) 특징

㉠ 정사각추(136°)의 다이아몬드 압입자를 시험편에 놓고 1~150kg까지 하중을 가하여 시험편에 생긴 피라미드 자국의 표면적으로 하중을 나눈 값으로 경도를 구하는 시험이다.

㉡ 비커스 경도는 HV로 표시하고, 미소 부위의 경도를 측정하는 데 사용한다.

㉢ 가는 선, 박판의 도금층 깊이 등 정밀하게 측정 시 마이크로 비커스, 누프 경도시험기를 사용한다.

㉣ 압입 흔적이 작으며 경도시험 후 평균 대각선 길이 1/1,000mm까지 측정 가능하다.

㉤ 하중의 대소가 있더라도 값이 변하지 않으므로 정확한 결과 측정이 가능하다.

㉥ 침탄층, 완성품, 도금층, 금속, 비철금속, 플라스틱 등에는 적용 가능하나 주철재료에는 적용이 곤란하다.

㉦ 최근 비커스 경도시험계의 경우 컴퓨터와 연결되어 프로그램을 이용, 시험기를 작동, 경도값 계산 등이 가능하다.

㉧ 비커스 경도 계산공식

$$HV = \frac{W}{A} = \frac{2W \cdot \sin\frac{a}{2}}{d^2} = 1.8544\frac{W}{d^2}$$

W : 하중(kg), d : 압입 자국의 대선각 길이(mm)

$$d = \frac{(d_1 + d_2)}{2}$$

a : 대면각(136°), A : 압입 자국의 표면적(mm^2)

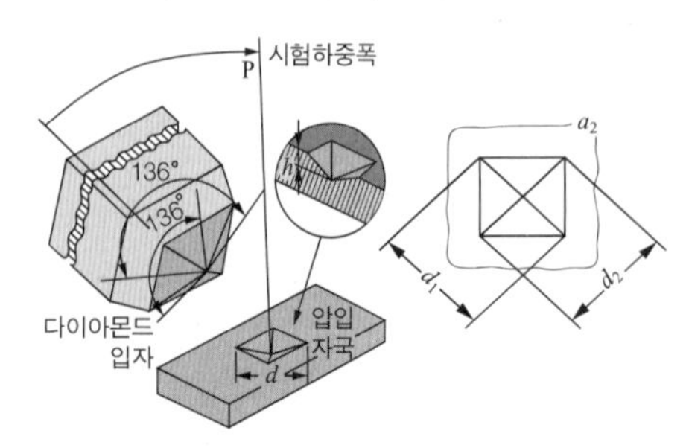

② 비커스 경도시험기 구조

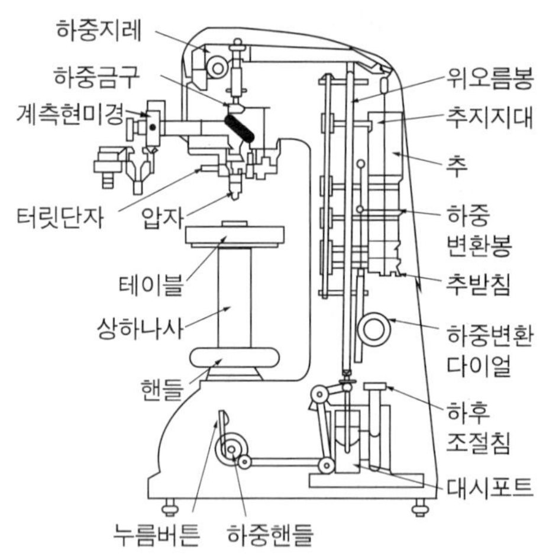

[비커스 경도시험기의 구조]

㉠ 하중 가압 장치와 압입 자국 측정을 위한 현미경 부분으로 나누어져 있다.

㉡ 136°의 피라미드형 압입자로 시험면을 가압하는 구조이다.

㉢ 계측현미경은 가압된 압입 자국의 표면적을 측정하는 데 사용한다.

③ 시험편

㉠ 시험편은 원칙적으로 평행을 이루어야 한다.

㉡ 두께는 일반적으로 오목부 대각선 길이의 1.5배 이상으로 한다.

㉢ 시험편은 오목부 대각선 길이의 0.5% 또는 0.0002 mm까지 측정 가능하도록 다듬질되어야 한다.

㉣ 복잡한 모양일 경우 최대한 수평을 유지할 수 있도록 한다.

④ 비커스 경도시험 방법

㉠ 경도계를 점검한 후 시험편을 앤빌 위에 두고 상하 조절 레버를 이용하여 압입자와 밀착시킨다.

㉡ 시험에 필요한 하중을 가하여 준다(1~150kg).

㉢ 5~30초까지 필요한 시간을 유지한 후 하중을 제거한다.

㉣ 터릿(Turret) 선반(회전 단자)을 돌려 현미경으로 변환한다.

㉤ 현미경을 이용하여 압입 자국의 대선각 길이(d)를 정확히 맞춘다.

㉥ 시험결과를 기록하고 경도를 계산한다.

해당 동영상은 시대에듀 홈페이지(시대플러스 무료 동영상)에서 보실 수 있습니다.

⑤ 비커스 경도시험 시 유의사항

㉠ 주기적인 정밀도 점검을 해주어야 한다.

㉡ 계측 현미경 사용 시 오목부의 대각선 길이 측정은 시야 지름의 70% 이내로 한다.

㉢ 시험하중은 서서히 증가시켜 규정의 크기로 가해질 수 있도록 한다.

10년간 자주 출제된 문제

4-1. 비커스 경도계에서 압입자 대면각은?

① 116° ② 126°
③ 136° ④ 145°

4-2. 비커스 경도시험에 대한 설명 중 틀린 것은?

① 비커스 경도시험의 표시기호는 HV를 사용한다.
② 하중의 대소가 있더라도 그 값이 변하지 않기 때문에 정확한 결과를 얻는다.
③ 디지털이 아닌 경우 대각선의 길이는 시험기에 부착되어 있는 현미경으로 측정한다.
④ 얇은 제품, 표면경화재료, 용접 부분의 경도 측정에는 사용할 수 없다.

4-3. 비커스 경도시험에서 압입자의 설명으로 옳은 것은?

① 5mm 지름의 강구이다.
② 90° 꼭지각의 다이아몬드 압입자이다.
③ 120° 대면각의 다이아몬드 압입자이다.
④ 136° 대면각의 다이아몬드 압입자이다.

4-4. 미소 경도시험을 하는 경우가 아닌 것은?

① 시험편이 크고 경도가 낮은 부분 측정
② 박판 또는 가는 선재의 경도 측정
③ 도금층 표면의 경도 측정
④ 절삭공구의 날 부위 경도 측정

|해설|

4-1, 4-2

비커스 경도시험(HV, Vickers Hardness Test)

- 정사각추(136°)의 다이아몬드 압입자를 시험편에 놓고 1~150kg까지 하중을 가하여 시험편에 생긴 피라미드 자국의 표면적으로 하중을 나눈 값으로 경도를 구하는 시험이다.
- 비커스 경도는 HV로 표시하고, 미소 부위의 경도를 측정하는 데 사용한다.
- 가는 선, 박판의 도금층 깊이 등 정밀하게 측정 시 마이크로 비커스, 누프(Knoop) 경도시험기를 사용한다.
- 압입 흔적이 작으며 경도시험 후 평균 대각선 길이 1/1,000mm까지 측정 가능하다.
- 하중의 대소가 있더라도 값이 변하지 않으므로 정확한 결과 측정이 가능하다.
- 침탄층, 완성품, 도금층, 금속, 비철금속, 플라스틱 등 적용 가능하나 주철재료에는 적용이 곤란하다.

4-3

비커스 경도시험은 정사각추(136°)의 다이아몬드 압입자를 시험편에 놓고 1~150kg까지 하중을 가하여 시험편에 생긴 피라미드 자국의 표면적으로 하중을 나눈 값으로 경도를 구하는 시험이다.

4-4

미소 경도시험은 마이크로 비커스 경도시험이라고도 하며 가는 선, 박판의 도금층 깊이 등 미소한 부위를 정밀하게 측정할 경우 사용한다.

정답 4-1 ③ 4-2 ④ 4-3 ④ 4-4 ①

핵심이론 05 쇼어 경도시험

① 쇼어 경도시험 특징

㉠ 압입 자국이 남지 않고 시험편이 클 때 비파괴적으로 경도를 측정할 때 사용한다.

㉡ 일정한 중량의 다이아몬드 해머를 일정한 높이에서 떨어뜨려 반발되는 높이로 경도를 측정한다.

㉢ 쇼어 경도는 HS로 표시하며, 시험편의 탄성 여부를 알 수 있다.

㉣ 휴대가 간편하고 완성품에 직접 측정이 가능하다.

㉤ 시험편이 작거나 얇아도 가능하다.

㉥ 시험 시 5회 연속으로 하여 평균값으로 결정하며, 0.5 눈금까지 판독한다.

㉦ 쇼어 경도 계산공식

$$HS = \frac{10,000}{65} \times \frac{h}{h_0}$$

h : 낙하시킨 해머의 반발된 높이

h_0 : 해머의 낙하높이

② 쇼어 경도시험기 구조

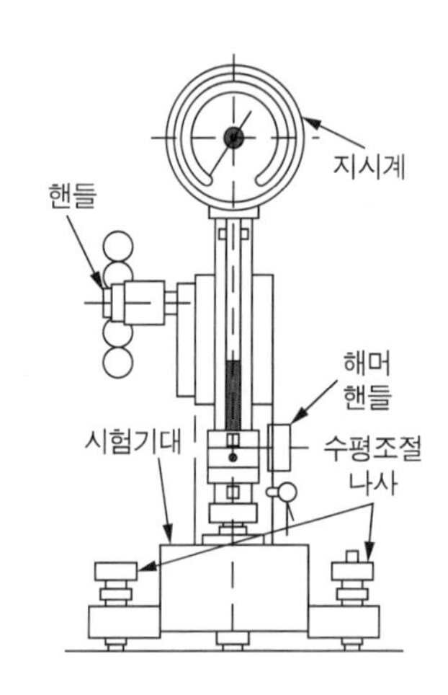

[쇼어 경도시험기의 구조]

㉠ 3g 정도의 다이아몬드 해머가 있으며, 내경 6mm, 길이 250mm 정도의 관 속에서 상하로 움직이게 된다.

㉡ 해머 핸들이 있어 다이아몬드 해머를 상승시켜 시험편에 맞아 반발되게 한다.

㉢ 지시계로 HS값을 바로 알 수 있다.

③ 시험편

㉠ 시험면은 원칙적으로 평면으로 하나 지정이 있을 경우 곡면도 사용한다.

㉡ 질량은 되도록 큰 편이 좋고, 0.1kg 이상의 시험편을 사용한다.

㉢ 표면거칠기의 경우 HS 50 미만에서는 6S, HS 50 이상에서는 3S를 적용한다.

④ 쇼어 경도시험 방법

㉠ 시험할 시험편을 앤빌 위에 둔다.

㉡ 상하 조절 레버을 이용하여 압입자와 시험편을 밀착시킨다.

㉢ 해머 핸들을 돌려 다이아몬드 해머를 상승시킨 후 반발시킨다.

㉣ 반발된 높이에 의해 경도값이 표시되어진다.

⑤ 쇼어 경도시험 시 유의 사항

㉠ 해머를 앤빌에 직접 때리거나 계측통을 아래로 하여 운반하면 고장의 원인이 된다.

㉡ 조작 시 조심스럽게 작동하여야 한다.

10년간 자주 출제된 문제

5-1. 금속의 경도 측정 방법이 다른 하나는?

① 브리넬(Brinell) 경도기
② 비커스(Vikers) 경도기
③ 쇼어(Shore) 경도기
④ 로크웰(Rockwell) 경도기

5-2. 쇼어 경도계의 형식 중 해머의 낙하높이가 가장 낮으면서 해머의 중량은 가장 무거운 형식은?

① B형 ② C형
③ D형 ④ SS형

5-3. 쇼어 경도계의 형식에 해당되지 않는 것은?

① A Type ② C Type
③ D Type ④ SS Type

5-4. 쇼어 경도시험의 특징이 아닌 것은?

① 개인오차나 측정오차가 나오기 쉽다.
② 압흔이 극히 적어 제품에 직접 검사할 수 있다.
③ 조작이 간편해서 신속히 경도를 측정할 수 있다.
④ 쇼어 경도를 나타내는 기호로는 HV를 사용한다.

5-5. 시험편을 별도로 준비하지 않고 직접 제품에 시험할 수 있는 경도시험은?

① 쇼어 경도시험
② 브리넬 경도시험
③ 비커스 경도시험
④ 로크웰 경도시험

|해설|

5-1

경도 측정 방법

- 압입자를 이용한 방법 : 브리넬 경도시험, 로크웰 경도시험, 비커스 경도시험, 마이어 경도시험
- 반발을 이용한 방법 : 쇼어 경도
- 한 재료를 다른 물체를 긁어 긁히는 정도로 측정하는 방법 : 모스 경도, 마텐스 경도
- 기타 측정 방법 : 하버트 진자경도, 초음파 경도 등

5-2

쇼어 경도 계측통

형 식	지시형(D형)	목측형(C형)
해머의 낙하높이	19mm	254mm
해머의 무게	36.2g	2.5g
해머 앞끝의 재료	다이아몬드	다이아몬드
해머 앞끝의 반지름	1mm	1mm
경도식	$HS = 140\frac{h}{h_0}$	$HS = \frac{10,000}{65}\frac{h}{h_0}$
경도 지시	지침 또는 디지털	눈금판

5-3

쇼어 경도기의 종류는 C형, SS형, D형이 있으며 주로 목측형 C형과 지시형 D형이 사용된다.

5-4

쇼어 경도시험

- 압입 자국이 남지 않고 시험편이 클 때 비파괴적으로 경도를 측정할 때 사용한다.
- 일정한 중량의 다이아몬드 해머를 일정한 높이에서 떨어뜨려 반발되는 높이로 경도를 측정한다.
- 쇼어 경도는 HS로 표시하며, 시험편의 탄성 여부를 알 수 있다.
- 휴대가 간편하고 완성품에 직접 측정이 가능하다.
- 시험편이 작거나 얇아도 가능하다.
- 시험 시 5회 연속으로하여 평균값으로 결정하며, 0.5 눈금까지 판독한다.

5-5

압입에 의한 방법으로 브리넬, 로크웰, 비커스, 마이크로 비커스 경도시험이 있으며 쇼어는 반발을 이용한 시험법이다. 브리넬 경도는 강구를 주로 사용하며, 비커스 경도는 136°의 다이아몬드 압입자를 사용한다. 로크웰 경도는 스케일에 따라 다르지만 다이아몬드의 경우 120°의 압입자를 사용한다.

정답 5-1 ③ 5-2 ③ 5-3 ① 5-4 ④ 5-5 ①

핵심이론 06 그 밖의 경도시험

① 긁힘 경도계

㉠ 마이어 경도시험 : 꼭지각이 90°인 다이아몬드 원추로 시편을 긁어 평균압력을 이용하여 측정한다.

㉡ 모스 경도시험 : 시편과 표준광물을 서로 긁어 표준광물의 경도수에서 추정한다.

㉢ 마텐스 경도시험 : 꼭지각 90°인 다이아몬드 원추로 시편을 긁어 0.1mm의 홈을 내는 데 필요한 하중의 무게를 그램(g)으로 표시하는 측정법이다.

㉣ 줄 경도시험 : 줄로 시편과 표준시편을 긁어, 표준시편의 경도값 사이값을 비교하는 측정법이다.

② **에코팁 경도시험** : 기존 로크웰, 브리넬, 비커스 경도시험은 압입자를 시편에 직접 자국을 내어 경도를 측정하지만, 쇼어와 비슷한 원리로 임팩트 디바이스 안에 임팩트 볼을 스프링의 힘을 빌려 시편의 표면에 충격시켜 반발되기 직전과 반발된 직후의 속도비를 가지고 경도로 환산하는 방법이다.

③ **자기적 경도시험** : 재료의 항자력을 이용하여 상대적 경도를 결정하는 방법으로, 강자성체인 금속의 경도를 측정하며 재료에 어떤 변화나 영향을 주지 않고 상대적으로 비교 측정한다.

④ **펜듈럼(Pendulum)시험** : 하버트 펜듈럼에 고정된 볼을 시험편 위에 올려 놓고 펜듈럼을 진동하여 처음 진동의 진폭 또는 10회의 진동에 대한 진동시간으로 경도를 측정한다.

핵심이론 07 인장시험

① 재료에 인장시편 규격에 맞도록 제작한 뒤 시험기에 걸어 축방향으로 인장하여 파단할 때까지의 응력과 변형률을 측정하여 재료의 변형에 대한 저항력의 크기를 측정하는 시험이다.

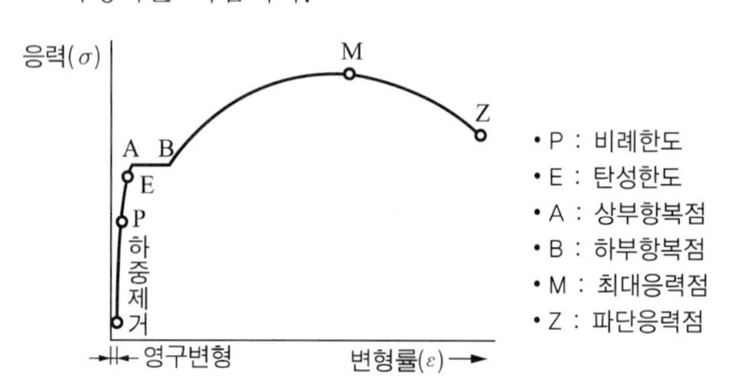

[연강에서의 인장시험 결과]

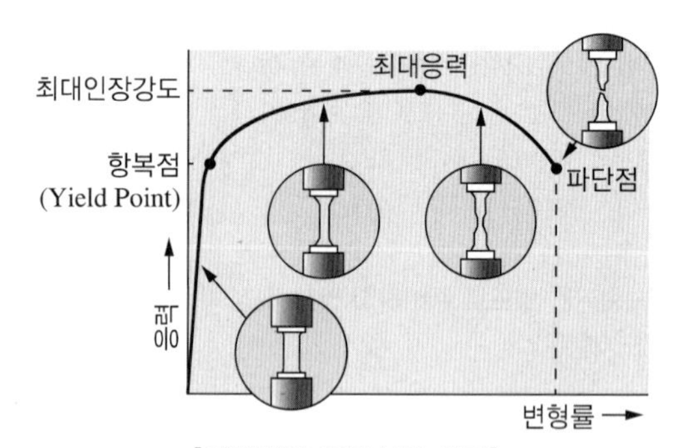

[일반적인 인장시험 결과]

② 비례한계(Proportional Limit)

㉠ P점 사이까지이며, 하중이 증가하면서 늘어나는 길이가 비례적으로 증가하는 지점이다.

㉡ P점에서의 하중을 원단면적으로 나눈 값이다.

㉢ 응력과 변형량이 정비례 관계를 유지하는 한계 지점이다.

③ 탄성한계(Elastic Limit)

㉠ E점까지의 변형으로 하중이 증가하지만 늘어난 길이는 증가하지만 비례하지 않는 구간이다.

㉡ 외력을 가하였다가 제거하면 원래의 상태로 돌아오는 한계 구간이다.

㉢ 탄성한도 : 영구 변형이 생기지 않는 응력의 최댓값

㉣ 바우싱거 효과(Bauschinger Effect) : 한 번 항복점 이상의 하중을 가한 금속에 정반대 방향으로 하중을 가하면 탄성한도가 낮아지는 현상

㉤ 푸아송비(Poisson's Ratio) : 탄성한계 내에서 횡변형(가로변형)과 종변형(세로변형)은 그 재료에 대하여 항상 일정한 값을 갖는 현상이다. $\frac{1}{m}$으로 표시하며 $\frac{1}{m}$의 역수 m을 푸아송수라 한다.

㉥ 강성률 : 전단응력과 전단변형률 사이의 비례상수

$$G = \frac{E}{2(1+V)}$$

G : 강성률, V : 푸아송비, E : 탄성률

④ 항복점(Yield Point)

㉠ E점을 지나 하중을 증가시키면 A지점에서 급격히 하중은 감소되나 길이의 변형이 일어나는 현상이다.

㉡ 상부항복점 : A지점 하중을 원단면적으로 나눈 값이다.

㉢ 하부항복점 : B지점 하중을 원단면적으로 나눈 값이다.

⑤ 인장시험 결과값 해석

㉠ 연신율 : 시험편이 파괴되기 직전의 표점거리(l_1)와 원표점길이(l_0)와의 차이다.

$$\delta = \frac{\text{변형 후 길이} - \text{변형 전 길이}}{\text{변형 전 길이}} \times 100\%$$

$$= \frac{l_1 - l_0}{l_0} \times 100\%$$

㉡ 인장강도 : 시험편이 절단되었을 때의 하중을 원단면적으로 나눈 값이다.

$$\text{인장강도} = \frac{\text{최대하중}}{\text{원단면적}} = \frac{P_{\max}}{A_0}(\text{kg/mm}^2)$$

㉢ 단면수축률 : 시험편이 파괴되기 직전 최소단면적(A_1)과 시험 전 원단면적(A_0)과의 차를 단면변형량이라 하며, 이 변형량을 원단면적에 대한 백분율로 표시한 것이다.

$$a = \frac{(A_0 - A_1)}{A_0} \times 100\%$$

㉣ 내력 : 항복점이 생기지 않는 재료에 대하여 항복점 대신 내력을 정하는 것으로 영구변형이 생길 때의 하중을 평형부 원단면적으로 나눈 값이다.

$$\delta = \frac{\text{변형 후 길이} - \text{변형 전 길이}}{\text{변형 전 길이}} \times 100\%$$

$$= \frac{l_1 - l_0}{l_0} \times 100\%$$

⑥ 인장시험편의 종류(KS B 0801)

시험편은 그 모양 및 치수에 따라 다음 표와 같이 분류되며 비례시험편 및 정형시험편으로 분류된다.

시험편의 모양	판모양	봉모양	관모양	원호 모양	선모양
비례 시험편	14B호	2호 14A호	14C호	14B호	–
정형 시험편	1A호 1B호 5호 6호 7호 13A호 13B호	3호 4호 10호 8A호 8B호 8C호 8D호	11호	12A호 12B호 12C호	9A호 9B호

㉠ 1호 시험편

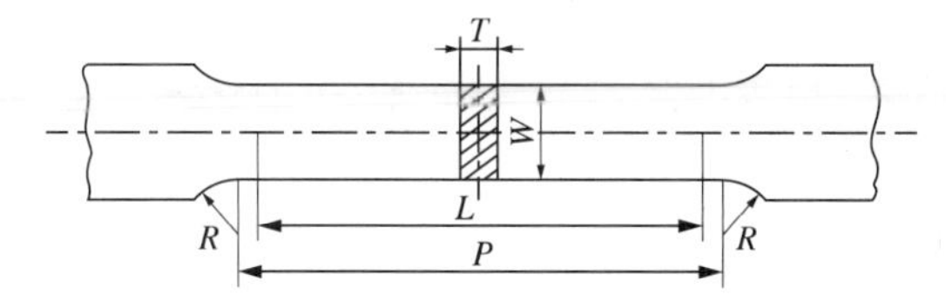

(단위 : mm)

시험편의 구별	1A	1B
너비(W)	40	25
표점거리(L)	200	200
평행부 길이(P)	약 220	약 220
어깨부의 반지름(R)	25 이상	25 이상
두께(T)	원래 두께	원래 두께

ⓛ 4호 시험편

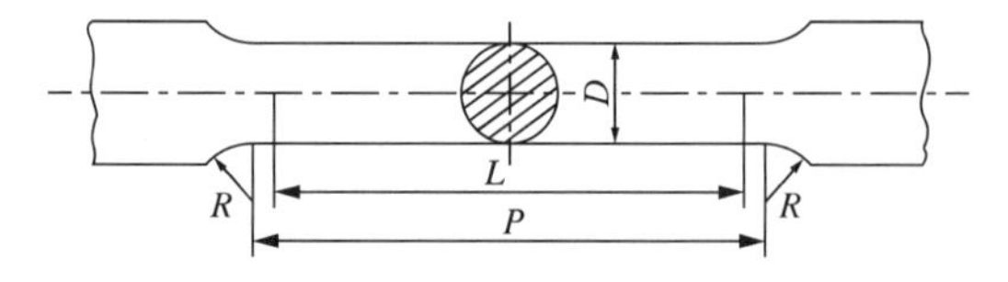

(단위 : mm)

지름(D)	14	평행부 길이(P)	60
표점거리(L)	50	어깨부의 반지름(R)	15 이상

⑦ 인장시험 방법

㉠ 시험편을 규격대로 제작 후 단면적을 구한다.

ⓛ 평행부에 표점거리를 마킹한다.

㉢ 만능재료 시험기를 점검하고, 인장시험에 필요한 하중 범위를 결정 후 용량을 조절한다.

㉣ 하부 크로스헤드와 상부 크로스헤드에 시험편을 물린다.

㉤ 수동의 경우 유압조절밸브를 서서히 개방시키며 하중을 읽고, 자동의 경우 프로그램을 세팅한 후 시험을 시작한다.

㉥ 파단이 될 때의 하중을 읽으며, 자동의 경우 시험 종료가 이루어진다.

㉦ 시험편을 척으로부터 빼낸다.

㉧ 항복점, 최대하중, 파단하중 등을 구하며, 표점거리의 늘어난 지름, 길이 등을 측정한다.

㉨ 시험 결과서를 작성한다.

⑧ 인장시험 시 유의사항

㉠ 하중은 일정하게 주어야 하며, 서서히 가해 주어야 한다.

ⓛ 시험편이 파단 시 파단된 시험편이나 조각이 튀어나올 수 있으므로 조심한다.

㉢ 척에 물릴 때 혹은 빼낼 때 떨어지지 않게 조심한다.

㉣ 인장시험기는 보정을 항상 해주어 정확한 결과값이 나오게 한다.

10년간 자주 출제된 문제

7-1. 인장시편의 표점거리가 50mm, 지름이 14mm, 최대하중이 5,000kg에서 시험편이 파단되어 표점거리가 55mm로 되었을 때의 연신율은 몇 %인가?

① 5 ② 10
③ 15 ④ 20

7-2. 인장시험 결과로 측정할 수 없는 것은?

① 연신율
② 인장강도
③ 단면수축률
④ 스크래치 경도

7-3. 인장시험 및 압축시험에 의해 재료에 순수인장 또는 압축으로 생긴 길이 방향의 단위 스트레인으로 옆쪽 스트레인을 나눈 값은?

① 연신율(Elongation)
② 푸아송의 비(Poisson's Ratio)
③ 영률(Young's Modulus)
④ 단면수축률(Reduction Of Area)

7-4. 최대하중 2,500kgf, 인장강도 50kgf/mm^{2}일 때 시험편의 단면적은?

① 20mm^2 ② 30mm^2
③ 40mm^2 ④ 50mm^2

7-5. 인장시험에서 지름 14mm의 시편 표점거리가 50mm일 때 탄성한도의 하중이 4,500kgf이었다면, 이 시편의 탄성한계 응력(kgf/mm^2)은 약 얼마인가?(단, 잔류 연신은 무시한다)

① 18 ② 29
③ 41 ④ 47

|해설|

7-1

연신율 : 시험편이 파괴되기 직전의 표점거리(l_1)와 원표점길이(l_0)와의 차

$$\delta = \frac{\text{변형 후 길이} - \text{변형 전 길이}}{\text{변형 전 길이}} \times 100\%$$

$$= \frac{l_1 - l_0}{l_0} = \frac{55-50}{50} \times 100\% = 10$$

7-2

스크래치 경도는 경도측정법에 사용되며, 인장시험으로 알 수 있는 것은 비례한계, 탄성한계, 연신율, 인장강도, 단면수축률, 내력이 있다.

7-3

푸아송비(Poisson's Ratio) : 탄성한계 내에서 횡변형(가로변형)과 종변형(세로변형)은 그 재료에 대하여 항상 일정한 값을 갖는 현상이다. $\frac{1}{m}$으로 표시하며 $\frac{1}{m}$의 역수 m을 푸아송수라 한다.

7-4

인장강도 : 시험편이 절단되었을 때의 하중을 원단면적으로 나눈 값

$$\text{인장강도} = \frac{\text{최대하중}}{\text{원단면적}} = \frac{P_{\max}}{A_0} = \frac{2{,}500}{x} = 50\text{kg/mm}^2$$

$$\therefore\ x = \frac{2{,}500}{50} = 50$$

7-5

$$\frac{\text{탄성한도하중}}{\text{시험편단면적}} = \frac{4{,}500}{7^2 \times 3.14} = 29.24\text{kgf/mm}^2$$

정답 7-1 ② 7-2 ④ 7-3 ② 7-4 ④ 7-5 ②

핵심이론 08 충격시험

① 충격시험 특징

㉠ 충격력에 대한 재료의 충격저항을 알아보는 데 사용하며, 파괴되지 않으려는 성질인 인성과 파괴가 잘되는 성질인 취성의 정도를 알아보는 시험이다.

㉡ 시험편을 지지대에 지지하고, 노치부를 지지대 사이 중앙에 일치한 뒤 노치부 뒷면을 해머로 1회 충격을 주어 파단시킨 후 지시판의 지시된 각도를 읽어 충격값을 구한다.

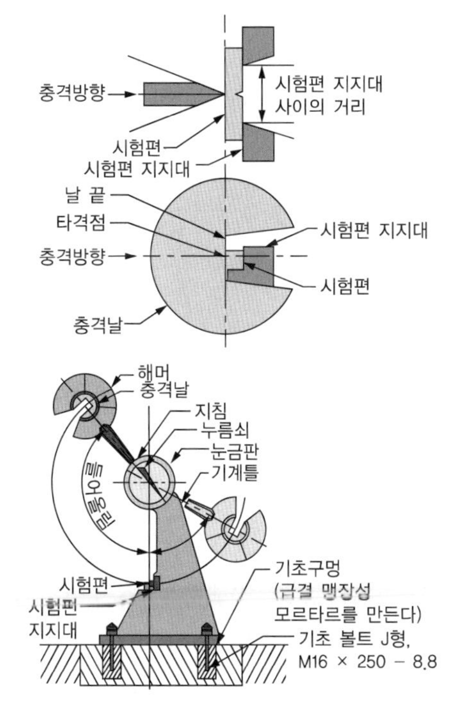

[샤르피 충격시험기의 구조]

② 시험편

㉠ 충격시험에는 주로 샤르피 충격시험과 아이조드 충격 시험이 사용된다.

- 아이조드 시험편 : 1호(길이 75mm), 2호(길이 130mm)
- 샤르피 시험편 : 3호(길이 55mm), 4호(길이 55mm), 5호(길이 55mm)

㉡ 노치(Notch) 효과 : 재료의 일부에 노치가 있을 경우 국부적 3차원의 응력집중이 생기며 정적하중에서는 연성파괴를 보이는 재료도 충격적인 힘에서 취성파괴가 일어나는 현상이다.

㉢ 연성 천이온도 : 고온에서 충격치가 매우 높으나 100℃ 이하에서 감소하여 -30℃ 이하에서는 극히 낮게 된다. 그리고 천이는 BCC에서는 잘 나타나지만 FCC, HCP에서는 별로 나타나지 않는다. 연성 천이온도를 올리는 원소는 C, N, P, S이며 Mn, Ni은 낮추게 된다.

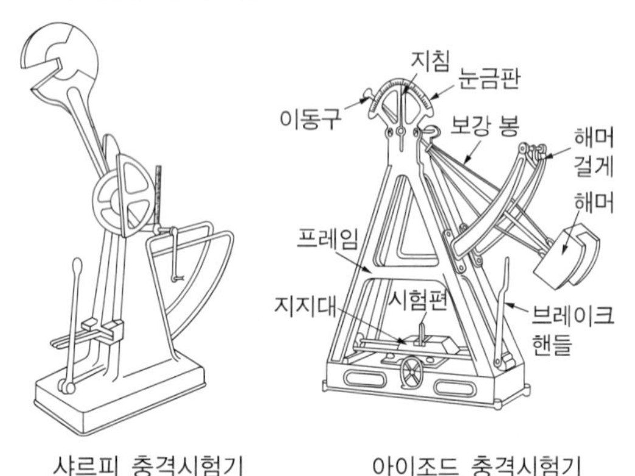

[샤르피 충격시험기와 아이조드 충격시험기]

㉣ V노치 시험편

(단위 : mm)

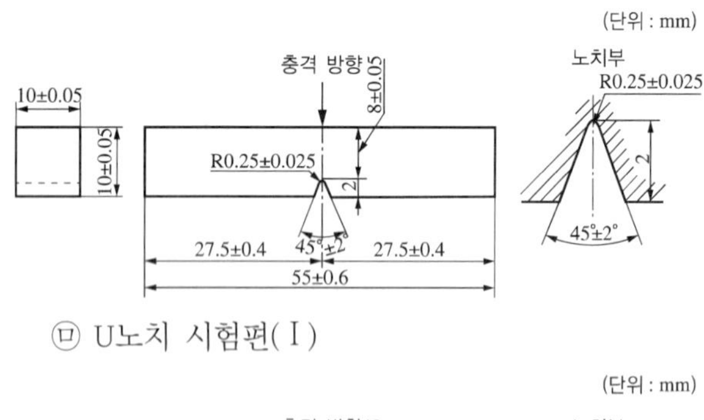

㉤ U노치 시험편(Ⅰ)

(단위 : mm)

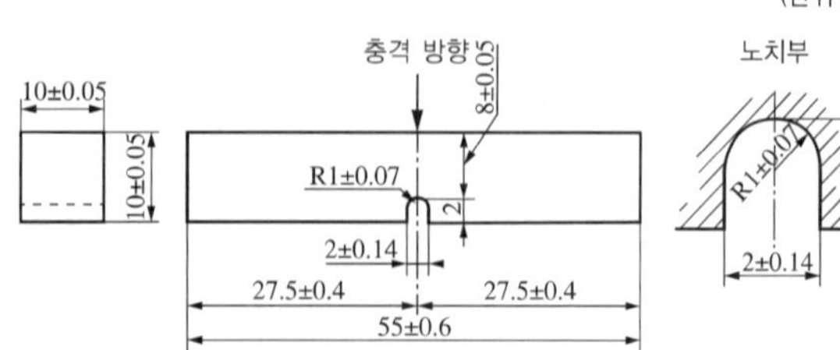

㉥ U노치 시험편(Ⅱ)

(단위 : mm)

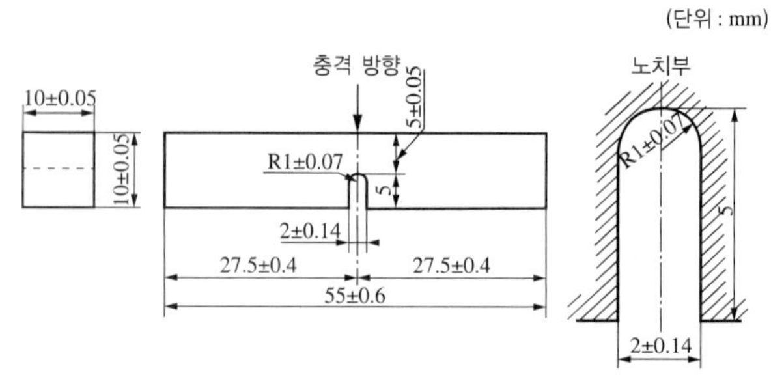

③ 충격시험 결과값

㉠ 충격에너지 값 :

$E = WR(\cos\beta - \cos\alpha)\ \text{kgf} \cdot \text{m}$

E : 충격에너지, W : 해머의 무게(kgf), R : 해머 암의 길이(m), 파단 전 해머를 들어올린 각도 : α, 파단 후 해머가 올라간 각도 : β

㉡ 충격값 : $U = \dfrac{E}{A}(\text{kgf} \cdot \text{m/cm}^2)$

A : 절단부의 단면적, E : 충격에너지

㉢ 취성파면율

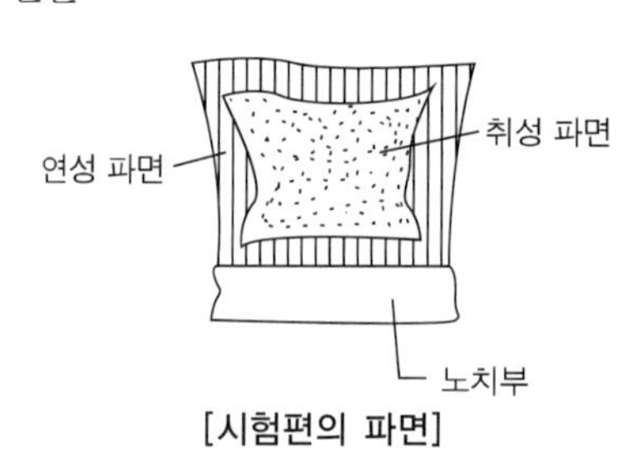

[시험편의 파면]

$B(\%) = \dfrac{C}{A} \times 100$

B : 취성파면율(%), C : 취성파면의 면적(mm^2), A : 파면의 전 면적(mm^2)

④ 샤르피 충격시험 방법 +

㉠ 시험편(KS B 0809)을 규격에 맞도록 준비한다.

㉡ 시험편의 단면적과 노치부의 형상 및 깊이를 측정하여 둔다.

㉢ 시험기를 아무것도 놓지 않은 상태에서 작동시켜 α값과 β값의 각이 같은지 확인한다.

㉣ 해머를 초기각도 120°로 맞춘 후 시험편을 지지대에 올려놓으며, 노치부가 정중앙에 위치하도록 한다.

㉤ 작동 레버를 당겨 해머를 낙하시킨다.

㉥ 시험편이 파단된 후 해머 제동 장치를 이용하여 정지시킨다.

㉦ 각도계의 파단 후 각도를 기록한 뒤 해머를 원위치시킨다.

㉧ 충격에너지 및 충격값 결과를 계산 및 기록한다.

⑤ 충격시험 시 유의사항

㉠ 충격시험은 온도에 영향을 많이 받으므로 온도를 항상 나타내어 주고, 특별한 지정이 없는 한 23±5℃의 범위 내에서 한다.

㉡ 노치부의 표면은 매끄러워야 하며 절삭흠 등 균열이 없어야 한다.

㉢ 시험편을 지지대에 올려둘 때 해머가 너무 높으면 위험하므로 안전하게 조금만 올린 후 세팅한다.

㉣ 시험편이 파괴할 때 튀어나오는 경우가 있으므로 주의한다.

10년간 자주 출제된 문제

8-1. 충격에너지(E)를 구하는 식으로 옳은 것은?[단, W : 해머의 무게(kgf), R : 해머의 회전축 중심에서부터 해머의 중심까지의 거리(m), α : 해머를 올렸을 때의 각도, β : 시험편 파괴 후 해머가 올라간 각도이다]

① $WR\{\cos\beta \times \cos(1-\alpha)\}$
② $WR(\cos\alpha \times \cos\beta)$
③ $WR(\cos\beta - \cos\alpha)$
④ $WR(\cos\alpha - \cos\beta)$

8-2. 충격시험은 재료의 어떤 성질을 알아보기 위한 것인가?

① 인 성 ② 절삭성
③ 전연성 ④ 내마멸성

8-3. 충격시험에서 샤르피 흡수에너지를 노치(Notch) 부분의 원단면적으로 나눈 값은?

① 충격값 ② 효율에너지
③ 해머의 질량 ④ 시험편 파괴값

8-4. 다음 보기 안에 들어갈 시험편의 길이(mm)는?

| 보기 |
샤르피 충격시험기에 사용하는 시험편은 보통 길이가 ( )mm, 높이와 너비가 10mm인 정사각형의 단면을 가지고 U자 및 V자 노치를 가지고 있어야 한다.

① 35 ② 55
③ 70 ④ 130

8-5. 재료에 단일 충격값을 주었을 때 충격에 의해 재료가 흡수한 흡수에너지를 노치부 단면적으로 나눈 값을 무엇이라고 하는가?

① 충격값 ② 충격흡수값
③ 충격에너지 ④ 단면수축률

| 해설 |

8-1
충격에너지 $E = WR(\cos\beta - \cos\alpha)\,\text{kgf}\cdot\text{m}$
E : 충격에너지, W : 해머의 무게(kgf), R : 해머 암의 길이(m), 파단 전 해머를 들어올린 각도 : α, 파단 후 해머가 올라간 각도 : β

8-2
충격시험 : 충격력에 대한 재료의 충격저항을 알아보는 데 사용하며, 파괴되지 않으려는 성질인 인성과 파괴가 잘되는 성질인 취성의 정도를 알아보는 시험

8-3, 8-5
충격값 $U = \frac{E}{A}(\text{kgf}\cdot\text{m/cm}^2)$, A : 절단부의 단면적, E : 충격에너지

8-4
샤르피 충격시험 시험편
• 샤르피 3호 시험편

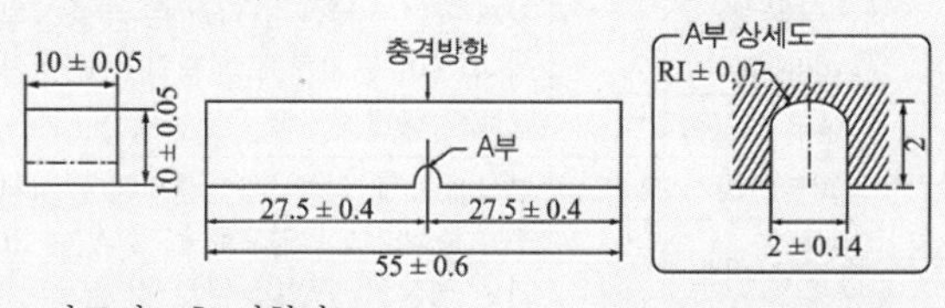

• 샤르피 4호 시험편

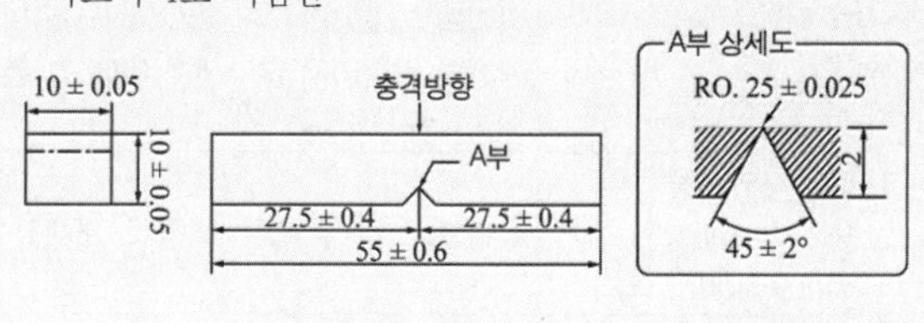

정답 8-1 ③ 8-2 ① 8-3 ① 8-4 ② 8-5 ①

핵심이론 09 재료조직시험 – 육안검사

① **파면검사** : 강재를 파단시켜 그 파면의 색, 조밀, 모양을 보아 조직이나 성분 함유량을 추정하며, 내부 결함 유무를 검사하는 방법이다.

② **매크로 조직검사** : 재료를 직접 육안으로 관찰하거나 저배율(10배 이하)의 확대경을 사용하여 재료의 결함 및 품질 상태를 판단하는 검사이다. 염산 수용액을 사용하여 75~80℃에서 적당시간 부식 후 알칼리 용액으로 중화시켜 건조 후 조직을 검사하는 방법이다.

㉠ 매크로 조직 분류

- 단면 전체에 걸치는 조직 : 수지상정, 잉곳패턴, 다공질, 피트 등
- 중심부 조직 : 편석, 다공질, 피트 등
- 기타 조직 : 기포, 개재물, 파이프, 모세균열, 중심부 파열, 주변 흠

㉡ 매크로검사 용어

분 류	기 호	비 고
수지상 결정 (Dendrite)	D	강괴의 응고에 있어서 수지상으로 발달한 1차 결정이 단조 또는 압연 후에도 그 형태를 그대로 가지고 있는 것
잉곳 패턴 (Ingot Pattern)	I	강괴의 응고과정에 있어서 결정상태의 변화 또는 성분의 편차에 따라 윤곽상으로 부식의 농도차가 나타난 것
중심부 편석 (Center Segregation)	S_C	강괴의 응고과정에서 성분의 편차에 따라 중심부에 부식의 농도차가 나타난 것
다공질 (Looseness)	L	강재 단면 전체에 걸쳐서 또는 중심부에 부식이 단시간에 진행하여 해면상으로 나타난 것
중심부 다공질	L_C	
피트(Pit)	T	부식에 의해 강재 단면 전체에 걸쳐서 또는 중심부에 육안으로 볼 수 있는 크기로 점상의 구멍이 생긴 것
중심부 피트	T_C	
기포 (Blow Hole)	B	강괴의 기포 또는 핀 홀(Pin Hole)이 완전히 압착되지 않고 중심부에 그 흔적을 남기고 있는 것
비금속 개재물 (Nonmetallic Inclusion)	N	육안으로 알 수 있는 비금속 개재물
파이프(Pipe)	P	강괴의 응고수축에 따른 1차 또는 2차 파이프가 완전히 압축되지 않고 중심부에 그 흔적을 남긴 것
모세균열 (Hair Crack)	H	부식에 의하여 단면에 미세하게 모발상으로 나타난 흠
중심부 파열 (Center Defects)	F	부적당한 단조 또는 압연작업으로 인하여 중심부에 파열이 생긴 것
주변 흠 (Seam Laps)	W	강재의 주변 기포에 의한 흠 또는 압연 및 단조에 의한 흠, 그밖에 강재의 외부에 생긴 흠

③ **설퍼 프린트법** : 브로마이드 인화지를 1~5%의 황산수용액(H_2SO_4)에 5~10분 담근 후 시험편에 1~3분간 밀착시킨 다음 브로마이드 인화지에 붙어 있는 취화은($AgBr_2$)과 반응하여 황화은(AgS)을 생성시켜 건조시키면 황이 있는 부분에 갈색 반점의 명암도를 조사하여 강 중의 황의 편석 및 분포도를 검사하는 방법이다.

㉠ 화학반응식

- $MnS + H_2SO_4 \rightarrow MnSO_4 + H_2S$
- $FeS + H_2SO_4 \rightarrow FeSO_4 + H_2S$
- $2AgBr + H_2S \rightarrow Ag_2S + 2HBr$

㉡ 설퍼 프린트에 의한 황편석의 분류

분 류	기 호	비 고
정편석	S_N	황이 외부로부터 중심부를 향해 증가하여 분포되는 형상으로, 외부보다 내부가 짙은 농도로 착색되는 것으로 일반 강재에서 보통 발생하는 편석
역편석	S_I	황이 외부로부터 중심부를 향해 감소하여 분포되는 형상으로, 외부보다 중심부쪽의 착색도가 낮게 나타나는 편석
중심부편석	S_C	황이 강재의 중심부에 중점적으로 분포되어 농도가 짙은 착색부가 나타나는 편석
점상편석	S_D	황의 편석부가 짙은 농도로 착색되는 점상 편석
선상편석	S_L	황의 편석부가 짙은 농도로 착색되는 선상 편석
주상편석	S_{Co}	형강 등에서 자주 발생하는 편석으로 중심부 편석이 주상으로 나타난 편석

10년간 자주 출제된 문제

9-1. 강산 부식법이라고 하며, 강재의 표면이나 단면에 대하여 적당한 부식액으로 부식시켜 결함을 육안으로 검출하는 시험법은?

① 파단면 검사법
② 단 깎기 검사법
③ 설퍼 프린트법
④ 매크로 부식법

9-2. 부식에 의하여 강재 단면의 중심 부분에 육안으로 볼 수 있는 크기의 점 모양의 구멍이 생긴 것의 매크로 조직의 기호는?

① B ② T
③ P ④ L

9-3. 철강의 매크로 조직검사 결과가 D – Sc – N으로 표시되어 있을 때 관계없는 것은?

① 개재물이 있다.
② 기포가 있다.
③ 중심부 편석 있다.
④ 수지상 결정 있다.

9-4. 매크로시험에 대한 설명으로 틀린 것은?

① 결정격자의 패턴을 분석할 수 있다.
② 확대경을 사용하거나 육안으로 검사한다.
③ 표면을 부식시켜 파면검사를 할 수 있다.
④ 조직 분포상태 및 모양 등을 검사할 수 있다.

9-5. 금속재료 매크로시험 결과 기공(기포)이 나타났다. 이때 보고서에 써 넣어야 할 기호로 옳은 것은?

① D ② L
③ B ④ S_c

|해설|

9-1

매크로 조직검사 : 재료를 직접 육안으로 관찰하거나 저배율(10배 이하)의 확대경을 사용하여 재료의 결함 및 품질상태를 판단하는 검사로 염산 수용액을 사용하여 75~80℃에서 적당시간 부식 후 알칼리 용액으로 중화시켜 건조 후 조직을 검사하는 방법이다.

9-2

매크로 검사 용어

피트(Pit)	T	부식에 의해 강재 단면 전체에 걸쳐서 또는 중심부에 육안으로 볼 수 있는 크기로 점상의 구멍이 생긴 것

9-3

D : 수지상 결정, S_c : 중심부 편석, N : 비금속 개재물을 의미한다.

9-4

매크로 조직검사는 재료를 직접 육안으로 관찰하거나 저배율(10배 이하)의 확대경을 사용하여 재료의 결함 및 품질상태를 판단하는 검사로 결정격자의 경우 고배율의 전자현미경을 이용한다.

9-5

매크로 분류상 기포

분 류	기 호	비 고
기포 (Blow Hole)	B	강괴의 기포 또는 핀 홀(Pin Hole)이 완전히 압착되지 않고 중심부에 그 흔적을 남기고 있는 것

정답 9-1 ④ 9-2 ② 9-3 ② 9-4 ① 9-5 ③

핵심이론 10 | 현미경 탐상검사

① 현미경 탐상검사 특징

㉠ 금속조직의 구분 및 결정입도 측정

㉡ 주조, 열처리, 압연 등에 의한 조직의 변화 측정

㉢ 비금속 개재물의 종류와 형상, 크기 및 편석부 측정

㉣ 균열의 형상과 성장원인 분석

㉤ 파단면 관찰에 의한 파괴 양상 파악

② 현미경 종류

㉠ 광학 금속현미경 : 광원으로부터 광선을 시험편에 투사하여 시험체 표면에서 반사되어 나오는 광선을 현미경의 렌즈를 통하여 관찰한다.

㉡ 주사 전자현미경(SEM) : 시험편 표면을 전자선으로 주사하여 나오는 이차 전자를 브라운관에 영상으로 표시하여 재료조직, 상변태, 미세조직, 거동 관찰, 성분분석 등을 하며 고배율의 관찰이 가능하다.

※ 레프리카 : 전자현미경 사용 시 금속은 전자를 흡수하는 힘이 크므로 실제로 금속시편을 전자현미경에 쓸 수 없고 원 금속시료면 굴곡을 복제한 엷은 막을 쓰는 것

㉢ 투과 전자현미경(TEM) : 짧은 파장의 전자선을 가속시켜 시험편에 투과 후 전자렌즈로 상을 확대하여 형성시키는 현미경으로 배율 조정을 위해 전기장을 이용한다.

③ 금속현미경 구조

㉠ 대물렌즈 : 물체를 확대하는 렌즈로 경통 아래 회전판에 붙어 있으며 프레파라트(Preparat)에 접한다. 배율이 높을수록 길이가 길다.

㉡ 접안렌즈 : 대물렌즈로 확대한 상을 다시 확대하는 렌즈로 관찰자가 눈으로 들여다보는 렌즈이다.

㉢ 조절나사 : 조동나사와 미동나사가 있다. 조동나사는 경통을 상하로 움직여 물체를 찾는 데 사용하는 나사로 처음 상을 찾아 대강 초점을 맞출 때 사용하며, 미동나사는 찾아낸 물체의 상의 초점을 정밀히 맞추는 데 사용한다.

㉣ 반사경 : 물체를 밝게 비추기 위해 빛을 반사시키는 거울이다.

㉤ 회전판 : 여러개의 대물렌즈가 붙어 있는 판이다.

㉥ 재물대 : 프레파라트를 올려놓는 판으로 가운데 구멍이 뚫려 반사경이 반사한 빛이 통과한다.

㉦ 경통 : 아래쪽 대물렌즈, 위쪽 접안렌즈가 붙어 있는 관이다.

㉧ 클립 : 프레파라트를 재물대 위에 고정시키는 장치이다.

㉨ 조리개 : 재물대 밑에 있으며, 프레파라트에 비치는 양을 조절한다.

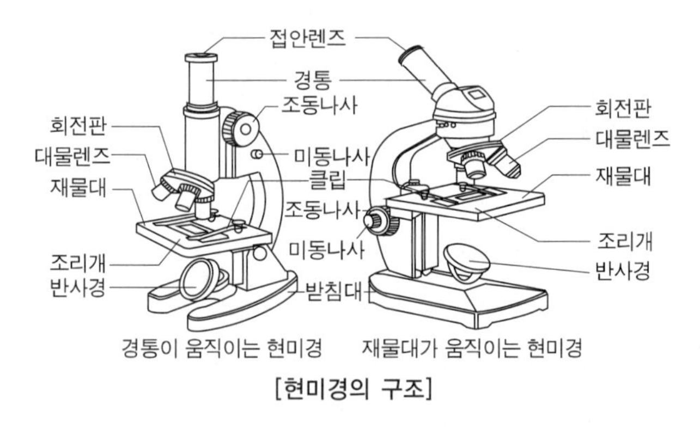

[현미경의 구조]

④ 현미경 조직검사 방법

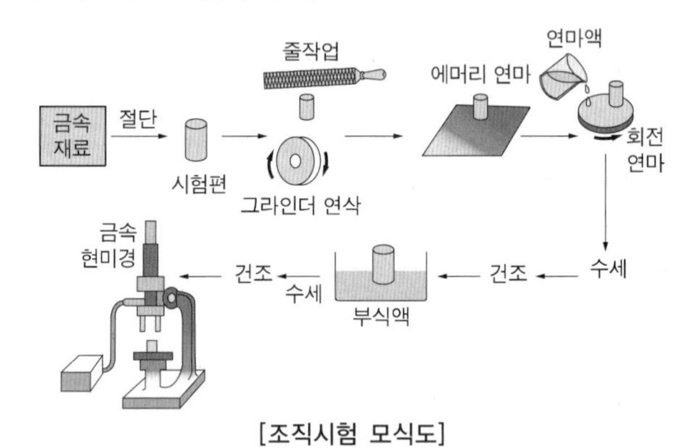

[조직시험 모식도]

㉠ 시험편의 채취 : 시험목적에 맞는 부분을 채취하며, 냉간압연재료의 경우 표면이 가공방향과 평행하게 채취하고, 강도가 높은 재료는 절단 시 발생열로 인한 조직 변화에 주의하여 채취한다. 이때 너무 작은 시험편의 경우 열경화성 페놀수지,

디아릴수지, 열가소성 아크릴수지 등에 시험편을 매립하고 135~150℃로 가열시켜 150~200kgf/mm^2의 압력으로 5분간 가압성형하는 마운팅을 한 후 연마작업으로 넘어간다.

㉡ 시험편의 가공과 연마

채취한 시험편은 한쪽 면을 연마하여 현미경으로 볼 수 있도록 한다. 시험편은 평면가공 → 거친연마 → 중간연마 → 광택(미세)연마 순으로 한다.

- 평면가공 : 시험편의 검사할 면을 줄 또는 그라인더로 가공한다. 이때 과열에 의하여 조직이 변형되지 않도록 한다.
- 거친연마 : 사포 또는 벨트그라인더로 연마하며, 연마 도중에 가열 또는 가공에 의해 변질되지 않도록 한다.
- 중간연마 : 강화유리 또는 평평한 판 위에 사포를 놓고 연마하거나 원판을 회전시키면서 연마한다.
- 광택(미세)연마 : 최종연마로 미세한 표면 흠을 제거하고, 매끄러운 광택면을 얻기 위해 회전식 연마기를 사용하여 특수 연마포에 연마제(Al_2O_3, Cr_2O_3, 다이아몬드 페이스트 등)를 뿌려가며 연마한다. 폴리싱(Polishing)이라고도 한다.
- 전해연마 : 연마하여야 할 금속을 양극으로 하고, 불용성 금속을 음극으로 하여 전해액 안에서 연마하는 작업

㉢ 부식액 제조

금속의 완전한 조직을 얻기 위해서는 얇은 막으로 덮여 있는 표면층을 제거하고, 하부에 있는 여러 조직성분이 드러나도록 부식시켜야 한다.

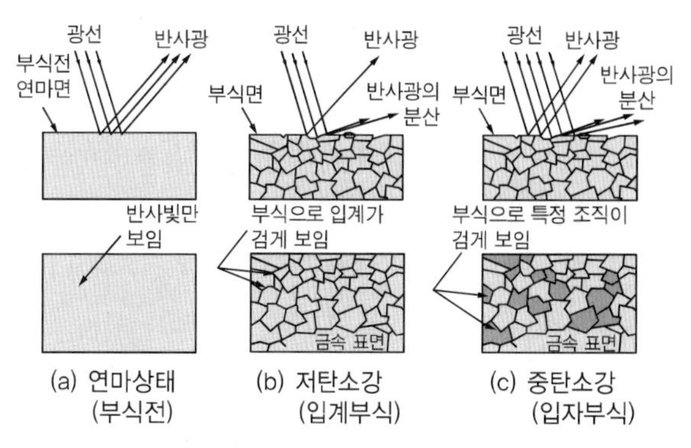

[부식이 조직에 미치는 영향]

㉣ 현미경 조정

- 조동나사를 이용하여 경통을 올린 후 대물렌즈 회전장치를 돌려 저배율의 대물렌즈를 재물대와 수직이 되게 놓는다.
- 조리개를 조절해 광원을 조정하고 디지털방식의 경우 광원 밝기 조절을 맞춘다.
- 접안렌즈를 통해 시험면을 보면서 조동나사를 돌리며 상이 나타나게 한다.
- 대략적인 상이 나타났다면 조동나사를 돌려 상이 정확히 보이도록 초점을 조절한다.

⑤ 부식액의 종류

재 료	부식액
철강재료	나이탈, 질산알코올 (질산 5mL + 알코올 100mL)
	피크랄, 피크린산알코올 (피크린산 5g + 알코올 100mL)
귀금속 (Ag, Pt 등)	왕수(질산 1mL + 염산 5mL + 물 6mL)
Al 및 Al 합금	수산화나트륨 (수산화나트륨 20g + 물 100mL)
	플루오린화수소산 (플루오린화수소 0.5mL + 물 99.5mL)
Cu 및 Cu 합금	염화제이철 용액 (염화제이철 5g + 염산 50mL + 물 100mL)
Ni, Sn, Pb 합금	질산 용액
Zn 합금	염산 용액

⑥ 현미경 사용 시 유의사항

㉠ 현미경 운반 시 똑바로 세운 채 두 손으로 운반한다.

㉡ 먼저 저배율로 초점을 맞춰 관찰하고, 그 후 고배율로 관찰한다.

㉢ 시료를 관찰할 때에는 대물렌즈가 시료와 가장 가깝게 한 후 올리면서 초점을 맞춘다.

㉣ 현미경 조작 시 무리한 힘을 가하지 않고 렌즈를 더럽히지 않고, 사용 후 데시케이터에 넣어 보관한다.

㉤ 시편 절단 시 조직 손상을 막기 위해 냉각수를 사용하거나 저속으로 절단한다. 또한, 작업공구의 안전수칙을 잘 지키며 작업한다.

㉥ 연마작업 시 시험편이 튀어나가지 않도록 한다.

10년간 자주 출제된 문제

10-1. 현미경으로 강의 비금속 개재물을 시험한 후 그 판정결과가 보기와 같이 표시되어 있을 때, 숫자 400의 의미는?

| 보기 |

d60 × 400 = 0.34%

① 시야수
② 청정도
③ 현미경 배율
④ 개재물이 점유한 격자점 중심의 수

10-2. 금속 현미경 조작방법에 대한 설명으로 틀린 것은?

① 현미경은 진동이 없는 작업대 위에 놓고 사용한다.
② 시험편을 시험편 받침대에 올려놓고 클램프로 고정시킨 후 관찰한다.
③ 처음에는 고배율로 되도록 좁은 범위조직을 관찰한 후 이 중의 특정 부위를 저배율로 관찰한다.
④ 조직을 관찰한 다음 조직사진을 찍을 때 스케일도 포함되게 찍는 것이 좋다.

10-3. 빛 대신에 파장이 짧은 전자선을 시료에 투과시켜서 렌즈로 상을 확대하여 형성시키는 현미경은?

① 광학현미경
② 전자유도현미경
③ 투과전자현미경
④ 주사전자현미경

10-4. 다음 중 고온 금속현미경으로 관찰할 수 없는 것은?

① 성분조성과 합금의 변화
② 금속용해와 응고현상
③ 소성변형과 파단현상
④ 결정입자의 성장과 상의 변화

10-5. 현미경 시험용 시편채취방법에 대한 설명으로 옳은 것은?

① 시편은 검경의 목적에 따라 채취할 부분을 결정한다.
② 압연 또는 단조한 재료는 주로 표면만 채취한다.
③ 경하고 취약한 재료는 반드시 표면만 채취한다.
④ 편석을 알기 위해서는 편석이 집중될 가능성이 있는 내부 한 곳만을 채취한다.

|해설|

10-1

400은 현미경 배율을 의미한다.

10-2

현미경 사용 시 유의사항

- 현미경 운반 시 똑바로 세운 채 두 손으로 운반한다.
- 먼저 저배율로 초점을 맞춰 관찰하고 그 후 고배율로 관찰한다.
- 시료를 관찰할 때에는 대물렌즈가 시료와 가장 가깝게 한 후 올리면서 초점을 맞춘다.
- 현미경 조작 시 무리한 힘을 가하지 않고 렌즈를 더럽히지 않고, 사용 후 데시케이터에 넣어 보관한다.
- 시편 절단 시 조직 손상을 막기 위해 냉각수를 사용하거나 저속으로 절단한다. 또한, 작업공구의 안전수칙을 잘 지키며 작업한다.
- 연마작업 시 시험편이 튀어나가지 않도록 한다.

10-3

투과전자현미경(TEM) : 짧은 파장의 전자선을 가속시켜 시험편에 투과 후 전자렌즈로 상을 확대하여 형성시키는 현미경으로 배율 조정을 위해 전기장을 이용한다.

10-4

- 고온 금속현미경은 가열 상태에 있는 금속합금·광물 등의 시료 표면을 조사하는 현미경으로 고온에서 변화하는 시료의 상태나 표면을 관찰할 때 사용한다.
- 성분조성과 합금의 변화는 Fe-SEM과 같이 전자현미경을 이용하여 관찰한다.

10-5

시험편의 채취 : 시험목적에 맞는 부분을 채취하며, 냉간압연재료의 경우 표면이 가공방향과 평행하게 채취하고, 강도가 높은 재료는 절단 시 발생열로 인한 조직변화에 주의하여 채취한다.

정답 10-1 ③ 10-2 ③ 10-3 ③ 10-4 ① 10-5 ①

핵심이론 11 비금속 개재물 검사

① 강의 비금속 개재물 측정방법은 KS D 0204에 규격화되어 있으며, 압연 또는 단조한 강 제품에서 비금속 개재물 수량을 표준도표와 비교하여 결정하는 현미경 시험방법이다.

㉠ 황화물계 개재물(그룹 A) : FeS을 형성하는 개재물로, 일반적으로 철강재에서는 탈황작용을 하는 Mn이 첨가되면서 MnS을 형성하게 된다. 이 그룹은 쉽게 잘 늘어나는 개개의 회색 입자들로 가로/세로비(길이/폭)가 넓은 범위에 걸쳐 있고, 그 끝은 둥글게 되어 있다.

㉡ 알루민산염 개재물(그룹 B) : 용강 중 SiO_2나 Fe-Mn 규산염이 있을 때 Al을 첨가하여 산화물이나 규산염이 환원되며 알루미늄 산화물계(알루민산염) 개재물을 형성하게 된다. 이는 변형이 잘 안 되며 모가 나고 흑색이나 푸른색이 도는 많은 수의 입자로 변형방향으로 정렬된 특징을 가진다.

㉢ 규산염 개재물(그룹 C) : SiO_2 위주로 형성되어 있으며 일반적으로 MnO(FeO) – SiO_2의 상태로 존재한다. 쉽게 잘 늘어나는 개개의 암회색 또는 암흑색의 입자들로 그 끝이 날카로운 특징을 가진다.

㉣ 구형 산화물 개재물(그룹 D) : 변형이 안 되며 모가 나거나 구형으로 흑색이나 푸른색으로 방향성 없이 분포되어 있는 입자

㉤ 단일 구형 개재물(그룹 DS) : 구형이거나 거의 구형에 가까운 단일입자

10년간 자주 출제된 문제

11-1. 비금속 개재물을 측정하였더니 보고서에 보기와 같이 적혀 있을 때 틀린 것은?

|보기|

d A 60 × 400 = 0.15%

① A : A계 개재물
② 60 : 측정 시야 수
③ 0.15% : 청정도
④ 400 : 현미경 램프의 밝기

11-2. 다음 중 일반적으로 Mn규산염 또는 Fe-Mn규산계의 비금속 개재물이 생성되는 것은?

① A계 개재물
② B계 개재물
③ C계 개재물
④ DS계 개재물

11-3. 비금속 개재물 검사에서 구형 산화물 종류가 속한 그룹은?

① 그룹 A ② 그룹 B
③ 그룹 C ④ 그룹 D

11-4. 비금속 개재물의 종류 중에서 가공방향으로 집단을 이루어 불연속적으로 입상의 형태로 뭉쳐 줄지어진 알루민산염 개재물은 어느 그룹계에 해당되는가?

① 그룹 A계 개재물
② 그룹 B계 개재물
③ 그룹 C계 개재물
④ 그룹 D계 개재물

11-5. 비금속 개재물 중 적열취성의 원인이 되는 것은?

① A계 개재물
② B계 개재물
③ C계 개재물
④ 산화물계 개재물

|해설|

11-1

400은 현미경의 배율을 의미한다.

11-2

규산염 개재물(그룹 C) : SiO_2 위주로 형성되어 있으며 일반적으로 MnO(FeO) – SiO_2의 상태로 존재한다. 쉽게 잘 늘어나는 개개의 암회색 또는 암흑색의 입자들로 그 끝이 날카로운 특징을 가진다.

11-3

구형 산화물 개재물(그룹 D) : 변형이 안 되며 모가 나거나 구형으로 흑색이나 푸른색으로 방향성 없이 분포되어 있는 입자

11-4

알루민산염 개재물(그룹 B) : 용강 중 SiO_2나 Fe–Mn 규산염이 있을 때 Al을 첨가하여 산화물이나 규산염이 환원되며 알루미늄 산화물계(알루민산염) 개재물을 형성하게 된다. 이는 변형이 잘 안 되며 모가 나고 흑색이나 푸른색이 도는 많은 수의 입자로 변형방향으로 정렬된 특징을 가진다.

11-5

비금속 개재물에는 A, B, C, D, DS 그룹이 있으며, 적열취성의 원인은 황이므로 A계 황화물계 개재물이 그 원인이 된다.

정답 11-1 ④ 11-2 ③ 11-3 ④ 11-4 ② 11-5 ①

핵심이론 12 정량조직검사

① 페라이트 결정입도 측정법

KS D 0209에 규정된 강의 페라이트 결정입도시험으로 0.2%C 이하인 탄소강의 페라이트 결정입도를 측정하는 시험법, 비교법(FGC), 절단법(FGI), 평적법(FGP)이 있다.

㉠ 비교법(ASTM 결정립 측정법, FCG) : 부식면에 나타난 입도를 현미경으로 측정하여 다음 그림의 표준도와 비교하여 그에 해당하는 입도번호를 판정한다.

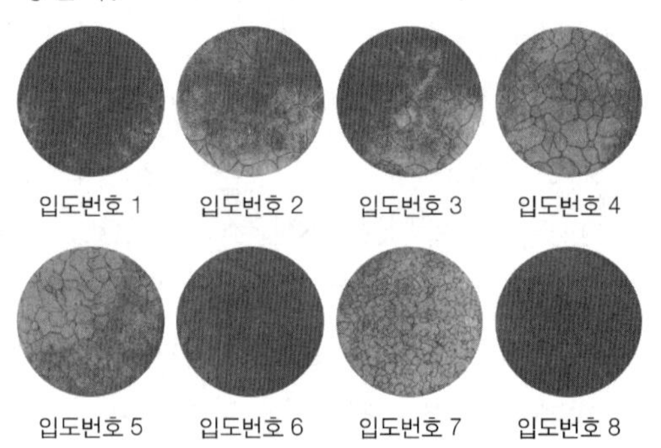

[페라이트 결정입도 표준도]

- 배율은 100배, 사진 또는 실제 시야는 지름 0.8mm의 원, 투영상의 크기는 지름이 80mm의 원을 표준으로 한다.
- 현미경의 배율이 100배로 판정이 곤란할 때에는 50배 또는 200배의 배율을 사용하며, 50배의 경우는 판정결과의 입도번호를 2번호 낮게 하고, 200배의 경우에는 2번호 높게 한다.

입도번호 (N)	단면적 1mm²당 결정립 수	결정립의 평균 단면적 (mm²)	100배에서 25.4mm² 중의 결정립 평균수(n)
−3	1	1	0.0625
−2	2	0.5	0.125
−1	4	0.25	0.25
0	8	0.125	0.5
1	16	0.0625	1
2	32	0.0312	2
3	64	0.0156	4
4	128	0.99781	8
5	256	0.00390	16
6	512	0.00195	32
7	1,024	0.00098	64
8	2,048	0.00049	128
9	4,096	0.000244	256
10	8,192	0.000122	512

ⓛ 절단법(제프리스법, FGI) : 부식면에 나타난 입도를 현미경으로 측정 혹은 사진으로 촬영하여 서로 직각으로 만나는 일정한 길이의 두 선분에 의하여 절단되는 결정입자의 수를 측정하여 다음 식으로 입도번호를 산출하는 방법이다. 이때, 소수점 아래 둘째자리에서 반올림한다.

$$n_M = 0.8 \times \left(\frac{I_1 + I_2}{L_1 L_2}\right)$$

$$n = n_M + M^2$$

$$N = \left(\frac{\log n}{0.301}\right) - 3$$

n_M : 현미경 배율 M에서의 1mm² 안에 있는 결정입자의 수

L_1, L_2 : 서로 직각으로 만나는 선분의 길이(mm)

I_1, I_2 : L_1(또는 L_2)에 의해 절단되는 결정입자의 수

실제 넓이 n : 1mm² 안에 있는 결정입자의 수

M : 현미경 배율

N : 페라이트 결정입도 번호

- 선분의 양 끝에 있는 결정이 각각 일부분씩 절단될 때에는 한쪽만 계산하고, 절단되지 않은 결정입자가 선분의 한쪽에 있을 때에는 이것은 계산하지 않는다.
- 한 선분으로 절단되는 결정입자의 수는 10 이상이 되게 현미경 배율을 선택하고 모두 50개 이상이 될 때까지 여러 시야를 측정한다.
- 측정선 끝이 정확하게 하나의 결정립계에 닿을 때 교차점 수는 $\frac{1}{2}$로 계산한다.

ⓒ 평적법(헤인법, FGP) : 부식면에 나타난 입도를 현미경으로 측정하거나 현미경 사진으로 촬영하여 일정한 넓이의 원 또는 사각형에 들어 있는 결정입자의 수를 측정한다. 이때 현미경 배율은 100배, 현미경 시야의 투상 또는 현미경 사진의 넓이는 5,000mm²로 한다.

- 결정입자의 계산은 경계선과 만나는 결정입자 수의 반과 완전히 경계선 안에 있는 결정입자의 수를 합한 것으로 한다.
- 결정입도 번호는 다음 식에 의하여 계산하며, 소수점 아래 둘째자리에서 반올림한다.

$$x = \left(\frac{w}{2}\right) + z$$

$$n = X \times \left(\frac{M^2}{5,000}\right)$$

$$N = \left(\frac{\log n}{0.301}\right) - 3$$

x : 넓이 5,000mm² 안에 있는 결정입자의 수

w : 경계선 안에 있는 결정입자의 수

z : 완전히 경계선 안에 있는 결정입자의 수

실제 넓이 n : 1mm² 안에 있는 결정입자의 수

M : 현미경 배율, N : 입도번호

ⓔ 종합 판정 방법

- 각 시야에 대한 판정 결과로부터 다음 식에 의하여 평균 입도번호를 계산하여 그 시험편의 입도로 하는데, 시야 수는 5~10을 원칙으로 한다.

$$n = \frac{\Sigma a \times b}{\Sigma b}$$

n : 평균 입도번호, a : 각 시야에서의 입도번호, b : 시야 수

[종합 판정법 예시]

각 시야별 입도번호(a)	시야 수 ($b1$)	$a\times b$	평균 입도번호 (n)	입 도
6 6.5 7	2 6 2	12 39 14	65/10=6.5	6.5
계	10	65		

- FGC-V4.5(M) : 비교법, 직각단면 10시야의 종합 판정 결과 입도번호 4.5
- FGC-P3.5(10) : 비교법, 평행단면 10시야 종합 판정 결과 입도번호 3.5
- FGC-V[3(70%)+6(30%)](8) : 비교법, 직각단면 종합 판정 결과 8시야 전부 결정입자가 있으며, 입도번호 3이 70%, 입도번호 6이 30%

• V : 직각단면, P : 평행단면, S : 표면

② **조직량 측정법** : 관찰되는 전체 상 중 한 종류의 상량을 측정하는 것

㉠ 면적분율법(중량법) : 연마된 면 중 특정 상의 면적을 개별적으로 측정하는 방법으로 플래니미터와 천칭을 사용하여 질량을 정량한다.

㉡ 직선법 : 조직사진 위에 직선을 긋고 측정하고자 하는 상과 교차하는 길이를 측정한 값의 직선의 전체길이로 나눈 값으로 표시한다.

㉢ 점산법 : 투명한 망 종이를 조직사진 위에 겹쳐놓고 측정하고자 하는 상이 가지는 면적의 교차점을 측정한 총수를 망의 전체 교차점의 수로 나눈 값으로 표시한다.

10년간 자주 출제된 문제

12-1. 강의 페라이트 결정입도시험 결과가 보기와 같이 보고서에 표시되었을 때의 설명으로 옳은 것은?

| 보기 |

FGC-P3.5(10)

① 절단법으로 시험하였다.
② 시야 수가 3~4이다.
③ 종합판정에 따른 입도가 3.5이다.
④ 직각단면에 대하여 시험하였다.

12-2. 조직량을 측정함으로써 소재의 건전성, 조직량에 의한 기계적 성질의 유추해석이 가능한 조직량 측정시험의 방법이 아닌 것은?

① 점의 측정법
② 원의 측정법
③ 직선의 측정법
④ 면적의 측정법

12-3. 정량조직검사 중 결정입도 시험법이 아닌 것은?

① 비교법
② 평균법
③ 평적법
④ 절단법

12-4. 강의 페라이트 및 오스테나이트 결정입도 시험법에서 교차점의 수를 세는 방법에 대한 설명으로 틀린 것은?

① 측정선 결정립계에 접할 때 하나의 교차점으로 계산한다.
② 측정선의 끝이 정확하게 하나의 결정립계에 닿을 때는 교차점 수는 $\frac{1}{2}$로 계산한다.
③ 교차점이 우연히 삼중점(3개의 결정립이 만나는 곳)에 일치할 때는 3개 교차점으로 계산한다.
④ 불규칙한 형상을 갖는 경우 측정선이 두 개의 다른 지점에서 같은 결정립을 양분할 때는 두 개의 교차점으로 계산한다.

|해설|

12-1

FGC-P3.5(10) : 비교법, 평행단면 10시야 종합판정 결과 입도번호 3.5

12-2

조직량 측정법 : 관찰되는 전체 상 중 한 종류의 상량을 측정하는 것

- 면적분율법(중량법) : 연마된 면 중 특정 상의 면적을 개별적으로 측정하는 방법으로 플래니미터와 천칭을 사용하여 질량을 정량한다.
- 직선법 : 조직사진 위에 직선을 긋고 측정하고자 하는 상과 교차하는 길이를 측정한 값의 직선의 전체길이로 나눈 값으로 표시한다.
- 점산법 : 투명한 망 종이를 조직사진 위에 겹쳐놓고 측정하고자 하는 상이 가지는 면적의 교차점을 측정한 총수를 망의 전체 교차점의 수로 나눈 값으로 표시한다.

12-3

KS D 0209에 규정된 강의 페라이트 결정입도시험으로 0.2%C 이하인 탄소강의 페라이트 결정입도를 측정하는 시험법으로 비교법(FGC), 절단법(FGI), 평적법(FGP)이 있다.

12-4

교차점의 수를 세는 방법(KS D 0205, 강의 페라이트 및 오스테나이트 결정입도 시험법)

- 측정선의 끝이 정확하게 하나의 결정립계에 닿을 때는 교차점 수는 $\frac{1}{2}$로 계산한다.
- 측정선이 결정립계에 접할 때는 하나의 교차점으로 계산한다.
- 교차점이 우연히 삼중점(3개의 결정립이 만나는 곳)에 일치할 때는 1.5개의 교차점으로 계산한다.
- 불규칙한 형상을 갖는 결정립의 경우, 측정선이 두 개의 다른 지점에서 같은 결정립을 양분할 때는 두 개의 교차점으로 계산한다.

정답 12-1 ③ 12-2 ② 12-3 ② 12-4 ③

핵심이론 13 불꽃시험

① 강을 그라인더로 연삭할 때 발생하는 불꽃의 색과 모양에 따라 탄소량과 특수원소를 판별하는 시험으로 탄소함량이 높을수록 길이가 짧아지고, 파열 및 불꽃의 양은 많아진다.

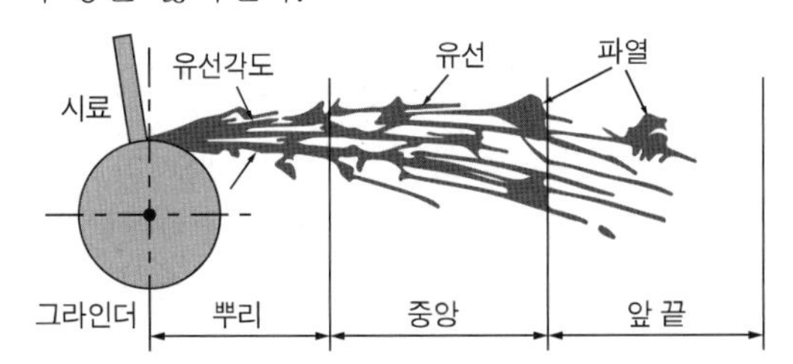

- 뿌리 : 유선의 각도
- 중앙 : 유선의 흐름
- 앞 끝 : 불꽃의 파열

[불꽃의 유선모양 구분]

② 강종 추정 3단계

㉠ 1단계 : 탄소파열의 유무

㉡ 2단계 : 탄소파열의 줄 수와 단 수에 의하여 탄소량 추정

㉢ 3단계 : 특수불꽃에 의하여 Cr, Mo, Ni, W 등의 추정

③ 탄소파열 원소

㉠ 탄소파열 조장원소 : Mn, Cr, V

㉡ 탄소파열 저지원소 : W, Si, Ni, Mo

④ 불꽃시험방법의 종류

㉠ 그라인더 불꽃시험법 : 회전 그라인더에 의하여 생기는 불꽃형태에 의하여 피검재의 C%와 특수원소 존재를 확인한다.

㉡ 분말 불꽃시험법 : 피검재의 세분을 전기로 또는 가스로 중에 뿌려서 그때 생기는 불꽃의 색·형태·파열음을 관찰 및 청취하여 강질을 검사·판정한다.

㉢ 매입시험 : 그라인더에서 비상하는 연삭분을 유리판 위에 매입하여 그 크기·형상·색상 등을 현미경으로 관찰하여 강종 판정한다.

㉣ 팰릿시험 : 그라인더에 의한 연삭분 중에서 이상화한 것을 팰릿이라고 한다. 그 색과 형상은 강종에 의해서 다르며, 이것으로 판정이 가능하다.

⑤ 불꽃시험 통칙

㉠ 시험은 항상 동일한 기구를 사용하고 동일조건으로 하여야 한다.

㉡ 원칙적으로 적당히 어두운 실내에서 한다. 여의치 않을 경우 배경의 밝기가 불꽃의 색 또는 밝기에 영향을 주지 않도록 조절해야 한다.

㉢ 시험할 때에는 바람의 영향을 피하여야 하고, 특히 바람방향으로 불꽃을 방출시켜서는 안 된다.

㉣ 시험품의 연삭은 모재의 화학성분을 대표하는 불꽃을 일으키는 부분에 하여야 한다. 강재의 표면탈탄층, 침탄층, 질화층, 가스절단층, 스케일 등은 모재와 다른 불꽃을 일으키므로 피해야 한다.

㉤ 시험품을 그라인더에 누르는 압력 또는 그라인더를 시험품에 누르는 압력은 될 수 있는 한 같도록 하며, 0.2%C 탄소강의 불꽃길이가 500mm 정도 되도록 하는 압력을 표준으로 한다.

㉥ 불꽃은 수평 또는 경사진 윗방향으로 날리고 관찰은 원칙적으로 견송식 또는 방견식으로 한다.

- 견송식 : 전방에 불꽃을 날리고 유선의 후방에서 불꽃을 관찰하는 방법
- 방견식 : 유선을 옆에서 관찰하는 방법

⑥ 불꽃시험 시 유의사항

㉠ 그라인더에 연마 도중 시험편을 놓치지 않는다.

㉡ 보안경을 반드시 착용한 후 실시한다.

㉢ 숫돌의 이상 여부를 정기적으로 점검한다.

㉣ 불꽃시험 시 누르는 압력을 일정하게 한다.

㉤ 그라인더를 시험가동 후 시험을 실시한다.

㉥ 시험 시 숫돌의 옆면에 서서 작업한다.

10년간 자주 출제된 문제

13-1. 불꽃시험을 할 때 그라인더에서부터 불꽃 뿌리 부분, 불꽃 중앙 부분, 그리고 불꽃의 앞 끝 부분에서 관찰할 내용으로 옳은 것은?

① 뿌리 : 유선의 흐름, 중앙 : 유선의 각도, 앞 끝 : 불꽃의 파열
② 뿌리 : 유선의 흐름, 중앙 : 불꽃의 파열, 앞 끝 : 유선의 각도
③ 뿌리 : 유선의 각도, 중앙 : 불꽃의 파열, 앞 끝 : 유선의 흐름
④ 뿌리 : 유선의 각도, 중앙 : 유선의 흐름, 앞 끝 : 불꽃의 파열

13-2. 탄소강을 불꽃시험 할 때 탄소함유량에 따른 불꽃의 설명이 틀린 것은?

① 탄소량이 증가함에 따라 색은 적색을 띤다.
② 탄소량이 증가함에 따라 길이는 짧아진다.
③ 탄소량이 증가함에 따라 파열이 많아진다.
④ 탄소량이 증가함에 따라 불꽃의 양이 없어진다.

13-3. 강의 불꽃시험에서의 안전 및 유의사항으로 틀린 것은?

① 연마 도중 시험편을 놓치지 않도록 주의한다.
② 그라인더를 사용할 때에는 보안경을 착용하여야 한다.
③ 그라인더에 스위치를 넣은 다음, 곧바로 불꽃시험을 한다.
④ 연삭숫돌을 갈아 끼울 때에는 숫돌의 이상 유무를 확인한 후 고정·설치한다.

|해설|

13-1

- 뿌리 : 유선의 각도
- 중앙 : 유선의 흐름
- 끝 : 불꽃의 파열

13-2

불꽃시험 : 강을 그라인더로 연삭할 때 발생하는 불꽃의 색과 모양에 따라 탄소량과 특수원소를 판별하는 시험으로 탄소함량이 높을수록 길이가 짧아지고, 파열 및 불꽃의 양은 많아진다.

13-3

불꽃시험 시 유의사항

- 그라인더에 연마 도중 시험편을 놓치지 않는다.
- 보안경을 반드시 착용한 후 실시한다.
- 숫돌의 이상 여부를 정기적으로 점검한다.
- 불꽃시험 시 누르는 압력을 일정하게 한다.
- 그라인더를 시험가동 후 시험을 실시한다.
- 시험 시 숫돌의 옆면에 서서 작업한다.

정답 13-1 ④ 13-2 ④ 13-3 ③

핵심이론 14 | 에릭센시험(커핑시험)

① 재료의 전·연성을 측정하는 시험으로 Cu판, Al판 및 연성 판재를 가압성형하여 변형능력을 시험하는 것이다.

② 에릭센시험 시 유의사항

㉠ 시험기 사용 전 이상 유무를 확인 후 작동한다.

㉡ 시험편의 규격을 확인 후 시험한다.

㉢ 시험편을 청결하게 관리·유지한다.

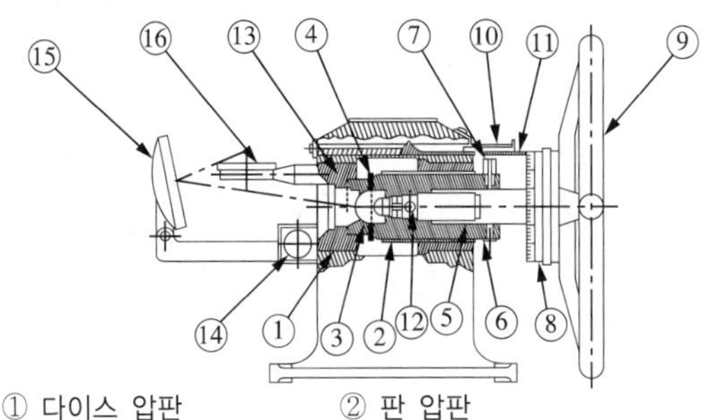

① 다이스 압판	② 판 압판
③ 다이스	④ 소재판
⑤ 펀치 홀러	⑥ 압판 정지
⑦ 압판 리드 눈금	⑧ 펀치 리드 눈금
⑨ 펀치 이동 핸들	⑩, ⑪, ⑬, ⑯ 펀치 힘 측정계
⑮ 밀 러	

[에릭센시험기 구조도]

10년간 자주 출제된 문제

14-1. 커핑시험을 할 수 있는 재료로 옳은 것은?

① 구리판　② 주철판
③ 탄소강　④ 베어링

14-2. 에릭센(Erichsen)시험으로 알 수 있는 것은?

① 전성, 연성　② 탄성, 피로
③ 비틀림저항　④ 마멸점 항복

14-3. 금속재료의 연성을 측정하는 시험법은?

① 굴곡시험　② 커핑시험
③ 크리프시험　④ 모스시험

|해설|

14-1~14-3

에릭센시험(커핑시험) : 재료의 전·연성을 측정하는 시험으로 Cu판, Al판 및 연성판재를 가압성형하여 변형능력을 시험한다.

정답 14-1 ①　14-2 ①　14-3 ②

핵심이론 15 | 압축시험

① 압축시험의 특징

㉠ 압축력에 대한 재료의 저항력인 항압력을 시험한다.

㉡ 압축에 의한 압축강도, 비례한도, 항복점, 탄성계수 등을 측정한다.

㉢ 연성재료의 경우 파괴를 일으키지 않으므로 균열 발생응력을 측정한다.

㉣ 내압재료에 적용하며 주철, 베어링합금, 벽돌, 콘크리트, 목재, 타일 등에 시험한다.

② 압축시험편

㉠ 양쪽 단면이 평행하게 가공해야 한다.

㉡ 압축시험편의 길이로 봉재(금속재료, 콘크리트)의 경우 $L=(1.5\sim2.0)d$를 적용하고, 각재(목재, 석재)의 경우 $L=(1.5\sim2.0)b$로 적용한다.

③ 시험편의 길이에 따른 압축구분(단면치수에 대한 길이의 비)

㉠ 단주시험편 : $h=0.9d$(베어링합금, 압축강도 측정)

㉡ 중주시험편 : $h=3d$(일반금속재료, 항압력 측정)

㉢ 장주시험편 : $h=10d$(탄성계수 측정)

④ 압축시험 결과값

㉠ 압축강도 : $\sigma_C=\dfrac{\text{최대하중}}{\text{원단면적}}=\dfrac{P}{A_0}(\text{kg/mm}^2)$

㉡ 압축률 : $\varepsilon_C=\dfrac{\text{시험 전 높이}-\text{시험 후 높이}}{\text{시험 전 높이}}\times100$

$$=\frac{h_0-h_1}{h_0}\times100\%$$

㉢ 단면수축률

$$\phi_C=\frac{\text{시험 후 최대 단면적}-\text{원단면적}}{\text{원단면적}}\times100$$

$$=\frac{A_1-A_0}{A_0}\times100\%$$

⑤ 압축시험 시 유의사항

㉠ 시험하중의 증가는 고르게 한다.

㉡ 압축펀치와 다이 설치상태를 점검한다.

㉢ 시험편의 휨 및 윗면과 아랫면의 평행도가 맞는지 확인한다.

10년간 자주 출제된 문제

15-1. 재료에 압축력을 가했을 때 이에 견디는 저항력으로 측정할 수 있는 것은?

① 연신율 ② 부식한도
③ 접촉마모 ④ 탄성계수

15-2. 압축시험에 관한 설명 중 틀린 것은?

① 항압력을 시험하는 것이다.
② 인장시험과 같은 방향으로 하중이 작용한다.
③ 압축에 의한 비례한도, 항복점, 탄성계수를 구한다.
④ 압축강도는 취성이 있는 재료를 시험할 때 잘 나타난다.

15-3. 압축시험에서 탄성을 측정하기 위한 장주형 시험편의 높이는 직경의 몇 배 정도가 적당한가?

① 0.5배 ② 5배
③ 10배 ④ 20배

|해설|

15-1

압축시험

- 압축력에 대한 재료의 저항력인 항압력을 시험
- 압축에 의한 압축강도, 비례한도, 항복점, 탄성계수 등을 측정
- 연성재료의 경우 파괴를 일으키지 않으므로 균열발생응력을 측정
- 내압재료에 적용하며 주철, 베어링합금, 벽돌, 콘크리트, 목재, 타일 등에 시험

15-2

압축시험은 인장시험과 반대방향으로 하중을 작용시킨다.

15-3

시험편의 길이에 따른 압축 구분(단면치수에 대한 길이의 비)

- 단주시험편 : $h=0.9d$(베어링합금, 압축강도 측정)
- 중주시험편 : $h=3d$(일반금속재료, 항압력 측정)
- 장주시험편 : $h=10d$(탄성계수 측정)

정답 15-1 ④ 15-2 ② 15-3 ③

핵심이론 16 굽힘시험

① 굽힘하중을 받는 재료의 굽힘저항(굽힘강도), 탄성계수 및 탄성변형에너지 값을 측정하는 시험이다.

㉠ 굽힘강도 : $\delta_b = \dfrac{PL^3}{NEI}$

P : 굽힘하중, L : 보의 길이, I : 단면의 관성모멘트, N : 보의 종류에 따른 계수

㉡ 굽힘균열시험 : 재료의 소성가공성 및 용접부의 변형 등을 평가한다.

㉢ 굽힘저항시험(항절시험) : 주철, 초경합금 등의 메진 재료의 파단강도, 굽힘강도, 탄성계수 및 탄성에너지 측정하며, 재료의 굽힘에 대한 저항력을 조사한다.

② 굽힘시험방법

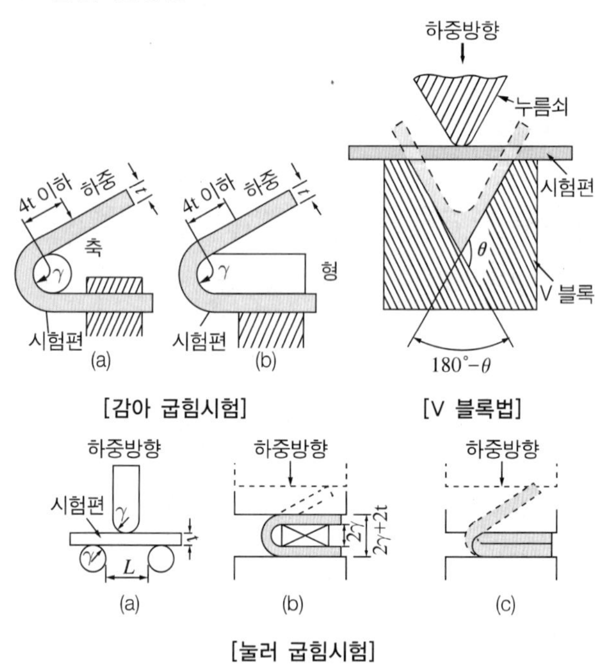

[눌러 굽힘시험]

③ 굽힘시험 통칙(KS B 0804)

㉠ 원형, 정사각형, 직사각형, 다각형 등의 단면을 가진 시험편을 사용하여야 한다.

㉡ 직사각형 시험편의 모서리 부분은 반지름이 시험편 두께의 $\frac{1}{10}$을 넘지 않도록 라운딩해야 한다.

㉢ 제품의 너비가 20mm 이하일 때는 제품의 너비와 같아야 한다.

㉣ 제품의 너비가 20mm 초과일 때는 제품 두께 3mm 미만일 경우 20±5mm, 제품 두께 3mm 이상일 경우 20~50mm로 한다.

㉤ 판, 띠 및 단면으로부터 만든 시험편의 두께는 시험할 제품의 두께와 같아야 한다.

㉥ 굽힘을 할 때는 가공하지 않은 면이 인장응력을 받는 면이 되어야 한다.

10년간 자주 출제된 문제

16-1. 재료의 소성가공성 및 용접부의 변형 등을 평가하기 위한 시험은?

① 굽힘시험　② 충격시험
③ 경도시험　④ 인장시험

16-2. 굽힘시험과 관계가 먼 것은?

① 절삭성
② 굽힘응력
③ 소성가공성
④ 전성 및 연성

16-3. 금속재료 굽힘시험에서 시험편에 대한 설명으로 틀린 것은?

① 시험편의 길이는 시험편의 두께와 사용 시험장비에 따라 결정한다.
② 굽힘을 할 때는 가공한 면이 인장응력을 받는 면이 되어야 한다.
③ 판, 띠 및 단면으로부터 만든 시험편의 두께는 시험할 제품의 두께와 같아야 한다.
④ 하중을 가하는 동안 시험편의 끝부분이 규정된 거리만큼 떨어져서 서로 평행이 되어야 한다.

|해설|

16-1, 16-2

굽힘시험 : 굽힘하중을 받는 재료의 굽힘저항(굽힘강도), 탄성계수 및 탄성변형에너지 값을 측정하는 시험

- 굽힘균열시험 : 재료의 소성가공성 및 용접부의 변형 등을 평가
- 굽힘저항시험(항절시험) : 주철, 초경 합금 등의 메진재료의 파단강도, 굽힘강도, 탄성계수 및 탄성에너지 측정하며, 재료의 굽힘에 대한 저항력을 조사

16-3

굽힘시험 통칙(KS B 0804)

- 원형, 정사각형, 직사각형, 다각형 등의 단면을 가진 시험편을 사용하여야 한다.
- 직사각형 시험편의 모서리 부분은 반지름이 시험편 두께의 $\frac{1}{10}$을 넘지 않도록 라운딩해야 한다.
- 제품의 너비가 20mm 이하일 때는 제품의 너비와 같아야 한다.
- 제품의 너비가 20mm 초과일 때는 제품 두께 3mm 미만일 경우 20 ± 5mm, 제품 두께 3mm 이상일 경우 20~50mm로 한다.
- 판, 띠 및 단면으로부터 만든 시험편의 두께는 시험할 제품의 두께와 같아야 한다.
- 굽힘을 할 때는 가공하지 않은 면이 인장응력을 받는 면이 되어야 한다.

정답 16-1 ① 16-2 ① 16-3 ②

핵심이론 17 | 크리프시험

① 크리프시험 특징

㉠ 크리프 : 재료를 고온에서 내력보다 작은 응력으로 가해주면 시간이 지나면서 변형이 진행되는 현상이다.

㉡ 기계구조물, 교량 및 건축물 등 긴 시간에 걸쳐 하중을 받는 재료에 시험한다.

㉢ 용융점이 낮은 금속(Pb, Cu)인 순금속, 연한 합금 등은 상온에서 크리프현상이 발생한다.

㉣ 철강 및 경합금은 250℃ 이상에서 크리프현상이 발생한다.

㉤ 제트기관, 로켓, 증기터빈 등은 450℃ 이상의 고온 상태에서 사용한다.

㉥ 크리프가 생기는 요인은 온도, 하중, 시간이다.

㉦ 크리프시험기의 장치로는 하중장치, 변율측정장치, 가열로와 온도 측정 및 조정장치가 있다.

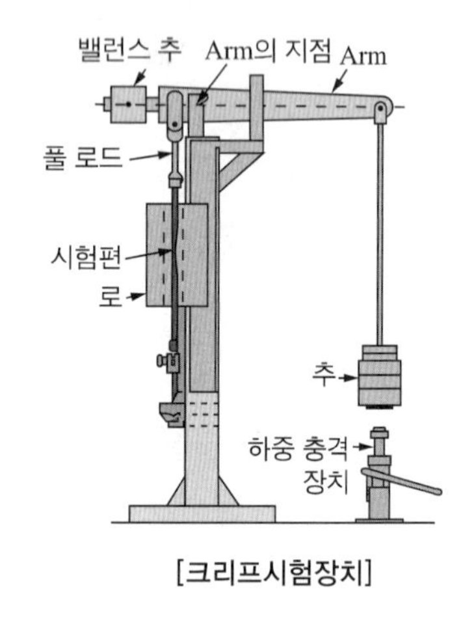

[크리프시험장치]

② 크리프 3단계

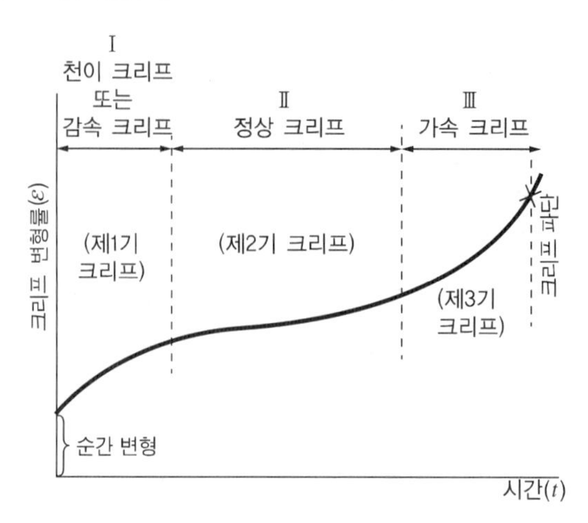

[표준 크리프곡선의 3단계]

㉠ 제1단계(감속크리프) : 변율이 점차 감소하는 단계

㉡ 제2단계(정상크리프) : 일정하게 진행되는 단계

㉢ 제3단계(가속크리프) : 점차 증가하여 파단에 이르는 단계

③ 크리프한도

㉠ 일정온도에서 어떤 시간 후 크리프속도가 0(Zero)이 되는 응력

㉡ 일정한 온도에서 비교적 장기간에 걸친 일정한 시간에 규정한 크리프변율이 생기게 하는 응력

10년간 자주 출제된 문제

17-1. 크리프(Creep)시험에 대한 설명으로 틀린 것은?

① 철강은 약 250℃ 이상의 온도에서 크리프현상이 일어난다.
② 크리프단계 중 3단계는 정상크리프라고 하며, 변율이 일정하게 진행하는 단계이다.
③ 일정온도에서 어떤 시간 후에 크리프속도가 0(Zero)이 되는 응력을 크리프한도라 한다.
④ 크리프란 재료에 어떤 하중을 가하고 어떤 온도에서 긴 시간을 유지하면 시간의 경과에 따른 스트레인의 증가현상이다.

17-2. 재료에 크리프가 생기는 요인이 아닌 것은?

① 항복점　　② 하 중
③ 온 도　　④ 시 간

17-3. 고온에서 장시간 응력을 작용시키면 내력보다 작은 응력에서도 변형이 점차 진행되는데, 이러한 현상과 관계있는 것은?

① 인성(Toughness)
② 취성(Brittleness)
③ 크리프(Creep)
④ 전위(Dislocation)

|해설|

17-1~17-3

크리프 : 재료를 고온에서 내력보다 작은 응력으로 가해주면 시간이 지나면서 변형이 진행되는 현상

- 용융점이 낮은 금속(Pb, Cu)인 순금속, 연한 합금 등은 상온에서 크리프현상이 발생
- 철강 및 경합금은 250℃ 이상에서 크리프현상 발생
- 제트기관, 로켓, 증기터빈 등은 450℃ 이상의 고온상태에서 사용
- 크리프가 생기는 요인 : 온도, 하중, 시간
- 크리프시험기의 장치로는 하중장치, 변율측정장치, 가열로와 온도 측정 및 조정장치가 있음

정답 17-1 ② 17-2 ① 17-3 ③

핵심이론 18 | 피로시험

① 피로시험의 특징

㉠ 어떤 기계나 구조물 등 제작하여 사용할 때 변동응력, 반복응력이 반복되어도 파괴되지 않는 내구한도를 결정하기 위한 시험이다.

㉡ 안전하중상태에서도 작은 힘이 계속되어 반복작용하였을 때 파괴가 일어난다.

㉢ 표준시험법과 특수시험법이 있으며, 피로한계는 표준시험법에 의한 S-N곡선을 사용한다.

㉣ 강재의 피로한계는 반복횟수가 5×10^7 정도이다.

㉤ 응력 반복횟수가 $(10\sim15) \times 10^6$에서 파괴가 일어나지 않을 경우 무파단으로 인정한다.

㉥ 피로현상은 시험편의 형상, 표면상태, 평균응력, 응력비, 시험온도 등 여러 가지 인자에 의해 변화한다.

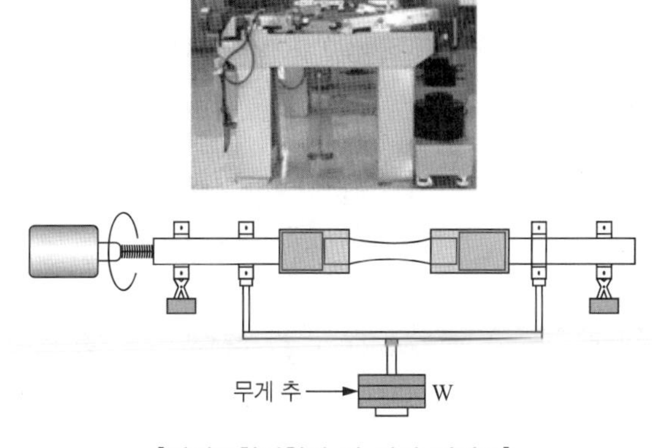

[회전굽힘시험기 및 장치 개념도]

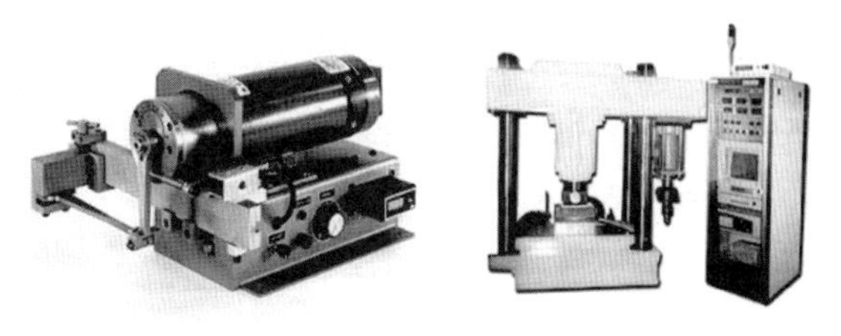

반복굽힘피로시험기　　열피로시험기

[피로시험기의 종류]

② 피로한계

㉠ 하중이 어떤 값보다 작을 경우 무수히 많은 반복하중이 작용해도 피로파괴가 일어나지 않는 최대응력이다.

㉡ 시험편이 작을수록 피로한도는 높다.

㉢ 시험편에 결손부나 구멍 등 응력집중 원인요소가 있을 경우 피로한도는 낮아진다.

㉣ 표면이 매끈할수록 파괴까지의 시간이 길어진다.

㉤ 비틀림응력과 반복횟수 사이의 관계를 나타낸 곡선 : S-N곡선

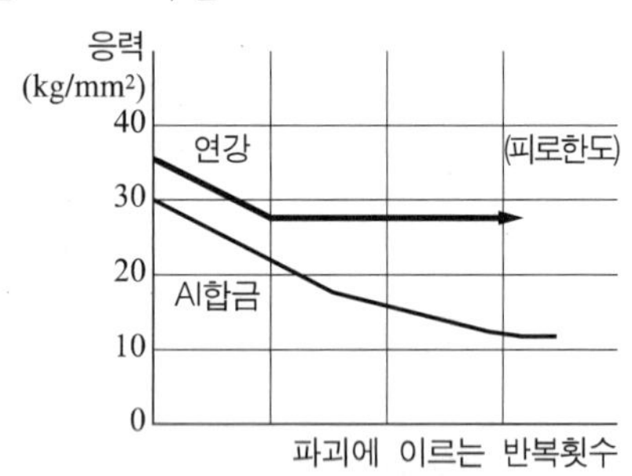

[피로시험 S(응력, Stress)-N(횟수, Number)곡선]

10년간 자주 출제된 문제

18-1. 피로시험을 할 때 시험편의 저항력이 축방향으로 인장과 압축 응력이 교대로 생기는 시험은?

① 반복인장 압축시험
② 왕복반복 굽힘시험
③ 회전반복 굽힘시험
④ 반복 비틀림시험

18-2. 반복작용하는 응력에 파괴되지 않고 견딜 수 있는 최대한도를 나타낸 것은?

① 내 력
② 탄성한도
③ 비례한도
④ 피로한도

18-3. S-N곡선에서 S와 N이 각각 의미하는 것은?

① 응력-반복횟수
② 시간-반복횟수
③ 직경-반복횟수
④ 반복횟수-직경

|해설|

18-1

반복인장 압축시험은 피로시험의 일종으로 시험편의 저항력이 축방향으로 인장과 압축응력을 교대로 생기게 하는 시험으로 피로한계를 구하는 데 사용된다. 시험기로는 웨어, 헤이, 생크 등이 있다.

18-2

피로한계

- 하중이 어떤 값보다 작을 경우 무수히 많은 반복하중이 작용해도 피로파괴가 일어나지 않는 최대응력이다.
- 시험편이 작을수록 피로한도는 높다.
- 시험편에 결손부나 구멍 등 응력집중 원인요소가 있을 경우 피로한도는 낮아진다.
- 표면이 매끈할수록 파괴까지의 시간이 길어진다.

18-3

비틀림응력과 반복횟수 사이의 관계를 나타낸 곡선으로 S-N곡선이라 하며, 주로 피로한도를 측정할 때 사용한다.

정답 18-1 ① 18-2 ④ 18-3 ①

핵심이론 19 | 마모시험

① 2개 이상의 물체가 서로 접촉하면서 상대운동 시 접촉면이 마찰에 의하여 감소되는 현상이다.

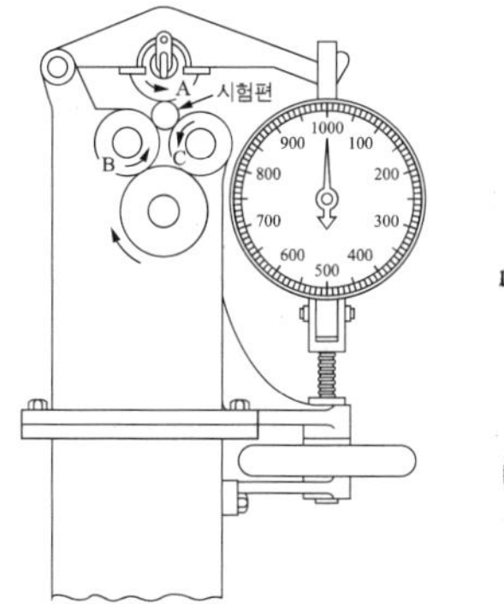

노리스식 마멸시험기

마멸시험기

[마멸시험기]

② 마멸시험의 종류

㉠ 미끄럼 마멸 : 마찰면의 종류가 금속과 비금속일 경우 금속 및 광물질과 접촉하여 미끄럼운동을 하는 부분의 마멸을 시험

㉡ 구름 마멸시험 : 롤러베어링, 기어, 차바퀴 같이 회전마찰이 생겨 마멸을 시험

㉢ 왕복 미끄럼 마멸시험 : 실린더, 피스톤 등 왕복운동에 의한 미끄럼 마멸을 시험

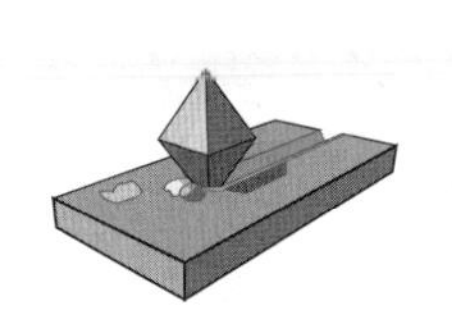
미끄럼 마멸시험

구름 마멸시험

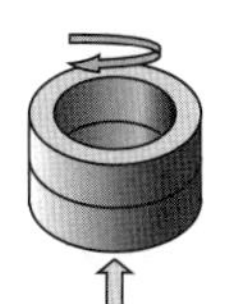
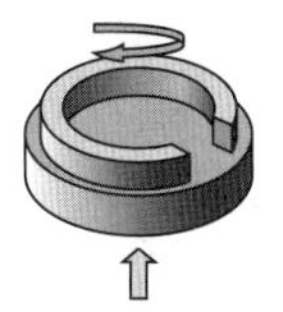
왕복 미끄럼 마멸시험

[마멸시험의 종류]

10년간 자주 출제된 문제

19-1. 실린더와 피스톤 등과 같이 왕복운동에 의한 미끄럼 마멸을 일으키는 재질을 시험하는 것은?

① 구름 마멸시험
② 금속 미끄럼 마멸시험
③ 광물질 미끄럼 마멸시험
④ 왕복 미끄럼 마멸시험

19-2. 다음 중 시험편을 옮길 때 손으로 잡기에 가장 곤란한 시험법은?

① 마멸시험
② 인장시험
③ 충격시험
④ 피로시험

|해설|

19-1

마멸시험의 종류

- 미끄럼 마멸 : 마찰면의 종류가 금속과 비금속일 경우 금속 및 광물질과 접촉하여 미끄럼운동을 하는 부분의 마멸을 시험
- 구름 마멸시험 : 롤러베어링, 기어, 차바퀴 같이 회전마찰이 생겨 마멸을 시험
- 왕복 미끄럼 마멸시험 : 실린더, 피스톤 등 왕복운동에 의한 미끄럼 마멸을 시험

19-2

마멸시험은 2개 이상의 물체가 서로 접촉하면서 상대운동 시 접촉면이 마찰에 의하여 감소되는 현상을 이용하는 시험으로 미끄럼, 구름, 왕복 미끄럼 등 시험 방법에 따라 시험편의 모양이 달라 손으로 잡기 가장 곤란하다.

정답 19-1 ④ 19-2 ①

핵심이론 20 | 비틀림시험

① 비틀림시험 특징

㉠ 시험편에 비틀림모멘트를 가하여 비틀림에 대한 재료의 강성계수, 비틀림강도, 비틀림 비례한도, 비틀림 상부 및 하부항복점 등을 구하는 시험이다.

㉡ 비틀림모멘트를 받는 구동축, 크랭크축 등에 시험한다.

㉢ 일반적으로 환봉 시험편이 사용된다.

㉣ 비틀림 시험편은 평행부 길이가 직경의 8~10배이다.

② 비틀림시험 유의사항

㉠ 비틀림 시험편은 휨이 없어야 한다.

㉡ 비틀림 시험편을 고정시킬 때 미끄럼이 일어나지 않도록 한다.

㉢ 비틀림 시험편을 고정시킬 때 중심선이 일치하는가 확인한다.

㉣ 하중을 가할 때에는 충격이 없도록 한다.

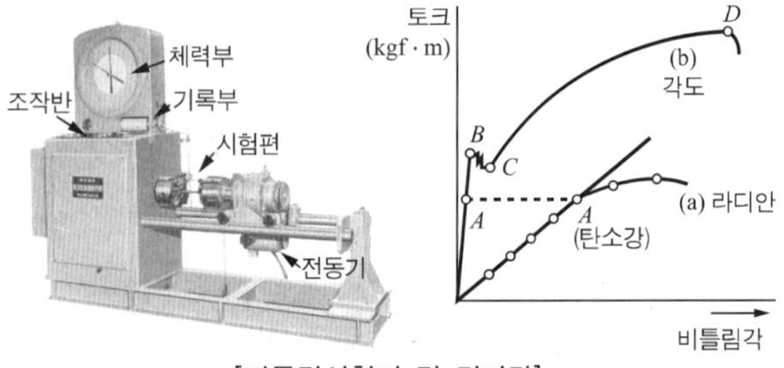

[비틀림시험기 및 결과값]

10년간 자주 출제된 문제

20-1. 비틀림 곡선의 가로축이 비틀림각을 나타낼 때 세로축이 나타내는 것은?

① 응 력
② 토 크
③ 변형률
④ 반복횟수

20-2. 비틀림시험에서 전단응력과 전단변형의 관계를 구하려고 할 때 중공 시험편 표점거리 L과 외경 D 사이의 관계식으로 옳은 것은?(단, t는 중공부의 살 두께이다)

① $L=10D,\ t \fallingdotseq \left(\frac{1}{4} \sim \frac{1}{5}\right)D$

② $L=10D,\ t \fallingdotseq \left(\frac{1}{8} \sim \frac{1}{10}\right)D$

③ $L=15D,\ t \fallingdotseq \left(\frac{1}{4} \sim \frac{1}{5}\right)D$

④ $L=15D,\ t \fallingdotseq \left(\frac{1}{8} \sim \frac{1}{10}\right)D$

20-3. 비틀림시험 시의 주의사항 중 틀린 것은?

① 시험편에 충격적인 하중이 걸리지 않도록 해야 한다.
② 시험편을 잘 미끄러지도록 고정한다.
③ 시험편의 중심선과 시험기의 중심선이 잘 일치하도록 한다.
④ 시험기를 작동할 때 작은 힘에서부터 천천히 하중을 가한다.

|해설|

20-1

비틀림시험 : 시험편에 비틀림모멘트를 가하여 비틀림에 대한 재료의 강성계수, 비틀림강도, 비틀림 비례한도, 비틀림 상부 및 하부항복점 등을 구하는 시험

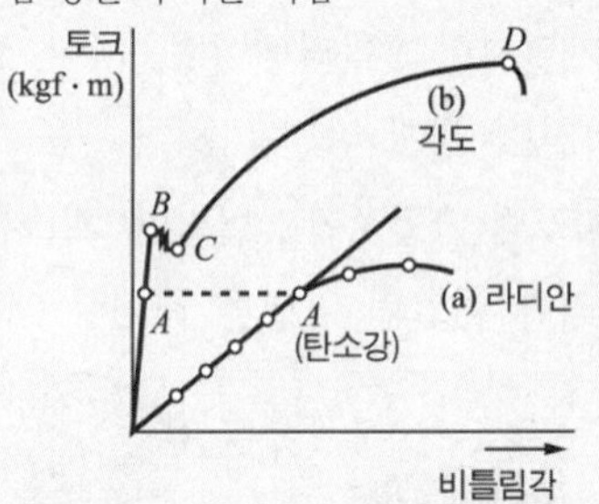

20-2

- 비틀림시험에서 중공 시험편 표점거리 L과 외경 D 사이의 관계식은 $L=10D,\ t \fallingdotseq \left(\frac{1}{8} \sim \frac{1}{10}\right)D$의 관계를 가진다.
- 일반적으로 환봉 시험편이 사용된다.

20-3

비틀림시험 유의사항

- 비틀림 시험편은 휨이 없어야 한다.
- 비틀림 시험편을 고정시킬 때 미끄럼이 일어나지 않도록 한다.
- 비틀림 시험편을 고정시킬 때 중심선이 일치하는가 확인한다.
- 하중을 가할 때에는 충격이 없도록 한다.

정답 20-1 ② 20-2 ② 20-3 ②

핵심이론 21 | 비파괴시험

① 파괴검사와 비파괴검사의 차이점

㉠ 파괴검사 : 시험편이 파괴될 때까지 하중, 열, 전류, 전압 등을 가하거나 화학적 분석을 통해 소재 혹은 제품의 특성을 구하는 검사이다.

㉡ 비파괴검사 : 소재 혹은 제품의 상태, 기능을 파괴하지 않고 소재의 상태, 내부구조 및 사용 여부를 알 수 있는 모든 검사이다.

② 비파괴검사 목적

㉠ 소재 혹은 기기, 구조물 등의 품질관리 및 평가

㉡ 품질관리를 통한 제조원가 절감

㉢ 소재 혹은 기기, 구조물 등의 신뢰성 향상

㉣ 제조기술의 개량

㉤ 조립부품 등의 내부구조 및 내용물 검사

㉥ 표면처리층의 두께 측정

③ 비파괴검사 시기

품질평가를 실시하기 적정한 때로 사용 전, 가동 중, 상시 검사 등

④ 비파괴검사 평가

설계의 단계에서 재료의 선정, 제작, 가공방법, 사용 환경 등 종합적인 판단 후 평가

⑤ 비파괴검사의 평가 가능 항목

시험체 내의 결함 검출, 내부구조 평가, 물리적 특성 평가 등

⑥ 비파괴검사의 종류

육안, 침투, 자기, 초음파, 방사선, 와전류, 누설, 음향방출, 스트레인 측정 등

⑦ 비파괴검사의 분류

㉠ 내부결함검사 : 방사선(RT), 초음파(UT)

㉡ 표면결함검사 : 침투(PT), 자기(MT), 육안(VT), 와전류(ET)

㉢ 관통결함검사 : 누설(LT)

㉣ 검사에 이용되는 물리적 성질

물리적 성질	비파괴시험법의 종류
광학적 및 역학적 성질	육안, 침투, 누설
음향적 성질	초음파, 음향 방출
전자기적 성질	자분, 와전류, 전위차
투과방사선의 성질	X선 투과, γ선 투과, 중성자 투과
열적 성질	적외선 서모그래픽, 열전 탐촉자
분석화학적 성질	화학적 검사, X선 형광법, X선 회절법

10년간 자주 출제된 문제

21-1. 비파괴시험으로 검출할 수 있는 소재의 결함이 아닌 것은?

① 충격인성 ② 표면결함
③ 래미네이션 ④ 비금속 개재물

21-2. 비파괴시험에 관련된 용어 중 흠(Flaw)의 정의로 옳은 것은?

① 시험결과로 판단되는 불연속 부분
② 조직, 형상 등이 건전부와 다르게 지시되는 부분
③ 시험체의 평균적인 부분과 차이가 있다고 판단되는 부분
④ 규격, 시방서 등에 규정되어 있는 판정기준을 넘어서는 부분

21-3. 피검체의 내부결함은 검출할 수 없고 표면결함만을 탐상할 수 있는 비파괴시험법은?

① 침투탐상시험 ② 누설탐상검사
③ 방사선투과시험 ④ 초음파탐상시험

|해설|

21-1

파괴검사와 비파괴검사의 차이점

- 파괴검사 : 시험편이 파괴될 때까지 하중, 열, 전류, 전압 등을 가하거나 화학적 분석을 통해 소재 혹은 제품의 특성을 구하는 검사이다. 충격, 인장, 압축, 굽힘, 피로, 경도시험 등이 있다.
- 비파괴검사 : 소재 혹은 제품의 상태, 기능을 파괴하지 않고 소재의 상태, 내부 구조 및 사용 여부를 알 수 있는 모든 검사이다. 침투, 자기, 초음파, 방사선이 있다.

21-2

흠 : 시험결과로 판단되는 불연속 부분

21-3

비파괴검사의 분류

- 내부결함검사 : 방사선(RT), 초음파(UT)
- 표면결함검사 : 침투(PT), 자기(MT), 육안(VT), 와전류(ET)
- 관통결함검사 : 누설(LT)

정답 21-1 ① 21-2 ① 21-3 ①

핵심이론 22 침투탐상검사

① 침투탐상의 원리

모세관 현상을 이용하여 표면에 열려 있는 개구부(불연속부)에서의 결함을 검출하는 방법이다.

② 침투탐상으로 평가가능항목

㉠ 불연속의 위치

㉡ 크기(길이)

㉢ 지시의 모양

③ 침투탐상 적용대상

㉠ 용접부

㉡ 주강부

㉢ 단조품

㉣ 세라믹

㉤ 플라스틱 및 유리(비금속재료)

④ 침투탐상의 특징

㉠ 검사속도가 빠르다.

㉡ 시험체 크기 및 형상의 제한이 없다.

㉢ 시험체 재질의 제한이 없다(다공성 물질 제외).

㉣ 표면결함만 검출이 가능하다.

㉤ 국부적인 검사가 가능하다.

㉥ 전처리의 영향을 많이 받는다(개구부의 오염, 녹, 때, 유분 등에 의한 탐상감도 저하).

㉦ 전원시설이 필요하지 않는 검사가 가능하다.

⑤ 주요 침투탐상 순서

㉠ 일반적인 탐상 순서 : 전처리 – 침투 – 제거 – 현상 – 관찰 – 후처리

㉡ 후유화성 형광침투액(기름베이스 유화제) – 습식현상법 : FB–W

전처리 – 침투 – 유화 – 세척 – 현상 – 건조 – 관찰 – 후처리

㉢ 수세성 형광침투액–습식형광법(수현탁성) : FA – W 전처리 – 침투 – 세척 – 현상 – 건조 – 관찰 – 후처리

⑥ 침투탐상시험 방법의 분류

㉠ 침투액에 따른 분류

구 분	방 법	기 호
염색침투액	염색침투액을 사용하는 방법 (조도 500lx 이상의 밝기에서 시험)	V
형광침투액	형광침투액을 사용하는 방법 (자외선 강도 38cm 이상에서 800μW/cm^2 이상에서 시험)	F
이원성 침투액	이원성 염색침투액을 사용하는 방법	DV
	이원성 형광침투액을 사용하는 방법	DF

㉡ 잉여침투액 제거방법에 따른 분류

구 분	방 법	기 호
방법 A	수세에 의한 방법 (물로 직접 수세가 가능하도록 유화제가 포함되어 있으며, 물에 잘 씻기므로 얕은 결함 검출에는 부적합함)	A
방법 B	기름 베이스 유화제를 사용하는 후유화법 (침투처리 후 유화제를 적용해야 물 수세가 가능하며, 과세척을 막아 폭이 넓고 얕은 결함에 쓰임)	B
방법 C	용제 제거법 (용제로만 세척하는데 천이나 휴지로 세척이 가능하며, 야외 혹은 국부검사에 사용됨)	C
방법 D	물 베이스 유화제를 사용하는 후유화법	D

㉢ 현상방법에 따른 분류

구 분	방 법	기 호
건식현상법	건식현상제 사용	D
습식현상법	수용성현상제 사용	A
	수현탁성현상제 사용	W
속건식현상법	속건식현상제 사용	S
특수현상법	특수현상제 사용	E
무현상법	현상제를 사용하지 않는 방법 (과잉침투제 제거 후 시험체에 열을 가해 팽창되는 침투제를 이용한 시험 방법)	N

10년간 자주 출제된 문제

22-1. 용제제거성 염색침투탐상시험 과정을 순서에 맞게 나열한 것은?

① 침투처리 → 잉여침투액 제거처리 → 관찰 → 전처리 → 현상처리 → 후처리
② 후처리 → 전처리 → 현상처리 → 침투처리 → 관찰 → 잉여침투액 제거처리
③ 전처리 → 후처리 → 현상처리 → 관찰 → 침투처리 → 잉여침투액 제거처리
④ 전처리 → 침투처리 → 잉여침투액 제거처리 → 현상처리 → 관찰 → 후처리

22-2. 침투탐상시험에서 사용되는 대비 시험편에 대한 설명으로 틀린 것은?

① 사용 중인 탐상제의 성능을 점검하기 위하여 사용한다.
② 조작방법의 적합 여부 조사를 위하여 사용한다.
③ A, B, C, D, E 5종류의 대비 시험편이 있다.
④ 탐상제를 선정하여 구입할 때의 성능 비교를 위하여 사용한다.

22-3. 다음 중 자외선 등 및 유화제를 사용하는 시험법은?

① 방사선투과 ② 와전류검사
③ 침투탐상 ④ 수침음향탐상

22-4. 액체침투탐상시험법에 대한 설명으로 틀린 것은?

① 금속, 비금속재료 모두 적용 가능하다.
② 결함모양을 눈으로 직접 확인할 수 있다.
③ 표면결함뿐 아니라 기공까지도 검출할 수 있다.
④ 다른 비파괴시험법에 비해 장비가 간단하며 간편하게 검사할 수 있다.

|해설|

22-1

일반적인 침투탐상의 순서로는 전처리-침투-제거-현상-관찰-후처리 순이며, 후유화성 형광침투액 - 습식현상법의 경우 전처리 - 침투-유화-세척-현상-건조-관찰-후처리이다.

22-2

KS B 0816에 의거 침투탐상의 대비 시험편으로는 A형 대비 시험편, B형 대비 시험편이 있으며 A형 대비 시험편은 A2024P, B형 대비 시험편은 C2600P, C2720P, C2801P를 사용한다.

22-3

침투탐상에서 후유화성 형광침투액을 사용할 경우 유화제 및 자외선 등이 필요하다.

22-4

침투탐상은 모세관 현상을 이용하여 표면에 열려 있는 개구부(불연속부)에서의 결함을 검출하는 방법으로, 다음과 같은 특징을 가진다.

- 검사속도가 빠르다.
- 시험체 크기 및 형상의 제한이 없다.
- 시험체 재질의 제한이 없다(다공성 물질 제외).
- 표면결함만 검출이 가능하다.
- 국부적인 검사가 가능하다.
- 전처리의 영향을 많이 받는다(개구부의 오염, 녹, 때, 유분 등이 탐상감도 저하).
- 전원시설이 필요하지 않는 검사가 가능하다.

정답 22-1 ④ 22-2 ③ 22-3 ③ 22-4 ③

핵심이론 23 | 자기탐상검사

① 자분탐상의 원리

강자성체 시험체의 결함에서 생기는 누설자장을 이용하여 표면 및 표면 직하의 결함을 검출하는 방법이다.

② 자성재료의 분류

㉠ 반자성체(Diamagnetic Material)

수은, 금, 은, 비스무트, 구리, 납, 물, 아연과 같이 자화를 하면 외부 자기장과 반대 방향으로 자화되는 물질로, 투자율이 진공보다 낮은 재질을 말한다.

㉡ 상자성체(Pramagnetic Material)

알루미늄, 주석, 백금, 이리듐, 공기와 같이 자화를 하면 자기장 방향으로 약하게 자화되며, 제거 시 자화하지 않는 물질로, 투자율이 진공보다 다소 높은 재질을 말한다.

㉢ 강자성체(Ferromagnetic Material)

철, 코발트, 니켈과 같이 강한 자장 내에 놓이면 외부 자장과 평행하게 자화되며, 제거된 후에도 일정시간을 유지하는 투자율이 공기보다 매우 높은 재질을 말한다.

③ 자분탐상의 특징

㉠ 강자성체의 표면 및 표면 직하의 미세하고 얕은 결함 검출 중 감도가 가장 높다.

㉡ 시험체의 크기, 형태, 모양에 큰 영향을 받지 않고 육안 관찰이 가능하다.

㉢ 시험면에 비자성 물질(페인트 등)이 얇게 도포되어도 검사가 가능하다.

㉣ 검사방법이 간단하며 저렴하다.

㉤ 강자성체에만 적용이 가능하다.

㉥ 직각방향으로 최소 2회 이상 검사해야 한다.

㉦ 전처리 및 후처리가 필요하며 탈자가 필요한 경우도 있다.

㉧ 전기 접촉으로 인한 국부적 가열이나 손상이 발생 가능하다.

④ 자화방법의 분류

㉠ 선형자화 : 시험체의 축 방향을 따라 선형으로 발생하는 자속이다.

- 종류 : 코일법, 극간법

㉡ 원형자화 : 환봉, 철선 등 전도체에 전류를 흘려 주위에 발생하는 자력선이 원형으로 형성하는 자속이다.

- 종류 : 축통전법, 프로드법, 중앙전도체법, 직각통전법, 전류통전법

※ 자화방법 : 시험체에 자속을 발생시키는 방법

⑤ 자분탐상시험

㉠ 검사방법의 종류

- 연속법 : 시험체에 자화 중 자분을 적용한다.
- 잔류법 : 시험체의 자화 완료 후 잔류자장을 이용하여 자분을 적용한다.

㉡ 자분의 종류에 따른 분류

- 형광자분법 : 형광자분을 적용하여 자외선등을 비추어 검사한다.
- 비형광자분법 : 염색자분을 사용하여 검사한다.

㉢ 자분의 분산매에 따른 분류

- 습식법 : 습식자분을 사용하여 검사하며 형광자분 적용 시 검사감도가 높다.
- 건식법 : 건식자분을 사용하여 국부적인 검사에 편리하다.

⑥ 검사절차

㉠ 연속법 : 전처리 – 자화 개시 – 자분 적용 – 자화 종료 – 관찰 및 판독 – 탈자 – 후처리

㉡ 잔류법 : 전처리 – 자화 개시 및 종료 – 자분 적용 – 관찰 및 판독 – 탈자 – 후처리

10년간 자주 출제된 문제

23-1. 자분탐상법을 실시하기에 가장 좋은 금속끼리 짝지어진 것은?

① Au, Ag, Cu ② Zn, Ti, Mg
③ Fe, Al, Cu ④ Fe, Ni, Co

23-2. 시험 중에 분진이 발생할 염려가 있어 방진대책을 세울 필요가 있는 시험은?

① 인장시험 ② 경도시험
③ 초음파탐상시험 ④ 자분(건식)탐상시험

23-3. 자분탐상검사의 특징을 설명한 것 중 옳은 것은?

① 시험체는 반자성체가 아니면 적용할 수 없다.
② 시험체의 내부 깊숙한 결함 검출에 우수하다.
③ 시험체의 크기, 형상 등에 제한을 많이 받는다.
④ 사용하는 자분은 시험체 표면의 색과 대비가 잘되는 구별하기 쉬운 색을 선정한다.

23-4. 결함 부분에 생기는 누설자속을 검출하여 결함 존재를 발견하는 검사방법은?

① 누설시험 ② 자기탐상시험
③ 침투탐상시험 ④ 초음파탐상시험

23-5. 철강재료를 자분탐상시험할 때 그림과 같이 시험체 또는 시험할 부위를 전자석 또는 영구자석의 사이에 놓아 자화시키는 방법은?

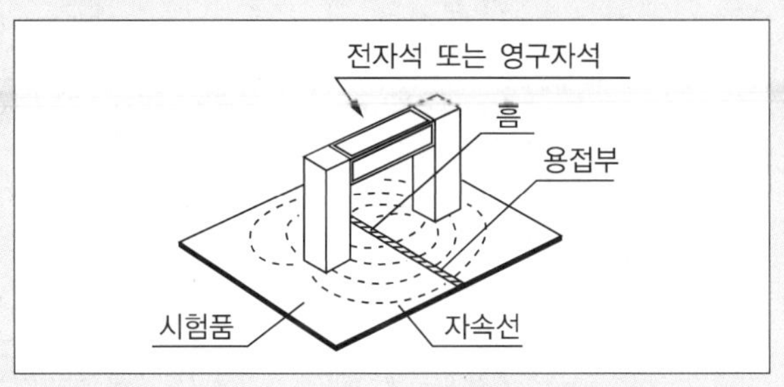

① 프로드법 ② 자속관통법
③ 극간법 ④ 직각통전법

|해설|

23-1
자분탐상법은 강자성체의 결함에서 생기는 누설자장을 이용하는 것으로 Fe, Co, Ni은 강자성체로 탐상이 가능하다.

23-2
자분(건식)탐상 시 자분가루를 사용하므로 방진대책이 필요하다.

23-3
자분탐상검사는 강자성체의 시험체만 검사가 가능하며, 표면 및 표면 직하 결함에 한정되는 시험이다. 또한 탐상기를 부분에 적용할 수 있어 크기, 형상에 제한을 받지 않으며, 사용하는 자분은 시험체 표면의 색과 대비가 잘되는 색을 선정하여 시험하여야 한다.

23-4
자분탐상의 원리 : 강자성체 시험체의 결함에서 생기는 누설자장을 이용하여 표면 및 표면 직하의 결함을 검출하는 방법이다.

23-5
극간법 : 전자석 또는 영구자석을 사용하여 선형 자화를 형성하며, 기호로는 M을 사용한다.

정답 23-1 ④ 23-2 ④ 23-3 ④ 23-4 ② 23-5 ③

핵심이론 24 초음파탐상검사

① 초음파 : 물질 내의 원자 또는 분자의 진동으로 발생하는 탄성파로 20kHz~1GHz 정도의 주파수를 발생시키는 영역대의 음파이다.

㉠ 초음파의 특징

- 지향성이 좋고 직진성을 가진다.
- 동일 매질 내에서는 일정한 속도를 가진다.
- 온도 변화에 대해 속도가 거의 일정하다.
- 경계면 혹은 다른 재질, 불연속부에서는 굴절, 반사, 회절을 일으킨다.
- 음파의 입사조건에 따라 파형변환이 발생한다.

㉡ 초음파탐상의 장단점

- 장 점
  - 감도가 높아 미세균열 검출이 가능하다.
  - 투과력이 좋아서 두꺼운 시험체의 검사도 가능하다.
  - 불연속(균열)의 크기와 위치를 정확히 검출 가능하다.
  - 시험 결과가 즉시 나타나 자동검사가 가능하다.
  - 시험체의 한면에서도 검사가 가능하다.
- 단 점
  - 시험체의 형상이 복잡하거나, 곡면, 표면거칠기, 결함의 방향에 영향을 많이 받는다.
  - 시험체의 내부구조(입자, 기공, 불연속 다수 분포)에 따라 영향을 많이 받는다.
  - 불연속 검출의 한계가 있다.
  - 시험체에 적용되는 접촉 및 주사방법에 따른 영향이 있다.
  - 불감대가 존재한다(근거리 음장에 대한 분해능이 떨어짐).

② 음파의 종류

㉠ 종파(Longitudinal Wave) : 입자의 진동방향이 파를 전달하는 입자의 진행방향과 일치하는 파, 압축파, 고체와 액체에서 전파된다.

㉡ 횡파(Transverse Wave) : 입자의 진동방향이 파를 전달하는 입자의 진행방향과 수직인 파로 종파의 $\frac{1}{2}$속도, 전단파, 고체에만 전파되고 액체와 기체에서 전파되지 않는다.

㉢ 표면파(Surface Wave) : 고체 표면을 약 1파장 정도의 깊이로 투과하여 표면을 따라 진행하는 파이다.

③ 음속(Velocity, V)

음파가 한 재질 내에서 단위시간당 진행하는 거리이다.

[주요 물질에 대한 음파속도]

물 질	종파속도(m/s)	횡파속도(m/s)
알루미늄	6,300	3,150
주강(철)	5,900	3,200
유 리	5,770	3,430
아크릴 수지	2,700	1,200
글리세린	1,920	
물	1,490	
기 름	1,400	
공 기	340	

④ 초음파탐상법의 종류

초음파형태	• 펄스파법	• 연속파법
송수신방식	• 반사법 • 공진법	• 투과법
탐촉자수	• 1탐 촉자법	• 2탐 촉자법
접촉방식	• 직접접촉법 • 전몰수침법	• 국부수침법
표시방식	• A-scan법 • C-scan법 • F-scan법 • MA-scan법	• B-scan법 • D(T)-scope • P-scan법
진동방식	• 수직법(주로 종파) • 표면파법 • 크리핑파법	• 사각법(주로 횡파) • 판파법 • 누설표면파법

⑤ 초음파의 진행원리에 따른 분류

㉠ 펄스파법(반사법) : 초음파를 수μ초 이하로 입사시켜 저면 혹은 불연속부에서의 반사신호를 수신하여 위치 및 크기를 알아보는 방법이다.

㉡ 투과법 : 2개의 송수신 탐촉자를 이용하여 송신된 신호가 시험체를 통과한 후 수신되는 과정에 의해 초음파의 감쇠효과로부터 불연속부의 크기를 알아보는 방법이다.

㉢ 공진법 : 시험체의 고유진동수와 초음파의 진동수를 일치할 때 생기는 공진현상을 이용하여 시험체의 두께 측정에 주로 적용하는 방법이다.

10년간 자주 출제된 문제

24-1. 금속판재 중에 입사시키는 초음파파장을 연속적으로 바꾸어 줌으로 $\frac{1}{2}$ 파장 정수배가 판두께와 같게 될 때, 입사파와 반사파가 정상파가 되는 것을 이용하여 판두께를 측정하는 검사법은?

① 공진법
② 투과법
③ 사각법
④ 자화수축법

24-2. 초음파탐상시험에 대한 설명 중 틀린 것은?

① 장비의 휴대가 용이하다.
② 접촉매질, 표준시편, 대비시편 등이 필요하지 않다.
③ 시험원리는 펄스반사법, 투과법, 공진법으로 나눌 수 있다.
④ 침투력이 강하고 고감도이므로 내부결함을 검출하는 데 우수하다.

24-3. 일반강의 초음파탐상시험에서 사용되는 주파수 범위는?

① 1~5Hz
② 1~5kHz
③ 2~10MHz
④ 11~150MHz

24-4. 그림과 같은 표준시험편의 명칭은?

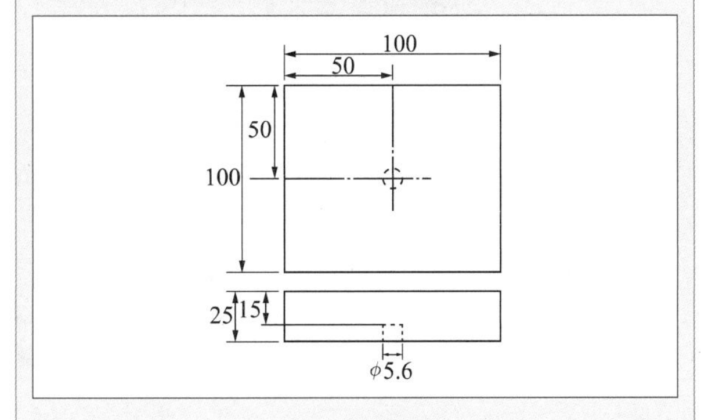

① STB-G
② STB-A1
③ STB-A2
④ STB-N1

24-5. 초음파탐상 시 탐상면에 접촉매질인 글리세린을 바르는 가장 적합한 이유는?

① 진동자의 소모를 방지하기 위해
② 진동자와 금속면 사이의 공기를 없애기 위하여
③ 진동자의 미끄러짐을 좋게 하기 위하여
④ 진동자와 탐상기의 연결을 양호하게 하기 위하여

|해설|

24-1

공진법 : 시험체의 고유진동수와 초음파의 진동수를 일치할 때 생기는 공진현상을 이용하여 시험체의 두께 측정에 주로 적용하는 방법

24-2

탐상장치로는 초음파 탐상기, 탐촉자, 탐촉자 케이블, 표준시험편, 대비시험편, 접촉매질, 스케일 등이 필요하다.

24-3

초음파 : 물질 내의 원자 또는 분자의 진동으로 발생하는 탄성파로 20kHz~1GHz 정도의 주파수를 발생시키는 영역대의 음파

24-4

초음파탐상에 사용되며 두꺼운 판의 탐상감도 측정에 사용한다.

24-5

접촉매질은 초음파의 진행특성상 공기층이 있을 경우 음파가 진행하기 어려워 특정한 액체를 사용하는 것으로 시험체와 음향임피던스가 비슷하여야 전달효율이 좋아진다.

정답 24-1 ① 24-2 ② 24-3 ③ 24-4 ④ 24-5 ②

핵심이론 25 | 방사선탐상검사

① 방사선탐상의 원리

X선, γ선 등 투과성을 가진 전자파로 대상물에 투과시킨 후 결함의 존재 유무를 필름 등의 이미지(필름의 명암도의 차)로 판단하는 비파괴검사 방법이다.

② X선, γ선의 발생

㉠ X선 : 고속으로 움직이는 전자가 표적에 충돌하여 나오는 에너지의 일부가 전자파로 방출되는 것이다.

㉡ γ선 : 원자핵이 분열하거나 붕괴 시 핵 내의 잉여에너지가 전자파의 형태로 방출되는 것이다.

※ 방사선 동위원소 붕괴 형태 : α입자의 방출, β입자의 방출, 중성자 방출

③ 방사선투과검사의 특징

㉠ 시험체 내부의 결함을 검출 가능하다.

㉡ 기공, 개재물, 수축공과 같이 두께차에 대해 검출감도가 높다(주조품, 용접부에 많이 사용).

㉢ 투과에 한계가 있어서 두꺼운 시험체는 검사가 불가하다.

㉣ 시험체의 양면에 접근할 수 있어야 한다.

④ 방사선과 물질과의 상호작용

X선이 물질에 조사되었을 때 흡수, 산란, 반사 등을 일으키는 작용을 물질과의 상호작용이라 하며, 주로 원자핵 주위의 전자와 작용하게 된다.

㉠ 광전효과(Photoelectric Effect)

자유전자의 결합력보다 큰 X선의 광양자가 물질에 입사하여 자유전자와 충돌할 경우, 궤도 바깥으로 떨어져 나가며 광양자의 에너지가 원자에 흡수하는 효과이다.

㉡ 톰슨산란(Rayleigh산란)

파장의 변화없이 X선이 물질에 입사한 방향을 바꾸어 산란하는 효과이며, 탄성산란이라고도 한다.

㉢ 콤프턴산란(Compton Scattering)

X선을 물질에 입사하였을 때 최외각 전자에 의해 광양자가 산란하여, 산란 후의 X선 광양자의 에너지가 감소하는 현상이다.

㉣ 전자쌍 생성(Pair Production)

아주 높은 에너지의 광양자가 원자핵 근처의 강한 전장(Coulomb 장)을 통과할 때 음전자와 양전자가 생성되는 현상이다.

⑤ 방사선 안전관리

㉠ 방사선 방어

방사선 피폭을 줄이기 위한 3대 방어원칙으로 시간, 거리, 차폐로, 필요시간 이상 선원 근처에 머무르지 말고, 가능한 한 선원 멀리 있으며 선원과 작업자 사이에는 차폐물을 사용한다.

㉡ 방사선 검출기의 원리

방사선과 물질과의 상호작용으로 나타나는 현상으로 방사선량 및 에너지를 검출한다.

㉢ 개인피폭관리

- 필름 배지(Film Badge) : 방사선에 노출되면 필름의 흑화도가 변하여 방사선량을 측정한다.
- 열형광선량계(TLD) : 방사선에 노출된 소자를 가열 시 열형광이 방출되는 원리를 이용하여 누적선량을 측정한다.
- 포켓도시미터(Pocket Dosimeter) : 피폭된 선량을 즉시 알 수 있는 개인피폭관리용 선량계, 기체의 전리작용에 의한 전하의 방전을 사용한다.
- 서베이미터(Survey Meter) : 가스충전식 튜브에 기체의 이온화현상 및 기체증폭장치를 이용한다.
- 경보계(Alarm Monitor) : 방사선이 외부 유출 시 경보음이 울리는 장치이다.

㉣ 방사선시험 시 유의사항

- 촬영 시 접지를 확실히 한다.
- 관전압 상승속도에 유의하여 탐상기를 사용한다.
- X선 촬영구역에는 위험표지판을 설치한다.
- X선검사 시 안전과 관련하여 납 차폐막을 사용하여 밀폐시켜 촬영한다.

10년간 자주 출제된 문제

25-1. 방사선투과검사에 일반적으로 사용되는 방사성 동위원소에 해당하지 않는 원소는?

① 코발트(Co_{60})
② 이리듐(Ir_{192})
③ 베릴륨(Be_{153})
④ 세슘(Cs_{137})

25-2. 방사선투과사진을 촬영할 때 투과 결과를 좋게 하기 위하여 사용하는 것은?

① 열음극
② X선 필름
③ 증감지
④ 서베이미터

25-3. 방사선을 취급 및 사용할 때 수반되는 외부방사선 피폭의 방법으로 적용되는 3가지 원리가 아닌 것은?

① 방사선의 발생시간, 즉 사용시간을 줄인다.
② 방사선의 선원과 사람과의 거리를 멀리한다.
③ 방사선의 선원과 사람 사이에 차폐물을 설치한다.
④ 방사선 동위원소 중 가능한 한 낮은 강도를 가진 것을 사용한다.

25-4. 방사선투과시험에서 납(Pb)을 사용하는 이유로 옳은 것은?

① 지향성을 증가시키기 위하여
② X선을 강하게 하기 위하여
③ 감광이 잘되게 하기 위하여
④ 방사선을 차폐하기 위하여

25-5. 방사선의 종류에 따라 분류한 방사선투과검사의 종류가 아닌 것은?

① X선투과검사
② 감마선투과검사
③ 중성자투과검사
④ 자외선투과검사

|해설|

25-1

방사선원의 종류와 적용 두께

동위원소	반감기	에너지
Th-170	약 127일	0.084MeV
Ir-192	약 74일	0.137MeV
Cs-137	약 30.1년	0.66MeV
Co-60	약 5.27년	1.17MeV
Ra-226	약 1,620년	0.24MeV

25-2

증감지(스크린) : X선 필름의 감도를 높이기 위해 사용(금속박 증감지, 형광 증감지, 금속형광 증감지)

25-3

방사선 취급 시 피폭 관리 방법으로는 방사선의 발생시간을 줄이고, 선원과 사람과의 거리를 멀리한다. 또한 선원과 사람 사이에 차폐물을 설치하도록 한다.

25-4

감마선은 투과력이 강하지만 무거운 질량을 가진 원자핵을 투과하지 못하는 성질을 가지고 있어 비중이 높은 납을 많이 사용한다.

25-5

방사선투과검사에서 사용하는 방사선의 종류로는 X선, 감마선, 중성자가 있다.

정답 25-1 ③ 25-2 ③ 25-3 ④ 25-4 ④ 25-5 ④

핵심이론 26 | 와전류탐상검사

① 와전류탐상 원리

코일에 고주파 교류전류를 흘려주면 전자유도현상의 의해 전도성 시험체 내부에 맴돌이전류를 발생시켜 재료의 특성을 검사한다. 맴돌이전류(와전류 분포의 변화)로 거리·형상의 변화, 합금성분, 재질의 선별, 균열, 불균질 부분, 도금층 두께 측정, 치수 변화, 열처리 상태 등이 확인 가능하다.

② 와전류탐상의 장단점

㉠ 장 점

- 고속으로 자동화된 전수검사가 가능하다.
- 가는 선, 구멍 내부, 고온 등 여러 환경에서 적용 가능하다.
- 결함, 재질의 변화, 품질관리 등 적용범위가 광범위하다.
- 탐상 및 재질검사 등 탐상결과를 보전이 가능하다.

㉡ 단 점

- 표피효과로 인해 표면 근처의 시험에만 적용 가능하다.
- 잡음 인자의 영향을 많이 받는다.
- 결함 종류, 형상, 치수에 대한 정확한 측정은 불가하다.
- 형상이 간단한 시험체에만 적용이 가능하다.
- 도체에만 적용이 가능하다.

③ 와전류탐상시험 코일의 분류

㉠ 관통코일(Encircling Coil, Feed Through Coil, OD Coil) : 시험체를 시험코일 내부에 넣고 시험하는 코일(고속 전수검사, 선 및 봉, 관의 자동검사에 이용)

㉡ 내삽코일(Inner Coil, Inside Coil, Bobbin Coil, ID Coil) : 시험체 구멍 내부에 코일을 삽입하여 구멍의 축과 코일 축을 맞추어 시험하는 코일(관, 볼트구멍 등을 검사)

㉢ 표면코일(Surface Coil, Probe Coil) : 코일 축이 시험체면에 수직인 경우 시험하는 코일(판상, 규칙적 형상이 아닌 시험체에 검사)

10년간 자주 출제된 문제

26-1. 와전류탐상검사의 특징이 아닌 것은?

① 시험체에 접촉하지 않고 검사할 수 있으므로 검사속도가 빠르고 자동화가 쉽다.
② 열교환기 내의 배관 등 사람이 접근할 수 없는 부분의 탐상이 가능하다.
③ 결함의 형상이나 깊이 및 종류를 정확하게 알 수 있다.
④ 검사 결과의 데이터 기록과 보존이 쉽다.

26-2. 오스테나이트계 스테인리스강인 STS304 봉재 표면결함을 찾아내려고 할 때 가장 적합한 시험은?

① 자분탐상법
② 초음파탐상법
③ 와전류탐상법
④ 방사선투과탐상법

26-3. 다음 중 와전류탐상시험에 부적합한 재료는?

① 알루미늄 ② 니 켈
③ 타이타늄 ④ 고 무

|해설|

26-1

- 장 점
  - 고속으로 자동화된 전수검사 가능
  - 가는 선, 구멍 내부, 고온 등 여러 환경에서 적용 가능
  - 결함, 재질 변화, 품질관리 등 적용범위가 광범위
  - 탐상 및 재질검사 등 탐상결과를 보전 가능
- 단 점
  - 표피효과로 인해 표면 근처의 시험에만 적용 가능
  - 잡음 인자의 영향을 많이 받음
  - 결함 종류, 형상, 치수에 대한 정확한 측정은 불가
  - 형상이 간단한 시험체에만 적용 가능
  - 도체에만 적용 가능

26-2

결함검출에서 내부결함검사로는 방사선(RT), 초음파(UT)가 있으며, 표면결함검사에는 침투(PT), 자기(MT), 육안(VT), 와전류(ET)가 있다. 여기서 자분탐상과 와전류탐상이 있는데, 오스테나이트계 스테인리스강은 비자성이므로 와전류탐상을 이용하여 탐상한다.

26-3

고무의 경우 부도체이므로 와전류탐상을 할 수 없다.

정답 26-1 ③ 26-2 ③ 26-3 ④

핵심이론 27 누설검사

① 누설탐상의 원리
관통된 결함을 검사하는 방법으로 기체나 액체와 같은 유체의 흐름을 감지해 누설 부위를 탐지하는 방법이다.

② 누설탐상의 특성
㉠ 재료의 누설 손실 방지
㉡ 제품의 실용성과 신뢰성 향상
㉢ 구조물의 조기 파괴 방지

③ 누설탐상방법
㉠ 추적가스 이용법
추적가스(CO_2, 황화수소, 암모니아 등)를 이용하여 누설 지시를 나타내는 화학적 시약과의 반응으로 탐상한다.
- 암모니아 누설 검출 : 암모니아 가스(NH_3)로 가압하여 화학적 반응을 일으키는 염료를 이용하여 누설 시 색의 변화로 검출한다.
- CO_2 추적가스법 : CO_2 가스를 가압하여 화학적 반응을 일으키는 염료를 이용하여 누설 시 색의 변화로 검출한다.
- 연막탄(Smoke Bomb)법 : 연막탄을 주입 후 누설 시 그 부위로 연기가 새어 나오는 부분을 검출한다.

㉡ 기포 누설시험
- 침지법 : 액체 용액에 가압된 시험품을 침적해서 기포 발생 여부를 확인하여 검출한다.
- 가압 발포액법 : 시험체를 가압한 후 표면에 발포액을 적용하여 기포 발생 여부를 확인하여 검출한다.
- 진공상자 발포액법 : 진공상자를 시험체에 위치시킨 후 외부 대기압과 내부 진공의 압력차를 이용하여 검출한다.

㉢ 할로겐 누설시험
할로겐 추적가스[염소, 플루오린(불소), 브롬, 아이오딘 등]로 가압하여 가스가 검출기의 양극과 음극 사이 포집 시 양극에서 양이온이 방출, 음극에서 전류가 증폭되어 결함 여부를 검출한다.
- 할라이드 토치법(Halide Torch) : 불꽃의 색이 변색되는 유무로 판별한다.
- 가열양극 할로겐 검출기 : 추적가스를 가압하여 양이온 방출이 증가하여 음극에 이르면 전류가 증폭되어 누설 여부를 판별한다.
- 전자포획법

㉣ 방치법에 의한 누설시험
시험체를 가압 또는 감압하여 일정시간 후 압력의 변화 유무에 따른 누설 여부를 검출한다.

㉤ 방사성 동위원소 시험
방사성가스인 크립톤-85(Kr-85)를 소량 투입한 공기로 시험체를 가압한 후 방사선 검출기를 이용하여 누설 여부 및 누설량을 검출한다.

10년간 자주 출제된 문제

27-1. 비파괴검사법 중 암모니아, 할로겐, 헬륨 등의 기체를 이용하는 검사법은?

① 누설검사법
② 음향방출법
③ 침투탐상법
④ 육안검사법

27-2. 기체흐름의 형태 중 기체의 평균자유행로가 누설의 단면치수와 거의 같을 때 발생하는 흐름은?

① 교란흐름 ② 분자흐름
③ 전이흐름 ④ 음향흐름

|해설|

27-1

누설탐상 원리 : 관통된 결함을 검사하는 방법으로 기체나 액체와 같은 유체의 흐름을 감지해 누설 부위를 탐지하는 것으로 추적가스, 기포누설시험, 할로겐누설시험 등이 있다.

27-2

기체의 흐름은 점성흐름, 분자흐름, 전이흐름, 음향흐름이 있으며, 다음과 같은 특징이 있다.

- 점성흐름
  - 층상흐름 : 기체가 여유롭게 흐르는 것을 의미하며, 흐름은 누설 압력차의 제곱에 비례
  - 교란흐름 : 높은 흐름속도에 발생하며 레이놀드수 값에 좌우
- 분자흐름 : 기체분자가 누설되는 벽에 부딪히며 일어나는 흐름
- 전이흐름 : 기체의 평균자유행로가 누설 단면치수와 비슷할 때 발생
- 음향흐름 : 누설의 기하학적 형상과 압력하에서 발생

정답 27-1 ① 27-2 ③

핵심이론 28 | 기타검사

① 음향방출검사

㉠ 음향방출검사의 원리

재료의 결함에 응력이 가해졌을 때 음향을 발생시키고 불연속 펄스를 방출하게 되는데, 이러한 미소 음향방출신호들을 검출·분석하는 시험이다.

- 카이저 효과(Kaiser Effect) : 재료에 하중을 걸어 음향 방출을 발생시킨 후 하중을 제거했다가 다시 걸어도 초기 하중의 응력지점에 도달하기까지 음향 방출이 발생되지 않는 비가역적 성질
- 페리시티효과(Felicity Effect) : 재료 초기 설정 하중보다 낮은 응력에서도 검출 가능한 음향 방출이 존재하는 효과

㉡ 음향방출검사의 특징

- 시험속도가 빠르고 구조의 건전성 분석이 가능하다.
- 크기에 제한이 없고 한 번에 시험이 가능하다.
- 동적검사로 응력이 가해질 때 결함 여부를 판단 가능하다.
- 접근이 어려운 부분에서의 구조적 결함 탐상이 가능하다.
- 압력용기검사에서 파괴 예방이 가능하다.
- 응력이 작용하는 동안에만 측정 가능하다.
- 신호대 잡음비 제어가 필요하다.

② 스트레인 측정

대표적으로 스트레인 게이지에 외부적 힘 또는 열을 가할 시 전기저항이 변화하는 원리를 이용하며, 전기저항 변화, 전기용량 변화, 코일의 임피던스 변화, 압전효과 등을 이용한다.

CHAPTER 03 금속열처리

핵심이론 01 연 소

① 조직의 기초

㉠ 고용체 : 2개 이상 원소로 된 단상의 고체에 하나의 성분원소가 다른 원소에 녹아들어간 것을 의미한다. 침입형, 치환형이 있으며 오스테나이트는 γ철 중에 탄소원자가 녹은 대표적인 침입형 고용체이다.

㉡ 공정 : 2개의 성분금속의 용융상태는 균일한 용액이나 응고 후 서로 용해되지 않고 각각의 결정으로 분리되어 혼합물로 공존하는 경우이다. 대표적으로 1,130℃ 4.3% 탄소를 가진 액상의 철이 응고되어 γ철과 Fe_3C(시멘타이트)의 혼합물로 존재한다.

㉢ 금속 간 화합물 : 두가지 금속의 원자비가 A_mB_n과 같이 간단한 정수비로 이루고 있으며 한쪽 성분 금속의 원자가 공간격자 내에서 정해진 위치를 차지한다. 원자 간 결합력이 크고 경도가 높고 메진 성질을 가진다. 대표적으로 Fe_3C(시멘타이트)가 있다.

㉣ 합금의 응고와 상태도

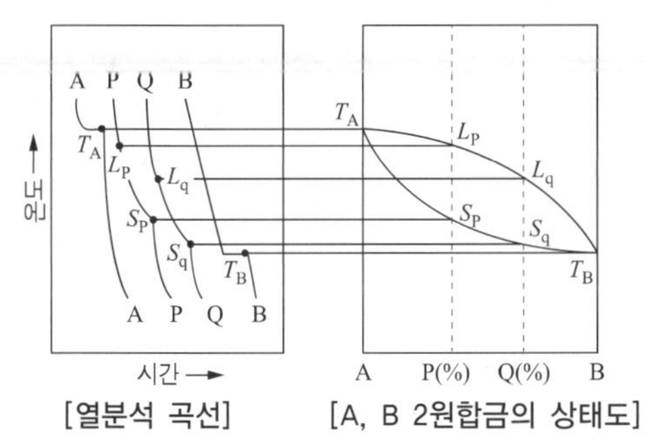

[열분석 곡선] [A, B 2원합금의 상태도]

A금속, B금속, A금속 중 P%의 B를 첨가한 합금, A금속 중 Q%의 B를 첨가한 합금 등 네 가지 금속의 열분석 곡선을 바탕으로 하여 응고가 시작되는 점(T_A, L_p, L_q, T_B)과 응고가 끝나는 점(T_A, S_p, S_q, T_B)들을 연결하여 도식화한 그림을 A, B 2원합금의 상태도라고 한다.

② 확산과 시효

㉠ 확산 : 잉크가 물속에서 번지듯 용질원자가 용매원자의 공간격자 중으로 이동하는 상으로 침탄법, 질화법, 금속침투법 등이 원자의 확산을 이용한 사례이다.

㉡ 시효 : 과포화 고용체로부터 다른 상이 석출하는 현상을 이용하여 금속재료 및 그 밖의 성질을 변화시키는 처리로 두랄루민, 베릴륨합금의 열처리에 적용한다.

③ 열처리 목적 : 금속재료를 가열과 냉각을 통해 요구되는 성질을 개선시킨다.

㉠ 경도 또는 인성을 증가(담금질 후 뜨임)

㉡ 조직의 연화 및 적절한 가공상태로 만듦(풀림, 탄화물 구상화처리)

㉢ 조직의 미세화 편석을 적게 하고 균일한 표준조직을 만듦(불림)

㉣ 잔류 오스테나이트를 마텐자이트화(심랭처리)

㉤ 내식성 개선(스테인리스강의 담금질)

㉥ 자성을 향상(규소강판의 풀림)

㉦ 표면을 경화(침탄, 질화, 표면경화법)

㉧ 강의 점성과 인성을 부여(고망간강의 수인처리)

④ 열처리의 냉각방법

㉠ 순철과 공석강을 비교했을 때 탄소의 함유량이 0.8% 증가할 동안 항복강도는 4배 이상 증가한다. 그 이유는 탄소함유량이 많을수록 시멘타이트의 생성량이 증가하기 때문이다. 또한 냉각속도가 빨라지면 핵생성수가 많아져 결정입자가 미세해지기 때문에 경도가 증가한다.

㉡ 변태점에 따른 가열온도

- 변태점 이상 가열 : 풀림, 불림, 담금질

- 변태점 이하 가열 : 뜨임

㉢ 온도범위와 열처리별 냉각방법

- 열처리의 온도범위

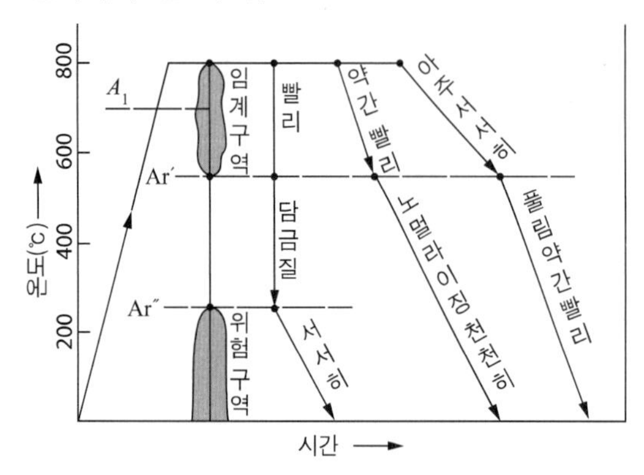

  - 550℃ : Ar′ 변태점, 화색소실온도, 코온도
  - 550℃까지 : 냉각속도에 따라 경도(담금질효과)를 결정, 임계구역이라고 하며 경도를 높이기 위해 급랭
  - 250℃ : Ar″ 변태점, M_s (마텐자이트변태가 시작됨)점
  - 250℃ 이하 : 담금질 균열이 나타날 수 있으므로 위험구역이라 하며 서랭처리함

- 열처리에 따른 냉각방법
  - 담금질 : 급랭(수랭, 유랭)
  - 불림 : 공랭(방랭)
  - 풀림 : 서랭(노랭)

㉣ 냉각방법의 3형식

- 연속냉각 : 냉각속도를 일정하게 완전히 냉각시킴, 보통풀림, 보통불림, 보통담금질

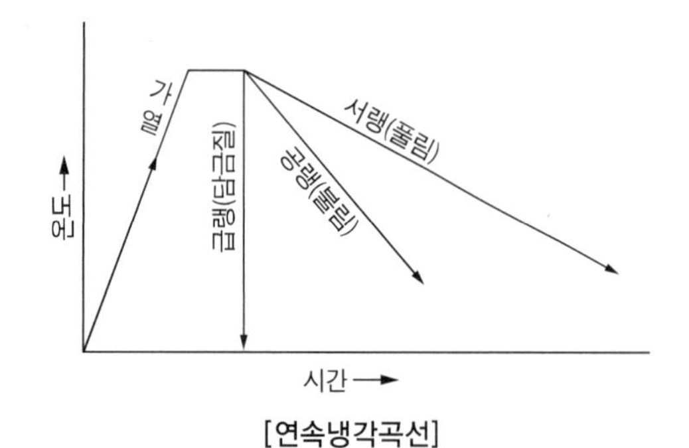

[연속냉각곡선]

- 2단냉각 : 냉각 도중 Ar′, Ar″ 기준으로 냉각속도를 변화시킴. 2단풀림, 2단불림, 시간담금질

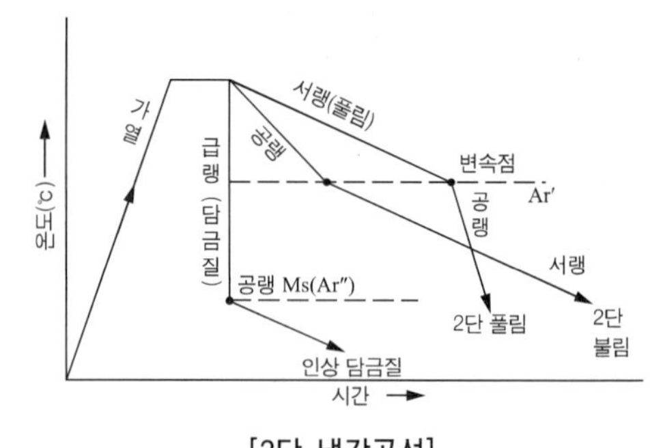

[2단 냉각곡선]

- 항온냉각 : 냉각 도중 일정온도에서 항온 유지를 시킨 후 냉각, 오스템퍼링, 마템퍼링, 마퀜칭

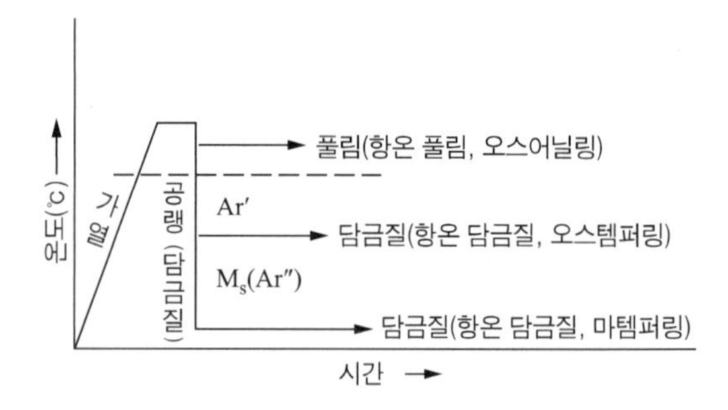

[항온냉각곡선]

⑤ 강의 변태점

㉠ 변 태

- 동소변태 : 동일한 원소가 원자 배열이나 결합방식이 바뀌는 변태로 격자변태라고도 한다.
  - 일정한 온도에서 비연속적이고 급격히 일어난다.
  - Ce(세륨), Bi(비스무트) 등은 일정압력에서 동소변태가 일어난다.
- 자기변태 : 원자의 스핀방향이 바뀌 자성이 변하는 것이다(상자성체 ↔ 강자성체).
  - 강자성체 : 자화시킨 후 자석을 제거해도 자기적 성질이 남아 자석역할을 하는 물질
  - 상자성체 : 자화시킨 후 자석을 제거하면 자기적 성질이 잃는 물질

- 반자성체 : 자석을 가까이 가져가면 오히려 밀어내는 물질

㉡ 중요 변태점

- A_0 변태 : 210℃, 시멘타이트의 자기변태
- A_1 변태 : 723℃, 공석변태
- A_2 변태 : 768℃, 자기변태, 상자성체 ↔ 강자성체로 변화
- A_3 변태 : 910℃, 동소변태, α 철(BCC) ↔ γ 철(FCC)로 변태
- A_4 변태 : 1,400℃, 동소변태, γ 철(FCC) ↔ δ 철(BCC)로 변태

㉢ 변태점 측정방법

열분석법, 비열법, 전기저항법, 열팽창법, 자기분석법, X선분석법이다.

⑥ 강의 변태반응

㉠ 공석변태 : 0.8%C의 탄소강을 750℃ 이상의 온도에서 가열하여 유지하면 오스테나이트가 되는데, A_1 변태선(723℃) 이하로 서랭하면 오스테나이트가 2개의 고상인 페라이트와 시멘타이트의 층상조직(펄라이트)으로 만들어지는 변태이다.

- 공석변태 순서

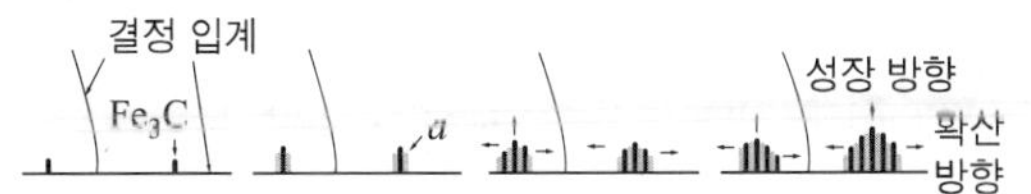

  - 오스테나이트 결정립계에 시멘타이트 핵이 생성
  - 시멘타이트의 핵이 성장하면서 탄소원자가 적어진 부분은 α 철로 변태
  - α 철이 생긴 입계에 새로운 시멘타이트 핵이 생성
  - 생성된 시멘타이트와 α 철은 입계로부터 오스테나이트 안쪽으로 성장 확산

㉡ 마텐자이트변태 : 오스테나이트를 임계냉각속도 이상 급랭하면 탄소가 확산할 시간을 가지지 못하고 α 철 안에 고용된 상태로 존재한다. α 철의 작은 공간격자 안에 탄소가 들어가 팽창하게 되고, 이때 발생한 응력 때문에 경도가 증가한다. α 철에 탄소가 과포화된 조직을 마텐자이트라고 한다.

- 임계냉각속도 : 강을 담금질하여 경화시키는 데 필요한 최소냉각속도로 마텐자이트 조직이 나타나는 최소냉각속도이다. Co, S, Se 등의 원소가 첨가되면 임계냉각속도는 증가한다.
- 마텐자이트변태의 특징
  - 마텐자이트조직은 모체인 오스테나이트의 조성과 동일하다.
  - 마텐자이트변태는 무확산 변태이다.
  - 일정온도 범위 안에서 변태가 시작되고 변태가 끝난다(시작점 M_s, 끝점 M_f).
  - 탄소량과 첨가원소가 많을수록 M_s, M_f 점은 낮아진다.

㉢ 항온변태 : 강을 오스테나이트 상태로부터 항온분위기(염욕) 속에 넣고 일정온도로 유지시키면 변태가 일어난다. 일정온도에서 유지하는 동안 변태가 이루어져 항온변태라고 한다.

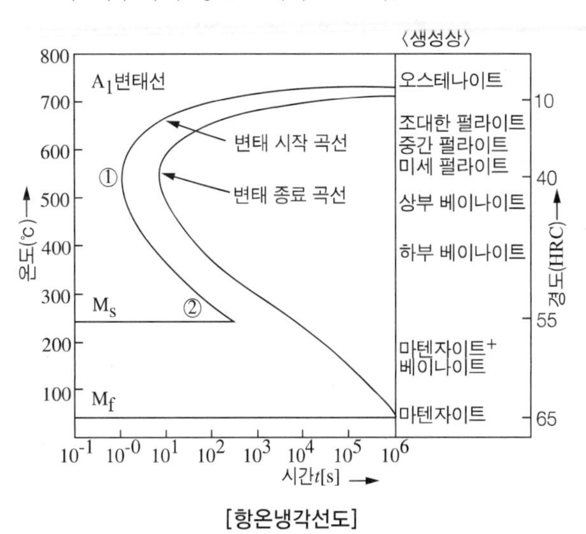

[항온냉각선도]

- 온도, 시간변태의 변수를 따서 TTT선도, S자와 유사하여 S곡선, 석출반응의 범위는 C모양을 하고 있어 C곡선이라고 한다.
- 항온유지온도에 따른 생성상
  - 550~720℃ : 펄라이트 생성
  - 550℃ : 펄라이트와 베이나이트 경계, ①의 위치를 코, ②의 위치를 만이라고 한다.
  - 250~550℃ : 베이나이트 생성
  - $M_s \sim M_f$: 마텐자이트+베이나이트

㉣ 연속냉각변태 : 실제로 이루어지는 일반적인 열처리는 냉각과 동시에 변태가 일어나는데, 이를 선도로 표시한 선을 CCT선이라 하고, 다음 그림과 같다.

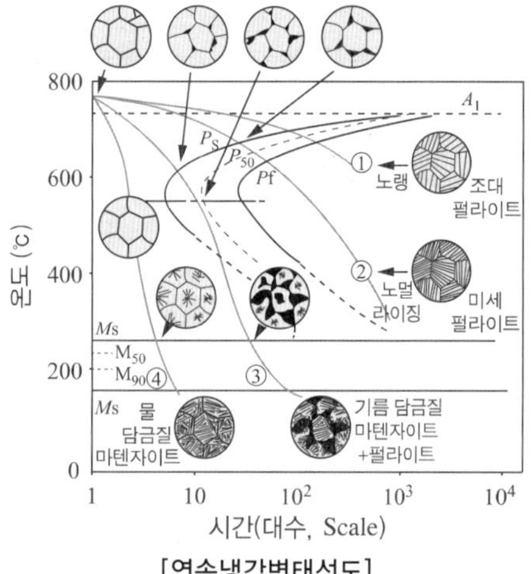

[연속냉각변태선도]

- 냉각속도에 따른 생성상
  - 선도 ① 노랭(서랭) : 조대 펄라이트
  - 선도 ② 공랭 : 미세 펄라이트
  - 선도 ③ 유랭 : 마텐자이트+펄라이트
  - 선도 ④ 수랭 : 마텐자이트

⑦ 탄소강의 조직

㉠ 공석강 : 공석변태에 의해 오스테나이트가 페라이트와 시멘타이트의 층상조직인 펄라이트로 생성된 조직을 공석강이라 하며 탄소함유량 0.8%의 강이다.

- 페라이트와 펄라이트가 교대로 반복되는 층상조직으로 조개껍질과 비슷하다 하여 펄라이트라고 한다.
- 그림에서 오른쪽 상부가 페라이트, 하부가 시멘타이트를 나타낸다.

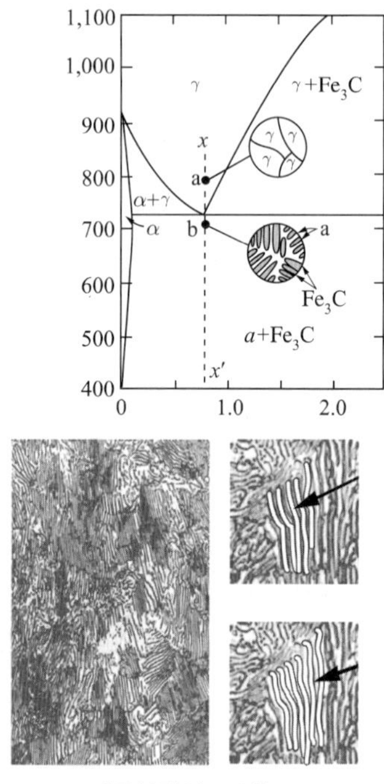

[공석강의 조직]

㉡ 아공석강 : 탄소함유량 0.02%~0.8%의 이하인 강을 균일한 오스테나이트화 되게 가열한 후 서랭시키면 생성되는 조직이다.

- 냉각 시 오스테나이트 입계로부터 초석 페라이트가 먼저 석출되고 A_1 변태선(공석변태선)을 지난 후 오스테나이트가 펄라이트로 변하여 최종조직인 초석페라이트와 펄라이트를 생성한다.

• 다음 그림에서 오른쪽 상부가 초석페라이트, 하부가 펄라이트를 나타낸다.

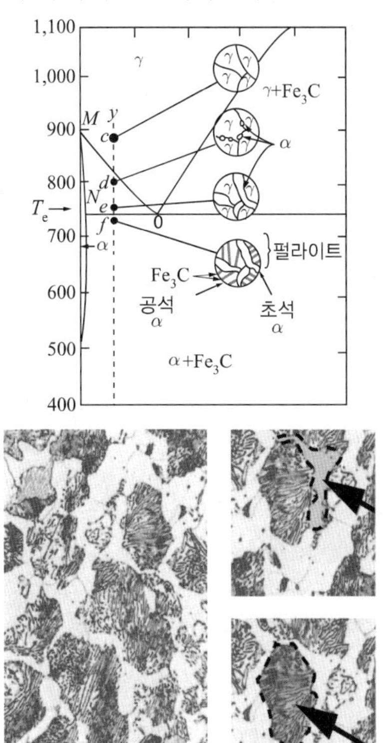

[아공석강의 조직]

㉢ 과공석강 : 탄소함유량이 0.8%~2.0% 이하인 강을 균일한 오스테나이트화 되게 가열 후 서랭시키면 생성되는 조직이다.

• 냉각 시 오스테나이트 입계로부터 초석시멘타이트가 생성되고 A_1 변태선(공석변태선)을 지난 후 오스테나이트가 펄라이트로 변하여 최종조직인 초석시멘타이트와 펄라이트를 생성한다.

• 그림에서 화살표로 표시한 부분은 초석시멘타이트로 오스테나이트 결정립계를 따라 망상으로 형성되어 있고, 그 안쪽에 층상조직인 펄라이트가 생성되어 있다.

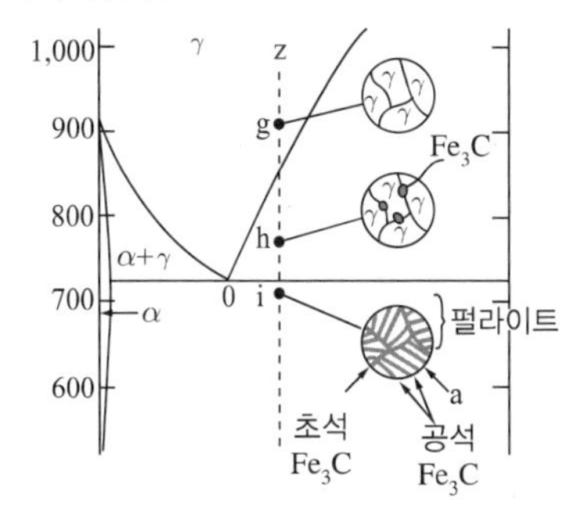

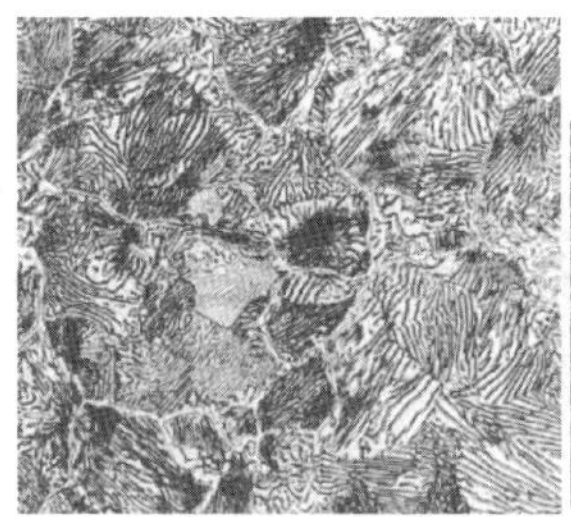

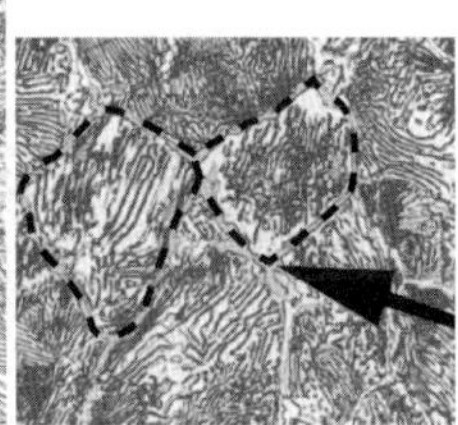

[과공석강의 조직]

⑧ 열처리 조직

※ 열처리 과정에서 발생하는 조직의 경도 순서
시멘타이트 > 마텐자이트 > 트루스타이트 > 소르바이트 > 펄라이트 > 오스테나이트 > 페라이트

㉠ 오스테나이트

• A_1 변태점 이상에서 안정된 조직으로 상온에서는 불안하다.
• 탄소를 2% 고용한 조직으로 연신율이 크다.
• 18·8 스테인리스강을 급랭하면 얻을 수 있는 조직이다.
• 오스테나이트 안정화 원소로는 Mn, Ni 등이 있다.

㉡ 마텐자이트

• α 철에 탄소를 과포화 상태로 존재하는 고용체이다.
• A_1 변태점 이상 가열한 강을 수중 담금질하면 얻어지는 조직으로 열처리조직 중 가장 경도가 크다.

ⓒ 트루스타이트

- 마텐자이트보다 냉각속도를 조금 늦게 하였을 때 나타나는 조직으로, 유랭 시 500℃ 부근에서 생기는 조직이다.
- 마텐자이트 조직을 300~400℃에서 뜨임할 때 나타나는 조직이다.

ⓓ 소르바이트

- 트루스타이트보다 냉각속도가 조금 작을 때 나타나는 조직이다.
- 마텐자이트 조직을 600℃에서 뜨임했을 때 나타나는 조직이다.
- 강도와 경도는 작으나 인성과 탄성을 지니고 있어서 인성과 탄성이 요구되는 곳에 사용된다.

10년간 자주 출제된 문제

1-1. 담금질 균열을 방지하기 위한 방법을 설명한 것 중 옳은 것은?

① 가능한 한 담금질 가열온도를 높여 균열을 방지한다.
② 담금질한 후 가능한 한 장시간 방치한 후 뜨임처리한다.
③ 550℃ 전후는 급랭하고, M_s점 이하에서는 서랭한다.
④ 열응력에 의한 균열을 방지하기 위하여 표면과 내부의 냉각속도 차이를 크게 한다.

1-2. 0.3%탄소를 함유한 강의 열처리 시 미치는 합금원소의 영향에서 상부 입계 냉각속도를 빠르게 하는 원소는?

① Mn　② Co
③ Cr　④ Mo

1-3. 다음의 조직 중 경도가 가장 높은 것은?

① 시멘타이트
② 페라이트
③ 오스테나이트
④ 트루스타이트

1-4. 과포화 고용체로부터 다른 상이 석출하는 현상을 이용하여 금속재료의 강도 및 그 밖의 성질을 변화시키는 처리로 비철금속의 전형적인 열처리방법은?

① 확 산
② 시 효
③ 변 태
④ 용체화

|해설|

1-1

담금질 시 온도 범위

- 550℃까지 : 냉각속도에 따라 경도(담금질효과)를 결정, 임계구역이라고 하며 경도를 높이기 위해 급랭
- 550℃ : Ar′ 변태점, 화색소실온도, 코온도
- 250℃ 이하 : 담금질 균열이 나타날 수 있으므로 위험구역이라 하며 서랭처리
- 250℃ : Ar″ 변태점, M_s점(마텐자이트변태가 시작됨)

1-2

임계냉각속도는 담금질 시 마텐자이트조직이 나타나는 최소냉각속도로 Co, S, Se 등의 함유량이 많아지면 냉각속도를 빠르게 한다.

1-3

열처리 과정에서 발생하는 조직의 경도 순서

시멘타이트 > 마텐자이트 > 트루스타이트 > 소르바이트 > 펄라이트 > 오스테나이트 > 페라이트

1-4

시효 : 과포화 고용체로부터 다른 상이 석출하는 현상을 이용하여 금속재료 및 그 밖의 성질을 변화시키는 처리로 두랄루민, 베릴륨 합금의 열처리에 적용한다.

정답 1-1 ③ 1-2 ② 1-3 ① 1-4 ②

핵심이론 02 일반 열처리

① 담금질(퀜칭)

㉠ 목적 및 방법

- 목적 : 강도 및 경도 증가
- 방법 : 오스테나이트 온도($A_3 \sim A_1$ 변태선보다 30~ 50℃ 이상)로 가열 후 급랭시켜 마텐자이트를 생성시키는 열처리

㉡ 종 류

- 인상(시간)담금질 : 변형, 균열 및 치수의 변화를 최소화하기 위해 냉각수 속에 넣어 일정온도로 급랭한 후 꺼내 유랭시키거나 공랭시키면서 냉각시간을 조절하는 방법이다.

※ 인상시기

- 가열물의 직경 및 두께 3mm당 1초 동안 물속에 넣은 후 유랭 및 공랭한다.
- 진동과 물소리가 정지한 순간 꺼내어 유랭 혹은 공랭한다.
- 화색이 나타나지 않을 때까지 2배의 시간만큼 물속에 담근 후 꺼내어 공랭한다.
- 기름의 기포 발생이 정지했을 때 꺼내어 공랭한다.

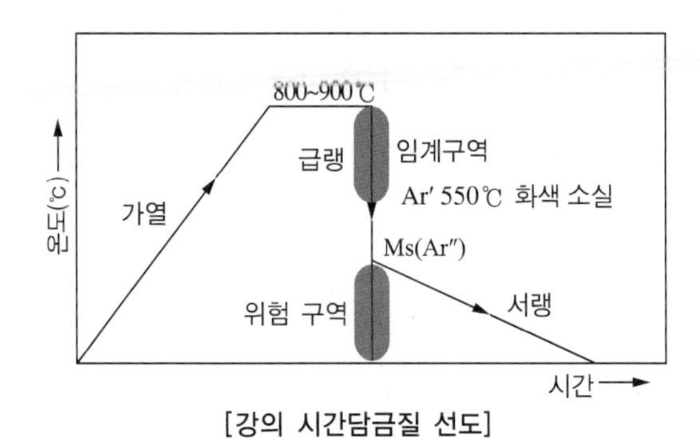

[강의 시간담금질 선도]

- 선택담금질 : 가열된 소재의 일부분만 냉각시켜 담금질하는 방식이다.
- 분사담금질 : 가열된 소재를 고압의 냉각액으로 분사하여 담금질하는 방식이다.
- 프레스담금질 : 변형을 극도로 주의해야 하는 부분을 금형으로 누른 상태에서 구멍으로부터 냉각제를 분사시켜 담금질하는 방식이다.

㉢ 장입방법

- 재료를 노 내에 장입할 때 또는 꺼낼 때에는 화저를 사용한다.
- 가열 유지 후 퀜칭처리 시 냉각방법은 수랭 또는 유랭이 있으나 일반적으로 수랭한다.
- 재료를 꺼낼 때에는 화저를 미리 예열시킨 후 재료를 집어야 한다.
- 퀜칭처리 시 냉각요령은 임계구역에서는 급랭(수랭), 위험구역에서는 서랭(공랭)을 실시한다.
- 일반적으로 담금질 방법은 다음 그림과 같다.

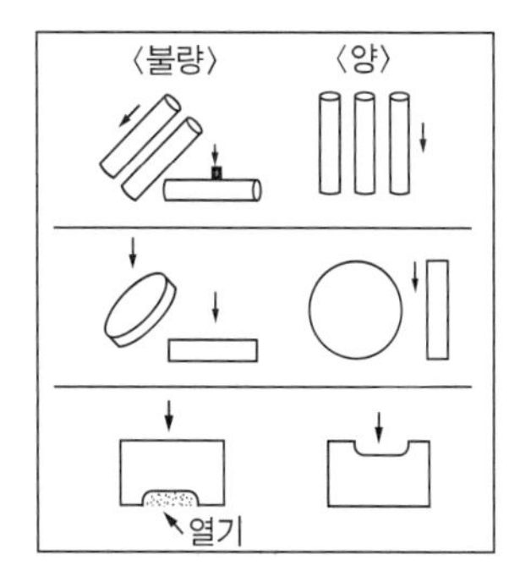

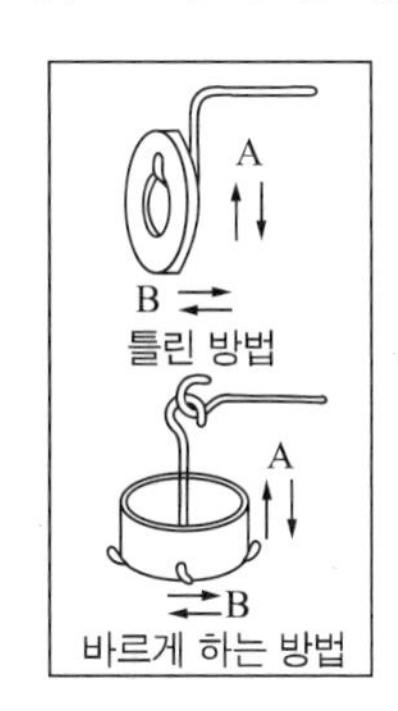

- 장입 시 일반적인 변형은 다음의 그림과 같이 진행되므로 가급적 수직으로 세운 상태에서 담금질을 실시한다.

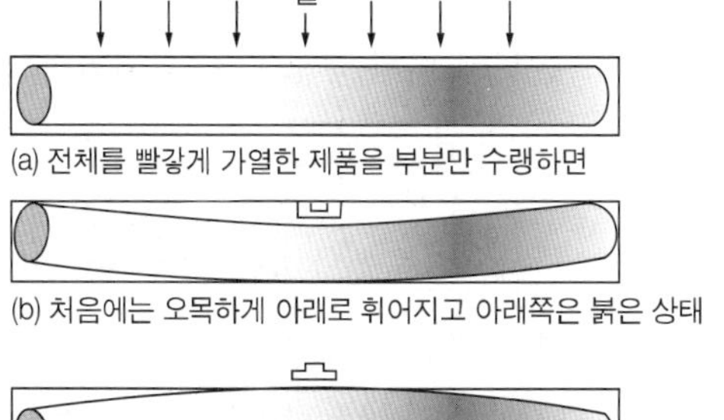

(a) 전체를 빨갛게 가열한 제품을 부분만 수랭하면

(b) 처음에는 오목하게 아래로 휘어지고 아래쪽은 붉은 상태

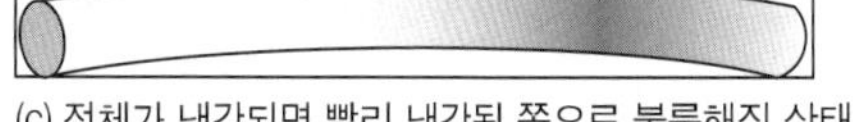

(c) 전체가 냉각되면 빨리 냉각된 쪽으로 볼룩해진 상태

㉣ 질량효과와 경화능

- 질량효과
  - 재료표면은 급랭에 의해 담금질이 잘되는 데 반해 재료의 중심에 가까울수록 안 되는 현상이다.
  - 같은 조성의 재료를 같은 조건에서 담금질을 해도 질량이 다르면 담금질 깊이가 다르다.
  - Cr, Ni, Mo 등을 첨가하여 개선할 수 있다.
- 장소 및 형태에 따른 냉각속도의 차이

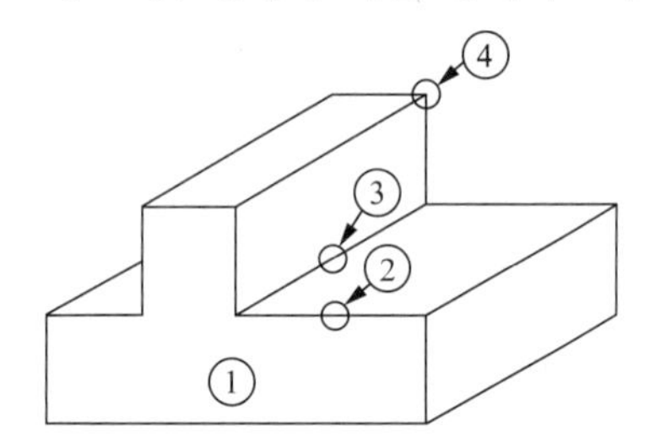

  - 장소에 따른 냉각속도

    ① : ② : ③ : ④ = 1 : 3 : $\frac{1}{3}$: 7

  - 형태에 따른 냉각속도 차이

    구 : 봉 : 판 = 4 : 3 : 2
- 냉각제에 따른 냉각능
  - 냉각제에 따라 다소 차이가 있으나 일반적으로 냉각속도는 열전도도, 비열 및 기화열이 크고 끓는점이 높을수록 높고 점도 휘발성이 적을수록 크다.
  - 온도에 따라 다소 다르나 일반적으로 NaOH > 식염수(소금물) > 증류수 > 비눗물 > 기름 순서로 냉각능을 가진다.
  - 일반적으로 물은 20~30℃, 기름은 60~80℃에서 최고의 냉각능을 가진다.
  - 냉각능을 높이는 방법 : 일반적인 수랭보다 물을 교반할 시 냉각속도가 4배 정도 빨라지는데, 이보다 빠른 방법은 물을 고속으로 분사하는 방법이다.

㉤ 담금질 냉각 선도

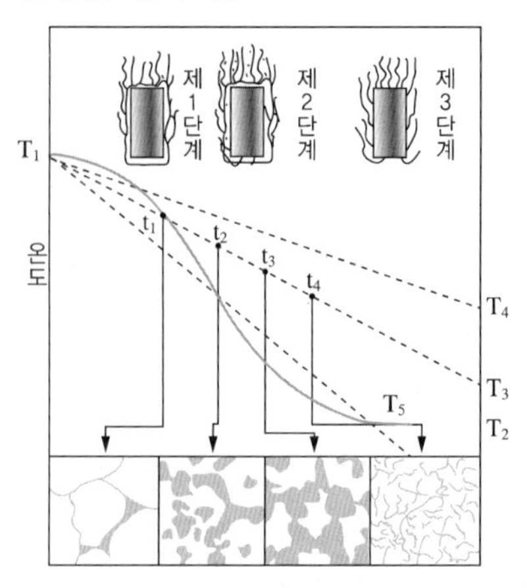

- 1단계 : 증기막 단계, 시편이 냉각액의 증기로 감싸지는 단계로 냉각속도가 늦다.
- 2단계 : 비등단계, 증기막 파괴로 비등되어 끓어오르는 단계로 냉각속도가 최대이다.
- 3단계 : 대류단계, 대류에 의해 시편과 냉각액의 온도가 동일화되는 단계로 냉각속도가 늦다.

㉥ 강의 담금질성(담금질 난이도)을 판단하는 방법

- 임계냉각속도를 사용하는 방법이다.
- 임계지름에 의한 방법이다.
- 조미니시험법(Jominy Test) : 일정한 치수의 시편을 소정의 온도로 가열한 후 시험편 하단면에 물을 분사하여 시험하는 검사법이다.

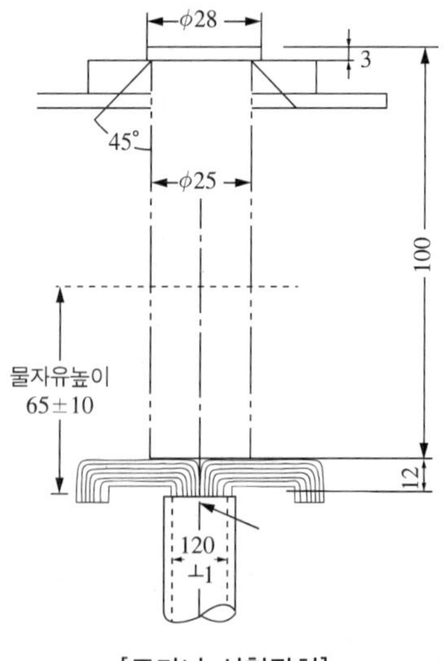

[조미니 시험장치]

ⓢ 담금질 결함

- 담금질균열의 원인
  - 열응력에 의한 균열
  - 조직의 불균일에 의한 균열
  - 급랭되는 외부, 살이 얇은 부분, 모서리 부분의 균열

※ 담금질균열이 발생하는 부위 : 예리한 모서리 부분, 단면이 급변하는 부분, 구멍이 있는 부위

- 담금질균열의 방지책
  - 살두께 차이 급변을 줄이고 구멍을 뚫어 부품의 각부가 균일하게 냉각되도록 한다.
  - 날카로운 모서리 부분을 이루지 않게 면취 및 라운드 처리하고 구멍에는 진흙과 석면을 채운다.
  - $M_s \sim M_f$ 범위에서는 서랭하고 시간담금질을 이용한다.
- 경도 불균일 원인 : 국부적으로 경화되지 않은 연점이 생김
  - 표면층이 탈탄되어 있을 경우
  - 담금질온도, 냉각이 불균일한 경우
  - 화학성분의 편석
  - 수랭했을 때 기포 부착 및 스케일 부착으로 냉각이 국부적으로 느려졌을 경우
- 경도 불균일 방지책
  - 탈탄부를 제거 후 담금질
  - 노내온도 분포를 양호하게 하여 적당한 담금질 온도로 유지
  - 냉각이 균일하고 급랭
  - 편석을 제거 후 담금질을 실시
- 담금질에 의한 변형 방지법
  - 가열시간, 냉각방법, 형상을 개선
  - 변형을 미리 예측하여 반대방향으로 변형시킴
  - 롤러담금질, 프레스담금질 등을 실시

② 뜨임(템퍼링)

㉠ 목적 : 담금질한 강의 인성을 부여하기 위해 A_1 변태점 이하에서 공랭하는 열처리이다.

㉡ 방 법

- 저온뜨임(50~200℃) : 경도를 감소시키지 않고 내부응력을 제거하고자 할 때
- 고온뜨임(550~600℃) : 구조용 강을 소르바이트 조직으로 바꾸어 인성 증가

※ 뜨임 조직 변화

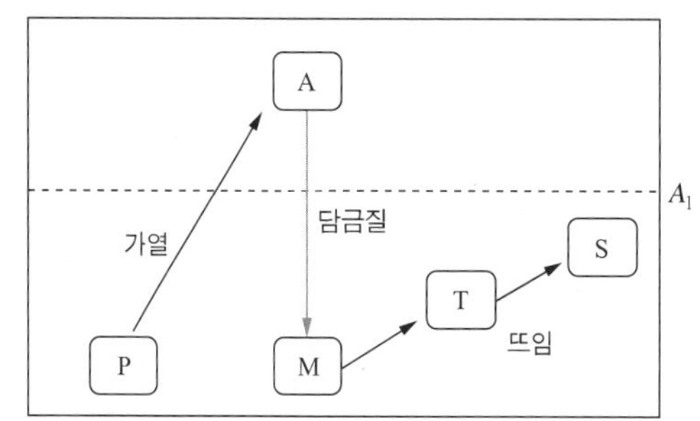

- P : 펄라이트
- A : 오스테나이트
- M : 마텐자이트
- T : 트루스타이트
- S : 소르바이트

α-마텐자이트를 템퍼링하면 100~150℃ 이상에서 고용된 탄소는 탄화물이 되어 석출하며, 350~400℃에 있어서는 트루스타이트가 생성되어 400℃에서 완료된다. 400~600℃에서는 소르바이트가 생성되며, 600℃에서 완료된다.

㉢ 온도에 따른 뜨임색

색	온도(℃)	색	온도(℃)
담황색	200	청 색	300
황 색	220	담회청색	320
갈 색	240	회청색	350
자 색	260	회 색	440
보라색	280		

㉣ 뜨임취성 : 뜨임한 후 재료에 나타나는 취성으로 Ni · Cr강에 주로 나타나며 이를 방지하기 위해 냉각속도를 크게 하거나 소량의 Mo, V, W을 첨가한다.

- 저온뜨임취성 : 250~300℃에서 충격값이 최소화된다.

- 1차 뜨임취성 : 뜨임시효취성이라 하며 250~450℃ 부근에서 지속시간이 길어질수록 충격값이 저하된다.
- 2차 뜨임취성 : 고온뜨임취성이라 하며 520~600℃ 부근에서 냉각속도가 느려서 충격값이 저하되므로 냉각속도를 크게 하거나 Mo을 첨가하여 방지한다.

③ 풀림(어닐링)

㉠ 목 적

- 경화된 재료의 연화
- 조직의 균일화, 미세화로 절삭성 개선
- 가공 후 발생한 내부응력 제거

㉡ 방법 : A_1 변태점을 기준으로 하여 저온풀림, 고온풀림으로 분류한다.

- 완전풀림 : A_1 또는 A_3 변태점 위 30~50℃로 가열 유지 후 서랭, 일반적인 풀림
  - 생성조직 : 아공석강 → 페라이트 + 층상 펄라이트
    공석강 → 층상 펄라이트
    과공석강 → 시멘타이트 + 층상 펄라이트
- 항온풀림 : 완전풀림으로는 연화가 어려운 강은 A_3 또는 A_1점 이상 30~50℃로 가열 유지한 다음 A_1점 바로 아래 온도로 급랭 후 항온 유지하여 거친 펄라이트 조직을 얻는 방법이다.
- 구상화 풀림 : A_1 변태점 부근에서 기계적 성질의 개선을 위해 망상 시멘타이트 또는 층상 펄라이트 중의 시멘타이트를 가열처리에 의해 제품 중의 탄소를 구상화시키는 열처리이다.

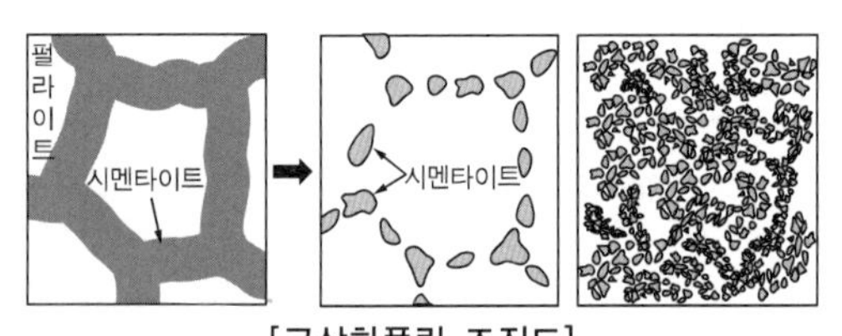

[구상화풀림 조직도]

[구상화풀림 열처리 선도]

  - 효과 : 가공성 향상, 절삭성 향상, 인성 증가, 담금질 균열 방지
- 확산풀림 : 단조 및 주조품에 생긴 편석을 확산 소실시켜 균질하는 열처리로, 주로 1,000℃ 이상 고온에서 가열한 후 서랭한다.
- 응력제거풀림 : 가공한 후 생긴 잔류응력을 제거하기 위한 열처리로, A_1 변태점 바로 아래 온도(500~700℃)에서 가열한 후 서랭한다.
  - 용접품의 응력제거풀림에 의한 효과 : 잔류응력 제거, 치수 변화 방지, 연성 증가
  - 응력제거방법 : 응력제거풀림, 저온응력완화법, 피닝법
- 중간풀림(연화풀림) : 냉간가공 도중 경화된 재료를 연화할 목적으로 행하는 풀림으로 A_1 변태점 부근에서 가열하는 방법이다.
  ※ 연화 부족의 원인 : 풀림온도가 낮고 시간이 충분치 못함, 냉각속도가 부적절

④ 불림(노멀라이징)

㉠ 목적 : 강을 미세하고 균일한 표준화된 조직을 얻음을 목적으로 하는 열처리이다.

㉡ 방법 : $A_3 \sim A_{cm}$ 선보다 30~60℃ 높은 온도로 가열한 다음 일정시간을 유지한 후 공기 중에 냉각하면 미세하고 균일한 표준조직이 형성된다.

⑤ 심랭처리

㉠ 정의 : 담금질 후 경도를 증가시킨 강에 시효변형을 방지하기 위하여 0℃ 이하(Sub-zero)의 온도로 냉각하여 잔류 오스테나이트를 마텐자이트로 만드는 처리이다.

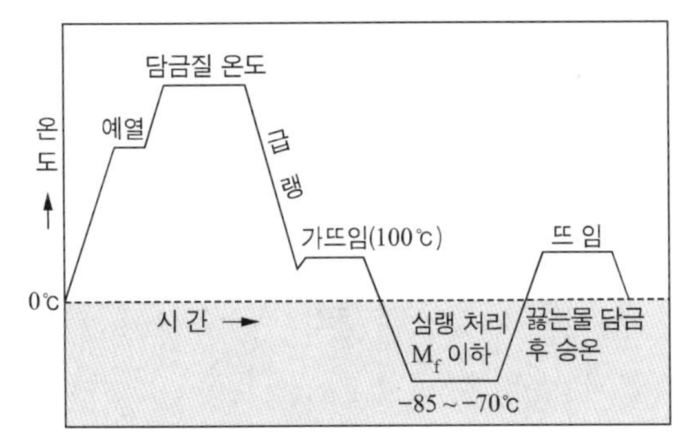

㉡ 효 과

- 경도 증대 및 조직을 미세, 균질화시켜 인장력 및 기계적 성질의 안정성을 높여 강을 강인하게 만든다.
- 내마모성, 내부식성, 내침식성을 증대시킨다.
- 시효에 의한 형상 및 치수의 변형을 방지한다.
- 열처리 후에 발생하는 내부조직 내의 잔류응력을 제거하고 내부응력을 안정화시킨다.

㉢ 사용 냉매에 따른 온도

냉 매	온도(℃)
드라이아이스	-78~
암모니아	-50~0
액체이산화탄소	-50~0
액체산소	-183
액체질소	-196
액체수소	-253
액체헬륨	-269

※ 잔류 오스테나이트가 생성되는 원인

- 강에서 탄소함유량의 증가
- 고합금강인 경우
- 조대한 조직일 경우

10년간 자주 출제된 문제

2-1. 재료의 굵기나 두께가 다르면 냉각속도의 차이에 따라 담금질효과가 다르게 나타나는 현상은?

① 뜨임효과 ② 심랭효과
③ 질량효과 ④ 침탄효과

2-2. 강을 20℃의 여러 가지 냉각제에서 담금질할 때, 냉각곡선의 제2단계에 이르기까지의 냉각속도가 가장 큰 것은?

① 비눗물 ② 수돗물
③ 증류수 ④ 10% 식염수

2-3. 강을 A_3 또는 A_{cm} 이상의 적당한 온도로 가열하여 오스테나이트화한 후 대기 중에서 냉각하여 강을 표준화시키는 열처리는?

① 풀 림 ② 불 림
③ 뜨 임 ④ 담금질

2-4. 담금질된 강을 상온 이하의 온도로 냉각시켜 잔류 오스테나이트를 마텐자이트로 변태시키는 것이 목적인 열처리는?

① 심랭처리 ② 항온처리
③ 연속처리 ④ 가공처리

|해설|

2-1

질량효과 : 재료 표면은 급랭에 의해 담금질이 잘되는 데 반해 재료의 중심에 가까울수록 안 되는 현상

2-2

온도에 따라 다소 다르나 일반적으로 NaOH > 식염수(소금물) > 증류수 > 비눗물 > 기름 순서로 냉각능을 갖는다.

2-3

- 불림목적 : 강을 미세하고 균일한 표준화된 조직을 얻기 위한 목적으로 하는 열처리
- 불림방법 : A_3~A_{cm} 선보다 30~60℃ 높은 온도로 가열한 다음 일정시간을 유지한 후 공기 중에 냉각하면 미세하고 균일한 표준조직이 형성된다.

2-4

심랭처리 : 담금질 후 경도를 증가시킨 강에 시효변형을 방지하기 위하여 0℃ 이하(Sub-zero)의 온도로 냉각하여 잔류 오스테나이트를 마텐자이트로 만드는 처리

정답 2-1 ③ 2-2 ④ 2-3 ② 2-4 ①

핵심이론 03 특수 열처리

① 항온열처리

㉠ 오스템퍼링 : 베이나이트 생성

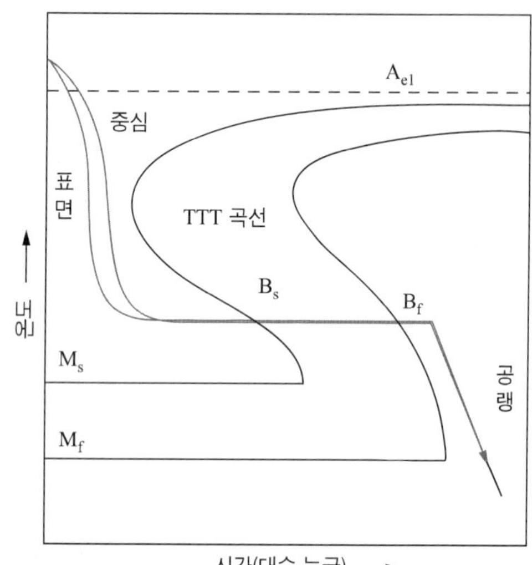

강을 오스테나이트 상태로부터 M_s 이상 코(550℃) 온도 이하인 적당한 온도의 염욕에서 담금질하여 과랭 오스테나이트가 염욕 중에서 항온변태가 종료할 때까지 항온을 유지하고, 공기 중으로 냉각하여 베이나이트를 얻는 열처리

㉡ 마템퍼링 : 마텐자이트+베이나이트 생성

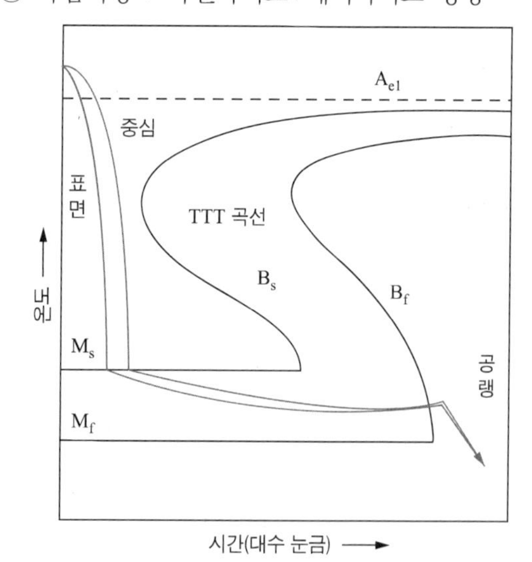

강을 오스테나이트 영역에서 M_s와 M_f 사이에서 항온변태처리를 행하며 변태가 거의 종료될 때까지 같은 온도로 유지한 다음 공기 중에서 냉각하여 마텐자이트와 베이나이트의 혼합조직을 얻는 열처리

㉢ 마퀜칭 : 마텐자이트 생성

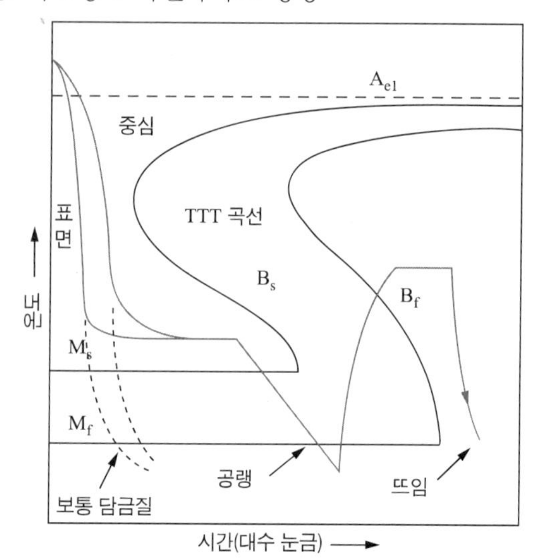

오스테나이트 상태로부터 M_s 바로 위 온도의 염욕 중에 담금질하여 강의 내외가 동일한 온도가 되도록 항온 유지하고, 과랭 오스테나이트가 항온변태를 일으키기 전에 공기 중에서 Ar″ 변태가 천천히 진행되도록 하여 균열이 일어나지 않는 마텐자이트를 얻는 열처리

㉣ MS퀜칭 : 마퀜칭과 동일한 방법으로 진행되나 항온변태가 일어나기 전 M_s~M_f 사이에서 급랭하여 잔류오스테나이트를 적게 하는 열처리

㉤ 오스포밍 : 오스테나이트강을 재결정온도 이하와 M_s점 이상의 온도 범위에서 변태가 일어나기 전에 과랭 오스테나이트 상태에서 소성가공을 한 다음 냉각하여 마텐자이트화하는 열처리조작으로 인장강도가 높은 고강인성강을 얻는 데 사용된다.

② 분위기열처리 : 열처리 후 산화나 탈탄을 일으키지 않고 열처리 전후의 표면상태를 그대로 유지시켜 광휘열처리라고도 한다.

㉠ 보호가스 분위기 열처리 : 특수성분의 가스분위기 속에서 열처리를 하는 것이다.

- 분위기가스의 종류

성 질	종 류
불활성가스	아르곤, 헬륨
중성가스	질소, 건조수소, 아르곤, 헬륨
산화성가스	산소, 수증기, 이산화탄소, 공기
환원성가스	수소, 일산화탄소, 메탄가스, 프로판가스
탈탄성가스	산화성 가스, DX가스
침탄성가스	일산화탄소, 메탄(CH_4), 프로판(C_3H_8), 부탄(C_4H_{10})
질화성가스	암모니아가스

- 발열성가스 : 메탄, 부탄, 프로판 등 가스에 공기를 가하여 완전연소 또는 부분연소를 시켜 연소열을 이용하여 변형시킬 수 있는 가스이다.
- 흡열형가스 : 원료인 탄화수소와 공기를 혼합하여 고온의 니켈 촉매에 의해 분해되어 가스를 변성시키며, 가스침탄에 많이 사용한다.
- 암모니아가스 : $2NH_3 \rightarrow N_2+3H_2+10.95cal$로 분해된다.
- 중성가스 : 아르곤, 네온 등의 불활성가스는 철강과 화학반응을 하지 않기 때문에 광휘열처리를 위한 보호가스로 이상적이다.
- 화염커튼 : 분위기로에 열처리품을 장입하거나 꺼낼 때 노안의 공기가 들어가는 것을 방지할 수 있도록 가연성가스를 연소시켜 불꽃의 막을 생성하는 것을 의미한다.
- 그을림(Sooting) : 변성로나 침탄로 등의 침탄성 분위기가스에서 유리된 탄소가 열처리품, 촉매, 노벽에 부착되는 현상이다.
- 번아웃 : 그을림을 제거하기 위해 정기적으로 공기를 불러넣어 연소시켜 제거함을 의미한다.
- 노점 : 수분을 함유한 분위기가스를 냉각시킬 때 이슬이 생기는 점의 온도

㉡ 진공분위기 열처리 : 산소의 분압이 매우 낮은 상태에서 열처리를 하여 진공가열에 의해 탈가스 작업이 이루어지며 산화나 탈탄이 생기지 않는 한 외관을 얻을 수 있는 방법

- 특 징
  - 가스대류가 없기 때문에 온도분포가 양호하고 승온이 느려 변형이 작다.
  - 산화와 탈탄이 없고 변형이 작으며 광휘상태를 유지한다.
  - 표면에 이물질 흡착이 없어 미려한 광휘성을 지닌다.
  - 고온열처리, 고급열처리가 가능하며 공정의 생략으로 원가가 절감된다.
  - 열손실이 적고 상승시간을 단축시킬 수 있으나 냉각에 장시간을 요한다.
- 진공의 단위 :
  1기압(atm) = 1.01×10^5Pa = 760torr = 760mmHg

③ **염욕열처리** : 염욕을 가열 또는 냉각제로 사용하는 열처리를 총칭하는 것으로, 항온열처리방법이 많이 사용된다.

㉠ 특 징

- 장 점
  - 설비비가 저렴하고 조작방법이 간난하다.
  - 열전달이 전도에 의하므로 가열속도가 대기중보다 4배 빠르며 결정성장에 민감한 고속도강에 적합하다.
  - 균일한 온도분포를 유지할 수 있다.
  - 표면에 염욕제가 부착하여 피막을 형성해 대기와 차단시켜 산화를 막고, 처리 후 표면이 깨끗하다.
  - 냉각속도가 빨라 급속한 처리를 할 수 있다.
  - 소량 부품의 열처리 및 금형공구류의 열처리에 적합하다.
  - 국부적인 가열이 가능하다.

• 단 점
  - 염욕관리가 어렵다.
  - 염욕의 증발 손실이 크며 제진장치가 필요하다.
  - 폐가스와 노화된 염의 폐기로 인한 오염에 신경 써야 한다.
  - 열처리 후 제품 표면에 붙어 있는 염욕의 제거가 곤란하며 균일한 열처리품을 얻기 힘들다.

㉡ 염욕제의 구비조건
- 염욕의 순도가 높고 유해성분이 없어야 한다.
- 흡습성 및 조해성이 작아야 한다.
- 점성이 작고 증발, 휘발성이 작아야 한다.
- 용해 및 세정이 쉽고 유해가스가 적어야 한다.
- 구입이 용이하고 경제적이어야 한다.

㉢ 염욕제의 종류
- 저온용 염욕 : 150~550℃의 온도범위, 질산염(질산나트륨, 질산칼륨)
- 중온용 염욕 : 550~950℃의 온도범위, 염화물(염화나트륨, 염화칼륨)
- 고온용 염욕 : 1,000~1,300℃의 온도범위, 염화바륨 단일염 사용

㉣ 염욕의 열화
- 중성염욕에 함유된 불순물에 의한 열화
- 고온용융염욕이 대기 중에 산소를 흡수할 때
- 고온용융염욕이 대기 중에 산소와 반응하여 염기성이 될 때
- 중성염 자체의 흡수, 잔여 수분이 대기 중에 수분과 작용할 때

④ 표면경화열처리

※ 물리적 경화법 : 화염경화법, 고주파경화법, 쇼트피닝, 방전경화법

※ 화학적 경화법 : 침탄법, 질화법, 금속침투법

㉠ 침탄법 : 강의 표면에 탄소를 확산침투한 후 담금질하여 표면을 경화시킨다.

• 침탄강의 구비조건
  - 저탄소강일 것
  - 고온에서 장시간 가열 시 결정입자의 성장이 없을 것
  - 주조 시 완전을 기하며 표면의 결함이 없을 것

• 침탄처리과정 : 침탄처리 → 저온처리 → 1차 담금질 → 2차 담금질 → 뜨임처리
  - 침탄처리 : 고체, 액체, 가스침탄처리
  - 저온처리 : 시멘타이트의 구상화 목적
  - 1차 담금질 : 중심조직 미세화
  - 2차 담금질 : 침탄층 경화
  - 뜨임처리 : 150~200℃의 저온에서 실시

• 고체침탄법 : 저탄소강을 침탄제와 함께 침탄 상자에 넣고 밀폐 후 900~950℃으로 가열
  - 화학식 : $C + O = CO \rightarrow 2CO + 3Fe \rightarrow Fe_3C + CO_2$
  - 침탄제 : 목탄, 코크스
  - 침탄촉진제 : 탄산바륨, 탄산나트륨

• 고체침탄제의 구비 조건
  - 장시간 사용해도 동일한 침탄력을 유지해야 한다.
  - 고온에서 침탄력이 강해야 한다.
  - 침탄성분 중 P, S 성분이 적어야 한다.

• 액체침탄법 : 사이안화법, 청화법이라하며 사이안화나트륨(NaCN)을 주성분으로 하는 용융염욕에 침적시켜 경화층을 형성한다. 침탄과 질화가 동시에 이루어질 수 있다.
  - 화학식 : $2NaCN + O_2 \rightarrow 2NaCNO$, $4NaCNO \rightarrow 2NaCN + Na_2CO_3 + CO + 2N$
  - CO, N가 반응하여 침탄·질화작용이 일어나며 처리온도가 700℃ 이하일 경우 질화, 800℃ 이상인 경우 침탄이 일어난다.

• 액체침탄법의 장점
  - 내마모성이 우수하고 변형이 적다.

- 마템퍼링, 마퀜칭 등 항온열처리 조작이 쉽다.
- 가열이 균일하고 온도 조절이 용이하다.

• 가스침탄법 : 침탄성가스 중에서 부품을 가열하고 침탄 후 담금질, 침탄이 균일하게 이루어짐

• 침탄층 측정 : CD-H(M,h) · E(T)2.5
  - CD : 경화층의 깊이
  - H : 비커스 경도시험(1kg 하중), h : 비커스 경도시험(300g 하중), M : 매크로조직시험법
  - E : 유효깊이, T : 전체깊이

• 침탄담금질 경도 부족 원인
  - 담금질온도가 낮거나 냉각속도가 낮을 경우
  - 가열시간이 짧아서 침탄량이 부족할 경우
  - 탈탄되거나 잔류 오스테나이트가 많이 생성될 경우

• 침탄담금질 얼룩의 원인(침탄 표면 일부에 경화되지 않는 부분)
  - 편석이 많은 강, 림드강 등 재료 자체의 불량
  - 가열온도의 불균일과 냉각속도에 따른 불균일

• 박리가 생기는 원인
  - 과잉침탄으로 인한 탄소함유량 증가
  - 연한 재료를 반복적으로 침탄했을 경우

㉡ 질화법 : 500~600℃의 변태점 이하에서 암모니아 가스를 주로 사용하여 질소를 확산 침투시켜 표면층 경화

• 질화층 생성 금속 : Al, Cr, Ti, V, Mo 등을 함유한 강은 심하게 경화된다.
• 질화층 방해 금속 : 주철, 탄소강, Ni, Co
• Al : 질화경도를 얻음
• Cr : 질화층 증가
• Mo : 장시간 처리
• 질화법의 종류
  - 가스질화 : 암모니아가스 중에 질화강을 500~550℃에서 약 2시간 가열한다. 암모니아가스를 주로 사용하여 질소를 확산침투시켜 표면층을 경화시킨다.
  - 액체질화 : NaCN, KCN의 액체침질용 혼합염을 사용하여 500~600℃로 가열하여 질화한다.
  - 이온질화(플라스마질화) : 저압의 N 분위기 속에 직류전압을 걸고 글로방전을 일으켜 표면에 음극 스퍼터링을 통해 질화시킨다.

• 연질화 : 암모니아와 이산화가스를 주성분으로 하는 흡열성 변성가스(RX가스)를 이용하여 짧은 처리시간에 처리하며 경도 증가보다는 내식성, 내마멸성 개선을 위해 처리한다.

• 질화층 경도 부족의 원인
  - Al, Cr, Mo의 성분이 변동
  - 소르바이트 조직이 아닌 경우
  - 탈탄, 탈황이 있을 경우
  - 전처리가 불충분
  - 질화시간의 부족

• 질화층 박리 원인
  - 강의 표면에 백층이 많은 경우
  - 탈탄한 재료를 질화했을 때

• 질화층 박리 방지법
  - 질화시간을 짧게 한다.
  - 질화온도를 높게 한다.
  - 해리도를 20% 이상으로 한다.
  - 2단 질화법을 사용한다.

※ 침탄과 질화의 비교

	침탄법	질화법
경 도	질화보다 낮다.	침탄보다 높다.
열처리	침탄 후 열처리 실시	질화 후 열처리 필요 없음
수 정	수정이 가능	수정 불가능
시 간	처리시간이 짧다.	처리시간이 길다.
변 형	경화로 인한 변형이 생김	변형이 작음
취약성	취성이 낮다.	상대적으로 취성이 높다.
강종 제한	제한 없이 적용 가능하다.	강종 제한을 받는다.

㉢ 고주파경화법 : 고주파전류에 의하여 발생한 전자유도전류가 피가열체의 표면층만을 급속히 가열 후 물을 분사하여 급랭시킴으로써 표면층을 경화시키는 열처리이다. 경화층이 깊을 경우 저주파, 경화층이 얕은 경우 고주파를 걸어서 열처리한다.

- 고주파 담금질의 경도 부족 얼룩의 원인
  - 재료가 부적당할 경우(탄소함유량이 많음)
  - 냉각이 부적당할 경우
  - 고주파발전기의 전력부족으로 가열온도가 부족할 경우

㉣ 화염경화법 : 산소-아세틸렌 화염을 사용하여 강의 표면을 적열상태가 되게 가열한 후 냉각수를 뿌려 급랭시키므로 강의 표면층만 경화시키는 열처리이다.

㉤ 금속침투법 : 제품을 가열한 후 표면에 다른 종류의 금속을 피복시키는 동시에 확산에 의해 합금층을 얻는 방법을 말한다.

종 류	세라다이징	칼로라이징	크로마이징	실리코나이징	보로나이징
침투원소	Zn	Al	Cr	Si	B

㉥ 금속용사법 : 강의 표면에 용융 또는 반용융 상태의 미립자를 고속도로 분사시킨다.

㉦ 하드페이싱 : 금속 표면에 스텔라이트 초경합금 등의 금속을 용착시켜 표면층을 경화시킨다.

㉧ 도금법 : 제품을 가열하여 그 표면에 다른 종류의 금속을 피복시키는 동시에 확산에 의하여 합금피복층을 얻는 방법이다.

10년간 자주 출제된 문제

3-1. 오스테나이트 상태로부터 M_s 이상의 일정온도에서 염욕으로 담금질하고, 과랭 오스테나이트가 염욕 중에서 항온변태가 종료할 때까지 항온을 유지한 후 공기 중에 냉각하는 열처리방법은?

① 마템퍼링
② 마퀜칭
③ 오스템퍼링
④ 오스포밍

3-2. 다음 중 주로 고속도공구강의 담금질에 사용되는 염으로 고온용 염욕에 쓰이는 것은?

① KCl
② NaCl
③ $BaCl_2$
④ $NaNO_3$

3-3. 침탄처리 후 1차 담금질(Quenching)의 주목적은?

① 강 중심부의 미세화
② 강 표면의 경화
③ 강 표면의 연화
④ 강 표면의 미세화

3-4. 강을 표면경화 열처리할 때 침탄법과 비교한 질화법의 장단점을 옳게 설명한 것은?

① 침탄법보다 경화에 의한 변형이 크다.
② 질화 후에는 열처리가 필요 없다.
③ 질화층의 경도는 침탄층보다 낮다.
④ 침탄법보다 질화법이 단시간 내에 같은 경화깊이를 얻을 수 있다.

|해설|

3-1

오스템퍼링 : 베이나이트 생성

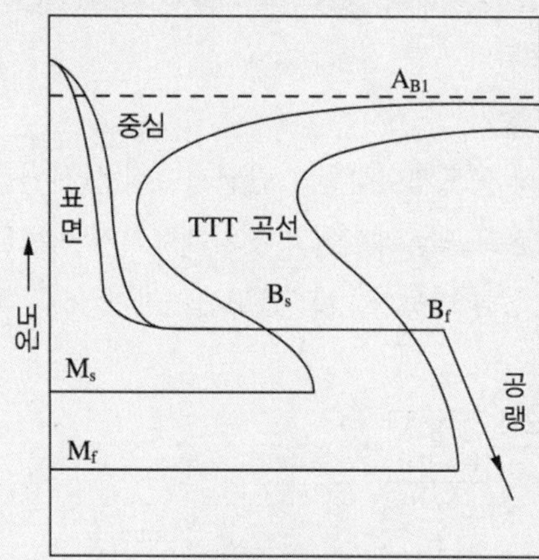

강을 오스테나이트 상태로부터 M_s 이상 코(550℃)온도 이하인 적당한 온도의 염욕에서 담금질하여 과랭 오스테나이트가 염욕 중에서 항온변태가 종료할 때까지 항온을 유지하고, 공기 중으로 냉각하여 베이나이트를 얻는 열처리

3-2

염욕제의 종류

- 저온용 염욕 : 150~550℃의 온도범위, 질산염(질산나트륨, 질산칼륨)
- 중온용 염욕 : 550~950℃의 온도범위, 염화물(염화나트륨, 염화칼륨)
- 고온용 염욕 : 1,000~1,300℃의 온도범위, 염화바륨 단일염 사용

3-3

침탄 후 담금질 목적 : 1차 중심부 조직 미세화, 2차 침탄층 경화

3-4

침탄법과 질화법의 비교

	침탄법	질화법
경 도	질화보다 낮다.	침탄보다 높다.
열처리	침탄 후 열처리 실시	질화 후 열처리 필요 없음
수 정	수정이 가능	수정 불가능
시 간	처리시간이 짧다.	처리시간이 길다.
변 형	경화로 인한 변형이 생김	변형이 작음
취약성	취성이 낮다.	상대적으로 취성이 높다.
강종제한	제한 없이 적용 가능하다.	강종 제한을 받는다.

정답 3-1 ③ 3-2 ③ 3-3 ① 3-4 ②

핵심이론 04 | 열처리로와 설비

① 열처리로와 노재

㉠ 열처리로

- 상형로 : 전기로의 일종으로 앞문을 수동으로 개폐하여 장입 및 취출을 하는 박스형태의 공간으로 되어 있다.
- 대차로 : 대차로 되어 있어서 중량이 큰 제품을 레일을 타고 장입 및 취출할 수 있다.
- 원통로(피트로) : 발열체가 원주방향으로 감겨져 있으며 길이가 긴 장축물의 열처리에 쓰인다.
- 노상회전식 전기로 : 원판상의 노상이 1회전하면 열처리온도까지 가열된다.
- 회전식 레토르트로 : 레토르트를 회전시켜 열처리품을 균일하게 가열하는 방식의 노이다.
- 배치로 : 일정량을 묶어서 열처리하는 노로 상형로, 대차로, 피트로, 횡형로가 있다.
- 연속로 : 항상 일정량을 연속적으로 장입하고 열처리 완료 제품이 연속적으로 나오는 터널형식의 노로 이송방식에 따라 푸셔로, 컨베이어로, 노상진동형(셰이커하스) 등으로 나눈다.

㉡ 발열체 : 전기저항에 의해 발열되는 원리를 이용한다.

- 금속발열체 : 니크롬(~1,100℃), 철크롬(~1,200℃), 칸탈(~1,300℃), 몰리브덴(~1,650℃), 텅스텐(~1,700℃)
- 비금속발열체 : 탄화규소(~1,600℃, 카보런덤, 실리코니트라고도 한다), 흑연(~3,000℃), 규화몰리브덴

㉢ 내화재 : SK 26번(1,580℃) 이상의 내화도를 가진 것으로 규정한다.

- 내화재의 구비조건
  - 융점과 연화점이 높을 것
  - 마모에 대한 저항성이 있을 것

- 화학적 침식저항이 있을 것
- 급격한 온도 변화에 견딜 것
- 열전도도가 작을 것

• 내화재의 분류

- 산성내화재 : 규산(SiO_2)을 다량으로 함유한 내화재로 샤모트벽돌, 규석벽돌이 있다.
- 염기성내화재 : 마그네시아(MgO)와 산화크롬(Cr_2O_3)을 주성분으로 한다.
- 중성내화재 : Al_2O_3을 주성분으로 하며 고알루미나질벽돌, 크롬벽돌이 있다.

② 온도 측정 및 제어장치

㉠ 온도측정장치

• 접촉식 온도계 : 열전상온도계, 압력식 온도계, 저항식 온도계

• 비접촉식 온도계 : 광고온계, 복사온도계

• 열전쌍온도계 : 두 종류의 금속선 양단에 온도차와 기전력의 비례관계를 통해 온도를 측정하는 장치

• 열전쌍재료의 조건

- 내열, 내식성이 뛰어나고 고온에서도 기계적 강도가 높아야 한다.
- 열기전력이 크고 안전성이 있으며 히스테리시스차가 없어야 한다.
- 제작이 수월하고 호환성이 있으며 가격이 저렴해야 한다.

• 열전쌍재료

재 료	기 호	가열한도(℃)
구리 · 콘스탄탄(CC)	T	600
철 · 콘스탄탄(IC)	J	900
크로멜 · 알루멜(CA)	K	1,200
백금 · 로듐(PR)	R	1,600

• 저항온도계 : 금속의 전기저항과 온도의 비례관계를 이용하여 700℃ 이하의 저온을 측정한다.

• 복사(방사)온도계 : 측정하는 물체가 방출하는 적외선 방사에너지를 이용한 온도계이다.

• 광고온계 : 광고온계는 흑체로부터 복사선 가운데 가시광선을 이용한 온도계로 저온에서는 가시광선을 방출하지 않으므로 600℃ 이상 고온에서 사용된다.

㉡ 온도제어장치

• 온오프식 온도제어장치 : 단일제어계로 전원단속으로 온오프를 제어하고 전자개폐기가 빈번히 작동해 접점 마모가 많고 온도편차가 ±15℃ 정도 난다.

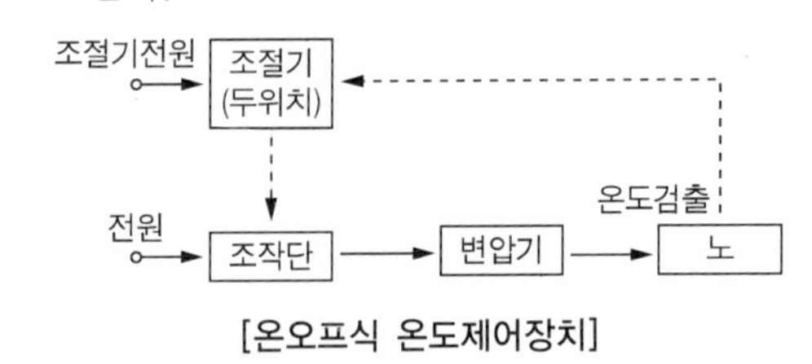

[온오프식 온도제어장치]

• 비례제어식 온도제어장치 : 온오프의 시간비를 편차에 비례하여 전력을 공급한다.

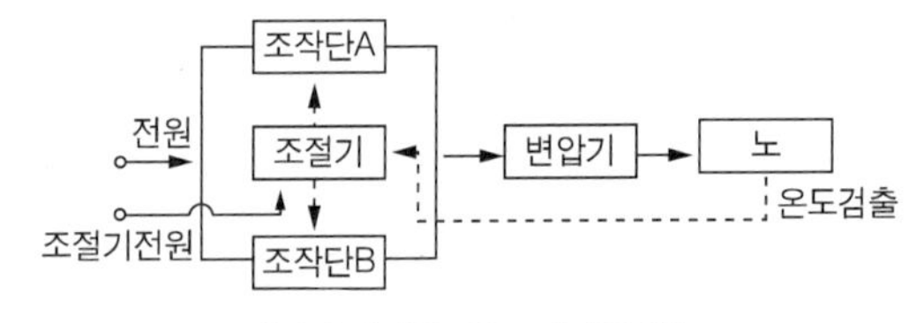

[비례제어식 온도제어장치]

• 정치제어식 온도제어장치 : 전기회로를 2회로 분할하여 한쪽을 단속시켜 전력을 제어하는 방법으로, 양호한 온도제어가 필요할 때 가장 많이 사용하는 방법이다.

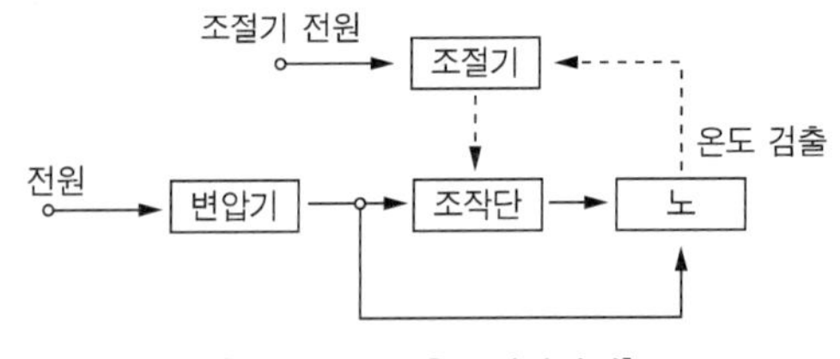

[정치제어식 온도제어장치]

• 프로그램제어식 온도제어장치 : 승온, 유지, 강온 상태를 자동적으로 행하는 제어장치이다.

③ 열처리 치공구

㉠ 열처리 작업에서 노에 장입되어 고온으로 유지된 후 냉각되는 동안 제품을 지지하고 고정하는 고정구

㉡ 열처리용 치공구의 구비조건

- 내식성, 변형저항성, 열피로저항성, 고온강도가 우수해야 한다.
- 제작하기 쉽고 겸용성이 있으며 작업성이 우수해야 한다.

④ 열처리 전후처리 설비

㉠ 전후처리의 종류

- 버프연마 : 천으로 만든 회전롤에 연마제를 묻혀 고속으로 회전시키면서 표면의 광택을 내는 작업
- 액체호닝 : 연마제와 물의 혼합물을 고속으로 분사하여 공작물을 다듬질하는 작업
- 숏블라스팅 : 숏이라고 불리는 강구를 고속으로 분사하여 표면의 스케일을 제거하는 작업
- 배럴다듬질 : 배럴이라 불리는 통 안에 제품, 연마제, 콤파운드를 넣은 다음 회전시켜 표면을 다듬질
- 탈지 : 표면에 부착한 유지(기름기)를 제거하는 처리
- 트리클로로에틸렌 증기세척 : 증기상태의 트리클로로에틸렌을 이용하여 탈지
- 전해연마 : 전기화학을 응용한 것으로 전기도금의 역조작이 되는 처리방법으로 강재를 음극에 걸고 양극에는 양극판을 사용하여 전기분해의 원리를 이용한다.

10년간 자주 출제된 문제

4-1. 전기로에 사용되는 금속발열체 중 사용온도가 가장 높은 것은?

① 텅스텐
② 칸탈(Kanthal)
③ 니크롬(80%Ni-20%Cr)
④ 철크롬(23%Fe-26%Cr-4~6%Al)

4-2. 열전쌍에 쓰이는 재료의 구비조건이 아닌 것은?

① 열기전력이 커야 한다.
② 내식성이 뛰어나야 한다.
③ 히스테리시스차가 커야 한다.
④ 고온에서도 기계적 강도가 커야 한다.

4-3. 고온의 물체온도를 측정 시 물체의 휘도와 표준휘도를 가진 백열전구의 필라멘트 휘도를 수동으로 일치시켜 이때 전구에 흐르는 전류측정치를 읽어 온도를 측정하는 것은?

① 저항온도계
② 열전대온도계
③ 광고온계
④ 방사온도계

4-4. 열처리용 치공구 재료가 갖추어야 할 조건 중 틀린 것은?

① 내식성이 우수할 것
② 변형저항성이 작을 것
③ 고온강도가 클 것
④ 열피로에 대한 저항성이 클 것

|해설|

4-1

발열체 : 전기저항에 의해 발열되는 원리를 이용함

- 금속발열체 : 니크롬(~1,100℃), 철크롬(~1,200℃), 칸탈(~1,300℃), 몰리브덴(~1,650℃), 텅스텐(~1,700℃)
- 비금속발열체 : 탄화규소(~1,600℃, 카보런덤, 실리코니트라고도 함), 흑연(~3,000℃), 규화몰리브덴

4-2

열전쌍재료의 조건

- 내열, 내식성이 뛰어나고 고온에서도 기계적 강도가 높아야 한다.
- 열기전력이 크고 안전성이 있으며 히스테리시스차가 없어야 한다.
- 제작이 수월하고 호환성이 있으며 가격이 저렴해야 한다.

4-3

열처리에 사용되는 온도계의 종류

- 저항온도계 : 금속의 전기저항과 온도의 비례관계를 이용하여 700℃ 이하의 저온을 측정함
- 복사(방사)온도계 : 측정하는 물체가 방출하는 적외선 방사에너지를 이용한 온도계
- 광고온계 : 복사선 가운데 가시광선을 이용한 온도계, 휘도란 육안으로 관찰할 수 있는 가시광선의 밝기 정도를 나타냄

4-4

열처리 치공구 : 열처리작업에서 노에 장입되어 고온으로 유지된 후 냉각되는 동안 제품을 지지하고 고정하는 고정구이다.

열처리용 치공구의 구비조건

- 내식성, 변형저항성, 열피로저항성, 고온강도가 우수해야 한다.
- 제작하기 쉽고 겸용성이 있으며 작업성이 우수해야 한다.

정답 4-1 ① 4-2 ③ 4-3 ③ 4-4 ②

핵심이론 05 철강, 비철금속의 열처리

① 강의 열처리

㉠ 강의 담금질, 뜨임 열처리 조건표

재료명	담금질		뜨 임	
	온 도	냉 각	온 도	냉 각
STC3	760~820℃	수 랭	150~200℃	공 랭
STS3	800~850℃	유 랭	150~200℃	공 랭
STD11	1,000~1,050℃	공 랭	150~200℃	공 랭
STD61	1,000~1,050℃	공 랭	550~650℃	공 랭
SM45C	820~870℃	수 랭	550~650℃	수 랭
SCM440	820~880℃	유 랭	520~620℃	수 랭
SKH51	1,200, 1,250℃	유 랭	540, 570℃	공 랭

㉡ 기타 열처리

- 탄소공구강의 템퍼링 시 조직 변화
  - 1단계 : 과포화탄소를 함유한 마텐자이트로부터 ε-탄화물이 석출하는 과정이다.
  - 2단계 : 200~300℃에서 일어나며 잔류 오스테나이트가 ε-탄화물과 저탄소 마텐자이트로 분해한다.
  - 3단계 : ε-탄화물이 용해하는 대신에 Fe_3C가 석출하는 과정이다.
- 마레이징강의 열처리 : 마텐자이트+에이징(시효), 탄소를 거의 함유하지 않고 일반적인 담금질에 의해 경화되지 않으므로 마텐자이트로 조직의 강을 용체화처리 후 시효경화를 통해 강도와 경도를 증가시키는 열처리를 의미한다.
- 수인처리 : 오스테나이트강의 결정조직의 조성과 인성을 증가시키기 위해 적당한 고온에서 수랭하는 열처리조작으로 고망간강이나 18-8 스테인리스강의 열처리에 이용한다.
- 오스테나이트계 스테인리스강의 열처리
  - 용체화처리 : 1,000℃ 가열 후 Cr탄화물을 용체화시킨 후 급랭처리, Cr탄화물의 입계부식 방지, 냉간가공 및 용접 내부응력 제거, 연성회복 및 내식성 증가

- 안정화처리 : Ti, V, Nb 등을 첨가하여 입계부식을 저지하는 처리

• 기타 특수처리법

- 파텐팅처리 : 열욕담금질법의 일종이며 강선 제조 시에 사용되는 열처리방법으로 강선을 수증기 또는 용융금속으로 담금질만 하여 강인한 소르바이트 조직을 얻는 방법
- 블루잉처리 : 저온에서 가열하면서 공기, 증기, 화공약품 등으로 표면에 청색 산화피막을 형성하여 외관이 좋고 내식성을 높이는 처리

② 주철의 열처리

㉠ 회주철

• 응력제거풀림 : 잔류응력을 제거하기 위해 430~600℃ 사이에 5~30시간 가열 후 노랭시킨다. 가급적 저온에서 유지시간을 길게 한다.

• 불림 : 변태점 이상의 온도(885~925℃)로 25mm당 1시간 유지 후 상온에서 공랭한다.

㉡ 백심가단주철 : 백주철을 적철광, 산화철가루와 풀림상자에 넣고 900~1,000℃에서 40~100시간 가열하여 시멘타이트를 탈탄시켜 열처리한다.

㉢ 흑심가단주철 : 백주철을 850~950℃에서 30~40시간 가열하여 펄라이트로 변하게 하고 이 펄라이트를 680~720℃에서 30~40시간 유지하는 2단계 흑연화로 이루어진다.

㉣ 구상흑연주철 : 주철에 구상화제(Mg, Ca, Ce)를 넣어 편상이 아닌 구상모양으로, 강도는 변화가 없으나 인성 및 연성이 크게 개선된 주철로 노듈러주철, 덕타일주철이라고 한다.

㉤ 칠드주철 : 높은 내마멸성을 요하는 부품에 사용되는 주철로서 표면 부위를 금형에 의하여 급랭함으로써 백선화시키고, 내부는 비교적 강인한 회주철을 만든 것이다. 따라서 표면만을 경화시켜 내마멸성을 부여하고 전체적으로 인성을 갖게 한다.

③ 비철금속의 열처리

㉠ 황동 : 자연균열방지를 위하여 저온풀림을 하는데 300℃ 정도에서 1시간 정도 풀림처리를 한다.

㉡ 알루미늄합금의 열처리

과포화 용체화처리 - 급랭 - 시효경화처리를 통해 강도와 경도를 향상시킨다.

• 알루미늄합금의 열처리 기호

- F : 제조 그대로의 재질
- O : 완전풀림상태의 재질
- H : 가공경화만으로 소정의 경도에 도달한 재질
- W : 용체화 후 자연시효경화가 진행 중인 상태의 재질
- T : F, O, H 이외의 열처리를 받은 재질
- T_3 : 용체화 후 가공경화를 받는 상태의 재질
- T_4 : 용체화 후 상온시효가 완료한 상태의 재질
- T_5 : 용체화처리 없이 인공시효처리한 상태의 재질
- T_6 : 용체화처리 후 인공시효한 상태의 재질

• 실루민 : Al·Si의 대표합금으로 공정점 부근에 주조조직이 거칠고 Si는 육각판 모양의 취성이 있는데 이를 개량처리를 통해 개선한다.

※ 개량처리 : 플루오린화알칼리, 나트륨, 수산화나트륨, 알칼리 등을 용탕 안에 넣어 조직을 미세화하고 공정점을 이동시킨다. 나트륨 0.01%를 750~800℃에 첨가, 플루오린화나트륨을 800~900℃에서 첨가한다.

10년간 자주 출제된 문제

5-1. STD11 강의 담금질온도(℃)로 가장 적합한 것은?

① 750~800
② 850~900
③ 1,000~1,050
④ 1,250~1,300

5-2. 다음의 마레이징(Maraging)강의 열처리특성에 관한 설명 중 옳은 것은?

① 통상적인 담금질로 경화된다.
② 탄소의 함량이 많을수록 좋다.
③ 냉각속도가 빠를수록 담금질이 잘된다.
④ 시효경화하기 전에 상온까지 냉각해야 한다.

5-3. 알루미늄 및 그 합금의 질별 기호 중 W가 의미하는 것은?

① 어닐링한 것
② 가공경화한 것
③ 용체화처리한 것
④ 제조한 그대로의 것

5-4. Al-Si 합금의 강도와 인성을 개선하기 위해 Na, Sr, Sb 등을 첨가하여 공정의 Si 상을 미세화시키는 처리는?

① 고용화처리
② 시효처리
③ 탈산처리
④ 개량처리

|해설|

5-1

강의 담금질, 뜨임 열처리 조건표

재료명	담금질		뜨 임	
	온 도	냉 각	온 도	냉 각
STC3	760~820℃	수 랭	150~200℃	공 랭
STS3	800~850℃	유 랭	150~200℃	공 랭
STD11	1,000~1,050℃	공 랭	150~200℃	공 랭
STD61	1,000~1,050℃	공 랭	550~650℃	공 랭
SM45C	820~870℃	수 랭	550~650℃	수 랭
SCM440	820~880℃	유 랭	520~620℃	수 랭
SKH51	1,200, 1,250℃	유 랭	540, 570℃	공 랭

5-2

마레이징강의 열처리 : 마텐자이트+에이징(시효), 탄소를 거의 함유하지 않으므로 일반적인 담금질에 의해 경화되지 않으므로 오스테나이트화 온도로부터 상온까지 냉각하여 마텐자이트로 변태시키고 시효경화를 통해 강도와 경도를 증가시키는 열처리를 의미한다.

5-3

알루미늄합금의 열처리기호

- F : 제조 그대로의 재질
- O : 완전풀림상태의 재질
- H : 가공경화만으로 소정의 경도에 도달한 재질
- W : 용체화 후 자연시효경화가 진행 중인 상태의 재질
- T : F, O, H 이외의 열처리를 받은 재질
- T_3 : 용체화 후 가공경화를 받는 상태의 재질
- T_4 : 용체화 후 상온시효가 완료한 상태의 재질
- T_5 : 용체화처리 없이 인공시효처리한 상태의 재질

5-4

실루민 : Al・Si의 대표합금으로 공정점 부근에 주조조직이 거칠고 Si는 육각판 모양의 취성이 있는데 이를 개량처리를 통해 개선한다.

※ 개량처리 : 플루오린화알칼리, 나트륨, 수산화나트륨, 알칼리 등을 용탕 안에 넣어 조직을 미세화하고 공정점을 이동시킨다. 나트륨 0.01%를 750~800℃에 첨가, 플루오린화나트륨을 800~900℃에서 첨가한다.

정답 5-1 ③ 5-2 ④ 5-3 ③ 5-4 ④

핵심이론 06 성분검사와 안전관리

① 성분검사

㉠ 불꽃시험

- 특 징
  - 강재를 감별하는 가장 간단한 방법이다.
  - 탄소의 환원작용에 의해서 생긴 일산화탄소는 가스압력을 높혀 용융막을 파괴시켜 폭발하여 탄소파열을 일으킨다.
- 종 류
  - 그라인더 불꽃시험 : 회전그라인더에 생기는 불꽃에 의해서 시험재의 탄소량 특수원소를 파악한다.
  - 분말 불꽃시험 : 피검재의 분말을 전기로 또는 가스로 중에 넣고 생기는 불꽃을 보고 강종을 구분한다.

㉡ 불꽃의 구조

- 적용방법
  - 시험편을 그라인더에 누르는 압력은 탄소량이 0.2%강의 불꽃길이가 0.5m가 되도록 가한다.
  - 불꽃을 관찰할 때는 뿌리, 중앙 및 앞 끝부분에 걸쳐서 유선, 파열의 특징을 관찰한다.
- 불꽃의 구조
  - 뿌리 부분 : C, Ni의 함유량을 미량 판별
  - 중앙 : 유선의 밝기, 불꽃의 모양에 따라 Ni, Cr, Mn, Si를 판별
  - 앞 끝 : 꼬리 부분의 형태나 파열에 따라 Mn, Mo, W 등을 판별

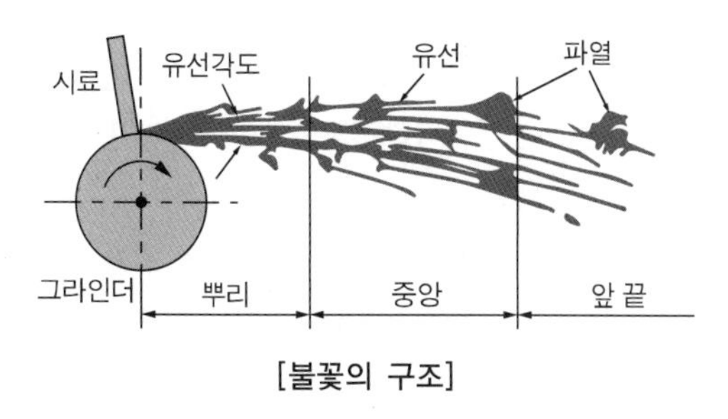

[불꽃의 구조]

- 탄소함유량에 따른 불꽃의 특징

  탄소의 함유량에 따른 불꽃의 모양은 다음과 같으며 함유량이 많을수록 파열이 많아진다.

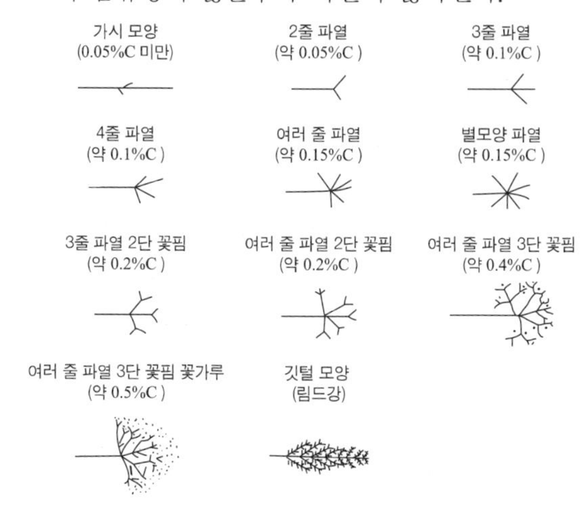

- 합금원소에 의한 불꽃의 특징

  고합금강에서는 주로 유선의 색깔에 의하여 스테인리스강, 내열강, 고속도강, 합금공구강으로 나뉘는데, 다음의 원소별 불꽃의 특징에 따라 합금원소의 종류와 양을 관찰하여 강종을 추정한다.

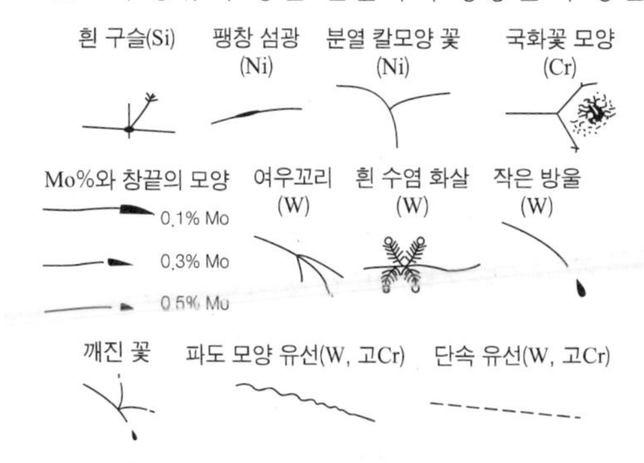

㉢ 접촉열기전력법 : 강재의 간이감별법으로 열전쌍의 원리를 응용한다.

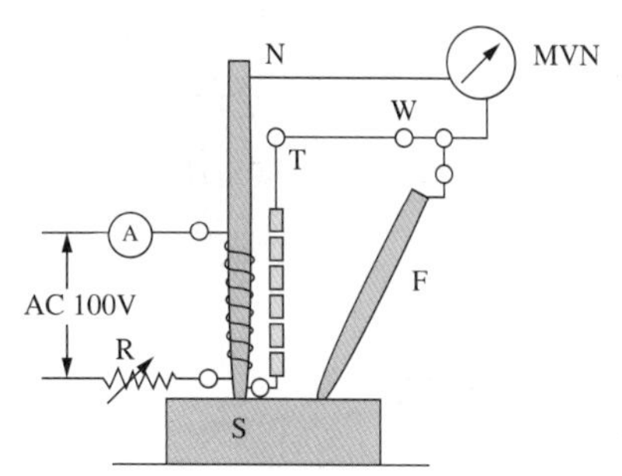

㉣ 비파괴검사

- 외부결함검사 : 침투비파괴, 자기비파괴, 와전류 검사
- 내부결함검사 : 초음파비파괴, 방사선검사

② 안전관리

㉠ 재해이론

- 하인리히 도미노이론
  - 1단계 : 유전적 요소 및 사회적 환경, 사고를 일으킬 수 있는 바람직하지 않은 유전적 특성 및 인간의 성격을 바람직하지 못하게 하는 사회적 환경
  - 2단계 : 개인적 결함, 개인적 기질에 의한 결함(과격함, 무모함, 신경질적)
  - 3단계 : 불안전한 행동(장치의 기능을 제거 또는 잘못 사용, 조작 미숙, 취급 부주의 등) 또는 불안전한 상태(물적 결함, 기계, 보호구, 작업환경의 결함 등)
  - 4단계 : 사고, 생산활동에 지장을 초래하는 모든 사건
  - 5단계 : 재해, 인명의 상해나 재산상의 손실
- 버즈의 수정 도미노이론
  - 1단계 : 통제의 부족(관리), 안전에 대한 전문적인 설계 및 지도 관리의 소홀
  - 2단계 : 기본 원리(기원), 근원적 원인으로 개인의 지식 부족, 틀린 사용법
  - 3단계 : 직접원인(징후), 불안적한 행동, 불안전 상태와 같은 징후
  - 4단계 : 사고(접촉), 인간의 한계를 넘는 에너지원과 접촉, 신체에 유해물질과 접촉
  - 5단계 : 상해 및 손상(손실), 인명의 상해나 재산상의 손실

㉡ 표시 색상

- 안전・보건표지의 색상

  빨강 : 금지, 파랑 : 지시, 노랑 : 주의, 녹색 : 안전
- 가스용기의 색상

  산소 : 녹색, 이산화탄소 : 파란색, 암모니아 : 흰색, 염소 : 갈색, 아세틸렌 : 노란색, LPG : 회색

㉢ 열처리의 안전관리

- 노의 안전관리
  - 유도로 : 보호장치가 정상적으로 작동하는지 점검한다.
  - 가스로 : 기름이나 인화성 물질이 존재하지 않도록 깨끗하게 유지하고 산소 및 연소가스가 새어나오지 않도록 주의하며 실내 환기상태를 유지한다.
  - 염욕로 : 염욕의 튀김을 방지하기 위해 수분을 제거하고 납을 사용할 경우 중금속에 중독되지 않도록 실내의 환기상태를 양호하게 한다.
- 분위기 열처리의 안전대책
  - 정전이 되었을 때 : 비상전원이 없을 경우 불활성 또는 중성가스를 사용하여 노 내 가스를 치환하며 비상전원이 있을 경우 전원이 올 때까지 기다리며 흡열성 가스를 사용하는 경우 단기간 정전이 되면 노운전을 정지한다.
  - 폭발이 일어났을 경우 : 공급가스를 정지하고 파일럿버너를 켠 상태에서 안전을 확인한 후 원인규명을 한다.

㉣ 재료시험의 안전관리

- 방사선검사의 안전관리
  - 검사 시 납으로 밀폐된 상자에서 촬영한다.
  - 위험지구를 벗어난 위치에 방사선 표지판을 설치한다.
  - 관전압 상승속도에 유의하여 탐상기를 작동한다.
  - X선 발생장치에서 정전기 유도작용 등에 의한 전위 상승을 고려하여 특별고압의 전기가 충전되는 부분에 접지를 한다.

• 불꽃시험 연삭기 안전관리
  - 보안경을 착용하고 장갑을 사용하지 않는다.
  - 연마 도중 시험편을 놓치지 않고 회전 시 손을 넣거나 손으로 정지시키지 않는다.
• 금속재료조직 관찰을 위한 시험편 제작
  - 시험편은 평활하게 유지하도록 연마하며 절단 및 연마 시 열영향을 받지 않도록 한다.
  - 마운팅 시 시험편을 견고히 고정하여 튀지 않도록 한다.
  - 부식액이 피부에 묻지 않도록 주의하고 묻었을 경우 바로 세척한다.

10년간 자주 출제된 문제

6-1. 산업재해의 원인 중 불안전한 행동에 의한 것은?

① 불량한 정리정돈
② 결함 있는 기계설비 및 장비
③ 불안전한 설계, 위험한 배열 및 공정
④ 불안전한 속도조작 및 위험경고 없이 조작

6-2. 다음 중 분위기 열처리 시 안전대책에 대한 설명으로 틀린 것은?

① 비상전원이 없이 정전되었을 때는 불활성 또는 중성가스를 사용하여 노 내 가스를 치환한다.
② 담금질유의 화염이 발생하는 것을 방지하기 위하여 수분 함유량을 0.5% 이하로 한다.
③ 폭발이 일어났을 때는 공급가스를 지속 공급하고, 파일럿 버너를 끈다.
④ 연속로 또는 배치로 조업 중 반동 트러블이 발생할 때에는 전담 정비공에게 의뢰한다.

|해설|

6-1

하인리히 도미노이론

• 1단계 : 유전적 요소 및 사회적 환경, 사고를 일으킬 수 있는 바람직하지 않은 유전적 특성 및 인간의 성격을 바람직하지 못하게 하는 사회적 환경
• 2단계 : 개인적 결함, 개인적 기질에 의한 결함(과격함, 무모함, 신경질적)
• 3단계 : 불안전한 행동(장치의 기능을 제거 또는 잘못 사용, 조작 미숙, 취급 부주의 등) 또는 불안전한 상태(물적 결함, 기계, 보호구, 작업환경의 결함 등)
• 4단계 : 사고, 생산활동에 지장을 초래하는 모든 사건
• 5단계 : 재해, 인명의 상해나 재산상의 손실

6-2

분위기 열처리의 안전대책

• 정전이 되었을 때 : 비상전원이 없을 경우 불활성 또는 중성가스를 사용하여 노 내 가스를 치환하며 비상전원이 있을 경우 전원이 올 때까지 기다리며 흡열성 가스를 사용하는 경우 단기간 정전이 되면 노운전을 정지한다.
• 폭발이 일어났을 경우 : 공급가스를 정지하고 파일럿버너를 켠 상태에서 안전을 확인한 후 원인을 규명한다.

정답 6-1 ④ 6-2 ③

CHAPTER 04

금속제도

핵심이론 01 제도의 규격과 통칙

① KS 규격

KS A : 기본, KS B : 기계, KS C : 전기전자, KS D : 금속

② 선의 종류와 용도

선의 종류	선의 모양	용도에 의한 명칭	선의 용도
굵은 실선	————	외형선	대상물의 보이는 부분의 모양을 표시
가는 실선	————	치수선	치수를 기입하기 위하여 쓰임
		치수 보조선	치수를 기입하기 위하여 도형으로부터 끌어내는 데 쓰임
		지시선	기술, 기호 등을 표시하기 위하여 사용됨
		회전 단면선	도형 내에 그 부분의 끊은 곳을 90° 회전하여 표시
		중심선	도형의 중심선을 간략하게 표시
		수준 면선	수면, 유면 등의 위치를 표시
파 선	– – – –	숨은선	대상물의 보이지 않는 부분의 모양을 표시
가는 1점 쇄선	—·—·—	중심선	• 도형의 중심을 표시 • 중심이 이동한 중심궤적을 표시
		기준선	특히 위치결정의 근거가 된다는 것을 명시할 때 사용됨
		피치선	되풀이하는 도형의 피치를 표시할 때 사용됨
굵은 1점 쇄선	—·—·—	특수 지정선	특수한 가공을 하는 부분 등 특별한 요구사항을 적용할 수 있는 범위를 표시
가는 2점 쇄선	—··—··—	가상선	• 인접 부분을 참고로 표시 • 공구, 지그 등의 위치를 참고로 나타내는 데 사용 • 가동 부분을 이동 중의 특정한 위치 또는 이동한계의 위치로 표시 • 가공 전 또는 가공 후의 모양을 표시하는 데 사용 • 되풀이하는 것을 나타내는 데 사용 • 도시된 단면의 앞쪽에 있는 부분을 표시
		무게 중심선	단면의 무게중심을 연결한 선을 표시
파선, 지그재그선	～～～ / —∧∨—	파단선	대상물의 일부를 파단한 경계 또는 일부를 떼어낸 경계를 표시
절단선	—·—┘┌—·—	절단선	• 단면도를 그리는 경우 그 절단위치를 대응하는 그림에 표시 • 가는 1점쇄선으로 끝부분 및 방향이 변하는 부분을 굵게 한 것
가는 실선으로 규칙	//////////	해 칭	도형의 한정된 특정 부분을 다른 부분과 구별하는 데 사용

※ 2개 이상의 선이 중복될 때 우선순위

외형선 – 숨은선 – 절단선 – 중심선 – 무게중심선 – 치수선

③ 척도 : 실제의 대상을 도면상으로 나타낼 때의 배율

척도 A : B = 도면에서의 크기 : 대상물의 크기

㉠ 현척 : 실제 사물과 동일한 크기로 그리는 것

예 1 : 1

㉡ 축척 : 실제 사물보다 작게 그리는 경우

예 1 : 2, 1 : 5, 1 : 10 등

㉢ 배척 : 실제 사물보다 크게 그리는 경우

예 2 : 1, 5 : 1, 10 : 1 등

㉣ NS(None Scale) : 비례척이 아님

④ 도면의 크기

㉠ A4 용지 : 210×297mm, 가로 : 세로 = 1 : $\sqrt{2}$

㉡ A3 용지 : 297×420mm

㉢ A2 용지 : 420×594mm

㉣ A3 용지는 A4 용지의 가로와 세로 치수 중 작은 치수값의 2배로 하고 용지의 크기가 증가할수록 같은 원리로 점차적으로 증가한다.

㉤ A0 용지 면적 : $1m^2$

㉥ 큰 도면을 접을 때는 A4 용지 사이즈로 한다.

⑤ 투상법

어떤 물체에 광선을 비추어 하나의 평면에 맺히는 형태, 즉 형상, 크기, 위치 등을 일정한 법칙에 따라 표시하는 도법을 투상법이라 한다.

㉠ 투상도의 종류

• 정투상도

투상선이 평행하게 물체를 지나 투상면에 수직으로 닿고 투상된 물체가 투상면에 나란하기 때문에 어떤 물체의 형상도 정확하게 표현할 수 있다.

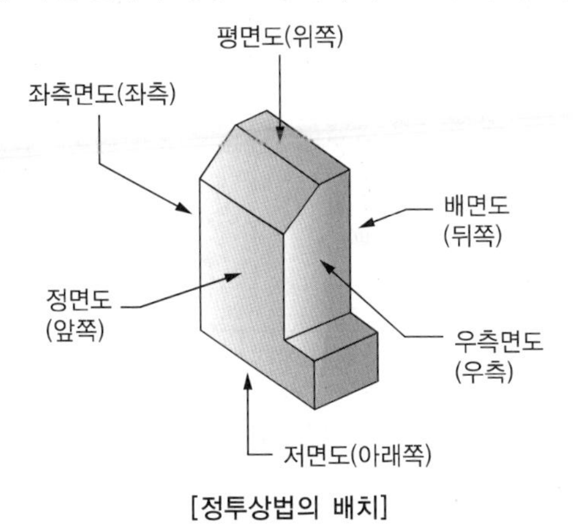

[정투상법의 배치]

투시 방향	명 칭	내 용
앞 쪽	정면도	기본이 되는 가장 주된 면으로, 물체의 앞에서 바라본 모양을 나타낸 도면
위 쪽	평면도	상면도라고도 하며, 물체의 위에서 내려다 본 모양을 나타낸 도면
오른쪽	우측면도	물체의 우측에서 바라본 모양을 나타낸 도면
왼 쪽	좌측면도	물체의 좌측에서 바라본 모양을 나타낸 도면
아래쪽	저면도	하면도라고도 하며, 물체의 아래쪽에서 바라본 모양을 나타낸 도면
뒤 쪽	배면도	물체의 뒤쪽에서 바라본 모양을 나타낸 도면으로, 사용하는 경우가 극히 적다.

• 등각투상도

정면, 평면, 측면을 하나의 투상면 위에 동시에 볼 수 있도록 두 개의 옆면 모서리가 수평선과 30°가 되게 하여 이 세 축이 120°의 등각이 되도록 입체도로 투상한 투상도이다.

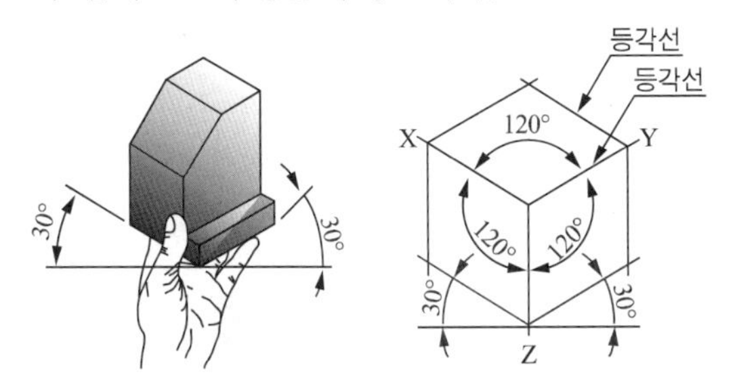

• 사투상도

투상선이 투상면을 사선으로 평행하도록 무한대의 수평 시선으로 얻은 물체의 윤곽을 그리게 되면 육면체의 세 모서리는 경사축이 a각을 이루는 입체도가 되며, 이를 그린 그림을 의미한다. 45°의 경사축으로 그린 것을 카발리에도, 60°의 경사축으로 그린 것을 캐비닛도라고 한다.

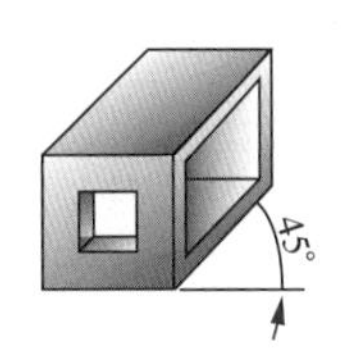

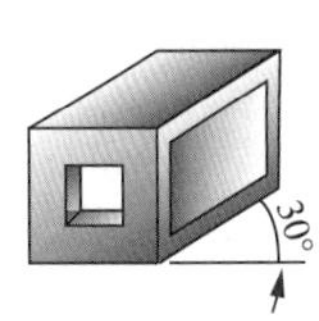

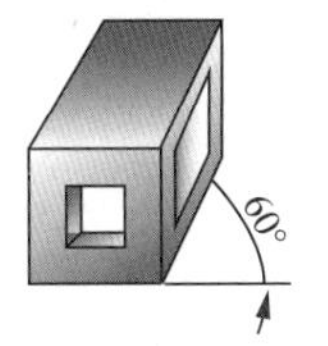

㉡ 제1각법과 제3각법의 정의

- 제1각법의 원리
  제1면각 공간 안에 물체를 각각의 면에 수직인 상태로 중앙에 놓고 '보는 위치'에서 물체 뒷면의 투상면에 비춰지도록 하여 처음 본 것을 정면도라 하고, 각 방향으로 돌아가며 비춰진 투상도를 얻는 원리이다(눈 – 물체 – 투상면).
- 제3각법의 원리
  제3면각 공간 안에 물체를 각각의 면에 수직인 상태로 중앙에 놓고 '보는 위치'에서 물체 앞면의 투상면에 반사되도록 하여 처음 본 것을 정면도라 하고, 각 방향으로 돌아가며 보아서 반사되도록 하여 투상도를 얻는 원리이다(눈 – 투상면 – 물체).
- 제1각법과 제3각법 기호

[제1각법] [제3각법]

- 제1각법과 제3각법의 배치도

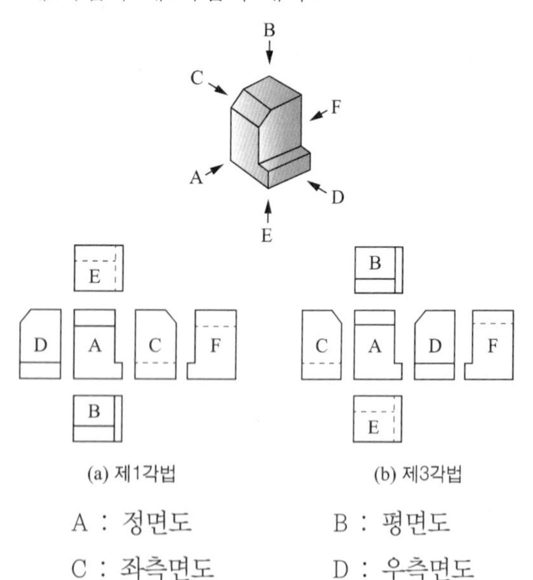

(a) 제1각법 (b) 제3각법

A : 정면도 B : 평면도
C : 좌측면도 D : 우측면도
E : 저면도 F : 배면도

㉢ 투상도의 표시방법

- 주투상도 : 대상을 가장 명확히 나타낼 수 있는 면으로 나타낸다.
- 보조투상도 : 경사부가 있는 물체는 그 경사면의 실제 모양을 표시할 필요가 있을 때 경사면과 평행하게 전체 또는 일부분을 그린다.

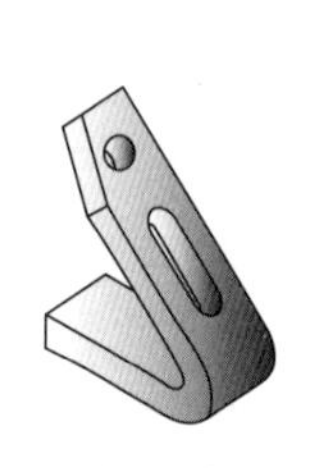

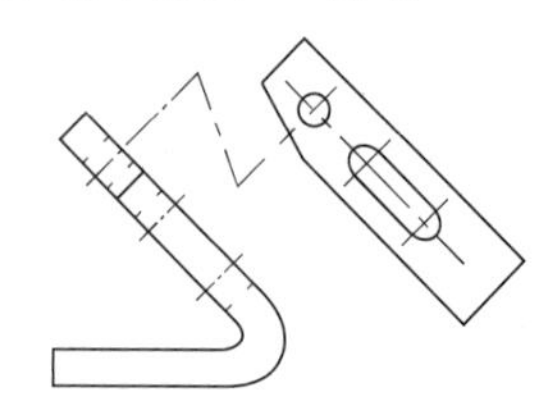

- 부분투상도
  그림의 일부를 도시하는 것으로도 충분한 경우에는 필요한 부분만을 투상하여 도시한다.

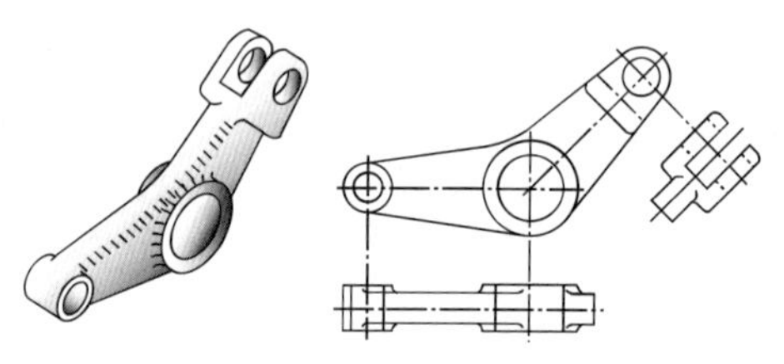

- 국부투상도
  대상물의 구멍, 홈 등과 같이 한 부분의 모양을 도시하는 것으로 충분한 경우에는 그 필요한 부분만을 국부투상도로 도시한다.

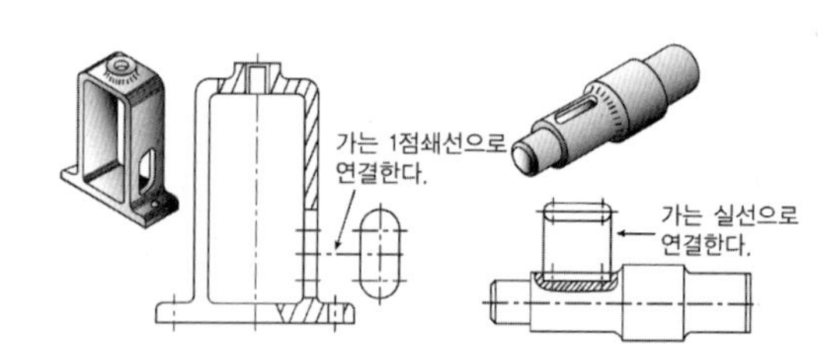

- 회전투상도
  대상물의 일부가 어느 각도를 가지고 있기 때문에 그 실제모양을 나타내기 위해서는 그 부분을 회전해서 실제모양을 나타낸다. 작도에 사용한 선을 남겨서 잘못 볼 우려를 없앤다.

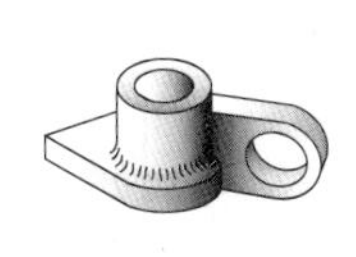

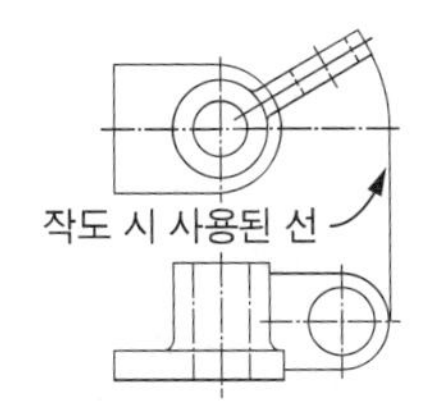

• 부분확대도

특정한 부분의 도형이 작아서 그 부분을 자세하게 나타낼 수 없거나 치수 기입을 할 수 없을 때에는 가는 실선으로 에워싸고 영자의 대문자로 표시함과 동시에 그 해당 부분의 가까운 곳에 확대도를 같이 나타내고 확대를 표시하는 문자기호와 척도를 기입한다.

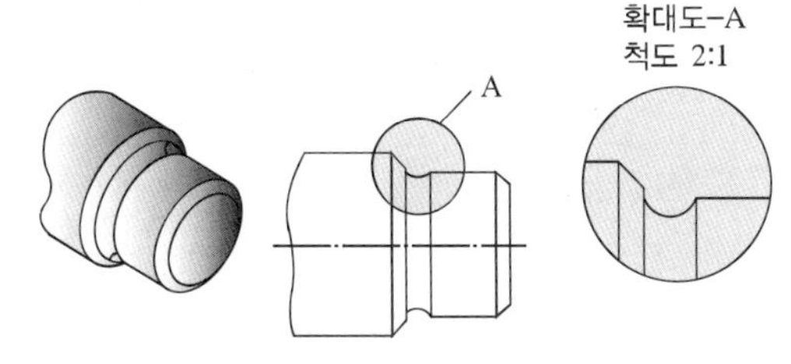

⑥ 단면도 작성

단면도란 물체 내부의 보이지 않는 부분을 나타낼 때 물체를 절단하여 그 뒤쪽이나 내부 모양을 그린 것이다.

㉠ 단면도 작성원칙

- 절단면은 해칭이나 스머징으로 표시한다.
  - 해칭은 45°의 가는 실선을 일정한 간격으로 채워 절단면을 표시한다.
  - 스머징은 색을 칠하여 절단면을 표시한다.
- 서로 떨어진 위치에 나타난 동일 부품의 단면에는 동일한 각도와 간격으로 해칭을 하거나 같은 색으로 스머징을 한다. 또한, 인접한 부품의 해칭은 서로 구분할 수 있도록 서로 다른 방향으로 하거나 해칭선의 간격 및 각도를 30°, 60° 또는 임의의 각도로 달리 한다.

㉡ 단면도의 종류

- 온단면도 : 제품을 절반으로 절단하여 내부 모습을 도시하며 절단선은 나타내지 않는다.

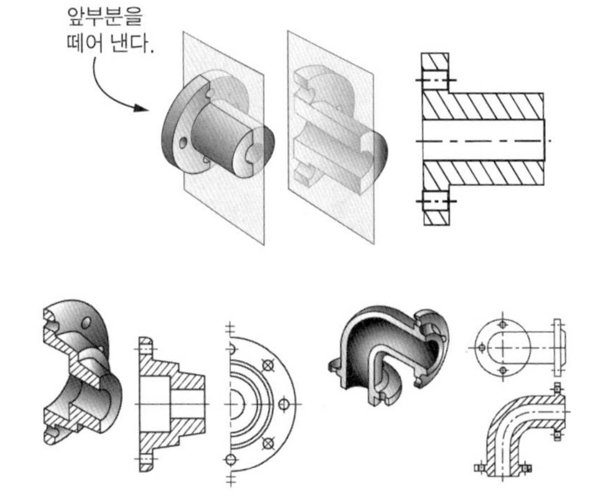

[온단면도의 원리 및 예시]

- 한쪽(반)단면도 : 제품을 1/4로 절단하여 내부와 외부를 절반씩 보여주는 단면도이다.

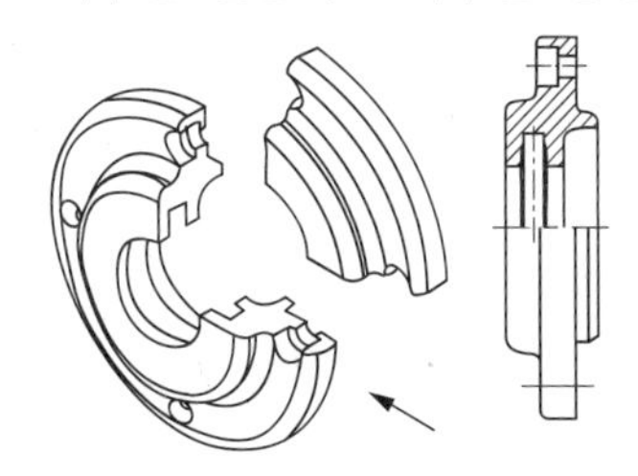

- 부분단면도

일부분을 잘라내고 필요한 내부 모양을 그리기 위한 방법이며, 파단선을 그어서 단면 부분의 경계를 표시한다.

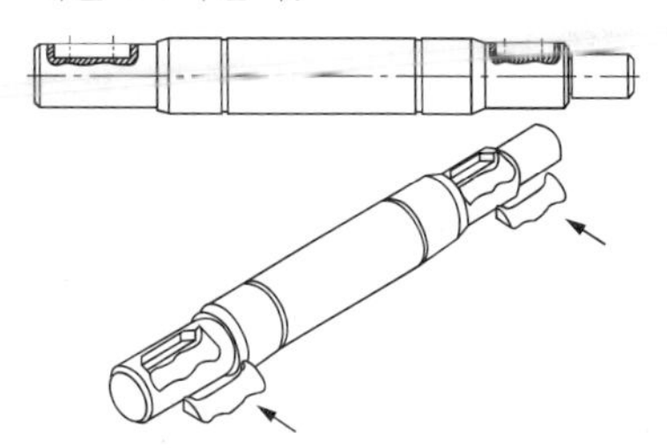

- 회전도시단면도

핸들, 벨트 풀리, 훅, 축 등의 단면을 표시할 때에는 투상면에 절단한 단면의 모양을 90° 회전하여 안이나 밖에 다음과 같이 그린다.

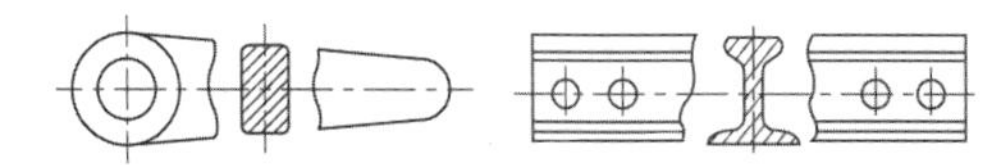

(a) 투상도의 일부를 잘라내고 그 안에 그린 회전단면

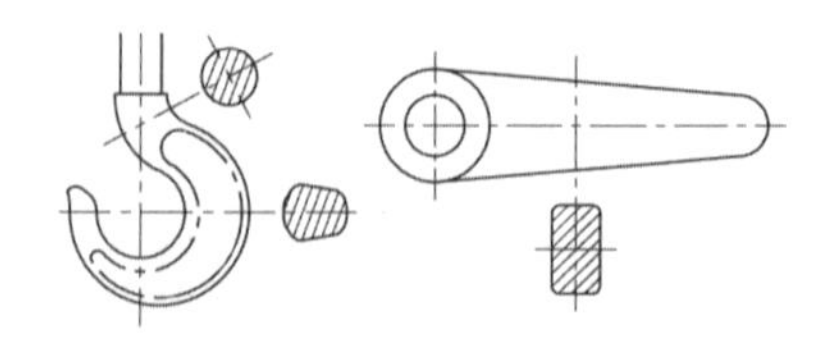

(b) 절단 연장선 위의 회전단면

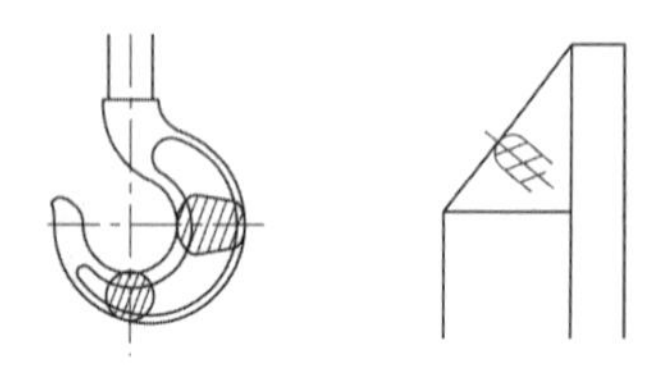

(c) 투상도 안의 회전단면

• 계단단면도

2개 이상의 절단면으로 필요한 부분을 선택하여 단면도로 그린 것으로, 절단방향을 명확히 하기 위하여 1점쇄선으로 절단선을 표시하여야 한다.

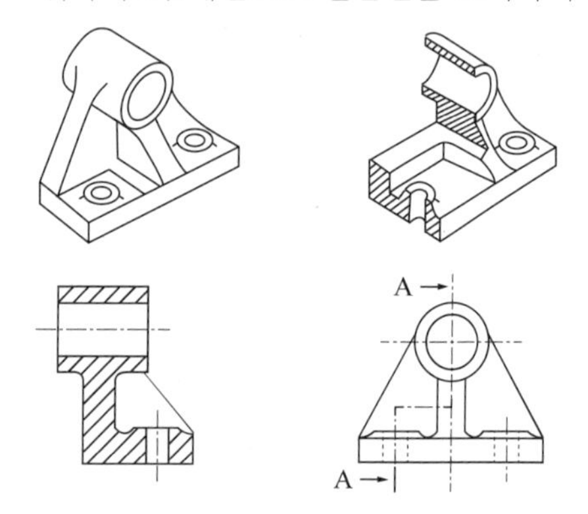

• 얇은 물체의 단면도

개스킷, 얇은 판, 형강과 같이 얇은 물체일 때 단면에 해칭하기가 어려운 경우에는 단면을 검게 칠하거나 아주 굵은 실선으로 나타낸다.

⑦ 단면 표시를 하지 않는 기계요소

단면으로 그릴 때 이해하기 어려운 경우(리브, 바퀴의 암, 기어의 이) 또는 절단을 하더라도 의미가 없는 것(축, 핀, 볼트, 너트, 와셔)은 절단하여 표시하지 않는다.

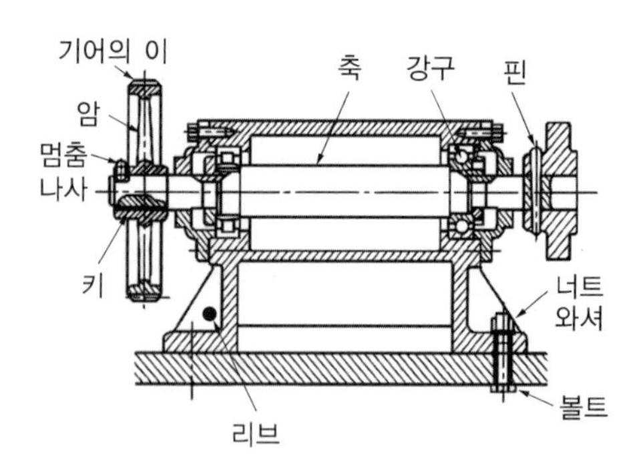

⑧ 치수 기입

㉠ 치수보조기호

종 류	기 호	사용법	예
지 름	ϕ(파이)	지름 치수 앞에 쓴다.	ϕ30
반지름	R(아르)	반지름 치수 앞에 쓴다.	R15
정사각형의 변	□(사각)	정사각형 한 변의 치수 앞에 쓴다.	□20
구의 반지름	SR (에스아르)	구의 반지름 치수 앞에 쓴다.	SR40
구의 지름	Sϕ (에스파이)	구의 지름 치수 앞에 쓴다.	Sϕ20
판의 두께	t =(티)	판 두께의 치수 앞에 쓴다.	t =5
원호의 길이	⌒(원호)	원호의 길이 치수 위에 붙인다.	⌒10
45° 모따기	C(시)	45° 모따기 치수 앞에 붙인다.	C8
이론적으로 정확한 치수	▭ (테두리)	이론적으로 정확한 치수의 치수 수치에 테두리를 그린다.	$\boxed{20}$
참고 치수	( ) (괄호)	치수보조기호를 포함한 참고 치수에 괄호를 친다.	(ϕ20)
비례 치수가 아닌 치수	___ (밑줄)	비례 치수가 아닌 치수에 밑줄을 친다.	$\underline{15}$

㉡ 치수 기입의 원칙

• 치수는 되도록 주투상도(정면도)에 집중한다.
• 치수는 중복 기입을 피한다.
• 치수는 되도록 계산해서 구할 필요가 없도록 한다.
• 치수는 필요에 따라 기준으로 하는 점, 선 또는 면을 기준으로 하여 기입한다.

- 관련되는 치수는 되도록 한곳에 모아서 기입한다.
- 치수는 되도록 공정마다 배열을 분리하여 기입한다.
- 치수 중 참고치수에 대하여는 치수 수치에 괄호를 붙인다.

㉢ 치수보조선과 치수선의 활용

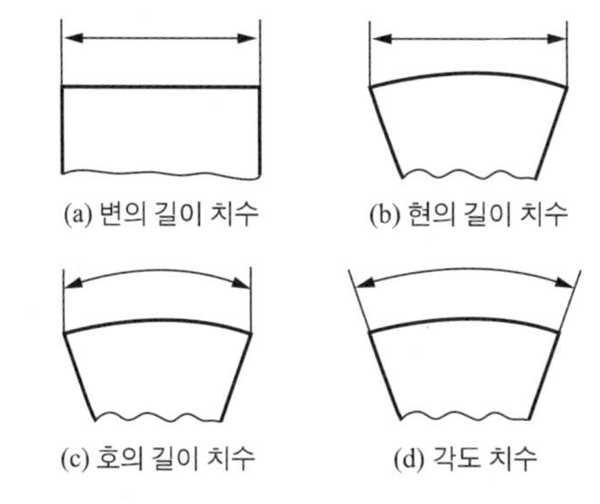

(a) 변의 길이 치수 (b) 현의 길이 치수

(c) 호의 길이 치수 (d) 각도 치수

㉣ 치수 기입방법

- 직렬 치수 기입 : 직렬로 나란히 치수를 기입하는 방법이다.

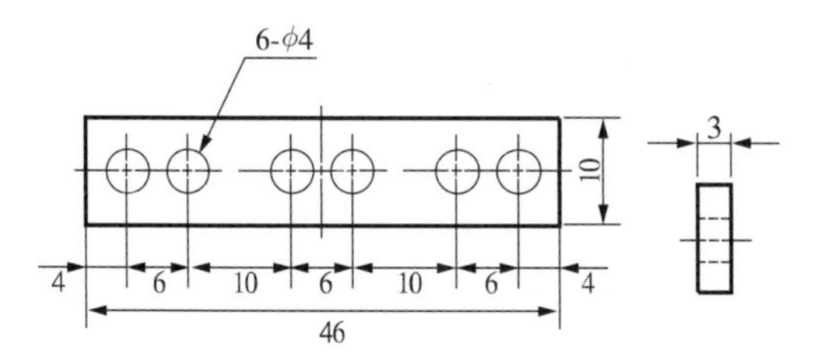

- 병렬 치수 기입 : 기준면을 기준으로 나열된 치수를 기입하는 방법이다.

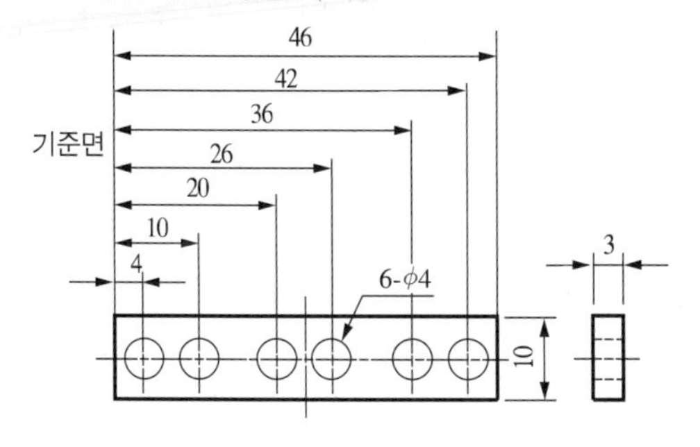

- 누진 치수 기입 : 치수의 기점 기호(○)를 기준으로 하여 누적된 치수를 기입할 때 사용된다.

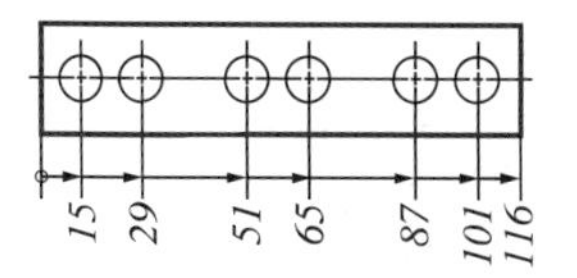

- 좌표 치수 기입 : 해당 위치를 좌표상으로 도식화하여 나타내는 방법이다.

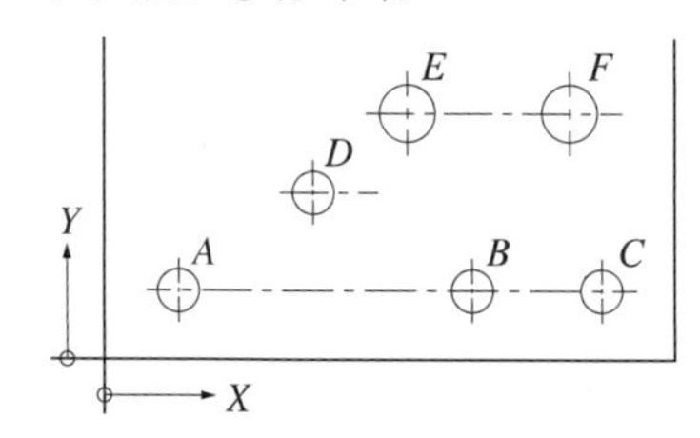

	X	Y	ϕ
A	20	20	14
B	140	20	14
C	200	20	14
D	60	60	14
E	100	90	26
F	180	90	26
G			
H			

⑨ 표면거칠기와 다듬질기호

㉠ 표면거칠기의 종류

- 중심선 평균거칠기(R_a) : 중심선 기준으로 위쪽과 아래쪽의 면적의 합을 측정길이로 나눈 값이다.
- 최대높이거칠기($R_{\max}$) : 거칠면의 가장 높은 봉우리와 가장 낮은 골 밑의 차이값으로 거칠기를 계산한다.
- 10점 평균거칠기(R_z) : 가장 높은 봉우리 5곳과 가장 낮은 골 5번째의 평균값의 차이로 거칠기를 계산한다.

ⓛ 면의 지시기호

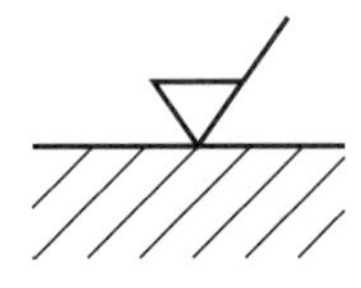

[제거가공을 함]

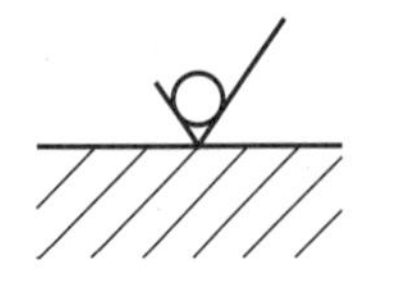

[제거가공을 하지 않음]

- a : R_a(중심선 평균거칠기)의 값
- b : 가공방법, 표면처리
- c : 컷오프값, 평가길이
- d : 줄무늬방향의 기호
- e : 기계가공 공차
- f : R_a 이외의 파라미터(t_p 일 때에는 파라미터/절단레벨)
- g : 표면파상도

ⓒ 가공방법의 기호(b위치에 해당)

가공방법	약 호		가공방법	약 호	
	I	II		I	II
선반 가공	L	선 삭	호닝가공	GH	호 닝
드릴 가공	D	드릴링	용 접	W	용 접
보링머신 가공	B	보 링	배럴연마 가공	SP BR	배럴 연마
밀링 가공	M	밀 링	버프 다듬질	SP BF	버 핑
평삭 (플레이닝) 가공	P	평 삭	블라스트 다듬질	SB	블라 스팅
형삭 (셰이핑) 가공	SH	형 삭	랩 다듬질	FL	래 핑
브로칭 가공	BR	브로칭	줄 다듬질	FF	줄 다듬질
연삭 가공	G	연 삭	페이퍼 다듬질	FCA	페이퍼 다듬질
다듬질	F	다듬질	프레스 가공	P	프레스
벨트연삭 가공	GBL	벨트 연삭	주 조	C	주 조

ⓔ 줄무늬방향의 기호(d 위치의 기호)

기 호	뜻	모 양
=	가공으로 생긴 앞줄의 방향이 기호를 기입한 그림의 투상면에 평행	커터의 줄무늬 방향
⊥	가공으로 생긴 앞줄의 방향이 기호를 기입한 그림의 투상면에 직각	커터의 줄무늬 방향
×	가공으로 생긴 선이 2방향으로 교차	커터의 줄무늬 방향
M	가공으로 생긴 선이 다방면으로 교차 또는 방향이 없음	M
C	가공으로 생긴 선이 거의 동심원	C
R	가공으로 생긴 선이 거의 방사상	R

⑩ 치수공차

㉠ 관련 용어

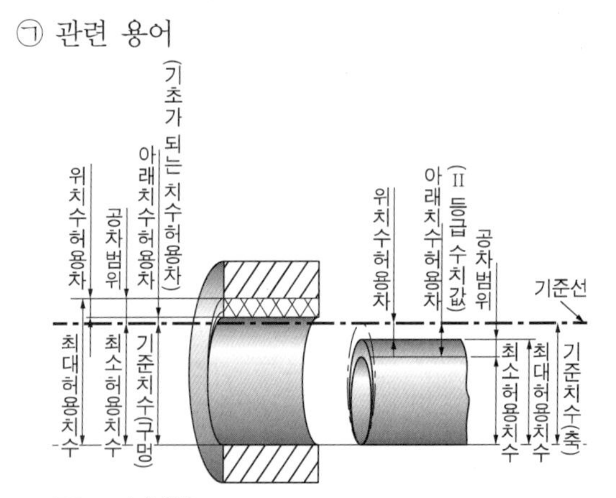

예 $20^{+0.025}_{-0.010}$라고 치수를 나타낼 경우

- 기준치수 : 치수공차에 기준이 되는 치수, 20을 의미한다.
- 최대허용치수 : 형체에 허용되는 최대치수
  20+0.025=20.025

- 최소허용치수 : 형체에 허용되는 최소치수
  20-0.010=19.990
- 위치수허용차
  - 최대허용치수와 대응하는 기준치수와의 대수차 : 20.025-20=+0.025
  - 기준치수 뒤 위쪽에 작은 글씨로 표시되는 값 : (+0.025)
- 아래치수허용차
  - 최소허용치수와 대응하는 기준치수와의 대수차 : 19.990-20=-0.010
  - 기준치수 뒤 아래쪽에 작은 글씨로 표시되는 값 : (−0.010)
- 치수공차
  - 최대허용치수와 최소허용치수와의 차
    20.025−19.990=0.035
  - 위치수허용차와 아래치수허용차와의 차
    0.025-(-0.010)=0.035

ⓛ 틈새와 죔새 : 구멍, 축의 조립 전 치수의 차이에서 생기는 관계

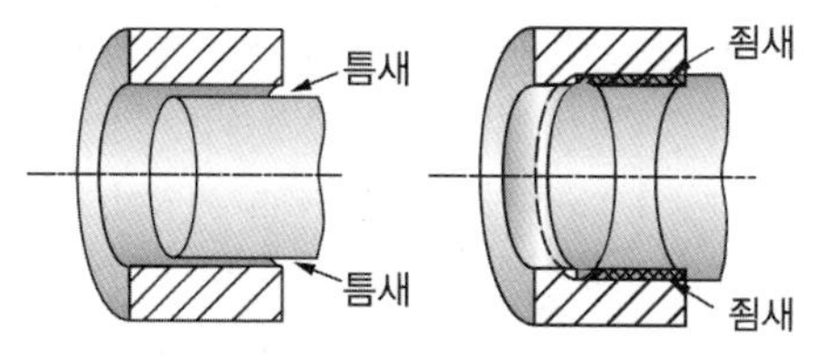

- 틈새 : 구멍의 치수가 축의 치수보다 클 때 여유적인 공간이 발생
- 죔새 : 구멍의 치수가 축의 치수보다 작을 때 강제적으로 결합시켜야 할 때

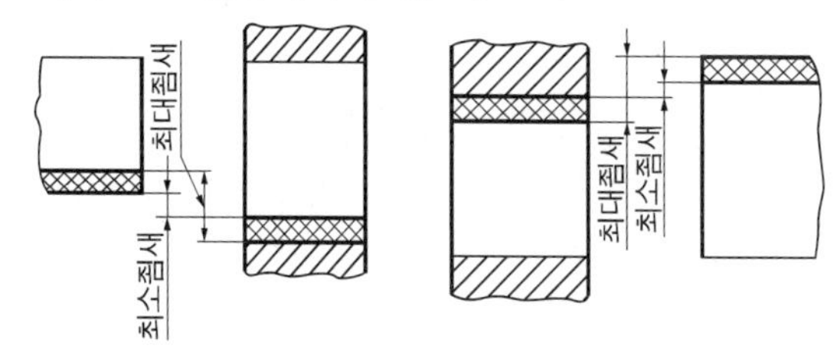

- 최소틈새
  - 틈새가 발생하는 상황에서 구멍의 최소허용치수와 축의 최대허용치수의 차이
  - 구멍의 아래치수허용차와 축의 위치수허용차와의 차
- 최대틈새
  - 틈새가 발생하는 상황에서 구멍의 최대허용치수와 축의 최소허용치수와의 차
  - 구멍의 위치수허용차와 축의 아래치수허용차와의 차
- 최소죔새
  죔새가 발생하는 상황에서 조립 전의 구멍의 최대허용치수와 축의 최소허용치수와의 차
- 최대죔새
  - 죔새가 발생하는 상황에서 구멍의 최소허용치수와 축의 최대허용치수와의 차
  - 구멍의 아래치수허용차와 축의 위치수허용차와의 차

ⓒ 끼워맞춤

- 헐거운끼워맞춤
  항상 틈새가 생기는 상태로 구멍의 최소치수가 축의 최대치수보다 큰 경우

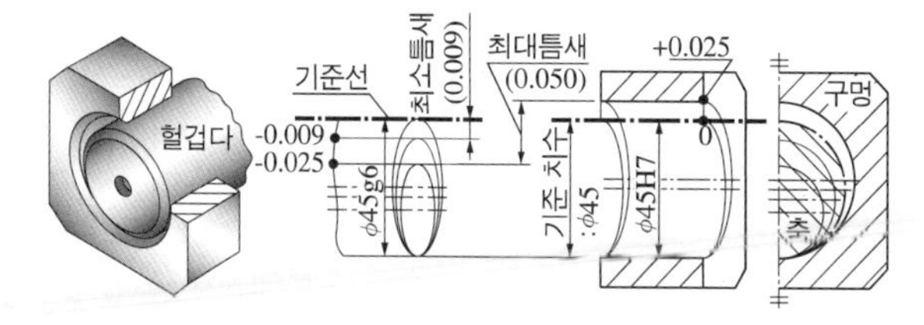

- 억지끼워맞춤
  항상 죔새가 생기는 상태로 구멍의 최대치수가 축의 최소치수보다 작은 경우

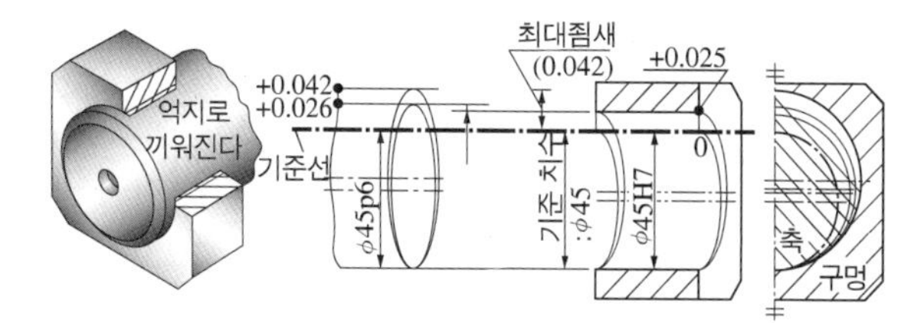

- 중간끼워맞춤
  상황에 따라서 틈새와 죔새가 발생할 수 있는 경우

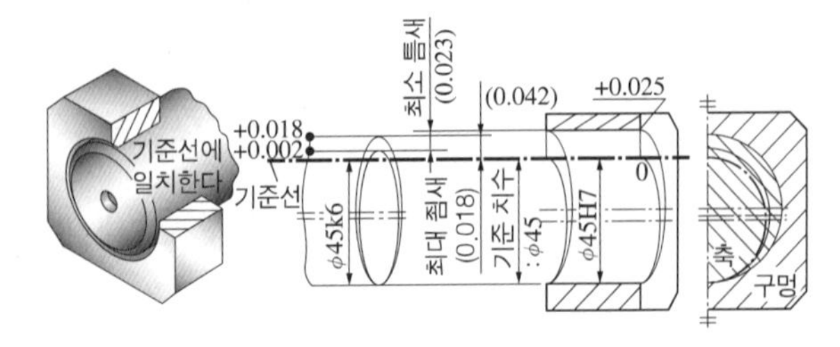

㉣ IT기본공차

- 기준치수가 크면 공차를 크게 적용, 정밀도는 기준치수와 비율로 표시하여 나타내는 것이다.
- IT01에서 IT18까지 20등급으로 나눈다.
- IT 01~IT 04는 주로 게이지류, IT 05~IT 10은 끼워맞춤 부분, IT 11~IT 18은 끼워맞춤 이외의 공차에 적용한다.

㉤ 기하공차

적용하는 형체	기하편차(공차)의 종류		기 호
단독형체	모양공차	진직도(공차)	—
		평면도(공차)	▱
		진원도(공차)	○
		원통도(공차)	⌭
단독형체 또는 관련형체		선의 윤곽도(공차)	⌒
		면의 윤곽도(공차)	⌓
관련형체	자세공차	평행도(공차)	//
		직각도(공차)	⊥
		경사도(공차)	∠
	위치공차	위치도(공차)	⌖
		동축도(공차) 또는 동심도(공차)	◎
		대칭도(공차)	⌯
	흔들림공차	원주흔들림(공차)	↗
		온흔들림(공차)	⌰

10년간 자주 출제된 문제

1-1. 수면이나 유면 등의 위치를 나타내는 수준면선의 종류는?

① 파 선
② 가는 실선
③ 굵은 실선
④ 1점쇄선

1-2. 다음과 같이 물체의 형상을 쉽게 이해하기 위해 도시한 단면도는?

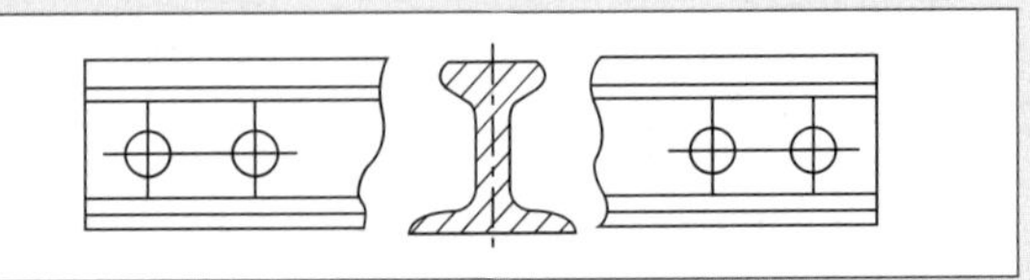

① 부분단면도
② 반단면도
③ 회전단면도
④ 조합에 의한 단면도

1-3. 다음의 제도용지 중 크기가 420×594mm에 해당하는 것은?

① A0 ② A1
③ A2 ④ A3

1-4. 다음 중 치수 기입법에 대한 설명으로 옳은 것은?

① 치수는 가급적 일직선상에 기입한다.
② 치수는 가급적 도형의 우측과 위쪽에 기입한다.
③ 치수는 정면도, 평면도, 측면도에 골고루 나누어 기입한다.
④ 치수는 가급적 정면도에 기입하고, 부득이한 것은 평면도와 측면도에 기입한다.

|해설|

1-1
가는 실선의 용도 : 치수선, 치수보조선, 지시선, 중심선, 수준면선, 회전단면선

1-2
회전도시단면도는 투상면에 절단한 단면의 모양을 90° 회전하여 안이나 밖에 그린 후 실제 두께 부분의 형태를 알고 싶을 때 나타낸다.

1-3

용지의 크기

- A4 용지 : 210×297mm
- A3 용지 : 297×420mm
- A2 용지 : 420×594mm
- A3 용지는 A4 용지의 가로와 세로치수 중 작은 치수값의 2배로 하고 용지의 크기가 증가할수록 같은 원리로 점차적으로 증가한다.

1-4

치수 기입의 원칙

- 치수는 되도록 주투상도(정면도)에 집중한다.
- 치수는 중복 기입을 피한다.
- 치수는 되도록 계산해서 구할 필요가 없도록 한다.
- 치수는 필요에 따라 기준으로 하는 점, 선 또는 면을 기준으로 하여 기입한다.
- 관련되는 치수는 되도록 한곳에 모아서 기입한다.
- 치수는 되도록 공정마다 배열을 분리하여 기입한다.
- 치수 중 참고치수에 대하여는 치수수치에 괄호를 붙인다.

정답 1-1 ② 1-2 ③ 1-3 ③ 1-4 ④

핵심이론 02 도면 그리기

① 스케치 방법

㉠ 프리핸드법 : 자유롭게 손으로 그리는 스케치기법으로 모눈종이를 사용하면 편하다.

㉡ 프린트법 : 광명단 등을 발라 스케치용지에 찍어 그 면의 실형을 얻거나 면에 용지를 대고 연필 등으로 문질러서 도형을 얻는 방법이다.

㉢ 본뜨기법 : 불규칙한 곡선 부분이 있는 부품은 납선, 구리선 등을 부품의 윤곽에 따라 굽혀서 그 선의 윤곽을 지면에 대고 본뜨거나 부품을 직접 용지 위에 놓고 본뜨는 기법이다.

㉣ 사진촬영법 : 복잡한 기계의 조립상태나 부품을 여러 방향에서 사진을 찍어 제도 및 도면에 활용한다.

② 기계요소 제도

㉠ 나사의 제도

- 나사의 기호

구 분		나사의 종류		나사의 종류를 표시하는 기호
일반용	ISO 표준에 있는 것	미터보통나사		M
		미터가는나사		
		미니추어 나사		S
		유니파이보통나사		UNC
		유니파이가는나사		UNF
		미터사다리꼴나사		Tr
		관용 테이퍼 나사	테이퍼 수나사	R
			테이퍼 암나사	Rc
			평행 암나사	Rp
	ISO 표준에 없는 것	관용평행나사		G
		30도사다리꼴나사		TM
		29도사다리꼴나사		TW
		관용 테이퍼 나사	테이퍼 나사	PT
			평행 암나사	PS
		관용평행나사		PF

- 나사의 종류
  - 결합용 나사

ⓐ 미터나사 : 나사산각이 60°인 삼각나사로 미터계나사로 가장 많이 사용하고 있다.

ⓑ 유니파이나사 : 나사산각이 60°이며 ABC 나사라고하며 인치계를 사용한다.

ⓒ 관용나사 : 나사산각이 55°이며 나사의 생성으로 인한 파이프강도를 작게 하기 위해, 나사산의 높이를 작게 하기 위해 사용된다.

– 운동용 나사

ⓐ 사각나사 : 나사산이 사각형 모양으로 효율은 좋으나 가공이 어려운 단점이 있으며 나사잭, 나사프레스, 선반의 이송나사 등으로 사용된다.

ⓑ 사다리꼴나사 : 애크미나사라고 하며 사각나사의 가공이 어려운 단점을 보완하며, 공작기계의 이송나사로 사용된다.

ⓒ 톱니나사 : 하중의 작용방향이 항상 일정한 압착기바이스 등과 같은 곳에 사용한다.

ⓓ 둥근나사 : 먼지, 모래, 녹가루 등이 들어갈 염려가 있는 곳에 사용한다.

ⓔ 볼나사 : 수나사와 암나사의 홈을 서로 맞붙여 나선형의 홈에 강구를 넣은 나사로 마찰이 작고 효율이 높으며, 공작기계의 수치제어에 의한 위치 결정이나 자동차용 스티어링 기어 등 운동용 나사로 사용된다.

• 나사의 요소

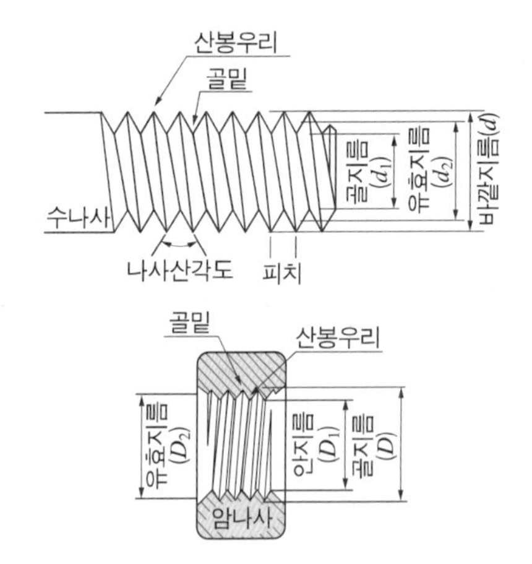

– 나사의 피치 : 나사산과 나사산 사이의 거리

– 나사의 리드 : 나사를 360° 회전시켰을 때 상하방향으로 이동한 거리

L(리드)= n(줄수)× P(피치)

• 나사의 도시방법

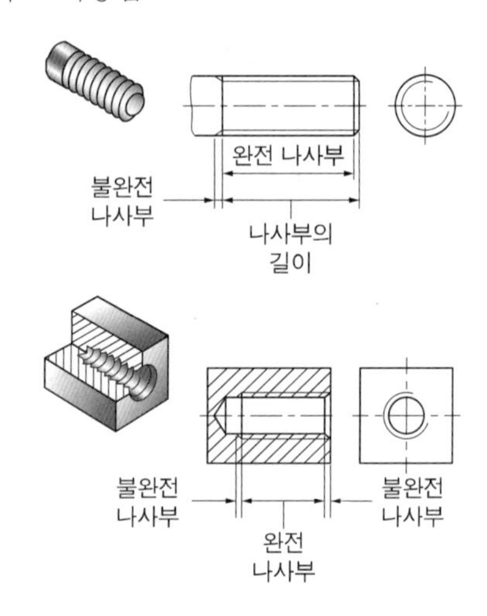

– 수나사의 바깥지름과 암나사의 안지름을 표시하는 선은 굵은 실선으로 그린다.

– 수나사와 암나사의 골을 표시하는 선은 가는 실선으로 그린다.

– 완전 나사부와 불완전 나사부의 경계선은 굵은 실선으로 그린다.

– 불완전 나사부의 골을 나타내는 선은 축선에 대하여 30°의 가는 실선으로 그리고, 필요에 따라 불완전 나사부의 길이를 기입한다.

– 암나사의 단면도시에서 드릴 구멍이 나타날 때에는 굵은실선으로 120°가 되게 그린다.

– 수나사와 암나사의 결합부의 단면은 수나사로 나타낸다.

– 수나사와 암나사의 측면도시에서 각각의 골지름은 가는 실선으로 약 $\frac{3}{4}$ 원으로 그린다.

• 나사의 호칭방법

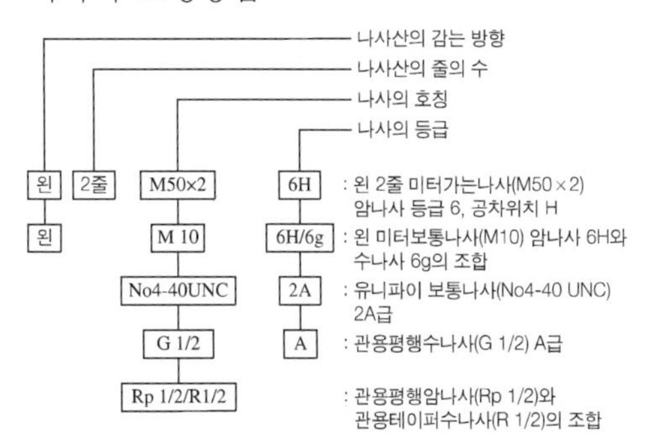

㉡ 키 : 회전축에 벨트 풀리, 기어 등을 고정하여 회전력을 전달할 때 쓰인다.

• 묻힘키(성크키) : 보스와 축에 키홈을 파고 키를 견고하게 끼워 회전력을 전달한다.
• 안장키 : 키를 축과 같이 동일한 오목한 원형 모양으로 가공하고 축에는 가공하지 않는다.
• 평키 : 축의 상면을 평평하게 깎아서 올린 키
• 반달키 : 반달모양의 키로 테이퍼축의 작은 하중에 사용된다.
• 접선키 : 120°로 벌어진 2개의 키를 기울여 삽입하여 큰 동력을 전달할 때 사용한다.
• 원뿔키 : 보스를 축의 임의의 위치에 헐거움 없이 고정하는 것이 가능하고 편심이 없다.
• 스플라인 : 축에 원주방향으로 같은 간격으로 여러 개의 키 홈을 가공하며 큰 동력을 전달한다.
• 세레이션 : 축과 보스에 삼각형 모양의 작은 홈을 원형에 따라 가공 후 결합시켜 큰 동력을 전달한다.

※ 전달동력의 크기 : 세레이션 > 스플라인 > 접선키 > 반달키 > 평키 > 안장키

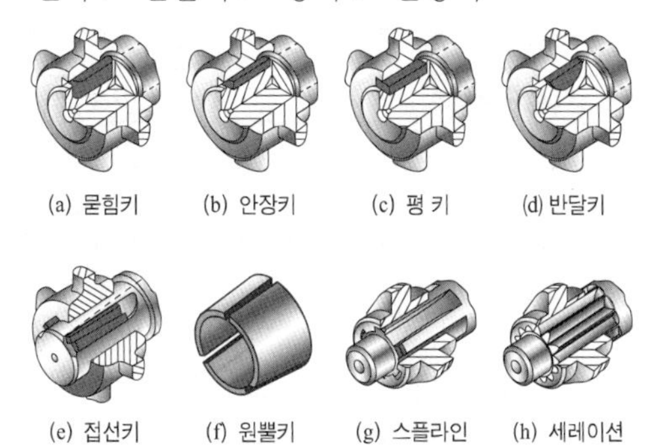
(a) 묻힘키 (b) 안장키 (c) 평 키 (d) 반달키
(e) 접선키 (f) 원뿔키 (g) 스플라인 (h) 세레이션

㉢ 핀 : 하중에 작을 때 간단한 설치로 고정할 때 사용된다.

• 종 류
  – 테이퍼핀 : 일반적으로 1/50의 테이퍼값을 사용하고 호칭지름은 작은 쪽의 지름으로 한다.
  – 평행핀 : 기계부품의 조립 시 안내하는 역할로 위치결정에 사용된다.
  – 분할핀 : 두 갈래로 나눠진다. 너트의 풀림방지용으로 사용되며, 호칭지름은 핀구멍의 지름으로 한다.
  – 스프링핀 : 얇은 판을 원통형으로 말아서 만든 평행핀의 일종이다. 억지끼움을 했을 때 핀의 복원력으로 구멍에 정확히 밀착되는 특성이 있다.

㉣ 기 어

• 두 축이 평행할 때 기어

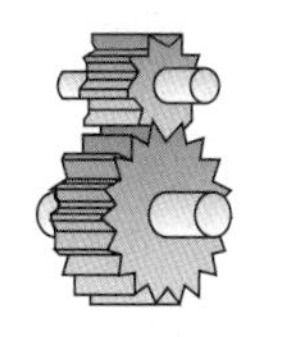
(a) 스퍼(평)기어

(b) 헬리컬기어

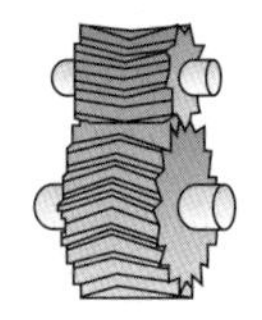
(c) 이중 헬리컬기어

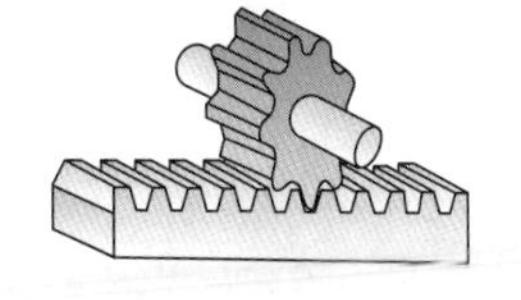
(d) 래크와 작은 기어

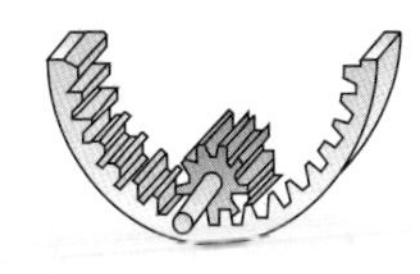
(e) 안기어와 바깥기어

• 두 축이 교차할 때 기어

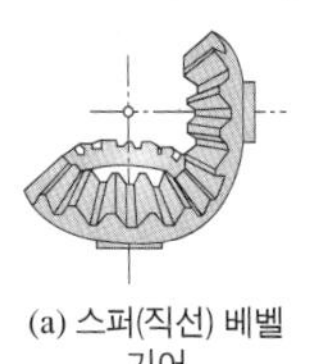
(a) 스퍼(직선) 베벨 기어

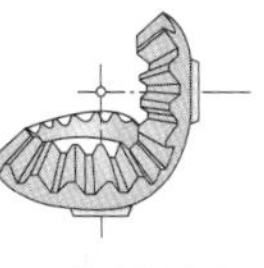
(b) 헬리컬 베벨 기어

(c) 스파이럴 베벨 기어

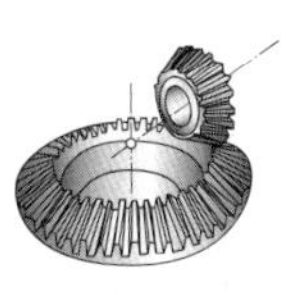
(d) 제롤 베벨 기어

(e) 크라운기어

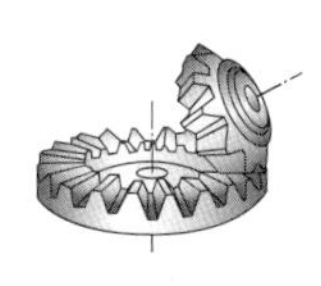
(f) 앵귤러 베벨 기어

• 두 축이 어긋난 경우 기어

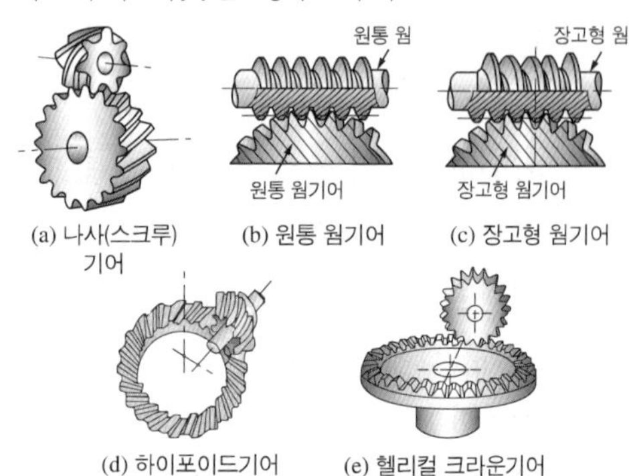

(a) 나사(스크루) 기어 (b) 원통 웜기어 (c) 장고형 웜기어

(d) 하이포이드기어 (e) 헬리컬 크라운기어

• 기어의 각부 명칭

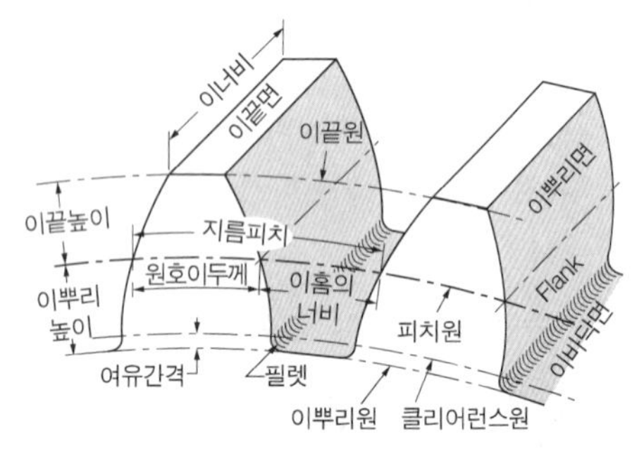

- 끝높이=모듈(m)
- 이뿌리높이=1.25×모듈(m)
- 이높이=2.25×모듈(m)
- 피치원지름=모듈(m)×잇수

• 기어의 제도

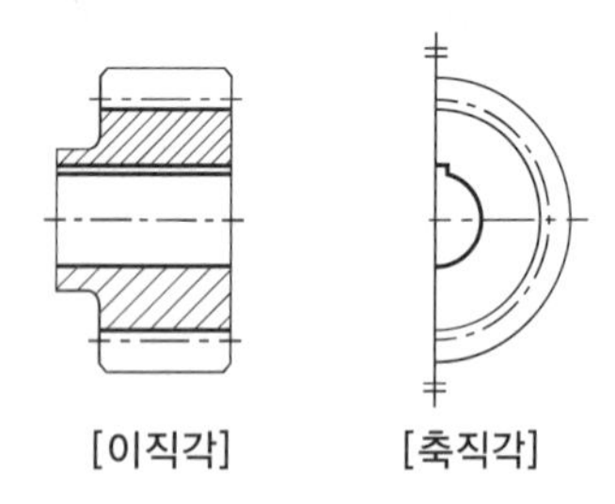

[이직각] [축직각]

- 이끝원은 굵은실선으로 그리고 피치원은 가는 1점쇄선으로 그린다.
- 이뿌리원은 축에 직각방향으로 도시할 때는 가는실선, 이에 직각방향으로 도시할 때는 굵은 실선으로 그린다.
- 맞물리는 한 쌍 기어의 도시에서 맞물림부의 이끝원은 모두 굵은실선으로 그린다.
- 기어의 제작상 필요한 중요치형, 압력각, 모듈, 피치원지름 등은 요목표를 만들어서 정리한다.

ⓜ 스프링

• 코일스프링의 제도

- 스프링은 원칙적으로 무하중인 상태로 그린다. 만약, 하중이 걸린 상태에서 그릴 때에는 선도 또는 그때의 치수와 하중을 기입한다.
- 하중과 높이(또는 길이) 또는 처짐과의 관계를 표시할 필요가 있을 때에는 선도 또는 항목표에 나타낸다.
- 특별한 단서가 없는 한 모두 오른쪽 감기로 도시하고, 왼쪽 감기로 도시할 때에는 '감긴 방향 왼쪽'이라고 표시한다.
- 코일 부분의 중간 부분을 생략할 때에는 생략한 부분을 가는 1점쇄선으로 표시하거나 또는 가는 2점쇄선으로 표시해도 좋다.
- 스프링의 종류와 모양만을 도시할 때에는 재료의 중심선만을 굵은 실선으로 그린다.
- 조립도나 설명도 등에서 코일스프링은 그 단면만으로 표시하여도 좋다.

ⓑ 베어링

• 베어링 표시방법

구름베어링의 호칭번호는 베어링의 형식, 주요치수와 그 밖의 사항을 표시한다. 기본번호와 보조기호로 구성되고 다음 표와 같이 나타내며 호칭번호는 숫자·글자로 각각 숫자와 영문자의 대문자로 나타낸다.

구분	기호
기본번호	베어링계열기호
	안지름번호
	접촉각기호
보조기호	내부치수
	밀봉기호 또는 실드기호
	궤도륜 모양기호
	조합기호
	내부틈새 기호
	정밀도 등급기호

예 6308 Z NR
- 63 : 베어링계열기호[6 : 단열 깊은 홈 볼베어링, 3 : 치수계열(너비계열 0, 지름계열 3)]
- 08 : 안지름번호(호칭베어링 안지름 8×5=40mm)
- Z : 실드기호(한쪽실드)
- NR : 궤도륜 모양기호(멈춤링붙이)

• 베어링 안지름
- 베어링 안지름번호가 한 자리일 경우에 한 자리가 그대로 안지름이 된다.
  예 638 : 안지름 8mm
- 베어링 안지름번호가 '숫자 두 자리'로 표시될 경우 두 자리가 안지름이 된다.
  예 63/28 : 안지름 28mm
- 베어링 안지름번호 두 자리가 00, 01, 02, 03일 경우 10, 12, 15, 17mm가 되고 04부터 ×5를 하여 안지름을 계산한다.

※ 금속재료의 호칭
재료를 표시하는 데 대개 3단계 문자로 표시한다.
• 첫 번째 : 재질의 성분을 표시하는 기호
• 두 번째 : 제품의 규격을 표시하는 기호로 제품의 형상 및 용도를 표시
• 세 번째 : 재료의 최저인장강도 또는 재질의 종류기호를 표시한다.
  - 강종 뒤에 숫자 세 자리 : 최저인장강도 (N/mm^2)
  - 강종 뒤에 숫자 두 자리+C : 탄소함유량
    예 • GC100 : 회주철
    • SS400 : 일반구조용 압연강재
    • SF340 : 탄소단강품
    • SC360 : 탄소주강품
    • SM45C : 기계구조용 탄소강
    • STC3 : 탄소공구강

10년간 자주 출제된 문제

2-1. 실물을 보고 프리핸드로 그린 도면은?
① 계획도
② 제작도
③ 평면도
④ 스케치도

2-2. 나사의 일반도시방법에 관한 설명 중 옳은 것은?
① 수나사의 바깥지름과 암나사의 안지름은 가는 실선으로 도시한다.
② 완전 나사부와 불완전 나사부의 경계는 가는 실선으로 도시한다.
③ 수나사와 암나사의 측면 도시에서의 골지름은 굵은 실선으로 도시한다.
④ 불완전 나사부의 끝 밑선은 축선에 대하여 30° 경사진 가는 실선으로 그린다.

2-3. 스퍼기어의 잇수가 32이고, 피치원의 지름이 64일 때 이 기어의 모듈값은 얼마인가?
① 0.5 ② 1
③ 2 ④ 4

2-4. 한국산업표준(KS)에서 재료기호 "SF 340 A"이 의미하는 것은?
① 내열강 주강품
② 고망간강 단강품
③ 탄소강 단강품
④ 압력용기용 스테인리스 단강품

|해설|

2-1
스케치방법
• 프리핸드법 : 자유롭게 손으로 그리는 스케치기법으로 모눈종이를 사용하면 편하다.
• 프린트법 : 광명단 등을 발라 스케치용지에 찍어 그 면의 실형을 얻거나 면에 용지를 대고 연필 등으로 문질러서 도형을 얻는 방법이다.
• 본뜨기법 : 불규칙한 곡선 부분이 있는 부품은 납선, 구리선 등을 부품의 윤곽에 따라 굽혀서 그 선의 윤곽을 지면에 대고 본뜨거나 부품을 직접 용지 위에 놓고 본뜨는 기법이다.
• 사진촬영법 : 복잡한 기계의 조립상태나 부품을 여러 방향에서 사진을 찍어 제도 및 도면에 활용한다.

2-2

나사의 도시방법

- 수나사의 바깥지름과 암나사의 안지름을 표시하는 선은 굵은 실선으로 그린다.
- 수나사와 암나사의 골을 표시하는 선은 가는 실선으로 그린다.
- 완전 나사부와 불완전 나사부의 경계선은 굵은 실선으로 그린다.
- 불완전 나사부의 골을 나타내는 선은 축선에 대하여 30°의 가는 실선으로 그리고 필요에 따라 불완전 나사부의 길이를 기입한다.
- 암나사의 단면도시에서 드릴 구멍이 나타날 때에는 굵은 실선으로 120°가 되게 그린다.
- 수나사와 암나사의 결합부의 단면은 수나사로 나타낸다.
- 수나사와 암나사의 측면도시에서 각각의 골지름은 가는 실선으로 약 $\frac{3}{4}$ 원으로 그린다.

2-3

$$모듈 = \frac{지름}{잇수} = \frac{64}{32} = 2$$

2-4

재료를 표시하는 데 대개 3단계 문자로 표시한다.

- 첫 번째 : 재질의 성분을 표시하는 기호
- 두 번째 : 제품의 규격을 표시하는 기호로 제품의 형상 및 용도를 표시
- 세 번째 : 재료의 최저인장강도 또는 재질의 종류기호를 표시한다.
  - 강종 뒤에 숫자 세 자리 : 최저인장강도(N/mm^2)
  - 강종 뒤에 숫자 두 자리+C : 탄소함유량

  예 • GC100 : 회주철
  - SS400 : 일반구조용 압연강재
  - SF340 : 탄소단강품
  - SC360 : 탄소주강품
  - SM45C : 기계구조용 탄소강
  - STC3 : 탄소공구강

정답 2-1 ④ 2-2 ④ 2-3 ③ 2-4 ③

교육은 우리 자신의 무지를 점차 발견해 가는 과정이다.

– 윌 듀란트 –

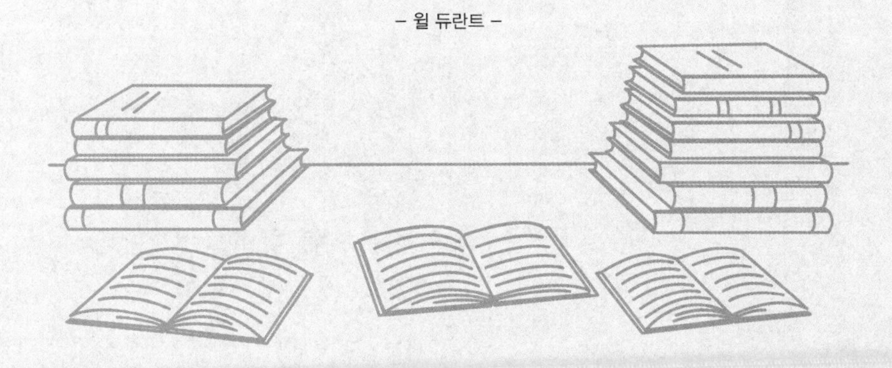

Win-Q

PART 02

과년도+최근 기출복원문제

#기출유형 확인 #상세한 해설 #최종점검 테스트

2013~2016년	과년도 기출문제	회독 CHECK 1 2 3
2017~2023년	과년도 기출복원문제	회독 CHECK 1 2 3
2024	최근 기출복원문제	회독 CHECK 1 2 3

금속재료시험기능사 과년도+최근 기출복원문제

2013년 제5회 과년도 기출문제

01 1성분계 상태도에서 3중점에 대한 설명으로 옳은 것은?

① 세 가지 기압이 겹치는 점이다.
② 세 가지 온도가 겹치는 점이다.
③ 세 가지 상이 같이 존재하는 점이다.
④ 세 가지 원소가 같이 존재하는 점이다.

해설
대표적인 상태도로는 물(H_2O)이 있으며, 액체, 고체, 기체의 상이 한 지점에 있는 것을 3중점이라 한다.

02 알루미늄합금 중 시효처리에 의해 석출경화를 이용하는 열처리형 합금이 아닌 것은?

① 2000계
② 3000계
③ 6000계
④ 7000계

해설
알루미늄 합금의 분류

<table>
<tr><th>가공 형태</th><th>열처리 형태</th><th>합금성분별</th></tr>
<tr><td rowspan="7">단련용 합금
(압출, 압연, 단조, 프레스 등의 가공에 사용되는 합금)</td><td rowspan="4">비열처리용 합금
(고용체 강화, 분산강화 및 가공경화에 의해 재료 성질 개선)</td><td>순알루미늄(1000계)</td></tr>
<tr><td>Al-Mn계(3000계)</td></tr>
<tr><td>Al-Si계(4000계)</td></tr>
<tr><td>Al-Mg계(5000계)</td></tr>
<tr><td rowspan="3">열처리용 합금
(시효경화 열처리 방법에 의해 재질 강화)</td><td>Al-Cu-Mg계(2000계)</td></tr>
<tr><td>Al-Mg-Si계(6000계)</td></tr>
<tr><td>Al-Zn-Mg계(7000계)</td></tr>
</table>

03 형상 기억 효과를 나타내는 합금이 일으키는 변태는?

① 펄라이트변태
② 마텐자이트변태
③ 오스테나이트변태
④ 레데부라이트변태

해설
- 형상기억합금 : 힘에 의해 변형되더라도 특정 온도에 올라가면 본래의 모양으로 돌아오는 합금, Ti-Ni이 대표적으로 마텐자이트 상변태를 일으킴
- 마텐자이트변태 : Fe이 온도의 상승에 따라 α-Fe(BCC)에서 γ-Fe, δ-Fe로 외관의 변화를 보이지 않는 고체 간의 상변태

04 금속재료의 일반적 성질에 관한 설명으로 틀린 것은?

① Mg의 용융점은 약 850℃이다.
② Al의 비중은 약 2.7로 물속으로 가라앉는다.
③ 열전도도가 우수한 금속은 Ag > Cu > Au 순이다.
④ 물질이 상태의 변화를 완료하기 위해서는 잠열이 필요하다.

해설
Mg의 용융점은 650℃이다.

1 ③ 2 ② 3 ② 4 ① 정답

05 Al-Si계 합금에 관한 설명으로 틀린 것은?

① Si 함유량이 증가할수록 열팽창계수가 낮아진다.
② 실용합금으로는 10~13%의 Si가 함유된 실루민이 있다.
③ 용융점이 높고 유동성이 좋지 않아 복잡한 모래형 주물에는 이용되지 않는다.
④ 개량처리를 하게 되면 용탕과 모래 수분과의 반응으로 수소를 흡수하여 기포가 발생된다.

해설

주조용 알루미늄 합금

- Al-Cu : 12%Cu를 첨가하여 주물 재료로 사용하며 고용체의 시효경화가 일어나고, 내식성이 떨어진다. 고온에서 균열 발생, 상온 시효를 일으키며, 시간의 경과에 따라 강도・경도가 증가한다.
- Al-Si : 실루민, 10~14%Si를 첨가하며 Na을 첨가하여 개량화 처리를 실시한다. 용융점이 낮고 유동성이 좋아 넓고 복잡한 모래형 주물에 이용한다. 개량화 처리 시 용탕과 모래형 수분과의 반응으로 수소를 흡수하여 기포가 발생한다. 다이캐스팅에는 급랭으로 인한 조직이 미세화된다. 열간 메짐이 없다.
  - 개량화 처리 : 금속나트륨, 수산화나트륨, 플루오린화 알칼리, 알칼리 염류 등을 용탕에 장입하면 조직이 미세화되는 처리
- Al-Cu-Si : 라우탈, 주조성 및 절삭성이 좋다.

06 Ni에 약 50~60%의 Cu를 첨가하여 표준 저항선이나 열전쌍용선으로 사용되는 합금은?

① 엘린바
② 모넬메탈
③ 콘스탄탄
④ 플라티나이트

해설

Ni-Cu합금 : 양백(Ni-Zn-Cu)-장식품, 계측기, 콘스탄탄(40%Ni-55~60%Cu)-열전쌍, 모넬메탈(60%Ni)-내식・내열용

07 용액(L_1) → 결정(M) + 용액(L_2)와 같은 반응을 하며, 정해진 온도에서 3상이 평형을 이루는 상태도는?

① 공정형　② 포정형
③ 편정형　④ 금속간 화합물형

해설

불변반응

- 공석 반응 : 일정한 온도의 한 고용체에서 두 종류의 고체가 동시에 석출하여 나오는 반응($\gamma \rightarrow \alpha + \beta$)
- 공정 반응 : 일정한 온도의 액체에서 두 종류의 고체가 동시에 정출하여 나오는 반응($L \rightarrow \alpha + \beta$)
- 포정 반응 : 일정한 온도에서 한 고용체와 용액의 혼합체가 전혀 다른 고체가 형성되는 반응($\alpha + L \rightarrow \beta$)
- 편정 반응 : 하나의 액체에서 다른 액상 및 고용체가 동시에 형성되는 반응($L_1 \rightarrow L_2 + \alpha$)
- 포석 반응 : 서로 다른 조성의 두 고체가 전혀 다른 하나의 고체로 형성되는 반응($\alpha + \beta \rightarrow \gamma$)

08 다음 중 소결 탄화물 공구강이 아닌 것은?

① 듀콜(Ducole)강
② 미디아(Midia)
③ 카볼로이(Carboloy)
④ 텅갈로이(Tungalloy)

해설

- 구조용 특수강 : Ni강, Ni-Cr강, Ni-Cr-Mo강, Mn강(듀콜강, 하드필드강)
- 소결 탄화물 : 금속 탄화물을 코발트를 결합제로 소결하는 합금, 비디아, 미디아, 카볼로이, 텅갈로이 등

09 조직검사를 통한 상의 종류 및 상의 양을 결정하는 방법이 아닌 것은?

① 면적의 측정법　② 점의 측정법
③ 직선의 측정법　④ 설퍼 프린트 측정법

해설

조직량 측정법에는 면적 분율법, 직선법, 점산법이 있다. 설퍼 프린트는 황의 여부를 확인하는 시험이다.

정답 5 ③ 6 ③ 7 ③ 8 ① 9 ④

10 뜨임 취성을 방지할 목적으로 첨가되는 합금원소는?

① Al　　② Si
③ Mn　　④ Mo

해설
Mo : 페라이트 중 조직을 강화하는 능력이 Cr, Ni보다 크고, 크리프 강도를 높이는 데 사용한다. 또한 뜨임 메짐을 방지하고, 열처리 효과를 깊게 한다.

11 18-8 스테인리스강에 대한 설명으로 틀린 것은?

① 강자성체이다.
② 내식성이 우수하다.
③ 오스테나이트계이다.
④ 18%Cr-8%Ni의 합금이다.

해설
Austenite계 스테인리스강 : 18%Cr-8%Ni이 대표적인 강으로 비자성체에 산과 알칼리에 강하다.

12 6 : 4 황동에 1~2% Fe을 첨가한 것으로 강도가 크고 내식성이 좋아 광산기계, 선박용 기계, 화학기계 등에 널리 사용되는 것은?

① 포 금　　② 문쯔메탈
③ 규소황동　　④ 델타메탈

해설
델타메탈 : 6 : 4황동에 Fe 1~2% 첨가한 강. 강도, 내산성 우수, 선박, 화학기계용에 사용

13 다음 중 주철의 성질로 틀린 것은?

① 메짐이 크다.
② 단조할 수 있다.
③ 탄소가 2.11% 이상이다.
④ 용융상태에서 주조를 한다.

해설
주철의 성질
- 탄소가 2.0%C~6.67%C로 경도가 높고, 취성이 큰 특징이 있다.
- 경도는 시멘타이트 양에 비례하여 증가하고, Si에 의해 분해되어 경도가 낮아진다.
- 인(P)이 첨가되면 스테다이트를 형성함으로 경도가 높아진다.
- 인장강도, 경도가 높을수록 비중이 증가하는 경향을 보인다.
- 화합 탄소가 적고, 유리 탄소가 균일하게 분포될수록 투자율은 커진다.
- 전기 비저항은 Si와 Ni이 증가할수록 높아진다.
- 인장강도는 흑연의 함유량과 형상에 따라 달라지며 압축강도는 인장강도의 3~4배 크다.
- 흑연이 자체적으로 윤활 작용을 해 내마모성이 크다.
- Si와 C가 많을수록 비중과 용융 온도는 저하하며, Si, Ni의 양이 많아질수록 고유 저항은 커지며, 흑연이 많을수록 비중이 작아진다.

14 백금(Pt)의 결정격자는?

① 정방격자　　② 면심입방격자
③ 조밀육방격자　　④ 체심입방격자

해설
면심입방격자(Face Centered Cubic) : Ag, Al, Au, Ca, Ir, Ni, Pb, Ce, Pt
- 배위수 : 12, 원자충진율 : 74%, 단위격자 속 원자수 : 4
- 전기 전도도가 크며 전연성이 크다.

10 ④　11 ①　12 ④　13 ②　14 ② 정답

15 다음 중 연강의 탄소함량은 약 몇 %인가?

① 0.14　　② 0.45
③ 0.55　　④ 0.85

해설
연강은 탄소함유량이 0.12% 이하인 강을 의미하므로, 가장 근접한 0.14%가 정답이 된다.

16 치수보조기호 t의 의미를 옳게 나타낸 것은?

① 지름 치수　　② 반지름 치수
③ 판의 두께　　④ 원호의 길이

해설
치수보조기호

종 류	기 호
지 름	ϕ(파이)
반지름	R(아르)
정사각형의 변	□(사각)
구의 반지름	SR(에스아르)
구의 지름	Sϕ(에스파이)
판의 두께	t=(티)
원호의 길이	⌒(원호)
45° 모따기	C(시)
이론적으로 정확한 치수	□(테두리)
참고 치수	( )(괄호)
비례 치수가 아닌 치수	__(밑줄)
지름 치수 앞에 쓴다.	ϕ30
반지름 치수 앞에 쓴다.	R15
정사각형 한 변의 치수 앞에 쓴다.	□20
구의 반지름 치수 앞에 쓴다.	SR40
구의 지름 치수 앞에 쓴다.	Sϕ20
판 두께의 치수 앞에 쓴다.	t=5
원호의 길이 치수 앞에 붙인다.	⌒10
45° 모따기 치수 앞에 쓴다.	C8
이론적으로 정확한 치수의 치수 숫에 테두리를 그린다.	20
치수 보조 기호를 포함한 참고 치수에 괄호를 친다.	(ϕ20)
비례 치수가 아닌 치수에 밑줄을 친다.	15

17 다음 중 투상법에 대한 설명으로 틀린 것은?

① 투상법은 제 3각법을 따르는 것을 원칙으로 한다.
② 같은 도면에서 제1각법과 제3각법을 혼용할 수 있다.
③ 제 1각법과 제 3각법은 정면도를 중심으로 평면도와 측면도의 위치가 다르다.
④ 정면도와 평면도만 보아도 그 물체를 알 수 있을 때에는 측면도를 생략할 수 있다.

해설
하나의 도면에 제1각법, 제3각법을 혼용해서 나타낼 수는 없다.

18 그림과 같은 물체를 제3각법에 의하여 투상하려고 한다. 화살표 방향을 정면도로 할 때 평면도는?

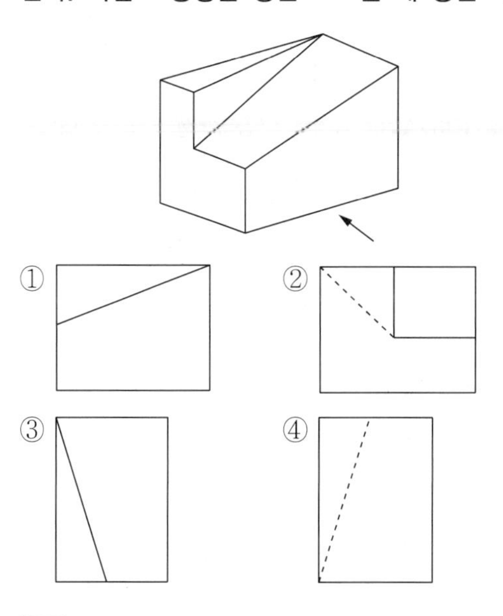

해설
정면도를 기준으로 위쪽 방향에서 본 형태를 평면도라고 한다.

19 다음 그림과 같은 단면도는?

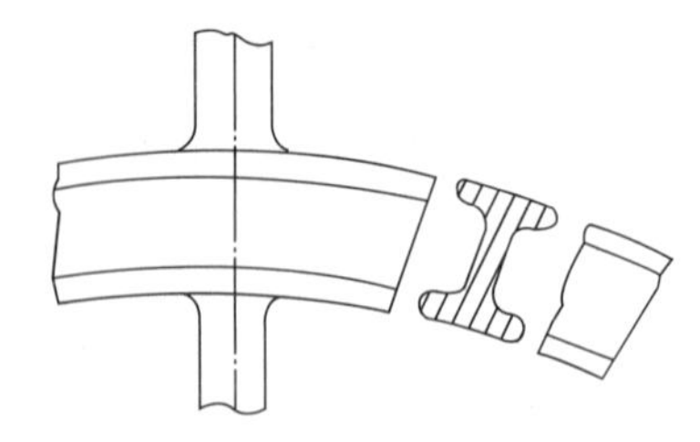

① 부분 단면도
② 계단 단면도
③ 한쪽 단면도
④ 회전 단면도

해설
회전 도시 단면도 : 핸들, 벨트 풀리, 훅, 축 등의 단면을 표시할 때에는 투상면에 절단한 단면의 모양을 90° 회전하여 안이나 밖에 그린다.

20 다음 도면을 이용하여 공작물을 완성할 수 없는 이유는?

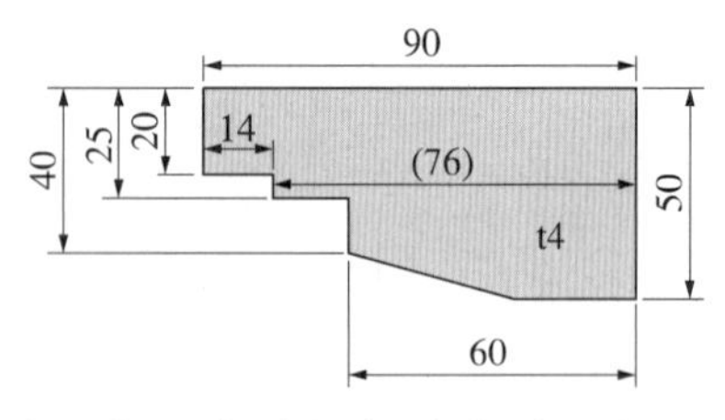

① 공작물의 두께 치수가 없기 때문에
② 공작물의 외형 크기 치수가 없기 때문에
③ 치수 20과 25 사이의 5의 치수가 없기 때문에
④ 공작물 하단의 경사진 각도 치수가 없기 때문에

해설
하단의 길이 60으로 나타낸 모서리 부분의 기울기에 대한 정의가 없기 때문에 제품을 가공할 수 없다.

21 축에 회전체를 고정시키는 기계요소 중에서 축과 보스에 모두 홈을 가공하여 큰 힘을 전달할 수 있어 가장 널리 사용되는 키는?

① 평 키　② 안장 키
③ 묻힘 키　④ 원형 키

해설
묻힘 키(성크 키) : 보스와 축에 키홈을 파고 키를 견고하게 끼워 회전력을 전달함

22 도면에서 2종류 이상의 선이 동일 위치에서 겹칠 때 가장 우선적으로 도시하는 선은?

① 숨은선
② 외형선
③ 절단선
④ 무게중심선

해설
2개 이상의 선이 중복될 때 우선순위
외형선 – 숨은선 – 절단선 – 중심선 – 무게중심선 – 치수선

23 $\phi 40^{+0.025}_{+0}$의 설명으로 틀린 것은?

① 치수공차 : 0.025
② 아래치수허용차 : 0
③ 최소허용치수 : 39.975
④ 최대허용치수 : 40.025

해설
최소허용치수는 40이다.

19 ④ 20 ④ 21 ③ 22 ② 23 ③ **정답**

24 가공으로 생긴 선이 동심원인 경우의 표시로 옳은 것은?

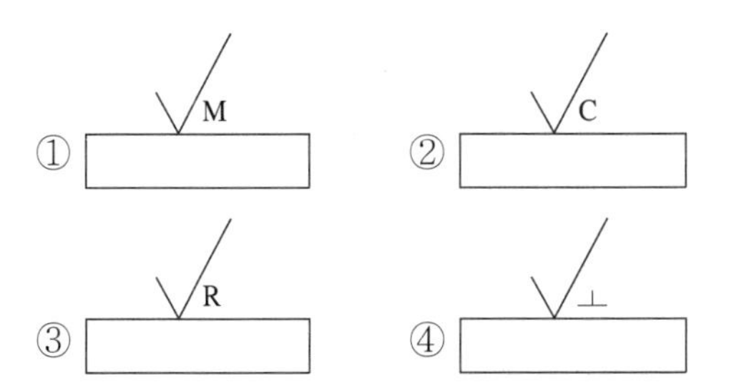

해설

기 호	뜻	모 양
C	가공으로 생긴 선이 거의 동심원	C

25 CAD 시스템의 하드웨어 중 출력장치에 해당하는 것은?

① 플로터 ② 마우스
③ 키보드 ④ 디지타이저

해설
플로터는 큰 용지를 연속적으로 인쇄할 때 사용되는 대형 인쇄기기이다.

26 다음 도면의 크기에서 A2 용지(mm)를 옳게 나타낸 것은?

① 210 × 297 ② 297 × 420
③ 420 × 594 ④ 841 × 1,189

해설
- A4 용지 : 210 × 297mm, 가로 : 세로 = 1 : $\sqrt{2}$
- A3 용지 : 297 × 420mm
- A2 용지 : 420 × 594mm
- A3 용지는 A4 용지의 가로세로 치수 중 작은 치수값의 2배로 하고 용지의 크기가 증가할수록 같은 원리로 점차적으로 증가함

27 길이 10mm의 부품을 도면에 2 : 1의 배척으로 그렸다. 도면에 기입하는 길이 치수(mm)는?

① 5 ② 10
③ 20 ④ 40

해설
척도에 상관없이 기입되는 치수값은 항상 실제 제품의 치수로 나타낸다.

28 재료에 어떤 일정한 하중을 가하고 어떤 온도에서 긴 시간 동안 유지하였을 때 시간이 경과함에 따라 증가하는 스트레인을 측정하여 각종의 재료역학적 양을 결정하는 시험은?

① 인장시험 ② 충격시험
③ 피로시험 ④ 크리프시험

해설
크리프시험
- 크리프 : 재료를 고온에서 내력보다 작은 응력으로 가해주면 시간이 지나면서 변형이 진행되는 현상
- 기계 구조물, 교량 및 건축물 등 긴 시간에 걸쳐 하중을 받는 재료에 시험
- 용융점이 낮은 금속(Pb, Cu)인 순금속, 연한 합금 등은 상온에서 크리프 현상 발생

정답 24 ② 25 ① 26 ③ 27 ② 28 ④

29 로크웰 경도시험에서 C 스케일의 기준하중(kgf)과 시험하중(kgf)은?(단, 다이아몬드형 압입자를 사용한다)

① 5, 60
② 10, 150
③ 15, 90
④ 20, 50

해설

로크웰 경도시험(HRC, HRB, Rockwell Hardness Test)

- 강구 또는 다이아몬드 원추를 시험편에 처음 일정한 기준 하중을 주어 시험편을 압입하고 다시 시험 하중을 가하여 생기는 압흔의 깊이 차로 구하는 시험
- HRB와 HRC의 비교

스케일	HRB	HRC
누르개	강구 또는 초경합금, 지름 1.588mm	원추각 120°의 다이아몬드
기준하중(kgf)	10	
시험하중(kgf)	100	150
경도를 구하는 식	$HRB = 130 - 500h$	$HRC = 100 - 500h$
적용 경도	0~100	0~70

30 굽힘시험과 관계가 먼 것은?

① 절삭성
② 굽힘 응력
③ 소성가공성
④ 전성 및 연성

해설

굽힘시험 : 굽힘 하중을 받는 재료의 굽힘 저항(굽힘 강도), 탄성계수 및 탄성 변형 에너지 값을 측정하는 시험

- 굽힘균열시험 : 재료의 소성가공성 및 용접부의 변형 등을 평가
- 굽힘저항시험(항절시험) : 주철, 초경 합금 등의 메짐재료의 파단 강도, 굽힘강도, 탄성계수 및 탄성에너지를 측정하며, 재료의 굽힘에 대한 저항력을 조사

31 샤르피 충격시험을 할 때 안전상 지켜야 할 사항으로 틀린 것은?

① 해머를 멈추기 위해서는 손으로 잡는다.
② 낙하하는 해머가 멈춘 후에 측정치를 읽는다.
③ 시험편의 홈이 중앙에 위치하는지를 확인한다.
④ 시험 전에 브레이크 핸들의 작동 상태를 확인한다.

해설

충격시험 시 유의사항

- 충격시험은 온도에 영향을 많이 받으므로, 온도를 항상 나타내어 주고, 특별한 지정이 없는 한 23±5℃의 범위 내에서 한다.
- 노치부의 표면은 매끄러워야 하며 절삭 흠 등 균열이 없어야 한다.
- 시험편을 지지대에 올려 둘 때 해머가 너무 높으면 위험하므로 안전하게 조금만 올린 후 세팅한다.
- 시험편이 파괴할 때 튀어나오는 경우가 있으므로 주의한다.

32 경도시험방법에서 1kgf의 하중으로 측정하여 유효 경화층 깊이가 2.5mm일 때 올바르게 표시한 것은?

① CD-M-E-2.5 ② CD-M-T-2.5
③ CD-H-E-2.5 ④ CD-H-T-2.5

해설

유효 경화층의 경우 E를 사용하며, 전 경화층 깊이의 경우 T를 사용한다. 따라서 CD-H-E-2.5가 된다.

33 방사선 투과 사진 감도에 영향을 미치는 인자를 시험체 콘트라스트와 필름 콘트라스트로 나눌 때 시험체 콘트라스트에 영향을 주는 인자가 아닌 것은?

① 산란 방사선 ② 필름의 종류
③ 방사선의 선질 ④ 시험체의 두께 차

해설

투과 사진의 감도는 방사선원의 선질, 선량, 시험체의 재질, 두께 그리고 필름의 선질 및 선량 특성 등에 관계된다.

29 ② 30 ① 31 ① 32 ③ 33 ② 정답

34 크리프(Creep)시험에 대한 설명으로 옳은 것은?

① 철강은 약 50℃ 이상의 온도에서 크리프 현상이 일어난다.
② 크리프 단계 중 3단계는 정상 크리프라고 하며, 변율이 일정하게 진행하는 단계이다.
③ 일정온도에서 어떤 시간 후에 크리프 속도가 0(Zero)이 되는 응력을 크리프 한도라 한다.
④ 크리프 단계 중 2단계는 가속 크리프라 하며 변율이 점차 증가하여 파단에 이른다.

해설

표준 크리프곡선의 3단계

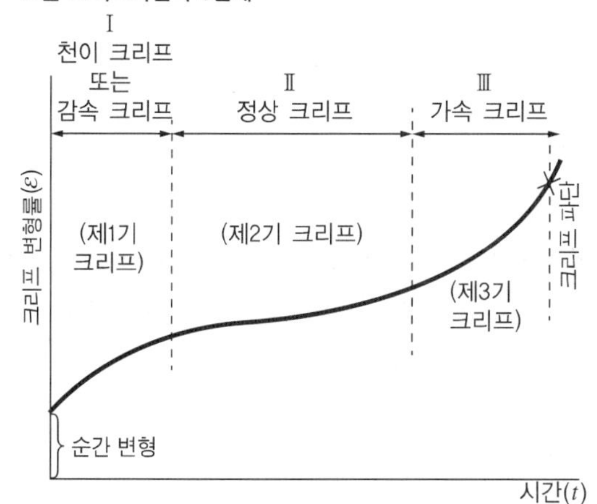

- 제1단계(감속 크리프) : 변율이 점차 감소하는 단계
- 제2단계(정상 크리프) : 일정하게 진행되는 단계
- 제3단계(가속 크리프) : 점차 증가하여 파단에 이르는 단계

크리프 한도

- 일정 온도에서 어떤 시간 후 크리프 속도가 0(Zero)이 되는 응력
- 일정한 온도에서 비교적 장기간에 걸친 일정한 시간에 규정한 크리프 변율이 생기게 하는 응력

※ CHAPTER 02 핵심이론 17 크리프시험 참조

35 인장시험에서 지름 14mm의 시편 표점거리가 50mm일 때 탄성한도의 하중이 4,500kgf이었다면, 이 시편의 탄성한계 응력(kgf/mm^2)은 약 얼마인가?(단, 잔류 연신은 무시한다)

① 18 ② 29
③ 41 ④ 47

해설

$$\frac{\text{탄성한도하중}}{\text{시험편 단면적}} = \frac{4,500}{7^2 \times 3.14} = 29.24\text{kgf/mm}^2$$

36 압축시험으로 구할 수 없는 것은?

① 압축강도 ② 연신율
③ 비례한도 ④ 탄성계수

해설

압축시험

- 압축력에 대한 재료의 저항력인 항압력을 시험
- 압축에 의한 압축강도, 비례한도, 항복점, 탄성계수 등을 측정
- 연성 재료의 경우 파괴를 일으키지 않으므로 균열 발생 응력을 측정
- 내압 재료에 적용하며 주철, 베어링합금, 벽돌, 콘크리트, 목재, 타일 등에 시험

37 구리판, 알루미늄판 및 기타 연성의 판재를 가압성형하여 변형 능력을 시험하는 것은?

① 마모시험 ② 압축시험
③ 크리프시험 ④ 에릭센시험

해설

에릭센시험(커핑시험) : 재료의 전·연성을 측정하는 시험으로 Cu판, Al판 및 연성 판재를 가압성형하여 변형 능력을 시험

정답 34 ③ 35 ② 36 ② 37 ④

38 시험 중에 분진이 발생할 염려가 있어 방진대책을 세울 필요가 있는 시험은?

① 인장시험 ② 경도시험
③ 초음파탐상시험 ④ 자분(건식)탐상시험

해설
자분(건식)탐상시험 시 자분가루를 사용하므로 방진대책이 필요하다.

39 강의 담금질에 대한 설명으로 옳은 것은?

① 결정립이 클수록 담금질성이 우수하다.
② 질량 효과가 큰 강은 담금질성이 우수하다.
③ 임계냉각속도가 작은 강은 담금질성이 우수하다.
④ 담금질성의 좋고 나쁨은 담금질하였을 때 경화되는 깊이로 정한다.

해설
담금질성은 경화되기 쉬운, 즉 담금질이 들어가는 깊이와 경도의 분포를 지배하는 능력이다. 담금질 경화능은 담금질이 들어가는 깊이의 대소로 비교한다.

40 에코팁 경도시험의 특징을 설명한 것 중 틀린 것은?

① 경도값의 측정이 수초 내에 완료된다.
② 반발을 이용한 경도시험기의 일종이다.
③ 측정자의 유지방향(수직, 경사, 수평 등)에 제약이 많다.
④ 조작이 간편하여 경험이 없는 사람도 정확한 경도값을 쉽게 얻을 수 있다.

해설
에코팁 경도시험 : 기존 로크웰, 브리넬, 비커스 경도시험은 압입자를 시편에 직접 자국을 내어 경도를 측정하지만, 쇼어와 비슷한 원리로 임팩트 디바이스 안에 임팩트 볼을 스프링의 힘을 빌려 시편의 표면에 충격시켜 반발되기 직전과 반발된 직후의 속도비를 가지고 경도로 환산하는 방식이다. 측정자의 유지방향에 제약이 적다.

41 응력-변형 곡선 중 Z점에서 계산할 수 있는 경도는?

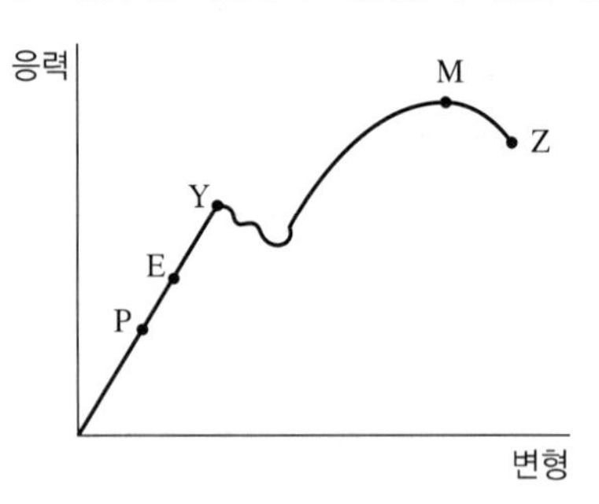

① 인장강도 ② 항복강도
③ 안전강도 ④ 파괴강도

42 금속 현미경 검사를 위한 시편 부식액 중 알루미늄 및 알루미늄 합금의 부식액으로 적당한 것은?

① 염산 용액
② 질산 알코올 용액
③ 염화제이철 용액
④ 수산화나트륨 용액

해설
부식액의 종류

재 료	부식액
철강재료	나이탈, 질산 알코올 (질산 5mL + 알코올 100mL)
	피크랄, 피크린산 알코올 (피크린산 5g + 알코올 100mL)
귀금속 (Ag, Pt 등)	왕수 (질산 1mL + 염산 5mL + 물 6mL)
Al 및 Al 합금	수산화나트륨 (수산화나트륨 20g + 물 100mL)
	플루오린화수소산 (플루오린화수소 0.5mL + 물 99.5mL)
Cu 및 Cu 합금	염화제이철 용액 (염화제이철 5g + 염산 50mL + 물 100mL)
Ni, Sn, Pb 합금	질산 용액
Zn 합금	염산 용액

38 ④ 39 ④ 40 ③ 41 ④ 42 ④ 정답

43 브리넬 경도시험에서 시험편의 두께는 적어도 누르개 자국 깊이의 몇 배 이상이어야 하는가?

① 2 ② 4
③ 6 ④ 8

해설

브리넬 경도시험편

- 시험편의 양면은 충분히 두껍고 평행하며, 시험면이 잘 연마되어 있어야 한다.
- 시험편의 두께는 들어간 깊이의 10배 이상이 되어야 하며, 너비는 들어간 깊이의 4배 이상되어야 한다.
- 오목부의 중심에서 시험편 가장자리까지 거리는 2.5배 이상으로 한다.

44 일반강의 초음파탐상시험에서 사용되는 주파수 범위는?

① 1~5Hz ② 1~5KHz
③ 2~10MHz ④ 11~150MHz

해설

초음파 : 물질 내의 원자 또는 분자의 진동으로 발생하는 탄성파로 20kHz~1GHz 정도의 주파수를 발생시키는 영역대의 음파

45 다음 중 모세관 현상의 원리를 응용하여 결함을 검사하는 시험은?

① 자분탐상시험 ② 침투탐상시험
③ 음향방출시험 ④ 초음파탐상시험

해설

침투탐상의 원리 : 모세관 현상을 이용하여 표면에 열려 있는 개구부(불연속부)에서의 결함을 검출하는 방법

46 탄소강을 불꽃시험할 때 탄소함유량에 따른 불꽃의 설명이 틀린 것은?

① 탄소량이 증가함에 따라 색은 적색을 띤다.
② 탄소량이 증가함에 따라 길이는 짧아진다.
③ 탄소량이 증가함에 따라 파열이 많아진다.
④ 탄소량이 증가함에 따라 불꽃의 양이 없어진다.

해설

불꽃시험 : 강을 그라인더로 연삭할 때 발생하는 불꽃의 색과 모양에 따라 탄소량과 특수 원소를 판별하는 시험으로 탄소 함량이 높을수록 길이가 짧아지고, 파열 및 불꽃의 양은 많아진다.

47 반복 작용하는 응력에 파괴되지 않고 견딜 수 있는 최대한도를 나타낸 것은?

① 내 력 ② 탄성한도
③ 비례한도 ④ 피로한도

해설

피로한계

- 하중이 어떤 값보다 작을 경우 무수히 많은 반복 하중이 작용해도 피로파괴가 일어나지 않는 최대응력
- 시험편이 작을수록 피로한도는 높음
- 시험편에 결손부나 구멍 등 응력 집중 원인의 요소가 있을 경우 피로한도는 낮아짐
- 표면이 매끈할수록 파괴까지의 시간이 길어짐

정답 43 ④ 44 ③ 45 ② 46 ④ 47 ④

48 비틀림시험 시의 주의사항 중 틀린 것은?

① 시험편이 잘 미끄러지도록 해야 한다.
② 시험편에 충격적인 하중이 걸리지 않도록 해야 한다.
③ 시험편의 중심선과 시험기의 중심선이 잘 일치하도록 한다.
④ 시험기를 작동할 때 적은 힘에서부터 천천히 하중을 가한다.

해설

비틀림시험 유의사항

- 비틀림시험편은 휨이 없어야 한다.
- 비틀림시험편을 고정시킬 때 미끄럼이 일어나지 않도록 한다.
- 비틀림시험편을 고정시킬 때 중심선이 일치하는가 확인한다.
- 하중을 가할 때에는 충격이 없도록 한다.

49 금속현미경 조직검사로 검출할 수 없는 것은?

① 결정입자의 크기
② 결정입자의 모양
③ 성분 분석 및 입자의 경도
④ 균열의 형상과 성장 상황

해설

금속현미경 탐상으로 알 수 있는 사항

- 금속 조직의 구분 및 결정 입도 측정
- 주조, 열처리, 압연 등에 의한 조직의 변화 측정
- 비금속 개재물의 종류와 형상, 크기 및 편석부 측정
- 균열의 형상과 성장 원인 분석
- 파단면 관찰에 의한 파괴 양상 파악

50 그림과 같은 표준시험편의 명칭은?

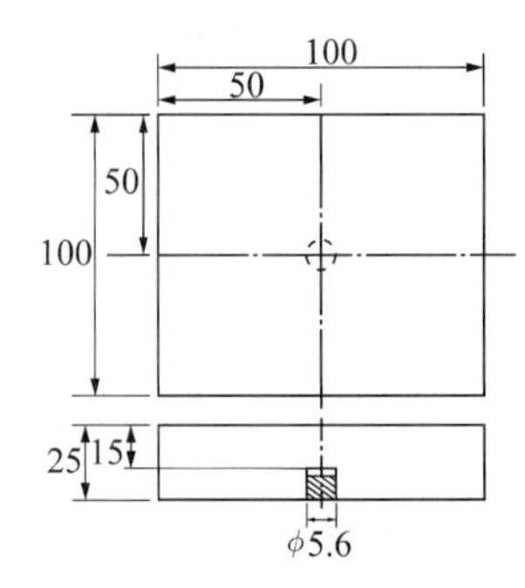

① STB-G　② STB-A1
③ STB-A2　④ STB-N1

해설

초음파탐상에 사용되며 두꺼운 판의 탐상감도 측정에 사용된다.

51 일반강재의 황 편석도를 검사하기 위하여 설퍼 프린트(Sulfur Print)시험을 하였다. 그 결과 황의 편석부가 짙은 농도로 착색된 점상으로 나타난 것을 발견하였다. 이 편성의 기호로 올바른 것은?

① S_D　② S_C
③ S_N　④ S_I

해설

설퍼 프린트에 의한 황편석의 분류

분 류	기 호	비 고
정편석	S_N	황이 외부로부터 중심부를 향해 증가하여 분포되는 형상으로, 외부보다 내부가 짙은 농도로 착색되는 것으로 일반 강재에서 보통 발생하는 편석
역편석	S_I	황이 외부로부터 중심부를 향해 감소하여 분포되는 형상으로, 외부보다 중심부쪽의 착색도가 낮게 나타나는 편석
중심부편석	S_C	황이 강재의 중심부에 중점적으로 분포되어 농도가 짙은 착색부가 나타나는 편석
점상편석	S_D	황의 편석부가 짙은 농도로 착색되는 점상 편석
선상편석	S_L	황의 편석부가 짙은 농도로 착색되는 선상 편석
주상편석	S_{Co}	형강 등에서 자주 발생하는 편석으로 중심부 편석이 주상으로 나타난 편석

48 ① 49 ③ 50 ④ 51 ① 정답

52 강의 페라이트 및 오스테나이트 결정입도시험법(현미경 관찰법)에서 결정입도에 대응하는 지수를 나타내는 기호는?

① m ② D

③ G ④ L

해설

결정입도에 대응하는 지수는 G로 표시한다.

53 기체 흐름의 형태 중 기체의 평균 자유 행로가 누설의 단면치수와 거의 같을 때 발생하는 흐름은?

① 교란흐름

② 분자흐름

③ 전이흐름

④ 음향흐름

해설

기체의 흐름에는 점성흐름, 분자흐름, 전이흐름, 음향흐름이 있으며 다음과 같은 특징이 있다.

- 점성흐름
  - 층상흐름 : 기체가 여유롭게 흐르는 것을 의미하며, 흐름은 누설 압력차의 제곱에 비례
  - 교란흐름 : 높은 흐름 속도에 발생하며 레이놀드 수 값에 좌우
- 분자흐름 : 기체 분자가 누설되는 벽에 부딪히며 일어나는 흐름
- 전이흐름 : 기체의 평균 자유 행로가 누설 단면치수와 비슷할 때 발생
- 음향흐름 : 누설의 기하학적 형상과 압력하에서 발생

54 충격에너지(E)를 구하는 식으로 옳은 것은?[단, W : 해머의 무게(kgf), R : 해머의 회전축 중심에서부터 해머의 중심까지의 거리(m), α : 해머를 올렸을 때의 각도, β : 시험편 파괴 후 해머가 올라간 각도이다]

① $WR(\cos\beta \times \cos(1-\alpha))$

② $WR(\cos\alpha \times \cos\beta)$

③ $WR(\cos\beta - \cos\alpha)$

④ $WR(\cos\alpha - \cos\beta)$

해설

충격에너지 값 : $E = WR(\cos\beta - \cos\alpha)\text{kgf}\cdot\text{m}$

여기서, E : 충격에너지

W : 해머의 무게(kgf)

R : 해머 암의 길이(m)

파단 전 해머를 들어올린 각도 : α

파단 후 해머가 올라간 각도 : β

55 탄소강 중의 비금속 개재물이 미치는 영향을 설명한 것 중 틀린 것은?

① 침탄강, 베어링강 등에서 열처리할 때 피로파괴의 원인이 된다.

② 비금속 개재물은 황화물, 산화물, 질화물 등으로 구성된다.

③ 압연할 때 적열 메짐의 원인이 된다.

④ 제강 공정 중 기포를 생성한다.

해설

비금속 개재물은 Fe_2O_3, FeO, MnS, MnO, Al_2O_3 등이 있으며, 다음과 같은 영향을 준다.

- 재료의 내부에 점 상태로 존재하여 인성을 저하시키고 메짐의 원인이 된다.
- 열처리 시 개재물로부터 균열이 생긴다.
- 산화철, Al_2O_3 등은 압연이나 단조 작업 중 균열을 일으키기 쉬우며, 고온 메짐의 원인이 된다.

정답 52 ③ 53 ③ 54 ③ 55 ④

56 현미경으로 조직시험을 하기 위한 시험편에 대한 설명으로 틀린 것은?

① 시험편의 면은 반드시 경사되도록 연마한다.
② 시험편은 부식시키기 전에 연마면에 스크래치가 없어야 한다.
③ 견본 시험편은 사용할 수 있는 자재를 대표할 수 있는 것으로 채취해야 한다.
④ 알맞게 부식되었을 때 시험편은 물로 세척하고 건조시킨 후 알코올 등에 넣었다가 다시 건조한다.

해설
현미경시험 시 시험편의 면은 반드시 평행하여야 한다.

57 방사선 물질을 취급할 때의 유의 사항이 아닌 것은?

① 방사선의 쬐임 시간을 길게 한다.
② 방사선원과 취급자 사이의 거리를 멀리한다.
③ 방사선 장치는 진동이 없는 장소에 설치한다.
④ 방사선원과 취급자 사이에 방해 물질을 놓는다.

해설
방사선의 쬐임 시간은 최소한으로 하여야 한다.

58 침투탐상검사의 종류를 침투액에 따라 분류할 때 분류기호 F로 표시되는 침투탐상법은?

① 염색침투액을 사용
② 형광침투액을 사용
③ 이원성 염색침투액을 사용
④ 이원성 형광침투액을 사용

해설
침투액에 따른 분류

구 분	방 법	기 호
염색침투액	염색침투액을 사용하는 방법 (조도 500lx 이상의 밝기에서 시험)	V
형광침투액	형광침투액을 사용하는 방법 (자외선 강도 38cm 이상에서 800 $\mu W/cm^2$ 이상에서 시험)	F
이원성 침투액	이원성 염색침투액을 사용하는 방법	DV
	이원성 형광침투액을 사용하는 방법	DF

59 열처리 입도시험 방법 중 경화능이 작은 강종으로 탄소함유량이 중간 이상의 아공석강 및 공석강에 적용되며, 기호로는 Gj로 표시되는 열처리 입도시험의 종류는?

① 산화법　　② 퀜칭템퍼링
③ 한쪽 끝 퀜칭법　　④ 고용화 열처리법

해설
조미니시험장치에서 한쪽 끝 퀜칭시험의 결과로부터 환봉의 퀜칭 경화층 깊이를 측정하면 Gj로 표시한다.

60 보통 압축시험에서 많이 사용하며, 압축강도를 측정할 경우에 사용하는 단주형 시험편의 h와 d의 관계식으로 옳은 것은?(단, h : 높이, d : 직경이다)

① $h=0.9d$　　② $h=3d$
③ $h=10d$　　④ $h=20d$

해설
압축시험 시 시험편의 길이에 따른 압축 구분(단면 치수에 대한 길이의 비)
- 단주시험편 : $h=0.9d$(베어링 합금, 압축강도 측정)
- 중주시험편 : $h=3d$(일반금속재료, 항압력 측정)
- 장주시험편 : $h=10d$(탄성계수 측정)

56 ① 57 ① 58 ② 59 ③ 60 ① 정답

2014년 제1회 과년도 기출문제

01 비중으로 중금속(Heavy Metal)을 옳게 구분한 것은?

① 비중이 약 2.0 이하인 금속
② 비중이 약 2.0 이상인 금속
③ 비중이 약 4.5 이하인 금속
④ 비중이 약 4.5 이상인 금속

해설
경금속과 중금속 : 비중 4.5(5)를 기준으로 이하를 경금속(Al, Mg, Ti, Be), 이상을 중금속(Cu, Fe, Pb, Ni, Sn)

02 표면은 단단하고 내부는 회주철로 강인한 성질을 가지며 압연용 롤, 철도 차량, 분쇄기 롤 등에 사용되는 주철은?

① 칠드주철　② 흑심가단주철
③ 백심가단주철　④ 구상흑연주철

해설
칠드주철 : 금형의 표면 부위는 급랭시키고, 내부는 서랭시켜 표면은 경하고 내부는 강인성을 갖는 주철로 내마멸성을 요하는 롤이나 바퀴에 많이 쓰인다.

03 자기변태에 대한 설명으로 옳은 것은?

① Fe의 자기변태점은 210℃이다.
② 결정격자가 변화하는 것이다.
③ 강자성을 잃고 상자성으로 변화하는 것이다.
④ 일정한 온도 범위 안에서 급격히 비연속적인 변화가 일어난다.

해설
자기변태 : 원자 배열의 변화 없이 전자의 스핀 작용에 의해 자성만 변화하는 변태

04 다음 중 경질 자성재료에 해당되는 것은?

① Si 강판　② Nd 자석
③ 센더스트　④ 퍼멀로이

해설
- 경질 자성재료 : 알니코, 페라이트, 희토류계, 네오디뮴, Fe-Cr-Co계 반경질 자석, Nd 자석 등
- 연질 자성재료 : Si 강판, 퍼멀로이, 센더스트, 알펌, 퍼멘듈, 슈퍼멘듈 등

05 융용액에서 두 개의 고체가 동시에 나오는 반응은?

① 포석 반응　② 포정 반응
③ 공석 반응　④ 공정 반응

해설
공정 반응 : 일정한 온도의 액체에서 두 종류의 고체가 동시에 정출하여 나오는 반응($L \rightarrow \alpha + \beta$)

06 황(S)이 적은 선철을 용해하여 구상흑연주철을 제조할 때 많이 사용되는 흑연구상화제는?

① Zn　② Mg
③ Pb　④ Mn

해설
구상흑연주철의 구상화는 마카세(Ma, Ca, Ce)로 암기한다.

정답　1 ④　2 ①　3 ③　4 ②　5 ④　6 ②

07 전자석이나 자극의 철심에 사용되는 것은 순철이나, 자심은 교류 자기장에만 사용되는 예가 많으므로 이력손실, 항자력 등이 적은 동시에 맴돌이 전류 손실이 작아야 한다. 이때 사용되는 강은?

① Si강　　② Mn강
③ Ni강　　④ Pb강

해설
연질 자성 재료는 보자력이 작고 미세한 외부 자기장의 변화에도 크게 자화되는 특성을 가지는 재료로 전동기, 변압기의 자심으로 이용된다. Si강판, 퍼멀로이, 센더스트, 알펌, 퍼멘듈, 슈퍼멘듈 등이 있다.

08 다음 중 Mg에 대한 설명으로 옳은 것은?

① 알칼리에는 침식된다.
② 산이나 염수에는 잘 견딘다.
③ 구리보다 강도는 낮으나 절삭성은 좋다.
④ 열전도율과 전기전도율이 구리보다 높다.

해설
마그네슘의 성질
- 비중 1.74, 용융점 650℃, 조밀육방격자형
- 전기 전도율은 Cu, Al보다 낮다.
- 알칼리에는 내식성이 우수하나 산이나 염수에 침식 진행
- O_2에 대한 친화력이 커 공기 중 가열, 용해 시 폭발 발생

09 고강도 Al 합금인 초초두랄루민의 합금에 대한 설명으로 틀린 것은?

① Al 합금 중에서 최저의 강도를 갖는다.
② 초초두랄루민을 ESD 합금이라 한다.
③ 자연균열을 일으키는 경향이 있어 Cr 또는 Mn을 첨가하여 억제시킨다.
④ 성분 조성은 Al−1.5~2.5%, Cu−7~9%, Zn−1.2~1.8%, Mg−0.3~0.5%, Mn−0.1~0.4%, Cr이다.

해설
초강두랄루민(ESD ; Extra Super Duralumin)은 인장강도가 530MPa(54kgf/mm^2) 이상으로 Al−Zn−Mg계 합금을 사용한다.

10 열간가공을 끝맺는 온도를 무엇이라 하는가?

① 피니싱 온도　　② 재결정 온도
③ 변태 온도　　④ 용융 온도

해설
피니싱 : 마치는 것을 의미하며 열간가공이 끝나는 것을 의미한다.

11 비료공장의 합성탑, 각종 밸브와 그 배관 등에 이용되는 재료로 비강도가 높고, 열전도율이 낮으며 용융점이 약 1,670℃인 금속은?

① Ti　　② Sn
③ Pb　　④ Co

해설
타이타늄과 그 합금 : 비중 4.54, 용융점 1,670℃, 내식성 우수, 조밀육방격자, 고온 성질 우수

7 ① 8 ③ 9 ① 10 ① 11 ① **정답**

12 구조용 합금강 공구용 합금강을 나눌 때 기어, 축 등에 사용되는 구조용 합금강 재료에 해당되지 않는 것은?

① 침탄강
② 강인강
③ 질화강
④ 고속도강

해설
- 구조용강 : 보통강, 저합금강, 침탄강, 질화강, 스프링강, 쾌삭강
- 공구용강 : 탄소공구강, 특수공구강, 다이스강, 고속도강

13 55~60%Cu를 함유한 Ni합금으로 열전쌍용 선의 재료로 쓰이는 것은?

① 모넬메탈
② 콘스탄탄
③ 퍼민바
④ 인코넬

해설
Ni-Cu합금 : 양백(Ni-Zn-Cu)-장식품, 계측기, 콘스탄탄(40%Ni-55~60%Cu)-열전쌍, 모넬메탈(60%Ni)-내식·내열용

14 Ni-Fe계 합금인 엘린바(Elinvar)는 고급시계, 지진계, 압력계, 스프링 저울, 다이얼 게이지 등에 사용되는데 이는 재료의 어떤 특성 때문에 사용하는가?

① 자 성
② 비 중
③ 비 열
④ 탄성률

해설
불변강 : 인바(36%Ni 함유), 엘린바(36%Ni-12%Cr 함유), 플라티나이트(42~46%Ni 함유), 코엘린바(Cr-Co-Ni 함유)로 탄성계수가 작고, 공기나 물속에서 부식되지 않는 특징이 있어 정밀 계기 재료, 차, 스프링 등에 사용된다.

15 금속의 기지에 1~5μm 정도의 비금속 입자가 금속이나 합금의 기지 중에 분산되어 있는 것으로 내열 재료로 사용되는 것은?

① FRM
② SAP
③ Cermet
④ Kelmet

해설
입자강화 금속복합재료 : 분말야금법으로 금속에 1~5μm 비금속 입자를 분산시킨 재료(서멧, Cermet)
- 제조법 : 소결, 분말야금법

16 물품을 구성하는 각 부품에 대하여 상세하게 나타내는 도면으로 이 도면에 의해 부품이 실제로 제작되는 도면은?

① 상세도
② 부품도
③ 공정도
④ 스케치도

해설
부품도 : 각 부품에 대한 상세한 사항을 바탕으로 실제 제작에 쓰이는 도면

정답 12 ④ 13 ② 14 ④ 15 ③ 16 ②

17 다음 중 C와 SR에 해당되는 치수보조 기호의 설명으로 옳은 것은?

① C는 원호이며, SR은 구의 지름이다.
② C는 45° 모따기이며, SR은 구의 반지름이다.
③ C는 판의 두께이며, SR은 구의 반지름이다.
④ C는 구의 반지름이며, SR은 구의 지름이다.

해설
C는 45° 모따기이며, SR은 구의 반지름이다.

18 다음 물체를 3각법으로 표현할 때 우측면도로 옳은 것은?(단, 화살표 방향이 정면도 방향이다)

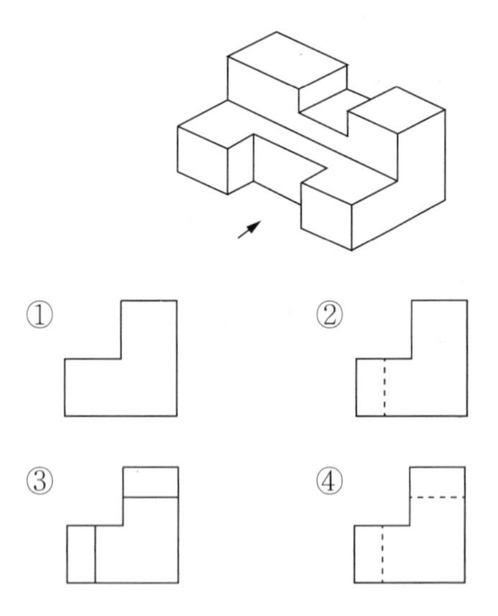

해설
화살표 방향을 정면도로 하고 정면도를 기준으로 오른쪽에 본 것이 우측면도이다. 이때 실제로 보이지는 않으나 숨겨져 있는 모서리를 숨은선으로 도시한 도면을 선택한다.

19 다음 그림 중에서 FL이 의미하는 것은?

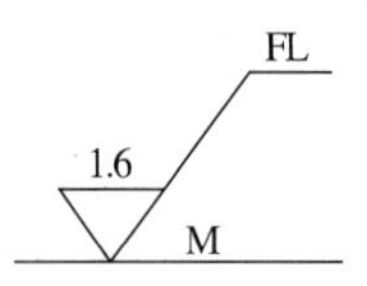

① 밀링 가공을 나타낸다.
② 래핑 가공을 나타낸다.
③ 가공으로 생긴 선이 거의 동심원임을 나타낸다.
④ 가공으로 생긴 선이 2방향으로 교차하는 것을 나타낸다.

해설
가공방법의 기호

가공방법	약 호	
	I	II
선반가공	L	선 삭
드릴가공	D	드릴링
보링머신가공	B	보 링
밀링가공	M	밀 링
평삭(플레이닝가공)	P	평 삭
형삭(셰이핑)가공	SH	형 삭
브로칭가공	BR	브로칭
리머가공	FR	리 밍
연삭가공	G	연 삭
다듬질	F	다듬질
벨트연삭가공	GBL	벨트연삭
호닝가공	GH	호 닝
용 접	W	용 접
배럴연마가공	SPBR	배럴연마
버프 다듬질	SPBF	버 핑
블라스트 다듬질	SB	블라스팅
랩 다듬질	FL	래 핑
줄 다듬질	FF	줄 다듬질
스크레이퍼 다듬질	FS	스크레이핑
페이퍼 다듬질	FCA	페이퍼 다듬질
프레스가공	P	프레스
주 조	C	주 조

17 ② 18 ④ 19 ② 정답

20 척도 1 : 2인 도면에서 길이가 50mm인 직선의 실제 길이(mm)는?

① 25
② 50
③ 100
④ 150

해설
면은 2배 작게 그린 것이기 때문에 제품의 실제 길이는 도면의 길이보다 2배 크다.

21 나사의 호칭 M20×2에서 2가 뜻하는 것은?

① 피 치
② 줄의 수
③ 등 급
④ 산의 수

해설
M20×2의 뒤에 ×2는 나사의 피치를 의미하며 나사산과 나사산의 간격이 2mm임을 나타낸다.

22 다음의 단면도 중 위아래 또는 왼쪽과 오른쪽이 대칭인 물체의 단면을 나타낼 때 사용되는 단면도는?

① 한쪽 단면도
② 부분 단면도
③ 전 단면도
④ 회전 도시 단면도

해설
한쪽 단면도는 대칭인 제품을 1/4 절단하여 나타낸 것으로 절반은 내부, 절반은 외부 형태를 보여준다.

23 다음 그림과 같은 투상도는?

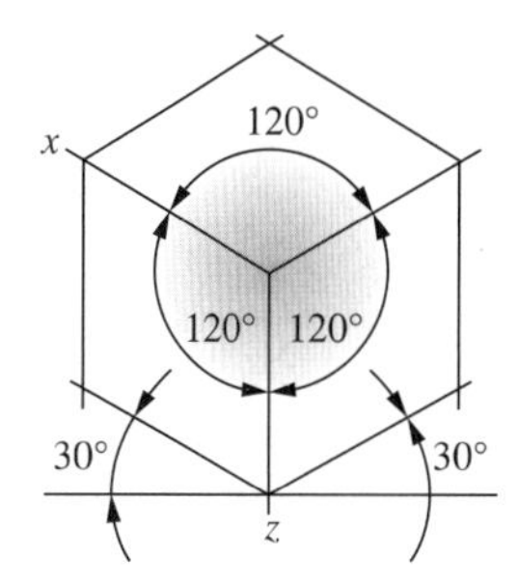

① 사투상도
② 투시투상도
③ 등각투상도
④ 부등각투상도

해설
등각투상도 : 정면, 평면, 측면을 하나의 투상면 위에 동시에 볼 수 있도록 두 개의 옆면 모서리가 수평선과 30°가 되게 하여, 이 세 축이 120°의 등각이 되도록 입체도로 투상한 것을 의미한다.

24 다음 중 가는 실선으로 사용되는 선의 용도가 아닌 것은?

① 치수를 기입하기 위하여 사용하는 선
② 치수를 기입하기 위하여 도형에 인출하는 선
③ 지시, 기호 등을 나타내기 위하여 사용하는 선
④ 형상의 부분 생략, 부분 단면의 경계를 나타내는 선

해설
생략 및 단면의 경계를 나타내는 선은 지그재그선, 파선 등이 사용된다.

정답 20 ③ 21 ① 22 ① 23 ③ 24 ④

25 **도면에서 치수선이 잘못된 선은?**

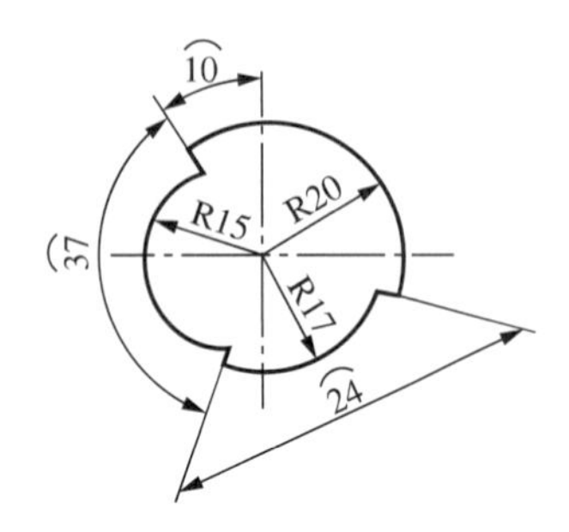

① 반지름(R) 20의 치수선

② 반지름(R) 15의 치수선

③ 원호(⌒) 37의 치수선

④ 원호(⌒) 24의 치수선

해설

원호의 길이를 도시할 경우 치수선은 원호의 형태와 나란한 호의 형태로 나타내야 한다.

26 **제도 용지 A3는 A4 용지의 몇 배 크기가 되는가?**

① $\frac{1}{2}$　② $\sqrt{2}$

③ 2　④ 4

해설

- A4 용지 : 210×297mm, 가로 : 세로 = 1 : $\sqrt{2}$
- A3 용지 : 297×420mm
- A2 용지 : 420×594mm
- A3 용지는 A4 용지의 가로세로 치수 중 작은 치수값의 2배로 하고 용지의 크기가 증가할수록 같은 원리로 점차적으로 증가함

27 **다음 도면에 보기와 같이 표시된 금속재료의 기호 중 330이 의미하는 것은?**

보기

KS D 3503 SS 330

① 최저인장강도

② KS 분류기호

③ 제품의 형상별 종류

④ 재질을 나타내는 기호

해설

일반구조용 압연강재 최저인장강도가 330N/mm^{2}을 나타낸다.

28 **매크로(Macro) 조직에 대한 설명 중 틀린 것은?**

① 육안으로 관찰한 조직을 말한다.

② 10배 이내의 확대경을 사용한다.

③ 마이크로(μm) 단위 이하의 아주 미세한 결정을 관찰한 것이다.

④ 조직의 분포상태, 모양, 크기 또는 편석의 유무로 내부 결함을 판정한다.

해설

매크로 조직검사 : 재료를 직접 육안으로 관찰하거나 저배율(10배 이하)의 확대경을 사용하여 재료의 결함 및 품질 상태를 판단하는 검사. 염산 수용액을 사용하여 75~80℃에서 적당 시간 부식 후 알칼리 용액으로 중화시켜 건조 후 조직을 검사하는 방법

29 **봉재의 비틀림 시험에서 비틀림에 의하여 생긴 전단응력(비틀림 응력)은 단면의 어느 부분에서 최대가 되는가?**

① 단면의 중심

② 단면의 원주상

③ 단면의 어느 곳이나 같다.

④ 단면의 중심과 가장 가까운 곳

해설

봉재의 비틀림시험 시 전단응력은 단면의 원주상에서 최대가 된다.

25 ④ 26 ③ 27 ① 28 ③ 29 ② 정답

30 쇼어 경도계의 형식 중 해머의 낙하 높이가 가장 낮으면서 해머의 중량은 제일 무거운 형식은?

① B형 ② C형
③ D형 ④ SS형

해설

쇼어 경도 계측통

형 식	지시형(D형)	목측형(C형)
해머의 낙하 높이	19mm	254mm
해머의 무게	36.2g	2.5g
해머 앞끝의 재료	다이아몬드	다이아몬드
해머 앞끝의 반지름	1mm	1mm
경도 식	$HS = 140\frac{h}{h_0}$	$HS = \frac{10,000}{65}\frac{h}{h_0}$
경도 지시	지침 또는 디지털	눈금판

31 다음 공정반응식으로 옳은 것은?

① 용액(L) ⇄ γ 고용체+Fe_3C
② δ 고용체 ⇄ γ 고용체+Fe_3C
③ 용액(L)+α 고용체 ⇄ δ 고용체
④ γ 고용체+α 고용체 ⇄ Fe_3C

해설

공정반응 : 일정한 온도의 액체에서 두 종류의 고체가 동시에 정출하여 나오는 반응($L \rightarrow \alpha + \beta$)

32 보기에서 설명하는 합금 원소는?

> **보기**
> 담금질 깊이를 깊게 하고, 크리프 저항과 내식성을 증가시킨다. 또한 뜨임 메짐을 방지한다. W과 거의 비슷한 작용을 하나, 효과는 W의 2배이다.

① Ni ② Cr
③ Mo ④ Si

해설

Mo : 페라이트 중 조직을 강화하는 능력이 Cr, Ni보다 크고, 크리프 강도를 높이는 데 사용한다. 또한 뜨임 메짐을 방지하고 열처리 효과를 깊게 한다.

33 기포누설검사에서 발포액의 구비조건으로 틀린 것은?

① 온도에 의한 열화가 없을 것
② 발포액 자체에 거품이 없을 것
③ 표면장력이 크고, 점도가 높을 것
④ 진공하에서 증발하기 어려울 것

해설

기포누설시험은 시험체를 가압 후 표면에 발포액을 적용하여 기포 발생 여부를 확인하여 검출하는 방법으로, 점도가 낮아 적심성이 좋고 표면장력이 작아 발포액이 쉽게 기포를 형성하여야 한다.

34 음향방출시험에서 응력을 반복 적용할 때 2차 응력의 크기가 1차 응력보다 작으면 음향 방출이 되지 않는 현상은?

① 표피효과 ② 초전도효과
③ 카이저효과 ④ 펠리시티효과

해설

카이저효과란 재료에 하중을 걸어 음향방출을 발생시킨 후, 하중을 제거했다가 다시 걸어도 초기 하중의 응력 지점에 도달하기까지 음향 방출이 발생되지 않는 비가역적 성질이다.

정답 30 ③ 31 ① 32 ③ 33 ③ 34 ③

35 유선이 가늘며 짧고, 작은 국화꽃 모양이 많이 생기는 불꽃의 강종은?

① STC3
② SM10C
③ SM40C
④ STD11

해설
KS D 0218을 참고하며, STD11의 유선은 가늘고 짧으며 작은 국화꽃 모양이 많이 인정된다.

36 표점거리 50mm인 환봉으로 인장시험을 한 결과 표점거리가 62mm이었다면 이 재료의 연신율(%)은?

① 12
② 16
③ 24
④ 32

해설
연신율 : 시험편이 파괴되기 직전의 표점거리(l_1)와 원표점 길이(l_0)와의 차

$$\delta = \frac{\text{변형 후 길이} - \text{변형 전 길이}}{\text{변형 전 길이}} \times 100\%$$
$$= \frac{l_1 - l_0}{l_0} \times 100\%$$
$$= \frac{62-50}{50} \times 100\%$$
$$= 24\%$$

37 현미경조직검사의 안전 및 유의사항으로 틀린 것은?

① 시험편 절단은 고속으로 신속히 작업한다.
② 연마작업 시 시험편이 튀지 않도록 단단히 잡는다.
③ 시험편 채취 시 절단작업도구의 안전사항을 점검한다.
④ 현미경은 조작과 보관에 주의하여 렌즈는 데시케이터에 넣어 보관한다.

해설
현미경 사용 시 유의사항
- 현미경 운반 시 똑바로 세운 채 두 손으로 운반한다.
- 먼저 저배율로 초점을 맞춰 관찰하고 그 후 고배율로 관찰한다.
- 시료를 관찰할 때에는 대물렌즈가 시료와 가장 가깝게 한 후 올리면서 초점을 맞춘다.
- 현미경 조작 시 무리한 힘을 가하지 않고 렌즈를 더럽히지 않고, 사용 후 데시케이터에 넣어 보관한다.
- 시편 절단 시 조직 손상을 막기 위해 냉각수를 사용하거나 저속으로 절단한다. 또한, 작업 공구의 안전 수칙을 잘 지키며 작업한다.
- 연마 작업 시 시험편이 튀어나가지 않도록 한다.

38 인장시험을 한 결과 처음에 지름이 10mm인 시험편이 시험 후 8mm로 변화되었을 때 단면 수축률은 약 몇 %인가?

① 36
② 40
③ 56
④ 60

해설
단면 수축률 : 시험편이 파괴되기 직전 최소 단면적(A_1)과 시험 전 원단면적(A_0)와의 차를 단면 변형량이라 하며, 이 변형량을 원단면적에 대한 백분율로 표시한 것

$$a = \frac{(A_0 - A_1)}{A_0} \times 100\%$$
$$= \frac{(5\times5\times3.14)-(4\times4\times3.14)}{(5\times5\times3.14)} \times 100\%$$
$$= 36\%$$

35 ④ 36 ③ 37 ① 38 ① 정답

39 담금질성(경화능)의 측정에 가장 적합한 것은?

① 파면시험
② 커핑시험
③ 크리프시험
④ 조미니시험

해설
강의 담금질성 측정에는 조미니시험이 사용된다.

40 초음파탐상 시 탐상면에 접촉매질인 글리세린을 바르는 가장 적합한 이유는?

① 진동자의 소모를 방지하기 위해
② 진동자와 금속면 사이의 공기를 없애기 위하여
③ 진동자의 미끄러짐을 좋게 하기 위하여
④ 진동자와 탐상기의 연결을 양호하게 하기 위하여

해설
접촉매질은 초음파의 진행 특성상 공기층이 있을 경우 음파가 진행하기 어려워 특정한 액체를 사용하는 것으로 시험체와 음향 임피던스가 비슷하여야 전달 효율이 좋아진다.

41 자분탐상검사의 특징을 설명한 것 중 옳은 것은?

① 시험체는 반자성체가 아니면 적용할 수 없다.
② 시험체의 내부 깊숙한 결함 검출에 우수하다.
③ 시험체의 크기, 형상 등에 제한을 많이 받는다.
④ 사용하는 자분은 시험체 표면의 색과 대비가 잘 되는 구별하기 쉬운 색을 선정한다.

해설
자분탐상검사는 강자성체의 시험체만 검사가 가능하며, 표면 및 표면 직하 결함에 한정되는 시험이다. 또한 탐상기를 부분에 적용할 수 있어 크기, 형상에 제한을 받지 않으며, 사용하는 자분은 시험체 표면의 색과 대비가 잘되는 색을 선정하여 시험하여야 한다.

42 ASTM에서 추천한 봉재 압축 시험편을 단주, 중주, 장주로 나눌 때 장주 시험편에 해당되는 것은?

① 높이 h는 직경의 0.9배
② 높이 h는 직경의 3배
③ 높이 h는 직경의 10배
④ 높이 h는 직경의 15배

해설
ASTM 봉재 압축 시험편에서 장주 시험편의 높이 h는 직경의 15배이다.

43 열처리 입도시험 방법 중 기호 Gc가 의미하는 것은?

① 산화법
② 서랭법
③ 퀜칭템퍼링
④ 침탄입도 시험방법

해설
열처리 입도시험 방법 중 Gc는 침탄입도 시험방법을 의미한다.

정답 39 ④ 40 ② 41 ④ 42 ④ 43 ④

44 현미경시험용 시편채취방법에 대한 설명으로 옳은 것은?

① 시편은 검경의 목적에 따라 채취할 부분을 결정한다.
② 압연 또는 단조한 재료는 표면만을 주로 채취한다.
③ 경하고 취약한 재료는 반드시 표면만을 채취한다.
④ 편석을 알기 위해서는 편석이 집중될 가능성이 있는 내부 한 곳만을 채취한다.

해설

시험편의 채취 : 시험 목적에 맞는 부분을 채취하며, 냉간 압연 재료의 경우 표면이 가공 방향과 평행하게 채취하고, 강도가 높은 재료는 절단 시 발생열로 인한 조직 변화에 주의하여 채취한다.

45 기계 및 구조물이 사용 중에 반복응력 또는 변동응력을 무한히 반복되어도 파괴되지 않는 내구한도를 결정하기 위한 시험은?

① 피로시험 ② 인장시험
③ 비틀림시험 ④ 압축시험

해설

피로시험

- 어떤 기계나 구조물 등 제작하여 사용할 때 변동응력, 반복응력이 반복되어도 파괴되지 않는 내구한도를 결정하기 위한 시험
- 안전 하중 상태에서도 작은 힘이 계속되어 반복 작용하였을 때 파괴가 일어남
- 표준시험법과 특수시험법이 있으며, 피로 한계는 표준시험법에 의한 S-N곡선을 사용

46 금속재료에는 잘 이용되지 않으나 광물, 암석계통에 정성적으로 서로 긁어서 대략의 경도 측정에 사용되는 경도시험은?

① 브리넬 경도 ② 마이어 경도
③ 비커스 경도 ④ 모스 경도

해설

긁힘 경도계

- 마이어 경도시험 : 꼭지각이 90°인 다이아몬드 원추로 시편을 긁어 평균 압력을 이용하여 측정
- 모스 경도시험 : 시편과 표준 광물을 서로 긁어 표준 광물의 경도 수에서 추정
- 마텐스 경도시험 : 꼭지각이 90°인 다이아몬드 원추로 시편을 긁어 0.1mm의 흠을 내는데 필요한 하중의 무게를 그램(g)으로 표시하는 측정법
- 줄 경도시험 : 줄로 시편과 표준 시편을 긁어 표준 시편의 경도값, 사이값을 비교하는 측정법

47 금속현미경을 사용하여 관찰할 수 있는 내용이 아닌 것은?

① 균열의 형상과 성장 상황
② 금속의 종류 및 함유된 성분
③ 금속 조직의 구분 및 결정 입도의 크기
④ 비금속 개재물의 종류와 형상, 크기 및 편석 부분의 상황

해설

현미경탐상으로 관찰 가능한 항목

- 금속 조직의 구분 및 결정 입도 측정
- 주조, 열처리, 압연 등에 의한 조직의 변화 측정
- 비금속 개재물의 종류와 형상, 크기 및 편석부 측정
- 균열의 형상과 성장 원인 분석
- 파단면 관찰에 의한 파괴 양상 파악

44 ① 45 ① 46 ④ 47 ② 정답

48 보기의 침투탐상 기호를 옳게 설명한 것은?

보기

VC-S

① 이완성 형광 침투액을 사용하며 잉여 침투액은 수세성이고, 수현탁성 현상제를 사용한다.
② 염색 침투액을 사용하며 잉여 침투액은 용제로 제거하고, 속건식 현상제를 사용한다.
③ 형광 침투액을 사용하며 잉여 침투액은 유화제를 사용하고, 건식 현상제를 사용한다.
④ 염색 침투액을 사용하며 잉여 침투액은 수세로 제거하고, 속건식 현상제를 사용한다.

해설

- V : 염색 침투액
- C : 용제제거성 세척
- S : 속건식 현상제

49 비금속 개재물을 측정하였더니 보고서에 보기와 같이 적혀 있을 때 틀린 것은?

보기

d A 60 × 400 = 0.15%

① A : A계 개재물
② 60 : 측정 시야수
③ 0.15% : 청정도
④ 400 : 현미경 램프의 밝기

해설

400은 현미경의 배율을 의미한다.

50 방사선투과검사에 일반적으로 사용되는 방사성 동위원소에 해당하지 않는 원소는?

① 코발트(Co60)
② 이리듐(Ir192)
③ 베릴륨(Be153)
④ 세슘(Cs137)

해설

방사선원의 종류와 적용 두께

동위원소	반감기	에너지
Th-170	약 127일	0.084MeV
Ir-192	약 74일	0.137MeV
Cs-137	약 30.1년	0.66MeV
Co-60	약 5.27년	1.17MeV
Ra-226	약 1,620년	0.24MeV

51 강의 페라이트 결정입도시험 결과가 보기와 같이 보고서에 표시되었을 때의 설명으로 옳은 것은?

보기

FGC-P3.5(10)

① 절단법으로 시험하였다.
② 시야 수가 3~4이다.
③ 종합 판정에 따른 입도가 3.5이다.
④ 직각 단면에 대하여 시험하였다.

해설

FGC-P3.5(10) : 비교법, 평행 단면 10시야 종합 판정 결과 입도번호 3.5

정답 48 ② 49 ④ 50 ③ 51 ③

52 강의 불꽃시험 시 안전 및 유의 사항에 관계된 설명으로 틀린 것은?

① 연마 도중 시험편을 놓치지 않도록 한다.
② 불꽃시험 시 보안경을 반드시 착용한다.
③ 연삭숫돌을 갈아 끼울 때 숫돌바퀴의 이상 유무를 확인한다.
④ 강재의 표면이 탈탄층, 침탄층, 질화층, 스케일 등이 있는 부분을 불꽃시험한다.

해설

불꽃시험 통칙

- 시험은 항상 동일한 기구를 사용하고 동일 조건으로 하여야 한다.
- 시험은 원칙적으로 적당히 어두운 실내에서 한다. 여의치 않을 경우 배경의 밝기가 불꽃의 색 또는 밝기에 영향을 주지 않도록 조절해야 한다.
- 시험할 때에는 바람의 영향을 피하여야 하고, 특히 바람 방향으로 불꽃을 방출시켜서는 안 된다.
- 시험품의 연삭은 모재의 화학성분을 대표하는 불꽃을 일으키는 부분에 하여야 한다. 강재의 표면 탈탄층, 침탄층, 질화층, 가스 절단층, 스케일 등은 모재와 다른 불꽃을 일으키므로 피해야 한다.
- 시험품을 그라인더에 누르는 압력 또는 그라인더를 시험품에 누르는 압력은 될 수 있는 한 같도록 하며, 0.2%C 탄소강의 불꽃 길이가 500mm 정도 되도록 하는 압력을 표준으로 한다.
- 불꽃은 수평 또는 경사진 윗방향으로 날리고 관찰은 원칙적으로 견송식 또는 방견식으로 한다.
- 견송식 : 전방에 불꽃을 날리고 유선의 후방에서 불꽃을 관찰하는 방법
- 방견식 : 유선을 옆에서 관찰하는 방법

53 브리넬 경도계의 탄소강 볼 압입자의 사용범위(HB)는?

① 탄소강 볼 < 400~500
② 탄소강 볼 < 650~700
③ 탄소강 볼 < 800
④ 탄소강 볼 < 850

해설

브리넬 경도에서 볼의 재질에 따른 사용범위는 다음과 같다.

볼의 재질	사용범위(HB)
탄소강 볼	<400~500
크롬강 볼	<650~700
텅스텐 카바이드 볼	<800
다이아몬드 볼	<850

54 피로시험에서 S-N 곡선의 S와 N의 의미는?

① S : 응력, N : 시험시간
② S : 반복 횟수, N : 변형
③ S : 응력, N : 반복 횟수
④ S : 시험시간, N : 반복 횟수

해설

비틀림 응력과 반복 횟수 사이의 관계를 나타낸 곡선, S-N 곡선이라 하며, 피로한도를 측정할 때 주로 사용한다.

55 크리프시험에서 변율측정장치의 형식이 아닌 것은?

① 토크를 사용한 것
② 옵티컬 레버를 사용한 것
③ 전기적 방법을 사용한 것
④ 다이얼 게이지를 사용한 것

해설

크리프시험은 대부분 고온이기 때문에 Strain Gauge와 같은 변형률 측정장치를 이용할 수 없다. 따라서 노 외부로 변형률을 측정하는 장치를 연결하며, 종류로는 Optical Lever를 사용한 것, Dial Gauge를 사용한 것, LVDT(Linear Voltage Differential Transformer)를 사용한 것이 있다.

52 ④ 53 ① 54 ③ 55 ① 정답

56 충격시험은 재료의 어떤 성질을 알아보기 위한 것인가?

① 인 성 ② 절삭성
③ 전연성 ④ 내마멸성

해설

충격시험 : 충격력에 대한 재료의 충격저항을 알아보는 데 사용하며, 파괴되지 않으려는 성질인 인성과 파괴가 잘되는 성질인 취성의 정도를 알아보는 시험

57 금속재료 굽힘시험에서 시험편에 대한 설명으로 틀린 것은?

① 시험편의 길이는 시험편의 두께와 사용 시험 장비에 따라 결정한다.
② 굽힘을 할 때는 가공한 면이 인장응력을 받는 면이 되어야 한다.
③ 판, 띠 및 단면으로부터 만든 시험편의 두께는 시험할 제품의 두께와 같아야 한다.
④ 하중을 가하는 동안 시험편의 끝부분이 규정된 거리만큼 떨어져서 서로 평행이 되어야 한다.

해설

굽힘시험통칙(KS B 0804)
- 원형, 정사각형, 직사각형, 다각형 등의 단면을 가진 시험편을 사용하여야 한다.
- 직사각형 시험편의 모서리 부분은 반지름이 시험편 두께의 1/10을 넘지 않도록 라운딩해야 한다.
- 제품의 너비가 20mm 이하일 때는 제품의 너비와 같아야 한다.
- 제품의 너비가 20mm 초과일 때는 제품 두께 3mm 미만일 경우 20±5mm, 제품 두께 3mm 이상일 경우 20~50mm로 한다.
- 판, 띠 및 단면으로부터 만든 시험편의 두께는 시험할 제품의 두께와 같아야 한다.
- 굽힘을 할 때는 가공하지 않은 면이 인장응력을 받는 면이 되어야 한다.

58 강괴의 응고 과정에서 결정상태의 변화 또는 성분의 편차에 따라 윤곽상으로 부식의 농도차가 나타난 매크로 조직은?

① 수지상정 ② 잉곳 패턴
③ 모세 균열 ④ 중심부 편석

해설

매크로검사 용어

분 류	기 호	비 고
수지상 결정 (Dendrite)	D	강괴의 응고에 있어서 수지상으로 발달한 1차 결정이 단조 또는 압연 후에도 그 형태를 그대로 가지고 있는 것
잉곳 패턴 (Ingot Pattern)	I	강괴의 응고과정에 있어서 결정상태의 변화 또는 성분의 편차에 따라 윤곽상으로 부식의 농도차가 나타난 것
중심부 편석 (Center Segregation)	S_c	강괴의 응고과정에서 성분의 편차에 따라 중심부에 부식의 농도차가 나타난 것
다공질 (Looseness)	L	강재 단면 전체에 걸쳐서 또는 중심부에 부식이 단시간에 진행하여 해면상으로 나타난 것
중심부 다공질	L_c	
피트(Pit)	T	부식에 의해 강재 단면 전체에 걸쳐서 또는 중심부에 육안으로 볼 수 있는 크기로 점상의 구멍이 생긴 것
중심부 피트	T_c	
기포 (Blow Hole)	B	강괴의 기포 또는 핀 홀(Pin Hole)이 완전히 압착되지 않고 중심부에 그 흔적을 남기고 있는 것
비금속 개재물 (Nonmetallic Inclusion)	N	육안으로 알 수 있는 비금속 개재물
파이프(Pipe)	P	강괴의 응고수축에 따른 1차 또는 2차 파이프가 완전히 압축되지 않고 중심부에 그 흔적을 남긴 것
모세균열 (Hair Crack)	H	부식에 의하여 단면에 미세하게 모발상으로 나타난 흠
중심부 파열 (Center Defects)	F	부적당한 단조 또는 압연작업으로 인하여 중심부에 파열이 생긴 것
주변 흠 (Seam Laps)	W	강재의 주변 기포에 의한 흠 또는 압연 및 단조에 의한 흠, 그밖에 강재의 외부에 생긴 흠

정답 56 ① 57 ② 58 ②

59 일정 온도에서 일정 시간이 지난 후 크리프 속도 0(Zero)이 되는 응력을 무엇이라 하는가?

① 크리프 한도
② 크리프 속도
③ 감속 크리프
④ 스트레인 현상

해설
크리프 한도 : 일정 온도에서 어떤 시간 후 크리프 속도가 0(Zero)이 되는 응력

60 금속현미경에서 시료의 검사면이 아래를 향하도록 뒤집어 놓고 관찰하는 방식은?

① 직립형
② 도립형
③ 반사형
④ 정립형

해설
금속현미경의 종류에는 도립형과 직립형이 있으며, 검사면이 아래를 향하도록 뒤집어 놓고 관찰하는 방식을 도립형, 검사면이 위를 향하도록 하고 관찰하는 방법을 직립형이라 한다.

59 ① 60 ② 정답

2014년 제5회 과년도 기출문제

01 36% Ni에 약 12% Cr이 함유된 Fe 합금으로 온도의 변화에 따른 탄성률 변화가 거의 없으며 지진계의 부품, 고급시계 재료로 사용되는 합금은?

① 인바(Invar)
② 코엘린바(Coelinvar)
③ 엘린바(Elinvar)
④ 슈퍼인바(Superinvar)

해설
불변강은 탄성계수가 매우 낮은 금속으로 인바, 엘린바 등이 있으며, 엘린바의 경우 36%Ni+12%Cr 나머지 철로 된 합금이며, 인바의 경우 36%Ni+0.3%Co+0.4%Mn 나머지 철로 된 합금이다.

02 결정구조의 변화 없이 전자의 스핀 작용에 의해 강자성체인 α-Fe로 변태되는 자기변태에 해당하는 것은?

① A_1 변태 ② A_2 변태
③ A_3 변태 ④ A_4 변태

해설
Fe-C 상태도 내에서 자기변태는 A_0 변태(시멘타이트 자기변태)와 A_2 변태(철의 자기변태)가 있다.

03 감쇠능이 커서 진동을 많이 받는 방직기의 부품이나 기어박스 등에 많이 사용되는 재료는?

① 연 강 ② 회주철
③ 공석강 ④ 고탄소강

해설
회주철은 편상 흑연이 있어 진동을 잘 흡수하는 성질을 가지며, 방직기 부품, 기어, 기어 박스 및 기계 몸체 등의 재료로 많이 사용된다.

04 주철, 탄소강 등은 질화에 의해서 경화가 잘되지 않으나 어떤 성분을 함유할 때 심하게 경화시키는지 그 성분들로 옳게 짝지어진 것은?

① Al, Cr, Mo ② Zn, Mg, P
③ Pb, Au, Cu ④ Au, Ag, Pt

해설
- 질화층 생성 금속 : Al, Cr, Ti, V, Mo 등을 함유한 강은 심하게 경화된다.
- 질화층 방해 금속 : 주철, 탄소강, Ni, Co

05 공구용 재료로서 구비해야 할 조건이 아닌 것은?

① 강인성이 커야 한다.
② 마멸성이 커야 한다.
③ 열처리와 공작이 용이해야 한다.
④ 상온과 고온에서의 경도가 높아야 한다.

해설
공구용 재료는 강인성과 내마모성이 커야 하며, 경도와 강도가 높아야 한다.

06 금속의 격자결함이 아닌 것은?

① 가로결함 ② 적층결함
③ 전 위 ④ 공 공

해설
- 전위 : 정상 위치에 있던 원자들이 이동하여, 비정상적인 위치에서 새로운 배열을 하는 결함(칼날 전위, 나선 전위, 혼합 전위)
- 점 결함 : 공공(Vacancy)이 대표적인 점 결함이 있으며 자기 침입형 점 결함이 있다.
- 계면 결함 : 결정립계, 쌍정립계, 적층 결함, 상계면 등
- 체적 결함 : 기포, 균열, 외부 함유물, 다른 상 등

정답 1 ③ 2 ② 3 ② 4 ① 5 ② 6 ①

07 철강은 탄소함유량에 따라 순철, 강, 주철로 구별한다. 순철과 강, 강과 주철을 구분하는 탄소량은 약 몇 %인가?

① 0.025%, 0.8%
② 0.025%, 2.0%
③ 0.80%, 2.0%
④ 2.0%, 4.3%

해설

탄소강의 조직에 의한 분류

- 순철 : 0.025%C 이하
- 아공석강 : 0.025%C~0.8%C 이하, 공석강 : 0.8%C, 과공석강 : 0.8%C~2.0%C
- 아공정주철 : 2.0%C~4.3%C, 공정주철 : 4.3%C, 과공정주철 : 4.3%C~6.67%C

08 재료가 지니고 있는 질긴 성질을 무엇이라 하는가?

① 취 성
② 경 성
③ 강 성
④ 인 성

해설

인성 : 충격에 대한 재료의 저항으로 질긴 정도

09 높은 온도에서 증발에 의해 황동의 표면으로부터 Zn이 탈출되는 현상은?

① 응력 부식 탈아연 현상
② 전해 탈아연 부식 현상
③ 고온 탈아연 현상
④ 탈락 탈아연 메짐 현상

해설

고온 탈아연 : 고온에서 증발에 의해 황동의 표면으로부터 아연이 탈출하는 현상

10 재료를 실온까지 온도를 내려서 다른 형상으로 변형시켰다가 다시 온도를 상승시키면 어느 일정한 온도 이상에서 원래의 형상으로 변화하는 성질을 이용한 합금으로 대표적인 합금이 Ni-Ti계인 합금의 명칭은?

① 형상기억합금
② 비정질합금
③ 클래드합금
④ 제진합금

해설

- 형상기억합금 : 힘에 의해 변형되더라도 특정 온도에 올라가면 본래의 모양으로 돌아오는 합금, Ti-Ni이 대표적으로 마텐자이트 상변태를 일으킨다.
- 마텐자이트변태 : Fe이 온도 상승에 따라 α-Fe(BCC)에서 γ-Fe, δ-Fe로 외관의 변화를 보이지 않는 고체 간의 상변태

11 냉간가공한 7 : 3 황동판 또는 봉 등을 185~260℃에서 응력 제거 풀림을 하는 이유는?

① 강도 증가
② 외관 향상
③ 산화막 제거
④ 자연균열 방지

해설

황동에서의 자연균열 : 공기 중 암모니아와 같은 염류에 의해 입계 부식을 일으켜 가공 시 내부 응력에 의해 균열이 발생하는 현상으로 185~260℃에서 응력 제거 풀림을 해 준다.

7 ② 8 ④ 9 ③ 10 ① 11 ④ 정답

12 Al-Si계 합금의 설명으로 틀린 것은?

① 10~13%의 Si가 함유된 합금을 실루민이라 한다.
② Si의 함유량이 증가할수록 팽창계수와 비중이 높아진다.
③ 다이캐스팅 시 용탕이 급랭되므로 개량처리하지 않아도 조직이 미세화된다.
④ Al-Si계 합금 용탕에 금속나트륨이나 수산화나트륨 등을 넣고 10~50분 후에 주입하면 조직이 미세화된다.

해설
Al-Si : 실루민, 10~14%Si를 첨가하며 Na을 첨가하여 개량화 처리를 실시한다. 용융점이 낮고 유동성이 좋아 넓고 복잡한 모래형 주물에 이용한다. 개량화 처리 시 용탕과 모래형 수분과의 반응으로 수소를 흡수하여 기포가 발생한다. 다이캐스팅에는 급랭으로 인한 조직이 미세화된다. 열간 메짐이 없다. Si 함유량이 많아질수록 팽창계수와 비중은 낮아지며 주조성, 가공성이 나빠진다.

13 18-4-1형 고속도 공구강의 주요 합금 원소가 아닌 것은?

① Cr ② V
③ Ni ④ W

해설
고속도강(SKH) : 18%W-4%Cr-1%V으로 절삭 공구강에서 대표적으로 사용된다. 고속 절삭에도 연화되지 않으며, 열전도율이 나쁘고 자경성을 가지고 있다.

14 선철 원료, 내화 재료 및 연료 등을 통하여 강 중에 함유되며 상온에서 충격값을 저하시켜 상온 메짐의 원인이 되는 것은?

① Si ② Mn
③ P ④ S

해설
- 상온 메짐(저온 메짐) : P을 다량 함유한 강에서 발생하며 Fe_3P로 결정입자가 조대화되며, 경도·강도는 높아지나 연신율이 감소하는 메짐으로 특히 상온에서 충격값이 감소된다. 저온 메짐의 경우 겨울철 기온과 비슷한 온도에서 메짐 파괴가 일어난다.
- 청열 메짐 : 냉간가공 영역 안, 210~360℃ 부근에서 기계적 성질인 인장강도는 높아지나 연신이 갑자기 감소하는 현상이다.
- 적열 메짐 : 황이 많이 함유되어 있는 강이 고온(950℃ 부근)에서 메짐(강도는 증가, 연신율은 감소)이 나타나는 현상이다.
- 백열 메짐 : 1,100℃ 부근에서 일어나는 메짐으로 황이 주원인, 결정립계의 황화철이 융해하기 시작하는 데 따라서 발생한다.

15 네이벌 황동(Naval Brass)이란?

① 6 : 4 황동에 Sn을 약 0.75~1% 정도 첨가한 것
② 7 : 3 황동에 Mn을 약 2.85~3% 정도 첨가한 것
③ 3 : 7 황동에 Pb을 약 3.55~4% 정도 첨가한 것
④ 4 : 6 황동에 Fe을 약 4.95~5% 정도 첨가한 것

해설
네이벌 황동 : 6 : 4황동에 Sn 1% 첨가한 강, 판, 봉, 파이프 등 사용

16 도면에 "13-ϕ20 드릴"이라고 기입되어 있으면 드릴 구멍은 몇 개인가?

① 12개 ② 13개
③ 14개 ④ 20개

해설
13-ϕ20는 13개의 지름이 20mm인 구멍을 가공함을 의미한다.

정답 12 ② 13 ③ 14 ③ 15 ① 16 ②

17 45° × 45° × 90°와 30° × 60° × 90°의 모양으로 된 2개의 삼각자를 이용하여 나타낼 수 없는 각도는?

① 15° ② 50°
③ 75° ④ 105°

해설
30°, 45°, 60°, 90°로 상호 결합 및 빼보면서 만들 수 없는 각도를 생각해 본다.

18 치수기입의 원칙에 대한 설명으로 옳은 것은?

① 치수가 중복되는 경우 중복하여 기입한다.
② 치수는 계산을 할 수 있도록 기입하여야 한다.
③ 치수는 가능한 한 보조투상도에 기입하여야 한다.
④ 치수는 대상물의 크기, 자세 및 위치를 명확하게 표시해야 한다.

해설
치수기입의 원칙
- 치수는 되도록 주투상도(정면도)에 집중한다.
- 치수는 중복 기입을 피한다.
- 치수는 되도록 계산해서 구할 필요가 없도록 한다.
- 치수는 필요에 따라 기준으로 하는 점, 선 또는 면을 기준으로 하여 기입한다.
- 관련되는 치수는 되도록 한곳에 모아서 기입한다.
- 치수는 되도록 공정마다 배열을 분리하여 기입한다.
- 치수 중 참고치수에 대하여는 치수수치에 괄호를 붙인다.

19 제품의 사용목적에 따라 실용상 허용할 수 있는 범위의 차를 무엇이라 하는가?

① 공 차 ② 틈 새
③ 데이텀 ④ 끼워맞춤

해설
치수공차치수의 허용되는 범위를 나타낸다. 최대허용치수와 최소허용치수와의 차, 위치수허용차와 아래치수허용차와의 차

20 한국산업표준(KS)에서 재료기호 “SF 340 A”이 의미하는 것은?

① 내열강 주강품
② 고망간강 단강품
③ 탄소강 단강품
④ 압력 용기용 스테인리스 단강품

해설
- GC 100 : 회주철
- SS400 : 일반구조용 압연강재
- SF340 : 탄소 단강품
- SC360 : 탄소 주강품
- SM45C : 기계구조용 탄소강
- STC3 : 탄소공구강

21 그림의 물체를 제3각법으로 투상했을 때 평면도는?

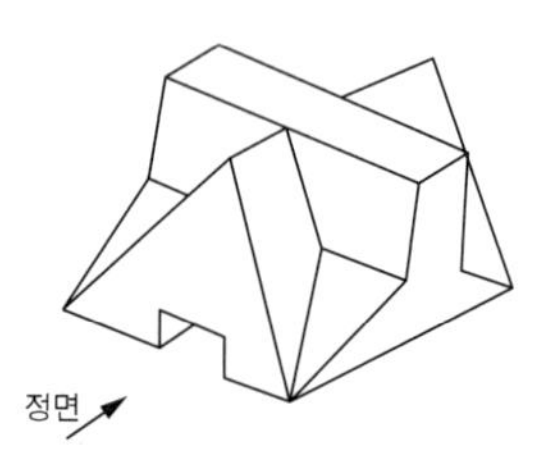

①
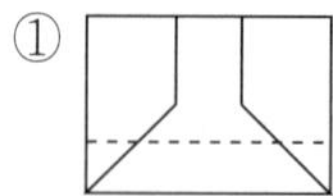
②
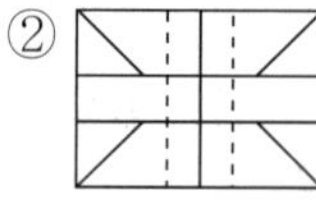
③
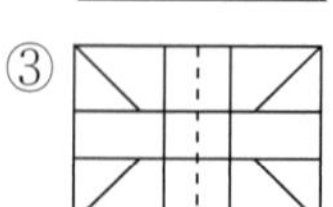
④
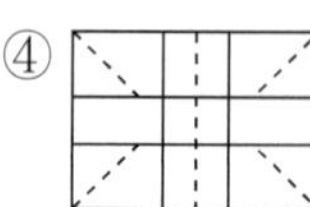

해설
평면도는 정면도를 기준으로 위쪽에서 본 것을 나타낸 것이며 위쪽에서는 보이지 않으나 실제로 존재하는 모서리는 숨은선으로 도시한 것을 선택하면 된다.

17 ② 18 ④ 19 ① 20 ③ 21 ② 정답

22 KS 분류기호 중에서 KS B는 어느 부문인가?

① 전 기　　② 기 본
③ 금 속　　④ 기 계

해설
- KS A : 기본
- KS B : 기계
- KS C : 전기전자
- KS D : 금속

23 한국산업표준(KS)에서 규정하고 있는 표면 거칠기의 기호가 아닌 것은?

① R_a　　② R_y
③ R_t　　④ R_z

해설
- R_a : 중심선 평균 거칠기
- R_y : 최대높이 거칠기
- R_z : 10점 평균 거칠기

24 투상도에서 물체의 모양과 특징을 가장 잘 나타낼 수 있는 면으로 선택하는 것은?

① 정면도　　② 평면도
③ 측면도　　④ 저면도

해설
정면도는 물체의 형태를 가장 잘 나타낸 것을 선택한다.

25 나사의 도시에 대한 설명으로 옳은 것은?

① 수나사와 암나사와 골지름은 굵은 실선으로 그린다.
② 불완전 나사부의 끝 밑선은 45°의 파선으로 그린다.
③ 수나사의 바깥지름과 암나사의 안지름은 굵은 실선으로 그린다.
④ 완전 나사부와 불완전 나사부의 경계선은 가는 실선으로 그린다.

해설
나사의 제도
- 수나사의 바깥지름과 암나사의 안지름을 표시하는 선은 굵은 실선으로 그린다.
- 수나사 · 암나사의 골을 표시하는 선은 가는 실선으로 그린다.
- 완전 나사부와 불완전 나사부의 경계선은 굵은 실선으로 그린다.
- 불완전 나사부의 골을 나타내는 선은 축선에 대하여 30°의 가는 실선으로 그리고, 필요에 따라 불완전 나사부의 길이를 기입한다.
- 암나사의 단면 도시에서 드릴 구멍이 나타날 때에는 굵은 실선으로 120°가 되게 그린다.
- 수나사와 암나사의 결합부의 단면은 수나사로 나타낸다.
- 수나사와 암나사의 측면 도시에서 각각의 골지름은 가는 실선으로 약 3/4원으로 그린다.

26 정투상법에 의한 도형의 표시 방법으로 옳은 것은?

① 물체를 위에서 본 형상을 정면도라 한다.
② 평면도는 정면도의 위에 배치한다.
③ 자동차 등은 앞모양을 정면도로 한다.
④ 물체의 길이가 길 때 평면도보다 측면도를 그린다.

해설
평면도는 정면도를 기준으로 위쪽에서 본 것을 나타낸 것이다.

정답 22 ④ 23 ③ 24 ① 25 ③ 26 ②

27 도면에서 2종류 이상의 선이 같은 장소에 겹치게 될 경우 우선순위가 옳은 것은?

① 외형선 → 숨은선 → 절단선 → 중심선 → 무게 중심선
② 외형선 → 숨은선 → 중심선 → 무게 중심선 → 절단선
③ 외형선 → 숨은선 → 무게 중심선 → 중심선 → 절단선
④ 외형선 → 무게 중심선 → 숨은선 → 절단선 → 중심선

해설
선의 우선순위
외형선 → 숨은선 → 절단선 → 중심선 → 무게 중심선 → 치수선

28 강의 매크로 조직 내의 결함 표시 중 중심부 피트를 나타내는 기호는?

① B ② H
③ T_c ④ L_c

해설
매크로검사 용어

분 류	기 호	비 고
수지상 결정 (Dendrite)	D	강괴의 응고에 있어서 수지상으로 발달한 1차 결정이 단조 또는 압연 후에도 그 형태를 그대로 가지고 있는 것
잉곳 패턴 (Ingot Pattern)	I	강괴의 응고과정에 있어서 결정상태의 변화 또는 성분의 편차에 따라 윤곽상으로 부식의 농도차가 나타난 것
중심부 편석 (Center Segregation)	S_c	강괴의 응고과정에서 성분의 편차에 따라 중심부에 부식의 농도차가 나타난 것
다공질 (Looseness)	L	강재 단면 전체에 걸쳐서 또는 중심부에 부식이 단시간에 진행하여 해면상으로 나타난 것
중심부 다공질	L_c	
피트(Pit)	T	부식에 의해 강재 단면 전체에 걸쳐서 또는 중심부에 육안으로 볼 수 있는 크기로 점상의 구멍이 생긴 것
중심부 피트	T_c	
기포 (Blow Hole)	B	강괴의 기포 또는 핀 홀(Pin Hole)이 완전히 압착되지 않고 중심부에 그 흔적을 남기고 있는 것
비금속 개재물 (Nonmetallic Inclusion)	N	육안으로 알 수 있는 비금속 개재물
파이프(Pipe)	P	강괴의 응고수축에 따른 1차 또는 2차 파이프가 완전히 압축되지 않고 중심부에 그 흔적을 남긴 것
모세균열 (Hair Crack)	H	부식에 의하여 단면에 미세하게 모발상으로 나타난 흠
중심부 파열 (Center Defects)	F	부적당한 단조 또는 압연작업으로 인하여 중심부에 파열이 생긴 것
주변 흠 (Seam Laps)	W	강재의 주변 기포에 의한 흠 또는 압연 및 단조에 의한 흠, 그밖에 강재의 외부에 생긴 흠

27 ① 28 ③ 정답

29 쇼어 경도계의 형식에 해당되지 않는 것은?

① A Type ② C Type
③ D Type ④ SS Type

해설
쇼어 경도기의 종류는 C형, SS형, D형이 있으며, 주로 목측형 C형과 지시형 D형을 사용한다.

30 강의 용접부 내부의 결함시험에 가장 적합한 비파괴시험법은?

① 전자유도시험 ② 침투비파괴시험
③ 자기비파괴시험 ④ 방사선투과시험

해설
- 내부결함검사 : 방사선(RT), 초음파(UT)
- 표면결함검사 : 침투(PT), 자기(MT), 육안(VT), 와전류(ET)
- 관통결함검사 : 누설(LT)

31 비파괴검사 방법 중 인체상 안전관리에 가장 유의해야 할 시험법은?

① 방사선투과시험 ② 침투탐상시험
③ 자기탐상시험 ④ 초음파탐상시험

해설
방사선은 인체에 유해한 성질을 지니고 있어 개인별 피폭 관리에 각별히 주의해야 한다.

32 충격시험에서 샤르피 흡수 에너지를 노치(Notch) 부분의 원단면적으로 나눈 값은?

① 충격값 ② 효율에너지
③ 해머의 질량 ④ 시험편 파괴값

해설
충격값 : $U = \frac{E}{A}(\text{kgf} \cdot \text{m/cm}^2)$
여기서, A : 절단부의 단면적, E : 충격 에너지

33 용제 제거성 침투탐상검사의 일반적인 처리 순서로 옳은 것은?

① 전처리 → 침투처리 → 제거처리 → 현상처리 → 관찰
② 전처리 → 제거처리 → 침투처리 → 현상처리 → 관찰
③ 전처리 → 현상처리 → 침투처리 → 제거처리 → 관찰
④ 전처리 → 침투처리 → 현상처리 → 제거처리 → 관찰

해설
일반적인 탐상 순서 : 전처리 – 침투처리 – 제거처리 – 현상처리 – 관찰 – 후처리

34 탄성계수 E, 푸아송 비 v, 강성계수 G의 관계를 바르게 나타낸 것은?

① $G = \frac{E}{2(1+v)}$ ② $G = \frac{2(1+v)}{E}$
③ $G = \frac{E}{3(1-v)}$ ④ $G = \frac{3(1-v)}{E}$

해설
강성률 : 전단 응력과 전단 변형률 사이의 비례상수
$G = \frac{E}{2(1+v)}$
여기서, G : 강성률, v : 푸아송 비, E : 탄성률

정답 29 ① 30 ④ 31 ① 32 ① 33 ① 34 ①

35 안전모에 대한 설명으로 틀린 것은?

① 가볍고 성능이 우수해야 한다.
② 내충격성이 좋아야 한다.
③ 규격에 알맞아야 한다.
④ 전기가 잘 통해야 한다.

해설
안전모는 전기가 통하지 않아야 한다.

36 다음 중 일반적으로 Mn 규산염 또는 Fe–Mn 규산계의 비금속 개재물이 생성되는 것은?

① A계 개재물
② B계 개재물
③ C계 개재물
④ DS계 개재물

해설
규산염 개재물(그룹 C) : SiO_2 위주로 형성되어 있으며 일반적으로 $MnO(FeO)-SiO_2$의 상태로 존재한다. 쉽게 잘 늘어나는 개개의 암회색 또는 암흑색의 입자들로 그 끝이 날카로운 특징을 가진다.

37 어떤 사람이 경도시험 한 결과를 HB S (10/3000) 324로 표기하였다면 이 사람이 사용한 경도계와 경도값은?

① 브리넬 경도계, 750
② 비커스 경도계, 750
③ 비커스 경도계, 324
④ 브리넬 경도계, 324

해설
HB : 브리넬 경도, 10 : 강구 압입자 직경, 324 : 브리넬 경도값

38 철강용 부식제로 옳은 것은?

① 왕 수 ② 염화제이철 용액
③ 수산화나트륨 용액 ④ 질산 알코올 용액

해설
부식액의 종류

재 료	부식액
철강재료	나이탈, 질산 알코올 (질산 5mL + 알코올 100mL)
	피크랄, 피크린산 알코올 (피크린산 5g + 알코올 100mL)
귀금속 (Ag, Pt 등)	왕수 (질산 1mL + 염산 5mL + 물 6mL)
Al 및 Al 합금	수산화나트륨 (수산화나트륨 20g + 물 100mL)
	플루오린화수소산 (플루오린화수소 0.5mL + 물 99.5mL)
Cu 및 Cu 합금	염화제이철 용액 (염화제이철 5g + 염산 50mL + 물 100mL)
Ni, Sn, Pb 합금	질산 용액
Zn 합금	염산 용액

39 생형사에 주조한 회주철을 3% 나이탈에 부식하여 200배의 현미경 배율로 점검하였을 때 기지 조직은?

① 마텐자이트 ② 펄라이트
③ 오스테나이트 ④ 레데부라이트

해설
펄라이트가 기지 조직이 된다.

40 시험체의 구멍에 관통봉(도체)을 통과시키고 전류를 통하여 자화시키는 방법은?

① 코일법 ② 전류 관통법
③ 축 통전식 ④ 직각 통전법

해설
전류 관통법 : 시험체 구멍 등에 전도체를 통과시켜 도체에 전류를 흘려 원형 자화를 형성

35 ④ 36 ③ 37 ④ 38 ④ 39 ② 40 ② **정답**

41 주철, 강, 황동 등의 응력-압축률선도의 경우로 곡선의 상부에 원호를 갖는 가공경화지수(m)는?

① $m=0$인 경우
② $m=1$인 경우
③ $m>1$인 경우
④ $m<1$인 경우

해설
가공 경화를 나타내는 물체의 소성변형에 있어 응력은 일반적으로 변형률의 m^2으로 표현되며, 이 실수값 m을 경화지수라 한다. $m=0$은 완전 소성을 나타내며, 1은 비례 관계를 나타낸다. 또한 0.1에서 0.5 사이값은 가공 경화를 수반하는 소성변형을 나타낸다. 즉, 상부에 원호를 갖는 경우에는 $m>1$인 경우를 나타낸다.

42 S-N곡선에서 S와 N이 각각 의미하는 것은?

① 응력-반복 횟수
② 시간-반복 횟수
③ 직경-반복 횟수
④ 반복 횟수-직경

해설
S-N곡선 : 비틀림 응력과 반복 횟수 사이의 관계를 나타낸 곡선으로, 주로 피로한도를 측정할 때 사용한다.

43 비파괴시험에 관련된 용어 중 흠(Flaw)의 정의로 옳은 것은?

① 시험결과로 판단되는 불연속 부분
② 조직, 형상 등이 건전부와 다르게 지시되는 부분
③ 시험체의 평균적인 부분과 차이가 있다고 판단되는 부분
④ 규격, 시방서 등에 규정되어 있는 판정 기준을 넘어서는 부분

해설
흠(Flaw) : 시험 결과로 판단되는 불연속 부분

44 금속현미경 조작방법을 설명한 것 중 틀린 것은?

① 현미경은 진동이 없는 작업대 위에 놓고, 각 부품을 조립한다.
② 시험편을 시험편 받침대에 올려놓고 클램프로 고정시킨다.
③ 처음에는 고배율로 조직을 본 다음, 특정 부위를 저배율로 관찰한다.
④ 조직 사진을 찍을 때는 스케일(Scale)도 포함되게 찍는다.

해설
처음에는 저배율로 조직을 본 후 고배율로 높여가며 관찰한다.

45 굽힘시험을 할 때 시험편을 받치는 사각형으로 만들어진 양쪽 받침대의 명칭은?

① 단 주　② 보(Beam)
③ 힌지(Hinge)　④ 전위(Dislocation)

해설
양쪽 받침대를 힌지라 한다.

46 조직량을 측정함으로써 소재의 건전성, 조직량에 의한 기계적 성질의 유추 해석이 가능한 조직량 측정 시험의 방법이 아닌 것은?

① 점의 측정법　② 원의 측정법
③ 직선의 측정법　④ 면적의 측정법

해설
조직량 측정법 : 관찰되는 전체 상 중 한 종류의 상량을 측정하는 것
- 면적 분율법(중량법) : 연마된 면 중 특정상의 면적을 개별적으로 측정하는 방법, 플래니미터와 천칭을 사용하여 질량을 정량하는 방법
- 직선법 : 조직 사진 위에 직선을 긋고, 측정하고자 하는 상과 교차하는 길이를 측정한 값의 직선의 전체 길이로 나눈 값으로 표시하는 방법
- 점산법 : 투명한 망 종이를 조직 사진 위에 겹쳐 놓고 측정하고자 하는 상이 가지는 면적의 교차점을 측정한 총수를 망의 전체 교차점의 수로 나눈 값으로 표시하는 방법

정답 41 ③ 42 ① 43 ① 44 ③ 45 ③ 46 ②

47 주철의 조직으로 오스테나이트와 시멘타이트의 공정인 조직의 명칭은?

① 베이나이트 ② 소르바이트
③ 트루스타이트 ④ 레데부라이트

해설
레데부라이트 : γ-철 + 시멘타이트, 탄소 함유량이 2.0%C와 6.67%C의 공정 주철의 조직으로 나타난다.

48 강의 불꽃 시험에서의 안전 및 유의 사항으로 틀린 것은?

① 연마 도중 시험편을 놓치지 않도록 주의한다.
② 그라인더를 사용할 때에는 보안경을 착용하여야 한다.
③ 그라인더에 스위치를 넣은 다음, 곧바로 불꽃 시험을 한다.
④ 연삭숫돌을 갈아 끼울 때에는 숫돌의 이상 유무를 확인한 후 고정 설치한다.

해설
불꽃 시험 시 유의사항
- 그라인더에 연마 도중 시험편을 놓치지 않는다.
- 보안경을 반드시 착용한 후 실시한다.
- 숫돌의 이상 여부를 정기적으로 점검한다.
- 불꽃 시험 시 누르는 압력을 일정하게 한다.
- 그라인더를 시험 가동 후 시험을 실시한다.
- 시험 시 숫돌의 옆면에 서서 작업한다.

49 에릭센시험(Erichsen Test)은 어떤 기계적 성질을 시험하는가?

① 경 도 ② 전연성
③ 충격치 ④ 내마멸성

해설
에릭센시험(커핑시험) : 재료의 전·연성을 측정하는 시험으로 Cu판, Al판 및 연성 판재를 가압성형하여 변형 능력을 시험한다.

50 보기의 설퍼 프린트시험에서 빈칸에 공통으로 들어갈 화학식으로 옳은 것은?

보기

$MnS + H_2SO_4 \rightarrow MnSO_4 + (\quad)$
$FeS + H_2SO_4 \rightarrow FeSO_4 + (\quad)$
$2AgBr + (\quad) \rightarrow Ag_2S + 2HBr$

① MnH
② FeH
③ H_2S
④ Ag_3S

해설
설퍼 프린트 화학 반응식
- $MnS + H_2SO_4 \rightarrow MnSO_4 + H_2S$
- $FeS + H_2SO_4 \rightarrow FeSO_4 + H_2S$
- $2AgBr + H_2S \rightarrow Ag_2S + 2HBr$

51 결함 부분에 생기는 누설 자속을 검출하여 결함 존재를 발견하는 검사 방법은?

① 누설시험
② 자기탐상시험
③ 침투탐상시험
④ 초음파탐상시험

해설
자분탐상의 원리 : 강자성체 시험체의 결함에서 생기는 누설자장을 이용하여 표면 및 표면 직하의 결함을 검출하는 방법

47 ④ 48 ③ 49 ② 50 ③ 51 ② 정답

52 다음 중 종파의 전달속도가 빠른 것부터 올바르게 나열한 것은?

① 구리 > 강 > 알루미늄
② 강 > 구리 > 알루미늄
③ 구리 > 알루미늄 > 강
④ 알루미늄 > 강 > 구리

해설
주요 물질에 대한 음파의 속도

물 질	종파속도(m/s)	횡파속도(m/s)
알루미늄	6,300	3,150
주강(철)	5,900	3,200
유 리	5,770	3,430
구 리	4,660	2,260
아크릴 수지	2,700	1,200
글리세린	1,920	
물	1,490	
기 름	1,400	
공 기	340	

53 비교법으로 표면 검사한 결과를 보고서에 작성할 때 알맞은 기호는?

① FGI - P
② FGI - V
③ FGC - S
④ FGC - V

해설
비교법(ASTM 결정립 측정법, FGC) : 부식면에 나타난 입도를 현미경으로 측정하여 표준도와 비교하여 그에 해당하는 입도번호를 판정

54 지름이 30mm이고, 길이가 50mm인 압축 시험편을 압축시험하였더니 5,000kgf의 하중에서 파괴가 일어났다. 이때 지름이 40mm이고, 길이가 40mm로 줄었다면 이 재료의 압축률은 몇 %인가?

① 2 ② 20
③ 35 ④ 50

해설
압축률

$$\varepsilon_C = \frac{\text{시험 전 높이} - \text{시험 후 높이}}{\text{시험 전 높이}} \times 100(\%)$$
$$= \frac{h_0 - h_1}{h_0} \times 100$$
$$= \frac{50 - 40}{50} \times 100 = 20\%$$

55 X선 회절에 관한 Bragg의 법칙 $n\lambda = 2d\sin\theta$에서 d가 의미하는 것은?

① 파 장 ② 입사각
③ 반사치수 ④ 결정면 간 거리

해설
Bragg's Law : 빛의 회절, 반사에 관한 물리 법칙으로 빛의 파장과 결정구조의 폭 혹은 반사면과 광선이 이루는 각도 사이의 관계를 설명하며 d는 결정면 간 거리를 의미한다.

56 재료의 강도보다 훨씬 작은 하중이 가해져도 여러 번 반복되면 점차 약화되어 파괴되는 현상은?

① 피로파괴
② 응력파괴
③ 마멸파괴
④ 크리프파괴

해설
피로시험 : 어떤 기계나 구조물 등 제작하여 사용할 때 변동응력, 반복응력이 반복되어도 파괴되지 않는 내구 한도를 결정하기 위한 시험으로 이러한 원인으로 파괴되는 것을 피로파괴라 한다.

정답 52 ④ 53 ③ 54 ② 55 ④ 56 ①

57 **크리프에 관한 설명 중 틀린 것은?**

① 크리프 한도란 어떤 시간 후에 크리프가 정지하는 최대 응력이다.

② 일정한 온도와 하중을 가하고 시간의 경과와 더불어 변형의 증가를 측정한다.

③ 철강 등은 250℃ 이하의 온도에서도 크리프 현상이 일어난다.

④ 하중 장치, 가열로 장치와 변형률 측정 장치로 구성되어 있다.

해설

크리프시험

- 크리프 : 재료를 고온에서 내력보다 작은 응력으로 가해 주면 시간이 지나면서 변형이 진행되는 현상
- 기계 구조물, 교량 및 건축물 등 긴 시간에 걸쳐 하중을 받는 재료에 시험
- 용융점이 낮은 금속(Pb, Cu)인 순금속, 연한 합금 등은 상온에서 크리프 현상이 발생
- 철강 및 경합금은 250℃ 이상에서 크리프 현상 발생
- 제트기관, 로켓, 증기터빈 등은 450℃ 이상의 고온상태에서 사용
- 크리프가 생기는 요인으로는 온도, 하중, 시간으로 결정
- 크리프시험기의 장치로는 하중 장치, 변율측정장치, 가열로와 온도 측정 및 조정장치가 있다.

58 **다음 중 일정한 담금질 조건하에서 담금질에 의한 경화 깊이를 측정하는 시험은?**

① 조직시험

② 인장시험

③ 에릭센시험

④ 조미니시험

해설

강의 담금질성 측정에는 조미니시험법이 사용된다.

59 **굽힘저항시험과 굽힘균열시험으로 분류할 때 굽힘저항시험으로 측정할 수 있는 성질은?**

① 전 성

② 연 성

③ 탄성계수

④ 균열 유무

해설

- 굽힘균열시험 : 재료의 소성가공성 및 용접부의 변형 등을 평가
- 굽힘저항시험(항절시험) : 주철, 초경합금 등의 메짐 재료의 파단강도, 굽힘강도, 탄성계수 및 탄성 에너지 측정하며, 재료의 굽힘에 대한 저항력을 조사

60 **탄소강의 고온성질에서 인장강도가 최대가 되고, 연신율이 최소가 되는 대략적인 온도 구간은?**

① 50~100℃ 부근

② 200~300℃ 부근

③ 400~500℃ 부근

④ 700~800℃ 부근

해설

탄소강은 200~300℃ 부근에서 청열 취성이 일어나 연신율이 최소가 된다.

57 ③ 58 ④ 59 ③ 60 ② 정답

2015년 제1회 과년도 기출문제

01 오스테나이트계 스테인리스강에 첨가되는 주성분으로 옳은 것은?

① Pb–Mg
② Cu–Al
③ Cr–Ni
④ P–Sn

해설
Austenite계 스테인리스강 : 18%Cr–8%Ni이 대표적인 강으로 비자성체에 산과 알칼리에 강하다.

02 특수강에서 다음 금속이 미치는 영향으로 틀린 것은?

① Si : 전자기적 성질을 개선한다.
② Cr : 내마멸성을 증가시킨다.
③ Mo : 뜨임메짐을 방지한다.
④ Ni : 탄화물을 만든다.

해설
- Mo : 페라이트 중 조직을 강화하는 능력이 Cr, Ni보다 크고, 크리프 강도를 높이는 데 사용한다. 또한 뜨임 메짐을 방지하고 열처리 효과를 깊게 한다.
- Ni : 오스테나이트 구역 확대 원소로 내식성, 내산성이 증가하며, 시멘타이트를 불안정하게 만들어 흑연화를 촉진시킨다.
- Mn : 탈산제 및 적열 취성 방지 원소이며, 담금질성을 높게 하는 특징을 가진다. 또한 시멘타이트를 안정하게 하고, A_3변태점을 내려가게 하여 오스테나이트를 안정하게 한다.
- Si : 전자기적 성질을 개선시키고, 산소와 친화력이 강해 탈산제로도 사용된다.
- Cr : 탄소와 결합하여 탄화물을 형성하고 내마멸성, 내식성, 내열성을 향상시킨다. 또한 결정입자 성장을 방지하며, 적은 양에도 경도, 강도를 높이고 담금질성을 좋게 한다.

03 다음 중 비중(Specific Gravity)이 가장 작은 금속은?

① Mg ② Cr
③ Mn ④ Pb

해설
비중 : 물과 같은 부피를 갖는 물체와의 무게의 비

각 금속별 비중							
Mg	Cr	Sn	Fe	Ni	Cu	Mo	W
1.74	7.19	7.28	7.86	8.9	8.9	10.2	19.2
Mn	Co	Ag	Au	Al	Zn	Pb	
7.43	8.8	10.5	19.3	2.7	7.1	11.3	

04 Y합금의 일종으로 Ti과 Cu를 0.2% 정도씩 첨가한 합금으로 피스톤에 사용되는 합금의 명칭은?

① 라우탈
② 엘린바
③ 문쯔메탈
④ 코비탈륨

해설
내열용 알루미늄 합금
- Al–Cu–Ni–Mg : Y합금, 석출 경화용 합금, 실린더 · 피스톤 · 실린더 헤드 등에 사용한다.
- Al–Ni–Mg–Si–Cu : 로엑스, 내열성 및 고온 강도가 크다.
- Y합금–Ti–Cu : 코비탈륨, Y합금에 Ti, Cu를 0.2% 정도씩 첨가한 것으로 피스톤에 사용한다.

정답 1 ③ 2 ④ 3 ① 4 ④

05 제진 재료에 대한 설명으로 틀린 것은?

① 제진 합금으로는 Mg-Zr, Mn-Cu 등이 있다.
② 제진 합금에서 제진 기구는 마텐자이트 변태와 같다.
③ 제진 재료는 진동을 제어하기 위하여 사용되는 재료이다.
④ 제진 합금이란 큰 의미에서 두드려도 소리가 나지 않는 합금이다.

해설

제진 재료

- 진동과 소음을 줄여주는 재료. 제진 계수가 높을수록 감쇠능이 좋다.
- 제진 합금 : Mg-Zr, Mn-Cu, Ti-Ni, Cu-Al-Ni, Al-Zn, Fe-Cr-Al 등
- 내부 마찰이 매우 크며 진동 에너지를 열에너지로 변환시키는 능력이 크다.
- 제진 기구는 훅의 법칙을 따르며 외부에서 주어진 에너지가 재료에 흡수되어 진동이 감쇠하게 되며 열에너지로 변환된다.

06 2N M50×2-6h이라는 나사의 표시 방법에 대한 설명으로 옳은 것은?

① 왼나사이다.
② 2줄 나사이다.
③ 유니파이 보통 나사이다.
④ 피치는 1인치당 산의 개수로 표시한다.

해설

2줄 미터가는나사, 외경 50mm, 피치 2mm, 등급 6, 공차위치 h

07 다음 가공방법의 기호와 그 의미의 연결이 틀린 것은?

① C - 주조 ② L - 선삭
③ G - 연삭 ④ FF - 소성가공

해설

FF는 줄다듬질을 의미한다.

08 끼워맞춤에 관한 설명으로 옳은 것은?

① 최대죔새는 구멍의 최대허용치수에서 축의 최소허용치수를 뺀 치수이다.
② 최소죔새는 구멍의 최소허용치수에서 축의 최대허용치수를 뺀 치수이다.
③ 구멍의 최소치수가 축의 최대치수보다 작은 경우 헐거운 끼워맞춤이 된다.
④ 구멍과 축의 끼워맞춤에서 틈새가 없이 죔새만 있으면 억지 끼워맞춤이 된다.

해설

- 헐거운 끼워맞춤 : 항상 틈새가 생기는 상태로 구멍의 최소치수가 축의 최대치수보다 큰 경우
- 억지 끼워맞춤 : 항상 죔새가 생기는 상태로 구멍의 최대치수가 축의 최소치수보다 작은 경우
- 중간 끼워맞춤 : 상황에 따라서 틈새와 죔새가 발생할 수 있는 경우

09 척도가 1 : 2인 도면에서 실제치수 20mm인 선은 도면상에 몇 mm로 긋는가?

① 5 ② 10
③ 20 ④ 40

해설

축척으로 2배 작게 그린다.

10 수면이나 유면 등의 위치를 나타내는 수준면선의 종류는?

① 파 선
② 가는 실선
③ 굵은 실선
④ 1점 쇄선

해설

가는 실선의 용도 : 치수선, 치수보조선, 지시선, 중심선, 수준면선, 회전단면선

5 ② 6 ② 7 ④ 8 ④ 9 ② 10 ② 정답

11 금속의 결정구조를 생각할 때 결정면과 방향을 규정하는 것과 관련이 가장 깊은 것은?

① 밀러지수 ② 탄성계수
③ 가공지수 ④ 전이계수

해설
밀러지수 : X, Y, Z의 3축을 어느 결정면이 끊는 절편을 원자 간격으로 측정한 수의 역수의 정수비, 면 : (XYZ), 방향 : [XYZ]으로 표시

12 그림과 같은 소성가공법은?

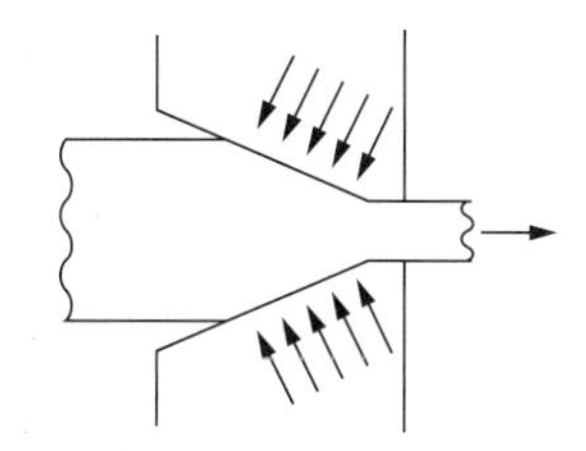

① 압연가공 ② 단조가공
③ 인발가공 ④ 전조가공

해설
인발가공 : 끝부분이 좁은 다이스에 금속선 또는 금속관을 끼우고 끌어당겨 다이스의 구멍을 통해 뽑아내는 가공법

13 4%Cu, 2%Ni 및 1.5%Mg이 첨가된 알루미늄 합금으로 내연기관용 피스톤이나 실린더 헤드 등에 사용되는 재료는?

① Y합금
② 라우탈(Lautal)
③ 알클래드(Alclad)
④ 하이드로날륨(Hydronalium)

해설
- Al-Cu-Ni-Mg : Y합금, 석출 경화용 합금, 실린더 · 피스톤 · 실린더 헤드 등에 사용한다.
- Al-Cu-Si : 라우탈, 주조성 및 절삭성이 좋다.
- 알클래드 : 고강도 합금 판재인 두랄루민의 내식성 향상을 위해 순수 Al 또는 Al합금을 피복한 것이다. 강도와 내식성이 동시에 증가한다.
- Al-Mg : 하이드로날륨, 내식성이 우수하다.

14 구리 및 구리 합금에 대한 설명으로 옳은 것은?

① 구리는 자성체이다.
② 금속 중에 Fe 다음으로 열전도율이 높다.
③ 황동은 주로 구리와 주석으로 된 합금이다.
④ 구리는 이산화탄소가 포함되어 있는 공기 중에서 녹청색 녹이 발생한다.

해설
구리는 비자성체이며, Ag(은) 다음으로 열전도율이 높다. 또 황동은 구리와 아연의 합금, 청동은 구리와 주석의 합금이다. 공기 중에서 녹청색 녹이 형성된다.

15 저용융점 합금의 용융 온도는 약 몇 ℃ 이하인가?

① 250℃ 이하 ② 450℃ 이하
③ 550℃ 이하 ④ 650℃ 이하

해설
저용융점 합금 : 250℃ 이하에서 용융점을 가지는 합금

16 기체 급랭법의 일종으로 금속을 기체상태로 한 후에 급랭하는 방법으로 제조되는 합금으로서, 대표적인 방법은 진공 증착법이나 스퍼터링법 등이 있다. 이러한 방법으로 제조되는 합금은?

① 제진 합금 ② 초전도 합금
③ 비정질 합금 ④ 형상 기억 합금

해설
비정질 합금
- 금속을 용해 후 고속 급랭시켜 원자가 규칙적으로 배열되지 못하고 액체상태로 응고되어 금속이 되는 것
- 제조법 : 기체 급랭법(진공 증착법, 스퍼터링법), 액체 급랭법(단롤법, 쌍롤법, 원심 급랭법, 분무법)

정답 11 ① 12 ③ 13 ① 14 ④ 15 ① 16 ③

17 용융 금속을 주형에 주입할 때 응고하는 과정을 설명한 것으로 틀린 것은?

① 나뭇가지 모양으로 응고하는 것을 수지상정이라 한다.
② 핵 생성 속도가 핵 성장 속도보다 빠르면 입자가 미세해진다.
③ 주형에 접한 부분이 빠른 속도로 응고하고 차차 내부로 가면서 천천히 응고한다.
④ 주상 결정 입자 조직이 생성된 주물에서는 주상 결정 입 내 부분에 불순물이 집중하므로 메짐이 생긴다.

해설
- 수지상 결정 : 생성된 핵을 중심으로 나뭇가지 모양으로 발달하여, 계속 성장하며 결정 입계를 형성
- 결정 입자의 미세도 : 응고 시 결정핵이 생성되는 속도와 결정핵의 성장 속도에 의해 결정되며, 주상 결정과 입상 결정 입자가 있음
- 주상 결정 : 용융 금속이 응고하며 결정이 성장할 때 온도가 높은 방향으로 길게 뻗은 조직, $G \geq V_m$(G : 결정입자의 성장 속도, V_m : 용융점이 내부로 전달되는 속도)
- 입상 결정 : 용융 금속이 응고하며 용융점이 내부로 전달하는 속도가 더 클 때 수지상정이 성장하며 입상정을 형성, $G < V_m$(G : 결정입자의 성장 속도, V_m : 용융점이 내부로 전달되는 속도)

18 다음 비철금속 중 구리가 포함되어 있는 합금이 아닌 것은?

① 황 동 ② 톰 백
③ 청 동 ④ 하이드로날륨

해설
Al-Mg : 하이드로날륨, 내식성이 우수하다.

19 다음 철강재료에서 인성이 가장 낮은 것은?

① 회주철 ② 탄소공구강
③ 합금공구강 ④ 고속도공구강

해설
인성이 가장 낮은 것은 회주철이다.

20 공석강의 탄소함유량(%)은 약 얼마인가?

① 0.15 ② 0.8
③ 2.0 ④ 4.3

해설
탄소강의 조직에 의한 분류
- 순철 : 0.025%C 이하
- 아공석강 : 0.025%C~0.8%C 이하, 공석강 : 0.8%C, 과공석강 : 0.8%C~2.0%C
- 아공정주철 : 2.0%C~4.3%C, 공정주철 : 4.3%C, 과공정주철 : 4.3%C~6.67%C

21 제도용지에 대한 설명으로 틀린 것은?

① A0 제도용지의 넓이는 약 $1m^2$이다.
② B0 제도용지의 넓이는 약 $1.5m^2$이다.
③ A0 제도용지의 크기는 594×841이다.
④ 제도용지의 세로와 가로의 비는 1 : $\sqrt{2}$ 이다.

해설
A0 제도용지의 크기는 841×1,189mm이다.

22 도면에서 중심선을 꺾어서 연결 도시한 투상도는?

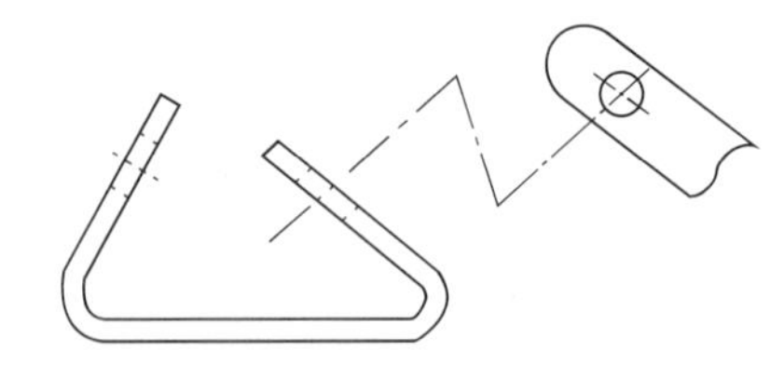

① 보조투상도 ② 국부투상도
③ 부분투상도 ④ 회전투상도

해설
보조투상도 : 경사부가 있는 물체는 그 경사면의 실제 모양을 표시할 필요가 있을 때 경사면과 평행하게 전체 또는 일부분을 그린다.

17 ④ 18 ④ 19 ① 20 ② 21 ③ 22 ① 정답

23 다음 도형에서 테이퍼 값을 구하는 식으로 옳은 것은?

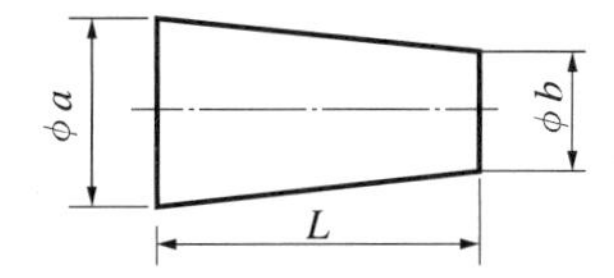

① $\frac{b}{a}$

② $\frac{a}{b}$

③ $\frac{a+b}{L}$

④ $\frac{a-b}{L}$

해설

테이퍼는 이등변삼각형 기준 가로길이 : 세로길이를 의미하므로 평행선을 그어서 적용하면 된다.

24 그림과 같은 물체를 제3각법으로 그릴 때 물체를 명확하게 나타낼 수 있는 최소 도면 개수는?

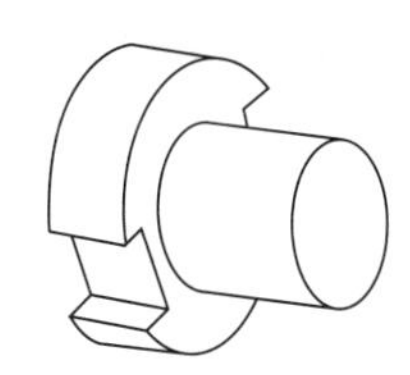

① 1개 ② 2개
③ 3개 ④ 4개

해설

기본적으로 축은 길이방향으로 길게 정면도만으로 도시할 수 있으나 홈이나 깎인 부분이 있을 경우 좌우면도 중 하나 정도 추가할 수 있다.

25 상면도라 하며, 물체의 위에서 내려다 본 모양을 나타내는 도면의 명칭은?

① 배면도 ② 정면도
③ 평면도 ④ 우측면도

해설

평면도는 정면도를 기준으로 위쪽에서 본 형태를 나타낸 그림이다.

26 실물을 보고 프리핸드로 그린 도면은?

① 계획도 ② 제작도
③ 주문도 ④ 스케치도

해설

스케치 방법
- 프리핸드법 : 자유롭게 손으로 그리는 스케치 기법으로 모눈종이를 사용하면 편함
- 프린트법 : 광명단 등을 발라 스케치 용지에 찍어 그 면의 실형을 얻거나 면에 용지를 대고 연필 등으로 문질러서 도형을 얻는 방법
- 본뜨기법 : 불규칙한 곡선 부분이 있는 부품은 납선 구리선 등을 부품의 윤곽에 따라 굽혀서 그 선의 윤곽을 지면에 대고 본뜨거나 부품을 직접 용지 위에 놓고 본뜨는 기법
- 사진 촬영법 : 복잡한 기계의 조립상태나 부품을 여러 방향에서 사진을 찍어서 제도 및 도면에 활용하는 방법

27 KS B ISO 4287 한국산업표준에서 정한 '거칠기 프로파일에서 산출한 파라미터'를 나타내는 기호는?

① R-파라미터
② P-파라미터
③ W-파라미터
④ Y-파라미터

해설

- P-파라미터 : 1차 프로파일에서 산출한 파라미터
- W-파라미터 : 파상도 프로파일에서 산출한 파라미터
- R-파라미터 : 거칠기 프로파일에서 산출한 파라미터

정답 23 ④ 24 ② 25 ③ 26 ④ 27 ①

28 쇼어 경도시험의 특징이라 볼 수 없는 것은?

① 개인오차나 측정오차가 나오기 쉽다.
② 압흔이 극히 적어 제품에 직접 검사할 수 있다.
③ 조작이 간편해서 신속히 경도를 측정할 수 있다.
④ 쇼어 경도를 나타내는 기호로는 HV를 사용한다.

해설

쇼어 경도시험

- 압입 자국이 남지 않고 시험편이 클 때 비파괴적으로 경도를 측정할 때 사용한다.
- 일정한 중량의 다이아몬드 해머를 일정한 높이에서 떨어뜨려 반발되는 높이로 경도를 측정한다.
- 쇼어 경도는 HS로 표시하며, 시험편의 탄성 여부를 알 수 있다.
- 휴대가 간편하고 완성품에 직접 측정이 가능하다.
- 시험편이 작거나 얇아도 가능하다.
- 시험 시 5회 연속으로 하여 평균값으로 결정하며, 0.5 눈금까지 판독한다.

29 금속을 가열하거나 용융금속을 냉각하면 원자배열이 변화하면서 상변화가 생긴다. 이와 같이 구성원자의 존재형태가 변하는 것을 무엇이라 하는가?

① 변 태　② 자 화
③ 평 형　④ 인 장

해설

금속의 변태

- 상변태 : 한 결정 구조에서 다른 결정 구조로 바뀌는 것
- 동소변태 : 같은 물질이 다른 상으로 결정 구조의 변화를 가져오는 것
- 자기변태 : 원자배열의 변화 없이 전자의 스핀 작용에 의해 자성만 변화하는 변태

30 로크웰 경도시험에서 다이아몬드 콘 압입자를 사용하기에 가장 적합한 것은?

① 연 강　② 경질합금
③ 비철합금　④ 구리합금

해설

로크웰 경도시험에서 HRC의 경우 다이아몬드 콘을 사용하며 적용 경도는 0~70까지이므로 경질합금에 사용하는 것이 적당하다.

31 다음 중 강성계수 G를 측정하는 시험은?

① 커핑시험　② 피로시험
③ 에릭센시험　④ 비틀림시험

해설

비틀림시험 : 시험편에 비틀림 모멘트를 가하여 비틀림에 대한 재료의 강성 계수, 비틀림 강도, 비틀림 비례 한도, 비틀림 상부 및 하부 항복점 등을 구하는 시험

32 탐촉자에서 거리 또는 방향이 다른 근접한 2개의 흠집을 표시기에서 2개의 에코로 구별할 수 있는 성능은?

① 게 인　② 게이트
③ 분해능　④ 음향 렌즈

해설

초음파 탐촉자의 성능

- 감도 : 작은 결함을 어느 정도까지 찾을 수 있는지를 표시
- 분해능 : 근접한 2개의 불연속부에서 2개의 펄스를 식별할 수 있는 능력
- 주파수 : 탐촉자에 표시된 공칭 주파수와 실제 시험에 사용하는 주파수
- 불감대 : 초음파가 발생할 때 수신을 할 수 없는 현상
- 회절 : 음파가 탐촉자 중심으로 나가지 않고, 비스듬히 진행하는 것

33 주철과 같은 취성 재료의 비례한도, 항복점, 탄성계수, 압축강도 등을 시험하기에 적합한 재료시험 방법은?

① 경도시험　② 압축시험
③ 충격시험　④ 비틀림시험

해설

압축시험

- 압축력에 대한 재료의 저항력인 항압력을 시험
- 압축에 의한 압축강도, 비례한도, 항복점, 탄성계수 등을 측정
- 연성 재료의 경우 파괴를 일으키지 않으므로 균열 발생 응력을 측정
- 내압 재료에 적용하며 주철, 베어링합금, 벽돌, 콘크리트, 목재, 타일 등에 시험

28 ④ 29 ① 30 ② 31 ④ 32 ③ 33 ② 정답

34 다음 보기의 ( ) 안에 들어갈 시험편의 길이(mm)는?

보기

샤르피 충격시험기에 사용하는 시험편은 보통 길이가 ( )mm, 높이와 너비가 10mm인 정사각형의 단면을 가지고 U자 및 V자 노치를 가지고 있어야 한다.

① 35　　② 55
③ 70　　④ 130

해설

• V노치 시험편

(단위 : mm)

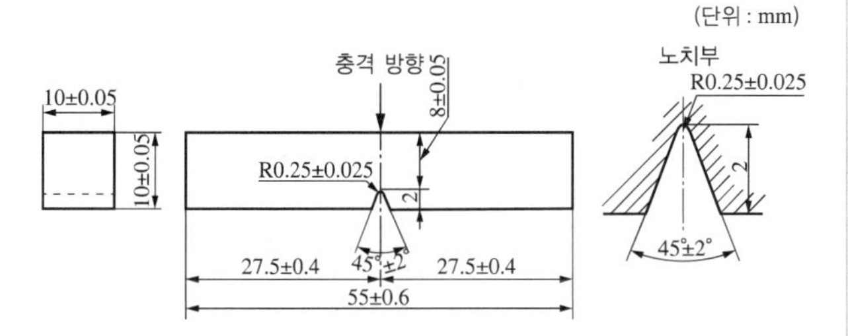

• U노치 시험편(Ⅰ)

(단위 : mm)

충격 방향　8±0.05　10±0.05　10±0.05　R1±0.07　2　2±0.14　27.5±0.4　27.5±0.4　55±0.6

노치부

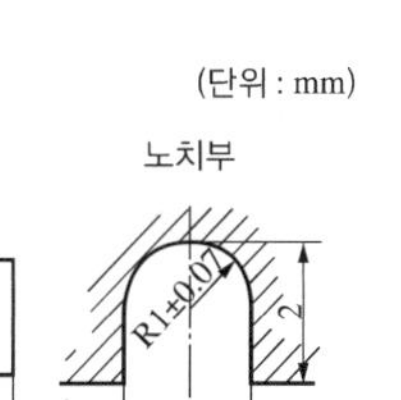

• U노치 시험편(Ⅱ)

(단위 : mm)

충격 방향　5±0.05　10±0.05　10±0.05　R1±0.07　5　2±0.14　27.5±0.4　27.5±0.4　55±0.6

노치부

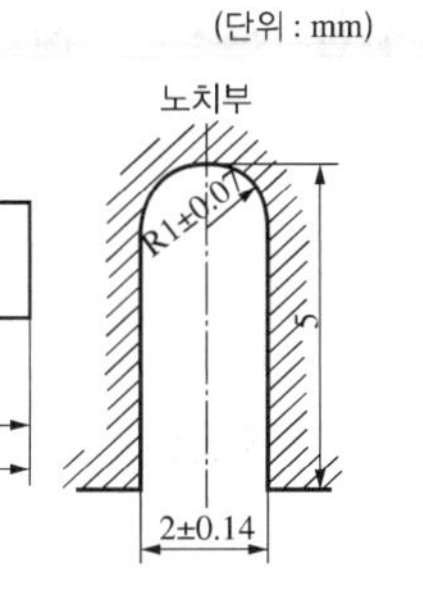

35 피로시험의 결과로 나타나는 곡선은?

① S곡선
② S-N곡선
③ 연속냉각변태곡선
④ 응력-변형률 곡선

해설

S-N곡선은 피로시험에서 얻을 수 있으며 피로한도를 측정하는 데 사용한다.

36 비금속 개재물 검사에서 구형 산화물 종류가 속한 그룹은?

① 그룹 A
② 그룹 B
③ 그룹 C
④ 그룹 D

해설

비금속 개재물 검사

- 황화물계 개재물(그룹 A) : FeS을 형성하는 개재물로, 일반적으로 철강재에서는 탈황 작용을 하는 Mn이 첨가되면서 MnS을 형성하게 된다. 이 그룹은 쉽게 잘 늘어나는 개개의 회색 입자들로 가로/세로 비(길이/폭)가 넓은 범위에 걸쳐 있고, 그 끝은 둥글게 되어 있다.
- 알루민산염 개재물(그룹 B) : 용강 중 SiO_2나 Fe-Mn 규산염이 있을 때 Al을 첨가하여 산화물이나 규산염이 환원되며 알루미늄 산화물계(알루민산염) 개재물을 형성하게 된다. 이는 변형이 잘 안 되며 모가 나고 흑색이나 푸른색이 도는 많은 수의 입자로 변형 방향으로 정렬된 특징을 가진다.
- 규산염 개재물(그룹 C) : SiO_2 위주로 형성되어 있으며 일반적으로 MnO(FeO)-SiO_2의 상태로 존재한다. 쉽게 잘 늘어나는 개개의 암회색 또는 암흑색의 입자들로 그 끝이 날카로운 특징을 가진다.
- 구형 산화물 개재물(그룹 D) : 변형이 안 되며 모가 나거나 구형으로 흑색이나 푸른색으로 방향성 없이 분포되어 있는 입자이다.

정답 34 ② 35 ② 36 ④

37 매크로조직시험의 결과 보고서에 DT-S_c-N으로 적혀 있었다면 알 수 없는 사항은?

① 모세균열　　② 중심부 편석
③ 수지상 결정　　④ 비금속 개재물

해설

- D : 수지상 결정
- T : 피트
- S_c : 중심부 편석
- N : 비금속 개재물

매크로검사 용어

분 류	기 호	비 고
수지상 결정 (Dendrite)	D	강괴의 응고에 있어서 수지상으로 발달한 1차 결정이 단조 또는 압연 후에도 그 형태를 그대로 가지고 있는 것
잉곳 패턴 (Ingot Pattern)	I	강괴의 응고과정에 있어서 결정상태의 변화 또는 성분의 편차에 따라 윤곽상으로 부식의 농도차가 나타난 것
중심부 편석 (Center Segregation)	S_C	강괴의 응고과정에서 성분의 편차에 따라 중심부에 부식의 농도차가 나타난 것
다공질 (Looseness)	L	강재 단면 전체에 걸쳐서 또는 중심부에 부식이 단시간에 진행하여 해면상으로 나타난 것
중심부 다공질	L_C	
피트(Pit)	T	부식에 의해 강재 단면 전체에 걸쳐서 또는 중심부에 육안으로 볼 수 있는 크기로 점상의 구멍이 생긴 것
중심부 피트	T_C	
기포 (Blow Hole)	B	강괴의 기포 또는 핀 홀(Pin Hole)이 완전히 압착되지 않고 중심부에 그 흔적을 남기고 있는 것
비금속 개재물 (Nonmetallic Inclusion)	N	육안으로 알 수 있는 비금속 개재물
파이프(Pipe)	P	강괴의 응고수축에 따른 1차 또는 2차 파이프가 완전히 압축되지 않고 중심부에 그 흔적을 남긴 것
모세균열 (Hair Crack)	H	부식에 의하여 단면에 미세하게 모발상으로 나타난 흠
중심부 파열 (Center Defects)	F	부적당한 단조 또는 압연작업으로 인하여 중심부에 파열이 생긴 것
주변 흠 (Seam Laps)	W	강재의 주변 기포에 의한 흠 또는 압연 및 단조에 의한 흠, 그밖에 강재의 외부에 생긴 흠

38 왕복운동을 하는 동작부분과 움직임이 없는 고정부분 사이에 형성되는 위험점은?

① 끼임점　　② 물림점
③ 협착점　　④ 절단점

해설

- 협착점 : 왕복운동 부분과 고정부분 사이에 형성되는 위험점, 프레스 기기
- 물림점 : 회전하는 두 회전체에 의해 형성되는 위험점, 롤러, 압연기
- 절단점 : 회전하는 운동 부분의 자체에서 초래되는 위험점
- 끼임점 : 회전하는 부분과 움직임이 없는 고정 부분 사이에 형성되는 위험점

39 오스테나이트 입도시험으로 이용되는 방법이 아닌 것은?

① 비교법　　② 천칭법
③ 절단법　　④ 평적법

해설

KS D 0209에 규정된 강의 페라이트 결정입도시험으로 0.2%C 이하인 탄소강의 페라이트 결정입도를 측정하는 시험법으로 비교법(FGC), 절단법(FGI), 평적법(FGP)이 있다.

40 누설검사에서 기체의 평균 자유 행로가 누설의 단면 치수와 거의 같을 때 발생하는 흐름은?

① 전이 흐름　　② 층상 흐름
③ 교란 흐름　　④ 음향 흐름

해설

기체의 흐름은 점성 흐름, 분자 흐름, 전이 흐름, 음향 흐름이 있으며 다음과 같은 특징이 있다.

- 점성 흐름
  - 층상 흐름 : 기체가 여유롭게 흐르는 것을 의미하며, 흐름은 누설 압력차의 제곱에 비례
  - 교란 흐름 : 높은 흐름 속도에 발생하며 레이놀드 수 값에 좌우
- 분자 흐름 : 기체 분자가 누설되는 벽에 부딪히며 일어나는 흐름
- 전이 흐름 : 기체의 평균 자유 행로가 누설 단면치수와 비슷할 때 발생
- 음향 흐름 : 누설의 기하학적 형상과 압력하에서 발생

37 ① 38 ③ 39 ② 40 ① **정답**

41 금속의 변태를 측정하는 시험 방법이 아닌 것은?

① 열 분석법 ② 자기분석법
③ 평형 측정법 ④ 전기저항법

해설
변태점 측정법 : 시차열분석법, 열 분석법, 비열법, 전기저항법, 열팽창법, 자기분석법, X선 분석법 등

42 조미니시험법에서 분출되는 물의 강도를 일정하게 하기 위해서 규정하고 있는 분수 자유 높이(mm)는?

① 12±1 ② 25±5
③ 65±10 ④ 100±15

해설
시험편이 없을 때 분수의 자유 높이는 65±10이며, 분수구 끝에서부터 시험편 하단부까지의 거리는 12.5±0.5mm, 경도 측정을 위한 평탄부 깊이는 0.4~0.5mm가 된다.

43 불꽃시험을 할 때 그라인더에서부터 불꽃의 뿌리 부분, 불꽃의 중앙 부분, 그리고 불꽃의 앞 끝 부분에서 관찰할 내용으로 옳은 것은?

① 뿌리 : 유선의 흐름, 중앙 : 유선의 각도, 앞 끝 : 불꽃의 파열
② 뿌리 : 유선의 흐름, 중앙 : 불꽃의 파열, 앞 끝 : 유선의 각도
③ 뿌리 : 유선의 각도, 중앙 : 불꽃의 파열, 앞 끝 : 유선의 흐름
④ 뿌리 : 유선의 각도, 중앙 : 유선의 흐름, 앞 끝 : 불꽃의 파열

해설
- 뿌리 : 유선의 각도
- 중앙 : 유선의 흐름
- 앞 끝 : 불꽃의 파열

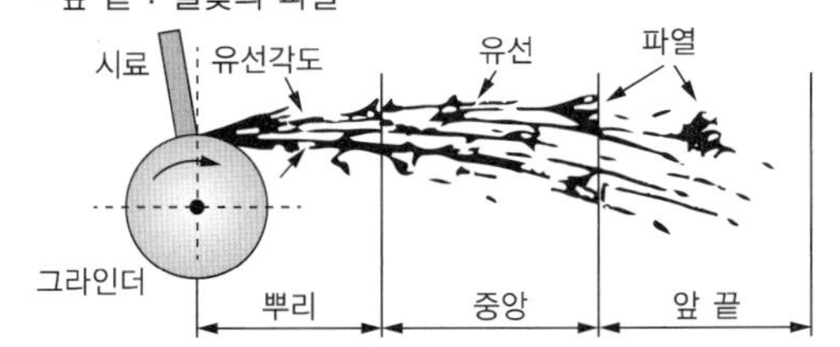

44 18-8 스테인리스강과 탄소강을 가장 쉽게 빨리 구분할 수 있는 방법은?

① 파괴 상태 여부로 구분한다.
② 색깔과 과열상태로 구분한다.
③ 자성의 부착 여부로 판별한다.
④ 화학품에 의한 부식 정도로 판정한다.

해설
18-8 스테인리스강은 오스테나이트계로 비자성체이므로 자성의 부착 여부로 판별한다.

45 자분탐상검사의 특징을 설명한 것 중 옳은 것은?

① 시험체 중심부의 결함을 검사할 수 있다.
② 시험체는 강자성체가 아닌 경우에만 적용할 수 있다.
③ 전극이 접촉되는 부분에서 국부적인 가열 또는 아크로 인하여 시험체 표면이 손상될 우려가 있다.
④ 균열과 같은 선 모양의 결함은 검출할 수 없지만 일반적으로 핀홀과 같은 점 모양의 결함검출능력은 우수하다.

해설
자분탐상의 특징
- 강자성체의 표면 및 표면 직하의 미세하고 얕은 결함 검출 중 감도가 가장 높다.
- 시험체의 크기, 형태, 모양에 큰 영향을 받지 않고 육안 관찰이 가능하다.
- 시험면에 비자성 물질(페인트 등)이 얇게 도포되어도 검사가 가능하다.
- 검사방법이 간단하며 저렴하다.
- 강자성체에만 적용 가능하다.
- 직각 방향으로 최소 2회 이상 검사해야 한다.
- 전처리 및 후처리가 필요하며 탈자가 필요한 경우도 있다.
- 전기 접촉으로 인한 국부적 가열이나 손상 발생이 가능하다.

정답 41 ③ 42 ③ 43 ④ 44 ③ 45 ③

46 방사선을 취급 및 사용할 때 수반되는 외부방사선 피폭의 방어 방법으로 적용되는 3가지 원리가 아닌 것은?

① 방사선의 발생시간, 즉 사용시간을 줄인다.
② 방사선의 선원과 사람과의 거리를 멀리한다.
③ 방사선의 선원과 사람 사이에 차폐물을 설치한다.
④ 방사선 동위원소 중 가능한 낮은 강도를 가진 것을 사용한다.

해설
방사선 취급 시 피폭 관리 방법으로는 방사선의 발생 시간을 줄이고, 선원과 사람과의 거리를 멀리한다. 또한 선원과 사람 사이에 차폐물을 설치하도록 한다.

47 육안 또는 10배 이하의 확대경으로 관측하여 결정립의 지름이 1.0mm 이상의 것에서 조직의 분포상태, 모양, 크기 또는 편석의 유무로 내부 결함을 판정하는 검사법은?

① 정량 조직검사
② 매크로 조직검사
③ 금속현미경 조직검사
④ 전자현미경 조직검사

해설
매크로 조직검사 : 재료를 직접 육안으로 관찰하거나 저배율(10배 이하)의 확대경을 사용하여 재료의 결함 및 품질 상태를 판단하는 검사

48 설퍼 프린트시험검사로 검출할 수 있는 것은?

① SiO_2의 분포 검출
② 황의 분포 검출
③ 탄소량의 분포 검출
④ 시멘타이트의 조직 검출

해설
설퍼 프린트법 : 브로마이드 인화지를 1~5%의 황산수용액(H_2SO_4)에 5~10분 담근 후 시험편에 1~3분간 밀착시킨 다음 브로마이드 인화지에 붙어 있는 취화은(AgBr)과 반응하여 황화은(Ag_2S)을 생성시켜 건조시키면 황이 있는 부분에 갈색 반점의 명암도를 조사하여 강 중의 황의 편석 및 분포도를 검사하는 방법

49 주철과 같은 취성재료의 경우 인장시험으로는 연신량이 매우 적어 측정하기가 곤란하여 치수가 긴 시험편을 써서 그 만곡량을 측정하는 시험은?

① 굽힘시험 ② 충격시험
③ 경도시험 ④ 인장시험

해설
굽힘시험 : 굽힘 하중을 받는 재료의 굽힘 저항(굽힘 강도), 탄성계수 및 탄성 변형 에너지 값을 측정하는 시험

50 브리넬 경도시험에서 경도값을 구하는 식으로 옳은 것은?[단, P는 가하는 하중(kgf), D는 강구압입자 지름(mm), d는 압입 자국의 지름(mm)이다]

① $HB=\dfrac{2P}{\pi(D-\sqrt{D^2-d^2})}$

② $HB=\dfrac{2P}{\pi D(D-\sqrt{D^2-d^2})}$

③ $HB=\dfrac{P}{\pi D(D-\sqrt{D^2-d^2})}$

④ $HB=\dfrac{P}{\pi(D-\sqrt{D^2-d^2})}$

해설
브리넬 경도시험(HB, Brinell Hardness Test)
일정한 지름(D)의 강구 또는 초경합금을 이용하여 일정한 하중(P)을 주어 시험편에 구형의 오목부를 만든 후 하중을 제거하고 오목부의 표면적으로 하중을 나눈 값으로 측정하는 시험
브리넬 경도계산공식

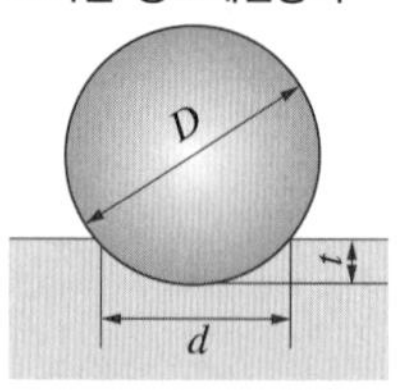

$HB=\dfrac{P}{A}=\dfrac{2P}{\pi D(D-\sqrt{D^2-d^2})}=\dfrac{P}{\pi Dt}$

- P : 하중(kg)
- D : 강구의 지름(mm)
- d : 오목부의 지름(mm)
- t : 들어간 최대깊이(mm)
- A : 압입 자국의 표면적(mm^2)

정답 46 ④ 47 ② 48 ② 49 ① 50 ②

51 판재의 굽힘가공에서 외력을 제거하면 굽힘각도가 벌어지는 현상은?

① 벤딩(Bending)
② 스프링 백(Spring Back)
③ 네킹(Necking)
④ 바우싱거 효과(Bauschinger Effect)

해설
스프링 백(Spring Back) : 굽힘시험을 했을 때 탄성 한계점을 넘어서 응력을 제거했을 때 원상으로 되돌아오지만 변형이 남아 처음 각도보다 더 벌어진 각

52 다음 중 피로시험을 할 때 굽힘 하중을 걸고 시험편을 회전시키는 반복시험은?

① 반복 인장 압축시험
② 왕복 반복 굽힘시험
③ 회전 반복 굽힘시험
④ 반복 비틀림시험

해설
피로시험 : 어떤 기계나 구조물 등 제작하여 사용할 때 변동응력, 반복응력이 반복되어도 파괴되지 않는 내구 한도를 결정하기 위한 시험으로, 굽힘 하중을 걸고 시험편을 회전 반복시키는 시험을 회전 반복 굽힘시험이라 한다.

53 현미경 조직검사를 실시하기 위한 안전 및 유의사항으로 틀린 것은?

① 현미경은 정교하므로 렌즈는 데시케이터에 넣어 보관한다.
② 시험편 연마 작업 시에는 시험편이 튀지 않도록 단단히 잡는다.
③ 시편 절단 시 냉각수를 사용하지 않으며, 초고속으로 절단한다.
④ 시험편 채취 시에는 절단 작업에 사용되는 도구의 안전사항을 점검한다.

해설
현미경 사용 시 유의사항
- 현미경 운반 시 똑바로 세운 채 두 손으로 운반한다.
- 먼저 저배율로 초점을 맞춰 관찰하고, 그 후 고배율로 관찰한다.
- 시료를 관찰할 때에는 대물렌즈가 시료와 가장 가깝게 한 후 올리면서 초점을 맞춘다.
- 현미경 조작 시 무리한 힘을 가하지 않고 렌즈를 더럽히지 않고, 사용 후 데시케이터에 넣어 보관한다.
- 시편 절단 시 조직 손상을 막기 위해 냉각수를 사용하거나 저속으로 절단한다. 또한, 작업 공구의 안전수칙을 잘 지키며 작업한다.
- 연마 작업 시 시험편이 튀어나가지 않도록 한다.

54 실린더와 피스톤 등과 같이 왕복운동에 의한 미끄럼 마멸을 일으키는 재질을 시험하는 것은?

① 구름 마멸시험
② 금속 미끄럼 마멸시험
③ 광물질 미끄럼 마멸시험
④ 왕복 미끄럼 마멸시험

해설
마멸시험의 종류
- 미끄럼마멸 : 마찰면의 종류가 금속과 비금속일 경우, 금속 및 광물질과 접촉하여 미끄럼 운동을 하는 부분의 마멸을 시험
- 구름 마멸시험 : 롤러 베어링, 기어, 차 바퀴와 같이 회전마찰을 시켜 마멸을 시험
- 왕복 미끄럼 마멸시험 : 실린더, 피스톤 등 왕복운동에 의한 미끄럼 마멸을 시험

정답 51 ② 52 ③ 53 ③ 54 ④

55 크리프시험에 대한 설명으로 옳은 것은?

① 크리프 2단계는 감속 크리프라 한다.
② 철강은 250℃ 이하의 온도에서만 크리프 현상이 일어난다.
③ 어떤 재료에 크리프가 생기는 요인은 온도와 하중과 시간이다.
④ 크리프 한도란 일정온도에서 어떤 시간 후에 크리프 속도가 1이 되는 응력이다.

해설

크리프시험

- 크리프 : 재료를 고온에서 내력보다 작은 응력으로 가해 주면 시간이 지나면서 변형이 진행되는 현상
- 기계 구조물, 교량 및 건축물 등 긴 시간에 걸쳐 하중을 받는 재료에 시험
- 용융점이 낮은 금속(Pb, Cu)인 순금속, 연한 합금 등은 상온에서 크리프 현상 발생
- 철강 및 경합금은 250℃ 이상에서 크리프 현상 발생
- 제트기관, 로켓, 증기터빈 등은 450℃ 이상의 고온상태에서 사용
- 크리프가 생기는 요인으로는 온도, 하중, 시간으로 결정

56 강의 오스테나이트 결정입도시험 방법 중 교차점의 수를 세는 방법에 대한 설명으로 옳은 것은?

① 측정선이 결정립계에 접할 때는 1/2개의 교차점으로 계산한다.
② 측정선의 끝이 정확하게 하나의 결정립계에 닿을 때는 교차점의 수를 1/2개로 계산한다.
③ 교차점이 우연히 3개의 결정립이 만나는 곳에 일치할 때는 한 개의 교차점으로 계산한다.
④ 불규칙한 형상을 갖는 결정립의 경우, 측정선이 두 개의 다른 지점에서 같은 결정립을 양분할 때는 한 개의 교차점으로 계산한다.

해설

- 절단법(제프리스법, FGI) : 부식면에 나타난 입도를 현미경으로 측정 혹은 사진으로 촬영하여, 서로 직각으로 만나는 일정한 길이의 두 선분에 의하여 절단되는 결정 입자의 수를 측정하여 입도 번호를 산출하는 방법이다. 이때, 소숫점 아래 둘째 자리에서 반올림한다.
- 선분의 양 끝에 있는 결정이 각각 일부분씩 절단될 때에는 한쪽만 계산하고, 절단되지 않은 결정 입자가 선분의 한쪽에 있을 때에는 계산하지 않는다.
- 한 선분으로 절단되는 결정 입자의 수는 10 이상이 되게 현미경 배율을 선택하고 모두 50개 이상이 될 때까지 여러 시야를 측정한다.
- 측정선 끝이 정확하게 하나의 결정립계에 닿을 때 교차점 수를 1/2개로 계산한다.

57 철강의 부식액으로 많이 사용하는 나이탈의 조성은?

① 질산 5mL, 물 100mL
② 염산 5mL, 물 100mL
③ 진한 질산 5mL, 알코올 100mL
④ 진한 질산 10mL, 진한 염산 10mL

해설

철강재료의 부식액

재 료	부식액
철강재료	나이탈, 질산 알코올 (질산 5mL + 알코올 100mL)
	피크랄, 피크린산 알코올 (피크린산 5g + 알코올 100mL)

55 ③ 56 ② 57 ③ 정답

58 100배율 현미경 조직사진에서 400개의 입자를 관찰할 수 있었던 시험편을 200배의 현미경 배율로 바꿀 경우, 같은 면적에서 관찰되는 입자수는?

① 100 ② 200
③ 300 ④ 400

해설

200배에서는 100개의 입자 수를 확인할 수 있다.

59 표점거리 200mm인 시험편을 인장시험한 후 표점거리가 260mm가 되었다면 연신율(%)은?

① 10 ② 20
③ 30 ④ 40

해설

연신율 : 시험편이 파괴되기 직전의 표점거리(l_1)와 원표점 길이(l_0)와의 차

$$\delta = \frac{\text{변형 후 길이} - \text{변형 전 길이}}{\text{변형 전 길이}} \times 100\%$$

$$= \frac{l_1 - l_0}{l_0} \times 100\%$$

$$= \frac{260 - 200}{200} \times 100\%$$

$$= 30\%$$

60 와류탐상검사의 특징을 나열한 것 중 틀린 것은?

① 시험체에 접촉하지 않고 검사할 수 있으므로 검사 속도가 빠르고 자동화가 쉽다.
② 열교환기 내의 배관 등 사람이 접근할 수 없는 부분의 탐상이 가능하다.
③ 결함의 형상이나 깊이 및 종류를 정확하게 알 수 있다.
④ 검사 결과의 데이터 기록과 보존이 쉽다.

해설

와류탐상의 장단점

- 장 점
  - 고속으로 자동화된 전수검사 가능
  - 가는 선, 구멍 내부, 고온 등 여러 환경에서 적용 가능
  - 결함, 재질변화, 품질관리 등 적용 범위가 광범위
  - 탐상 및 재질검사 등 탐상 결과를 보전 가능
- 단 점
  - 표피효과로 인해 표면 근처의 시험에만 적용 가능
  - 잡음 인자의 영향을 많이 받음
  - 결함 종류, 형상, 치수에 대한 정확한 측정은 불가
  - 형상이 간단한 시험체에만 적용 가능
  - 도체에만 적용 가능

정답 58 ① 59 ③ 60 ③

2015년 제5회 과년도 기출문제

01 Y 합금의 일종으로 Ti과 Cu를 0.2% 정도씩 첨가한 것으로 피스톤용 재료로 사용되는 합금은?

① 라우탈
② 코비탈륨
③ 두랄루민
④ 하이드로날륨

해설
내열용 알루미늄 합금
- Al–Cu–Ni–Mg : Y합금, 석출 경화용 합금, 실린더 · 피스톤 · 실린더 헤드 등에 사용한다.
- Al–Ni–Mg–Si–Cu : 로엑스, 내열성 및 고온 강도가 크다.
- Y합금–Ti–Cu : 코비탈륨, Y합금에 Ti, Cu를 0.2% 정도씩 첨가한 것으로 피스톤에 사용한다.

02 Al–Si계 주조용 합금은 공정점에서 조대한 육각판상 조직이 나타난다. 이 조직의 개량화를 위해 첨가하는 것이 아닌 것은?

① 금속납
② 금속나트륨
③ 수산화나트륨
④ 알칼리염류

해설
개량화 처리 : 금속나트륨, 수산화나트륨, 플루오린화 알칼리, 알칼리염류 등을 용탕에 장입하면 조직이 미세화되는 처리

03 용강 중에 기포나 편석은 없으나 중앙 상부에 큰 수축공이 생겨 불순물이 모이고, Fe–Si, Al 분말 등의 강한 탈산제로 완전 탈산한 강은?

① 킬드강 ② 캡트강
③ 림드강 ④ 세미킬드강

해설
- 강괴 : 제강 작업 후 내열 주철로 만들어진 금형에 주입하여 응고시킨 것
- 킬드강 : 용강 중 Fe–Si, Al 분말 등 강탈산제를 첨가하여 산소가 거의 없는 완전 탈산된 강으로 기포가 없고 편석이 적은 장점이 있고, 기계적 성질이 양호하다.
- 세미킬드강 : 탄산 정도가 킬드강과 림드강의 중간 정도인 강으로, 구조용강, 강판 재료에 사용된다.
- 림드강 : 탈산처리가 중간 정도된 용강을 그대로 금형에 주입하여 응고시킨 강
- 캡트강 : 용강을 주입 후 뚜껑을 씌워 내부 편석을 적게 한 강으로, 내부 결함은 적으나 표면 결함이 많음

04 다음의 조직 중 경도가 가장 높은 것은?

① 시멘타이트 ② 페라이트
③ 오스테나이트 ④ 트루스타이트

해설
탄소강 조직의 경도는 시멘타이트 → 마텐자이트 → 트루스타이트 → 베이나이트 → 소르바이트 → 펄라이트 → 오스테나이트 → 페라이트 순이다.

05 물과 같은 부피를 가진 물체의 무게와 물의 무게와의 비는?

① 비 열 ② 비 중
③ 숨은열 ④ 열전도율

1 ② 2 ① 3 ① 4 ① 5 ② 정답

06 도면에서 Ⓐ로 표시된 해칭의 의미로 옳은 것은?

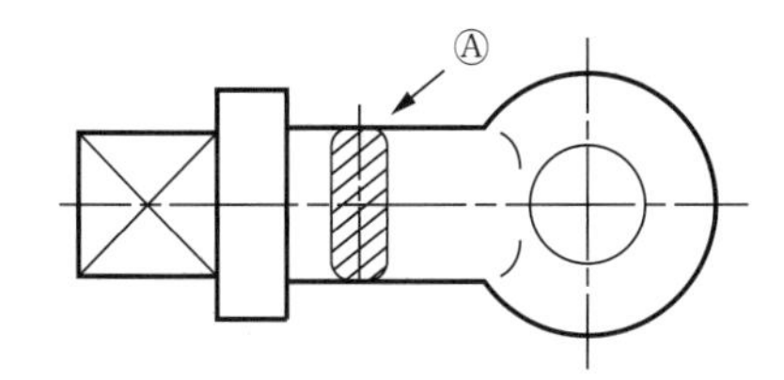

① 특수 가공 부분이다.
② 회전단면도이다.
③ 키를 장착할 홈이다.
④ 열처리 가공 부분이다.

해설
문제의 도면은 회전 도시 단면도로, 물체의 두께 방향의 모양을 90° 회전시켜 물체의 내부에 그린 후 해칭으로 나타낸 것이다.

07 KS의 부문별 기호 중 기계 기본, 기계요소, 공구 및 공작기계 등을 규정하고 있는 영역은?

① KS A
② KS B
③ KS C
④ KS D

해설
- KS A : 기본
- KS B : 기계
- KS C : 전기전자
- KS D : 금속

08 스퍼기어의 잇수가 32이고 피치원의 지름이 64일 때 이 기어의 모듈값은 얼마인가?

① 0.5
② 1
③ 2
④ 4

해설
모듈 = 피치원지름/잇수 = 64/32 = 2

09 치수공차를 구하는 식으로 옳은 것은?

① 최대허용치수 – 기준치수
② 허용한계치수 – 기준치수
③ 최소허용치수 – 기준치수
④ 최대허용치수 – 최소허용치수

해설
치수공차 : 최대허용치수와 최소허용치수와의 차, 위치수허용차와 아래치수허용차와의 차

10 가공면의 줄무늬 방향 표시기호 중 기호를 기입한 면의 중심에 대하여 대략 동심원인 경우 기입하는 기호는?

① X
② M
③ R
④ C

해설

기 호	뜻	모 양
C	가공으로 생긴 선이 거의 동심원	C

11 용융 금속의 냉각곡선에서 응고가 시작되는 지점은?

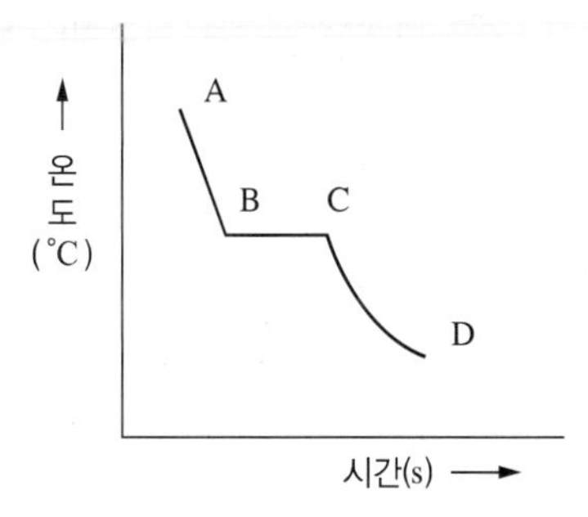

① A
② B
③ C
④ D

해설
A 지점은 액체의 냉각 시작점, B 지점은 응고가 시작되는 지점, BC 지점은 응고 시 방출되는 열(응고 잠열), D 지점은 응고 후의 지점을 의미한다.

정답 6 ② 7 ② 8 ③ 9 ④ 10 ④ 11 ②

12 게이지용 강이 갖추어야 할 성질을 설명한 것 중 옳은 것은?

① 팽창계수가 보통 강보다 커야 한다.
② HRC 45 이하의 경도를 가져야 한다.
③ 시간이 지남에 따라 치수 변화가 커야 한다.
④ 담금질에 의하여 변형이나 담금질 균열이 없어야 한다.

해설

게이지용 공구강은 내마모성 및 경도가 커야 하며, 치수를 측정하는 공구이므로 열팽창계수가 작아야 한다. 또한 담금질에 의한 변형과 균열이 작아야 하며, 내식성이 우수해야 하기 때문에 C(0.85~1.2%)-W(0.5~0.3%)-Cr(0.5~0.36%)-Mn(0.9~1.45%)의 조성을 가진다.

13 10~20%Ni, 15~30%Zn에 구리 약 70%의 합금으로 탄성재료나 화학기계용 재료로 사용되는 것은?

① 양 백
② 청 동
③ 엘린바
④ 모넬메탈

해설

- 니켈 황동 : Ni-Zn-Cu를 첨가한 강으로, 양백이라고도 함. 전기 저항체에 주로 사용함
- 청동 : Cu-Sn의 합금, α, β, γ, δ 등 고용체가 존재함. 해수에 내식성이 우수하고, 산과 알칼리에 약함
- 엘린바 : 36%Ni-12%Cr 함유하며, 탄성 계수가 작고, 공기나 물속에서 부식되지 않음
- 모넬메탈 : 니켈합금으로 60%Ni을 포함하고 내식·내열용으로 사용함

14 스텔라이트(Stellite)에 대한 설명으로 틀린 것은?

① 열처리를 실시하여야만 충분한 경도를 갖는다.
② 주조한 상태 그대로를 연삭하여 사용하는 비철 합금이다.
③ 주요 성분은 40~55%Co, 25~33%Cr, 10~20%W, 2~5%C, 5%Fe이다.
④ 600℃ 이상에서는 고속도강보다 단단하며, 단조가 불가능하고, 충격에 의해서 쉽게 파손된다.

15 베어링(Bearing)용 합금의 구비조건에 대한 설명 중 틀린 것은?

① 마찰계수가 작고 내식성이 좋을 것
② 충분한 취성을 가지며 소착성이 클 것
③ 하중에 견디는 내압력과 저항력이 클 것
④ 주조성 및 절삭성이 우수하고 열전도율이 클 것

해설

스텔라이트

- 경질주조합금 공구재료로 주조한 상태 그대로 연삭하여 사용하는 비철 합금
- Co-Cr-W-C, 단조가공이 안 되어 금형 주조에 의해 제작
- 600℃ 이상에서는 고속도강보다 단단하여, 절삭 능력이 고속도강의 1.5~2.0배 크다.
- 취성이 있어 충격에 의해 쉽게 파괴가 일어남

12 ④ 13 ① 14 ① 15 ② 정답

16 태양열 이용 장치의 적외선 흡수재료, 로켓 연료 연소 효율 향상에 초미립자 소재를 이용한다. 이 재료에 관한 설명 중 옳은 것은?

① 초미립자 제조는 크게 체질법과 고상법이 있다.
② 체질법을 이용하면 청정 초미립자 제조가 가능하다.
③ 고상법은 균일한 초미립자 분체를 대량 생산하는 방법으로 우수하다.
④ 초미립자의 크기는 100nm의 콜로이드(Colloid) 입자의 크기와 같은 정도의 분체라 할 수 있다.

해설

일반적으로 입자 직경이 0.1μm 이하의 입자를 초미립자라고 한다.

17 다음 중 산과 작용하였을 때 수소 가스가 발생하기 가장 어려운 금속은?

① Ca ② Na
③ Al ④ Au

해설

- Au은 이온화경향이 낮은 금속으로 수소 가스가 발생하기 가장 어려운 금속이다.
- 이온화 : 이온화경향이 클수록 산화되기 쉽고 전자친화력이 작다. 또한 수소 원자 위에 있는 금속은 묽은 산에 녹아 수소를 방출한다.
  K > Ca > Na > Mg > Al > Zn > Cr > Fe > Co > Ni
  (암기법 : 카카나마 알아크철코니)

18 황동의 합금 조성으로 옳은 것은?

① Cu+Ni ② Cu+Sn
③ Cu+Zn ④ Cu+Al

해설

청동의 경우 ㉩이 들어간 것으로 Sn(주석), ㉩을 연관시키고, 황동의 경우 ㉭이 들어가 있으므로 Zn(아연), ㉧을 연관시켜 암기한다.

19 강과 주철을 구분하는 탄소의 함유량은 약 몇 % 인가?

① 0.1 ② 0.5
③ 1.0 ④ 2.0

해설

강은 탄소 함유량이 2.0%C, 주철은 탄소 함유량이 2.0%C~6.67%C이다.

20 금속의 소성변형에서 마치 거울에 나타나는 상이 거울을 중심으로 하여 대칭으로 나타나는 것과 같은 현상을 나타내는 변형은?

① 쌍정변형
② 전위변형
③ 벽계변형
④ 딤플변형

해설

쌍정(Twin) : 소성변형 시 상이 거울을 중심으로 대칭으로 나타나는 것과 같은 현상

정답 16 ④ 17 ④ 18 ③ 19 ④ 20 ①

21 다음과 같은 제품을 제3각법으로 투상한 것 중 옳은 것은?(단, 화살표 방향을 정면도로 한다)

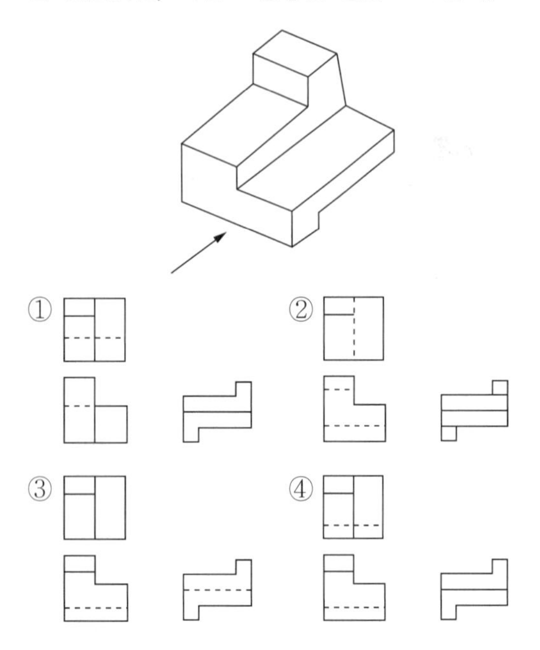

해설
화살표 방향을 정면으로 하고 정면을 기준으로 위쪽에 평면도 우측에 우측면도를 도시하고, 해당 면도에서 보이지는 않지만 숨어 있는 모서리는 숨은선으로 도시한다.

22 반복 도형의 피치의 기준을 잡는 데 사용되는 선은?

① 굵은 실선
② 가는 실선
③ 1점 쇄선
④ 가는 2점 쇄선

해설
가는 1점 쇄선의 사용처 : 중심선, 기준선, 피치선

23 다음 중 치수보조선과 치수선의 작도 방법이 틀린 것은?

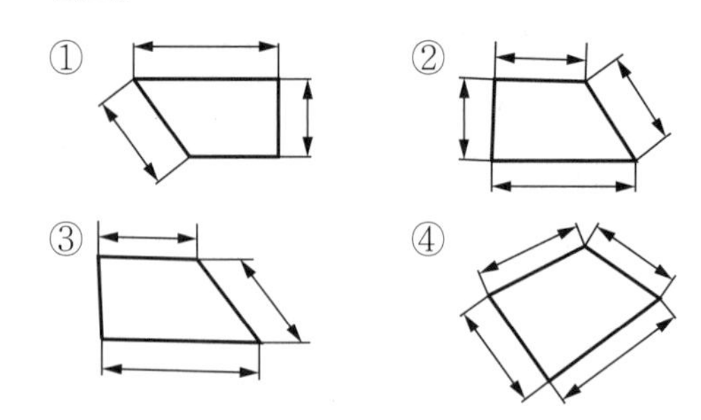

해설
치수선과 치수보조선이 만날 때 직각을 이루도록 한다.

24 도면의 척도에 대한 설명 중 틀린 것은?

① 척도는 도면의 표제란에 기입한다.
② 척도에는 현척, 축척, 배척의 3종류가 있다.
③ 척도는 도형의 크기와 실물 크기와의 비율이다.
④ 도형이 치수에 비례하지 않을 때는 척도를 기입하지 않고 별도의 표시도 하지 않는다.

해설
비례척이 아닐 경우 NS라는 기호로 척도를 표시한다.

25 다음 투상도 중 물체의 높이를 알 수 없는 것은?

① 정면도 ② 평면도
③ 우측면도 ④ 좌측면도

해설
평면도는 위쪽에서 본 것이기 때문에 물체의 높이는 알 수 없다.

21 ④ 22 ③ 23 ③ 24 ④ 25 ② 정답

26 도면치수 기입에서 반지름을 나타내는 치수 보조 기호는?

① R
② t
③ ϕ
④ SR

해설
② t : 두께
③ ϕ : 지름
④ SR : 구의 반지름

27 물품을 그리거나 도안할 때 필요한 사항을 제도 기구 없이 프리핸드(Free Hand)로 그린 도면은?

① 전개도
② 외형도
③ 스케치도
④ 곡면선도

해설
스케치 방법
- 프리핸드법 : 자유롭게 손으로 그리는 스케치기법으로 모눈종이를 사용하면 편하다.
- 프린트법 : 광명단 등을 발라 스케치 용지에 찍어 그 면의 실형을 얻거나 면에 용지를 대고 연필 등으로 문질러서 도형을 얻는 방법
- 본뜨기법 : 불규칙한 곡선 부분이 있는 부품은 납선 구리선 등을 부품의 윤곽에 따라 굽혀서 그선의 윤곽을 지면에 대고 본뜨거나 부품을 직접 용지 위에 놓고 본뜨는 기법
- 사진 촬영법 : 복잡한 기계의 조립상태나 부품을 여러 방향에서 사진을 찍어서 제도 및 도면에 활용한다.

28 강철 볼(구)을 시편에 압입하였을 때 압입된 자국의 표면적의 단위 면적당의 응력으로 표시하는 경도는?

① 브리넬 경도
② 로크웰 경도
③ 쇼어 경도
④ 비커스 경도

해설
브리넬 경도시험(HB, Brinell Hardness Test) : 일정한 지름(D)의 강구 또는 초경합금을 이용하여 일정한 하중(P)을 주어 시험편에 구형의 오목부를 만든 후 하중을 제거하고 오목부의 표면적으로 하중을 나눈 값으로 측정하는 시험

29 재료에 단일 충격값을 주었을 때 충격에 의해 재료가 흡수한 흡수 에너지를 노치부 단면적으로 나눈 값을 무엇이라고 하는가?

① 충격값
② 충격흡수값
③ 충격에너지
④ 단면수축률

해설
충격값 : $U = \frac{E}{A}(\text{kgf} \cdot \text{m/cm}^2)$
여기서, A : 절단부의 단면적, E : 충격에너지

30 자기탐상시험법에 대한 설명으로 틀린 것은?

① 표면직하 균열도 검사할 수 있다.
② 표면 균열을 검사하는 데 적합한 방법이다.
③ 모든 금속에 적용할 수 있으므로 적용범위가 넓다.
④ 결함 모양이 표면에 직접 나타나므로 육안으로 관찰 가능하다.

해설
자분탐상의 특징
- 강자성체의 표면 및 표면 직하의 미세하고 얕은 결함 검출 중 감도가 가장 높다.
- 시험체의 크기, 형태, 모양에 큰 영향을 받지 않고 육안 관찰이 가능하다.
- 시험면에 비자성 물질(페인트 등)이 얇게 도포되어도 검사가 가능하다.
- 검사 방법이 간단하며 저렴하다.
- 강자성체에만 적용 가능하다.
- 직각 방향으로 최소 2회 이상 검사해야 한다.
- 전처리 및 후처리가 필요하며 탈자가 필요한 경우도 있다.
- 전기 접촉으로 인한 국부적 가열이나 손상 발생이 가능하다.

정답 26 ① 27 ③ 28 ① 29 ① 30 ③

31 고온에서 작은 응력에서도 장시간 작용하면 시간 경과에 따라 스트레인이 증가되는 것을 이용한 시험법은?

① 탄성비례시험 ② 응력피로시험
③ 크리프(Creep)시험 ④ 커핑(Cupping)시험

해설
크리프 : 재료를 고온에서 내력보다 작은 응력으로 가해 주면 시간이 지나면서 변형이 진행되는 현상

32 강철의 불꽃시험 방법에 관한 시험의 통칙 중 틀린 것은?

① 시험은 항상 동일한 기구를 사용하고, 동일 조건으로 하여야 한다.
② 시험품을 그라인더에 누르는 압력은 가능한 한 같도록 하여야 한다.
③ 시험을 할 때에는 바람이 있어야 하며, 특히 바람 방향으로 불꽃을 방출시켜야 한다.
④ 불꽃은 수평 또는 경사진 윗 방향으로 날리고, 관찰은 견송식 또는 방견식으로 한다.

해설
불꽃시험 통칙 – KS D 0218
- 시험은 항상 동일한 기구를 사용하고 동일 조건으로 하여야 한다.
- 시험은 원칙적으로 적당히 어두운 실내에서 한다. 여의치 않을 경우 배경의 밝기가 불꽃의 색 또는 밝기에 영향을 주지 않도록 조절해야 한다.
- 시험할 때에는 바람의 영향을 피하여야 하고, 특히 바람 방향으로 불꽃을 방출시켜서는 안 된다.
- 시험품의 연삭은 모재의 화학성분을 대표하는 불꽃을 일으키는 부분에 하여야 한다. 강재의 표면 탈탄층, 침탄층, 질화층, 가스 절단층, 스케일 등은 모재와 다른 불꽃을 일으키므로 피해야 한다.
- 시험품을 그라인더에 누르는 압력 또는 그라인더를 시험품에 누르는 압력은 될 수 있는 한 같도록 하며, 0.2%C 탄소강의 불꽃 길이가 500mm 정도 되도록 하는 압력을 표준으로 한다.
- 불꽃은 수평 또는 경사진 윗방향으로 날리고 관찰은 원칙적으로 견송식 또는 방견식으로 한다.
  - 견송식 : 전방에 불꽃을 날리고 유선의 후방에서 불꽃을 관찰하는 방법
  - 방견식 : 유선을 옆에서 관찰하는 방법

33 그림과 같은 공정형 상태도에서 점 C에서의 각 성분 A와 B의 농도는?

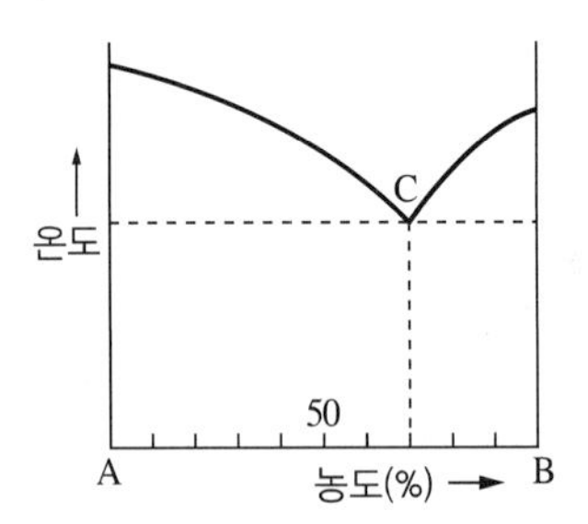

① A–70%, B–30%
② A–30%, B–70%
③ A–70%, B–70%
④ A–50%, B–50%

해설
왼쪽 A는 30%, 오른쪽 B의 성분은 70%를 함유하고 있다.

34 압력이 갑자기 발생하거나 개방으로 폭음을 일으키면서 팽창하여 일어나는 경우는?

① 충 돌 ② 폭 발
③ 낙 하 ④ 도 괴

해설
② 폭발 : 압력의 급격한 발생 또는 개방한 결과로 인해 폭음을 수반하는 파열이 일어나는 현상
① 충돌 : 두 물체가 서로의 운동에 간섭하는 현상
③ 낙하 : 단일 개체의 적재물이 개별적으로 이탈되어 가해된 경우
④ 도괴 : 토사, 적재물, 구조물, 건축물, 가설물 등이 무너짐으로써 적재물 및 낙반 등에 매몰, 충돌, 협착되는 경우

31 ③ 32 ③ 33 ② 34 ② 정답

35 강에서 설퍼 프린트시험을 하는 가장 큰 목적은?

① 강재 중의 표면 결함을 조사하는 것이다.
② 강재 중의 비금속 개재물을 조사하는 것이다.
③ 강재 중의 환원물의 분포상황을 조사하는 것이다.
④ 강재 중의 황화물의 분포상황을 조사하는 것이다.

해설
설퍼 프린트법 : 브로마이드 인화지를 1~5%의 황산수용액(H_2SO_4)에 5~10분 담근 후 시험편에 1~3분간 밀착시킨 다음 브로마이드 인화지에 붙어 있는 취화은(AgBr)과 반응하여 황화은(Ag_2S)을 생성시켜 건조시키면 황이 있는 부분에 갈색 반점의 명암도를 조사하여 강 중의 황의 편석 및 분포도를 검사하는 방법

36 조직량을 측정함으로써 소재의 건전성, 조직량에 의한 기계적 성질의 유추 해석이 가능한 조직량 측정 시험의 방법이 아닌 것은?

① 점의 측정법 ② 원의 측정법
③ 직선의 측정법 ④ 면적 측정법

해설
조직량 측정법
- 면적 분율법(중량법) : 연마된 면 중 특정상의 면적을 개별적으로 측정하는 방법으로, 플래니미터와 천칭을 사용하여 질량을 정량한다.
- 직선법 : 조직 사진 위에 직선을 긋고, 측정하고자 하는 상과 교차하는 길이를 측정한 값의 직선의 전체 길이로 나눈 값으로 표시
- 점산법 : 투명한 망 종이를 조직 사진 위에 겹쳐 놓고 측정하고자 하는 상이 가지는 면적의 교차점을 측정한 총수를 망의 전체 교차점의 수로 나눈 값으로 표시

37 경화능 곡선을 구하여 담금질성을 측정하는 시험법은?

① 조미니시험법(Jominy Test)
② 할-셀시험법(Hall-cell Test)
③ 시멘테이션법(Cementation)
④ 설퍼 프린트법(Sulphur Print)

해설
조미니시험법은 강의 담금질성을 측정하는 시험법이다.

38 쇼어 경도시험법의 특징이 아닌 것은?

① 시험기가 소형이므로 휴대하기 간편하다.
② 시험편에 찍힌 흔적을 거의 남기지 않는다.
③ 탄성률 차이가 큰 재료의 측정에 적당하다.
④ 지시형으로 측정 결과를 바로 읽을 수 있다.

해설
쇼어 경도시험
- 압입 자국이 남지 않고 시험편이 클 때 비파괴적으로 경도를 측정할 때 사용한다.
- 일정한 중량의 다이아몬드 해머를 일정한 높이에서 떨어뜨려 반발되는 높이로 경도를 측정한다.
- 쇼어 경도는 HS로 표시하며, 시험편의 탄성 여부를 알 수 있다.
- 휴대가 간편하고 완성품에 직접 측정이 가능하다.
- 시험편이 작거나 얇아도 가능하다.
- 시험 시 5회 연속으로 하여 평균값으로 결정하며, 0.5 눈금까지 판독한다.

39 전단응력(τ)과 전단 변형률(γ)은 탄성한계 내에서 비례하여 $\frac{\tau}{\gamma}=G$가 된다. 이때 G가 의미하는 것은?

① 항복강도 ② 탄성계수
③ 강성계수 ④ 푸아송 비

해설
전단응력이 작용할 때 변형되는 힘에 대한 재료의 강도 저항으로 횡탄성계수 또는 전단탄성계수 G라 하며, $G=\frac{E}{2(1+v)}$로 계산한다(G : 강성률, v : 푸아송 비, E : 탄성률).

정답 35 ④ 36 ② 37 ① 38 ③ 39 ③

40 피로시험에서 비틀림 응력과 반복 횟수 사이의 관계를 나타낸 곡선은?

① S-N 곡선　② M-S 곡선
③ CCT 곡선　④ S 곡선

해설

비틀림 응력과 반복 횟수 사이의 관계를 나타낸 곡선, S-N 곡선이라 하며, 피로 한도를 측정할 때 주로 사용한다.

41 파단면을 분석할 때 미소 공동의 합체 기구에 의한 연성파면에 미시적인 다수의 웅덩이가 형성되는 것을 무엇이라고 하는가?

① 샘플(Sample)
② 패턴(Pattern)
③ 파단(Fracture)
④ 딤플(Dimple)

해설

딤플(Dimple) : 연성 파괴에 있어 국부적으로 과하중을 받아 다수의 미소 공동이 생기는 파괴

42 담금질 효과를 높이며, 뜨임 취성을 방지하기 위한 합금강의 첨가 원소는?

① Ni　② Mo
③ Mn　④ Si

해설

- Mo : 페라이트 중 조직을 강화하는 능력이 Cr, Ni보다 크고, 크리프 강도를 높이는 데 사용한다. 또한 뜨임 메짐을 방지하고 열처리 효과를 깊게 한다.
- Ni : 오스테나이트 구역 확대 원소로 내식, 내산성이 증가하며, 시멘타이트를 불안정하게 만들어 흑연화를 촉진시킨다.
- Mn : 탈산제 및 적열 취성 방지 원소이며, 담금질성을 높게 하는 특징을 가진다. 또한 시멘타이트를 안정하게 하고, A_3변태점을 내려가게 하여 오스테나이트를 안정하게 한다.
- Si : 전자기적 성질을 개선시키고, 산소와 친화력이 강해 탈산제로도 사용된다.

43 금속현미경 조직검사 과정으로 옳은 것은?

① 시편채취→마운팅→연마→부식→건조→검사
② 시편채취→마운팅→부식→연마→건조→검사
③ 시편채취→연마→마운팅→부식→검사→건조
④ 시편채취→검사→마운팅→연마→건조→부식

해설

현미경 조직검사 방법

시험편 채취 → 시험편 가공 및 연마 → 부식액 제조 → 상 관찰

44 펄스 반사법으로 초음파탐상시험을 할 때, 흠집 에코를 나타내는 기호는?

① T　② F
③ B　④ S

해설

탐상 도형을 표시함에 있어 T : 송신 펄스, F : 흠집 에코, B : 바닥면 에코(단면 에코), S : 표면 에코(수침법), W : 측면 에코를 나타낸다.

45 다음 중 로크웰 경도시험에서 압입자로 강구(Steel Ball)를 사용하는 스케일은?

① A　② B
③ C　④ D

해설

HRB와 HRC의 비교

스케일	HRB	HRC
누르개	강구 또는 초경합금, 지름 1.588mm	원추각 120°의 다이아몬드
기준하중(kg)	10	
시험하중(kg)	100	150
경도를 구하는 식	$HRB = 130 - 500h$	$HRC = 100 - 500h$
적용 경도	0~100	0~70

40 ① 41 ④ 42 ② 43 ① 44 ② 45 ② 정답

46 **황이 강의 외부로부터 중심부로 향하여 감소하여 분포되고, 외부보다 중심부 방향으로 착색도가 낮게 된 형태의 편석은?**

① 중심부 편석
② 주상 편석
③ 점상 편석
④ 역편석

해설

설퍼 프린트에 의한 황편석의 분류

분 류	기 호	비 고
정편석	S_N	황이 외부로부터 중심부를 향해 증가하여 분포되는 형상으로, 외부보다 내부가 짙은 농도로 착색되는 것으로 일반 강재에서 보통 발생하는 편석
역편석	S_I	황이 외부로부터 중심부를 향해 감소하여 분포되는 형상으로, 외부보다 중심부쪽의 착색도가 낮게 나타나는 편석
중심부 편석	S_C	황이 강재의 중심부에 중점적으로 분포되어 농도가 짙은 착색부가 나타나는 편석
점상 편석	S_D	황의 편석부가 짙은 농도로 착색되는 점상 편석
선상 편석	S_L	황의 편석부가 짙은 농도로 착색되는 선상 편석
주상 편석	S_{Co}	형강 등에서 자주 발생하는 편석으로 중심부 편석이 주상으로 나타난 편석

47 **굽힘시험에서 시험편에 대한 설명으로 옳은 것은?**

① 제품의 너비가 20mm 이하일 때는 제품의 너비와 같아야 한다.
② 원형, 정사각형, 직사각형, 다각형 등의 단면을 갖지 않는 시험편을 사용한다.
③ 판, 띠 및 단면으로부터 만든 시험편의 두께는 시험할 제품의 두께와의 차가 2배 이상이어야 한다.
④ 시험편을 채취할 때 전단, 화염 절단 등의 가공작업에 의해 영향을 받은 부분만을 사용하여야 한다.

해설

KS B 0804에 규정되어 있으며, 시험편은 다음과 같이 한다.

- 원형, 정사각형, 직사각형, 다각형 등의 단면을 가진 시험편을 사용하여야 한다.
- 직사각형 시험편의 모서리 부분은 반지름이 시험편 두께의 1/10을 넘지 않도록 라운딩해야 한다.
- 제품의 너비가 20mm 이하일 때는 제품의 너비와 같아야 한다.
- 제품의 너비가 20mm 초과일 때는 제품 두께 3mm 미만일 경우 20±5mm, 제품 두께 3mm 이상일 경우 20~50mm로 한다.
- 판, 띠 및 단면으로부터 만든 시험편의 두께는 시험할 제품의 두께와 같아야 한다.
- 굽힘을 할 때는 가공하지 않은 면이 인장응력을 받는 면이 되어야 한다.

48 **두 개 이상의 물체가 서로 접촉하면서 상대운동할 때, 그 접촉면이 감소되는 현상을 시험하는 것은?**

① 압축시험
② 마모시험
③ 전단시험
④ 피로시험

해설

마모시험 : 2개 이상의 물체가 서로 접촉하면서 상대운동 시 접촉면이 마찰에 의하여 감소되는 현상

정답 46 ④ 47 ① 48 ②

49 용접부 내부결함을 찾는 데 좋은 비파괴시험법은?

① 설퍼 프린트시험

② 침투탐상시험

③ 초음파탐상시험

④ 누설비파괴시험

해설

비파괴검사의 분류

- 내부결함검사 : 방사선(RT), 초음파(UT)
- 표면결함검사 : 침투(PT), 자기(MT), 육안(VT), 와전류(ET)
- 관통결함검사 : 누설(LT)

50 비금속 개재물의 종류 중에서 가공방향으로 집단을 이루어 불연속적으로 입상의 형태로 뭉쳐 줄지어진 알루민산염 개재물은 어느 그룹 계에 해당되는가?

① 그룹 A계 개재물　② 그룹 B계 개재물

③ 그룹 C계 개재물　④ 그룹 D계 개재물

해설

- 황화물계 개재물(그룹 A) : FeS을 형성하는 개재물로, 일반적으로 철강재에서는 탈황작용을 하는 Mn이 첨가되면서 MnS을 형성하게 된다. 이 그룹은 쉽게 잘 늘어나는 개개의 회색 입자들로 가로/세로 비(길이/폭)가 넓은 범위에 걸쳐 있고, 그 끝은 둥글게 되어 있다.
- 알루민산염 개재물(그룹 B) : 용강 중 SiO_2나 Fe–Mn 규산염이 있을 때 Al을 첨가하여 산화물이나 규산염이 환원되며 알루미늄 산화물계(알루민산염) 개재물을 형성하게 된다. 이는 변형이 잘 안 되며 모가 나고 흑색이나 푸른색이 도는 많은 수의 입자로 변형 방향으로 정렬된 특징을 가진다.
- 규산염 개재물(그룹 C) : SiO_2 위주로 형성되어 있으며 일반적으로 MnO(FeO) – SiO_2의 상태로 존재한다. 쉽게 잘 늘어나는 개개의 암회색 또는 암흑색의 입자들로 그 끝이 날카로운 특징을 가진다.
- 구형 산화물 개재물(그룹 D) : 변형이 안 되며 모가 나거나 구형으로 흑색이나 푸른색으로 방향성 없이 분포되어 있는 입자

51 방사선투과시험에서 X–선 흡수의 메커니즘과 가장 관계가 먼 것은?

① 광전효과　② 공진투과

③ 전자쌍생성　④ 콤프턴산란

해설

방사선과 물질과의 상호작용

X선이 물질에 조사되었을 때 흡수, 산란, 반사 등을 일으키는 작용을 물질과의 상호작용이라 하며, 주로 원자핵 주위의 전자와 작용하게 된다.

- 광전효과(Photoelectric Effect) : 자유전자의 결합력보다 큰 X선의 광양자가 물질에 입사하여 자유전자와 충돌할 경우, 궤도 바깥으로 떨어져 나가며 광양자의 에너지가 원자에 흡수하는 효과
- 톰슨산란(Rayleigh Scattering) : 파장의 변화 없이 X선이 물질에 입사한 방향을 바꾸어 산란하는 효과이며, 탄성산란이라고도 한다.
- 콤프턴산란(Compton Scattering) : X선을 물질에 입사하였을 때 최외각 전자에 의해 광양자가 산란하여, 산란 후의 X선 광양자의 에너지가 감소하는 현상
- 전자쌍 생성(Pair Production) : 아주 높은 에너지의 광양자가 원자핵 근처의 강한 전장(Coulomb 장)을 통과할 때 음전자와 양전자가 생성되는 현상

52 비틀림 곡선의 가로축이 비틀림 각을 나타낼 때 세로축이 나타내는 것은?

① 응 력　② 토 크

③ 변형률　④ 반복 횟수

해설

비틀림 시험 : 시험편에 비틀림 모멘트를 가하여 비틀림에 대한 재료의 강성 계수, 비틀림 강도, 비틀림 비례 한도, 비틀림 상부 및 하부 항복점 등을 구하는 시험

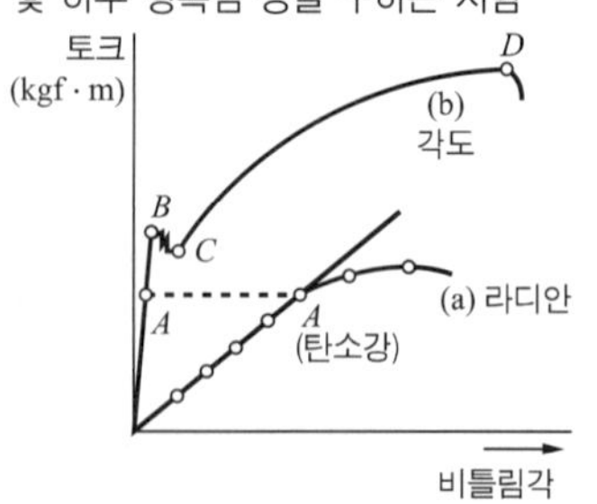

49 ③　50 ②　51 ②　52 ② 정답

53 평행부의 지름이 14mm인 인장시험편을 사용하여 인장시험을 한 결과, 항복점의 하중이 4,320kgf, 최대하중이 6,590kgf이었을 때 인장강도 값은 약 몇 kgf/mm^{2}인가?

① 28.1 ② 42.8
③ 98.3 ④ 149.7

해설
인장강도 : 시험편이 절단되었을 때의 하중을 원단면적으로 나눈 값

$$\text{인장강도} = \frac{\text{최대하중}}{\text{원단면적}} = \frac{P_{\max}}{A_0}$$
$$= \frac{6{,}590\text{kgf}}{7\times7\times3.14} = 42.8\text{kg/mm}^2$$

54 재료에 압축력을 가하였을 때 이에 견디는 저항력으로 측정할 수 있는 것은?

① 연신율 ② 부식한도
③ 접촉마모 ④ 탄성계수

해설
압축시험
- 압축력에 대한 재료의 저항력인 항압력을 시험
- 압축에 의한 압축강도, 비례한도, 항복점, 탄성계수 등을 측정
- 연성 재료의 경우 파괴를 일으키지 않으므로 균열 발생 응력을 측정
- 내압 재료에 적용하며 주철, 베어링합금, 벽돌, 콘크리트, 목재, 타일 등에 시험

55 구리판, 알루미늄판 및 기타 연성의 판재를 가압성형하여 변형 능력을 시험하는 것은?

① 에릭센시험 ② 마모시험
③ 크리프시험 ④ 전단시험

해설
에릭센시험(커핑시험) : 재료의 전·연성을 측정하는 시험으로 Cu판, Al판 및 연성 판재를 가압성형하여 변형 능력을 시험

56 훅의 법칙에 의하여 응력과 변형량의 비는 탄성한계 내에서는 일정값이 된다. 이 일정값에 해당되는 것은?

① 영 률
② 탄성한도
③ 비례한도
④ 푸아송의 비

해설
훅의 법칙(비례한도) : 응력이 증가함에 따라 변형률도 증가하며, E점 이내까지는 응력을 가하였다 제거하면 원상태로 돌아가게 된다. 이러한 관계가 형성되는 최대한의 응력을 비례한도라고 한다.
$\sigma = E\times\varepsilon$[$\sigma$: 응력, E : 탄성률(영률), ε : 변형률]

57 방사선투과시험에서의 안전 및 유의사항으로 틀린 것은?

① 촬영 시에는 접지를 확실히 한다.
② 관전압 상승 속도에 유의하여 탐상기를 사용해야 한다.
③ X-선 촬영구역에는 위험 표지판을 설치할 필요가 없다.
④ X-선 검사 시에는 안전과 관련하여 납(Pb)으로 밀폐된 공간에서 촬영한다.

해설
X-선 촬영구역은 위험 표지판을 설치하여야 한다.

정답 53 ② 54 ④ 55 ① 56 ① 57 ③

58 빛 대신 파장이 짧은 전자선을 이용하면 높은 배율의 상을 관찰할 수 있다. 짧은 전자선을 이용할 수 있는 전자현미경의 기호로 옳은 것은?

① 투과전자현미경 → SEM

② 투과전자현미경 → TEM

③ 주사전자현미경 → TEM

④ 주사전자현미경 → OMS

해설

- 주사전자현미경(SEM) : 시험편 표면을 전자선으로 주사하여 나오는 이차 전자를 브라운관에 영상으로 표시하여 재료조직, 상변태, 미세조직, 거동 관찰, 성분분석 등을 하며 고배율의 관찰이 가능
- 투과전자현미경(TEM) : 짧은 파장의 전자선을 가속시켜 시험편에 투과 후 전자렌즈로 상을 확대하여 형성시키는 현미경으로 배율 조정을 위해 전기장을 이용

59 다음 중 시험편을 옮길 때 손으로 잡기에 가장 곤란한 시험법은?

① 마멸시험

② 인장시험

③ 충격시험

④ 피로시험

해설

마멸시험은 2개 이상의 물체가 서로 접촉하면서 상대운동 시 접촉면이 마찰에 의하여 감소되는 현상을 이용하는 시험으로 미끄럼, 구름, 왕복 미끄럼 등 시험방법에 따라 시험편의 모양이 달라 손으로 잡기 가장 곤란하다.

60 피검체의 내부 결함은 검출할 수 없고 표면 결함만을 탐상할 수 있는 비파괴시험법은?

① 침투탐상시험

② 누설탐상검사

③ 방사선투과시험

④ 초음파탐상시험

해설

비파괴검사의 분류

- 내부결함검사 : 방사선(RT), 초음파(UT)
- 표면결함검사 : 침투(PT), 자기(MT), 육안(VT), 와전류(ET)
- 관통결함검사 : 누설(LT)

58 ② 59 ① 60 ① 정답

2016년 제1회 과년도 기출문제

01 내열성과 내식성이 요구되는 석유 화학장치, 약품 및 식품 공업용 장치에 사용하는 Ni-Cr합금은?

① 인 바 ② 엘린바
③ 인코넬 ④ 플라티나이트

해설
인코넬은 Ni-Cr-Fe-Mo합금으로서 고온용 열전쌍, 전열기 부품 등에 사용되며 산화성 산, 염류, 알칼리, 황화가스 등에 우수한 내식성을 가지고 있다.

02 저융점 합금으로 사용되는 금속 원소가 아닌 것은?

① Pb ② Bi
③ Sn ④ Mo

해설
각 금속별 용융점

W	Cr	Fe	Co	Ni	Cu	Au	Al
3,410℃	1,890℃	1,538℃	1,495℃	1,455℃	1,083℃	1,063℃	660℃
Mg	**Zn**	**Pb**	**Bi**	**Sn**	**Hg**	**Mo**	**Ta**
650℃	420℃	327℃	271℃	231℃	-38.8℃	2,610℃	3,017℃

03 금속의 부식에 대한 설명 중 옳은 것은?

① 공기 중 염분은 부식을 억제시킨다.
② 황화수소, 염산은 부식과는 관계가 없다.
③ 이온화 경향이 작을수록 부식이 쉽게 된다.
④ 습기가 많은 대기 중일수록 부식되기 쉽다.

해설
부식은 습기가 많은 대기 중일수록 더욱 쉽게 일어난다.

04 냉간가공과 열간가공을 구별하는 기준이 되는 것은?

① 변태점
② 탄성한도
③ 재결정온도
④ 마무리온도

해설
재결정온도란 소성가공으로 변형된 결정입자가 변형이 없는 새로운 결정이 생기는 온도를 말하며, 냉간가공과 열간가공의 구분 기준이 된다.

05 Fe-C 평형상태도에 대한 설명으로 옳은 것은?

① 공정점의 탄소량은 약 0.80%이다.
② 포정점의 온도는 약 1,490℃이다.
③ A_0를 철의 자기변태점이라 한다.
④ 공석점에서는 레데부라이트가 석출한다.

해설
공정점의 탄소량은 4.3%이며, 포정점의 온도는 약 1,490℃이다. A_0는 시멘타이트의 자기변태점이며, 공석점에서는 펄라이트가 석출된다.

정답 1 ③ 2 ④ 3 ④ 4 ③ 5 ②

06 형상기억합금의 대표적인 실용합금 성분으로 옳은 것은?

① Fe-C합금　② Ni-Ti합금
③ Cu-Pd합금　④ Pb-Sb합금

해설
형상기억합금
힘에 의해 변형되더라도 특정 온도에 올라가면 본래의 모양으로 돌아오는 합금이다. Ti-Ni이 대표적으로 마텐자이트 상변태를 일으킨다.

07 독성이 없어 의약품, 식품 등의 포장형 튜브 제조에 많이 사용되는 금속으로 탈색효과가 우수하며, 비중이 약 7.3인 금속은?

① Sn　② Zn
③ Mn　④ Pt

해설
주석과 그 합금 : 비중 7.3, 용융점 232℃, 상온에서 재결정한다. SnO_2을 형성해 내식성이 증가한다. 독성이 없어 의약품, 식품 등의 포장형 튜브에 많이 사용된다.

08 절삭 공구강의 일종으로 500~600℃까지 가열하여도 뜨임에 의해서 연화되지 않고, 또 고온에서도 경도 감소가 작은 것이 특징으로 기본 성분은 18%W, 4%Cr, 1%V이고, 0.8~1.5%C를 함유하고 있는 강은?

① 고속도강
② 금형용 강
③ 게이지용 강
④ 내충격용 공구강

해설
고속도강(SKH)
18%W – 4%Cr – 1%V으로 절삭 공구강에서 대표적으로 사용된다. 고속 절삭에도 연화되지 않으며, 열전도율이 나쁘고 자경성을 가지고 있다.

09 6 : 4황동에 Sn을 1% 첨가한 것으로 판, 봉으로 가공되어 용접봉, 밸브대 등에 사용되는 것은?

① 톰 백
② 니켈 황동
③ 네이벌 황동
④ 애드미럴티 황동

해설
네이벌 황동 : 6 : 4황동에 Sn 1%를 첨가한 것으로 강, 판, 봉, 파이프 등에 사용된다.

10 Ti 및 Ti합금에 대한 설명으로 틀린 것은?

① 고온에서 크리프 강도가 낮다.
② Ti금속은 TiO_2으로 된 금홍석으로부터 얻는다.
③ Ti합금 제조법에는 크롤법과 헌터법이 있다.
④ Ti은 산화성 수용액에서 표면에 안정된 산화타이타늄의 보호 피막이 생겨 내식성을 가지게 된다.

해설
타이타늄 합금은 고온에서 크리프 강도가 높다.

11 흑연을 구상화시키기 위해 선철을 용해하여 주입 전에 첨가하는 것은?

① Cs
② Cr
③ Mg
④ Na_2CO_3

해설
구상흑연주철 : 흑연을 구상화하여 균열을 억제시키고 강도 및 연성을 좋게 한 주철로 시멘타이트형, 펄라이트형, 페라이트형이 있다. 구상화제로는 Mg, Ca, Ce, Ca-Si, Ni-Mg 등이 있다.

6 ② 7 ① 8 ① 9 ③ 10 ① 11 ③ 정답

12 스프링강에 대한 설명으로 틀린 것은?

① 담금질 온도는 1,100~1,200℃에서 수랭이 적당하다.
② 스프링강은 탄성 한도가 높고 충격 및 피로에 대한 저항이 커야 한다.
③ 경도는 HB 340 이상이며, 열처리된 조직은 소르바이트 조직이다.
④ 탄소함량에 따라 0.65~0.85%C의 판스프링과 0.85~1.05%C의 코일스프링으로 나눌 수 있다.

해설
스프링강의 담금질 온도는 830~860℃ 정도에서 유랭이 적당하다.

13 Si가 10~13% 함유된 Al-Si계 합금으로 녹는점이 낮고 유동성이 좋아 크고 복잡한 사형주조에 이용되는 것은?

① 알 민
② 알드리
③ 실루민
④ 알클래드

해설
Al-Si : 실루민, 10~14%Si를 첨가, Na을 첨가하여 개량화 처리를 실시한다. 용융점이 낮고 유동성이 좋아 넓고 복잡한 모래형 주물에 이용된다. 개량화 처리 시 용탕과 모래형 수분과의 반응으로 수소를 흡수하여 기포 발생하고, 다이캐스팅에는 급랭으로 인해 조직이 미세화 된다. 열간메짐이 없고, Si 함유량이 많아질수록 팽창계수와 비중은 낮아지며 주조성, 가공성이 나빠진다.

14 암모니아 가스 분해와 질소의 내부 확산을 이용한 표면 경화법은?

① 염욕법
② 질화법
③ 염화바륨법
④ 고체침탄법

해설
질화법 : 500~600℃의 변태점 이하에서 암모니아 가스를 주로 사용하여 질소를 확산·침투시켜 표면층 경화시킴을 목적으로 한다.

15 두랄루민의 주성분으로 옳은 것은?

① Ni-Cu-P-Mn
② Al-Cu-Mg-Mn
③ Mn-Zn-Fe-Mg
④ Ca-Si-Mg-Mn

해설
Al-Cu-Mg-Mn
- 두랄루민의 주성분, 시효경화성합금
- 용도 : 항공기, 차체 부품

16 제작 도면으로 사용할 완성된 도면이 되기 위한 선의 우선 순서로 옳은 것은?

① 외형선 → 치수선 → 해칭선 → 숨은선 → 중심선 → 파단선
② 해칭선 → 외형선 → 파단선 → 숨은선 → 중심선 → 치수선
③ 외형선 → 숨은선 → 중심선 → 파단선 → 치수선 → 해칭선
④ 중심선 → 외형선 → 숨은선 → 해칭선 → 파단선 → 치수선

해설
2개 이상의 선이 중복 될 때 우선순위
외형선 – 숨은선 – 절단선 – 중심선 – 무게중심선 – 치수선

정답 12 ① 13 ③ 14 ② 15 ② 16 ③

17 기계재료의 표시 중 SF340A가 의미하는 것은?

① 탄소강 단강품
② 탄소강 주강품
③ 탄소강 압연품
④ 탄소강 압출품

해설

금속재료의 호칭

- 재료는 대개 3단계 문자로 표시한다.
  - 첫 번째 : 재질의 성분을 표시하는 기호
  - 두 번째 : 제품의 규격을 표시하는 기호로 제품의 형상 및 용도를 표시
  - 세 번째 : 재료의 최저인장강도 또는 재질의 종류기호를 표시
- 강종 뒤에 숫자 세 자리 : 최저인장강도(N/mm^2)
- 강종 뒤에 숫자 두 자리 + C : 탄소함유량
- 예시
  - GC100 : 회주철
  - SS400 : 일반구조용 압연강재
  - SF340 : 탄소 단강품
  - SC360 : 탄소 주강품
  - SM45C : 기계구조용 탄소강
  - STC3 : 탄소 공구강

18 다음 그림은 제3각법에 의해 그린 투상도이다. 평면도에 해당되는 것은?

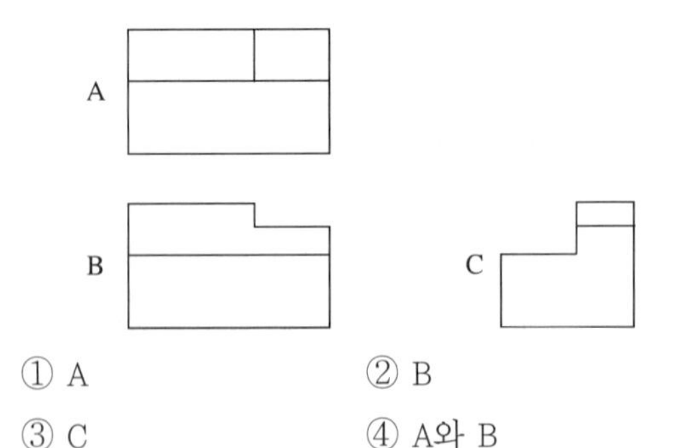

① A ② B
③ C ④ A와 B

해설

A는 평면도, B는 전면도, C는 우측면도이다.

19 물체의 표면 일부에 특수처리를 하는 경우에 그 범위를 외형선에 평행하게 약간 띄어 표시하는 선의 종류는?

① 굵은 파선
② 굵은 일점쇄선
③ 가는 이점쇄선
④ 가는 일점쇄선

해설

굵은 1점 쇄선	-·—·-	특수 지정선	특수한 가공을 하는 부분 등 특별한 요구사항을 적용할 수 있는 범위를 표시

20 다음 중 공차값이 가장 큰 치수는?

① $50^{+0.02}_{-0.01}$ ② 50 ± 0.02
③ $50^{+0.03}_{0}$ ④ $50^{0}_{-0.03}$

해설

치수공차 = 위치수허용차 − 아래치수허용차

21 다음 중 구멍의 최소수치가 축의 최대치수보다 큰 경우로서 미끄럼운동이나 회전운동이 필요한 부품에 적용되는 끼워맞춤은?

① 헐거운 끼워맞춤
② 억지 끼워맞춤
③ 중간 끼워맞춤
④ 가열 끼워맞춤

해설

- 헐거운 끼워맞춤 : 항상 틈새가 생기는 상태로 구멍의 최소치수가 축의 최대치수보다 큰 경우
- 억지 끼워맞춤 : 항상 죔새가 생기는 상태로 구멍의 최대치수가 축의 최소치수보다 작은 경우
- 중간 끼워맞춤 : 상황에 따라서 틈새와 죔새가 발생할 수 있는 경우

17 ① 18 ① 19 ② 20 ② 21 ① 정답

22 지름이 10mm이고, 길이가 20mm인 축을 척도 1 : 2로 제도하였다면, 길이는 도면에 얼마를 기입하는가?

① 5mm

② 10mm

③ 15mm

④ 20mm

해설

도면에 기입하는 치수는 실제 제품의 치수값을 기입한다.

23 육각볼트와 너트의 그림에서 볼트의 길이는?

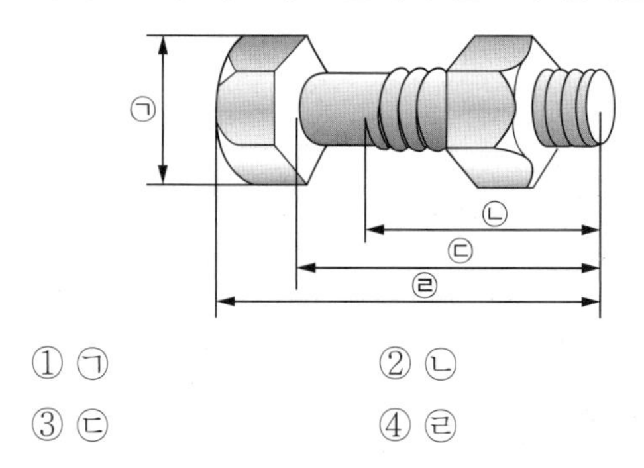

① ㉠ ② ㉡

③ ㉢ ④ ㉣

해설

볼트의 길이는 나사부의 길이를 기준으로 한다.

24 도면에서 A부분과 같이 나타내는 것을 무엇이라 하는가?

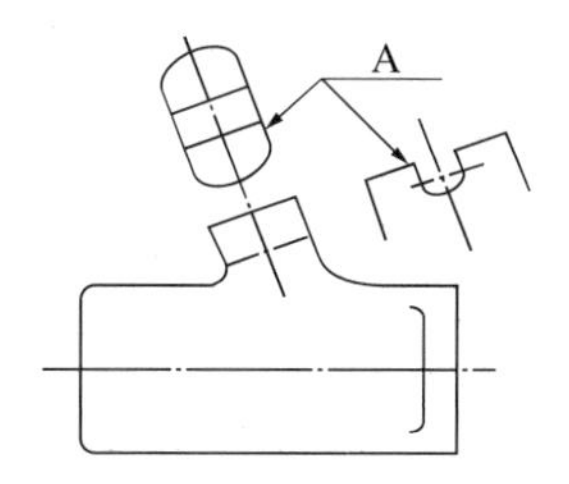

① 확대 투상도 ② 부분 투상도

③ 회전 투상도 ④ 전개 투상도

해설

부분 투상도 : 그림의 일부를 도시하는 것으로도 충분한 경우에는 필요한 부분만 투상하여 도시한다.

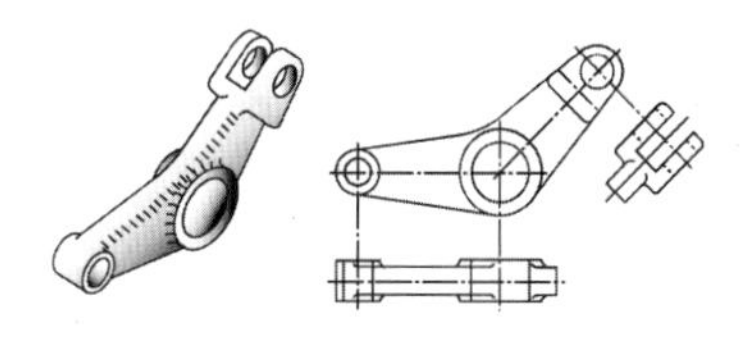

25 그림과 같이 물체의 표면에 굵은 1점 쇄선으로 그린 부분이 뜻하는 것은?

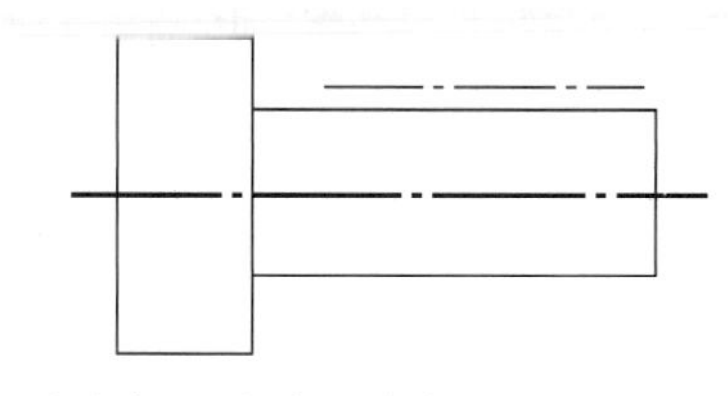

① 그 부분을 특수가공한다.

② 부품을 조립할 때 주의를 요한다.

③ 치수 정밀도와 관계없이 가공한다.

④ 부식이 되지 않도록 방청유를 급유한다.

해설

굵은 1점 쇄선	-·-·-	특수 지정선	특수한 가공을 하는 부분 등 특별한 요구사항을 적용할 수 있는 범위를 표시

정답 22 ④ 23 ③ 24 ② 25 ①

26 도면에 기입된 C3에서 C의 의미는?

① 45° 모따기　② 정사각형
③ 반지름　④ 지 름

27 도면의 표면기호에서 가공방법을 나타내는 기호로 "FL"이 기입되어 있다면 어떤 가공을 의미하는가?

① 브러싱가공　② 리밍가공
③ 줄 다듬질　④ 래핑가공

해설

가공방법의 기호

가공방법	약 호	
	I	II
선반가공	L	선 삭
드릴가공	D	드릴링
보링머신가공	B	보 링
밀링가공	M	밀 링
평삭(플레이닝가공)	P	평 삭
형삭(셰이핑)가공	SH	형 삭
브로칭가공	BR	브로칭
리머가공	FR	리 밍
연삭가공	G	연 삭
다듬질	F	다듬질
벨트연삭가공	GBL	벨트연삭
호닝가공	GH	호 닝
용 접	W	용 접
배럴연마가공	SPBR	배럴연마
버프 다듬질	SPBF	버 핑
블라스트 다듬질	SB	블라스팅
랩 다듬질	FL	래 핑
줄 다듬질	FF	줄 다듬질
스크레이퍼 다듬질	FS	스크레이핑
페이퍼 다듬질	FCA	페이퍼 다듬질
프레스가공	P	프레스
주 조	C	주 조

28 마이크로 비커스 경도시험의 주의사항 중 틀린 것은?

① 경도기는 사용 중 진동이 없도록 해야 한다.
② 경도기는 항상 수평상태에서 사용해야 한다.
③ 시험편은 거친 상태로 측정해야 측정값이 정확하다.
④ 하중 선정 시에는 하중 스위치를 조심스럽게 돌린다.

해설

마이크로 비커스 시험법은 가는 선, 박판의 도금층 깊이 등 정밀하게 측정할 때 사용하는 것으로, 거친 상태에서 측정하면 오차가 많이 생긴다.

29 고분해능을 얻기 위한 전자현미경(SEM)의 작업조건을 설명한 것 중 틀린 것은?

① 짧은 작동거리로 전자빔 크기를 최대화한다.
② 비점수차 보정은 가급적 고배율에서 수행한다.
③ 진동을 차단하기 위해 시료를 단단히 고정시킨다.
④ 접속렌즈의 강한 여기로 전자빔 크기를 최소화한다.

해설

주사전자현미경이란 광선 대신 전자빔을 사용하여 시험체에 전자를 충돌시켜 발생하는 이차 전자, 투과전자, X-Ray 등을 측정하여 표면의 형태를 영상으로 나타내는 것으로, 시편에 주사되는 전자빔은 가늘수록 표면의 모양을 더 자세히 관찰할 수 있다.

30 조미니시험으로 알 수 있는 것은?

① 입도결과 측정　② 담금질성 측정
③ 경도결과 측정　④ 조직판별시험

해설

조미니시험법은 일정한 치수의 시편을 소정의 온도로 가열한 후 시험편 하단면에 물을 분사하여 시험하는 검사법으로, 담금질성을 측정하는 데 사용한다.

26 ① 27 ④ 28 ③ 29 ① 30 ② 정답

31 시험체의 내부와 외부에 압력 차이를 주었을 때, 시험체 주위의 액체나 기체와 같은 유체가 시험체의 결함을 통하여 흘러나오거나 흘러들어가는 성질을 이용하는 비파괴검사법은?

① RT ② PT
③ ET ④ LT

해설
누설검사란 관통된 결함을 검사하는 방법으로 기체나 액체와 같은 유체의 흐름을 감지해 누설 부위를 탐지하는 것으로 LT(Leak Testing)라 한다.

32 다음 중 피로한도비란?

① 피로에 의한 균열값
② 피로한도를 인장강도로 나눈 값
③ 재료의 하중치를 충격값으로 나눈 값
④ 피로파괴가 일어나기까지의 응력 반복 횟수

해설
- 피로한도 : 파괴 하중 이하의 하중이 주기적으로 반복되어 적은 하중에서 파괴되는 한도
- 피로한도비란 피로한도를 인장강도로 나눈 값을 말한다.

33 굽힘시험에 사용되는 그림과 같은 V블록의 테이퍼진 면들이 이루어야 하는 각도로 옳은 것은?

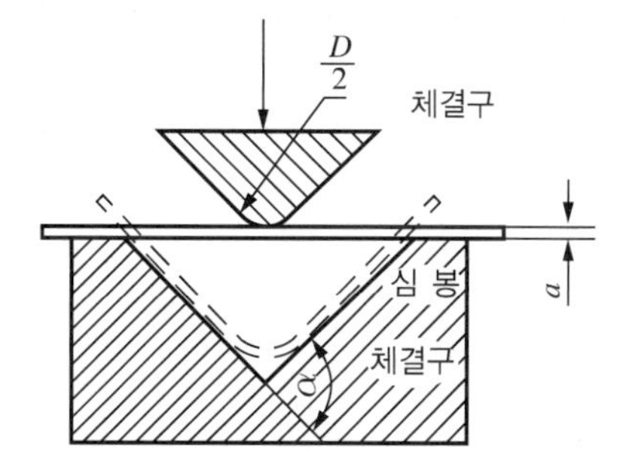

① $(90-\alpha)°$ ② $(180-\alpha)°$
③ $(270-\alpha)°$ ④ $(360-\alpha)°$

해설
금속재료 굽힘시험 KS B 0804에 나타나 있으며, V블록의 테이퍼진 면들은 $(180-\alpha)°$의 각도를 이루어야 한다.

34 강의 페라이트 결정입도시험 결과가 보기와 같을 때 설명이 틀린 것은?

보기
FGC-V [3(70%)+6(30%)](8)

① 평적법에 해당된다.
② 직각 단면에서 8시야 전부가 혼립한다.
③ 종합판정에 의하여 입도 3이 70%이다.
④ 종합판정에 의하여 입도 6이 30%이다.

해설
FGC-V [3(70%)+6(30%)](8) : 비교법에 해당한다. 직각 단면 종합판정 결과 8시야 전부 결정입자가 있으며, 입도번호 3이 70%, 입도번호 6이 30%이다.

35 압흔 흔적을 남기지 않고 휴대하면서 현장에서 간편하게 경도 측정을 할 수 있는 시험기가 쇼어경도계이다. 이 경도계 중에서 해머의 낙하거리를 254 mm로 요구하는 목측형 경도계의 유형에 해당하는 것은?

① A형 ② B형
③ C형 ④ D형

해설
쇼어 경도시험에서 지시형은 D형, 목측형은 C형으로 구분하며, 해머의 낙하거리는 D형의 경우 약 19mm, C형의 경우 254mm이다.

36 시험 중에 분진이 발생할 염려가 있어 방진대책을 세울 필요가 있는 시험은?

① 인장시험
② 경도시험
③ 초음파탐상시험
④ 자분(건식)탐상시험

해설
자분(건식)탐상의 경우 자분가루를 사용하는 시험으로, 방진대책을 세울 필요가 있다.

정답 31 ④ 32 ② 33 ② 34 ① 35 ③ 36 ④

37 방사선투과시험 시 방사선에 의한 해를 입지 않도록 시험실 주변의 방사선량을 수시로 측정할 때 쓰이는 것은?

① 계조계
② 태코미터
③ 투과도계
④ 서베이미터

해설
서베이미터는 가스충전식 튜브에 기체의 이온화 현상을 이용하여 방사선을 수시로 측정할 수 있는 기기이다.

38 초음파탐상검사에 대한 설명 중 틀린 것은?

① 전파 능력이 우수하다.
② 검사결과를 신속히 알 수 있다.
③ 균열 등 미세한 결함에 대하여 감도가 높다.
④ 표준시험편 또는 대비시험편이 필요하지 않다.

해설
초음파탐상시험에서 탐상기 및 탐촉자를 사용하면, 입사각이 바뀌게 되므로 교정을 위하여 표준시험편 및 대비시험편이 필요하다.

39 전단응력과 전단 변형률을 구하여 강도를 계산할 수 있는 시험법은?

① 휨시험
② 굽힘시험
③ 에릭센시험
④ 비틀림시험

해설
비틀림시험이란 시험편에 비틀림 모멘트를 가하여 비틀림에 대한 재료의 강성계수, 비틀림 강도, 비틀림 비례한도, 비틀림 상부 및 하부 항복점, 전단응력, 전단 변형률 등을 구하는 시험이다.

40 시험편의 크기가 작거나 두께가 얇을 경우 연마하기 쉽도록 열경화성 수지로 매립하는 작업은?

① 에 칭 ② 마운팅
③ 폴리싱 ④ 어닐링

해설
너무 작은 시험편의 경우 열경화성 페놀수지, 디아릴수지, 열가소성 아크릴수지 등에 시험편을 매립하고 135~150℃로 가열시켜 150~200kgf/mm^{2}의 압력으로 5분간 가압성형하는 마운팅을 한 후 연마작업으로 넘어간다.

41 축하중 피로시험기에 적합한 교정 막대기에 대한 설명으로 틀린 것은?(단, L_c : 시험편의 평행길이, d : 응력이 최대인 경우에 시험편의 지름, l : 게이지 지지 재료의 길이, D : 시험편의 고정된 단부의 지름, r : 평행길이로부터 고정된 단부까지의 변화길이이다)

① L_c는 적어도 $d+l$이어야 한다.
② r은 D와 가급적 동일한 것이 좋다.
③ L_c는 $d+2D$ 이하이어야 한다.
④ r 및 D는 $2d$와 동일하거나 $2d$보다 큰 것이 좋다.

해설
축하중 피로시험기는 KS B ISO 4965에 규정되어 있다. 원형 단면일 경우 L_C는 적어도 $d+l$이어야 하며, 정사각형, 직사각형 단면일 경우 L_C는 적어도 $b+l$이어야 한다.

37 ④ 38 ④ 39 ④ 40 ② 41 ③ 정답

42 금속조직 내에서 상의 양을 측정하는 방법이 아닌 것은?

① 점의 측정법
② 면적의 측정법
③ 부피의 측정법
④ 직선의 측정법

해설

조직량 측정법

- 면적분율법(중량법) : 연마된 면 중 특정상의 면적을 개별적으로 측정하는 방법, 플래니미터와 천칭을 사용하여 질량을 정량하는 방법
- 직선법 : 조직 사진 위에 직선을 긋고, 측정하고자 하는 상과 교차하는 길이를 측정한 값의 직선의 전체 길이로 나눈 값으로 표시
- 점산법 : 투명한 망 종이를 조직 사진 위에 겹쳐 놓고 측정하고자 하는 상이 가지는 면적의 교차점을 측정한 총수를 망의 전체 교차점의 수로 나눈 값으로 표시

43 설퍼 프린트 시험에서 점상편석을 나타내는 기호로 옳은 것은?

① S_N ② S_D
③ S_L ④ S_C

해설

설퍼 프린트에 의한 황편석의 분류

분 류	기 호	비 고
정편석	S_N	황이 외부로부터 중심부를 향해 증가하여 분포되는 형상으로, 외부보다 내부가 짙은 농도로 착색되는 것으로 일반 강재에서 보통 발생하는 편석
역편석	S_I	황이 외부로부터 중심부를 향해 감소하여 분포되는 형상으로, 외부보다 중심부쪽의 착색도가 낮게 나타나는 편석
중심부편석	S_C	황이 강재의 중심부에 중점적으로 분포되어 농도가 짙은 착색부가 나타나는 편석
점상편석	S_D	황의 편석부가 짙은 농도로 착색되는 점상 편석
선상편석	S_L	황의 편석부가 짙은 농도로 착색되는 선상 편석
주상편석	S_{Co}	형강 등에서 자주 발생하는 편석으로 중심부 편석이 주상으로 나타난 편석

44 충격시험에서 V노치 시험편의 V노치 각도 규격으로 옳은 것은?

① 30±2° ② 45±2°
③ 55±5° ④ 75±5°

해설

V노치의 각도는 45±2°로 한다. U형태의 경우 R1±0.07로 한다.

45 정량조직검사에서 평균입도번호(m)를 구하는 식으로 옳은 것은?(단, a : 각 시야에서의 입도번호, b : 동일 입도번호를 표시하는 시야 수이다)

① $m = \dfrac{\sum(a+b)}{\sum a}$

② $m = \dfrac{\sum(a+b)}{\sum b}$

③ $m = \dfrac{\sum a \cdot b}{\sum b}$

④ $m = \dfrac{\sum a \cdot b}{\sum a}$

해설

종합판정방법

각 시야에 대한 판정 결과로부터 다음 식에 의하여 평균 입도번호를 계산하여 그 시험편의 입도로 하는데, 시야 수는 5~10을 원칙으로 한다.

$n = \dfrac{\Sigma a \times b}{\Sigma b}$

- n : 평균 입도번호
- a : 각 시야에서의 입도번호
- b : 시야 수

정답 42 ③ 43 ② 44 ② 45 ③

46 응력 측정이나 시험방법이 아닌 것은?

① 섬프법
② 무아레법
③ 광탄성 방법
④ 브리틀 코팅 방법

해설
섬프법은 마이크로조직을 보기 위해 사용하는 방법으로, 시험체 표면을 복제하여 현미경으로 관찰하는 방법이다.

47 다음 중 압축시험할 때 사용하는 기계 및 기구가 아닌 것은?

① 직각게이지
② 굽힘시험대
③ 크리프시험기
④ 만능재료시험기

해설
크리프시험은 재료를 고온에서 내력보다 작은 응력으로 가해주면 시간이 지나면서 변형이 진행되는 현상으로 압축시험과는 무관하다.

48 피로의 증상을 생리적 및 심리적 현상으로 구분할 때 심리적 현상에 해당되는 것은?

① 주의력이 감소 또는 경감된다.
② 작업효과나 작업량이 감퇴하거나 저하된다.
③ 작업에 대한 몸자세가 흐트러지고 지치게 된다.
④ 작업에 대한 무감각, 무표정, 경련 등이 일어난다.

해설
피로의 심리적 현상으로는 주의력 감소, 배고픔 갈증과 유사한 보호기능, 낮은 동기유발과 같은 현상이 나타난다.

49 와전류탐상시험의 기본원리는 어떤 현상을 이용한 것인가?

① 전자유도
② 속도효과
③ 압력 차이
④ 경도결과

해설
와전류탐상시험의 원리는 코일에 고주파 교류 전류를 흘려주면 전자유도현상에 의해 전도성 시험체 내부에 맴돌이 전류를 발생시켜 재료의 특성을 검사하는 것이다.

50 강재 중의 황의 편석 및 그 분포 상태를 조사하는 시험은?

① 마멸 시험
② 커핑 시험
③ 에릭센 시험
④ 설퍼 프린트 시험

해설
황의 편석 측정으로는 설퍼 프린트법으로, 브로마이드 인화지를 1~5%의 황산수용액(H_2SO_4)에 5~10분 담근 후 시험편에 1~3분간 밀착시킨 다음 브로마이드 인화지에 붙어 있는 브롬화은($AgBr_2$)과 반응하여 황화은(AgS)을 생성시켜 건조시키면 황이 있는 부분에 갈색 반점의 명암도를 조사하여 강중의 황의 편석 및 분포도를 검사하는 방법이다.

46 ① 47 ③ 48 ① 49 ① 50 ④ 정답

51 크리프(Creep)에 관한 다음의 설명 중 옳은 것은?

① 정상 크리프 단계에서는 변형률이 점차 감소한다.
② 어떤 재료에 크리프가 생기는 요인은 하중과 시간뿐이다.
③ 철강 및 경합금 등은 450℃ 이상의 온도가 되어야 크리프 현상이 일어난다.
④ 일정 온도에서 어떤 시간 후에 크리프 속도가 0이 되는 응력을 크리프 한도라 한다.

해설
크리프 한도 : 일정 온도에서 어떤 시간 후 크리프 속도가 0(Zero)이 되는 응력

52 초음파 탐상기에서 음압의 비, 에코높이의 비 등을 표시하는 단위는?

① 데시벨(dB)
② 피피엠(PPM)
③ 알피엠(RPM)
④ 고전압 전류(HVA)

해설
데시벨(dB)은 음파의 에너지 강도 비를 대수적으로 표시하는 단위이다.

53 자분탐상검사의 시험절차로 옳은 것은?

① 자화 → 전처리 → 관찰 → 자분의 적용 → 기록 → 후처리
② 전처리 → 자화 → 자분의 적용 → 기록 → 후처리 → 관찰
③ 전처리 → 자화 → 자분의 적용 → 관찰 → 기록 → 후처리
④ 전처리 → 자분의 적용 → 관찰 → 자화 → 기록 → 후처리

해설
자분탐상검사의 시험절차
- 연속법 : 전처리 – 자화 개시 – 자분 적용 – 자화 종류 – 관찰 및 판독 – 탈자 – 후처리
- 잔류법 : 전처리 – 자화 개시 및 종료 – 자분 적용 – 관찰 및 판독 – 탈자 – 후처리

54 비커스 경도시험에서 압입자의 설명으로 옳은 것은?

① 5mm 지름의 강구이다.
② 90° 꼭지각의 다이아몬드 압입자이다.
③ 120° 대면각의 다이아몬드 압입자이다.
④ 136° 대면각의 다이아몬드 압입자이다.

해설
비커스 경도는 정사각추(136°)의 다이아몬드 압입자를 시험편에 놓고 1~150kg까지 하중을 가하여 시험편에 생긴 피라미드 자국의 표면적으로 하중을 나눈 값으로, 경도를 구하는 시험이다.

55 굽힘시험에서 최대응력을 나타내는 식은?(단, P : 빔의 중점에서 작용하는 집중하중, L : 지지점 간의 거리, Z : 단면계수이다)

① $\dfrac{PL}{4Z}$　② $\dfrac{4P}{ZL}$
③ $\dfrac{2Z}{PL}$　④ $\dfrac{2L}{PZ}$

정답 51 ④ 52 ① 53 ③ 54 ④ 55 ①

56 로크웰 경도시험기의 눈금판에는 흑색으로 0~100까지의 눈금이 있고, 적색으로 30~130까지의 눈금이 있다. 흑색의 눈금을 읽어야 하는 스케일은?

① B 스케일　② C 스케일
③ F 스케일　④ G 스케일

해설

- 로크웰 경도시험기는 앤빌(시료대) 위에 시험편을 올린 후 하중 작동 핸들을 통해 하중을 가하여 주고 경도 지시계를 이용하여 B-Scale, C-Scale의 경도값을 측정할 수 있다.
- 경도 지시계의 눈금에서 흑색은 H_{RC}이며, 적색은 H_{RB}이다.
- 경도 지시계에서 C-Scale은 0~100까지, B-Scale은 30~130까지 눈금이 있다.

57 침투탐상검사의 시험원리로 옳은 것은?

① 음향현상　② 전기적 현상
③ 모세관현상　④ 화학적 현상

해설

침투탐상의 시험원리는 모세관현상을 이용하여 표면에 열려 있는 개구부(불연속부)에서의 결함을 검출하는 방법이다.

58 응력-변형곡선 중 Z점에서 계산할 수 있는 것은?

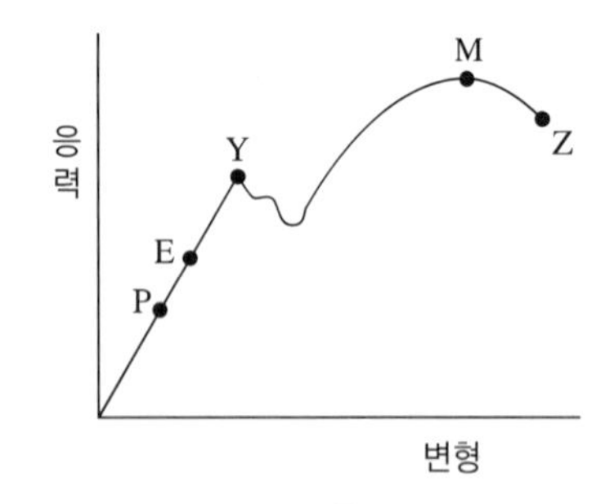

① 인장강도　② 파괴강도
③ 항복강도　④ 안전강도

해설

Z 지점은 파단 시 응력점을 나타내는 것으로, 파괴강도를 계산할 수 있다.

59 탄소강을 불꽃시험 할 때 탄소함유량에 따른 불꽃의 설명이 틀린 것은?

① 탄소량이 증가함에 따라 색은 적색을 띤다.
② 탄소량이 증가함에 따라 길이는 짧아진다.
③ 탄소량이 증가함에 따라 파열이 많아진다.
④ 탄소량이 증가함에 따라 불꽃의 양이 적어진다.

해설

불꽃시험

강을 그라인더로 연삭할 때 발생하는 불꽃의 색과 모양에 따라 탄소량과 특수 원소를 판별하는 시험으로, 탄소함량이 높을수록 길이가 짧아지고, 파열 및 불꽃의 양은 많아진다.

60 검사 부위를 육안으로 관찰하든가 10배 이하의 확대경으로 검사하는 검사법은?

① 매크로시험법
② 현미경시험법
③ X-선 검사법
④ 화염불꽃시험법

해설

매크로 조직검사

재료를 직접 육안으로 관찰하거나 저배율(10배 이하)의 확대경을 사용하여 재료의 결함 및 품질상태를 판단하는 검사이다. 염산 수용액을 사용하여 75~80℃에서 적당 시간 부식한 후 알칼리 용액으로 중화시켜 건조한 후 조직을 검사한다.

56 ② 57 ③ 58 ② 59 ④ 60 ① 정답

2017년 제1회 과년도 기출복원문제

※ 2017년부터는 CBT(컴퓨터 기반 시험)로 진행되어 수험자의 기억에 의해 문제를 복원하였습니다. 실제 시행문제와 일부 상이할 수 있음을 알려드립니다.

01 탄소량을 약 0.8% 함유한 강은?

① 공석강 ② 아공석강
③ 과공석강 ④ 공정주철

해설

탄소강의 조직에 의한 분류
- 순철 : 0.025%C 이하
- 아공석강 : 0.025%C~0.8%C 이하, 공석강 : 0.8%C, 과공석강 : 0.8%C~2.0%C
- 아공정주철 : 2.0%C~4.3%C, 공정주철 : 4.3%C, 과공정주철 : 4.3%C~6.67%C

02 청동의 기계적 성질 중 경도는 구리에 주석이 몇 % 함유되었을 때 가장 높게 나타나는가?

① 10 ② 20
③ 30 ④ 50

해설

청동의 특성
- Cu-Sn의 합금, α, β, γ, δ 등 고용체 존재, 해수에 내식성 우수, 산, 알칼리에 약함
- 인장강도는 20%Sn에서 최대이며, 경도는 30%Sn에서 최대
- 대기 및 해수에는 내식성이 있으나 고온에서 산화되기 쉬움

03 뜨임 균열을 방지하는 대책으로 옳은 것은?

① 탈탄층을 형성시킨다.
② 급가열한다.
③ 서랭한다.
④ 급랭한다.

해설

뜨임 균열의 방지책
- 서열, 서랭한다.
- 뜨임 전에 탈탄층을 제거한다.

04 18-8 스테인리스강에 대한 설명으로 틀린 것은?

① 강자성체이다.
② 내식성이 우수하다.
③ 오스테나이트계이다.
④ 18%Cr-8%Ni의 합금이다.

해설

Austenite계 스테인리스강 : 18%Cr-8%Ni이 대표적인 강으로 비자성체에 산과 알칼리에 강하다.

05 용융액에서 두 개의 고체가 동시에 나오는 반응은?

① 포석 반응 ② 포정 반응
③ 공석 반응 ④ 공정 반응

해설

공정 반응 : 일정한 온도의 액체에서 두 종류의 고체가 동시에 정출하여 나오는 반응($L \rightarrow \alpha + \beta$)

정답 1 ① 2 ③ 3 ③ 4 ① 5 ④

06 주철의 제조 중 접종에 의해 만들어진 것은 어느 것인가?

① 가단 주철
② 미하나이트 주철
③ 구상 흑연 주철
④ 흑심 가단 주철

해설

- 고급 주철 : 인장강도가 높고 미세한 흑연이 균일하게 분포된 주철로 란츠법, 에벨법의 방법으로 제조되고, 미하나이트 주철이 대표적인 고급 주철에 속한다.
- 미하나이트 주철 : 저탄소, 저규소의 주철에 Ca-Si를 접종해 강도를 높인 주철이다.
- 접종 : 흑연의 핵을 미세하게 하여 조직이 균일하게 분포하게 하기 위해 C, Si, Ca, Al 등을 첨가하여 흑연의 핵 생성을 빠르게 하는 것이다.

07 전자석이나 자극의 철심에 사용되는 것은 순철이나, 자심은 교류 자기장에만 사용되는 예가 많으므로 이력손실, 항자력 등이 적은 동시에 맴돌이 전류 손실이 적어야 한다. 이때 사용되는 강은?

① Si강　② Mn강
③ Ni강　④ Pb강

해설

연질 자성 재료는 보자력이 작고 미세한 외부 자기장의 변화에도 크게 자화되는 특성을 가지는 재료로 전동기, 변압기의 자심으로 이용된다. Si강판, 퍼멀로이, 센더스트, 알펌, 퍼멘듈, 슈퍼멘듈 등이 있다.

08 18-8 스테인리스강에서 나타나는 특유의 부식현상이 아닌 것은?

① 공식부식(Pitting Corrosion)
② 응력부식(Stress Corrosion)
③ 선택부식(Preferential Corrosion)
④ 입계부식(Intergranular Corrosion)

해설

선택부식 : 합금 성분 중 특정 성분만이 용해하며, 내식성이 큰 금속 부분만 남아 강도가 약한 다공성이 되는 부식으로 황동의 탈아연부식과 주철의 흑연화부식이 대표적인 예이다. 방식법으로는 전기 방식법을 사용한다.

09 고강도 합금 판재인 두랄루민의 내식성 향상을 위해 순수 Al 또는 Al합금을 피복한 것으로 강도와 내식성이 동시 증가하는 합금은?

① Y합금
② 라우탈(Lautal)
③ 알클래드(Alclad)
④ 하이드로날륨(Hydronalium)

해설

- Al-Cu-Ni-Mg : Y합금, 석출 경화용 합금으로 실린더, 피스톤, 실린더 헤드 등의 용도로 사용
- Al-Cu-Si : 라우탈이며 주조성 및 절삭성이 좋음
- 알클래드 : 고강도 합금 판재인 두랄루민의 내식성 향상을 위해 순수 Al 또는 Al합금을 피복한 것으로 강도와 내식성이 동시 증가
- Al-Mg : 하이드로날륨으로 내식성이 우수

10 내열용 알루미늄 합금의 종류가 아닌 것은?

① Y합금　② 로엑스
③ 코비탈륨　④ 알 민

해설

내열용 알루미늄 합금

- Al-Cu-Ni-Mg : Y합금, 석출 경화용 합금으로 실린더, 피스톤, 실린더 헤드 등의 용도로 사용
- Al-Ni-Mg-Si-Cu : 로엑스이며 내열성 및 고온 강도가 큼
- Y합금-Ti-Cu : 코비탈륨이며 Y합금에 Ti, Cu를 0.2% 정도씩 첨가한 것으로 피스톤에 사용

정답 6 ② 7 ① 8 ③ 9 ③ 10 ④

11 **특수강에 함유된 원소의 영향 중 페라이트 고용을 강화시키는 원소로 올바른 것은?**

① Ti ② Cr
③ Si ④ W

해설
첨가 원소가 변태점, 경화능에 미치는 영향
- 변태 온도를 내리고 속도가 늦어지는 원소 : Ni
- 변태 온도가 높아지고 속도가 늦어지는 원소 : Cr, W, Mo
- 탄화물을 만드는 것 : Ti, Cr, W, V 등
- 페라이트 고용을 강화시키는 것 : Ni, Si 등
- 질량 효과를 작게 하는 원소 : Ni, Cr, Mo 등
- 변태 온도 및 속도에 영향이 없는 원소 : Cu, S, Si, Ti 등

12 **용액(L_1) → 결정(M) + 용액(L_2)과 같은 반응을 하며, 정해진 온도에서 3상이 평형을 이루는 상태도는?**

① 공정형
② 포정형
③ 편정형
④ 금속간 화합물형

해설
불변 반응
- 공석 반응 : 일정한 온도의 한 고용체에서 두 종류의 고체가 동시에 석출하여 나오는 반응($\gamma \rightarrow \alpha + \beta$)
- 공정 반응 : 일정한 온도의 액체에서 두 종류의 고체가 동시에 정출하여 나오는 반응($L \rightarrow \alpha + \beta$)
- 포정 반응 : 일정한 온도에서 한 고용체와 용액의 혼합체로 전혀 다른 고체가 형성되는 반응($\alpha + L \rightarrow \beta$)
- 편정 반응 : 하나의 액체에서 다른 액상 및 고용체가 동시에 형성되는 반응($L_1 \rightarrow L_2 + \alpha$)
- 포석 반응 : 서로 다른 조성의 두 고체가 전혀 다른 하나의 고체로 형성되는 반응($\alpha + \beta \rightarrow \gamma$)

13 **공기 중 암모니아와 같은 염류에 의해 입계 부식을 일으키고 가공 시 내부 응력에 의해 균열이 발생하는 응력 부식균열의 방지법으로 틀린 것은?**

① 도 금
② 1%의 Sn 첨가
③ 페인팅
④ 가공재의 응력제거풀림 처리

해설
자연균열(응력부식균열)
- 공기 중 암모니아와 같은 염류에 의해 입계 부식을 일으켜 가공 시 내부 응력에 의해 균열이 발생하는 현상
- 방지법 : 도금, 페인팅(칠), 가공재를 180~260℃로 응력제거풀림 처리

14 **6 : 4 황동에 1~2% Fe을 첨가한 것으로 강도가 크고 내식성이 좋아 광산기계, 선박용 기계, 화학기계 등에 널리 사용되는 것은?**

① 포 금 ② 문쯔메탈
③ 규소황동 ④ 델타메탈

해설
델타메탈 : 6 : 4 황동에 Fe 1~2% 첨가한 강으로 강도, 내산성이 우수하며 선박, 화학기계용에 사용

15 **구리 및 구리 합금에 대한 설명으로 옳은 것은?**

① 구리는 자성체이다.
② 금속 중에 Fe 다음으로 열전도율이 높다.
③ 황동은 주로 구리와 주석으로 된 합금이다.
④ 구리는 이산화탄소가 포함되어 있는 공기 중에서 녹청색 녹이 발생한다.

해설
구리는 비자성체이며, Ag(은) 다음으로 열전도율이 높다. 또 황동은 구리와 아연의 합금, 청동은 구리와 주석의 합금이다. 그리고 구리는 공기 중에서 녹청색 녹이 형성된다.

정답 11 ③ 12 ③ 13 ② 14 ④ 15 ④

16 치수보조기호 t의 의미를 옳게 나타낸 것은?

① 지름 치수　② 반지름 치수
③ 판의 두께　④ 원호의 길이

해설

치수보조기호

종 류	기 호	사용법	예
지 름	ϕ(파이)	지름 치수 앞에 쓴다.	ϕ30
반지름	R(아르)	반지름 치수 앞에 쓴다.	R15
정사각형의 변	□(사각)	정사각형 한 변의 치수 앞에 쓴다.	□20
구의 반지름	SR(에스아르)	구의 반지름 치수 앞에 쓴다.	SR40
구의 지름	Sϕ(에스파이)	구의 지름 치수 앞에 쓴다.	Sϕ20
판의 두께	t=(티)	판 두께의 치수 앞에 쓴다.	t=5
원호의 길이	⌒(원호)	원호의 길이 치수 위에 붙인다.	$\overset{\frown}{10}$
45° 모따기	C(시)	45° 모따기 치수 앞에 붙인다.	C8
이론적으로 정확한 치수	□(테두리)	이론적으로 정확한 치수의 치수 수치에 테두리를 그린다.	20
참고 치수	(　)(괄호)	치수보조기호를 포함한 참고 치수에 괄호를 친다.	(ϕ20)
비례 치수가 아닌 치수	__(밑줄)	비례 치수가 아닌 치수에 밑줄을 친다.	<u>15</u>

17 다음 그림과 같은 단면도는?

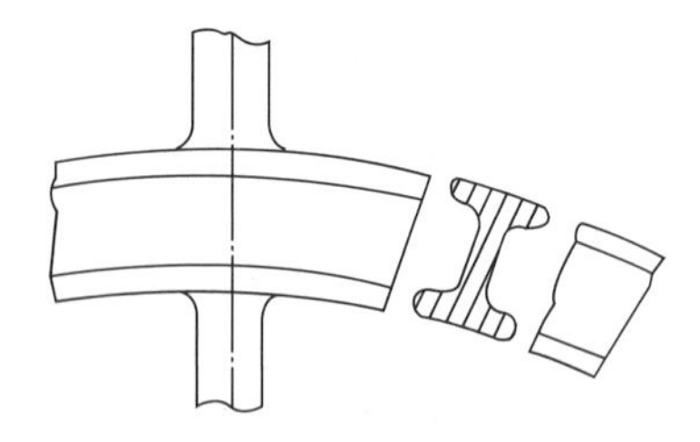

① 부분 단면도　② 계단 단면도
③ 한쪽 단면도　④ 회전 단면도

해설

회전 도시 단면도 : 핸들, 벨트 풀리, 훅, 축 등의 단면을 표시할 때에는 투상면에 절단한 단면의 모양을 90° 회전하여 안이나 밖에 그린다.

18 척도 1 : 2인 도면에서 길이가 50mm인 직선의 실제 길이(mm)는?

① 25　② 50
③ 100　④ 150

해설

도면은 2배 작게 그린 것이기 때문에 제품의 실제 길이는 도면의 길이보다 2배 크다.

19 도면에서 굵은 선이 0.35mm일 때 굵은 선과 가는 선 굵기의 합(mm)은?

① 0.45　② 0.6
③ 0.53　④ 0.7

해설

굵은 실선과 가는 실선의 비는 2 : 1 정도이므로 0.35 + 0.35/2 = 0.525 약 0.53mm이다.

20 도면에서 2종류 이상의 선이 동일 위치에서 겹칠 때 가장 우선적으로 도시하는 선은?

① 숨은선　② 외형선
③ 절단선　④ 무게중심선

해설

2개 이상의 선이 중복될 때 우선순위

외형선 – 숨은선 – 절단선 – 중심선 – 무게중심선 – 치수선

16 ③ 17 ④ 18 ③ 19 ③ 20 ② **정답**

21 나사의 호칭 M20×2에서 2가 뜻하는 것은?

① 피 치　　② 줄의 수
③ 등 급　　④ 산의 수

해설
M20×2의 뒤에 ×2는 나사의 피치를 의미하며, 나사산과 나사산의 간격이 2mm임을 나타낸다.

22 그림은 성크 키(Sunk Key)를 도시한 것으로 A의 길이는 얼마인가?

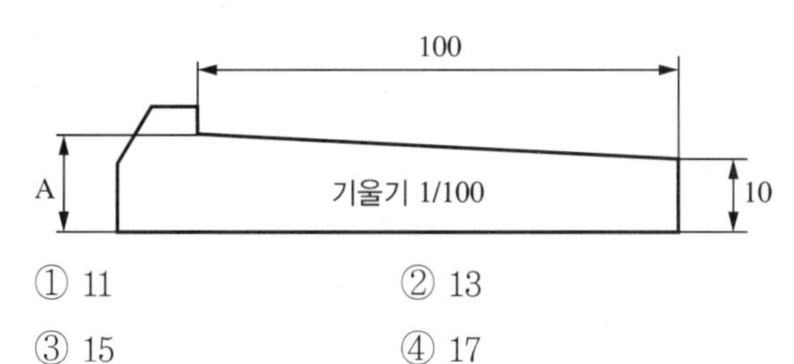

① 11　　② 13
③ 15　　④ 17

해설
기울기 1/100 = (A−10)/100
∴ A = 11

23 그림과 같이 원뿔 형상을 경사지게 절단하여 A방향에서 보았을 때의 단면 현상은?(단, A방향은 경사면과 직각이다)

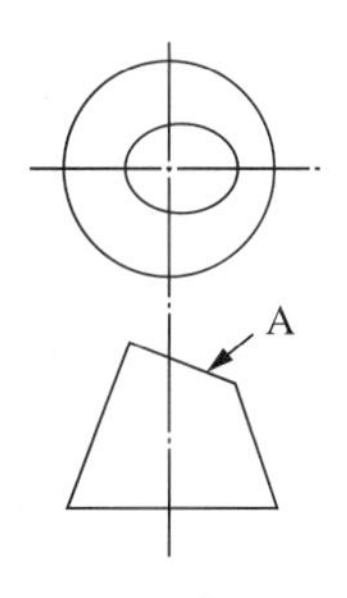

① 진 원　　② 타 원
③ 포물선　　④ 쌍곡선

해설
원뿔을 경사지게 자른 후 위쪽 방향에서 볼 경우 타원형태의 모양이 된다.

24 치수기입의 원칙에 대한 설명으로 옳은 것은?

① 치수가 중복되는 경우 중복하여 기입한다.
② 치수는 계산을 할 수 있도록 기입하여야 한다.
③ 치수는 가능한 한 보조 투상도에 기입하여야 한다.
④ 치수는 대상물의 크기, 자세 및 위치를 명확하게 표시해야 한다.

해설
치수기입원칙
- 치수는 되도록 주투상도(정면도)에 집중한다.
- 치수는 중복 기입을 피한다.
- 치수는 되도록 계산해서 구할 필요가 없도록 한다.
- 치수는 필요에 따라 기준으로 하는 점, 선 또는 면을 기준으로 하여 기입한다.
- 관련되는 치수는 되도록 한곳에 모아서 기입한다.
- 치수는 되도록 공정마다 배열을 분리하여 기입한다.
- 치수 중 참고 치수에 대하여는 치수 수치에 괄호를 붙인다.

25 끼워맞춤에 관한 설명으로 옳은 것은?

① 최대죔새는 구멍의 최대허용치수에서 축의 최소허용치수를 뺀 치수이다.
② 최소죔새는 구멍의 최소허용치수에서 축의 최대허용치수를 뺀 치수이다.
③ 구멍의 최소치수가 축의 최대치수보다 작은 경우 헐거운 끼워맞춤이 된다.
④ 구멍과 축의 끼워맞춤에서 틈새가 없이 죔새만 있으면 억지 끼워맞춤이 된다.

해설
- 헐거운 끼워맞춤 : 항상 틈새가 생기는 상태로 구멍의 최소치수가 축의 최대치수보다 큰 경우
- 억지 끼워맞춤 : 항상 죔새가 생기는 상태로 구멍의 최대치수가 축의 최소치수보다 작은 경우
- 중간 끼워맞춤 : 상황에 따라서 틈새와 죔새가 발생할 수 있는 경우

정답 21 ① 22 ① 23 ② 24 ④ 25 ④

26 수면이나 유면 등의 위치를 나타내는 수준면선의 종류는?

① 파 선
② 가는 실선
③ 굵은 실선
④ 1점 쇄선

해설
가는 실선의 용도 : 치수선, 치수보조선, 지시선, 중심선, 수준면선, 회전단면선

27 KS B ISO 4287 한국산업표준에서 정한 '거칠기 프로파일에서 산출한 파라미터'를 나타내는 기호는?

① R-파라미터
② P-파라미터
③ W-파라미터
④ Y-파라미터

해설
① R-파라미터 : 거칠기 프로파일에서 산출한 파라미터
② P-파라미터 : 1차 프로파일에서 산출한 파라미터
③ W-파라미터 : 파상도 프로파일에서 산출한 파라미터

28 강의 매크로 조직 내의 결함 표시 중 중심부 피트를 나타내는 기호는?

① B
② H
③ T_C
④ L_C

해설
매크로 검사 용어

분 류	기 호	비 고
수지상 결정 (Dendrite)	D	강괴의 응고에 있어서 수지상으로 발달한 1차 결정이 단조 또는 압연 후에도 그 형태를 그대로 가지고 있는 것
잉곳 패턴 (Ingot Pattern)	I	강괴의 응고 과정에 있어서 결정 상태의 변화 또는 성분의 편차에 따라 윤곽상으로 부식의 농도차가 있는 것
중심부 편석 (Center Segregation)	S_C	강괴의 응고 과정에서 성분의 편차에 따라 중심부에 부식의 농도차가 나타난 것
다공질 (Looseness)	L	강재 단면 전체에 걸쳐서 또는 중심부에 부식이 단시간에 진행하여 해면상으로 나타난 것
중심부 다공질	L_C	
피트(Pit)	T	부식에 의해 강재 단면 전체에 걸쳐서 또는 중심부에 육안으로 볼 수 있는 크기로 점상의 구멍이 생긴 것
중심부 피트	T_C	
기포 (Blow Hole)	B	강괴의 기포 또는 핀 홀(Pin Hole)이 완전히 압착되지 않고 중심부에 그 흔적을 남기고 있는 것
비금속 개재물 (Nonmetallic Inclusion)	N	육안으로 알 수 있는 비금속 개재물
파이프(Pipe)	P	강괴의 응고 수축에 따른 1차 또는 2차 파이프가 완전히 압축되지 않고 중심부에 그 흔적을 남긴 것
모세균열 (Hair Crack)	H	부식에 의하여 단면에 미세하게 모발상으로 나타난 흠
중심부 파열 (Center Defects)	F	부적당한 단조 또는 압연 작업으로 인하여 중심부에 파열이 생긴 것
주변 흠 (Seam Laps)	W	강재의 주변 기포에 의한 흠, 또는 압연 및 단조에 의한 흠, 그밖에 강재의 외부에 생긴 흠

26 ② 27 ① 28 ③ 정답

29 탐촉자에서 거리 또는 방향이 다른 근접한 2개의 흠집을 표시기에서 2개의 에코로 구별할 수 있는 성능은?

① 게 인
② 게이트
③ 분해능
④ 음향 렌즈

해설

초음파 탐촉자의 성능

- 감도 : 작은 결함을 어느 정도까지 찾을 수 있는지를 표시
- 분해능 : 근접한 2개의 불연속부에서 2개의 펄스를 식별할 수 있는 능력
- 주파수 : 탐촉자에 표시된 공칭 주파수와 실제 시험에 사용하는 주파수
- 불감대 : 초음파가 발생할 때 수신을 할 수 없는 현상
- 회절 : 음파가 탐촉자 중심으로 나가지 않고, 비스듬히 진행하는 것

30 금속 가공에서 냉간 가공의 특징으로 옳은 것은?

① 재결정 온도보다 높은 온도에서 가공
② 치수 정밀도가 양호
③ 표면 상태가 불량
④ 압연, 단조, 압출 가공에 사용

해설

냉간 가공과 열간 가공의 비교

냉간 가공	열간 가공
재결정 온도보다 낮은 온도에서 가공	재결정 온도보다 높은 온도에서 가공
변형 응력이 높음	변형 응력이 낮음
치수 정밀도가 양호	치수 정밀도가 불량
표면 상태가 양호	표면 상태가 불량
연강, Cu합금, 스테인리스강 등 가공에 사용	압연, 단조, 압출 가공에 사용

31 브리넬 경도 시험기의 시험편에 대한 설명으로 올바르지 않은 것은?

① 시험편의 양면은 충분히 두껍고 평행해야 한다.
② 시험편의 두께는 들어간 깊이의 10배 이상이 되어야 한다.
③ 오목부의 중심에서 시험편 가장자리까지의 거리는 1.5배 이상으로 한다.
④ 시험편의 너비는 들어간 깊이의 4배 이상이 되어야 한다.

해설

브리넬 경도 시험기의 시험편

- 시험편의 양면은 충분히 두껍고 평행하며, 시험면이 잘 연마되어 있어야 한다.
- 시험편의 두께는 들어간 깊이의 10배 이상이 되어야 하며, 너비는 들어간 깊이의 4배 이상이 되어야 한다.
- 오목부의 중심에서 시험편 가장자리까지의 거리는 2.5배 이상으로 한다.

32 어떤 사람이 경도시험 한 결과를 HB S (10/3000) 324로 표기하였다면 이 사람이 사용한 경도계와 경도값은?

① 브리넬 경도계, 750
② 비커스 경도계, 750
③ 비커스 경도계, 324
④ 브리넬 경도계, 324

해설

HB : 브리넬 경도, 10 : 강구 압입자 직경, 324 : 브리넬 경도값

33 일반 강재의 매크로 시험을 한 결과 부적당한 단조 또는 압연 작업으로 인하여 중심부에 파열이 생긴 것을 발견하였다. 이 편석의 기호로 올바른 것은?

① S_D
② W
③ F
④ T

해설

28번 해설 참조

정답 29 ③ 30 ② 31 ③ 32 ④ 33 ③

34 현미경 탐상을 통해 여러 가지 재료의 현상을 파악할 수 있다. 현미경 탐상으로 확인할 수 없는 사항은?

① 금속 조직의 구분 및 결정 입도 측정
② 비금속 개재물의 종류와 형상
③ 균열의 형상과 성장 원인 분석
④ 내부 결함의 위치 파악

해설

현미경 탐상 시 알 수 있는 사항

- 금속 조직의 구분 및 결정 입도 측정
- 주조, 열처리, 압연 등에 의한 조직의 변화 측정
- 비금속 개재물의 종류와 형상, 크기 및 편석부 측정
- 균열의 형상과 성장 원인 분석
- 파단면 관찰에 의한 파괴 양상 파악

35 탄성계수 E, 푸아송 비 v, 강성계수 G의 관계를 바르게 나타낸 것은?

① $G=\dfrac{E}{2(1+v)}$
② $G=\dfrac{2(1+v)}{E}$
③ $G=\dfrac{E}{3(1-v)}$
④ $G=\dfrac{3(1-v)}{E}$

해설

강성률(강성계수) : 전단 응력과 전단 변형률 사이의 비례상수

$G=\dfrac{E}{2(1+v)}$ (G : 강성률, v : 푸아송 비, E : 탄성률)

36 굽힘 시험할 때 시험편을 받치는 사각형으로 만들어진 양쪽 받침대의 명칭은?

① 단 주
② 보(Beam)
③ 힌지(Hinge)
④ 전위(Dislocation)

37 불꽃 시험의 종류 중 피검재의 세분을 전기로 또는 가스로 중에 뿌려서 그때 생기는 불꽃의 색, 형태, 파열음을 관찰 청취하여 강질을 검사 판정하는 시험법은?

① 그라인더 불꽃 시험법
② 매입 시험법
③ 분말 불꽃 시험법
④ 팰릿 시험법

해설

불꽃 시험 방법의 종류

- 그라인더 불꽃 시험법 : 회전 그라인더에 의하여 생기는 불꽃 형태에 의하여 피검재의 %C와 특수 원소 존재를 확인한다.
- 분말 불꽃 시험법 : 피검재의 세분을 전기로 또는 가스로 중에 뿌려서 그때 생기는 불꽃의 색, 형태, 파열음을 관찰 청취하여 강질을 검사 판정한다.
- 매입 시험 : 그라인더에서 비상하는 연삭분을 유리판 위에 매입하여 그 크기, 형상, 색상 등을 현미경으로 관찰하여 강종을 판정한다.
- 팰릿 시험 : 그라인더에 의한 연삭분 중에서 이상화한 것을 팰릿이라고 한다. 그 색, 형상은 강종에 의해서 다르며, 이것으로 판정이 가능하다.

38 비틀림 시험에 관한 설명으로 올바르지 않은 것은?

① 시험편에 비틀림 모멘트를 가하여 비틀림에 대한 재료의 강성 계수, 비틀림 강도, 비틀림 비례 한도, 비틀림 상부 및 하부 항복점 등을 구하는 시험이다.
② 비틀림 모멘트를 받는 구동축, 크랭크축 등에 시험한다.
③ 비틀림 시험편은 평행부 길이가 직경의 8~10배가 되어야 한다.
④ 일반적으로 평판 시험편이 사용된다.

해설

비틀림 시험

- 시험편에 비틀림 모멘트를 가하여 비틀림에 대한 재료의 강성 계수, 비틀림 강도, 비틀림 비례 한도, 비틀림 상부 및 하부 항복점 등을 구하는 시험
- 비틀림 모멘트를 받는 구동축, 크랭크축 등에 시험
- 일반적으로 환봉 시험편이 사용됨
- 비틀림 시험편은 평행부 길이가 직경의 8~10배

34 ④ 35 ① 36 ③ 37 ③ 38 ④ **정답**

39 다음 ( ) 안에 들어갈 시험편의 길이(mm)는?

> 샤르피 충격시험기에 사용하는 시험편은 보통 길이가 ( )mm, 높이와 너비가 10mm인 정사각형의 단면을 가지고 U자 및 V자 노치를 가지고 있어야 한다.

① 35　　② 55

③ 70　　④ 130

해설

• V노치 시험편

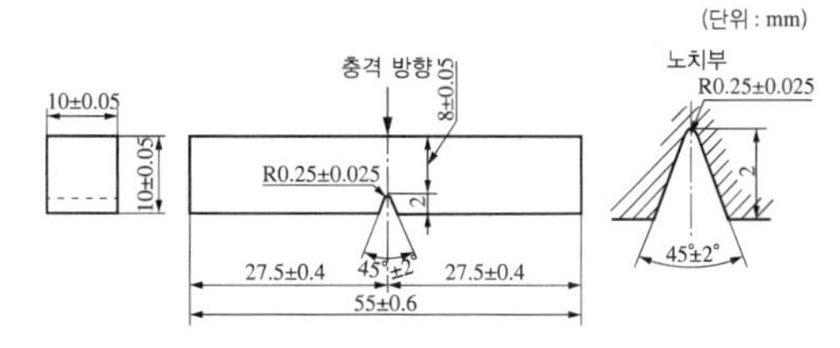

• U노치 시험편(Ⅰ)

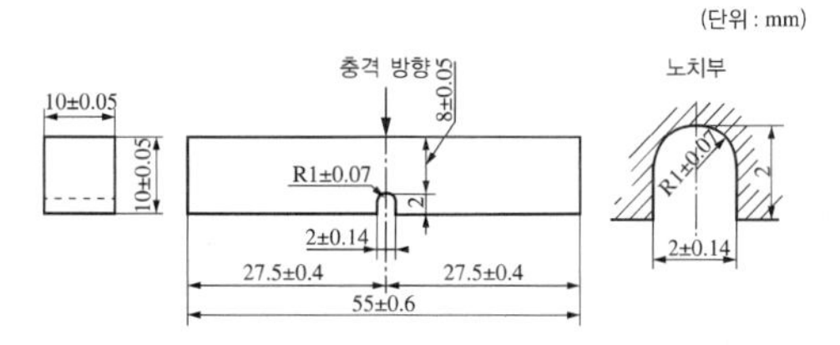

• U노치 시험편(Ⅱ)

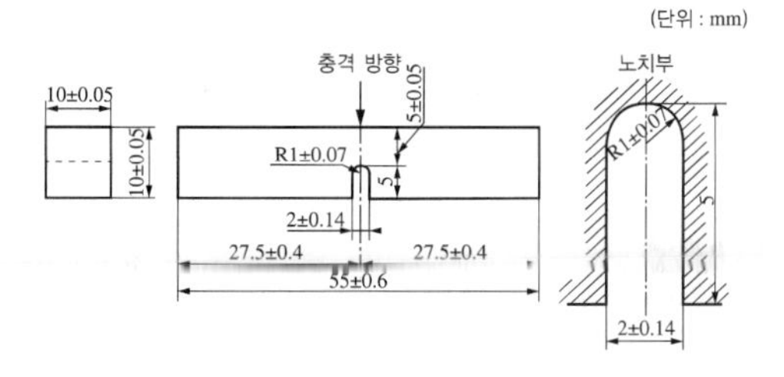

40 피검체의 내부결함은 검출할 수 없고 표면결함만을 탐상할 수 있는 비파괴시험법은?

① 침투탐상시험　　② 누설탐상검사

③ 방사선투과시험　　④ 초음파탐상시험

해설

비파괴검사의 분류

• 내부결함검사 : 방사선(RT), 초음파(UT)
• 표면결함검사 : 침투(PT), 자기(MT), 육안(VT), 와전류(ET)
• 관통결함검사 : 누설(LT)

41 침투탐상 잉여 침투액의 제거 방법에 따른 분류 중 "B"가 뜻하는 것은?

① 수세에 의한 방법

② 용제제거에 의한 방법

③ 물 베이스 유화제를 사용하는 후유화에 의한 방법

④ 기름 베이스 유화제를 사용하는 후유화에 의한 방법

해설

잉여 침투액 제거 방법에 따른 분류

구 분	방 법	기 호
방법 A	수세에 의한 방법(물로 직접 수세 가능하도록 유화제가 포함되어 있으며, 물에 잘 씻기므로 얕은 결함 검출에는 부적합함)	A
방법 B	기름베이스 유화제를 사용하는 후유화법(침투 처리 후 유화제를 적용해야 물 수세가 가능하며, 과세척을 막아 폭이 넓고 얕은 결함에 쓰임)	B
방법 C	용제 제거법(용제로만 세척하며 천이나 휴지로 세척가능하며, 야외 혹은 국부검사에 사용됨)	C
방법 D	물 베이스 유화제를 사용하는 후유화법	D

42 재해예방 4원칙에 해당되지 않는 것은?

① 예방가능의 원칙

② 손실우연의 원칙

③ 결과준수의 원칙

④ 대책선정의 원칙

해설

재해예방 4원칙

• 예방가능의 원칙 : 인재를 예방하고자 한다면 그 발생을 미연에 방지할 수 있다.
• 손실우연의 법칙 : 사고의 결과로서 일어난 재해손실은 우연성에 의해서 결정된다.
• 원인연계의 원칙 : 사고는 필연적 원인이 있어서 생기는 것이다.
• 대책선정의 원칙 : 재해예방을 위한 가능한 안전대책은 반드시 존재한다.

정답 39 ② 40 ① 41 ④ 42 ③

43 다음 중 칠 층을 증가시키는 원소가 아닌 것은 무엇인가?

① S　　② Cr
③ V　　④ C

해설
• 칠 층을 깊게 하는 원소 : S, Cr, V, Mn, Mo, W
• 칠 층을 얇게 하는 원소 : C, Si, Al, Ti, P, Co, Ni, Cu

44 생형사에 주조한 회주철을 3% 나이탈에 부식하여 200배의 현미경 배율로 점검하였을 때 기지 조직은?

① 마텐자이트
② 펄라이트
③ 오스테나이트
④ 레데부라이트

해설
펄라이트가 기지 조직이 된다.

45 알루미늄합금 중 비열처리용 합금으로 고용체 강화, 분산강화 등에 의해 재료 성질을 개선하는 열처리형 합금이 아닌 것은?

① 1000계
② 2000계
③ 3000계
④ 4000계

해설
알루미늄 합금의 분류

가공 형태	열처리 형태	합금성분별
단련용 합금(압출, 압연, 단조, 프레스 등의 가공에 사용되는 합금)	비열처리용 합금(고용체 강화, 분산강화 및 가공경화에 의해 재료 성질 개선)	순알루미늄(1000계)
		Al-Mn계(3000계)
		Al-Si계(4000계)
		Al-Mg계(5000계)
	열처리용 합금(시효경화 열처리 방법에 의해 재질강화)	Al-Cu-Mg계(2000계)
		Al-Mg-Si계(6000계)
		Al-Zn-Mg계(7000계)

46 그림과 같은 표준 시험편의 명칭은?

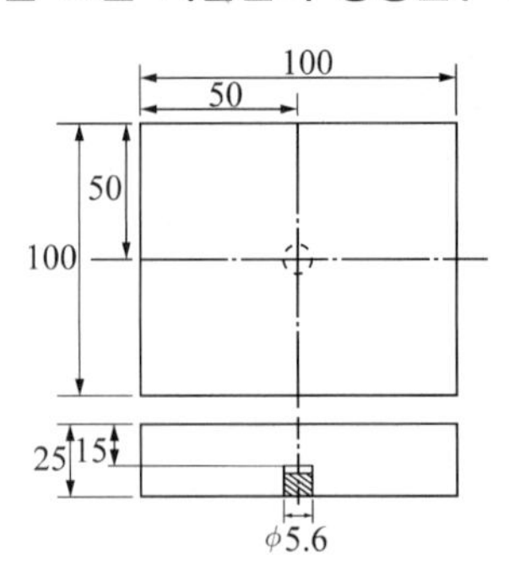

① STB-G　　② STB-A1
③ STB-A2　　④ STB-N1

해설
STB-N1 : 초음파 탐상에 사용되며, 두꺼운 판의 탐상감도 측정에 사용된다.

47 철강용 부식제로 옳은 것은?

① 왕 수
② 염화제이철 용액
③ 수산화나트륨 용액
④ 질산 알코올 용액

해설
부식액의 종류

재 료	부식액
철강 재료	나이탈, 질산 알코올 (질산 5mL + 알코올 100mL)
	피크랄, 피크린산 알코올 (피크린산 5g + 알코올 100mL)
귀금속(Ag, Pt 등)	왕수(질산 1mL + 염산 5mL + 물 6mL)
Al 및 Al 합금	수산화나트륨 (수산화나트륨 20g + 물 100mL)
	플루오린화수소산 (플루오린화수소 0.5mL + 물 99.5mL)
Cu 및 Cu 합금	염화제이철 용액 (염화제이철 5g + 염산 50mL + 물 100mL)
Ni, Sn, Pb 합금	질산 용액
Zn 합금	염산 용액

43 ④ 44 ② 45 ② 46 ④ 47 ④ 정답

48 비파괴시험에 관련된 용어 중 흠(Flaw)의 정의로 옳은 것은?

① 시험결과로 판단되는 불연속 부분
② 조직, 형상 등이 건전부와 다르게 지시되는 부분
③ 시험체의 평균적인 부분과 차이가 있다고 판단되는 부분
④ 규격, 시방서 등에 규정되어 있는 판정 기준을 넘어서는 부분

해설

흠(Flaw) : 시험결과로 판단되는 불연속 부분

49 다음 중 종파의 전달속도가 빠른 것부터 올바르게 나열한 것은?

① 구리 > 강 > 알루미늄
② 강 > 구리 > 알루미늄
③ 구리 > 알루미늄 > 강
④ 알루미늄 > 강 > 구리

해설

주요 물질에 대한 음파의 속도

물 질	종파속도(m/s)	횡파속도(m/s)
알루미늄	6,300	3,150
주강(철)	5,900	3,200
유 리	5,770	3,430
구 리	4,660	2,260
아크릴 수지	2,700	1,200
글리세린	1,920	–
물	1,490	–
기 름	1,400	–
공 기	340	–

50 누설탐상시험 중 기포누설시험의 종류가 아닌 것은?

① 침지법
② 연막탄법
③ 가압 발포액법
④ 진공 상자 발포액법

해설

기포누설시험

- 침지법 : 액체 용액에 가압된 시험품을 침적해서 기포 발생 여부를 확인하여 검출
- 가압 발포액법 : 시험체를 가압 후 표면에 발포액을 적용하여 기포 발생 여부를 확인하여 검출
- 진공 상자 발포액법 : 진공 상자를 시험체에 위치시킨 후 외부 대기압과 내부 진공의 압력차를 이용하여 검출

51 방사선투과시험에서 X-선 흡수의 메커니즘과 가장 관계가 먼 것은?

① 광전효과
② 공진투과
③ 전기쌍생성
④ 콤프턴산란

해설

방사선과 물질과의 상호작용 : X선이 물질에 조사되었을 때 흡수, 산란, 반사 등을 일으키는 작용을 물질과의 상호작용이라 하며, 주로 원자핵 주위의 전자와 작용하게 됨

- 광전효과(Photoelectric Effect) : 자유전자의 결합력보다 큰 X선의 광양자가 물질에 입사하여 자유전자와 충돌할 경우, 궤도 바깥으로 떨어져 나가며 광양자의 에너지가 원자에 흡수하는 효과
- 콤프턴산란(Compton Scattering) : X선을 물질에 입사하였을 때 최외각 전자에 의해 광양자가 산란하여 산란 후의 X선 광양자의 에너지가 감소하는 현상
- 전자쌍생성(Pair Production) : 아주 높은 에너지의 광양자가 원자핵 근처의 강한 전장(Coulomb 장)을 통과할 때 음전자와 양전자가 생성되는 현상

정답 48 ① 49 ④ 50 ② 51 ②

52 탄소강의 고온성질에서 인장강도가 최대가 되고, 연신율이 최소가 되는 대략적인 온도 구간은?

① 50~100℃ 부근 ② 200~300℃ 부근
③ 400~500℃ 부근 ④ 700~800℃ 부근

해설
탄소강은 200~300℃ 부근에서 청열 취성이 일어나 연신율이 최소가 된다.

53 X선 회절에 관한 Bragg의 법칙 $n\lambda = 2d\sin\theta$에서 d가 의미하는 것은?

① 파 장 ② 입사각
③ 반사치수 ④ 결정면 간 거리

해설
브래그 법칙(Bragg's Law) : X선이 결정격자에 입사되었을 때 최대의 반사를 얻는 조건으로 $n\lambda = 2d\sin\theta$로 나타내어지며, d는 결정의 격자 간격, θ는 입사각, n은 상수, λ는 X선의 파장을 의미한다.

54 강의 불꽃시험에서의 안전 및 유의 사항으로 틀린 것은?

① 연마 도중 시험편을 놓치지 않도록 주의한다.
② 그라인더를 사용할 때에는 보안경을 착용하여야 한다.
③ 그라인더에 스위치를 넣은 다음, 곧바로 불꽃시험을 한다.
④ 연삭숫돌을 갈아 끼울 때에는 숫돌의 이상 유무를 확인한 후 고정 설치한다.

해설
불꽃시험 시 유의사항
- 그라인더에 연마 도중 시험편을 놓치지 않는다.
- 반드시 보안경을 착용한 후 실시한다.
- 숫돌의 이상 여부를 정기적으로 점검한다.
- 불꽃시험 시 누르는 압력을 일정하게 한다.
- 그라인더를 시험 가동 후 시험을 실시한다.
- 시험 시 숫돌의 옆면에 서서 작업한다.

55 압축시험에서 탄성 측정하기 위한 중주형 시험편의 높이는 직경의 몇 배 정도가 적당한가?

① 0.9배 ② 3배
③ 10배 ④ 15배

해설
시험편의 길이에 따른 압축 구분(단면 치수에 대한 길이의 비)
- 단주 시험편 : $h = 0.9d$(베어링 합금, 압축강도 측정)
- 중주 시험편 : $h = 3d$(일반 금속 재료, 항압력 측정)
- 장주 시험편 : $h = 10d$(탄성 계수 측정)

56 강의 페라이트 및 오스테나이트 결정입도 시험법에서 교차점의 수를 세는 방법에 대한 설명으로 틀린 것은?

① 측정선이 결정립계에 접할 때는 하나의 교차점으로 계산한다.
② 측정선의 끝이 정확하게 하나의 결정립계에 닿을 때는 교차점 수를 1/2로 계산한다.
③ 교차점이 우연히 삼중점(3개의 결정립이 만나는 곳)에 일치할 때는 3개 교차점으로 계산한다.
④ 불규칙한 형상을 갖는 경우, 측정선이 두 개의 다른 지점에서 같은 결정립을 양분할 때는 두 개의 교차점으로 계산한다.

해설
교차점의 수를 세는 방법(KS D 0205, 강의 페라이트 및 오스테나이트 결정입도 시험법)
- 측정선의 끝이 정확하게 하나의 결정립계에 닿을 때는 교차점 수는 1/2로 계산한다.
- 측정선이 결정립계에 접할 때는 하나의 교차점으로 계산한다.
- 교차점이 우연히 삼중점(3개의 결정립이 만나는 곳)에 일치할 때는 1.5개의 교차점으로 계산한다.
- 불규칙한 형상을 갖는 결정립의 경우, 측정선이 두 개의 다른 지점에서 같은 결정립을 양분할 때는 두 개의 교차점으로 계산한다.

정답 52 ② 53 ④ 54 ③ 55 ② 56 ③

57 **방사선투과시험 시 방사선에 의한 해를 입지 않도록 시험실 주변의 방사선량을 수시로 측정할 때 쓰이는 것은?**

① 계조계
② 서베이미터
③ 투과도계
④ 태코미터

해설
공간 모니터링-서베이미터
공간 방사선량률(단위시간당 조사선량)을 측정하는 기기로, 방사선을 검출하기 위해 가스를 채워 넣은 원통형의 튜브를 사용한다. 가스충전식 튜브에는 전리함과 GM관이 있다.

58 **알루미늄의 방식법으로 산화물 피막을 형성시키기 위해 사용하는 방법이 아닌 것은?**

① 수산법
② 황산법
③ 크롬산법
④ 나이탈법

해설
알루미늄의 성질
- 비중 2.7, 용융점 660℃, 내식성 우수, 산, 알칼리에 약함
- 대기 중 표면에 산화알루미늄(Al_2O_3)을 형성하여 얇은 피막으로 인해 내식성이 우수
- 산화물 피막을 형성시키기 위해 수산법, 황산법, 크롬산법을 이용함

59 **강의 담금질성을 판단하는 방법 중 가장 일반화되어 있는 방법은?**

① 조직시험
② 인장시험
③ 에릭센시험
④ 조미니시험

해설
조미니시험법은 강의 담금질성을 측정하는 시험법이다.

60 **재료 표면의 산화와 탈탄을 방지하고 결정입자 조대화를 적게 하는 경화법은?**

① 고주파경화법
② 불꽃경화법
③ 쇼트피닝
④ 하드페이싱

해설
- 고주파경화법 : 고주파 전류에 의하여 발생한 전자 유도 전류가 피가열체의 표면층만을 급속히 가열한 후 물을 분사하여 급랭시킴으로써 표면층을 경화시키는 열처리
- 경화층이 깊을 경우 저주파, 경화층이 얇은 경우 고주파를 걸어서 열처리

정답 57 ② 58 ④ 59 ④ 60 ①

2018년 제1회 과년도 기출복원문제

01 Cu에 5~20% 정도의 Zn을 함유한 황동으로 강도는 낮으나 전연성이 좋고 색깔이 금과 비슷하여 모조금 등으로 사용되는 합금은?

① 톰백(Tombac)
② 문쯔메탈(Muntz Metal)
③ 네이벌 황동(Naval Brass)
④ 알루미늄 황동(Aluminum Brass)

해설
황동의 종류 : 7 : 3황동(70%Cu~30%Zn), 6 : 4황동(60%Cu~40%Zn), 톰백(5~20%Zn 함유, 모조금)

02 과공석강의 담금질 온도를 A_{cm} 이하로 하는 이유로 맞는 것은?

① 담금질 균열을 방지하기 위해
② 뜨임 균열을 방지하기 위해
③ 담금질 경도를 낮게 하기 위해
④ 담금질 경도를 높게 하기 위해

해설
과공석강에서는 A_{cm}선 이상에서 담금질하면 담금질 균열을 일으키기 때문에 A_{cm} 이하에서 한다.

03 6 : 4 황동에 1~2% Fe을 첨가한 것으로 강도가 크고 내식성이 좋아 광산기계, 선박용 기계, 화학기계 등에 널리 사용되는 것은?

① 포 금
② 문쯔메탈
③ 규소황동
④ 델타메탈

해설
델타메탈 : 6:4황동에 Fe 1~2% 첨가한 강. 강도, 내산성 우수, 선박, 화학기계에 사용

04 피검재의 세분을 전기로 또는 가스로 중에 뿌려 그때 생기는 불꽃의 색·형태·파열음을 관찰·청취하여 강질을 검사 판정하는 불꽃 시험법은?

① 그라인더 불꽃시험법
② 분말 불꽃시험법
③ 매입시험
④ 팰릿 시험

05 Al에 Si 고용될 수 있는 한계는 공정 온도 577℃에서 약 1.65%이며, 기계적 성질 및 유동성이 우수하며, 얇고 복잡한 모래형 주물에 많이 사용되는 알루미늄 합금은?

① 마그날륨
② 모넬메탈
③ 실루민
④ 델타메탈

해설
Al-Si은 실루민이며 개량화 처리 원소는 Na으로 기계적 성질이 우수해진다.

06 황동에서 탈아연 부식이란?

① 황동제품이 공기 중에 부식되는 현상
② 황동 중에 탄소가 용해되는 현상
③ 황동이 수용액 중에서 아연이 용해하는 현상
④ 황동 중의 구리가 염분에 녹는 현상

해설
탈아연 부식(Dezincification) : 황동의 표면 또는 내부까지 불순한 물질이 녹아 있는 수용액의 작용으로 탈아연되는 현상으로 6 : 4황동에 많이 사용된다. 방지법으로는 Zn이 30% 이하인 α황동을 쓰거나 As, Sb, Sn 등을 첨가한 황동을 사용한다.

1 ① 2 ① 3 ④ 4 ② 5 ③ 6 ③ 정답

07 마그네슘 및 마그네슘 합금의 성질에 대한 설명으로 옳은 것은?

① Mg의 열전도율은 Cu와 Al보다 높다.
② Mg의 전기전도율은 Cu와 Al보다 높다.
③ Mg합금보다 Al합금의 비강도가 우수하다.
④ Mg은 알칼리에 잘 견디나, 산이나 염수에는 침식된다.

해설

마그네슘의 성질
- 비중 1.74, 용융점 650℃, 조밀육방격자형
- 전기 전도율은 Cu, Al보다 낮다.
- 알칼리에는 내식성이 우수하나 산이나 염수에 침식이 진행
- O_2에 대한 친화력이 커 공기 중 가열, 용해 시 폭발

08 불꽃 시험에서 탄소 파열을 저지하는 원소로 맞는 것은?

① Mn ② Si
③ Cr ④ V

해설
- 탄소 파열 조장 원소 : Mn, Cr, V
- 탄소 파열 저지 원소 : W, Si, Ni, Mo

09 비교법으로 표면 검사한 결과를 보고서에 작성할 때 알맞은 기호는?

① FGI – P ② FGI – V
③ FGC – S ④ FGC – V

해설

비교법(ASTM 결정립 측정법, FCG) : 부식면에 나타난 입도를 현미경으로 측정하여 표준도와 비교하여 그에 해당하는 입도번호를 판정

10 결정(M_1) → 결정(M_2) + 결정(M_3)과 같은 반응을 하며, 정해진 온도에서 3상이 평형을 이루는 상태도는?

① 편정 반응 ② 금속 간 화합물형
③ 포석 반응 ④ 공정 반응

해설

불변반응
- 공석 반응 : 일정한 온도의 한 고용체에서 두 종류의 고체가 동시에 석출하여 나오는 반응($\gamma \rightarrow \alpha + \beta$)
- 공정 반응 : 일정한 온도의 액체에서 두 종류의 고체가 동시에 정출하여 나오는 반응($L \rightarrow \alpha + \beta$)
- 포정 반응 : 일정한 온도에서 한 고용체와 용액의 혼합체가 전혀 다른 고체가 형성되는 반응($\alpha + L \rightarrow \beta$)
- 편정 반응 : 하나의 액체에서 다른 액상 및 고용체가 동시에 형성되는 반응($L_1 \rightarrow L_2 + \alpha$)
- 포석 반응 : 서로 다른 조성의 두 고체가 전혀 다른 하나의 고체로 형성되는 반응($\alpha + \beta \rightarrow \gamma$)

11 다음 중 소결 탄화물 공구강이 아닌 것은?

① 듀콜(Ducole)강
② 미디아(Midia)
③ 카볼로이(Carboloy)
④ 텅갈로이(Tungalloy)

해설
- 구조용 특수강 : Ni강, Ni–Cr강, Ni–Cr–Mo강, Mn강(듀콜강, 하드필드강)
- 소결 탄화물 : 금속 탄화물을 코발트 결합제로 소결하는 합금. 비디아, 미디아, 카볼로이, 텅갈로이 등

12 Ni에 약 50~60%의 Cu를 첨가하여 표준 저항선이나 열전쌍용선으로 사용되는 합금은?

① 엘린바 ② 모넬메탈
③ 콘스탄탄 ④ 플라티나이트

해설

Ni–Cu합금
양백(Ni–Zn–Cu)–장식품, 계측기, 콘스탄탄(40%Ni–55~60%Cu)–열전쌍, 모넬메탈(60%Ni)–내식・내열용

정답 7 ④ 8 ② 9 ③ 10 ③ 11 ① 12 ③

13 백금(Pt)의 결정격자는?

① 정방격자
② 면심입방격자
③ 조밀육방격자
④ 체심입방격자

해설
면심입방격자(Face Centered Cubic) : Ag, Al, Au, Ca, Ir, Ni, Pb, Ce, Pt
• 배위수 : 12, 원자 충진율 : 74%, 단위 격자 속 원자수 : 4
• 전기 전도도가 크며 전연성이 크다.

14 현미경 조직 시험의 부식액 중 염화제이철 용액은 어느 금속을 시험할 때 사용하는가?

① 알루미늄 ② 철 강
③ 구 리 ④ 금

해설
부식액의 종류

재 료	부 식 액
철강 재료	나이탈, 질산알코올 (질산 5mL + 알코올 100mL)
	피크랄, 피크린산 알코올 (피크린산 5g + 알코올 100mL)
귀금속 (Ag, Pt 등)	왕수(질산 1mL + 염산 5mL + 물 6mL)
Al 및 Al 합금	수산화나트륨(수산화나트륨 20g + 물 100mL)
	플루오린화수소산 (플루오린화수소 0.5mL + 물 99.5mL)
Cu 및 Cu 합금	염화제이철 용액 (염화제이철 5g + 염산 50mL + 물 100mL)
Ni, Sn, Pb 합금	질산 용액
Zn 합금	염산 용액

15 원표점거리가 50mm이고, 시험편이 파괴되기 직전의 표점거리가 60mm일 때 연신율(%)은?

① 5 ② 10
③ 15 ④ 20

해설
연신율 : 시험편이 파괴되기 직전의 표점거리(l_1)와 원표점 길이(l_0)와의 차

• $\delta = \frac{\text{변형 후 길이} - \text{변형 전 길이}}{\text{변형 전 길이}} \times 100\%$

$= \frac{l_1 - l_0}{l_0} \times 100\% = \frac{60-50}{50} \times 100\% = 20$

16 제1각법과 제3각법의 도면의 위치가 일치하는 것은?

① 평면도, 배면도
② 정면도, 평면도
③ 정면도, 배면도
④ 배면도, 저면도

해설
제1각법과 제3각법에서 정면도와 배면도를 일치하며, 나머지 면도는 반대방향으로 나열되어 있다.

17 단면도의 해칭선은 어떤 선을 사용하여 긋는가?

① 파 선
② 굵은 실선
③ 일점 쇄선
④ 가는 실선

해설
해칭선은 가는 실선으로 도시하고 이외에 가는 실선은 치수선, 치수 보조선, 중심선, 지시선, 수준면선, 회전단면선 등에 사용된다.

13 ② 14 ③ 15 ④ 16 ① 17 ④ 정답

18 가공방법의 기호 중 연삭가공의 기호로 옳은 것은?

① G　　② M
③ L　　④ F

해설

가공 방법의 기호

가공방법	약 호	
	기 호	의 미
선반가공	L	선 삭
드릴가공	D	드릴링
보링머신가공	B	보 링
밀링가공	M	밀 링
평삭(플레이닝)가공	P	평 삭
형삭(셰이핑)가공	SH	형 삭
브로칭가공	BR	브로칭
리머가공	FR	리 밍
연삭가공	G	연 삭
벨트연삭가공	GBL	벨트연삭
호닝가공	GH	호 닝
액체호닝가공	SPLH	액체호닝
배럴연마가공	SPBR	배럴연마
버프 다듬질	SPBF	버 핑
블라스트다듬질	SB	블라스팅
랩 다듬질	GL	래 핑
줄 다듬질	FF	줄 다듬질
스크레이퍼다듬질	FS	스크레이핑
페이퍼다듬질	FCA	페이퍼다듬질
정밀주조	CP	정밀주조

19 다음 그림에서 치수는 무엇을 나타낸 것인가?

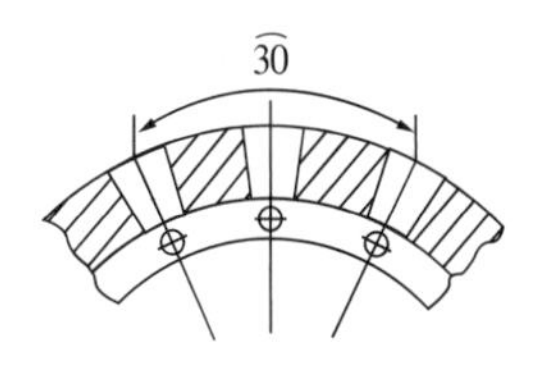

① 현　　② 호
③ 곡 선　　④ 반지름

해설

변의 길이 치수	현의 길이 치수	호의 길이 치수	각도 치수

20 $\varnothing 40^{+0.025}_{+0}$의 설명으로 틀린 것은?

① 치수공차 : 0.025
② 아래 치수허용차 : 0
③ 최소 허용치수 : 39.975
④ 최대 허용치수 : 40.025

해설

최소 허용치수는 40이다.

21 한국산업표준(KS)에서 재료기호 "SF 340 A"이 의미하는 것은?

① 내열강 주강품
② 고망간강 단강품
③ 탄소강 단강품
④ 압력 용기용 스테인리스 단강품

해설

예시

GC100 : 회주철, SS400 : 일반구조용 압연강재, SF340 : 탄소 단강품, SC360 : 탄소 주강품, SM45C : 기계구조용 탄소강, STC3 : 탄소공구강

22 한국산업표준(KS)에서 규정하는 표면거칠기의 기호가 아닌 것은?

① R_a　　② R_y
③ R_t　　④ R_z

해설
R_a : 중심선 평균거칠기, R_y : 최대높이거칠기, R_z : 10점 평균거칠기

23 다음 중 "C" 와 "SR"에 해당되는 치수 보조 기호의 설명으로 옳은 것은?

① C는 원호이며, SR은 구의 지름이다.
② C는 45° 모따기이며, SR은 구의 반지름이다.
③ C는 판의 두께이며, SR은 구의 반지름이다.
④ C는 구의 반지름이며, SR은 구의 지름이다.

해설
C는 45° 모따기이며, SR은 구의 반지름이다.

24 다음 중 가는 실선으로 사용되는 용도가 아닌 것은?

① 치수를 기입하기 위하여 사용하는 선
② 치수를 기입하기 위하여 도형에서 인출하는 선
③ 지시, 기호 등을 나타내기 위하여 사용하는 선
④ 형상의 부분 생략, 부분 단면의 경계를 나타내는 선

해설
가는 실선 용도 : 치수선, 치수보조선, 회전단면선, 지시선, 중심선, 수준면선

25 다음 중 국제표준화기구 규격은?

① NF　　② ASA
③ ISO　　④ DIN

해설
ISO(International Organization for Standardization) : 국제표준화기구의 약자로 국제표준규격을 의미함

26 한 쌍의 기어가 맞물려 회전하기 위한 조건으로 어떤 값이 같아야 하는가?

① 모 듈　　② 이끝 높이
③ 이끝원 지름　　④ 피치원의 지름

해설
한 쌍의 기어가 맞물려 돌아가기 위해선 반드시 모듈값이 같아야 한다.

27 제품의 사용목적에 따라 실용상 허용할 수 있는 범위의 차는?

① 공 차　　② 틈 새
③ 데이텀　　④ 끼워맞춤

해설
치수공차
최대허용치수와 최소허용치수와의 차, 위 치수허용차와 아래 치수허용차와의 차

22 ③　23 ②　24 ④　25 ③　26 ①　27 ①　**정답**

28 쇼어 경도계의 형식에 해당되지 않는 것은?

① A Type
② C Type
③ D Type
④ SS Type

해설
쇼어 경도기의 종류는 C형, SS형, D형이 있으며 목측형 C형과 지시형 D형이 자주 사용된다.

29 인장시험 및 압축시험에 의해 재료에 순수인장 또는 압축으로 생긴 길이 방향의 단위 스트레인으로 옆쪽 스트레인을 나눈 값은?

① 연신율(Elongation)
② 푸아송의 비(Poisson's Ratio)
③ 영률(Young's Modulus)
④ 단면수축률(Reduction Of Area)

해설
푸아송비(Poisson's Ratio) : 탄성한계 내에서 횡변형(가로변형)과 종변형(세로변형)은 그 재료에 대하여 항상 일정한 값을 갖는 현상이다.

30 로크웰 경도 시험기의 눈금판에는 흑색으로 0~100까지의 눈금이 있고, 적색으로 30~130까지의 눈금이 있다. 흑색의 눈금을 읽어야 하는 스케일은?

① B 스케일 ② C 스케일
③ F 스케일 ④ G 스케일

해설
- 경도 지시계의 눈금에서 흑색은 HRC이며, 적색은 HRB이다.
- 경도 지시계에서 C-Scale은 0~100까지, B-Scale은 30~130까지 눈금이 있다.
- HRC와 HRB의 비교

스케일	HRB	HRC
누르개	강구 또는 초경합금, 지름 1.588mm	원추각 120°의 다이아몬드
기준하중(kg)	10	
시험하중(kg)	100	150
경도를 구하는 식	HRB=130−500h	HRC=100−500h
적용 경도	0~100	0~70

31 브리넬 경도기의 원리를 이용하였으나 압입 자국 표면적 대신 투영면적으로 하중을 나눈 값을 경도로 측정하는 경도 시험법은?

① 모스 경도 시험법
② 마이어 경도 시험법
③ 마텐스 경도 시험법
④ 줄 경도 시험법

해설
- 마이어 경도 시험 : 꼭지각 90°인 다이아몬드 원추로 시편을 긁어 평균 압력을 이용하여 측정
- 모스 경도 시험 : 시편과 표준 광물을 서로 긁어 표준 광물의 경도수에서 추정
- 마텐스 경도 시험 : 꼭지각 90°인 다이아몬드 원추로 시편을 긁어 0.1mm의 홈을 내는 데 필요한 하중의 무게를 그램(g)으로 표시하는 측정법
- 줄 경도 시험 : 줄로 시편과 표준 시편을 긁어 표준 시편의 경도값의 사이값을 비교하는 측정법

정답 28 ① 29 ② 30 ② 31 ②

32 재료시험 시 미세한 표면 흠을 제거하고, 매끄러운 광택면을 얻기 위해 회전식 연마기를 사용하여 특수 연마포에 연마제를 뿌리며 연마하는 작업은?

① 수동 연마 ② 전해 연마
③ 기계적 연마 ④ 광택 연마(폴리싱)

해설

연마의 종류

- 거친 연마 : 사포 또는 벨트그라인더로 연마하며, 연마 도중에 가열 또는 가공에 의해 변질되지 않도록 한다.
- 중간 연마 : 강화 유리 또는 평평한 판 위에 사포를 놓고 연마하거나 원판을 회전시키면서 연마한다.
- 광택 연마(폴리싱) : 최종 연마로 미세한 표면 흠을 제거하고, 매끄러운 광택면을 얻기 위해 회전식 연마기를 사용하여 특수 연마포에 연마제(Al_2O_3, Cr_2O_3, 다이아몬드 페이스트 등)를 뿌리며 연마한다.
- 전해 연마 : 연마하여야 할 금속을 양극으로 하고, 불용성 금속을 음극으로 하여 전해액 안에서 연마하는 작업

33 굽힘 시험에서 시험편에 대한 설명으로 옳은 것은?

① 제품의 너비가 20mm 이하일 때 제품의 너비와 같아야 한다.
② 원형, 정사각형, 직사각형, 다각형 등의 단면을 갖지 않는 시험편을 사용한다.
③ 판, 띠 및 단면으로부터 만든 시험편의 두께는 시험할 제품의 두께와의 차가 2배 이상이어야 한다.
④ 시험편을 채취할 때 전단, 화염 절단 등의 가공 작업에 의해 영향을 받은 부분만 사용하여야 한다.

해설

굽힘 시험 통칙(KS B 0804)

- 원형, 정사각형, 직사각형, 다각형 등의 단면을 가진 시험편을 사용하여야 한다.
- 직사각형 시험편의 모서리 부분은 반지름이 시험편 두께의 1/10을 넘지 않도록 라운딩해야 한다.
- 제품의 너비가 20mm 이하일 때는 제품의 너비와 같아야 한다.
- 제품의 너비가 20mm 초과일 때는 제품 두께 3mm 미만일 경우 20±5mm, 제품 두께 3mm 이상일 경우 20~50mm로 한다.
- 판, 띠 및 단면으로부터 만든 시험편의 두께는 시험할 제품의 두께와 같아야 한다.
- 굽힘을 할 때는 가공하지 않은 면이 인장응력을 받는 면이 되어야 한다.

34 3점 굽힘 시험할 때의 받침부 사이의 거리와 시험편 두께와의 관계식으로 옳게 나타낸 것은?(단, L = 2개 받침 사이의 거리, r = 누르개 안쪽 반지름, t = 시험편 두께 · 지름 · 변 또는 맞변 거리이다)

① $L = r + t$ ② $L = 2r + 3t$
③ $L = 3r + t$ ④ $L = 4r + 3t$

해설

3점 굽힘 시험 시 받침부 사이의 거리와 시험편 두께와의 관계식은 $L = 2r + 3t$가 된다.

35 스테인리스강의 조직학상 분류로 틀린 것은?

① 페라이트계 ② 마텐자이트계
③ 오스테나이트계 ④ 트루스타이트계

해설

스테인리스강의 조직학상 분류

- Ferrite 스테인리스강 : 13%의 Cr이 첨가되어 내식성을 증가시키나 질산에는 침식이 안 되나 다른 산류에서는 침식이 발생한다.
- Martensite계 스테인리스강 : 12~14%의 Cr이 첨가되어 탄화물의 영향으로 담금질성은 좋으나, 풀림 처리에도 냉간 가공성이 나쁘다.
- Austenite계 스테인리스강 : 18%Cr-8%Ni이 대표적인 강으로, 비자성체이며 산과 알칼리에 강하다.

36 저용융점 합금의 용융 온도는 약 몇 ℃ 이하인가?

① 250℃ 이하 ② 450℃ 이하
③ 550℃ 이하 ④ 650℃ 이하

해설

저용융점 합금 : 250℃ 이하에서 용융점을 가지는 합금

32 ④ 33 ① 34 ② 35 ④ 36 ① 정답

37 왕복운동을 하는 동작 부분과 움직임이 없는 고정 부분 사이에 형성되는 위험점은?

① 끼임점
② 물림점
③ 협착점
④ 절단점

해설
- 협착점 : 왕복운동 부분과 고정 부분 사이에 형성되는 위협점, 프레스 기기
- 물림점 : 회전하는 두 회전체에 의해 형성되는 위협점, 롤러, 압연기
- 절단점 : 회전하는 운동 부분의 자체에서 초래되는 위험점
- 끼임점 : 회전하는 부분과 움직임이 없는 고정 부분 사이에 형성되는 위험점

38 철강 재료 자분 탐상 시험할 때 그림과 같이 시험체 또는 시험할 부위를 전자석 또는 영구자석의 사이에 놓아 자화시키는 방법은?

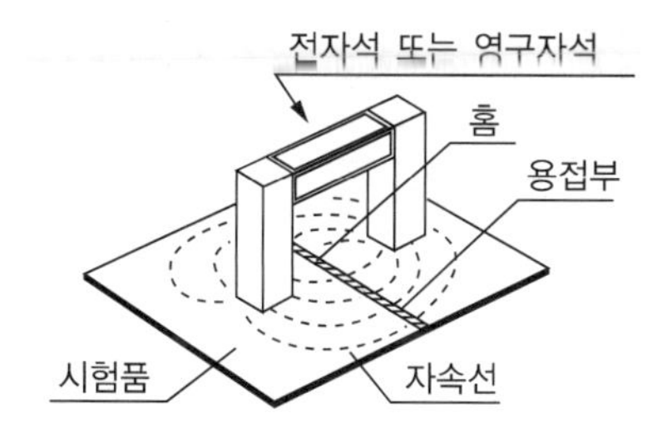

① 프로드법
② 자속 관통법
③ 극간법
④ 직각 통전법

해설
극간법 : 전자석 또는 영구자석을 사용하여 선형 자화를 형성하며, 기호는 M을 사용한다.

39 브리넬 경도 시험에서 시험 하중 유지 시간은 몇 초이며, 측정 자국 상호간 중심 거리는 압입 자국 지름의 최소 몇 배 이상으로 하여야 하는가?

① 1~5초, 2배
② 6~10초, 2배
③ 10~15초, 4배
④ 20~25초, 8배

해설
브리넬 경도 시험 시험편
- 시험편의 양면은 충분히 두껍고 평행하며, 시험면이 잘 연마되어 있어야 한다.
- 시험편의 두께는 들어간 깊이의 10배 이상이 되어야 하며, 너비는 들어간 깊이의 4배 이상되어야 한다.
- 오목부의 중심에서 시험편 가장자리까지 거리는 2.5배 이상으로 한다.
- 유지 시간은 10~15초로 유지하되, 각 시험마다 일정한 시간으로 시험하여야 오차가 작다.

40 시험편을 편광으로 검경하면 부식을 하지 않아도 결정 입자나 상을 식별할 수 있는 광학적으로 이방성을 가진 금속은?

① 니켈(Ni)
② 알루미늄(Al)
③ 아연(Zn)
④ 구리(Cu)

해설
아연은 결정 입자나 상을 식별할 수 있는 광학적 이방성을 가진 금속이다.

41 베이나이트 조직은 주로 강의 어떤 열처리에 의해 얻어지는가?

① 풀림 처리
② 담금질 처리
③ 항온변태 처리
④ 뜨임 처리

해설
항온변태 : 강을 오스테나이트 상태로부터 항온 분위기(염욕) 속에 넣고 일정온도로 유지시키면 변태가 일어난다. 일정온도에서 유지하는 동안 변태가 이루어져 항온변태라고 한다.

정답 37 ③ 38 ③ 39 ③ 40 ③ 41 ③

42 금속재료 매크로 시험 결과 기공(기포)이 나타났다. 이때 보고서에 써넣어야 할 기호로 옳은 것은?

① D ② L

③ B ④ S_c

해설

매크로 분류상 기포

분 류	기 호	비 고
기포(Blow Hole)	B	강괴의 기포 또는 핀 홀(Pin Hole)이 완전히 압착되지 않고 중심부에 그 흔적을 남기고 있는 것

43 조직량 측정 시험에 관한 설명 중 틀린 것은?

① 면적 측정법을 점산법이라 한다.

② 관찰되는 전체 상 중에서 한 종류의 상량을 측정하는 것이다.

③ 직선의 측정법은 사진 위에 임의의 선을 그린 후 한 개의 상에 의해 절단된 총길이를 측정한다.

④ 점의 측정법은 측정하고자 하는 상이 점유하는 면적 내에 있는 망 교차점을 측정한다.

해설

조직량 측정법 : 관찰되는 전체 상 중 한 종류의 상량을 측정하는 것

- 면적 분율법(중량법) : 연마된 면 중 특정상의 면적을 개별적으로 측정하는 방법, 플래니미터와 천칭을 사용하여 질량을 정량하는 방법
- 직선법 : 조직 사진 위에 직선을 긋고, 측정하고자 하는 상과 교차하는 길이를 측정한 값의 직선의 전체 길이로 나눈 값으로 표시
- 점산법 : 투명한 망 종이를 조직 사진 위에 겹쳐 놓고 측정하고자 하는 상이 가지는 면적의 교차점을 측정한 총수를 망의 전체 교차점의 수로 나눈 값으로 표시

44 응력-변형률 선도에서 항복점이 가장 잘 나타나는 재료는?

① 황 동 ② 주 철

③ 연 강 ④ 경 강

해설

응력-변형률 선도에서 연강이 항복점이 가장 잘 나타나는 재료이며, 항복점이 나타나지 않는 경우에는 내력을 사용하여 항복점을 추론한다.

45 비틀림 시험에서 전단응력과 전단변형의 관계를 구하려고 할 때 중공 시험편 표점거리 L과 외경 D 사이의 관계식으로 옳은 것은?(단, t는 중공부의 살 두께이다)

① $L=10D,\ t \fallingdotseq \left(\frac{1}{4}\sim\frac{1}{5}\right)D$

② $L=10D,\ t \fallingdotseq \left(\frac{1}{8}\sim\frac{1}{10}\right)D$

③ $L=15D,\ t \fallingdotseq \left(\frac{1}{4}\sim\frac{1}{5}\right)D$

④ $L=15D,\ t \fallingdotseq \left(\frac{1}{8}\sim\frac{1}{10}\right)D$

해설

- 비틀림 시험에서 중공 시험편 표점거리 L과 외경 D 사이의 관계식은 $L=10D$, $t \fallingdotseq (1/8\sim1/10)D$의 관계를 가진다.
- 일반적으로 환봉 시험편이 사용된다.

46 다음 중 안전 · 보건표지의 색채가 파랑일 때의 용도는?

① 안 내 ② 금 지

③ 경 고 ④ 지 시

해설

빨강 : 금지, 파랑 : 지시, 노랑 : 주의, 녹색 : 안전

42 ③ 43 ① 44 ③ 45 ② 46 ④ 정답

47 순철에 0.2%C, 0.4%C, 0.8%C처럼 탄소 함량을 증가시키면 항복강도가 높아지는 조직학적 이유는?

① 흑연량이 적어지기 때문
② 페라이트량이 많아지기 때문
③ 펄라이트량이 적어지기 때문
④ 시멘타이트량이 많아지기 때문

해설
탄소량이 증가할수록 시멘타이트량이 많아지므로 강도와 경도가 높아진다.

48 전단응력(τ)과 전단 변형률(γ)은 탄성한계 내에서 비례하여 $\frac{\tau}{\gamma}= G$가 된다. 이때 G가 의미하는 것은?

① 항복강도　② 탄성계수
③ 강성계수　④ 푸아송 비

해설
전단응력이 작용할 때 변형되는 힘에 대한 재료의 강도 저항으로 횡 탄성계수 또는 전단 탄성계수 G라 하며, $G=\frac{E}{2(1+V)}$로 계산한다(G : 강성률, V : 푸아송 비, E : 탄성률).

49 펄스 반사법으로 초음파 탐상 시험을 할 때, 흠집 에코를 나타내는 기호는?

① T　② F
③ B　④ S

해설
탐상 도형을 표시함에 있어 T : 송신 펄스, F : 흠집 에코, B : 바닥면 에코(단면 에코), S : 표면 에코(수침법), W : 측면 에코를 나타낸다.

50 굽힘 시험에서 시험편에 대한 설명으로 옳은 것은?

① 제품의 너비가 20mm 이하일 때는 제품의 너비와 같아야 한다.
② 원형, 정사각형, 직사각형, 다각형 등의 단면을 갖지 않는 시험편을 사용한다.
③ 판, 띠 및 단면으로부터 만든 시험편의 두께는 시험할 제품의 두께와의 차가 2배 이상이어야 한다.
④ 시험편을 채취할 때 전단, 화염 절단 등의 가공 작업에 의해 영향을 받은 부분만을 사용하여야 한다.

해설
KS B 0804에 규정되어 있으며, 시험편은 다음과 같이 한다.
- 원형, 정사각형, 직사각형, 다각형 등의 단면을 가진 시험편을 사용하여야 한다.
- 직사각형 시험편의 모서리 부분은 반지름이 시험편 두께의 1/10을 넘지 않도록 라운딩해야 한다.
- 제품의 너비가 20mm 이하일 때는 제품의 너비와 같아야 한다.
- 제품의 너비가 20mm 초과일 때는 제품 두께 3mm 미만일 경우 20±5mm, 제품 두께 3mm 이상일 경우 20~50mm로 한다.
- 판, 띠 및 단면으로부터 만든 시험편의 두께는 시험할 제품의 두께와 같아야 한다.
- 굽힘을 할 때는 가공하지 않은 면이 인장 응력을 받는 면이 되어야 한다.

51 금속의 결정 내에서 원자가 이동하는 확산 현상을 이용한 표면경화법은?

① 질화법　② 쇼트피닝
③ 불꽃경화법　④ 고주파 경화법

해설
질화법 : 500~600℃의 변태점 이하에서 암모니아 가스를 주로 사용하여 질소를 확산 침투시켜 표면층 경화시킴을 목적으로 한다.

정답 47 ④ 48 ③ 49 ② 50 ① 51 ①

52 압축시험에 관한 설명 중 틀린 것은?

① 항압력을 시험하는 것이다.
② 인장시험과 같은 방향으로 하중이 작용한다.
③ 압축에 의한 비례한도, 항복점, 탄성계수를 구한다.
④ 압축강도는 취성이 있는 재료를 시험할 때 잘 나타난다.

해설
압축시험은 인장시험과 반대 방향으로 하중을 작용시킨다.

53 강의 페라이트 및 오스테나이트 결정입도 시험법에서 교차점의 수를 세는 방법에 대한 설명으로 틀린 것은?

① 측정선 결정립계에 접할 때 하나의 교차점으로 계산한다.
② 측정선의 끝이 정확하게 하나의 결정립계에 닿을 때 교차점 수는 1/2로 계산한다.
③ 교차점 우연히 삼중점(3개의 결정립이 만나는 곳)에 일치할 때는 3개 교차점으로 계산한다.
④ 불규칙한 형상을 갖는 경우, 측정선이 두 개의 다른 지점에서 같은 결정립을 양분할 때는 두 개의 다른 지점에서 같은 결정립 양분할 때는 두 개의 교차점으로 계산한다.

해설
교차점의 수를 세는 방법(KS D 0205, 강의 페라이트 및 오스테나이트 결정입도 시험법)
- 측정선의 끝이 정확하게 하나의 결정립계에 닿을 때는 교차점 수는 1/2로 계산한다.
- 측정선이 결정립계에 접할 때는 하나의 교차점으로 계산한다.
- 교차점이 우연히 삼중점(3개의 결정립이 만나는 곳)에 일치할 때는 1.5개의 교차점으로 계산한다.
- 불규칙한 형상을 갖는 결정립의 경우, 측정선이 두 개의 다른 지점에서 같은 결정립을 양분할 때는 두 개의 교차점으로 계산한다.

54 비파괴 검사법 중 암모니아, 할로겐, 헬륨 등의 기체를 이용하는 검사법은?

① 누설 검사법 ② 음향 방출법
③ 침투 탐상법 ④ 육안 검사법

해설
누설 탐상 원리 : 관통된 결함을 검사하는 방법으로 기체나 액체와 같은 유체의 흐름을 감지해 누설 부위를 탐지하는 것으로 추적가스, 기포 누설 시험, 할로겐 누설 시험 등이 있다.

55 탄소강에서 질량효과(Mass Effect)에 가장 큰 영향을 미치는 것은?

① 공기냉각 ② 재료의 균열
③ 강재의 담금질성 ④ 가열로의 크기

해설
담금질성
- 재료 표면은 급랭에 의해 담금질이 잘되는 데 반해 재료의 중심에 가까울수록 안 되는 현상
- 같은 조성의 재료를 같은 조건에서 담금질을 해도 질량이 다르면 담금질 깊이가 다름

56 방사선 투과시험에서 γ선 장치에 대한 X선 장치의 설명으로 틀린 것은?

① X선은 γ선에 비해 고장률이 많다.
② X선은 γ선에 비해 선의 크기가 작다.
③ X선은 γ선에 비해 전원 장치가 필요하다.
④ X선은 γ선에 비해 촬영장소가 비교적 넓은 곳에서 한다.

해설
X선 발생장치는 사용 가능한 최대 전압으로 분류되며, 에너지 또는 투과된 투과력을 나타낸다. X선관 내 진공 튜브 안에 양극과 음극이 있어 필라멘트가 열전자를 방출시키며, 필라멘트 전류가 X선의 강도가 된다. γ은 선원의 크기에 비해 방사능의 강도가 큰 것으로 발생에너지 및 붕괴방식 등을 고려하여 선택한다.

52 ② 53 ③ 54 ① 55 ③ 56 ② 정답

57 X선을 발생시키는 선관의 텅스텐 표적이 갖추어야 할 조건이 아닌 것은?

① 원자번호가 커야 한다.
② 용융점이 높아야 한다.
③ 열전도율이 낮아야 한다.
④ 낮은 증기압을 갖는 물질이어야 한다.

해설
표적은 고진공으로 유지되는 X-선관 내에서 고전압 전원을 걸어주어 음극에서 발생된 열 절자를 가속시켜 충돌함으로써 X선을 방출하는 곳이다. 표적 물질은 발생 효율이 높아야 하며, 원자번호가 높아야 한다. 또한 열전도성이 높고 증기압이 낮아야 하는 특징이 있다.

58 압축시험에서 탄성 측정하기 위한 장주형 시험편의 높이는 직경의 몇 배 정도가 적당한가?

① 0.5배
② 5배
③ 10배
④ 20배

해설
시험편의 길이에 따른 압축 구분(단면 치수에 대한 길이의 비)
- 단주 시험편 : $h = 0.9d$(베어링 합금, 압축강도 측정)
- 중주 시험편 : $h = 3d$(일반 금속 재료, 항압력 측정)
- 장주 시험편 : $h = 10d$(탄성 계수 측정)

59 열처리 입도 시험 방법 중 경화능이 작은 강종으로 탄소함유량이 중간 이상의 아공석강 및 공석강에 적용되며, 기호로는 Gj로 표시되는 열처리 입도 시험의 종류는?

① 산화법
② 퀜칭템퍼링
③ 한쪽 끝 퀜칭법
④ 고용화 열처리법

해설
조미니 시험장치에서 한쪽 끝 퀜칭시험의 결과로부터 환봉의 퀜칭 경화층 깊이를 측정하면 Gj로 표시한다.

60 현미경조직검사의 안전 및 유의사항으로 틀린 것은?

① 시험편 절단은 고속으로 신속히 작업한다.
② 연마작업 시 시험편이 튀지 않도록 단단히 잡는다.
③ 시험편 채취 시 절단작업도구의 안전사항을 점검한다.
④ 현미경은 조작과 보관에 주의하여 렌즈는 데시케이터에 넣어 보관한다.

해설
현미경 사용 시 유의사항
- 현미경 운반 시 똑바로 세운 채 두 손으로 운반한다.
- 먼저 저배율로 초점을 맞춰 관찰하고 그 후 고배율로 관찰한다.
- 시료를 관찰할 때에는 대물렌즈가 시료와 가장 가깝게 한 후 올리면서 초점을 맞춘다.
- 현미경 조작 시 무리한 힘을 가하지 않고 렌즈를 더럽히지 않고, 사용 후 데시케이터에 넣어 보관한다.
- 시편 절단 시 조직 손상을 막기 위해 냉각수를 사용하거나 저속으로 절단한다. 또한, 작업 공구의 안전 수칙을 잘 지키며 작업한다.
- 연마 작업 시 시험편이 튀어나가지 않도록 한다.

정답 57 ③ 58 ③ 59 ③ 60 ①

2018년 제4회 과년도 기출복원문제

01 결정구조의 변화 없이 전자의 스핀 작용에 의해 강자성체인 α-Fe로 변태되는 자기변태에 해당하는 것은?

① A_1 변태　② A_2 변태
③ A_3 변태　④ A_4 변태

해설
Fe-C 상태도 내에서 자기변태는 A_0 변태(시멘타이트 자기변태)와 A_2 변태(철의 자기변태)가 있다.

02 주철, 탄소강 등은 질화에 의해서 경화가 잘되지 않으나 어떤 성분을 함유할 때 심하게 경화시키는지 그 성분들로 옳게 짝지어진 것은?

① Al, Cr, Mo　② Zn, Mg, P
③ Pb, Au, Cu　④ Au, Ag, Pt

해설
- 질화층 생성 금속 : Al, Cr, Ti, V, Mo 등을 함유한 강은 심하게 경화된다.
- 질화층 방해 금속 : 주철, 탄소강, Ni, Co

03 형상 기억 효과를 나타내는 합금이 일으키는 변태는?

① 펄라이트 변태
② 마텐자이트 변태
③ 오스테나이트 변태
④ 레데부라이트 변태

해설
- 형상기억합금 : 힘에 의해 변형되더라도 특정 온도에 올라가면 본래의 모양으로 돌아오는 합금, Ti-Ni이 대표적으로 마텐자이트 상변태를 일으킴
- 마텐자이트 변태 : Fe이 온도 상승에 따라 $\alpha-$Fe(BCC)에서 $\gamma-$Fe, $\delta-$Fe로 외관의 변화를 보이지 않는 고체 간의 상변태

04 고강도 Al 합금인 초초두랄루민의 합금에 대한 설명으로 틀린 것은?

① Al 합금 중에서 최저의 강도를 갖는다.
② 초초두랄루민을 ESD 합금이라 한다.
③ 자연균열을 일으키는 경향이 있어 Cr 또는 Mn을 첨가하여 억제시킨다.
④ 성분 조성은 Al-1.5~2.5%, Cu-7~9%, Zn-1.2~1.8%, Mg-0.3%~0.5%, Mn-0.1~0.4%, Cr이다.

해설
초초두랄루민
알루미늄 합금이며, ESD로 약기한다. Al-Zn-Mg계의 합금으로 열처리에 의해 알루미늄 합금 중 가장 강력하게 된다. 보통 두랄루민의 주요 합금 원소가 Cu인 데 대해 Zn이 이에 대신하고 있으므로, 아연두랄루민이라고도 불린다.

05 칠드 주철(Chilled Cast Iron)을 가장 잘 표현한 것은?

① 연신성이 좋은 주철
② 전연성이 좋은 주철
③ 내마모성이 좋은 주철
④ 메짐성이 좋은 주철

해설
칠드 주철 : 금형의 표면 부위는 급랭시키고, 내부는 서랭시켜 표면은 경하고 내부는 강인성을 갖는 주철로, 내마멸성을 요하는 롤이나 바퀴에 많이 쓰인다.

1 ② 2 ① 3 ② 4 ① 5 ③ **정답**

06 켈멧(Kelmet)의 주성분은?

① 구리와 납
② 철과 아연
③ 주석과 알루미늄
④ 실리콘과 코발트

해설
켈멧의 주성분은 구리와 납이다.

07 다음 중 Mg에 대한 설명으로 옳은 것은?

① 알칼리에는 침식된다.
② 산이나 염수에는 잘 견딘다.
③ 구리보다 강도는 낮으나 절삭성은 좋다.
④ 열전도율과 전기전도율이 구리보다 높다.

해설
마그네슘의 성질
- 비중 1.74, 용융점 650℃, 조밀육방격자형
- 전기 전도율은 Cu, Al보다 낮다.
- 알칼리에는 내식성이 우수하나 산이나 염수에 침식 진행
- O_2에 대한 친화력이 커 공기 중 가열, 용해 시 폭발 발생

08 열간가공을 끝맺는 온도를 무엇이라 하는가?

① 피니싱 온도
② 재결정 온도
③ 변태 온도
④ 용융 온도

해설
피니싱 : 끝맺음을 한다는 것으로, 열간가공이 끝나는 것을 의미함

09 독성이 없어 의약품, 식품 등의 포장형 튜브 제조에 많이 사용되는 금속으로 탈색 효과가 우수하며, 비중이 약 7.3인 금속은?

① 주석(Sn) ② 아연(Zn)
③ 망간(Mn) ④ 백금(Pt)

해설
주석과 그 합금 : 비중 7.3, 용융점 232℃, 상온에서 재결정, SnO_2을 형성해 내식성 증가

10 강괴의 종류에 해당되지 않는 것은?

① 쾌삭강 ② 캡트강
③ 킬드강 ④ 림드강

해설
- 강괴 : 제강 작업 후 내열 주철로 만들어진 금형에 주입하여 응고시킨 것이다.
- 킬드강 : 용강 중 Fe-Si, Al분말 등 강탈산제를 첨가하여 산소가 거의 없는 완전 탈산된 강으로 기포가 없고 편석이 적은 장점이 있고, 기계적 성질이 양호하다.
- 세미 킬드강 : 탄산 정도가 킬드강과 림드강의 중간 정도인 강으로 구조용강, 강판 재료에 사용된다.
- 림드강 : 탈산 처리가 중간 정도된 용강을 그대로 금형에 주입하여 응고시킨 강이다.
- 캡트강 : 용강을 주입 후 뚜껑을 씌어 내부 편석을 적게 한 강으로 내부 결함은 적으나 표면 결함이 많다.

11 금속의 소성변형에서 마치 거울에 나타나는 상이 거울을 중심으로 하여 대칭으로 나타나는 것과 같은 현상을 나타내는 변형은?

① 쌍정변형
② 전위변형
③ 벽계변형
④ 딤플변형

해설
쌍정(Twin) : 소성변형 시 상이 거울을 중심으로 대칭으로 나타나는 것과 같은 현상

정답 6 ① 7 ③ 8 ① 9 ① 10 ① 11 ①

12 니켈 36%, 크롬 12%, 나머지는 철로서 온도가 변해도 탄성률이 거의 변하지 않는 것은?

① 라우탈
② 엘린바
③ 퍼멀로이
④ 진정강

해설
불변강 : 인바(36%Ni 함유), 엘린바(36%Ni-12%Cr 함유), 플라티나이트(42~46%Ni 함유), 코엘린바(Cr-Co-Ni 함유)로 탄성 계수가 작고, 공기나 물속에서 부식되지 않는 특징이 있어 정밀 계기 재료, 차, 스프링 등에 사용된다.

13 가공용 다이스나 발동기용 밸브에 많이 사용하는 특수합금으로 주조한 그대로 사용되는 것은?

① 스텔라이트
② 고속도강
③ 퍼멀로이
④ 플라티나이트

해설
스텔라이트
- 경질 주조 합금 공구 재료로 주조한 상태 그대로 연삭하여 사용하는 비철 합금이다.
- Co-Cr-W-C, 단조 가공이 안 되어 금형 주조에 의해 제작된다.
- 600℃ 이상에서는 고속도강보다 단단하여 절삭 능력이 고속도강의 1.5~2.0배 크다.
- 취성이 있어 충격에 의해 쉽게 파괴가 일어난다.

14 귀금속에 속하는 금 순도는 주로 캐럿(Karat, K)으로 나타낸다. 18K에 함유된 순금의 순도는 얼마인가?

① 25% ② 65%
③ 75% ④ 85%

해설
귀금속의 순도 단위로는 캐럿(K, Karat)으로 나타내며, 24진법을 사용하여 24K는 순금속, 18K의 경우 $\frac{18}{24} \times 100\% = 75\%$가 포함된 것을 알 수 있다.
※ 참고
- Au(Aurum, 금의 원자기호)
- Carat(다이아몬드 중량 표시, 기호 ct)
- Karat(금의 질량 표시, 기호 K)
- ct와 K는 혼용되기도 함

15 치수를 기입할 때 주의사항 중 틀린 것은?

① 치수 숫자는 선에 겹쳐서 기입한다.
② 치수 공정별로 나누어서 기입할 수 있다.
③ 치수 수치는 치수선과 교차되는 장소에 기입하지 말아야 한다.
④ 가공할 때 기준으로 할 곳이 있는 경우는 그곳을 기준으로 기입한다.

해설
치수의 숫자가 선에 겹칠 경우 알아보기 힘들기 때문에 치수선과 숫자는 일정 간격으로 띄어서 나타낸다.

16 다음 중 “C” 와 “SR”에 해당되는 치수 보조 기호의 설명으로 옳은 것은?

① C는 원호이며, SR은 구의 지름이다.
② C는 45° 모따기이며, SR은 구의 반지름이다.
③ C는 판의 두께이며, SR은 구의 반지름이다.
④ C는 구의 반지름이며, SR은 구의 지름이다.

해설
C는 45° 모따기이며, SR은 구의 반지름이다.

12 ② 13 ① 14 ③ 15 ① 16 ② 정답

17 다음 그림과 같은 투상도는?

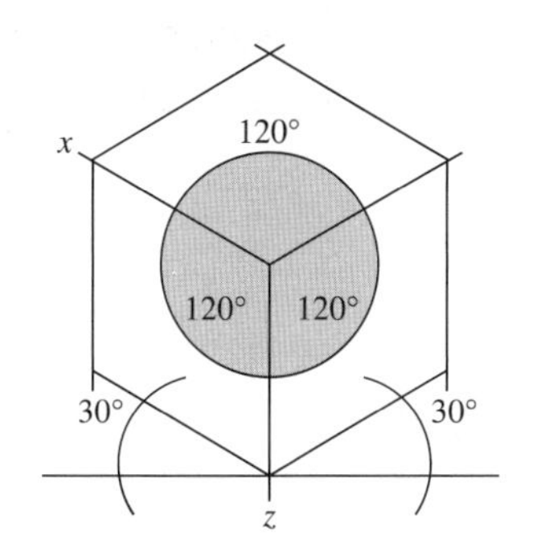

① 사투상도
② 투시 투상도
③ 등각 투상도
④ 부등각 투상도

해설
등각 투상도 : 정면, 평면, 측면을 하나의 투상면 위에 동시에 볼 수 있도록 두 개의 옆면 모서리가 수평선과 30°가 되게 하여 이 세 축이 120°의 등각이 되도록 입체도로 투상한 것을 의미함

18 다음의 단면도 중 위아래 또는 왼쪽과 오른쪽이 대칭인 물체의 단면을 나타낼 때 사용되는 단면도는?

① 한쪽 단면도
② 부분 단면도
③ 전 단면도
④ 회전 도시 단면도

해설
한쪽 단면도는 대칭인 제품을 1/4 절단하여 나타낸 것으로 절반은 내부, 절반은 외부 형태를 보여 준다.

19 그림과 같이 원뿔 형상을 경사지게 절단하여 A방향에서 보았을 때의 단면 현상은?(단, A방향은 경사면과 직각이다)

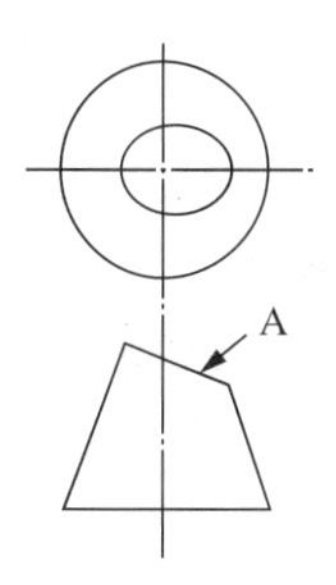

① 진 원
② 타 원
③ 포물선
④ 쌍곡선

해설
원뿔을 경사지게 자른 후 위쪽 방향에서 볼 경우 타원형태의 모양이 된다.

20 도면에 정치수로 기입된 모든 치수이며, 치수 허용한계의 기준이 되는 치수는?

① 실치수
② 치수차수
③ 기준치수
④ 허용한계치수

해설
기준치수 : 치수공차에 기준에 되는 치수

정답 17 ③ 18 ① 19 ② 20 ③

21 그림은 교량의 트러스 구조물이다. 중간 부분을 생략하여 그린 주된 이유는?

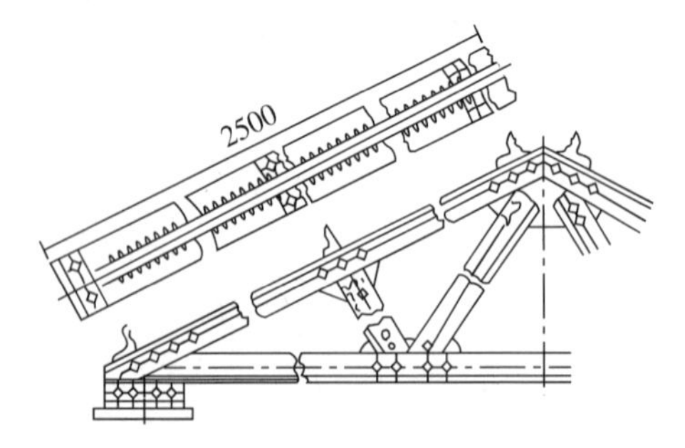

① 좌우, 상하 대칭을 도면에 나타내기 어렵기 때문에
② 반복 도형을 도면에 나타내기 어렵기 때문에
③ 물체를 제1각법 또는 제3각법으로 나타내기 어렵기 때문에
④ 물체가 길어서 도면에 나타내기 어렵기 때문에

해설
길이가 긴 제품의 경우 도면에 모두 도시하지 못할 경우 중간 부분에 파단선으로 나타낸 후 생략할 수 있다.

22 반복 도형의 피치의 기준을 잡는 데 사용되는 선은?

① 굵은 실선
② 가는 실선
③ 가는 1점 쇄선
④ 가는 2점 쇄선

해설
가는 1점 쇄선의 용도 : 중심선, 기준선, 피치선

23 다음 투상도 중 물체의 높이를 알 수 없는 것은?

① 정면도 ② 평면도
③ 우측면도 ④ 좌측면도

해설
평면도는 위쪽에서 본 것이기 때문에 물체의 높이는 알 수 없다.

24 축에 회전체를 고정시키는 기계요소 중에서 축과 보스에 모두 홈을 가공하여 큰 힘을 전달할 수 있어 가장 널리 사용되는 키는?

① 평 키
② 안장 키
③ 묻힘 키
④ 원형 키

해설
묻힘 키(성크 키) : 보스와 축에 키홈을 파고 키를 견고하게 끼워 회전력을 전달함

25 $\varnothing 40^{+0.025}_{+0}$의 설명으로 틀린 것은?

① 치수공차 : 0.025
② 아래 치수허용차 : 0
③ 최소 허용치수 : 39.975
④ 최대 허용치수 : 40.025

해설
최소 허용치수는 40이다.

26 다음 도면의 크기에서 A2 용지(mm)를 옳게 나타낸 것은?

① 210 × 297
② 297 × 420
③ 420 × 594
④ 841 × 1,189

해설
- A4 용지 : 210 × 297mm, 가로 : 세로 = 1 : $\sqrt{2}$
- A3 용지 : 297 × 420mm
- A2 용지 : 420 × 594mm
- A3용지는 A4용지의 가로 세로 치수 중 작은 치수값의 2배로 하고, 용지의 크기가 증가할수록 같은 원리로 점차적으로 증가한다.

정답: 21 ④ 22 ③ 23 ② 24 ③ 25 ③ 26 ③

27 재료에 어떤 일정한 하중을 가하고 어떤 온도에서 긴 시간 동안 유지하였을 때 시간이 경과함에 따라 증가하는 스트레인을 측정하여 각종의 재료역학적 양을 결정하는 시험은?

① 인장시험 ② 충격시험
③ 피로시험 ④ 크리프시험

해설

크리프시험

- 크리프 : 재료를 고온에서 내력보다 작은 응력으로 가해 주면 시간이 지나면서 변형이 진행되는 현상
- 기계 구조물, 교량 및 건축물 등 긴 시간에 걸쳐 하중을 받는 재료에 시험
- 용융점이 낮은 금속(Pb, Cu)인 순금속, 연한 합금 등은 상온에서 크리프 현상 발생

28 와전류 탐상시험의 기본원리는 무슨 현상을 이용한 것인가?

① 전자유도 ② 속도효과
③ 압력 차이 ④ 경도결과

해설

표피효과(Skin Effect) : 교류 전류가 흐르는 코일에 도체가 가까이 가면 전자유도현상에 의해 와전류가 유도되며, 이 와전류는 도체의 표면 근처에서 집중되어 유도되는 효과

29 음향 방출시험에서 응력을 반복 적용할 때 2차 응력의 크기가 1차 응력보다 작으면 음향 방출이 되지 않는 현상은?

① 표피 효과
② 초전도 효과
③ 카이저 효과
④ 필리시티 효과

해설

카이저 효과란 재료에 하중을 걸어 음향 방출을 발생시킨 후 하중을 제거했다가 다시 걸어도 초기 하중의 응력 지점에 도달하기까지 음향 방출이 발생되지 않는 비가역적 성질이다.

30 금속 현미경 조작 방법에 대한 설명으로 틀린 것은?

① 현미경은 진동이 없는 작업대 위에 놓고 사용한다.
② 시험편을 시험편 받침대에 올려놓고 클램프로 고정시킨 후 관찰한다.
③ 처음에는 고배율로 되도록 좁은 범위조직을 관찰한 후 이중의 특정 부위를 저배율로 관찰한다.
④ 조직을 관찰한 다음 조직 사진을 찍을 때 스케일도 포함되게 찍는 것이 좋다.

해설

현미경 사용 시 유의사항

- 현미경 운반 시 똑바로 세운 채 두 손으로 운반한다.
- 먼저 저배율로 초점을 맞춰 관찰하고 그 후 고배율로 관찰한다.
- 시료를 관찰할 때에는 대물렌즈가 시료와 가장 가깝게 한 후 올리면서 초점을 맞춘다.
- 현미경 조작 시 무리한 힘을 가하지 않고 렌즈를 더럽히지 않고, 사용 후 데시케이터에 넣어 보관한다.
- 시편 절단 시 조직 손상을 막기 위해 냉각수를 사용하거나 저속으로 절단한다. 또한, 작업 공구의 안전 수칙을 잘 지키며 작업한다.
- 연마 작업 시 시험편이 튀어나가지 않도록 한다.

31 금속 재료를 매크로 조직 시험법으로 파단면을 검사할 때 피로 파단면의 특징적인 모양은?

① 원형의 흰 반점
② 정사각형 모양
③ 희미한 가는 선 모양
④ 방사상 또는 조개껍데기 모양

해설

피로 파단면은 다른 파손 기구와 다르게 반복 하중에 의한 균열의 전파특성으로 독특한 형상을 나타내며, Beach Mark(해안 자국)가 대표적으로 방사상 또는 조개껍데기 모양이다.

정답 27 ④ 28 ① 29 ③ 30 ③ 31 ④

32 강을 오스테나이트(Austenite)화 온도까지 가열한 후 냉각하면 나타나는 조직 중 경도와 강도가 가장 높은 것은?

① 소르바이트
② 마텐자이트
③ 오스테나이트
④ 트루스타이트

해설
탄소강 조직의 경도는 시멘타이트 → 마텐자이트 → 트루스타이트 → 베이나이트 → 소르바이트 → 펄라이트 → 오스테나이트 → 페라이트 순이다.

33 설퍼 프린트 시험 분류 중 형강 등에서 자주 발생하는 편석으로 중심부 편석이 주상으로 나타난 편석은?

① 정편석
② 역편석
③ 중심부 편석
④ 주상 편석

해설
설퍼 프린트에 의한 황편석의 분류

분 류	기 호	비 고
정편석	S_N	황이 외부로부터 중심부를 향해 증가하여 분포되는 형상으로, 외부보다 내부가 짙은 농도로 착색되는 것으로 일반 강재에서 보통 발생하는 편석
역편석	S_I	황이 외부로부터 중심부를 향해 감소하여 분포되는 형상으로, 외부보다 중심부쪽의 착색도가 낮게 나타나는 편석
중심부 편석	S_C	황이 강재의 중심부에 중점적으로 분포되어 농도가 짙은 착색부가 나타나는 편석
점상 편석	S_D	황의 편석부가 짙은 농도로 착색되는 점상 편석
선상 편석	S_L	황의 편석부가 짙은 농도로 착색되는 선상 편석
주상 편석	S_{Co}	형강 등에서 자주 발생하는 편석으로 중심부 편석이 주상으로 나타난 편석

34 저온 내열 재료인 SAP는 Al과 Al_2O_3을 사용한 복합재료이다. SAP의 강화기구는?

① 섬유강화
② 분산강화
③ 입자강화
④ 석출강화

해설
- 금속에 0.01~0.1μm 정도의 산화물을 분산시킨 재료
- 고온에서 크리프 특성이 우수, Al, Ni, Ni-Cr, Ni-Mo, Fe-Cr 등이 기지로 사용
- 저온 내열 재료 SAP(Sintered Aluminium Powder Product) : Al 기지 중에 Al_2O_3의 미세 입자를 분산시킨 복합재료로 다른 Al 합금에 비해 350~550℃에서도 안정한 강도를 지님
- 고온 내열 재료 TD Ni(Thoria Dispersion Strengthened Nickel) : Ni 기지 중에 ThO_2입자를 분산시킨 내열 재료로 고온 안정성 우수
- 제조법 : 혼합법, 열분해법, 내부 산화법 등

35 용제제거성 염색침투탐상시험 과정을 순서에 맞게 나열한 것은?

① 침투처리 → 잉여 침투액 제거처리 → 관찰 → 전처리 → 현상처리 → 후처리
② 후처리 → 전처리 → 현상처리 → 침투처리 → 관찰 → 잉여 침투액 제거처리
③ 전처리 → 후처리 → 현상처리 → 관찰 → 침투처리 → 잉여 침투액 제거처리
④ 전처리 → 침투처리 → 잉여 침투액 제거처리→ 현상처리→ 관찰→ 후처리

해설
일반적인 침투 탐상의 순서는 전처리 – 침투 – 제거 – 현상 – 관찰 – 후처리 순이며, 후유화성 형광침투액–습식현상법의 경우 전처리 – 침투 – 유화 – 세척 – 현상 – 건조 – 관찰 – 후처리이다.

32 ② 33 ④ 34 ② 35 ④ 정답

36 다음 중 방사선 투과 검사에서 사용하는 방사성 동위 원소가 아닌 것은?

① Zn-251 ② Ir-192
③ Cs-137 ④ Th-170

방사선원의 종류와 적용 두께

동위 원소	반감기	에너지
Th-170	약 127일	0.084MeV
Ir-192	약 74일	0.137MeV
Cs-137	약 30.1년	0.66MeV
Co-60	약 5.27년	1.17MeV
Ra-226	약 1,620년	0.24MeV

37 강의 담금질에 대한 설명으로 옳은 것은?

① 결정립이 클수록 담금질성이 우수하다.
② 질량 효과가 큰 강은 담금질성이 우수하다.
③ 임계냉각속도가 작은 강은 담금질성이 우수하다.
④ 담금질성의 좋고 나쁨은 담금질하였을 때 경화되는 깊이로 정한다.

해설
담금질성은 경화되기 쉬운, 즉 담금질이 들어가는 깊이와 경도의 분포를 지배하는 능력이다. 담금질 경화능은 담금질이 들어가는 깊이의 대소로 비교한다.

38 담금질성(경화능)의 측정에 가장 적합한 것은?

① 파면 시험
② 커핑 시험
③ 크리프 시험
④ 조미니 시험

해설
강의 담금질성 측정에는 조미니 시험이 사용된다.

39 황동의 현미경 조직 시험편의 연마에 가장 좋은 연마제는?

① 산화알루미늄
② 산화철
③ 산화크롬
④ 산화구리

해설
황동의 조직 시험편 연마에는 산화알루미늄을 사용한다.

40 빛 대신에 파장 짧은 전자선을 시료에 투과시켜서 렌즈로 상을 확대하여 형성시키는 현미경은?

① 광학 현미경 ② 전자 유도 현미경
③ 투과 전자 현미경 ④ 주사 전자 현미경

해설
투과 전자 현미경(TEM) : 짧은 파장의 전자선을 가속시켜 시험편에 투과 후 전자렌즈로 상을 확대하여 형성시키는 현미경으로, 배율 조정을 위해 전기장을 이용한다.

41 기포누설시험에서 발포액의 구비조건으로 틀린 것은?

① 젖음성이 좋을 것
② 점도가 높을 것
③ 표면장력이 작을 것
④ 발포액 자체에 거품이 없을 것

해설
기포누설시험은 시험체를 가압 후 표면에 발포액을 적용하여 기포 발생 여부를 확인하여 검출하는 방법으로, 점도가 낮아 적심성이 좋고 표면장력이 작아 발포액이 쉽게 기포를 형성하여야 한다.

정답 36 ① 37 ④ 38 ④ 39 ① 40 ③ 41 ②

42 재료의 항자력을 이용하여 상대적 경도를 결정하는 방법으로 강자성체인 금속의 경도를 측정하며, 재료에 어떤 변화나 영향을 주지 않고 상대적으로 비교 측정하는 경도계는?

① 마이어 경도 시험
② 모스 경도 시험
③ 자기적 경도 시험
④ 팬듈럼 시험

해설
자기적 경도 시험 : 재료의 항자력을 이용하여 상대적 경도를 결정하는 방법으로 강자성체인 금속의 경도를 측정하며 재료에 어떤 변화나 영향을 주지 않고 상대적으로 비교 측정함

43 강(Steel)의 용체화 처리(Solution Treatment)의 설명이 옳은 것은?

① 균일한 오스테나이트로 한 후 냉각하는 것이다.
② 용융 상태로 한 후 냉각하는 것이다.
③ δ고용체로 한 후 냉각하는 것이다.
④ 펄라이트로 한 후 냉각하는 것이다.

해설
용체화 처리 : 합금 원소를 고용체 용해 온도 이상으로 가열하여 급랭시켜 과포화 고용체로 만들어 상온까지 유지하는 처리로 연화된 이후 시효에 의해 경화된다.

44 인장시험에서 항복점이 나타나지 않는 경우 규정된 영구 변형을 일으킬 때의 하중을 시험편 평행부의 원단면적으로 나눈 값은?

① 항복강도
② 인장강도
③ 내 력
④ 연신율

해설
내력 : 항복점이 생기지 않는 재료에 대하여 항복점 대신 내력을 정하는 것

45 비조질 고장력강의 강화 기구로 올바르지 않은 것은?

① 합금 원소 첨가에 의한 연강의 페라이트 고용 강화
② 미량 합금 원소 첨가에 의한 결정립 미세화 및 석출 강화
③ 제어 압연에 의한 강인화
④ 합금 원소 첨가에 의한 연강의 마텐자이트 고용 강화

해설
비조질 고장력강의 강화 기구
- 합금 원소 첨가에 의한 연강의 페라이트 고용 강화
- 미량 합금 원소 첨가에 의한 결정립 미세화 및 석출 강화
- 제어 압연에 의한 강인화

46 방사선 투과 사진을 촬영할 때 투과 결과를 좋게 하기 위하여 사용하는 것은?

① 열음극
② X선 필름
③ 증감지
④ 서베이미터

해설
증감지(스크린) : X선 필름의 감도를 높이기 위해 사용(금속박 증감지, 형광 증감지, 금속 형광 증감지)

47 기계구조용 탄소강이나 구조용 합금강을 열처리 입도 시험할 때 가장 적당한 방법은?

① 침탄법
② 산화법
③ 황산법
④ 2중 퀜칭법

해설
열처리 입도 시험방법에는 서랭법, 2회 담금질법, 한쪽 끝 담금질법, 산화법, 고용화 열처리법, 담금질법이 있다.

정답: 42 ③ 43 ① 44 ③ 45 ④ 46 ③ 47 ②

48 현미경으로 강의 비금속 개재물을 시험한 후 그 판정 결과가 보기와 같이 표시되어 있을 때, 숫자 400이 의미하는 것은?

보기

d 60 × 400 = 0.34%

① 시야수
② 청정도
③ 현미경 배율
④ 개재물이 점유한 격자점 중심의 수

해설
400은 현미경 배율을 의미한다.

49 재료에 압축력을 가했을 때 이에 견디는 저항력으로 측정할 수 있는 것은?

① 연신율 ② 부식한도
③ 접촉 마모 ④ 탄성계수

해설
압축 시험
- 압축력에 대한 재료의 저항력인 항압력을 시험
- 압축에 의한 압축강도, 비례한도, 항복점, 탄성계수 등을 측정
- 연성 재료의 경우 파괴를 일으키지 않으므로 균열 발생 응력을 측정
- 내압 재료에 적용하며 주철, 베어링합금, 벽돌, 콘크리트, 목재, 타일 등에 시험

50 금속조직 시험실에서 부식액을 취급하다 부주의로 피부에 묻었을 때 가장 적합한 조치 방법은?

① 알코올과 사이안화 수용액으로 씻어낸다.
② 묽은 식초산으로 씻어낸다.
③ 진한 암모니아수로 씻어낸다.
④ 흐르는 물로 충분히 씻어낸다.

해설
부식액의 종류에 따라 다르나 금속 조직의 경우 흐르는 물로 충분히 씻어내야 한다.

51 일정 온도에서 일정 시간이 지난 후 크리프 속도가 0(Zero)이 되는 응력은?

① 크리프 한도
② 크리프 속도
③ 감속 크리프
④ 스트레인 현상

해설
크리프 한도 : 일정 온도에서 어떤 시간 후 크리프 속도가 0(Zero)이 되는 응력

52 주철에 나타나는 스테다이트의 3원 공정 원소 또는 조직으로 해당되지 않는 것은?

① 철 ② 산화철
③ 인화철 ④ 시멘타이트

해설
스테다이트 3원 공정 원소 : 철, 인화철, 시멘타이트

53 탄소강 중의 비금속 개재물이 미치는 영향을 설명한 것 중 틀린 것은?

① 침탄강, 베어링강 등에서 열처리할 때 피로파괴의 원인이 된다.
② 비금속 개재물은 황화물, 산화물, 질화물 등으로 구성된다.
③ 압연할 때 적열 메짐의 원인이 된다.
④ 제강 공정 중 기포를 생성한다.

해설
비금속 개재물은 Fe_2O_3, FeO, MnS, MnO, Al_2O_3, SiO_2 등이 있으며, 다음과 같은 영향을 준다.
- 재료의 내부에 점 상태로 존재하여 인성을 저하시키고 메짐의 원인이 된다.
- 열처리 시 개재물로부터 균열이 생긴다.
- 산화철, Al_2O_3 등은 압연이나 단조 작업 중 균열을 일으키기 쉬우며, 고온 메짐의 원인이 된다.

정답 48 ③ 49 ④ 50 ④ 51 ① 52 ② 53 ④

54 크리프시험에서 변률 측정 장치의 형식이 아닌 것은?

① 토크를 사용한 것
② 옵티컬 레버를 사용한 것
③ 전기적 방법을 사용한 것
④ 다이얼 게이지를 사용한 것

해설
크리프시험은 대부분 고온이기 때문에 Strain Gauge와 같은 변형률 측정 장치를 이용할 수 없다. 따라서 노 외부로 변형률을 측정하는 장치를 연결한다. 종류로는 Optical Lever를 사용한 것, Dial Gauge를 사용한 것, LVDT(Linear Voltage Differential Transformer)를 사용한 것이 있다.

55 금속현미경에서 시료의 검사면이 아래를 향하도록 뒤집어 놓고 관찰하는 방식은?

① 직립형
② 도립형
③ 반사형
④ 정립형

해설
금속현미경의 종류에는 도립형과 직립형이 있으며, 검사면이 아래를 향하도록 뒤집고 관찰하는 방식을 도립형, 검사면이 위를 향하도록 하고 관찰하는 방법을 직립형이라 한다.

56 X선 회절에 관한 Bragg의 법칙 $n\lambda = 2d\sin\theta$에서 d가 의미하는 것은?

① 파 장
② 입사각
③ 반사치수
④ 결정면 간 거리

57 탄소강의 고온성질에서 인장강도가 최대가 되고, 연신율이 최소가 되는 대략적인 온도 구간은?

① 50~100℃ 부근
② 200~300℃ 부근
③ 400~500℃ 부근
④ 700~800℃ 부근

해설
탄소강은 200~300℃ 부근에서 청열 취성이 일어나 연신율이 최소가 된다.

58 100배율 현미경 조직사진에서 400개의 입자를 관찰할 수 있었던 시험편을 200배의 현미경 배율로 바꿀 경우, 같은 면적에서 관찰되는 입자수는?

① 100 ② 200
③ 300 ④ 400

해설
200배에서는 100개의 입자수를 확인할 수 있다.

54 ① 55 ② 56 ④ 57 ② 58 ① 정답

59 방사선 물질의 상호 작용에서 파장의 변화없이 X선이 물질에 입사한 방향을 바꾸어 산란하는 효과는?

① 광전효과
② 콤프턴산란
③ 톰슨산란
④ 전자쌍 생성

해설

톰슨산란(Rayleigh Scattering)

파장의 변화 없이 X선이 물질에 입사한 방향을 바꾸어 산란하는 효과이며, 탄성산란이라고도 함

60 금속재료 굽힘 시험에서 시험편에 대한 설명으로 틀린 것은?

① 시험편의 길이는 시험편의 두께와 사용 시험 장비에 따라 결정한다.
② 굽힘을 할 때는 가공한 면이 인장 응력을 받는 면이 되어야 한다.
③ 판, 띠 및 단면으로부터 만든 시험편의 두께는 시험할 제품의 두께와 같아야 한다.
④ 하중을 가하는 동안 시험편의 끝부분이 규정된 거리만큼 떨어져서 서로 평행이 되어야 한다.

해설

굽힘 시험 통칙(KS B 0804)

- 원형, 정사각형, 직사각형, 다각형 등의 단면을 가진 시험편을 사용하여야 한다.
- 직사각형 시험편의 모서리 부분은 반지름이 시험편 두께의 1/10을 넘지 않도록 라운딩해야 한다.
- 제품의 너비가 20mm 이하일 때는 제품의 너비와 같아야 한다.
- 제품의 너비가 20mm 초과일 때는 제품 두께 3mm 미만일 경우 20±5mm, 제품 두께 3mm 이상일 경우 20~50mm로 한다.
- 판, 띠 및 단면으로부터 만든 시험편의 두께는 시험할 제품의 두께와 같아야 한다.
- 굽힘을 할 때는 가공하지 않은 면이 인장 응력을 받는 면이 되어야 한다.

정답 59 ③ 60 ②

2019년 제1회 과년도 기출복원문제

01 수용액에서 전착시킨 것으로 공업적으로 탄소 함유량이 가장 적은 철은?

① 전해철 ② 해면철
③ 암코철 ④ 카보닐철

해설
해면철(0.03%C) > 연철(0.02%C) > 카보닐철(0.02%C) > 암코철(0.015%C) > 전해철(0.008%C)

02 금속의 이온화 경향에 대한 설명으로 틀린 것은?

① 금속이 전자를 잃기 쉬운 경향의 순서이다.
② 이온화 경향이 큰 순서는 K > Ca > Na > Al이다.
③ 이온화 경향이 작을수록 귀한(Noble) 금속, 즉 귀금속이라고 한다.
④ 이온화 경향의 순서와 전기 음성도의 순서는 서로 반대되는 순서를 지닌다.

해설
- 부식 : 금속이 물 또는 대기환경에 의해 표면이 비금속 화합물로 변하는 것으로, 이온화 경향이 H(수소)보다 작은 경우 부식이 발생하기 힘들다.
- 내식성 : 부식이 발생하기 어려운 성질이다.
- 이온화 : 금속이 전자를 잃고 양이온으로 되는 것이며, 이온화 경향이 클수록 산화되기 쉽고 전자 친화력이 작다. 또한 수소 원자 위에 있는 금속은 묽은 산에 녹아 수소를 방출한다. 이온화 경향의 순서는 K > Ca > Na > Mg > Al > Zn > Cr > Fe > Co > Ni 이다(암기법 : 카카나마 알아크철코니).
- 전기 음성도 : 분자에서 원자가 공유 전자쌍을 끌어당기는 상대적인 힘의 크기로, 전기 음성도가 가장 큰 플루오린(F) 4.0을 기준으로 다른 원자들의 상대적 값을 정한다.

03 청동의 기계적 성질 중 경도는 구리에 주석이 몇 % 함유되었을 때 가장 높게 나타나는가?

① 10 ② 20
③ 30 ④ 50

해설
청동의 특성
- Cu-Sn의 합금으로, α, β, γ, δ 등의 고용체가 존재한다. 해수에 내식성이 우수하지만, 산과 알칼리에는 약하다.
- 인장강도는 20%Sn에서 최대이며, 경도는 30%Sn에서 최대이다.
- 대기 및 해수에는 내식성이 있으나 고온에서 산화되기 쉽다.

04 오일리스 베어링(Oilless Bearing)의 특징이 아닌 것은?

① 다공질의 합금이다.
② 급유가 필요하지 않은 합금이다.
③ 원심 주조법으로 만들며 강인성이 좋다.
④ 일반적으로 분말 야금법을 사용하여 제조한다.

해설
오일리스 베어링(Oilless Bearing) : 분말 야금에 의해 제조된 소결 베어링 합금으로 분말상 Cu에 약 10%Sn과 2% 흑연 분말을 혼합하여 윤활제 또는 휘발성 물질을 가한 후 가압성형하여 소결한 것이다. 급유가 어려운 부분의 베어링용으로 사용한다.

1 ① 2 ④ 3 ③ 4 ③ 정답

05 베어링 합금의 구비조건으로 틀린 것은?

① 충분한 점성과 취성을 가질 것
② 내마멸성이 좋을 것
③ 열전도율이 크고 내식성이 좋을 것
④ 주조성이 좋을 것

해설

베어링 합금

- 화이트 메탈, Cu-Pb 합금, Sn 청동, Al 합금, 주철, Cd 합금, 소결 합금
- 경도와 인성, 항압력이 필요하다.
- 하중에 잘 견디고 마찰계수가 작아야 한다.
- 비열 및 열전도율이 크고 주조성과 내식성이 우수하다.
- 소착(Seizing)에 대한 저항력이 커야 한다.

06 페라이트형 스테인리스강에서 Fe 이외의 주요한 성분 원소 1가지는?

① W ② Cr
③ Sn ④ Pb

해설

페라이트형 스테인리스강 : Cr 또는 Cr-Ni계가 있으며, 표면이 치밀한 Cr_2O_3(산화크롬)의 산화피막이 형성되어 내식성이 뛰어난 강으로, 불수강이라고도 한다.

07 동합금 중 석출경화(시효경화)현상이 가장 크게 나타난 것은?

① 순 동 ② 황 동
③ 청 동 ④ 베릴륨동

해설

베릴륨 청동 : 동에 베릴륨을 0.2~2.5% 함유시킨 동합금으로 시효경화성이 있다. 동합금 중 최고의 강도를 가지며 내식성, 내열동, 내마모성, 피로한도, 스프링 특성, 전기전도성이 모두 뛰어나기 때문에 전기 접점, 베어링, 고급 스프링, 무인 불꽃 안전공구 등에 사용된다.

08 특수강에서 함유량이 증가하면 자경성을 주는 원소로 가장 좋은 것은?

① Cr ② Mn
③ Ni ④ Si

해설

Cr은 담금질 시 경화능을 좋게 하고 질량효과를 개선시키기 위해 사용한다. 따라서 담금질이 잘되면 경도, 강도, 내마모성 등의 성질이 개선된다. 임계 냉각속도를 느리게 하면 공기 중에서 냉각하여도 경화하는 자경성이 있지만 입계 부식을 일으키는 단점도 있다.

09 다음 중 비중(Specific Gravity)이 가장 작은 금속은?

① Mg ② Cr
③ Mn ④ Pb

해설

비중 : 물과 같은 부피를 갖는 물체와의 무게의 비

각 금속별 비중

Mg	Cr	Sn	Fe	Ni	Cu	Mo	W
1.74	7.19	7.28	7.86	8.9	8.9	10.2	19.2
Mn	Co	Ag	Au	Co	Al	Zn	Pb
7.43	8.8	10.5	19.3	8.8	2.7	7.1	22.5

10 저용융점 합금의 용융온도는 약 몇 ℃ 이하인가?

① 250℃ 이하 ② 450℃ 이하
③ 550℃ 이하 ④ 650℃ 이하

해설

저용융점 합금 : 250℃ 이하에서 용융점을 가지는 합금

정답 5 ① 6 ② 7 ④ 8 ① 9 ① 10 ①

11 다음 비철금속 중 구리가 포함되어 있는 합금이 아닌 것은?

① 황 동　② 톰 백
③ 청 동　④ 하이드로날륨

해설
Al-Mg : 하이드로날륨, 내식성 우수

12 구상흑연주철이 주조 상태에서 나타나는 조직의 형태가 아닌 것은?

① 페라이트형　② 펄라이트형
③ 시멘타이트형　④ 헤마타이트형

해설
구상흑연주철 : 흑연을 구상화하여 균열을 억제시키고 강도 및 연성을 좋게 한 주철로 시멘타이트형, 펄라이트형, 페라이트형이 있다. 구상화제로는 Mg, Ca, Ce, Ca-Si, Ni-Mg 등이 있다.

13 Fe-Fe_3C 상태도에서 포정점상에서의 자유도는? (단, 압력은 일정하다)

① 0　② 1
③ 2　④ 3

해설
자유도 : 평형 상태를 유지하며 자유롭게 변화시킬 수 있는 변수의 수
깁스(Gibbs)의 상률
$F = C + 2 - P$ = 성분수(1) + 2 - 상의 수(3) = 0
(여기서, F : 자유도, C : 성분 수, P : 상의 수)

14 주철명과 그에 따른 특징을 설명한 것으로 틀린 것은?

① 가단주철은 백주철을 열처리로에 넣어 가열해서 탈탄 또는 흑연화 방법으로 제조한 주철이다.
② 미하나이트 주철은 저급 주철이라고 하며, 흑연이 조대하고, 활 모양으로 구부러져 고르게 분포한 주철이다.
③ 합금주철은 합금강의 경우와 같이 주철에 특수원소를 첨가하여 내식성, 내마멸성, 내충격성 등을 우수하게 만든 주철이다.
④ 회주철은 보통 주철이라고 하며, 펄라이트 바탕조직에 검고 연한 흑연이 주철의 파단면에서 회색으로 보이는 주철이다.

해설
- 고급 주철 : 인장강도가 높고 미세한 흑연이 균일하게 분포된 주철로 란츠법, 에멜법의 방법으로 제조되고, 미하나이트 주철이 대표적인 고급 주철에 속한다.
- 미하나이트 주철 : 저탄소 저규소의 주철에 Ca-Si를 접종해 강도를 높인 주철이다.

15 산화성 산, 염류, 알칼리, 황화가스 등에 우수한 내식성을 가진 Ni-Cr 합금은?

① 엘린바　② 인코넬
③ 콘스탄탄　④ 모넬메탈

해설
인코넬은 Ni-Cr-Fe-Mo 합금으로 고온용 열전쌍, 전열기 부품 등에 사용되며 산화성 산, 염류, 알칼리, 황화가스 등에 우수한 내식성을 가지고 있다.

11 ④　12 ④　13 ①　14 ②　15 ② 정답

16 축이나 원통과 같이 단면의 모양이 같거나 규칙적인 물체가 긴 경우 중간 부분을 잘라내고 중요한 부분만을 나타내는데, 이때 잘라내는 부분의 파단선으로 사용하는 선은?

① 굵은 실선 ② 1점 쇄선
③ 가는 실선 ④ 2점 쇄선

해설

파선, 지그재그선		파단선	대상물의 일부를 파단한 경계 또는 일부를 떼어낸 경계를 표시

17 물체를 투상면에 대하여 한쪽으로 경사지게 투상하여 입체적으로 나타낸 투상도는?

① 사투상도
② 투시투상도
③ 등각투상도
④ 부등각 투상도

해설

사투상도

투상선이 투상면을 사선으로 평행하도록 무한대의 수평 사선으로 얻은 물체의 윤곽을 그리게 되면 육면체의 세 모서리는 경사축이 α각을 이루는 입체도가 되는데 이를 그린 투상도이다. 45° 경사축으로 그린 것을 카발리에도, 60° 경사축으로 그린 것을 캐비닛도라고 한다.

18 도면에 치수를 기입할 때 유의해야 할 사항으로 옳은 것은?

① 치수는 계산을 하도록 기입해야 한다.
② 치수의 기입은 되도록 중복하여 기입해야 한다.
③ 치수는 가능한 한 보조 투상도에 기입해야 한다.
④ 관련되는 치수는 가능한 한 한곳에 모아서 기입해야 한다.

해설

치수 기입원칙

- 치수는 되도록 주투상도(정면도)에 집중한다.
- 치수는 중복 기입을 피한다.
- 치수는 되도록 계산해서 구할 필요가 없도록 한다.
- 치수는 필요에 따라 기준으로 하는 점, 선 또는 면을 기준으로 하여 기입한다.
- 관련되는 치수는 되도록 한곳에 모아서 기입한다.
- 치수는 되도록 공정마다 배열을 분리하여 기입한다.
- 치수 중 참고 치수에 대하여는 치수 수치에 괄호를 붙인다.

19 축의 최대 허용치수 44.991mm, 최소 허용치수 44.975mm인 경우 치수공차(mm)는?

① 0.012 ② 0.016
③ 0.018 ④ 0.020

해설

공차 = 최대 허용치수 − 최소 허용치수
= 44.991 − 44.975
= 0.016mm

20 한 도면에서 각 도형에 대하여 공통으로 사용된 척도의 기입 위치는?

① 부품란 ② 표제란
③ 도면 명칭 부근 ④ 도면번호 부근

해설

- 도면에 반드시 표기해야 할 사항에는 윤곽선, 중심마크, 표제란 등이 있다.
- 표제란을 그릴 때에는 도면의 오른쪽 아래에 설치하여 알아보기 쉽도록 한다.
- 표제란에는 도면번호, 도명, 척도, 투상법, 작성 연월일, 제도자 이름 등을 기입한다.

정답 16 ③ 17 ① 18 ④ 19 ② 20 ②

21 회전운동을 직선운동으로 바꾸거나 직선운동을 회전운동으로 바꿀 때 사용되는 기어는?

① 헬리컬 기어
② 스크루 기어
③ 직선 베벨기어
④ 래크와 피니언

해설
래크와 피니언 : 회전운동을 직선운동으로 바꾸거나 직선운동을 회전운동으로 바꾸는 기어

22 한국산업표준에서 ISO 규격에 없는 관용 테이퍼 나사를 나타내는 기호는?

① M　② PF
③ PT　④ UNF

해설
관용 테이퍼 나사
• ISO 표준에 있는 것

관용 테이퍼 나사	테이퍼 수나사	R
	테이퍼 암나사	Rc
	평행 암나사	Rp

• ISO 표준에 없는 것

관용 테이퍼 나사	테이퍼 나사	PT
	평행 암나사	PS

23 도면에서 표제란의 위치는?

① 오른쪽의 아래에 위치한다.
② 왼쪽의 아래에 위치한다.
③ 오른쪽 위에 위치한다.
④ 왼쪽 위에 위치한다.

24 멀고 가까운 거리감을 느낄 수 있도록 하나의 시점과 물체의 각 점을 방사선으로 이어서 그리는 투상법은?

① 정투상법　② 전개도법
③ 사투상법　④ 투시투상법

해설
투시투상법 : 투상면에서 어떤 거리에 있는 시점과 대상물의 각 점을 연결한 투상선이 투상면을 지나가는 투상법으로, 멀고 가까운 거리감을 느낄 수 있도록 물체의 각 점을 방사선으로 이어서 그린다.

25 KS B ISO 4287 한국산업표준에서 정한 '거칠기 프로파일에서 산출한 파라미터'를 나타내는 기호는?

① R-파라미터　② P-파라미터
③ W-파라미터　④ Y-파라미터

해설
① R-파라미터 : 거칠기 프로파일에서 산출한 파라미터
② P-파라미터 : 1차 프로파일에서 산출한 파라미터
③ W-파라미터 : 파상도 프로파일에서 산출한 파라미터

21 ④ 22 ③ 23 ① 24 ④ 25 ① **정답**

26 분말상 Cu에 약 10%Sn 분말과 2% 흑연 분말을 혼합하고, 윤활제 또는 휘발성 물질을 가한 후 가압 성형하여 소결한 베어링 합금은?

① 켈밋 메탈
② 배빗 메탈
③ 앤티프릭션
④ 오일리스 베어링

해설
오일리스 베어링(Oilless Bearing) : 분말 야금에 의해 제조된 소결 베어링 합금으로, 분말상 Cu에 약 10%Sn과 2% 흑연 분말을 혼합하여 윤활제 또는 휘발성 물질을 가한 후 가압성형하여 소결한 것이다. 급유가 어려운 부분의 베어링용으로 사용한다.

27 로크웰 경도를 시험할 때 주로 사용하지 않는 시험하중(kgf)은?

① 60　　② 100
③ 150　　④ 250

해설
로크웰 경도시험(HRC, HRB, Rockwell Hardness Test)
- 강구 또는 다이아몬드 원추를 시험편에 처음 일정한 기준하중을 주어 시험편을 압입하고 다시 시험하중을 가하여 생기는 압흔의 깊이차로 구하는 시험
- HRC와 HRB의 비교

스케일	누르개	기준하중(kgf)	시험하중(kgf)	경도를 구하는 식	적용 경도
HRB	강구 또는 초경합금, 지름 1.588mm	10	100	HRB = 130−500h	0~100
HRC	원추각 120°의 다이아몬드		150	HRC= 100−500h	0~70

28 다음 중 강성계수 G를 측정하는 시험은?

① 커핑시험
② 피로시험
③ 에릭센 시험
④ 비틀림 시험

해설
비틀림 시험 : 시험편에 비틀림 모먼트를 가하여 비틀림에 대한 재료의 강성계수, 비틀림 강도, 비틀림 비례한도, 비틀림 상부 및 하부 항복점 등을 구하는 시험

29 다음 보기의 (　) 안에 들어갈 시험편의 길이(mm)는?

보기
샤르피 충격시험기에 사용하는 시험편은 보통 길이가 (　)mm, 높이와 너비가 10mm인 정사각형의 단면을 가지고 U자 및 V자 노치를 가지고 있어야 한다.

① 35　　② 55
③ 70　　④ 130

해설
샤르피 충격시험 시험편
- 샤르피 3호 시험편

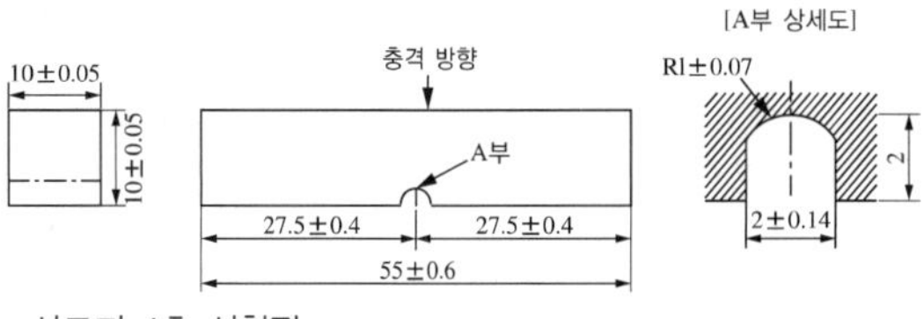

- 샤르피 4호 시험편

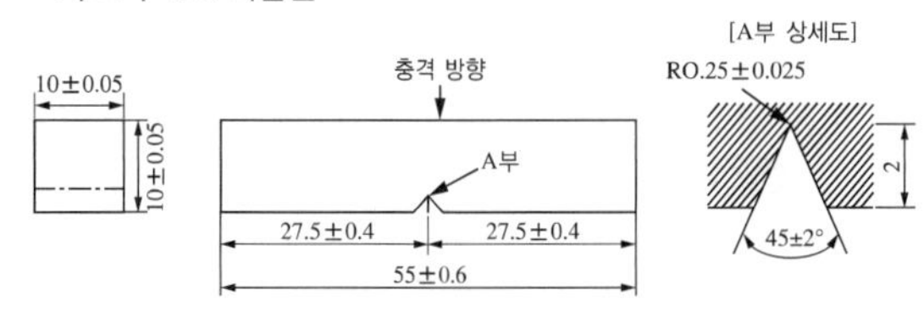

30 비금속 개재물 검사에서 알루민산염 산화물 종류가 속한 그룹은?

① 그룹 A
② 그룹 B
③ 그룹 C
④ 그룹 D

해설

비금속 개재물 검사
- 황화물계 개재물(그룹 A) : FeS을 형성하는 개재물로, 일반적으로 철강재에서는 탈황작용을 하는 Mn이 첨가되면서 MnS이 형성된다. 이 그룹은 쉽게 잘 늘어나는 개개의 회색 입자들로 가로/세로 비(길이/폭)가 넓은 범위에 걸쳐 있고, 그 끝은 둥글게 되어 있다.
- 알루민산염 개재물(그룹 B) : 용강 중 SiO_2나 Fe–Mn 규산염이 있을 때 Al을 첨가하여 산화물이나 규산염이 환원되며 알루미늄 산화물계(알루민산염) 개재물이 형성된다. 이는 변형이 잘 안 되며 모가 나고 흑색이나 푸른색이 도는 많은 수의 입자로 변형 방향으로 정렬된 특징을 가진다.
- 규산염 개재물(그룹 C) : SiO_2 위주로 형성되어 있으며 일반적으로 MnO(FeO)–SiO_2의 상태로 존재한다. 쉽게 잘 늘어나는 개개의 암회색 또는 암흑색의 입자들로 그 끝이 날카로운 특징을 가진다.
- 구형 산화물 개재물(그룹 D) : 변형이 안 되며 모가 나거나 구형으로 흑색이나 푸른색의 방향성 없이 분포되어 있는 입자이다.

31 방사선 투과사진 감도에 영향을 미치는 인자를 시험체 콘트라스트와 필름 콘트라스트로 나눌 때 시험체 콘트라스트에 영향을 주는 인자가 아닌 것은?

① 산란 방사선
② 필름의 종류
③ 방사선의 성질
④ 시험체의 두께차

해설

투과사진의 감도는 방사선원의 선질, 선량, 시험체의 재질, 두께 그리고 필름의 선질 및 선량 특성 등과 관련 있다.

32 금속재료 굽힘시험에서 시험편에 대한 설명으로 틀린 것은?

① 시험편의 길이는 시험편의 두께와 사용 시험장비에 따라 결정한다.
② 굽힘을 할 때는 가공한 면이 인장응력을 받는 면이 되어야 한다.
③ 판, 띠 및 단면으로부터 만든 시험편의 두께는 시험할 제품의 두께와 같아야 한다.
④ 하중을 가하는 동안 시험편의 끝부분이 규정된 거리만큼 떨어져서 서로 평행이 되어야 한다.

해설

굽힘시험 통칙(KS B 0804)
- 원형, 정사각형, 직사각형, 다각형 등의 단면을 가진 시험편을 사용하여야 한다.
- 직사각형 시험편의 모서리 부분은 반지름이 시험편 두께의 1/10을 넘지 않도록 라운딩해야 한다.
- 제품의 너비가 20mm 이하일 때는 제품의 너비와 같아야 한다.
- 제품의 너비가 20mm 초과일 때는 제품 두께 3mm 미만일 경우 20±5mm, 제품 두께 3mm 이상일 경우 20~50mm로 한다.
- 판, 띠 및 단면으로부터 만든 시험편의 두께는 시험할 제품의 두께와 같아야 한다.
- 굽힘을 할 때는 가공하지 않은 면이 인장응력을 받는 면이 되어야 한다.

33 금속의 현미경 조직 관찰 시험을 하는 과정에서 Al_2O_3, Cr_2O_3, 다이아몬드 페이스트 등이 사용되는 단계는?

① 시험편 부식
② 시험편 절단
③ 현미경 관찰
④ 광택 연마

해설

광택 연마(폴리싱) : 최종 연마로 미세한 표면의 흠을 제거하고, 매끄러운 광택면을 얻기 위해 회전식 연마기를 사용하여 특수 연마포에 연마제(Al_2O_3, Cr_2O_3, 다이아몬드 페이스트 등)를 뿌리며 연마한다.

30 ② 31 ② 32 ② 33 ④ 정답

34 저온 내열재료인 SAP는 Al과 Al_2O_3를 사용한 복합재료이다. SAP의 강화기구는?

① 섬유강화 ② 분산강화
③ 입자강화 ④ 석출강화

해설

SAP

- 금속에 0.01~0.1μm 정도의 산화물을 분산시킨 재료이다.
- 고온에서 크리프 특성이 우수하여 Al, Ni, Ni-Cr, Ni-Mo, Fe-Cr 등이 기지로 사용된다.
- 저온 내열재료 SAP(Sintered Aluminium Powder Product) : Al 기지 중에 Al_2O_3의 미세 입자를 분산시킨 복합재료로 다른 Al 합금에 비해 350~550℃에서도 안정한 강도를 지닌다.
- 고온 내열재료 TD Ni(Thoria Dispersion Strengthened Nickel) : Ni 기지 중에 ThO_2 입자를 분산시킨 내열재료로 고온 안정성이 우수하다.
- 제조법 : 혼합법, 열분해법, 내부 산화법 등

35 다음 중 초경합금과 관계없는 것은?

① TiC ② WC
③ Widia ④ Lautal

해설

- 소결 초경합금 : 탄화텅스텐(WC), 탄화타이타늄(TiC), 탄화탄탈럼(TaC) 등의 미세한 분말 형태의 금속을 Co로 소결한 탄화물 소결 합금이다.
- 주조용 알루미늄 합금
  - Al-Cu : 주물재료로 사용하며 고용체의 시효경화가 일어난다.
  - Al-Si : 실루민, Na을 첨가하여 개량화 처리를 실시한다.
- 개량화 처리 : 금속 나트륨, 수산화나트륨, 플루오린화 알칼리, 알칼리 염류 등을 용탕에 장입하면 조직이 미세화되는 처리방법이다.
  - Al-Cu-Si : 라우탈, 주조성 및 절삭성이 좋다.

36 지름 20cm, 두께 1cm, 길이 1m인 관에 열처리로 인한 축 방향의 균열이 많이 발생하고 있다. 이러한 시험체에 자분탐상검사를 실시하고자 할 때 가장 적합한 방법은?

① 프로드(Prod)에 의한 자화
② 요크(Yoke)에 의한 자화
③ 전류관통법(Central Conductor)에 의한 자화
④ 케이블(Cable)에 의한 자화

해설

자화방법 : 시험체에 자속을 발생시키는 방법

- 선형 자화 : 시험체의 축 방향을 따라 선형으로 발생하는 자속(코일법, 극간법)
- 원형 자화 : 환봉, 철선 등 전도체에 전류를 흘려 주위에 발생하는 자력선이 원형으로 형성하는 자속(축통전법, 프로드법, 중앙 전도체법, 직각통전법, 전류통전법)

※ 축 방향의 균열이 발생하므로 전류통전법을 사용하는 것이 가장 적합하다.

37 방사선 투과사진에서 상의 윤곽이 선명한 정도를 나타내는 용어는?

① 관용도 ② 필름 콘트라스트
③ 명료도 ④ 시험체 콘트라스트

해설

명료도란 상의 윤곽이 뚜렷한(Sharpness) 정도를 의미하며, 명료도에 미치는 영향을 크게 나누면 기하학적 조건에 의한 반음영(Penumbra), 방사선의 선질, 필름의 입상성(Graininess) 및 증감지의 영향 등이 있다.

38 다음 중 탄소 파열을 일으키는 원소가 아닌 것은?

① W ② V
③ Cr ④ Mn

해설

탄소 파열원소

- 탄소 파열 조장 원소 : Mn, Cr, V
- 탄소 파열 저지 원소 : W, Si, Ni, Mo

정답 34 ② 35 ④ 36 ③ 37 ③ 38 ①

39 다음 중 Cu 및 Cu 합금의 부식액으로 옳은 것은?

① 염화제이철 용액
② 질산 알코올 용액
③ 플루오린화수소산(10%) 용액
④ 피크린산 알코올 용액

해설

부식액의 종류

재 료	부식액
철강 재료	나이탈, 질산 알코올 (질산 5mL + 알코올 100mL)
	피크랄, 피크린산 알코올 (피크린산 5g + 알코올 100mL)
귀금속 (Ag, Pt 등)	왕수(질산 1mL + 염산 5mL + 물 6mL)
Al 및 Al 합금	수산화나트륨 (수산화나트륨 20g + 물 100mL)
	플루오린화수소산 (플루오린화수소 0.5mL + 물 99.5mL)
Cu 및 Cu 합금	염화제이철 용액 (염화제이철 5g + 염산 50mL + 물 100mL)
Ni, Sn, Pb 합금	질산 용액
Zn 합금	염산 용액

40 브리넬 경도시험에서 시험하중 유지시간은 몇 초이며, 측정 자국 상호 간 중심거리는 압입 자국 지름의 최소 몇 배 이상으로 하여야 하는가?

① 1~5초, 2배 ② 6~10초, 2배
③ 10~15초, 4배 ④ 20~25초, 8배

해설

브리넬 경도시험 시험편

- 시험편의 양면은 충분히 두껍고 평행해야 하며, 시험면이 잘 연마되어 있어야 한다.
- 시험편의 두께는 들어간 깊이의 10배 이상 되어야 하며, 너비는 들어간 깊이의 4배 이상 되어야 한다.
- 오목부의 중심에서 시험편 가장자리까지 거리는 2.5배 이상으로 한다.
- 유지시간은 10~15초로 유지하되, 각 시험마다 일정한 시간으로 시험하여야 오차가 작다.

41 다음의 시험결과로부터 구한 쇼어경도값은 얼마인가?

시험결과
- 쇼어경도계 : C형
- 다이아몬드 해머 낙하 높이 : 254mm(10인치)
- 반발하여 튀어 오른 높이 : 82.55mm(3.54인치)

① 35 ② 40
③ 45 ④ 50

해설

$$H_S = \frac{10{,}000}{65} \times \frac{h}{h_0} = \frac{10{,}000}{65} \times \frac{82.55}{254} = 50$$

42 강산 부식법이라고 하며, 강재의 표면이나 단면에 대하여 적당한 부식액으로 부식시켜 결함을 육안으로 검출하는 시험법은?

① 파단면 검사법 ② 단 깎기 검사법
③ 설퍼 프린트법 ④ 매크로 부식법

해설

매크로 조직검사 : 재료를 직접 육안으로 관찰하거나 저배율(10배 이하)의 확대경을 사용하여 재료의 결함 및 품질 상태를 판단하는 검사이다. 염산 수용액을 사용하여 75~80℃에서 적당한 시간 동안 부식 후 알칼리 용액으로 중화시켜 건조 후 조직을 검사하는 방법이다.

43 침투탐상시험에서 사용되는 대비시험편에 대한 설명으로 틀린 것은?

① 사용 중인 탐상제의 성능을 점검하기 위하여 사용한다.
② 조작방법의 적합 여부 조사를 위하여 사용한다.
③ A, B, C, D, E 5종류의 대비시험편이 있다.
④ 탐상제를 선정하여 구입할 때의 성능 비교를 위하여 사용한다.

해설

KS B 0816에 의거 침투탐상의 대비시험편으로는 A형 대비시험편, B형 대비시험편이 있다. A형 대비시험편은 A2024P, B형 대비시험편은 C2600P, C2720P, C2801P를 사용한다.

39 ① 40 ③ 41 ④ 42 ④ 43 ③ 정답

44 부식에 의하여 강재 단면 전체 혹은 중심부에 부식이 단시간에 진행하여 해면상으로 나타난 것의 매크로 조직의 기호는?

① B ② T
③ P ④ L

해설

매크로 검사 용어

분 류	기 호	비 고
수지상 결정 (Dendrite)	D	강괴의 응고에 있어서 수지상으로 발달한 1차 결정이 단조 또는 압연 후에도 그 형태를 그대로 가지고 있는 것
잉곳 패턴 (Ingot pattern)	I	강괴의 응고과정에서 결정 상태의 변화 또는 성분의 편차에 따라 윤곽상으로 부식의 농도차가 나타난 것
중심부 편석 (Center Segregation)	S_C	강괴의 응고과정에서 성분의 편차에 따라 중심부에 부식의 농도차가 나타난 것
다공질 (Looseness)	L	강재 단면 전체에 걸쳐서 또는 중심부에 부식이 단시간에 진행하여 해면상으로 나타난 것
피트 (Pit)	T	부식에 의해 강재 단면 전체에 걸쳐서 또는 중심부에 육안으로 볼 수 있는 크기로 점상의 구멍이 생긴 것
기포 (Blow Hole)	B	강괴의 기포 또는 핀 홀(Pin Hole)이 완전히 압착되지 않고 중심부에 그 흔적을 남기고 있는 것
비금속 개재물 (Nonmetallic Inclusion)	N	육안으로 알 수 있는 비금속 개재물
파이프 (Pipe)	P	강괴의 응고 수축에 따른 1차 또는 2차 파이프가 완전히 압축되지 않고 중심부에 그 흔적을 남긴 것
모세균열 (Hair Crack)	H	부식에 의하여 단면에 미세하게 모발상으로 나타난 흠
중심부 파열 (Center Defects)	F	부적당한 단조 또는 압연작업으로 인하여 중심부에 파열이 생긴 것
주변 흠 (Seam Laps)	W	강재의 주변 기포에 의한 흠 또는 압연 및 단조에 의한 흠, 그밖에 강재의 외부에 생긴 흠

45 압흔 흔적을 남기지 않고 휴대하면서 현장에서 간편하게 경도 측정을 할 수 있는 시험기는 쇼어경도계이다. 쇼어경도계 중 해머의 낙하거리를 254mm로 요구하는 목측형 경도계의 유형은?

① A형 ② B형
③ C형 ④ D형

해설

압흔 흔적을 남기지 않는 경도측정기는 쇼어경도시험기로, 계측통은 지시형(D형), 목측형(C형)으로 하며, 지시형은 아날로그식 및 디지털식으로 한다.

46 비틀림 시험에서 전단응력과 전단 변형의 관계를 구하려고 할 때 중공시험편 표점거리 L과 외경 D 사이의 관계식으로 옳은 것은?(단, t는 중공부의 살 두께이다)

① $L = 10D,\ t ≒ \left(\frac{1}{4} \sim \frac{1}{5}\right)D$

② $L = 10D,\ t ≒ \left(\frac{1}{8} \sim \frac{1}{10}\right)D$

③ $L = 15D,\ t ≒ \left(\frac{1}{4} \sim \frac{1}{5}\right)D$

④ $L = 15D,\ t ≒ \left(\frac{1}{8} \sim \frac{1}{10}\right)D$

해설

- 비틀림 시험에서 중공시험편 표점거리 L과 외경 D 사이의 관계식은 $L = 10D,\ t ≒ \left(\frac{1}{8} \sim \frac{1}{10}\right)D$이다.
- 일반적으로 환봉시험편이 사용된다.

정답 44 ④ 45 ③ 46 ②

47 탄소강 중에 포함된 구리(Cu)의 영향으로 옳은 것은?

① 내식성을 저하시킨다.
② Ar_1의 변태점을 저하시킨다.
③ 탄성한도를 감소시킨다.
④ 강도, 경도를 감소시킨다.

해설
구리가 포함되면 Ar_1의 변태점을 저하시킨다.

48 다음 중 슬립(Slip)에 대한 설명으로 틀린 것은?

① 슬립이 계속 진행되면 변형이 어려워진다.
② 원자밀도가 최대인 방향으로 슬립이 잘 일어난다.
③ 원자밀도가 가장 큰 격자면에서 슬립이 잘 일어난다.
④ 슬립에 의한 변형은 쌍정에 의한 변형보다 매우 작다.

해설
- 슬립 : 재료에 외력이 가해졌을 때 결정 내의 인접한 격자면에서 미끄러짐이 나타나는 현상
- 쌍정은 슬립이 일어나기 어려운 경우에 발생한다.

49 비파괴시험으로 검출할 수 있는 소재의 결함이 아닌 것은?

① 충격인성 ② 표면결함
③ 래미네이션 ④ 비금속 개재물

해설
파괴검사와 비파괴검사의 차이점
- 파괴검사 : 시험편이 파괴될 때까지 하중, 열, 전류, 전압 등을 가하거나 화학적 분석을 통해 소재 혹은 제품의 특성을 구하는 검사로 충격, 인장, 압축, 굽힘, 피로, 경도시험 등이 있다.
- 비파괴검사 : 소재 혹은 제품의 상태, 기능을 파괴하지 않고 소재의 상태, 내부 구조 및 사용 여부를 알 수 있는 모든 검사로 침투, 자기, 초음파, 방사선검사 등이 있다.

50 침투탐상시험에 사용되는 침투액의 성질로 틀린 것은?

① 인화점이 높아야 한다.
② 휘발성이어야 한다.
③ 화학적으로 안정해야 한다.
④ 적심성이 좋아야 한다.

해설
침투액의 성질
- 화학적으로 안정해야 하고 물리학적 농도가 균일해야 한다.
- 인화점이 95℃ 이상이어야 한다.
- 적심성이 좋아야 한다.
- 점도가 낮아야 한다.
- 침투력이 좋아야 한다.
- 시험체와 화학적 반응을 일으키지 않아야 한다.
- 건조속도가 늦어야 한다.

51 Al의 실용합금으로 알려진 실루민(Silumin)의 적당한 Si 함유량(%)은?

① 0.5 ~ 2
② 3 ~ 5
③ 6 ~ 9
④ 10 ~ 13

해설
- 실루민 : Al, Si의 대표 합금으로 공정점 부근의 주조조직이 거칠고 Si는 육각판 모양의 취성이 있는데 개량처리를 통해 이를 개선한다.
- 개량처리 : 플루오린화알칼리, 나트륨, 수산화나트륨, 알칼리 등을 용탕 안에 넣어 조직을 미세화하고 공정점을 이동시킨다(나트륨 0.01% 750~800℃에, 첨가 플루오린화나트륨 800~900℃에서 첨가).

47 ② 48 ④ 49 ① 50 ② 51 ④ 정답

52 다음 중 누설검사법에 해당되지 않는 것은?

① 가압법 ② 감압법
③ 수직법 ④ 진공법

해설
수직법은 초음파탐상비파괴검사법에 사용되는 것이다.

53 텅스텐은 재결정에 의해 결정립 성장을 한다. 이를 방지하기 위해 처리하는 것을 무엇이라고 하는가?

① 도핑(Doping)
② 라이닝(Lining)
③ 아말감(Amalgam)
④ 바이탈리움(Vitalium)

해설
도핑(Doping) : 금속학에서 고의적으로 미소량의 물질을 재료에 첨가제로 집어넣어 그 물성을 개선하는 것이다. 텅스텐의 필라멘트는 백열되면 재결정에 의해 단선이 되므로, 약 0.2%의 알루미나 산화나트륨 또는 실리카를 첨가하여 재결정을 방지하기 위해 도핑한다.

54 용탕의 냉각과 압연을 동시에 하는 방법으로 리본 형태의 비정질 합금을 제조하는 액체 급랭법은?

① 쌍롤법 ② 스퍼터링법
③ 이온도금법 ④ 전해코팅법

해설
비정질 합금 : 금속이 용해 후 고속 급랭시켜 원자가 규칙적으로 배열되지 못하고 액체 상태로 응고되어 금속이 되는 것으로, 제조법에는 기체 급랭법(진공증착법, 스퍼터링법), 액체 급랭법(단롤법, 쌍롤법, 원심 급랭법, 분무법)이 있다.

55 수세식 형광침투액을 사용하여 건식 현상법으로 침투탐상시험을 할 때의 시험 순서로 옳은 것은?

① 침투처리 → 전처리 → 현상처리 → 세척처리 → 건조처리 → 관찰 → 후처리
② 전처리 → 침투처리 → 세척처리 → 건조처리 → 현상처리 → 관찰 → 후처리
③ 침투처리 → 세척처리 → 후처리 → 현상처리 → 건조처리 → 관찰 → 전처리
④ 전처리 → 현상처리 → 건조처리 → 침투처리 → 세척처리 → 관찰 → 후처리

해설
- 수세성 형광침투액 : 건식 현상법(FA-D)
  전처리 → 침투 → 세척 → 건조 → 현상 → 관찰 → 후처리
- 수세성 형광침투액 : 습식 형광법(수현탁성, FA-W)
  전처리 → 침투 → 세척 → 현상 → 건조 → 관찰 → 후처리

56 비커스 경도시험에 대한 설명 중 틀린 것은?

① 비커스 경도시험의 표시기호는 HV를 사용한다.
② 하중의 대소가 있더라도 그 값이 변하지 않기 때문에 정확한 결과를 얻는다.
③ 디지털이 아닌 경우 대각선의 길이는 시험기에 부착되어 있는 현미경으로 측정한다.
④ 얇은 제품, 표면경화 재료, 용접 부분의 경도 측정에는 사용할 수 없다.

해설
비커스 경도시험(HV, Vickers Hardness Test)
- 정사각추(136°)의 다이아몬드 압입자를 시험편에 놓고 1~150kg까지 하중을 가하여 시험편에 생긴 피라미드 자국의 표면적으로 하중을 나눈 값으로 경도를 구하는 시험이다.
- 비커스 경도는 HV로 표시하고, 미소 부위의 경도를 측정하는 데 사용한다.
- 가는 선, 박판의 도금층 깊이 등 정밀 측정 시 마이크로 비커스, 누프경도시험기를 사용한다.
- 압입 흔적이 작으며 경도시험 후 평균 대각선 길이 1/1,000mm까지 측정 가능하다.
- 하중의 대소가 있더라도 값이 변하지 않으므로 정확한 결과 측정이 가능하다.
- 침탄층, 완성품, 도금층, 금속, 비철금속, 플라스틱 등에는 적용 가능하나 주철재료에는 적용이 곤란하다.

정답 52 ③ 53 ① 54 ① 55 ② 56 ④

57 열간가공한 재료 중 Fe, Ni과 같은 금속은 S과 같은 불순물이 모여 가공 중에 균열이 생겨 열간가공을 어렵게 하는데 이는 무엇 때문인가?

① S에 의한 수소메짐성 때문이다.
② S에 의한 청열메짐성 때문이다.
③ S에 의한 적열메짐성 때문이다.
④ S에 의한 냉간메짐성 때문이다.

해설
황(S) : FeS로 결합되면, 융점이 낮아지며 고온에서 취약하고 가공 시 파괴의 원인이 된다. 또한 적열취성의 원인이 된다.

58 수소저장합금에 대한 설명으로 옳은 것은?

① $NaNi_5$계는 밀도가 낮다.
② TiFe계는 반응로 내에서 가열시간이 필요하지 않다.
③ 금속 수소화물의 형태로 수소를 흡수 방출하는 합금이다.
④ 수소저장합금은 도가니로, 전기로에서 용해가 가능하다.

해설
- 수소저장합금이란 금속과 수소가 반응하여 만든 금속 수소화물에서 다량의 수소를 저장하고 방출하는 가역반응을 일으키는 합금이다.
- 수소저장합금을 수소가스 분위기에서 냉각하면 수소를 흡수 저장(흡장)하여 금속 수소화물이 되고, 가열하면 금속 수소화물로부터 수소 가스를 방출한다.
- 현재 알려진 대부분의 합금은 $LaNi_5$, TiFe, Mg_2Ni이다. $LaNi_5$계는 란타넘(La)의 가격이 비싸고 밀도가 큰 것이 결점이지만, 수소저장과 방출 특성은 우수하다. 성능을 개선하기 위하여 $LaNi_5$의 니켈이나 Ti-Fe의 철 일부를 다른 금속으로 치환한 합금이 개발되고 있다. 또, TiFe은 가격이 싸지만 수소와의 초기 반응속도가 작아 반응시키기 전에 진공 속에서 오랜 시간 가열해야 한다.

59 액체 금속이 응고할 때 응고점(녹는점)보다는 낮은 온도에서 응고가 시작되는 현상은?

① 과랭현상
② 과열현상
③ 핵 정지현상
④ 응고잠열현상

해설
- 금속의 응고 및 변태 : 액체 금속이 온도가 내려감에 따라 응고점에 이르러 응고가 시작되면 원자는 결정을 구성하는 위치에 배열되며, 원자의 운동에너지는 열의 형태로 변화된다.
- 과냉각 : 응고점보다 낮은 온도가 되어야 응고가 시작된다.
- 숨은열 : 응고 시 방출되는 열(응고잠열)

60 방사선 물질을 취급할 때 유의사항이 아닌 것은?

① 방사선의 쬐임시간을 길게 한다.
② 방사선원과 취급자 사이의 거리를 멀리한다.
③ 방사선 장치는 진동이 없는 장소에 설치한다.
④ 방사선원과 취급자 사이에 방해물질을 놓는다.

해설
방사선 물질 취급 시 방사선 쬐임시간은 최소한으로 하여야 한다.

57 ③ 58 ③ 59 ① 60 ① 정답

2020년 제1회 과년도 기출복원문제

01 체심입방격자(BBC)의 근접 원자 간 거리는?(단, 격자정수는 a이다)

① a
② $\frac{1}{2}a$
③ $\frac{1}{\sqrt{2}}a$
④ $\frac{\sqrt{3}}{2}a$

해설
체심입방격자의 근접 원자 간 거리는 $\frac{\sqrt{3}}{2}a$이다.

02 재료의 연성을 파악하기 위하여 실시하는 시험은?

① 피로시험
② 충격시험
③ 커핑시험
④ 크리프시험

해설
에릭센시험(커핑시험) : 재료의 전·연성을 측정하는 시험으로 Cu판, Al판 및 연성 판재를 가압성형하여 변형능력을 시험한다.

03 산화성 산, 염류, 알칼리, 황화가스 등에 우수한 내식성을 가진 Ni-Cr 합금은?

① 엘린바
② 인코넬
③ 콘스탄탄
④ 모넬메탈

해설
인코넬은 Ni-Cr-Fe-Mo 합금으로 고온용 열전쌍, 전열기 부품 등에 사용되며, 산화성 산, 염류, 알칼리, 황화가스 등에 우수한 내식성을 가지고 있다.

04 서멧(Cermet)과 관련 있는 것은?

① 다공질 재료
② 클래드 재료
③ 입자강화 금속복합재료
④ 섬유강화 금속복합재료

해설
입자강화 금속복합재료 : 분말야금법으로, 금속에 1~5μm 비금속 입자를 분산시킨 재료(서멧)

05 구상흑연주철이 주조상태에서 나타나는 조직의 형태가 아닌 것은?

① 페라이트형
② 펄라이트형
③ 시멘타이트형
④ 헤마타이트형

해설
구상흑연주철 : 흑연을 구상화하여 균열을 억제시키고 강도 및 연성을 좋게 한 주철로 시멘타이트형, 펄라이트형, 페라이트형이 있다. 구상화제로는 Mg, Ca, Ce, Ca-Si, Ni-Mg 등이 있다.

06 황동에서 탈아연 부식이란?

① 황동제품이 공기 중에 부식되는 현상
② 황동 중에 탄소가 용해되는 현상
③ 황동이 수용액 중에서 아연이 용해하는 현상
④ 황동 중의 구리가 염분에 녹는 현상

해설
탈아연 부식(Dezincification) : 황동의 표면 또는 내부까지 불순한 물질이 녹아 있는 수용액의 작용으로 탈아연되는 현상이다. 6 : 4황동에 많이 사용된다. 방지법으로는 Zn이 30% 이하인 α황동을 쓰거나 As, Sb, Sn 등을 첨가한 황동을 사용한다.

정답 1 ④ 2 ③ 3 ② 4 ③ 5 ④ 6 ③

07 다음 중 베어링용 합금이 갖추어야 할 조건 중 틀린 것은?

① 마찰계수가 크고 저항력이 작을 것
② 충분한 점성과 인성이 있을 것
③ 내식성 및 내소착성이 좋을 것
④ 하중에 견딜 수 있는 경도와 내압력을 가질 것

해설

베어링 합금

- 화이트 메탈, Cu-Pb 합금, Sn 청동, Al 합금, 주철, Cd 합금, 소결 합금
- 경도와 인성, 항압력이 필요하다.
- 하중에 잘 견디고 마찰계수가 작아야 한다.
- 비열 및 열전도율이 크고, 주조성과 내식성이 우수하다.
- 소착(Seizing)에 대한 저항력이 커야 한다.

08 금속을 부식시켜 현미경 검사를 하는 이유는?

① 조직 관찰
② 비중 측정
③ 전도율 관찰
④ 인장강도 측정

해설

금속의 완전한 조직을 얻기 위해서는 얇은 막으로 덮여 있는 표면층을 제거하고, 하부에 있는 여러 조직 성분이 드러나도록 부식시켜야 한다.

09 불변강(Invariable Steel)에 대한 설명 중 옳은 것은?

① 불변강의 주성분은 Fe과 Cr이다.
② 인바는 선팽창계수가 크기 때문에 줄자, 표준자 등에 사용한다.
③ 엘린바는 탄성률 변화가 크기 때문에 고급 시계, 정밀 저울의 스프링 등에 사용한다.
④ 코엘린바는 온도 변화에 따른 탄성률의 변화가 매우 작고 공기나 물속에서 부식되지 않는 특성이 있다.

해설

불변강 : 인바(36%Ni 함유), 엘린바(36%Ni-12%Cr 함유), 플라티나이트(42~46%Ni 함유), 코엘린바(Cr-Co-Ni 함유)로 탄성계수가 작고, 공기나 물속에서 부식되지 않는 특징이 있어 정밀 계기의 재료, 차, 스프링 등에 사용된다.

10 전위 등의 결함이 없는 재료를 만들기 위하여 휘스커 섬유에 Al, Ti, Mg 등의 연성과 인성 높은 금속을 합금 중에 균일하게 배열시킨 재료는?

① 클래드 재료
② 입자강화 금속복합재료
③ 분산강화 금속복합재료
④ 섬유강화 금속복합재료

해설

섬유강화 금속복합재료(FRM ; Fiber Reinforced Metals)

- 휘스커와 같은 섬유를 Al, Ti, Mg 등의 합금 중에 균일하게 배열시켜 복합시킨 재료이다.
- 강화섬유는 비금속계와 금속계로 구분한다.
- Al 및 Al 합금이 기지로 가장 많이 사용되며, Mg, Ti, Ni, Co, Pb 등이 있다.
- 제조법 : 주조법, 확산 결합법, 압출 또는 압연법 등

7 ① 8 ① 9 ④ 10 ④ 정답

11 고Cr계보다 내식성과 내산화성이 더 우수하고, 조직이 연하여 가공성이 좋은 18-8 스테인리스강의 조직은?

① 페라이트
② 펄라이트
③ 오스테나이트
④ 마텐자이트

해설

오스테나이트(Austenite)계 내열강 : 18-8(Cr-Ni) 스테인리스강에 Ti, Mo, Ta, W 등을 첨가하여 고온에서 페라이트계보다 내열성이 크다.

12 금속 중에 0.01~0.1μm 정도의 산화물 등 미세한 입자를 균일하게 분포시킨 금속복합재료는 고온에서 재료의 어떤 성질을 향상시킨 것인가?

① 내식성　② 크리프
③ 피로강도　④ 전기전도도

해설

크리프
- 재료를 고온에서 내력보다 작은 응력으로 가해 주면 시간이 지나면서 변형이 진행되는 현상
- 용융점이 낮은 금속(Pb, Cu)인 순금속, 연한 합금 등은 상온에서 크리프 현상이 발생한다.

분산강화 금속복합재료
- 금속에 0.01~0.1μm 정도의 산화물을 분산시킨 재료
- 고온에서 크리프 특성이 우수, Al, Ni, Ni-Cr, Ni-Mo, Fe-Cr 등이 기지로 사용
- 저온 내열재료 SAP(Sintered Aluminium Powder Product) : Al 기지 중에 Al_2O_3의 미세 입자를 분산시킨 복합재료로 다른 Al 합금에 비해 350~550℃에서도 안정한 강도를 지님
- 고온 내열재료 TD Ni(Thoria Dispersion Strengthened Nickel) : Ni 기지 중에 ThO_2입자를 분산시킨 내열재료로 고온 안정성 우수

13 강괴의 종류에 해당되지 않는 것은?

① 쾌삭강　② 캡드강
③ 킬드강　④ 림드강

해설

- 강괴 : 제강작업 후 내열 주철로 만들어진 금형에 주입하여 응고시킨 것이다.
- 킬드강 : 용강 중 Fe-Si, Al 분말 등 강탈산제를 첨가하여 산소가 거의 없는 완전 탈산된 강이다. 기포가 없고 편석이 적은 장점이 있으며, 기계적 성질이 양호하다.
- 세미킬드강 : 탄산 정도가 킬드강과 림드강의 중간 정도인 강으로 구조용강, 강판재료에 사용된다.
- 림드강 : 탈산처리가 중간 정도인 용강을 그대로 금형에 주입하여 응고시킨 강이다.
- 캡트강 : 용강을 주입 후 뚜껑을 씌워 내부 편석을 적게 한 강으로, 내부 결함은 작으나 표면 결함이 크다.

14 슬립(Slip)에 대한 설명으로 틀린 것은?

① 원자밀도가 가장 큰 격자면에서 잘 일어난다.
② 원자밀도가 최대인 방향으로 잘 일어난다.
③ 슬립이 계속 진행하면 결정은 점점 단단해져서 변형이 쉬워진다.
④ 다결정에서는 외력이 가해질 때 슬립 방향이 서로 달라 간섭을 일으킨다.

해설

- 슬립 : 재료에 외력이 가해졌을 때 결정 내의 인접한 격자면에서 미끄러짐이 나타나는 현상
- 결정립 미세화에 의한 강화 : 소성변형이 일어나는 과정에서 슬립(전위의 이동)이 일어난다. 미세한 결정을 갖는 재료는 굵은 결정립보다 전위가 이동하는데 방해하는 결정립계가 더 많으므로, 더 단단하고 강해 변형이 어려워진다.

정답 11 ③ 12 ② 13 ① 14 ③

15 탄소가 0.5~0.6%이고, 인장강도는 590~690MPa이며 축, 기어, 레일, 스프링 등에 사용되는 탄소강은?

① 톰 백　② 극연강
③ 반연강　④ 최경강

해설

최경강 : 탄소량 0.5~0.6%가 함유된 강으로, 인장강도는 70kg/mm^2 이상이다. 스프링, 강선, 공구 등에 사용한다.

16 나사의 일반도시에서 수나사의 바깥지름과 암나사의 안지름을 나타내는 선은?

① 가는 실선　② 굵은 실선
③ 일점쇄선　④ 이점쇄선

해설

나사의 도시방법

- 수나사의 바깥지름과 암나사의 안지름을 표시하는 선은 굵은 실선으로 그린다.
- 수나사, 암나사의 골을 표시하는 선은 가는 실선으로 그린다.
- 완전 나사부와 불완전 나사부의 경계선은 굵은 실선으로 그린다.
- 불완전 나사부의 골을 나타내는 선은 축선에 대하여 30°의 가는 실선으로 그리고, 필요에 따라 불완전 나사부의 길이를 기입한다.
- 암나사의 단면 도시에서 드릴 구멍이 나타날 때에는 굵은 실선으로 120°가 되도록 그린다.
- 수나사와 암나사의 결합부의 단면은 수나사로 나타낸다.
- 수나사와 암나사의 측면 도시에서 각각의 골지름은 가는 실선으로 약 3/4원으로 그린다.

17 KS B ISO 4287 한국산업표준에서 정한 '거칠기 프로파일에서 산출한 파라미터'를 나타내는 기호는?

① R-파라미터　② P-파라미터
③ W-파라미터　④ Y-파라미터

해설

- P-파라미터 : 1차 프로파일에서 산출한 파라미터
- W-파라미터 : 파상도 프로파일에서 산출한 파라미터
- R-파라미터 : 거칠기 프로파일에서 산출한 파라미터

18 컴퍼스로 그리기 어려운 원호나 곡선을 그릴 때 사용하는 제도용구는?

① 형 판　② 운형자
③ 축척자　④ 디바이더

해설

운형자 : 원호나 곡선, 숫자 등으로 이루어진 자

19 수면이나 유면 등의 위치를 나타내는 수준면선의 종류는?

① 파 선　② 가는 실선
③ 굵은 실선　④ 일점쇄선

해설

가는 실선의 종류

가는 실선	—	치수선	치수를 기입하기 위하여 쓰임
		치수 보조선	치수를 기입하기 위하여 도형으로부터 끌어내는 데 쓰임
		지시선	기술, 기호 등을 표시하기 위하여 사용됨
		회전 단면선	도형 내에 그 부분의 끊은 곳을 90° 회전하여 표시
		중심선	도형의 중심선을 간략하게 표시
		수준면선	수면, 유면 등의 위치를 표시

15 ④ 16 ② 17 ① 18 ② 19 ② 정답

20 $\phi 50^{+0.072}_{+0.050}$의 치수공차 표시에서 치수공차는?

① 0.022　② 0.050
③ 0.072　④ 0.122

해설
치수공차 = 윗치수 허용차 − 아랫치수 허용차
= 0.072−0.050
= 0.022

21 항상 죔새가 생기는 경우로 옳은 것은?

① 축의 최소 허용치수가 구멍의 최대 허용치수보다 큰 경우
② 구멍의 최소 허용치수가 축의 최대 허용치수보다 큰 경우
③ 실제치수가 기준치수보다 큰 경우
④ 축의 지름이 구멍의 지름과 같은 경우

22 침탄, 질화 등 특수가공할 부분을 표시할 때 나타내는 선으로 옳은 것은?

① 가는 파선　② 가는 일점쇄선
③ 가는 이점쇄선　④ 굵은 일점쇄선

해설
특수지정선
특수한 가공을 하는 부분 등 특별한 요구사항을 적용할 수 있는 범위를 표시할 때 사용하는 선으로, 굵은 일점쇄선(-·—·-)으로 나타낸다.

23 물체를 투상면에 대하여 한쪽으로 경사지게 투상하여 입체적으로 나타내는 것으로, 물체를 입체적으로 나타내기 위해 수평선에 대하여 30°, 45°, 60° 경사각을 주어 삼각자를 편리하게 사용하게 한 것은?

① 투시도　② 사투상도
③ 등각 투상도　④ 부등각 투상도

해설
사투상도
투상선이 투상면을 사선으로 평행하도록 무한대의 수평 사선으로 얻은 물체의 윤곽을 그리면 육면체의 세 모서리는 경사축이 a각을 이루는 입체도가 된다. 45°의 경사축으로 그린 것을 카발리에도, 60°의 경사 축으로 그린 것을 캐비닛도라고 한다.

24 반복도형의 기준을 잡을 때 1점쇄선으로 그려야 하는 선은?

① 피치선　② 가상선
③ 수준면선　④ 무게중심선

해설
같은 형태가 반복될 때 하나와 하나 사이의 간격을 피치라고 하는데, 이를 나타내는 선은 가는 1점쇄선이다.

25 대상물의 표면으로부터 임의로 채취한 각 부분에서의 표면거칠기를 나타내는 기호가 아닌 것은?

① Stp　② S_m
③ R_z　④ R_a

해설
표면거칠기의 종류
- 중심선 평균거칠기(R_a) : 중심선 기준으로 위쪽과 아래쪽의 면적의 합을 측정 길이로 나눈 값이다.
- 최대높이거칠기(R_{max}) : 거칠면의 가장 높은 봉우리와 가장 낮은 골 밑의 차이값으로 거칠기를 계산한다.
- 10점 평균거칠기(R_z) : 가장 높은 봉우리 5곳과 가장 낮은 골 5번째의 평균값의 차이로 거칠기를 계산한다.

정답 20 ① 21 ① 22 ④ 23 ② 24 ① 25 ①

26 리드가 12mm인 3줄 나사의 피치는 몇 mm인가?

① 3　　② 4
③ 5　　④ 6

해설
- 나사의 피치 : 나사산과 나사산 사이의 거리
- 나사의 리드 : 나사를 360° 회전시켰을 때 상하 방향으로 이동한 거리

L(리드) = n(줄수)×P(피치)
12mm = 3줄×P
P = 4mm

27 실물보다 확대해서 도면을 작성하는 척도는?

① 배 척　　② 축 척
③ 실 척　　④ 현 척

해설
도면의 척도
- 현척 : 실제 사물과 동일한 크기로 그리는 것(예 1 : 1)
- 축척 : 실제 사물보다 작게 그리는 경우(예 1 : 2, 1 : 5, 1 : 10…)
- 배척 : 실제 사물보다 크게 그리는 경우(예 2 : 1, 5 : 1, 10 : 1…)
- NS(None Scale) : 비례척이 아님

28 용융금속을 주형에 주입할 때 응고하는 과정을 설명한 것으로 틀린 것은?

① 나뭇가지 모양으로 응고하는 것을 수지상정이라고 한다.
② 핵 생성속도가 핵 성장속도보다 빠르면 입자가 미세해진다.
③ 주형에 접한 부분이 빠른 속도로 응고하고 차차 내부로 가면서 천천히 응고한다.
④ 주상 결정입자 조직이 생성된 주물에서는 주상 결정립 내 부분에 불순물이 집중하므로 메짐이 생긴다.

해설
- 수지상 결정 : 생성된 핵을 중심으로 나뭇가지 모양으로 발달하여 계속 성장하며 결정립계를 형성한다.
- 결정입자의 미세도 : 응고 시 결정핵이 생성되는 속도와 결정핵의 성장속도에 의해 결정되며, 주상 결정과 입상 결정입자가 있다.
- 주상 결정 : 용융금속이 응고하며 결정이 성장할 때 온도가 높은 방향으로 길게 뻗은 조직이다. $G \geq V_m$(G : 결정입자의 성장속도, V_m : 용융점이 내부로 전달되는 속도)
- 입상 결정 : 용융금속이 응고하며 용융점이 내부로 전달하는 속도가 더 클 때 수지 상정이 성장하며 입상정을 형성한다. $G < V_m$(G : 결정입자의 성장속도, V_m : 용융점이 내부로 전달되는 속도)

29 시료의 검경면이 셀룰로이드 피막으로 형성된 투명 박막 현미경 광선으로 투과시켜 관찰검사하는 방법은?

① 산세법　　② 섬프법
③ 전해법　　④ 표피절삭검사법

해설
섬프법(Sump Method) : 스즈키식 만능 현미경 인화법의 머리글자로, 셀룰로이드의 특성을 이용하여 관찰하려는 물체 표면에 적당한 농도의 셀룰로이드 용액을 바른 후 형성된 셀룰로이드 투명 박막을 벗겨내고 현미경으로 광선을 투사시켜 관찰하는 방법이다.

26 ② 27 ① 28 ④ 29 ② 정답

30 **금속 판재 중에 입사시키는 초음파 파장을 연속적으로 바꿔 주어 1/2 파장 정수배가 판 두께와 같게 될 때, 입사파와 반사파가 정상파가 되는 것을 이용하여 판 두께를 측정하는 검사법은?**

① 공진법 ② 투과법
③ 사각법 ④ 자화수축법

해설
공진법 : 시험체의 고유 진동수와 초음파의 진동수가 일치할 때 생기는 공진현상을 이용하여 시험체의 두께를 측정할 때 주로 적용하는 방법

31 **베가드의 법칙(Vegard's Law)에 적용되는 고용체는?**

① 침입형 고용체
② 치환형 고용체
③ 공정형 고용체
④ 공석형 고용체

해설
- 치환형 고용체 : 용질 원자가 용매 원자와 위치를 치환하여 들어가는 고용체
- 베가드의 법칙 : 치환형 고용체의 격자 파라미터는 원자 %로 표시되는 성분에 따라 직선으로 변화하는 것

32 **자분탐상검사방법 중 자화방법을 선정할 때에 대한 설명으로 틀린 것은?**

① 반자계가 생기지 않는 자화방법을 선정한다.
② 탐상면에 손상을 주지 않는 자화방법을 선정한다.
③ 자속의 방향이 탐상면에 항상 직각이 되는 자화방법을 선정한다.
④ 복잡한 형상의 시험체 및 대형 시험체는 탐상면을 분할하여 국부적으로 자화시킬 수 있는 자화방법을 선정한다.

해설
자분시험 시 유의사항
- 1회의 연속한 시험 조작으로 할 수 있는 탐상유효범위를 정하고 적당하게 분배하여 필요한 횟수로 시험 조작을 반복한다.
- 흠의 방향을 예측할 수 없을 경우 적어도 2방향 이상의 다른 방향의 자계를 가하여 재시험해야 한다.
- 반자계를 작게 해야 한다.
- 시험면을 태워서는 안 될 경우 직접 통전하지 않는 자화방법을 선택한다.
- 자계의 방향은 가능한 한 시험면에 평행으로 한다.
- 자계의 방향은 예측되는 흠의 방향에 대하여 가능한 한 직각으로 한다.

33 **재료의 소성가공성 및 용접부의 변형 등을 평가하기 위한 시험은?**

① 굽힘시험 ② 충격시험
③ 경도시험 ④ 인장시험

해설
굽힘시험 : 굽힘하중을 받는 재료의 굽힘저항(굽힘강도), 탄성계수 및 탄성변형에너지값을 측정하는 시험
- 굽힘균열시험 : 재료의 소성가공성 및 용접부의 변형 등을 평가
- 굽힘저항시험(항절시험) : 주철, 초경합금 등의 메진재료의 파단강도, 굽힘강도, 탄성계수 및 탄성에너지를 측정하며, 재료의 굽힘에 대한 저항력 조사

정답 30 ① 31 ② 32 ③ 33 ①

34 강의 페라이트 결정입도시험에서 FGC는 어떤 시험방법인가?

① 파괴법 ② 절단법

③ 비교법 ④ 평적법

해설

페라이트 결정입도 측정법 : KS D 0209에 규정된 강의 페라이트 결정입도시험으로, 0.2%C 이하인 탄소강의 페라이트 결정입도를 측정하는 시험법이다. 비교법(FGC), 절단법(FGI), 평적법(FGP)이 있다.

35 로크웰 경도시험에 쓰이는 원뿔 압입자의 꼭지각은 몇 도인가?

① 95° ② 100°

③ 120° ④ 136°

해설

- 로크웰 경도시험(HRC, HRB, Rockwell Hardness Test) : 강구 또는 다이아몬드 원추를 시험편에 처음 일정한 기준하중을 주어 시험편을 압입하고 다시 시험하중을 가하여 생기는 압흔의 깊이 차로 구하는 시험
- HRC와 HRB의 비교

스케일	누르개	기준하중(kg)	시험하중(kg)	경도를 구하는 식	적용 경도
HRB	강구 또는 초경합금, 지름 1.588mm	10	100	HRB =130−500h	0~100
HRC	원추각 120°의 다이아몬드		150	HRC =100−500h	0~70

36 방사선투과시험법에서 투과농도(D)를 구하는 식은?(단, L_0 : 입사광의 강도, L : 투과광의 강도이다)

① $D = \log_{10}\frac{L}{L_0}$

② $D = \log_{10}\frac{L_0}{L}$

③ $D = \log_{10}(L + L_0)$

④ $D = \log_{10}(L - L_0)$

37 와전류탐상시험에서 표준침투 깊이를 구할 수 있는 인자와의 비례관계를 옳게 설명한 것은?

① 표준침투 깊이는 파장이 클수록 작아진다.

② 표준침투 깊이는 주파수이 클수록 작아진다.

③ 표준침투 깊이는 투자율이 클수록 작아진다.

④ 표준침투 깊이는 진도율이 클수록 작아진다.

해설

와전류의 표준침투 깊이(Standard Depth of Penetration)는 와전류가 도체 표면의 약 37% 감소하는 깊이를 의미한다. 침투 깊이는 $\delta = \frac{1}{\sqrt{\pi \rho f \mu}}$로 나타내며 ρ는 전도율, μ는 투자율, f는 주파수로 주파수가 클수록 반비례관계를 가진다.

34 ③ 35 ③ 36 ② 37 ② 정답

38 표면 코일을 사용하는 와전류탐상시험에서 시험 코일과 시험체 사이의 상대거리의 변화에 의해 지시가 변화하는 것을 무엇이라고 하는가?

① 오실로스코프효과

② 표피효과

③ 리프트오프효과

④ 카이저효과

해설

- 리프트오프효과(Lift-off-effect) : 탐촉자-코일 간 공간효과로 작은 상대거리의 변화에도 지시가 크게 변화는 효과이다.
- 표피효과(Skin Effect) : 교류전류가 흐르는 코일에 도체가 가까이 가면 전자유도현상에 의해 와전류가 유도되며, 이 와전류는 도체의 표면 근처에서 집중되어 유도되는 효과이다.
- 모서리효과(Edge Effect) : 코일이 시험체의 모서리 또는 끝 부분에 다다르면 와전류가 휘어지는 효과로, 모서리에서 3mm 정도는 검사가 불확실하다.

39 초음파 주사방법 중 동일 평면에서 초음파빔을 부채꼴형으로 이동시키는 주사방법은?

① 선상주사

② 목돌림주사

③ 진자주사

④ 섹터주사

해설

탐촉자가 용접선과 수직으로 이동하는 주사방법은 전후주사, 용접선과 평행인 주사방법은 좌우주사, 용접선과 경사를 이루는 주사방법은 목돌림 · 진자주사, 부채꼴형으로 이동시키는 주사방법은 섹터주사법이다.

40 다음 보기에서 브리넬 경도(Brinell Hardness)시험 방법에 대한 순서로 옳은 것은?

보기

㉠ 시험면에 압입자를 접촉시킨다.

㉡ 서서히 유압밸브를 열어 유압을 제거하고 핸들을 돌려 시험편을 꺼낸다.

㉢ 유압밸브를 조이고 하중 중추가 떠오를 때까지 유압 레버를 작동시켜 하중을 가한다.

㉣ 시험면이 시험기 받침대와 평형이 되도록 조정한다.

㉤ 시험하중에 도달하면 철강에서는 15초, 비금속에서는 30초의 하중 유지시간을 준다.

① ㉣ → ㉠ → ㉢ → ㉤ → ㉡

② ㉣ → ㉡ → ㉠ → ㉤ → ㉢

③ ㉣ → ㉢ → ㉡ → ㉤ → ㉠

④ ㉣ → ㉤ → ㉢ → ㉠ → ㉡

해설

브리넬 경도시험 방법

- 시험면이 시험기 받침대와 평행이 되도록 조정한다.
- 상하 조절 레버를 돌려 시험면에 압입자와 밀착(접촉)시킨다.
- 유압밸브를 손으로 돌려 잠근다.
- 하중 레버를 상하로 움직여 하중을 가한다.
- 일정 시간 유지 후 서서히 유압밸브를 열어 유압을 제거하고 핸들을 돌려 시험편을 꺼낸다.
- 확대경을 이용하여 압입된 오목부 지름(d)을 측정한다.
- 브리넬 경도 측정 공식을 사용하여 경도를 측정한 후 H_B값을 작성한다.

정답 38 ③ 39 ④ 40 ①

41 불꽃시험용 연삭기를 사용하여 강재를 판별할 때 반드시 지켜야 할 안전사항으로 틀린 것은?

① 반드시 보호안경을 써야 한다.

② 불꽃시험은 숫돌의 정면에 서서 한다.

③ 숫돌을 교환했을 때는 3분 정도 시운전을 한다.

④ 연마 도중 시험편을 놓치지 않도록 주의한다.

해설

불꽃시험 통칙

- 시험은 항상 동일한 기구를 사용하고 동일한 조건으로 해야 한다.
- 시험은 원칙적으로 적당히 어두운 실내에서 한다. 여의치 않을 경우 배경의 밝기가 불꽃의 색 또는 밝기에 영향을 주지 않도록 조절해야 한다.
- 시험할 때에는 바람의 영향을 피해야 하고, 특히 바람의 방향으로 불꽃을 방출시켜서는 안 된다.
- 시험품의 연삭은 모재의 화학성분을 대표하는 불꽃을 일으키는 부분에 해야 한다. 강재의 표면탈탄층, 침탄층, 질화층, 가스절단층, 스케일 등은 모재와 다른 불꽃을 일으키므로 피해야 한다.
- 시험품을 그라인더에 누르는 압력 또는 그라인더를 시험품에 누르는 압력은 될 수 있는 한 같도록 하며, 0.2%C 탄소강의 불꽃 길이가 500mm 정도 되는 압력을 표준으로 한다.
- 불꽃은 수평 또는 경사진 윗 방향으로 날리고 관찰은 원칙적으로 견송식 또는 방견식으로 한다.
  - 견송식 : 전방에 불꽃을 날리고 유선의 후방에서 불꽃을 관찰하는 방법
  - 방견식 : 유선을 옆에서 관찰하는 방법

42 ASTM에서 추천한 봉재압축시험편을 단주, 중주, 장주로 나눌 때 장주시험편에 해당되는 것은?

① 높이 h는 직경의 0.9배

② 높이 h는 직경의 3배

③ 높이 h는 직경의 10배

④ 높이 h는 직경의 15배

해설

ASTM 봉재압축시험편에서 장주시험편의 높이 h는 직경의 15배이다.

43 금속재료에는 잘 이용되지 않으나 광물, 암석 계통에 정성적으로 서로 긁어서 대략의 경도 측정에 사용되는 경도시험은?

① 브리넬 경도

② 마이어 경도

③ 비커스 경도

④ 모스 경도

해설

긁힘 경도계

- 마이어 경도시험 : 꼭지각이 90°인 다이아몬드 원추로 시편을 긁어 평균 압력을 이용하여 측정한다.
- 모스 경도시험 : 시편과 표준 광물을 서로 긁어 표준 광물의 경도수에서 추정한다.
- 마텐스 경도시험 : 꼭지각이 90°인 다이아몬드 원추로 시편을 긁어 0.1mm의 홈을 내는 데 필요한 하중의 무게를 그램(g)으로 표시하는 측정법이다.
- 줄 경도시험 : 줄로 시편과 표준 시편을 긁어 표준 시편의 경도값 사이값을 비교하는 측정법이다.

44 금속현미경을 사용하여 관찰할 수 있는 내용이 아닌 것은?

① 균열의 형상과 성장의 상황

② 금속의 종류 및 함유된 성분

③ 금속조직의 구분 및 결정입도의 크기

④ 비금속 개재물의 종류와 형상, 크기 및 편석 부분의 상황

해설

현미경 탐상으로 관찰 가능한 항목

- 금속조직의 구분 및 결정입도 측정
- 주조, 열처리, 압연 등에 의한 조직의 변화 측정
- 비금속 개재물의 종류와 형상, 크기 및 편석부 측정
- 균열의 형상과 성장의 원인 분석
- 파단면 관찰에 의한 파괴 양상 파악

41 ② 42 ④ 43 ④ 44 ② 정답

45 방사선투과검사에 일반적으로 사용되는 방사성 동위원소에 해당하지 않는 원소는?

① 코발트(Co60)
② 이리듐(Ir192)
③ 베릴륨(Be153)
④ 세슘(Cs137)

해설

방사선원의 종류와 적용 두께

동위원소	반감기	에너지
Th-170	약 127일	0.084Mev
Ir-192	약 74일	0.137Mev
Cs-137	약 30.1년	0.66Mev
Co-60	약 5.27년	1.17Mev
Ra-226	약 1,620년	0.24Mev

46 브리넬 경도계의 탄소강 볼 압입자의 사용범위(HB)는?

① 탄소강 볼<400~500
② 탄소강 볼<650~700
③ 탄소강 볼<800
④ 탄소강 볼<850

해설

브리넬 경도에서 볼의 재질에 따른 사용범위는 다음과 같다.

볼의 재질	사용 범위(HB)
탄소강 볼	<400~500
크롬강 볼	<650~700
텅스텐 카바이드 볼	<800
다이아몬드 볼	<850

47 강괴의 응고과정에서 결정 상태의 변화 또는 성분의 편차에 따라 윤곽상으로 부식의 농도차가 나타난 매크로 조직은?

① 수지상정 ② 잉곳 패턴
③ 모세 균열 ④ 중심부 편석

해설

매크로 검사 용어

분 류	기 호	비 고
수지상 결정 (Dendrite)	D	강괴의 응고에 있어서 수지상으로 발달한 1차 결정이 단조 또는 압연 후에도 그 형태를 그대로 가지고 있는 것
잉곳 패턴 (Ingot Pattern)	I	강괴의 응고 과정에 있어서 결정 상태의 변화 또는 성분의 편차에 따라 윤곽상으로 부식의 농도차가 있는 것
중심부 편석 (Center Segregation)	S_C	강괴의 응고 과정에서 성분의 편차에 따라 중심부에 부식의 농도차가 나타난 것
다공질 (Looseness)	L	강재 단면 전체에 걸쳐서 또는 중심부에 부식이 단시간에 진행하여 해면상으로 나타난 것
중심부 다공질	L_C	
피트(Pit)	T	부식에 의해 강재 단면 전체에 걸쳐서 또는 중심부에 육안으로 볼 수 있는 크기로 점상의 구멍이 생긴 것
중심부 피트	T_C	
기포 (Blow Hole)	B	강괴의 기포 또는 핀 홀(Pin Hole)이 완전히 압착되지 않고 중심부에 그 흔적을 남기고 있는 것
비금속 개재물 (Nonmetallic Inclusion)	N	육안으로 알 수 있는 비금속 개재물
파이프(Pipe)	P	강괴의 응고 수축에 따른 1차 또는 2차 파이프가 완전히 압축되지 않고 중심부에 그 흔적을 남긴 것
모세균열 (Hair Crack)	H	부식에 의하여 단면에 미세하게 모발상으로 나타난 흠
중심부 파열 (Center Defects)	F	부적당한 단조 또는 압연 작업으로 인하여 중심부에 파열이 생긴 것
주변 흠 (Seam Laps)	W	강재의 주변 기포에 의한 흠, 또는 압연 및 단조에 의한 흠, 그밖에 강재의 외부에 생긴 흠

정답 45 ③ 46 ① 47 ②

48 금속 현미경에서 시료의 검사면이 아래를 향하도록 뒤집어 놓고 관찰하는 방식은?

① 직립형 ② 도립형
③ 반사형 ④ 정립형

해설
금속 현미경의 종류에는 도립형과 직립형이 있다. 검사면이 아래를 향하도록 뒤집고 관찰하는 방식을 도립형, 검사면이 위를 향하도록 하고 관찰하는 방법을 직립형이라고 한다.

49 주철의 조직으로 오스테나이트와 시멘타이트의 공정인 조직의 명칭은?

① 베이나이트 ② 소르바이트
③ 트루스타이트 ④ 레데부라이트

해설
레데부라이트 : γ-철 + 시멘타이트, 탄소 함유량이 2.0%C와 6.67%C의 공정 주철의 조직으로 나타난다.

50 종파의 전달속도가 빠른 것부터 바르게 나열한 것은?

① 구리 > 강 > 알루미늄
② 강 > 구리 > 알루미늄
③ 구리 > 알루미늄 > 강
④ 알루미늄 > 강 > 구리

해설
주요 물질에 대한 음파의 속도

물 질	종파속도(m/s)	횡파속도(m/s)
알루미늄	6,300	3,150
주강(철)	5,900	3,200
유 리	5,770	3,430
아크릴 수지	2,700	1,200
글리세린	1,920	
물	1,490	
기 름	1,400	
공 기	340	

51 비교법으로 표면검사한 결과를 보고서에 작성할 때 알맞은 기호는?

① FGI – P
② FGI – V
③ FGC – S
④ FGC – V

해설
비교법(ASTM 결정립 측정법, FGC) : 부식면에 나타난 입도를 현미경으로 측정하여 표준도와 비교하여 그에 해당하는 입도번호를 판정하는 방법

52 일정한 담금질 조건하에서 담금질에 의한 경화 깊이를 측정하는 시험은?

① 조직시험
② 인장시험
③ 에릭센시험
④ 조미니시험

해설
강의 담금질성 측정에는 조미니시험법을 사용한다.

48 ② 49 ④ 50 ④ 51 ③ 52 ④ 정답

53 강의 오스테나이트 결정입도시험방법 중 교차점의 수를 세는 방법에 대한 설명으로 옳은 것은?

① 측정선이 결정립계에 접할 때는 1/2개의 교차점으로 계산한다.
② 측정선의 끝이 정확하게 하나의 결정립계에 닿을 때는 교차점의 수를 1/2개로 계산한다.
③ 교차점이 우연히 3개의 결정립이 만나는 곳에 일치할 때는 한 개의 교차점으로 계산한다.
④ 불규칙한 현상을 갖는 결정립의 경우, 측정선이 두 개의 다른 지점에서 같은 결정립을 양분할 때는 한 개의 교차점으로 계산한다.

해설
- 절단법(제프리스법, FGI) : 부식면에 나타난 입도를 현미경으로 측정하거나 사진으로 촬영하여 서로 직각으로 만나는 일정한 길이의 두 선분에 의하여 절단되는 결정입자의 수를 측정하여 입도번호를 산출하는 방법이다. 이때 소수점 아래 둘째 자리에서 반올림한다.
- 선분의 양 끝에 있는 결정이 각각 일부분씩 절단될 때에는 한쪽만 계산하고, 절단되지 않은 결정입자가 선분의 한쪽에 있을 때에는 계산하지 않는다.
- 한 선분으로 절단되는 결정입자의 수는 10 이상이 되도록 현미경 배율을 선택하고 모두 50개 이상이 될 때까지 여러 시야를 측정한다.
- 측정선 끝이 정확하게 하나의 결정립계에 닿을 때 교차점수를 1/2개로 계산한다.

54 실린더, 피스톤 등과 같이 왕복운동에 의한 미끄럼 마멸을 일으키는 재질을 시험하는 것은?

① 구름 마멸시험
② 금속 미끄럼 마멸시험
③ 광물질 미끄럼 마멸시험
④ 왕복 미끄럼 마멸시험

해설
마멸시험의 종류
- 미끄럼 마멸시험 : 마찰면의 종류가 금속과 비금속일 경우, 금속 및 광물질과 접촉하여 미끄럼 운동을 하는 부분의 마멸을 시험한다.
- 구름 마멸시험 : 롤러 베어링, 기어, 차바퀴 같이 회전마찰이 생겨 마멸을 시험한다.
- 왕복 미끄럼 마멸시험 : 실린더, 피스톤 등 왕복운동에 의한 미끄럼 마멸을 시험한다.

55 판재의 굽힘가공에서 외력을 제거하면 굽힘각도가 벌어지는 현상은?

① 벤딩(Bending)
② 스프링 백(Spring Back)
③ 네킹(Necking)
④ 바우싱거효과(Bauschinger Effect)

해설
스프링 백(Spring Back) : 굽힘시험을 했을 때 탄성한계점을 넘어서 응력을 제거했을 때 원상으로 되돌아오지만 변형이 남아 처음 각도보다 더 벌어진 각

56 방사선을 취급 및 사용할 때 수반되는 외부 방사선 피폭의 방법으로 적용되는 3가지 원리가 아닌 것은?

① 방사선의 발생시간, 즉 사용시간을 줄인다.
② 방사선의 선원과 사람의 거리를 멀리한다.
③ 방사선의 선원과 사람 사이에 차폐물을 설치한다.
④ 방사선 동위원소 중 가능한 한 낮은 강도를 가진 것을 사용한다.

해설
방사선 취급 시 피폭관리방법
방사선의 발생시간을 줄이고, 선원과 사람의 거리를 멀리한다. 또한 선원과 사람 사이에 차폐물을 설치한다.

정답 53 ② 54 ④ 55 ② 56 ④

57 18-8 스테인리스강과 탄소강을 가장 쉽게 빨리 구분할 수 있는 방법은?

① 파괴 상태 여부로 구분한다.
② 색깔과 과열 상태로 구분한다.
③ 자성의 부착 여부로 판별한다.
④ 화학품에 의한 부식 정도로 판정한다.

해설
18-8 스테인리스강은 오스테나이트계로 비자성체이므로 자성의 부착 여부로 판별한다.

58 재료에 압축력을 가했을 때 이에 견디는 저항력으로 측정할 수 있는 것은?

① 연신율
② 부식한도
③ 접촉 마모
④ 탄성계수

해설
압축시험
- 압축력에 대한 재료의 저항력인 항압력을 시험한다.
- 압축에 의한 압축강도, 비례한도, 항복점, 탄성계수 등을 측정한다.
- 연성재료의 경우 파괴를 일으키지 않으므로 균열 발생 응력을 측정한다.
- 내압재료에 적용하며 주철, 베어링합금, 벽돌, 콘크리트, 목재, 타일 등에 시험한다.

59 비틀림시험에서 전단응력과 전단 변형의 관계를 구하려고 할 때 중공시험편 표점거리 L과 외경 D 사이의 관계식으로 옳은 것은?(단, t는 중공부의 살 두께이다)

① $L=10D,\ t \fallingdotseq \left(\frac{1}{4}\sim\frac{1}{5}\right)D$
② $L=10D,\ t \fallingdotseq \left(\frac{1}{8}\sim\frac{1}{10}\right)D$
③ $L=15D,\ t \fallingdotseq \left(\frac{1}{4}\sim\frac{1}{5}\right)D$
④ $L=15D,\ t \fallingdotseq \left(\frac{1}{8}\sim\frac{1}{10}\right)D$

해설
- 비틀림 시험에서 중공시험편 표점거리 L과 외경 D 사이의 관계식은 $L=10D,\ t \fallingdotseq \left(\frac{1}{8}\sim\frac{1}{10}\right)D$이다.
- 일반적으로 환봉시험편이 사용된다.

60 금속의 결정구조를 생각할 때 결정면과 방향을 규정하는 것과 관련이 가장 깊은 것은?

① 밀러지수
② 탄성계수
③ 가공지수
④ 전이계수

해설
밀러지수 : X, Y, Z의 3축을 어느 결정면이 끊는 절편을 원자 간격으로 측정한 수의 역수의 정수비이다. 면은 (XYZ), 방향은 [XYZ]으로 표시한다.

57 ③ 58 ④ 59 ② 60 ① 정답

2021년 제1회 과년도 기출복원문제

01 구리 및 구리 합금에 대한 설명으로 옳은 것은?

① 구리는 자성체이다.
② 금속 중에 Fe 다음으로 열전도율이 높다.
③ 황동은 주로 구리와 주석으로 된 합금이다.
④ 구리는 이산화탄소가 포함되어 있는 공기 중에서 녹청색 녹이 발생한다.

해설
구리는 비자성체이며, Ag(은) 다음으로 열전도율이 높다. 황동은 구리와 아연의 합금이고, 청동은 구리와 주석의 합금이다. 공기 중에서 녹청색 녹이 형성된다.

02 특수강 중의 특수 원소의 역할이 아닌 것은?

① 기계적 성질 향상
② 변태속도 조절
③ 탄소강 중 황의 증가
④ 오스테나이트의 입도 조절

해설
황(S) : FeS로 결합되면 융접이 낮아지며 고온에서 취약하고 가공 시 파괴의 원인이 된다. 또한 적열취성의 원인이 된다.

03 순철이 1,539℃에서 응고하여 상온까지 냉각되는 동안에 일어나는 변태가 아닌 것은?

① A_5 변태 ② A_4 변태
③ A_2 변태 ④ A_3 변태

해설
- A_0 변태 : 210℃ 시멘타이트 자기변태점
- A_1 상태 : 723℃ 철의 공석온도
- A_2 변태 : 768℃ 순철의 자기변태점
- A_3 변태 : 910℃ 철의 동소변태
- A_4 변태 : 1,400℃ 철의 동소변태
- 동소변태 : 같은 물질이 다른 상으로 결정구조의 변화를 가져오는 것
- 자기변태 : 원자 배열의 변화 없이 전자의 스핀작용에 의해 자성만 변화하는 변태

04 금속간 화합물에 대한 설명으로 틀린 것은?

① 간단한 결정구조를 갖고, 금속적 성질이 강하다.
② A, B 두 금속의 친화력이 매우 강력하다.
③ A, B 두 금속은 일정한 원자비로 결합한다.
④ 성분 금속 원자의 상대적인 관계가 항상 일정한 고용체이다.

해설
금속간 화합물 : 두 가지 금속의 원자비가 A_mB_n과 같이 간단한 정수비로 이루고 있으며 한쪽 성분 금속의 원자가 공간격자 내에서 정해진 위치를 차지한다. 원자 간 결합력이 크고 경도가 높으며 메진 성질을 가진다. 대표적으로 Fe_3C(시멘타이트)가 있으며, 게르마늄이나 규소와 같이 반도체의 특성을 지닌 것이 많다.

정답 1 ④ 2 ③ 3 ① 4 ①

05 Ni에 약 50~60%의 Cu를 첨가하여 표준 저항선이나 열전쌍용선으로 사용되는 합금은?

① 엘린바
② 모넬메탈
③ 콘스탄탄
④ 플라티나이트

해설
Ni-Cu합금
- 양백(Ni-Zn-Cu) : 장식품, 계측기
- 콘스탄탄(40%Ni-55~60%Cu) : 열전쌍
- 모넬메탈(60%Ni) : 내식·내열용

06 용액(L_1) → 결정(M) + 용액(L_2)과 같은 반응을 하며, 정해진 온도에서 3상이 평형을 이루는 상태도는?

① 공정형
② 포정형
③ 편정형
④ 금속간 화합물형

해설
불변반응
- 공석반응 : 일정한 온도의 한 고용체에서 두 종류의 고체가 동시에 석출하여 나오는 반응($\gamma \rightarrow \alpha + \beta$)
- 공정반응 : 일정한 온도의 액체에서 두 종류의 고체가 동시에 정출하여 나오는 반응($L \rightarrow \alpha + \beta$)
- 포정반응 : 일정한 온도에서 한 고용체와 용액의 혼합체가 작용하여 전혀 다른 고체가 형성되는 반응($\alpha + L \rightarrow \beta$)
- 편정반응 : 하나의 액체에서 다른 액상 및 고용체가 동시에 형성되는 반응($L_1 \rightarrow L_2 + \alpha$)
- 포석반응 : 서로 다른 조성의 두 고체가 전혀 다른 하나의 고체로 형성되는 반응($\alpha + \beta \rightarrow \gamma$)

07 금속의 산화(酸化)에 관한 설명 중 틀린 것은?

① 금속의 산화는 이온화 경향이 큰 금속일수록 일어나기 쉽다.
② Al보다 이온화 계열이 상위에 있는 금속은 공기 중에서도 산화물을 만든다.
③ 금속의 산화는 온도가 높을수록, 산소가 금속 내부로 확산하는 속도가 늦을수록 빨리 진행된다.
④ 생성된 산화물의 피막이 치밀하면 금속 내부의 산화는 어느 정도 저지된다.

해설
금속의 산화는 온도가 높을수록, 산소가 금속 내부로 확산하는 속도가 빠를수록 빨리 진행된다.

08 합금원소가 존재할 경우 가장 안정한 석출물은 합금 탄화물이다. 이때 탄화물을 잘 형성하는 합금원소는?

① Al ② Mn
③ Cr ④ Ni

해설
첨가 원소가 변태점, 경화능에 미치는 영향
- 변태온도를 내리고, 속도가 늦어지는 원소 : Ni
- 변태온도가 높아지고, 속도가 늦어지는 원소 : Cr, W, Mo
- 탄화물을 만드는 것 : Ti, Cr, W, V, Mo, Nb 등
- 페라이트 고용을 강화시키는 것 : Ni, Si 등
- 질량효과를 작게 하는 원소 : Ni, Cr, Mo 등
- 변태온도 및 속도에 영향이 없는 원소 : Cu, S, Si, Ti 등

5 ③ 6 ③ 7 ③ 8 ③ 정답

09 Ni–Fe계 합금인 엘린바(Elinvar)는 고급 시계, 지진계, 압력계, 스프링 저울, 다이얼게이지 등에 사용된다. 이는 재료의 어떤 특성 때문에 사용하는가?

① 자 성 ② 비 중
③ 비 열 ④ 탄성률

해설
불변강 : 인바(36%Ni 함유), 엘린바(36%Ni–12%Cr 함유), 플라티나이트(42~46%Ni 함유), 코엘린바(Cr–Co–Ni 함유)로 탄성 계수가 작고, 공기나 물속에서 부식되지 않는 특징이 있어 정밀계기 재료, 차, 스프링 등에 사용된다.

10 독성이 없어 의약품, 식품 등의 포장형 튜브 제조에 많이 사용되는 금속으로 탈색효과가 우수하며, 비중이 약 7.3인 금속은?

① 주석(Sn)
② 아연(Zn)
③ 망간(Mn)
④ 백금(Pt)

해설
주석과 그 합금 : 비중은 7.3, 용융점은 232℃이고, 상온에서 재결정한다. SnO_2을 형성해 내식성이 증가한다. 독성이 없어 의약품, 식품 등의 포장형 튜브에 많이 사용된다.

11 용탕을 금속 주형에 주입 후 응고할 때, 주형면에서 중심 방향으로 성장하는 나란하고 가느다란 기둥 모양의 결정은?

① 단결정 ② 다결정
③ 주상결정 ④ 크리스털 결정

해설
결정입자의 미세도 : 응고 시 결정핵이 생성되는 속도와 결정핵의 성장속도에 의해 결정되며, 주상결정과 입상결정입자가 있다.
- 주상결정 : 용융금속이 응고하며 결정이 성장할 때 온도가 높은 방향으로 길게 뻗은 조직이다. $G \geq V_m$(G : 결정입자의 성장속도, V_m : 용융점이 내부로 전달되는 속도)
- 입상결정 : 용융금속이 응고하며 용융점이 내부로 전달하는 속도가 더 클 때 수지상정이 성장하며 입상정을 형성한다. $G < V_m$ (G : 결정입자의 성장속도, V_m : 용융점이 내부로 전달되는 속도)

12 용융금속이 응고할 때 작은 결정을 만드는 핵이 생기고, 이 핵을 중심으로 금속 나뭇가지 모양으로 발달하는 것을 무엇이라고 하는가?

① 입상정 ② 수지상정
③ 주상정 ④ 결정립

해설
수지상결정 : 생성된 핵을 중심으로 나뭇가지 모양으로 발달하여 계속 성장하며 결정립계를 형성한다.

13 냉간가공한 7 : 3 황동판 또는 봉 등을 185~260℃에서 응력 제거 풀림을 하는 이유는?

① 강도 증가
② 외관 향상
③ 산화막 제거
④ 자연 균열 방지

해설
황동에서의 자연 균열 : 공기 중 암모니아와 같은 염류에 의해 입계부식을 일으켜 가공 시 내부 응력에 의해 균열이 발생하는 현상으로, 185~260℃에서 응력 제거 풀림을 해 준다.

정답 9 ④ 10 ① 11 ③ 12 ② 13 ④

14 선철 원료, 내화 재료 및 연료 등을 통하여 강 중에 함유되며 상온에서 충격값을 저하시켜 상온메짐의 원인이 되는 것은?

① Si ② Mn
③ P ④ S

해설

- 상온메짐(저온메짐) : P을 다량 함유한 강에서 발생하며 Fe_3P로 결정입자가 조대화되며, 경도・강도는 높아지나 연신율이 감소하는 메짐이다. 특히 상온에서 충격값이 감소되고, 저온메짐의 경우 겨울철 기온과 비슷한 온도에서 메짐 파괴가 일어난다.
- 청열메짐 : 냉간가공 영역 안 210~360℃ 부근에서 기계적 성질인 인장강도는 높아지나 연신이 갑자기 감소하는 현상이다.
- 적열메짐 : 황이 많이 함유되어 있는 강이 고온(950℃ 부근)에서 메짐(강도 증가, 연신율 감소)이 나타나는 현상이다.
- 백열메짐 : 1,100℃ 부근에서 일어나는 메짐으로 황이 주원인이다. 결정립계의 황화철이 융해하기 시작하는 데 따라서 발생한다.

15 주철, 탄소강 등은 질화에 의해서 경화가 잘되지 않으나 어떤 성분을 함유할 때 심하게 경화시키는지 그 성분들로 옳게 짝지어진 것은?

① Al, Cr, Mo ② Zn, Mg, P
③ Pb, Au, Cu ④ Au, Ag, Pt

해설

- 질화층 생성 금속 : Al, Cr, Ti, V, Mo 등을 함유한 강은 심하게 경화된다.
- 질화층 방해 금속 : 주철, 탄소강, Ni, Co

16 재료의 기호와 명칭이 맞는 것은?

① STC : 기계구조용 탄소강재
② STKM : 용접구조용 압연강재
③ SPHD : 탄소공구강재
④ SS : 일반구조용 압연강재

해설

① STC : 탄소공구강재
② STKM : 기계구조용 탄소강관
③ SPHD : 열간압연강재

17 도면이 구비해야 할 조건이 아닌 것은?

① 무역 및 기술의 국제적인 통용성
② 제도자의 독창적인 제도법에 대한 창의성
③ 면의 표면, 재료, 가공방법 등의 정보성
④ 대상물의 도형, 크기, 모양, 자세, 위치 등의 정보성

해설

도면이 구비해야 할 요건

- 대상물의 도형과 함께 필요로 하는 크기, 모양, 자세, 위치의 정보를 포함해야 하며, 필요에 따라서 면의 표면, 재료 가공방법 등의 정보를 포함해야 한다.
- 위의 정보를 명확하고 이해하기 쉬운 방법으로 표현해야 한다.
- 애매한 해석이 생기지 않도록 표현상 명확한 뜻을 나타내야 한다.
- 기술의 각 분야 교류의 입장에서 가능한 한 넓은 분야에 걸쳐 정합성, 보편성을 포함한다.
- 무역 및 기술의 국제 교류의 입장에서 국제성을 포함한다.
- 마이크로필름 촬영 등을 포함한 복사 및 도면의 보존, 검색 이용이 확실히 되도록 내용과 양식을 구비해야 한다.

18 다음 내용이 설명하는 투상법은?

> 투사선이 평행하게 물체를 지나 투상면에 수직으로 닿고 투상된 물체가 투상면에 나란하기 때문에 어떤 물체의 형상도 정확하게 표현할 수 있다. 이 투상법에는 제1각법과 제3각법이 속한다.

① 투시투상법 ② 등각투상법
③ 사투상법 ④ 정투상법

해설

① 투시투상법 : 멀고 가까운 거리감을 느낄 수 있도록 하나의 시점과 물체의 각 점을 방사선으로 이어서 그리는 투상법이다.
② 등각투상법 : 정면, 평면, 측면을 하나의 투상면 위에 동시에 볼 수 있도록 두 개의 옆면 모서리가 수평선과 30°가 되게 하여, 이 세 축이 120° 등각이 되도록 입체도로 투상한 것이다.
③ 사투상법 : 투상선이 투상면을 사선으로 평행하도록 무한대의 수평 사선으로 얻은 물체의 윤곽을 그리면 육면체의 세 모서리는 경사축이 α각을 이루는 입체도가 되는데, 이를 그린 투상도이다. 45° 경사축으로 그린 것을 카발리에도, 60° 경사축으로 그린 것을 캐비닛도라고 한다.

14 ③ 15 ① 16 ④ 17 ② 18 ④ 정답

19 KS규격에서 규정하고 있는 단면도의 종류가 아닌 것은?

① 온단면도 ② 한쪽단면도
③ 부분단면도 ④ 복각단면도

해설

단면도 종류
- 온단면도
- 한쪽단면도
- 부분단면도
- 회전도시단면도
- 계단단면도

20 도면을 작성할 때 쓰이는 문자의 크기를 나타내는 기준은?

① 문자의 폭 ② 문자의 높이
③ 문자의 굵기 ④ 문자의 경사도

해설

문자의 크기는 높이 2.24, 3.15, 4.5 등 5종류가 원칙이며, 루트 2씩 증가함을 원칙으로 한다.

21 다음 중 베어링의 안지름이 17mm인 베어링은?

① 6303 ② 32307K
③ 6317 ④ 607U

해설

베어링 안지름번호

안지름번호	안지름
00	10
01	12
02	15
03	17
04부터	무조건×5

22 스프링 제도에서 스프링의 종류와 모양만 도시하는 경우 스프링 재료의 중심선을 나타내는 선은?

① 굵은 실선 ② 가는 1점쇄선
③ 굵은 파선 ④ 가는 실선

해설

스프링 도시법
- 스프링은 무하중 상태에서 도시한다.
- 특별한 도시가 없는 이상 모두 오른쪽으로 감긴 것을 나타내고, 왼쪽으로 감긴 것은 '감긴 방향 왼쪽'이라고 표시한다.
- 코일스프링의 중간 일부를 생략할 때는 가는 1점쇄선 또는 가는 2점쇄선으로 표시한다.
- 스프링의 종류 및 모양만 간략히 그릴 때는 중심선을 굵은 실선으로 표시한다.

23 ISO 규격에 있는 관용 테이퍼 나사로 테이퍼 수나사를 표시하는 기호는?

① R ② Rc
③ PS ④ Tr

해설

관용 테이퍼 나사
- ISO 표준에 있는 것

관용 테이퍼 나사	테이퍼 수나사	R
	테이퍼 암나사	Rc
	평행 암나사	Rp

- ISO 표준에 없는 것

관용 테이퍼 나사	테이퍼 나사	PT
	평행 암나사	PS

24 쇼어경도계의 형식에 해당되지 않는 것은?

① A Type
② C Type
③ D Type
④ SS Type

해설

쇼어경도기의 종류에는 C형, SS형, D형이 있으며, 목측형 C형과 지시형 D형이 자주 사용된다.

정답 19 ④ 20 ② 21 ① 22 ① 23 ① 24 ①

25 충격시험에서 샤르피 흡수에너지를 노치(Notch) 부분의 원단면적으로 나눈 값은?

① 충격값
② 효율에너지
③ 해머의 질량
④ 시험편 파괴값

해설

충격값 : $U = \frac{E}{A}(\text{kgf} \cdot \text{m/cm}^2)$

여기서, A : 절단부의 단면적, E : 충격에너지

26 크리프에 관한 설명 중 틀린 것은?

① 크리프 한도란 어떤 시간 후에 크리프가 정지하는 최대 응력이다.
② 일정한 온도와 하중을 가하고 시간의 경과와 더불어 변형의 증가를 측정한다.
③ 철강 등은 250℃ 이하의 온도에서도 크리프 현상이 일어난다.
④ 하중장치, 가열로 장치와 변형률 측정장치로 구성되어 있다.

해설

크리프 시험

- 크리프 : 재료를 고온에서 내력보다 작은 응력으로 가해 주면 시간이 지나면서 변형이 진행되는 현상
- 기계구조물, 교량 및 건축물 등 긴 시간에 걸쳐 하중을 받는 재료에 시험
- 용융점이 낮은 금속(Pb, Cu)인 순금속, 연한 합금 등은 상온에서 크리프 현상 발생
- 철강 및 경합금은 250℃ 이상에서 크리프 현상 발생
- 제트기관, 로켓, 증기터빈 등은 450℃ 이상의 고온 상태에서 사용
- 크리프 생기는 요인으로는 온도, 하중, 시간으로 결정
- 크리프 시험기의 장치 : 하중장치, 변율측정장치, 가열로와 온도 측정 및 조정장치

27 용제제거성 침투탐상검사의 일반적인 처리 순서로 옳은 것은?

① 전처리 → 침투처리 → 제거처리 → 현상처리 → 관찰
② 전처리 → 제거처리 → 침투처리 → 현상처리 → 관찰
③ 전처리 → 현상처리 → 침투처리 → 제거처리 → 관찰
④ 전처리 → 침투처리 → 현상처리 → 제거처리 → 관찰

해설

용제제거성 침투탐상검사의 일반적인 탐상 순서 : 전처리 → 침투 → 제거 → 현상 → 관찰 → 후처리

28 탄성계수 E, 푸아송비 v, 강성계수 G의 관계를 바르게 나타낸 것은?

① $G = \frac{E}{2(1+v)}$　② $G = \frac{2(1+v)}{E}$

③ $G = \frac{E}{3(1-v)}$　④ $G = \frac{3(1-v)}{E}$

해설

강성률 : 전단응력과 전단 변형률 사이의 비례상수

$G = \frac{E}{2(1+v)}$

여기서, G : 강성률, v : 푸아송비, E : 탄성률

25 ① 26 ③ 27 ① 28 ① 정답

29 봉재의 비틀림 시험에서 비틀림에 의하여 생긴 전단응력(비틀림 응력)은 단면의 어느 부분에서 최대가 되는가?

① 단면의 중심
② 단면의 원주상
③ 단면의 어느 곳이나 같다.
④ 단면의 중심과 가장 가까운 곳

해설
봉재의 비틀림 시험 시 전단응력은 단면의 원주상에서 최대가 된다.

30 압축시험으로 구할 수 없는 것은?

① 압축강도 ② 연신율
③ 비례한도 ④ 탄성계수

해설
압축시험
- 압축력에 대한 재료의 저항력인 항압력을 시험한다.
- 압축에 의한 압축강도, 비례한도, 항복점, 탄성계수 등을 측정한다.
- 연성재료의 경우 파괴를 일으키지 않으므로 균열 발생 응력을 측정한다.
- 내압재료에 적용하며 주철, 베어링합금, 벽돌, 콘크리트, 목재, 타일 등에 시험한다.

31 9.8N(1kgf) 이하의 하중을 가하여 고배율의 현미경으로 미소한 경도 분포 등을 측정하는 것은?

① 쇼어 경도시험
② 브리넬 경도시험
③ 로크웰 경도시험
④ 마이크로 비커스 경도시험

해설
비커스 경도시험 중 마이크로 비커스 경도시험은 하중을 1kgf 이하로 주는 시험을 의미한다.

32 강의 담금질에 대한 설명으로 옳은 것은?

① 결정립이 클수록 담금질성이 우수하다.
② 질량효과가 큰 강은 담금질성이 우수하다.
③ 임계냉각속도가 작은 강은 담금질성이 우수하다.
④ 담금질성의 좋고, 나쁨은 담금질하였을 때 경화되는 깊이로 정한다.

해설
담금질성은 경화되기 쉬운, 즉 담금질이 들어가는 깊이와 경도의 분포를 지배하는 능력이다. 담금질 경화능은 담금질이 들어가는 깊이의 대소로 비교한다.

33 금속 현미경 검사를 위한 시편 부식액 중 알루미늄 및 알루미늄 합금의 부식액으로 적당한 것은?

① 염산 용액
② 질산 알코올 용액
③ 염화제이철 용액
④ 수산화나트륨 용액

해설
부식액의 종류

재 료	부식액
철강재료	나이탈, 질산 알코올 (질산 5mL + 알코올 100mL)
	피크랄, 피크린산 알코올 (피크린산 5g + 알코올 100mL)
귀금속 (Ag, Pt 등)	왕수 (질산 1mL + 염산 5mL + 물 6mL)
Al 및 Al 합금	수산화나트륨 (수산화나트륨 20g + 물 100mL)
	플루오린화수소산 (플루오린화수소 0.5mL + 물 99.5mL)
Cu 및 Cu 합금	염화제이철 용액 (염화제이철 5g + 염산 50mL + 물 100mL)
Ni, Sn, Pb 합금	질산 용액
Zn 합금	염산 용액

정답 29 ② 30 ② 31 ④ 32 ④ 33 ④

34 경도시험방법에서 1kgf의 하중으로 측정하여 유효경화층 깊이가 2.5mm일 때 올바르게 표시한 것은?

① CD-M-E-2.5
② CD-M-T-2.5
③ CD-H-E-2.5
④ CD-H-T-2.5

해설
경도시험에 의한 측정방법에서 유효경화층 깊이는 CD-H-E, 전경화층 깊이는 CD-H-T로 작성하며, 매크로 조직시험에 의한 측정방법은 CD-M-T로 작성한다. 또한 유효경화층 깊이는 가장 오른쪽에 작성한다.

35 방사선 투과사진 감도에 영향을 미치는 인자를 시험체 콘트라스트와 필름 콘트라스트로 나눌 때 시험체 콘트라스트에 영향을 주는 인자가 아닌 것은?

① 산란 방사선
② 필름의 종류
③ 방사선의 성질
④ 시험체의 두께차

해설
투과사진의 감도는 방사선원의 선질, 선량, 시험체의 재질, 두께 그리고 필름의 선질 및 선량 특성 등에 관계된다.

36 샤르피 충격시험을 할 때 안전상 지켜야 할 사항으로 틀린 것은?

① 해머를 멈추기 위해서는 손으로 잡는다.
② 낙하하는 해머가 멈춘 후에 측정치를 읽는다.
③ 시험편의 홈이 중앙에 위치하는지를 확인한다.
④ 시험 전에 브레이크 핸들의 작동 상태를 확인한다.

해설
충격시험 시 유의사항
- 충격시험은 온도에 영향을 많이 받으므로, 항상 온도를 나타내어 주고, 특별한 지정이 없는 한 23±5℃의 범위 내에서 한다.
- 노치부의 표면은 매끄러워야 하며 절삭 흠 등 균열이 없어야 한다.
- 시험편을 지지대에 올려 둘 때 해머가 너무 높으면 위험하므로 안전하게 조금만 올린 후 세팅한다.
- 시험편이 파괴할 때 튀어나오는 경우가 있으므로 주의한다.

37 로크웰 경도시험에서 C 스케일의 기준하중(kgf)과 시험하중(kgf)은?(단, 다이아몬드형 압입자를 사용한다)

① 5, 60
② 10, 150
③ 15, 90
④ 20, 50

해설
로크웰 경도시험(HRC, HRB, Rockwell Hardness Test)
- 강구 또는 다이아몬드 원추를 시험편에 처음 일정한 기준하중을 주어 시험편을 압입하고 다시 시험하중을 가하여 생기는 압흔의 깊이차로 구하는 시험
- HRC와 HRB의 비교

스케일	HRB	HRC
누르개	강구 또는 초경합금, 지름 1.588mm	원추각 120°의 다이아몬드
기준하중(kgf)	10	
시험하중(kgf)	100	150
경도를 구하는 식	HRB = 130 − 500h	HRC = 100 − 500h
적용 경도	0~100	0~70

34 ③ 35 ② 36 ① 37 ② **정답**

38 조직검사를 통한 상의 종류 및 상의 양을 결정하는 방법이 아닌 것은?

① 면적의 측정법
② 점의 측정법
③ 직선의 측정법
④ 설퍼 프린트 측정법

해설
조직량 측정법에는 면적 분율법, 직선법, 점산법이 있다. 설퍼 프린트는 황의 여부를 확인하는 시험이다.

39 강의 페라이트 결정입도시험에서 FGC는 어떤 시험방법인가?

① 파괴법
② 절단법
③ 비교법
④ 평적법

해설
페라이트 결정입도 측정법 : KS D 0205에 규정된 강의 페라이트 결정입도시험으로 0.2%C 이하인 탄소강의 페라이트 결정입도를 측정하는 시험법이다. 비교법(FGC), 절단법(FGI), 평적법(FGP)이 있다.

40 냉간가공한 금속을 풀림하며 전위의 재배열에 의해 결정의 다각형화가 이루어지는데 이와 관련이 가장 깊은 현상은?

① 쌍 정
② 재결정
③ 회 복
④ 결정립 성장

해설
금속 회복과정에서 높은 온도범위에서 전위는 상승한다. 이때 아결정립의 조대화와 다각화 현상이 나타난다.

41 쌍정(Twin)에 대한 설명으로 틀린 것은?

① 쌍정면을 경계로 하여 결정 부위가 변화한다.
② 쌍정에 의한 변형은 슬립에 의한 변형보다 매우 크다.
③ 쌍정은 결정의 변형 부분과 변형되지 않은 부분이 대칭을 이루게 된다.
④ 쌍정은 원자가 어느 결정면의 특정한 방향으로 정해진 거리만큼 이동하여 이루어진다.

해설
쌍정(Twin) : 소성변형 시 상이 거울을 중심으로 대칭으로 나타나는 것과 같은 현상으로, 주로 슬립이 일어나지 않는 금속이나 단결정에서 일어난다.

정답 38 ④ 39 ③ 40 ③ 41 ②

42 브리넬 경도(Brinell Hardness)시험 방법에 대한 순서로 옳은 것은?

보기
㉠ 시험면에 압입자를 접촉시킨다. ㉡ 서서히 유압밸브를 열어 유압을 제거하고 핸들을 돌려 시험편을 꺼낸다. ㉢ 유압밸브를 조이고 하중 중추가 떠오를 때까지 유압 레버를 작동시켜 하중을 가한다. ㉣ 시험면이 시험기 받침대와 평형이 되도록 조정한다. ㉤ 시험하중에 도달되면 철강에서는 15초, 비금속에서는 30초의 하중 유지시간을 준다.

① ㉣ → ㉠ → ㉢ → ㉤ → ㉡
② ㉣ → ㉡ → ㉠ → ㉤ → ㉢
③ ㉣ → ㉢ → ㉡ → ㉤ → ㉠
④ ㉣ → ㉤ → ㉢ → ㉠ → ㉡

해설

브리넬 경도시험 방법

- 시험면이 시험기 받침대와 평행이 되도록 조정한다.
- 상하 조절 레버를 돌려 시험면에 압입자와 밀착(접촉)시킨다.
- 유압밸브를 손으로 돌려 잠근다.
- 하중 레버를 상하로 움직여 하중을 가한다.
- 일정 시간 유지 후 서서히 유압밸브를 열어 유압을 제거하고 핸들을 돌려 시험편을 꺼낸다.
- 확대경을 이용하여 압입된 오목부 지름(d)을 측정한다.
- 브리넬 경도 측정 공식을 사용하여 경도를 측정한 후 H_B값을 작성한다.

43 비틀림시험에서 전단응력과 전단변형의 관계를 구하려고 할 때 중공시험편 표점거리 L과 외경 D 사이의 관계식으로 옳은 것은?(단, t는 중공부의 살 두께이다)

① $L=10D,\ t \fallingdotseq \left(\frac{1}{4}\sim\frac{1}{5}\right)D$

② $L=10D,\ t \fallingdotseq \left(\frac{1}{8}\sim\frac{1}{10}\right)D$

③ $L=15D,\ t \fallingdotseq \left(\frac{1}{4}\sim\frac{1}{5}\right)D$

④ $L=15D,\ t \fallingdotseq \left(\frac{1}{8}\sim\frac{1}{10}\right)D$

해설

- 비틀림시험에서 중공시험편 표점거리 L과 외경 D 사이의 관계식은 $L=10D,\ t \fallingdotseq \left(\frac{1}{8}\sim\frac{1}{10}\right)D$이다.
- 일반적으로 환봉시험편이 사용된다.

44 현미경으로 강의 비금속 개재물을 시험한 후 그 판정결과가 보기와 같이 표시되어 있을 때, 숫자 400이 의미하는 것은?

보기
$d60 \times 400 = 0.34\%$

① 시야수
② 청정도
③ 현미경 배율
④ 개재물이 점유한 격자점 중심의 수

해설

400은 현미경 배율을 의미한다.

42 ① 43 ② 44 ③ 정답

45 과공석강 오스테나이트화한 후 냉각할 때 ES선 도달 시 석출하는 조직은?

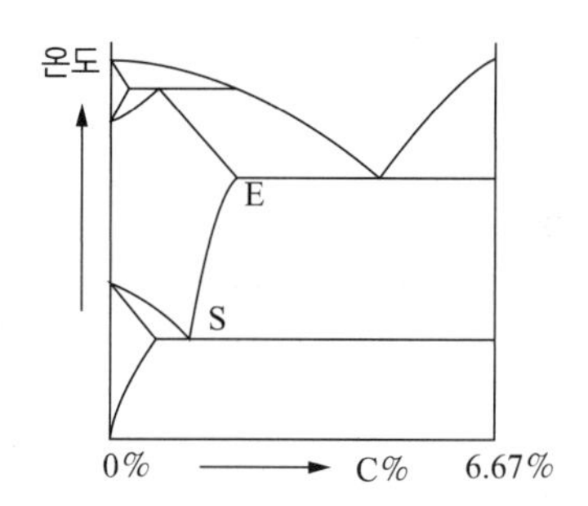

① 페라이트

② 시멘타이트

③ 펄라이트

④ 레데부라이트

해설

과공석강을 오스테나이트화한 후 냉각 시 ES선에서는 시멘타이트가 먼저 석출된다.

46 다음 보기의 원소 중에서 강의 A_1 변태점을 저하시키는 원소는?

보기
Ti, Mo, W, Mn, Ni

① Mo, W

② W, Mn

③ Ti, Mo

④ Mn, Ni

해설

변태점을 내려가게 하는 원소로는 Mn, Ni, Co 등이 있다. 이는 담금질 온도를 낮춰 담금질 후 잔류 오스테나이트를 적게 한다.

47 비커스 경도계에서 압입자 대면각은?

① 116°　② 126°

③ 136°　④ 145°

해설

비커스 경도시험(HV, Vickers Hardness Test) : 정사각추(136°)의 다이아몬드 압입자를 시험편에 놓고 1~150kg까지 하중을 가하여 시험편에 생긴 피라미드 자국의 표면적으로 하중을 나눈 값으로 경도를 구하는 시험

48 비금속 개재물의 종류 중에서 가공 방향으로 집단을 이루어 불연속적으로 입상 형태로 뭉쳐 줄지어진 알루민산염 개재물은 어느 그룹 계에 해당되는가?

① 그룹 A계 개재물

② 그룹 B계 개재물

③ 그룹 C계 개재물

④ 그룹 D계 개재물

해설

- 황화물계 개재물(그룹 A) : FeS을 형성하는 개재물로, 일반적으로 철강재에서는 탈황작용을 하는 Mn이 첨가되면서 MnS을 형성한다. 이 그룹은 쉽게 잘 늘어나는 개개의 회색 입자들로 가로/세로의 비(길이/폭)가 넓은 범위에 걸쳐 있고, 그 끝은 둥글게 되어 있다.
- 알루민산염 개재물(그룹 B) : 용강 중 SiO_2나 Fe–Mn 규산염이 있을 때 Al을 첨가하여 산화물이나 규산염이 환원되며 알루미늄 산화물계(알루민산염) 개재물을 형성한다. 이는 변형이 잘 안 되며 모가 나고 흑색이나 푸른색이 도는 많은 수의 입자로 변형 방향으로 정렬된 특징을 가진다.
- 규산염 개재물(그룹 C) : SiO_2 위주로 형성되어 있으며 일반적으로 MnO(FeO)–SiO_2의 상태로 존재한다. 쉽게 잘 늘어나는 개개의 암회색 또는 암흑색의 입자들로 그 끝이 날카로운 특징을 가진다.
- 구형 산화물 개재물(그룹 D) : 변형이 안 되며 모가 나거나 구형으로 흑색이나 푸른색으로 방향성 없이 분포되어 있는 입자이다.

정답 45 ② 46 ④ 47 ③ 48 ②

49 강의 오스테나이트 결정입도 시험방법 중 교차점의 수를 세는 방법에 대한 설명으로 틀린 것은?

① 측정선 결정립계에 접할 때 하나의 교차점으로 계산한다.

② 측정선의 끝이 정확하게 하나의 결정립계에 닿을 때는 교차점의 수를 2개로 계산한다.

③ 교차점이 우연히 3개 결정립이 만나는 곳에 일치할 때 1.5개 교차점으로 계산한다.

④ 불규칙한 형상 갖는 결정립의 경우, 측정선이 2개의 다른 지점에서 같은 결정립을 양분할 때는 2개의 교차점으로 계산한다.

해설

교차점의 수를 세는 방법(KS D 0205, 강의 페라이트 및 오스테나이트 결정립도 시험법)

- 측정선의 끝이 정확하게 하나의 결정립계에 닿을 때 교차점의 수는 1/2로 계산한다.
- 측정선이 결정립계에 접할 때는 하나의 교차점으로 계산한다.
- 교차점이 우연히 삼중점(3개의 결정립이 만나는 곳)에 일치할 때는 1.5개의 교차점으로 계산한다.
- 불규칙한 형상을 갖는 결정립의 경우, 측정선이 2개의 다른 지점에서 같은 결정립을 양분할 때는 2개의 교차점으로 계산한다.

50 비파괴시험으로 검출할 수 있는 소재의 결함이 아닌 것은?

① 충격인성 ② 표면결함
③ 래미네이션 ④ 비금속 개재물

해설

파괴검사와 비파괴검사의 차이점

- 파괴검사 : 시험편이 파괴될 때까지 하중, 열, 전류, 전압 등을 가하거나 화학적 분석을 통해 소재 혹은 제품의 특성을 구하는 검사이다. 충격, 인장, 압축, 굽힘, 피로, 경도시험 등이 있다.
- 비파괴검사 : 소재 혹은 제품의 상태, 기능을 파괴하지 않고 소재의 상태, 내부 구조 및 사용 여부를 알 수 있는 모든 검사이다. 침투, 자기, 초음파, 방사선검사가 있다.

비파괴검사의 목적

- 소재 혹은 기기, 구조물 등의 품질관리 및 평가
- 품질관리를 통한 제조 원가 절감
- 소재 혹은 기기, 구조물 등의 신뢰성 향상
- 제조 기술의 개량
- 조립 부품 등의 내부 구조 및 내용물 검사
- 표면처리층의 두께 측정

51 샤르피 충격시험기 사용하여 3호 시험편에 충격을 주어서 파단시켰다. 이때 해머 무게(W)가 22.4kgf, 해머 회전축 중심에서 무게중심까지의 거리(R)는 0.75m, 해머의 들어 올린 각도는 143°, 시험편 파단 후에 해머가 올라간 각도는 120°였다. 이 시험편의 충격에너지(E)는 몇 kgf・m인가?(단, cos 143° = −0.8, cos 120° = −0.5이다)

① 5.04 ② 6.30
③ 21.84 ④ 27.30

해설

충격에너지값

$$E = WR(\cos\beta - \cos\alpha)(\mathrm{kg_f} \cdot \mathrm{m})$$
$$= 22.4 \times 0.75(\cos 120° - \cos 143°)$$
$$= 5.04\mathrm{kgf} \cdot \mathrm{m}$$

여기서, E : 충격에너지
W : 해머의 무게($\mathrm{kg_f}$)
R : 해머 암의 길이(m)
α : 파단 전 해머를 들어올린 각도
β : 파단 후 해머가 올라간 각도

49 ② 50 ① 51 ① 정답

52 와이어를 비틀림시험할 때 비틀림 회전 측정에서 표점거리를 규격으로 표시할 때에는 시험편 직경(D)의 몇 배로 하는가?

① 10배 ② 50배
③ 100배 ④ 200배

해설
비틀림시험 시 표점거리는 시험편 직경에 100배로 한다.

53 피로시험을 할 때 시험편의 저항력이 축 방향으로 인장과 압축응력이 교대로 생기는 시험은?

① 반복 인장압축시험
② 왕복 반복 굽힘시험
③ 회전 반복 굽힘시험
④ 반복 비틀림시험

해설
반복 인장압축시험은 피로시험의 일종이다. 시험편의 저항력이 축 방향으로 인장과 압축응력을 교대로 생기게 하는 시험으로, 피로한계를 구하는 데 사용된다. 시험기로는 웨어, 헤이, 섕크 등이 있다.

54 수세식 형광침투액을 사용하여 건식현상법으로 침투탐상시험을 할 때의 시험 순서로 옳은 것은?

① 침투처리 → 전처리 → 현상처리 → 세척처리 → 건조처리 → 관찰 → 후처리
② 전처리 → 침투처리 → 세척처리 → 건조처리 → 현상처리 → 관찰 → 후처리
③ 침투처리 → 세척처리 → 후처리 → 현상처리 → 건조 처리 → 관찰 → 전처리
④ 전처리 → 현상처리 → 건조처리 → 침투처리 → 세척처리 → 관찰 → 후처리

해설
- 수세성 형광침투액 – 건식현상법(FA–D)
  전처리 → 침투 → 세척 → 건조 → 현상 → 관찰 → 후처리
- 수세성 형광침투액 – 습식형광법(수현탁성, FA–W)
  전처리 → 침투 → 세척 → 현상 → 건조 → 관찰 → 후처리

55 X선을 사용하여 결정면이나 원자배열을 결정할 때 사용되는 브레그(Bragg)식은?(단, n=회절 상수, λ=X선 파장, d=평행면 간 거리, θ=입사각이다)

① $n\lambda = 2d\sin\theta$
② $n\lambda = d\cos\theta$
③ $n\lambda = 2d\tan\theta$
④ $n\lambda = d\sin\theta$

해설
브래그 법칙(Bragg's Law)는 빛의 회절과 반사에 대한 물리 법칙이다. 결정을 지니는 물질에 어떤 파장의 빛을 여러 각도로 쪼이면 어떤 각도에서는 빛의 반사가 강하게 일어나지만, 다른 각도에서는 반사가 거의 일어나지 않는 현상을 관측하여 빛의 파장과 결정구조의 폭, 반사면과 광선의 각도 사이의 관계를 설명하는 법칙이다. 브래그의 조건으로는 $2d\sin\theta = n\lambda$이 성립되어야 한다.

56 굽힘시험과 관계가 먼 것은?

① 절삭성
② 굽힘응력
③ 소성 가공성
④ 전성 및 연성

해설
굽힘시험
굽힘하중을 받는 재료의 굽힘저항(굽힘강도), 탄성계수 및 탄성 변형에너지값을 측정하는 시험
- 굽힘균열시험 : 재료의 소성가공성 및 용접부의 변형 등을 평가한다.
- 굽힘저항시험(항절시험) : 주철, 초경합금 등의 메진 재료의 파단강도, 굽힘강도, 탄성계수 및 탄성에너지 측정하며, 재료의 굽힘에 대한 저항력을 조사한다.

정답 52 ③ 53 ① 54 ② 55 ① 56 ①

57 시험 중에 분진이 발생할 염려가 있어 방진대책을 세울 필요가 있는 시험은?

① 인장시험
② 경도시험
③ 초음파탐상시험
④ 자분(건식)탐상시험

해설
자분(건식)탐상 시 자분 가루를 사용하므로 방진대책이 필요하다.

58 강의 페라이트 및 오스테나이트 결정립도 시험법(현미경 관찰법)에서 결정입도에 대응하는 지수를 나타내는 기호는?

① m ② D
③ G ④ L

해설
결정립도에 대응하는 지수는 G로 표시한다.

59 열처리 입도시험 방법 중 경화능이 작은 강종으로, 탄소 함유량이 중간 이상의 아공석강 및 공석강에 적용되며, 기호로는 Gj로 표시되는 열처리 입도시험은?

① 산화법
② 퀜칭 템퍼링
③ 한쪽 끝 퀜칭법
④ 고용화 열처리법

해설
조미니 시험장치에서 한쪽 끝 퀜칭시험의 결과로부터 환봉의 퀜칭 경화층 깊이를 측정하면 Gj로 표시한다.

60 음향방출시험에서 응력을 반복 적용할 때 2차 응력의 크기가 1차 응력보다 작으면 음향 방출이 되지 않는 현상은?

① 표피효과
② 초전도효과
③ 카이저효과
④ 필리시티효과

해설
카이저효과란 재료에 하중을 걸어 음향 방출을 발생시킨 후 하중을 제거했다가 다시 걸어도 초기 하중의 응력 지점에 도달하기까지 음향 방출이 발생되지 않는 비가역적 성질이다.

57 ④ 58 ③ 59 ③ 60 ③ 정답

2022년 제1회 과년도 기출복원문제

01 Ni-Fe계 합금으로, 강하고 인성이 좋으며 열팽창계수가 상온 부근에서 매우 작아 길이의 변화가 거의 없어 표준자나 바이메탈의 재료로 사용되는 것은?

① 콘스탄탄 ② 모넬메탈
③ 크로멜 ④ 인 바

해설
불변강 : 인바(36%Ni 함유), 엘린바(36%Ni-12%Cr 함유), 플래티나이트(42~46%Ni 함유), 코엘린바(Cr-Co-Ni 함유)로 탄성계수가 작고, 공기나 물속에서 부식되지 않는 특징이 있어 정밀계기 재료, 차, 스프링 등에 사용된다.

02 합금의 평형상태도에서 X축과 Y축이 각각 뜻하는 것은?

① 중량과 시간 ② 조성과 온도
③ 수축과 중량 ④ 부피와 질량

해설
합금의 평형상태도에서 X축은 조성, Y축은 온도를 나타낸다.

03 융용액에서 두 개의 고체가 동시에 나오는 반응은?

① 포석반응 ② 포정반응
③ 공석반응 ④ 공정반응

해설
공정반응 : 일정한 온도의 액체에서 두 종류의 고체가 동시에 정출하여 나오는 반응($L \rightarrow \alpha + \beta$)

04 Cr-Ni강이라고도 하며, Cr_2O_3이라는 치밀하고 일정한 산화피막을 형성하여 칼, 식기, 취사 용구, 화학공업장치 등의 용도에 가장 적합한 것은?

① 주 철
② 규소강
③ 저합금강
④ 스테인리스강

해설
오스테나이트(Austenite)계 스테인리스강 : 18%Cr-8%Ni이 대표적인 강으로, 비자성체이며 산과 알칼리에 강하다.

05 순철의 자기변태점(큐리점)은 약 몇 ℃인가?

① 1,539 ② 1,400
③ 910 ④ 768

해설
- A_0변태 : 210℃ 시멘타이트 자기변태점
- A_1상태 : 723℃ 철의 공석온도
- A_2변태 : 768℃ 순철의 자기변태점
- A_3변태 : 910℃ 철의 동소변태
- A_4변태 : 1,400℃ 철의 동소변태
- 동소변태 : 같은 물질이 다른 상으로 결정구조의 변화를 가져오는 것
- 자기변태 : 원자 배열의 변화 없이 전자의 스핀작용에 의해 자성만 변화하는 변태

정답 1 ④ 2 ② 3 ④ 4 ④ 5 ④

06 금속복합재료 중 기지 금속 중에 0.01~0.1μm 정도의 산화물 등 미세한 입자를 균일하게 분포시킨 재료로 고온에서 크리프 특성이 우수한 재료는?

① 다공질 재료
② 분산 강화 금속복합재료
③ 입자 강화 금속복합재료
④ 섬유 강화 금속복합재료

해설

분산 강화 금속복합재료
- 금속에 0.01~0.1μm 정도의 산화물을 분산시킨 재료이다.
- 고온에서 크리프 특성이 우수하고 Al, Ni, Ni-Cr, Ni-Mo, Fe-Cr 등을 기지로 사용한다.

07 금속의 산화(酸化)에 관한 설명 중 틀린 것은?

① 금속의 산화는 이온화경향이 큰 금속일수록 쉽게 일어난다.
② Al보다 이온화 계열이 상위에 있는 금속은 공기 중에서도 산화물을 만든다.
③ 금속의 산화는 온도가 높을수록, 산소가 금속 내부로 확산하는 속도가 늦을수록 빨리 진행된다.
④ 생성된 산화물의 피막이 치밀하면 금속 내부의 산화는 어느 정도 저지된다.

해설

금속의 산화는 온도가 높을수록, 산소가 금속 내부로 확산하는 속도가 빠를수록 빨리 진행된다.

08 기능성 재료이며, 실용하고 있는 가장 대표적인 형상기억합금으로 원자비가 1 : 1의 비율로 조성되어 있는 합금은?

① Ti-Ni　② Au-Cd
③ Cu-Cd　④ Cu-Sn

해설

- 형상기억합금 : 힘에 의해 변형되더라도 특정 온도에 올라가면 본래의 모양으로 돌아오는 합금이다. Ti-Ni이 대표적으로 마텐자이트 상변태를 일으킨다.
- 마텐자이트 변태 : Fe이 온도 상승에 따라 α-Fe(BCC)에서 γ-Fe, δ-Fe로 외관의 변화를 보이지 않는 고체 간의 상변태

09 금속의 응고 시 과랭(Super Cooling)의 정도가 커지면 결정립은 어떻게 되는가?

① 결정립은 커진다.
② 결정립은 미세해진다.
③ 결정립의 변화는 없다.
④ 결정립이 작아졌다가 다시 커진다.

해설

- 금속의 응고 및 변태 : 액체 금속이 온도가 내려감에 따라 응고점에 이르러 응고가 시작되면 원자는 결정을 구성하는 위치에 배열되며, 원자의 운동에너지는 열의 형태로 변화한다.
- 과냉각 : 응고점보다 낮은 온도가 되어야 응고가 시작된다.
- 숨은열 : 응고 시 방출되는 열(응고잠열)

6 ② 7 ③ 8 ① 9 ② 정답

10 4%Cu, 2%Ni 및 1.5%Mg이 첨가된 알루미늄 합금으로 내연기관용 피스톤이나 실린더 헤드 등에 사용되는 재료는?

① Y합금
② 라우탈(Lautal)
③ 알클래드(Alclad)
④ 하이드로날륨(Hydronalium)

해설
- Al-Cu-Ni-Mg
  - Y합금, 석출 경화용 합금
  - 용도 : 실린더, 피스톤, 실린더 헤드 등
- Al-Cu-Si : 라우탈, 주조성 및 절삭성이 좋다.
- 알클래드 : 고강도 합금 판재인 두랄루민의 내식성 향상을 위해 순수 Al 또는 Al합금을 피복한 것이다. 강도와 내식성이 동시에 증가한다.
- Al-Mg : 하이드로날륨, 내식성이 우수하다.

11 주철명과 이에 따른 특징에 대한 설명으로 틀린 것은?

① 회주철은 보통주철이라고 하며, 펄라이트 바탕조직에 검고 연한 흑연이 주철의 파단면에서 회색으로 보이는 주철이다.
② 미하나이트주철은 저급주철이라고 하며, 흑연이 조대하고, 활모양으로 구부러져 고르게 분포한 주철이다.
③ 합금주철은 합금강의 경우와 같이 주철에 특수원소를 첨가하여 내식성, 내마멸성, 내충격성 등을 좋게 한 주철이다.
④ 가단주철은 백주철을 열처리로에 넣어 가열하여 탈탄 또는 흑연화 방법으로 제조한 주철이다.

해설
- 고급주철 : 인장강도가 높고 미세한 흑연이 균일하게 분포된 주철로 란츠법, 에멜법의 방법으로 제조되고, 미하나이트 주철이 대표적인 고급 주철에 속한다.
- 미하나이트 주철 : 저탄소 저규소의 주철에 Ca-Si를 접종해 강도를 높인 주철이다.

12 분말상의 구리에 약 10%의 주석분말과 2%의 흑연분말을 혼합하고, 윤활제 또는 휘발성 물질을 가한 다음 가압성형하고 제조하여 자동차, 시계, 방적기계 등의 급유가 어려운 부분에 사용하는 합금은?

① 자마크
② 하스텔로이
③ 화이트 메탈
④ 오일리스 베어링

해설
오일리스 베어링(Oilless Bearing) : 분말 야금에 의해 제조된 소결 베어링 합금으로, 분말상 Cu에 약 10% Sn과 2% 흑연분말을 혼합하여 윤활제 또는 휘발성 물질을 가한 후 가압성형하여 소결한 것이다. 급유가 어려운 부분의 베어링용으로 사용한다.

13 다음 중 체심입방격자(BCC)의 배위수는?

① 6개 ② 8개
③ 12개 ④ 16개

해설
체심입방격자(Body Centered Cubic) : Ba, Cr, Fe, K, Li, Mo, Nb, V, Ta
- 배위수 : 8, 원자 충진율 : 68%, 단위격자 속 원자수 : 2
- 성질 : 강도가 크고 융점이 높으며, 전연성이 작다.

정답 10 ① 11 ② 12 ④ 13 ②

14 다음 그림은 교량의 트러스 구조물이다. 중간 부분을 생략하여 그린 주된 이유는?

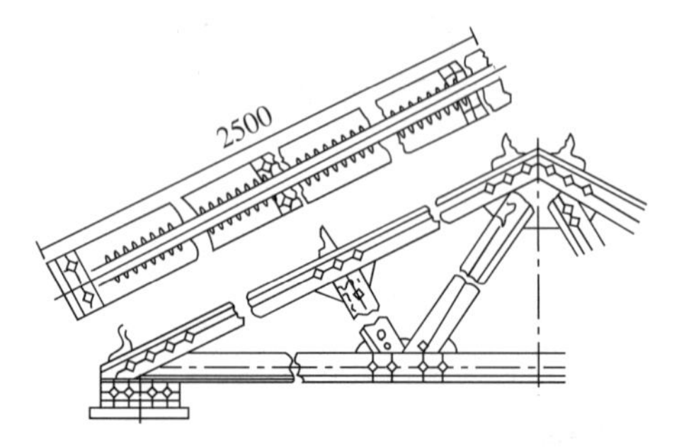

① 좌우, 상하 대칭을 도면에 나타내기 어렵기 때문에

② 반복 도형을 도면에 나타내기 어렵기 때문에

③ 물체를 제1각법 또는 제3각법으로 나타내기 어렵기 때문에

④ 물체가 길어서 도면에 나타내기 어렵기 때문에

해설

물체의 길이가 길어 도면에 모두 도시하지 못할 경우 중간 부분을 파단선으로 나타낸 후 생략할 수 있다.

15 치수 보조기호에 대한 설명이 잘못 짝지어진 것은?

① ϕ25 : 지름이 25mm이다.

② SR450 : 구의 반지름이 450mm이다.

③ t5 : 판의 두께가 5mm이다.

④ C45 : 동심원의 길이가 45mm이다.

해설

C45 : 45° 모따기를 의미한다. C는 모따기를 나타낸다.

16 다음 중 도면의 크기가 가장 큰 것은?

① A0 ② A2

③ A3 ④ A4

해설

용지의 크기와 윤곽

<table>
<tr><th colspan="2">A열 사이즈</th><th colspan="2">연장 사이즈</th><th rowspan="2">c(최소, 접지 않은 경우 d = c)</th><th rowspan="2">접는 경우의 d(최소)</th></tr>
<tr><th>호칭 방법</th><th>치수 (a × b)</th><th>호칭 방법</th><th>치수 (a × b)</th></tr>
<tr><td>–</td><td>–</td><td>A0 × 2</td><td>1,189 × 1,682</td><td rowspan="4">20</td><td rowspan="10">25</td></tr>
<tr><td>A0</td><td>841 × 1,189</td><td>A1 × 3</td><td>841 × 1,783</td></tr>
<tr><td rowspan="2">A1</td><td rowspan="2">594 × 841</td><td>A2 × 3</td><td>594 × 1,261</td></tr>
<tr><td>A2 × 4</td><td>594 × 1,682</td></tr>
<tr><td rowspan="2">A2</td><td rowspan="2">420 × 594</td><td>A3 × 3</td><td>420 × 891</td><td rowspan="6">10</td></tr>
<tr><td>A3 × 4</td><td>420 × 1,189</td></tr>
<tr><td rowspan="3">A3</td><td rowspan="3">297 × 420</td><td>A4 × 3</td><td>297 × 630</td></tr>
<tr><td>A4 × 4</td><td>297 × 841</td></tr>
<tr><td>A4 × 5</td><td>297 × 1,051</td></tr>
<tr><td>A4</td><td>210 × 297</td><td>–</td><td>–</td></tr>
</table>

17 다음 중 스프링 강재를 표시하는 기호는?

① SKH ② STC

③ STD ④ SPS

해설

① SKH : 고속도강

② STC : 탄소공구강

③ STD : 합금공구강

14 ④ 15 ④ 16 ① 17 ④ **정답**

18 제도에 사용되는 척도 중 현척에 해당하는 것은?

① 1 : 1　　② 1 : 2
③ 2 : 1　　④ 1 : 10

해설
현척 : 제도에서 도면의 도형 크기가 실물과 같은 크기로 그려져 있는 것

19 정투상도법과 관련된 설명으로 틀린 것은?

① 평면도는 정면도와 수직선상에 있다.
② 정면도의 가로 길이는 평면도의 가로 길이와 같다.
③ 정면도의 높이는 평면도의 높이와 같다.
④ 평면도의 세로 길이는 우측면도의 가로 길이와 같다.

해설
정투상도 : 투상선이 평행하게 물체를 지나 투상면에 수직으로 닿고, 투상된 물체가 투상면에 나란하기 때문에 어떤 물체의 형상도 정확하게 표현할 수 있다.

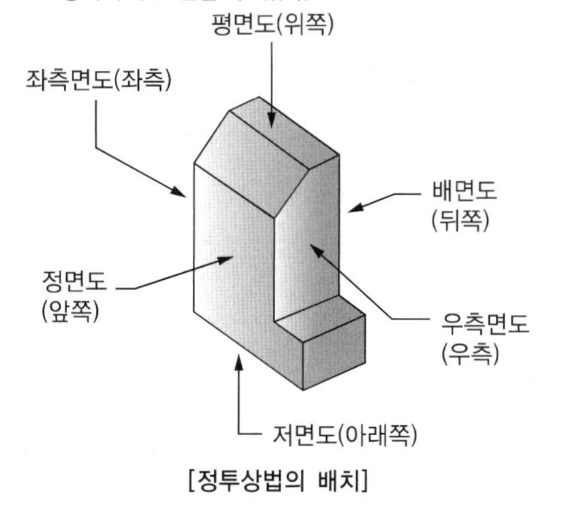

[정투상법의 배치]

20 각국의 표준규격 중 독일의 규격기호로 옳은 것은?

① KS　　② BS
③ DIN　　④ ISO

해설
③ DIN(독일공업규격)
① KS(한국표준규격)
② BS(영국표준협회)
④ ISO(국제표준기구)

21 위아래 또는 왼쪽과 오른쪽이 대칭인 물체의 단면을 나타낼 때 사용되는 단면도는?

① 한쪽단면도　　② 부분단면도
③ 전단면도　　④ 회전도시단면도

해설
한쪽(반)단면도 : 제품을 1/4로 절단하여 내부와 외부를 절반씩 보여 주는 단면도이다.

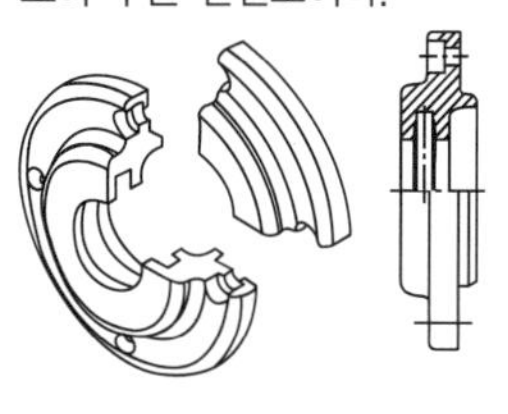

22 2N M50 × 2-6h이라는 나사의 표시방법에 대한 설명으로 옳은 것은?

① 왼나사이다.
② 2줄 나사이다.
③ 유니파이 보통나사이다.
④ 피치는 1인치당 산의 개수로 표시한다.

해설
2줄 미터가는나사 : 외경 50mm, 피치 2mm, 등급 6, 공차위치 h

정답 18 ① 19 ③ 20 ③ 21 ① 22 ②

23 다음 도면을 이용하여 공작물을 완성할 수 없는 이유는?

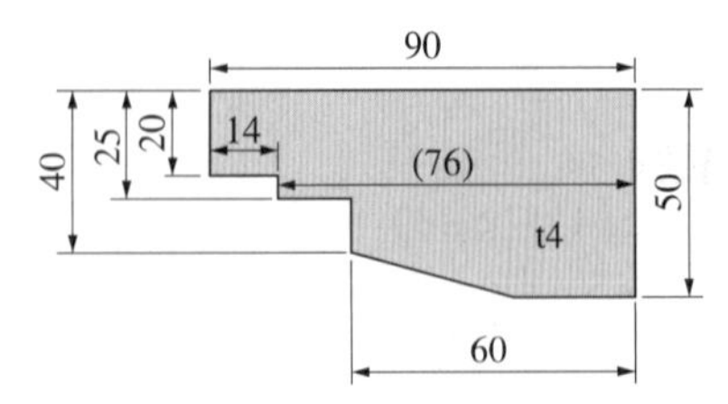

① 공작물의 두께 치수가 없기 때문에
② 공작물의 외형 크기 치수가 없기 때문에
③ 치수 20과 25 사이에 5의 치수가 없기 때문에
④ 공작물 하단의 경사진 각도 치수가 없기 때문에

해설
하단의 길이 60으로 나타낸 모서리 부분의 기울기에 대한 정의가 없기 때문에 제품을 가공할 수 없다.

24 $\phi 40^{+0.025}_{+0}$ 의 설명으로 틀린 것은?

① 치수공차 : 0.025
② 아래치수허용차 : 0
③ 최소허용치수 : 39.975
④ 최대허용치수 : 40.025

해설
최소허용치수는 40이다.

25 로크웰 경도시험에서 C스케일의 기준하중(kgf)과 시험하중(kgf)은?(단, 다이아몬드형 압입자를 사용한다)

① 5, 60
② 10, 150
③ 15, 90
④ 20, 50

해설
로크웰 경도시험(HRC, HRB, Rockwell Hardness Test)
- 강구 또는 다이아몬드 원추를 시험편에 처음 일정한 기준하중을 주어 시험편을 압입하고 다시 시험하중을 가하여 생기는 압흔의 깊이차로 구하는 시험
- HRB와 HRC의 비교

스케일	HRB	HRC
누르개	강구 또는 초경합금, 지름 1.588mm	원추각 120°의 다이아몬드
기준하중(kgf)	10	
시험하중(kgf)	100	150
경도를 구하는 식	$HRB = 130 - 500h$	$HRC = 100 - 500h$
적용 경도	0~100	0~70

26 강의 담금질에 대한 설명으로 옳은 것은?

① 결정립이 클수록 담금질성이 우수하다.
② 질량효과가 큰 강은 담금질성이 우수하다.
③ 임계냉각속도가 작은 강은 담금질성이 우수하다.
④ 담금질성의 좋고 나쁨은 담금질하였을 때 경화되는 깊이로 정한다.

해설
담금질성은 경화되기 쉬운, 즉 담금질이 들어가는 깊이와 경도의 분포를 지배하는 능력이다. 담금질 경화능은 담금질이 들어가는 깊이의 대소로 비교한다.

23 ④ 24 ③ 25 ② 26 ④ 정답

27 샤르피 충격시험을 할 때 안전상 지켜야 할 사항으로 틀린 것은?

① 해머를 멈추기 위해서는 손으로 잡는다.
② 낙하하는 해머가 멈춘 후에 측정치를 읽는다.
③ 시험편의 홈이 중앙에 위치하는지를 확인한다.
④ 시험 전에 브레이크 핸들의 작동 상태를 확인한다.

해설

충격시험 시 유의사항

- 충격시험은 온도에 영향을 많이 받으므로, 항상 온도를 나타내주고, 특별한 지정이 없는 한 23±5℃의 범위 내에서 한다.
- 노치부의 표면은 매끄러워야 하며 절삭 흠 등 균열이 없어야 한다.
- 시험편을 지지대에 올려 둘 때 해머가 너무 높으면 위험하므로 안전하게 조금만 올린 후 세팅한다.
- 시험편이 파괴될 때 튀어나오는 경우가 있으므로 주의한다.

28 다음 중 와전류탐상시험에 부적합한 재료는?

① 알루미늄 ② 니 켈
③ 타이타늄 ④ 고 무

해설

고무는 부도체이므로 와전류탐상을 할 수 없다.

29 빛 대신 파장이 짧은 전자선을 이용하면 높은 배율의 상을 관찰할 수 있다. 짧은 전자선을 이용할 수 있는 전자현미경의 기호로 옳은 것은?

① 투과전자현미경 → SEM
② 투과전자현미경 → TEM
③ 주사전자현미경 → TEM
④ 주사전자현미경 → OMS

해설

- 주사전자현미경(SEM) : 시험편 표면을 전자선으로 주사하여 나오는 이차 전자를 브라운관에 영상으로 표시하여 재료조직, 상변태, 미세조직, 거동 관찰, 성분 분석 등을 하며 고배율의 관찰이 가능하다.
- 투과전자현미경(TEM) : 짧은 파장의 전자선을 가속시켜 시험편에 투과 후 전자렌즈로 상을 확대하여 형성시키는 현미경으로, 배율 조정을 위해 전기장을 이용한다.

30 다음 중 초음파탐상에 사용하는 초음파가 아닌 것은?

① 종 파 ② 역 파
③ 판 파 ④ 표면파

해설

초음파에는 종파, 횡파, 판파, 표면파가 있다.

31 다음 중 탄소 파열을 일으키는 원소가 아닌 것은?

① W ② V
③ Cr ④ Mn

해설

탄소 파열 원소

- 탄소 파열 조장 원소 : Mn, Cr, V
- 탄소 파열 저지 원소 : W, Si, Ni, Mo

정답 27 ① 28 ④ 29 ② 30 ② 31 ①

32 다음 중 압축시험편에 대한 설명으로 옳은 것은?

① 압축강도를 측정할 경우에는 장주형 시험편을, 탄성을 측정할 경우에는 단주형 시험편을 준비한다.

② 시험편은 단면이 완전히 평행이 되도록 하여 시험 후 편심의 영향이 생기지 않도록 한다.

③ 파괴를 목적으로 할 경우에는 길이를 지름의 약 3~4배($L=3\sim4d$)로 한다.

④ 장주형 시험편의 높이는 직경의 0.9배로 하고, 단주형 시험편의 높이는 직경의 10배로 한다.

해설

- 압축시험편
  - 양쪽 단면이 평행하게 가공해야 한다.
  - 압축시험편의 길이로 봉재(금속재료, 콘크리트)의 경우 $L=(1.5\sim2.0)d$를 적용하고, 각재(목재, 석재)의 경우 $L=(1.5\sim2.0)b$를 적용한다.
- 시험편의 길이에 따른 압축 구분(단면 치수에 대한 길이의 비)
  - 단주시험편 : $h=0.9d$(베어링 합금, 압축강도 측정)
  - 중주시험편 : $h=3d$(일반 금속재료, 항압력 측정)
  - 장주시험편 : $h=10d$(탄성계수 측정)

33 3점 굽힘시험을 할 때의 받침부 사이의 거리와 시험편 두께의 관계식으로 옳게 나타낸 것은?(단, L = 2개 받침 사이의 거리, r = 누르개 안쪽 반지름, t = 시험편 두께 · 지름 · 변 또는 맞변 거리이다)

① $L=r+t$ ② $L=2r+3t$

③ $L=3r+t$ ④ $L=4r+3t$

해설

3점 굽힘시험 시 받침부 사이의 거리와 시험편 두께의 관계식

$L=2r+3t$

34 매크로시험에 대한 설명으로 틀린 것은?

① 결정격자의 패턴을 분석할 수 있다.

② 확대경을 사용하거나 육안으로 검사한다.

③ 표면을 부식시켜 파면검사를 할 수 있다.

④ 조직의 분포 상태 및 모양 등을 검사할 수 있다.

해설

매크로 조직검사 : 재료를 직접 육안으로 관찰하거나 저배율(10배 이하)의 확대경을 사용하여 재료의 결함 및 품질 상태를 판단하는 검사이다. 염산수용액을 사용하여 75~80℃에서 적당 시간 부식시킨 후 알칼리용액으로 중화시켜 건조 후 조직을 검사하는 방법이다.

35 다음 중 고온 금속현미경으로 관찰할 수 없는 것은?

① 성분 조성과 합금의 변화

② 금속 용해와 응고현상

③ 소성 변형과 파단현상

④ 결정입자의 성장과 상의 변화

해설

고온 금속현미경 : 가열 상태에 있는 금속합금 · 광물 등의 시료 표면을 조사하는 현미경으로, 고온에서 변화하는 시료의 상태나 표면을 관찰할 때 사용한다.

※ 성분 조성과 합금의 변화는 Fe-SEM과 같은 전자현미경을 이용하여 관찰한다.

32 ② 33 ② 34 ① 35 ① **정답**

36 황이 강의 외주부로부터 중심부를 향해 감소하여 분포되고, 외주부보다 중심부 방향으로 착색도가 낮은 형태의 편석은?

① 중심부 편석 ② 주상 편석
③ 점상 편석 ④ 역편석

해설
설퍼프린트에 의한 황편석의 분류

분 류	기 호	비 고
정편석	S_N	황이 외부로부터 중심부를 향해 증가하여 분포되는 형상이다. 외부보다 내부가 짙은 농도로 착색되는 것으로, 보통 일반 강재에서 발생하는 편석이다.
역편석	S_I	황이 외부로부터 중심부를 향해 감소하여 분포되는 형상으로, 외부보다 중심부쪽의 착색도가 낮게 나타나는 편석이다.
중심부 편석	S_C	황이 강재의 중심부에 중점적으로 분포되어 농도가 짙은 착색부가 나타나는 편석이다.
점상 편석	S_D	황의 편석부가 짙은 농도로 착색되는 점상 편석이다.
선상 편석	S_L	황의 편석부가 짙은 농도로 착색되는 선상 편석이다.
주상 편석	S_{Co}	형강 등에서 자주 발생하는 편석으로, 중심부 편석이 주상으로 나타나는 편석이다.

37 불꽃시험용 연삭기를 사용하여 강재를 판별할 때 반드시 지켜야 할 안전사항으로 틀린 것은?

① 반드시 보호안경을 써야 한다.
② 불꽃시험은 숫돌의 정면에 서서 한다.
③ 숫돌을 교환했을 때는 3분 정도 시운전을 한다.
④ 연마 도중 시험편을 놓치지 않도록 주의한다.

해설
불꽃시험 시 유의사항
- 그라인더에 연마 도중 시험편을 놓치지 않는다.
- 반드시 보안경을 착용한 후 실시한다.
- 숫돌의 이상 여부를 정기적으로 점검한다.
- 불꽃시험 시 누르는 압력을 일정하게 한다.
- 그라인더를 시험 가동 후 시험을 실시한다.
- 시험 시 숫돌의 옆면에 서서 작업한다.

38 침탄 열처리 시에 발생하는 가스로서 무색, 무미, 무취이며, 연료의 불완전연소로 발생하여 사람이 흡입하면 인명 피해를 주는 가스는?

① 일산화탄소
② 이산화탄소
③ 암모니아
④ 산 소

해설
침탄 열처리 시 발생되는 가스는 일산화탄소이다.

39 다음 중 모세관 현상의 원리를 응용하여 결함을 검사하는 시험은?

① 자분탐상시험 ② 침투탐상시험
③ 음향방출시험 ④ 초음파탐상시험

해설
침투탐상의 원리 : 모세관 현상을 이용하여 표면에 열려 있는 개구부(불연속부)에서의 결함을 검출하는 방법

40 재료에 단일 충격값을 주었을 때 충격에 의해 재료가 흡수한 흡수에너지를 노치부 단면적으로 나눈 값은?

① 충격값 ② 충격흡수값
③ 충격에너지 ④ 단면수축률

해설
충격값 : $U = \frac{E}{A}(\text{kgf} \cdot \text{m/cm}^2)$

여기서, A : 절단부의 단면적
E : 충격에너지

정답 36 ④ 37 ② 38 ① 39 ② 40 ①

41 브리넬 경도계의 탄소강 볼 압입자의 사용범위(HB)는?

① 탄소강 볼 < 400~500

② 탄소강 볼 < 650~700

③ 탄소강 볼 < 800

④ 탄소강 볼 < 850

해설

브리넬 경도에서 볼의 재질에 따른 사용범위는 다음과 같다.

볼의 재질	사용범위(HB)
탄소강 볼	<400~500
크롬강 볼	<650~700
텅스텐 카바이드 볼	<800
다이아몬드 볼	<850

42 방사선량 측정기 또는 개인 피폭선량 측정기가 아닌 것은?

① 서베이미터(Surveymeter)

② 필름배지(Film Badge)

③ 에릭센미터(Erichsenmeter)

④ 포켓도시미터(Pocket Dosimeter)

해설

방사선량 측정기 및 개인 피복선량 측정기

- 필름배지(Film Badge) : 방사선에 노출되면 필름의 흑화도가 변하여 방사선량을 측정한다.
- 열형광선량계(TLD) : 방사선 노출된 소자를 가열 시 열형광이 방출되는 원리를 이용하여 누적 선량을 측정한다.
- 포켓도시미터(Pocket Dosimeter) : 피폭된 선량을 즉시 알 수 있는 개인피폭관리용 선량계, 기체의 전리작용에 의한 전하의 방전을 사용한다.
- 서베이미터(Surveymeter) : 가스충전식 튜브에 기체의 이온화 현상 및 기체증폭장치를 이용한다.
- 경보계(Alarm Monitor) : 방사선이 외부 유출 시 경보음이 울리는 장치이다.

43 크리프시험(Creep Testing)에 대한 설명으로 옳은 것은?

① 제1기 크리프는 감속크리프라고 한다.

② 제2기 크리프는 가속크리프라고 한다.

③ 제3기 크리프는 정상크리프라고 한다.

④ 크리프 한도란 일정 온도에서 어떤 시간 후에 크리프속도가 1이 되는 응력이다.

해설

표준 크리프 곡선의 3단계

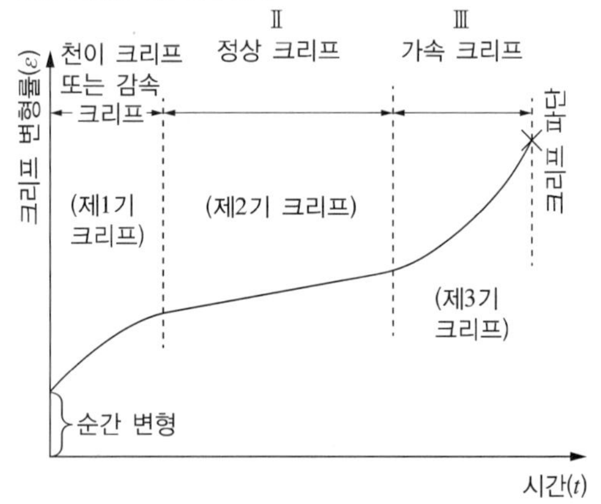

- 제1단계(감속크리프) : 변율이 점차 감소하는 단계
- 제2단계(정상크리프) : 일정하게 진행되는 단계
- 제3단계(가속크리프) : 점차 증가하여 파단에 이르는 단계

44 다이아몬드로 시험편 표면을 긁어서 그 흠의 모양에 의해 정량적으로 측정하는 경도시험법은?

① 쇼어 경도시험 ② 마텐스 경도시험

③ 로크웰 경도시험 ④ 비커스 경도시험

해설

- 마이어 경도시험 : 꼭지각이 90°인 다이아몬드 원추로 시편을 긁어 평균 압력을 이용하여 측정한다.
- 모스 경도시험 : 시편과 표준 광물을 서로 긁어 표준 광물의 경도수로 추정한다.
- 마텐스 경도시험 : 꼭지각이 90°인 다이아몬드 원추로 시편을 긁어 0.1mm의 흠을 내는 데 필요한 하중의 무게를 그램(g)으로 표시하는 측정법이다.
- 줄 경도시험 : 줄로 시편과 표준 시편을 긁어 표준 시편의 경도값 사이값을 비교하는 측정법이다.

41 ① 42 ③ 43 ① 44 ② **정답**

45 유류 화재 시 부적당한 소화설비는?

① 수종(물통)

② 건조사

③ 이산화탄소 소화설비

④ 할로겐 소화설비

해설

A급 화재는 목재, 의류 등의 일반 화재, B급 화재는 등유, 경유 등 기름으로 인한 화재, C급 화재는 전기 화재를 나타내는 표기이다. A급 화재는 물, 소화기 등으로 진압하며, B급 화재는 물과 기름이 섞이지 않아 기름이 튀어 오르게 되어 질식 소화법을 사용한다. 그 방법에는 베이킹 소다, 건조사, 이산화탄소 소화설비 등이 있다. C급 화재는 차단기를 내린 후 소화기로 불을 끈다.

46 강의 담금질성을 판단하는 방법 중 가장 일반화되어 있는 방법은?

① 조직시험

② 인장시험

③ 에릭센시험

④ 조미니시험

해설

조미니시험법은 강의 담금질성을 측정하는 시험법이다.

47 자분탐상검사의 특징을 설명한 것 중 옳은 것은?

① 시험체의 크기, 모양 등에 제한을 받는다.

② 시험체는 강자성체가 아닌 경우에만 적용할 수 있다.

③ 전극과 접촉되는 부분에서 국부적인 가열 또는 아크로 인하여 시험체의 표면이 손상될 우려가 있다.

④ 균열과 같은 선 모양의 결함은 검출할 수 없지만 일반적으로 핀 홀과 같은 점 모양의 결함 검출능력은 우수하다.

해설

자분탐상의 특징

- 강자성체의 표면 및 표면 직하의 미세하고 얕은 결함 검출 중 감도가 가장 높다.
- 시험체의 크기, 형태, 모양에 큰 영향을 받지 않고 육안 관찰이 가능하다.
- 시험면에 비자성 물질(페인트 등)이 얇게 도포되어도 검사가 가능하다.
- 검사방법이 간단하며 저렴하다.
- 강자성체에만 적용이 가능하다.
- 직각 방향으로 최소 2회 이상 검사해야 한다.
- 전처리 및 후처리가 필요하며 탈자가 필요한 경우도 있다.
- 전기 접촉으로 인한 국부적 가열이나 손상의 발생이 가능하다.

48 현미경으로 조직시험을 하기 위한 시험편에 대한 설명으로 틀린 것은?

① 시험편의 면은 반드시 경사되도록 연마한다.

② 시험편은 부식시키기 전에 연마면에 스크래치가 없어야 한다.

③ 견본시험편은 사용할 수 있는 자재를 대표할 수 있는 것으로 채취해야 한다.

④ 알맞게 부식되었을 때 시험편은 물로 세척하고 건조시킨 후 알코올 등에 넣었다가 다시 건조한다.

해설

현미경시험 시 시험편의 면은 반드시 평행하여야 한다.

정답 45 ① 46 ④ 47 ③ 48 ①

49 강의 페라이트 결정입도시험 결과가 보기와 같이 보고서에 표시되었을 때의 설명으로 옳은 것은?

보기

FGC-P3.5(10)

① 절단법으로 시험하였다.
② 시야 수가 3~4이다.
③ 종합 판정에 따른 입도가 3.5이다.
④ 직각 단면에 대하여 시험하였다.

해설
FGC-P3.5(10) : 비교법, 평행 단면 10시야, 종합 판정 결과 입도번호 3.5

50 표점거리 200mm인 시험편을 인장시험한 후 표점거리가 260mm가 되었다면 연신율(%)은?

① 10 ② 20
③ 30 ④ 40

해설
연신율 : 시험편이 파괴되기 직전의 표점거리(l_1)와 원표점 길이(l_0)의 차

$$\delta = \frac{\text{변형 후 길이} - \text{변형 전 길이}}{\text{변형 전 길이}} \times 100\%$$

$$= \frac{l_1 - l_0}{l_0} \times 100\%$$

$$= \frac{260 - 200}{200} \times 100\%$$

$$= 30\%$$

51 인장시험 및 압축시험에 의해 재료에 순수인장 또는 압축으로 생긴 길이 방향의 단위 스트레인으로 옆쪽 스트레인을 나눈 값은?

① 연신율(Elongation)
② 푸아송의 비(Poisson's Ratio)
③ 영률(Young's Modulus)
④ 단면 수축률(Reduction Of Area)

해설
푸아송의 비(Poisson's Ratio) : 탄성한계 내에서 횡 변형(가로 변형)과 종 변형(세로 변형)은 그 재료에 대하여 항상 일정한 값을 갖는 현상이다. $\frac{1}{m}$으로 표시하며 $\frac{1}{m}$의 역수 m을 푸아송수라고 한다.

52 다음 중 액체침투탐상시험에서 현상제를 적용하는 목적으로 옳은 것은?

① 시험편의 건조를 촉진하기 위한 것이다.
② 잔류 침투액을 내부로 흡수하기 위한 것이다.
③ 침투제의 침투력을 촉진하기 위한 것이다.
④ 스며든 침투액이 표면으로 배어 나와 지시 모양을 만들기 위한 것이다.

해설
현상제는 침투액이 모세관 현상으로 인해 표면으로 배어 나와 지시 모양을 만드는 목적을 가진다.

49 ③ 50 ③ 51 ② 52 ④ 정답

53 다음 중 로크웰 경도시험에서 압입자로 강구(Steel Ball)를 사용하는 스케일은?

① A ② B
③ C ④ D

해설

HRB와 HRC 비교

스케일	HRB	HRC
누르개	강구 또는 초경합금, 지름 1.588mm	원추각 120°의 다이아몬드
기준하중(kgf)	10	
시험하중(kgf)	100	150
경도를 구하는 식	$HRB = 130 - 500h$	$HRC = 100 - 500h$
적용 경도	0~100	0~70

54 시험편을 편광으로 검경하면 부식을 하지 않아도 결정입자나 상을 식별할 수 있는 광학적 이방성을 가진 금속은?

① 철(Fe)
② 알루미늄(Al)
③ 지르코늄(Zr)
④ 구리(Cu)

해설

광학적 이방성은 물질 속에서 방향에 따라 광학적 성질이 달라지는 현상으로, 지르코늄이 이방성을 가진 금속이다.

55 자분탐상검사에서 선형자계를 형성하는 것은?

① 코일법
② 프로드법
③ 직각통전법
④ 전류관통법

해설

자화방법 : 시험체에 자속을 발생시키는 방법이다.

- 선형자화 : 시험체의 축 방향을 따라 선형으로 발생하는 자속으로, 코일법과 극간법이 있다.
- 원형자화 : 환봉, 철선 등 전도체에 전류를 흘려 주위에 발생하는 자력선이 원형으로 형성하는 자속으로 축통전법, 프로드법, 중앙전도체법, 직각통전법, 전류통전법이 있다.

56 탄성계수 E, 푸아송비 v, 강성계수 G의 관계를 바르게 나타낸 것은?

① $G = \frac{E}{2(1+v)}$

② $G = \frac{2(1+v)}{E}$

③ $G = \frac{E}{3(1-v)}$

④ $G = \frac{3(1-v)}{E}$

해설

강성률 : 전단응력과 전단 변형률 사이의 비례상수

$$G = \frac{E}{2(1+v)}$$

여기서, G : 강성률
v : 푸아송비
E : 탄성률

정답 53 ② 54 ③ 55 ① 56 ①

57 강의 오스테나이트 결정입도 시험방법 중 교차점의 수를 세는 방법에 대한 설명으로 틀린 것은?

① 측정선 결정립계에 접할 때 하나의 교차점으로 계산한다.

② 측정선의 끝이 정확하게 하나의 결정립계에 닿을 때는 교차점의 수를 2개로 계산한다.

③ 교차점이 우연히 3개 결정립이 만나는 곳에 일치할 때 1.5개 교차점으로 계산한다.

④ 불규칙한 형상을 갖는 결정립의 경우, 측정선이 2개의 다른 지점에서 같은 결정립을 양분할 때는 2개의 교차점으로 계산한다.

해설

교차점의 수를 세는 방법(KS D 0205, 강의 페라이트 및 오스테나이트 결정립도 시험법)

- 측정선의 끝이 정확하게 하나의 결정립계에 닿을 때 교차점의 수는 1/2로 계산한다.
- 측정선이 결정립계에 접할 때는 하나의 교차점으로 계산한다.
- 교차점이 우연히 삼중점(3개의 결정립이 만나는 곳)에 일치할 때는 1.5개의 교차점으로 계산한다.
- 불규칙한 형상을 갖는 결정립의 경우, 측정선이 2개의 다른 지점에서 같은 결정립을 양분할 때는 2개의 교차점으로 계산한다.

58 샤르피 충격시험기를 사용하여 3호 시험편에 충격을 주어서 파단시켰다. 이때 해머 무게(W)가 22.4kgf, 해머 회전축 중심에서 무게중심까지의 거리(R)는 0.75m, 해머의 들어 올린 각도는 143°, 시험편 파단 후에 해머가 올라간 각도는 120°였다. 이 시험편의 충격에너지(E)는 몇 kgf · m인가?(단, cos 143° = −0.8, cos 120° = −0.5이다)

① 5.04 ② 6.30

③ 21.84 ④ 27.30

해설

충격에너지값

$E = WR(\cos\beta - \cos\alpha)(\mathrm{kgf \cdot m})$

$= 22.4 \times 0.75(\cos 120° - \cos 143°)$

$= 5.04\mathrm{kgf \cdot m}$

여기서, E : 충격에너지

W : 해머의 무게(kgf)

R : 해머 암의 길이(m)

α : 파단 전 해머를 들어올린 각도

β : 파단 후 해머가 올라간 각도

59 대물렌즈의 배율이 M40이고, 접안렌즈의 배율이 WP10일 때 현미경의 총배율은?

① 100배 ② 200배

③ 400배 ④ 800배

해설

$40 \times 10 = 400$배

60 피로시험에서 S-N 곡선의 S와 N의 의미는?

① S : 응력, N : 시험시간

② S : 반복 횟수, N : 변형

③ S : 응력, N : 반복 횟수

④ S : 시험시간, N : 반복 횟수

해설

비틀림 응력과 반복 횟수 사이의 관계를 나타낸 곡선을 S-N 곡선이라 하며, 주로 피로한도를 측정할 때 사용한다.

57 ② 58 ① 59 ③ 60 ③ 정답

2023년 제1회 과년도 기출복원문제

01 저용점 합금으로 사용되지 않는 금속 원소는?

① Zn ② Mo
③ Sn ④ Pb

해설

- 용융점이란 열을 가하면 그 금속이 녹아서 액체로 될 때의 온도를 뜻한다.
- 저융점 금속은 용융점이 231.9℃ 이하인 금속을 통칭한다(즉, Sn의 융점을 기준으로 한다).
- 고융점 금속은 용융점이 2,000℃ 이상의 금속을 뜻한다.
- 용융점 온도
  - 몰리브덴(Mo) : 2,610℃
  - 아연(Zn) : 419℃
  - 주석(Sn) : 232℃
  - 납(Pb) : 327.6℃

02 보자력이 큰 경질 자성재료에 해당되는 것은?

① 퍼멀로이
② 규소강판
③ 희토류계 자석
④ 센더스트

해설

- 경질 자성재료 : 알니코, 페라이트, 희토류계, 네오디뮴, Fe-Cr-Co계 반경질 자석, Nd 자석 등
- 연질 자성재료 : Si(규소)강판, 퍼멀로이, 센더스트, 알펌, 퍼멘듈, 슈퍼멘듈 등

03 황(S)이 적은 선철을 용해하여 구상흑연주철을 제조할 때 많이 사용되는 흑연구상화제는?

① Zn ② Pb
③ Mn ④ Mg

해설

구상흑연주철의 구상화는 마카세(Ma, Ca, Ce)로 암기하도록 한다.

04 Mg에 대한 설명으로 옳은 것은?

① 알칼리에는 침식된다.
② 구리보다 강도는 낮으나 절삭성은 좋다.
③ 산이나 염수에는 잘 견딘다.
④ 열전도율과 전기전도율이 구리보다 높다.

해설

마그네슘의 성질

- 비중 1.74, 용융점 650℃, 조밀육방격자형
- 전기전도율은 Cu(구리), Al(알루미늄)보다 낮다.
- 알칼리에는 내식성이 우수하나 산이나 염수에는 침식이 진행된다.
- O_2에 대한 친화력이 커 공기 중 가열, 용해 시 폭발이 발생한다.

05 열간가공을 끝맺는 온도는?

① 재결정 온도 ② 피니싱 온도
③ 변태 온도 ④ 용융 온도

해설

피니싱 : 끝맺음을 한다는 것으로 열간가공이 끝나는 것을 의미한다.

정답 1 ② 2 ③ 3 ④ 4 ② 5 ②

06 탄소강에서 청열취성이 나타나는 온도 구간은?

① 200~300℃
② 50~100℃
③ 350~450℃
④ 500~600℃

해설
탄소강은 200~300℃ 부근에서 청열취성이 일어나 연신율이 최소가 된다.

07 금속재료를 냉간가공 할 때 성질 변화로 옳지 않은 것은?

① 항복강도가 증가한다.
② 피로강도가 증가한다.
③ 격자가 변형되어 이방성을 가지게 된다.
④ 전기전도율이 커진다.

해설
기계적, 물리적 성질의 변화 : 냉간가공도에 따른 기계적 성질의 변화 경향을 나타낸 것이다. 냉간가공도에 따라 경도와 인장강도, 항복강도(내력) 등은 증가하는 경향이 있으며, 연신율과 단면 수축률은 줄어드는 것을 알 수 있다. 그리고 물리적 성질인 전기전도율이나 온도계수는 가공도가 커짐에 따라서 경화할수록 낮아지며 전기저항은 커진다.

08 순금속의 용융온도의 크기 비교로 옳은 것은?

① Sn < Al < Fe
② Ni < Cu < W
③ Cr < Mg < Co
④ Mn < Pb < Zn

해설
금속의 용융온도(℃)

- Ni : 1,455
- W : 3,410
- Al : 660
- Cr : 1,890
- Co : 1,495
- Pb : 327
- Cu : 1,083
- Sn : 231
- Fe : 1,538
- Mg : 650
- Mn : 1,260
- Zn : 420

09 다이스강보다 더 우수한 금형재료이고, 소형물에 주로 사용하며 그 기호를 SKH로 사용하는 강은?

① 탄소공구강
② 합금공구강
③ 구상흑연주철
④ 고속도공구강

해설
고속도공구강(SKH), 탄소공구강(STC), 합금공구강(STS), 구상흑연주철(GCD)

10 주철, 탄소강 등은 질화에 의해서 경화가 잘되지 않으나 어떤 성분을 함유할 때 심하게 경화된다. 그 성분들로 옳게 짝지어진 것은?

① Pb, Au, Cu
② Zn, Mg, P
③ Al, Cr, Mo
④ Au, Ag, Pt

해설
- 질화층 생성 금속 : Al, Cr, Ti, V, Mo 등을 함유한 강은 심하게 경화된다.
- 질화층 방해 금속 : 주철, 탄소강, Ni, Co

11 공구용 재료로서 구비해야 할 조건이 아닌 것은?

① 내마멸성이 작아야 한다.
② 강인성이 커야 한다.
③ 열처리와 공작이 용이해야 한다.
④ 상온과 고온에서 경도가 높아야 한다.

해설
공구용 재료는 강인성과 내마모성(내마멸성)이 커야 하며, 경도와 강도가 높아야 한다.

6 ① 7 ④ 8 ① 9 ④ 10 ③ 11 ① 정답

12 탄소강에 함유된 5대 원소에 대한 설명 중 옳지 않은 것은?

① C량의 증가에 따라 인장강도, 경도 등이 증가한다.

② Mn은 고온에서 결정립 성장을 억제시키며, 주조성을 좋게 한다.

③ S의 함유량은 공구강에서 0.03% 이하, 연강에서는 0.05% 이하로 제한한다.

④ Si는 결정립을 미세화하여 가공성 및 용접성을 증가시킨다.

해설

Si가 페라이트 중에 고용되면 다음과 같은 영향을 준다.

- 강의 인장강도, 탄성한계, 경도를 높인다.
- 연신율과 충격값을 감소시킨다.
- 결정립을 조대화하고, 소성을 낮게 하여 냉간가공성이 나빠진다.
- 용접성을 저하시킨다.

13 높은 온도에서 증발에 의해 황동의 표면으로부터 Zn이 탈출되는 현상은?

① 응력부식 탈아연 현상

② 전해 탈아연 부식 현상

③ 탈락 탈아연 메짐 현상

④ 고온 탈아연 현상

해설

고온 탈아연 현상

- 고온에서 증발에 의해 황동의 표면으로부터 아연(Zn)이 탈출하는 현상이다.
- 방지법 : 도금, 페인팅(칠), 가공재를 180~260℃로 응력제거풀림 처리한다.

14 네이벌 황동(Naval Brass)이란?

① 4 : 6 황동에 Fe을 약 4.95~5% 정도 첨가한 것

② 7 : 3 황동에 Mn을 약 2.85~3% 정도 첨가한 것

③ 6 : 4 황동에 Sn을 약 0.75~1% 정도 첨가한 것

④ 3 : 7 황동에 Pb을 약 3.55~4% 정도 첨가한 것

해설

네이벌 황동 : 6 : 4 황동에 Sn 1% 첨가한 강으로 판, 봉, 파이프 등에 사용한다.

15 도면에 '13-ϕ20드릴'이라고 기입되어 있으면 드릴 구멍은 몇 개인가?

① 12개　　② 20개

③ 14개　　④ 13개

해설

'13-ϕ20드릴'은 지름이 20mm인 13개의 드릴구멍을 가공함을 의미한다.

16 미터사다리꼴나사를 나타내는 표시법은?

① Tr102　　② TW10

③ M8　　④ 1-8 UNC

해설

- Tr : 미터사다리꼴나사
- TW : 29° 사다리꼴나사
- M : 미터나사
- UNC : 유니파이보통나사

정답 12 ④ 13 ④ 14 ③ 15 ④ 16 ①

17 도면을 작성할 때 도형의 일부를 생략할 수 있는 경우를 모두 나열한 것은?

보기
ㄱ. 도형이 대칭인 경우
ㄴ. 길이가 긴 물체의 중간 부분의 경우
ㄷ. 물체의 단면이 얇은 경우
ㄹ. 같은 모양이 계속 반복되는 경우
ㅁ. 짧은 축, 핀, 키, 볼트, 너트 등과 같은 기계요소의 경우

① ㄱ, ㄴ, ㅁ ② ㄴ, ㄷ, ㅁ
③ ㄱ, ㄴ, ㄹ ④ ㄱ, ㄴ, ㄷ, ㄹ, ㅁ

해설
도형은 대칭인 경우, 길이가 긴 부품의 중간 부분, 같은 모양이 반복되는 경우 도형의 일부를 생략하여 도시할 수 있다.

18 기계의 운동에너지를 흡수하여 운동속도를 감속 또는 정지시키는 장치는?

① 기 어 ② 커플링
③ 브레이크 ④ 마찰차

19 윤활제의 목적과 가장 거리가 먼 것은?

① 냉각 작용 ② 방청 작용
③ 용해 작용 ④ 청정 작용

해설
윤활제의 목적으로는 냉각, 윤활, 방청 및 세척(청정) 작용이 있다.

20 투상도를 표시하는 방법에 관한 설명으로 옳지 않은 것은?

① 조립도 등 주로 기능을 나타내는 도면에서는 대상물을 사용하는 상태로 표시한다.
② 물체의 중요한 면은 가급적 투상면에 평행하거나 수직이 되도록 표시한다.
③ 가공을 위한 도면은 가공량이 많은 공정을 기준으로, 가공할 때 놓인 상태와 같은 방향으로 표시한다.
④ 물품의 형상이나 기능을 가장 명료하게 나타내는 면을 주투상도가 아닌 보조투상도로 선정한다.

해설
물품의 형상이나 기능을 가장 명료하게 나타내는 면은 정면도이며, 주투상도로 선정한다.

21 다음 내용이 설명하는 투상법은?

투사선이 평행하게 물체를 지나 투상면에 수직으로 닿고 투상된 물체가 투상면에 나란하기 때문에 어떤 물체의 형상도 정확하게 표현할 수 있다. 이 투상법에는 1각법과 3각법이 속한다.

① 투시투상법 ② 등각투상법
③ 정투상법 ④ 사투상법

해설
① 투시투상법 : 투상면에서 어떤 거리에 있는 시점과 대상물의 각 점을 연결한 투상선이 투상면을 지나가는 투상법으로, 멀고 가까운 거리감을 느낄 수 있도록 물체의 각 점을 방사선으로 이어서 그린다.
② 등각투상법 : 정면, 평면, 측면을 하나의 투상면 위에 동시에 볼 수 있도록 두 개의 옆면 모서리가 수평선과 30°가 되게 하여 이 세 축이 120°의 등각이 되도록 입체도로 투상한 투상도이다.
④ 사투상법 : 투상선이 투상면을 사선으로 평행하도록 무한대의 수평 시선으로 얻은 물체의 윤곽을 그리게 되면 육면체의 세 모서리는 경사축이 α각을 이루는 입체도가 되며, 이를 그린 그림을 의미한다. 45°의 경사축으로 그린 것을 카발리에도, 60°의 경사축으로 그린 것을 캐비닛도라고 한다.

17 ③ 18 ③ 19 ③ 20 ④ 21 ③ 정답

22 그림과 같은 치수 기입 방법은?

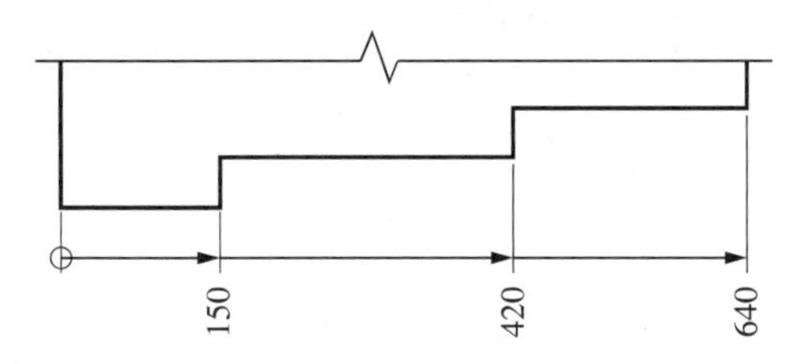

① 직렬 치수 기입 방법
② 병렬 치수 기입 방법
③ 복합 치수 기입 방법
④ 누진 치수 기입 방법

해설

④ 누진 치수 기입 방법

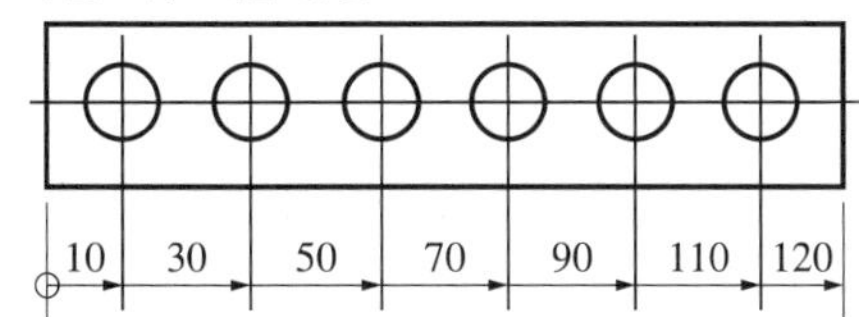

① 직렬 치수 기입 방법

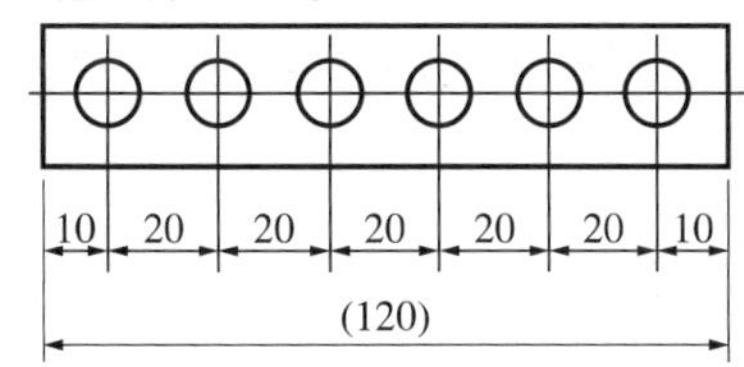

② 병렬 치수 기입 방법

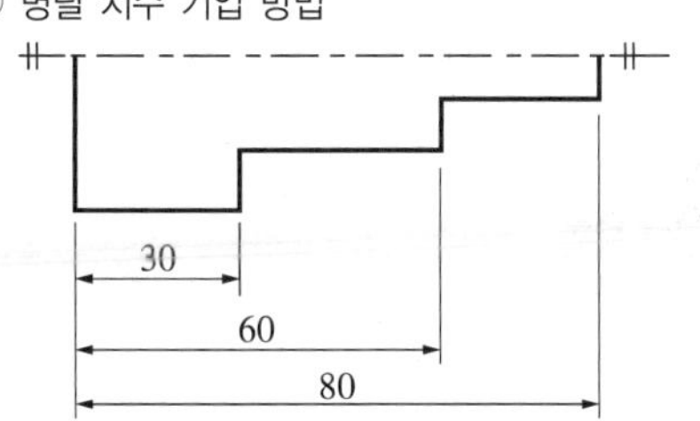

23 다음 투상도 중 물체의 높이를 알 수 없는 것은?

① 정면도 ② 좌측면도
③ 우측면도 ④ 평면도

해설

평면도는 물체를 위쪽에서 본 것으로, 가로 및 세로 방향 치수만 확인할 수 있고 높이, 방향의 값은 알 수 없다.

24 반복 도형의 피치를 표시할 때 사용되는 선은?

① 굵은 실선 ② 가는 1점 쇄선
③ 가는 2점 쇄선 ④ 가는 실선

해설

가는 1점 쇄선은 중심선, 기준선, 피치선에 사용한다.

25 구멍의 수가 $\phi 50^{+0.025}_{0}$이고, 축의 치수가 $\phi 50^{+0.050}_{+0.034}$인 억지 끼워맞춤에서 최대죔새는 얼마인가?

① 0.050 ② 0.025
③ 0.016 ④ 0.059

해설

억지 끼워맞춤에서 최대죔새

축의 최대 치수 - 구멍의 최소 치수 = 50.050 − 50 = 0.050

26 어떤 기계나 구조물 등을 제작하여 사용할 때 변동응력이나 반복응력이 반복되어도 파괴되지 않는 내구 한도를 찾고자 하는 시험은?

① 크리프시험 ② 피로시험
③ 마모시험 ④ 충격시험

해설

- 크리프 : 재료를 고온에서 내력보다 작은 응력으로 가해 주면 시간이 지나면서 변형이 진행되는 현상이다.
- 마모(마멸)시험 : 2개 이상의 물체가 서로 접촉하면서 상대운동 시 접촉면이 마찰에 의하여 감소되는 현상을 이용한 시험이다.
- 충격시험 : 충격력에 대한 재료의 충격저항을 알아보는 데 사용하며, 파괴되지 않으려는 성질인 인성과 파괴가 잘되는 성질인 취성의 정도를 알아보는 시험이다.

정답 22 ④ 23 ④ 24 ② 25 ① 26 ②

27 충격시험에서 샤르피 흡수에너지를 노치(Notch) 부분의 원단면적으로 나눈 값은?

① 효율에너지　② 충격값
③ 해머의 질량　④ 시험편 파괴값

해설

충격값 : $U=\frac{E}{A}(\mathrm{kg_f}\cdot\mathrm{m/cm^2})$

여기서, A : 절단부의 단면적
E : 충격에너지

28 용제 제거성 침투탐상검사의 일반적인 처리 순서로 옳은 것은?

① 전처리 → 현상처리 → 침투처리 → 제거처리 → 관찰
② 전처리 → 침투처리 → 제거처리 → 현상처리 → 관찰
③ 전처리 → 제거처리 → 침투처리 → 현상처리 → 관찰
④ 전처리 → 침투처리 → 현상처리 → 제거처리 → 관찰

해설

일반적인 탐상 순서 : 전처리 → 침투처리 → 제거처리 → 현상처리 → 관찰 → 후처리

29 황화물 공정 특유의 조직으로 나타나는 황화물계 비금속 개재물의 분류로 옳은 것은?

① A형 개재물　② B형 개재물
③ C형 개재물　④ D형 개재물

해설

비금속 개재물 검사

- 강의 비금속 개재물 측정 방법은 KS D 0204에 규격화되어 있으며, 압연 또는 단조한 강 제품에서 비금속 개재물 수량을 표준 도표와 비교하여 결정하는 현미경시험 방법이다.
  - 황화물계 개재물(그룹 A) : FeS을 형성하는 개재물로, 일반적으로 철강재에서는 탈황 작용을 하는 Mn이 첨가되면서 MnS을 형성하게 된다. 이 그룹은 쉽게 잘 늘어나는 개개의 회색 입자들로 가로/세로 비(길이/폭)가 넓은 범위에 걸쳐 있고, 그 끝은 둥글게 되어 있다.
  - 알루미산염 개재물(그룹 B) : 용강 중 SiO_2나 Fe–Mn 규산염이 있을 때 Al을 첨가하여 산화물이나 규산염이 환원되며 알루미늄 산화물계(알루민산염) 개재물을 형성하게 된다. 이는 변형이 잘 안 되며 모가 나고 흑색이나 푸른색이 도는 많은 수의 입자로 변형 방향으로 정렬된 특징을 가진다.
  - 규산염 개재물(그룹 C) : SiO_2 위주로 형성되어 있으며 일반적으로 MnO(FeO)–SiO_2의 상태로 존재한다. 쉽게 잘 늘어나는 개개의 암회색 또는 암흑색의 입자들로 그 끝이 날카로운 특징을 가진다.
  - 구형 산화물 개재물(그룹 D) : 변형이 안 되며 모가 나거나 구형으로 흑색이나 푸른색으로 방향성 없이 분포되어 있는 입자들이다.

30 알루미늄(Al) 및 그 합금의 부식액으로 옳은 것은?

① 왕 수
② 수산화나트륨 용액
③ 염화제이철 용액
④ 질산 알코올 용액

해설

부식액의 종류

재 료	부식액
철강재료	나이탈, 질산 알코올 (질산 5mL+알코올 100mL)
	피크랄, 피크린산 알코올 (피크린산 5g+알코올 100mL)
귀금속(Ag, Pt 등)	왕수 (질산 1mL+염산 5mL+물 6mL)
Al 및 Al 합금	수산화나트륨 (수산화나트륨 20g+물 100mL)
	플루오린화수소산 (플루오린화수소 0.5mL+물 99.5mL)
Cu 및 Cu 합금	염화제이철 용액 (염화제이철 5g+염산 50mL+물 100mL)
Ni, Sn, Pb 합금	질산 용액
Zn 합금	염산 용액

27 ② 28 ② 29 ① 30 ② 정답

31 비파괴시험에 관련된 용어 중 흠(Flaw)의 정의로 옳은 것은?

① 조직, 형상 등이 건전부와 다르게 지시되는 부분
② 시험결과로 판단되는 불연속 부분
③ 시험체의 평균적인 부분과 차이가 있다고 판단되는 부분
④ 규격, 시방서 등에 규정되어 있는 판정 기준을 넘어서는 부분

32 굽힘시험을 할 때 시험편을 받치는 사각형으로 만들어진 양쪽 받침대의 명칭은?

① 단 주
② 힌지(Hinge)
③ 보(Beam)
④ 전위(Dislocation)

33 금속재료의 압축 시험편을 단주, 중주, 장주로 나눌 때 중주 시험편은 높이(h)가 지름(d)의 약 몇 배인 재료를 사용하는가?

① 3배 ② 0.9배
③ 10배 ④ 15배

해설

시험편의 길이에 따른 압축 구분(단면치수에 대한 길이의 비)
- 단주 시험편 : $h = 0.9d$(베어링 합금, 압축강도 측정)
- 중주 시험편 : $h = 3d$(일반금속재료, 항압력 측정)
- 장주 시험편 : $h = 10d$(탄성 계수 측정)

34 불꽃시험에서 불꽃의 파열이 가장 많은 강은?

① 0.10% 탄소강
② 0.20% 탄소강
③ 0.45% 탄소강
④ 0.35% 탄소강

해설

불꽃시험 : 강을 그라인더로 연삭할 때 발생하는 불꽃의 색과 모양에 따라 탄소량과 특수원소를 판별하는 시험으로 탄소 함량이 높을수록 길이가 짧아지고, 파열과 불꽃의 양은 많아진다.

35 시험편이 파괴되기 직전 최소 단면적이 A_1이고 시험 전 원단면적이 A_0일 때 단면수축률을 구하는 식은?

① $\frac{A_0 + A_1}{A_0} \times 100\%$

② $\frac{A_0 - A_1}{A_0} \times 100\%$

③ $\frac{A_0}{A_1 - A_0} \times 100\%$

④ $\frac{A_0}{A_1 + A_0} \times 100\%$

해설

단면수축률 : 시험편이 파괴되기 직전 최소 단면적(A_1)과 시험 전 원단면적(A_0)과의 차를 단면 변형량이라 하며, 이 변형량을 원단면적에 대한 백분율로 표시한 것이다.

$$a = \frac{A_0 - A_1}{A_0} \times 100\%$$

정답 31 ② 32 ② 33 ① 34 ③ 35 ②

36 초음파탐상검사에서 STB-A1 시험편을 사용하여 측정 및 조정할 수 없는 것은?

① 측정 범위의 조정
② 탐상감도의 조정
③ 경사각 탐촉자의 수직점 측정
④ 경사각 탐촉자의 입사점 측정

해설
경사각 탐촉자는 수직점을 측정할 수 없다.

37 에릭센시험(Erichsen Test)은 재료의 어떤 성질을 측정할 목적으로 시험하는가?

① 미끄럼(Slip)
② 연성(Ductility)
③ 마모(Wear)
④ 응력(Stress)

해설
에릭센시험(커핑시험) : 재료의 전・연성을 측정하는 시험으로 Cu판, Al판 및 연성판재를 가압성형하여 변형 능력을 시험한다.

38 매슬로(Maslow)의 욕구 5단계 이론 중 안전욕구의 단계는?

① 1단계 ② 4단계
③ 3단계 ④ 2단계

해설
매슬로의 욕구 5단계
- 1단계 : 생리적 욕구
- 2단계 : 안전욕구
- 3단계 : 소속과 애정욕구
- 4단계 : 존경욕구
- 5단계 : 자아실현 욕구

39 냉각능은 좋으나 유동성과 온도 균일성이 떨어지며, 특히 납 중독에 유의해야 하는 냉각제는?

① 염 욕 ② 기 름
③ 연 욕 ④ 소금물

해설
연욕 : 납(Pb)을 용융한 수조를 연욕이라고 한다. 납은 약 327℃로 용융하기 때문에 이 이상의 열욕으로 사용된다. 용융납은 열전도가 좋기 때문에 가열 및 냉각매체로 사용된다.

40 알루미늄합금 질별 기호에서 '가공경화한 것'을 나타내는 기호는?

① F^a ② W
③ O ④ H^b

해설
알루미늄합금의 열처리 기호
- F : 제조 그대로의 재질
- O : 완전풀림 상태의 재질
- H : 가공경화만으로 소정의 경도에 도달한 재질
- W : 용체화 후 자연시효경화가 진행 중인 상태의 재질
- T : F, O, H 이외의 열처리를 받은 재질
- T_3 : 용체화 후 가공경화를 받는 상태의 재질
- T_4 : 용체화 후 상온 시효가 완료된 상태의 재질

41 파단면을 분석할 때 미소 공동의 합체 기구에 의한 연성파면에 미시적인 다수의 웅덩이가 형성되는 것을 무엇이라고 하는가?

① 샘플(Sample)
② 패턴(Pattern)
③ 딤플(Dimple)
④ 파단(Fracture)

해설
딤플(Dimple) : 연성 파괴에 있어 국부적으로 과하중을 받아 다수의 미소 공동이 생기는 파괴이다.

36 ③ 37 ② 38 ④ 39 ③ 40 ④ 41 ③ 정답

42 금속 현미경의 조작 방법 중 옳지 않은 것은?

① 현미경은 진동이 없는 작업대 위에 놓고 각 부품을 조립한다.
② 시험편을 시험편 받침대에 올려놓고 클램프로 고정시킨다.
③ 조직 사진을 찍을 때는 스케일(Scale)도 포함되게 찍는다.
④ 처음에는 고배율로 조직을 본 다음, 특정 부위를 저배율로 관찰한다.

해설

현미경 사용 시 유의사항

- 먼저 저배율로 초점을 맞춰 관찰하고 그 후 고배율로 관찰한다.
- 현미경 운반 시 똑바로 세운 채 두 손으로 운반한다.
- 시료를 관찰할 때에는 대물렌즈가 시료와 가장 가깝게 한 후 올리면서 초점을 맞춘다.
- 현미경 조작 시 무리한 힘을 가하지 않고 렌즈를 더럽히지 않고, 사용 후 데시케이터에 넣어 보관한다.
- 시편 절단 시 조직 손상을 막기 위해 냉각수를 사용하거나 저속으로 절단한다. 또한, 작업 공구의 안전 수칙을 잘 지키며 작업한다.
- 연마 작업 시 시험편이 튀어 나가지 않도록 한다.

43 S-N곡선에서 S와 N이 각각 의미하는 것은?

① 시간-반복 횟수
② 응력-반복 횟수
③ 직경-반복 횟수
④ 반복 횟수-직경

해설

S-N곡선 : 비틀림응력과 반복 횟수 사이의 관계를 나타낸 곡선으로, 주로 피로한도를 측정할 때 사용한다[S(응력, Stress)-N(횟수, Number)곡선].

44 설퍼 프린트시험에서 빈칸에 공통으로 들어갈 화학식은?

보기

$MnS + H_2SO_4 \rightarrow MnSO_4 + (\quad)$
$FeS + H_2SO_4 \rightarrow FeSO_4 + (\quad)$
$2AgBr + (\quad) \rightarrow Ag_2S + 2HBr$

① MnH　② FeH
③ Ag_3S　④ H_2S

45 강의 담금질성을 판단하는 것이 아닌 것은?

① 조미니시험
② 에릭센시험
③ 임계지름에 의한 방법
④ 임계냉각속도를 사용하는 방법

해설

에릭센시험(커핑시험) : 재료의 전・연성을 측정하는 시험으로 Cu판, Al판 및 연성 판재를 가압성형하여 변형 능력을 시험하는 것이다.

강의 담금질성(담금질 난이도)을 판단하는 방법

- 조미니시험법(Jominy Test) : 일정한 치수의 시편을 소정의 온도로 가열한 후 시험편 하단면에 물을 분사하여 시험하는 검사법이다.
- 임계지름에 의한 방법이다.
- 임계냉각속도를 사용하는 방법이다.

46 공석강을 완전풀림하면 얻는 조직은?

① 페라이트 + 층상 펄라이트
② 마텐자이트 + 레데부라이트
③ 시멘타이트 + 층상 펄라이트
④ 층상 펄라이트

해설

- 완전풀림 : A_1 또는 A_3변태점 위 30~50℃로 가열 유지 후 서랭하는 일반적인 풀림이다.
- 생성조직
  - 공석강 → 층상 펄라이트
  - 아공석강 → 페라이트 + 층상 펄라이트
  - 과공석강 → 시멘타이트 + 층상 펄라이트

정답 42 ④ 43 ② 44 ④ 45 ② 46 ④

47 와전류탐상시험에 대한 설명으로 옳은 것은?

① 표면에서 떨어진 내부 시험은 위치의 흠 검출도 가능하다.
② 비접촉으로 시험할 수 있다.
③ 어떤 재료에도 관계없이 모두 적용할 수 있다.
④ 시험결과의 흠 지시로부터 직접 흠의 종류를 판별할 수 있다.

해설

와전류탐상의 장단점

- 장 점
  - 고속으로 자동화된 전수검사가 가능하다.
  - 가는 선, 구멍 내부, 고온 등 여러 환경에서 적용 가능하다.
  - 결함, 재질 변화, 품질관리 등 적용 범위가 광범위하다.
  - 탐상 및 재질검사 등 탐상결과 보전이 가능하다.
- 단 점
  - 표피효과로 인해 표면 근처의 시험에만 적용 가능하다.
  - 잡음 인자의 영향을 많이 받는다.
  - 결함 종류, 형상, 치수에 대한 정확한 측정은 불가하다.
  - 형상이 간단한 시험체에만 적용 가능하다.
  - 도체에만 적용 가능하다.

48 주철과 같은 취성 재료의 경우 인장시험으로는 연신량이 매우 적어 측정하기가 곤란하다. 치수가 긴 시험편을 사용해서 그 만곡량을 측정하는 시험은?

① 충격시험 ② 굽힘시험
③ 경도시험 ④ 인장시험

해설

굽힘시험 : 굽힘 하중을 받는 재료의 굽힘 저항(굽힘 강도), 탄성계수 및 탄성 변형 에너지 값을 측정하는 시험

49 금속재료 파단면의 파면검사, 주조재의 응고과정 등을 육안으로 관찰하거나 10배 이내의 확대경으로 검사하는 것은?

① 광학현미경검사 ② 매크로검사
③ 전자현미경검사 ④ 원자현미경검사

해설

매크로 조직검사 : 재료를 직접 육안으로 관찰하거나 저배율(10배 이하)의 확대경을 사용하여 재료의 결함 및 품질 상태를 판단하는 검사로, 결정격자의 경우 고배율의 전자현미경을 이용한다.

50 자분탐상시험방법 중 원형자계를 형성하는 것이 아닌 것은?

① 프로드법 ② 극간법
③ 축통전법 ④ 전류통전법

해설

자화방법 : 시험체에 자속을 발생시키는 방법이다.

- 원형자화 : 환봉, 철선 등 전도체에 전류를 흘려 주위에 발생하는 자력선이 원형으로 형성하는 자속으로 축통전법, 프로드법, 중앙전도체법, 직각통전법, 전류통전법이 있다.
- 선형자화 : 시험체의 축 방향을 따라 선형으로 발생하는 자속으로, 코일법과 극간법이 있다.

51 유류화재 시 사용하기에 적절하지 않은 소화설비는?

① 건조사
② 수종(물통)
③ 이산화탄소 소화설비
④ 할로겐 화합물 소화설비

해설

A급 화재는 목재, 의류 등의 일반화재, B급 화재는 등유, 경유 등 기름으로 인한 화재, C급 화재는 전기화재를 이르는 표기로 A급 화재는 물, 소화기 등으로 진압하며, B급 화재는 물과 기름은 섞이지 않아 기름이 튀어 오르게 되니 질식 소화법을 사용한다. 그 방법에는 베이킹소다, 건조사, 이산화탄소 소화설비 등이 있다. C급 화재는 차단기를 내린 후 소화기로 불을 끄도록 한다.

47 ② 48 ② 49 ② 50 ② 51 ② 정답

52 인장시험 및 압축시험에 의해 재료에 순수인장 또는 압축으로 생긴 길이 방향의 단위 스트레인으로 옆쪽 스트레인을 나눈 값은?

① 푸아송의 비(Poisson's Ratio)
② 연신율(Elongation)
③ 영률(Young's Modulus)
④ 단면수축률(Reduction of Area)

해설

- 푸아송의 비(Poisson's Ratio) : 탄성 한계 내에서 횡변형(가로 변형)과 종변형(세로 변형)은 그 재료에 대하여 항상 일정한 값을 갖는 현상이다. $\frac{1}{m}$으로 표시하며 $\frac{1}{m}$의 역수 m을 푸아송수라 한다.
- 연신율 : 시험편이 파괴되기 직전의 표점거리(l_1)와 원표점길이(l_0)와의 차이다.

$$\delta = \frac{\text{변형 후 길이} - \text{변형 전 길이}}{\text{변형 전 길이}} \times 100\% = \frac{l_1 - l_0}{l_0} \times 100\%$$

- 단면수축률 : 시험편이 파괴되기 직전 최소단면적(A_1)과 시험 전 원단면적(A_0)과의 차를 단면변형량이라 하며, 이 변형량을 원단면적에 대한 백분율로 표시한 것이다.

$$a = \frac{(A_0 - A_1)}{A_0} \times 100\%$$

53 심랭처리제의 온도가 가장 낮은 것은?

① 액체산소 ② 액체이산화탄소
③ 액체질소 ④ 암모니아

해설

심랭처리에 사용되는 냉매제 사용 온도

냉 매	드라이아이스	암모니아	액체 이산화탄소	액체 산소	액체 질소	액체 수소	액체 헬륨
온도(℃)	-78~	-50~0	-50~0	-183	-196	-253	-269

54 강의 담금질 시 냉각속도를 가장 빨리해야 하는 구역은?

① 가열구역 ② 위험구역
③ 임계구역 ④ 대류구역

해설

담금질 시 온도 범위

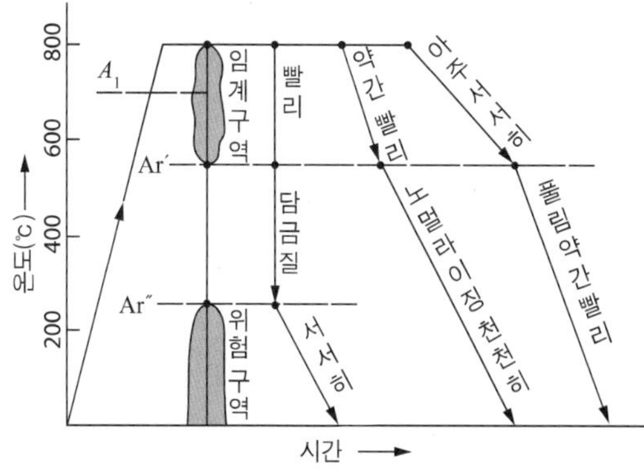

- 550℃까지 : 냉각속도에 따라 경도(담금질효과)를 결정, 임계구역이라고 하며 경도를 높이기 위해 급랭한다.
- 550℃ : Ar′ 변태점, 화색 소실 온도, 코 온도
- 250℃ 이하 : 담금질 균열이 나타날 수 있으므로 위험구역이라 하며 서랭처리한다.
- 250℃ : Ar″ 변태점, M_s(마텐자이트변태가 시작됨)점

55 로크웰 경도시험에 쓰이는 원뿔 압입자의 꼭지각은 몇 도인가?

① 95° ② 100°
③ 136° ④ 120°

해설

- 로크웰 경도시험(HRC, HRB, Rockwell Hardness Test) : 강구 또는 다이아몬드 원추를 시험편에 처음 일정한 기준 하중을 주어 시험편을 압입하고 다시 시험 하중을 가하여 생기는 압흔의 깊이 차로 구하는 시험이다.
- HRC와 HRB의 비교

스케일	누르개	기준 하중(kgf)	시험 하중(kgf)	경도를 구하는 식	적용 경도
HRB	강구 또는 초경합금, 지름 1.588mm	10	100	HRB = 130−500h	0~100
HRC	원추각 120°의 다이아몬드		150	HRC= 100−500h	0~70

56 산세처리의 작업 과정을 순서에 맞게 기호로 나타낸 것은?

보기

A. 스테인리스 통에 물을 채운다.
B. 염산 원액을 스테인리스 통에 붓고 교반, 희석시킨다.
C. 스테인리스 통을 145°C까지 가열한다.
D. 열처리할 소재를 바스켓에 담아 산세액 속에 담금질한다.
E. 산세액에서 35분 유지한 후 상태를 확인한다.
F. 산화스케일 제거 후 산세액에서 꺼내 건조한다.

① C → A → B → D → F → E
② C → A → D → E → B → F
③ A → B → D → C → F → E
④ A → B → C → D → E → F

57 제베크(Seebeck) 효과를 응용한 온도계는?

① 방사 온도계 ② 저항 온도계
③ 열전쌍 온도계 ④ 압력 온도계

해설

제베크 효과 : 서로 다른 두 종류의 금속에 온도차를 주면 기전력이 발생하는 현상으로 열전쌍 온도계에 사용된다.

58 산업재해의 원인 중 불안전한 행동으로 옳은 것은?

① 불량한 정리 정돈
② 결함 있는 기계 설비 및 장비
③ 불안전한 속도 조작 및 위험경고 없이 조작
④ 불안전한 설계, 위험한 배열 및 공정

해설

하인리히 도미노이론
- 1단계 : 유전적 요소 및 사회적 환경, 사고를 일으킬 수 있는 바람직하지 않은 유전적 특성 및 인간의 성격을 바람직하지 못하게 하는 사회적 환경
- 2단계 : 개인적 결함, 개인적 기질에 의한 결함(과격함, 무모함, 신경질적)
- 3단계 : 불안전한 행동(장치의 기능을 제거 또는 잘못 사용, 조작 미숙, 취급 부주의 등) 또는 불안전한 상태(물적 결함, 기계, 보호구, 작업 환경의 결함 등)
- 4단계 : 사고, 생산활동에 지장을 초래하는 모든 사건
- 5단계 : 재해, 인명의 상해나 재산상의 손실

59 철강의 조직별 경도의 크기를 옳게 나열한 것은?

① 베이나이트 < 오스테나이트 < 페라이트 < 마텐자이트
② 페라이트 < 베이나이트 < 오스테나이트 < 마텐자이트
③ 페라이트 < 오스테나이트 < 베이나이트 < 마텐자이트
④ 오스테나이트 < 페라이트 < 베이나이트 < 마텐자이트

해설

열처리 과정에서 발생하는 조직의 경도는 시멘타이트 > 마텐자이트 > 트루스타이트 > 베이나이트 > 소르바이트 > 펄라이트 > 오스테나이트 > 페라이트 순이다.

60 탄소강에서 질량효과(Mass Effect)에 가장 큰 영향을 미치는 것은?

① 공기냉각 ② 재료의 균열
③ 강재의 담금질성 ④ 가열로의 크기

해설

담금질성
- 재료 표면은 급랭에 의해 담금질이 잘되는 데 반해 재료의 중심에 가까울수록 안 되는 현상
- 같은 조성의 재료를 같은 조건에서 담금질을 해도 질량이 다르면 담금질 깊이가 다름

56 ④ 57 ③ 58 ③ 59 ③ 60 ③ 정답

2024년 제1회 최근 기출복원문제

01 완전풀림 상태에서 금속결정 내의 전위밀도로 옳은 것은?

① 10^2cm^2 ② 10^7cm^2
③ $10^{15}cm^2$ ④ $10^{19}cm^2$

해설
완전풀림 상태는 가공 변형이 전혀 없는 상태로, 금속결정 내의 전위밀도는 10^7cm^2이다.

02 실온 이하에서 재결정이 되는 금속은?

① Cu ② Al
③ Mg ④ Sn

해설
주석과 그 합금 : 비중 7.3, 용융점 232℃, 상온에서 재결정하고, SnO_2를 형성해 내식성이 증가한다.

03 동소변태의 설명 중 옳지 않은 것은?

① 일정한 온도에서 일어난다.
② 급격히 일어난다.
③ 점진적이고, 연속적이다.
④ 비연속적이다.

해설
동소변태 : 같은 물질이 다른 상으로 결정 구조의 변화를 가져오는 것으로, 일정한 온도에서 급격히 점진적이고 연속적으로 나타나는 특징이 있다.

04 금속의 결정격자구조가 아닌 것은?

① FCC ② CDB
③ BCC ④ HCP

해설
결정구조
- 체심입방격자(Body Centered Cubic)
  - Ba, Cr, Fe, K, Li, Mo, Nb, V, Ta
  - 배위 수 : 8
  - 원자 충진율 : 68%
  - 단위격자 속 원자 수 : 2
- 면심입방격자(Face Centered Cubic)
  - Ag, Al, Au, Ca, Ir, Ni, Pb, Ce, Pt
  - 배위 수 : 12
  - 원자 충진율 : 74%
  - 단위격자 속 원자 수 : 4
- 조밀육방격자(Hexagonal Close Packed)
  - Be, Cd, Co, Mg, Zn, Ti
  - 배위 수 : 12
  - 원자 충진율 : 74%
  - 단위격자 속 원자 수 : 2

05 금속의 비열이란?

① 1g의 물질의 온도를 1℃ 높이는 데 필요한 열량
② 1kg의 물질의 온도를 1℃ 높이는 데 필요한 열량
③ 금속 1g을 용해시키는 데 필요한 열량
④ 금속 1kg을 용해시키는 데 필요한 열량

정답 1 ② 2 ④ 3 ④ 4 ② 5 ①

06 다음 중 연하고 점성이 가장 높은 조직은?

① 페라이트
② 펄라이트
③ 시멘타이트
④ 마텐자이트

해설
탄소강 조직의 경도 순서 : 시멘타이트 > 마텐자이트 > 트루스타이트 > 베이나이트 > 소르바이트 > 펄라이트 > 오스테나이트 > 페라이트

07 보통주철에서 흑연이 어떤 모양일 때 강도를 가장 해치는가?

① 커다란 편상흑연
② 작은 편상흑연
③ 둥근 구상흑연
④ 미세한 편상흑연

해설
편상흑연은 진동을 잘 흡수한다는 성질이 있지만, 커다란 편상흑연의 경우 취성이 심해 강도를 해치게 된다.

08 절삭공구용으로 사용되고 있는 18-4-1형 고속도 공구강의 주성분은?

① 텅스텐-몰리브덴-아연
② 텅스텐-바나듐-베릴륨
③ 텅스텐-크롬-바나듐
④ 텅스텐-알루미늄-코발트

해설
고속도강(SKH) : 18%W-4%Cr-1%V으로, 절삭공구강에서 대표적으로 사용된다. 고속절삭에도 연화되지 않으며 열전도율이 나쁘고 자경성을 가지고 있다.

09 칠드주철(Chilled Cast Iron)을 가장 잘 나타낸 것은?

① 연신성이 좋은 주철
② 전연성이 좋은 주철
③ 내마모성이 좋은 주철
④ 메짐성이 좋은 주철

해설
칠드주철 : 금형의 표면 부위는 급랭시키고, 내부는 서랭시켜 표면은 경하고 내부는 강인성을 갖는 주철로, 내마멸성을 필요로 하는 롤이나 바퀴에 많이 쓰인다.

10 질화용 강의 성분에 속하지 않는 것은?

① Cu ② Al
③ Cr ④ Mo

해설
주철, 탄소강 등은 질화에 의해서 경화가 잘되지 않으나 Al, Cr, Mo 성분을 함유하면 경화가 잘된다.

6 ① 7 ① 8 ③ 9 ③ 10 ① 정답

11 황동의 주요 합금원소는?

① Cu-Zn

② Cu-Ni

③ Cu-Pb

④ Cu-Sn

해설

청동의 경우 ㊅이 들어간 것으로 Sn(주석), ㊅을 연관시키고, 황동의 경우 ㊋이 들어가 있으므로 Zn(아연), ㊇을 연관시켜 암기한다.

12 켈멧(Kelmet)의 주성분은?

① 구리와 납

② 철과 아연

③ 주석과 알루미늄

④ 실리콘과 코발트

해설

켈멧 : Cu-Pb합금으로, 구리에 약 30%의 납을 첨가한 합금

- 구리보다 강도가 크고 강성이 높다.
- 열전도성이 좋고 고속 · 고하중용에 적합하다.
- 고속 내연기관용 피스톤 베어링, 공기압축기의 크로스헤드 핀의 베어링, 중간 기어의 베어링, 공작기계의 메인 베어링 등에 사용한다.

13 활자합금의 주성분으로 옳은 것은?

① 백금-은-구리

② 납-주석-안티몬

③ 황-주석-아연

④ 인-주석-니켈

해설

활자합금은 활자, 연판 또는 공목류를 주조하는 데 쓰는 합금으로 납을 주성분으로 주석, 안티몬을 첨가한다.

14 공석강의 조직은?

① 시멘타이트

② 오스테나이트

③ 펄라이트

④ 레데부라이트

해설

공석강은 Fe-C상태도상 0.8%C에 있는 강으로, 페라이트+시멘타이트의 펄라이트 조직을 가지고 있다.

15 α철의 자기변태를 나타내는 기호는?

① A_1 ② A_2

③ A_3 ④ A_4

해설

변태점

- A_0변태 : 210℃, 시멘타이트 자기변태점
- A_1변태 : 723℃, 철의 공석온도
- A_2변태 : 768℃, 순철의 자기변태점
- A_3변태 : 910℃, 철의 동소변태
- A_4변태 : 1,400℃, 철의 동소변태

정답 11 ① 12 ① 13 ② 14 ③ 15 ②

16 제도용지 A4의 크기는?

① 210×297 ② 420×594
③ 841×1,189 ④ 148×210

해설
- A1 : 841×594
- A2 : 420×594
- A3 : 297×420
- A4 : 210×297

17 정투상도법에서 물체의 특징을 가장 잘 나타내는 면은 어느 투상도로 하는가?

① 평면도 ② 측면도
③ 정면도 ④ 하면도

18 제도 도면에서 반지름 치수를 나타내는 기호는?

① R ② t
③ P ④ C

해설
반지름의 치수는 반지름의 기호 R을 치수 수치 앞에 기입하여 표시한다. 그러나 반지름을 나타내는 치수선을 원호의 중심까지 긋는 경우에는 이 기호를 생략할 수 있다.

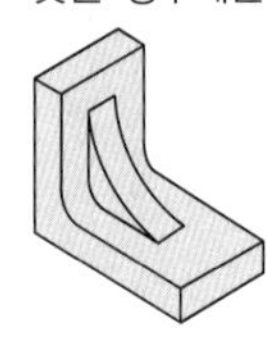
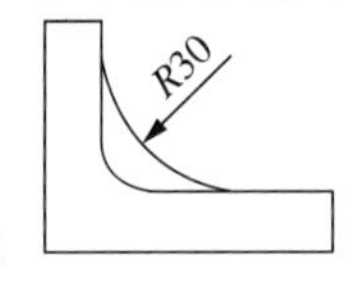

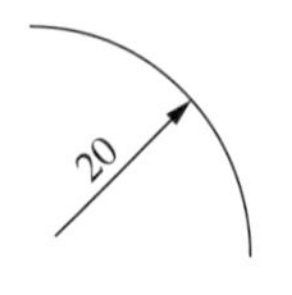

(a) R을 기입한 경우 (b) R을 생략한 경우

19 제도에서 가상선을 사용하는 경우가 아닌 것은?

① 인접 부분을 참고로 표시하는 경우
② 공구, 지그 등 위치를 참고로 나타내는 경우
③ 물체의 단면 형상임을 표시하는 경우
④ 되풀이하는 것을 나타내는 경우

해설
가상선
- 가는 2점 쇄선으로 인접 부분을 참고로 표시할 때
- 가공 전후의 모양을 표시할 때
- 도시된 단면의 앞쪽에 있는 부분을 표시할 때
- 되풀이되는 도형을 도시할 때
- 공구나 지그의 위치를 참조할 때
- 이동한계위치를 표시할 때

※ 얇은 부분의 단면을 도시할 때는 굵은 실선을 사용한다.

20 물체의 보이지 않는 부분의 형상을 나타내는 선은?

① 실 선 ② 파 선
③ 1점쇄선 ④ 2점쇄선

해설
파선 : 물체의 보이지 않는 부분의 형상을 나타내는 데 사용하는 선으로, 선의 길이는 길게 하고 빈 공간의 간격 길이는 짧게 한다.

실선
파선
길이 3~5mm 간격 1mm

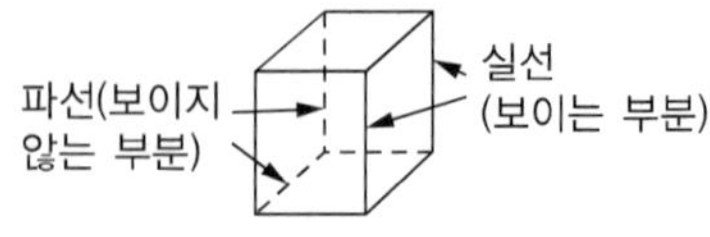

16 ① 17 ③ 18 ① 19 ③ 20 ② 정답

21 기준치수와 IT공차 등급이 동일한 축 중 직경이 가장 큰 축의 기호는?

① a ② h
③ t ④ z

22 다음 그림과 같이 평면도상에서 어떤 각도를 가지는 암을 정면도에서는 회전시켜 실제 크기로 나타내는 도시법은?

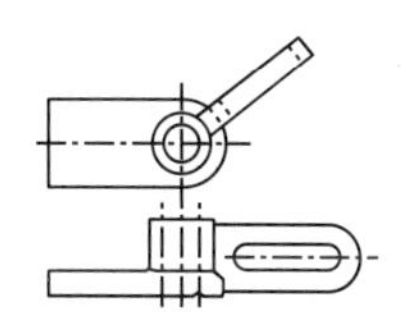

① 전개도시법
② 가상도시법
③ 부분투상도시법
④ 회전도시법

해설
회전도시법 : 핸들이나 바퀴, 암, 림, 리브, 훅, 축 등 절단면을 90° 회전하여 표시하는 도시법이다.

23 물체의 일부만 절단하여 그 단면의 모양이나 크기를 표시하는 단면도는?

① 온단면도
② 한쪽단면도
③ 부분단면도
④ 계단단면도

해설
부분단면도 : 필요로 하는 요소의 일부분만 그리기 위한 방법으로, 파단선으로 단면 부분의 경계를 표시한다.

24 미터사다리꼴나사를 나타내는 표시법은?

① Tr102 ② TW10
③ M8 ④ 1-8 UNC

해설
- Tr : 미터사다리꼴나사
- TW : 29° 사다리꼴나사
- M : 미터보통나사
- UNC : 유니파이보통나사

25 SS330으로 표시된 재료기호에서 330이 의미하는 것은?

① 재질번호
② 재질 등급
③ 탄소함유량
④ 최저인장강도

해설
일반구조용 압연강재 최저인장강도가 330N/mm^{2}을 나타낸다.

정답 21 ④ 22 ④ 23 ③ 24 ① 25 ④

26 도면의 치수 기입 원칙에 대한 설명으로 틀린 것은?

① 치수는 되도록 주투상도에 집중시킨다.
② 도면에 표시하는 치수는 소재 치수로 표시한다.
③ 치수는 중복 기입을 피한다.
④ 관련된 치수는 되도록 한곳에 모아서 기입한다.

해설
도면의 치수는 특별히 명시하지 않는 한 그 도면에 그린 대상물의 마무리 치수를 표시해야 한다.

27 다음 투상도에서 우측면도를 나타낸 것은?

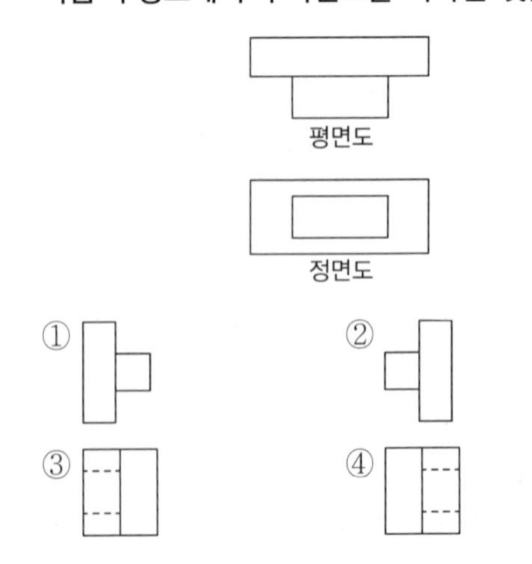

28 다음 중 강에서 가장 유해한 불순물은?

① 황(S) ② 망간(Mn)
③ 규소(Si) ④ 구리(Cu)

해설
적열 메짐 : 황이 많이 함유되어 있는 강이 고온(950℃ 부근)에서 메짐(강도는 증가, 연신율은 감소)이 나타나는 현상

29 탄소강에서 질량효과(Mass Effect)에 가장 큰 영향을 미치는 것은?

① 재료의 균열
② 공기냉각
③ 강재의 담금질성
④ 가열로의 크기

해설
질량효과 : 재료의 크기에 따라 담금질의 경화 깊이가 달라지는 것으로, 열처리하여 퀜칭할 시 경화하기 쉬운 정도이다. 즉, 강재의 담금질성에 큰 영향을 미친다.

30 강의 페라이트(Ferrite) 결정입도시험법에서 평적법의 기호는?

① FGC ② FGI
③ FGP ④ FGM

해설
KS D 0209에 규정된 강의 페라이트 결정입도시험으로 0.2%C 이하인 탄소강의 페라이트 결정입도를 측정하는 시험법으로 비교법(FGC), 절단법(FGI), 평적법(FGP)이 있다.

26 ② 27 ② 28 ① 29 ③ 30 ③ 정답

31 강의 현미경 조직시험과정에서 미세 연마할 때 가장 많이 사용되는 연마제는?

① 산화알루미늄 분말
② 이산화망간 분말
③ 규조토 분말
④ 석회석 분말

해설
광택 연마 : 최종 연마로 미세한 표면 흠을 제거하고, 매끄러운 광택면을 얻기 위해 회전식 연마기를 사용하여 특수 연마포에 연마제(Al_2O_3, Cr_2O_3, 다이아몬드 페이스트 등)를 뿌리며 연마한다.

32 기호 AGC가 의미하는 것은?

① 침탄입도시험방법
② 경화능시험방법
③ 산화방지법
④ 담금질, 풀림방법

해설
침탄입도시험법 : 강을 925℃에서 8시간 침탄시켜 강 표면을 과공석 조직으로 만들고 결정립계에 석출되어 있는 망상 시멘타이트에 의해 오스테나이트 결정입도를 구하는 시험법

33 금속현미경을 사용하여 관찰할 수 있는 내용이 아닌 것은?

① 균열의 형상과 성장 상황
② 금속의 종류 및 함유된 성분
③ 금속 조직의 구분 및 결정 입도의 크기
④ 비금속 개재물의 종류와 형상, 크기 및 편석 부분의 상황

해설
현미경 탐상으로 관찰 가능한 항목
- 금속 조직의 구분 및 결정 입도 측정
- 주조, 열처리, 압연 등에 의한 조직의 변화 측정
- 비금속 개재물의 종류와 형상, 크기 및 편석부 측정
- 균열의 형상과 성장의 원인 분석
- 파단면 관찰에 의한 파괴 양상 파악

34 탄소강 결정 경계 부식에 가장 적합한 것은?

① 피크린산 15%의 알코올용액
② 질산 1~5% + 알코올용액
③ 피크린산 12g + 가성소다 5g 수용액
④ 염산 5% 수용액

해설
부식액의 종류

재 료	부식액
철강재료	나이탈, 질산 알코올 (질산 5mL+ 알코올 100mL)
	피크랄, 피크린산 알코올 (피크린산 5g+ 알코올 100mL)
귀금속(Ag, Pt 등)	왕수(질산 1mL+ 염산 5mL+ 물 6mL)
Al 및 Al 합금	수산화나트륨 (수산화나트륨 20g+ 물 100mL)
	플루오린화수소산 (플루오린화수소 0.5mL+ 물 99.5mL)
Cu 및 Cu 합금	염화제이철 용액 (염화제이철 5g+ 염산 50mL+ 물 100mL)
Ni, Sn, Pb 합금	질산 용액
Zn 합금	염산 용액

정답 31 ① 32 ① 33 ② 34 ②

35 설퍼 프린트 시험에서 다음의 빈칸에 공통으로 들어갈 화학식으로 옳은 것은?

$MnS + H_2SO_4 \rightarrow MnSO_4 + (\quad)$
$FeS + H_2SO_4 \rightarrow FeSO_4 + (\quad)$
$2AgBr + (\quad) \rightarrow Ag_2S + 2HBr$

① MnH ② FeH
③ H_2S ④ Ag_3S

해설
설퍼 프린트 화학반응식
- $MnS + H_2SO_4 \rightarrow MnSO_4 + H_2S$
- $FeS + H_2SO_4 \rightarrow FeSO_4 + H_2S$
- $2AgBr + H_2S \rightarrow Ag_2S + 2HBr$

36 결함 부분에 생기는 누설자속을 검출하여 결함 존재를 발견하는 검사방법은?

① 누설시험
② 자기탐상시험
③ 침투탐상시험
④ 초음파탐상시험

해설
자분탐상의 원리 : 강자성체 시험체의 결함에서 생기는 누설자장을 이용하여 표면 및 표면 직하의 결함을 검출하는 방법

37 강의 매크로조직 시험에서 중심부 파열이란?

① 부적당한 단조 또는 압연작업으로 인하여 중심부에 파열이 생긴 것
② 주변 기포에 의한 홈의 영향으로 강재의 중심부에 파열이 생긴 것
③ 부식에 의해 단면에 미세하게 모발상으로 나타난 흠
④ 강의 응고 수축에 따른 파이프가 중심부에 그 흔적을 남긴 것

해설
매크로 검사 용어

분 류	기 호	비 고
수지상 결정 (Dendrite)	D	강괴의 응고에 있어서 수지상으로 발달한 1차 결정이 단조 또는 압연 후에도 그 형태를 그대로 가지고 있는 것
잉곳 패턴 (Ingot Pattern)	I	강괴의 응고과정에 있어서 결정 상태의 변화 또는 성분의 편차에 따라 윤곽상으로 부식의 농도차가 나타난 것
중심부 편석 (Center Segregation)	S_c	강괴의 응고과정에서 성분의 편차에 따라 중심부에 부식의 농도차가 나타난 것
다공질 (Looseness)	L	강재 단면 전체에 걸쳐서 또는 중심부에 부식이 단시간에 진행하여 해면상으로 나타난 것
피트(Pit)	T	부식에 의해 강재 단면 전체에 걸쳐서 또는 중심부에 육안으로 볼 수 있는 크기로 점상의 구멍이 생긴 것
기포 (Blow Hole)	B	강괴의 기포 또는 핀 홀(Pin Hole)이 완전히 압착되지 않고 중심부에 그 흔적을 남기고 있는 것
비금속 개재물 (Nonmetallic Inclusion)	N	육안으로 알 수 있는 비금속 개재물
파이프(Pipe)	P	강괴의 응고 수축에 따른 1차 또는 2차 파이프가 완전히 압축되지 않고 중심부에 그 흔적을 남긴 것
모세균열 (Hair Crack)	H	부식에 의하여 단면에 미세하게 모발상으로 나타난 흠
중심부 파열 (Center Defects)	F	부적당한 단조 또는 압연작업으로 인하여 중심부에 파열이 생긴 것
주변 흠 (Seam Laps)	W	강재의 주변 기포에 의한 흠 또는 압연 및 단조에 의한 흠, 그밖에 강재의 외부에 생긴 흠

35 ③ 36 ② 37 ① 정답

38 X선을 사용하여 결정면이나 원자 배열을 결정할 때 사용되는 브래그(Bragg)식은?(단, n = 회절상수, λ = X선 파장, d = 평행면 간 거리, θ = 입사각)

① $n\lambda = 2d\sin\theta$

② $n\lambda = d\cos\theta$

③ $n\lambda = 2d\tan\theta$

④ $n\lambda = d\sin\theta$

해설

브래그 법칙(Bragg's Law)는 빛의 회절과 반사에 대한 물리법칙이다. 결정을 지니는 물질에 어떤 파장의 빛을 여러 각도로 쪼이면 어떤 각도에서는 빛의 반사가 강하게 일어나지만, 다른 각도에서는 반사가 거의 일어나지 않는 현상을 관측하여 빛의 파장과 결정 구조의 폭, 반사면과 광선의 각도 사이의 관계를 설명하는 법칙이다. 브래그의 조건으로는 $n\lambda = 2d\sin\theta$이 성립되어야 한다.

39 다음의 재질 중 인장시험했을 때 항복점이 가장 뚜렷하게 나타나는 것은?

① 황 동 ② Al

③ Zn ④ 연 강

해설

응력-변형률 선도에서 연강이 항복점이 가장 잘 나타나는 재료이며 항복점이 나타나지 않는 경우에는 내력을 사용하여 항복점을 추론한다.

40 한국산업표준(KS)에서 정한 4호 시험편의 치수를 따르지 못할 경우, 표점거리(L)와 평행부 단면적(A)의 관계로 옳은 것은?

① $\dfrac{A}{L} = 4$ ② $\dfrac{L}{2A} = 4$

③ $\dfrac{2\sqrt{A}}{L} = 4$ ④ $\dfrac{L}{\sqrt{A}} = 4$

41 샤르피 충격시험에서 충격값을 구하는 식으로 옳은 것은?

① $\dfrac{\text{흡수 에너지}}{\text{노치 단면적}}$

② $\dfrac{\text{노치 단면적}}{\text{흡수 에너지}}$

③ 흡수 에너지×노치 단면적

④ 흡수 에너지×해머의 무게

해설

충격값 $U = \dfrac{E}{A}$(kgf · m/cm^2)

여기서, A : 절단부의 단면적, E : 충격 에너지

42 피로시험에서 S-N 곡선이란?

① 파괴와 응력

② 스트레인과 노치 횟수

③ 온도와 성분

④ 피로응력과 반복 횟수

해설

S-N 곡선 : 비틀림응력과 반복 횟수 사이의 관계를 나타낸 곡선으로, 주로 피로한도를 측정할 때 사용한다.

정답 38 ① 39 ④ 40 ④ 41 ① 42 ④

43 강구 압입자에 일정한 하중(kg)을 가하여 나타나는 시험흔적의 평균 표면적 A(mm^2)의 단위 면적당 응력으로 나타내는 것은?

① 충격시험
② 인장시험
③ 브리넬 경도시험
④ 쇼어 경도시험

해설
브리넬 경도시험은 일정한 지름(D)의 강구 또는 초경합금을 이용하여 일정한 하중(P)을 주어 시험편에 구형의 오목부를 만든 후 하중을 제거하고 오목부의 표면적으로 하중을 나눈 값으로 측정하는 시험이다. 시험편은 양면이 충분히 두껍고 평행하며 시험면이 잘 연마되어 있어야 한다.

44 비커스 경도시험의 계산식은?

① $HV = 1.8544 \times p$
② $HV = (1.854 \times p)/d^2$
③ $HV = 1.8544 \times d^2$
④ $HV = 1.8544 \times p \times d^2$

해설
비커스 경도시험(HV, Vickers Hardness Test) : 정사각추(136°)의 다이아몬드 압입자를 시험편에 놓고 1~150kg까지 하중을 가하여 시험편에 생긴 피라미드 자국의 표면적으로 하중을 나눈 값으로 경도를 구하는 시험

45 쇼어 경도시험의 공식은?

① $HS = \dfrac{1.8867}{65} \times \dfrac{h}{h_o}$
② $HS = \dfrac{1.8544P}{d^2} \times 100$
③ $HS = \dfrac{P}{\pi Dt} \times 100$
④ $HS = \dfrac{10,000}{65} \times \dfrac{h}{h_o}$

해설
쇼어 경도시험
- 압입 자국이 남지 않고 시험편이 클 때 비파괴적으로 경도를 측정할 때 사용한다.
- 일정한 중량의 다이아몬드 해머를 일정한 높이에서 떨어뜨려 반발되는 높이로 경도를 측정한다.
- 쇼어 경도는 HS로 표시하며, 시험편의 탄성 여부를 알 수 있다.
- 휴대가 간편하고 완성품에 직접 측정이 가능하다.
- 시험편이 작거나 얇아도 가능하다.
- 시험 시 5회 연속으로 하여 평균값으로 결정하며 0.5 눈금까지 판독한다.

46 재료의 경도 측정방법이 아닌 것은?

① 압입시험 ② 마멸시험
③ 반동시험 ④ 긁힘시험

해설
마멸시험은 2개 이상의 물체가 서로 접촉하면서 상대운동 시 접촉면이 마찰에 의하여 감소되는 현상을 이용하는 시험으로, 경도 측정시험이 아니다.

43 ③ 44 ② 45 ④ 46 ② 정답

47 방사선 탐상 시 가장 많이 쓰이는 Co-60의 반감기는?

① 74일　② 2.3년
③ 5.3년　④ 6.8년

해설

방사선원의 종류와 적용 두께

동위 원소	반감기	에너지
Th-170	약 127일	0.084MeV
Ir-192	약 74일	0.137MeV
Cs-137	약 30.1년	0.66MeV
Co-60	약 5.27년	1.17MeV
Ra-226	약 1,620년	0.24MeV

48 시편에 커다란 균열 있을 때 RT검사에서 이 균열은 투과사진상에 어떻게 나타나는가?

① 검고 단속적 또는 계속적인 선으로
② 밝고 불규칙한 선으로
③ 검거나 밝은 선으로
④ 투과사진상에 안개 낀 형상으로

해설

RT검사에서 큰 균열은 검고 단속적인 선으로 나타난다.

49 탐촉자에서 거리 또는 방향이 다른 근접한 2개의 흠집을 표시기에서 2개의 에코로 구별할 수 있는 성능은?

① 게 인　② 게이트
③ 분해능　④ 음향 렌즈

해설

초음파 탐촉자의 성능

- 감도 : 작은 결함을 어느 정도까지 찾을 수 있는지를 표시
- 분해능 : 근접한 2개의 불연속부에서 2개의 펄스를 식별할 수 있는 능력
- 주파수 : 탐촉자에 표시된 공칭 주파수와 실제 시험에 사용하는 주파수
- 불감대 : 초음파가 발생할 때 수신할 수 없는 현상
- 회절 : 음파가 탐촉자 중심으로 나가지 않고 비스듬히 진행하는 것

50 초음파 시험법이 아닌 것은?

① 펄스 반사법
② 조미니법
③ 투과법
④ 공진법

해설

조미니시험법은 강의 담금질성을 측정하는 시험법이다.

51 MT시험에 일반적으로 적용할 수 없는 것은?

① 강자성체의 표면결함
② 결함의 위치
③ 결함이 일어난 표면상의 길이
④ 10mm 이상 내부결함의 검출

해설

자분탐상의 특징

- 자성체의 표면 및 표면 직하의 미세하고 얕은 결함 검출 중 감도가 가장 높다.
- 시험체의 크기, 형태, 모양에 큰 영향을 받지 않고 육안 관찰이 가능하다.
- 시험면에 비자성 물질(페인트 등)이 얇게 도포되어도 검사가 가능하다.
- 검사방법이 간단하며 저렴하다.
- 강자성체에만 적용 가능하다.
- 직각 방향으로 최소 2회 이상 검사해야 한다.
- 전처리 및 후처리가 필요하며, 탈자가 필요한 경우도 있다.
- 전기 접촉으로 인한 국부적 가열이나 손상이 발생할 가능성이 있다.

정답 47 ③ 48 ① 49 ③ 50 ② 51 ④

52 방사선 투과시험에서 γ선 장치에 대한 X선 장치의 설명으로 옳지 않은 것은?

① X선은 γ선에 비해 고장률이 많다.
② X선은 γ선에 비해 선의 크기가 작다.
③ X선은 γ선에 비해 전원장치가 필요하다.
④ X선은 γ선에 비해 촬영 장소가 비교적 넓은 곳에서 한다.

해설

X선 발생장치는 사용 가능한 최대 전압으로 분류되며, 에너지 또는 투과된 투과력을 나타낸다. X선관 내 진공 튜브 안에 양극과 음극이 있어 필라멘트가 열전자를 방출시키며, 필라멘트 전류가 X선의 강도가 된다. γ은 선원의 크기에 비해 방사능의 강도가 큰 것으로 발생에너지 및 붕괴방식 등을 고려하여 선택한다.

53 유류 화재 시 부적당한 소화설비는?

① 물 ② 모 래
③ 가마니 ④ 이산화탄소

해설

- A급 화재 : 목재, 의류 등의 일반 화재로 물, 소화기 등으로 진압한다.
- B급 화재 : 등유, 경유 등 기름으로 인한 화재로, 물과 기름이 섞이지 않으므로 기름이 튀어 오르게 되어 질식 소화법을 사용한다(베이킹소다, 건조사, 이산화탄소 소화설비 등).
- C급 화재 : 전기 화재로, 차단기를 내린 후 소화기로 화재를 진압한다.

54 강의 오스테나이트 결정입도 시험방법 중 교차점의 수를 세는 방법에 대한 설명으로 옳은 것은?

① 측정선이 결정립계에 접할 때는 1/2개의 교차점으로 계산한다.
② 측정선의 끝이 정확하게 하나의 결정립계에 닿을 때는 교차점의 수를 1/2개로 계산한다.
③ 교차점이 우연히 3개의 결정립이 만나는 곳에 일치할 때는 한 개의 교차점으로 계산한다.
④ 불규칙한 현상을 갖는 결정립의 경우, 측정선이 두 개의 다른 지점에서 같은 결정립을 양분할 때는 한 개의 교차점으로 계산한다.

해설

- 절단법(제프리스법, FGI) : 부식면에 나타난 입도를 현미경으로 측정하거나 사진으로 촬영하여 서로 직각으로 만나는 일정한 길이의 두 선분에 의하여 절단되는 결정입자의 수를 측정하여 입도번호를 산출하는 방법이다. 이때 소수점 아래 둘째 자리에서 반올림한다.
- 선분의 양 끝에 있는 결정이 각각 일부분씩 절단될 때는 한쪽만 계산하고, 절단되지 않은 결정 입자가 선분의 한쪽에 있을 때는 계산하지 않는다.
- 한 선분으로 절단되는 결정입자의 수는 10 이상이 되게 현미경 배율을 선택하고 모두 50개 이상이 될 때까지 여러 시야를 측정한다.
- 측정선 끝이 정확하게 하나의 결정립계에 닿을 때 교차점 수를 1/2개로 계산한다.

55 100배율 현미경 조직사진에서 400개의 입자를 관찰할 수 있었던 시험편을 200배의 현미경 배율로 바꿀 경우, 같은 면적에서 관찰되는 입자수는?

① 100 ② 200
③ 300 ④ 400

해설

200배에서는 100개의 입자수를 확인할 수 있다.

52 ② 53 ① 54 ② 55 ① 정답

56 빛 대신 파장이 짧은 전자선을 이용하면 높은 배율의 상을 관찰할 수 있다. 짧은 전자선을 이용할 수 있는 전자현미경의 기호로 옳은 것은?

① 투과전자현미경 : SEM
② 투과전자현미경 : TEM
③ 주사전자현미경 : TEM
④ 주사전자현미경 : OMS

해설
- 주사전자현미경(SEM) : 시험편 표면을 전자선으로 주사하여 나오는 이차 전자를 브라운관에 영상으로 표시하여 재료조직, 상변태, 미세조직, 거동 관찰, 성분 분석 등을 하며 고배율의 관찰이 가능하다.
- 투과전자현미경(TEM) : 짧은 파장의 전자선을 가속시켜 시험편에 투과 후 전자렌즈로 상을 확대하여 형성시키는 현미경으로, 배율 조정을 위해 전기장을 이용한다.

57 훅의 법칙에 의하여 응력과 변형량의 비는 탄성한계 내에서는 일정치가 된다. 이 일정치에 해당되는 것은?

① 영 률 ② 탄성한도
③ 비례한도 ④ 푸아송의 비

해설
훅의 법칙(비례한도)
응력이 증가함에 따라 변형률도 증가하며, E점 이내까지는 응력을 가하였다 제거하면 원상태로 돌아가게 된다. 이러한 관계가 형성되는 최대한의 응력을 비례한도라 하며, 다음의 공식이 성립된다.
$\sigma = E \times \varepsilon$
여기서, σ : 응력, E : 탄성률(영률), ε : 변형률

58 재료의 소성가공성을 시험하기 위한 것은?

① 굽힘시험 ② 경화층시험
③ 비틀림시험 ④ 크리프시험

해설
굽힘시험 : 굽힘하중을 받는 재료의 굽힘저항(굽힘강도), 탄성계수 및 탄성변형에너지 값을 측정하는 시험
- 굽힘균열시험 : 재료의 소성가공성 및 용접부의 변형 등을 평가하는 시험
- 굽힘저항시험(항절시험) : 주철, 초경합금 등의 메진 재료의 파단강도, 굽힘강도, 탄성계수 및 탄성 에너지를 측정하며 재료의 굽힘에 대한 저항력을 조사하는 시험

59 용제 제거성 염색침투탐상시험 과정을 순서에 맞게 나열한 것은?

① 침투처리 → 잉여침투액 제거처리 → 관찰 → 전처리 → 현상처리 → 후처리
② 후처리 → 전처리 → 현상처리 → 침투처리 → 관찰 → 잉여침투액 제거처리
③ 전처리 → 후처리 → 현상처리 → 관찰 → 침투처리 → 잉여침투액 제거처리
④ 전처리 → 침투처리 → 잉여침투액 제거처리 → 현상처리 → 관찰 → 후처리

해설
일반적인 침투탐상의 순서는 전처리 → 침투처리 → 제거 처리→ 현상처리→ 관찰 → 후처리 순이며, 후유화성 형광침투액 – 습식 현상법의 경우 전처리 → 침투 → 유화 → 세척 → 현상 → 건조 → 관찰 → 후처리 순이다.

60 미소 경도시험을 하는 경우가 아닌 것은?

① 시험편이 크고 경도가 낮은 부분 측정
② 박판 또는 가는 선재의 경도 측정
③ 금속재료의 조직 경도 측정
④ 절삭공구의 날 부위 경도 측정

해설
미소 경도시험은 마이크로 비커스 경도시험이라고도 하며 가는 선, 박판의 도금층 깊이 등 미소한 부위를 정밀하게 측정하는 경우 사용한다.

정답 56 ② 57 ① 58 ① 59 ④ 60 ①

Win-Q

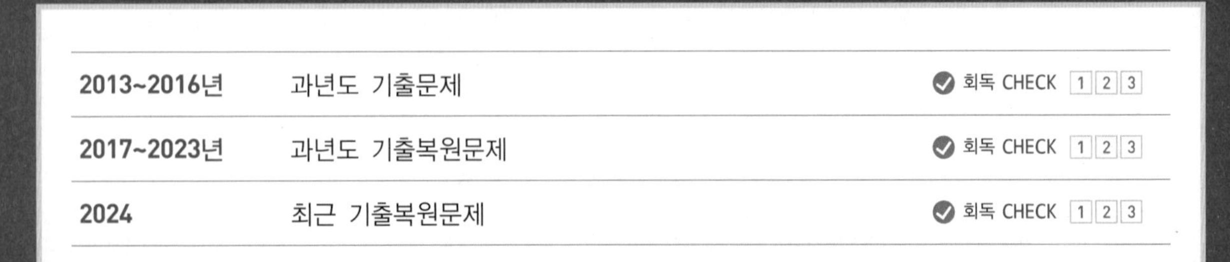

2013~2016년	과년도 기출문제	회독 CHECK 1 2 3
2017~2023년	과년도 기출복원문제	회독 CHECK 1 2 3
2024	최근 기출복원문제	회독 CHECK 1 2 3

CHAPTER 02

열처리기능사 과년도+최근 기출복원문제

2013년 제2회 과년도 기출문제

01 α철(BCC)보다 γ 철(FCC)에 탄소의 고용도가 훨씬 큰 이유는?

① γ 철의 원자충진율이 더 낮다.
② γ 철에서는 탄소가 치환형으로 고용된다.
③ γ 철에서는 탄화물을 잘 형성한다.
④ γ 철에는 탄소가 고용할 만한 크기의 공간이 있다.

해설
α철의 충진율은 68%, γ 철의 충진율은 74%로 상대적인 공간이 γ철이 크다.

02 다음 금속 중 이온화경향이 가장 큰 것은?

① Mo ② Fe
③ Al ④ Cu

해설
이온화경향
K > Ca > Na > Mg > Al > Zn > Cr > Fe > Co > Ni

03 다음의 가공용 알루미늄합금 중 시효경화성이 있는 것은?

① 알 민 ② 두랄루민
③ 알클래드 ④ 하이드로날륨

해설
- Al-Cu-Mn-Mg : 두랄루민, 시효경화성합금, 항공기, 차체 부품으로 사용
- Al-Mn : 알민, 가공성, 용접성 우수, 저장탱크, 기름탱크에 사용
- Al-Mg-Si : 알드리(알드레이), 내식성 우수, 전기 전도율 우수, 송전선 등에 사용
- Al-Mg : 하이드로날륨, 내식성이 우수

04 Fe-C상태도에서 0.8%C 함유하며, 온도 723℃에서 $\gamma \leftrightarrows \alpha + Fe_3C$로 반응하는 것은?

① 공정 반응 ② 공석 반응
③ 편정 반응 ④ 포정 반응

해설
상태도의 불변 반응
- 공석점 : 723℃ $\gamma-Fe \Leftrightarrow \alpha-Fe+Fe_3C$
- 공정점 : 1,130℃ Liquid $\Leftrightarrow \gamma-Fe+Fe_3C$
- 포정점 : 1,490℃ Liquid$+\delta-Fe \Leftrightarrow \gamma-Fe$

05 저용융점합금의 용융점 온도는 약 몇 ℃ 이하인가?

① 250 ② 350
③ 450 ④ 550

해설
저용융점합금 : 250℃ 이하에서 용융점을 가지는 합금

06 변태초소성의 조건과 원칙에 대한 설명 중 틀린 것은?

① 재료에 변태가 있어야 한다.
② 변태 진행 중에 작은 하중에도 변태초소형이 된다.
③ 강도지수(m)의 값은 거의 0(Zero)의 값을 갖는다.
④ 변태점을 오르내리는 열사이클을 반복으로 가한다.

해설
변태초소성 : 합금에 가열과 냉각을 번갈아 주게 되면 이후 상변태가 가열적으로 일어날 경우와 동시에 응력을 가할 때 생기는 초소성 현상을 말한다. 변태가 진행될 때에만 변형이 진행되며 가열과 냉각을 반복함으로써 거대한 연신이 생긴다. 변태초소성이 일어나는 것은 미세립초소성의 경우와 같이 결정립을 작게 할 필요는 없다.

1 ④ 2 ③ 3 ② 4 ② 5 ① 6 ③ 정답

07 주철의 기계적 성질에 대한 설명 중 틀린 것은?

① 경도는 C+Si의 함유량이 많을수록 높아진다.
② 주철의 압축강도는 인장강도의 3~4배 정도이다.
③ 고C, 고Si의 크고 거친 흑연편을 함유하는 주철은 충격값이 작다.
④ 주철은 자체의 흑연이 윤활제 역할을 하며, 내마멸성이 우수하다.

해설
Si와 C가 많을수록 비중과 용융 온도는 저하하며, Si, Ni의 양이 많아질수록 고유 저항은 커지며, 흑연이 많을수록 비중이 작아진다.

08 실용합금으로 Al에 Si가 약 10~13% 함유된 합금의 명칭으로 옳은 것은?

① 라우탈 ② 알니코
③ 실루민 ④ 오일라이트

해설
Al–Si : 실루민, 10~14%Si 및 Na을 첨가하여 개량화처리 실시, 용융점이 낮고 유동성이 좋아 넓고 복잡한 모래형 주물에 이용

09 소성 히스테리시스와 관련이 가장 깊은 것은?

① 멘델의 법칙 ② 베가드의 법칙
③ 키켄델의 효과 ④ 바우싱거 효과

해설
바우싱거 효과(Bauschinger Effect) : 한 번 항복점 이상의 하중을 가한 금속에 정반대 방향으로 하중을 가하면 탄성 한도가 낮아지는 현상이다.

10 표점거리가 200mm인 1호 시험편으로 인장시험한 후 표점거리가 240mm가 되었다면 연신율(%)은?

① 10 ② 20
③ 30 ④ 40

해설
$$\frac{240-200}{200}\times 100 = 20$$

11 순수한 철(Fe)의 동소변태점끼리 구성된 것은?

① A_0, A_1 ② A_1, A_2
③ A_2, A_3 ④ A_3, A_4

해설
순철의 변태점
- A_0 변태 : 210℃ 시멘타이트 자기변태점
- A_1 변태 : 723℃ 철의 공석온도
- A_2 변태 : 768℃ 순철의 자기변태점
- A_3 변태 : 910℃ 철의 동소변태
- A_4 변태 : 1,400℃ 철의 동소변태

12 Cu–Zn계 합금인 황동에서 탈아연 부식이 가장 발생하기 쉬우며, $\alpha+\beta$의 조직인 것은?

① 톰백(Tombac)
② 문쯔메탈(Muntz Metal)
③ 애드미럴티황동(Admiralty Brass)
④ 쾌삭황동(Free Cutting Brass)

해설
탈아연 부식 : 6–4황동에서 주로 나타나며 황동의 표면 또는 내부가 해수 혹은 부식성 물질이 있는 액체와 접촉되면 아연이 녹아버리는 현상
- 문쯔메탈 : 6–4황동

정답 7 ① 8 ③ 9 ④ 10 ② 11 ④ 12 ②

13 표준 저항선, 열전쌍용 선으로 사용되는 Ni합금인 콘스탄탄(Constantan)의 구리 함유량(%)은?

① 5~15 ② 20~30
③ 30~40 ④ 50~60

해설
콘스탄탄(40%Ni-50~60%Cu) : 열전쌍 음극선의 재료로 사용된다.
※ 저자의견 : 확정답안은 ①번으로 발표되었으나 저자는 ④번이 정답으로 보인다.

14 다음 중 베어링용 합금이 갖추어야 할 조건 중 틀린 것은?

① 마찰계수가 클 것
② 충분한 점성과 인성이 있을 것
③ 내식성 및 내소착성이 좋을 것
④ 하중에 견딜 수 있는 경도와 내압력을 가질 것

해설
베어링용 합금은 마찰계수가 작아서 마모가 적게 되어야 한다.

15 주철의 접종에서 S%의 고저(高低)에 관계없이 효과가 있는 접종제는?

① K-Mn
② Cd-Na
③ Ca-Si
④ Zn-Co

해설
접종 : 흑연의 핵을 미세하게 하여 조직이 균일하게 분포하게 하기 위해 C, Si, Ca, Al 등을 첨가하여 흑연의 핵 생성을 빠르게 하는 것

16 도면의 분류 중 사용목적과 내용에 따라 분류할 때 사용목적에 해당되는 것은?

① 조립도 ② 설명도
③ 공정도 ④ 부품도

해설
설명도는 제작자가 부품의 관련된 내용의 설명을 위한 목적도면이다.

17 한국산업표준에서 보기의 의미를 설명한 것 중 틀린 것은?

보기
KS D 3752에서의 SM 45C

① SM 45C에서 S는 강을 의미한다.
② KS D 3752는 KS의 금속부문을 의미한다.
③ SM 45C에서 M은 일반 구조용 압연재를 의미한다.
④ SM 45C에서 45C는 탄소함유량을 의미한다.

해설
M은 기계구조용 탄소강을 의미한다.

18 도면 중 Ⓐ로 표시된 대각선이 의미하는 것은?

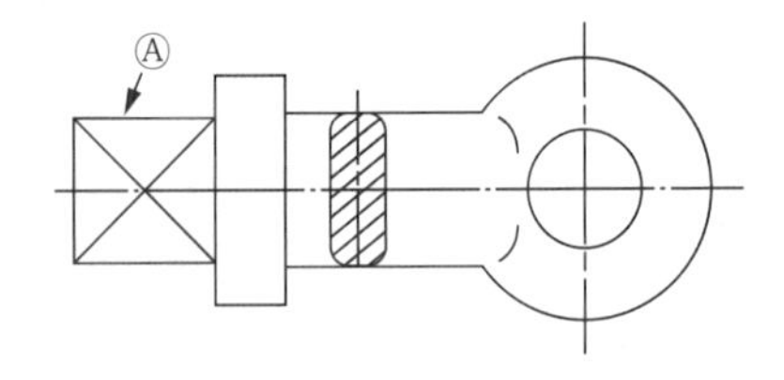

① 보통가공 부분이다.
② 정밀가공 부분이다.
③ 평면을 표시한다.
④ 열처리 부분이다.

해설
육면체와 원기둥을 정면도로만 보면 둘 다 똑같은 사각형 형상이다. 이를 구분하기 위해 육면체의 정면이 평평하다는 것을 대각선으로 X자를 그려서 표시한다.

13 ① 14 ① 15 ③ 16 ② 17 ③ 18 ③ 정답

19 치수 기입의 원칙에 대한 설명으로 옳은 것은?

① 치수는 될 수 있는 한 평면도에 기입한다.
② 관련되는 치수는 될 수 있는 대로 한곳에 모아서 기입해야 한다.
③ 치수는 계산하여 확인할 수 있도록 기입해야 한다.
④ 치수는 알아보기 쉽게 여러 곳에 같은 치수를 기입한다.

해설

- 치수는 되도록 주투상도(정면도)에 집중한다.
- 치수는 중복 기입을 피한다.
- 치수는 되도록 계산해서 구할 필요가 없도록 한다.
- 치수는 필요에 따라 기준으로 하는 점, 선 또는 면을 기준으로 하여 기입한다.
- 관련되는 치수는 되도록 한곳에 모아서 기입한다.
- 치수는 되도록 공정마다 배열을 분리하여 기입한다.
- 치수 중 참고 치수에 대하여는 치수 수치에 괄호를 붙인다.

20 정투상도법에서 정면도의 선택 방법으로 틀린 것은?

① 물체의 주요면이 되도록 투상면에 평행 또는 수직하게 나타낸다.
② 물체의 특징을 가장 명료하게 나타내는 투상도를 정면도로 한다.
③ 관련 투상도는 되도록 은선으로 그릴 수 있게 배치한다.
④ 물체는 되도록 자연스러운 위치로 두고 정면도를 선택한다.

해설

물체를 나타낼 때 가급적 은선을 지양하고 단면으로 하여 내부 모습이나 숨겨진 형상을 나타낼 수 있도록 한다.

※ 저자의견 : 확정답안은 ④번으로 발표되었으나 저자는 ③번이 정답으로 보인다.

21 물체를 제3면각 안에 놓고 투상하는 방법으로 옳은 것은?

① 눈 → 투상면 → 물체
② 눈 → 물체 → 투상면
③ 투상면 → 눈 → 물체
④ 투상면 → 물체 → 눈

해설

제3면각 공간 안에 물체를 각각의 면에 수직인 상태로 중앙에 놓고 '보는 위치'에서 물체 앞면의 투상면에 반사되도록 하여 처음 본 것을 정면도라 한다. 각 방향으로 돌아가며 보아서 반사되도록 하여 투상도를 얻는 원리이다(눈–투상면–물체).

22 미터보통나사를 나타내는 기호는?

① S ② R
③ M ④ PT

해설

<table>
<tr><th colspan="2">구 분</th><th colspan="2">나사의 종류</th><th>나사의 종류를 표시하는 기호</th></tr>
<tr><td rowspan="15">일반용</td><td rowspan="9">ISO 표준에 있는 것</td><td colspan="2">미터보통나사</td><td rowspan="2">M</td></tr>
<tr><td colspan="2">미터가는나사</td></tr>
<tr><td colspan="2">미니추어 나사</td><td>S</td></tr>
<tr><td colspan="2">유니파이보통나사</td><td>UNC</td></tr>
<tr><td colspan="2">유니파이가는나사</td><td>UNF</td></tr>
<tr><td colspan="2">미터사다리꼴나사</td><td>Tr</td></tr>
<tr><td rowspan="3">관용 테이퍼 나사</td><td>테이퍼 수나사</td><td>R</td></tr>
<tr><td>테이퍼 암나사</td><td>Rc</td></tr>
<tr><td>평행 암나사</td><td>Rp</td></tr>
<tr><td rowspan="6">ISO 표준에 없는 것</td><td colspan="2">관용평행나사</td><td>G</td></tr>
<tr><td colspan="2">30도사다리꼴나사</td><td>TM</td></tr>
<tr><td colspan="2">29도사다리꼴나사</td><td>TW</td></tr>
<tr><td rowspan="2">관용 테이퍼 나사</td><td>테이퍼 나사</td><td>PT</td></tr>
<tr><td>평행 암나사</td><td>PS</td></tr>
<tr><td colspan="2">관용평행나사</td><td>PF</td></tr>
</table>

정답 19 ② 20 ④ 21 ① 22 ③

23 다음 중 가공방법과 기호가 잘못 짝지어진 것은?

① 연삭-G ② 주조-C
③ 다듬질-F ④ 프레스가공-S

해설

가공방법의 기호

가공방법	약 호	
	기 호	의 미
선반가공	L	선 삭
드릴가공	D	드릴링
보링머신가공	B	보 링
밀링가공	M	밀 링
평삭(플레이닝)가공	P	평 삭
형삭(셰이핑)가공	SH	형 삭
브로칭가공	BR	브로칭
리머가공	FR	리 밍
연삭가공	G	연 삭
벨트연삭가공	GBL	벨트연삭
호닝가공	GH	호 닝
액체호닝가공	SPLH	액체호닝
배럴연마가공	SPBR	배럴연마
버프 다듬질	SPBF	버 핑
블라스트다듬질	SB	블라스팅
랩 다듬질	GL	래 핑
줄 다듬질	FF	줄 다듬질
스크레이퍼다듬질	FS	스크레이핑
페이퍼다듬질	FCA	페이퍼다듬질
정밀주조	CP	정밀주조

24 핸들, 바퀴의 암, 레일의 절단면 등을 그림처럼 90° 회전시켜 나타내는 단면도는?

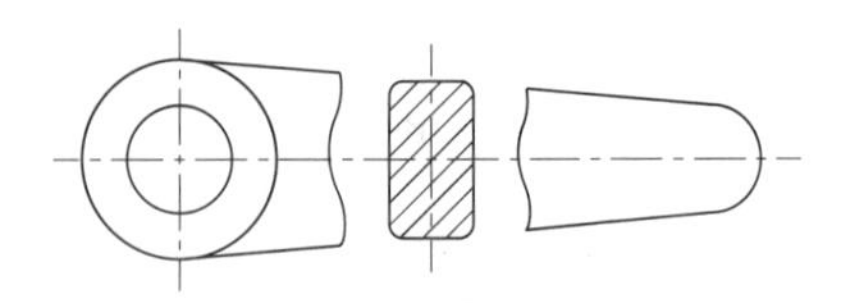

① 전단면도 ② 한쪽단면도
③ 부분단면도 ④ 회전도시단면도

해설

회전도시단면도 : 핸들, 벨트 풀리, 훅, 축 등의 단면을 표시할 때에는 투상면에 절단한 단면의 모양을 90°로 회전하여 그린다.

25 축척 중 현척에 해당되는 것은?

① 1 : 1
② 1 : 2
③ 1 : 10
④ 20 : 1

해설

척도 : 실제의 대상을 도면상으로 나타낼 때의 배율

- 척도 A : B = 도면에서의 크기 : 대상물의 크기
- 현척 : 실제 사물과 동일한 크기로 그리는 것
  예 1 : 1
- 축척 : 실제 사물보다 작게 그리는 경우
  예 1 : 2, 1 : 5, 1 : 10, ……
- 배척 : 실제 사물보다 크게 그리는 경우
  예 2 : 1, 5 : 1, 10 : 1, ……
- NS(None Scale) : 비례척이 아니다.

26 선의 용도와 명칭이 잘못 짝지어진 것은?

① 숨은선 – 파선
② 지시선 – 일점 쇄선
③ 외형선 – 굵은 실선
④ 파단선 – 지그재그의 가는 실선

해설

가는 실선의 용도 : 치수선, 치수보조선, 지시선, 중심선, 수준면선, 회전단면선

23 ④ 24 ④ 25 ① 26 ② 정답

27 그림의 테이퍼가 1/10일 때 X의 값은?

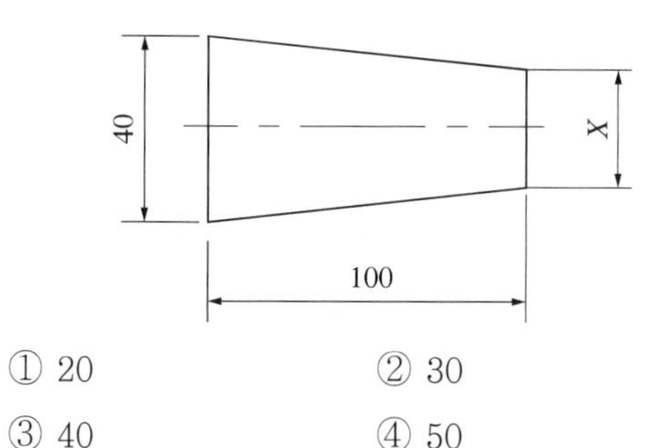

① 20　② 30
③ 40　④ 50

해설
테이퍼는 이등변삼각형 기준 가로길이 : 세로길이를 의미함
가로길이 : 세로 길이 = 10 : 1

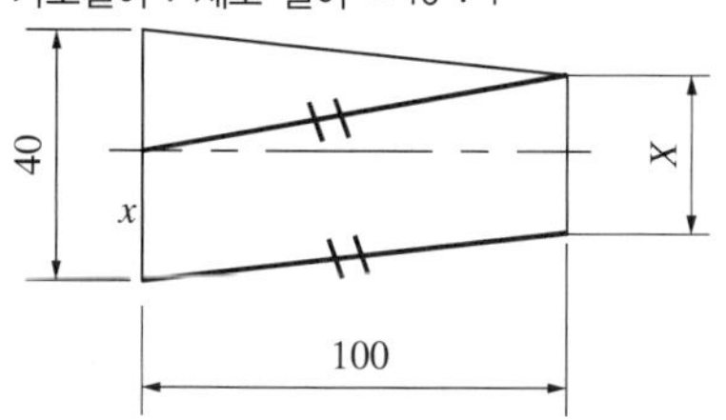

그림과 같이 평행선을 긋고 나서 위쪽 이등변 삼각형을 보고 계산하면, 가로길이 : 세로길이 = 10 : 1 = 100 : 40 − x, x = 30

28 탄소강의 동소변태에 대한 설명 중 틀린 것은?

① 가열 중 768℃에서 α철이 β철로 변화한다.
② 가열 중 910℃에서 α철이 γ철로 변화한다.
③ 가열 중 1,400℃에서 γ철이 δ철로 변화한다.
④ 1개의 동소체에서 다른 동소체로 변화하는 변태를 동소변태라 한다.

해설
768℃는 순철의 자기변태점으로 강자성체에서 상자성체로 바뀐다.

29 0.8%C 이하의 기계구조용 탄소강의 담금질 온도로서 적당한 것은?

① A_3 변태점 온도에서 +30~+50℃
② A_3 변태점 온도에서 −50~−30℃
③ A_{cm} 변태점 온도에서 +30~+50℃
④ A_{cm} 변태점 온도에서 −50~−30℃

해설
기계구조용 탄소강의 담금질 가열온도 범위는 아공석강일 경우 A_3 변태점 온도에서 +30~+50℃ 범위이며, 과공석강일 경우 A_1 변태점 온도에서 +30~+50℃ 범위까지 가열한다.

30 다음 중 불꽃시험에서 밝기가 가장 밝은 강재는?

① SM45C　② STD11
③ SKH51　④ SM25C

해설
일반적으로 탄소의 함유량이 많을수록 불꽃의 양과 밝기는 밝아진다.

31 액체침탄법에서 경화층을 얇게 하기 위한 조건은?

① 고농도의 NaCN에 약 750~850℃ 실시한다.
② 고농도의 NaCN에 약 850~950℃ 실시한다.
③ 저농도의 NaCN에 약 750~850℃ 실시한다.
④ 저농도의 NaCN에 약 850~950℃ 실시한다.

해설
침탄의 깊이를 얇게 하는 경우 고농도, 저온에서 침탄을 실시한다.

정답 27 ② 28 ① 29 ① 30 ① 31 ①

32 일반적으로 담금질유(광유)의 냉각능이 가장 큰 온도(℃)는?

① 10~20　② 30~40
③ 50~60　④ 70~80

해설
일반적으로 물은 20~30℃, 기름은 60~80℃에서 최고의 냉각능을 가지며 광유는 50~60℃에서 우수한 냉각능을 가지고 있다.

33 침탄강의 구비조건을 설명한 것 중 틀린 것은?

① 강의 내부에 기공 또는 균열이 없어야 한다.
② 강재는 0.45%C 이상의 고탄소강이어야 한다.
③ 경화층의 경도는 높고, 내마모성이 우수하여야 한다.
④ 장시간 가열하여도 결정입자가 성장하지 않아야 한다.

해설
침탄강의 구비조건
- 저탄소강일 것
- 고온에서 장시간 가열 시 결정입자의 성장이 없을 것
- 주조 시 완전을 기하며 표면의 결함이 없을 것

34 염욕으로 $NaCO_3$이 주로 사용되어 염욕에 탄소가루나 유기물 등이 혼입되면 폭발의 위험성이 있는 질산염을 주로 사용하는 것은?

① 유동상로
② 저온용 염욕로
③ 중온용 염욕로
④ 고온용 염욕로

해설
욕제의 종류
- 저온용 염욕 : 150~550℃의 온도범위 질산염(질산나트륨, 질산칼륨)
- 중온용 염욕 : 550~950℃의 온도범위 염화물(염화나트륨, 염화칼륨)
- 고온용 염욕 : 1,000~1,300℃의 온도범위 염화바륨 단일염 사용

35 다음의 담금질 방법 중 가장 좋은 작업 방법은?

① 담금질액에 제품을 넣을 때는 얇은 부분을 먼저 냉각시킨다.
② 변형을 미리 예측하고 반대 방향이 아닌 예측 방향으로 변형시켜 놓는다.
③ 축이 긴 제품은 수직으로 매달거나 수직으로 회전시키면서 냉각한다.
④ 구멍 뚫린 곳이나 형상이 복잡한 곳에는 다른 모양에 비해 급격한 속도로 냉각하여야 한다.

해설
길이가 긴 제품은 수직으로 매달아서 담금질을 실시하면 변형을 최소화시킬 수 있다.

36 탄소강을 오스테나이트화한 후 서랭하여 얻을 수 있는 표준조직으로 옳은 것은?

① 마텐자이트　② 시멘타이트
③ 소르바이트　④ 트루스타이트

해설
완전풀림 : A_1 또는 A_3 변태점 위 30~50℃로 가열 유지 후 서랭하며 일반적인 풀림
- 생성조직 : 아공석강 → 페라이트 + 층상 펄라이트
  공석강 → 층상 펄라이트
  과공석강 → 시멘타이트 + 층상 펄라이트

37 열전대로 사용하는 재료로 적당한 것은?

① 열기전력이 작을 것
② 내열성이 클 것
③ 히스테리시스 차가 클 것
④ 내식성이 나쁘고 기계적 강도가 클 것

해설
열전쌍 재료의 조건
- 내열, 내식성이 뛰어나고 고온에서도 기계적 강도가 높아야 한다.
- 열기전력이 크고 안전성이 있으며 히스테리시스 차가 없어야 한다.
- 제작이 수월하고 호환성이 있으며 가격이 저렴해야 한다.

32 ③　33 ②　34 ②　35 ③　36 ②　37 ②　정답

38 알루미늄합금 질별 기호에서 풀림(Annealing)한 가공용 제품을 나타내는 기호는?

① F ② O

③ H ④ W

해설

알루미늄합금의 열처리 기호

- F : 제조 그대로의 재질
- O : 완전풀림 상태의 재질
- H : 가공경화만으로 소정의 경도에 도달한 재질
- W : 용체화 후 자연 시효경화가 진행 중인 상태의 재질
- T : F, O, H 이외의 열처리를 받은 재질
- T_3 : 용체화 후 가공경화를 받는 상태의 재질
- T_4 : 용체화 후 상온시효가 완료한 상태의 재질
- T_5 : 용체화처리 없이 인공시효처리한 상태의 재질
- T_6 : 용체화처리 후 인공시효한 상태의 재질

39 공기 중의 산소나 질소와의 반응이 크므로 진공분위기에서 열처리하여야 하고, 비교적 가볍고 우수한 내식성과 비강도가 높아 항공기, 화학 기계 등에 사용되는 원소는?

① Mo ② Cu

③ Hg ④ Ti

해설

타이타늄은 공기 중의 산소나 질소와의 반응이 커서 진공분위기에서 열처리하여야 하고, 비교적 가볍고 우수한 내식성과 비강도가 높아 항공기, 화학 기계 등에 사용되는 원소이다.

40 소성가공은 재료의 어떤 성질을 이용한 것인가?

① 재결정 ② 탄성변형

③ 영구변형 ④ 결정립 성장

해설

소성변형 : 탄성한도보다 더 큰 힘(항복점 이상)이 가해졌을 때, 재료가 영구히 변형을 일으키는 것이다.

41 베어링강의 열처리 시 편석을 제거하는 방법은?

① 표면을 산화시킨다.

② 결정립을 성장시킨다.

③ 강괴를 크게 하여 서랭시킨다.

④ 균질열처리로 확산처리하고, 단조비를 가능한 크게 한다.

해설

확산풀림 : 단조 및 주조품에 생긴 편석을 확산 소실시켜 균질하는 열처리로, 주로 1,000℃ 이상 고온에서 가열 후 서랭한다.

42 염욕 열처리의 특성이 아닌 것은?

① 균일한 가열이 가능하다.

② 강의 표면산화와 탈탄을 촉진시킨다.

③ 강재의 가열속도를 높일 수 있다.

④ 염의 성분을 조성함으로써 임의의 열처리 온도를 얻을 수 있다.

해설

장 점

- 설비비가 저렴하고 조작방법이 간단하다.
- 열전달이 전도에 의하므로 가열속도가 대기 중보다 4배 빠르며 결정성장에 민감한 고속도강에 적합하다.
- 균일한 온도분포를 유지할 수 있다.
- 표면에 염욕제가 부착하여 피막을 형성해 대기와 차단시켜 산화를 막고 처리 후 표면이 깨끗하다.
- 냉각속도가 빨라 급속한 처리를 할 수 있다.
- 소량 부품의 열처리 및 금형 공구류의 열처리에 적합하다.
- 국부적인 가열이 가능하다.

단 점

- 염욕 관리가 어렵다.
- 염욕의 증발 손실이 크며 제진장치가 필요하다.
- 폐가스와 노화된 염의 폐기로 인한 오염에 신경 써야 한다.
- 열처리 후 제품 표면에 붙어 있는 염욕의 제거가 곤란하며 균일한 열처리품을 얻기 힘들다.

정답 38 ② 39 ④ 40 ③ 41 ④ 42 ②

43 진공 용기 내에서 금속을 증발시키고, 기판에 (-)극을 걸어 주어 글로 방전에 의해 이온화가 촉진되게 함으로써 밀착력이 우수하여 공구나 금형 등에 사용되는 증착법은?

① 진공증착　　② 스퍼터링
③ 이온플레이팅　　④ TD처리법

해설

이온플레이팅 : 진공 속에서 이온화 또는 증발 원자에 의하여 피복하는 것으로서 전기 도금에 대하여 이 이름이 붙여진 것이다. 이온플레이팅은 기어나 나사 등 복잡한 형상의 물건이나 마찰이 적고 내마모성이 요구되는 베어링 등의 코팅에 응용된다.

44 탄소공구강을 나타내는 기호와 담금질 온도로 옳은 것은?

① SC37, 780℃(수랭)
② SM45C, 1,050℃(유랭)
③ STC60, 840℃(수랭)
④ SF37, 1,050℃(유랭)

해설

STC는 탄소공구강을 의미한다.
- SC : 탄소 주강품
- SF : 탄소 단강품
- SS : 일반구조용 압연강재

45 비접촉식 온도측정장치 중 800~2,000℃까지의 온도 측정에 이용되는 온도계는?

① 열전쌍식 온도계　　② 저항식 온도계
③ 압력식 온도계　　④ 방사 온도계

해설

복사(방사) 온도계 : 측정하는 물체가 방출하는 적외선 방사에너지를 이용한 온도계로 800~2,000℃까지 측정하는 비접촉식 온도계이다.

46 강을 Ac_3 또는 A_{cm} 이상의 적당한 온도로 가열하여 오스테나이트화한 후 대기 중에서 냉각하여 강을 표준화시키는 열처리는?

① 풀 림　　② 불 림
③ 뜨 임　　④ 담금질

해설

- 불림 목적 : 강을 미세하고 균일한 표준화된 조직을 얻음을 목적으로 하는 열처리
- 불림 방법 : A_3~A_{cm} 선보다 30~60℃의 높은 온도로 가열한 다음 일정시간을 유지 후 공기 중에 냉각하면 미세하고 균일한 표준조직이 형성된다.

47 다음 중 가장 느린 담금질 냉각속도를 얻고자 하는 경우에 사용되는 냉각장치는?

① 공랭장치　　② 수랭장치
③ 유랭장치　　④ 분사냉각장치

해설

공랭은 대기 중에 냉각하는 방법으로 보기의 냉각방법 중 냉각속도가 가장 느리다.

48 고체침탄법의 특징을 설명한 것 중 틀린 것은?

① 직접 담금질이 곤란하다.
② 대량 생산에 적합하지 않다.
③ 표면에는 망상 탄화물이 생성되기 쉽다.
④ 가열이 균일하기 때문에 침탄층도 균일성을 갖는다.

해설

고체침탄의 단점은 가열의 불균일로 인하여 불균일한 침탄층을 얻는 데 있다.

43 ③　44 ③　45 ④　46 ②　47 ①　48 ④ 정답

49 전기로에 사용되는 금속발열체 중 사용 온도가 가장 높은 것은?

① 텅스텐
② 칸 탈
③ 니크롬(80%Ni−20%Cr)
④ 철크롬(23%Fe−26%Cr−4~6%Al)

해설
발열체 : 전기저항에 의해 발열되는 원리를 이용함
- 금속발열체 : 니크롬, 철크롬, 칸탈, 몰리브덴, 텅스텐(1,700℃)
- 비금속발열체 : 탄화규소, 흑연(3,000℃), 규화몰리브덴

50 공석강을 담금질한 다음 300~400℃로 뜨임할 때 나타나는 조직은?

① 페라이트 ② 트루스타이트
③ 시멘타이트 ④ 레데부라이트

해설
α−마텐자이트를 템퍼링하면 100~150℃ 이상에서 고용된 탄소는 탄화물이 되어 석출하며, 350~400℃에 있어서는 트루스타이트가 생성되어 400℃에서 완료되며, 400~600℃에서는 소르바이트가 생성되며 600℃에서 완료된다.

51 탈탄의 방지법에 대한 설명으로 틀린 것은?

① 염욕 중에서 가열한다.
② 진공 중에서 가열한다.
③ 고온에서 장시간 가열을 한다.
④ 분위기 가스 속에서 가열한다.

해설
고온에서 장시간 가열을 할 경우 강재의 표면에 있는 탄소의 확산을 일으켜 탈탄현상이 오히려 일어날 수가 있다.

52 다음 열처리 조직 중 연신율이 가장 작은 것은?

① 소르바이트
② 트루스타이트
③ 마텐자이트
④ 오스테나이트

해설
열처리 과정에서 발생하는 조직의 경도 순서
시멘타이트 > 마텐자이트 > 트루스타이트 > 소르바이트 > 펄라이트 > 오스테나이트 > 페라이트 순이며, 연신율은 이와 반대이다.

53 주철의 두께가 5mm일 때 뜨임 유지시간을 계산하면 얼마(분)인가?(단, 유지시간 25mm당 60분이다)

① 5 ② 6
③ 10 ④ 12

해설
$25 : 60 = 5 : x$

54 공석강의 항온변태곡선(TTT 곡선 또는 C 곡선)에서 코(Nose) 부근의 온도(℃)로 가장 적합한 것은?

① 100℃
② 250℃
③ 400℃
④ 550℃

해설
550℃ : Ar′ 변태점, 화색 소실 온도, 코 온도

정답 49 ① 50 ② 51 ③ 52 ③ 53 ④ 54 ④

55 기계구조용 Cr-Mo 강의 뜨임 온도는 약 몇 ℃인가?

① 60~80 ② 150~200
③ 550~650 ④ 830~880

해설

강의 열처리 - 강종에 따른 열처리 조건표

재료명	담금질		뜨 임	
	온 도	냉 각	온 도	냉 각
STC3	760~820℃	수 랭	150~200℃	공 랭
STS3	800~850℃	유 랭	150~200℃	공 랭
STD11	1,000~1,050℃	공 랭	150~200℃	공 랭
STD61	1,000~1,050℃	공 랭	550~650℃	공 랭
SM45C	820~870℃	수 랭	550~650℃	수 랭
SCM440	820~880℃	유 랭	520~620℃	수 랭
SKH51	1,200~1,250℃	유 랭	540~570℃	공 랭

56 다음의 담금질 중 계단냉각법을 사용하는 것은?

① 시간 담금질
② 분사 담금질
③ 프레스 담금질
④ 열욕 담금질

해설

시간 담금질은 2단 냉각을 실시하며 계단냉각법이라고 한다.

57 열처리 작업 전처리 중 탈지의 가장 큰 목적은?

① 유지분 제거
② 변형 제거
③ 탄화물 제거
④ 내부 불순물 제거

해설

탈지 : 표면에 부착한 유지(기름기)를 제거하는 처리

58 진공열처리의 진공도를 측정하는 진공 게이지가 아닌 것은?

① 압력 레귤레이터 ② 이온 게이지
③ 열전도 게이지 ④ 패닝 게이지

해설

압력 레귤레이터는 연료 및 공기의 압력을 조정하는 장치이다.

59 수질오염의 환경 기준인 수소이온 농도 단위는?

① mg ② LP
③ OS ④ pH

해설

산과 염기 정도를 측정하는 pH는 수소이온의 농도를 나타낸다.

60 강을 오스테나이트 영역에서 M_S와 M_f 사이의 항온에 열처리할 때 생성되는 조직은?

① 오스테나이트와 마텐자이트 혼합조직
② 오스테나이트와 페라이트 혼합조직
③ 마텐자이트와 베이나이트 혼합조직
④ 마텐자이트와 펄라이트 혼합조직

해설

마템퍼링 : 마텐자이트 + 베이나이트 생성

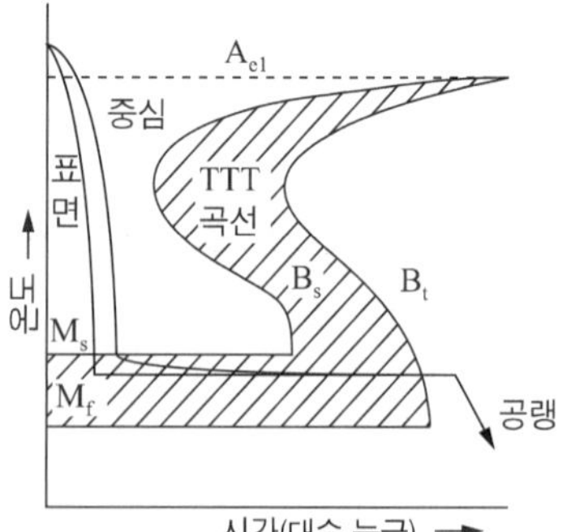

강을 오스테나이트 영역에서 M_s와 M_f 사이에서 항온변태처리를 행하며 변태가 거의 종료될 때까지 같은 온도로 유지한 다음 공기 중에서 냉각하여 마텐자이트와 베이나이트의 혼합조직을 얻는 조직

55 ③ 56 ① 57 ① 58 ① 59 ④ 60 ③ 정답

2013년 제5회 과년도 기출문제

01 18-8 스테인리스강에 대한 설명으로 틀린 것은?

① 강자성체이다.
② 내식성이 우수하다.
③ 오스테나이트계이다.
④ 18%Cr-8%Ni의 합금이다.

해설
Austenite계 스테인리스강 : 18%Cr-8%Ni이 대표적인 강으로 비자성체에 산과 알칼리에 강하다.

02 Al-Si계 합금에 관한 설명으로 틀린 것은?

① Si 함유량이 증가할수록 열팽창계수가 낮아진다.
② 실용합금으로는 10~13%의 Si가 함유된 실루민이 있다.
③ 용융점이 높고 유동성이 좋지 않아 복잡한 모래형 주물에는 이용되지 않는다.
④ 개량처리를 하게 되면 용탕과 모래 수분과의 반응으로 수소를 흡수하여 기포가 발생된다.

해설
- Al-Si : 실루민, 10~14%Si 및 Na을 첨가하여 개량화처리를 실시하며, 용융점이 낮고 유동성이 좋아 넓고 복잡한 모래형 주물에 이용된다. 개량화처리 시 용탕과 모래형 수분과의 반응으로 수소를 흡수하여 기포가 발생하고 다이캐스팅에는 급랭으로 인한 조직 미세화로 열간 메짐이 없다. Si 함유량이 많아질수록 팽창계수와 비중은 낮아지며 주조성, 가공성이 나빠진다.
- 개량화처리 : 금속나트륨, 수산화나트륨, 플루오린화알칼리, 알칼리 염류 등을 용탕에 장입하면 조직이 미세화되는 처리

03 1성분계 상태도에서 3중점에 대한 설명으로 옳은 것은?

① 세 가지 기압이 겹치는 점이다.
② 세 가지 온도가 겹치는 점이다.
③ 세 가지 상이 같이 존재하는 점이다.
④ 세 가지 원소가 같이 존재하는 점이다.

해설
1성분계의 3중점은 한 가지 성분에 3가지 상태가 존재하는 점을 의미한다.

04 다음 중 소결 탄화물 공구강이 아닌 것은?

① 듀콜(Ducol)강
② 미디아(Media)
③ 카볼로이(Carboloy)
④ 텅갈로이(Tungalloy)

해설
저망간강(듀콜강) : Mn이 1.0~1.5% 정도 함유되어 펄라이트 조직을 형성하고 있는 강으로 롤러, 교량 등에 사용된다.

05 Ni에 약 50~60%의 Cu를 첨가하여 표준 저항선이나 열전쌍용 선으로 사용되는 합금은?

① 엘린바
② 모넬메탈
③ 콘스탄탄
④ 플라티나이트

해설
콘스탄탄(40%Ni-55~60%Cu) : 열전쌍 및 표준 저항선에 사용된다.

정답 1 ① 2 ③ 3 ③ 4 ① 5 ③

06 조직검사를 통한 상의 종류 및 상의 양을 결정하는 방법이 아닌 것은?

① 면적의 측정법
② 점의 측정법
③ 직선의 측정법
④ 설퍼프린트 측정법

해설
설퍼프린트법 : 브로마이드 인화지를 1~5%의 황산수용액(H_2SO_4)에 5~10분 담근 후, 시험편에 1~3분간 밀착시킨 다음 브로마이드 인화지에 붙어 있는 취화은($AgBr_2$)과 반응하여 황화은(AgS)을 생성시켜 건조시키면 황이 있는 부분에 갈색 반점의 명암도를 조사하여 강 중의 황의 편석 및 분포도를 검사하는 방법

07 뜨임 취성을 방지할 목적으로 첨가되는 합금원소는?

① Al　　② Si
③ Mn　　④ Mo

해설
Mo : 페라이트 중 조직을 강화하는 능력이 Cr, Ni보다 크고, 크리프 강도를 높이는 데 사용한다. 또한, 뜨임 메짐을 방지하고 열처리 효과를 깊게 한다.

08 주철 중에 나타나는 탄소량은 주로 어떤 형태인가?

① 인(P)+흑연
② 흑연+화합탄소
③ 망간(Mn)+화합탄소
④ 텅스텐(W)+화합탄소

해설
주철 중에서 나타나는 탄소의 형태는 흑연과 화합탄소의 결합으로 생성된다.

09 알루미늄합금 중 시효처리에 의해 석출경화를 이용하는 열처리형 합금이 아닌 것은?

① 2,000계　　② 3,000계
③ 6,000계　　④ 7,000계

해설
3,000계의 알루미늄합금 : Al–Mn 알민으로 가공성과 용접성이 우수하고 저장탱크, 기름탱크에 사용되며 시효처리를 통해 석출경화되지 않는다.

10 6 : 4 황동에 1~2%Fe을 가한 것으로 강도가 크고 내식성이 좋아 광산기계, 선박용 기계, 화학기계 등에 널리 사용되는 것은?

① 포 금　　② 문쯔메탈
③ 규소황동　　④ 델타메탈

해설
델타메탈 : 6–4황동에 Fe 1~2% 첨가한 강으로, 강도 및 내산성이 우수하며 선박, 화학기계용에 사용된다.

11 용액(L_1) → 결정(M) + 용액(L_2)과 같은 반응을 하며, 정해진 온도에서 3상이 평형을 이루는 상태도는?

① 공정형　　② 포정형
③ 편정형　　④ 금속간 화합물형

해설
편정 반응 : 하나의 액체에서 다른 액상 및 고용체가 동시에 형성되는 반응($L_1 \rightarrow L_2 + \alpha$)

6 ④ 7 ④ 8 ② 9 ② 10 ④ 11 ③ 정답

12 형상기억효과를 나타내는 합금이 일으키는 변태는?

① 펄라이트 변태
② 마텐자이트 변태
③ 오스테나이트 변태
④ 레데부라이트 변태

해설

형상기억합금 : 힘에 의해 변형되더라도 특정 온도에 올라가면 본래의 모양으로 돌아오는 합금이다. Ti-Ni이 대표적으로 마텐자이트 상변태를 일으킨다.
마텐자이트 변태 : Fe이 온도 상승에 따라 $\alpha-$Fe(BCC)에서 $\gamma-$Fe, $\delta-$Fe로 외관의 변화를 보이지 않는 고체 간의 상변태

13 다음 중 금속에 대한 설명으로 틀린 것은?

① 금속의 결정구조는 대부분 BCC, FCC, HCP 중의 하나에 속한다.
② Hg을 제외한 모든 금속의 융점은 상온 이상이다.
③ 융점은 W이 가장 높고 전기전도도는 Ag이 가장 좋다.
④ 융점과 비점은 서로 비례한다.

해설

금속의 융점과 비점은 금속의 종류에 따라 다르며 반드시 비례한다고 볼 수는 없다.

14 백금(Pt)의 결정격자는?

① 정방격자 ② 면심입방격자
③ 조밀육방격자 ④ 체심입방격자

해설

면심입방격자는 가공성과 연신율이 좋으며 금, 은, 구리, 백금 등 귀금속류가 이에 해당한다.

15 다음 중 연강의 탄소함량은 약 몇 %인가?

① 0.14 ② 0.45
③ 0.5 ④ 0.85

해설

탄소강의 연강은 탄소함유량이 0.2% 이하인 강을 의미한다.

16 가공으로 생긴 선이 동심원인 경우의 표시로 옳은 것은?

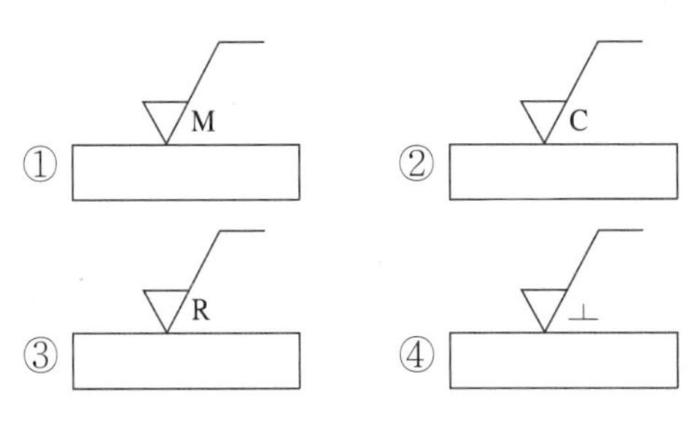

해설

기 호	뜻	모 양
C	가공으로 생긴 선이 거의 동심원	C

17 다음 그림과 같은 단면도는?

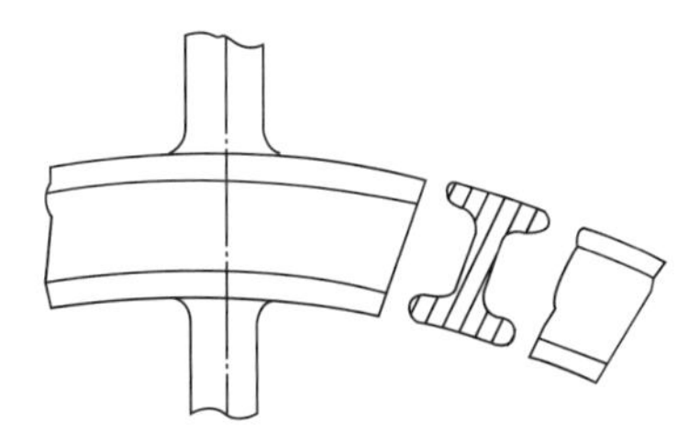

① 부분 단면도 ② 계단 단면도
③ 한쪽 단면도 ④ 회전 단면도

해설

회전도시 단면도는 투상면에 절단한 단면의 모양을 90°로 회전하여 안이나 밖에 그린 후 실제 두께 부분의 형태를 알고 싶을 때 나타낸다.

정답 12 ② 13 ④ 14 ② 15 ① 16 ② 17 ④

18 다음 중 투상법에 대한 설명으로 틀린 것은?

① 투상법은 제3각법을 따르는 것을 원칙으로 한다.
② 같은 도면에서 제1각법과 제3각법을 혼용할 수 있다.
③ 제1각법과 제3각법은 정면도를 중심으로 평면도와 측면도의 위치가 다르다.
④ 정면도와 평면도만 보아도 그 물체를 알 수 있을 때에는 측면도를 생략할 수 있다.

해설
하나의 도면에서 2개의 각법을 혼용하여 사용할 수 없다.

19 다음 도면을 이용하여 공작물을 완성할 수 없는 이유는?

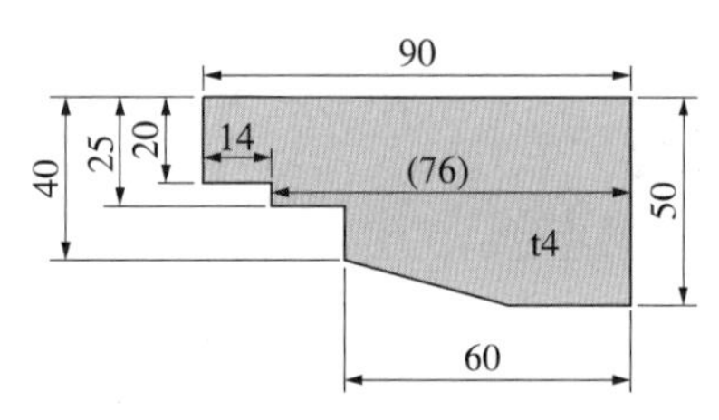

① 공작물의 두께 치수가 없기 때문에
② 공작물의 외형 크기 치수가 없기 때문에
③ 치수 20과 25 사이 5의 치수가 없기 때문에
④ 공작물 하단의 경사진 각도 치수가 없기 때문에

해설
공작물 하단 부분의 경사진 부분에 치수값이 누락되어 있다.

20 축에 회전체를 고정시키는 기계 요소 중에서 축과 보스에 모두 홈을 가공하여 큰 힘을 전달할 수 있어 가장 널리 사용되는 키는?

① 평 키　　② 안장 키
③ 묻힘 키　　④ 원형 키

해설
묻힘 키(성크 키) : 보스와 축에 키홈을 파고 키를 견고하게 끼워 회전력을 전달함

21 $\phi 40^{+0.025}_{\ 0}$의 설명으로 틀린 것은?

① 치수공차 : 0.025
② 아래치수허용차 : 0
③ 최소허용치수 : 39.975
④ 최대허용치수 : 40.025

해설
최소허용치수는 40이다.

22 CAD 시스템의 하드웨어 중 출력장치에 해당하는 것은?

① 플로터　　② 마우스
③ 키보드　　④ 디지타이저

해설
마우스, 키보드, 디지타이저는 입력장치에 해당한다.

23 다음 도면의 크기에서 A2 용지를 바르게 나타낸 것은?

① 210×297mm　　② 297×420mm
③ 420×594mm　　④ 841×1,189mm

해설
- A4 용지 : 210 × 297mm
- A3 용지 : 297 × 420mm
- A2 용지 : 420 × 594mm
- A3 용지의 치수는 A4 용지의 가로, 세로 치수 중 작은 치수값의 2배로 하고 용지의 크기가 증가할수록 같은 원리로 점차적으로 증가한다.

18 ② 19 ④ 20 ③ 21 ③ 22 ① 23 ③ 정답

24 치수보조기호 t의 의미를 옳게 나타낸 것은?

① 지름 치수 ② 반지름 치수
③ 판의 두께 ④ 원호의 길이

해설
t는 판의 두께를 나타낼 때 사용하는 치수보조기호이다.

25 도면에서 2종류 이상의 선이 동일 위치에서 겹칠 때 가장 우선적으로 도시하는 선은?

① 숨은선 ② 외형선
③ 절단선 ④ 무게중심선

해설
2개 이상의 선이 중복될 때 우선순위
외형선 – 숨은선 – 절단선 – 중심선 – 무게중심선 - 치수선

26 그림과 같은 물체를 제3각법에 의하여 투상하려고 한다. 화살표 방향을 정면도로 할 때 평면도는?

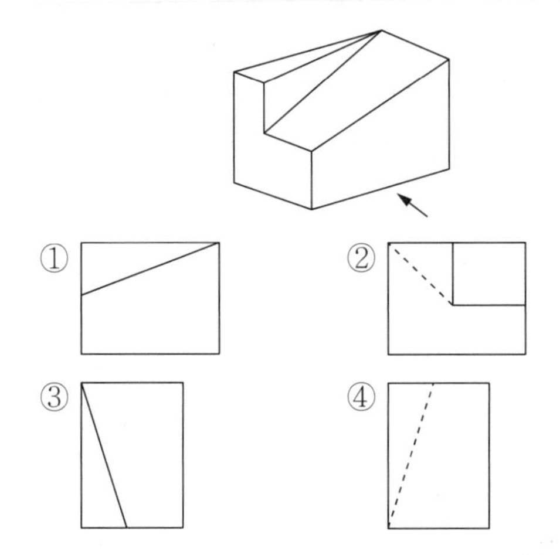

해설
정면도는 화살표 방향에서 본 형태를 나타낸 것이다.

27 길이 10mm의 부품을 도면에 2 : 1의 배척으로 그렸다. 도면에 기입하는 길이 치수(mm)는?

① 5 ② 10
③ 20 ④ 40

해설
배척으로 크게 그리더라도 도면에 나타내는 치수는 실제 부품의 치수를 나타내야 한다.

28 강의 표준 조직을 얻기 위한 열처리 방법은?

① 담금질 ② 스퍼터링
③ 노멀라이징 ④ 본데라이징

해설
불림(노멀라이징)
- 목적 : 강을 미세하고 균일한 표준화된 조직을 얻음을 목적으로 하는 열처리
- 방법 : $A_3 \sim A_{cm}$ 선보다 30~60℃의 높은 온도로 가열한 다음 일정시간을 유지 후 공기 중에 냉각하면 미세하고 균일한 표준조직이 형성된다.

29 고체침탄처리 시 침탄을 촉진시키기 위해 첨가하는 것은?

① 탄산바륨($BaCO_3$)
② 암모니아(NH_3)
③ 알루미나(Al_2O_3)
④ 산화마그네슘(MgO)

해설
고체침탄법 : 저탄소강을 침탄제와 함께 침탄상자에 넣고 밀폐 후 900~950℃로 가열
- 화학식 : $C + O = CO \rightarrow 2CO + 3Fe \rightarrow Fe_3C + CO_2$
- 침탄제 : 목탄, 코크스, 침탄촉진제 : 탄산바륨, 탄산나트륨

정답 24 ③ 25 ② 26 ① 27 ② 28 ③ 29 ①

30 일반적인 강재의 담금질성에 관한 설명으로 옳은 것은?

① 다량의 P은 담금질성을 감소
② 다량의 S은 담금질성을 증가
③ 가열온도가 낮으면 담금질성 향상
④ 결정입도가 크면 담금질성 향상

해설
황과 인은 담금질성을 저해하는 원소이며 가열온도가 높을수록 담금질성이 높다.

31 다음 중 열처리 제품을 가열할 때의 승온 속도가 가장 빠른 것은?

① 염욕로
② 진공로
③ 전기로
④ 분위기로

해설
염욕로는 열전달이 전도에 의하므로 가열속도가 대기 중보다 4배 빠르며 결정성장에 민감한 고속도강에 적합하다.

32 열처리 제품의 변형, 균열 및 치수의 변화를 최소화하기 위한 수단으로, 담금질할 강재를 냉각수 속에 넣었다가 일정 온도까지 냉각 후 꺼내어 유랭하거나 공랭시키는 열처리 방법은?

① 직접 담금질
② 시간 담금질
③ 선택 담금질
④ 분사 담금질

해설
인상(시간) 담금질 : 변형, 균열 및 치수의 변화를 최소화하기 위해 냉각수 속에 넣어 일정 온도로 급랭한 후 꺼내 유랭시키거나 공랭시키면서 냉각시간을 조절하는 방법

33 다음 중 담금질 균열의 방지 대책으로 틀린 것은?

① 구멍 부위는 찰흙으로 채운다.
② 모서리 부분은 라운딩처리를 한다.
③ $M_s \sim M_f$ 범위에서는 가능한 한 서랭한다.
④ 살두께의 차이 및 급작스런 두께 편차를 만든다.

해설
살두께가 급작스럽게 바뀌는 노치부분은 담금질 시 균열이 발생한다.

34 강의 열처리된 조직 중 가장 높은 경도를 갖는 것은?

① 펄라이트
② 트루스타이트
③ 시멘타이트
④ 오스테나이트

해설
열처리 과정에서 발생하는 조직의 경도 순서
시멘타이트 > 마텐자이트 > 트루스타이트 > 소르바이트 > 펄라이트 > 오스테나이트 > 페라이트

35 회주철의 열처리에 관한 설명으로 옳은 것은?

① Cr은 회주철의 변태 영역을 저하시킨다.
② Mn, V, Mo은 회주철의 경화능을 감소시키는 원소이다.
③ 회주철의 강도와 내마멸성을 향상시키기 위해 노멀라이징처리를 한다.
④ 회주철의 담금질 냉각제로서 기름이 널리 사용되며 물은 균열이나 변형이 발생할 가능성이 있다.

해설
회주철을 담금질할 때는 일반적으로 유랭을 실시한다. Mn, V, Mo, Cr 등은 모두 백선화를 촉진시키는 원소이다.

30 ① 31 ① 32 ② 33 ④ 34 ③ 35 ④ **정답**

36 0.3%탄소를 함유한 강의 열처리 시 미치는 합금원소의 영향에서 상부 입계냉각속도를 빠르게 하는 원소는?

① Mn ② Co
③ Cr ④ Mo

해설
임계냉각속도는 담금질 시 마텐자이트조직이 나타나는 최소냉각속도로 Co, S, Se 등의 함유량이 많아지면 냉각속도를 빠르게 한다.

37 침탄 시에 발생되는 박리 현상의 방지법으로 옳은 것은?

① 심랭처리한다.
② 확산풀림한 후 담금질한다.
③ 연화풀림한 후 담금질한다.
④ 구상화풀림한 후 담금질한다.

해설
침탄 시 박리가 생기는 원인은 과잉침탄으로 인한 탄소함유량 증가이며 확산풀림을 통해 과잉침탄된 부분을 균질화하여 박리를 방지할 수 있다.

38 구조용 탄소강을 담금질한 후 뜨임하여 사용하는 이유로 옳은 것은?

① 절연성을 증가시키기 위해서
② 인성을 증가시키기 위해서
③ 강자성을 갖게 하기 위해서
④ 결정립을 조대화하고 결정의 성장을 돕기 위해서

해설
뜨임의 가장 큰 목적은 인성을 부여함이다.

39 다음 중 진공의 단위가 아닌 것은?

① Pa ② Hz
③ torr ④ mmHg

해설
Hz은 주파수의 단위이다.

40 산소용기의 취급상 주의할 사항으로 옳은 것은?

① 운반 시 조임장치를 사용하여 운반한다.
② 산소병 표면온도를 40℃가 넘도록 한다.
③ 겨울철에 용기가 동결 시 직화로 녹인다.
④ 산소가 새는 것을 확인할 때는 불을 붙여 본다.

해설
산소용기는 40℃ 이하로 유지하며 동결 시 습포나 40℃ 이하의 온수로 녹인다.

41 열처리로로 사용되고 있는 내화제에서 산성 내화제는?

① 규산(SiO_2)
② 마그네시아(MgO)
③ 알루미나(Al_2O_3)
④ 산화크롬(Cr_2O_3)

해설
내화재의 분류
- 산성 내화재 : 규산(SiO_2)을 다량으로 함유한 내화재로 샤모트 벽돌, 규석벽돌 등이 있다.
- 염기성 내화재 : 마그네시아(MgO)와 산화크롬(Cr_2O_3)을 주성분으로 한다.
- 중성 내화재 : Al_2O_3를 주성분으로 하며 고알루미나질 벽돌, 크롬 벽돌 등이 있다.

정답 36 ② 37 ② 38 ② 39 ② 40 ① 41 ①

42 뜨임 균열의 방지 대책으로 틀린 것은?

① 가급적 급격한 가열을 한다.
② 잔류응력을 제거하고 응력이 집중되는 부분을 알맞게 설계한다.
③ M_f 점, M_s 점이 낮은 고합금강은 두 번 뜨임하면 효과적이다.
④ 고속도강과 같은 경우에는 뜨임을 하기 전에 탈탄층을 제거하고 뜨임을 한 후에는 서랭하거나 유랭한다.

해설
급격한 가열은 노의 이상을 발생할 수 있으며 강재의 균열을 발생시킬 수 있다.

43 잔류오스테나이트를 마텐자이트화하는 처리는?

① 이온질화
② 물리적 증착법
③ 심랭처리
④ 화학적 증착법

해설
심랭처리 정의 : 퀜칭 후 경도를 증가시킨 강에 시효변형을 방지하기 위하여 0℃ 이하(Sub-zero)의 온도로 냉각하여 잔류 오스테나이트를 마텐자이트로 만드는 처리

44 다음의 마레이징(Maraging)강의 열처리 특성에 관한 설명 중 옳은 것은?

① 통상적인 담금질로 경화된다.
② 탄소의 함량이 많을수록 좋다.
③ 냉각속도가 빠를수록 담금질이 잘된다.
④ 시효경화하기 전에 상온까지 냉각해야 한다.

해설
마레이징강의 열처리 : 마텐자이트 + 에이징(시효)의 합성어로 탄소를 거의 함유하지 않고 일반적인 담금질에 의해 경화되지 않으므로 오스테나이트화 온도로부터 상온까지 냉각하여 마텐자이트로 변태시키고 시효경화를 통해 강도와 경도를 증가시키는 열처리를 의미한다.

45 다음 중 담금질처리된 제품을 망치 등으로 가볍게 두드려서 소리를 듣는 검사법은?

① 산부식법
② 타진법
③ 스트레인게이지법
④ 쇼트블라스트법

해설
타진법은 두드려서 나는 소리를 통해 제품의 결합 여부를 판단하는 방법이다.

46 질화(Nitriding)처리에 대한 설명으로 틀린 것은?

① 내마모성 증가
② 내식성 증가
③ 변형의 증가
④ 피로한도 증가

해설
질화법 : 500~600℃의 변태점 이하에서 암모니아 가스를 주로 사용하여 질소를 확산 침투시켜 표면층 경화시킴을 목적으로 한다.

42 ① 43 ③ 44 ④ 45 ② 46 ③ **정답**

47 피가열물의 주위에서 물 또는 기름을 분사해서 급랭시키는 장치로 대체로 아주 큰 피열처리재의 냉각에 쓰이는 장치는?

① 분사냉각장치 ② 공랭장치
③ 수랭장치 ④ 유랭장치

해설
분사냉각장치 : 피가열물의 주위에서 물 또는 기름을 분사해서 급랭시키는 장치로 대체로 아주 큰 피열처리재의 냉각에 쓰이는 장치

48 기계 구조용 탄소강(SM45C)의 완전풀림 곡선에서 (가)와 (나)에 알맞은 온도와 냉각방법은?

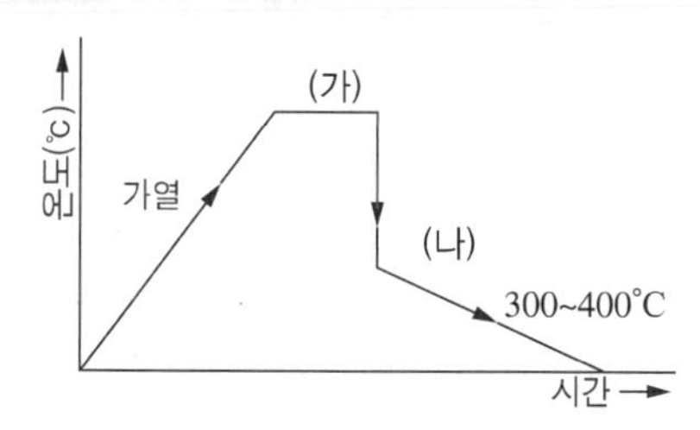

① 480~510℃, 유랭
② 590~630℃, 수랭
③ 790~830℃, 서랭
④ 1,050~1,250℃, 서랭

해설
완전풀림 : A_1 또는 A_3 변태점 위 30~50℃로 가열 유지 후 서랭하며, 일반적인 풀림이라고도 한다.

49 불림(Normalizing) 처리한 재료는 주로 어떤 냉각을 실시하는가?

① 급 랭 ② 수 랭
③ 공 랭 ④ 분사냉각

해설
열처리에 따른 냉각방법
- 담금질 : 급랭(수랭, 유랭)
- 불림 : 공랭(방랭)
- 풀림 : 서랭(노랭)

50 다음 중 침탄처리 과정의 설명 중 틀린 것은?

① 침탄처리 : 액체침탄법, 고체침탄법, 가스침탄법
② 저온풀림 : Martensite의 구상화처리
③ 1차 담금질 : 조대한 결정 입자 미세화 및 시멘타이트의 구상화
④ 2차 담금질 : 표면경화

해설
저온처리는 시멘타이트의 구상화를 목표로 한다.

51 방진 마스크의 선정 기준으로 틀린 것은?

① 안면 밀착성이 좋을 것
② 흡기, 배기저항이 높은 것
③ 분진 포집 효율이 좋을 것
④ 사용적(유효공간)이 적을 것

해설
흡기, 배기저항이 너무 높으면 공기가 통하지 않아 숨쉬기가 곤란하다.

정답 47 ① 48 ③ 49 ③ 50 ② 51 ②

52 강을 열처리할 때 냉각 도중에 속도를 변화시키는 방법으로 현장에서 널리 응용되고 있는 방법은?

① 연속냉각 ② 열욕냉각
③ 항온냉각 ④ 2단 냉각

해설
2단 냉각 : 냉각 도중 Ar′, Ar″ 기준으로 냉각속도를 변화시키며 2단 풀림, 2단 불림, 시간 담금질 등이 있다.

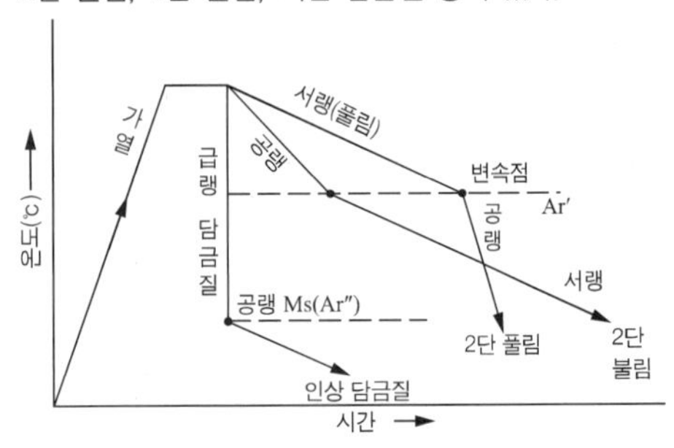

[2단 냉각곡선]

54 강의 담금질성을 판단하는 방법은 아닌 것은?

① 커핑시험
② 조미니시험
③ 임계지름에 의한 방법
④ 임계냉각속도를 사용하는 방법

해설
강의 담금질성을 판단하는 방법
- 임계냉각속도를 사용하는 방법
- 임계지름에 의한 방법
- 조미니시험법

53 강을 담금질할 때 재료의 표면은 급랭에 의해 담금질이 잘되는데 재료의 중심에 가까워질수록 담금질이 잘되지 않는 것은 어떤 효과라 하는가?

① 풀림효과
② 뜨임효과
③ 질량효과
④ 담금질효과

해설
질량효과 : 재료 표면은 급랭에 의해 담금질이 잘되는 데 반해 재료의 중심에 가까울수록 안 되는 현상

55 자동온도제어장치 중 비교 결과 양자의 전압편차가 있으면 조절계에서 전류를 바꾸는 역할을 무엇이라 하는가?

① 검 출
② 비 교
③ 판 단
④ 조 작

해설
전압편차를 판단하여 전류를 조정하는 것이므로 판단하는 역할에 해당한다.

52 ④ 53 ③ 54 ① 55 ③ 정답

56 강을 오스템퍼링하면 어떤 조직으로 되는가?

① 펄라이트 ② 베이나이트
③ 소르바이트 ④ 마텐자이트

해설
오스템퍼링 : 베이나이트 생성

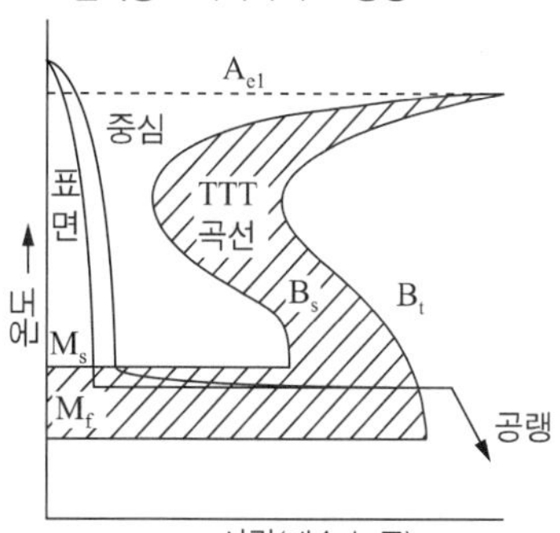

강을 오스테나이트 상태로부터 M_s 이상 코(550℃) 온도 이하인 적당한 온도의 염욕에서 담금질하여 과랭 오스테나이트가 염욕 중에서 항온 변태가 종료할 때까지 항온을 유지하고, 공기 중으로 냉각하여 베이나이트를 얻는 조작

57 항온변태에 대한 설명 중 틀린 것은?

① 항온변태곡선을 다른 용어로 TTT곡선, C곡선 또는 S곡선이라고 불린다.
② 일반적으로 코(Nose) 온도 위에서 항온변태시키면 펄라이트가 형성된다.
③ 일반적으로 코(Nose) 아래의 온도에서 항온변태시키면 베이나이트가 형성된다.
④ 공석강과 아공석강의 항온변태곡선에서는 일반적으로 탄소 함량이 많을수록 M_s 온도는 올라간다.

해설
일반적으로 탄소의 함유량이 적을수록 M_s 점은 올라간다.

58 강을 표면경화 열처리할 때 침탄법과 비교한 질화법의 장단점을 옳게 설명한 것은?

① 침탄법보다 경화에 의한 변형이 크다.
② 질화 후에는 열처리가 필요 없다.
③ 질화층의 경도는 침탄층보다 낮다.
④ 침탄법보다 질화법이 단시간 내에 같은 경화 깊이를 얻을 수 있다.

해설
침탄은 침탄 후 1차, 2차 담금질을 해야 하지만 질화법은 질화처리만으로 끝난다.

59 열처리로를 열원과 구조에 따라 분류할 때 구조에 따라 분류한 것은?

① 전기로 ② 가스로
③ 중유로 ④ 연속로

해설
①, ②, ③은 열원에 따라 분류한다.

60 트리클로로에틸렌 등의 유기 용제로 유지분을 녹여내는 방법으로 광물성 유지분 제거에 효과가 큰 탈지 방법은?

① 전해탈지 ② 에멀션탈지
③ 용제탈지 ④ 알칼리탈지

해설
트리클로로에틸렌 증기세척 : 증기상태의 트리클로로에틸렌을 이용하여 남아 있는 기름찌꺼기를 녹여서 제거한다.

정답 56 ② 57 ④ 58 ② 59 ④ 60 ③

2014년 제1회 과년도 기출문제

01 비중으로 중금속(Heavy Metal)을 옳게 구분한 것은?

① 비중이 약 2.0 이하인 금속
② 비중이 약 2.0 이상인 금속
③ 비중이 약 4.5 이하인 금속
④ 비중이 약 4.5 이상인 금속

해설
중금속과 경금속은 타이타늄(비중 4.5) 이상을 기준으로 나뉜다.

02 표면은 단단하고 내부는 회주철로 강인한 성질을 가지며 압연용 롤, 철도 차량, 분쇄기 롤 등에 사용되는 주철은?

① 칠드주철　② 흑심가단주철
③ 백심가단주철　④ 구상흑연주철

해설
칠드주철 : 금형의 표면 부위는 급랭시키고, 내부는 서랭시켜 표면은 경하고 내부는 강인성을 갖는 주철로 내마멸성을 요하는 롤이나 바퀴에 많이 쓰인다.

03 자기변태에 대한 설명으로 옳은 것은?

① Fe의 자기변태점은 210℃이다.
② 결정격자가 변화하는 것이다.
③ 강자성을 잃고 상자성으로 변화하는 것이다.
④ 일정한 온도 범위 안에서 급격히 비연속적인 변화가 일어난다.

해설
자기변태란 자성이 변하는 것으로 강자성체에서 상자성체로 혹은 그 반대로 변하는 것을 의미한다.

04 구조용 합금강과 공구용 합금강을 나눌 때 기어, 축 등에 사용되는 구조용 합금강재료에 해당되지 않는 것은?

① 침탄강　② 강인강
③ 질화강　④ 고속도강

해설
고속도강은 높은 속도가 요구되는 절삭공구에 사용되는 강이다.

05 다음 중 경질 자성재료에 해당되는 것은?

① Si 강판　② Nd 자석
③ 센더스트　④ 퍼멀로이

해설
자성재료
- 경질 자성재료 : 알니코, 페라이트, 희토류계, 네오디뮴, Fe-Cr-Co계 반경질 자석, Nd 자석
- 연질 자성재료 : Si 강판, 퍼멀로이, 센더스트, 알펌, 퍼멘듈, 수퍼멘듈

06 비료공장의 합성탑, 각종 밸브와 그 배관 등에 이용되는 재료로 비강도가 높고, 열전도율이 낮으며 용융점이 약 1,670℃인 금속은?

① Ti　② Sn
③ Pb　④ Co

해설
타이타늄
고강도, 고경량, 고내식성 등의 특징을 가지고 있어 항공우주 산업, 석유화학장치 산업 등에 주로 이용되어 왔다. 또한 구조용 재료로서 용도가 넓어져 가고 있다. 즉, 내식재료로서 비료공장의 합성탑, 각종 밸브와 배관, 계측기류, 열 교환기 등에 이용되고 있으며, 타이타늄의 생체적합성이 우수하여 가볍고, 견고한 특성 때문에 의료용 부품, 안경테, 손목시계, 골프 클럽 등에도 용도가 급속히 넓어지고 있다.

1 ④ 2 ① 3 ③ 4 ④ 5 ② 6 ① 정답

07 고강도 Al합금인 초초두랄루민의 합금에 대한 설명으로 틀린 것은?

① Al합금 중에서 최저의 강도를 갖는다.
② 초초두랄루민을 ESD합금이라 한다.
③ 자연균열을 일으키는 경향이 있어 Cr 또는 Mn을 첨가하여 억제시킨다.
④ 성분 조성은 Al-1.5~2.5%, Cu-7~9%, Zn-1.2~1.8%, Mg-0.3~0.5%, Mn-0.1~0.4%, Cr이다.

해설
초초두랄루민
알루미늄합금으로 ESD로 약기되는 Al-Zn-Mg계의 합금이다. 열처리에 의해 알루미늄합금 중 가장 강력한 합금이다. 보통 두랄루민의 주요 합금 원소인 Cu를 Zn이 대신하고 있으므로, 아연두랄루민이라고도 한다.

08 Ni-Fe계 합금인 엘린바(Elinvar)는 고급시계, 지진계, 압력계, 스프링 저울, 다이얼 게이지 등에 사용되는데 이는 재료의 어떤 특성 때문에 사용하는가?

① 자 성　　② 비 중
③ 비 열　　④ 탄성률

해설
탄성률을 지닌 재료는 변형이 없어 정밀부품, 각종 게이지류에 사용된다.

09 용융액에서 두 개의 고체가 동시에 나오는 반응은?

① 포석 반응
② 포정 반응
③ 공석 반응
④ 공정 반응

해설
공정 반응 : 일정한 온도의 액체에서 두 종류의 고체가 동시에 정출하여 나오는 반응($L \rightarrow \alpha + \beta$)

10 전자석이나 자극의 철심에 사용되는 것은 순철이나, 자심은 교류 자기장에만 사용되는 예가 많으므로 이력손실, 항자력 등이 적은 동시에 맴돌이 전류 손실이 적어야 한다. 이때 사용되는 강은?

① Si강　　② Mn강
③ Ni강　　④ Pb강

해설
Si강 : 규소강 철에 1~5%의 규소를 첨가한 특수 강철로 탄소 등의 불순물이 아주 적고 투자율과 전기 저항이 높으며, 자기 이력 손실이 작아 발전기, 변압기 등의 철심을 만드는 데 사용된다.

11 황(S)이 적은 선철을 용해하여 구상흑연주철을 제조할 때 많이 사용되는 흑연구상화제는?

① Zn　　② Mg
③ Pb　　④ Mn

해설
구상흑연주철 : 흑연을 구상화하여 균열을 억제시키고 강도 및 연성을 좋게 한 주철로 시멘타이트형, 펄라이트형, 페라이트형이 있으며, 구상화제로는 Mg, Ca, Ce, Ca-Si, Ni-Mg 등이 있다.

12 다음 중 Mg에 대한 설명으로 옳은 것은?

① 알칼리에는 침식된다.
② 산이나 염수에는 잘 견딘다.
③ 구리보다 강도는 낮으나 절삭성은 좋다.
④ 열전도율과 전기전도율이 구리보다 높다.

해설
마그네슘은 알칼리에는 잘 견디나 산에는 부식되며 열전도율과 전기전도율이 구리보다 낮다.

정답 7 ① 8 ④ 9 ④ 10 ① 11 ② 12 ③

13 금속의 기지에 1~5μm 정도의 비금속 입자가 금속이나 합금의 기지 중에 분산되어 있는 것으로 내열 재료로 사용되는 것은?

① FRM ② SAP
③ Cermet ④ Kelmet

해설
입자강화 금속 복합재료 : 분말 야금법으로 금속에 1~5μm 비금속 입자를 분산시킨 재료(서멧, Cermet)

14 열간가공을 끝맺는 온도를 무엇이라 하는가?

① 피니싱 온도 ② 재결정 온도
③ 변태 온도 ④ 용융 온도

해설
피니싱 온도는 열간가공이 끝나는 온도를 의미한다.

15 55~60%Cu를 함유한 Ni합금으로 열전쌍용 선의 재료로 쓰이는 것은?

① 모넬메탈 ② 콘스탄탄
③ 퍼민바 ④ 인코넬

해설
콘스탄탄(40%Ni-55~60%Cu) : 열전쌍 및 표준 저항선에 사용된다.

16 다음 물체를 제3각법으로 표현할 때 우측면도로 옳은 것은?(단, 화살표 방향이 정면도 방향이다)

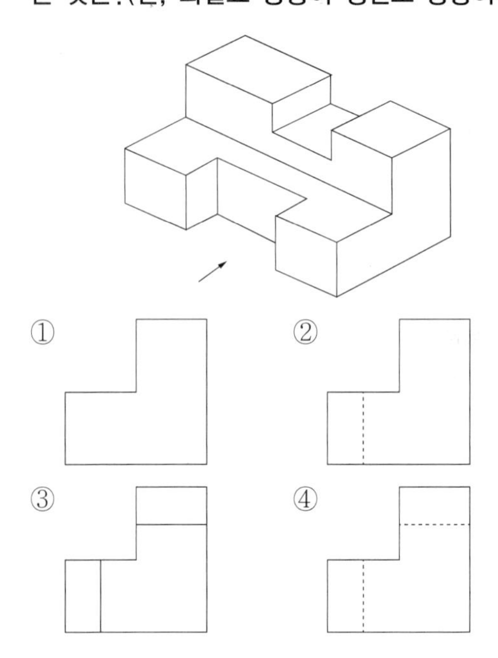

해설
우측면도는 화살표를 기준으로 오른쪽에서 본 것을 도시한 것이며 눈에 보이지 않지만 내부에 숨어 있는 부분을 숨은선으로 도시할 수 있다.

17 물품을 구성하는 각 부품에 대하여 상세하게 나타내는 도면으로 이 도면에 의해 부품이 실제로 제작되는 도면은?

① 상세도 ② 부품도
③ 공정도 ④ 스케치도

해설
부품도 : 각각의 부품 제작에 사용되는 도면으로 치수, 가공방법, 재질 등이 상세하게 기술되어 있는 도면

13 ③ 14 ① 15 ② 16 ④ 17 ② 정답

18 다음 중 "C" 와 "SR"에 해당되는 치수 보조 기호의 설명으로 옳은 것은?

① C는 원호이며, SR은 구의 지름이다.
② C는 45° 모따기이며, SR은 구의 반지름이다.
③ C는 판의 두께이며, SR은 구의 반지름이다.
④ C는 구의 반지름이며, SR은 구의 지름이다.

해설
C는 45° 모따기이며, SR은 구의 반지름이다.

19 다음 그림 중에서 FL이 의미하는 것은?

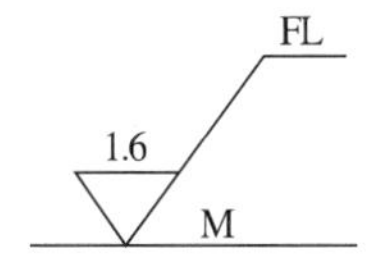

① 밀링가공을 나타낸다.
② 래핑가공을 나타낸다.
③ 가공으로 생긴 선이 거의 동심원임을 나타낸다.
④ 가공으로 생긴 선이 2방향으로 교차하는 것을 나타낸다.

해설
FL은 가공방법의 의미 중 래핑을 의미한다.

20 척도 1 : 2인 도면에서 길이가 50mm인 직선의 실제 길이(mm)는?

① 25 ② 50
③ 100 ④ 150

해설
축척으로 2배 작게 그려 나타낸 직선의 실제길이는 도면길이보다 2배 크다.

21 나사의 호칭 M20×2에서 2가 뜻하는 것은?

① 피 치
② 줄의 수
③ 등 급
④ 산의 수

해설
미터 나사 뒤에 ×값으로 표시되는 것은 미터 가는 나사를 지칭하며 이때 해당 값은 나사의 피치를 의미한다.

22 다음 그림과 같은 투상도는?

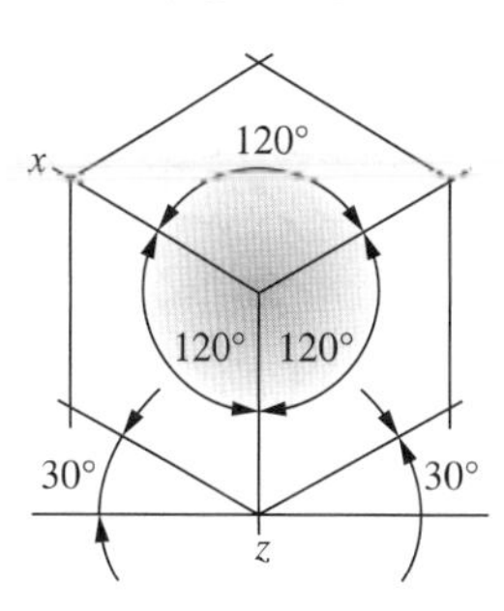

① 사투상도
② 투시투상도
③ 등각투상도
④ 부등각투상도

해설
등각투상도 : 정면, 평면, 측면을 하나의 투상면 위에 동시에 볼 수 있도록 두 개의 옆면 모서리가 수평선과 30°가 되게 하여, 이 세 축이 120°의 등각이 되도록 입체도로 투상한 것을 의미한다.

정답 18 ② 19 ② 20 ③ 21 ① 22 ③

23 다음 중 가는 실선으로 사용되는 용도가 아닌 것은?

① 치수를 기입하기 위하여 사용하는 선
② 치수를 기입하기 위하여 도형에서 인출하는 선
③ 지시, 기호 등을 나타내기 위하여 사용하는 선
④ 형상의 부분 생략, 부분 단면의 경계를 나타내는 선

해설
가는 실선의 용도 : 치수선, 치수보조선, 회전단면선, 지시선, 중심선, 수준면선

24 도면에서 치수선이 잘못된 것은?

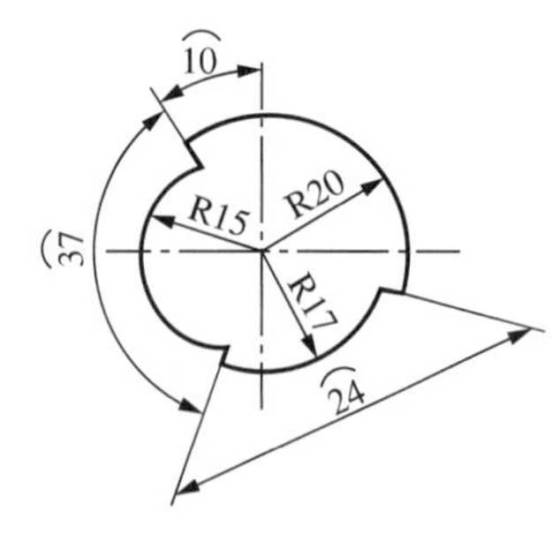

① 반지름(R) 20의 치수선
② 반지름(R) 15인 치수선
③ 원호(⌒) 37인 치수선
④ 원호(⌒) 24인 치수선

해설
원호의 길이를 나타낼 때의 치수보조선은 제품의 외형과 유사하게 둥근 형태로 나타내어야 한다.

25 다음의 단면도 중 위, 아래 또는 왼쪽과 오른쪽이 대칭인 물체의 단면을 나타낼 때 사용되는 단면도는?

① 한쪽단면도
② 부분단면도
③ 전단면도
④ 회전도시단면도

해설
한쪽(반) 단면도 : 제품을 1/4로 절단하여 내부와 외부를 절반씩 보여주는 단면도이다.

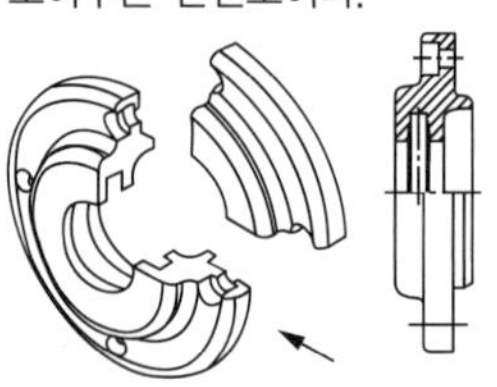

26 제도 용지 A3는 A4 용지의 몇 배 크기가 되는가?

① $\frac{1}{2}$　　② $\sqrt{2}$
③ 2　　④ 4

해설
- A4 용지 : 210 × 297mm
- A3 용지 : 297 × 420mm
- A2 용지 : 420 × 594mm
- A3 용지의 치수는 A4 용지의 가로, 세로 치수 중 작은 치수값의 2배로 하고 용지의 크기가 증가할수록 같은 원리로 점차 증가한다.

23 ④ 24 ④ 25 ① 26 ③ 정답

27 다음 도면에 보기와 같이 표시된 금속재료의 기호 중 330이 의미하는 것은?

보기

KS D 3503 SS 330

① 최저인장강도
② KS 분류기호
③ 제품의 형상별 종류
④ 재질을 나타내는 기호

해설
SS 330은 일반구조용 압연강재로 최저인장강도가 330N/mm^{2}를 나타낸다.

28 염욕의 구비조건으로 틀린 것은?

① 흡습성이 없어야 한다.
② 점성이 커야 한다.
③ 휘발성이 작아야 한다.
④ 불순물의 함유량이 적어야 한다.

해설
염욕제의 구비조건
- 염욕의 순도가 높고 유해성분이 없어야 할 것
- 흡습성 및 조해성이 작아야 할 것
- 점성이 작고 증발, 휘발성이 작을 것
- 용해 및 세정이 쉽고 유해가스가 적어야 할 것
- 구입이 용이하고 경제적일 것

29 가공열처리에 대한 설명으로 틀린 것은?

① 초강인강 제조에는 오스포밍이 이용된다.
② 소성가공과 열처리를 유기적으로 결합시킨 방법이다.
③ 고장력강을 만들 때 결정립 조대화를 위해 제어 압연방법을 사용한다.
④ 독립적 열처리로 얻기 힘든 연성이나 인성을 향상시키고자 할 때 이 방법을 사용한다.

해설
가공열처리는 오스테나이트강을 재결정온도 이하와 M_s 점 이상의 온도 범위에서 변태가 일어나기 전에 과랭 오스테나이트 상태에서 소성가공을 한 다음 냉각하여 마텐자이트화하는 열처리 조작으로 인장강도가 높은 고강인성 강을 얻는 데 사용되며 결정입자는 미세해져야 한다.

30 다음 냉각제 중 냉각과정의 마지막 단계에서 서서히 냉각되어 균열이나 변형 위험이 감소하는 냉각제는?

① 물　② 기 름
③ 황 산　④ 소금물

해설
수랭으로 인한 균열이 발생할 시 유랭으로 냉각속도를 조절하여 변형을 방지할 수 있다.

31 공구강을 구상화풀림하는 목적이 아닌 것은?

① 인성 향상
② 기계가공성 향상
③ 내마모(마멸)성 감소
④ 담금질 균열 및 변형 방지

해설
내마모성 및 마멸성을 얻기 위한 열처리는 담금질, 표면경화열처리 등을 꼽을 수 있다.

정답 27 ① 28 ② 29 ③ 30 ② 31 ③

32 마템퍼링에 대한 설명으로 틀린 것은?

① 유랭으로 경화되는 강은 마템퍼링을 할 수 없다.
② 일반적으로 합금강이 탄소강보다 마템퍼링에 더욱 적합하다.
③ 마템퍼링은 균열에 대한 민감성을 감소시키거나 제거한다.
④ 마템퍼링하는 동안 발달하는 잔류 응력은 기존의 담금질하는 동안 발달한 것보다 작다.

해설
유랭으로 경화되는 강도 마템퍼링을 할 수 있다.

33 담금질 제품의 변형을 방지하기 위하여 제품을 금형으로 누른 상태에서 구멍으로부터 냉각제를 분사시켜 담금질하는 장치는?

① 유랭장치　② 염욕냉각장치
③ 분사냉각장치　④ 프레스담금질장치

해설
프레스담금질 : 변형을 극도로 주의해야 하는 부분을 금형으로 누르면서 담금질하는 방식

34 열처리 온도가 600~900℃인 경우에 사용되며, 탄소공구강, 특수강 등의 열처리 또는 액체침탄 등의 용도로 주로 사용되는 염욕로는?

① 저온용 염욕로　② 중온용 염욕로
③ 고온용 염욕로　④ 초고온용 염욕로

해설
염욕제의 종류
- 저온용 염욕 : 150~550℃의 온도범위 질산염(질산나트륨, 질산칼륨)
- 중온용 염욕 : 550~950℃의 온도범위 염화물(염화나트륨, 염화칼륨)
- 고온용 염욕 : 1,000~1,300℃의 온도범위 염화바륨 단일염 사용

35 다음 중 침탄 시 경화불량의 원인이 아닌 것은?

① 침탄이 부족하였을 때
② 침탄 후 담금질 온도가 너무 낮았을 때
③ 침탄 후 담금질 시 탈탄이 되었을 때
④ 침탄 후 표면층에 잔류 오스테나이트가 거의 존재하지 않았을 때

해설
오스테나이트는 경도가 낮은 조직으로 표면에 잔류했을 경우 경화불량을 일으킨다.

36 과랭 오스테나이트를 500℃ 부근에서 가공한 후 급랭함으로써 연성과 인성을 그다지 해치지 않고 마텐자이트 조직이 되도록 하는 처리는?

① 마퀜칭　② 항온뜨임
③ 오스포밍　④ 오스템퍼링

해설
오스포밍 : 오스테나이트강을 재결정온도 이하와 M_s 점 이상의 온도 범위에서 변태가 일어나기 전에 과랭 오스테나이트 상태에서 소성가공을 한 다음 냉각하여 마텐자이트화하는 열처리 조작으로 인장강도가 높은 고강인성 강을 얻는 데 사용된다.

37 다음 열처리 설비 중 열처리 후 표면을 연마하거나 표면에 붙어 있는 녹을 제거하는 데 사용되는 설비는?

① 샌드 블라스트
② 오르자트 분석기
③ 염화 리튬식 노점계
④ 적외선 CO_2 분석기

해설
샌드 블라스트 : 모래를 고속으로 분사하여 표면에 붙어 있는 스케일을 제거할 때 사용되는 설비

32 ① 33 ④ 34 ② 35 ④ 36 ③ 37 ① **정답**

38 금형강이나 공구강을 가열이나 냉각할 때 발생할 수 있는 변형의 방지 대책으로 틀린 것은?

① 작고 단순한 금형을 버너로 가열할 때에는 여러 방향으로 바꾸어 가열한다.
② 자중에 의한 처짐을 작게 하기 위해서는 종형로의 위에서 거는 것이 좋다.
③ 냉각할 때에는 가열된 금형의 길이 방향이 액면과 나란하도록 액 속에 넣는다.
④ 유랭이나 수랭의 경우 M_s 점을 통과할 때에 인상 담금질을 하여 변형을 방지한다.

해설
길이가 긴 제품을 담금질할 때에는 수직 방향으로 세워서 담금질하여 길이 방향으로 휨을 방지하도록 한다.

39 기계가공, 용접한 공구강을 Ac_1 이하의 온도로 가열 유지한 후 냉각하는 조작으로 변형의 발생 원인을 제거하는 처리는?

① 완전풀림 ② 연화풀림
③ 구상화풀림 ④ 응력제거풀림

해설
응력제거풀림 : 가공 후 생긴 잔류응력을 제거하기 위한 열처리로 A_1 변태점 바로 아래 온도(500~700℃)에서 가열 후 서랭한다.

40 다음 중 화학적 표면경화법이 아닌 것은?

① 침탄법 ② 질화법
③ 금속침투법 ④ 고주파경화법

해설
- 물리적 경화법 : 화염경화법, 고주파경화법, 쇼트피닝, 방전경화법
- 화학적 경화법 : 침탄법, 질화법, 금속침투법

41 알루미늄합금의 강도를 증가시키기 위한 열처리 순서로 옳은 것은?

① 용체화처리 → 뜨임
② 안정화처리 → 뜨임
③ 용체화처리 → 급랭 → 시효처리
④ 시효처리 → 용체화처리 → 뜨임

해설
알루미늄합금의 열처리
과포화 용체화처리 - 급랭 - 시효경화처리를 통해 강도와 경도를 향상시킨다.

42 심랭처리의 냉각 방법이 아닌 것은?

① 액체 질소에 의한 방법
② 유압식 공랭기에 의한 방법
③ 가스압축 냉동기에 의한 방법
④ 유기용제와 액체탄산에 의한 방법

해설
유압식 공랭기를 통해 0℃ 이하의 저온까지 냉각하기는 힘들다.

43 다음 열처리 방법 중 마텐자이트 조직이 나타나지 않는 것은?

① 마퀜칭 ② M_s 퀜칭
③ 파텐팅 ④ 시간 담금질

해설
파텐팅처리 : 열욕 담금질법의 일종으로, 강선 제조 시 사용되는 열처리 방법이다. 강선을 수증기 또는 용융금속으로 담금질하여 강한 소르바이트 조직을 얻는다.

정답 38 ③ 39 ④ 40 ④ 41 ③ 42 ② 43 ③

44 연속냉각변태에서 마텐자이트변태가 시작되는 온도의 표기로 옳은 것은?

① Ar′ ② Ar″
③ M_f ④ M_t

해설
Ar″ 변태점은 250℃로 M_s 점(마텐자이트 변태 시작점)이라고도 한다.

45 일반적인 열처리로에 사용하는 열전대 중 0~1,000℃의 노 온도를 측정하는 데 가장 적합한 것은?

① K(CA) ② J(IC)
③ T(CC) ④ R(PR)

해설
열전쌍 재료

재 료	기 호	가열한도(℃)
구리 · 콘스탄탄(CC)	T	600
철 · 콘스탄탄(IC)	J	900
크로멜 · 알루멜(CA)	K	1,200
백금 · 로듐(PR)	R	1,600

46 백주철을 적철광이나 산화철 가루와 함께 풀림상자에 넣고 900~1,000℃로 40~100시간 가열하여 시멘타이트를 탈탄시켜 가단성을 갖게 한 재료는?

① 회주철 ② 흑심가단주철
③ 백심가단주철 ④ 구상흑연주철

해설
백심가단주철 : 백주철을 적철광, 산화철가루와 풀림상자에 넣고 900~1,000℃에서 40~100시간 정도 가열하여 시멘타이트를 탈탄시켜 가단성을 부여한 주철

47 분위기로의 문을 열고 닫을 때 노 내의 공기 혼입을 방지하기 위해 장입구, 취출구에 가연성 가스를 연소시켜 막을 만드는 것은?

① 촉 매 ② 그을음
③ 번아웃 ④ 화염커튼

해설
화염커튼 : 분위기로에 열처리품을 장입하거나 꺼낼 때 노 안의 공기가 들어가는 것을 방지하기 위해 가연성 가스를 연소시켜 불꽃의 막을 생성하는 것을 의미

48 탄소 공구강 열처리 시 안전 및 유의사항으로 틀린 것은?

① 노의 급열 · 급랭은 피한다.
② 담금질 후 풀림과 뜨임을 실시한다.
③ 안전복 및 안면보호 장비를 착용한다.
④ 재료를 염욕에 가열할 때에는 반드시 예열한다.

해설
풀림은 조직의 균질화 및 담금질 변형 방지를 위해 담금질 전에 실시한다.

49 다음의 강 중에서 담금질이 가장 잘되는 재료는?

① SM10C ② SM20C
③ SM25C ④ SM45C

해설
강에서는 탄소의 함유량이 많을수록 담금질성이 뛰어나다.

44 ② 45 ① 46 ③ 47 ④ 48 ② 49 ④ 정답

50 다음 온도측정장치에서 열기전력을 이용하여 측정하는 온도계는?

① 광전 온도계
② 복사 온도계
③ 열전쌍 온도계
④ 전기 저항 온도계

해설
열전쌍 온도계 : 두 종류의 금속선 양단에 온도차와 기전력의 비례 관계를 통해 온도를 측정하는 장치

51 담금질 경도를 산출하여 보니 HRC 60이었다면 재료의 C%는 얼마인가?(단, HRC =30+50×C%을 이용하시오)

① 0.25　　② 0.4
③ 0.6　　④ 0.75

해설
60 = 30 + (50 × x), x =0.6

52 다음 중 20℃에서의 열전도율이 가장 큰 금속은?

① Au　　② Zn
③ Al　　④ Ni

해설
열전도율 : Ag > Cu > Au > Al > Zn > Ni > Fe > Pb

53 저온풀림(Subcritical Annealing) 열처리의 최대 온도로 적합한 것은?

① A_1 변태 온도보다 낮게 가열한다.
② A_2 변태 온도보다 높게 가열한다.
③ A_3 변태 온도보다 높게 가열한다.
④ A_{cm} 변태 온도보다 높게 가열한다.

해설
A_1 변태점을 기준으로 하여 저온풀림과 고온풀림을 구분하며 저온풀림에는 중간풀림, 응력제거풀림, 재결정풀림 등이 있다.

54 열처리용 치공구의 조건 중 틀린 것은?

① 제작이 쉬울 것
② 내식성이 좋을 것
③ 작업성이 좋을 것
④ 열피로에 대한 저항성이 작을 것

해설
열처리용 치공구는 열처리품과 같이 고온에서 장입되어 반복적으로 사용되기 때문에 열적 피로에 대한 저항성이 커야 한다.

55 진공열처리에서 진공의 정도를 나타내는 단위가 아닌 것은?

① Hz　　② Pa
③ torr　　④ mmHg

해설
Hz는 주파수의 단위이다.

정답 50 ③ 51 ③ 52 ① 53 ① 54 ④ 55 ①

56 다음 그림 ㉠, ㉡, ㉢과 같은 열처리 방법과 관계가 없는 것은?

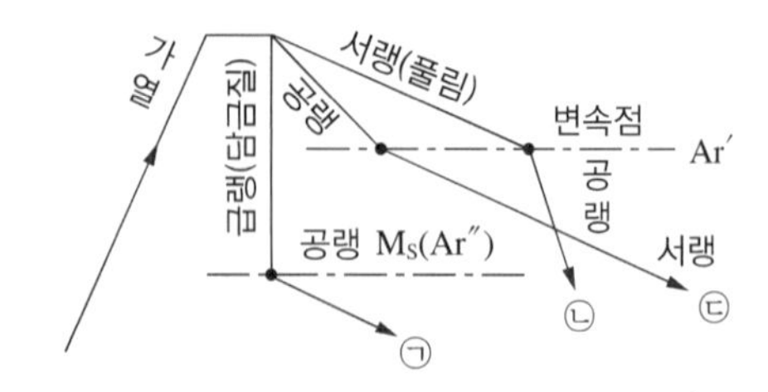

① 인상담금질

② 항온담금질

③ 2단 풀림

④ 2단 노멀라이징

해설

항온냉각은 어떤 구간 안에서 변태가 종료될 때까지 일정온도를 유지하는 것으로 마퀜칭(항온담금질), 오스템퍼링, 마템퍼링, M_s 퀜칭 등이 있다.

57 강의 재질을 연하게 만들기 위하여 적당한 온도까지 가열한 다음 그 온도에서 유지한 후 서랭하여 기계가공을 쉽게 하기 위한 열처리는?

① 풀 림　　② 뜨 임

③ 담금질　　④ 노멀라이징

해설

풀림과 불림은 거의 같은 역할을 하나 불림의 경우 표준조직이라는 어원이 반드시 들어가며, 연화 및 응력제거를 주목적으로 하는 것은 풀림이다.

58 과포화 고용체로부터 다른 상이 석출하는 현상을 이용하여 금속재료의 강도 및 그 밖의 성질을 변화시키는 처리로 비철금속의 전형적인 열처리방법은?

① 확 산　　② 시 효

③ 변 태　　④ 용체화

해설

시효 : 과포화 고용체로부터 다른 상이 석출하는 현상을 이용하여 금속재료 및 그 밖의 성질을 변화시키는 처리, 두랄루민, 베릴륨합금의 열처리에 적용

59 Ni-Cr강의 담금질 온도(℃)와 냉각액으로 가장 적합한 것은?

① 350~400℃, 수돗물

② 450~500℃, 소금물

③ 550~650℃, 증류수

④ 820~880℃, 기름

해설

Ni-Cr강은 820~880℃에서 유랭하고, 550~650℃에서 뜨임을 한다.

60 진공가열 중에 강 표면에 일어나는 여러 가지 기대 가능한 효과가 아닌 것은?

① 절삭유나 방청유 등의 탈지작용을 한다.

② 열처리 전과 같은 깨끗한 표면상태를 유지할 수 있다.

③ 열처리 패턴이 안정되어 있어 변형량을 미리 예상할 수 있다.

④ 강에 합금 원소가 침투되어 품질이 좋은 강을 얻을 수 있다.

해설

진공분위기 열처리 : 산소의 분압이 매우 낮은 상태에서 열처리를 하여 진공가열에 의해 탈가스 작업이 이루어지며 산화나 탈탄이 생기지 않는 한 외관을 얻을 수 있는 방법으로 확산을 통하여 금속 침투가 일어나지는 않는다.

56 ② 57 ① 58 ② 59 ④ 60 ④ **정답**

2014년 제2회 과년도 기출문제

01 **주강은 용융된 탄소강(용강)을 주형에 주입하여 만든 제품이다. 주강의 특징을 설명한 것 중 틀린 것은?**

① 대형 제품을 만들 수 있다.
② 단조품에 비해 가공 공정이 적다.
③ 주철에 비해 비용이 많이 드는 결점이 있다.
④ 주철에 비해 용융온도가 낮기 때문에 주조하기 쉽다.

해설
강의 주철에 비해 용융온도가 높다.

02 **순철의 용융점은 약 몇 ℃ 정도인가?**

① 768 ② 1,013
③ 1,539 ④ 1,780

해설
순철의 용융점은 1,539℃이다.

03 **기계용 청동 중 8~12%Sn을 함유한 포금의 주조성을 향상시키기 위하여 Zn을 대략 얼마(%)나 첨가하는가?**

① 1 ② 5
③ 10 ④ 15

해설
애드미럴티 포금 : 8~10%Sn-1~2%Zn 첨가한 합금

04 **금속의 일반적인 특성이 아닌 것은?**

① 전성 및 연성이 좋다.
② 전기 및 열의 부도체이다.
③ 금속 고유의 광택을 가진다.
④ 고체상태에서 결정 구조를 가진다.

해설
금속은 일반적으로 전기와 열을 잘 전달할 수 있는 양도체이다.

05 **저온에서 어느 정도의 변형을 받은 마텐자이트를 모상이 안정화되는 특정 온도로 가열하면 오스테나이트로 역변태하여 원래의 고온 형상으로 회복되는 현상은?**

① 석출경화효과 ② 형상기억효과
③ 시효현상효과 ④ 자기변태효과

해설
- 형상기억합금 : 힘에 의해 변형되더라도 특정 온도에 올라가면 본래의 모양으로 돌아오는 합금이다. Ti-Ni이 대표적으로 마텐자이트 상변태를 일으킨다.
- 마텐자이트 변태 : Fe이 온도 상승에 따라 α-Fe(BCC)에서 γ-Fe, δ-Fe로 외관의 변화를 보이지 않는 고체 간의 상변태

06 **전기전도도가 금속 중에서 가장 우수하고, 황화수소계에서 검게 변하고 염산, 황산 등에 부식되며 비중이 약 10.5인 금속은?**

① Sn ② Fe
③ Al ④ Ag

해설
Ag은 원자량 108g/mol, 녹는점 961.78℃, 끓는점 2,162℃, 밀도 10.49g/cm^3이다. 회백색의 광택이 있고 공기나 물과 쉽게 반응하지 않고 빛을 잘 반사해 반짝거려 장신구를 만드는 데 많이 사용하는 귀금속으로 전기전도도가 가장 우수하다.

정답 1 ④ 2 ③ 3 ① 4 ② 5 ② 6 ④

07 탄화타이타늄 분말과 니켈 또는 코발트 분말 등을 섞어 액상 소결한 재료로서 고온에서 안정하고 경도도 매우 높아 절삭공구로 쓰이는 재료는?

① 서멧(Cermet)
② 인바(Invar)
③ 두랄루민(Duralumin)
④ 고장력강(High Tension Steel)

해설
서멧 : 분말 야금법으로 금속에 1~5μm 비금속 입자를 분산시켜 소결시켜 만든 재료로 절삭공구에 주로 사용되고 세라믹+메탈의 준말로 서멧이라고 불린다.

08 고강도 알루미늄합금 중 조성이 Al-Cu-Mg-Mn인 합금은?

① 라우탈 ② 다우메탈
③ 두랄루민 ④ 모넬메탈

해설
Al-Cu-Mn-Mg : 두랄루민, 시효 경화성 합금, 항공기, 차체 부품에 사용

09 금속의 격자결함 중 면결함에 해당되는 것은?

① 공 공 ② 전 위
③ 적층결함 ④ 프렌켈결함

해설
면결함 : 다른 결정구조나 다른 결정방향을 가진 재료 간의 두 영역을 분리하는 경계면
예 적층결함, 쌍정, 결정계면 등

10 표준형 고속도공구강의 주요 성분으로 옳은 것은?

① C-W-Cr-V
② Ni-Cr-Mo-Mn
③ Cr-Mo-Sn-Zn
④ W-Cr-Ag-Mg

해설
표준고속도강의 주요 성분 : 18-4-1, W-Cr-V

11 Ni에 Cu를 약 50~60% 정도 함유한 합금으로 열전대용 재료로 사용되는 것은?

① 인코넬 ② 퍼멀로이
③ 하스텔로이 ④ 콘스탄탄

해설
콘스탄탄(40%Ni-55~60%Cu) : 열전쌍온도계의 음극선의 재료로 사용된다.

12 0.6% 탄소강의 723℃ 선상에서 초석 α의 양(%)은 약 얼마인가?(단, α의 C고용한도는 0.025%이며, 공석점은 0.8%이다)

① 15.8 ② 25.8
③ 55.8 ④ 74.8

해설
지렛대의 원리를 이용하여 $\frac{0.8-0.6}{0.8-0.025}\times 100 \fallingdotseq 25.8$이 된다.

7 ① 8 ③ 9 ③ 10 ① 11 ④ 12 ② 정답

13 탄소강에서 청열메짐을 일으키는 온도(℃)의 범위로 옳은 것은?

① 0~50 ② 100~150
③ 200~300 ④ 400~500

해설
청열취성 : 냉간가공 영역 안, 210~360℃ 부근에서 기계적 성질인 인장강도는 높아지나 연신율이 갑자기 감소하는 현상

14 Al-Si(10~13%)합금으로 개량처리하여 사용되는 합금은?

① SAP ② 알민(Almin)
③ 실루민(Silumin) ④ 알드리(Aldrey)

해설
Al-Si : 실루민, 10~14%Si 및 Na을 첨가하여 개량화처리를 실시하며 용융점이 낮고 유동성이 좋아 넓고 복잡한 모래형 주물에 이용된다. 개량화처리 시 용탕과 모래형 수분과의 반응으로 수소를 흡수하여 기포가 발생하고 다이캐스팅에는 급랭으로 인한 조직 미세화로 열간 메짐이 없다. Si 함유량이 많아질수록 팽창계수와 비중은 낮아지며 주조성, 가공성이 나빠진다.

15 전기용 재료 중 전열합금에 요구되는 특성을 설명한 것 중 틀린 것은?

① 전기저항이 낮고, 저항의 온도계수가 클 것
② 용접성이 좋고 반복가열에 잘 견딜 것
③ 가공성이 좋아 신선, 압연 등이 용이할 것
④ 고온에서 조직이 안정하고 열팽창계수가 작고 고온강도가 클 것

해설
전열합금은 전기를 통해 열을 발생하는 합금으로 전기저항이 높아야 한다.

16 그림과 같은 방법으로 그린 투상도는?

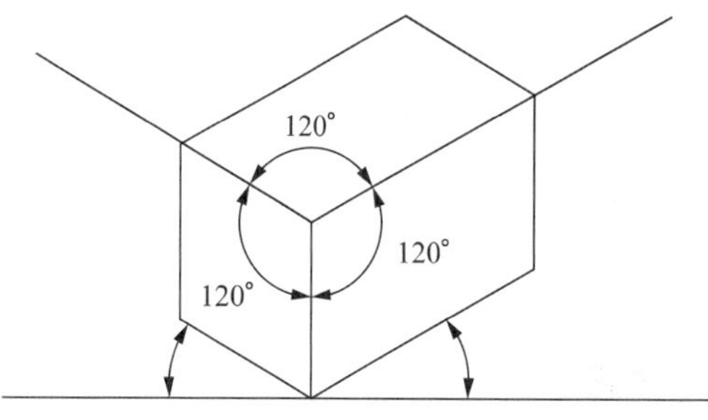

① 정투상도 ② 평면도법
③ 사투상도 ④ 등각투상도

해설
등각투상도
정면, 평면, 측면을 하나의 투상면 위에 동시에 볼 수 있도록 두 개의 옆면 모서리가 수평선과 30°가 되게 하여, 이 세 축이 120°의 등각이 되도록 입체도로 투상한 것을 의미한다.

17 그림은 성크 키(Sunk key)를 도시한 것으로 A의 길이는 얼마인가?

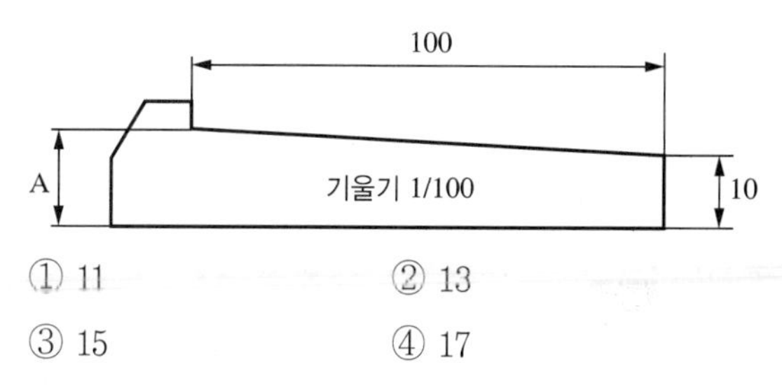

① 11 ② 13
③ 15 ④ 17

해설
기울기 1/100 = (A−10)/100

18 기계제도의 제도통칙은 한국산업표준의 어디에 규정되어 있는가?

① KS A 0001 ② KS B 0001
③ KS A 0005 ④ KS B 0005

해설
제도의 통칙과 규격은 한국산업표준 KS A 0005에 규정되어 있다.

정답 13 ③ 14 ③ 15 ① 16 ④ 17 ① 18 ③

19 재료 기호 SS330으로 표시된 것은 어떠한 강재인가?

① 스테인리스 강재
② 용접구조용 압연 강재
③ 일반구조용 압연 강재
④ 기계구조용 탄소 강재

해설
SS330은 일반구조용 압연 강재로 최저인장강도는 330N/mm^{2}이다.

20 그림과 같이 원뿔 형상을 경사지게 절단하여 A방향에서 보았을 때의 단면 현상은?(단, A방향은 경사면과 직각이다)

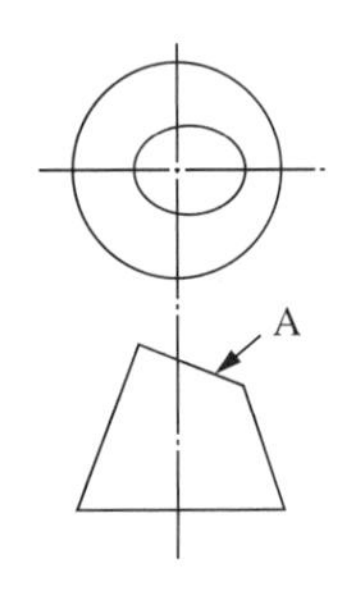

① 진 원 ② 타 원
③ 포물선 ④ 쌍곡선

해설
원뿔을 경사지게 자른 후 위쪽방향에서 볼 경우 타원형태의 모양이 된다.

21 도면에 치수를 기입할 때 유의사항으로 틀린 것은?

① 치수의 중복 기입을 피해야 한다.
② 치수는 계산할 필요가 없도록 기입해야 한다.
③ 치수는 가능한 한 주투상도에 기입해야 한다.
④ 관련되는 치수는 가능한 한 정면도와 평면도 등 모든 도면에 나누어 기입한다.

해설
관련된 치수는 가급적이면 한곳에 모아서 도시한다.

22 다음 중 국제표준화기구 규격은?

① NF ② ASA
③ ISO ④ DIN

해설
ISO(International Organization for Standardization)는 국제표준화기구의 약자로 국제표준규격을 의미함

23 가는 실선으로 사용하지 않는 선은?

① 피치선 ② 지시선
③ 치수선 ④ 치수보조선

해설
가는 실선의 용도 : 치수선, 치수보조선, 지시선, 중심선, 수준면선, 회전단면선

24 도면에 정치수로 기입된 모든 치수이며 치수허용한계의 기준이 되는 치수를 말하는 것은?

① 실치수 ② 치수차수
③ 기준치수 ④ 허용한계치수

해설
기준치수 : 치수공차의 기준이 되는 치수

19 ③ 20 ② 21 ④ 22 ③ 23 ① 24 ③ 정답

25 그림은 교량의 트러스 구조물이다. 중간 부분을 생략하여 그린 주된 이유는?

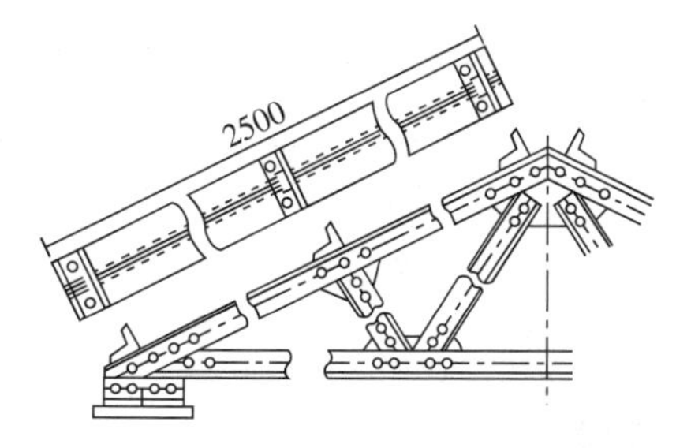

① 좌우, 상하 대칭을 도면에 나타내기 어렵기 때문에
② 반복 도형을 도면에 나타내기 어렵기 때문에
③ 물체를 1각법 또는 3각법으로 나타내기 어렵기 때문에
④ 물체가 길어서 도면에 나타내기 어렵기 때문에

해설
길이가 긴 제품의 경우 도면에 모두 도시하지 못할 경우 중간 부분에 파단선으로 나타낸 후 생략할 수 있다.

26 한 쌍의 기어가 맞물려 회전하기 위한 조건으로 어떤 값이 같아야 하는가?

① 모 듈 ② 이끝 높이
③ 이끝원 지름 ④ 피치원의 지름

해설
한 쌍의 기어가 맞물려 돌아가기 위해서 반드시 모듈값이 같아야 한다.

27 다음 기하공차 기호의 종류는?

⌯

① 직각도 ② 대칭도
③ 평행도 ④ 경사도

해설
// 평행도, ⊥ 직각도, ∠ 경사도

28 담금질 균열을 방지하기 위한 방법을 설명한 것 중 옳은 것은?

① 가능한 한 담금질 가열온도를 높여 균열을 방지한다.
② 담금질한 후 가능한 한 장시간 방치한 후 뜨임처리한다.
③ 550℃ 전후는 급랭하고, M_s점 이하에서는 서랭한다.
④ 열응력에 의한 균열을 방지하기 위하여 표면과 내부의 냉각속도 차를 크게 한다.

해설
- 550℃까지 : 냉각속도에 따라 경도(담금질효과)를 결정, 임계구역이라고 하며 경도를 높이기 위해 급랭
- 550℃ : Ar′변태전, 화색소실온도, 코 온도
- 250℃ 이하 : 담금질 균열이 나타날 수 있으므로 위험구역이라 하며 서랭처리함
- 250℃ : Ar″변태점, M_s(마텐자이트 변태가 시작됨)점

29 니켈청동(Cu-Ni-Sn-Zn) 합금을 760℃에서 담금질한 후 280~320℃로 5시간 뜨임하면 다음의 기계적 성질 중 낮아지는 것은?

① 경 도 ② 연신율
③ 인장강도 ④ 항복강도

해설
담금질, 뜨임처리 후 강도, 경도, 인성은 증가하지만 연신율은 감소한다.

정답 25 ④ 26 ① 27 ② 28 ③ 29 ②

30 열전쌍에 쓰이는 재료의 구비조건이 아닌 것은?

① 열기전력이 커야 한다.
② 내식성이 뛰어나야 한다.
③ 히스테리시스 차가 커야 한다.
④ 고온에서도 기계적 강도가 커야 한다.

해설

열전쌍 재료의 조건
- 내열, 내식성이 뛰어나고 고온에서도 기계적 강도가 높아야 한다.
- 열기전력이 크고 안전성이 있으며 히스테리시스차가 없어야 한다.
- 제작이 수월하고 호환성이 있으며 가격이 저렴해야 한다.

31 냉각장치 중 가장 신속한 냉각을 할 수 있는 것은?

① 서서히 흐르는 물의 냉각장치
② 수랭로에 바람을 부는 냉각장치
③ 물을 분사시키는 냉각장치
④ 밑에서 물을 보내는 순환 냉각장치

해설

냉각능을 높이는 방법 : 일반적인 수랭보다 물을 교반할 시 4배 정도 냉각속도가 빨라지며, 이보다 빠른 방법은 물을 고속으로 분사하는 방법이 있다.

32 다음 중 마레이징강에 대한 설명으로 옳은 것은?

① 고탄소합금 공구강의 일종이다.
② 텅스텐강을 담금질 및 뜨임한 강이다.
③ 탄소 공구강을 항온변태처리한 강이다.
④ 탄소량이 매우 적은 마텐자이트 기지를 시효처리하여 생긴 금속간 화합물의 석출에 의해 경화된 강이다.

해설

마레이징강의 열처리 : 마텐자이트 + 에이징(시효)으로 탄소를 거의 함유하지 않고 일반적인 담금질에 의해 경화되지 않으므로 오스테나이트화 온도로부터 상온까지 냉각하여 마텐자이트로 변태시키고 시효경화를 통해 강도와 경도를 증가시키는 열처리를 의미한다.

33 다음의 냉각제 중 700℃(액온 20℃)에서 냉각속도가 가장 높은 것은?

① 10% 식염수
② 비눗물
③ 기계유
④ 중 유

해설

온도에 따라 다소 다르나 일반적으로 NaOH > 식염수(소금물) > 증류수 > 비눗물 > 기름 순서로 냉각능을 가진다.

34 다음 중 열처리할 때 적용하는 냉각방식이 아닌 것은?

① 연속냉각
② 굴곡냉각
③ 2단 냉각
④ 항온냉각

해설

굴곡냉각방법은 존재하지 않는다.

30 ③ 31 ③ 32 ④ 33 ① 34 ② 정답

35 주성분은 규산과 알루미나로 구성되어 있으며, 산성을 띠고, 값이 싸고, 가공하기 쉬우며 내화도가 높은 내화 재료는?

① 샤모트벽돌
② 규석벽돌
③ 크롬벽돌
④ 고알루미나질벽돌

해설

내화재의 분류

- 산성 내화재 : 규산(SiO_2)을 다량으로 함유한 내화재로 샤모트 벽돌, 규석벽돌 등이 있다.
- 염기성 내화재 : 마그네시아(MgO)와 산화크롬(Cr_2O_3)을 주성분으로 한다.
- 중성 내화재 : Al_2O_3를 주성분으로 하며 고알루미나질 벽돌, 크롬 벽돌 등이 있다.

36 일반적인 폐수처리 방법 중 화학적인 처리 방법이 아닌 것은?

① 부 상
② 환 원
③ 중 화
④ 이온교환

해설

부상 : 비중에 따라 떠오른 찌꺼기를 제거하는 방법

37 다음 중 분위기 열처리 시의 안전 대책에 대한 설명으로 틀린 것은?

① 비상 전원이 없이 정전되었을 때는 불활성 또는 중성가스를 사용하여 노 내 가스를 치환한다.
② 담금질유의 화염이 발생하는 것을 방지하기 위하여 수분 함유량을 0.5% 이하로 한다.
③ 폭발이 일어났을 때는 공급가스를 지속 공급하고, 파일럿버너를 끈다.
④ 연속로 또는 배치로 조업 중 반동 트러블이 발생할 때에는 전담 정비공에게 의뢰한다.

해설

분위기 열처리의 안전대책

- 정전이 되었을 때 : 비상전원이 없을 경우 불활성 또는 중성가스를 사용하여 노 내 가스를 치환하며, 비상전원이 있을 경우 전원이 올 때까지 기다린다. 흡열성 가스를 사용하는 경우 단기간 정전이 되면 노 운전을 정지한다.
- 폭발이 일어났을 경우 : 공급가스를 정지하고 파일럿버너를 켠 상태에서 안전을 확인한 후 원인규명을 한다.

38 열처리의 종류 중 주조나 단조 후의 편석과 잔류 응력 등을 제거하고 표준화시키는 열처리는?

① 노멀라이징(Normalizing)
② 담금질(Quenching)
③ 풀림(Annealing)
④ 뜨임(Tempering)

해설

표준화를 목적으로 하는 것은 불림(노멀라이징) 열처리법이다.

39 재료의 굵기나 두께가 다르면 냉각속도의 차이에 따라 담금질효과가 다르게 나타나는 현상은?

① 뜨임효과 ② 심랭효과
③ 질량효과 ④ 침탄효과

해설

질량효과 : 재료 표면은 급랭에 의해 담금질이 잘되는 데 반해 재료의 중심에 가까울수록 안 되는 현상

정답 35 ① 36 ① 37 ③ 38 ① 39 ③

40 오스테나이트 상태로부터 M_s 이상인 적당한 온도의 염욕으로 담금질하여 과랭 오스테나이트가 염욕 중에 항온변태가 종료할 때까지 항온 유지 후 공기 중에 냉각하여 베이나이트 조직을 얻는 방법은?

① 블루잉　② 마템퍼링
③ 오스포밍　④ 오스템퍼링

해설

오스템퍼링 : 베이나이트 생성

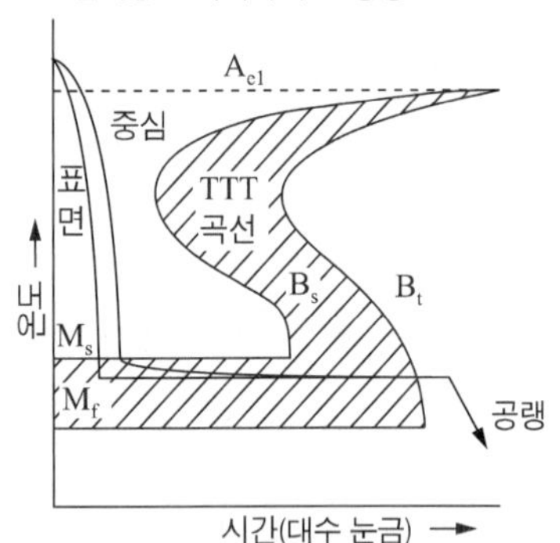

강을 오스테나이트 상태로부터 M_s 이상 코(550℃) 온도 이하인 적당한 온도의 염욕에서 담금질하여 과랭 오스테나이트가 염욕 중에서 항온 변태가 종료할 때까지 항온을 유지하고, 공기 중으로 냉각하여 베이나이트를 얻는 조작

41 열간 성형용 스프링 강재에 관한 설명으로 옳은 것은?

① 탄성한도는 항장력이 약한 것이 높다.
② 긴 수명을 원하면 피로한도를 낮춘다.
③ 극단적인 탄성소멸을 피하기 위해 피로한도를 낮춘다.
④ 피로한도 및 충격치가 높은 스프링 강재는 소르바이트 조직이 좋다.

해설

소르바이트

- 트루스타이트보다 냉각속도가 조금 늦을 때 나타나는 조직이다.
- 마텐자이트 조직을 600℃에서 뜨임했을 때 나타나는 조직이다.
- 강도와 경도는 작으나 인성과 탄성을 지니고 있어서 인성과 탄성이 요구되는 곳에 사용된다.

42 구상화풀림의 특징을 설명한 것 중 틀린 것은?

① 담금질 경화 후 인성을 저하시킨다.
② 과공석강은 절삭성이 향상된다.
③ 아공석강은 가공성이 좋아진다.
④ 담금질 균열방지 효과가 있다.

해설

구상화풀림 : 기계적 성질의 개선을 위해 망상 시멘타이트 또는 층상 펄라이트 중의 시멘타이트를 가열처리에 의해 제품 중의 탄소를 구상화시키는 열처리로, 인성을 감소시키지는 않는다.

43 회주철의 열처리 중 430~600℃에서 단면의 크기에 따라 5~30시간 가열한 후 노랭하는 가장 큰 목적은?

① 합금 성분의 변화를 위하여
② 응력을 제거하기 위하여
③ 취성을 증가시키기 위하여
④ 특수 조직을 성장시키기 위하여

해설

회주철의 응력제거풀림 : 잔류응력을 제거하기 위해 430~600℃ 사이에 5~30시간 가열 후 노랭한다. 가급적 저온에서 유지시간을 길게 한다.

정답 40 ④ 41 ④ 42 ① 43 ②

44 심랭처리에 사용하는 냉각제 및 냉각매가 아닌 것은?

① 액체질소
② 염화바륨
③ 암모니아 가스
④ 에테르 + 드라이아이스

해설

심랭처리 냉매에 따른 온도

냉 매	온도(℃)
드라이아이스	−78~
암모니아	−50~0
액체이산화탄소	−50~0
액체산소	−183
액체질소	−196
액체수소	−253
액체헬륨	−269

45 열처리할 부품의 크기나 형상에 제한이 없고 국부적인 담금질이 가능하나 가열온도의 조절이 어려운 열처리는?

① 연질화법
② 화염경화법
③ 고주파경화법
④ 분위기열처리법

해설

화염경화법 : 산소 아세틸렌 화염을 이용해 강의 표면을 적열 상태가 되도록 가열한 후 냉각수를 뿌려 급랭시키는 방법이다. 강의 표면층만 경화시키는 열처리법으로 가열온도 조절이 어렵다.

46 담금질한 부품의 표면에 얼룩이 생기는 원인으로 틀린 것은?

① 강 표면에 탈탄층이 존재하는 경우
② 담금질성을 높이는 원소의 편석이 존재하여 경화 얼룩이 존재하는 경우
③ 수랭하였을 때 강의 표면에 기포 또는 스케일이 부착되어 부분적으로 냉각이 안 되는 경우
④ 급랭으로 말미암아 강부품의 내외 온도차가 발생하여 열적 응력이 발생한 경우

해설

급랭으로 내외부 온도차가 발생하여 열적 응력이 발생한 경우 얼룩 보다는 담금질 균열이 발생한다.

47 열전대의 보호를 위해 사용되는 보호관으로 옳지 않은 것은?

① 석영관
② 알루미나관
③ 산화림드강
④ 스테인리스관

해설

산화림드강은 림드강의 강제를 약탈산시킨 강으로 보호관으로 사용될 수 없다.

정답 44 ② 45 ② 46 ④ 47 ③

48 고속도 공구강(SKH51)을 HRC63 이상으로 경도를 얻고자 할 때 담금질 열처리 온도의 범위(℃)로 옳은 것은?

① 340~400

② 800~840

③ 1,200~1,240

④ 1,600~1,640

해설

강종에 따른 열처리 조건표

재료명	담금질		뜨 임	
	온 도	냉 각	온 도	냉 각
STC3	760~820℃	수 랭	150~200℃	공 랭
STS3	800~850℃	유 랭	150~200℃	공 랭
STD11	1,000~1,050℃	공 랭	150~200℃	공 랭
STD61	1,000~1,050℃	공 랭	550~650℃	공 랭
SM45C	820~870℃	수 랭	550~650℃	수 랭
SCM440	820~880℃	유 랭	520~620℃	수 랭
SKH51	1,200~1,250℃	유 랭	540~570℃	공 랭

49 0.8%C 강이 공석변태하여 생성되는 조직은?

① 시멘타이트

② 펄라이트

③ 페라이트

④ 오스테나이트

해설

공석변태 : 0.8%C의 탄소강을 750℃ 이상의 온도에서 가열하여 유지하면 오스테나이트가 되는데, A_1 변태선(723℃) 이하로 서랭하면 오스테나이트가 2개의 고상인 페라이트와 시멘타이트의 층상조직(펄라이트)으로 만들어지는 변태를 공석변태라고 한다.

50 Al합금 가공재의 질별 기호에 대한 설명으로 옳은 것은?

① O : 가공경화한 것

② H : 용체화처리한 것

③ W : 어닐링한 것

④ F : 제조한 그대로의 것

해설

알루미늄합금의 열처리 기호

- F : 제조 그대로의 재질
- O : 완전풀림 상태의 재질
- H : 가공경화만으로 소정의 경도에 도달한 재질
- W : 용체화 후 자연시효경화가 진행 중인 상태의 재질
- T : F, O, H 이외의 열처리를 받은 재질
- T_3 : 용체화 후 가공경화를 받는 상태의 재질
- T_4 : 용체화 후 상온시효가 완료한 상태의 재질
- T_5 : 용체화처리 없이 인공시효처리한 상태의 재질
- T_6 : 용체화처리 후 인공시효한 상태의 재질

51 온도제어장치 중 자동온도제어장치의 순서로 옳은 것은?

① 비교 → 검출 → 판단 → 조작

② 비교 → 검출 → 조작 → 판단

③ 검출 → 비교 → 판단 → 조작

④ 검출 → 조작 → 판단 → 비교

해설

자동온도제어장치에서는 전압편차를 검출하여 양자를 비교하며 조절계에서 전류를 바꿀지 판단하고, 이를 조작하는 순서로 온도가 제어된다.

48 ③ 49 ② 50 ④ 51 ③ 정답

52 산세처리의 작업 과정을 순서에 맞게 기호로 옳게 나타낸 것은?

보기
A. 스테인리스 통에 물을 채운다.
B. 염산 원액을 스테인리스 통에 붓고 교반, 희석시킨다.
C. 스테인리스 통을 145℃까지 가열한다.
D. 열처리할 소재를 바스켓에 담아 산세액 속에 담금질한다.
E. 산세액에서 35분 유지한 후 상태를 확인한다.
F. 산화스케일을 제거 후 산세액에서 꺼내 건조한다.

① C → A → B → D → F → E
② C → A → D → E → B → F
③ A → B → C → D → E → F
④ A → B → D → C → F → E

해설
산세처리과정은 보기의 A → B → C → D → E → F 순으로 진행된다.

53 Al-Mg-Si계 합금을 인공시효처리하는 목적으로 가장 적합한 것은?

① 경도 증가
② 인성 증가
③ 조직의 연화
④ 내부 응력 제거

해설
시효처리의 가장 큰 목적은 경도를 증가시키는 데 있다.

54 내열 및 내산화성을 향상시키기 위해 철강 표면에 알루미늄을 확산 침투시키는 처리는?

① 세라다이징
② 칼로라이징
③ 크로마이징
④ 실리코나이징

해설
금속침투법의 종류

종 류	침투원소	종 류	침투원소
세라다이징	Zn	실리코나이징	Si
칼로라이징	Al	보로나이징	B
크로마이징	Cr		

55 공석강의 항온변태곡선에 대한 설명으로 틀린 것은?

① 항온변태곡선을 일명 TTT곡선, S곡선이라 한다.
② 코(Nose) 온도 아래에서 항온변태시키면 베이나이트가 형성된다.
③ 코(Nose) 온도 위에서 항온변태시키면 펄라이트가 형성된다.
④ 550℃ 부근의 온도에서 변태가 가장 느리게 시작되고 가장 느리게 종료된다.

해설
550℃ 부근에서 극히 짧은 시간에 변태가 시작되어 급속히 변태가 완료되므로 변태속도가 최대가 된다.

정답 52 ③ 53 ① 54 ② 55 ④

56 철강의 분위기 열처리용 가스 중 침탄성 가스에 해당되는 것은?

① 헬 륨　② 아르곤
③ 암모니아　④ 일산화탄소

해설

분위기 가스의 종류

성 질	종 류
불활성 가스	아르곤, 헬륨
중성 가스	질소, 건조수소, 아르곤, 헬륨
산화성 가스	산소, 수증기, 이산화탄소, 공기
환원성 가스	수소, 일산화탄소, 메탄가스, 프로판가스
탈탄성 가스	산화성 가스, DX가스
침탄성 가스	일산화탄소, 메탄(CH_4), 프로판(C_3H_8), 부탄(C_4H_{10})
질화성 가스	암모니아가스

57 탄소 공구강과 같은 제품을 담금질한 후 반드시 실시해야 하는 열처리는?

① 풀림(Annealing)
② 뜨임(Tempering)
③ 불림(Normalizing)
④ 질화(Nitriding)

해설

담금질처리 후에는 경도는 높지만 취성이 존재한다. 이를 제거하기 위해 뜨임처리를 실시하여 인성을 부여한다.

58 진공분위기의 이온질화처리에서 재료 표면에 확산되어 경화시키는 가스는?

① 수 소　② 질 소
③ 부 탄　④ 아세틸렌

해설

질화처리란 질소를 금속표면에 확산 침투시키는 열처리법이다.

59 강의 임계냉각속도에 미치는 합금 원소의 영향에서 임계냉각속도를 빠르게 하는 원소는?

① Mn　② Cr
③ Mo　④ Co

해설

임계냉각속도는 담금질 시 마텐자이트조직이 나타나는 최소냉각속도로 Co, S, Se 등의 함유량이 많아지면 냉각속도를 빠르게 한다.

60 다음 중 가장 고온에서 하는 풀림(Annealing) 방법은?

① 응력제거풀림
② 재결정풀림
③ 항온풀림
④ 확산풀림

해설

확산풀림은 주괴 및 강괴의 편석을 제거하기 위해 1,000℃ 이상 고온에서 서랭시키는 방법으로 풀림처리 중 가장 온도가 높다.

56 ④　57 ②　58 ②　59 ④　60 ④　정답

2014년 제5회 과년도 기출문제

01 36%Ni에 약 12%Cr이 함유된 Fe합금으로 온도의 변화에 따른 탄성률 변화가 거의 없으며 지진계의 부품, 고급시계재료로 사용되는 합금은?

① 인바(Invar)
② 코엘린바(Coelinvar)
③ 엘린바(Elinvar)
④ 슈퍼인바(Superinvar)

해설
불변강 : 인바(36%Ni 함유), 엘린바(36%Ni-12%Cr 함유), 플라티나이트(42~46%Ni 함유), 코엘린바(Cr-Co-Ni 함유)로 구분되며, 엘린바는 탄성계수가 작고, 공기나 물속에서 부식되지 않는 특징이 있어 정밀계기재료, 차, 스프링 등에 사용된다.

02 결정구조의 변화 없이 전자의 스핀 작용에 의해 강자성체인 α-Fe로 변태되는 자기변태에 해당하는 것은?

① A_1 변태 ② A_2 변태
③ A_3 변태 ④ A_4 변태

해설
- A_2 변태 : 768℃, 강자성 α-Fe ⇔ 상자성 α-Fe
- 자기변태는 원자의 스핀 방향에 따라 자성이 바뀐다.

03 감쇠능이 커서 진동을 많이 받는 방직기의 부품이나 기어박스 등에 많이 사용되는 재료는?

① 연 강 ② 회주철
③ 공석강 ④ 고탄소강

해설
주철은 인장강도보다 압축응력이 3~4배 많고, 감쇠능 및 진동에 강하여 부품의 커버 및 외형에 많이 사용된다.

04 주철, 탄소강 등은 질화에 의해서 경화가 잘되지 않으나 어떤 성분을 함유할 때 심하게 경화시키는지 그 성분들로 옳게 짝지어진 것은?

① Al, Cr, Mo ② Zn, Mg, P
③ Pb, Au, Cu ④ Au, Ag, Pt

해설
- 질화층 생성 금속 : Al, Cr, Ti, V, Mo 등을 함유한 강은 심하게 경화된다.
- 질화층 방해 금속 : 주철, 탄소강, Ni, Co

05 공구용 재료로서 구비해야 할 조건이 아닌 것은?

① 강인성이 커야 한다.
② 마멸성이 커야 한다.
③ 열처리와 공작이 용이해야 한다.
④ 상온과 고온에서의 경도가 높아야 한다.

해설
공구강은 마멸에 견디는 내마멸성이 커야 한다.

06 금속의 격자결함이 아닌 것은?

① 가로결함
② 적층결함
③ 전 위
④ 공 공

해설
격자결함은 점, 선, 면결함으로 나뉘며 가로결함이라고 단정지어서 불릴 수 있는 결함의 명칭은 없다.

정답 1 ③ 2 ② 3 ② 4 ① 5 ② 6 ①

07 철강은 탄소함유량에 따라 순철, 강, 주철로 구별한다. 순철과 강, 강과 주철을 구분하는 탄소량은 약 몇 %인가?

① 0.025%, 0.8%
② 0.025%, 2.0%
③ 0.80%, 2.0%
④ 2.0%, 4.3%

해설

탄소강의 조직에 의한 분류
- 순철 : 0.025%C 이하
- 아공석강 : 0.025%C~0.8%C 이하, 공석강 : 0.8%C, 과공석강 : 0.8%C~2.0%C
- 아공정주철 : 2.0%C~4.3%C, 공정주철 : 4.3%C, 과공정주철 : 4.3%C~6.67%C

08 재료가 지니고 있는 질긴 성질을 무엇이라 하는가?

① 취 성　② 경 성
③ 강 성　④ 인 성

해설

인성 : 재료가 지니고 있는 질긴 성질, 취성의 반대 개념

09 높은 온도에서 증발에 의해 황동의 표면으로부터 Zn이 탈출되는 현상은?

① 응력 부식 탈아연 현상
② 전해 탈아연 부식 현상
③ 고온 탈아연 현상
④ 탈락 탈아연 메짐 현상

해설

고온 탈아연 : 고온에서 증발에 의해 황동의 표면으로부터 아연이 탈출하는 현상
- 방지법 : 표면에 산화물 피막을 형성

10 재료를 실온까지 온도를 내려서 다른 형상으로 변형시켰다가 다시 온도를 상승시키면 어느 일정한 온도 이상에서 원래의 형상으로 변화하는 성질을 이용한 합금으로 대표적인 합금인 Ni-Ti계인 합금의 명칭은?

① 형상기억합금
② 비정질합금
③ 클래드합금
④ 제진합금

해설

형상기억합금 : 힘에 의해 변형되더라도 특정 온도에 올라가면 본래의 모양으로 돌아오는 합금이며 Ti-Ni이 대표적으로 마텐자이트 상변태를 일으킨다.

11 냉간가공한 7 : 3 황동판 또는 봉 등을 185~260℃에서 응력제거풀림을 하는 이유는?

① 강도 증가
② 외관 향상
③ 산화막 제거
④ 자연균열 방지

해설

자연균열(응력부식균열) : 공기 중 암모니아와 같은 염류에 의해 입계 부식을 일으켜 가공 시 내부 응력에 의해 균열이 발생하는 현상
- 방지법 : 도금, 페인팅(칠), 가공재를 180~260℃로 응력제거풀림 처리

7 ② 8 ④ 9 ③ 10 ① 11 ④ 정답

12 Al-Si계 합금의 설명으로 틀린 것은?

① 10~13%의 Si가 함유된 합금을 실루민이라 한다.
② Si의 함유량이 증가할수록 팽창계수와 비중이 높아진다.
③ 다이캐스팅 시 용탕이 급랭되므로 개량처리하지 않아도 조직이 미세화된다.
④ Al-Si계 합금 용탕에 금속나트륨이나 수산화나트륨 등을 넣고 10~50분 후에 주입하면 조직이 미세화된다.

해설
- Al-Si : 실루민, 10~14%Si 및 Na을 첨가하여 개량화처리를 실시하며 용융점이 낮고 유동성이 좋아 넓고 복잡한 모래형 주물에 이용한다. 개량화처리 시 용탕과 모래형 수분과의 반응으로 수소를 흡수하여 기포가 발생하고 다이 캐스팅에는 급랭으로 인한 조직 미세화로 열간 메짐이 없다. Si 함유량이 많아질수록 팽창계수와 비중은 낮아지며 주조성, 가공성이 나빠진다.
- 개량화처리 : 금속나트륨, 수산화나트륨, 플루오린화알칼리, 알칼리 염류 등을 용탕에 장입하면 조직이 미세화되는 처리

13 18-4-1형 고속도 공구강의 주요 합금 원소가 아닌 것은?

① Cr ② V
③ Ni ④ W

해설
표준고속도강은 18-4-1형 W, Cr, V의 퍼센트 순서이다.

14 선철 원료, 내화 재료 및 연료 등을 통하여 강 중에 함유되며 상온에서 충격값을 저하시켜 상온 메짐의 원인이 되는 것은?

① Si ② Mn
③ P ④ S

해설
상온취성 : P을 다량 함유한 강에서 발생하며 Fe_3P로 결정입자가 조대화되며, 경도와 강도는 높아지나 연신율이 감소하는 메짐으로 특히 상온에서 충격값이 감소됨

15 네이벌 황동(Naval Brass)이란?

① 6 : 4 황동에 Sn을 약 0.75%~1% 정도 첨가한 것
② 7 : 3 황동에 Mn을 약 2.85%~3% 정도 첨가한 것
③ 3 : 7 황동에 Pb을 약 3.55%~4% 정도 첨가한 것
④ 4 : 6 황동에 Fe을 약 4.95%~5% 정도 첨가한 것

해설
네이벌 황동 : 6 : 4 황동에 Sn 1% 정도를 첨가한 강으로 판, 봉, 파이프 등에 사용한다.

16 도면에 "13 $-\phi$20드릴"이라고 기입되어 있으면 드릴 구멍은 몇 개인가?

① 12 ② 13
③ 14 ④ 20

해설
13개의 구멍을 지름 20으로 가공함을 의미한다.

17 45°×45°×90°와 30°×60°×90°의 모양으로 된 2개의 삼각자를 이용하여 나타낼 수 없는 각도는?

① 15° ② 50°
③ 75° ④ 105°

해설
30, 45, 60, 90으로 조합할 수 없는 값을 선택한다.

정답 12 ② 13 ③ 14 ③ 15 ① 16 ② 17 ②

18 치수 기입의 원칙에 대한 설명으로 옳은 것은?

① 치수가 중복되는 경우 중복하여 기입한다.
② 치수는 계산을 할 수 있도록 기입하여야 한다.
③ 치수는 가능한 한 보조투상도에 기입하여야 한다.
④ 치수는 대상물의 크기, 자세 및 위치를 명확하게 표시해야 한다.

해설

치수 기입의 원칙
- 치수는 되도록 주투상도(정면도)에 집중한다.
- 치수는 중복 기입을 피한다.
- 치수는 되도록 계산해서 구할 필요가 없도록 한다.
- 치수는 필요에 따라 기준으로 하는 점, 선 또는 면을 기준으로 하여 기입한다.
- 관련되는 치수는 되도록 한곳에 모아서 기입한다.
- 치수는 되도록 공정마다 배열을 분리하여 기입한다.
- 치수 중 참고치수에 대하여는 치수수치에 괄호를 붙인다.

19 제품의 사용목적에 따라 실용상 허용할 수 있는 범위의 차를 무엇이라 하는가?

① 공 차 ② 틈 새
③ 데이텀 ④ 끼워맞춤

해설

치수공차
최대허용치수와 최소허용치수와의 차, 위치수허용차와 아래치수허용차와의 차

20 한국산업표준(KS)에서 재료기호 “SF 340 A”이 의미하는 것은?

① 내열강 주강품
② 고망간강 단강품
③ 탄소강 단강품
④ 압력 용기용 스테인리스 단강품

해설

SF는 탄소 단강품을 지칭한다.

21 그림의 물체를 제3각법으로 투상했을 때 평면도는?

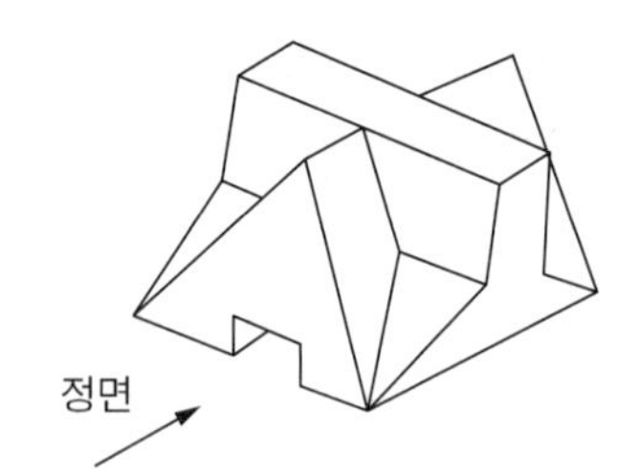

① ②
③ ④

해설

정면을 기준으로 위쪽으로 보았을 경우를 나타내었을 경우에 아래쪽의 홈은 숨은선으로 도시한다.

22 KS 분류기호 중에서 KS B는 어느 부문인가?

① 전 기 ② 기 본
③ 금 속 ④ 기 계

해설

- KS A : 기본
- KS B : 기계
- KS C : 전기전자
- KS D : 금속

23 한국산업표준(KS)에서 규정하고 있는 표면거칠기의 기호가 아닌 것은?

① R_a ② R_y
③ R_t ④ R_z

해설

중심선 평균거칠기(R_a), 최대높이거칠기($R_{\max}$, R_y), 10점 평균거칠기(R_z)

18 ④ 19 ① 20 ③ 21 ② 22 ④ 23 ③ 정답

24 투상도에서 물체의 모양과 특징을 가장 잘 나타낼 수 있는 면으로 선택하는 것은?

① 정면도 ② 평면도
③ 측면도 ④ 저면도

해설

정면도는 물체의 외형을 가장 잘 나타낼 수 있는 면을 선택하여 나타낸다.

25 나사의 도시에 대한 설명으로 옳은 것은?

① 수나사와 암나사의 골지름은 굵은 실선으로 그린다.
② 불완전 나사부의 끝 밑선은 45°의 파선으로 그린다.
③ 수나사의 바깥지름과 암나사의 안지름은 굵은 실선으로 그린다.
④ 완전 나사부와 불완전 나사부의 경계선은 가는 실선으로 그린다.

해설

나사의 도시 방법

- 수나사의 바깥지름과 암나사의 안지름을 표시하는 선은 굵은 실선으로 그린다.
- 수나사 · 암나사의 골을 표시하는 선은 가는 실선으로 그린다.
- 완전 나사부와 불완전 나사부의 경계선은 굵은 실선으로 그린다.
- 불완전 나사부의 골을 나타내는 선은 축선에 대하여 30°의 가는 실선으로 그리고, 필요에 따라 불완전 나사부의 길이를 기입한다.
- 암나사의 단면 도시에서 드릴 구멍이 나타날 때에는 굵은 실선으로 120°가 되게 그린다.
- 수나사와 암나사의 결합부의 단면은 수나사로 나타낸다.
- 수나사와 암나사의 측면 도시에서 각각의 골지름은 가는 실선으로 약 3/4원으로 그린다.

26 정투상법에 의한 도형의 표시 방법으로 옳은 것은?

① 물체를 위에서 본 형상을 정면도라 한다.
② 평면도는 정면도의 위에 배치한다.
③ 자동차 등은 앞모양을 정면도로 한다.
④ 물체의 길이가 길 때 평면도보다 측면도를 그린다.

해설

면도의 배치

투시방향	명 칭	내 용
앞 쪽	정면도	기본이 되는 가장 주된 면으로, 물체의 앞에서 바라본 모양을 나타낸 도면
위 쪽	평면도	상면도라고도 하며, 물체의 위에서 내려다 본 모양을 나타낸 도면
우 측	우측면도	물체의 우측에서 바라본 모양을 나타낸 도면
좌 측	좌측면도	물체의 좌측에서 바라본 모양을 나타낸 도면
아래쪽	저면도	하면도라고도 하며, 물체의 아래쪽에서 바라본 모양을 나타낸 도면
뒤 쪽	배면도	물체의 뒤쪽에서 바라본 모양을 나타낸 도면으로, 사용하는 경우가 극히 적음

27 도면에서 2종류 이상의 선이 같은 장소에 겹치게 될 경우 우선순위가 옳은 것은?

① 외형선 → 숨은선 → 절단선 → 중심선 → 무게중심선
② 외형선 → 숨은선 → 중심선 → 무게 중심선 → 절단선
③ 외형선 → 숨은선 → 무게 중심선 → 중심선 → 절단선
④ 외형선 → 무게 중심선 → 숨은선 → 절단선 → 중심선

해설

2개 이상의 선이 중복될 경우 외형선 → 숨은선 → 절단선 → 중심선 → 무게 중심선의 우선순위로 선을 나타낸다.

정답 24 ① 25 ③ 26 ② 27 ①

28 단일 제어계로 전자 접촉기, 전자 수은 릴레이 등을 결합시켜 전기로에 공급되고 있는 전력의 전부를 단속시키는 그림과 같은 온도제어장치의 형식은?

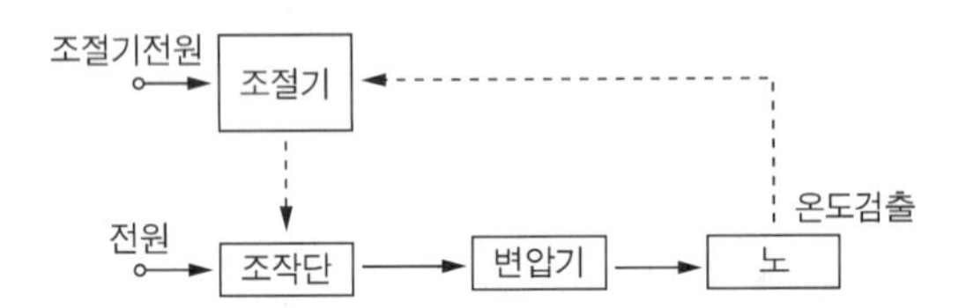

① 비례제어식
② ON-OFF식
③ 정치제어식
④ 프로그램제어식

해설
온오프식 온도제어장치 : 단일제어계로 전원단속으로 온오프를 제어하고 전자개폐기가 빈번히 작동해 접점마모가 많고 온도 편차가 ±15℃ 정도 차이가 난다.

29 다음 중 안전·보건표지의 색채가 파랑일 때의 용도는?

① 안 내 ② 금 지
③ 경 고 ④ 지 시

해설
- 빨간색 : 금지
- 파란색 : 지시
- 노란색 : 주의
- 녹색 : 안전

30 물리적 표면경화법에 해당하는 것은?

① 침탄법 ② 질화법
③ 화염경화법 ④ 금속침투법

해설
- 물리적 경화법 : 화염경화법, 고주파경화법, 쇼트피닝, 방전경화법
- 화학적 경화법 : 침탄법, 질화법, 금속침투법

31 열처리할 부품 표면에 있는 기름 성분을 제거하는 전처리과정은?

① 산 세 ② 연 삭
③ 탈 지 ④ 연 마

해설
탈지 : 표면에 부착한 유지(기름기)를 제거하는 처리

32 오스템퍼링(Austempering)에 대한 설명 중 옳은 것은?

① 오스템퍼링한 것은 베이나이트 조직을 얻는다.
② 같은 경도의 일반 열처리 제품에 비해 충격값이 떨어진다.
③ 같은 경도의 일반 열처리 제품에 비해 피로강도가 떨어진다.
④ 염욕에서 끄집어내어 수랭으로 급랭시켜 마텐자이트 조직을 얻는 열처리이다.

해설
오스템퍼링 : 베이나이트 생성, 강을 오스테나이트 상태로부터 M_s 이상 코(550℃) 온도 이하인 적당한 온도의 염욕에서 담금질하여 과랭 오스테나이트가 염욕 중에서 항온변태가 종료할 때까지 항온을 유지하고, 공기 중으로 냉각하여 베이나이트를 얻는 조작

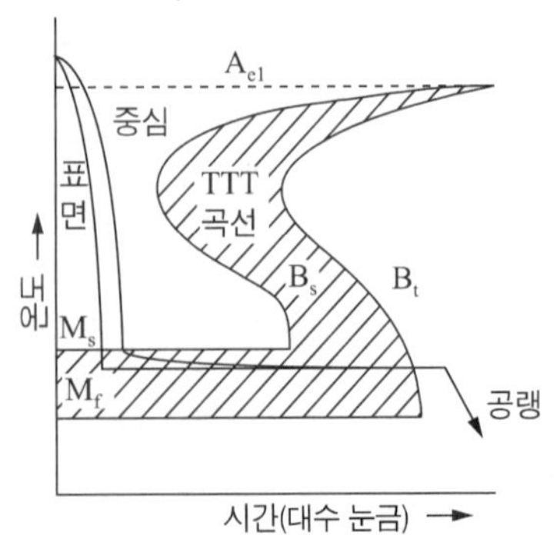

28 ② 29 ④ 30 ③ 31 ③ 32 ① 정답

33 노에 사용되는 내화재의 구비 조건으로 틀린 것은?

① 연화점이 높을 것
② 열전도도가 클 것
③ 화학적 침식 저항이 높을 것
④ 급격한 온도 변화에 견딜 것

해설

내화재의 구비조건
- 융점과 연화점이 높을 것
- 마모에 대한 저항성이 있을 것
- 화학적 침식 저항이 있을 것
- 급격한 온도 변화에 견딜 것
- 열전도도가 작을 것

34 지름이 큰 롤러나 축 등의 냉각에 이용하면 효과적인 냉각장치는?

① 공랭장치
② 수랭장치
③ 유랭장치
④ 분사냉각장치

해설

분사담금질 : 가열된 소재를 고압의 냉각액으로 분사하여 담금질하는 방식으로 크기가 큰 중량물을 냉각조에 장입할 수 없을 때 사용한다.

35 다음 보기에서 설명하는 표면경화 방법은?

보기
- 노 내의 도가니 속에 사이안화나트륨을 주성분으로 하는 용융 염욕을 900℃ 안팎으로 유지하여 제품을 담금질한다.
- 일정 시간 가열 후 재료를 물 또는 기름 속에 담금질한다.

① 금속침투법
② 액체침탄법
③ 가스침탄법
④ 고체침탄법

해설

액체침탄법 : 사이안화법, 청화법이라 하며 사이안화나트륨(NaCN)을 주성분으로 하는 용융염 욕에 침적시켜 경화층을 형성하고, 침탄과 질화가 동시에 이루어질 수 있다.
- 화학식 $2NaCN + O_2 \rightarrow 2NaCNO$,
  $4NaCNO \rightarrow 2NaCN + Na_2CO_3 + CO + 2N$
- CO, N가 반응하여 침탄질화작용이 일어나며 처리온도가 700℃ 이하일 경우 질화가 800℃ 이상인 경우 침탄이 일어난다.

36 순철에 0.2%C, 0.4%C, 0.8%C처럼 탄소 함량을 증가시키면 항복강도가 높아지는 조직학적 이유는?

① 흑연량이 적어지기 때문
② 페라이트량이 많아지기 때문
③ 펄라이트량이 적어지기 때문
④ 시멘타이트량이 많아지기 때문

해설

탄소량이 증가할수록 시멘타이트량이 많아지므로 강도와 경도가 높아진다.

정답 33 ② 34 ④ 35 ② 36 ④

37 잔류 오스테나이트를 마텐자이트로 변태시키는 열처리 방법은?

① 뜨 임　② 심랭처리
③ 오스템퍼링　④ 노멀라이징

해설
심랭처리 : 퀜칭 후 경도를 증가시킨 강에 시효변형을 방지하기 위하여 0℃ 이하(Sub-zero)의 온도로 냉각하여 잔류 오스테나이트를 마텐자이트로 만드는 처리

38 강을 침탄한 후에 실시하는 1차 담금질의 주목적은?

① 표면의 침탄부를 경화시키기 위하여
② 중심부의 조직을 미세화하기 위하여
③ 침탄층의 탄소를 내부로 확산시키기 위하여
④ 침탄층에 나타난 망상의 시멘타이트를 구상화시키기 위하여

해설
침탄처리 과정
침탄처리 → 저온처리 → 1차 담금질 → 2차 담금질 → 뜨임처리
- 침탄처리 : 고체, 액체, 가스침탄처리
- 저온처리 : 시멘타이트의 구상화 목적
- 1차 담금질 : 중심 조직 미세화
- 2차 담금질 : 침탄층 경화
- 뜨임처리 150~200℃의 저온에서 실시

39 금형 공구강 열처리에 사용되고 있는 진공열처리로의 특징을 설명한 것 중 틀린 것은?

① 광휘 열처리가 가능하다.
② 다품종 소량 생산 제품에 적합하다.
③ 피열처리물이 함유하고 있는 가스의 제거가 가능하다.
④ 표면의 불순물을 산화나 탈탄 반응을 통하여 제거할 수 있다.

해설
진공열처리의 특징
- 산화와 탈탄이 없고 변형이 작으며 광휘상태를 유지한다.
- 표면에 이물질 흡착이 없어 미려한 광휘성을 지닌다.
- 고온 열처리, 고급열처리가 가능하며 공정의 생략으로 원가를 절감한다.
- 열손실이 작고 상승시간을 단축시킬 수는 있으나 냉각에 장시간을 요한다.

40 마텐자이트 조직의 경도가 큰 이유가 아닌 것은?

① 결정립의 미세화
② 급랭으로 인한 내부응력
③ 탄소원자에 의한 Fe격자의 강화
④ α-Fe + Fe_3C 혼합물 생성

해설
마텐자이트 변태 : 오스테나이트를 임계냉각속도 이상 급랭하면 탄소가 확산할 시간을 가지지 못하고 α철 안에 고용된 상태로 존재한다. α철의 작은 공간격자 안에 탄소가 들어가 팽창하게 되고 이때 발생한 응력 때문에 경도가 증가하며, α철에 탄소가 과포화된 조직을 마텐자이트라고 한다.

37 ② 38 ② 39 ④ 40 ④ 정답

41 일반적으로 대기압에서부터 0.01기압까지의 저진공을 측정하는 데 사용하며 매우 정확한 압력을 측정할 수 있는 게이지는?

① 부르동(Bourdon) 게이지
② 페닝(Penning) 게이지
③ 이온(Ionization) 게이지
④ 열전쌍(Thermocouple) 게이지

해설
부르동 게이지(Bourdon Gauge)
- 대기압 부근의 압력을 측정한다.
- 일반적으로 대기압보다 높은 압력에서 사용되며 자동차에 사용한다.
- 상대적인 압력을 측정한다.
- ±10%의 오차를 가진다.

42 담금질 균열의 방지 대책으로 옳은 것은?

① 날카로운 모서리 부분에는 라운딩처리를 한다.
② 살 두께 차이 및 급변 부분을 가급적 많이 만든다.
③ 구멍에는 찰흙 등을 채우지 않는다.
④ $M_s \sim M_f$ 범위에서는 가능한 한 급랭한다.

해설
담금질 균열의 방지책
- 살 두께 차이의 급변을 줄이고 구멍을 뚫어 부품의 각부가 균일하게 냉각되도록 한다.
- 날카로운 모서리 부분을 면취 및 라운드 처리하고 구멍에는 진흙과 석면을 채운다.
- $M_s \sim M_f$ 범위에서는 서랭하고 시간 담금질을 이용한다.

43 강을 뜨임작업할 때 유의사항으로 틀린 것은?

① 담금질한 후 바로 뜨임작업을 한다.
② 시편의 급격한 온도 변화를 피한다.
③ 약 200~320℃에서는 청열 취성에 유의한다.
④ A_1 변태점 이상의 온도로 급속히 가열한 다음 급히 냉각시켜야 한다.

해설
뜨임은 A_1 변태점 이하에서 실시하고 주로 공기 중에 냉각시킨다.

44 열처리 불량인 박리가 생길 때의 대책 중 틀린 것은?

① 침탄 완화제를 사용한다.
② 침탄 후 확산처리한다.
③ 탄소를 최대한 높이거나 첨가한다.
④ 소재의 재질을 강도가 높은 것으로 한다.

해설
박리가 생기는 원인
- 과잉침탄으로 인한 탄소 함유량 증가
- 연한 재료를 반복적으로 침탄했을 경우

45 다음 중 공석변태와 관련이 없는 것은?

① 층상의 마텐자이트 조직으로 나타난다.
② 반응이 일어나는 온도를 A_1선이라고 한다.
③ 0.8%C 탄소강을 723℃ 이하로 냉각할 때 일어난다.
④ 오스테나이트가 페라이트와 시멘타이트로 변태한다.

해설
공석변태 이후에는 페라이트와 시멘타이트의 층상조직인 펄라이트가 생성된다.

정답 41 ① 42 ① 43 ④ 44 ③ 45 ①

46 다음 진공열처리의 특징으로 틀린 것은?

① 깨끗한 표면을 유지할 수 있다.
② 다품종 대량 생산에 적합하다.
③ 후가공 공정의 단축으로 생산성이 향상된다.
④ 변형의 극소화 및 표면의 광휘성이 보장된다.

해설

진공열처리의 특징
- 산화와 탈탄이 없고 변형이 작으며 광휘상태를 유지한다.
- 표면에 이물질 흡착이 없어 미려한 광휘성을 지닌다.
- 고온 열처리, 고급 열처리가 가능하며 공정의 생략으로 원가를 절감한다.
- 열손실이 적고 상승시간을 단축시킬 수는 있으나 냉각에 장시간을 요한다.

47 기름 담금질 탱크의 점검으로 관계가 먼 것은?

① 기름의 양　② 기름온도
③ 교반상태　④ 기름의 가격

해설

기름의 가격은 공정 설계상 체크할 사항이며, 탱크 점검과는 상관없다.

48 청백색의 고체 금속으로서 베어링용 합금 등에 쓰이며, 이타이이타이병을 일으키는 금속은?

① 납(Pb)　② 크롬(Cr)
③ 수은(Hg)　④ 카드뮴(Cd)

해설

- 수은 중독 : 미나마타병
- 카드뮴 중독 : 이타이이타이병

49 다음 재료 중 연신율이 가장 큰 것은?

① 0.10%C 강　② 0.25%C 강
③ 0.55%C 합금강　④ 0.80%C 합금강

해설

강에서 탄소 함유량이 증가할수록 강도와 경도는 증가하며 연신율은 감소한다.

50 알루미늄합금 가공재의 질별 기호에서 T4처리란?

① 용체화처리 후 자연시효시킨 것
② 용체화처리 후 안정화처리한 것
③ 고온가공에서 냉각 후 자연시효시킨 것
④ 용체화처리 후 인공시효경화처리한 것

해설

알루미늄합금의 열처리 기호
- F : 제조 그대로의 재질
- O : 완전풀림 상태의 재질
- H : 가공경화만으로 소정의 경도에 도달한 재질
- W : 용체화 후 자연시효경화가 진행 중인 상태의 재질
- T : F, O, H 이외의 열처리를 받은 재질
- T_3 : 용체화 후 가공경화를 받는 상태의 재질
- T_4 : 용체화 후 상온 시효가 완료한 상태의 재질
- T_5 : 용체화처리 없이 인공시효처리한 상태의 재질
- T_6 : 용체화처리 후 인공시효한 상태의 재질

51 부품 열처리의 목적으로 맞지 않는 것은?

① 경도 증가　② 크랙 증가
③ 인성 증가　④ 기계 가공성 증가

해설

크랙, 균열을 일부러 발생하는 열처리는 없다.

46 ② 47 ④ 48 ④ 49 ① 50 ① 51 ② 정답

52 열처리의 목적 중 금속재료로 필요한 성질의 개선 내용으로 틀린 것은?

① 변형을 방지한다.
② 내마멸성 및 내식성을 향상시킨다.
③ 조직의 조대화 및 취성을 부여한다.
④ 강도, 인성, 연성 등의 기계적 성질을 개선한다.

해설
조직이 조대화하고 취성이 커지면 충격에 약하고 잘 깨지는 성질이 있어 좋은 금속재료라고 할 수 없다.

53 Al합금, Cu합금, Ti합금 등을 고온에서 용체화처리한 후 시효처리하는 목적은?

① 경 화
② 연 화
③ 표준화
④ 내부응력 제거

해설
시효의 가장 큰 목적은 강도와 경도를 증가시키는 데 있다.

54 금속의 결정 내에서 원자가 이동하는 확산현상을 이용한 표면경화법은?

① 질화법 ② 쇼트피닝
③ 불꽃경화법 ④ 고주파경화법

해설
확산 : 잉크가 물속에서 번지듯 용질원자가 용매원자의 공간격자 중으로 이동하는 현상으로 침탄법, 질화법, 금속침투법 등이 원자의 확산을 이용한 사례이다.

55 고탄소강을 구상화풀림할 때 어느 조직을 구상화시키는가?

① 펄라이트
② 시멘타이트
③ 페라이트
④ 오스테나이트

해설
구상화풀림 : 기계적 성질의 개선을 위해 망상 시멘타이트 또는 층상 펄라이트 중의 시멘타이트를 가열처리에 의해 제품 중의 탄소를 구상화시키는 열처리

56 Ti이나 Nb을 함유한 오스테나이트계 스테인리스강에서 입계 부식의 방지를 도모하기 위한 가장 적합한 처리는?

① 고용화처리
② 가공경화처리
③ 안정화 열처리
④ 결정립 조대화 열처리

해설
Ti, Nb, V 등을 첨가하여 입계 부식을 저지시키는 것으로 안정화되었다라고 한다.

정답 52 ③ 53 ① 54 ① 55 ② 56 ③

57 광고온계(Optical Pyrometer)의 온도측정 범위(℃)는?

① 200 이하
② 200~400
③ 400~600
④ 600~2,000

해설
광고온계는 흑체로부터 복사선 가운데 가시광선을 이용한 온도계로 저온에서는 가시광선을 방출하지 않으므로 600℃ 이상 고온에서 사용된다.

58 백주철을 적철광 및 산화철 가루와 함께 풀림상자(Pot)에 넣어 900~1,000℃에서 40~100시간 가열하여 시멘타이트를 탈탄시킨 주철은?

① 강인주철
② 냉경주철
③ 백심가단주철
④ 구상흑연주철

해설
백심가단주철 : 백주철을 적철광, 산화철가루와 풀림상자에 넣고 900~100℃에서 40~100시간 가열하여 시멘타이트를 탈탄시켜 열처리한다.

59 공석강의 항온변태곡선에서 코(Nose) 부분의 온도는 약 몇 ℃인가?

① 250℃
② 350℃
③ 450℃
④ 550℃

해설
- 550℃ : Ar′변태점, 화색 소실 온도, 코 온도
- 250℃ : Ar″변태점, M_s(마텐자이트변태가 시작됨)점

60 변태점 이상의 온도(A_3 또는 A_{cm} 선보다 30~50℃ 높은 온도)로 가열한 다음 안정된 공기 중에 냉각시켜 표준화된 조직을 얻는 열처리는?

① 시 효
② 뜨 임
③ 노멀라이징
④ 응력제거풀림

해설
표준조직을 얻는 열처리는 불림(노멀라이징)이다.

57 ④ 58 ③ 59 ④ 60 ③ 정답

2015년 제1회 과년도 기출문제

01 용융금속을 주형에 주입할 때 응고하는 과정을 설명한 것으로 틀린 것은?

① 나뭇가지 모양으로 응고하는 것을 수지 상정이라 한다.
② 핵 생성 속도가 핵 성장 속도보다 빠르면 입자가 미세해진다.
③ 주형에 접한 부분이 빠른 속도로 응고하고 차차 내부로 가면서 천천히 응고한다.
④ 주상 결정입자 조직이 생성된 주물에서는 주상 결정 입내 부분에 불순물이 집중하므로 메짐이 생긴다.

해설
불순물의 편석은 주상 결정의 입내보다는 외곽에서 집중되는 경향이 있다.

02 4%Cu, 2%Ni 및 1.5%Mg이 첨가된 알루미늄합금으로 내연기관용 피스톤이나 실린더 헤드 등에 사용되는 재료는?

① Y합금
② 라우탈(Lautal)
③ 알클래드(Alclad)
④ 하이드로날륨(Hydronalium)

해설
- Al-Cu-Ni-Mg : Y합금, 석출 경화용 합금
- 용도 : 실린더, 피스톤, 실린더 헤드 등

03 구리 및 구리합금에 대한 설명으로 옳은 것은?

① 구리는 자성체이다.
② 금속 중에 Fe 다음으로 열전도율이 높다.
③ 황동은 주로 구리와 주석으로 된 합금이다.
④ 구리는 이산화탄소가 포함되어 있는 공기 중에서 녹청색 녹이 발생된다.

해설
구리는 내식성이 우수하고 산에는 부식된다.

04 Y합금의 일종으로 Ti과 Cu를 0.2% 정도씩 첨가한 합금으로 피스톤에 사용되는 합금의 명칭은?

① 라우탈　② 엘린바
③ 문쯔메탈　④ 코비탈륨

해설
Y합금-Ti-Cu : 코비탈륨, Y합금에 Ti, Cu를 0.2% 정도씩 첨가한 것으로 피스톤에 사용

05 다음 중 비중(Specific Gravity)이 가장 작은 금속은?

① Mg　② Cr
③ Mn　④ Pb

해설
각 금속별 비중

Mg	1.74	Cu	8.9	Ag	10.5
Cr	7.19	Mo	10.2	Au	19.3
Sn	7.28	W	19.2	Al	2.7
Fe	7.86	Mn	7.43	Zn	7.1
Ni	8.9	Co	8.8	Pb	11.3

정답 1 ④ 2 ① 3 ④ 4 ④ 5 ①

06 특수강에서 다음 금속이 미치는 영향으로 틀린 것은?

① Si : 전자기적 성질을 개선한다.
② Cr : 내마멸성을 증가시킨다.
③ Mo : 뜨임 메짐을 방지한다.
④ Ni : 탄화물을 만든다.

해설

Ni : 오스테나이트 구역 확대 원소로 내식, 내산성이 증가하며, 시멘타이트를 불안정하게 만들어 흑연화를 촉진시킨다.

07 공석강의 탄소함유량은 약 얼마인가?

① 0.15% ② 0.8%
③ 2.0% ④ 4.3%

해설

탄소강의 조직에 의한 분류
- 순철 : 0.025%C 이하
- 아공석강 : 0.025%C~0.8%C 이하, 공석강 : 0.8%C, 과공석강 : 0.8%C~2.0%C
- 아공정주철 : 2.0%C~4.3%C, 공정주철 : 4.3%C, 과공정주철 : 4.3%C~6.67%C

08 제진재료에 대한 설명으로 틀린 것은?

① 제진합금으로는 Mg-Zr, Mn-Cu 등이 있다.
② 제진합금에서 제진기구는 마텐자이트변태와 같다.
③ 제진재료는 진동을 제어하기 위하여 사용되는 재료이다.
④ 제진합금이란 큰 의미에서 두드려도 소리가 나지 않는 합금이다.

해설

제진재료
- 진동과 소음을 줄여주는 재료로 제진계수가 높을수록 감쇠능이 좋다.
- 제진합금 : Mg-Zr, Mn-Cu, Ti-Ni, Cu-Al-Ni, Al-Zn, Fe-Cr-Al 등이 있다.
- 내부 마찰이 매우 크며 진동 에너지를 열에너지로 변환시키는 능력이 크다.
- 제진기구는 훅의 법칙을 따르며 외부에서 주어진 에너지가 재료에 흡수되어 진동이 감쇠하게 되며 열에너지로 변환된다.

09 저용융점 합금의 용융온도는 약 몇 ℃ 이하인가?

① 250℃ 이하
② 450℃ 이하
③ 550℃ 이하
④ 650℃ 이하

해설

저용융점 합금 : 250℃ 이하에서 용융점을 가지는 합금

10 금속의 결정구조를 생각할 때 결정면과 방향을 규정하는 것과 관련이 가장 깊은 것은?

① 밀러지수
② 탄성계수
③ 가공지수
④ 전이계수

해설

밀러지수 : X, Y, Z의 3축을 어느 결정면이 끊는 절편을 원자 간격으로 측정한 수의 역수의 정수비이다. 면 : (XYZ), 방향 : [XYZ]으로 표시한다.

11 기체 급랭법의 일종으로 금속을 기체상태로 한 후에 급랭하는 방법으로 제조되는 합금으로서, 대표적인 방법은 진공증착법이나 스퍼터링법 등이 있다. 이러한 방법으로 제조되는 합금은?

① 제진합금
② 초전도합금
③ 비정질합금
④ 형상기억합금

해설

- 비정질합금 : 금속이 용해 후 고속 급랭시켜 원자가 규칙적으로 배열되지 못하고 액체상태로 응고되어 금속이 되는 것
- 제조법 : 기체급랭법(진공 증착법, 스퍼터링법), 액체급랭법(단롤법, 쌍롤법, 원심급랭법, 분무법)

6 ④ 7 ② 8 ② 9 ① 10 ① 11 ③ **정답**

12 그림과 같은 소성가공법은?

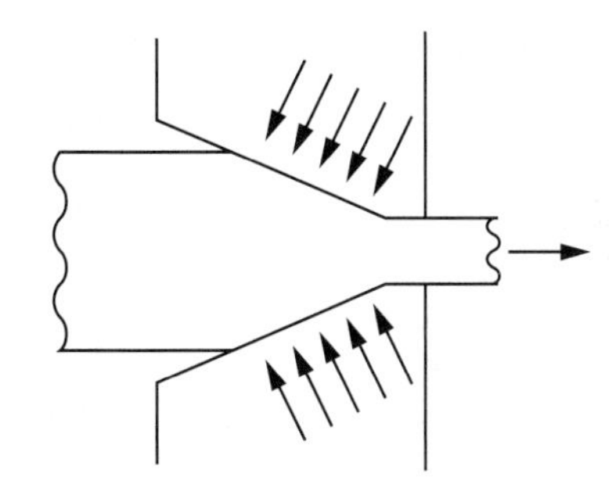

① 압연가공 ② 단조가공
③ 인발가공 ④ 전조가공

해설
인발가공은 단면적이 큰 소재를 단면적이 작은 틈 사이로 통과시키기 위해 가압하면서 앞쪽으로 잡아당겨 가공하는 방법을 의미한다.

13 오스테나이트계 스테인리스강에 첨가되는 주성분으로 옳은 것은?

① Pb - Mg ② Cu - Al
③ Cr - Ni ④ P - Sn

해설
Austenite계 스테인리스강 : 18%Cr-8%Ni이 대표적인 강으로 비자성체에 산과 알칼리에 강하다.

14 다음 비철금속 중 구리가 포함되어 있는 합금이 아닌 것은?

① 황 동 ② 톰 백
③ 청 동 ④ 하이드로날륨

해설
Al-Mg : 하이드로날륨, 내식성이 우수

15 다음 철강재료에서 인성이 가장 낮은 것은?

① 회주철 ② 탄소공구강
③ 합금공구강 ④ 고속도공구강

해설
주철은 강에 비해 인성이 낮고 인장에 잘 견디지 못하는 대신 압축응력 및 감쇠능이 강해 부품의 외장 커버 부분에 많이 사용된다.

16 척도가 1 : 2인 도면에서 실제 치수 20mm인 선은 도면상에 몇 mm로 긋는가?

① 5mm ② 10mm
③ 20mm ④ 40mm

해설
축척으로 2배 작게 그리기 위해서 20mm인 선을 10mm로 그린다.

17 끼워맞춤에 관한 설명으로 옳은 것은?

① 최대죔새는 구멍의 최대허용치수에서 축의 최소허용치수를 뺀 치수이다.
② 최소죔새는 구멍의 최소허용치수에서 축의 최대허용치수를 뺀 치수이다.
③ 구멍의 최소치수가 축의 최대치수보다 작은 경우 헐거운 끼워맞춤이 된다.
④ 구멍과 축의 끼워맞춤에서 틈새가 없이 죔새만 있으면 억지 끼워맞춤이 된다.

해설
- 헐거운 끼워맞춤 : 항상 틈새가 생기는 상태로 구멍의 최소치수가 축의 최대치수보다 큰 경우
- 억지 끼워맞춤 : 항상 죔새가 생기는 상태로 구멍의 최대치수가 축의 최소치수보다 작은 경우
- 중간 끼워맞춤 : 상황에 따라서 틈새와 죔새가 발생할 수 있는 경우

정답 12 ③ 13 ③ 14 ④ 15 ① 16 ② 17 ④

18 제도용지에 대한 설명으로 틀린 것은?

① A0 제도용지의 넓이는 약 $1m^2$이다.
② B0 제도용지의 넓이는 약 $1.5m^2$이다.
③ A0 제도용지의 크기는 594×841이다.
④ 제도용지의 세로와 가로의 비는 $1:\sqrt{2}$ 이다.

해설

- A4 용지 : 210×297mm
- A3 용지 : 297×420mm
- A2 용지 : 420×594mm
- A3 용지의 치수는 A4 용지의 가로, 세로 치수 중 작은 치수값의 2배로 하고 용지의 크기가 증가할수록 같은 원리로 점차적으로 증가함

19 KS B ISO 4287 한국산업표준에서 정한 '거칠기 프로파일에서 산출한 파라미터'를 나타내는 기호는?

① R-파라미터　② P-파라미터
③ W-파라미터　④ Y-파라미터

해설

표면거칠기 기호는 R_a, R_{max}, R_z 등 대문자 R로 시작한다.

20 상면도라 하며, 물체의 위에서 내려다 본 모양을 나타내는 도면의 명칭은?

① 배면도　② 정면도
③ 평면도　④ 우측면도

해설

정면도를 기준으로 위쪽에서 바라본 모양은 평면도이다.

21 실물을 보고 프리핸드로 그린 도면은?

① 계획도　② 제작도
③ 평면도　④ 스케치도

해설

스케치 방법

- 프리핸드법 : 자유롭게 손으로 그리는 스케치 기법으로 모눈종이를 사용하면 편한 방법
- 프린트법 : 광명단 등을 발라 스케치 용지에 찍어 그 면의 실형을 얻거나 면에 용지를 대고 연필 등으로 문질러서 도형을 얻는 방법
- 본뜨기법 : 불규칙한 곡선부분이 있는 부품은 납선, 구리선 등을 부품의 윤곽에 따라 굽혀서 그 선의 윤곽을 지면에 대고 본뜨거나 부품을 직접 용지 위에 놓고 본뜨는 방법
- 사진촬영법 : 복잡한 기계의 조립상태나 부품을 여러 방향에서 사진을 찍어 제도 및 도면에 활용하는 방법

22 도면에서 중심선을 꺾어서 연결 도시한 투상도는?

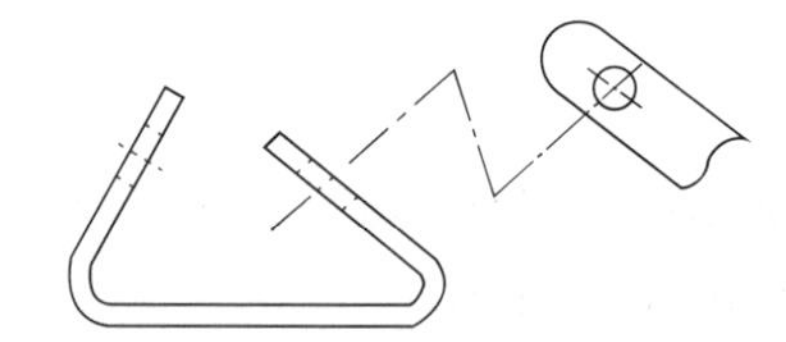

① 보조투상도　② 국부투상도
③ 부분투상도　④ 회전투상도

해설

경사부가 있는 물체는 그 경사면의 실제 모양을 표시할 필요가 있을 때 경사면과 평행하게 전체 또는 일부분을 그린다.

23 2N M50×2-6h이라는 나사의 표시 방법에 대한 설명으로 옳은 것은?

① 왼나사이다.
② 2줄 나사이다.
③ 유니파이 보통 나사이다.
④ 피치는 1인치당 산의 개수로 표시한다.

해설

2줄 미터 가는 나사 : 외경 50mm, 피치 2mm, 등급 6, 공차위치 h

18 ③　19 ①　20 ③　21 ④　22 ①　23 ②　정답

24 수면이나 유면 등의 위치를 나타내는 수준면선의 종류는?

① 파 선　　② 가는 실선
③ 굵은 실선　　④ 1점 쇄선

해설

가는 실선의 용도 : 치수선, 치수보조선, 지시선, 중심선, 수준면선, 회전단면선

25 다음 가공방법의 기호와 그 의미의 연결이 틀린 것은?

① C – 주조　　② L – 선삭
③ G – 연삭　　④ FF – 소성가공

해설

FF : 줄 다듬질을 의미한다.

26 그림과 같은 물체를 제3각법으로 그릴 때 물체를 명확하게 나타낼 수 있는 최소도면 개수는?

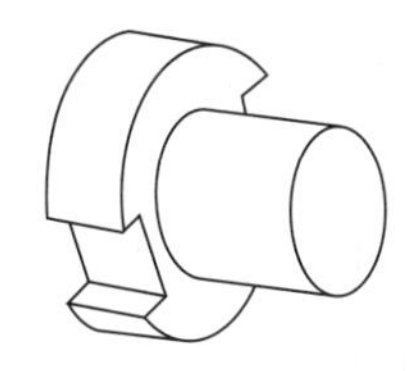

① 1개　　② 2개
③ 3개　　④ 4개

해설

기본적으로 축은 길이방향으로 길게 정면도만으로 도시할 수 있으나 홈이나 깎여진 부분이 있을 경우 좌우면도 중 하나 정도를 추가할 수 있다.

27 다음 도형에서 테이퍼 값을 구하는 식으로 옳은 것은?

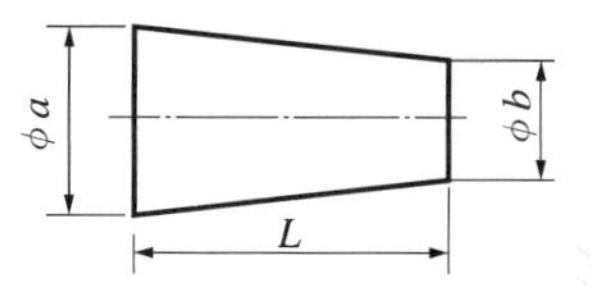

① b/a
② a/b
③ a+b/L
④ a−b/L

해설

테이퍼 값 = 이등변 삼각형의 세로 길이/이등변 삼각형의 가로 길이
$= a-b/L$

28 담금질한 고속도강의 2차 경화 온도로 옳은 것은?

① 180~200℃　　② 300~400℃
③ 550~600℃　　④ 750~800℃

해설

고속도강은 담금질 시 탄화물 고용에 의해서 기지에 C, Cr, W, Mo, V 등이 다량으로 고용하여 뜨임 시 극히 미세한 탄화물로 석출되어 2차 경화현상이 일어나는데 보통 550~600℃ 사이에서 일어난다.

29 전기 화학을 응용한 것으로 전기도금의 역조작이 되는 처리 방법은?

① 전해 연마　　② 탈지 연마
③ 액체 호닝　　④ 증기 연마

해설

전해 연마 : 전기 화학을 응용한 것으로 전기도금의 역조작이 되는 처리 방법으로 강재를 음극에 걸고 양극에는 양극판을 사용하여 전기분해의 원리를 이용한다.

정답 24 ② 25 ④ 26 ② 27 ④ 28 ③ 29 ①

30 **열처리에 사용되는 발열체 중 최고사용온도가 1,600℃인 비금속 발열체는?**

① 칸 탈　② 니크롬
③ 철크롬　④ 실리코니트

해설
실리코니트 : 탄화규소로 제작한 발열체의 일종으로 최고사용온도는 1,600℃까지 해당한다.

31 **가스로의 안전장치의 종류가 아닌 것은?**

① 압력스위치
② 발열체
③ 상한, 하한 온도계
④ 연소 감시 장치

해설
발열체는 열을 발생하는 기구이다.

32 **구조용 탄소강의 두께가 57mm일 때 담금질 유지시간을 계산하면 얼마인가?(단, 유지시간은 두께 25mm당 30분이다)**

① 30.4분　② 48.5분
③ 68.4분　④ 86.5분

해설
25mm : 30분 = 57mm : x분

33 **염욕열처리의 장점이 아닌 것은?**

① 염욕의 증발 손실이 작다.
② 냉각속도가 빨라 급랭이 가능하다.
③ 소량 다품종 부품의 열처리에 적합하다.
④ 균일한 온도 분포를 유지할 수 있다.

해설
염욕열처리의 단점
- 염욕관리가 어렵다.
- 염욕의 증발 손실이 크며 제진장치가 필요하다.
- 폐가스와 노화된 염의 폐기로 인한 오염에 신경 써야 한다.
- 열처리 후 제품 표면에 붙어 있는 염욕의 제거가 곤란하며 균일한 열처리품을 얻기 힘들다.

34 **구상흑연주철의 열처리에 관계된 설명으로 틀린 것은?**

① 연성을 얻기 위하여 제2단 흑연화풀림을 한다.
② 900℃ 온도로 가열해서 공랭처리하여 주조응력이 제거된다.
③ 구상흑연주철은 보통주철이나 합금주철에 비해 담금질성이 크다.
④ 구상흑연주철은 보통주철에 비해 C의 확산이 느리며, 페라이트화한 경우는 고 Si일수록 확산이 빠르다.

해설
C, Si는 흑연화의 핵 생성속도를 증가시키므로 확산속도가 빠르다.

30 ④　31 ②　32 ③　33 ①　34 ④ 정답

35 공구강, 베어링강 등의 고탄소강은 담금질하기 전에 탄화물의 형상을 변화시키기 위해 어떤 열처리를 하는가?

① 중간풀림 ② 완전풀림
③ 재결정풀림 ④ 구상화풀림

해설
구상화풀림 : 기계적 성질의 개선을 위해 망상 시멘타이트 또는 층상 펄라이트 중의 시멘타이트를 가열처리에 의해 제품 중의 탄소를 구상화시키는 열처리

36 담금질 냉각제의 냉각효과를 지배하는 인자에 대한 설명으로 옳은 것은?

① 끓는점은 높고, 휘발성은 작을수록 냉각속도는 작다.
② 기름은 온도가 올라가면 점도가 낮아 냉각능력이 크다.
③ 냉각제의 냉각속도는 열전도도 및 비열이 클수록 작다.
④ 물 또는 수용액에서는 기화열이 낮을수록 냉각능력이 크다.

해설
냉각능
- 냉각제에 따라 다소 차이가 있으나 일반적으로 냉각속도는 열전도도, 비열 및 기화열이 크고 끓는점이 높을수록 높고 점도 휘발성이 작을수록 크다.
- 일반적으로 물은 20~30℃, 기름은 60~80℃에서 최고의 냉각능을 가진다.
- 냉각능을 높이는 방법은 일반적인 수랭보다 물을 교반할 시 4배 정도 냉각속도가 빨라지며 이보다 빠른 방법은 물을 고속으로 분사하는 방법이 있다.

37 예정된 승온, 유지, 냉각 등을 자동적으로 행하는 온도제어장치는?

① 정치제어식 온도제어장치
② 비례제어식 온도제어장치
③ 프로그램제어식 온도제어장치
④ 온-오프(On-Off)식 온도제어장치

해설
프로그램제어식 온도제어장치 : 승온, 유지, 강온이 자동적으로 행하는 제어장치

38 산화성 가스를 이용하여 강의 외관 및 내식성을 개선하기 위해 강표면에 산화 피막을 형성하는 처리 방법은?

① 블루잉처리 ② 화염경화처리
③ 고주파 열처리 ④ 용융도금처리

해설
블루잉처리 : 철강의 외관과 내식성 향상을 목적으로 하며 공기, 수증기 또는 화학약품 등에서 270~300℃로 가열하여 표면에 청색의 산화 피막을 형성시키는 처리를 말한다. 금속 가공에서는 냉간가공된 철강을 250~450℃로 가열하여, 냉압 가공에 의한 응력을 제거함과 동시에 항복강도를 높이는 처리를 말한다.

39 탄소강에서 A_1 변태점을 저하시키는 합금원소는?

① Ni ② Cr
③ Ti ④ Mo

해설
대부분의 금속은 A_1 변태점을 상승시키지만 Mn, Ni은 변태점을 저하시키는 원소이다.

정답 35 ④ 36 ② 37 ③ 38 ① 39 ①

40 오스테나이트 상태로부터 상온으로 급랭시켜, α철 안에 탄소가 과포화 상태로 고용된 조직은?

① 베이나이트 ② 마텐자이트
③ 시멘타이트 ④ 트루스타이트

해설
마텐자이트 변태 : 오스테나이트를 임계냉각속도 이상 급랭하면 탄소가 확산할 시간을 가지지 못하고 α철 안에 고용된 상태로 존재한다. α철의 작은 공간격자 안에 탄소가 들어가 팽창하게 되고 이때 발생한 응력 때문에 경도가 증가한다. α철에 탄소가 과포화된 조직을 마텐자이트라고 한다.

41 변성로나 분위기로 등에 부착한 그을음에 공기를 불어 넣어 연소하여 제거하는 조작은?

① 노 점 ② 번 아웃
③ 화염커튼 ④ 광휘 열처리

해설
② 번 아웃 : 그을림을 제거하기 위해 정기적으로 공기를 불러 넣어 연소시켜 제거함을 의미
※ 그을림(Sooting) : 변성로나 침탄로 등의 침탄성 분위기 가스에서 유리된 탄소가 열처리품, 촉매, 노벽에 부착되는 현상
③ 화염커튼 : 분위기로에 열처리품을 장입하거나 꺼낼 때 노 안의 공기가 들어가는 것을 방지하기 위해 가연성가스를 연소시켜 불꽃의 막을 생성하는 것을 의미

42 미세조직과 성질을 결정해 주는 기본적인 열처리 변수가 틀린 것은?

① 가열온도 ② 숨은열
③ 유지시간 ④ 냉각속도

해설
잠열은 열처리의 기본적인 변수가 되기 어렵다.

43 흡열형 가스는 원료 가스에 공기를 혼합한 후 레토르트(Retort) 내에 어떤 촉매를 이용하여 가스를 변성시키는가?

① Si ② Mg
③ Ni ④ Mo

해설
흡열형 가스 : 원료인 탄화수소와 공기를 혼합하여 고온의 니켈 촉매에 의해 분해되어 가스를 변성시키며, 가스침탄에 많이 사용한다.

44 0.45%C를 함유한 탄소강을 담금질할 때 어느 조직까지 온도를 상승시키는가?

① 페라이트 ② 오스테나이트
③ 레데부라이트 ④ 시멘타이트

해설
담금질, 풀림, 불림의 경우 강을 가열하여 오스테나이트 영역까지 도달한 후 적정 방법으로 냉각한다.

45 담금질의 냉각 요령으로 옳은 것은?

① 임계구역 - 급랭, 위험구역 - 서랭
② 임계구역 - 서랭, 위험구역 - 급랭
③ 임계구역 - 급랭, 위험구역 - 급랭
④ 임계구역 - 서랭, 위험구역 - 서랭

해설
임계구역은 강의 강도와 경도를 결정하는 구역으로 급랭시키고, 위험구역은 마텐자이트 변태가 시작되어 균열의 우려가 있기 때문에 서랭시킨다.

40 ② 41 ② 42 ② 43 ③ 44 ② 45 ① 정답

46 그림과 같이 보통 담금질과 달리 과랭한 오스테나이트가 항온 변태를 일으키기 전에 Ar″ 변태가 천천히 진행되도록 하는 조작은?

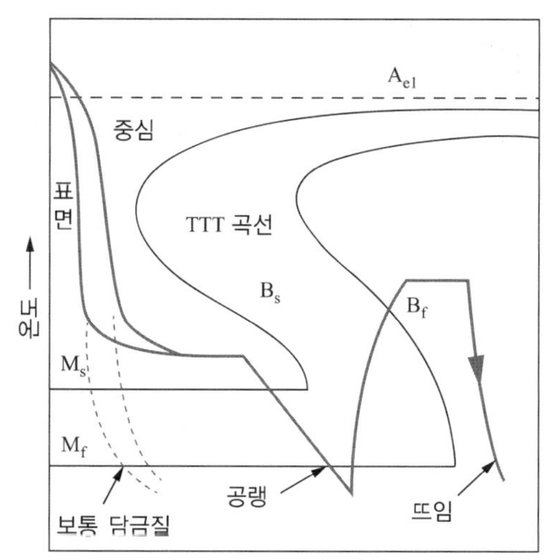

① 오스포밍 ② 시간 담금질
③ 마퀜칭 ④ 오스템퍼링

해설

마퀜칭 : 오스테나이트 상태로부터 M_s 바로 위 온도의 염욕 중에 담금질하여 강의 내외가 동일한 온도가 되도록 항온 유지하고, 과랭 오스테나이트가 항온변태를 일으키기 전에 공기 중에서 Ar″ 변태가 천천히 진행되도록 하여 균열이 일어나지 않는 마텐자이트를 얻는 조작

47 산업폐기물 중에서 공장폐수 등의 처리 후에 남은 진흙 모양의 것 및 각종 제조업의 제조공정에서 발생하는 진흙 모양의 것을 무엇이라고 하는가?

① 폐 액 ② 오 니
③ 폐 산 ④ 타고 남은 재

해설

슬러지(오니) : 하수 또는 폐수처리 과정에서 액체로부터 분리되어 축적된 고형물

48 담금질에 사용되는 냉매에 대한 설명으로 틀린 것은?

① 물은 40℃ 이하가 좋다.
② 기름은 60~80℃가 적당한 온도이다.
③ 물에 소금이 섞이면 냉각효과가 증대한다.
④ 물에 비누가 섞이면 냉각효과가 증대한다.

해설

온도에 따라 다소 다르나 일반적으로 NaOH > 식염수(소금물) > 증류수 > 비눗물 > 기름 순서로 냉각능을 가진다.

49 공석강을 850℃에서 650℃까지 냉각시킨 후 항온 유지시키면 나타나는 변태는?

① 펄라이트
② 베이나이트
③ 마텐자이트
④ 마텐자이트+베이나이트

해설

항온 유지에 따른 생성상
- 550~720℃ : 펄라이트가 생성
- 550℃ : 펄라이트, 베이나이트 경계
- 250~550℃ : 베이나이트가 생성
- M_s ~ M_f : 마텐자이트+베이나이트

50 상온가공한 황동 제품의 자연균열(Season Crack)을 방지하기 위한 풀림 온도로 옳은 것은?

① 100℃ ② 300℃
③ 700℃ ④ 900℃

해설

상온에서 가공한 황동은 자연균열을 방지하기 위해서 300℃에서 1시간 정도 저온풀림을 실시한다.

정답 46 ③ 47 ② 48 ④ 49 ① 50 ②

51 여러 가지 표면 경화법 중 질화법은 침탄법과 다른 특징을 가지고 있다. 질화법의 특징으로 옳은 것은?

① 경화에 의한 변형이 작다.
② 처리강의 종류에 대한 제한이 적다.
③ 짧은 시간에 깊게 경화시킬 수 있다.
④ 고온으로 가열되면 경화층의 경도가 떨어진다.

해설

침탄과 질화의 비교

구 분	침탄법	질화법
경 도	질화보다 낮다.	침탄보다 높다.
열처리	침탄 후 열처리를 한다.	질화 후 열처리가 필요 없다.
수 정	수정이 가능하다.	수정이 불가능하다.
시 간	처리시간이 짧다.	처리시간이 길다.
변 형	경화로 인한 변형이 있다.	변형이 적다.
취약성	취성이 적다.	상대적으로 취성이 높다.
강종 제한	제한 없이 적용 가능하다.	강종 제한을 받는다.

52 다음 중 연점(Soft Spot) 발생의 방지 대책으로 틀린 것은?

① 탈탄 부분을 제품 전체에 생기게 하여 담금질한다.
② 균일한 냉각이 되도록 냉각제를 충분히 교반한다.
③ 노 내 온도 분포, 가열온도 및 가열시간 등을 적절하게 한다.
④ 강재의 냉각능과 냉각제의 냉각능을 고려하여 적당한 재료를 선택한다.

해설

담금질의 경도 불균일 방지책

- 탈탄부를 제거 후 담금질
- 노 내 온도 분포를 양호하게 하여 적당한 담금질 온도로 유지
- 냉각이 균일하고 급랭
- 편석 제거 후 담금질을 실시

53 분위기 열처리에서 환원성 가스로 분류되는 것은?

① 아르곤(Ar) ② 수증기(H_2O)
③ 이산화탄소(CO_2) ④ 일산화탄소(CO)

해설

분위기 가스의 종류

성 질	종 류
불활성 가스	아르곤, 헬륨
중성 가스	질소, 건조수소, 아르곤, 헬륨
산화성 가스	산소, 수증기, 이산화탄소, 공기
환원성 가스	수소, 일산화탄소, 메탄가스, 프로판가스
탈탄성 가스	산화성 가스, DX가스
침탄성 가스	일산화탄소, 메탄(CH_4), 프로판(C_3H_8), 부탄(C_4H_{10})
질화성 가스	암모니아가스

54 표면 경화의 결함 중 침탄 담금질 시 담금질 경도 부족의 원인이 아닌 것은?

① 침탄량이 부족할 때
② 재료가 탈탄되었을 때
③ 담금질 온도가 너무 낮을 때
④ 담금질 냉각속도가 빠를 때

해설

침탄 담금질의 경도 부족

- 담금질 온도가 낮거나 냉각속도가 낮을 경우
- 가열시간이 짧아서 침탄량이 부족할 경우
- 탈탄되거나 잔류 오스테나이트가 많이 생성될 경우

55 마텐자이트계 스테인리스강의 적당한 담금질 방법은?

① 750~800℃, 급랭
② 800~900℃, 급랭
③ 980~1,040℃, 급랭
④ 1,200~1,210℃, 급랭

해설

마텐자이트 스테인리스강은 980~1,040℃, 급랭시켜 담금질 처리를 한다.

51 ① 52 ① 53 ④ 54 ④ 55 ③ **정답**

56 담금질된 강을 상온 이하의 온도로 냉각시켜 잔류 오스테나이트를 마텐자이트로 변태시키는 것이 목적인 열처리는?

① 심랭처리 ② 항온처리
③ 연속처리 ④ 가공처리

해설
심랭처리 : 담금질 후 경도를 증가시킨 강에 시효변형을 방지하기 위하여 0℃ 이하(Sub-zero)의 온도로 냉각하여 잔류 오스테나이트를 마텐자이트로 만드는 처리

57 주로 내열 강재의 용기를 외부에서 가열하고, 그 용기 속에 열처리 품을 장입해서 간접 가열하는 노는?

① 머플로 ② 원통로
③ 오븐로 ④ 라디언트 튜브로

해설
머플로 : 머플을 갖춘 가마 형태로 간접 불꽃식 연소로에 포함된다. 머플벽으로부터의 복사열이 열원이 되며, 화염에 의한 오염을 방지하는 제품과 내화갑에 들어가지 않는 대형 제품의 가열 및 소성에 사용된다.

58 열처리에 있어 매우 중요한 조직으로 담금질할 때 생기며 경도가 현저히 높은 것이 특징인 변태는?

① 공석변태 ② 마텐자이트변태
③ 항온변태 ④ 연속냉각변태

해설
마텐자이트변태 : 오스테나이트를 임계냉각속도 이상 급랭하면 탄소가 확산할 시간을 가지지 못하고 α철 안에 고용된 상태로 존재한다. α철의 작은 공간격자 안에 탄소가 들어가 팽창하게 되고 이때 발생한 응력 때문에 경도가 증가한다. α철에 탄소가 과포화된 조직을 마텐자이트라고 한다.

59 담금질한 강을 A_1점 이하의 적당한 온도까지 가열, 냉각시키는 조작은?

① 노멀라이징
② 템퍼링
③ 퀜 칭
④ 어닐링

해설
• 변태점 이상 가열 : 풀림, 불림, 담금질
• 변태점 이하 가열 : 뜨임

60 알루미늄합금 열처리에 관한 설명 중 틀린 것은?

① 기계적 성질을 크게 개선한다.
② 주물의 치수 안정화에 기여한다.
③ 다이캐스팅 제품에 항상 실시한다.
④ 사형주물과 금속주형주물에 실시한다.

해설
제품의 요구되는 성질이 있을 때 열처리를 실시하는 것이지 항상 실시하는 것은 아니다.

정답 56 ① 57 ① 58 ② 59 ② 60 ③

2015년 제2회 과년도 기출문제

01 보통주철 성분에 1~1.5%Mo, 0.5~4.0%Ni 첨가 외에 소량의 Cu, Cr을 첨가한 것으로서 바탕조직이 침상조직으로 강인하고 내마멸성도 우수하여 크랭크 축, 캠축, 압연용 롤 등의 재료로 사용되는 것은?

① 미하나이트 주철　② 애시큘러 주철
③ 니크로 실랄　④ 니 레지스트

해설
애시큘러 주철(Acicular Cast Iron) : 보통주철 + 0.5~4.0%Ni, 1.0~1.5%Mo + 소량의 Cu, Cr 등을 첨가한 것으로 강인하며 내마멸성이 우수하다. 소형엔진의 크랭크축, 캠축, 실린더 압연용 롤 등의 재료로 사용한다. 흑연이 보통 주철과 같은 편상 흑연이나 조직의 바탕이 침상조직이다.

02 Sn-Sb-Cu계의 베어링용 합금으로 마찰계수가 작고, 소착에 대한 저항력이 큰 합금은?

① 켈 밋　② 배빗메탈
③ 주석청동　④ 오일리스 베어링

해설
배빗메탈 : Sn 70~90%, Sb 2~7%, Cu 2~10% 등을 주성분으로 하는 베어링메탈이다. 고온고압에 견딜 수 있고 점성이 강하며 고하중용 베어링으로서 사용된다.

03 절삭할 때 칩을 잘게 하고 피삭성을 좋게 만든 쾌삭강은 어떤 원소를 첨가한 것인가?

① S, Pb　② Cr, Ni
③ Mn, Mo　④ Cr, W

해설
쾌삭강 : 황쾌삭강, 납쾌삭강, 흑연쾌삭강으로 Pb, S 등을 소량 첨가하여 절삭성을 향상시킨 강

04 Al – Si계 합금의 개량처리에 사용되는 나트륨의 첨가량과 용탕의 적정 온도로 옳은 것은?

① 약 0.01%, 약 750~800℃
② 약 0.1%, 약 750~800℃
③ 약 1.0%, 약 850~900℃
④ 약 10.0%, 약 850~900℃

해설
개량처리 : 플루오린화알칼리, 나트륨, 수산화나트륨, 알칼리 등을 용탕 안에 넣어 조직을 미세화하고 공정점을 이동시킨다. 나트륨은 약 0.01%, 750~800℃에 첨가, 플루오린화나트륨은 800~900℃에서 첨가한다.

05 금속은 결정격자에 따라 기계적 성질이 달라진다. 전연성이 커서 금속을 가공하는 데 좋은 결정격자는 무엇인가?

① 단사정방격자　② 조밀육방격자
③ 체심입방격자　④ 면심입방격자

해설
면심입방격자는 전연성이 크고 가공성이 좋으며 금, 은, 구리, 백금 등 귀금속류가 이에 해당한다.

06 두 성분이 어떠한 비율로 용해하여도 하나의 상을 가지는 고용체를 만드는 상태도를 무엇이라 하는가?

① 편정형 상태도
② 공정형 상태도
③ 전율고용체형 상태도
④ 금속간화합물형 상태도

해설
전율고용 : 어떤 비율로 혼합하더라도 단상 고용체를 만드는 합금으로 금과 은, 백금과 금, 코발트와 니켈, 구리와 니켈 등이 있다.

1 ② 2 ② 3 ① 4 ① 5 ④ 6 ③ 정답

07 특정온도 이상으로 가열하면 변형되기 이전의 원래 상태로 되돌아가는 현상을 이용하여 만든 신소재는?

① 형상기억합금　② 제진합금
③ 비정질합금　④ 초전도합금

해설
형상기억합금 : 힘에 의해 변형되더라도 특정온도에 올라가면 본래의 모양으로 돌아오는 합금이다. Ti-Ni이 대표적으로 마텐자이트 상변태를 일으킨다.

08 알루미늄(Al)의 특성을 설명한 것 중 옳은 것은?

① 전기 전도율이 구리보다 높다.
② 강(Steel)에 비하여 비중이 가볍다.
③ 온도에 관계없이 항상 체심입방격자이다.
④ 주조품 제작 시 주입온도는 약 1,000℃이다.

해설
알루미늄의 비중은 2.7로 경금속에 해당한다.

09 구조용 합금강 중에서 듀콜강, 해드필드강 등은 어느 합금강에 속하는가?

① Ni강　② Cr강
③ W강　④ Mn강

해설
- 저망간강(듀콜강) : Mn이 1.0~1.5% 정도 함유되어 펄라이트 조직을 형성하고 있는 강으로 롤러, 교량 등에 사용된다.
- 고망간강(해드필드강, Hadfield Steel) : Mn이 10~14% 정도 함유되어 오스테나이트 조직을 형성하고 있는 강으로 인성이 높고 내마모성이 우수하다. 수인법으로 담금질하며 철도레일, 칠드롤(Chilled Roll) 등에 사용된다.

10 그림과 같은 단위격자의 a, b, c는 1Å 정도의 크기이다. 단위격자에서 a, b, c가 의미하는 것은?

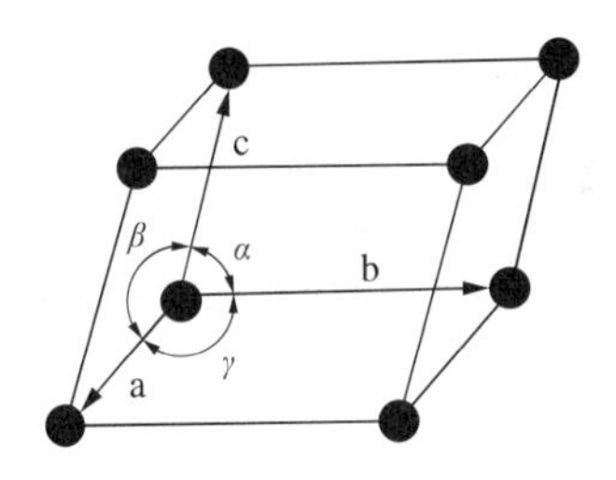

① 공간격자　② 결정격자
③ 격자상수　④ 미세결정

해설
격자상수 : 단위포 3개의 모서리 길이

11 청동의 기계적 성질 중 경도는 구리에 주석이 약 몇 % 함유되었을 때 가장 높게 나타나는가?

① 10%　② 20%
③ 30%　④ 50%

해설
청동의 특성
- Cu-Sn의 합금, α, β, γ, δ 등 고용체 존재, 해수에 내식성 우수, 산, 알칼리에 약함
- 인장강도는 20%Sn에서 최대이며, 경도는 30%Sn에서 최대
- 대기 및 해수에는 내식성이 있으나 고온에서 산화되기 쉬움

12 6 : 4 황동에 Sn을 1% 첨가한 것으로 판, 봉으로 가공되어 용접봉, 밸브대 등에 사용되는 것은?

① 양 백
② 델타메탈
③ 네이벌황동
④ 애드미럴티황동

해설
네이벌황동 : 6 : 4 황동에 Sn을 1% 첨가한 강으로 판, 봉, 파이프 등에 사용된다.

정답 7 ① 8 ② 9 ④ 10 ③ 11 ③ 12 ③

13 감쇠능이 큰 제진합금으로 가장 우수한 것은?

① 탄소강　② 회주철
③ 고속도강　④ 합금공구강

해설
주철은 인장강도에 비해 압축강도가 커서 진동을 흡수할 수 있는 감쇠력이 우수하여 부품의 외관 커버로 많이 이용되고 있다.

14 다음 중 탄소강의 5대 원소에 해당되지 않는 것은?

① P　② S
③ Na　④ Si

해설
탄소강의 5대 원소는 황, 인, 규소, 탄소, 망간이다.

15 주철의 유동성을 해치는 합금원소는?

① P　② S
③ Mn　④ Si

해설
황은 주철의 유동성을 저해하는 원소이다.

16 물체의 보이는 모양을 나타내는 선으로서 굵은 실선으로 긋는 선은?

① 외형선
② 가상선
③ 중심선
④ 1점 쇄선

해설
물체의 외형을 나타내는 외형선은 굵은 실선으로 도시한다.

17 척도에 관한 설명 중 보기에서 옳은 내용을 모두 고른 것은?

보기
a. 물체의 실제 크기와 도면에서의 크기 비율을 말한다.
b. 실물보다 작게 그린 것을 축척이라 한다.
c. 실물과 같은 크기로 그린 것을 현척이라 한다.
d. 실물보다 크게 그린 것을 배척이라 한다.

① a, b　② a, c, d
③ b, c, d　④ a, b, c, d

해설
- 척도 : 실제의 대상을 도면상으로 나타낼 때의 배율
- 척도 A : B = 도면에서의 크기 : 대상물의 크기
- 현척 : 실제 사물과 동일한 크기로 그리는 것
  예 1 : 1
- 축척 : 실제 사물보다 작게 그리는 경우
  예 1 : 2, 1 : 5, 1 : 10, ……
- 배척 : 실제 사물보다 크게 그리는 경우
  예 2 : 1, 5 : 1, 10 : 1, ……
- NS(None Scale) : 비례척이 아님

18 투상도를 그리는 방법에 대한 설명으로 틀린 것은?

① 조립도 등 주로 기능을 표시하는 도면에서는 물체가 사용되는 상태를 그린다.
② 일반적인 도면에서는 물체를 가장 잘 나타내는 상태를 정면도로 하여 그린다.
③ 주투상도를 보충하는 다른 투상도의 수는 되도록 많이 그리도록 한다.
④ 물체의 길이가 길어 도면에 나타내기 어려울 때, 즉 교량의 트러스 같은 경우 중간 부분을 생략하고 그릴 수 있다.

해설
투상도를 보충하는 투상도는 필요할 때 적절히 그리는 것이 원칙이며 남발하여 그리지 않는다.

13 ② 14 ③ 15 ② 16 ① 17 ④ 18 ③ 정답

19 다음 그림 중 호의 길이를 표시하는 치수 기입법으로 옳은 것은?

①
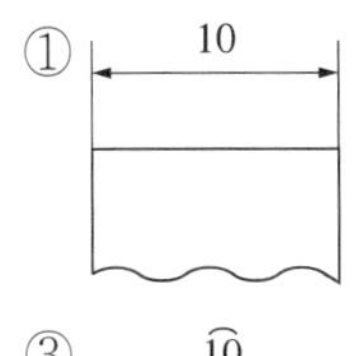

②
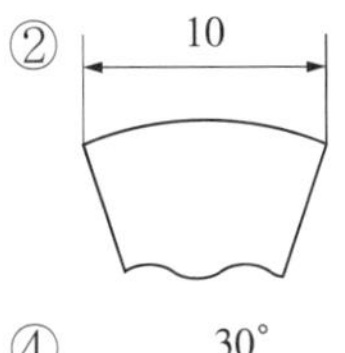

③
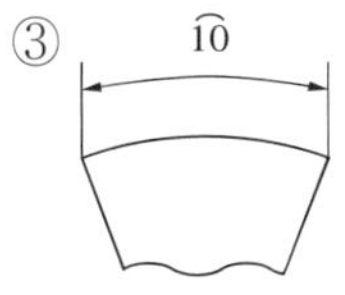

④
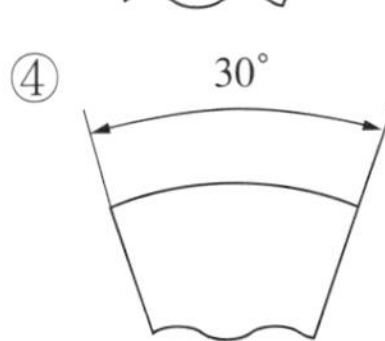

해설

호의 길이를 표시할 때에는 치수보조선을 수직으로 그리고 치수선은 호와 평행한 곡선으로 그린다.

20 다음 중 미터사다리꼴나사를 나타내는 표시법은?

① M8 ② TW10

③ Tr10 ④ 1 – 8 UNC

해설

<table>
<tr><th colspan="2">구 분</th><th colspan="2">나사의 종류</th><th>나사의 종류를 표시하는 기호</th></tr>
<tr><td rowspan="15">일반용</td><td rowspan="9">ISO 표준에 있는 것</td><td colspan="2">미터보통나사</td><td rowspan="2">M</td></tr>
<tr><td colspan="2">미터가는나사</td></tr>
<tr><td colspan="2">미니추어 나사</td><td>S</td></tr>
<tr><td colspan="2">유니파이보통나사</td><td>UNC</td></tr>
<tr><td colspan="2">유니파이가는나사</td><td>UNF</td></tr>
<tr><td colspan="2">미터사다리꼴나사</td><td>Tr</td></tr>
<tr><td rowspan="3">관용 테이퍼 나사</td><td>테이퍼 수나사</td><td>R</td></tr>
<tr><td>테이퍼 암나사</td><td>Rc</td></tr>
<tr><td>평행 암나사</td><td>Rp</td></tr>
<tr><td rowspan="6">ISO 표준에 없는 것</td><td colspan="2">관용평행나사</td><td>G</td></tr>
<tr><td colspan="2">30° 사다리꼴나사</td><td>TM</td></tr>
<tr><td colspan="2">29° 사다리꼴나사</td><td>TW</td></tr>
<tr><td rowspan="2">관용 테이퍼 나사</td><td>테이퍼 나사</td><td>PT</td></tr>
<tr><td>평행 암나사</td><td>PS</td></tr>
<tr><td colspan="2">관용평행나사</td><td>PF</td></tr>
</table>

21 제도의 기본 요건으로 적합하지 않은 것은?

① 이해하기 쉬운 방법으로 표현한다.

② 정확성, 보편성을 가져야 한다.

③ 표현의 국제성을 가져야 한다.

④ 대상물의 도형과 함께 크기, 모양만을 표현한다.

해설

도면을 그릴 때는 대상물의 모양, 크기와 더불어 재질, 가공방법 등 기타 특징들을 필요목적에 따라 다양한 사항을 기입하도록 한다.

22 나사의 일반 도시방법에 관한 설명 중 옳은 것은?

① 수나사의 바깥지름과 암나사의 안지름은 가는 실선으로 도시한다.

② 완전 나사부와 불완전 나사부의 경계는 가는 실선으로 도시한다.

③ 수나사와 암나사의 측면 도시에서의 골지름은 굵은 실선으로 도시한다.

④ 불완전 나사부의 끝 밑선은 축선에 대하여 30° 경사진 가는 실선으로 그린다.

해설

나사의 도시방법

- 수나사의 바깥지름과 암나사의 안지름을 표시하는 선은 굵은 실선으로 그린다.
- 수나사, 암나사의 골을 표시하는 선은 가는 실선으로 그린다.
- 완전 나사부와 불완전 나사부의 경계선은 굵은 실선으로 그린다.
- 불완전 나사부의 골을 나타내는 선은 축선에 대하여 30°의 가는 실선으로 그리고, 필요에 따라 불완전 나사부의 길이를 기입한다.
- 암나사의 단면 도시에서 드릴 구멍이 나타날 때에는 굵은 실선으로 120°가 되게 그린다.
- 수나사와 암나사의 결합부의 단면은 수나사로 나타낸다.
- 수나사와 암나사의 측면 도시에서 각각의 골지름은 가는 실선으로 약 3/4원으로 그린다.

정답 19 ③ 20 ③ 21 ④ 22 ④

23 상하 또는 좌우가 대칭인 물체를 그림과 같이 중심선을 기준으로 내부 모양과 외부 모양을 동시에 표시하는 단면도는?

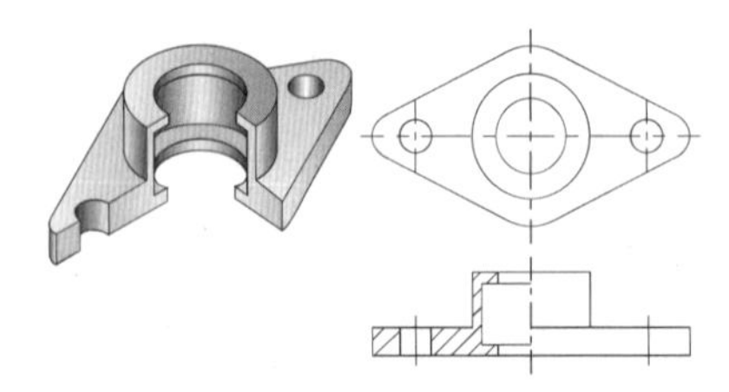

① 온단면도 ② 한쪽단면도
③ 국부단면도 ④ 부분단면도

해설

한쪽단면도(반단면도) : 대상을 1/4로 절단하여 정면도 상에 내부와 외부의 모습을 반씩 나타낸 단면도이다.

24 투상선을 투상면에 수직으로 투상하여 정면도, 측면도, 평면도로 나타내는 투상법은?

① 정투상법 ② 사투상법
③ 등각투상법 ④ 투시투상법

해설

정투상도 : 투사선이 평행하게 물체를 지나 투상면에 수직으로 닿고 투상된 물체가 투상면에 나란하기 때문에 어떤 물체의 형상도 정확하게 표현할 수 있다.

25 도면에 기입된 "5 – ϕ20드릴"을 옳게 설명한 것은?

① 드릴 구멍이 15개이다.
② 직경 5mm인 드릴 구멍이 20개이다.
③ 직경 20mm인 드릴 구멍이 5개이다.
④ 직경 20mm인 드릴 구멍의 간격이 5mm이다.

해설

5 – ϕ20드릴은 드릴 구멍이 5개 직경 20mm를 지칭하는 것이다.

26 물체의 단면을 표시하기 위하여 단면 부분에 흐리게 칠하는 것을 무엇이라 하는가?

① 리브(Rib)
② 널링(Knurling)
③ 스머징(Smudging)
④ 해칭(Hatching)

해설

단면도 작성

- 해칭은 45°로 일정한 간격의 가는 실선으로 채워 절단면을 표시한다.
- 스머징은 색을 칠하여 절단면을 표시한다.

27 치수허용차와 기준선의 관계에서 위치수허용차가 옳은 것은?

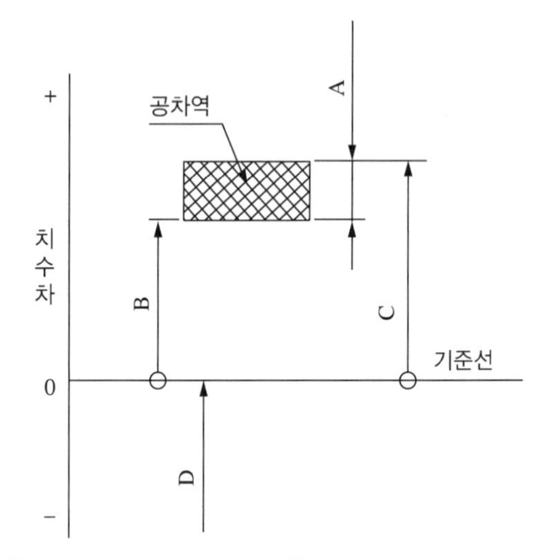

① A ② B
③ C ④ D

해설

- A : 공차
- B : 아래치수허용차
- C : 위치수허용차
- D : 기준치수

23 ② 24 ① 25 ③ 26 ③ 27 ③ 정답

28 철강제품의 표면에 아연을 침투처리시키는 방법이 아닌 것은?

① 용융도금의 가열

② 아연분말 중에서 가열

③ 아연용사층의 가열

④ Al_2O_3+ZnO_2의 혼합물을 공기 중에서 가열

해설

아연침투 시 산화알루미늄 분말과 혼합해서 사용하지 않는다.

29 마텐자이트변태의 특징을 설명한 것 중 틀린 것은?

① 고용체의 단일상이다.

② 많은 격자결함이 존재한다.

③ 확산변태로 원자의 이동속도가 매우 빠르다.

④ 모상과 일정한 결정학적 방위 관계를 가지고 있다.

해설

마텐자이트변태의 특징

- 마텐자이트조직은 모체인 오스테나이트 조성과 동일하다.
- 마텐자이트변태는 무확산변태이다.
- 일정온도 범위 안에서 변태가 시작되고 변태가 끝난다(시작점 M_s, 끝점 M_f).
- 탄소량과 첨가원소가 많을수록 M_s, M_f 점은 낮아진다.

30 열처리 온도부터 화색이 없어지는 약 550℃까지의 범위는 담금질 효과의 정도를 결정하는 온도 범위로서 이 구역을 무엇이라고 하는가?

① 서랭구역　② 한계구역

③ 공랭구역　④ 임계구역

해설

고온에서부터 550℃ 범위까지를 임계구역이라 하고 이 구역의 냉각속도에 따라 강의 강도와 경도가 결정되기 때문에 급랭처리한다.

31 심랭처리(Sub-zero)의 효과가 아닌 것은?

① 가공성을 향상시킨다.

② 시효 변형을 방지한다.

③ 치수 변형을 방지한다.

④ 내마모성을 향상시킨다.

해설

심랭처리하면 전연성이 좋은 오스테나이트가 단단한 조직인 마텐자이트로 바뀌기 때문에 가공성은 저하된다.

32 질화처리에서 강의 표면에 백층의 생성 방지책으로 가장 옳은 방법은?

① 질화 온도를 낮게 한다.

② 질화 시간을 짧게 한다.

③ 해리도를 10% 이하로 한다.

④ 해리도를 0(Zero)으로 하여야 한다.

해설

백층은 질화처리 중 발생하는 경도가 낮은 조직으로 질화시간을 짧게 하거나 2단 질화를 통해 이를 해결할 수 있다.

33 담금질유는 일반적으로 몇 ℃일 때 냉각능이 가장 좋은가?

① 10~20℃　② 30~40℃

③ 50~60℃　④ 60~80℃

해설

일반적으로 물은 20~30℃, 기름은 60~80℃에서 최고의 냉각능을 가진다.

정답 28 ④ 29 ③ 30 ④ 31 ① 32 ② 33 ③

34 알루미늄의 합금 등을 용체화처리한 후 시효처리 하는 목적으로 옳은 것은?

① 연 화 ② 경 화
③ 조직표준화 ④ 내부응력제거

해설
시효의 가장 큰 목적은 경화시키는 데 있다.

35 용접품을 응력제거풀림하는 효과가 아닌 것은?

① 치수의 오차 방지
② 열영향부의 뜨임 경화
③ 응력부식 저항성 증대
④ 석출 경화에 의한 강도 증가

해설
열영향부의 뜨임 연화시키기 위해 용접품에 응력제거풀림을 한다.

36 기계구조용 합금강을 고온 뜨임한 후에 급랭시키는 이유로 가장 적절한 것은?

① 뜨임 메짐을 방지하기 위해
② 경도를 증가시키기 위해
③ 변형을 방지하기 위해
④ 응력을 제거하기 위해

해설
뜨임 취성 : 뜨임 후 재료에 나타나는 취성으로 Ni·Cr강에 주로 나타나며 이를 방지하기 위해 냉각속도를 크게 하거나 소량의 Mo, V, W을 첨가한다.

37 합금 공구강을 담금질 온도로 가열하기 전에 예열하는 가장 큰 이유는?

① 탈탄을 확산시키기 위해
② 가공성을 향상시키기 위해
③ 제품을 치수 변화를 억제하기 위해
④ 산화피막이 형성된 금형을 얻기 위해

해설
담금질 온도로 가열하기 전에 예열하는 이유는 급작스러운 승온과 재료조직의 조대함을 막고 제품의 치수 변화를 최소화하기 위함이 목적이다.

38 제품의 경도값을 얻기 위해 수랭을 하며, 마텐자이트 조직을 얻는 열처리 방법은?

① 풀 림 ② 뜨 임
③ 담금질 ④ 노멀라이징

해설
담금질 후 얻어지는 조직은 마텐자이트이다.

39 공석강의 항온변태곡선에서 코(Nose) 또는 만곡점의 온도는 약 몇 ℃인가?

① 250℃ ② 350℃
③ 450℃ ④ 550℃

해설
550℃ : Ar′변태점, 화색소실온도, 코 온도

34 ② 35 ② 36 ① 37 ③ 38 ③ 39 ④ **정답**

40 열처리로의 사용 시 주의해야 할 사항이 아닌 것은?

① 작업 종료 시 주전원 스위치를 차단한다.
② 가열 시 필요 이상으로 온도를 올리지 않는다.
③ 작업 시 주변에 인화물질을 두지 말아야 한다.
④ 고온을 주로 취급하므로 퓨즈는 두껍고 튼튼한 것을 사용한다.

해설
퓨즈는 규격에 맞는 용품을 사용해야 한다.

41 다음 냉각제 중 냉각능이 가장 우수한 것은?

① 10% NaOH액 ② 18℃의 물
③ 기계유 ④ 중 유

해설
온도에 따라 다소 다르나 일반적으로 NaOH > 식염수(소금물) > 증류수 > 비눗물 > 기름 순서로 냉각능을 가진다.

42 α철에 탄소가 함유된 고용체를 무엇이라 하는가?

① 페라이트 ② 마텐자이트
③ 베이나이트 ④ 오스테나이트

해설
α철 = 순철 = 페라이트

43 다음 중 주로 고속도 공구강의 담금질에 사용되는 염으로 고온용 염욕에 쓰이는 것은?

① KCl ② NaCl
③ $BaCl_2$ ④ $NaNO_3$

해설
염욕제의 종류
- 저온용 염욕 : 150~550℃의 온도범위 질산염(질산나트륨, 질산칼륨)
- 중온용 염욕 : 550~950℃의 온도범위 염화물(염화나트륨, 염화칼륨)
- 고온용 염욕 : 1,000~1,300℃의 온도범위 염화바륨 단일염 사용

44 기계구조용 탄소강 중 SM15C의 열처리에 관한 설명으로 틀린 것은?

① 경화능력이 작다.
② 담금질성이 고속도공구강보다 좋다.
③ 일반적으로 불림 상태에서 사용한다.
④ 강도를 필요로 하지 않는 부분에 사용한다.

해설
탄소함유량이 적으면 강도와 경도가 비교적 작으며, 담금질성도 떨어져 경화능력이 낮아진다.

45 광휘 열처리의 목적으로 옳은 것은?

① 잔류응력을 제거하기 위해서
② 산화 및 탈탄을 방지하기 위해서
③ 시멘타이트 조직을 구상화시키기 위해서
④ 잔류 오스테나이트 조직을 제거하기 위해서

해설
광휘 열처리란 표면의 산화나 탈탄을 일으키지 않으므로 인해 열처리 전의 깨끗한 상태를 그대로 유지시키는 열처리로, 분위기 열처리, 진공열처리, 염욕열처리 등이 있다.

정답 40 ④ 41 ① 42 ① 43 ③ 44 ② 45 ②

46 베어링강의 시효변형에 대한 설명으로 옳은 것은?

① 뜨임시간이 길수록 시효변형이 작아진다.
② 뜨임온도가 높을수록 시효변형이 커진다.
③ 심랭처리와 뜨임을 반복하면 시효변형이 커진다.
④ 담금질 기름의 온도가 낮으면 시효변형이 커진다.

해설
정밀급 베어링에서는 잔류 오스테나이트가 경년변화의 원인이 되므로 담금질 직후 서브제로(Sub-zero)처리를 한다. 또 시효에 의한 변형 방지를 위해 뜨임 후 100~120℃(기름 중)로 24시간 이내 유지하고 나서 서서히 냉각한다.

47 다음 가스 중 독성이 가장 강한 것은?

① 수 소 ② 이산화탄소
③ 메탄가스 ④ 염소가스

해설
염소가스는 자극성 냄새가 나는 독성가스로, 산화제 표백제로 사용된다.

48 알루미늄 및 그 합금의 질별 기호 중 W가 의미하는 것은?

① 어닐링한 것 ② 가공경화한 것
③ 용체화처리한 것 ④ 제조한 그대로의 것

해설
알루미늄합금의 열처리 기호
- F : 제조 그대로의 재질
- O : 완전풀림 상태의 재질
- H : 가공경화만으로 소정의 경도에 도달한 재질
- W : 용체화 후 자연시효경화가 진행 중인 상태의 재질
- T : F, O, H 이외의 열처리를 받은 재질
- T_3 : 용체화 후 가공경화를 받는 상태의 재질
- T_4 : 용체화 후 상온시효가 완료한 상태의 재질
- T_5 : 용체화처리 없이 인공시효처리한 상태의 재질

49 과잉침탄에 대한 대책이 아닌 것은?

① 가스 침탄을 한다.
② 마템퍼링을 한다.
③ 침탄 완화제를 사용한다.
④ 침탄 후 확산풀림을 한다.

해설
과잉침탄과 마템퍼링과는 상관이 없다.

50 열처리 공정 중 후처리에 해당하지 않는 것은?

① 표면의 연마
② 담금질 변형 수정
③ 흡집, 녹, 유지 제거
④ 스케일 및 산화피막 제거

해설
흠집 제거는 열처리 후처리 공정에 해당하지 않는다.

51 구상화풀림의 일반적인 목적이 아닌 것은?

① 취성 증가
② 강인성 증가
③ 담금질 균열의 방지
④ 기계적인 가공성 증가

해설
구상화풀림 : 기계적 성질의 개선을 위해 망상 시멘타이트 또는 층상 펄라이트 중의 시멘타이트를 가열처리에 의해 제품 중의 탄소를 구상화시키는 열처리

46 ① 47 ④ 48 ③ 49 ② 50 ③ 51 ① **정답**

52 열전대 온도계 중 가열 한도가 가장 높은 것은?

① 동 - 콘스탄탄

② 철 - 콘스탄탄

③ 크로멜 - 알루멜

④ 백금 - 백금·로듐

해설

재 료	기 호	가열한도(℃)
구리·콘스탄탄(CC)	T	600
철·콘스탄탄(IC)	J	900
크로멜·알루멜(CA)	K	1,200
백금·로듐(PR)	R	1,600

53 열처리 과정에서 나타나는 조직 중 용적변화가 가장 큰 것은?

① 마텐자이트

② 펄라이트

③ 트루스타이트

④ 오스테나이트

해설

마텐자이트변태 : 오스테나이트를 임계냉각속도 이상 급랭하면 탄소가 확산할 시간을 가지지 못하고 α철 안에 고용된 상태로 존재한다. α철의 작은 공간격자 안에 탄소가 들어가 팽창하게 되고 이때 발생한 응력 때문에 경도가 증가한다. α철에 탄소가 과포화된 조직을 마텐자이트라고 한다.

54 작업장에서 사용하는 안전대용 로프의 구비조건으로 틀린 것은?

① 내마모성이 클 것

② 완충성이 없을 것

③ 충격, 인장강도가 강할 것

④ 습기나 약품류에 침범 당하지 않을 것

해설

안전대용 로프는 완충성 및 탄력성이 있어야 한다.

55 불림(Normalizing)에 대한 설명 중 옳은 것은?

① 내마멸성을 향상시키기 위한 열처리이다.

② 연화를 목적으로 적당한 온도까지 가열한 다음 서랭한다.

③ 잔류 응력을 제거하고 인성을 부여하기 위해 변태온도 이하로 가열한다.

④ A_3 또는 A_{cm} 선보다 30~50℃ 높은 온도로 가열하여 공기 중에 냉각하여 표준화 조직을 만든다.

해설

표준화 조직으로 형성시키는 것은 불림처리이다.

56 분위기 열처리 작업의 안전장치가 아닌 것은?

① 안개상자

② 연소감시장치

③ 상한, 하한 온도계

④ 가스압력스위치

해설

안개상자 : 방사선을 직접 볼 수 있도록 고안된 장치

정답 52 ④ 53 ① 54 ② 55 ④ 56 ①

57 열처리로를 노의 형상과 연속조업 방법에 따라 분류할 때 노의 형상에 따른 분류에 해당되지 않는 것은?

① 상자형로 ② 푸셔형로
③ 도가니형로 ④ 관상형로

해설
푸셔형 노는 연속조업방법에 따라 분류된 것이며, 나머지는 노의 형상에 따라 나뉜 것이다.

58 담금질 균열을 방지하는 방법으로 틀린 것은?

① M_s 점 이하의 냉각속도를 느리게 한다.
② 단면의 급변부나 예각부 등에는 라운딩을 준다.
③ 두께가 균일하며 대칭적인 형상을 가지도록 한다.
④ 단조 후 곧바로 담금질 온도를 높게 하여 담금질을 한다.

해설
단조 후에는 불균일한 조직을 균질화하기 위한 풀림처리를 실시한 후 담금질을 해야 균열을 방지할 수 있다.

59 표면경화 열처리 방법 중 NaCN을 주성분으로 하는 용융염욕으로 표면경화하는 방법은?

① 침탄법
② 질화법
③ 사이안화법
④ 고주파경화법

해설
액체침탄법 : 사이안화법, 청화법이라 하며 사이안화나트륨(NaCN)을 주성분으로 하는 용융염욕에 침적시켜 경화층을 형성하고 침탄과 질화가 동시에 이루어질 수 있다.

60 오스템퍼링 열처리를 하게 되면 얻어지는 조직은?

① 시멘타이트
② 베이나이트
③ 소르바이트
④ 펄라이트 + 페라이트

해설
오스템퍼링 : 베이나이트 생성

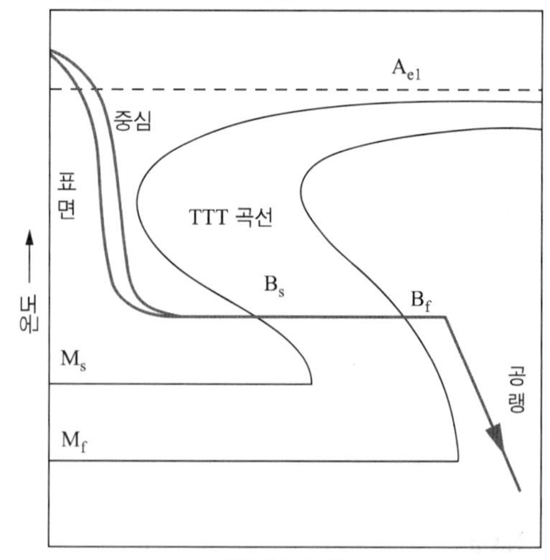

강을 오스테나이트 상태로부터 M_s 이상 코(550℃) 온도 이하인 적당한 온도의 염욕에서 담금질하여 과랭 오스테나이트가 염욕 중에서 항온변태가 종료할 때까지 항온을 유지하고, 공기 중으로 냉각하여 베이나이트를 얻는 조작

57 ② 58 ④ 59 ③ 60 ② 정답

2015년 제5회 과년도 기출문제

01 황동의 합금 조성으로 옳은 것은?

① Cu+Ni
② Cu+Sn
③ Cu+Zn
④ Cu+Al

해설
황동은 구리와 아연의 합금이다.

02 Y합금의 일종으로 Ti과 Cu를 0.2% 정도씩 첨가한 것으로, 피스톤용 재료로 사용되는 합금은?

① 라우탈
② 코비탈륨
③ 두랄루민
④ 하이드로날륨

해설
Y합금–Ti–Cu : 코비탈륨, Y합금에 Ti, Cu를 0.2% 정도씩 첨가한 것으로 피스톤에 사용

03 Al–Si계 주조용 합금은 공정점에서 조대한 육각 판상 조직이 나타난다. 이 조직의 개량화를 위해 첨가하는 것이 아닌 것은?

① 금속납
② 금속나트륨
③ 수산화나트륨
④ 알칼리염류

해설
개량화 처리 : 금속나트륨, 수산화나트륨, 플루오린화알칼리, 알칼리 염류 등을 용탕에 장입하면 조직이 미세화되는 처리

04 다음 중 산과 작용하였을 때 수소가스가 발생하기 가장 어려운 금속은?

① Ca ② Na
③ Al ④ Au

해설
금은 염산이나 질산에도 부식되지 않는다.

05 베어링(Bearing)용 합금의 구비조건에 대한 설명 중 틀린 것은?

① 마찰계수가 작고 내식성이 좋을 것
② 충분한 취성을 가지며 소착성이 클 것
③ 하중에 견디는 내압력과 저항력이 클 것
④ 주조성 및 절삭성이 우수하고 열전도율이 클 것

해설
베어링강은 취성이 있으면 안 되며 소착성이 있을 경우 눌러 붙어서 회전하지 않는다.

06 용강 중에 기포나 편석은 없으나 중앙 상부에 큰 수축공이 생겨 불순물이 모이고, Fe–Si, Al분말 등의 강한 탈산제로 완전 탈산한 강은?

① 킬드강 ② 캡트강
③ 림드강 ④ 세미킬드강

해설
① 킬드강 : 용강 중 Fe–Si, Al분말 등 강탈산제를 첨가하여 산소가 거의 없는 완전탈산된 강으로 기포가 없고 편석이 적은 장점이 있고, 기계적 성질이 양호하다.
② 캡트강 : 용강을 주입 후 뚜껑을 씌워 내부 편석을 적게 한 강으로 내부 결함은 적으나 표면 결함이 많다.
③ 림드강 : 탈산처리가 중간 정도된 용강을 그대로 금형에 주입하여 응고시킨 강이다.
④ 세미킬드강 : 탈산 정도가 킬드강과 림드강의 중간 정도인 강으로, 구조용강, 강판재료에 사용된다.

정답 1 ③ 2 ② 3 ① 4 ④ 5 ② 6 ①

07 게이지용강이 갖추어야 할 성질을 설명한 것 중 옳은 것은?

① 팽창계수가 보통 강보다 커야 한다.
② HRC45 이하의 경도를 가져야 한다.
③ 시간이 지남에 따라 치수 변화가 커야 한다.
④ 담금질에 의하여 변형이나 담금질 균열이 없어야 한다.

해설
게이지용강은 변형을 최소한 강으로, 팽창계수가 작고 강도와 경도가 높아야 하며 경년변화가 없어야 한다.

08 금속의 소성변형에서 마치 거울에 나타나는 상이 거울을 중심으로 하여 대칭으로 나타나는 것과 같은 현상을 나타내는 변형은?

① 쌍정변형 ② 전위변형
③ 벽계변형 ④ 딤플변형

해설
쌍정(Twin) : 소성변형 시 상이 거울을 중심으로 대칭으로 나타나는 것과 같은 현상

09 물과 같은 부피를 가진 물체의 무게와 물의 무게와의 비는?

① 비 열 ② 비 중
③ 숨은열 ④ 열전도율

해설
비중 : 물과 같은 부피를 가진 물체의 무게와 물의 무게와의 비

10 스텔라이트(Stellite)에 대한 설명으로 틀린 것은?

① 열처리를 실시하여야만 충분한 경도를 갖는다.
② 주조한 상태 그대로를 연삭하여 사용하는 비철합금이다.
③ 주요 성분은 40~50%Co, 25~33%Cr, 10~20%W, 2~5%C, 5%Fe이다.
④ 600℃ 이상에서는 고속도강보다 단단하며, 단조가 불가능하고, 충격에 의해서 쉽게 파손된다.

해설
스텔라이트
- 경질주조합금 공구재료로 주조한 상태 그대로 연삭하여 사용하는 비철합금이다.
- Co–Cr–W–C, 단조가공이 안 되어 금형주조에 의해 제작한다.
- 600℃ 이상에서는 고속도강보다 단단하여, 절삭 능력이 고속도강의 1.5~2.0배 크다.
- 취성이 있어 충격에 의해 쉽게 파괴가 일어난다.

11 태양열 이용 장치의 적외선 흡수재료, 로켓연료 연소 효율 향상에 초미립자 소재를 이용한다. 이 재료에 관한 설명 중 옳은 것은?

① 초미립자 제조는 크게 체질법과 고상법이 있다.
② 체질법을 이용하면 청정 초미립자 제조가 가능하다.
③ 고상법은 균일한 초미립자 분체를 대량 생산하는 방법으로 우수하다.
④ 초미립자의 크기는 100nm의 콜로이드(Colloid) 입자의 크기와 같은 정도의 분체라 할 수 있다.

해설
일반적으로 직경이 0.1μm 이하의 입자를 초미립자라고 한다.

7 ④ 8 ① 9 ② 10 ① 11 ④ **정답**

12 강과 주철을 구분하는 탄소의 함유량은 약 몇 %인가?

① 0.1% ② 0.5%
③ 1.0% ④ 2.0%

해설

탄소강의 조직에 의한 분류

- 순철 : 0.025%C 이하
- 아공석강 : 0.025%C~0.8%C 이하, 공석강 : 0.8%C, 과공석강 : 0.8%C~2.0%C
- 아공정주철 : 2.0%C~4.3%C, 공정주철 : 4.3%C, 과공정주철 : 4.3%C~6.67%C

13 10~20%Ni, 15~30%Zn에 구리 약 70%의 합금으로 탄성재료나 화학기계용 재료로 사용되는 것은?

① 양 백
② 청 동
③ 엘린바
④ 모넬메탈

해설

Ni-Zn-Cu 첨가한 강, 양백이라고도 한다. 주로 전기 저항체에 사용한다.

14 다음의 조직 중 경도가 가장 높은 것은?

① 시멘타이트
② 페라이트
③ 오스테나이트
④ 트루스타이트

해설

열처리 과정에서 발생하는 조직의 경도 순서

시멘타이트 > 마텐자이트 > 트루스타이트 > 소르바이트 > 펄라이트 > 오스테나이트 > 페라이트

15 용융 금속의 냉각곡선에서 응고가 시작되는 지점은?

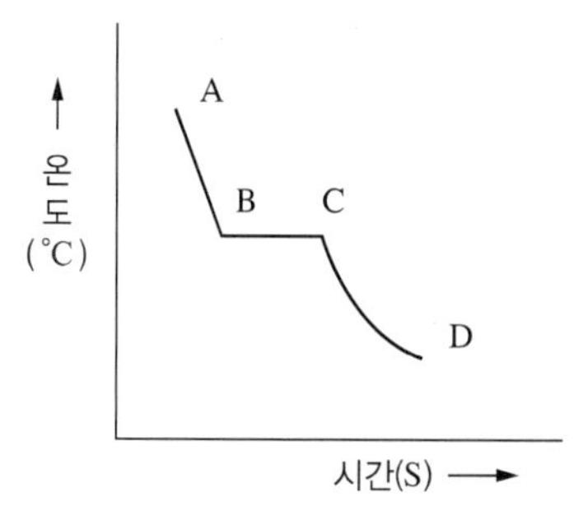

① A ② B
③ C ④ D

해설

- B : 응고 시작점
- C : 응고 완료점

16 반복 도형의 피치의 기준을 잡는 데 사용되는 선은?

① 굵은 실선
② 가는 실선
③ 1점 쇄선
④ 가는 2점 쇄선

해설

1점 쇄선은 중심선, 기준선, 피치선에 사용된다.

17 가공면의 줄무늬 방향 표시기호 중 기호를 기입한 면의 중심에 대하여 대략 동심원인 경우 기입하는 기호는?

① X ② M
③ R ④ C

해설

기 호	뜻	모 양
C	가공으로 생긴 선이 거의 동심원	C

정답 12 ④ 13 ① 14 ① 15 ② 16 ③ 17 ④

18 다음 투상도 중 물체의 높이를 알 수 없는 것은?

① 정면도
② 평면도
③ 우측면도
④ 좌측면도

해설
평면도는 물체를 위쪽에서 본 것으로, 가로 및 세로방향의 치수만 확인할 수 있고 높이, 방향의 값은 알 수가 없다.

19 물품을 그리거나 도안할 때 필요한 사항을 제도 기구 없이 프리핸드(Free Hand)로 그린 도면은?

① 전개도
② 외형도
③ 스케치도
④ 곡면선도

해설
스케치 방법
- 프리핸드법 : 자유롭게 손으로 그리는 스케치기법으로 모눈종이를 사용하면 편한 방법
- 프린트법 : 광명단 등을 발라 스케치 용지에 찍어 그 면의 실형을 얻거나 면에 용지를 대고 연필 등으로 문질러서 도형을 얻는 방법
- 본뜨기법 : 불규칙한 곡선 부분이 있는 부품은 납선, 구리선 등을 부품의 윤곽에 따라 굽혀서 그 선의 윤곽을 지면에 대고 본뜨거나 부품을 직접 용지 위에 놓고 본뜨는 방법
- 사진촬영법 : 복잡한 기계의 조립상태나 부품을 여러 방향에서 사진을 찍어 제도 및 도면에 활용

20 다음과 같은 제품을 3각법으로 투상한 것 중 옳은 것은?(단, 화살표 방향을 정면도로 한다)

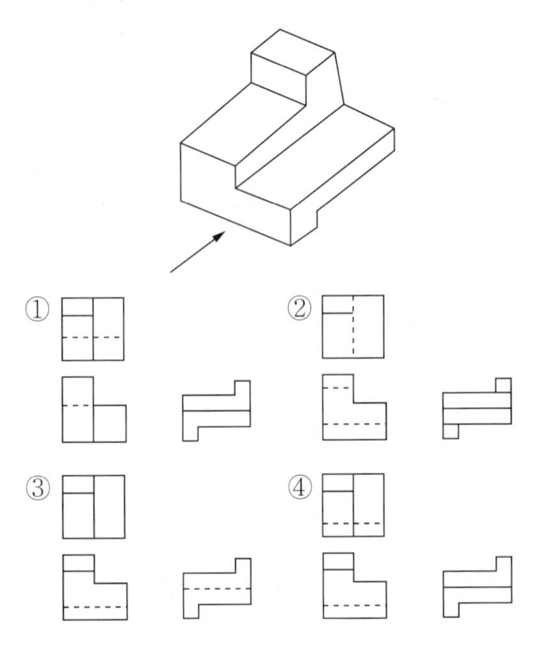

해설
정면도를 기준으로 위쪽에서 평면도 오른쪽에 우측면도를 배치하며 해당 방향에서 보았을 경우 나타나지는 않으나 실제로 존재하는 모서리는 숨은선으로 적절히 도시되어 있는 것을 찾는다.

21 다음 중 치수보조선과 치수선의 작도 방법이 틀린 것은?

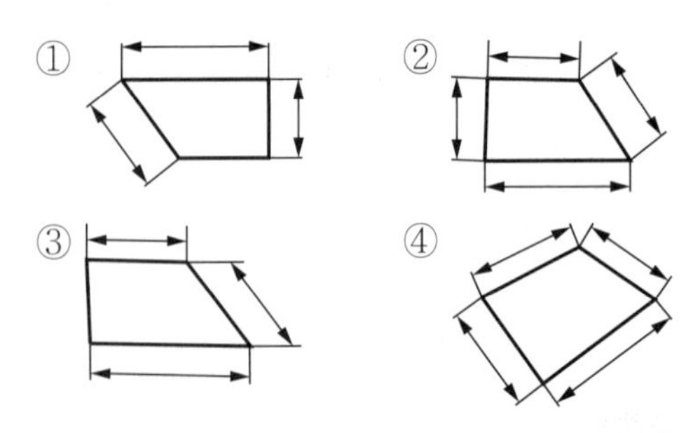

해설
길이 치수를 입력할 때 치수선과 치수보조선은 직각을 이루어야 한다.

18 ② 19 ③ 20 ④ 21 ③ **정답**

22 KS의 부문별 기호 중 기계 기본, 기계요소, 공구 및 공작기계 등을 규정하고 있는 영역은?

① KS A ② KS B
③ KS C ④ KS D

해설
① KS A : 기본
② KS B : 기계
③ KS C : 전기전자
④ KS D : 금속

23 스퍼기어의 잇수가 32이고 피치원의 지름이 64일 때 이 기어의 모듈 값은 얼마인가?

① 0.5 ② 1
③ 2 ④ 4

해설
모듈 = 피치원 지름/잇수 = 64/32 = 2

24 도면의 척도에 대한 설명 중 틀린 것은?

① 척도는 도면의 표제란에 기입한다.
② 척도에는 현척, 축척, 배척의 3종류가 있다.
③ 척도는 도형의 크기와 실물 크기와의 비율이다.
④ 도형이 치수에 비례하지 않을 때는 척도를 기입하지 않고, 별도의 표시도 하지 않는다.

해설
NS(None Scale) : 비례척이 아닐 때 표시하는 방법

25 도면 치수 기입에서 반지름을 나타내는 치수 보조 기호는?

① R ② t
③ ϕ ④ SR

해설
- t : 두께
- ϕ : 지름
- SR : 구의 반지름

26 치수공차를 구하는 식으로 옳은 것은?

① 최대허용치수 - 기준치수
② 허용한계치수 - 기준치수
③ 최소허용치수 - 기준치수
④ 최대허용치수 - 최소허용치수

해설
치수공차
- 최대허용치수와 최소허용치수와의 차
- 위치수허용차와 아래치수허용차와의 차

정답 22 ② 23 ③ 24 ④ 25 ① 26 ④

27 도면에서 Ⓐ로 표시된 해칭의 의미로 옳은 것은?

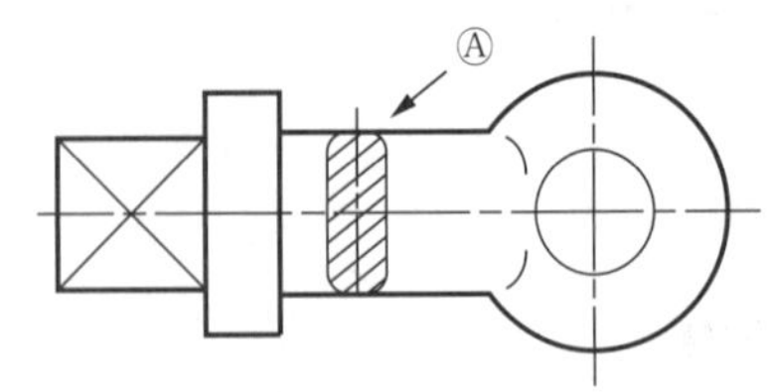

① 특수 가공 부분이다.
② 회전단면도이다.
③ 키를 장착할 홈이다.
④ 열처리가공 부분이다.

해설

회전도시단면도

핸들, 벨트 풀리, 훅, 축 등의 단면을 표시할 때에는 투상면에 절단한 단면의 모양을 90° 회전하여 안이나 밖에 다음과 같이 그린다.

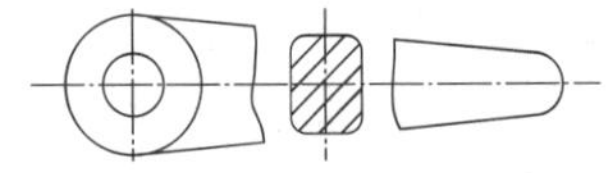
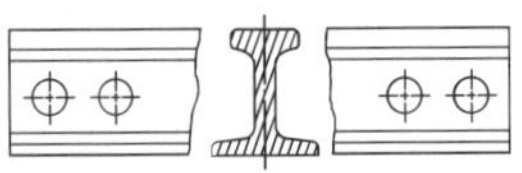

(a) 투상도의 일부를 잘라 내고 그린 회전 단면

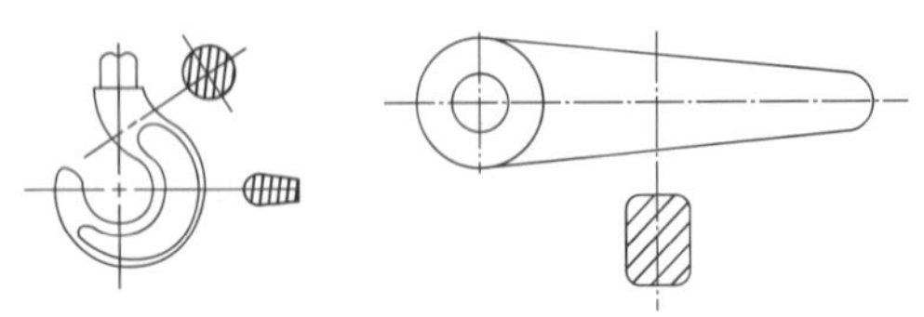

(b) 절단 연장선 위의 회전 단면

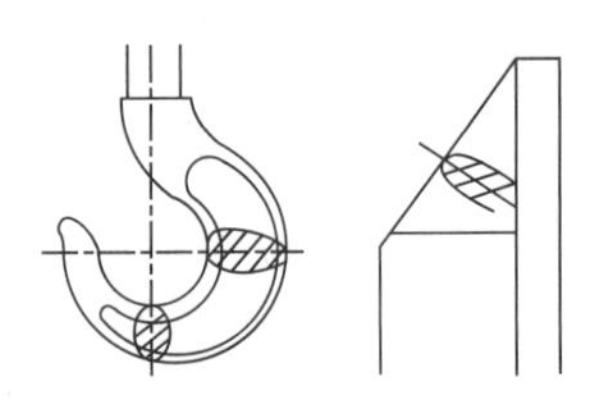

(c) 투상도 안의 회전 단면

28 공구강의 열처리 시 고려할 사항으로 틀린 것은?

① 담금질 후 뜨임처리한다.
② 담금질 후에 구상화풀림을 한다.
③ 급랭으로 인한 변형을 작게 한다.
④ 담금질과 뜨임 후 시효변화가 작아야 한다.

해설

구상화풀림은 담금질 전에 실시하여 담금질 균열을 방지한다.

29 냉각제의 냉각효과를 지배하는 인자에 대한 설명 중 틀린 것은?

① 열전도도는 높은 것이 좋다.
② 비열은 작은 것이 좋다.
③ 기화열은 클수록 좋다.
④ 점성은 작은 것이 좋다.

해설

냉각능은 냉각제에 따라 다소 차이가 있으나 일반적으로 냉각속도는 열전도도, 비열 및 기화열이 크고 끓는점이 높을수록 높고, 점도와 휘발성이 작을수록 크다.

30 다음 분위기가스 중에서 산화성인 것은?

① N_2가스
② CO_2가스
③ He가스
④ Ar가스

해설

분위기가스의 종류

성 질	종 류
불활성 가스	아르곤, 헬륨
중성 가스	질소, 건조수소, 아르곤, 헬륨
산화성 가스	산소, 수증기, 이산화탄소, 공기
환원성 가스	수소, 일산화탄소, 메탄가스, 프로판가스
탈탄성 가스	산화성 가스, DX가스
침탄성 가스	일산화탄소, 메탄(CH_4), 프로판(C_3H_8), 부탄(C_4H_{10})
질화성 가스	암모니아가스

31 오스테나이트 상태로부터 M_s 이상의 일정 온도에서 염욕으로 담금질하고, 과랭 오스테나이트가 염욕 중에서 항온변태가 종료할 때까지 항온을 유지한 후 공기 중에 냉각하는 열처리 방법은?

① 마템퍼링 ② 마퀜칭
③ 오스템퍼링 ④ 오스포밍

해설
오스템퍼링 : 베이나이트 생성

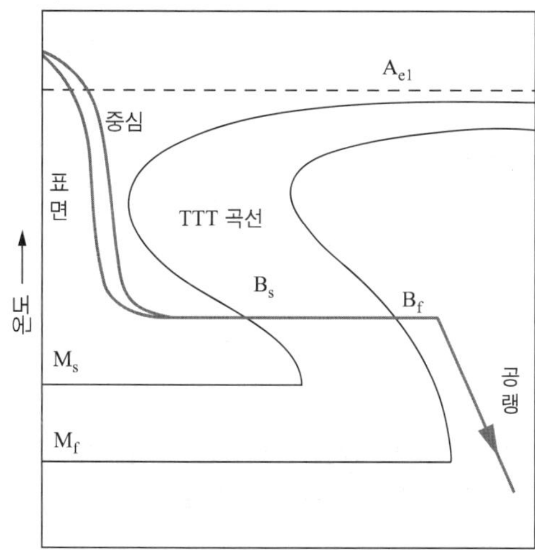

강을 오스테나이트 상태로부터 M_s 이상 코(550℃) 온도 이하인 적당한 온도의 염욕에서 담금질하여 과랭 오스테나이트가 염욕 중에서 항온 변태가 종료할 때까지 항온을 유지하고, 공기 중으로 냉각하여 베이나이트를 얻는 조작

32 열처리용 트레이, 걸이, 집게 등의 재료에 필요한 조건은?

① 내식성이 낮을 것
② 고온강도가 낮을 것
③ 변형저항성이 낮을 것
④ 열피로저항성이 클 것

해설
열처리 치공구 : 열처리 작업에서 노에 장입되어 고온으로 유지된 후 냉각되는 동안 제품을 지지하고 고정하는 고정구
열처리용 치공구의 구비조건
- 내식성, 변형저항성, 열피로저항성, 고온강도가 우수해야 한다.
- 제작하기 쉽고 겸용성이 있으며 작업성이 우수해야 한다.

33 침탄담금질의 결함으로 균열 및 박리의 원인이 아닌 것은?

① 과잉침탄되었을 때
② 잔류응력이 클 때
③ 반복 침탄되었을 때
④ 탄소의 확산이 충분할 때

해설
박리가 생기는 원인
- 과잉침탄으로 인한 탄소함유량 증가
- 연한 재료를 반복적으로 침탄했을 경우

34 다음 알루미늄합금의 질별 기호 중 T6은?

① 용체화처리 후 자연시효경화처리한 것
② 용체화처리 후 안정화경화처리한 것
③ 용체화처리 후 인공시효경화처리한 것
④ 고온에서 가공하고 냉각 후 인공시효경화처리한 것

해설
알루미늄합금의 열처리 기호
- F : 제조 그대로의 재질
- O : 완전풀림 상태의 재질
- H : 가공경화만으로 소정의 경도에 도달한 재질
- W : 용체화 후 자연시효경화가 진행 중인 상태의 재질
- T : F, O, H 이외의 열처리를 받은 재질
- T_3 : 용체화 후 가공경화를 받는 상태의 재질
- T_4 : 용체화 후 상온시효가 완료한 상태의 재질
- T_5 : 용체화처리 없이 인공시효처리한 상태의 재질
- T_6 : 용체화처리 후 인공시효처리한 상태의 재질

정답 31 ③ 32 ④ 33 ④ 34 ③

35 질화처리에 있어서 강의 표면에 백층이 많을 경우 극히 거세고 경도도 낮으므로 제거하여 사용해야 한다. 백층 생성 방지법으로 옳은 것은?

① 2단 질화법을 사용한다.
② 질화온도를 낮게 한다.
③ 질화시간을 길게 한다.
④ 해리도는 20% 이하로 한다.

해설
백층은 질화처리 중 발생하는 경도가 낮은 조직으로 질화시간을 짧게 하거나 2단 질화를 통해 이를 해결할 수 있다.

36 강의 뜨임색 중 가장 높은 온도에서 나타나는 색은?

① 황 색　　② 자 색
③ 갈 색　　④ 담청색

해설
온도에 따른 뜨임색

온도(℃)	색	온도(℃)	색
200	담황색	300	청 색
220	황 색	320	담회청색
240	갈 색	350	회청색
260	자 색	440	회 색
280	보라색		

37 고체침탄의 침탄촉진제로 사용하는 것은?

① 숯　　② 내화점토
③ 탄산바륨　　④ 사이안화칼륨

해설
고체침탄법 : 저탄소강을 침탄제와 함께 침탄상자에 넣고 밀폐한 후 900~950℃로 가열
- 화학식 : $C + O = CO \rightarrow 2CO + 3Fe \rightarrow Fe_3C + CO_2$
- 침탄제 : 목탄, 코크스
- 침탄촉진제 : 탄산바륨, 탄산나트륨

38 염욕의 탈탄 정도를 측정하는 강박시험편의 규격으로 옳은 것은?

① 시험편은 1.0%C, 두께 0.05mm, 폭 30mm, 길이 100mm이다.
② 시험편은 1.5%C, 두께 0.50mm, 폭 40mm, 길이 100mm이다.
③ 시험편은 2.0%C, 두께 1.00mm, 폭 50mm, 길이 100mm이다.
④ 시험편은 3.0%C, 두께 1.50mm, 폭 50mm, 길이 120mm이다.

해설
염욕의 탈탄 여부를 판단하는 강박시험편의 규격은 1.0%C, 두께 0.05mm, 폭 30mm, 길이 100mm이다.

39 재료 표면에 강철이나 주철의 작은 입자들을 고속으로 분사시켜 표면층의 경도를 높이는 표면냉간 가공법은?

① 크로마이징　　② 쇼트피닝
③ 보로나이징　　④ 하드페이싱

해설
쇼트피닝 : 숏이라고 불리는 강구를 고속으로 분사하여 표면의 경도를 높이는 작업

40 연소의 3요소로 옳은 것은?

① 가연물, 빛, 질소
② 가연물, 질소, 산소
③ 가연물, 빛, 산소
④ 가연물, 산소공급원, 점화원

해설
연소는 불에 탈 수 있는 재료, 산소, 불꽃을 발생시킬 수 있는 점화원이 갖추어졌을 때 발생한다.

35 ① 36 ④ 37 ③ 38 ① 39 ② 40 ④ 정답

41 트리클로로에틸렌 증기세정에 관한 설명으로 틀린 것은?

① 분위기 열처리품의 전처리 및 후처리에 이용되는 처리방법이다.
② 트리클로로에틸렌을 하부의 세정조에서 봉입 발열체에 의해 가열하여 증기가 된다.
③ 증기는 용제로 탈지를 행하고 상부의 냉각코일에 의해 액화되어 저부로 돌아와 순환한다.
④ 트리클로로에틸렌 증기는 항상 청정하며, 독성이 없어 무공해로 관리가 용이하다.

해설
트리클로로에틸렌 증기세척 : 증기상태의 트리클로로에틸렌을 이용하여 탈지를 하며 발암성 독성물질이다.

42 강을 담금질할 때 담금질효과의 정도를 결정하는 구역은?

① 임계구역 ② 위험구역
③ 가열구역 ④ 대류구역

해설
임계구역은 오스테나이드에서 550℃까지의 온도를 말하며, 이 구간에서 담금질 방법에 따라 강도와 경도가 결정되기 때문에 급랭을 해서 이를 향상시킨다.

43 진공 열처리에서 진공도를 측정하는 게이지가 아닌 것은?

① 페닝 게이지 ② 이온 게이지
③ 열전도 게이지 ④ 플로트 게이지

해설
플로트 게이지는 액체의 수위를 측정하는 장치이다.

44 과공석강을 완전풀림(Annealing)처리를 하였을 때의 조직은?

① 마텐자이트
② 층상 펄라이트
③ 시멘타이트 + 층상 펄라이트
④ 페라이트 + 층상 펄라이트

해설
- 완전풀림 : A_1 또는 A_3 변태점 위 30~50℃로 가열 유지 후 서랭, 일반적인 풀림
- 생성조직 : 아공석강 → 페라이트 + 층상 펄라이트
  공석강 → 층상 펄라이트
  과공석강 → 시멘타이트 + 층상 펄라이트

45 마레이징(Maraging) 강의 열처리 방법으로 옳은 것은?

① 담금질과 뜨임처리를 한다.
② 뜨임과 풀림처리를 한다.
③ 항온처리와 풀림처리를 한다.
④ 용체화처리와 시효처리를 한다.

해설
마레이징강의 열처리 : 마텐자이트+에이징(시효)으로 탄소를 거의 함유하지 않고 일반적인 담금질에 의해 경화되지 않으므로 오스테나이트화 온도로부터 상온까지 냉각하여 마텐자이트로 변태시키고 시효경화를 통해 강도와 경도를 증가시키는 열처리를 의미

46 분자량이 65이며, 인체에 매우 유해하고 취급 시 주의해야 할 염욕제는?

① $CaCl_2$ ② KCN
③ NaOH ④ $NaNO_3$

해설
KCN : 비중 1.52, 녹는점 635℃이다. 결정성 무색 가루이며 생김새는 설탕과 비슷하게 생겼고 결정의 덩어리가 설탕보다 약간 크며 보통 청산칼륨, 청산칼리라고도 한다. 독성이 매우 강하며, 치사량은 0.15g으로 극히 미량에도 치명적이다.

정답 41 ④ 42 ① 43 ④ 44 ③ 45 ④ 46 ②

47 마텐자이트변태가 시작되는 온도와 관련이 큰 것은?

① Ar′, M_f점 ② Ar″, M_S점
③ A_1, M_a점 ④ A_3, M_C점

해설
마텐자이트변태 시작점 : Ar″, M_S점 보통 250℃

48 침탄법과 비교한 질화법에 대한 설명으로 틀린 것은?

① 질화층의 경도는 침탄층보다 높다.
② 질화 후 열처리가 필요하지 않다.
③ 처리강의 종류에 대한 제한을 받지 않는다.
④ 고온으로 가열하여도 경도가 낮아지지 않는다.

해설
침탄과 질화의 비교

구 분	침탄법	질화법
경 도	질화보다 낮다.	침탄보다 높다.
열처리	침탄 후 열처리한다.	질화 후 열처리가 필요 없다.
수 정	수정이 가능하다.	수정이 불가능하다.
시 간	처리시간이 짧다.	처리시간이 길다.
변 형	경화로 인한 변형이 있다.	변형이 적다.
취약성	취성이 적다.	상대적으로 취성이 높다.
강종 제한	제한 없이 적용 가능하다.	강종 제한을 받는다.

49 진공로 내에서 글로 방전에 의거 질소를 표면에 확산시키는 방법은?

① 가스질화 ② 이온질화
③ 염욕질화 ④ 침탄질화

해설
이온질화 : 저압의 질소 분위기 속에서 직류전압을 노체와 피처리물 사이에 연결하고 글로 방전을 발생시킨 후 음극 스퍼터링을 일으켜 질소를 흡착시킨다.

50 오스테나이트 구상흑연주철의 응력 제거 온도로 옳은 것은?

① 320~375℃ ② 620~675℃
③ 720~775℃ ④ 920~975℃

해설
오스테나이트 구상흑연주철의 응력 제거 온도는 620~675℃ 범위에서 실시한다.

51 열처리 방법 중 재질의 인성을 개선하는 열처리는?

① 풀 림 ② 뜨 임
③ 담금질 ④ 노멀라이징

해설
뜨임의 가장 큰 목적은 담금질 후 경도가 높은 조직에 인성을 부여함에 있다.

47 ② 48 ③ 49 ② 50 ② 51 ② 정답

52 가스발생기(변성로)의 운전 상황을 추측할 수 있는 것으로 노 내에 노기 가스 송입이 정상적인가 아닌가를 측정할 수 있는 계기는?

① 유량계
② 온도계
③ 압력계
④ 연소감시장치

해설
고체 및 기체가 얼마나 흐르는지를 판단할 수 있는 계기는 유량계이다.

53 2개 성분 금속이 용융 상태에서는 균일한 용액으로 되나 응고 후에는 서로 용해되지 않고 성분 금속이 각각 결정으로 분리된 후 혼합물이 되는 합금을 무엇이라고 하는가?

① 공 정
② 포 정
③ 고용체
④ 금속간 화합물

해설
공정 반응 : 일정한 온도의 액체에서 두 종류의 고체가 동시에 정출하여 나오는 반응($L \rightarrow \alpha + \beta$)

54 공석강의 항온변태곡선에서 항온변태가 가장 먼저 시작되는 온도는?

① 250℃ ② 350℃
③ 550℃ ④ 650℃

해설
코 온도(550℃)에서 변태가 가장 먼저 시작하고 변태속도도 가장 빠르다.

55 열처리 냉각방법의 3가지 형태가 아닌 것은?

① 트위스트 냉각 ② 2단 냉각
③ 항온냉각 ④ 연속냉각

해설
트위스트 냉각방법은 존재하지 않는다.

56 강을 20℃의 여러 가지 냉각제에서 담금질할 때, 냉각곡선의 제2단계에 이르기까지의 냉각속도가 가장 큰 것은?

① 비눗물 ② 수돗물
③ 증류수 ④ 10% 식염수

해설
온도에 따라 다소 다르나 일반적으로 NaOH > 식염수(소금물) > 증류수 > 비눗물 > 기름 순서로 냉각능을 가진다.

정답 52 ① 53 ① 54 ③ 55 ① 56 ④

57 공구강으로서 구비해야 할 조건을 설명한 것 중 틀린 것은?

① 가열에 의해 경도변화가 작을 것
② 내마멸성, 내압축력이 클 것
③ 기계 가공성이 좋을 것
④ 인성, 전성이 작을 것

해설
공구강은 전성은 작아야 하며 인성은 높아 충격에 강하고 부서지지 않아야 한다.

58 열처리로에 사용하는 중성 내화재의 주성분은?

① 규 산
② 산화크롬
③ 알루미나
④ 마그네시아

해설
내화재의 분류
- 산성 내화재 : 규산(SiO_2)을 다량으로 함유한 내화재로 샤모트 벽돌, 규석벽돌 등이 있다.
- 염기성 내화재 : 마그네시아(MgO)와 산화크롬(Cr_2O_3)을 주성분으로 한다.
- 중성 내화재 : Al_2O_3를 주성분으로 하며 고알루미나질 벽돌, 크롬 벽돌 등이 있다.

59 Mg합금은 응력 부식 균열이 생기기 쉬워 가공 후 내부응력을 제거를 위해 실시하는 처리법은?

① 150~300℃에서 풀림처리
② 450~650℃에서 풀림처리
③ 650~850℃에서 불림처리
④ 950~1,050℃에서 불림처리

해설
단조용 마그네슘합금은 응력부식 균열이 생기기 쉬워 저온풀림(150~300℃)을 실시한다.

60 다음 중 분위기 열처리로가 아닌 것은?

① 진공로
② 순산소 전로
③ 이온질화로
④ 불활성 가스로

해설
순산소 전로는 제강공정에서 사용하는 것으로 용선에 산소를 불어넣어서 불순물을 제거하는 데 사용된다.

57 ④ 58 ③ 59 ① 60 ② 정답

2016년 제 1 회 과년도 기출문제

01 분산강화 금속 복합재료에 대한 설명으로 틀린 것은?

① 고온에서 크리프 특성이 우수하다.
② 실용재료로는 SAP, TD Ni이 대표적이다.
③ 제조방법은 일반적으로 단접법이 사용된다.
④ 기지 금속 중에 0.01~0.1μm 정도의 미세한 입자를 분산시켜 만든 재료이다.

해설

분산강화 금속 복합재료

- 금속에 0.01~0.1μm 정도의 산화물을 분산시킨 재료
- 고온에서 크리프 특성이 우수
- Al, Ni, Ni-Cr, Ni-Mo, Fe-Cr 등이 기지로 사용
- 혼합법, 표면산화법, 공침법, 용융체 포화법 등의 제조방법이 있음

02 Al에 1~1.5%의 Mn을 합금한 내식성 알루미늄합금으로 가공성, 용접성이 우수하여 저장탱크, 기름탱크 등에 상용되는 것은?

① 알 민
② 알드리
③ 알크래드
④ 하이드로날륨

해설

Al-Mn : 알민, 가공성, 용접성 우수, 저장탱크, 기름탱크에 사용

03 다음 중 슬립(Slip)에 대한 설명으로 틀린 것은?

① 원자 밀도가 최대인 방향으로 잘 일어난다.
② 원자 밀도가 가장 큰 격자면에서 잘 일어난다.
③ 슬립이 계속 진행하면 결정은 점점 단단해져 변형이 쉬워진다.
④ 다결정에서는 외력이 가해질 때 슬립방향이 서로 달라 간섭을 일으킨다.

해설

슬립이 일어나는 면으로 재료의 변형이 발생하기 때문에 결정의 단단함과 거리가 멀다.

04 다음 중 강괴의 탈산제로 부적합한 것은?

① Al
② Fe-Mn
③ Cu-P
④ Fe-Si

해설

Cu-P은 강괴의 탈산제로 사용되지 않는다.

05 주철의 기계적 성질에 대한 설명 중 틀린 것은?

① 경도는 C + Si의 함유량이 많을수록 높아진다.
② 주철의 압축강도는 인장강도의 3~4배 정도이다.
③ 고C, 고Si의 크고 거친 흑연편을 함유하는 주철은 충격값이 작다.
④ 주철은 자체의 흑연이 윤활제 역할을 하며, 내마멸성이 우수하다.

해설

주철에서 경도는 탄소와 규소가 많을수록 작아지고 인, 황, 망간이 많을수록 증가한다.

정답 1 ③ 2 ① 3 ③ 4 ③ 5 ①

06 다음의 합금 원소 중 함유량이 많아지면 내마멸성을 크게 증가시키고, 적열 메짐을 방지하는 것은?

① Ni ② Mn

③ Si ④ Mo

해설

망간(Mn) : 적열 취성의 원인이 되는 황(S)을 MnS의 형태로 결합하여 Slag를 형성하고 제거되어 황의 함유량을 조절하며 절삭성을 개선시킨다.

07 반자성체에 해당하는 금속은?

① 철(Fe) ② 니켈(Ni)

③ 안티몬(Sb) ④ 코발트(Co)

해설

반자성체란 자석으로 자화시키려고 했을 때 오히려 반발하여 밀어내는 경향이 있는 물체로 안티몬이 이에 해당한다.

08 Al-Si계 합금에 관한 설명으로 틀린 것은?

① Si 함유량이 증가할수록 열팽창계수가 낮아진다.

② 실용합금으로는 10~13%의 Si가 함유된 실루민이 있다.

③ 용융점이 높고 유동성이 좋지 않아 복잡한 모래형 주물에는 이용되지 않는다.

④ 개량처리를 하게 되면 용탕과 모래 수분과의 반응으로 수소를 흡수하여 기포가 발생된다.

해설

Al-Si : 실루민, 10~14%Si 및 Na을 첨가하여 개량화처리를 실시하며 용융점이 낮고 유동성이 좋아 넓고 복잡한 모래형 주물에 이용한다.

09 비중 7.3, 용융점 232℃, 13℃에서 동소변태하는 금속으로, 전연성이 우수하며 의약품, 식품 등의 포장용 튜브, 식기, 장식기 등에 사용되는 것은?

① Al ② Ag

③ Ti ④ Sn

해설

주석 Sn은 원자량 118.7g/mol, 녹는점 231.93℃, 끓는점 2,602℃이다. 모든 원소 중 동위원소가 가장 많으며 전성, 연성과 내식성이 크고 쉽게 녹기 때문에 주조성이 좋아 널리 사용되는 전이 후 금속이다.

10 강에 탄소량이 증가할수록 증가하는 것은?

① 경 도

② 연신율

③ 충격값

④ 단면수축률

해설

강에서 탄소량이 증가할수록 강도와 경도는 증가하고 연성, 전성, 연신율은 감소한다.

11 Ti금속의 특징을 설명한 것 중 옳은 것은?

① Ti 및 그 합금은 비강도가 낮다.

② 저용융점 금속이며, 열전도율이 높다.

③ 상온에서 체심입방격자의 구조를 갖는다.

④ Ti은 화학적으로 반응성이 없어 내식성이 나쁘다.

해설

타이타늄은 비중 4.5, 용점 1,800℃, 상자성체이며 경도가 매우 높고 여리다. 강도는 거의 탄소강과 같고, 비강도는 비중이 철보다 작으므로 철의 약 2배가 되고 열전도도와 열팽창률도 작은 편이다. 타이타늄의 결점은 고온에서 쉽게 산화하는 것과 값이 고가인 점이다. 타이타늄재(材)는 항공기, 우주 개발 등에 사용되는 이외에 고도의 내식재료로서 중용되고 있다.

6 ② 7 ③ 8 ③ 9 ④ 10 ① 11 전항정답 **정답**

12 고속도강의 대표 강종인 SKH2 텅스텐계 고속도강의 기본 조성으로 옳은 것은?

① 18%Cu - 4%Cr - 1%Sn

② 18%W - 4%Cr - 1%V

③ 18%Cr - 4%Al - 1%W

④ 18%W - 4%Cr - 1%Pb

해설

표준 고속도강의 주요 성분은 18%W - 4%Cr - 1%V이다.

13 Fe-C 평형상태도에서 레데부라이트의 조직은?

① 페라이트

② 페라이트 + 시멘타이트

③ 페라이트 + 오스테나이트

④ 오스테나이트 + 시멘타이트

해설

레데부라이트

γ - 철 + 시멘타이트, 탄소 함유량이 2.0%C와 6.67%C의 공정 주철의 조직으로 나타난다.

14 문쯔메탈(Muntz Metal)이라 하며 탈아연 부식이 발생하기 쉬운 동합금은?

① 6-4황동

② 주석청동

③ 네이벌황동

④ 애드미럴티황동

해설

탈아연 부식 : 6-4황동에서 주로 나타나며 황동의 표면 또는 내부가 해수 혹은 부식성 물질이 있는 액체와 접촉되면 아연이 녹아버리는 현상

15 금(Au)의 일반적인 성질에 대한 설명 중 옳은 것은?

① 금(Au)은 내식성이 매우 나쁘다.

② 금(Au)의 순도는 캐럿(K)으로 표시한다.

③ 금(Au)은 강도, 경도, 내마멸성이 높다.

④ 금(Au)은 조밀육방격자에 해당하는 금속이다.

해설

금은 24, 18, 14K 등으로 순도를 표시하여 사용하고 있다.

16 침탄, 질화 등 특수가공할 부분을 표시할 때 나타내는 선으로 옳은 것은?

① 가는 파선 ② 가는 일점 쇄선

③ 가는 이점 쇄선 ④ 굵은 일점 쇄선

해설

특수 지정선은 특수한 가공을 하는 부분 등 특별한 요구사항을 적용할 수 있는 범위를 표시한 선으로 굵은 일점 쇄선으로 나타낸다.

17 다음과 같은 단면도는?

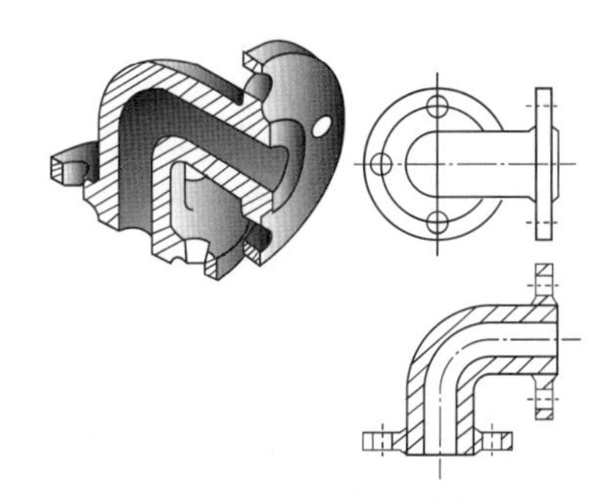

① 전단면도 ② 한쪽단면도

③ 부분단면도 ④ 회전단면도

해설

물체의 절반을 단면하여 전체 영역에 해칭이 있는 방법으로 내부를 투영하는 단면도는 온단면도(전단면도)이다.

18 물체를 투상면에 대하여 한쪽으로 경사지게 투상하여 입체적으로 나타내는 것으로 물체를 입체적으로 나타내기 위해 수평선에 대하여 30°, 45°, 60° 경사각을 주어 삼각자를 편리하게 사용하게 한 것은?

① 투시도
② 사투상도
③ 등각투상도
④ 부등각투상도

해설
사투상도 : 투상선이 투상면을 사선으로 평행하도록 하기 위해 무한대의 수평 시선으로 얻은 물체의 윤곽을 그리게 되면 육면체의 세 모서리는 경사축이 α각을 이루는 입체도가 되는데, 이를 그린 그림을 의미한다. 45°의 경사 축으로 그린 것은 카발리에도이며, 60°의 경사 축으로 그린 것은 캐비닛도이다.

19 치수기입을 위한 치수선과 치수보조선 위치가 가장 적합한 것은?

①
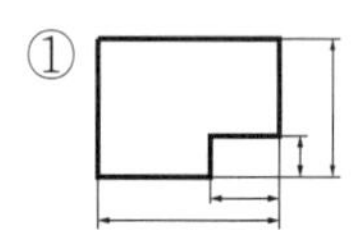
②
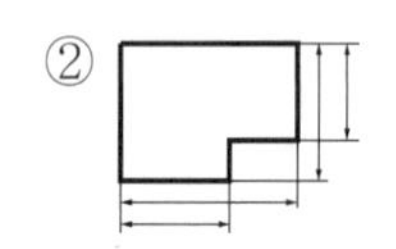
③
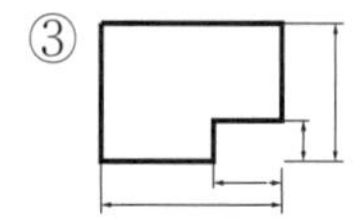
④
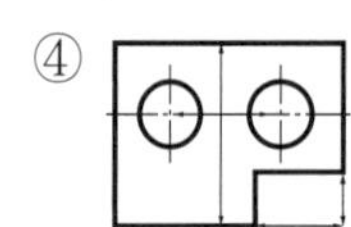

해설
치수보조선과 치수선은 가급적이면 교차되지 않게 도시하며 제품의 형태 내부에 존재하지 않도록 제품과 일정 간격을 두고 나타낸다.

20 제도 도면에 사용되는 문자의 호칭 크기는 무엇으로 나타내는가?

① 문자의 폭　② 문자의 굵기
③ 문자의 높이　④ 문자의 경사도

해설
도면에서 문자의 호칭은 문자의 높이를 기준으로 나타낸다.

21 미터 나사의 표시가 "M 30 × 2"로 되어 있을 때 2가 의미하는 것은?

① 등 급　② 리 드
③ 피 치　④ 거칠기

해설
미터 가는 나사의 외경은 30mm, 피치는 2mm를 의미한다.

22 구멍 $\phi 42^{+0.009}_{0}$, 축 $\phi 42^{+0.009}_{-0.025}$일 때 최대죔새는?

① 0.009　② 0.018
③ 0.025　④ 0.034

해설
최대죔새 = 구멍의 최소치수 − 축의 최대치수

23 그림은 3각법에 의한 도면 배치를 나타낸 것이다. (ㄱ), (ㄴ), (ㄷ)에 해당하는 도면의 명칭을 옳게 짝지은 것은?

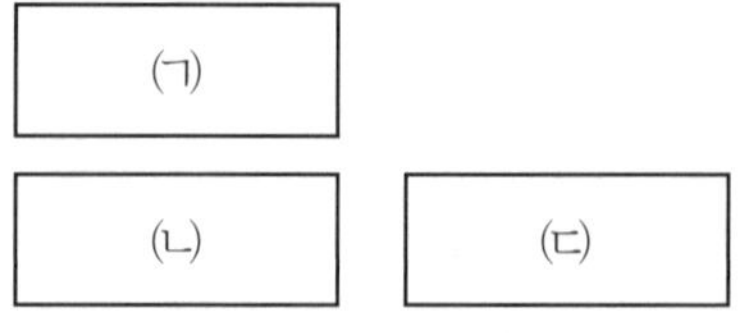

① (ㄱ) 정면도, (ㄴ) 좌측면도, (ㄷ) 평면도
② (ㄱ) 정면도, (ㄴ) 평면도, (ㄷ) 좌측면도
③ (ㄱ) 평면도, (ㄴ) 정면도, (ㄷ) 우측면도
④ (ㄱ) 평면도, (ㄴ) 우측면도, (ㄷ) 정면도

18 ② 19 ① 20 ③ 21 ③ 22 ① 23 ③ **정답**

24 한국산업표준에서 규정한 탄소공구강의 기호로 옳은 것은?

① SCM ② STC
③ SKH ④ SPS

해설
① SCM : 크롬몰리브덴강
③ SKH : 고속도강
④ SPS : 스프링강

25 다음 기호 중 치수보조기호가 아닌 것은?

① C ② R
③ t ④ △

해설
- C : 45° 모따기
- R : 반지름
- t : 두께

26 표제란에 재료를 나타내는 표시 중 밑줄 친 KS D가 의미하는 것은?

제도자	홍길동	도 명	캐스터
도 번	M20551	척 도	NS
재 질	KS D3503 SS 330		

① KS 규격에서 기본 사항
② KS 규격에서 기계 부분
③ KS 규격에서 금속 부분
④ KS 규격에서 전기 부분

해설
- KS A : 기본
- KS B : 기계
- KS C : 전기전자
- KS D : 금속

27 금속의 가공공정의 기호 중 스크레이핑 다듬질에 해당하는 약호는?

① FB ② FF
③ FL ④ FS

해설
① FB : 브러싱
② FF : 줄 다듬질
③ FL : 래핑

28 냉각 도중에 냉각속도를 변화시키는 방법으로 인상 담금질을 할 때 적용되는 냉각방법은?

① 2단 냉각 ② 자연냉각
③ 연속냉각 ④ 항온냉각

해설
2단 냉각 : 냉각 도중 Ar′, Ar″ 기준으로 냉각속도를 변화시키며, 2단 풀림, 2단 불림, 시간 담금질 등이 있다.

29 강의 담금질성을 판단하는 방법이 아닌 것은?

① 에릭센시험
② 조미니시험
③ 임계지름에 의한 방법
④ 임계냉각속도를 사용하는 방법

해설
에릭센시험(커핑시험) : 재료의 전·연성을 측정하는 시험으로 Cu판, Al판 및 연성판재를 가압성형하여 변형능력을 시험

정답 24 ② 25 ④ 26 ③ 27 ④ 28 ① 29 ①

30 매슬로(Maslow)의 욕구 5단계 이론 중 안전욕구의 단계는?

① 1단계 ② 2단계
③ 3단계 ④ 4단계

해설
매슬로 욕구
- 1단계 : 생리적 욕구
- 2단계 : 안전
- 3단계 : 소속과 애정
- 4단계 : 존경
- 5단계 : 자아실현

31 금속의 열처리 목적으로 옳은 것은?

① 금속을 분해하는 방법이다.
② 금속을 도장하는 방법이다.
③ 금소의 취성과 응력을 증가시키는 방법이다.
④ 금속을 가열과 냉각의 조작으로 기계적·물리적 성질을 개선시키는 방법이다.

해설
열처리는 가열과 냉각의 조작으로 제품의 원하는 성질을 얻는 데 있다.

32 염욕처리 시 고온용 염욕으로 1,000~1,350℃에서 사용하는 염욕은?

① $BaCl_2$ ② KNO_3
③ $NaNO_2$ ④ $NaNO_3$

해설
고온용 염욕에서는 단일염으로 염화바륨을 사용하고 있다.

33 냉각능은 좋으나 유동성과 온도 균일성이 떨어지며 특히 납 중독에 유의해야 하는 냉각제는?

① 연 욕 ② 기 름
③ 염 욕 ④ 소금물

해설
연욕 : 납(Pb)을 용융한 수조를 뜻하며, 납은 약 327℃로 용융하기 때문에 2 이상의 열욕으로 사용된다. 용융납은 열전도성이 좋기 때문에 가열 및 냉각매체로 활용된다.

34 알루미늄합금 질별 기호에서 "가공경화한 것"을 나타내는 기호는?

① F^{a} ② H^{b}
③ O ④ W

해설
알루미늄합금의 열처리 기호
- F : 제조 그대로의 재질
- O : 완전풀림 상태의 재질
- H : 가공경화만으로 소정의 경도에 도달한 재질
- W : 용체화 후 자연시효경화가 진행 중인 상태의 재질
- T : F, O, H 이외의 열처리를 받은 재질
- T_3 : 용체화 후 가공경화를 받는 상태의 재질
- T_4 : 용체화 후 상온시효가 완료한 상태의 재질

35 침탄담금질 시 부품에 나타나는 결함 중 경화 불량이 생기는 원인으로 틀린 것은?

① 침탄담금질 시 침탄이 부족할 경우
② 침탄담금질 시 탈탄이 되었을 때
③ 잔류 오스테나이트가 거의 없을 때
④ 담금질 냉각속도가 느릴 때

해설
잔류 오스테나이트가 없으면 경도분포가 일정하게 나타난다.

30 ② 31 ④ 32 ① 33 ① 34 ② 35 ③ 정답

36 표면경화법에 해당되지 않는 것은?

① 사이안화법 ② 쇼트피닝
③ 하드페이싱 ④ 석출경화법

해설
석출경화는 과포화 고용체로부터 다른 상을 석출시킴으로 인해 경도가 높아지는 현상으로 표면경화와는 거리가 멀다.

37 극저탄소합금 마텐자이트를 시효에 의하여 경화시키는 강은?

① 고속도강 ② 베어링강
③ 마레이징강 ④ 베이나이트강

해설
마레이징강의 열처리 : 마텐자이트+에이징(시효)으로 탄소를 거의 함유하지 않고 일반적인 담금질에 의해 경화되지 않으므로 오스테나이트화 온도로부터 상온까지 냉각하여 마텐자이트로 변태시키고 시효경화를 통해 강도와 경도를 증가시키는 열처리를 의미

38 특수강에서 뜨임취성이 가장 적은 강은?

① Mn강 ② Cr강
③ Ni-Cr강 ④ Ni-Cr-Mo강

해설
뜨임취성 : 뜨임 후 재료에 나타나는 취성으로 Ni · Cr강에 주로 나타나며 이를 방지하기 위해 냉각속도를 크게 하거나 소량의 Mo, V, W을 첨가한다.

39 분위기 가스 중의 수분을 이슬로 만드는 점의 명칭은?

① 빙 점 ② 노 점
③ 증발점 ④ 용융점

해설
노점 : 일정량의 수증기를 함유하는 공기의 온도를 일정한 압력을 주어 유지 시 수증기가 응축되기 시작하는 온도이다.

40 오스테나이트게 스테인리스강의 일반적인 열처리 종류가 아닌 것은?

① 고용화 열처리 ② 안정화 열처리
③ 응력제거 열처리 ④ 표면경화 열처리

해설
오스테나이트계 스테인리스강은 일반강에 비해 내식성, 내마멸성이 우수하므로 특별히 표면경화 열처리를 실시하지 않는다.

41 다음 그림과 같이 예리한 모서리를 나타내는 열처리 결함은?

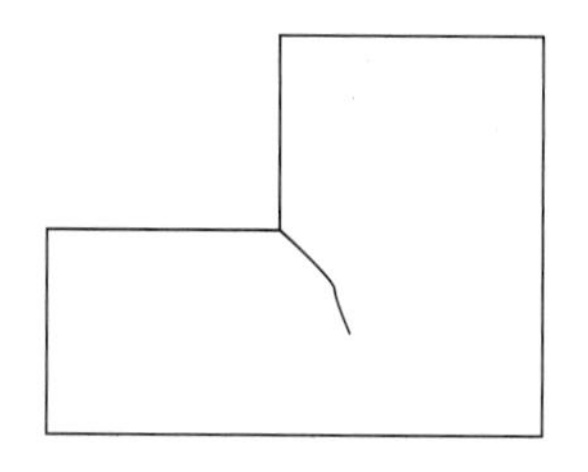

① 뜨임 결함 ② 담금질 균열
③ 표면경화 결함 ④ 연화의 불충분

해설
그림과 같이 예리한 모서리나 단면이 급격히 변화는 부분의 결함은 담금질처리를 할 때 나타난다.

정답 36 ④ 37 ③ 38 ④ 39 ② 40 ④ 41 ②

42 **가스연질화와 가스질화법의 특징 중 가스연질화의 특징이 아닌 것은?**

① 강 표면과의 접촉 부분은 질소농도가 높기 때문에 짧은 시간 내에 처리할 수 있다.
② 가스질화법에 비해서 강의 표면과 접촉하는 질소농도는 대단히 크다.
③ 열처리를 한 후에는 제품의 세정이 필요하고 독성이 강한 CN염을 사용함으로 무독화처리를 하여야 한다.
④ 강표면은 δ상(Fe_2N)이 생기기 쉬우며 이것은 표면 경도만 높고 취약한 성질을 갖는다.

해설
연질화처리는 경도는 높지 않으나 내마모성, 내피로성, 내식성을 향상시킨다.

43 **연속냉각변태에서 M_s, M_f가 의미하는 것은?**

① M_s : 베이나이트 생성 종료온도
M_f : 베이나이트 생성 개시온도
② M_s : 베이나이트 생성 개시온도
M_f : 베이나이트 생성 종료온도
③ M_s : 마텐자이트 생성 종료온도
M_f : 마텐자이트 생성 개시온도
④ M_s : 마텐자이트 생성 개시온도
M_f : 마텐자이트 생성 종료온도

해설
s는 시작을 의미하는 start, f는 끝을 의미하는 finish의 약자이다.

44 **담금질 열처리에 대한 설명으로 옳은 것은?**

① 강을 마텐자이트 조직에서 펄라이트 조직을 얻는 조작이다.
② 강을 펄라이트 조직으로 한 후 오스테나이트 상태로 만드는 조작이다.
③ 강을 오스테나이트 상태에서 급랭하여 마텐자이트 조직을 얻는 조작이다.
④ 강을 베이나이트 상태에서 급랭하여 펄라이트 조직을 얻는 조작이다.

해설
담금질은 강을 오스테나이트 상태로 가열 후 급랭시켜 마텐자이트로 변태시키고 강도와 경도를 향상시키는 열처리 조작이다.

45 **강을 Ac_3 또는 A_{cm} 이상 30~50℃의 적당한 온도로 가열하여 오스테나이트화한 후 대기 중에서 냉각하여 강을 표준화시키는 열처리는?**

① 풀 림　　② 불 림
③ 뜨 임　　④ 담금질

해설
불림처리는 표준화조직을 얻는 데 목적을 둔다.

46 **외부로부터 들어오는 복사열을 렌즈나 반사경을 사용하여 한 곳으로 모으는 원리를 이용한 온도계는?**

① 광고온계　　② 방사 온도계
③ 압력식 온도계　　④ 저항식 온도계

해설
복사(방사) 온도계 : 측정하는 물체가 방출하는 적외선 방사에너지를 이용한 온도계

42 ④ 43 ④ 44 ③ 45 ② 46 ② 정답

47 금형용 합금공구강의 열처리 시 안전 및 유의사항에 대한 설명으로 틀린 것은?

① 고온의 시험편을 취급하므로 화상에 유의한다.
② 담금질 및 뜨임을 할 때 냉각액의 온도를 잘 조절한다.
③ 열처리 온도 선택에 유의하고, 담금질 온도에서 장시간 유지하도록 한다.
④ 열처리로를 급열, 급랭하지 말아야 하며, 산화와 탈탄이 일어나지 않도록 한다.

해설
담금질 온도에서 장시간 유지시킬 경우 조직이 조대해져 담금질성이 나빠지고 원하는 강도와 경도를 얻기 힘들기 때문에 두께에 따라 적당한 시간으로 유지 후 급랭처리해야 한다.

48 결정립의 크기에 대한 설명으로 틀린 것은?

① 순철보다 저탄소강의 결정립이 미세하다.
② 일반적으로 냉각속도가 클수록 결정립이 커진다.
③ 결정립의 크기가 미세할수록 항복 강도가 증가한다.
④ 결정립의 크기는 금속의 종류, 불순물에 영향을 받는다.

해설
일반적으로 냉각속도가 높을수록 결정립은 미세해진다.

49 타이타늄 및 타이타늄합금의 열처리를 실시하고자 할 때 다음 방법 중 가장 적합한 열처리방법은?

① 염욕열처리 ② 진공열처리
③ 화염열처리 ④ 고주파열처리

해설
타이타늄합금은 고온에서 쉽게 산화할 수 있다.
진공분위기 열처리 : 산소의 분압이 매우 낮은 상태에서 열처리를 하여 진공가열에 의해 탈가스 작업이 이루어지며 산화나 탈탄이 생기지 않는 한 외관을 얻을 수 있는 방법
- 산화와 탈탄이 없고 변형이 작으며 광휘상태를 유지한다.
- 표면에 이물질 흡착이 없어 미려한 광휘성을 지닌다.
- 고온 열처리, 고급 열처리가 가능하며 공정의 생략으로 원가를 절감한다.
- 열손실이 적고 상승시간을 단축시킬 수는 있으나 냉각에 장시간을 요한다.

50 열처리 전후 처리를 기계적과 화학적으로 나눌 때 화학적 처리에 해당되는 것은?

① 연 삭 ② 산세척
③ 버프 연마 ④ 샌드 블라스트

해설
산세척은 산성기가 있는 화학적 물질로 표면의 스케일 및 찌꺼기를 녹여서 제거한다.

51 수인(水靭)처리를 하여 사용되는 것으로 인성이 높고 내마멸성이 우수하여 분쇄기 롤러 등에 이용되는 것은?

① 붕소강 ② 가단주철
③ 니오브강 ④ 고망간강

해설
오스테나이트 강의 결정조직의 조성과 인성을 증가시키기 위해 적당한 고온에서 수랭하는 열처리 조작으로 고망간강이나 18-8 스테인리스강의 열처리에 이용한다.

정답 47 ③ 48 ② 49 ② 50 ② 51 ④

52 전기로의 발열체 중에서 금속 발열체가 아닌 것은?

① 흑연 발열체
② 니크롬 발열체
③ 철-크롬 발열체
④ 텅스텐 발열체

해설
비금속발열체 : 흑연, 탄화규소, 규화몰리브덴질

53 마텐자이트와 베이나이트의 혼합조직을 얻을 수 있는 항온열처리는?

① 풀 림 ② 마퀜칭
③ 마템퍼링 ④ 오스템퍼링

해설
마템퍼링 : 마텐자이트 + 베이나이트 생성

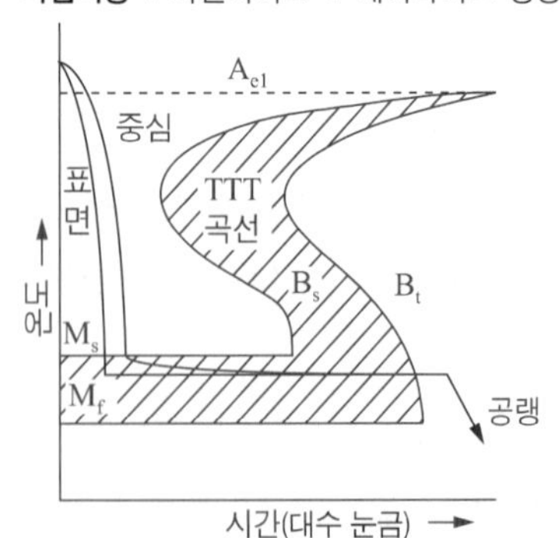

강을 오스테나이트 영역에서 M_s와 M_f 사이에서 항온변태처리를 행하며 변태가 거의 종료될 때까지 같은 온도로 유지한 다음 공기 중에서 냉각하여 마텐자이트와 베이나이트의 혼합조직을 얻는 조작

54 철강재를 광휘열처리하기 위해 어떤 가스 분위기에서 열처리하는가?

① Ar ② O_2
③ CO_2 ④ 수증기

해설
광휘열처리는 산화나 탈탄반응이 일어나지 않는 중성이나 불활성 가스에서 실시한다.

55 탄소공구강인 STC105(STC3) 및 95(STC4)종의 담금질 온도는 약 몇 ℃인가?

① 780℃ ② 700℃
③ 300℃ ④ 200℃

해설

재료명	담금질		뜨 임	
	온 도	냉 각	온 도	냉 각
STC3	760~820℃	수 랭	150~200℃	공 랭

56 저온용 염욕에 대한 설명으로 옳은 것은?

① 보통 120℃ 미만에서 사용된다.
② 저온용 염욕은 염화물 계통이 사용된다.
③ 강재의 템퍼링, 마퀜칭, 마템퍼링 등의 항온열처리용으로 사용된다.
④ 수시로 염화바륨 양을 측정하여 염화나트륨 및 염화칼륨을 첨가해 주어야 한다.

해설
염욕제의 종류
- 저온용 염욕 : 150~550℃의 온도범위 질산염(질산나트륨, 질산칼륨)
- 중온용 염욕 : 550~950℃의 온도범위 염화물(염화나트륨, 염화칼륨)
- 고온용 염욕 : 1,000~1,300℃의 온도범위 염화바륨 단일염 사용

52 ① 53 ③ 54 ① 55 ① 56 ③ **정답**

57 철은 대기 중의 산소와 수분과 접촉하여 산화층을 형성한다. 철 산화층의 순서를 표면(대기 접촉면)에서 내부의 순서대로 나타낸 것은?

① FeO → Fe_2O_3 → Fe_3O_4 → Fe

② Fe_3O_4 → FeO → Fe_2O_3 → Fe

③ Fe_3O_4 → Fe_2O_3 → FeO → Fe

④ Fe_2O_3 → Fe_3O_4 → FeO → Fe

해설

Scale층의 산화상태

Fe_2O_3(Hematite)

Fe_3O_4(Magnetite)

FeO(Wustite)

Fe(Body)

58 열처리 가열용로로 사용되지 않는 것은?

① 용광로

② 전기로

③ 가스로

④ 분위기로

해설

용광로는 철광석, 코크스, 석회석을 1,500℃ 이하의 고온 바람을 하부 풍구로부터 불어 넣어 용선을 만드는 데 목적을 두고 있다.

59 초심랭처리에 쓰이는 냉매로서 약 −196℃까지 처리가 가능한 것은?

① 얼 음

② 알코올

③ 액체질소

④ 드라이아이스

해설

사용온도에 따른 냉매

냉 매	온 도(℃)
드라이아이스	−78~
암모니아	−50~0
액체이산화탄소	−50~0
액체산소	−183
액체질소	−196
액체수소	−253
액체헬륨	−269

60 주철을 흑연의 형상에 따라 분류할 때 괴상흑연을 가진 주철은?

① 백주철

② 회주철

③ 가단주철

④ 구상흑연주철

해설

가단주철은 주철에 단조를 가능하도록 백주철을 장시간 열처리하여 탄소를 분해시켜 괴상의 흑연을 형성하여 연강에 가까운 인장강도와 연신율을 가지도록 한다.

정답 57 ④ 58 ① 59 ③ 60 ③

2016년 제2회 과년도 기출문제

01 공구강의 구비조건으로 틀린 것은?

① 마멸성이 클 것
② 열처리가 용이할 것
③ 열처리변형이 작을 것
④ 상온 및 고온에서 경도가 클 것

해설
공구강은 마멸에 견디는 내마멸성이 커야 한다.

02 금속의 결정구조에서 BCC가 의미하는 것은?

① 정방격자
② 면심입방격자
③ 체심입방격자
④ 조밀육방격자

해설
BCC의 B는 Body의 약자로 몸을 의미하며 한자로 체(몸체)로 표기하여 체심입방격자라고 한다.

03 몰리브덴계 고속도 공구강이 텅스텐계 고속도 공구강보다 우수한 특성을 설명한 것 중 틀린 것은?

① 비중이 작다.
② 인성이 높다.
③ 열처리가 용이하다.
④ 담금질 온도가 높다.

해설
텅스텐의 오스테나이트화할 변태온도가 상승하여 높은 온도까지 가열해야 한다.

04 구리의 성질을 철과 비교하였을 때의 설명 중 틀린 것은?

① 경도가 높다.
② 전성과 연성이 크다.
③ 부식이 잘되지 않는다.
④ 열전도율 및 전기전도율이 크다.

해설
구리는 상대적으로 강도와 경도가 떨어지나 전성, 연성, 연신율이 높아 가공이 용이하다.

05 자기변태를 설명한 것 중 옳은 것은?

① 고체상태에서 원자배열의 변화이다.
② 일정온도에서 불연속적인 성질변화를 일으킨다.
③ 고체상태에서 서로 다른 공간격자 구조를 갖는다.
④ 일정 온도 범위 안에서 점진적이고 연속적으로 변화한다.

해설
자기변태는 원자의 스핀 방향에 따라 자성이 강자성에서 상자성체로 바뀌는 것을 의미하여 일정범위 안에서 점진적이고 연속적으로 일어난다.

정답 1 ① 2 ③ 3 ④ 4 ① 5 ④

06 주철의 조직을 지배하는 주요한 요소는 C, Si의 양과 냉각속도이다. 이들의 요소와 조직의 관계를 나타낸 것은?

① TTT곡선
② 마우러 조직도
③ Fe-C 평형상태도
④ 히스테리시스 곡선

해설
마우러 조직도 : 탄소와 규소의 양과 냉각속도에 따라 주철을 백주철, 반주철, 펄라이트주철, 회주철, 페라이트주철로 도식화한 그림

07 변태점의 측정방법이 아닌 것은?

① 열분석법 ② 열팽창법
③ 전기저항법 ④ 응력잔류시험법

해설
변태점 측정방법 : 열분석법, 비열법, 전기저항법, 열팽창법, 자기분석법, X-선 분석법

08 금속 표면에 스텔라이트, 초경합금 등의 금속을 용착시켜 표면 경화층을 만드는 방법은?

① 전해경화법 ② 금속침투법
③ 하드페이싱 ④ 금속착화법

해설
하드페이싱 : 금속 표면에 스텔라이트, 초경합금 등의 금속을 용착시켜 표면층을 경화시키는 방법

09 주강과 주철을 비교 설명한 것 중 틀린 것은?

① 주강은 주철에 비해 용접이 쉽다.
② 주강은 주철에 비해 용융점이 높다.
③ 주강은 주철에 비해 탄소량이 적다.
④ 주강은 주철에 비해 수축률이 적다.

해설
강과 주철의 수축률은 제품에 따라 차이가 있다. 회주철 2.5~1.6%, 구상흑연주철 4.5~2.7%, 고탄소강 4%, 저탄소강 2.5~3%

10 황동의 탈아연 부식을 억제하는 효과가 있는 원소끼리 짝지어진 것은?

① Sb, As ② Pb, Fe
③ Mn, Sn ④ Al, Ni

해설
- 탈아연 부식 : 6-4 황동에서 주로 나타나며 황동의 표면 또는 내부가 해수 혹은 부식성 물질이 있는 액체와 접촉되면 아연이 녹아버리는 현상
- 방지법 : Zn이 30% 이하인 α황동을 사용, 0.1~0.5%의 As 또는 Sb, 1%의 Sn이 첨가된 황동을 사용

11 Al-Cu-Ni-Mg합금으로 내열성이 우수한 주물로서 공랭 실린더 헤드, 피스톤 등에 사용되는 합금은?

① 실루민 ② 라우탈
③ Y합금 ④ 두랄루민

해설
- Al-Cu-Ni-Mg : Y합금, 석출 경화용 합금
- 용도 : 실린더, 피스톤, 실린더 헤드

정답 6 ② 7 ④ 8 ③ 9 ④ 10 ① 11 ③

12 탄화철(Fe_3C)의 금속간 화합물에 있어 탄소(C)의 원자비는?

① 15% ② 25%
③ 45% ④ 75%

해설
철 원자 1개당 탄소가 3개씩 전체 4개 중에 탄소 하나는 1/4 비율을 차지한다.

13 보통주철보다 Si 함유량을 적게 하고 적당한 양의 Mn을 첨가한 용탕을 금형 또는 칠드메탈이 붙어 있는 모래형에 주입하여 필요한 부분만 급랭시킨 것은?

① Cr 주철 ② 칠드 주철
③ Ni-Cr 주철 ④ 구상흑연주철

해설
칠드 주철 : 금형의 표면 부위는 급랭시키고, 내부는 서랭시켜 표면은 경하고 내부는 강인성을 갖는 주철로 내마멸성을 요하는 롤이나 바퀴에 많이 쓰인다.

14 약 36%의 Ni, 약 12%의 Cr, 나머지는 철로 구성된 합금으로 온도변화에 따른 탄성률의 변화가 거의 없어 지진계의 주요 재료로 사용되는 것은?

① 인바(Invar)
② 엘린바(Elinvar)
③ 퍼멀로이(Permalloy)
④ 플라티나이트(Platinite)

해설
불변강 : 인바(36%Ni 함유), 엘린바(36%Ni-12%Cr 함유), 플라티나이트(42~46%Ni 함유), 코엘린바(Cr-Co-Ni 함유)로 탄성계수가 작고, 공기나 물속에서 부식되지 않는 특징이 있어 정밀 계기 재료, 차, 스프링 등에 사용된다.

15 내식용 알루미늄합금이 아닌 것은?

① 알 민 ② 알드리
③ 일렉트론 합금 ④ 하이드로날륨

해설
일렉트론 : Mg - Al- Zn의 마그네슘이 90% 이상의 합금으로 내연기관의 피스톤에 사용된다.

16 그림에 표시된 도형은 어느 단면도에 해당하는가?

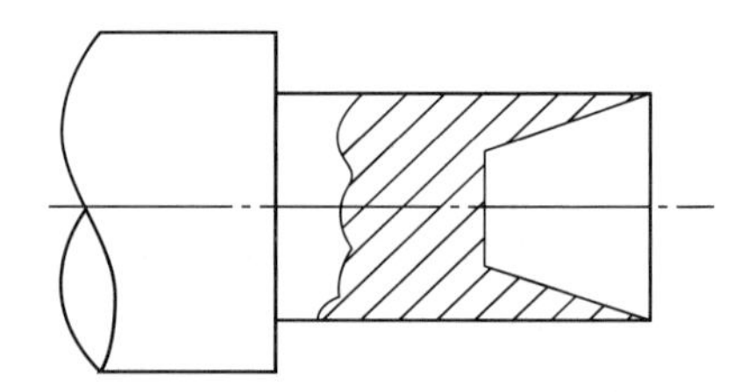

① 온 단면도 ② 합성 단면도
③ 계단 단면도 ④ 부분 단면도

해설
임의의 스플라인으로 단면 영역을 지정하여 내부 모습을 보여주는 단면도는 부분 단면도이다.

17 원을 등각투상도로 나타내면 어떤 모양이 되는가?

① 진 원 ② 타 원
③ 마름모 ④ 쌍곡선

해설
원을 등각투상도로 배치하면 타원 모양이 된다.

12 ② 13 ② 14 ② 15 ③ 16 ④ 17 ② **정답**

18 도면에 대한 내용으로 가장 올바른 것은?

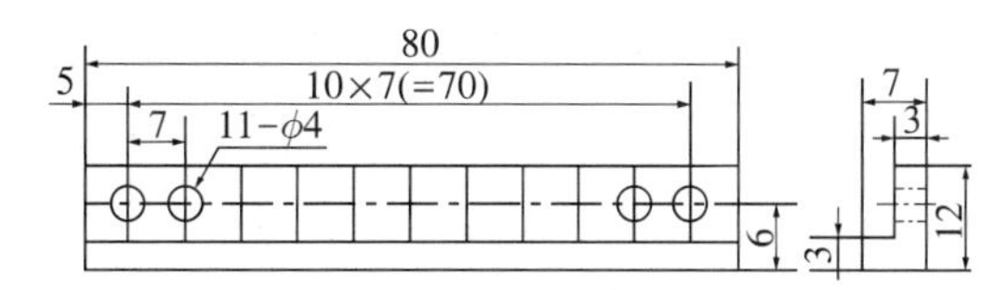

① 구멍수는 11개, 구멍의 깊이는 11mm이다.
② 구멍수는 4개, 구멍의 지름치수는 11mm이다.
③ 구멍수는 7개, 구멍의 피치간격 치수는 11mm 이다.
④ 구멍수는 11개, 구멍의 피치간격 치수는 7mm 이다.

해설

11−ϕ4는 구멍의 지름 4mm, 개수 11개, 피치는 반복되는 간격을 의미하며 7mm가 된다.

19 기어의 모듈(m)을 나타내는 식으로 옳은 것은?

① $\dfrac{\text{잇수}}{\text{피치원의 지름}}$

② $\dfrac{\text{피치원의 지름}}{\text{잇수}}$

③ 잇수 + 피치원의 지름

④ 피치원의 지름 − 잇수

해설

기어의 모듈은 피치원의 지름을 잇수로 나눈 값이다.

20 기준치수가 50, 최대허용치수가 50.007, 최소허용치수가 49.982일 때 위치수허용차는?

① +0.025 ② −0.018
③ +0.007 ④ −0.025

해설

최대허용치수 = 기준치수 + 위치수허용차

21 다음 중 가는 실선으로 긋는 것이 아닌 것은?

① 치수선 ② 지시선
③ 가상선 ④ 치수보조선

해설

가상선, 무게중심선은 가는 2점 쇄선이 사용된다.

22 3/8 − 16 UNC − 2A의 나사기호에서 2A가 의미하는 것은?

① 나사의 등급 ② 나사의 호칭
③ 나사산의 줄수 ④ 나사의 감긴 방향

해설

나사의 호칭

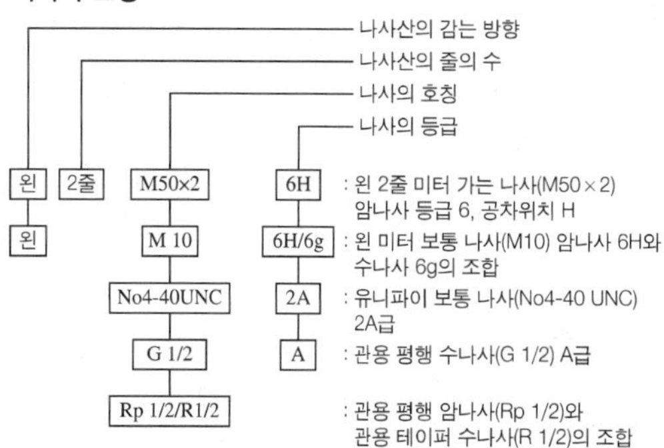

정답 18 ④ 19 ② 20 ③ 21 ③ 22 ①

23 헐거운 끼워맞춤에서 구멍의 최소허용치수와 축의 최대허용치수와의 차는?

① 최소죔새 ② 최대죔새
③ 최소틈새 ④ 최대틈새

해설
최소틈새는 구멍이 가장 작은 조건하에서 축이 가장 클 경우 상호 간의 결합 시 발생한다.

24 15mm 드릴 구멍의 지시선을 도면에 옳게 나타낸 것은?

①
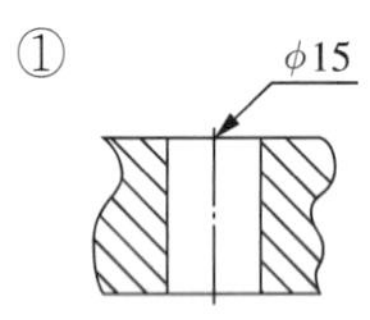

②
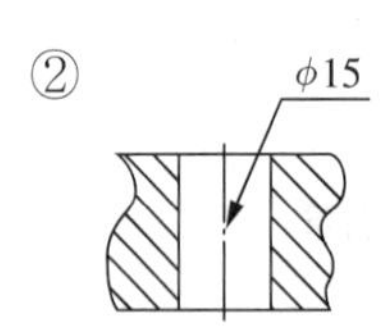

③
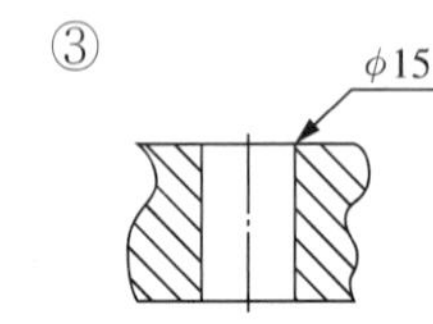

④
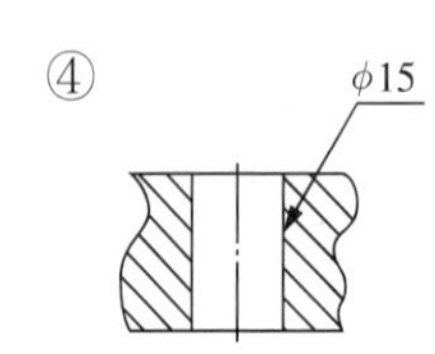

해설
구멍을 뚫고자 할 때의 지시선의 화살표 끝은 중심선과 구멍을 뚫은 가공면을 가리켜야 한다.

25 대상물의 일부를 떼어낸 경계를 표시할 때 불규칙한 파형의 가는 실선 또는 지그재그선으로 나타내는 것은?

① 절단선 ② 가상선
③ 피치선 ④ 파단선

해설
파단선은 불규칙한 파형의 가는 실선으로 단면도를 나타낼 때 해칭의 경계 영역으로 사용된다.

26 재료 기호 "STC105"를 옳게 설명한 것은?

① 탄소함유량이 1.00~1.10%인 탄소공구강
② 탄소함유량이 1.00~1.10%인 합금공구강
③ 인장강도가 100~110N/mm^{2}인 탄소공구강
④ 인장강도가 100~110N/mm^{2}인 합금공구강

해설
STC105는 STC3, SK3라고 하며 탄소의 함유량이 1.00~1.10%인 탄소공구강을 의미한다.

27 다음 보기에서 도면의 양식에 대한 설명으로 옳은 것을 모두 고른 것은?

보기
a. 윤곽선 : 도면에 그려야 할 내용의 영역을 명확하게 하고 제도용지 가장자리 손상으로 생기는 기재사항을 보호하기 위해 그리는 선 b. 중심마크 : 도면의 사진촬영 및 복사 등의 작업을 위해 도면의 바깥 상하좌우 4개소에 표시해 놓은 선 c. 표제란 : 도면번호, 도면이름, 척도, 투상법 등을 기입하여 도면의 오른쪽 하단에 그리는 것 d. 재단마크 : 복사한 도면을 재단할 때 편의를 위해 그려 놓은 선

① a, c ② a, b, c
③ b, c, d ④ a, b, c, d

28 탄소강을 담금질했을 때 생성되는 조직 중 가장 단단한 조직은?

① 오스테나이트(Austenite)
② 마텐자이트(Martensite)
③ 소르바이트(Sorbite)
④ 트루스타이트(Troostite)

해설
열처리 과정에서 발생하는 조직의 경도 순서
시멘타이트 > 마텐자이트 > 트루스타이트 > 소르바이트 > 펄라이트 > 오스테나이트 > 페라이트

23 ③ 24 ① 25 ④ 26 ① 27 ④ 28 ② 정답

29 담금질된 강의 잔류 오스테나이트를 마텐자이트로 변태시키는 것을 목적으로 하는 열처리는?

① 마퀜칭 ② 심랭처리
③ 마템퍼링 ④ 오스템퍼링

해설
심랭처리 : 담금질 후 경도를 증가시킨 강에 시효변형을 방지하기 위하여 0℃ 이하(Sub-zero)의 온도로 냉각하여 잔류 오스테나이트를 마텐자이트로 만드는 처리

30 소성가공이나 절삭가공을 쉽게 하거나 기계적 성질을 개선할 목적으로 망상 시멘타이트 또는 층상 시멘타이트를 가열에 의해 일정한 모양의 시멘타이트로 만드는 열처리는?

① 구상화풀림 ② 항온풀림
③ 확산풀림 ④ 연화풀림

해설
구상화풀림 : 기계적 성질의 개선을 위해 망상 시멘타이트 또는 층상 펄라이트 중의 시멘타이트를 가열처리에 의해 제품 중의 탄소를 구상화시키는 열처리

31 강의 담금질성을 판단하는 방법이 아닌 것은?

① 강박시험에 의한 방법
② 임계지름에 의한 방법
③ 조미니시험에 의한 방법
④ 임계냉각속도를 사용하는 방법

해설
강의 담금질성을 판단하는 방법
- 임계냉각속도를 사용하는 방법
- 임계지름에 의한 방법
- 조미니시험법

32 황동의 열처리에 대한 설명으로 틀린 것은?

① α황동은 700~730℃로 완전풀림한다.
② $\alpha+\beta$의 2상 황동에는 재결정풀림과 담금질을 한다.
③ 상온에서 가공한 황동 제품은 시기균열을 방지하기 위하여 항상 고온에서 풀림한다.
④ 내부응력을 제거하고 시기균열을 방지하기 위하여 300℃에서 1시간 풀림한다.

해설
황동 : 자연균열 방지를 위하여 저온풀림을 실시한다.

33 산업재해의 원인 중 불안전한 행동에 의한 것은?

① 불량한 정리 정돈
② 결함 있는 기계 설비 및 장비
③ 불안전한 설계, 위험한 배열 및 공정
④ 불안전한 속도 조작 및 위험경고 없이 조작

해설
작업자의 행동이 직접적으로 사고의 원인이 되는 경우

34 물이나 기름 담금질 시 균열이나 변형이 생기기 쉬운 강종에 적합한 열처리 방법은?

① 마퀜칭
② 심랭처리
③ 오일퀜칭
④ 2단 담금질

해설
일반 담금질이나 인상 담금질을 실시하였을 경우에도 균열이나 변형이 생기기 쉬울 경우 항온 담금질을 실시하여 그 변형을 최소화시킬 수 있다.

정답 29 ② 30 ① 31 ① 32 ③ 33 ④ 34 ①

35 회전용기에 다량의 공작물, 연마제, 콤파운드를 넣고 회전시켜 공작물 표면을 다듬질하는 연마방법은?

① 연 삭 ② 쇼트피닝
③ 액체호닝 ④ 배럴연마

해설
배럴다듬질 : 배럴이라 불리는 통 안에 제품, 연마제, 콤파운드를 넣은 다음 회전시켜 표면을 다듬질하는 방법

36 질화처리의 결함 중 강의 표면에 극히 거세고 경도가 낮은 백층이 많은 경우나 탈탄된 재료를 질화했을 때 나타나는 결함은?

① 취 성 ② 수소취성
③ 질화층 박리 ④ 경도 과다

해설
- 박리 : 강의 표면에 백층이 많은 경우 발생
- 방지법 : 질화시간을 짧게, 질화온도를 높게, 해리도를 20% 이상으로, 2단질화법 사용

37 공구강 및 내열강에서 탄화물이 망상 또는 섬유상으로 분포되는 것을 방지하고 탄화물의 미세화 및 균일화시키는 처리는?

① 뜨임처리 ② 확산풀림
③ 심랭처리 ④ 저온 담금질

해설
확산풀림은 편석을 확산 소실시켜 균질하는 열처리로 주로 1,000℃ 이상 고온에서 가열 후 서랭한다.

38 다음 중 열전쌍 온도계를 설명한 것으로 옳은 것은?

① 비접촉식 온도계이다.
② 기록이나 제어가 불가능하다.
③ 1,000℃ 이상에서는 사용할 수 없다.
④ 제베크(Seebeck) 효과를 이용한 온도계이다.

해설
열전쌍 온도계는 접촉식 온도계로 두 종류의 금속선 양단에 온도차와 기전력의 비례관계(제베크 효과)를 통해 온도를 측정하는 장치로 열전쌍 재료에 따라 사용온도 분포가 다양하다.

39 열전대에 사용되는 재료에 대한 설명으로 틀린 것은?

① 열기전력이 커야 한다.
② 히스테리시스 차가 커야 한다.
③ 고온에서 기계적 강도가 커야 한다.
④ 내열성과 내식성이 우수해야 한다.

해설
열전쌍 재료는 히스테리시스 차가 작아야 한다.

35 ④ 36 ③ 37 ② 38 ④ 39 ② 정답

40 탄소강의 열처리에서 담금질 경도와 가장 관계 깊은 것은?

① 항온온도 ② 담금질 방법
③ 탄소함유량 ④ 기계적 성질

해설
담금질 시 α철의 작은 공간격자 안에 탄소가 들어가 팽창하게 되고 이때 발생한 응력 때문에 경도가 증가한다. α철에 탄소가 과포화된 조직을 마텐자이트라고 하며 탄소의 함유량이 경도 증가와 가장 밀접한 영향을 가지고 있다.

41 다음 중 액체침탄제의 주성분으로 옳은 것은?

① $BaCl_2$ ② NaCl
③ NaCN ④ Na_2CO_3

해설
액체침탄법 : 사이안화법, 청화법이라하며 사이안화나트륨(NaCN)을 주성분으로 하는 용융염욕에 침적시켜 경화층을 형성하며, 침탄과 질화가 동시에 이루어질 수 있다.

42 18-8 스테인리스강의 기본적인 열처리로 냉간가공 또는 용접에 의해 생긴 내부응력을 제거하고, 내식성을 증가시키는 열처리는?

① 고용화처리 ② 구상화처리
③ 흑연화풀림 ④ 프로세스 어닐링

해설
오스테나이트계의 스테인리스강에서는 탄화물이 결정립계에 석출되기 때문에 입계부식을 일으켜 내식성을 저하하고 입간균열을 일으키는데 이를 방지하기 위해 고온에서 담금질하여 탄화물을 고용해야 한다.

43 인상 담금질(Time Quenching)은 인상하는 시기가 가장 중요한데, 인상시기 결정을 확인하는 방법으로 옳지 않은 것은?

① 가열물의 직경 또는 두께 3mm당(當)에 대하여 1초 동안 물속에 넣은 후 유랭 혹은 공랭한다.
② 진동과 물소리가 정지한 순간 꺼내어 유랭 혹은 공랭한다.
③ 가열물의 두께 1mm에 대하여 3초 동안 기름 속에 담근 후에 공랭한다.
④ 기름의 기포 발생이 정지했을 때 꺼내어 공랭한다.

해설
인상시기
- 가열물의 직경 및 두께 3mm당에 대하여 1초 동안 물속에 넣은 후 유랭 및 공랭한다.
- 진동과 물소리가 정지한 순간 꺼내어 유랭 혹은 공랭한다.
- 화색이 나타나지 않을 때까지 2배의 시간만큼 물속에 담근 후 꺼내어 공랭한다.
- 기름의 기포 발생이 정지했을 때 꺼내어 공랭한다.

44 피가열물의 주위에서 물 또는 기름을 분사해서 급랭하는 장치로 대체로 큰 피열처리재의 냉각에 사용되는 것은?

① 공랭장치 ② 유랭장치
③ 분사냉각장치 ④ 염욕냉각장치

해설
분사담금질 : 가열된 소재를 고압의 냉각액으로 분사하여 담금질하는 방식

정답 40 ③ 41 ③ 42 ① 43 ③ 44 ③

45 진공열처리의 특성이 아닌 것은?

① 피처리물의 산화 및 탈탄을 방지한다.
② 소품종 대량 생산제품에 적합하며 후가공공정이 필요하다.
③ 합금공구강, 고속도강, 스테인리스강, 세라믹, 타이타늄 등 고급 열처리에 적합하다.
④ 산화막이나 제조과정 중 생긴 윤활제의 잔재를 열분해나 환원반응을 통하여 제거할 수 있다.

해설
진공열처리는 다품종 소량 생산에 적합하다.

46 표면경화 열처리 중에서 철-알루미늄합금층이 형성될 수 있도록 철강 표면에 알루미늄을 확산 침투시키는 방법은?

① 세라다이징(Sheradizing)
② 칼로라이징(Calorizing)
③ 크로마이징(Chromizing)
④ 실리코나이징(Siliconizing)

해설
금속침투법의 종류

종 류	침투원소	종 류	침투원소
세라다이징	Zn	실리코나이징	Si
칼로라이징	Al	보로나이징	B
크로마이징	Cr		

47 열처리용 치공구에 필요한 조건으로 틀린 것은?

① 내식성이 좋아야 한다.
② 작업성이 좋아야 한다.
③ 열팽창계수가 커야 한다.
④ 열피로 저항성이 커야 한다.

해설
열처리용 치공구의 열팽창계수는 작아야 고온에서 변형이 작다.

48 열처리 제품의 변형, 균열 및 치수의 변화를 최소화하기 위해 냉각속도의 변화를 냉각시간으로 조절하는 담금질은?

① 직접 담금질 ② 시간 담금질
③ 선택 담금질 ④ 분사 담금질

해설
인상(시간) 담금질 : 변형, 균열 및 치수의 변화를 최소화하기 위해 냉각수 속에 넣어 일정 온도로 급랭한 후 꺼내 유랭시키거나 공랭시키면서 냉각시간을 조절하는 방법

49 담금질냉각제로서의 구비조건 중 옳은 것은?

① 점도가 커야 한다.
② 액온이 높아야 한다.
③ 비등점이 높아야 한다.
④ 열전도도가 작아야 한다.

해설
냉각제에 따라 다소 차이가 있으나 일반적으로 냉각속도는 열전도도, 비열 및 기화열이 크고 끓는점이 높을수록 높고, 점도와 휘발성이 작을수록 크다.

45 ② 46 ② 47 ③ 48 ② 49 ③ **정답**

50 담금질 시 나타나는 얼룩방지 대책은?

① 탈탄이 잘되도록 담금질한다.

② 강의 부품 냉각을 불균일하게 서서히 한다.

③ 부품 장입 후 급속가열로 가열시간을 단축해야 한다.

④ 강의 담금질성을 고려하여 화학성분이 알맞은 재료를 선택해야 한다.

해설

경도 부족 얼룩의 원인

- 재료가 부적당할 경우(탄소함유량이 많음)
- 냉각이 부적당할 경우
- 고주파발전기의 전력 부족으로 가열온도가 부족할 경우

51 다음 중 M_s 점을 상승시키는 합금원소는?

① Mn ② Cr

③ Mo ④ Co

해설

임계냉각속도는 담금질 시 마텐자이트 조직이 나타나는 최소냉각속도로 Co, S, Se 등의 함유량이 많아지면 냉각속도를 빠르게 한다.

52 금속재료에 요구되는 성질이 아닌 것은?

① 경량화가 가능하여야 한다.

② 가공성 및 열처리성이 좋아야 한다.

③ 소성 및 표면처리성이 좋아야 한다.

④ 재료 보급과 소량 생산이 가능하며 값이 싸야 한다.

해설

금속재료는 대량 생산이 가능해야 한다.

53 고주파 열처리 작업 시 안전에 유의해야 할 사항 중 틀린 것은?

① 발진가열 중 감전에 주의한다.

② 가열용 유도코일에 냉각수를 차단한다.

③ 고주파 유도가열장치의 이상 유무를 확인한다.

④ 고주파 유도가열장치의 조작방법을 숙지한 후 사용한다.

해설

급가열 · 급냉각이 잘되도록 냉각수를 충분히 보급시킨다.

54 합금하지 않은 회주철을 760℃에서 1시간 유지하여 풀림한 조직은?

① 페라이트 + 흑연

② 펄라이트 + 흑연

③ 펄라이트 + 시멘타이트

④ 페라이트 + 시멘타이트

해설

회주철을 760℃에서 1시간 유지하여 풀림하면 페라이트와 흑연의 조직으로 나타난다.

55 다음 중 화학적 열처리 방법이 아닌 것은?

① 침탄법 ② 질화법

③ 화염경화법 ④ 금속침투법

해설

- 물리적 경화법 : 화염경화법, 고주파경화법, 쇼트피닝, 방전경화법
- 화학적 경화법 : 침탄법, 질화법, 금속침투법

정답 50 ④ 51 ④ 52 ④ 53 ② 54 ① 55 ③

56 알루미늄, 마그네슘 및 그 합금의 질별 기호 중 용체화처리한 것을 의미하는 기호는?

① F^a　② O
③ W　④ H^b

해설

알루미늄합금의 열처리 기호
- F : 제조 그대로의 재질
- O : 완전풀림 상태의 재질
- H : 가공경화만으로 소정의 경도에 도달한 재질
- W : 용체화 후 자연시효경화가 진행 중인 상태의 재질
- T : F, O, H 이외의 열처리를 받은 재질
- T_3 : 용체화 후 가공경화를 받는 상태의 재질
- T_4 : 용체화 후 상온시효가 완료한 상태의 재질
- T_5 : 용체화처리 없이 인공시효처리한 상태의 재질
- T_6 : 용체화처리 후 인공시효한 상태의 재질

57 냉간용 금형 공구강이 담금질 온도 이상으로 높았을 때 나타나는 현상이 아닌 것은?

① 담금질 경도가 증가된다.
② 담금질 균열이 발생되기 쉽다.
③ 잔류 오스테나이트 양이 증가된다.
④ 오스테나이트 결정립이 조대해진다.

해설

담금질 온도 이상으로 가열하였을 경우 결정립이 조대해져서 강도와 경도가 오히려 감소하고 취약한 조직이 될 수 있다.

58 항온변태 선도와 관계가 없는 것은?

① S 곡선　② C 곡선
③ TTT 곡선　④ CCT 곡선

해설

CCT는 연속 냉각곡선을 의미한다.

59 탄소강을 오스테나이트 상태로부터 M_s 이상의 염욕 중에 담금질하여 베이나이트 조직을 얻는 항온 열처리는?

① 마퀜칭　② 오스포밍
③ 마템퍼링　④ 오스템퍼링

해설

오스템퍼링 : 베이나이트 생성

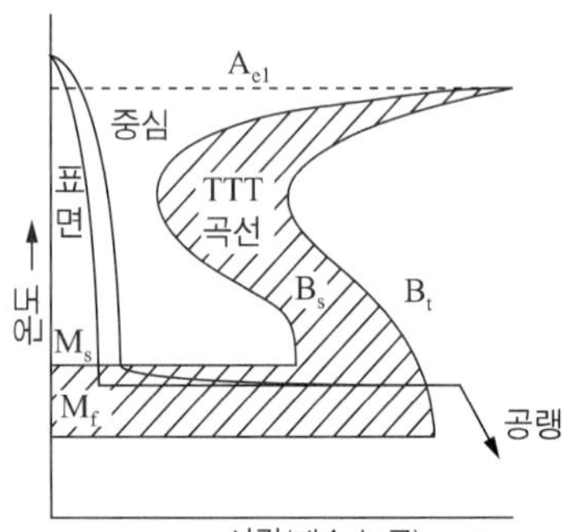

강을 오스테나이트 상태로부터 M_s 이상 코(550℃) 온도 이하인 적당한 온도의 염욕에서 담금질하여 과랭 오스테나이트가 염욕 중에서 항온 변태가 종료할 때까지 항온을 유지하고, 공기 중으로 냉각하여 베이나이트를 얻는 조작

60 염욕열처리의 장점이 아닌 것은?

① 염욕의 관리가 쉽다.
② 염욕의 열전도도가 크다.
③ 열처리 후 표면이 깨끗하다.
④ 균일한 온도 분포를 유지할 수 있다.

해설

염욕열처리의 단점
- 염욕 관리가 어렵다.
- 염욕의 증발 손실이 크며 제진장치가 필요하다.
- 폐가스와 노화된 염의 폐기로 인한 오염에 신경 써야 한다.
- 열처리 후 제품 표면에 붙어 있는 염욕의 제거가 곤란하며 균일한 열처리품을 얻기 힘들다.

56 ③ 57 ① 58 ④ 59 ④ 60 ① **정답**

2017년 제1회 과년도 기출복원문제

※ 2017년부터는 CBT(컴퓨터 기반 시험)로 진행되어 수험자의 기억에 의해 문제를 복원하였습니다. 실제 시행문제와 일부 상이할 수 있음을 알려드립니다.

01 철강 제품의 생산 과정을 순서대로 올바르게 나열한 것은?

① 제강 – 제선 – 압연
② 압연 – 제강 – 제선
③ 제강 – 압연 – 제선
④ 제선 – 제강 – 압연

해설
자연상 원료인 철광석, 코크스, 석회석을 용광로에서 쇳물로 만드는 제선, 불순물을 제거하고 슬래브, 블룸, 빌렛의 반제품을 제조하는 제강, 고객의 요구에 맞춰 두께가 얇은 판으로 만드는 압연 과정을 거쳐서 철강제품이 생산된다.

02 다음 중 해드필드(Hadfield)강에 대한 설명으로 틀린 것은?

① 오스테나이트조직의 Mn강이다.
② 성분은 10~14%Mn, 0.9~1.3%C 정도이다.
③ 이 강은 고온에서 취성이 생기므로 1,000~1,100℃에서 공랭한다.
④ 내마멸성과 내충격성이 우수하고, 인성이 우수하기 때문에 파쇄장치, 임펠러 플레이트 등에 사용한다.

해설
고망간강(해드필드강) : Mn이 10~14% 정도 함유되어 오스테나이트 조직을 형성하고 있는 강으로 인성이 높고 내마모성이 우수하다. 수인법(수랭으로 인성을 증가시킴)으로 담금질하며, 철도레일, 칠드롤, 임펠러 등에 사용된다.

03 순철이 910℃에서 Ac_3 변태를 할 때 결정격자의 변화로 옳은 것은?

① BCT–FCC ② BCC–FCC
③ FCC–BCC ④ FCC–BCT

해설
Ac_3 변태는 가열 시 이루어지는 변태로, 페라이트에서 오스테나이트로 바뀌는 것을 의미한다. 결정구조는 BCC에서 FCC로 변화가 이뤄진다.

04 다음 중 고스트라인(Ghost Line)과 가장 관련이 적은 것은?

① 강재의 파괴 원인이 된다.
② 인(P)에 의해 적열취성의 원인이 된다.
③ Fe_3P로 응고하여 입계에 편석한다.
④ Fe_3P이나 개재물이 띠 모양으로 편석하는 상태를 말한다.

해설
적열취성의 원인이 되는 원소는 황이다.

05 탄소강에서 Mn의 영향을 설명한 것으로 틀린 것은?

① 강의 담금질 효과를 증대시켜 경화능이 커진다.
② 강의 점성을 낮추어 고온 가공성을 낮춘다.
③ 고온에서 결정립 성장을 억제시킨다.
④ 주조성을 좋게 하며 MnS 형태로 S을 제거한다.

해설
점성이 낮아지면 금속 간의 결합력도 낮아져서 가공성이 향상된다.

정답 1 ④ 2 ③ 3 ② 4 ② 5 ②

06 얼음, 물, 수증기의 3상이 있을 때 3중점(Triple Point)에서의 자유도는 얼마인가?

① 0　　② 1
③ 2　　④ 3

해설

자유도 $F=n-P+2$
n : 성분수, P : 상의 수
n : 물, 하나의 성분, P : 고체, 액체, 기체, 3개의 상

07 다음 중 일반적인 주철에 대한 설명으로 옳은 것은?

① 주철의 탄소 함유량은 1.0~2.0%인 Fe과 C의 합금을 말한다.
② 주조성이 좋지 않아 복잡한 형상의 주조는 할 수 없다.
③ 주철 중의 탄소는 응고될 때 급랭하면 시멘타이트로, 서랭하면 흑연으로 정출된다.
④ 주철에 함유되는 탄소의 양은 보통 페라이트와 펄라이트의 양을 합한 것으로 나타낸다.

해설

주철은 탄소가 2~6.67%까지 함유되어 있는 철과 탄소의 합금으로 주조성이 우수하며, 주철에 함유된 탄소의 양은 시멘타이트 및 흑연의 양으로 파악할 수 있다.

08 고Cr계보다 내식성과 내산화성이 더 우수하고 조직이 연하여 가공성이 좋은 18-8 스테인리스강의 조직은?

① 페라이트
② 펄라이트
③ 오스테나이트
④ 마텐자이트

해설

Austenite계 스테인리스강 : 18%Cr－8%Ni이 대표적인 강으로, 비자성체이며 산과 알칼리에 강하다.

09 킬드강(Killed Steel)에 대한 설명으로 틀린 것은?

① Fe－Si로 탈산시킨 강이다.
② Al으로 탈산시킨 강이다.
③ 상부에 수축공이 생기기 쉬운 강이다.
④ 용탕 주입 후 가스의 발생이 많아 기포와 편석이 많은 강이다.

해설

- 킬드강 : 용강 중 Fe-Si, Al분말 등 강탈산제를 첨가하여 산소가 거의 없는 완전 탈산된 강으로, 기포가 없고 편석이 적은 장점이 있고, 기계적 성질이 양호하다.
- 세미킬드강 : 탈산 정도가 킬드강과 림드강의 중간 정도인 강으로 구조용강, 강판 재료에 사용된다.
- 림드강 : 탈산 처리가 중간 정도된 용강을 그대로 금형에 주입하여 응고시킨 강이다.
- 캡트강 : 용강을 주입 후 뚜껑을 씌어 내부 편석을 적게 한 강으로 내부 결함은 적으나 표면 결함이 많다.

10 다음 중 열간가공에 대한 설명 중 틀린 것은?

① 냉간가공보다 가공도를 크게 할 수 있다.
② 재결정온도 이상에서 처리하는 가공이다.
③ 열간가공한 재료는 대체로 충격이나 피로에 강하다.
④ 냉간가공보다 열간가공의 표면이 미려하고 깨끗하다.

해설

냉간가공은 가공한 상태의 표면 상태 및 치수 상태를 그대로 사용하므로 표면이 깨끗하고 치수정밀도가 우수하다.

6 ① 7 ③ 8 ③ 9 ④ 10 ④ 정답

11 다음 중 마그네슘(Mg)의 성질을 설명한 것 중 틀린 것은?

① 용융점은 약 650℃ 정도이다.
② Cu, Al보다 열전도율은 낮으나 절삭성은 좋다.
③ 알칼리에는 부식되나 산이나 염류에는 잘 견딘다.
④ 실용 금속 중 가장 가벼운 금속으로 비중이 약 1.74 정도이다.

해설
마그네슘은 알칼리에는 잘 견디나 산에는 부식되며 열전도율과 전기전도율이 구리보다 낮다.

12 구조용 합금강과 공구용 합금강을 나눌 때 기어, 축 등에 사용되는 구조용 합금강 재료에 해당되지 않는 것은?

① 침탄강
② 강인강
③ 질화강
④ 고속도강

해설
고속도강은 높은 속도가 요구되는 절삭공구에 사용되는 강이다.

13 Au의 순도를 나타내는 단위는 K(Carat)이다. 이때 18K로 표시된 금의 순도는 몇 %인가?

① 55 ② 65
③ 75 ④ 85

해설
순금 24K 100%
24 : 100 = 18 : x, x = 75%

14 다음 중 17%Cr – 4%Ni PH강에 대한 설명으로 옳은 것은?

① 페라이트계 스테인리스강이다.
② 마텐자이트계 스테인리스강이다.
③ 오스테나이트계 스테인리스강이다.
④ 석출경화형 스테인리스강이다.

해설
PH(Percipitation Hardening)는 석출경화를 의미한다.

15 열팽창계수가 다른 두 종류의 판을 붙여서 하나의 판으로 만든 것으로 온도 변화에 휘거나 그 변형을 구속하는 힘을 발생하며 온도감응소자 등에 이용되는 것은?

① 바이메탈 ② 리드 프레임
③ 엘린바 ④ 인 바

해설
바이메탈
열팽창계수가 매우 다른 두 종류의 얇은 금속판을 포개어 붙여 한 장으로 만든 막대 형태의 부품으로, 열을 가했을 때 휘는 성질을 이용해 기기를 온도에 따라 제어하는 역할을 할 수 있다.

정답 11 ③ 12 ④ 13 ③ 14 ④ 15 ①

16 그림에 표시된 점을 제3각법으로 투상했을 때 옳은 것은?(단, 화살표 방향이 정면도이다)

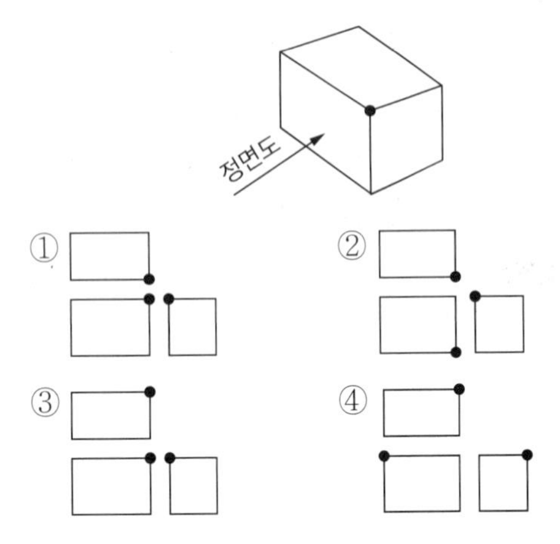

해설

제3각법은 화살표 방향을 정면도로 하고 위쪽에서 본 것을 정면도 위에, 오른쪽에서 본 것을 정면도 오른쪽에 나타낸다.

17 그림과 같이 구멍의 치수가 축의 치수보다 작을 때의 조립 전의 구멍과 축과의 치수의 차인 X가 의미하는 것은?

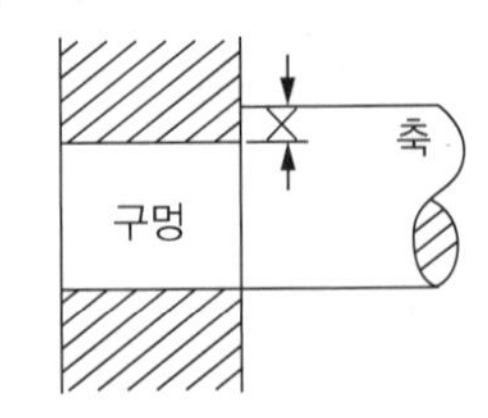

① 틈 새 ② 죔 새
③ 축 지름 ④ 구멍 지름

해설

죔새는 구멍이 축보다 작을 때 구멍과 축 사이의 차를 의미한다.

18 다음 중 기하공차 기호의 종류와 그 기호로 옳은 것은?

① 평행도 공차 : ◎
② 평면도 공차 : ▱
③ 직각도 공차 : //
④ 원통도 공차 : ⌯

해설

① 원통도, ③ 평행도, ④ 대칭도

19 그림과 같은 단면도를 무엇이라 하는가?

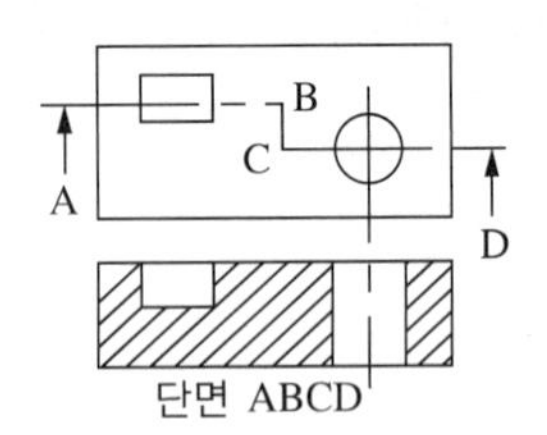

① 부분 단면도 ② 한쪽 단면도
③ 계단 단면도 ④ 회전도시 단면도

해설

계단 단면도

2개 이상의 절단면으로 필요한 부분을 선택하여 단면도로 그린 것으로, 절단 방향을 명확히 하기 위하여 1점 쇄선으로 절단선을 표시하여야 한다.

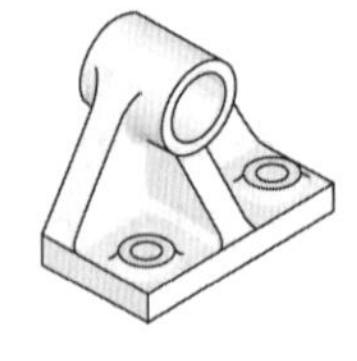

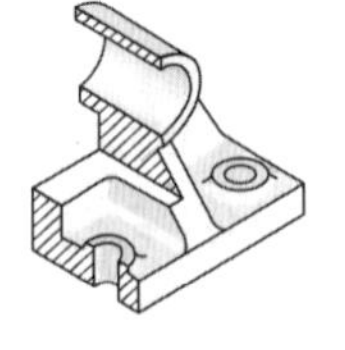

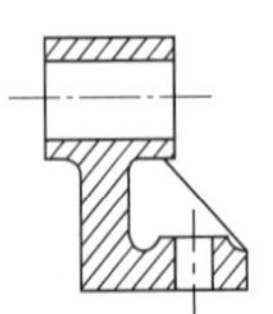

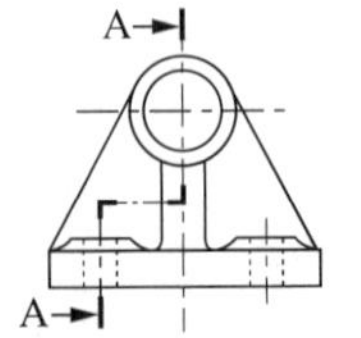

16 ① 17 ② 18 ② 19 ③ **정답**

20 원호의 길이를 나타내는 치수선으로 옳은 것은?

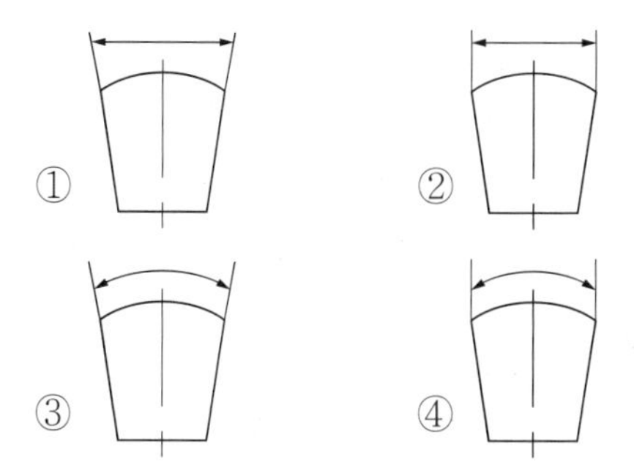

해설

변의 길이 치수	현의 길이 치수	호의 길이 치수	각도 치수

21 제도 도면에서 미터나사를 나타내는 기호는?

① M ② PT
③ PF ④ UNF

해설

② PT : 관용테이퍼나사
③ PF : 관용평행나사
④ UNF : 유니파이가는나사

22 정투상도법인 제1각법에서 정면도의 오른쪽에 배치되는 투상도는?

① 우측면도
② 좌측면도
③ 저면도
④ 평면도

해설

제1각법은 정면도를 기준으로 우측에 좌측면도, 좌측에 우측면도, 위쪽에 저면도, 아래쪽에 평면도를 배치한다.

23 다음의 전개도는 원기둥을 전개한 것이다. 어떤 도법을 사용한 것인가?

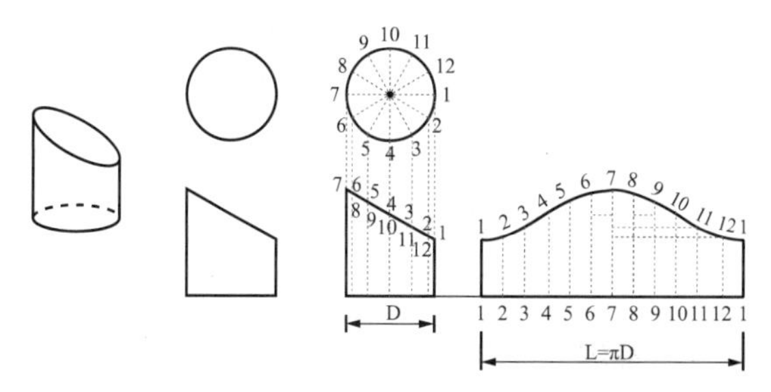

① 평행선법
② 방사선법
③ 삼각형법
④ 판뜨기법

해설

평행선법 : 물체의 각부의 위치에 값을 지정한 후 전개하면서 아래쪽으로 평행선을 그어서 물체의 형태를 나타내는 기법

24 치수 숫자와 같이 사용하는 기호 중 구의 반지름 치수를 나타내는 기호는?

① SR ② □
③ t ④ C

해설

② □ : 정사각형의 변
③ t : 두께
④ C : 45° 모따기

25 단면도의 해칭선은 어떤 선을 사용하여 긋는가?

① 파 선
② 굵은 실선
③ 1점 쇄선
④ 가는 실선

해설

해칭은 45°로 일정한 간격의 가는 실선으로 채워 절단면을 표시한다.

정답 20 ④ 21 ① 22 ② 23 ① 24 ① 25 ④

26 다음 재료 기호에서 "440"이 의미하는 것은?

재료 기호 : KS D 3503 SS 440

① 최저인장강도
② 최고인장강도
③ 재료의 호칭번호
④ 탄소 함유량

해설
SS440은 일반구조용 압연강재로 최저인장강도는 440N/mm^{2}이다.

27 다음 중 핀에 대한 호칭과 이에 따른 지름의 표시로 틀린 것은?

① 평행핀 – 핀의 지름
② 테이퍼핀 – 작은 쪽의 지름
③ 분할핀 – 핀 구멍의 치수
④ 슬롯 테이퍼핀 – 테이퍼의 가장 큰 쪽의 지름

해설
테이퍼핀의 호징치름은 직경이 작은 쪽 지름으로 호칭한다.

28 고주파 열처리의 특징을 설명한 것 중 옳은 것은?

① 직접 가열하므로 열효율이 좋다.
② 고주파 열처리한 후 연삭공정이 반드시 필요하다.
③ 가열시간이 길어 산화 및 변형이 심하다.
④ 강의 표면은 무르고 내부는 단단하여 내마모성이 향상된다.

해설
고주파 열처리는 급가열·급냉각을 통해 표면을 경화시킬 수 있으며, 후공정이 필요 없고 가열시간이 짧다.

29 염욕의 성질을 설명한 것 중 옳은 것은?

① 점성이 커야 한다.
② 증발 및 휘발성이 작아야 한다.
③ 흡습성 또는 조해성이 있어야 한다.
④ 염욕 중의 불순물이 많고 순도는 낮아야 한다.

해설
염욕제의 구비조건
- 염욕의 순도가 높고 유해성분이 없어야 할 것
- 흡습성 및 조해성이 작아야 할 것
- 점성이 작고 증발·휘발성이 작을 것
- 용해 및 세정이 쉽고 유해가스가 적어야 할 것
- 구입이 용이하고 경제적일 것

30 다음 중 질화 경도의 향상에 가장 효과적인 원소로 옳은 것은?

① Au　　② Co
③ Cr　　④ Cu

해설
- 질화층 생성 금속 : Al, Cr, Ti, V, Mo 등을 함유한 강은 심하게 경화됨
- 질화층 방해 금속 : 주철, 탄소강, Ni, Co

31 고망간강, 구조용 합금강 등에서 용강 중의 수소가스로 인하여 생기는 결함으로, 250℃ 이하의 온도에서 나타나는 원형 또는 타원형의 결함을 무엇이라 하는가?

① 백 점
② 비금속 개재물
③ 수축공
④ 마이크로 편석

해설
헤어크랙은 수소 때문에 발생하는데 강재의 마무리 면에 발생하는 미세한 균열을 말한다. 그 크기가 모발과 같이 미세하기 때문에 붙은 이름이다. 헤어크랙을 백점이라고도 한다.

26 ① 27 ④ 28 ① 29 ② 30 ③ 31 ① **정답**

32 고체침탄법에서 목탄이나 코크스가 주원료로 사용되고, 침탄 촉진제로 사용하는 것은?

① CaO ② MgO
③ NaCN ④ $BaCO_3$

해설
- 침탄제 : 목탄, 코크스
- 침탄 촉진제 : 탄산바륨, 탄산나트륨

33 강의 뜨임색 중 가장 낮은 온도인 220℃에서 나타나는 색은?

① 황 색 ② 자 색
③ 담청색 ④ 연한 자색

해설
온도에 따른 뜨임색

온도(℃)	색	온도(℃)	색
200	담황색	300	청 색
220	황 색	320	담회청색
240	갈 색	350	회청색
260	자 색	440	회 색
280	보라색	-	-

34 18-8 스테인리스강을 냉간가공하거나 용접 등에 의해 생긴 내부응력을 제거하는 열처리는?

① 표면연화 열처리
② 취성화 열처리
③ 조직 조대화 열처리
④ 고용화 열처리

해설
오스테나이트계 스테인리스강의 열처리
- 용체화처리(고용화 열처리) : 1,000℃ 가열 후 Cr 탄화물을 용체화시킨 후 급랭처리, Cr 탄화물의 입계 부식 방지, 냉간가공 및 용접 내부응력 제거, 연성 회복 및 내식성 증가
- 안정화처리 : Ti, V, Nb 등을 첨가하여 입계부식을 저지하는 처리

35 가열로에 사용되는 온도계로 정밀도가 좋고, 가격이 저렴하며, 전위차를 측정하여 양 접합점의 온도차를 알 수 있는 온도계는?

① 열전쌍 온도계 ② 저항 온도계
③ 압력 온도계 ④ 광고온계

해설
열전쌍 온도계
두 종류의 금속선 양단에 온도차와 기전력의 비례관계를 통해 온도를 측정하는 장치

36 기계구조용 Cr – Mo강의 뜨임 온도(℃)는?

① 60~80℃ ② 150~200℃
③ 550~650℃ ④ 830~880℃

해설
Cr-Mo강 열처리 조건

재료명	담금질		뜨 임	
	온 도	냉 각	온 도	냉 각
SCM440	820~880℃	유 랭	520~620℃	수 랭

37 금속 압연용 롤이나 철도용 차륜 등에 사용되는 주철로 표면에는 내마모성을 부여하기 위해 용선을 급랭 백선화하고 내부는 연성을 위해 회선화시킨 주철은?

① 강인주철 ② 냉경주철
③ 가단주철 ④ 구상화주철

해설
칠드주철(냉경주철) : 금형의 표면 부위는 급랭시키고, 내부는 서랭시켜 표면은 경하고 내부는 강인성을 갖는 주철로 내마멸성을 요하는 롤이나 바퀴에 많이 쓰인다.

정답 32 ④ 33 ① 34 ④ 35 ① 36 ③ 37 ②

38 잔류 오스테나이트에 대한 설명으로 틀린 것은?

① 담금질한 강을 0℃ 이하의 온도로 냉각시켰을 때 나타나는 조직이다.
② 공석강의 담금질 시 일부의 오스테나이트가 마텐자이트로 변태되지 못한 조직이다.
③ 상온에서 존재하는 미변태된 오스테나이트 조직이다.
④ 상온에서 불안정하므로 치수 변화를 일으킬 수 있다.

해설
담금질한 강을 0℃ 이하의 온도로 냉각시키면 잔류 오스테나이트가 마텐자이트로 바뀐다.

39 침탄법과 비교한 질화법에 대한 설명으로 틀린 것은?

① 질화층의 경도는 침탄층보다 높다.
② 질화 후 열처리가 필요하지 않다.
③ 처리강의 종류에 대한 제한을 받지 않는다.
④ 고온으로 가열하여도 경도가 낮아지지 않는다.

해설
침탄법과 질화법의 비교

구 분	침탄법	질화법
경 도	질화법보다 낮다.	침탄법보다 높다.
열처리	침탄 후 열처리 실시	질화 후 열처리 필요 없음
수 정	수정이 가능	수정이 불가능
시 간	처리시간이 짧다.	처리시간이 길다.
변 형	경화로 인한 변형이 생김	변형이 작음
취약성	취성이 낮다.	상대적으로 취성이 높다.
강종 제한	제한 없이 적용 가능하다.	강종 제한을 받는다.

40 다음 중 펄라이트 가단주철의 열처리방법이 아닌 것은?

① 가스 탈탄에 의한 방법
② 열처리 사이클의 변화에 의한 방법
③ 합금원소의 첨가에 의한 방법
④ 흑심가단주철의 재열처리에 의한 방법

해설
가스 탈탄을 유도하여 열처리 작업을 실시하지 않는다.

41 니켈청동 합금을 760℃에서 담금질한 후 280~320℃로 5시간 뜨임하면 다음의 기계적 성질 중 낮아지는 것은?

① 경 도　　② 연신율
③ 인장강도　　④ 항복강도

해설
담금질 후 뜨임 처리를 실시하면 강도, 경도는 높아지나 연신율은 감소한다.

42 탄소공구강의 일반적인 열처리로 담금질 온도와 뜨임 온도로 옳은 것은?

① 담금질 온도 : 약 760~820℃, 뜨임 온도 : 약 150~200℃
② 담금질 온도 : 약 150~200℃, 뜨임 온도 : 약 760~820℃
③ 담금질 온도 : 약 1,000~1,050℃, 뜨임 온도 : 약 500~550℃
④ 담금질 온도 : 약 500℃, 뜨임 온도 : 약 1,000~1,050℃

해설
탄소공구강의 열처리 조건

재료명	담금질		뜨 임	
	온 도	냉 각	온 도	냉 각
STC3	760~820℃	수 랭	150~200℃	공 랭

38 ① 39 ③ 40 ① 41 ② 42 ① 정답

43 침탄법에서 2차 담금질을 하는 목적은?

① 표면침탄층의 경화

② 표면침탄층의 연화

③ 중심부의 결정립 미세화

④ 중심부의 결정립 조대화

해설

침탄 후 담금질 목적

- 1차 : 중심부 조직 미세화
- 2차 : 침탄층 경화

44 고주파 경화 시 발생되는 결함이 아닌 것은?

① 연 점　　② 박 리

③ 담금질 균열　　④ 수축공

해설

경화 시 마텐자이트 변태를 통해 체적이 팽창한다.

45 가스로의 일반적인 특징을 설명한 것 중 틀린 것은?

① 노 내 온도 조절이 어렵다.

② 점화가 간단하다.

③ 복사열 작용을 한다.

④ 온도를 균일하게 지속시킬 수 있다.

해설

노 내 온도 조절이 어려울 경우 열처리 제어 자체가 불가능하므로 열원으로 사용될 수 없다.

46 강재의 표면경화법 중 화학조성을 변화시키지 않고 표면을 경화시키는 처리는?

① 질화법

② 쇼트피닝

③ 침탄질화법

④ 금속침투법

해설

쇼트피닝은 숏이라고 불리는 강구를 고속으로 분사하여 표면의 강도와 경도를 증가시키며 물리적 경화법에 해당한다.

47 스테인리스강의 열처리 특성에 대한 설명으로 틀린 것은?

① 18-8 오스테나이트계 스테인리스강은 고온에서 냉각하면 경화능이 없다.

② 마텐자이트계 스테인리스강은 급랭하면 마텐자이트 변태에 의해 경화한다.

③ 18-8 오스테나이트계 스테인리스강은 고온에서 냉각하면 비자성 오스테나이트 조직이 얻어진다.

④ 크롬계 스테인리스강은 담금질 후 잔류오스테나이트를 얻기 위해 바로 템퍼링 처리를 한다.

해설

마텐자이트 안에 남아 있는 잔류오스테나이트는 강도, 경도 감소 및 시효변형 및 치수 변화를 일으키기 때문에 동일한 마텐자이트로 변태시키기 위해 심랭처리를 실시한다.

정답 43 ① 44 ④ 45 ① 46 ② 47 ④

48 강에서 담금질 균열의 발생 방지대책 중 틀린 것은?

① 날카로운 모서리를 이루게 한다.
② 냉각 시 온도의 불균일을 적게 한다.
③ 살 두께의 차이 및 급변을 가급적 줄인다.
④ 구멍이 있는 경우 석면을 채운다.

해설
날카로운 모서리 부분은 균열이 발생될 우려가 있기 때문에 둥글게 라운드 처리한다.

49 열을 급속히 전달하므로 강에서 오스템퍼링용 냉각제로 가장 널리 쓰이는 것은?

① 식염수
② 공 기
③ 기 름
④ 용융염

해설
항온열처리에 사용되는 용융염은 열전도율이 우수하여 가열 및 냉각이 우수하고 효율이 좋으나 최근에 환경오염 문제가 대두되고 있다.

50 다음 중 내화재의 구비 조건으로 옳은 것은?

① 열전도도가 작을 것
② 융점 및 연화점이 낮을 것
③ 마모에 대한 저항성이 작을 것
④ 화학적 침식 저항이 작을 것

해설
내화재는 열전도도가 낮아야 하며 융점 및 연화점이 높고 마모 및 화학적 침식에 대한 저항성이 커야 한다.

51 염욕제 중 고온용(약 1,000~1,350℃) 염욕제로 사용되는 것은?

① NaCl　　② KNO_3
③ $NaNO_3$　　④ $BaCl_2$

해설
- 저온용 염욕 : 150~550℃의 온도범위의 질산염(질산나트륨, 질산칼륨)
- 중온용 염욕 : 550~950℃의 온도범위의 염화물(염화나트륨, 염화칼륨)
- 고온용 염욕 : 1,000~1,300℃의 온도범위의 염화바륨 단일염 사용

52 양호한 온오프제어를 필요로 하는 경우 2차 제어를 하는 것으로 전기로의 전기회로를 2회로 분할하여 그 한쪽을 단속시켜서 전력을 제어하는 온도제어 장치는?

① 비례제어식 온도제어장치
② 정치제어식 온도제어장치
③ 프로그램제어식 온도제어장치
④ 온오프식 온도제어장치

해설
② 정치제어식 온도제어장치 : 전기회로를 2회로 분할하여 한쪽을 단속시켜 전력을 제어하는 방법으로 양호한 온도제어가 필요할 때 가장 많이 사용하는 방법
① 비례제어식 온도제어장치 : 온오프의 시간비를 편차에 비례하여 전력을 공급하며 온일 때 100%, 오프일 때 80%의 전원을 공급
③ 프로그램제어식 온도제어장치 : 승온, 유지, 강온상태를 자동적으로 행하는 제어장치
④ 온오프식 온도제어장치 : 단일제어계로 전원단속으로 온오프를 제어하고 전자개폐기가 빈번히 작동해 접점 마모가 많고 온도 편차가 ±15℃ 정도 차이가 남

정답 48 ① 49 ④ 50 ① 51 ④ 52 ②

53 터프트라이드(Tufftride)법이라고도 하며, 520~570℃에서 10~120분 동안 처리하는 질화 방법은?

① 가스질화 ② 순질화
③ 침탄질화 ④ 염욕연질화

해설
염욕연질화(터프트라이드법)
연질화용 염을 520~570℃에서 용융시켜 공기를 약 30% 송입하여 가열한 후 냉각하며 경도는 높지 않으나 내마모성, 내피로성, 내식성을 향상시킨다.

54 주괴편석이나 섬유상 편석을 없애고 강을 균질화시키기 위해서 고온에서 장시간 가열하는 풀림은?

① 연화풀림 ② 확산풀림
③ 구상화풀림 ④ 응력제거풀림

해설
확산풀림
단조 및 주조품에 생긴 편석을 확산・소실시켜 균질하는 열처리로 주로 1,000℃ 이상 고온에서 가열한 후 서랭한다.

55 열간 성형용 스프링 강재에 관한 설명으로 옳은 것은?

① 탄성한도는 항장력이 약한 것이 높다.
② 피로한도 및 충격치가 높은 스프링 강재는 소르바이트 조직이 좋다.
③ 긴 수명을 원하면 피로한도를 낮춘다.
④ 극단적인 탄성소멸을 피하기 위해 피로한도를 낮춘다.

해설
스프링 강재는 탄성한도가 높고 항장력이 강해야 하며 피로한도가 높아야 한다.

56 열전대에 사용되는 재료에 대한 설명으로 옳은 것은?

① 열기전력이 작아야 한다.
② 고온에서 기계적 강도가 작아야 한다.
③ 내열성은 좋아야 하나 내식성은 필요하지 않다.
④ 히스테리시스 차가 없어야 한다.

해설
열전쌍 재료의 조건
- 내열, 내식성이 뛰어나고 고온에서도 기계적 강도가 높아야 함
- 열기전력이 크고 안전성이 있으며 히스테리시스 차가 없어야 함
- 제작이 수월하고 호환성이 있으며 가격이 저렴해야 함

57 합금공구강 강재를 종류별로 분류할 때 해당되지 않는 것은?

① 절삭공구용
② 내충격공구용
③ 냉간금형용
④ 산화성공구용

해설
소재가공에서는 산화반응이 일어나서 부식되는 공구를 사용할 수 없다.

정답 53 ④ 54 ② 55 ② 56 ④ 57 ④

58 침탄경화층 측정에서 매크로 조직시험의 유효경화층 깊이를 나타내는 표시기호는?

① CD–H–E ② CD–H–T
③ CD–M–E ④ CD–M–T

해설
침탄층 측정
CD – H(M, h) – E(T)2.5
- CD : 경화층의 깊이
- H : 비커스 경도시험 1kg 하중
- h : 비커스 경도시험 300g 하중
- M : 매크로 조직시험법
- E : 유효깊이
- T : 전체깊이

59 강의 임계냉각속도에 미치는 합금 원소의 영향에서 임계냉각속도를 빠르게 하는 원소는?

① Mn ② Cr
③ Mo ④ Co

해설
임계냉각속도는 담금질 시 마텐자이트조직이 나타나는 최소 냉각속도로 Co, S, Se 등의 함유량이 많아지면 냉각속도를 빠르게 한다.

60 열처리에 있어 매우 중요한 조직으로 담금질할 때 생기며 경도가 현저히 높은 것이 특징인 변태는?

① 공석변태
② 마텐자이트변태
③ 항온변태
④ 연속냉각변태

해설
마텐자이트변태
오스테나이트를 임계냉각속도 이상 급랭하면 탄소가 확산할 시간을 가지지 못하고 α철 안에 고용된 상태로 존재한다. α철의 작은 공간격자 안에 탄소가 들어가 팽창하게 되고, 이때 발생한 응력 때문에 경도가 증가한다. α철에 탄소가 과포화된 조직을 마텐자이트라고 한다.

58 ③ 59 ④ 60 ② **정답**

2018년 제1회 과년도 기출복원문제

01 다음 중 Ni-Fe 합금이며, 불변강이라 불리는 합금이 아닌 것은?

① 인 바 ② 모넬메탈
③ 슈퍼인바 ④ 엘린바

해설
모넬메탈 : 니켈 65~70%, 동 26~30% 이외에 소량의 철, 망간을 함유한 Ni-Cu 합금으로 내열성, 내식성에 우수하므로 터빈날개나 화학공업용의 밸브나 용기로 사용됨

02 시험편의 원표점 길이가 90mm이며, 시편의 파괴 직전의 길이가 105mm였을 때 연신율(%)은?

① 13.3 ② 16.7
③ 18.5 ④ 26.3

해설
$\frac{105-90}{90} \times 100 = 16.666\%$

03 다음 중 상온에서 구리(Cu)의 결정격자 형태는?

① FCC ② BCC
③ HCT ④ CPH

해설
구리는 전연성이 우수하고 가공하기 쉬운 면심입방격자 구조이다.

04 5~20%Zn 황동으로 강도는 낮으나 전연성이 좋고, 색깔이 금색에 가까워 모조금이나 판 및 선에 사용되는 합금은?

① 톰 백 ② 알루미늄 황동
③ 네이벌 황동 ④ 애드미럴티 황동

해설
톰백 : 황금색을 띠고 있어 모조금으로서 장식용 주물 등에 사용되고 5~20%Zn, 80~90%Cu, 0~1%Sn를 함유한 황동

05 Y-합금의 조성으로 옳은 것은?

① Al - Cu - Ni - Mg
② Al - Si - Mg - Ni
③ Al - Cu - Mg - Si
④ Al - Mg - Cu - Mn

해설
Y-합금 : Al - Cu - Ni - Mg, 석출 경화용 합금으로 피스톤, 실린더 헤드 등의 용도로 쓰임

06 7 : 3 황동에 1% 내외의 Sn을 첨가하여 열교환기, 증발기 등에 사용되는 합금은?

① 애드미럴티 황동 ② 네이벌 황동
③ 콜슨 황동 ④ 에버듀어 황동

해설
애드미럴티 황동 : 7 : 3황동에 Sn 1% 첨가한 강, 전연성이 우수하여 판, 관, 증발기 등에 사용

정답 1 ② 2 ② 3 ① 4 ① 5 ① 6 ①

07 냉간가공도가 클수록 금속의 기계적 성질 변화를 설명한 것 중 틀린 것은?

① 내력이 증가한다.
② 연신율이 증가한다.
③ 단면수축률이 증가한다.
④ 인장강도가 증가한다.

해설
냉간가공도가 클수록 강도·경도는 증가하지만 연신율은 감소한다.

08 크랭크 축 또는 로드 등에 사용되는 기계구조용 탄소강재에 해당되는 것은?

① SPS9 ② SM45C
③ STS3 ④ SKH2

해설
SPS : 스프링강, SM××C : 기계구조용강, STS : 합금공구강, SKH : 고속도강

09 다음 중 비정질 합금의 제조법 중 액체 급랭에 해당되지 않는 것은?

① 단롤법 ② 원심법
③ 진공 증착법 ④ 스프레이법

해설
비정질 금속 : 금속이 용해 후 고속 급랭을 시켜 원자가 규칙적으로 배열되지 못하고 액체 상태로 응고되어 금속이 되는 것
- 제조법 : 기체 급랭법(진공 증착법, 스퍼터링법), 액체 급랭법(단롤법, 쌍롤법, 원심 급랭법, 분무법)

10 Fe－C 상태도에서 나타나는 여러 반응 중 반응 온도가 낮은 것에서 높은 순으로 나열된 것은?

① 포정 반응 – 공정 반응 – 공석 반응
② 포정 반응 – 공석 반응 – 공정 반응
③ 공정 반응 – 포정 반응 – 공석 반응
④ 공석 반응 – 공정 반응 – 포정 반응

해설
공석점(723℃), 공정점(1,130℃), 포정점(1,490℃)

11 크리프(Creep) 시험에 대한 설명으로 틀린 것은?

① 철강은 약 250℃ 이상의 온도에서 크리프 현상이 일어난다.
② 크리프 단계 중 1단계는 정상 크리프라고 하며, 변율이 일정하게 진행하는 단계이다.
③ 일정온도에서 어떤 시간 후에 크리프 속도가 0(Zero)이 되는 응력을 크리프 한도라 한다.
④ 크리프란 재료에 어떤 하중을 가하고 어떤 온도에서 긴 시간 유지하면 시간의 경과에 따른 스트레인의 증가 현상이다.

해설
- 크리프 : 재료를 고온에서 내력보다 작은 응력으로 가해 주면 시간이 지나면서 변형이 진행되는 현상
- 용융점이 낮은 금속(Pb, Cu)인 순금속, 연한 합금 등은 상온에서 크리프 현상 발생
- 철강 및 경합금은 250℃ 이상에서 크리프 현상 발생
- 크리프가 생기는 요인으로는 온도, 하중, 시간으로 결정
- 1단계 : 천이, 2단계 : 정상, 3단계 : 가속의 3단계의 반응으로 진행됨

7 ② 8 ② 9 ③ 10 ④ 11 ② 정답

12 기계 및 구조물이 사용 중에 반복 응력 또는 변동 응력이 무한히 반복되어도 파괴되지 않는 내구 한도를 결정하기 위한 시험은?

① 피로시험 ② 인장시험
③ 비틀림 시험 ④ 에릭센 시험

해설

피로시험

- 어떤 기계나 구조물 등 제작하여 사용할 때 변동응력, 반복응력이 반복되어도 파괴되지 않는 내구 한도를 결정하기 위한 시험
- 안전 하중 상태에서도 작은 힘이 계속되어 반복 작용하였을 때 파괴가 일어남
- 표준 시험법과 특수 시험법이 있으며, 피로 한계는 표준시험법에 의한 S-N곡선을 사용
- 강재의 피로 한계는 반복 횟수가 5×10^7 정도임

13 Fe-C계 평형상태도에서 A_{cm}선이란?

① α 고용체의 용해도선이다.
② δ 고용체의 석출완료선이다.
③ γ 고용체로부터 시멘타이트의 석출 개시선이다.
④ 펄라이트(Pearlite)의 석출선이다.

해설

A_{cm}선이란 γ고용체로부터 시멘타이트의 석출 개시선을 의미한다.

14 탄소강에 함유된 원소 중 저온 메짐을 일으키는 것은?

① Mn ② S
③ Si ④ P

해설

상온 메짐(저온 메짐) : P을 다량 함유된 강에서 발생하며 Fe_3P로 결정입자가 조대화되며, 경도·강도는 높아지나 연신율이 감소하는 메짐으로 특히 상온에서 충격값이 감소된다. 저온 메짐의 경우 겨울철 기온과 비슷한 온도에서 메짐 파괴가 일어난다.

15 다음 중 절삭성을 향상시킨 특수 황동은?

① 납 황동
② 철 황동
③ 규소 황동
④ 주석 황동

해설

쾌삭 황동 : 황동에 1.5~3.0% 납을 첨가하여 절삭성이 좋은 황동

16 그림과 같이 부품의 일부를 도시하는 것으로 충분한 경우에는 그 필요 부분만을 표시할 수 있는 투상도는?

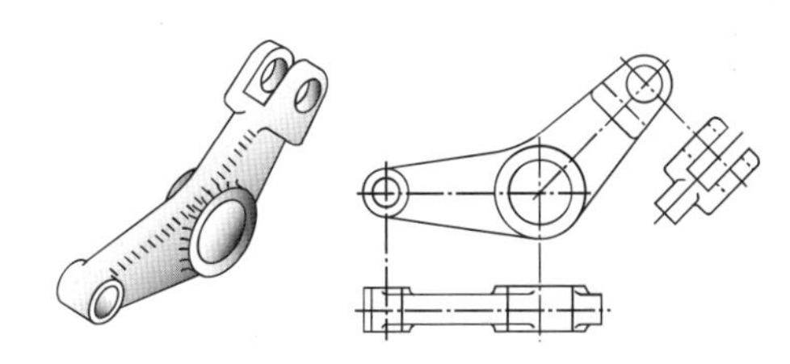

① 회전 도시 투상도 ② 부분 투상도
③ 국부 투상도 ④ 요점 투상도

해설

부분 투상도 : 그림의 일부를 도시하는 것으로도 충분한 경우에는 필요한 부분만 투상하여 도시한다.

정답 12 ① 13 ③ 14 ④ 15 ① 16 ②

17 단면표시법에 관한 설명 중 틀린 것은?

① 단면은 원칙적으로 기본중심선에서 절단한 면으로 표시하고 절단선은 반드시 기입하여 준다.
② 단면은 필요한 경우에는 기본중심선이 아닌 곳에서 절단한 면으로 표시해도 좋다. 이때에는 절단 위치를 표시해 놓아야 한다.
③ 숨은선은 단면에 되도록이면 기입하지 않는다.
④ 관련도는 단면을 그리기 위하여 제거했다고 가정한 부분도 그린다.

해설
물체의 절단면은 물체의 숨은 부분을 충분히 나타낼 수 있도록 다양한 방법으로 절단하여 내부를 도시하며, 온단면도 및 반단면도 같이 일정 비율로 단면한 경우 절단선을 생략할 수 있다.

18 해칭에 관한 설명 중 틀린 것은?

① 해칭은 주된 중심선에 대하여 45°로 가는 실선을 사용하여 등간격으로 표시한다.
② 2개 이상의 부품이 인접한 경우 단면의 해칭은 방향이나 간격을 다르게 한다.
③ 해칭을 하는 부분 안에 글자나 기호를 기입하기 위해서는 해칭을 중단할 수 있다.
④ 해칭은 굵은 실선으로 하는 것을 원칙으로 한다.

해설
해칭은 가는 실선을 원칙으로 한다.

19 다음 그림과 같은 키의 종류는?

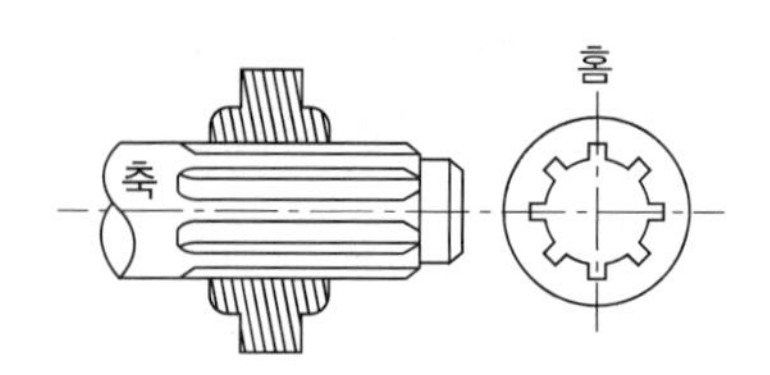

① 세레이션　　② 묻힘 키
③ 평 키　　④ 스플라인

해설
스플라인 : 축에 원주방향으로 같은 간격으로 여러 개의 키 홈을 가공하며 큰 동력 전달

20 축의 도시법에 대한 설명 중 잘못된 것은?

① 축은 주로 세로방향으로 단면도시를 한다.
② 긴 축은 중간을 파단하여 짧게 그린다.
③ 모따기는 각도와 폭을 기입한다.
④ 45° 모따기의 경우 C로 표시할 수 있다.

해설
절단(단면)하지 않는 부품 : 리브 암, 기어의 이, 축, 핀, 키, 볼트, 너트

21 다음 중 3차원의 기하학적 형상 모델링의 종류가 아닌 것은?

① 와이어 프레임 모델링(Wire Frame Modelling)
② 서피스 모델링(Surface Modelling)
③ 솔리드 모델링(Solid Modelling)
④ 시스템 모델링(System Modelling)

해설
3차원 형상 모델링에는 와이어 프레임 모델링, 서피스 모델링, 솔리드 모델링 등이 있다.

17 ① 18 ④ 19 ④ 20 ① 21 ④ 정답

22 다음 도면에서 전체 길이를 표시하고 있는 (A) 부분의 치수는?

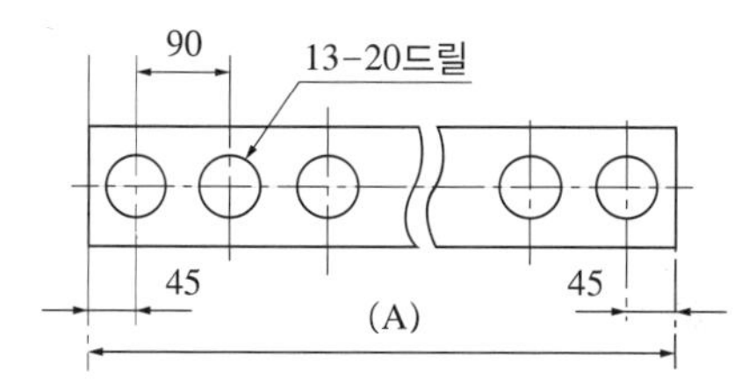

① 1,030　　② 1,090
③ 1,170　　④ 1,260

해설
드릴 구멍의 간격이 90인 피치값이 12개 존재, 거기에 양쪽 면을 더해 주면 전장 치수가 된다. 90 × 12 + 45 + 45 = 1,170

23 물체의 표면에 기름이나 광명단을 칠하고 그 위에 종이를 대고 눌러서 실제의 모양을 뜨는 스케치 방법은?

① 모양 뜨기 방법　　② 프리핸드법
③ 사진법　　④ 프린트법

해설
프린트법
광명단 등을 발라 스케치 용지에 찍어 그 면의 실형을 얻거나 면에 용지를 대고 연필 등으로 문질러서 도형을 얻는 방법

24 기계재료 표시법 중 중간 부분의 기호에서 단조품을 나타내는 기호는?

① F　　② C
③ B　　④ G

해설
SF : 단강품, SC : 주강, GC : 회주철

25 그림은 물체를 화살표 방향을 정면도로 하여 제3각법에 의하여 정투상도를 그린 것이다. 바르게 그린 것은?

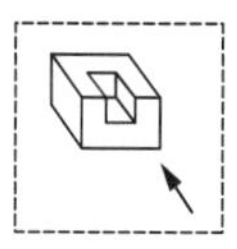

①　　②
③　　④

해설
화살표 방향을 정면도로 하고 위쪽에서 본 모양을 평면도로 정면도 위에 배치, 오른쪽에서 본 모양을 우측면도로 오른쪽에 배치한 것을 선택한다.

26 기준치수가 30, 최대 허용치수가 29.98, 최소 허용치수가 29.95일 때 아래 치수 허용차는 얼마인가?

① +0.03　　② +0.05
③ −0.02　　④ −0.05

해설
최소 허용치수 − 기준치수 = 아래 치수 허용차
= 29.95 − 30 = −0.05

정답 22 ③　23 ④　24 ①　25 ③　26 ④

27 다음 그림에서 대각선으로 그은 가는 실선이 의미하는 것은?

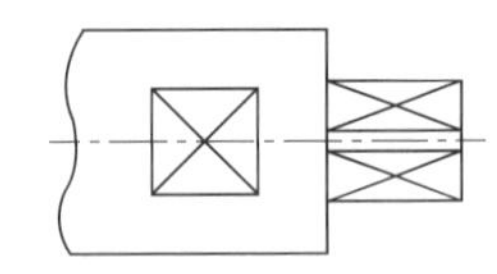

① 열처리 가공 부분
② 평면 자리 부분
③ 가공 금지 부분
④ 단조 가공 부분

해설
축의 외면에 사각으로 도시한 경우는 원통 부분 중 사각형 모양의 평면 존재를 의미한다.

28 IT 기본공차의 등급은 몇 가지인가?

① 16 ② 18
③ 20 ④ 22

해설
IT 공차는 0~18등급까지 20등급으로 존재함

29 전기 화학을 응용한 것으로 전기도금의 역조작이 되는 처리 방법은?

① 전해 연마 ② 탈지 연마
③ 액체 호닝 ④ 증기 연마

해설
전해 연마
전기 화학을 응용한 것으로 전기도금의 역조작이 되는 처리 방법으로, 강재를 음극에 걸고 양극에는 양극판을 사용하여 전기분해의 원리를 이용함

30 구조용 탄소강의 두께가 57mm일 때 담금질 유지시간을 계산하면 얼마인가?(단, 유지시간은 두께 25mm당 30분이다)

① 30.4분 ② 48.5분
③ 68.4분 ④ 86.5분

해설
25mm : 30분 = 57mm : x분

31 진공가열 중에 강 표면에 일어나는 기대 가능한 여러 가지 효과가 아닌 것은?

① 절삭유나 방청유 등의 탈지작용을 한다.
② 열처리 전과 같은 깨끗한 표면 상태를 유지할 수 있다.
③ 열처리 패턴이 안정되어 있어 변형량을 미리 예상할 수 있다.
④ 강에 합금 원소가 침투되어 품질이 좋은 강을 얻을 수 있다.

해설
진공상태에서는 화학적 반응이 일어나지 않아 산화, 탈탄, 금속 침투와 같은 현상이 일어나지 않는다.

32 열전쌍 온도계에서 가장 낮은 온도를 측정하는 열전쌍 온도계는?

① 철-콘스탄탄 ② 크로멜-알루멜
③ 구리-콘스탄탄 ④ 백금-백금 로듐

해설
열전쌍 재료 : 구리-콘스탄탄(300℃까지), 철-콘스탄탄(최대 600℃까지), 크로멜-알루멜(최대 1,000℃까지), 백금-백금 로듐(최대 1,400℃까지)

27 ② 28 ③ 29 ① 30 ③ 31 ④ 32 ③ **정답**

33 큰 중량물의 가열 또는 다수의 소형 물품처리와 같이 피가열물의 장입 및 회수작업이 곤란한 경우 사용되는 열처리로는?

① 도가니로 ② 대차로
③ 전 로 ④ 고 로

해설
대차로 : 대차로 되어 있어서 중량이 큰 제품을 레일을 타고 장입 및 취출할 수 있음

34 냉간용 금형(STD11)을 높은 온도에서 담금질 시 재료에 나타나는 현상으로 옳은 것은?

① 인성이 향상된다.
② 결정립이 미세화된다.
③ 산화 및 탈탄을 일으키지 않는다.
④ 오스테나이트의 양이 증가하여 경도가 저하한다.

해설
담금질 온도가 높을 경우 결정립이 조대해지며 열처리 후 잔류 오스테나이트량이 증가하여 강도와 경도가 낮아진다.

35 다음 중 고주파 열처리에서 가열코일(Coil)의 재질로 가장 좋은 것은?

① 철 ② 알루미늄
③ 구 리 ④ 텅스텐

해설
열전도율이 우수하고 급가열·급냉각이 가능한 구리를 가열코일로 많이 사용한다.

36 열처리에 사용하는 냉각제의 특징을 설명한 것 중 틀린 것은?

① 기화열이 클수록 냉각능력이 크다.
② 점성이 클수록 냉각능력이 크다.
③ 열전도도가 높은 것이 냉각능력이 크다.
④ 기체와 액체 냉각제 모두 교반할수록 냉각능력이 커진다.

해설
냉각제에 따라 다소 차이가 있으나 일반적으로 냉각속도는 열전도도, 비열 및 기화열이 크고 끓는점이 높을수록 크고, 점도와 휘발성이 작을수록 크다.

37 드릴과 같이 길이가 긴 물품을 기름 속에 담금질할 때 가장 적합한 방법은?

① 수평으로 눕혀서 한다.
② 수직으로 세워서 담금질한다.
③ 수평면과 약 45° 정도 경사지도록 하여 담금질한다.
④ 수평면과 약 15° 정도 경사지도록 하여 담금질한다.

해설
길이 방향으로 긴 제품은 담금질 장입 시 가급적 수직으로 세운 상태에서 실시하여 경도를 균일하게 하고 변형을 방지한다.

정답 33 ② 34 ④ 35 ③ 36 ② 37 ②

38 물리적 표면경화법인 쇼트피닝법에 대한 설명으로 틀린 것은?

① 제품 표면의 스케일 등을 미려하게 할 수 있다.
② 침탄열처리 후 쇼트피닝하면 취성의 증가로 피로강도가 저하된다.
③ 쇼트볼의 크기가 크거나 분사압력이 클수록 압축잔류응력이 저하한다.
④ 침탄품의 표면에 발생한 잔류오스테나이트는 쇼트피닝에 의하여 가공 마텐자이트로 변할 수 있다.

해설
쇼트피닝 : 숏이라고 하는 강구를 고속으로 분사시켜 표면에 강도, 경도, 내피로성을 증가시키는 물리적 경화법

39 STD61의 담금질 온도(°C)로 가장 적절한 것은?

① 600~750℃
② 850~900℃
③ 1,000~1,050℃
④ 1,100~1,150℃

해설

재료명	담금질		뜨임	
	온 도	냉 각	온 도	냉 각
STD61	1,000~1,050°C	공 랭	550~650°C	공 랭

40 가스로를 사용하는 작업장에서 안전사고의 방지대책이 아닌 것은?

① 장비 표면에 기름이나 그리스 등의 인화성 물질이 없도록 한다.
② 환기시설을 충분히 설치하여 폭발의 위험성을 감소시킨다.
③ 장시간 작업을 하지 않을 때도 보조밸브만 잠그고 주밸브는 잠그지 않아도 된다.
④ 연료가스는 공기 또는 산소와 혼합할 때 폭발성이 있으므로 주의하여야 한다.

해설
가스로는 보조밸브 및 주밸브를 반드시 잠그고 가스누설검지기를 설치하여 누설에 철저히 대비하여야 한다.

41 0.3% 탄소강을 1,200°C로 가열한 후 공랭한 과열된 조직은?

① 시멘타이트 ② 소르바이트
③ 비트만슈테텐 ④ 침상 마텐자이트

해설
비트만슈테텐 조직(Widmannstatten Structure) : 고온에서 가열된 조직으로 원래의 오스테나이트 결정 입자의 특정 결정면에 따른 기하학적 모양을 띠는 냉각 변태조직

42 연욕로 사용 시 안전에 유의해야 할 사항이 아닌 것은?

① 수분을 완전히 제거한다.
② 실내의 환기 상태를 좋게 한다.
③ 장갑이나 마스크를 착용한다.
④ 노의 예열을 위하여 급가열시킨다.

해설
예열은 노에 무리를 주지 않는 작업으로 서서히 가열한다.

38 ② 39 ③ 40 ③ 41 ③ 42 ④ **정답**

43 S곡선에 영향을 주는 요인 중 S곡선을 좌측으로 이동시키는 원소는?

① Ni ② Cr
③ Mo ④ Ti

해설
- S곡선의 좌측으로 이동시키는 원소 : Ti, Al
- S곡선의 우측으로 이동시키는 원소 : C, Mn, Mo, Ni, Cr, V, W, B

44 냉각제의 냉각능이 큰 순서에서 작은 순서로 옳게 나타낸 것은?

① 기계유 > 10% 식염수 > 물
② 10% 식염수 > 기계유 > 물
③ 물 > 10% 식염수 > 기계유
④ 10% 식염수 > 물 > 기계유

해설
온도에 따라 다소 다르나 일반적으로 NaOH > 식염수(소금물) > 증류수 > 비눗물 > 기름 순서로 냉각능을 가짐

45 가스 침탄열처리에서 가스를 변성로 안에 넣어 침탄가스로 변성시킬 때 촉매 역할을 하는 것은?

① Na ② Ni
③ Ca ④ Si

해설
흡열형 가스 : 원료인 탄화수소와 공기를 혼합하여 고온의 니켈 촉매에 의해 분해되어 가스를 변성시키며, 가스침탄에 많이 사용한다.

46 고속도강의 담금질 온도(℃)는?

① 750℃ ② 850℃
③ 1,050℃ ④ 1,250℃

해설

재료명	담금질		뜨임	
	온 도	냉 각	온 도	냉 각
SKH51	1,200~1,250℃	유 랭	540~570℃	공 랭

47 0.8% 탄소강을 850℃ 이상으로 가열한 후 723℃ 이하로 냉각을 시키면 오스테나이트가 페라이트와 시멘타이트로 분해되는데 이 반응을 무엇이라 하는가?

① 공정 반응 ② 공석 반응
③ 포정 반응 ④ 편정 반응

해설
공석변태 : 0.8%C의 탄소강을 750℃ 이상의 온도에서 가열하여 유지하면 오스테나이트가 되는데, A_1 변태선(723°C) 이하로 서랭하면 오스테나이트가 2개의 고상인 페라이트와 시멘타이트의 층상조직(펄라이트)으로 만들어지는 변태

48 다음 중 염욕제의 특징을 설명한 것 중 틀린 것은?

① 불순물이 적어야 한다.
② 용해가 용이해야 한다.
③ 산화나 부식이 없어야 한다.
④ 흡습성이 좋아야 한다.

해설
염욕제의 구비조건
- 염욕의 순도가 높고 유해성분이 없어야 할 것
- 흡습성 및 조해성이 작아야 할 것
- 점성이 작고 증발, 휘발성이 작을 것
- 용해 및 세정이 쉽고 유해가스가 적어야 할 것
- 구입이 용이하고 경제적일 것

정답 43 ④ 44 ④ 45 ② 46 ④ 47 ② 48 ④

49 베어링강 등의 공구강에 시멘타이트 구상화 풀림을 하는 목적이 아닌 것은?

① 내마모성을 향상시키기 위하여
② 담금질 변형을 작게 하기 위하여
③ 담금질 효과를 한 부분으로 집중시키기 위하여
④ 기계가공성을 향상시키기 위하여

해설
- 구상화 풀림 : A_1 변태점 부근에서 기계적 성질의 개선을 위해 망상 시멘타이트 또는 층상 펄라이트 중의 시멘타이트를 가열처리에 의해 제품 중의 탄소를 구상화시키는 열처리
- 효과 : 가공성 향상, 절삭성 향성, 인성 증가, 담금질 균열 방지

50 기계부품의 내마멸용 스프링 등에 가장 우수한 열처리 조직은?

① 오스테나이트　② 마텐자이트
③ 페라이트　④ 소르바이트

해설
내마멸성은 마찰에 의해 조직이 떨어져 나가는 것을 견디는 것으로, 조직 간의 결합력이 가장 우수하고 인성이 높은 소르바이트 조직이 가장 좋다.

51 화염경화 시 온도 측정에 사용되며, 측정 물체가 방출하는 적외선 방사 에너지를 열에너지로 바꾸어 그 세기를 사용한 온도계는?

① 열전온도계　② 저항식 온도계
③ 전류식 온도계　④ 복사온도계

해설
복사(방사)온도계 : 측정하는 물체가 방출하는 적외선 방사에너지를 이용한 온도계

52 일반적인 열처리에서 냉각 도중에 냉각속도를 변환시키는 단냉각 방법의 변태 속도의 기준점은?

① Ar_3점과 Ar_4점　② Ar_3점과 Ac_1점
③ Ar'점과 Ar''점　④ M_s점과 M_f점

해설
Ar'점은 임계구역의 최종점으로 고온에서 이점까지의 냉각방법에 따라 강도와 경도가 결정되고, Ar''점은 마텐자이트 변태시작점, 위험구역의 시작점으로 조직의 균열이 있을 수 있기에 주의하여 열처리를 해야 한다.

53 열을 급속히 전달하므로 강에서 오스템퍼링용 냉각제로 가장 널리 쓰이는 것은?

① 식염수　② 공 기
③ 기 름　④ 용융염

해설
오스템퍼링은 항온열처리 방법으로 열효율이 좋은 염욕에서 250~550℃ 사이의 일정온도를 유지하여 베이나이트를 생성한다.

54 강을 담금질한 후 마텐자이트에 오스테나이트가 잔류하게 되면 나타나는 영향으로 옳은 것은?

① 조직의 균형이 있는 변화로 강도가 커진다.
② 두 가지 조직이 존재하므로 즉시 파괴된다.
③ 경도가 낮고 사용 중에 변형될 우려가 있다.
④ 기계적 성질이 좋아지며 치수정밀도가 높아진다.

해설
열처리 후 잔류 오스테나이트가 있을 경우 강도와 경도가 떨어지며, 부분적으로 조직의 변형이 생길 우려가 있으므로 심랭처리를 통해 제거한다.

정답 49 ③ 50 ④ 51 ④ 52 ③ 53 ④ 54 ③

55 계속해서 일정시간 간격을 두고 부품을 노 내에 장입 및 취출하는 무인 분위기 열처리 설비로 대량생산에 가장 적합한 노는?

① 진공로　② 연속로
③ 피트로　④ 염욕로

해설

연속로 : 항상 일정량을 연속적으로 장입하고 열처리 완료제품이 연속적으로 나오는 터널형식의 노로, 이송방식에 따라 푸셔로, 컨베이어로, 노상진동형(세이커하스) 등으로 나눔

56 담금질한 고속도강의 2차 경화 온도로 옳은 것은?

① 180~200℃　② 300~400℃
③ 550~600℃　④ 750~800℃

해설

고속도강은 담금질 시 탄화물 고용에 의해서 기지(Matrix)에 C, Cr, W, Mo, V 등이 다량으로 고용하여 뜨임 시 극히 미세한 탄화물로 석출되어 2차 경화 현상이 일어나는데 보통 550~600℃ 사이에서 일어난다.

57 상온가공한 황동제품 등의 자연균열(Season Crack)을 방지하기 위한 열처리는?

① 시효처리　② 풀림처리
③ 뜨임처리　④ 용체화처리

해설

상온에서 가공한 황동은 자연균열을 방지하기 위해서 300℃에서 1시간 정도 저온 풀림을 실시한다.

58 노멀라이징 상태에서 철강을 냉각 시 화색이 없어지는 온도(℃)는?

① 550　② 750
③ 850　④ 950

해설

550°C : Ar′변태점, 화색 소실 온도, 코 온도

59 알루미늄 및 그 합금의 질별 기호 중 H가 의미하는 것은?

① 가공경화한 것　② 어닐링한 것
③ 용체화처리한 것　④ 제조한 그대로의 것

해설

알루미늄 합금의 열처리 기호

- F : 제조 그대로의 재질
- O : 완전풀림 상태의 재질
- H : 가공경화만으로 소정의 경도에 도달한 재질
- W : 용체화 후 자연 시효경화가 진행 중인 상태의 재질
- T : F, O, H 이외의 열처리를 받은 재질
- T_3 : 용체화 후 가공경화를 받은 상태의 재질
- T_4 : 용체화 후 상온 시효가 완료된 상태의 재질
- T_5 : 용체화 처리 없이 인공시효처리를 한 상태의 재질

60 침탄법과 비교한 질화법에 대한 설명으로 틀린 것은?

① 질화층의 경도는 침탄층보다 높다.
② 질화 후 열처리가 필요하지 않다.
③ 처리강의 종류에 대한 제한을 받지 않는다.
④ 고온으로 가열하여도 경도가 낮아지지 않는다.

해설

침탄과 질화의 비교

구 분	침탄법	질화법
경 도	질화보다 낮음	침탄보다 높음
열처리	침탄 후 열처리 실시	질화 후 열처리 필요 없음
수 정	수정이 가능	수정 불가능
시 간	처리시간이 짧음	처리시간이 길
변 형	경화로 인한 변형이 생김	변형이 작음
취약성	취성이 작음	상대적으로 취성이 높음
강종 제한	제한 없이 적용 가능함	강종 제한을 받음

정답 55 ② 56 ③ 57 ② 58 ① 59 ① 60 ③

2019년 제1회 과년도 기출복원문제

01 상온이나 고온에서 단조성이 좋아지므로 고온 가공이 용이하며 강도를 요하는 부분에 사용하는 황동은?

① 톰 백
② 6-4 황동
③ 7-3 황동
④ 함석황동

해설
6-4 황동은 인장강도가 최대, 7-3황동은 연신율이 최대이다.

02 6-4 황동에 철 1~2%를 첨가함으로써 강도와 내식성이 향상되어 광산기계, 선박용 기계, 화학기계 등에 사용되는 특수 황동은?

① 쾌삭 메탈
② 델타 메탈
③ 네이벌 황동
④ 애드미럴티 황동

해설
델타 메탈 : 6-4 황동에 Fe 1~2% 첨가한 강으로 강도, 내산성이 우수해서 선박, 화학기계용에 사용한다.

03 냉간가공된 황동제품들이 공기 중의 암모니아 및 염류로 인하여 입간 부식에 의한 균열이 생기는 것은?

① 저장균열　② 냉간균열
③ 자연균열　④ 열간균열

해설
자연균열(응력부식균열) : 공기 중 암모니아와 같은 염류에 의해 입계 부식을 일으켜 가공 시 내부응력에 의해 균열이 발생하는 현상

04 조성은 Al에 Cu와 Mg이 각각 1%, Si 12%, Ni 1.8%인 Al 합금으로 열팽창계수가 작아 내연기관 피스톤용으로 이용되는 것은?

① Y합금
② 라우탈
③ 실루민
④ Lo-Ex 합금

해설
Lo-Ex 합금 : Al-Ni-Mg-Si-Cu 내열성 및 고온 강도가 큰 알루미늄 합금

05 일반적인 합성수지의 장점이 아닌 것은?

① 가공성이 뛰어나다.
② 절연성이 우수하다.
③ 가벼우며 비교적 충격에 강하다.
④ 임의의 색깔을 착색할 수 있다.

해설
합성수지는 가볍지만 금속에 비해 충격에는 약하다.

1 ② 2 ② 3 ③ 4 ④ 5 ③ 정답

06 특수강에 첨가되는 합금원소의 특성을 나타낸 것 중 틀린 것은?

① Ni : 내식성 및 내산성을 증가시킨다.
② Mn : 탈산제 및 적열취성 방지원소이며, 담금질성을 낮춘다.
③ Ti : Si나 V과 비슷하고 부식에 대한 저항이 매우 크다.
④ Mo : 담금질 깊이를 깊게 하고 내식성을 증가시킨다.

해설
Mn : 탈산제 및 적열취성 방지원소이며, 담금질성을 높이는 특징을 가진다. 또한 시멘타이트를 안정되게 하고, A_3 변태점을 내려가게 하여 오스테나이트를 안정되게 한다.

07 니켈-구리합금 중 Ni의 일부를 Zn으로 치환한 것으로 Ni 8~12%, Zn 20~35%, 나머지가 Cu인 단일 고용체로 식기, 악기 등에 사용되는 합금은?

① 베네딕트 메탈(Benedict Metal)
② 큐프로니켈(Cupro Nickel)
③ 양백(Nickel Silver)
④ 콘스탄탄(Constantan)

해설
양백 : 니켈 황동의 일종으로 Ni-Zn-Cu 첨가한 합금으로 주로 전기저항체에 사용된다.

08 마우러 조직도에 대한 설명으로 옳은 것은?

① 탄소와 규소량에 따른 주철의 조직관계를 표시한 것
② 탄소와 흑연량에 따른 주철의 조직관계를 표시한 것
③ 규소와 망간량에 따른 주철의 조직관계를 표시한 것
④ 규소와 Fe_3C량에 따른 주철의 조직관계를 표시한 것

해설
마우러 조직도 : C, Si의 양과 조직의 관계를 나타낸 조직도

09 강재의 크기에 따라 표면이 급랭되어 경화하기 쉬우나 중심부로 갈수록 냉각속도가 늦어져 경화량이 적어지는 현상은?

① 경화능
② 잔류응력
③ 질량효과
④ 노치효과

해설
질량효과 : 재료 표면은 급랭에 의해 담금질이 잘되는 데 반해 재료의 중심에 가까울수록 안 되는 현상으로, 같은 조성의 재료를 같은 조건에서 담금질을 해도 질량이 다르면 담금질 깊이가 다르다.

10 Fe-C 상태도에서 온도가 낮은 것부터 일어나는 순서가 옳은 것은?

① 포정점 → A_2 변태점 → 공석점 → 공정점
② 공석점 → A_2 변태점 → 공정점 → 포정점
③ 공석점 → 공정점 → A_2 변태점 → 포정점
④ 공정점 → 공석점 → A_2 변태점 → 포정점

해설
공석점 : 723°C, A_2 변태점 : 768°C, 공정점 : 1,130°C, 포정점 : 1,490℃

정답 6 ② 7 ③ 8 ① 9 ③ 10 ②

11 다음 중 하중의 크기 및 방향이 주기적으로 변화하는 하중으로서 양진하중을 말하는 것은?

① 집중하중
② 분포하중
③ 교번하중
④ 반복하중

해설
교번하중 : 부재가 하중을 받을 때 힘의 크기와 방향이 변화하면서 인장력과 압축력이 교대로 작용하는 하중

12 소결 초경합금 공구강을 구성하는 탄화물이 아닌 것은?

① WC ② TiC
③ TaC ④ TMo

해설
초경합금은 WC, TiC, TaC, Co 고온하에서 압축 소결시켜 만든 공구용 강이다.

13 베어링으로 사용되는 구리계 합금으로 거리가 먼 것은?

① 켈밋(Kelmet)
② 연청동(Lead Bronze)
③ 문쯔메탈(Muntz Metal)
④ 알루미늄 청동(Al Bronze)

해설
문쯔메탈은 6-4 황동을 지칭하는 것으로 인장강도가 우수하여 주로 리벳 볼트 등에 사용된다.

14 자기감응도가 크고, 잔류자기 및 항자력이 작아 변압기 철심이나 교류기계의 철심 등에 쓰이는 강은?

① 자석강 ② 규소강
③ 고니켈강 ④ 고크롬강

해설
규소강 : 철에 1~5%의 규소를 첨가한 특수 강철로 탄소 등의 불순물이 아주 적고 투자율 전기저항이 높으며, 자기이력 손실이 작아 발전기, 변압기 등의 철심을 만드는 데 사용된다.

15 스프링강의 특성에 대한 설명으로 틀린 것은?

① 항복강도와 크리프 저항이 커야 한다.
② 반복하중에 잘 견딜 수 있는 성질이 요구된다.
③ 냉간가공 방법으로만 제조된다.
④ 일반적으로 열처리를 하여 사용한다.

해설
스프링강은 냉간가공으로 제조할 수 있으며, 열간가공 후의 소재를 스프링으로 성형해 담금질 및 뜨임으로 성능을 향상시켜 제조할 수 있다.

16 불스 아이(Bull's Eye) 조직은 어느 주철에 나타나는가?

① 가단주철 ② 미하나이트주철
③ 칠드주철 ④ 구상흑연주철

해설
구상흑연주철의 조직을 관찰하였을 때 소의 눈 모양과 비슷하다고 하여 불스 아이라고 명명하였다.

11 ③ 12 ④ 13 ③ 14 ② 15 ③ 16 ④ 정답

17 다음 중 내식용 알루미늄 합금이 아닌 것은?

① 알 민 ② 알드레이
③ 하이드로날륨 ④ 라우탈

해설
라우탈은 주조용 알루미늄 합금으로 내식성이 다소 떨어진다.

18 스퍼기어의 도시방법에 대한 설명 중 틀린 것은?

① 축에 직각인 방향으로 본 투상도를 주투상도로 할 수 있다.
② 이끝원은 굵은 실선으로 그린다.
③ 피치원은 가는 실선으로 그린다.
④ 축 방향으로 본 투상도에서 이뿌리원은 가는 실선으로 그린다.

해설
피치원은 가는 일점 쇄선으로 그린다.

19 평벨드 풀리의 제도방법을 설명한 것 중 틀린 것은?

① 암은 길이 방향으로 절단하여 단면도를 도시한다.
② 모양이 대칭형인 벨트 풀리는 그 일부분만 도시한다.
③ 암의 테이퍼 부분 치수를 기입할 때 치수 보조선은 경사선으로 긋는다.
④ 암의 단면 모양은 도형의 안이나 밖에 회전 단면을 도시한다.

해설
단면으로 그릴 때 이해하기 어려운 경우(리브, 바퀴의 암, 기어의 이) 또는 절단을 하더라도 의미가 없는 것(축, 핀, 볼트, 너트, 와셔)은 절단하여 표시하지 않는다.

20 맞물리는 한 쌍의 평기어에서 모듈이 2이고, 잇수가 각각 20, 30일 때 두 기어의 중심거리는?

① 30mm ② 40mm
③ 50mm ④ 60mm

해설
중심거리 $C = m\left(\frac{Z_1 + Z_2}{2}\right) = 2\frac{(20+30)}{2} = 50$

21 제거가공 또는 다른 방법으로 얻어진 가공 전의 상태를 그대로 남겨 두는 것만 지시하기 위한 기호는?

①
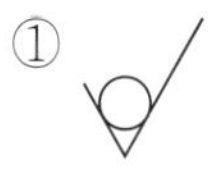
②
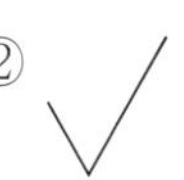
③
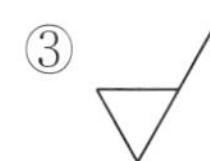
④
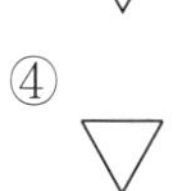

해설

[제거가공을 함] [제거가공을 하지 않음]

22 양쪽 끝이 모두 수나사로 되어 있으며, 한쪽 끝에 상대쪽에 암나사를 만들어 미리 반영구적 나사박음하고, 다른 쪽 끝에 너트를 끼워 죄도록 하는 볼트는?

① 스테이 볼트 ② 아이 볼트
③ 탭 볼트 ④ 스터드 볼트

해설
스터드 볼트 : 양쪽 끝이 모두 수나사로 되어 있는 나사로서, 관통하는 구멍을 뚫을 수 없는 경우에 사용한다. 한쪽 끝은 상대쪽에 암나사를 만들어 미리 반영구적으로 박음을 하고, 다른 쪽 끝은 너트를 끼워 조인다.

정답 17 ④ 18 ③ 19 ① 20 ③ 21 ① 22 ④

23 특수한 가공을 하는 부분 등 특별한 요구사항을 적용할 수 있는 범위를 표시하는 데 사용하는 선은?

① 굵은 1점 쇄선

② 가는 2점 쇄선

③ 가는 실선

④ 굵은 실선

해설

특수 지정선은 특수한 가공을 하는 부분 등 특별한 요구사항을 적용할 수 있는 범위를 표시하는 선으로 굵은 1점 쇄선으로 도시한다.

24 다음 그림을 제3각법(정면도-화살표 방향)의 투상도로 볼 때 좌측면도로 가장 적합한 것은?

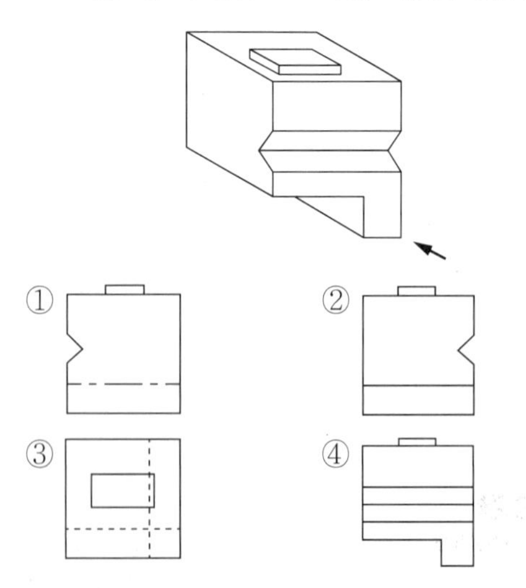

해설

정면도를 기준으로 좌측면에서 본 모양을 선택한다.

25 다음 투상도에 표시된 'SR'은 무엇을 의미하는가?

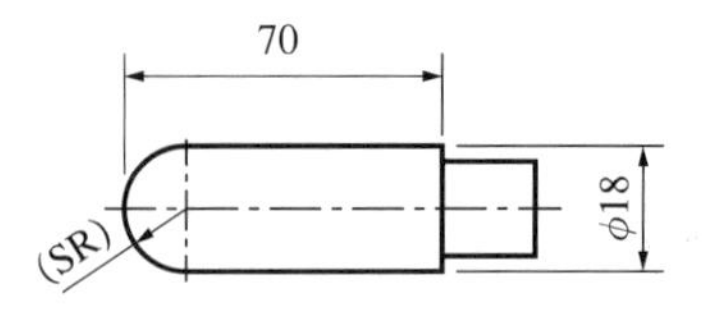

① 원의 반지름　　② 원호의 지름

③ 구의 반지름　　④ 구의 지름

해설

종 류	기 호	사용법	예
지 름	ϕ(파이)	지름 치수 앞에 쓴다.	ϕ30
반지름	R(아르)	반지름 치수 앞에 쓴다.	R15
정사각형의 변	□(사각)	정사각형 한 변의 치수 앞에 쓴다.	□20
구의 반지름	SR (에스아르)	구의 반지름 치수 앞에 쓴다.	SR40
구의 지름	Sϕ (에스파이)	구의 지름 치수 앞에 쓴다.	Sϕ20
판의 두께	t =(티)	판 두께의 치수 앞에 쓴다.	t =5
원호의 길이	⌒(원호)	원호의 길이 치수 위에 붙인다.	10
45° 모따기	C(시)	45° 모따기 치수 앞에 붙인다.	C8
이론적으로 정확한 치수	□ (테두리)	이론적으로 정확한 치수의 치수 수치에 테두리를 그린다.	20
참고 치수	(　) (괄호)	치수보조기호를 포함한 참고 치수에 괄호를 친다.	(ϕ20)
비례 치수가 아닌 치수	___ (밑줄)	비례 치수가 아닌 치수에 밑줄을 친다.	15

23 ① 24 ② 25 ③ **정답**

26 치수 보조선에 대한 설명으로 옳지 않은 것은?

① 필요한 경우에는 치수선에 대하여 적당한 각도로 평행한 치수 보조선을 그을 수 있다.

② 도형을 나타내는 외형선과 치수 보조선은 떨어져서는 안 된다.

③ 치수 보조선은 치수선을 약간 지날 때까지 연장하여 나타낸다.

④ 가는 실선으로 나타낸다.

해설

치수 보조선은 물체의 외형과 일정 간격 떨어지게 하여 도시한다.

27 가공에 의한 커터의 줄무늬 방향이 그림과 같을 때, (가) 부분의 기호는?

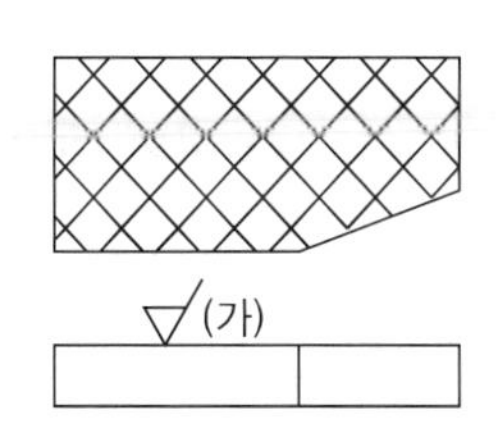

① X　　② M

③ R　　④ C

해설

기 호	×
뜻	가공으로 생긴 선이 2방향으로 교차
모 양	커터의 줄무늬 방향

28 제품의 표면거칠기를 나타낼 때 표면조직의 파라미터를 '평가된 프로파일의 산술 평균 높이'로 사용하고자 한다면 그 기호로 옳은 것은?

① R_t　　② R_q

③ R_z　　④ R_a

해설

- 중심선 평균거칠기(R_a) : 중심선을 기준으로 위쪽과 아래쪽 면적의 합을 측정 길이로 나눈 값이다.
- 최대 높이거칠기(R_{max}) : 거칠면의 가장 높은 봉우리와 가장 낮은 골밑의 차이값으로 거칠기를 계산한다.
- 10점 평균거칠기(R_z) : 가장 높은 봉우리 5곳과 가장 낮은 골 5번째의 평균값의 차이로 거칠기를 계산한다.

29 다음 그림과 같은 치수 기입방법은?

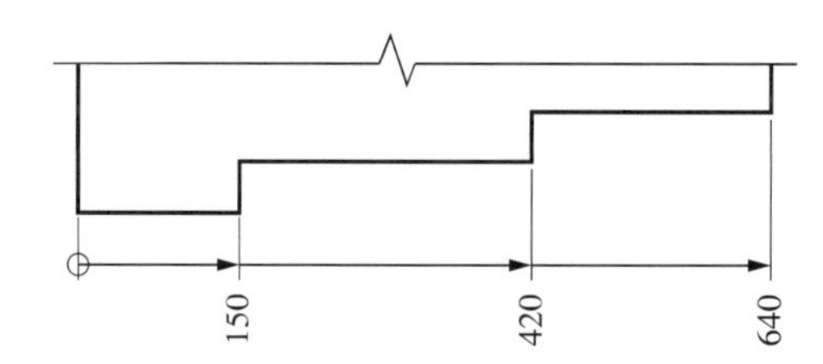

① 직렬 치수 기입방법

② 병렬 치수 기입방법

③ 누진 치수 기입방법

④ 복합 치수 기입방법

해설

누진 치수 기입방법은 치수의 기점기호(○)를 기준으로 하여 누적된 치수를 기입할 때 사용한다.

30 도면에서 구멍의 치수가 $\phi 50^{+0.05}_{-0.02}$로 기입되어 있다면 치수공차는?

① 0.02　　② 0.03

③ 0.05　　④ 0.07

해설

치수공차 = 위치수 허용차 − 아래치수 허용차
= 0.05 − (−0.02) = 0.07

31 다음은 어떤 물체를 제3각법으로 투상한 것이다. 이 물체의 등각투상도로 가장 적합한 것은?

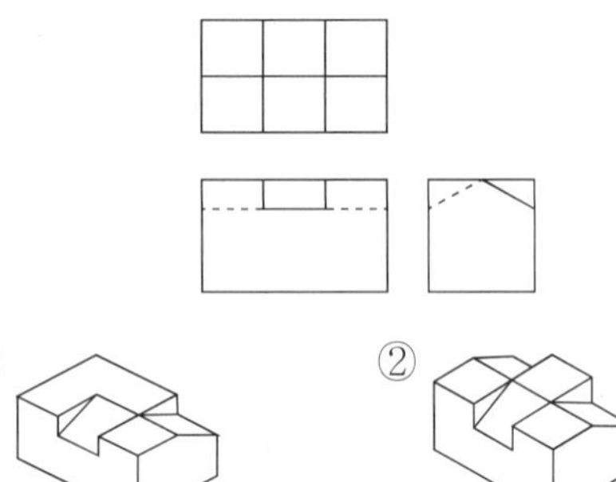

① ②

③ 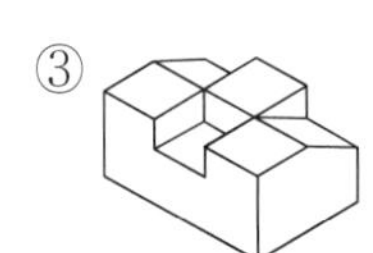

④ 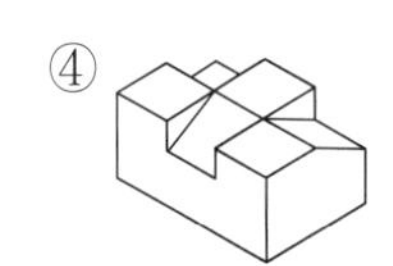

해설

정면도, 평면도, 우측면도를 보고 사물의 위쪽 정면 우측의 모양과 일치하는지의 여부를 확인한다.

32 탄소를 2% 고용한 조직으로 연신율이 크고 상온에서는 불안하나 A_1 변태점 이상의 온도에서는 안정된 조직은 무엇인가?

① 페라이트 ② 펄라이트
③ 오스테나이트 ④ 시멘타이트

해설

오스테나이트의 특징

- A_1 변태점 이상에서 안정된 조직으로 상온에서는 불안하다.
- 탄소를 2% 고용한 조직으로 연신율이 크다.
- 18-8 스테인리스강을 급랭하면 얻을 수 있는 조직이다.
- 오스테나이트 안정화 원소로는 Mn, Ni 등이 있다.

33 변형을 극도로 주의해야 하는 부분을 금형으로 누른 상태에서 실시하는 담금질 방법은 ?

① 시간 담금질 ② 인상 담금질
③ 분사 퀜칭 ④ 프레스 담금질

해설

프레스 담금질 : 변형을 극도로 주의해야 하는 부분을 금형으로 누른 상태에서 구멍으로부터 냉각제를 분사시켜 담금질하는 방식

34 일정한 치수의 시편을 소정의 온도로 가열한 후 시험편 하단에 물을 분사시켜 시험하는 검사방법은?

① 임계 지름법
② 임계 냉각속도법
③ 조미니 시험법
④ 매크로 시험법

해설

조미니 시험법 : 일정한 치수의 시편을 소정의 온도로 가열한 후 시험편 하단면에 물을 분사시켜 시험하는 검사법

35 다음 그림처럼 실시하는 열처리 방법은?

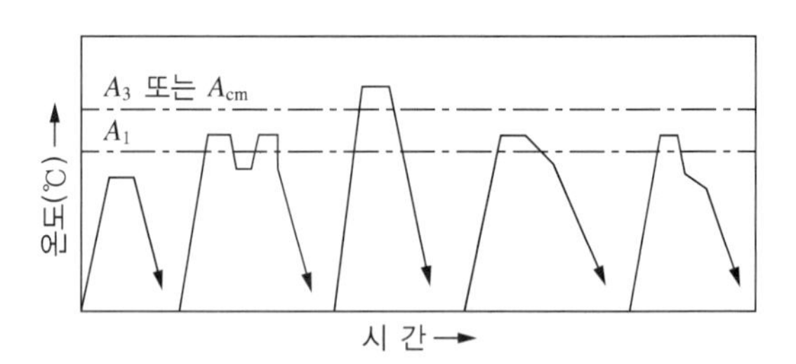

① 뜨 임 ② 확산 풀림
③ 중간 풀림 ④ 구상화 풀림

해설

구상화 풀림 : A_1 변태점 부근에서 기계적 성질의 개선을 위해 망상 시멘타이트 또는 층상 펄라이트 중의 시멘타이트를 가열처리에 의해 제품 중의 탄소를 구상화시키는 열처리

31 ② 32 ③ 33 ④ 34 ③ 35 ④ **정답**

36 SM45C를 열처리 후 HRC25의 경도값이 나올 수 있도록 하기 위한 템퍼링 온도값은 얼마인가?

① 200~300 ② 500~600
③ 300~400 ④ 700~800

해설
SM45C의 경우 850℃ 부근에서 담금질하여 500~600℃ 사이에서 뜨임처리하면 HRC20~30 정도의 경도값을 얻을 수 있다.

37 열욕 담금질법의 일종이며 강선 제조 시 사용되는 열처리방법으로 강선을 수증기 또는 용융금속으로 담금질만 하여 강인한 소르바이트 조직을 얻는 열처리법은?

① 마퀜칭 ② 파텐팅
③ 세라다이징 ④ 심랭처리

해설
파텐팅 처리 : 열욕 담금질법의 일종이며 강선 제조 시에 사용되는 열처리방법으로, 강선을 수증기 또는 용융금속으로 담금질만 하여 강인한 소르바이트 조직을 얻는 방법

38 열처리의 냉각방법에는 연속 냉각, 2단 냉각, 항온 냉각이 있다. 다음 중 2단 냉각에 속하는 것은?

① 인상 담금질
② 보통 풀림
③ 보통 담금질
④ 보통 노멀라이징

해설
인상(시간) 담금질 : 변형, 균열 및 치수의 변화를 최소화하기 위해 냉각수 속에 넣어 일정 온도로 급랭한 후 꺼내 유랭시키거나 공랭시키면서 냉각시간을 조절하는 방법

39 담금질 균열을 방지할 수 있는 방법이 아닌 것은?

① 열용량(두꺼운 부분)이 큰 곳에 구멍을 뚫는다.
② 모서리를 가능한 한 예리하게 만든다.
③ 전체가 균일하게 냉각되게 한다.
④ 담금질 후 곧 뜨임한다.

해설
담금질 균열 방지법
- 살 두께 차이 급변을 줄이고 구멍을 뚫어 부품의 각부가 균일하게 냉각되도록 한다.
- 날카로운 모서리 부분을 면취 및 라운드 처리하고 구멍에는 진흙과 석면을 채운다.
- M_s ~ M_f 범위에서는 서랭하고 시간 담금질을 이용한다.

40 천으로 만든 회전롤에 연마제를 묻혀 고속으로 회전시키면서 표면에 광택을 내는 작업은?

① 숏블라스팅
② 버프연마
③ 액체호닝
④ 슈퍼피니싱

해설
버프연마 : 천으로 만든 회전롤에 연마제를 묻혀 고속으로 회전시키면서 표면에 광택을 내는 작업

정답 36 ② 37 ② 38 ① 39 ② 40 ②

41 고속도강(SKH51)의 열처리 온도에 따른 냉각방법 및 요구경도값을 나타낸 것 중 틀린 것은?

① 담금질 온도 : 1,200~1,240℃, 냉각방법 : 유랭
② 풀림온도 : 800~880℃, 냉각방법 : 서랭
③ 뜨임온도 : 540~570℃, 냉각방법 : 공랭
④ 요구경도값 : HRC 25 이상

해설
SKH51는 공구용강으로 사용되는 강으로 HRC55 이상 값으로 열처리되어야 한다.

42 고주파 담금질에 대한 설명으로 틀린 것은?

① 기어, 캠, 핀, 부시, 라이너 등의 열처리에 사용된다.
② 열처리 불량이 적고, 변형 보정을 필요로 하지 않는다.
③ 열처리 후에 연삭과정을 생략 또는 단축할 수 있다.
④ 대형품이나 깊은 담금질층을 얻기 위해서는 높은 주파수를 이용한다.

해설
주파수가 낮을수록 담금질의 깊이는 깊어진다.

43 금속재료의 열처리에 이용되고 있는 확산의 대표적인 사례가 아닌 것은?

① 침 탄 ② 질 화
③ 담금질 ④ 시멘테이션

해설
일반 열처리 중 담금질은 마텐자이트 변태를 유도한 것으로 원자의 확산과는 거리가 먼 무확산변태이다.

44 열간 압연을 한 탄소량이 0.6% 이하인 기계구조용 탄소강을 절삭가공이 쉽도록 하기 위한 열처리는?

① 뜨 임 ② 완전 풀림
③ 담금질 ④ 노멀라이징

해설
완전 풀림을 실시할 경우 재질이 연화되어 절삭성을 높일 수 있다.

45 진공용기 내에서 금속을 증발시키고, 기판에 (−)극을 걸어 주어 글로 방전에 의해 이온화가 촉진되게 함으로써 밀착력이 우수하여 공구나 금형 등에 사용되는 증착법은?

① 진공 증착 ② 스퍼터링
③ 이온 플레이팅 ④ TD 처리법

해설
이온 플레이팅 : 진공 속에서 이온화 또는 증발원자 의하여 피복하는 것으로서 전기도금에 대하여 이 명칭이 붙여진 것이다. 이온 플레이팅은 기어나 나사 등 복잡한 형상의 물건이나 마찰이 작고 내마모성이 요구되는 베어링 등의 코팅에 응용된다.

41 ④ 42 ④ 43 ③ 44 ② 45 ③ 정답

46 전기로에 사용되는 금속 발열체 중 사용 온도가 가장 높은 것은?

① 텅스텐

② 칸 탈

③ 니크롬(80%Ni－20%Cr)

④ 철크롬(23%Fe－26%Cr－4~6%Al)

해설

금속 발열체 : 니크롬(~1,100℃), 철크롬(~1,200℃), 칸탈(~1,300℃), 몰리브덴(~1,650℃), 텅스텐(~1,700℃)

47 일반적인 강재의 담금질성에 관한 설명으로 옳은 것은?

① 다량의 P은 담금질성을 감소시킨다.

② 다량의 S은 담금질성을 증가시킨다.

③ 가열온도가 낮으면 담금질성이 향상된다.

④ 결정입도가 크면 담금질성이 향상된다.

해설

다량의 P은 상온취성을 유발하여 담금질성을 저해한다.

48 과랭 오스테나이트를 500℃ 부근에서 가공한 후 급랭함으로써 연성과 인성을 크게 해치지 않고 마텐자이트 조직이 되도록 하는 처리는?

① 마퀜칭 ② 항온뜨임

③ 오스포밍 ④ 오스템퍼링

해설

오스포밍 : 오스테나이트강을 재결정 온도 이하와 M_s 점 이상의 온도범위에서 변태가 일어나기 전에 과랭 오스테나이트 상태에서 소성가공을 한 다음 냉각하여 마텐자이트화하는 열처리 조작으로, 인장강도가 높은 고강인성강을 얻는 데 사용된다.

49 기계가공, 용접한 공구강을 Ac_1 이하의 온도로 가열 유지한 후 냉각하는 조작으로 변형의 발생원인을 제거하는 처리는?

① 완전 풀림 ② 연화 풀림

③ 구상화 풀림 ④ 응력제거 풀림

해설

응력제거 풀림 : 가공 후 생긴 잔류응력을 제거하기 위한 열처리로 A_1 변태점 바로 아래 온도(500~700°C)에서 가열 후 서랭한다.

50 니켈청동(Cu－Ni－Sn－Zn) 합금을 760℃에서 담금질한 후 280~320℃로 5시간 뜨임하면 다음의 기계적 성질 중 낮아지는 것은?

① 경 도 ② 연신율

③ 인장강도 ④ 항복강도

해설

일반적으로 담금질 후 뜨임 열처리를 실시하면 강도의 경도는 증가하나 연신율은 감소한다.

51 냉각장치 중 가장 신속한 냉각을 할 수 있는 것은?

① 서서히 흐르는 물의 냉각장치

② 수랭로에 바람을 부는 냉각장치

③ 물을 분사시키는 냉각장치

④ 밑에서 물을 보내는 순환 냉각장치

해설

물을 분사할 경우 제품과 물의 접촉 많아져 냉각속도가 빨라진다.

정답 46 ① 47 ① 48 ③ 49 ④ 50 ② 51 ③

52 열처리의 종류 중 주조나 단조 후의 편석과 잔류응력 등을 제거하고 표준화시키는 열처리는?

① 노멀라이징(Normalizing)

② 담금질(Quenching)

③ 풀림(Annealing)

④ 뜨임(Tempering)

해설

불림(노멀라이징)

- 목적 : 강을 미세하고 균일한, 표준화된 조직을 얻는 것을 목적으로 하는 열처리
- 방법 : $A_3 \sim A_{cm}$ 선보다 30~60℃ 높은 온도로 가열한 다음 일정 시간을 유지한 후 공기 중에 냉각시키면 미세하고 균일한 표준조직이 형성된다.

53 심랭처리에 사용하는 냉각제 및 냉각매가 아닌 것은?

① 액체 질소

② 염화바륨

③ 암모니아 가스

④ 에테르 + 드라이아이스

해설

심랭처리에 사용되는 냉매

드라이아이스	암모니아	액체 이산화탄소	액체 산소
-78℃~	-50~0℃	-50~0℃	-183℃

액체 질소	액체 수소	액체 헬륨
-196℃	-253℃	-269℃

54 담금질한 부품의 표면에 얼룩이 생기는 원인으로 틀린 것은?

① 강 표면에 탈탄층이 존재하는 경우

② 담금질성을 높이는 원소의 편석이 존재하여 경화얼룩이 존재하는 경우

③ 수랭하였을 때 강의 표면에 기포 또는 스케일이 부착되어 부분적으로 냉각이 안 되는 경우

④ 급랭으로 말미암아 강 부품의 내외 온도차가 발생하여 열적 응력이 발생한 경우

해설

열적 응력에 의해 뒤틀림 및 변형이 발생하고 부위별로 경도가 틀려지지만 표면의 얼룩과는 상관이 없다.

55 다음 중 가장 고온에서 하는 풀림(Annealing) 방법은?

① 응력제거 풀림

② 재결정 풀림

③ 항온 풀림

④ 확산 풀림

해설

확산 풀림 : 단조 및 주조품에 생긴 편석을 확산 소실시켜 균질하는 열처리로 주로 1,000℃ 이상 고온에서 가열한 후 서랭한다.

56 강을 뜨임작업할 때 유의사항으로 틀린 것은?

① 담금질한 후 바로 뜨임작업을 한다.

② 시편의 급격한 온도 변화를 피한다.

③ 약 200~320°C에서는 청열취성에 유의한다.

④ A_1 변태점 이상의 온도로 급속히 가열한 다음 급히 냉각시켜야 한다.

해설

뜨임은 A_1 변태선 이하에서 실시하며 주로 공랭시킨다.

52 ① 53 ② 54 ④ 55 ④ 56 ④ **정답**

57 Ti이나 Nb을 함유한 오스테나이트계 스테인리스 강에서 입계 부식의 방지를 도모하기 위한 가장 적합한 처리는?

① 고용화 처리
② 가공경화 처리
③ 안정화 열처리
④ 결정립 조대화 열처리

해설
안정화 처리 : Ti, V, Nb 등을 첨가하여 입계 부식을 저지하는 처리

58 0.45%C를 함유한 탄소강을 담금질할 때 어느 조직까지 온도를 상승시키는가?

① 페라이트
② 오스테나이트
③ 레데부라이트
④ 시멘타이트

해설
강의 담금질은 상온의 펄라이트를 오스테나이트 온도까지 가열한 후 급랭시켜 마텐자이트 조직을 얻는 것을 목적으로 한다.

59 과공석강을 완전 풀림(Annealing)처리하였을 때의 조직은?

① 마텐자이트
② 층상 펄라이트
③ 시멘타이트 + 층상 펄라이트
④ 페라이트 + 층상 펄라이트

해설
강의 완전 풀림 시 생성조직
- 아공석강 : 페라이트 + 층상 펄라이트
- 공석강 : 층상 펄라이트
- 과공석강 : 시멘타이트 + 층상 펄라이트

60 다음 중 분위기 열처리로가 아닌 것은?

① 진공로
② 순산소 전로
③ 이온질화로
④ 불활성 가스로

해설
순산소 전로는 제강에서 사용되는 것으로 용선에 들어 있는 각종 불순물을 제거하기 위해 고순도의 산소를 불어 넣어서 슬래그화시켜 순도 높은 강을 얻을 때 사용되는 노이다.

정답 57 ③ 58 ② 59 ③ 60 ②

2020년 제1회 과년도 기출복원문제

01 탄소강에 함유된 원소들의 영향을 설명한 것으로 옳은 것은?

① Mn은 보통 강 중에 0.2~0.8% 함유되며, 일부는 α-Fe 중에 고용되고, 나머지는 S과 결합하여 MnS으로 된다.
② P은 Fe과 결합하여 FeP을 만들고, 결정입자의 미세화를 촉진시킨다.
③ Si는 α 고용체 중에 고용되어 경도, 인장, 강도 등을 낮춘다.
④ Cu는 매우 적은 양이 Fe 중에 고용되며, 부식에 대한 저항성을 감소시킨다.

해설

- P은 Fe_3P로 석출되어 존재하며 결정립 조대화시키며 강도와 경도를 증가하나 연신율은 감소시키며 상온취성의 원인이 된다.
- Si는 탈산제로 잔류되어 인장강도, 탄성한계, 경도를 상승시키나 연신율, 충격값은 감소시킨다.
- Cu는 0.25% 이하의 소량으로 고용되며 강도, 경도, 탄성한계를 증가시키고 내식성을 향상시킨다.

02 Sn-Sb-Cu계의 베어링용 합금으로 마찰계수가 작고, 소착에 대한 저항력이 큰 합금은?

① 오일리스 베어링
② 배빗메탈
③ 켈 밋
④ 주석 청동

해설

배빗메탈 : Sn 70~90%, Sb 7~20%, Cu 2~10%를 주성분으로 하는 베어링 메탈로 고온·고압에 잘 견디고, 점성이 강해 고속·고하중용 베어링 재료로 사용된다.

03 Cu-Zn계 합금인 황동에서 탈아연 부식이 가장 발생하기 쉬우며 $\alpha+\beta$의 조직인 것은?

① 문쯔메탈(Muntz Metal)
② 애드미럴티황동(Admiralty Brass)
③ 쾌삭황동(Free Cutting Brass)
④ 톰백(Tombac)

해설

탈아연 부식 : 6-4황동(문쯔메탈)에서 주로 나타나며 황동의 표면 또는 내부가 해수 또는 부식성 물질이 있는 액체와 접촉되면 아연이 녹아 버리는 현상

04 순철의 동소변태점끼리 짝지어진 것은?

① A_0, A_1 ② A_1, A_2
③ A_2, A_3 ④ A_3, A_4

해설

철의 주요 변태점

- A_0 변태 : 210°C 시멘타이트의 자기변태
- A_1 변태 : 723°C 공석변태
- A_2 변태 : 768°C 자기변태 상자성체 ↔ 강자성체로 변화
- A_3 변태 : 910°C 동소변태 α철(BCC) ↔ γ철(FCC)로 변태
- A_4 변태 : 1400°C 동소변태 γ철(FCC) ↔ δ철(BCC)로 변태

05 훅의 법칙(Hooke's Law)이 성립되는 구간은?

① 비례한도 ② 탄성한도
③ 항복점 ④ 인장강도

해설

훅의 법칙(비례한도)

응력이 증가함에 따라 변형률도 증가하며, E점 이내까지는 응력을 가하였다 제거하면 원상태로 돌아가게 된다. 이러한 관계가 형성되는 최대한의 응력을 비례한도라고 하며, 다음의 공식이 성립된다.
$\sigma = E \times \varepsilon$[$\sigma$: 응력, E : 탄성률(영률), ε : 변형률]

1 ① 2 ② 3 ① 4 ④ 5 ① 정답

06 **금속의 결정구조에 관한 설명이 옳지 않은 것은?**

① 실용금속의 결정구조 중에서 일반적으로 볼 수 있는 단위격자에는 체심입방격자, 면심입방격자, 조밀육방격자의 기본형이 있다.
② 체심입방격자구조를 가지는 금속에는 상온에서 Fe과 W, Mo, V 등이 있다.
③ 면심입방격자구조를 가지는 금속에는 Al, Cu, Mo 등으로 전성과 연성이 나쁜 것이 결점이다.
④ 조밀육방격자에 속하는 금속에는 Zn, Mg, Cd, Co 등이다.

해설
면심입방격자(Face Centered Cubic)
- 종류 : Ag, Al, Au, Ca, Ir, Ni, Pb, Ce, Pt
- 배위수 : 12, 원자 충진율 : 74%, 단위격자 속 원자수 : 4
- 전기전도도가 크며 전연성이 크다.

07 **500~600℃까지 가열해도 뜨임효과에 의해 연화되지 않고 고온에서도 경도의 감소가 작은 것이 특징이며, 18%W-4%Cr-1%V-0.8~0.9%C의 조성으로 된 강은?**

① 다이스강(Dies Steel)
② 스테인리스강(Stainless Steel)
③ 게이지용강(Gauge Steel)
④ 고속도강(High Speed Steel)

해설
고속도강(SKH) : 18%W-4%Cr-1%V으로 절삭공구강에서 대표적으로 사용된다. 고속 절삭에도 연화되지 않으며, 열전도율이 나쁘고 자경성을 가지고 있다.

08 **탄소강에서 헤어크랙의 발생에 가장 큰 영향을 주는 원소는?**

① 산 소　　② 수 소
③ 질 소　　④ 탄 소

해설
수소취성(헤어크랙) : 고온에서 강에 수소가 들어간 후 200~250℃에서 분자 간의 미세한 균열이 발생하여 취성을 갖는 성질

09 **규소를 넣어 주조성을 개선하고, 구리를 넣어 절삭성을 향상시킨 Al-Cu-Si계 합금은?**

① 톰 백　　② 알루멜
③ 크로멜　　④ 라우탈

해설
라우탈 Al-Cu-Si : 주조용 알루미늄 합금으로, 절삭성이 좋다.

10 **양은(Nickel Silver)에 대한 설명으로 옳은 것은?**

① 전기저항이 낮다.
② 저항온도계수가 낮다.
③ 내식성은 우수하나 내열성은 떨어진다.
④ 니켈을 넣은 황동으로 양백이라고도 한다.

해설
니켈황동 : Ni-Zn-Cu 첨가한 강으로 양은, 양백이라고도 한다. 주로 전기저항체에 사용한다.

정답 6 ③ 7 ④ 8 ② 9 ④ 10 ④

11 강에 Pb이나 S을 첨가하여 절삭성을 향상시킨 특수강은?

① 내부식강 ② 쾌삭강
③ 내열강 ④ 내마모강

해설
쾌삭강 : 황쾌삭강, 납쾌삭강, 흑연쾌삭강으로 Pb, S, 흑연 등을 소량 첨가하여 절삭성을 향상시킨 강

12 림드강을 변형시킨 것으로, 용강을 주입한 후 뚜껑을 씌워 용강의 비등을 억제시켜 림드 부분을 얇게 하여 내부 편석을 적게 한 강괴는?

① 킬드강 ② 림드강
③ 세미킬드강 ④ 캡트강

해설
캡트강 : 용강을 주입한 후 뚜껑을 씌어 내부 편석을 적게 한 강으로, 내부결함은 적으나 표면결함이 많다.

13 Al-Si계 합금의 개량처리에 사용되는 나트륨의 첨가량과 용탕의 적정 온도로 옳은 것은?

① 약 0.01%, 약 750~800℃
② 약 0.1%, 약 750~800℃
③ 약 1.0%, 약 850~900℃
④ 약 10.0%, 약 850~900℃

해설
개량처리 : 플루오린화알칼리, 나트륨, 수산화나트륨, 알칼리 등을 용탕 안에 넣어 조직을 미세화하고 공정점을 이동시킨다. 나트륨은 0.01% 750~800℃에 첨가, 플루오린화나트륨은 800~900℃에서 첨가한다.

14 다음의 합금원소 중 함유량이 많아지면 내마멸성을 크게 증가시키고, 적열메짐을 방지하는 것은?

① Ni ② Mn
③ Si ④ Mo

해설
망간(Mn) : 적열취성의 원인이 되는 황(S)을 MnS의 형태로 결합하고, 슬래그(Slag)를 형성하여 제거 후 황의 함유량을 조절하며 절삭성을 개선시킨다.

15 일반적으로 철강의 기계적 성질은 탄소량이 증가함에 따라 변화되는데, 이때 감소되는 것은?

① 강 도
② 연신율
③ 항복점
④ 경 도

해설
탄소강에서 탄소 함유량이 증가함에 따라 일반적으로 강도, 경도, 항복점은 증가하지만, 연신율은 감소한다.

16 제도에서 사용하는 선의 종류와 모양을 설명한 것으로 틀린 것은?

① 외형선은 굵은 실선으로 표시한다.
② 숨은선은 파선으로 표시한다.
③ 치수보조선은 가는 실선으로 표시한다.
④ 지시선은 2점쇄선으로 표시한다.

해설
지시선은 가는 실선으로 도시한다.

11 ② 12 ④ 13 ① 14 ② 15 ② 16 ④ 정답

17 다음 그림이 나타내는 단면도의 종류는?

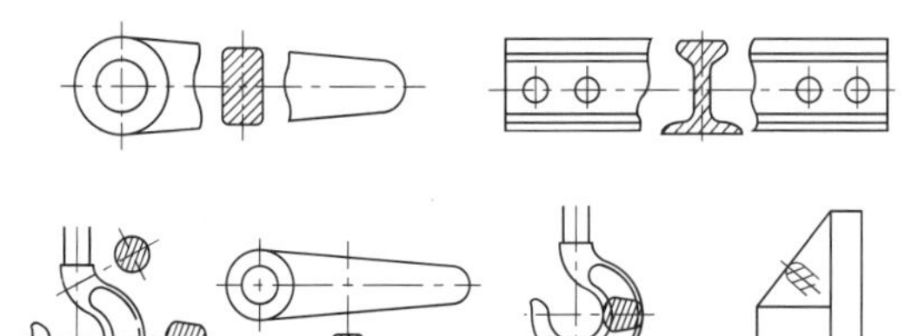

① 계단단면도　　② 전단면도
③ 한쪽단면도　　④ 회전단면도

해설

회전도시단면도
핸들, 벨트 풀리, 훅, 축 등의 단면을 표시할 때에는 투상면에 절단한 단면의 모양을 90° 회전시켜 안이나 밖에 그린다.

18 축, 구멍의 치수에 따라 틈새 또는 죔새가 생기는 끼워맞춤은?

① 억지 끼워맞춤　　② 헐거운 끼워맞춤
③ 중간 끼워맞춤　　④ 공차 끼워맞춤

해설

중간 끼워맞춤 : 상황에 따라서 틈새와 죔새가 발생할 수 있는 끼워맞춤

19 도면에 기입하는 재료기호 중 'SM45C'를 정확히 설명한 것은?

① 기계구조용 탄소강재로 인장강도가 45kgf/mm^{2}이다.
② 기계구조용 탄소강재로 탄소 함량이 0.45%이다.
③ 기계구조용 탄소강재로 탄소 함량이 4.5%이다.
④ 몰리브덴강으로 탄소 함량이 0.45%이다.

해설

SM45C는 기계구조용 탄소강재로 탄소 함량이 0.45%이다. 탄소 함유량이 2% 이상인 것은 강이 아니라 주철이다.

20 면의 지시기호에 대한 표시 위치 설명이 틀린 것은?

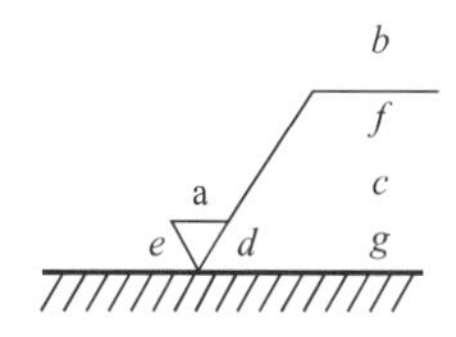

① a : 중심선 평균거칠기의 값
② b : 가공방법
③ c : 컷오프값
④ d : a 이외의 표면거칠기의 값

해설

d : 줄무늬 방향의 기호

21 단면 표시에 대한 설명으로 틀린 것은?

① 단면은 원칙적으로 기본중심선에서 절단한 면으로 표시한다. 이때 절단선은 반드시 기입하여 준다.
② 단면은 필요한 경우에는 기본중심선이 아닌 곳에서 절단한 면으로 표시해도 좋다. 단, 이때에는 절단 위치를 표시해 놓아야 한다.
③ 숨은선은 되도록 단면에 기입하지 않는다.
④ 관련도는 단면을 그리기 위하여 제거했다고 가정한 부분도 그린다.

해설

단면도는 중심선에서 절단한 면을 표시할 필요 없이 물체의 내부의 모습을 잘 보일 수 있게 적절하게 절단하여 표시해야 하며, 절단한 위치를 반드시 나타내어야 하는 경우(계단단면도 등)를 제외하고는 절단선을 기입할 필요는 없다.

정답 17 ④　18 ③　19 ②　20 ④　21 ①

22 다음의 도면과 같이 40 밑에 그은 선이 나타내는 것은?

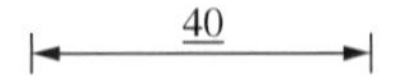

① 기준 치수
② 비례척이 아닌 치수
③ 다듬질 치수
④ 가공 치수

해설

종 류	기 호	사용법	예
지 름	ϕ(파이)	지름 치수 앞에 쓴다.	ϕ30
반지름	R(아르)	반지름 치수 앞에 쓴다.	R15
정사각형의 변	□(사각)	정사각형 한 변의 치수 앞에 쓴다.	□20
구의 반지름	SR (에스아르)	구의 반지름 치수 앞에 쓴다.	SR40
구의 지름	Sϕ (에스파이)	구의 지름 치수 앞에 쓴다.	Sϕ20
판의 두께	t =(티)	판 두께의 치수 앞에 쓴다.	t =5
원호의 길이	⌒(원호)	원호의 길이 치수 위에 붙인다.	10
45° 모따기	C(시)	45° 모따기 치수 앞에 붙인다.	C8
이론적으로 정확한 치수	□ (테두리)	이론적으로 정확한 치수의 치수 수치에 테두리를 그린다.	20 (테두리)
참고 치수	( ) (괄호)	치수보조기호를 포함한 참고 치수에 괄호를 친다.	(ϕ20)
비례 치수가 아닌 치수	___ (밑줄)	비례 치수가 아닌 치수에 밑줄을 친다.	15 (밑줄)

23 리벳의 도시법으로 옳은 것은?

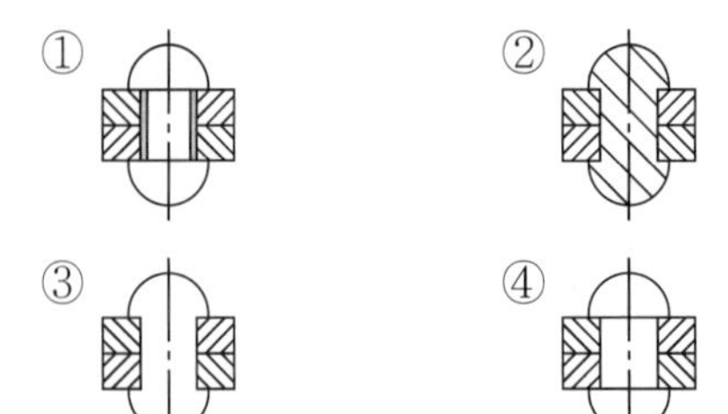

해설

리벳 부품은 단면으로 도시하지 않는다. 이에 따라 리벳 자체는 해칭이 없어야 하며(2번 제외) 리벳은 나사결함으로 채결하지 않는다(1번 제외).

24 도면의 척도에 대한 설명 중 틀린 것은?

① 척도는 도면의 표제란에 기입한다.
② 척도에는 현척, 축척, 배척의 3종류가 있다.
③ 척도는 도형의 크기와 실물 크기의 비율이다.
④ 도형이 치수에 비례하지 않을 때는 척도를 기입하지 않고, 별도의 표시도 하지 않는다.

해설

NS(None Scale) : 비례척이 아닐 때 표시하는 방법

25 호칭지름이 50mm, 피치 2mm인 미터 가는 나사가 2줄 왼나사로 암나사 등급이 6일 때 KS 나사 표시 방법으로 올바른 것은?

① 왼 2줄 M50×2 6H ② 좌 2줄 M50×2 6g
③ 좌 2N M50×2 6H ④ 왼 2N M50×2 6g

해설

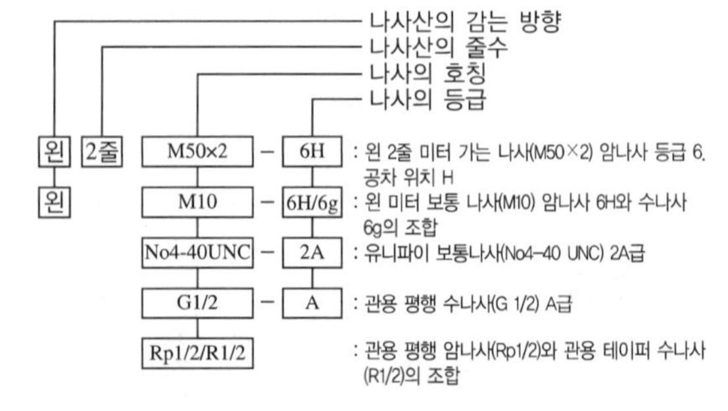

22 ② 23 ④ 24 ④ 25 ① 정답

26 상하 또는 좌우대칭인 물체는 1/4을 떼어 낸 것으로 보고, 기본 중심선을 경계로 하여 1/2은 외형, 1/2은 단면으로 동시에 나타내는 단면도법은?

① 전단면도 ② 한쪽단면도
③ 부분단면도 ④ 회전단면도

해설
한쪽(반)단면도 : 제품을 1/4로 절단하여 내부와 외부를 절반씩 보여 주는 단면도이다.

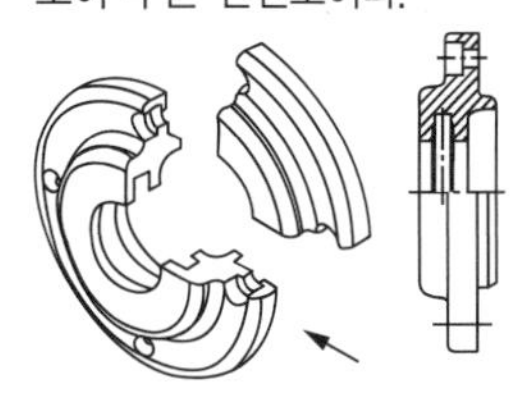

27 투상관계를 나타내기 위해 다음 그림과 같이 원칙적으로 주가 되는 그림 위에 중심선 등으로 연결하여 그린 투상도는?

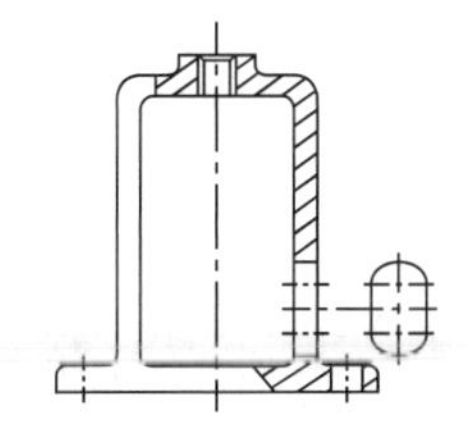

① 보조투상도
② 국부투상도
③ 부분투상도
④ 회전투상도

해설
대상물의 구멍, 홈 등과 같이 한 부분의 모양을 도시하는 것으로 충분한 경우에는 그 필요한 부분만 국부투상도로 도시한다.

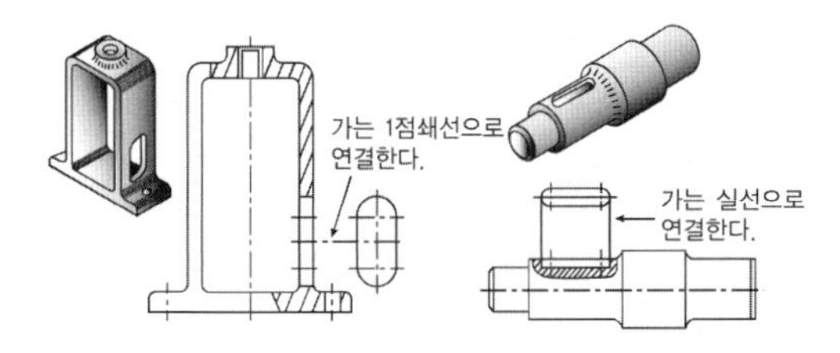

28 기준 치수가 30, 최대 허용 치수가 29.98, 최소 허용 치수가 29.95일 때 아래 치수 허용차는 얼마인가?

① +0.03
② +0.05
③ −0.02
④ −0.05

해설
최소 허용 치수 = 아래 치수 허용차 − 기준 치수
= 29.95 − 30 = −0.05

29 가스로의 일반적인 특징을 설명한 것 중 틀린 것은?

① 점화가 간단하다.
② 노 내 온도 조절이 어렵다.
③ 복사열 작용을 한다.
④ 온도를 균일하게 지속시킬 수 있다.

해설
가스로 : 프로판가스, 부탄가스, 천연가스, 도시가스 등의 혼합가스를 연소시켜서 열처리하는 노이다. 전기로에 비해 온도 상승을 빠르게 할 수 있고, 800~1,200℃ 정도까지의 광범위 가열온도를 쉽게 얻을 수 있다. 취급이 간단하여 풀림이나 노멀라이징용으로 사용된다.

30 질화(Nitriding)처리에 대한 설명으로 틀린 것은?

① 변형의 증가
② 내식성 증가
③ 피로한도 증가
④ 내마모성 증가

해설
질화는 암모니아가스를 이용하여 표면에 질소를 확산・침투시키는 표면 열처리법으로, 표면의 조성만 일부 변하고 재료의 큰 변형은 야기하지 않는다.

정답 26 ② 27 ② 28 ④ 29 ② 30 ①

31 표면경화법을 화학적 및 물리적 표면경화법으로 나눌 때 물리적 경화법에 해당하는 것은?

① 침탄법 ② 금속침투법
③ 화염경화법 ④ 질화법

해설

- 물리적 경화법은 가열과 냉각 및 외력, 이온화를 이용한 경화법으로, 화염경화법, 고주파경화법, 쇼트피닝, 방전경화법 등이 있다.
- 질화처리는 강재의 표면에 질소를 확산·침투시켜서 표면을 경화시키는 표면경화법의 일종으로, 변형을 최소화한 열처리방법이다.

32 강의 담금질성을 판단하는 방법이 아닌 것은?

① 조미니시험에 의한 방법
② 임계 냉각속도를 사용하는 방법
③ 강박시험에 의한 방법
④ 임계지름에 의한 방법

해설

강의 담금질성(담금질 난이도) 판단하는 방법

- 임계 냉각속도를 사용하는 방법
- 임계지름에 의한 방법
- 조미니시험법

33 완전풀림 냉각방법에서 550℃ 정도가 되면 노에서 끄집어내어 공랭 또는 수랭하는 방법은?

① 2단 냉각 ② 항온 냉각
③ 완전 냉각 ④ 연속 냉각

해설

완전풀림(서랭)에서 공랭 또는 수랭하는 등 냉각방법에 한 번의 변화를 주는 냉각방법을 2단 냉각이라고 한다.

34 염욕의 탈탄 여부를 검사하는 시험은?

① 매크로시험(Macro Test)
② 강박시험(Steel Foil Test)
③ 인장시험(Tensile Test)
④ 경도시험(Hardness Test)

해설

강박시험은 강의 얇은 두께 정도를 측정하는 시험으로, 탈탄 여부에 따른 두께 변화를 측정할 수 있다.

35 마템퍼링(Martempering) 열처리와 거리가 먼 것은?

① M_s와 M_f 사이에서 항온변태처리를 하는 것이다.
② 오스테나이트 상태에서 M_s 이하의 염욕 중에서 담금질한다.
③ 변형을 작게 하고 균열을 막는 데 효과적이다.
④ 펄라이트 조직을 얻기 위한 처리이다.

해설

마템퍼링 : 마텐자이트 + 베이나이트 생성

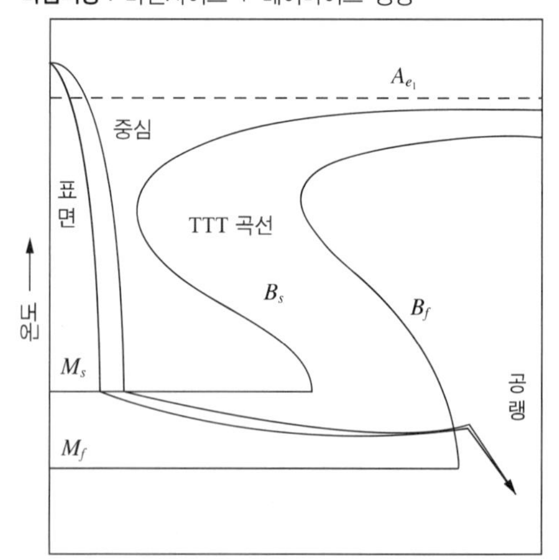

강을 오스테나이트 영역에서 M_s와 M_f 사이에서 항온변태처리를 행하며 변태가 거의 종료될 때까지 같은 온도로 유지한 다음 공기 중에서 냉각하여 마텐자이트와 베이나이트의 혼합조직을 얻는 열처리

31 ③ 32 ③ 33 ① 34 ② 35 ④ 정답

36 쇼트피닝법에 대한 설명으로 틀린 것은?

① 침탄열처리 후 쇼트피닝하면 취성의 증가로 피로강도가 저하한다.

② 쇼트볼의 크기가 크거나 분사압력이 클수록 압축잔류응력이 증가한다.

③ 제품 표면의 스케일 등을 제거할 수 있다.

④ 침탄품의 표면에 발생한 잔류 오스테나이트는 쇼트피닝에 의하여 가공 마텐자이트로 변할 수 있다.

해설

쇼트피닝은 제품의 표면에 쇼트이라고 하는 강구를 고속으로 분사하여 표면의 스케일 제거 및 압축 잔류응력을 주어서 제품 표면의 내구성을 높이고 피로강도를 증가시키는 데 목적이 있다.

37 고주파 담금질할 때의 경도가 부족한 원인이 아닌 것은?

① 재료가 부적당하다.

② 냉각이 부적당하다.

③ 가열온도가 부족하다.

④ 마텐자이트 변태를 일으킨다.

해설

고주파 담금질의 결함 경도가 부족한 원인

- 재료가 부적당할 경우(탄소 함유량이 많음)
- 냉각이 부적당할 경우
- 고주파발전기의 전력 부족으로 가열온도가 부족할 경우

38 침탄 담금질의 결함에서 박리가 생기는 원인이 아닌 것은?

① 과잉 침탄했을 때

② 반복 침탄했을 때

③ 소재의 강도가 높은 것을 사용할 때

④ 국부적으로 탄소 함유량이 너무 많거나 상대적으로 탄소량이 너무 적을 때

해설

침탄 시 박리의 원인

- 과잉 침탄으로 인한 탄소 함유량 증가
- 연한 재료를 반복적으로 침탄했을 경우

39 열처리작업 시 수랭을 실시하기 위한 냉각의 3단계를 바르게 나열한 것은?

① 비등단계 → 증기막단계 → 대류단계

② 비등단계 → 대류단계 → 증기막단계

③ 증기막단계 → 비등단계 → 대류단계

④ 대류단계 → 증기막단계 → 비등단계

해설

담금질 냉각선도

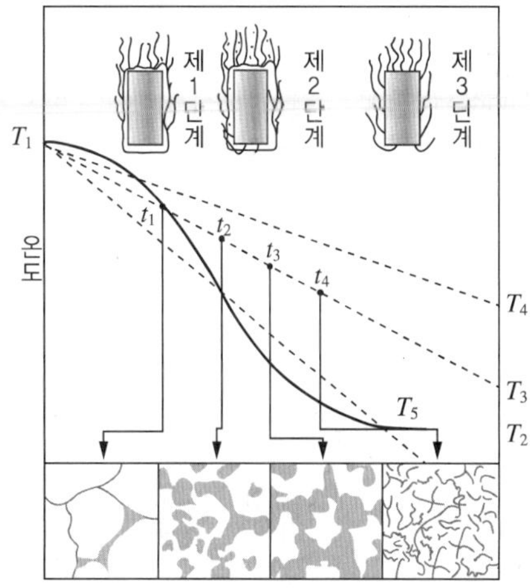

- 1단계 : 증기막단계, 시편이 냉각액의 증기로 감싸지는 단계로 냉각속도가 늦다.
- 2단계 : 비등단계, 증기막 파괴로 비등되어 끓어오르는 단계로 냉각속도가 최대이다.
- 3단계 : 대류단계, 대류에 의해 시편과 냉각액의 온도가 동일화되는 단계로 냉각속도가 늦다.

정답 36 ① 37 ④ 38 ③ 39 ③

40 두 종류의 금속선 양단을 접합하고 양 접합점에 온도차를 부여하여 기전력을 이용한 온도계는?

① 복사온도계
② 열전쌍온도계
③ 광전온도계
④ 광온도계

해설

열전쌍온도계 : 두 종류의 금속선 양단에 온도차와 기전력의 비례관계를 통해 온도를 측정하는 장치

41 강재를 담금질할 때 연속 냉각변태의 표시로 맞는 것은?

① CCT ② TAA
③ ESS ④ TTT

해설

연속 냉각변태 : 실제로 이루어지는 일반적인 열처리는 냉각과 동시에 변태가 일어나는데, 이를 선도로 표시한 선을 CCT 선이라고 한다.

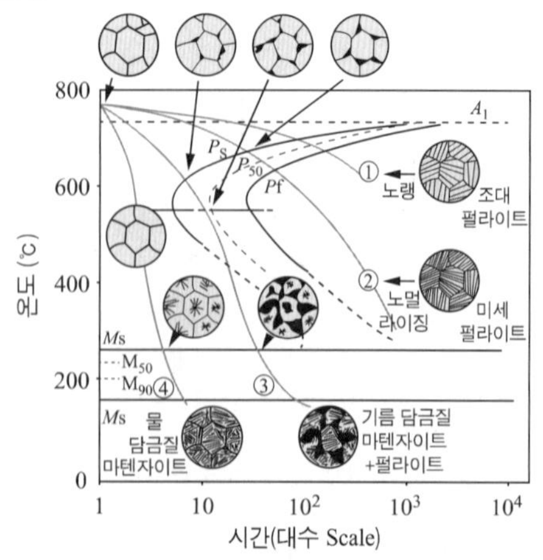

[연속 냉각변태선도]

42 냉간가공에 의한 스프링 성형 후 내부 응력을 감소시키고 탄성을 높일 목적으로 행하는 저온 가열 열처리로서 표면을 가열온도에 따라 황색 또는 청색으로 나타내는 열처리방법은?

① Maraging ② Patenting
③ Blueing ④ Slack Quenching

해설

블루잉처리 : 철강의 외관과 내식성 향상을 목적으로 하며 공기, 수증기 또는 화학약품 등에서 270~300℃로 가열하여 표면에 청색의 산화피막을 형성시키는 처리이다. 금속가공에서는 냉간가공된 철강을 250~450℃로 가열하여 냉압가공에 의한 응력을 제거함과 동시에 항복강도를 높이는 처리이다.

43 가스 침탄을 하려고 한다. 원료가스로 적합하지 않은 것은?

① 프로판(C_8H_8) ② 아르곤(Ar)
③ 부탄(C_4H_{10}) ④ 도시가스

해설

아르곤은 화학적으로 반응을 하지 않는 불활성 가스이다.

44 고체 침탄제의 구비조건이 아닌 것은?

① 장시간 사용해도 동일한 침탄력을 유지해야 한다.
② 고온에서 침탄력이 강해야 한다.
③ 침탄 시의 용적 변화가 크고 침탄 강재 표면에 고착물이 융착되어야 한다.
④ 침탄 성분 중 P, S 성분이 적어야 한다.

해설

고체 침탄제의 구비조건

- 장시간 사용해도 동일한 침탄력을 유지해야 한다.
- 고온에서 침탄력이 강해야 한다.
- 침탄 성분 중 P, S 성분이 적어야 한다.

40 ② 41 ① 42 ③ 43 ② 44 ③ 정답

45 화염경화처리의 특징이 아닌 것은?

① 부품의 크기나 형상에 제한이 없다.
② 국부적인 담금질이 어렵다.
③ 가열온도의 조절이 어렵다.
④ 담금질 변형이 작다.

해설

화염경화법 : 산소 아세틸렌 화염을 사용하여 강의 표면을 적열 상태가 되도록 가열한 후 냉각수를 뿌려 급랭시키므로 강의 표면층만 경화시키는 열처리로, 국부적인 담금질이 가능하다.

46 18–8 스테인리스강의 용접이음부의 입계 부식 방지에 가장 적합한 열처리는?

① 염욕 담금질
② 용체화처리
③ 소성변형 뜨임
④ 심랭처리

해설

오스테나이트계 스테인리스강의 용체화처리

- 1,000°C 가열 후 Cr 탄화물을 용체화시킨 후 급랭처리함
- Cr 탄화물의 입계 부식 방지, 냉간가공 및 용접 내부응력 제거, 연성 회복 및 내식성 증가

47 강을 항온변태시켰을 때 나타나는 것으로, 마텐자이트와 트루스타이트의 중간 조직은?

① 베이나이트 ② 페라이트
③ 오스테나이트 ④ 시멘타이트

해설

베이나이트는 강을 항온변태시킬 때만 나타나는 조직이다.

48 용접품의 열처리에 대한 설명으로 틀린 것은?

① 용접품의 열처리는 잔류응력의 경감, 용접부의 재질 개선을 목적으로 한다.
② 용접품의 열처리는 응력제거풀림을 이용한다.
③ 용접품의 열처리는 저온완화법, 완전풀림 등의 처리를 한다.
④ 용접품의 열처리는 용체화 열처리나 담금질 열처리는 하지 않는다.

해설

용접한 부품의 내부응력을 제거하기 위해 용체화처리를 강종(18–8 스테인리스강)에 따라 실시할 수 있다.

49 강의 열처리방법 중 A_1 변태점 이하로 가열하는 방법은?

① 풀 림 ② 불 림
③ 담금질 ④ 뜨 임

해설

A_1 변태점에 따른 가열온도

- 변태점 이상 가열 : 풀림, 불림, 담금질
- 변태점 이하 가열 : 뜨임

정답 45 ② 46 ② 47 ① 48 ④ 49 ④

50 마텐자이트(Martensite) 변태를 설명한 것 중 틀린 것은?

① 무확산변태이다.
② 강의 담금질 조직으로 경도가 크다.
③ α철 내에 탄소가 과포화 상태로 고용된 조직이다.
④ 마텐자이트의 형성은 변태시간에 관계하고, M_s 온도 이하로의 온도 상승량에 따라서만 결정된다.

해설
마텐자이트 변태
오스테나이트를 임계냉각속도 이상 급랭하면 탄소가 확산할 시간을 가지지 못하고 α철 안에 고용된 상태로 존재한다. α철의 작은 공간 격자 안에 탄소가 들어가 팽창하게 되고 이때 발생한 응력 때문에 경도가 증가한다. α철에 탄소가 과포화된 조직을 마텐자이트라고 한다. 마텐자이트 변태의 특징은 다음과 같다.
- 마텐자이트 조직은 모체인 오스테나이트 조성과 동일하다.
- 마텐자이트 변태는 무확산변태이다.
- 일정온도 범위 안에서 변태가 시작되고 변태가 끝난다. 시작점은 M_s, 끝점은 M_f이다.
- 탄소량과 첨가원소가 많을수록 M_s, M_f점은 낮아진다.

51 강의 열처리 시 뜨임의 목적이 아닌 것은?

① 조직의 불안정성을 제거한다.
② 강의 경화를 부여한다.
③ 조직 및 기계적 성질을 안정화한다.
④ 담금질에 의해 강 내부에 발생한 내부응력을 제거한다.

해설
뜨임은 담금질된 강의 인성을 부여하기 위한 조작으로, 강을 경화시키는 목적이 아니며 뜨임 방법에 따라 경도가 일부 떨어지는 경우도 있다.

52 열처리과정에서 나타나는 조직 중에서 부피의 변화가 가장 큰 것은?

① 오스테나이트(Austenite)
② 펄라이트(Pearlite)
③ 베이나이트(Bainite)
④ 마텐자이트(Martensite)

해설
마텐자이트 변태 발생 시 체적 팽창으로 인해 균열이 발생하며 이를 방지하고자 변태 시작구간을 위험구역이라고 설정하여 냉각속도를 조절한다.

53 담금질 균열의 방지대책에 대한 설명 중 틀린 것은?

① $M_s \sim M_f$ 범위에서 될수록 급랭을 한다.
② 살 두께의 차이와 급변을 가급적 줄인다.
③ 시간 담금질을 채용하거나 날카로운 모서리 부분을 라운딩(R)처리해 준다.
④ 냉각 시 온도의 불균일을 작게 하고, 되도록 변태도 동시에 일어나게 한다.

해설
담금질 균열의 방지책
- 살 두께 차이 급변을 줄이고 구멍을 뚫어 부품의 각부가 균일하게 냉각되도록 한다.
- 모서리 부분이 날카롭지 않도록 면취 및 라운드처리하고, 구멍에는 진흙과 석면을 채운다.
- $M_s \sim M_f$ 범위에서는 서랭하고 시간 담금질을 이용한다.

50 ④ 51 ② 52 ④ 53 ① 정답

54 대형 제품을 담금질하였을 때 재료 내·외부의 담금질 효과가 달라져 경도의 편차가 나타나는 현상은?

① 노치효과 ② 담금질 변형
③ 질량효과 ④ 가공경화효과

해설

질량효과

- 재료 표면은 급랭에 의해 담금질이 잘되는 데 반해 재료의 중심에 가까울수록 안 되는 현상이다.
- 같은 조성의 재료를 같은 조건에서 담금질을 해도 질량이 다르면 담금질 깊이가 다르다.
- Cr, Ni, Mo 등을 첨가하여 개선할 수 있다.

55 금속의 상변태와 관련된 내용이 잘못된 것은?

① 온도가 높아짐에 따라 고체가 액체 또는 기체로 변하는 것은 대부분의 금속원소에서 볼 수 있는 상태의 변화이다.
② 순철에서는 약 912℃ 및 1,394℃에서 동소변태가 일어난다.
③ 자기변태는 상의 변화가 아닌 에너지적 변화이다.
④ 자기변태에서는 일정한 온도범위 안에서 급격하고 비연속적인 변화가 일어난다.

해설

자기변태는 원자의 스핀 방향이 바뀌어 자성이 변하는 것으로, 연속적이고 서서히 변화가 일어난다.

56 Sub-zero 처리 시 조직의 변화로 옳은 것은?

① 잔류 Austenite → Troostite
② Martensite → Sorbite
③ 안정 Troostite → Martensite
④ 잔류 Austenite → Martensite

해설

심랭처리 : 담금질 후 경도를 증가시킨 강에 시효 변형을 방지하기 위하여 0℃ 이하(Sub-zero)의 온도로 냉각하여 잔류 오스테나이트를 마텐자이트로 만드는 처리

57 대량 생산에 적합한 연속 열처리가 아닌 것은?

① 상형(Box Type)로
② 푸셔형(Pusher Type)로
③ 컨베이어형(Conveyor Type)로
④ 세이커 하스(노상진동형)로

해설

상형로 : 전기로의 일종으로 앞문을 수동으로, 개폐하여 장입 및 취출을 하는 박스형태의 공간으로 되어 있어 대량 생산 및 연속 열처리에는 부적합하다.

정답 54 ③ 55 ④ 56 ④ 57 ①

58 다음 그림과 같이 일정 온도로 유지한 열욕에 담금질하고, 과랭의 오스테나이트가 염욕 중에서 항온변태가 끝날 때까지 항온으로 유지하고, 공기 중에 냉각하는 방법은?

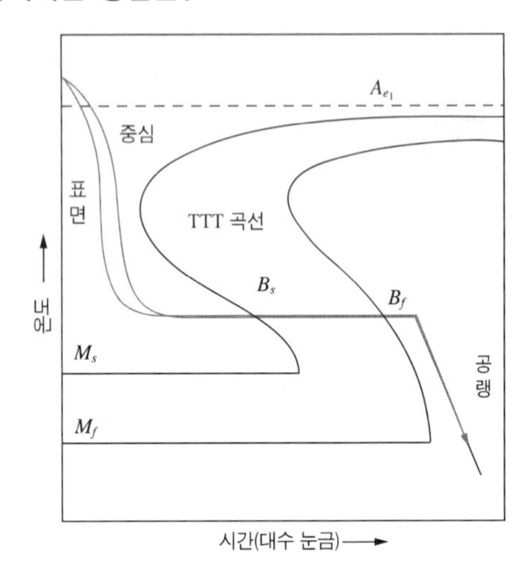

① 마퀜칭(Marquenching)

② 오스템퍼링(Austempering)

③ 마템퍼링(Martempering)

④ 오스포밍(Ausforming)

해설

오스템퍼링

강을 오스테나이트 상태로부터 M_s 이상 코(550℃)온도 이하인 적당한 온도의 염욕에서 담금질하여 과랭 오스테나이트가 염욕 중에서 항온변태가 종료할 때까지 항온을 유지하고, 공기 중으로 냉각하여 베이나이트를 얻는 열처리

59 침탄 열처리를 의뢰한 작업요구서에 CD–H–E4.2로 표기되어 있을 때 이에 대한 설명으로 옳은 것은?

① 경도시험방법에서 시험하중 300g으로 측정하여 전경화층의 깊이가 4.2mm이다.

② 경도시험방법에서 시험하중 1kg으로 측정하여 유효경화층의 깊이가 4.2mm이다.

③ 매크로조직 시험방법으로 측정하여 유효경화층의 깊이가 4.2μm이다.

④ 매크로조직 시험방법으로 측정하여 전경화층의 깊이가 4.2μm이다.

해설

침탄층 측정

CD–H(M, h)·E(T)2.5

- CD : 경화층의 깊이
- H : 비커스 경도시험 1kg 하중, h : 비커스 경도시험 300g 하중, M : 매크로 조직시험법
- E : 유효 깊이, T : 전체 깊이

60 열처리할 때 생기는 변형에 대한 설명으로 틀린 것은?

① 변형 방지를 위해 프레스 담금질, 롤러 담금질 등을 시행한다.

② 공기 담금질 시 가장 변형이 많고 기름 담금질, 물 담금질 순서로 변형이 작다.

③ 변형을 방지하기 위하여 변형을 예측하고 반대 방향으로 변형시켜 놓는다.

④ 축이 긴 제품은 수직으로 매달아 냉각하거나 분무 담금질함으로써 균일 냉각이 되어 변함이 작아진다.

해설

열처리에서 변형은 경화능과 관련이 있으며 경화능이 좋은 물, 기름, 공기 순서로 변형이 크다.

58 ② 59 ② 60 ② 정답

2021년 제1회 과년도 기출복원문제

01 다음 중 주철에 대한 설명으로 틀린 것은?

① 주철은 강도와 경도가 크다.
② 주철은 액상일 때 유동성이 좋다.
③ 회주철은 진동을 잘 흡수하므로 기어박스 및 기계 몸체 등의 재료로 사용된다.
④ 주철 중의 흑연은 응고함에 따라 즉시 분리되어 괴상되고, 일단 시멘타이트로 정출한 뒤에는 분해하여 판상으로 나타난다.

해설
주철 중에 탄소는 응고될 때 급랭하면 시멘타이트로, 서랭하면 흑연으로 정출된다.

02 열간가공에 대한 설명 중 틀린 것은?

① 냉간가공보다 가공도를 크게 할 수 있다.
② 재결정온도 이상에서 처리하는 가공이다.
③ 열간가공한 재료는 대체로 충격이나 피로에 강하다.
④ 냉간가공보다 열간가공의 표면이 미려하고 깨끗하다.

해설
- 열간가공은 재결정온도보다 높은 온도에서 가공하여 잔류응력 및 변형응력이 낮으나 치수 정밀도와 표면 상태가 불량하다.
- 냉간가공은 가공한 상태의 표면 상태 및 치수 상태를 그대로 사용하므로 표면이 깨끗하고 치수 정밀도가 우수하다.

03 주철의 조직을 지배하는 주요한 요소는 C, Si의 양과 냉각속도이다. 이들의 요소와 조직의 관계를 나타낸 것은?

① Fe-C 평형상태도
② 마우러조직도
③ TTT 곡선
④ 히스테리시스 곡선

해설
마우러조직도 : 탄소와 규소의 양과 냉각속도에 따라 주철을 백주철, 반주철, 펄라이트주철, 회주철, 페라이트주철로 도식화한 그림

04 경질주조합금 공구재료로 주조한 상태 그대로 연삭하여 사용하는 비철합금으로, Co-Cr-W-C, 단조가공이 안 되어 금형 주조에 의해 제작하는 합금은?

① 합금 공구강 ② 고속도강
③ 스텔라이트 ④ 초경합금

해설
스텔라이트
- 경질주조합금 공구재료로 주조한 상태 그대로 연삭하여 사용하는 비철합금이다.
- Co-Cr-W-C, 단조가공이 안 되어 금형 주조에 의해 제작한다.
- 600℃ 이상에서는 고속도강보다 단단하여 절삭능력이 고속도강의 1.5~2.0배 크다.
- 취성이 있어 충격에 의해 쉽게 파괴가 일어난다.

정답 1 ④ 2 ④ 3 ② 4 ③

05 오스테나이트계 스테인리스강에 첨가되는 주성분으로 옳은 것은?

① Pb – Mg
② Cu – Al
③ Cr – Ni
④ P – Sn

해설

오스테나이트(Austenite)계 스테인리스강 : 18%Cr–8%Ni이 대표적인 강이다. 비자성체로, 산과 알칼리에 강하다.

06 제진재료에 대한 설명으로 틀린 것은?

① 제진합금으로는 Mg-Zr, Mn-Cu 등이 있다.
② 제진합금에서 제진기구는 마텐자이트 변태와 같다.
③ 제진재료는 진동을 제어하기 위하여 사용되는 재료이다.
④ 제진합금이란 큰 의미에서 두드려도 소리가 나지 않는 합금이다.

해설

제진재료

- 진동과 소음을 줄여 주는 재료로, 제진계수가 높을수록 감쇠능이 좋다.
- 제진합금 : Mg–Zr, Mn–Cu, Ti–Ni, Cu–Al–Ni, Al–Zn, Fe–Cr–Al 등
- 내부 마찰이 매우 크며 진동에너지를 열에너지로 변환시키는 능력이 크다.

※ 마텐자이트 변태는 담금질 시 일어나며 재료 내부가 팽창되고 균열이 발생하는 것으로 재진기구와는 상관이 없다.

07 네이벌 황동(Naval Brass)에 대한 설명으로 옳은 것은?

① 6 : 4 황동에 Sn을 약 0.75%~1% 정도 첨가한 것
② 7 : 3 황동에 Mn을 약 2.85%~3% 정도 첨가한 것
③ 3 : 7 황동에 Pb을 약 3.55%~4% 정도 첨가한 것
④ 4 : 6 황동에 Fe을 약 4.95%~5% 정도 첨가한 것

해설

네이벌 황동 : 6 : 4황동에 Sn 1% 첨가한 강으로 판, 봉, 파이프 등 사용에 사용한다.

08 36%Ni에 약 12%Cr이 함유된 Fe 합금으로 온도 변화에 따른 탄성률 변화가 거의 없으며 지진계의 부품, 고급 시계 재료로 사용되는 합금은?

① 인바(Invar)
② 코엘린바(Coelinvar)
③ 엘린바(Elinvar)
④ 슈퍼인바(Superinvar)

해설

불변강

인바(36%Ni 함유), 엘린바(36%Ni–12%Cr 함유), 플라티나이트(42~46%Ni 함유), 코엘린바(Cr–Co–Ni 함유)로 탄성계수가 작고, 공기나 물속에서 부식되지 않는 특징이 있어 정밀계기 재료, 차, 스프링 등에 사용된다.

09 탄소강에서 청열메짐을 일으키는 온도범위로 옳은 것은?

① 0~50℃
② 100~150℃
③ 200~300℃
④ 400~500℃

해설

청열취성 : 냉간가공 영역 안 210~360℃ 부근에서 기계적 성질인 인장강도는 높아지나 연신율이 갑자기 감소하는 현상이다.

5 ③ 6 ② 7 ① 8 ③ 9 ③ **정답**

10 탄화타이타늄 분말과 니켈 또는 코발트 분말 등을 섞어 액상 소결한 재료로, 고온에서 안정하고 경도도 매우 높아 절삭공구로 쓰이는 재료는?

① 서멧(Cermet)

② 인바(Invar)

③ 두랄루민(Duralumin)

④ 고장력강(High Tension Steel)

해설

서 멧

분말 야금법으로 금속에 1~5μm 비금속입자를 분산시켜 소결시켜 만든 재료로, 주로 절삭공구에 사용되며 세라믹 + 메탈의 준말로 서멧이라고 한다.

11 Al-Si계 합금에 관한 설명으로 틀린 것은?

① Si 함유량이 증가할수록 열팽창계수가 낮아진다.

② 실용합금으로는 10~13%의 Si가 함유된 실루민이 있다.

③ 용융점이 높고 유동성이 좋지 않아 복잡한 모래형 주물에는 사용하지 않는다.

④ 개량처리를 하면 용탕과 모래 수분과의 반응으로 수소를 흡수하여 기포가 발생된다.

해설

- Al-Si : 실루민, 10~14%Si, Na을 첨가하여 개량화처리를 실시하며, 용융점이 낮고 유동성이 좋아 넓고 복잡한 모래형 주물에 이용한다. 개량화처리 시 용탕과 모래형 수분과의 반응으로 수소를 흡수하여 기포가 발생하고, 다이 캐스팅에는 급랭으로 인한 조직 미세화로 열간메짐이 없다. Si 함유량이 많아질수록 팽창계수와 비중은 낮아지며 주조성, 가공성이 나빠진다.
- 개량화처리 : 금속나트륨, 수산화나트륨, 플루오린화 알칼리, 알칼리 염류 등을 용탕에 장입하면 조직이 미세화되는 처리

12 Fe-C 상태도에 대한 설명으로 옳은 것은?

① α는 면심입방격자이다.

② γ는 체심입방격자이다.

③ 순철은 910℃, 1,400℃에서 동소변태가 일어난다.

④ 한 원소로 이루어진 물질에서 결정구조가 바뀌지 않는 것을 동소변태라고 한다.

해설

α는 체심입방격자, γ는 면심입방격자, 결정구조가 바뀌는 것을 동소변태라고 한다.

13 철강 제조에 사용되는 철광석 종류 중 Fe 성분 함유량이 가장 많은 것은?

① 갈철광 ② 적철광

③ 능철광 ④ 자철광

해설

철강석 함유량의 순서

자철광 > 적철광 > 갈철광 > 능철광

14 냉간가공한 금속을 다시 가열하여 재결정시킨 결정입자 크기는 가열온도 및 가공도에 따라 어떻게 변하는가?

① 가열온도가 높으면 입자는 커지고, 가공도가 커지면 결정입자는 미세화된다.

② 가열온도가 높으면 입자는 작아지고, 가공도가 커지면 결정입자는 미세화된다.

③ 가열온도가 높으면 입자는 커지고, 가공도가 커지면 결정입자는 조대화된다.

④ 가열온도가 높으면 입자는 작아지고, 가공도가 커지면 결정입자는 조대화된다.

해설

가열온도가 높으면 결정립이 성장하여 조대해지고 가공도가 커질수록 결정입자가 미세화되어서 강도 및 경도가 증가한다.

정답 10 ① 11 ③ 12 ③ 13 ④ 14 ①

15 내식용 알루미늄 합금이 아닌 것은?

① 알 민
② 알드리
③ 일렉트론 합금
④ 하이드로날륨

해설
일렉트론 : Mg – Al – Zn의 마그네슘이 90% 이상인 합금으로, 내연기관의 피스톤에 사용되는 마그네슘합금이다.

16 다음 그림의 치수 기입에 대한 설명으로 틀린 것은?

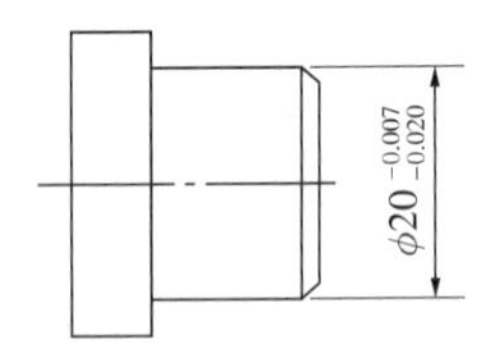

① 기준 치수는 지름 20이다.
② 공차는 0.013이다.
③ 최대허용치수는 19.93이다.
④ 최소허용치수는 19.98이다.

해설
최대허용치수 = 기준 치수 + 위치수허용차
= 20 + (–0.007) = 19.993

17 다음 그림과 같이 축의 홈이나 구멍 등과 같이 부분적인 모양을 도시하는 것으로 충분한 경우의 투상도는?

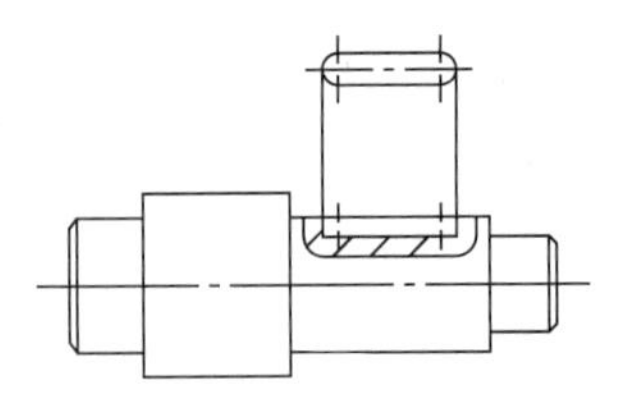

① 회전투상도　② 부분확대도
③ 국부투상도　④ 보조투상도

해설
국부투상도 : 대상물의 구멍, 홈 등과 같이 한 부분의 모양을 도시하는 것으로 충분한 경우에는 그 필요한 부분만 국부투상도로 도시한다.

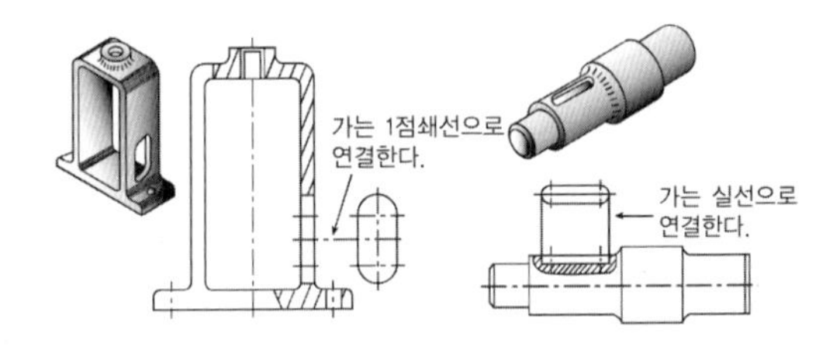

18 치수의 위치와 기입 방향에 대한 설명 중 틀린 것은?

① 치수는 투상도와 모양 및 치수의 대조 비교가 쉽도록 관련 투상도쪽으로 기입한다.
② 하나의 투상도인 경우 길이 치수 위치는 수평 방향의 치수선에 대해서는 투상도의 위쪽에서, 수직 방향의 치수선에 대해서는 투상도의 오른쪽에서 읽을 수 있도록 기입한다.
③ 각도 치수는 기울어진 각도 방향에 관계없이 읽기 쉽게 수평 방향으로만 기입한다.
④ 치수는 수평 방향의 치수선에는 위쪽, 수직 방향의 치수선에는 왼쪽으로 약 0.5mm 정도 띄어서 중앙에 치수를 기입한다.

해설
각도 치수는 기울어진 방향에 맞게 둥근 치수선과 평행하게 기입한다.

정답 15 ③　16 ③　17 ③　18 ③

19 스프링의 제도에 대한 설명으로 잘못된 것은?

① 코일 스프링은 원칙적으로 무하중 상태로 그린다.

② 하중과 높이 등의 관계를 표시할 필요가 있을 때에는 선도 또는 요목표에 표시한다.

③ 특별한 단서가 없는 한 모두 왼쪽으로 감은 것을 나타낸다.

④ 종류와 모양만 간략도로 나타내는 경우 재료의 중심선만 굵은 실선으로 그린다.

해설

코일 스프링의 제도

- 스프링은 원칙적으로 무하중인 상태로 그린다. 만약 하중이 걸린 상태에서 그릴 때는 선도 또는 그때의 치수와 하중을 기입한다.
- 하중과 높이(또는 길이) 또는 처짐과의 관계를 표시할 필요가 있을 때에는 선도 또는 요목표에 나타낸다.
- 특별한 단서가 없는 한 모두 오른쪽 감기로 도시하고, 왼쪽 감기로 도시할 때에는 '감긴 방향 왼쪽'이라고 표시한다.
- 코일 부분의 중간 부분을 생략할 때에는 생략한 부분을 가는 1점쇄선으로 표시하거나 가는 2점쇄선으로 표시해도 좋다.
- 스프링의 종류와 모양만을 도시할 때에는 재료의 중심선만 굵은 실선으로 그린다.
- 조립도나 설명도 등에서 코일 스프링은 그 단면만으로 표시하여도 좋다.

20 다음 재료기호에서 '440'이 의미하는 것은?(재료기호 : KS D 3503 SS 440)

① 최저인장강도　　② 최고인장강도

③ 재료의 호칭번호　　④ 탄소 함유량

해설

SS440은 일반구조용 압연강재로, 최저인장강도는 $440N/mm^2$이다.

21 다음 그림의 Ⓐ가 지시하는 선과 같이 가공에 사용하는 공구의 모양을 도시하고자 할 때 사용되는 선의 종류로 옳은 것은?

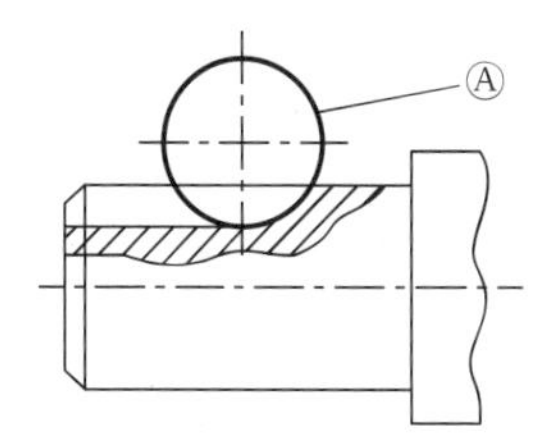

① 가는 실선　　② 굵은 은선

③ 가는 1점쇄선　　④ 가는 2점쇄선

해설

실제 Ⓐ 부분은 제품의 형태와 상관없는 키가 위치할 가상의 형태를 나타낸 것이다. 가상선은 가는 2점쇄선으로 작성한다.

22 다음 그림은 표면거칠기의 지시이다. 면의 지시기호에 대한 지시사항에서 D를 바르게 설명한 것은?

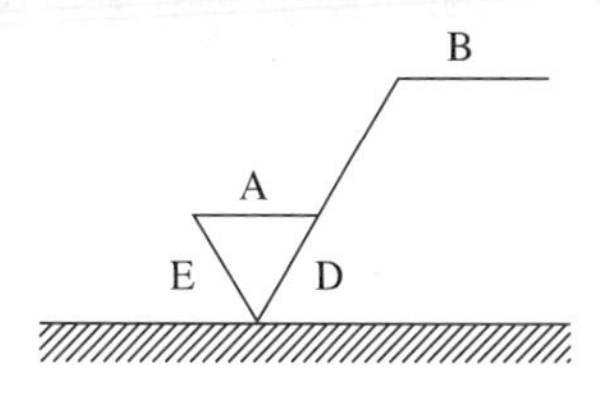

① 표면 파상도

② 줄무늬 방향의 기호

③ 다듬질 여유 기입

④ 중심선 평균거칠기의 값

해설

- A : R_a(중심선 평균거칠기)의 값
- B : 가공방법, 표면처리
- D : 줄무늬 방향의 기호
- E : 기계가공 공차

정답 19 ③　20 ①　21 ④　22 ②

23 등각투상도에 대한 설명으로 틀린 것은?

① 등각투상도는 정면도와 평면도, 측면도가 필요하다.

② 정면, 평면, 측면을 하나의 투상도에서 동시에 볼 수 있다.

③ 직육면체에서 직각으로 만나는 3개의 모서리는 120°를 이룬다.

④ 한 축이 수직일 때에는 나머지 두 축은 수평선과 30°를 이룬다.

해설

등각투상도 : 정면, 평면, 측면을 하나의 투상면 위에 동시에 볼 수 있도록 두 개의 옆면 모서리가 수평선과 30°가 되게 하여 이 세 축이 120°의 등각이 되도록 입체도로 투상한 것

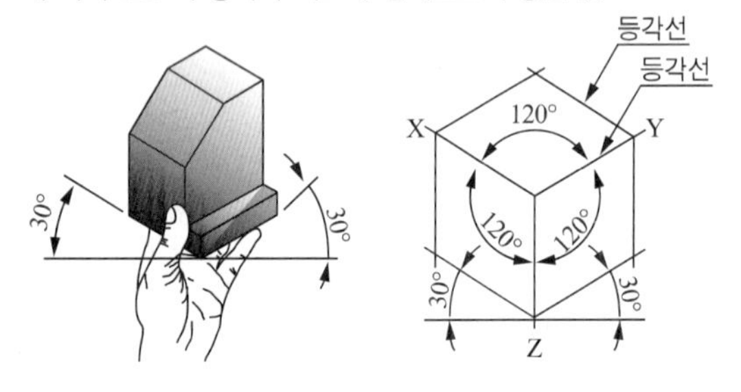

24 다음 도면에서 전체 길이 A는 얼마인가?

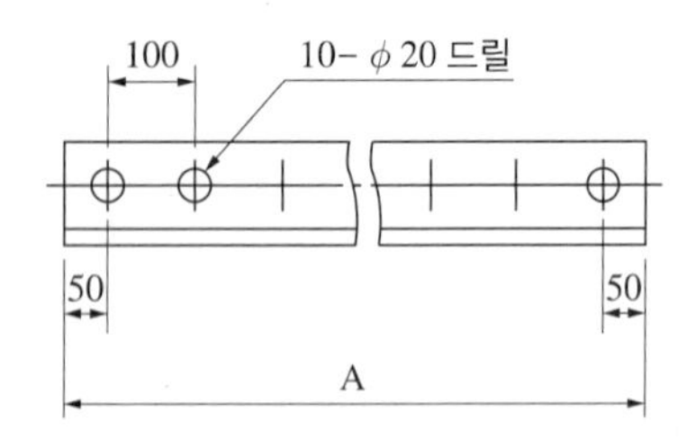

① 700mm

② 800mm

③ 900mm

④ 1,000mm

해설

양측면에서 구멍까지 길이 + 10개 드릴 구멍의 중심 총길이
= 100 + 900 = 1,000mm

25 IT 기본공차는 모두 몇 등급으로 되어 있는가?

① 10등급 ② 18등급

③ 20등급 ④ 25등급

해설

IT 기본공차

- 기준치수가 크면 공차를 크게 적용한다. 정밀도는 기준 치수와 비율로 표시하여 나타내는 것이다.
- IT01에서 IT18까지 20등급으로 나눈다.
- IT 01~IT 4는 주로 게이지류, IT 5~IT 10은 끼워맞춤 부분, IT 11~IT 18은 끼워맞춤 이외의 공차에 적용한다.

26 기준 치수의 정의를 옳게 설명한 것은?

① 허용할 수 있는 대소의 치수

② 치수허용한계의 기준이 되는 치수

③ 위 치수허용차와 아래 치수허용차의 차이값

④ 최대허용한계치수와 최소허용한계치수의 차이값

해설

기준 치수

치수공차에 기준에 되는 치수로, 예를 들어 $20^{+0.025}_{-0.010}$라고 치수를 나타낼 경우 20을 의미한다.

27 KS B ISO 4287 한국산업표준에서 정한 '거칠기 프로파일에서 산출한 파라미터'를 나타내는 기호는?

① R-파라미터

② P-파라미터

③ W-파라미터

④ Y-파라미터

해설

표면거칠기 기호는 R_a, R_{max}, R_z 등 대문자 R로 시작한다.

23 ① 24 ④ 25 ③ 26 ② 27 ① 정답

28 전기 화학을 응용한 것으로 전기도금의 역조작이 되는 처리방법은?

① 전해연마 ② 탈지연마
③ 액체호닝 ④ 증기연마

해설
전해연마 : 전기 화학을 응용한 것으로 전기도금의 역조작이 되는 처리방법으로, 강재를 음극에 걸고 양극에는 양극판을 사용하여 전기분해의 원리를 이용한다.

29 공정반응에 관한 설명으로 옳은 것은?

① 일정한 온도의 한 고용체에서 두 종류의 고체가 동시에 석출하여 나오는 반응이다.
② 일정한 온도의 액체에서 두 종류의 고체가 동시에 석출하여 나오는 반응이다.
③ 일정한 온도에서 한 고용체와 용액의 혼합체가 전혀 다른 고체가 형성되는 반응이다.
④ 하나의 액체에서 다른 액상 및 고용체가 동시에 형성되는 반응이다.

해설
공정 : 2개의 성분 금속에 용융 상태는 균일한 용액이나 응고 후 서로 용해되지 않고 각각의 결정으로 분리되어 혼합물로 공존하는 경우이다. 대표적으로 1,130℃ 4.3% 탄소를 가진 액상의 철이 응고되어 γ철과 Fe_3C(시멘타이트)의 혼합물로 존재한다.

30 과포화고용체로부터 다른 상이 석출하는 현상을 이용하여 금속재료 및 그 밖의 성질을 변화시키는 처리는?

① 시 효 ② 뜨 임
③ 구상화 풀림 ④ 심랭처리

해설
① 시효 : 과포화고용체로부터 다른 상이 석출하는 현상을 이용하여 금속재료 및 그 밖의 성질을 변화시키는 처리로 두랄루민, 베릴륨합금의 열처리에 적용한다.
② 뜨임 : 담금질한 강의 인성을 부여하기 위해 A_1 변태점 이하에서 공랭하는 열처리
③ 구상화 풀림 : A_1 변태점 부근에서 기계적 성질의 개선을 위해 망상 시멘타이트 또는 층상 펄라이트 중의 시멘타이트를 가열처리에 의해 제품 중의 탄소를 구상화시키는 열처리
④ 심랭처리 : 담금질 후 경도를 증가시킨 강에 시효 변형을 방지하기 위하여 0℃ 이하(Sub-zero)의 온도로 냉각하여 잔류 오스테나이트를 마텐자이트로 만드는 처리

31 마텐자이트 변태에 대한 설명으로 틀린 것은?

① 조직은 모체인 오스테나이트 조성과 동일하다.
② 무확산변태이다.
③ 일정범위 온도 안에서 변태가 시작되고 끝난다.
④ 탄소량과 첨가원소가 많을수록 M_s, M_f점은 높아진다.

해설
마텐자이트 변태는 탄소량과 첨가원소가 많을수록 M_s, M_f점은 낮아진다.

정답 28 ① 29 ② 30 ① 31 ④

32 트루스타이트보다 냉각속도가 조금 작을 때 나타나는 조직으로 강도와 경도는 작으나 인성과 탄성을 지니고 있는 조직은?

① 펄라이트　　② 트루스타이트
③ 소르바이트　　④ 마텐자이트

해설

소르바이트
- 트루스타이트보다 냉각속도가 조금 작을 때 나타나는 조직이다.
- 마텐자이트 조직을 600°C에서 뜨임했을 때 나타나는 조직이다.
- 강도와 경도는 작으나 인성과 탄성을 지니고 있어서 인성과 탄성이 요구되는 곳에 사용된다.

33 열처리용 트레이, 걸이, 집게 등의 재료에 필요한 조건은?

① 내식성이 낮을 것
② 고온강도가 낮을 것
③ 변형저항성이 낮을 것
④ 열피로저항성이 클 것

해설

열처리 치공구
열처리 작업에서 노에 장입되어 고온으로 유지된 후 냉각되는 동안 제품을 지지하고 고정하는 고정구
- 열처리용 치공구의 구비조건
  - 내식성, 변형저항성, 열피로저항성, 고온강도가 우수해야 한다.
  - 제작하기 쉽고 겸용성이 있으며 작업성이 우수해야 한다.

34 다음 알루미늄 합금의 질별 기호 중 T6은?

① 용체화처리 후 자연시효 경화처리한 것
② 용체화처리 후 안정화 경화처리한 것
③ 용체화처리 후 인공시효 경화처리한 것
④ 고온에서 가공하고 냉각 후 인공시효 경화처리한 것

해설

알루미늄 합금의 열처리 기호
- F : 제조 그대로의 재질
- O : 완전 풀림 상태의 재질
- H : 가공경화만으로 소정의 경도에 도달한 재질
- W : 용체화 후 자연시효 경화가 진행 중인 상태의 재질
- T : F, O, H 이외의 열처리를 받은 재질
- T_3 : 용체화 후 가공경화를 받는 상태의 재질
- T_4 : 용체화 후 상온시효가 완료한 상태의 재질
- T_5 : 용체화 처리 없이 인공시효처리한 상태의 재질

35 진공로 내에서 글로 방전에 의거 질소를 표면에 확산시키는 방법은?

① 가스질화　　② 이온질화
③ 염욕질화　　④ 침탄질화

해설

이온질화 : 저압의 질소 분위기 속에서 직류전압을 노체와 피처리물 사이에 연결하고 글로 방전을 발생시킨 후 음극 스퍼티링을 일으켜 질소를 흡착시킨다.

36 특수강에서 뜨임취성이 가장 작은 강은?

① Mn강
② Cr강
③ Ni-Cr강
④ Ni-Cr-Mo강

해설

뜨임취성 : 뜨임 후 재료에 나타나는 취성으로 주로 Ni-Cr강에 나타나며 이를 방지하기 위해 냉각속도를 크게 하거나 소량의 Mo, V, W을 첨가한다.

32 ③ 33 ④ 34 ③ 35 ② 36 ④ 정답

37 금형용 합금공구강의 열처리 시 안전 및 유의사항에 대한 설명으로 틀린 것은?

① 고온의 시험편을 취급하므로 화상에 유의한다.

② 담금질 및 뜨임을 할 때 냉각액의 온도를 잘 조절한다.

③ 열처리 온도 선택에 유의하고 담금질 온도에서 장시간 유지한다.

④ 열처리로를 급열, 급랭하지 말아야 하며, 산화와 탈탄이 일어나지 않도록 한다.

해설

담금질 온도에서 장시간 유지시킬 경우, 조직이 조대해져 담금질성이 나빠지고 원하는 강도와 경도를 얻기 힘들기 때문에 두께에 따라 적당한 시간으로 유지 후 급랭처리해야 한다.

38 타이타늄 및 타이타늄 합금의 열처리를 실시하고자 할 때 담금질 방법 중 가장 적합한 열처리방법은?

① 염욕열처리

② 진공열처리

③ 화염열처리

④ 고주파 열처리

해설

타이타늄 합금은 고온에서 쉽게 산화되기 때문에 산소의 분압이 매우 낮은 상태에서 열처리를 하여 진공 가열에 의해 탈가스작업이 이루어지며, 산화나 탈탄이 생기지 않는 한 외관을 얻을 수 있는 진공열처리 방법을 활용한다.

39 마텐자이트와 베이나이트의 혼합조직을 얻을 수 있는 항온 열처리는?

① 풀 림 ② 마퀜칭

③ 마템퍼링 ④ 오스템퍼링

해설

마템퍼링 : 마텐자이트 + 베이나이트 생성

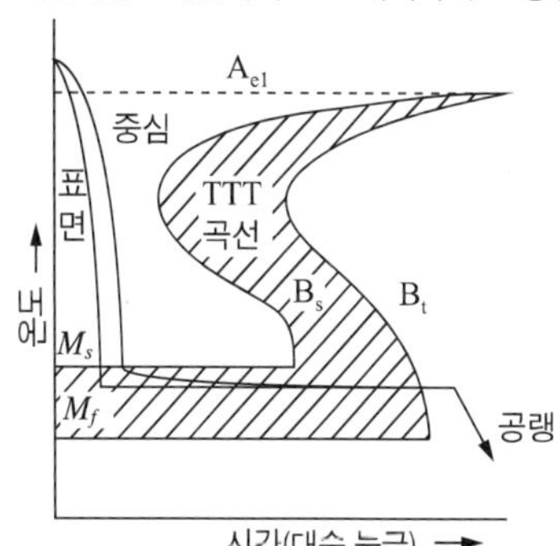

강을 오스테나이트 영역에서 M_s와 M_f 사이에서 항온변태처리를 행하며 변태가 거의 종료될 때까지 같은 온도로 유지한 다음 공기 중에서 냉각하여 마텐자이트와 베이나이트의 혼합조직을 얻는 조작

40 강의 담금질성을 판단하는 방법이 아닌 것은?

① 강박시험에 의한 방법

② 임계지름에 의한 방법

③ 조미니시험에 의한 방법

④ 임계 냉각속도를 사용하는 방법

해설

강의 담금질성을 판단하는 방법

- 임계 냉각속도를 사용하는 방법
- 임계지름에 의한 방법
- 조미니시험법

정답 37 ③ 38 ② 39 ③ 40 ①

41 다음 중 열전쌍온도계를 설명한 것으로 옳은 것은?

① 비접촉식 온도계이다.
② 기록이나 제어가 불가능하다.
③ 1,000℃ 이상에서는 사용할 수 없다.
④ 제베크(Seebeck) 효과를 이용한 온도계이다.

해설
열전쌍온도계는 접촉식 온도계로, 두 종류의 금속선 양단에 온도차와 기전력의 비례관계(제베크효과)를 통해 온도를 측정하는 장치로, 열전쌍 재료에 따라 사용온도 분포가 다양하다.

42 피가열물의 주위에서 물 또는 기름을 분사해서 급랭하는 장치로, 대체로 큰 피열처리재의 냉각에 사용되는 것은?

① 공랭장치　② 유랭장치
③ 분사냉각장치　④ 염욕냉각장치

해설
분사담금질 : 가열된 소재를 고압의 냉각액으로 분사하여 담금질하는 방식

43 고주파 열처리 작업 시 안전에 유의해야 할 사항 중 틀린 것은?

① 발진가열 중 감전에 주의한다.
② 가열용 유도코일에 냉각수를 차단한다.
③ 고주파 유도 가열장치의 이상 유무를 확인한다.
④ 고주파 유도 가열장치의 조작방법을 숙지한 후 사용한다.

해설
급가열, 급냉각이 잘되도록 냉각수를 충분히 보급시킨다.

44 가시광선의 전 파장색의 것을 이용하나 보통 적색 단색광을 이용하는 온도 측정장치는?

① 열전쌍온도계
② 복사온도계
③ 광고온도계
④ 적외선온도계

해설
③ 광고온도계 : 육안으로 식별 가능한 가시광선의 휘도를 보고 온도를 측정하는 장치로, 접촉하지 않고 온도를 측정할 수 있다.
① 열전쌍 온도계 : 접촉식 온도계로 두 종류의 금속선 양단에 온도차와 기전력의 비례관계(제베크 효과)를 통해 온도를 측정하는 장치로, 열전쌍 재료에 따라 사용온도 분포가 다양하다.
② 복사온도계 : 측정하는 물체가 방출하는 적외선 방사에너지를 이용한 온도계이다.

45 수랭의 경우 냉각능을 크게 하기 위한 조건으로 옳은 것은?

① 물에 NaOH을 첨가하여 10% NaOH 용액으로 만든다.
② 물의 온도를 30℃ 이상 높인다.
③ 물을 글리세린으로 교체한다.
④ 물을 반복하여 사용한다.

해설
NaOH은 냉각제의 종류 중 냉각능이 가장 크다.

41 ④ 42 ③ 43 ② 44 ③ 45 ① 정답

46 질화에 의한 표면경화 시 사용되는 가스는?

① 황 ② 산 소
③ 아세틸렌 ④ 암모니아

해설

가스질화법 : 500~600℃의 변태점 이하에서 주로 암모니아가스를 사용하여 질소를 확산 침투시켜 표면층을 경화시킨다.

47 전기로에서 열처리할 때 유의해야 할 사항이 아닌 것은?

① 재료를 넣을 때나 꺼낼 때 화상을 입지 않도록 유의해야 한다.
② 젖은 손으로 전원 스위치를 조작해서는 안 된다.
③ 승온 시 급가열하여 가열시간을 단축한다.
④ 산화, 탈탄 방지에 노력한다.

해설

급가열을 할 경우 발열체에 무리가 갈 수 있고, 노의 수명이 단축된다.

48 구상화 풀림처리를 행할 때 구상화 속도가 가장 빠른 조직은?

① 열처리 이전의 조대조직
② 노멀라이징한 표준조직
③ 열처리 이전 냉간가공 조직
④ 탄화물이 미세하게 분산된 담금질된 조직

해설

구상화 풀림처리는 편상이나 망상의 시멘타이트를 구상으로 만들어 기계적 성질을 향상시키는 데 목적을 두고 있으며, 미세하게 분산된 조직은 구상으로 형성되기가 훨씬 수월하다.

49 고주파 담금질에 대한 설명으로 틀린 것은?

① 기어, 캠, 핀, 부시, 라이너 등의 열처리에 사용된다.
② 열처리 불량이 적고, 변형 보정을 필요로 하지 않는다.
③ 열처리 후에 연삭과정을 생략 또는 단축할 수 있다.
④ 대형품이나 깊은 담금질층을 얻기 위해서는 높은 주파수를 이용한다.

해설

고주파 담금질의 담금질 깊이와 주파수값은 반비례한다. 즉, 낮은 주파수로 가열할 때 깊은 경화층을 얻을 수 있다.

50 오스테나이트화한 강을 재결정 온도 이하와 M_s점 이상의 온도범위에서 변태가 일어나기 전에 소성가공한 다음 냉각하는 소성가공과 열처리를 결합한 방법은?

① M_s 퀜칭 ② 오스포밍
③ 마템퍼링 ④ 오스템퍼링

해설

오스포밍 : 오스테나이트강을 재결정온도 이하와 M_s점 이상의 온도범위에서 변태가 일어나기 전에 과랭 오스테나이트 상태에서 소성가공을 한 다음 냉각하여 마텐자이트화하는 열처리 조작으로 인장강도가 높은 고강인성 강을 얻는 데 사용된다.

정답 46 ④ 47 ③ 48 ④ 49 ④ 50 ②

51 담금질 냉각제의 냉각효과를 지배하는 인자가 아닌 것은?

① 점 도　② 비 중
③ 비 열　④ 열전도도

해설
냉각속도는 냉각제에 따라 다소 차이가 있으나 일반적으로 열전도도, 비열 및 기화열이 크고 끓는점이 높을수록 높고, 점도와 휘발성이 작을수록 크다.

52 심랭(Sub-zero)처리의 효과가 아닌 것은?

① 내식성, 내열성 및 마모성을 향상시킨다.
② 담금질한 강의 경도를 균일화시킨다.
③ 담금질한 강의 경도를 향상시킨다.
④ 시효변형을 방지하고 치수를 안정화시킨다.

해설
심랭처리는 조직의 안정화를 시키는 것으로 내식성, 내열성의 증가와는 거리가 멀다.

53 고체침탄법에 대한 설명으로 틀린 것은?

① 침탄온도는 약 900~950℃로 한다.
② 침탄제로 주로 목탄이 쓰인다.
③ 표면에는 망상 탄화물이 생기기 쉽다.
④ 가열에 균열성이 좋아 침탄층도 균열성이 우수하다.

해설
고체침탄은 탄소의 확산이 충분하게 이루어지지 않아서 침탄층이 고르게 분포되기가 힘들다는 단점이 있는데 이를 개선하기 위해 가스침탄법을 활용한다.

54 침탄작용을 방해하여 경화층 깊이를 저하시키는 영향이 가장 큰 원소는?

① Cr　② Mo
③ Ni　④ Al

해설
- 침탄강에서 경화층 깊이 증가 원소 : Cu, Mn, Ni, Cr, Mo
- 침탄강에서 경화층 깊이 감소 원소 : Si, Al, Na, Ti

55 열처리로를 노의 형상과 연속 조업방법에 따라 분류할 때 노의 형상에 따른 분류에 해당되지 않는 것은?

① 상자형 노
② 푸셔형 노
③ 도가니형 노
④ 관상형 노

해설
푸셔형 노는 연속 조업방법에 따라 분류한 것이고, ①, ③, ④는 노의 형상에 따라 분류한 것이다.

51 ② 52 ① 53 ④ 54 ④ 55 ② 정답

56 담금질 균열을 방지하는 방법으로 틀린 것은?

① M_s 이하의 냉각속도를 느리게 한다.

② 단면의 급변부나 예각부 등에는 라운딩을 준다.

③ 두께가 균일하며 대칭적인 형상을 가지도록 한다.

④ 단조 후 곧바로 담금질 온도를 높게 하여 담금질을 한다.

해설

단조 후에는 불균일한 조직을 균질화하기 위한 풀림처리를 실시한 후 담금질을 해야 균열을 방지할 수 있다.

57 염욕으로 $NaCO_3$이 주로 사용되어 염욕에 탄소가루나 유기물 등이 혼입되면 폭발 위험성이 있는 질산염을 주로 사용하는 것은?

① 유동상 노

② 저온용 염욕로

③ 중온용 염욕로

④ 고온용 염욕로

해설

염욕제의 종류

- 저온용 염욕 : 150~550℃의 온도범위 질산염(질산나트륨, 질산칼륨)
- 중온용 염욕 : 550~950℃의 온도범위 염화물(염화나트륨, 염화칼륨)
- 고온용 염욕 : 1,000~1,300℃의 온도범위 염화바륨 단일염 사용

58 응력제거풀림처리에 관한 설명으로 옳은 것은?

① 단조, 주조, 용접 등으로 생긴 잔류 응력의 제거를 위해 A_1 이하의 적당한 온도에서 가열한다.

② 노 내에서 서랭한 후 응집된 입자를 풀어 주어 탄화물을 형성하는 처리이다.

③ 과열 급랭에 의해 탈탄된 강의 균열 결함을 제거하는 처리이다.

④ 고온풀림(High Annealing)이라고도 한다.

해설

응력제거풀림 : 가공 후 생긴 잔류응력을 제거하기 위한 열처리로 A_1 변태점 바로 아래 온도(500~700℃)에서 가열한 후 서랭한다.

59 고체침탄촉진제로 사용되는 것은?

① 사이안화나트륨(NaCN)

② 사이안화칼륨(KCN)

③ 탄산바륨($BaCO_3$)

④ 염화나트륨(NaCl)

해설

고체침탄법 : 저탄소강을 침탄제와 함께 침탄 상자에 넣고 밀폐 후 900~950℃으로 가열한다.

- 화학식 : $C + O = CO \rightarrow 2CO + 3Fe \rightarrow Fe_3C + CO_2$
- 침탄제 : 목탄, 코크스
- 침탄 촉진제 : 탄산바륨, 탄산나트륨

60 금속재료의 열처리에 이용되고 있는 확산의 대표적인 사례가 아닌 것은?

① 침 탄

② 질 화

③ 퀜 칭

④ 시멘테이션

해설

확산 : 잉크가 물속에서 번지듯 용질원자가 용매원자의 공간격자 중으로 이동하는 현상이다. 침탄법, 질화법, 금속침투법 등이 원자의 확산을 이용한 사례이다.

정답 56 ④ 57 ② 58 ① 59 ③ 60 ③

2022년 제 1 회 과년도 기출복원문제

01 알루미늄(Al) 합금에 대한 설명으로 틀린 것은?

① Al-Cu-Si계 합금을 라우탈(Lautal)이라 한다.
② Al-Si계 합금을 실루민(Silumin)이라 한다.
③ Al-Mg계 합금을 하이드로날륨(Hydronalium)이라 한다.
④ Al-Cu-Ni-Mg계 합금을 두랄루민(Duralumin)이라 한다.

해설
두랄루민은 Al-Cu-Mn-Mg의 원소로 이루어진 합금이다.

02 물질의 온도 상승에 따라 고체에서 액체로, 액체에서 기체로 변화하는 것은 대부분의 금속 원소에서 볼 수 있는 상태의 변화인데, 같은 물질이 다른 상으로 변하는 것을 무엇이라 하는가?

① 확 산 ② 천 이
③ 변 태 ④ 단 위

해설
변태 : 온도와 압력에 의해 물질의 상태가 변하는 현상으로 원자의 결정구조나 자성이 변한다.

03 순철의 자기변태점과 그 온도가 옳게 짝지어진 것은?

① A_0 변태 : 약 210℃
② A_2 변태 : 약 768℃
③ A_3 변태 : 약 910℃
④ A_4 변태 : 약 1,400℃

해설
순철의 자기변태 : 768℃에서 강자성체에서 상자성체로 변한다.

04 0.6% 탄소강의 723℃ 선상에서 초석 α의 양(%)은 약 얼마인가?(단, α의 C고용한도는 0.025%이며, 공석점은 0.8%이다)

① 15.8 ② 25.8
③ 55.8 ④ 74.8

해설
지렛대의 원리를 이용하여 $\frac{0.8-0.6}{0.8-0.025}\times 100 \fallingdotseq 25.8$이 된다.

05 전도성이 좋고 가공성도 우수하며 수소메짐성이 없어서 주로 전자기기 등에 사용되는 O_2나 탈산제를 품지 않는 구리는?

① 전기구리 ② 탈산구리
③ 전해인성구리 ④ 무산소구리

해설
무산소구리 : 인, 아연, 규소, 칼슘, 리튬 등의 탈산제나 산소를 함유하지 않은 구리이다. 높은 전기 전도율을 가지며, 무산화 기권에서 정련, 주조된 전해구리로부터 만들어진다. 전기재료 등에 사용되며, 냉간압출가공하여 제품을 만든다.

1 ④ 2 ③ 3 ② 4 ② 5 ④ 정답

06 다음 중 불꽃시험에서 밝기가 가장 밝은 강재는?

① SM45C
② STD11
③ SKH51
④ SM25C

해설
일반적으로 탄소 함유량이 많을수록 불꽃의 양과 밝기는 밝아진다.

07 다음 중 백금(Pt)의 결정격자는?

① 정방격자
② 면심입방격자
③ 조밀육방격자
④ 체심입방격자

해설
면심입방격자는 가공성과 연신율이 좋다. 금, 은, 구리, 백금 등 귀금속류가 이에 해당한다.

08 공기 중의 산소나 질소와의 반응이 커 진공분위기에서 열처리하여야 하고, 비교적 가볍고 우수한 내식성과 비강도가 높아 항공기, 화학기계 등에 사용되는 원소는?

① Mo ② Cu
③ Hg ④ Ti

해설
타이타늄은 공기 중의 산소나 질소와의 반응이 크기 때문에 진공분위기에서 열처리하여야 하고, 비교적 가볍고 우수한 내식성과 비강도가 높아 항공기, 화학기계 등에 사용되는 원소이다.

09 Ni-Fe계 합금인 엘린바(Elinvar)는 고급시계, 지진계, 압력계, 스프링 저울, 다이얼 게이지 등에 사용되는데 이는 재료의 어떤 특성 때문에 사용하는가?

① 자 성
② 비 중
③ 비 열
④ 탄성률

해설
탄성률을 지닌 재료는 변형이 없어 정밀부품, 각종 게이지류에 사용된다.

10 55~60%Cu를 함유한 Ni합금으로 열전쌍용 선의 재료로 쓰이는 것은?

① 모넬메탈
② 콘스탄탄
③ 퍼민바
④ 인코넬

해설
콘스탄탄(40%Ni-55~60%Cu) : 열전쌍 및 표준 저항선에 사용된다.

정답 6 ① 7 ② 8 ④ 9 ④ 10 ②

11 표준형 고속도공구강의 주요 성분으로 옳은 것은?

① C–W–Cr–V

② Ni–Cr–Mo–Mn

③ Cr–Mo–Sn–Zn

④ W–Cr–Ag–Mg

해설

표준고속도강의 주요 성분 : 18–4–1, W–Cr–V

12 탄소강에서 청열메짐을 일으키는 온도(℃)의 범위로 옳은 것은?

① 0~50

② 100~150

③ 200~300

④ 400~500

해설

청열취성 : 냉간가공 영역 안 210~360℃ 부근에서 기계적 성질인 인장강도는 높아지지만 연신율이 갑자기 감소하는 현상이다.

13 공구용 재료로서 구비해야 할 조건이 아닌 것은?

① 강인성이 커야 한다.

② 마멸성이 커야 한다.

③ 열처리와 공작이 용이해야 한다.

④ 상온과 고온에서 경도가 높아야 한다.

해설

공구강은 마멸에 견디는 내마멸성이 커야 한다.

14 철강은 탄소 함유량에 따라 순철, 강, 주철로 구별한다. 순철과 강, 강과 주철을 구분하는 탄소량은 약 몇 %인가?

① 0.025%, 0.8%

② 0.025%, 2.0%

③ 0.80%, 2.0%

④ 2.0%, 4.3%

해설

탄소강의 조직에 의한 분류

- 순철 : 0.025%C 이하
- 아공석강 : 0.025%C~0.8%C 이하, 공석강 : 0.8%C, 과공석강 : 0.8%C~2.0%C
- 아공정주철 : 2.0%C~4.3%C, 공정주철 : 4.3%C, 과공정주철 : 4.3%C~6.67%C

15 재료를 실온까지 온도를 내려서 다른 형상으로 변형시켰다가 다시 온도를 상승시키면 어느 일정한 온도 이상에서 원래의 형상으로 변화하는 성질을 이용한 합금으로, 대표적인 합금이 Ni–Ti계인 합금의 명칭은?

① 형상기억합금

② 비정질합금

③ 클래드합금

④ 제진합금

해설

형상기억합금 : 힘에 의해 변형되더라도 특정 온도에 올라가면 본래의 모양으로 돌아오는 합금으로, Ti–Ni이 대표적이며 마텐자이트 상변태를 일으킨다.

11 ① 12 ③ 13 ② 14 ② 15 ① 정답

16 **도면에서 두 종류 이상의 선이 같은 장소에 겹치게 될 경우 우선순위가 옳은 것은?**

① 외형선 → 숨은선 → 절단선 → 중심선 → 무게 중심선

② 외형선 → 숨은선 → 중심선 → 무게 중심선 → 절단선

③ 외형선 → 숨은선 → 무게 중심선 → 중심선 → 절단선

④ 외형선 → 무게 중심선 → 숨은선 → 절단선 → 중심선

해설

2개 이상의 선이 중복될 경우 외형선 → 숨은선 → 절단선 → 중심선 → 무게 중심선의 우선순위로 선을 나타낸다.

17 **제도용지에 대한 설명으로 틀린 것은?**

① A0 제도용지의 넓이는 약 $1m^2$이다.

② B0 제도용지의 넓이는 약 $1.5m^2$이다.

③ A0 제도용지의 크기는 594×841이다.

④ 제도용지의 세로와 가로의 비는 $1:\sqrt{2}$ 이다.

해설

- A4 용지 : 210×297mm
- A3 용지 : 297×420mm
- A2 용지 : 420×594mm
- A3 용지의 치수는 A4 용지의 가로, 세로 치수 중 작은 치수값의 2배로 한다. 용지의 크기가 증가할수록 같은 원리로 점차 증가한다.

18 **다음과 같은 단면도는?**

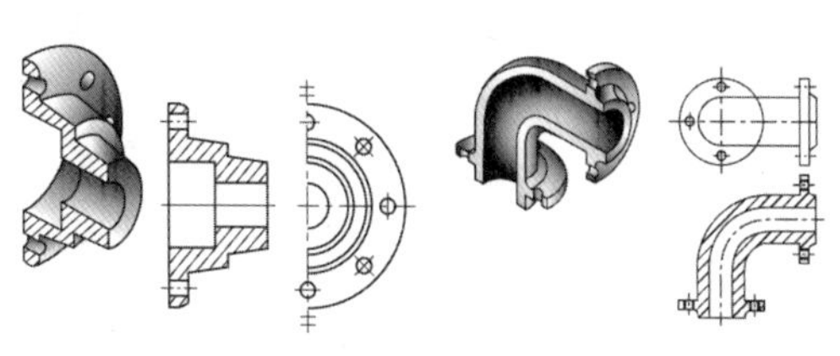

① 온단면도

② 반단면도

③ 부분단면도

④ 회전도시단면도

해설

온단면도 : 제품을 절반으로 절단하여 내부 모습을 도시하며, 절단선은 나타내지 않는다.

19 **물체를 제3면각 안에 놓고 투상하는 방법으로 옳은 것은?**

① 눈 → 투상면 → 물체

② 눈 → 물체 → 투상면

③ 투상면 → 눈 → 물체

④ 투상면 → 물체 → 눈

해설

제3면각 공간 안에 물체를 각각의 면에 수직인 상태로 중앙에 놓고 '보는 위치'에서 물체 앞면의 투상면에 반사되도록 하여 처음 본 것을 정면도라 한다. 각 방향으로 돌아가며 보아서 반사되도록 하여 투상도를 얻는 원리이다(눈 → 투상면 → 물체).

정답 16 ① 17 ③ 18 ① 19 ①

20 투상도를 그리는 방법에 대한 설명으로 틀린 것은?

① 조립도 등 주로 기능을 표시하는 도면에서는 물체가 사용되는 상태를 그린다.
② 일반적인 도면에서는 물체를 가장 잘 나타내는 상태를 정면도로 하여 그린다.
③ 주투상도를 보충하는 다른 투상도의 수는 되도록 많이 그리도록 한다.
④ 물체의 길이가 길어 도면에 나타내기 어려울 때, 즉 교량의 트러스 같은 경우 중간 부분을 생략하고 그릴 수 있다.

해설
주투상도를 보충하는 투상도는 필요할 때 적절히 그리는 것이 원칙이며, 남발하여 그리지 않는다.

21 다음 중 현의 길이를 표시하는 치수 기입법으로 옳은 것은?

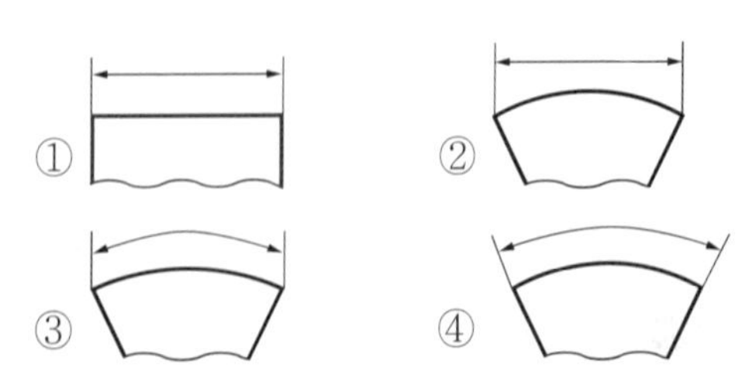

해설
현의 길이를 표시할 때에는 치수보조선을 수직으로 그리고, 치수선은 일직선으로 표시하여 그린다.

22 제도의 기본 요건으로 적합하지 않은 것은?

① 이해하기 쉬운 방법으로 표현한다.
② 정확성, 보편성을 가져야 한다.
③ 표현의 국제성을 가져야 한다.
④ 대상물의 도형과 함께 크기, 모양만 표현한다.

해설
도면을 그릴 때는 대상물의 모양, 크기와 더불어 재질, 가공방법 등 기타 특징을 필요 목적에 따라 다양한 사항을 기입한다.

23 투상선을 투상면에 수직으로 투상하여 정면도, 측면도, 평면도로 나타내는 투상법은?

① 정투상법 ② 사투상법
③ 등각투상법 ④ 투시투상법

해설
정투상도 : 투상선이 평행하게 물체를 지나 투상면에 수직으로 닿고 투상된 물체가 투상면에 나란하기 때문에 어떤 물체의 형상도 정확하게 표현할 수 있다.

24 다음 그림을 제3각법(정면도-화살표 방향)의 투상도로 볼 때 좌측면도로 가장 적합한 것은?

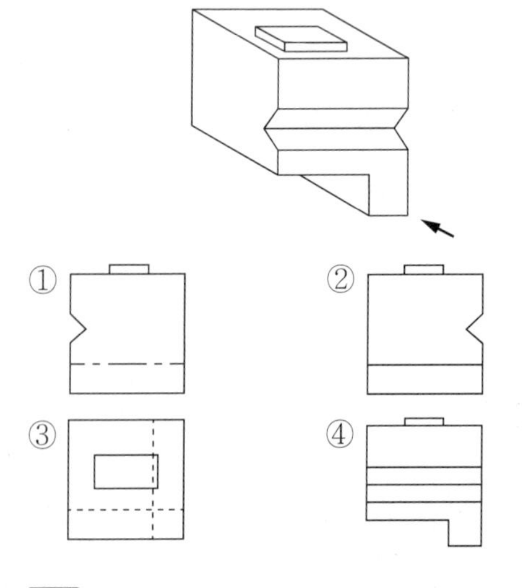

해설
정면도를 기준으로 좌측면에서 본 모양을 선택한다.

20 ③ 21 ② 22 ④ 23 ① 24 ② 정답

25 다음 그림과 같은 치수 기입방법은?

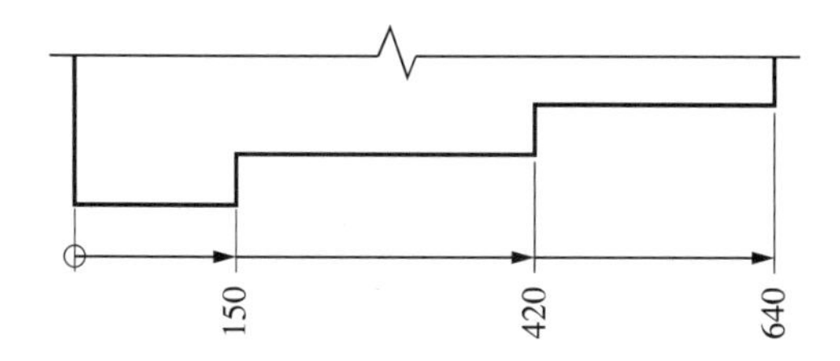

① 직렬 치수 기입방법

② 병렬 치수 기입방법

③ 누진 치수 기입방법

④ 복합 치수 기입방법

해설

누진 치수 기입방법은 치수의 기점기호(○)를 기준으로 하여 누적된 치수를 기입하는 방법이다.

26 다음은 어떤 물체를 제3각법으로 투상한 것이다. 이 물체의 등각투상도로 가장 적합한 것은?

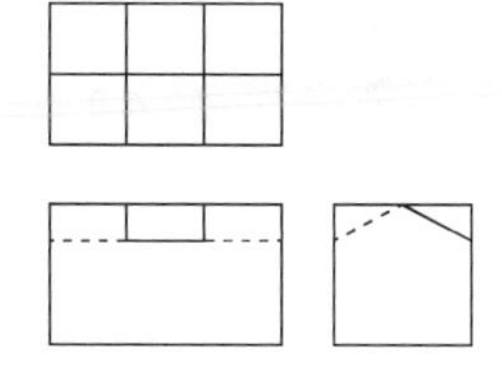

①
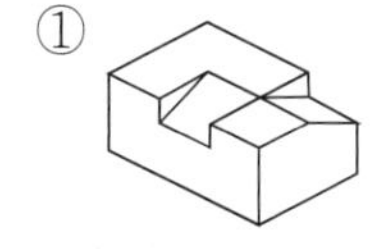

②
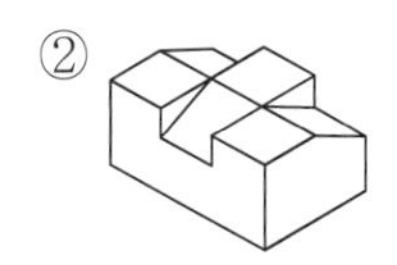

③
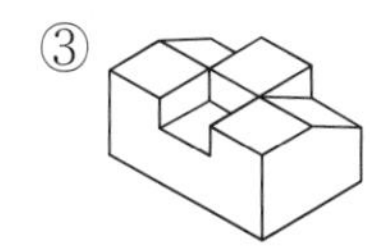

④
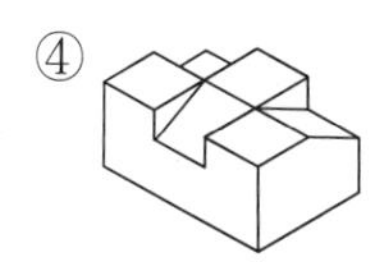

해설

정면도, 평면도, 우측면도를 보고 사물의 위쪽, 정면, 우측의 모양과 일치하는지의 여부를 확인한다.

27 다음 투상도 중 물체의 높이를 알 수 없는 것은?

① 정면도

② 평면도

③ 우측면도

④ 좌측면도

해설

평면도는 위쪽에서 본 것이기 때문에 물체의 높이는 알 수 없다.

28 침탄처리 후 저온어닐링 – 1차 담금질 – 2차 담금질 – 뜨임처리를 실시하는데 이때 저온처리의 역할은?

① 입자의 미세화

② 표면경화

③ 시멘타이트의 구상화

④ 강도의 경도 증가

해설

• 저온풀림 : 시멘타이트의 구상화
• 1차 담금질 : 결정입자의 미세화
• 2차 담금질 : 표면경화

29 다음 중 강의 표면경화법 중 성격이 다른 것은?

① 질화법

② 화염경화법

③ 고주파 경화법

④ 금속용사법

해설

질화법은 화학적 표면경화법이며, ②, ③, ④는 물리적 표면경화법이다.

정답 25 ③ 26 ② 27 ② 28 ③ 29 ①

30 금속의 조직을 안정화시켜 치수 경년변화를 방지하는 열처리는?

① 심랭처리
② 시효처리
③ 안정화처리
④ 템퍼링처리

31 미세한 소르바이트 상의 조직을 얻기 위해 오스템퍼링 가열온도에서 500~550℃의 용융열욕에 담금질하여 항온변태 완료 후 공랭하는 열처리법은?

① 항온 템퍼링
② 마퀜칭
③ 파텐팅
④ 항온 노멀라이징

해설
파텐팅처리 : 열욕 담금질법의 일종으로, 강선 제조 시에 사용되는 열처리방법이다. 강선을 수증기 또는 용융금속으로 담금질만하여 강인한 소르바이트 조직을 얻을 수 있다.

32 S곡선에서 항온냉각 시 나타나는 조직으로, 250~550℃에서 생성되며 새털, 침상 모양으로 발달된 조직은?

① 오스테나이트
② 펄라이트
③ 베이나이트
④ 마텐자이트

해설
항온변태 시 550~720℃에서는 펄라이트가 생성되고, 250~550℃에서는 베이나이트가 생성된다.

33 TTT곡선은 어떤 요소에 따른 강의 상태를 나타내는가?

① 시간 – 온도 – 변태
② 온도 – 시간 – 피로도
③ 온도 – 변태 – 조직
④ 조직 – 온도 – 시간

해설
TTT곡선 : Time – Temperature – Transformation Curve

34 강의 담금질에 가장 큰 영향을 미치는 원소는?

① C
② S
③ P
④ O

35 강을 담금질하여 경화시키는 데 필요한 최소의 냉각속도는?

① 변태속도
② 임계냉각속도
③ 변형경화속도
④ 퀜칭속도

정답 30 ③ 31 ③ 32 ③ 33 ① 34 ① 35 ②

36 화염경화법의 특징으로 틀린 것은?

① 장치가 간단하며 설비비가 저렴하다.
② 담금질 변형을 일으키는 경우가 적다.
③ 표면이 단단하고 내마모성이 뛰어나다.
④ 대형 부품의 국부담금질이 불가능하다.

해설
화염경화법은 토치로 간단히 국부를 가열하여 냉각하는 방법으로, 표면의 경도를 증가시킬 때 사용한다. 대형 부품의 일부분에 대한 담금질이 가능하다.

37 고주파 경화법의 특징으로 틀린 것은?

① 얕은 담금질층을 얻기 위해서는 높은 주파수를 사용한다.
② 대형품의 깊이 있는 담금질층을 얻기 위해서 낮은 주파수를 사용한다.
③ 가열시간이 짧아 표면에 탈탄 및 산화층이 적다.
④ 조작이 복잡하고 열처리 시간이 길다.

해설
고주파 담금질은 조작이 간단하며 열처리 시간이 단축되어 작업비가 저렴하다.

38 과잉 침탄에 대한 대책이 아닌 것은?

① 가스 침탄을 한다.
② 마템퍼링을 한다.
③ 침탄 완화제를 사용한다.
④ 침탄 후 확산풀림을 한다.

해설
마템퍼링은 항온 열처리 방법의 일종으로, 마텐자이트 + 베이나이트 생성하는 열처리로 과잉 침탄과 상관없다.

39 열전대 온도계 중 가열 한도가 가장 높은 것은?

① 구리 - 콘스탄탄
② 철 - 콘스탄탄
③ 크로멜 - 알루멜
④ 백금 - 백금・로듐

해설

재 료	기 호	가열한도(℃)
구리・콘스탄탄(CC)	T	600
철・콘스탄탄(IC)	J	900
크로멜・알루멜(CA)	K	1,200
백금・로듐(PR)	R	1,600

40 담금질 균열을 방지하는 방법으로 틀린 것은?

① M_s점 이하의 냉각속도를 느리게 한다.
② 단면의 급변부나 예각부 등에는 라운딩을 준다.
③ 두께가 균일하며 대칭적인 형상을 가지도록 한다.
④ 단조 후 곧바로 담금질 온도를 높게 하여 담금질을 한다.

해설
단조 후에는 불균일한 조직을 균질화하기 위한 풀림처리를 실시한 후 담금질을 해야 균열을 방지할 수 있다.

정답 36 ④ 37 ④ 38 ② 39 ④ 40 ④

41 냉각제의 냉각효과를 지배하는 인자에 대한 설명 중 틀린 것은?

① 열전도도는 높은 것이 좋다.
② 비열은 작은 것이 좋다.
③ 기화열은 클수록 좋다.
④ 점성은 작은 것이 좋다.

해설
냉각능은 냉각제에 따라 다소 차이가 있으나 일반적으로 냉각속도는 열전도도, 비열 및 기화열이 크고 끓는점이 높을수록 높고, 점도와 휘발성이 작을수록 크다.

42 다음 분위기가스 중에서 산화성인 것은?

① N_2가스
② CO_2가스
③ He가스
④ Ar가스

해설
분위기가스의 종류

성 질	종 류
불활성 가스	아르곤, 헬륨
중성 가스	질소, 건조수소, 아르곤, 헬륨
산화성 가스	산소, 수증기, 이산화탄소, 공기
환원성 가스	수소, 일산화탄소, 메탄가스, 프로판가스
탈탄성 가스	산화성 가스, DX가스
침탄성 가스	일산화탄소, 메탄(CH_4), 프로판(C_3H_8), 부탄(C_4H_{10})
질화성 가스	암모니아가스

43 열처리용 치공구 등의 재료에 필요한 조건은?

① 내식성이 낮을 것
② 고온강도가 낮을 것
③ 변형저항성이 낮을 것
④ 열피로 저항성이 클 것

해설
열처리 치공구 : 열처리 작업에서 노에 장입되어 고온으로 유지된 후 냉각되는 동안 제품을 지지하고 고정하는 고정구이다.
열처리용 치공구의 구비조건
- 내식성, 변형저항성, 열피로 저항성, 고온강도가 우수해야 한다.
- 제작하기 쉽고 겸용성이 있으며, 작업성이 우수해야 한다.

44 고체 침탄의 침탄촉진제로 사용하는 것은?

① 숯　　② 내화점토
③ 탄산바륨　　④ 사이안화칼륨

해설
고체 침탄법 : 저탄소강을 침탄제와 함께 침탄상자에 넣고 밀폐한 후 900~950℃로 가열시키는 방법이다.
- 화학식 : $C + O = CO \rightarrow 2CO + 3Fe \rightarrow Fe_3C + CO_2$
- 침탄제 : 목탄, 코크스
- 침탄촉진제 : 탄산바륨, 탄산나트륨

45 불림(Normalizing)에 대한 설명 중 옳은 것은?

① 내마멸성을 향상시키기 위한 열처리이다.
② 연화를 목적으로 적당한 온도까지 가열한 다음 서랭한다.
③ 잔류 응력을 제거하고 인성을 부여하기 위해 변태온도 이하로 가열한다.
④ A_3 또는 A_{cm} 선보다 30~50℃ 높은 온도로 가열하여 공기 중에 냉각하여 표준화 조직을 만든다.

해설
불림은 풀림과 거의 유사할 수 있으나 표준조직이라는 용어가 반드시 들어가야 하며, 냉각이 공랭이고 가열을 A_{cm} 선이 위에서 한다는 부분에서 다소 차이가 있다.

41 ② 42 ② 43 ④ 44 ③ 45 ④ 정답

46 잔류 오스테나이트에 대한 설명으로 틀린 것은?

① 고합금강은 잔류 오스테나이트가 많이 존재한다.

② 잔류 오스테나이트는 상온에서 안정한 상이다.

③ 잔류 오스테나이트가 있는 강은 상온에 방치하면 마텐자이트로 변태되어 제품의 치수가 변화를 일으킨다.

④ 0.6%C 이상의 탄소강은 M_f 온도가 상온 이하로 내려가기 때문에 상온까지 담금질하여도 잔류 오스테나이트를 형성한다.

해설

잔류 오스테나이트는 상온에서 불안한 조직이므로 치수변화 및 경년변화가 일어난다.

47 Al합금의 대표적인 초두랄루민, 초초두랄루민 및 연질 초두랄루민의 담금질 온도는 약 몇 ℃인가?

① 210~320

② 490~510

③ 690~710

④ 810~950

해설

단조용 두랄루민합금은 500℃ 부근에서 가열 후 물속에서 급랭시켜 매우 연한 상태로 만들고, 이곳을 상온에 방치하여 경화시킨다.

48 다음 그림과 같은 열처리 선도의 항온 열처리 방법은?

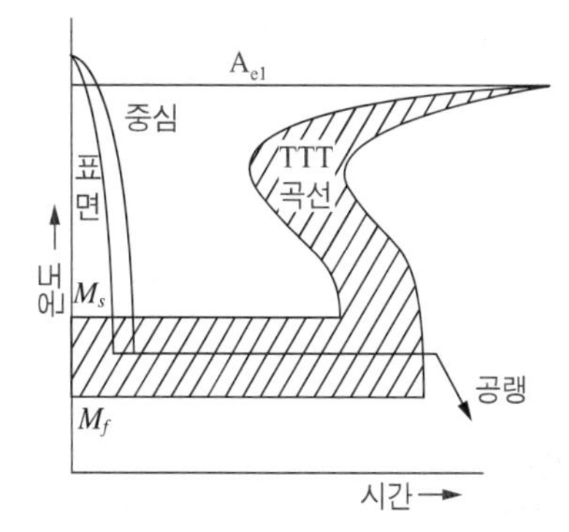

① 마템퍼링　② 오스포밍

③ 마퀜칭　④ 오스템퍼링

해설

마템퍼링 : 강을 오스테나이트 영역에서 M_s와 M_f 사이에서 항온변태처리를 행한다. 변태가 거의 종료될 때까지 같은 온도로 유지한 다음 공기 중에서 냉각하여 마텐자이트와 베이나이트의 혼합조직을 얻는 조작이다.

49 염욕 열처리에 대한 설명으로 옳은 것은?

① 가열속도가 느리다.

② 염욕의 열전도도가 낮다.

③ 균일한 온도 분포를 유지할 수 없다.

④ 소량 다품종 부품의 열처리에 적합하다.

해설

염욕 열처리는 일반 열처리로 경화시키는 힘든 특수강, 공구강, 고속도강 등의 소량의 다품종 부품을 열처리하는 데 적합하다.

50 진공 열처리에서 진공도를 측정하는 게이지가 아닌 것은?

① 페닝 게이지　② 이온 게이지

③ 열전도 게이지　④ 플로트 게이지

해설

플로트 게이지란 액체의 수위를 알 수 있는 눈금으로, 연료탱크의 연료량을 확인할 수 있다.

정답 46 ② 47 ② 48 ① 49 ④ 50 ④

51 오스테나이트강을 재결정온도 이하와 M_s점 이상의 온도 범위에서 변태가 일어나기 전에 과랭 오스테나이트 상태에서 소성가공을 한 다음 냉각하여 마텐자이트화하는 열처리 조작은?

① M_s 퀜칭
② 오스포밍
③ 오스템퍼링
④ 마퀜칭

해설
오스포밍 : 오스테나이트강을 재결정온도 이하와 M_s점 이상의 온도범위에서 변태가 일어나기 전에 과랭 오스테나이트 상태에서 소성가공을 한 다음 냉각하여 마텐자이트화하는 열처리 조작이다. 인장강도가 높은 고강인성 강을 얻는 데 사용된다.

52 분위기로에 열처리품을 장입하거나 꺼낼 때 노 안에 공기가 들어가는 것을 방지하기 위해 가연성 가스를 연소시켜 불꽃의 막을 생성하는 것은?

① 화염커튼 ② 번아웃
③ 쇼 팅 ④ 그을림

53 진공 열처리의 특징으로 틀린 것은?

① 가스대류가 없기 때문에 온도 분포가 양호하고, 승온이 느려 변형이 작다.
② 산화와 탈탄이 있고 표면이 지저분하다.
③ 표면에 이물질 흡착이 없어 미려한 광휘성을 지닌다.
④ 고온 열처리, 고급 열처리가 가능하며 공정의 생략으로 원가를 절감할 수 있다.

해설
표면 열처리는 산화와 탈탄이 없고, 변형이 작아 광휘 상태를 유지한다.

54 정밀 부품 및 고속도강 등의 산화와 탈탄을 방지하기 위한 염욕 열처리로에 사용되는 고온용 염욕제로 적합한 것은?

① $NaNO_2$
② $NaOH$
③ $BaCl_2$
④ $CaCl_2$

해설
고온용으로 사용되는 염욕제로는 염화바륨 단일염을 사용한다.

55 열처리 제품의 변형, 균열 및 치수의 변화를 최소화하기 위한 수단으로, 담금질할 강재를 냉각수 속에 넣었다가 일정 온도까지 냉각 후 꺼내어 유랭하거나 공랭시키는 열처리 방법은?

① 직접 담금질
② 시간 담금질
③ 선택 담금질
④ 분사 담금질

해설
인상(시간) 담금질 : 변형, 균열 및 치수의 변화를 최소화하기 위해 냉각수 속에 넣어 일정 온도로 급랭한 후 꺼내 유랭시키거나 공랭시키면서 냉각시간을 조절하는 방법

51 ② 52 ① 53 ② 54 ③ 55 ② 정답

56 강의 열처리된 조직 중 가장 낮은 경도를 갖는 것은?

① 펄라이트
② 트루스타이트
③ 페라이트
④ 오스테나이트

해설
열처리 과정에서 발생하는 조직의 경도 순서
시멘타이트 > 마텐자이트 > 트루스타이트 > 소르바이트 > 펄라이트 > 오스테나이트 > 페라이트

57 기계 구조용 탄소강(SM45C)의 완전풀림 곡선에서 (가)와 (나)에 알맞은 온도와 냉각방법은?

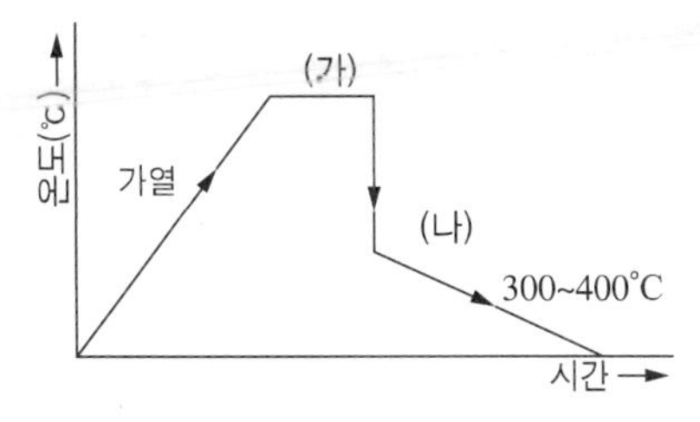

① 480~510℃, 유랭
② 590~630℃, 수랭
③ 790~830℃, 서랭
④ 1,050~1,250℃, 서랭

해설
완전풀림 : A_1 또는 A_3 변태점 위 30~50℃로 가열 유지 후 서랭하는 방법으로, 일반적인 풀림이라고도 한다.

58 다음 중 마레이징강에 대한 설명으로 옳은 것은?

① 고탄소합금 공구강의 일종이다.
② 텅스텐강을 담금질 및 뜨임한 강이다.
③ 탄소 공구강을 항온변태처리한 강이다.
④ 탄소량이 매우 적은 마텐자이트 기지를 시효처리하여 생긴 금속간 화합물의 석출에 의해 경화된 강이다.

해설
마레이징강의 열처리 : 마텐자이트 + 에이징(시효)으로 탄소를 거의 함유하지 않고 일반적인 담금질에 의해 경화되지 않으므로 오스테나이트화 온도로부터 상온까지 냉각하여 마텐자이트로 변태시키고 시효경화를 통해 강도와 경도를 증가시키는 열처리이다.

59 주성분은 규산과 알루미나로 구성되어 있으며 산성을 띠고, 값이 싸고, 가공하기 쉬우며 내화도가 높은 내화재료는?

① 샤모트벽돌 ② 규석벽돌
③ 크롬벽돌 ④ 고알루미나질벽돌

해설
내화재의 분류
- 산성 내화재 : 규산(SiO_2)을 다량으로 함유한 내화재로 샤모트 벽돌, 규석벽돌 등이 있다.
- 염기성 내화재 : 마그네시아(MgO)와 산화크롬(Cr_2O_3)을 주성분으로 한다.
- 중성 내화재 : Al_2O_3를 주성분으로 하며 고알루미나질 벽돌, 크롬벽돌 등이 있다.

60 0.8%C 강이 공석변태하여 생성되는 조직은?

① 시멘타이트 ② 펄라이트
③ 페라이트 ④ 오스테나이트

해설
공석변태 : 0.8%C의 탄소강을 750℃ 이상의 온도에서 가열하여 유지하면 오스테나이트가 되는데, A_1 변태선(723℃) 이하로 서랭하면 오스테나이트가 2개의 고상인 페라이트와 시멘타이트의 층상조직(펄라이트)으로 만들어지는 변태를 공석변태라고 한다.

정답 56 ③ 57 ③ 58 ④ 59 ① 60 ②

2023년 제1회 과년도 기출복원문제

01 과냉도가 큰 금속의 경우 융체에 진동을 주거나 미세한 금속편을 첨가하여 결정핵 생성을 촉진시키는 방법은?

① 확 산 ② 시 효
③ 접 종 ④ 회 복

해설
접종 : 결정핵을 형성하기 위해 합금 등을 첨가하여 조직이나 성질을 개선하는 것이다.
예 주철에서 흑연의 핵을 미세하게 하여 조직이 균일하게 분포하도록 하기 위해 C, Si, Ca, Al 등을 첨가하여 흑연의 핵 생성을 빠르게 하는 것이다.

02 금속을 초급랭시키면, 규칙적으로 원자배열할 시간이 없기 때문에 액체와 같이 흐트러진 원자 배열인 채로 응고되고 합금도금, 무전해도금 등에서는 이종 원소의 공석에 의해 결정 성장이 방해를 받아 유사한 배열을 한 금속은?

① 비정질 금속 ② 형상기억합금
③ 초전도체 ④ 서 멧

해설
- 형상기억합금 : 힘에 의해 변형되더라도 특정온도에 올라가면 본래의 모양으로 돌아오는 합금으로 Ti–Ni이 대표적이며 마텐자이트 상변태를 일으킨다.
- 서멧 : 분말 야금법으로 금속에 1~5μm 비금속입자를 분산시켜 소결시켜 만든 재료로, 주로 절삭공구에 사용되며 세라믹+메탈의 준말로 서멧이라고 한다.

03 내열용 알루미늄합금으로 피스톤 재료에 주로 사용되며 Al–Cu–Ni–Mg의 합금 조성을 가지는 금속은?

① 두랄루민 ② 라우탈
③ 실루민 ④ Y합금

해설
Al–Cu–Ni–Mg : Y합금, 석출경화용 합금으로 실린더, 피스톤, 실린더헤드 등에 사용한다.

04 Ni46%–Fe의 합금으로 열팽창계수 및 내식성이 있어서 백금의 대용이 되며 전구의 도입선으로 사용되는 합금은?

① 플라티나이트 ② 문쯔메탈
③ 모넬메탈 ④ 초경합금

해설
플라티나이트 : 고니켈강으로 불변강에 속하며 열팽창계수가 백금과 비슷하며 전구의 도입선으로 사용된다.

05 합금과 순금속을 비교하였을 때 합금이 좋은 성질은?

① 연신율 ② 전기전도율
③ 전 성 ④ 강도 및 경도

해설
일반적으로 합금 시 두 원자 간의 결합으로 인해 강도와 경도가 증가한다.

정답 1 ③ 2 ① 3 ④ 4 ① 5 ④

06 일반적인 열처리의 목적으로 옳지 않은 것은?

① 조직을 최대한 조대화시키고 방향성을 가지게 하는 것이다.
② 강도 또는 인장력을 증가시키기 위한 것이다.
③ 조직을 연한 것으로 변화시키거나 기계가공성 개선을 위함이다.
④ 가공으로 인한 잔류응력을 제거하기 위함이다.

해설
금속 조직이 조대화되거나 방향성이 생길 시 결함 및 변형이 쉬워지는데 이를 개선하기 위해 열처리를 진행해야 한다.

07 슬립(Slip) 변형에 대한 설명으로 옳지 않은 것은?

① 슬립방향은 원자밀도가 가장 작은 방향이다.
② 소성변형이 증가하면 강도도 증가한다.
③ 슬립선은 변형이 진행됨에 따라 그 수가 많아진다.
④ 금속의 결정에 외력이 가해지면 슬립 또는 쌍정을 일으켜 변형한다.

해설
슬립은 원자밀도가 가장 큰 방향으로 일어난다.

08 Zn, Mg 등이 상온에서 갖는 결정구조는?

① HCP ② FCC
③ BCC ④ BCT

해설
조밀육방격자(Hexagonal Close Packed) : Be, Cd, Co, Mg, Zn, Ti
- 배위수 : 12, 원자 충진율 : 74%, 단위 격자 속 원자수 : 2
- 결합력이 적고 전연성이 적다.

09 불변반응 중 $L_1 \rightarrow L_2 + \alpha\,(L_1,\ L_2$: 융액, α : 고상)의 반응은?

① 편정반응 ② 공석반응
③ 공정반응 ④ 전율고용체 반응

해설
불변반응
- 편정반응 : 하나의 액체에서 다른 액상 및 고용체가 동시에 형성되는 반응($L_1 \rightarrow L_2 + \alpha$)
- 공석반응 : 일정한 온도의 한 고용체에서 두 종류의 고체가 동시에 석출하여 나오는 반응($\gamma \rightarrow \alpha + \beta$)
- 공정반응 : 일정한 온도의 액체에서 두 종류의 고체가 동시에 정출하여 나오는 반응($L \rightarrow \alpha + \beta$)
- 포정반응 : 일정한 온도에서 한 고용체와 용액의 혼합체가 전혀 다른 고체가 형성되는 반응($\alpha + L \rightarrow \beta$)
- 포석반응 : 서로 다른 조성의 두 고체가 전혀 다른 하나의 고체로 형성되는 반응($\alpha + \beta \rightarrow \gamma$)

10 금속의 동소변태 또는 자기변태점에서 일어나는 현상이 아닌 것은?

① 자기적 성질이 변한다.
② 함유하고 있는 원소량과 무게가 변한다.
③ 결정구조가 변한다.
④ 격자상수가 변한다.

해설
금속의 변태는 구조적 성질의 변화이지 원소량 및 물리량의 변화는 아니다.

정답 6 ① 7 ① 8 ① 9 ① 10 ②

11 3~4%Ni에 약 1% Si를 첨가한 구리합금으로 고력, 고전도의 전선재료나 스프링재료로 사용되는 석출경화성 청동은?

① 콜슨합금　② 베어링청동
③ 베릴륨청동　④ 모넬메탈

해설

- 베어링청동 : 주석청동에 Pb 3% 정도 첨가한 합금이다. 윤활성이 우수하고 납청동이다.
- 모넬메탈 : 니켈합금으로 60%Ni을 포함하고 내식·내열용으로 사용한다.

12 마그네슘의 특징으로 옳지 않은 것은?

① 해수에 매우 강하며 용해 시 수소는 방출하지 않는다.
② 비중은 약 1.7 정도이다.
③ 내산성이 나쁘나 내알칼리성은 강하다.
④ 주물로서 마그네슘합금은 알루미늄합금보다 강하다.

해설

마그네슘의 성질

- 알칼리에는 내식성이 우수하나 산이나 염수에 침식이 진행된다.
- 비중 1.74, 용융점 650℃, 조밀육방격자형
- 전기전도율은 Cu, Al보다 낮다.
- O_2에 대한 친화력이 커 공기 중 가열, 용해 시 폭발이 발생한다.

13 금속의 확산 기구를 설명할 수 있는 가장 기본적인 원리는?

① 결정 내 원자의 이동
② 가전자의 공유
③ 자유전자의 존재
④ 결정 내 원자의 이온화

해설

확산 : 잉크가 물속에서 번지듯 용질원자가 용매원자의 공간격자 중으로 이동하는 상으로 침탄법, 질화법, 금속침투법 등이 원자의 확산을 이용한 사례이다.

14 순철을 910℃ 이상 가열하면 BCC 구조에서 FCC 구조로 변화하는 변태점은?

① A_3　② A_2
③ A_1　④ A_4

해설

Fe-Fe_3C 상태도에서 변태점

- A_3 변태 : 910°C, 동소변태, α철(BCC) ↔ γ철(FCC)로 변태
- A_0 변태 : 210°C, 시멘타이트의 자기변태
- A_1 변태 : 723°C, 공석변태
- A_2 변태 : 768°C, 순철의 자기변태, 상자성체 ↔ 강자성체로 변화
- A_4 변태 : 1,400°C, 동소변태, γ철(FCC) ↔ δ철(BCC)로 변태

15 크리프곡선에서 속도가 일정하게 진행되는 정상 단계는?

① 1단계　② 4단계
③ 3단계　④ 2단계

해설

표준 크리프곡선의 3단계

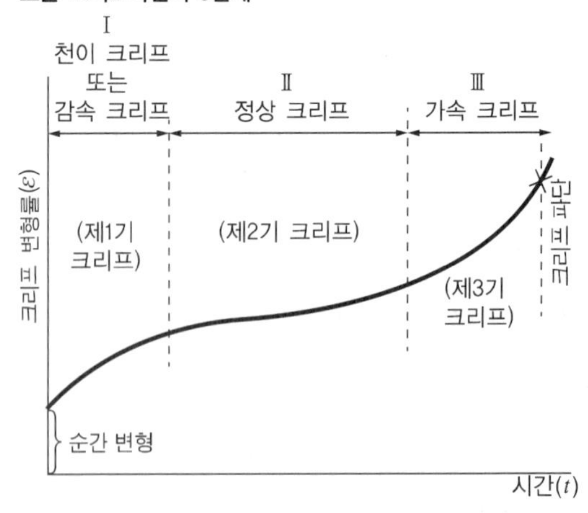

- 제1단계(감속 크리프) : 변율이 점차 감소하는 단계
- 제2단계(정상 크리프) : 일정하게 진행되는 단계
- 제3단계(가속 크리프) : 점차 증가하여 파단에 이르는 단계

11 ① 12 ① 13 ① 14 ① 15 ④ 정답

16 제3각 정투상도로 투상된 그림과 같은 정면도와 우측면도가 있을 때 평면도로 적합한 것은?

①　②

③　④

해설

반원통 모양을 바닥에 댄 상태에 가운데 부분의 사각형이 정면으로 돌출된 모양이다.

17 화살표 방향을 정면으로 하는 그림과 같은 입체도를 제3각법으로 정투상한 도면으로 올바르게 나타낸 것은?

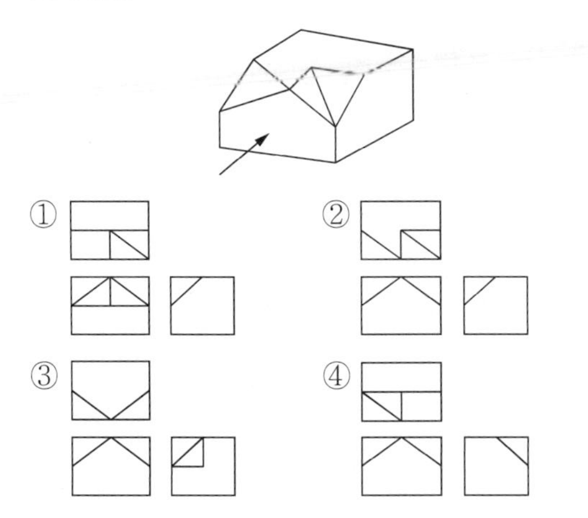

해설

복잡한 모양의 경우 한꺼번에 모양을 생각하지 말고 정면도, 평면도, 우측면도 중 틀린 것을 하나씩 소거하면서 문제를 풀이한다.

18 기계 재료 중 기계구조용 탄소강재에 해당하는 것은?

① SM40C　② SC410

③ SS400　④ SCS55

해설

금속재료의 호칭

재료를 표시하는 데 대개 3단계 문자로 표시한다.

- 첫 번째, 재질의 성분을 표시하는 기호
- 두 번째, 제품의 규격을 표시하는 기호로 제품의 형상 및 용도를 표시
- 세 번째, 재료의 최저인장강도 또는 재질의 종류기호를 표시
  - 강종 뒤에 숫자 세 자리 : 최저인장강도 N/mm^2
  - 강종 뒤에 숫자 두 자리+C : 탄소함유량
  - 예시
    - GC100 : 회주철
    - SS400 : 일반구조용 압연강재
    - SF340 : 탄소단강품
    - SC360 : 탄소주강품
    - SM45C : 기계구조용 탄소강
    - STC3 : 탄소공구강

19 기어의 제도에 대하여 설명한 것으로 잘못된 것은?

① 이끝원은 굵은실선으로 표시한다.

② 맞물리는 한 쌍 기어의 도시에서 맞물림부의 이끝원은 모두 가는 실선으로 그린다.

③ 피치원은 가는 1점쇄선으로 표시한다.

④ 기어의 제작상 주요한 요소는 요목표를 만들어 정리한다.

해설

맞물리는 한 쌍 기어의 도시에서 맞물림부의 이끝원은 모두 굵은 실선으로 그린다.

정답 16 ② 17 ② 18 ① 19 ②

20 구멍의 최대치수가 축의 최소치수보다 작은 경우에 해당하는 끼워맞춤은?

① 틈새 끼워맞춤　　② 헐거운 끼워맞춤
③ 억지 끼워맞춤　　④ 중간 끼워맞춤

해설

- 헐거운 끼워맞춤 : 항상 틈새가 생기는 상태로 구멍의 최소치수가 축의 최대치수보다 큰 경우이다.
- 중간 끼워맞춤 : 상황에 따라서 틈새와 죔새가 발생할 수 있는 경우이다.

21 KS에서 정의하는 기하공차에서 단독형체에 관한 기하공차 기호들로 짝지어진 것은?

① ⌖ ◎ ⌯
② ∠ ⊥ ⌭
③ ⏥ ○ —
④ ↗ ⌒ ◎

해설

적용하는 형체	기하편차(공차)의 종류		기 호
단독형체	모양공차	진직도(공차)	—
		평면도(공차)	⏥
		진원도(공차)	○
		원통도(공차)	⌭

22 인접 부분을 참고로 표시하거나 공구, 지그 등의 위치를 참고할 때 사용하는 선으로, 가공 전후의 모습을 나타낼 때 사용하는 선의 종류는?

① 가는 실선　　② 가는 2점쇄선
③ 굵은 실선　　④ 굵은 1점쇄선

해설

선의 종류	선의 모양	용도에 의한 명칭	선의 용도
가는 2점 쇄선	---—---	가상선	• 인접 부분을 참고로 표시 • 공구, 지그 등의 위치를 참고로 나타내는 데 사용 • 가동부분을 이동 중의 특정한 위치 또는 이동한계의 위치로 표시 • 가공 전 또는 가공 후의 모양을 표시하는 데 사용 • 되풀이하는 것을 나타내는 데 사용 • 도시된 단면의 앞쪽에 있는 부분을 표시
		무게중심선	단면의 무게중심을 연결한 선을 표시

23 그림과 같은 제3각 정투상도의 입체도로 가장 적합한 것은?

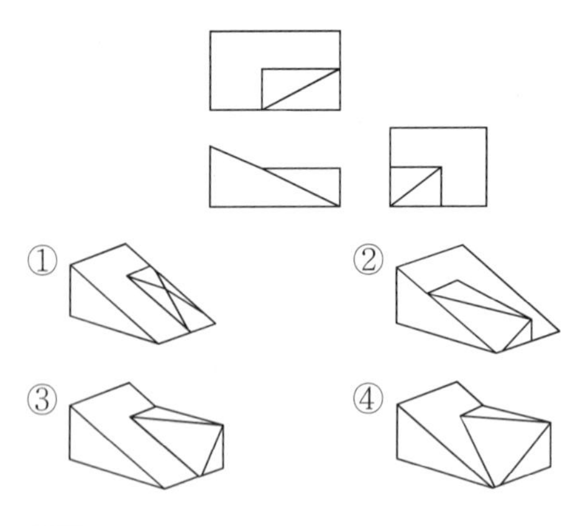

해설

사각뿔이 평면도를 기준으로 왼쪽에서 튀어나와 있는 모양을 선택한다.

20 ③　21 ③　22 ②　23 ② **정답**

24 치수공차가 0.1이 아닌 것은?

① $50^{\pm 0.05}$

② $50^{+0.07}_{-0.03}$

③ $50^{\pm 0.1}$

④ $50^{+0.01}_{0}$

해설

치수공차 : 위 치수허용차 − 아래 치수허용차로 ③의 경우 +0.1−(−0.1) = 0.2가 된다.

25 기준 치수가 ϕ50인 구멍기준식 끼워 맞춤에서 구멍과 축의 공차 값이 다음과 같을 때 옳지 않은 것은?

구멍 : 위 치수허용차 +0.025, 아래 치수허용차 0.000 축 : 위 치수허용차 −0.025, 아래 치수허용차 −0.050

① 축의 최대 허용치수 : 49.975

② 구멍의 최소 허용치수 : 50.000

③ 최소 죔새 : 0.025

④ 최대 틈새 : 0.075

해설

위의 끼워 맞춤은 축의 최대 허용치수가 구멍의 최소 허용치수보다 작아서 항상 틈새가 발생하는 헐거운 끼워 맞춤이므로 죔새는 생성되지 않는다.

26 코일 스프링의 제도에 관한 설명 중 올바른 것을 모두 고르시오.

(ㄱ) 코일 스프링은 일반적으로 무하중인 상태로 그린다. (ㄴ) 그림에 기입하기 힘든 사항은 요목표에 일괄하여 표시한다. (ㄷ) 코일 스프링에서 양 끝을 제외한 동일 모양 부분의 일부를 생략하는 경우에는 생략하는 부분의 중심선을 가는 1점쇄선으로 나타낸다. (ㄹ) 스프링의 종류 및 모양만을 간략도로 나타내는 경우에는 스프링 재료의 중심선만을 굵은 실선으로 나타낸다.

① (ㄱ) (ㄴ)
② (ㄱ) (ㄴ) (ㄷ) (ㄹ)
③ (ㄱ) (ㄴ) (ㄷ)
④ (ㄱ) (ㄴ) (ㄹ)

해설

코일 스프링의 제도

- 스프링은 원칙적으로 무하중인 상태로 그린다. 만약, 하중이 걸린 상태에서 그릴 때는 선도 또는 그때의 치수와 하중을 기입한다.
- 하중과 높이(또는 길이) 또는 처짐과의 관계를 표시할 필요가 있을 때는 선도 또는 요목표에 나타낸다.
- 코일 부분의 중간 부분을 생략할 때에는 생략한 부분을 가는 1점쇄선으로 표시하거나 가는 2점쇄선으로 표시해도 좋다.
- 스프링의 종류와 모양만을 도시할 때에는 재료의 중심선만을 굵은 실선으로 그린다.
- 특별한 단서가 없는 한 모두 오른쪽 감기로 도시하고, 왼쪽 감기로 도시할 때에는 '감긴 방향 왼쪽'이라고 표시한다.
- 조립도나 설명도 등에서 코일 스프링은 그 단면만으로 표시하여도 좋다.

27 다음 도면에서 X 부분의 치수는 얼마인가?

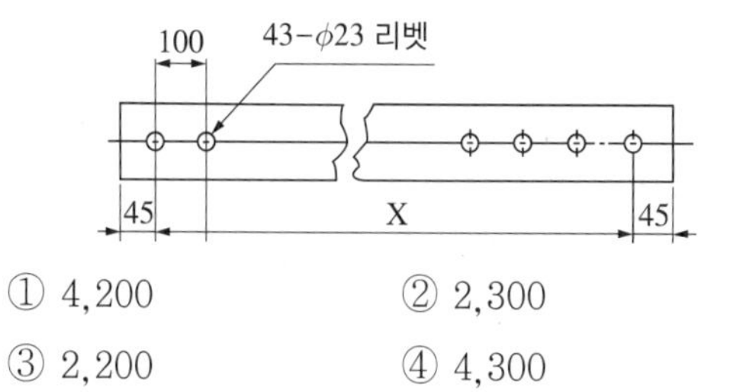

① 4,200
② 2,300
③ 2,200
④ 4,300

해설

전체 리벳의 개수는 43개이며 지름 23으로 구멍가공을 하였다. X 부분 길이는 처음에 뚫린 하나를 제외하여 42×100=4,200이 된다.

28 담금질에 사용되는 냉매에 대한 설명으로 옳지 않은 것은?

① 물은 40℃ 이하가 좋다.
② 냉각제에는 소금물, 물, 기름 등이 있다.
③ 증기막을 형성할 수 있도록 교반 또는 NaCl, $CaCl_2$을 첨가한다.
④ 기름은 상온 담금질 시 60~80℃ 정도가 좋다.

해설
냉각 시 증기막 형성을 방지하고 얼룩 생성 및 경도 감소를 최소화하기 위해 NaCl, $CaCl_2$을 첨가한다.

29 풀림(Annealing)의 목적에 대한 설명으로 옳은 것은?

① 재료를 연하게 하고 내부응력을 제거한다.
② 강도, 경도를 증가시키고 인성을 부여한다.
③ 내부응력을 향상시켜 조직을 경화시킨다.
④ 결정립을 미세화하고 표준조직을 생성한다.

해설
풀림(Annealing)
- 경화된 재료를 연화한다.
- 조직의 균일화, 미세화로 절삭성을 개선한다.
- 가공 후 발생한 내부응력을 제거한다.

30 알루미늄 합금의 강도를 증가시키기 위한 열처리 3단계 순서로 옳은 것은?

① 용체화처리 - 급랭처리 - 시효경화처리
② 급랭처리 - 용체화처리 - 시효경화처리
③ 서랭처리 - 용체화처리 - 시효경화처리
④ 안정화처리 - 시효경화처리 - 서랭처리

31 0.45% 탄소를 함유한 강제를 노멀라이징 처리하였을 때 표준상태의 조직은?

① 펄라이트 + 시멘타이트
② 레데부라이트 + 시멘타이트
③ 오스테나이트 + 시멘타이트
④ 페라이트 + 펄라이트

해설
탄소강의 표준 조직
- 0.02~0.8% 탄소함유 아공석강 : 펄라이트 + 페라이트
- 0.8% 탄소함유 공석강 : 펄라이트
- 0.8~2.0% 탄소함유 과공석강 : 펄라이트 + 시멘타이트

32 침탄용 강이 구비해야 할 조건으로 옳지 않은 것은?

① 침탄가열에 의해 결정립이 조대화를 일으키지 않아야 한다.
② 침탄담금질 경화 후 심부의 인성을 유지하기 위해서는 고탄소강이여야 한다.
③ 경화층은 경도는 높고 내마모성, 내피로성이 유지되어야 한다.
④ 주조 시 강재 내부에 기포 또는 균열 등의 결함이 없어야 한다.

해설
침탄강의 구비 조건
- 저탄소강일 것
- 고온에서 장시간 가열 시 결정입자의 성장이 없을 것
- 주조 시 완전을 기하며 표면의 결함이 없을 것

28 ③ 29 ① 30 ① 31 ④ 32 ② 정답

33 **열처리로의 온도제어장치에서 온오프의 시간비를 편차에 비례하도록 하여 온도를 제어하는 장치는?**

① 온오프식 온도제어장치
② 프로그램제어식 온도제어장치
③ 정치제어식 온도제어장치
④ 비례제어식 온도제어장치

해설
- 온오프식 온도제어장치 : 단일제어계로 전원 단속으로 온오프를 제어하고 전자개폐기가 빈번히 작동해 접점 마모가 많고 온도 편차가 ±15℃ 정도 차이 난다.
- 정치제어식 온도제어장치 : 전기회로를 2회로 분할하여 한쪽을 단속시켜 전력을 제어하는 방법으로 양호한 온도제어가 필요할 때 가장 많이 사용하는 방법이다.
- 프로그램제어식 온도제어장치 : 승온, 유지, 강온이 자동적으로 행하는 제어장치이다.

34 **뜨임 균열 방지대책으로 옳지 않은 것은?**

① 가열을 천천히 한다.
② 응력이 집중되는 부분은 열처리상 알맞게 설계한다.
③ Cr, Mo, V 등의 합금 원소는 뜨임 균열을 증가시키는 원소이다.
④ 고속도강의 경우 템퍼링하기 전에 탈탄층을 제거한다.

해설
Cr, Mo, V 등의 합금 원소는 뜨임 균열을 방지시키는 역할을 한다.

35 **중성가스에 해당하지 않는 것은?**

① 질 소　　② 공 기
③ 건조수소　　④ 아르곤

해설
중성가스 : 질소, 건조수소, 아르곤, 헬륨

36 **열처리에 사용되는 내화재를 성분의 PH에 따라 분류하였을 경우 중성에 해당되는 내화재는?**

① SiO_2(규산)
② Al_2O_3(알루미나)
③ Cr_2O_3(산화크롬)
④ MgO(마그네시아)

해설
- 산성 : SiO_2(규산)
- 염기성 : MgO(마그네시아), Cr_2O_3(산화크롬, 산화크로뮴)
- 중성 : Al_2O_3(알루미나)

37 **전기로에 사용되는 발열체 중 최고 사용온도가 가장 높은 것은?**

① 칸 탈　　② 텅스텐
③ 실리코니트(SiC)　　④ 니크롬

해설
발열체 : 전기저항에 의해 발열되는 원리를 이용한다.
- 금속발열체 : 니크롬(~1,100℃), 철크롬(~1,200℃), 칸탈(~1,300℃), 몰리브덴(~1,650℃), 텅스텐(~1,700℃)
- 비금속발열체 : 탄화규소(~1,600℃, 카보런덤, 실리코니트라고도 한다), 흑연(~3,000℃), 규화몰리브덴

정답 33 ④　34 ③　35 ②　36 ②　37 ②

38 잔류 오스테나이트가 생성되는 원인이 아닌 것은?

① 강에서 탄소함유량의 증가

② 고합금강인 경우

③ 냉각시간이 충분한 경우

④ 조대한 조직일 경우

해설

냉각시간이 충분한 경우 중심부까지 변태가 이뤄질 수 있어 잔류 오스테나이트 생성이 줄어든다.

39 다음 그림에서 증기막 파괴로 비등되어 끓어 오르는 단계로, 냉각속도가 최대인 단계는?

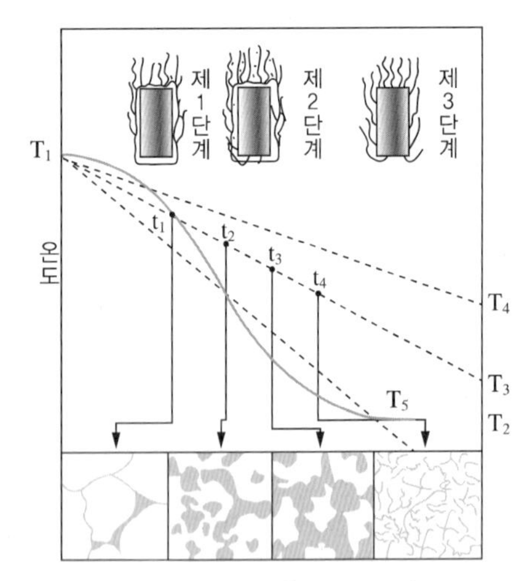

① 1단계 ② 1, 2단계

③ 3단계 ④ 2단계

해설

- 1단계 : 증기막 단계, 시편이 냉각액의 증기로 감싸지는 단계로 냉각속도가 늦다.
- 2단계 : 비등단계, 증기막 파괴로 비등되어 끓어 오르는 단계로 냉각속도가 최대이다.
- 3단계 : 대류단계, 대류에 의해 시편과 냉각액의 온도가 동일화되는 단계로 냉각속도가 늦다.

40 다음 내용 중 (가), (나)에 들어갈 단어는?

> 강은 같은 조성의 강을 같은 방법으로 담금질해도 그 재료의 굵기나 두께가 다르면 냉각 속도가 다르므로 담금질 깊이도 달라진다. 이것을 담금질의 (가)(이)라 하며, 같은 질량의 재료를 같은 조건에서 담금질하여도 조성이 다르면 담금질 깊이가 다르다. 이때, 담금질의 난이성을 강의 (나)(이)라 한다.

① 질량효과 - 담금질 변형

② 질량효과 - 냉각능

③ 담금질성 - 질량효과

④ 질량효과 - 담금질성

해설

- 질량효과
  - 재료 표면은 급랭에 의해 담금질이 잘되는 데 반해 재료의 중심에 가까울수록 안 되는 현상이다.
  - 같은 조성의 재료를 같은 조건에서 담금질을 해도 질량이 다르면 담금질 깊이가 다르다.
  - Cr, Ni, Mo 등을 첨가하여 개선할 수 있다.
- 담금질성 : 담금질의 난이도

41 강의 열처리에서 잔류응력 제거 방법이 아닌 것은?

① 응력제거풀림

② 조미니시험법

③ 피닝법

④ 저온응력완화법

해설

조미니시험법(Jominy Test) : 일정한 치수의 시편을 소정의 온도로 가열한 후 시험편 하단면에 물을 분사하여 시험하는 검사법이다.

38 ③ 39 ④ 40 ④ 41 ② 정답

42 담금질한 강을 180~200℃에서 뜨임하면 충격값은 어느 정도 증가하지만 250~300℃ 부근에서는 최대로 감소한다. 이러한 현상을 무엇이라 하는가?

① 2차 뜨임취성
② 1차 뜨임취성
③ 저온 뜨임취성
④ 3차 뜨임취성

해설
뜨임취성 : 뜨임 후 재료에 나타나는 취성으로 Ni · Cr강에 주로 나타나며 이를 방지하기 위해 냉각속도를 크게 하거나 소량의 Mo, V, W을 첨가한다.
- 저온 뜨임취성 : 250~300℃에서 충격값이 최소화된다.
- 1차 뜨임취성 : 뜨임시효취성이라 하며 250~450℃ 부근에서 지속시간이 길어질수록 충격값 저하된다.
- 2차 뜨임취성 : 고온 뜨임취성이라 하며 520~600℃ 부근에서 냉각속도에 느려서 충격값이 저하되므로 냉각속도를 크게 하거나 Mo을 첨가하여 방지한다.

43 망상 시멘타이트 또는 층상 펄라이트 중의 시멘타이트를 가열 처리에 의해 제품 중의 탄소를 구상화시키는 구상화 풀림의 효과가 아닌 것은?

① 인성 감소
② 절삭성 향상
③ 가공성 향상
④ 담금질 균열 방지

해설
구상화 풀림의 효과 : 인성 증가, 가공성 향상, 절삭성 향상, 담금질 균열 방지

44 단조 및 주조품에 생긴 편석을 확산 소실시켜 균질하는 열처리로 주로 1,000℃ 이상 고온에서 가열 후 서랭하는 열처리법은?

① 확산풀림 ② 항온풀림
③ 완전풀림 ④ 응력제거풀림

해설
- 항온풀림 : 완전풀림으로는 연화가 어려운 강은 A_3 또는 A_1점 이상 30~50℃로 가열해 유지한 다음 A_1점 바로 아래 온도로 급랭 후 항온 유지하여 거친 펄라이트 조직을 얻는 방법이다.
- 완전풀림 : A_1 또는 A_3변태점 위 30~50℃로 가열 유지 후 서랭, 일반적인 풀림이다.
- 응력제거풀림 : 가공한 후 생긴 잔류응력을 제거하기 위한 열처리로 A_1변태점 바로 아래 온도(500~700℃)에서 가열한 후 서랭한다.

45 발열체가 원주방향으로 감겨져 있으며 길이가 긴 장축물의 열처리에 사용되는 열처리로는?

① 피트로(원통로)
② 회전식 레토르트로
③ 상형로(Box Type Furnace)
④ 대차로

해설
- 회전식 레토르트로 : 레토르트를 회전시켜 열처리품을 균일하게 가열하는 방식의 노이다.
- 상형로 : 전기로의 일종으로 앞문을 수동으로 개폐하여 장입 및 취출을 하는 박스형태의 공간으로 되어 있다.
- 대차로 : 대차로 되어 있어서 중량이 큰 제품을 레일을 타고 장입 및 취출할 수 있다.

정답 42 ③ 43 ① 44 ① 45 ①

46 구리 및 구리합금의 열처리에 대한 설명으로 옳지 않은 것은?

① $\alpha+\beta$ 황동은 재결정풀림과 담금질 열처리를 한다.
② α황동은 700~730℃ 온도에서 재결정풀림을 한다.
③ 상온에서 가공한 황동 제품은 자연균열(Season Crack)을 방지하기 위해 1,200℃ 이상에서 고온풀림을 한다.
④ 순동은 재결정풀림을 하고, 재결정 온도는 약 270℃이다.

해설

- 황동 : 자연균열 방지를 위하여 저온풀림하는데 300℃ 정도에서 1시간 정도 풀림처리를 한다.
- 자연균열 방지법
  - 아연도금 도료 또는 가공재를 180~260℃로 20~30분 정도 저온풀림을 실시한다.
  - $\alpha+\beta$ 황동 및 α황동에는 Sn을 첨가하거나 1~1.5%의 Si를 첨가한다.

47 염욕 열처리 시 염욕이 열화를 일으키는 이유가 아닌 것은?

① 흡습성 염화물의 가수 분해에 의한 열화
② 중성 염욕에 포함되어 있는 유해 불순물에 의한 열화
③ 1,000℃ 이하의 용융 염욕에 탈산제 Mg-Al(50%-50%)을 혼입 사용하였을 때
④ 고온 용융 염욕이 대기 중의 산소와 반응하여 염기성으로 변질될 때

해설

염욕의 열화
- 중성 염욕에 함유된 불순물에 의한 열화
- 고온 용융 염욕이 대기 중의 산소를 흡수할 때
- 고온 용융 염욕이 대기 중의 산소와 반응하여 염기성이 될 때
- 중성염 자체의 흡수, 잔여 수분이 대기 중에 수분과 작용할 때

48 담금질된 강의 경도를 증가시키고 시효변형을 방지하기 위한 목적으로 0℃ 이하의 온도에서 처리하는 것은?

① 수인처리 ② 오스포밍처리
③ 용체화처리 ④ 심랭처리

해설

- 수인처리 : 오스테나이트강의 인성을 증가시키기 위해 적당한 고온에서 수랭하는 열처리 조작으로 고망간강이나 18-8 스테인리스강의 열처리에 이용한다.
- 용체화처리 : 합금원소를 고용체 용해온도 이상으로 가열하여 급랭시켜 과포화 고용체로 만들어 상온까지 유지하는 처리로 연화된 이후 시효에 의해 경화된다.
- 오스포밍처리 : 과랭 오스테나이트 상태에서 소성가공한 후 열처리를 실시한다. 가공열처리라고도 한다.

49 열처리할 때 국부적으로 경화되지 않는 연점(Soft Spot)이 발생하는 가장 큰 원인은?

① 소금물을 사용할 때
② 냉각액의 양이 많을 때
③ 수랭 중 기포가 부착되었을 때
④ 오일의 냉각액을 사용할 때

해설

- 수랭 중에 발생하는 기포는 강의 경화를 방해하는 요소로서 이를 없애기 위해 NaCl, $CaCl_2$을 넣어주거나 교반하여 준다.
- 경도 불균일 원인 : 국부적으로 경화되지 않은 연점이 생김
  - 수랭했을 때 기포 부착 및 스케일 부착으로 냉각이 국부적으로 느려졌을 경우
  - 표면층이 탈탄되어 있을 경우
  - 담금질온도, 냉각이 불균일한 경우
  - 화학성분의 편석

50 담금질 냉각제의 냉각 효과를 지배하는 인자가 아닌 것은?

① 비 중 ② 비 열
③ 휘발성 ④ 끓는점

해설

냉각제에 따라 다소 차이가 있으나 일반적으로 냉각 속도는 열전도도, 비열 및 기화열이 크고 끓는점이 높을수록 높고, 점도와 휘발성이 작을수록 크다.

46 ③ 47 ③ 48 ④ 49 ③ 50 ① 정답

51 17%Cr-4%Ni PH 강에 대한 설명으로 옳은 것은?

① 페라이트계 스테인리스강이다.
② 마텐자이트계 스테인리스강이다.
③ 석출경화형 스테인리스강이다.
④ 오스테나이트계 스테인리스강이다.

해설

스테인리스강 : Cr 또는 Cr-Ni계가 있으며, 표면이 치밀한 Cr_2O_3의 산화피막이 형성되어 내식성이 뛰어난 강, 불수강

- 석출경화형 스테인리스강 : 17%Cr-4%Ni PH(Precipitation Hardening, 석출경화)가 첨가되어 있으며 성형 후 석출물 상이 생성될 수 있도록 열처리를 통해 강화시킨 강이다.
- 페라이트 스테인리스강 : 13%의 Cr이 첨가되어 내식성을 증가시켜 질산에는 침식이 안 되나 다른 산류에서는 침식이 발생한다.
- 마텐자이트계 스테인리스강 : 12~14%의 Cr이 첨가되어 탄화물의 영향으로 담금질성은 좋으나, 풀림 처리에도 냉간 가공성이 나쁘다.
- 오스테나이트계 스테인리스강 : 18%Cr-8%Ni이 대표적인 강으로, 비자성체이며 산과 알칼리에 강하다.

52 냉각속도가 가장 느린 냉각 방법은?

① 노 중 냉각
② 기름 냉각
③ 소금물 냉각
④ 공기 냉각

해설

냉각속도

NaOH > 식염수(소금물) > 증류수 > 비눗물 > 기름 > 공기 중 > 노 중

53 침탄경화층 측정에서 매크로조직시험의 유효 경화층 깊이를 나타내는 표시기호는?

① CD-M-E ② CD-H-T
③ CD-H-E ④ CD-M-T

해설

침탄층 측정

CD-H(M, h)-E(T)2.5

- CD : 경화층의 깊이
- H : 비커스경도 시험 1kg 하중, h : 비커스경도 시험 300g 하중, M : 매크로조직시험법
- E : 유효 깊이, T : 전체 깊이

54 강재 표면경화 시 강재 화학조성은 변화시키지 않고 표면만 경화시키는 방법은?

① 침탄법 ② 쇼트피닝
③ 금속침투법 ④ 사이안화법

해설

표면경화 열처리

- 물리적 경화법 : 쇼트피닝, 화염경화법, 고주파경화법, 방전경화법
- 화학적 경화법 : 침탄법(사이안화법 등), 금속침투법, 질화법

55 강의 임계냉각속도를 빠르게 하는 원소는?

① Mn ② Co
③ Mo ④ Cr

해설

임계냉각속도 : 강을 담금질하여 경화시키는 데 필요한 최소냉각속도로, 마텐자이트 조직이 나타나는 최소 냉각속도이다. Co, S, Se 등의 원소가 첨가되면 임계냉각속도는 증가한다.

정답 51 ③ 52 ① 53 ① 54 ② 55 ②

56 열처리에 있어 매우 중요한 조직으로 담금질할 때 생기며 경도가 현저히 높은 것이 특징인 변태는?

① 공석변태 ② 연속냉각변태
③ 항온변태 ④ 마텐자이트변태

해설

- 마텐자이트(담금질) 변태 : 오스테나이트를 임계냉각속도 이상 급랭하면 탄소가 확산할 시간을 가지지 못하고 α철 안에 고용된 상태로 존재한다. α철의 작은 공간 격자 안에 탄소가 들어가 팽창하게 되고 이때 발생한 응력 때문에 경도가 증가한다. α철에 탄소가 과포화된 조직을 마텐자이트라고 한다.
- 공석변태 : 0.8%C의 탄소강을 750℃ 이상의 온도에서 가열하여 유지하면 오스테나이트가 되는데, A_1 변태선(723℃) 이하로 서랭하면 오스테나이트가 2개의 고상인 페라이트와 시멘타이트의 층상조직(펄라이트)으로 만들어지는 변태이다.
- 연속냉각변태 : 실제로 이루어지는 일반적인 열처리는 냉각과 동시에 변태가 일어나는데, 이를 선도로 표시한 선을 CCT선이라 한다.
- 항온변태 : 강을 오스테나이트 상태로부터 항온 분위기(염욕) 속에 넣고 일정 온도로 유지시키면 변태가 일어난다. 일정 온도에서 유지하는 동안 변태가 이루어져 항온변태라고 한다.

57 M_s점의 설명 중 옳지 않은 것은?

① Ar″ 변태점이라고 한다.
② 마텐자이트 조직이 나타나기 시작하는 점이다.
③ 풀림 후 노멀라이징하여 취성을 증가하는 것이다.
④ 성분이 다른 재료의 강은 M_s점이 다르다.

해설

M_s점은 마텐자이트 변태의 시작점으로 냉각 시 나타나는 두 번째 변태라고 하여 Ar″ 변태점이라고 하며, 원소 및 성분에 따라 다르게 나타난다.

58 흑체로부터 복사선 가운데 가시광선을 이용한 온도계로 저온에서는 가시광선을 방출하지 않으므로 600℃ 이상 고온에서 사용되는 온도계는?

① 광고온도계 ② 열전쌍 온도계
③ 압력식 고온계 ④ 방사 온도계

해설

- 열전쌍 온도계 : 두 종류의 금속선 양단에 온도차와 기전력의 비례관계를 통해 온도를 측정하는 장치이다.
- 복사(방사) 온도계 : 측정하는 물체가 방출하는 적외선 방사에너지를 이용한 온도계이다.

59 진공 열처리에 대한 설명으로 옳은 것은?

① 정확한 온도 관리가 불가능하다.
② 노벽에 의한 손실이 적어 에너지 절감 효과가 있다.
③ 공해 및 유해가스가 발생해 작업환경이 나쁘다.
④ 고품질 열처리가 불가능하다.

해설

①, ④ 정확한 온도 및 가열 분위기에 의해 고품질의 열처리가 가능하다.
③ 무공해로 작업환경이 양호하다.

60 침탄담금질의 결함 중 경도 부족의 원인이 아닌 것은?

① 담금질 온도가 낮을 때
② 잔류 오스테나이트가 많을 때
③ 냉각속도가 느릴 때
④ 침탄량이 많을 때

해설

침투되는 탄소량에 따라 표면의 경도를 결정하며 침탄량이 많을수록 표면의 경도는 높다.

침탄담금질 경도 부족의 원인

- 담금질온도가 낮거나 냉각속도가 느릴 경우
- 가열시간이 짧아서 침탄량이 부족할 경우
- 탈탄되거나 잔류 오스테나이트가 많이 생성될 경우

정답 56 ④ 57 ③ 58 ① 59 ② 60 ④

2024년 제1회 최근 기출복원문제

01 다음 금속 결정구조 중 가공성이 가장 좋은 격자는?

① 조밀육방격자
② 체심입방격자
③ 면심입방격자
④ 단사정계격자

해설
면심입방격자는 전연성이 우수하여 가공성이 좋다.

02 Ni 및 Ni합금에 대한 설명으로 옳은 것은?

① Ni는 비중이 약 8.9이며, 융점은 1455℃이다.
② Fe에 36%Ni합금을 백동이라고 하며, 열간가공성이 우수하다.
③ Cu에 10~30%Ni합금을 인바라고 하며, 열팽창계수가 상온 부근에서 매우 작다.
④ Ni는 대기 중에서는 잘 부식되지만, 아황산가스를 품은 공기에서는 부식되지 않는다.

해설
- 니켈의 특징 : 비중은 약 8.9, 융점은 1455℃이다. 면심입방격자에 상온에서 강자성을 띠며, 알칼리에 잘 견딘다.
- 니켈 합금의 종류
  - Ni-Cu합금 : 양백(Ni-Zn-Cu)-장식품, 계측기, 콘스탄탄(40% Ni-55~60%Cu)-열전쌍, 모넬메탈(60%Ni)-내식·내열용
  - Ni-Cr합금 : 니크롬(Ni-Cr-Fe)-전열 저항성(1,100℃), 인코넬(Ni-Cr-Fe-Mo)-고온용 열전쌍, 전열기 부품, 알루멜(Ni-Al)-크로멜(Ni-Cr)-1,200℃ 온도 측정용

03 주철의 조직과 성질에 대한 설명으로 옳은 것은?

① 주철의 압축강도는 보통주철에서 인장강도의 약 4배 정도이다.
② 인장강도 경도가 높을수록 비중이 감소한다.
③ 인(P)이 첨가되면 스테다이트를 형성하기 때문에 경도가 낮아진다.
④ 탄소가 2.0%C~6.67%C로 경도가 낮고, 취성이 크다.

해설
주철의 성질
- 탄소가 2.0%C~6.67%C로 경도가 높고, 취성이 크다.
- 경도는 시멘타이트 양에 비례하여 증가하고, Si에 의해 분해되어 경도가 낮아진다.
- 인(P)이 첨가되면 스테다이트를 형성하기 때문데 경도가 높아진다.
- 인장강도, 경도가 높을수록 비중이 증가하는 경향을 보인다.
- 화합탄소가 적고, 유리탄소가 균일하게 분포될수록 투자율은 커진다.
- 전기 비저항은 Si와 Ni이 증가할수록 높아진다.
- 인장강도는 흑연의 함유량과 형상에 따라 달라지며 압축강도는 인장강도의 3~4배 크다.

04 비파괴검사방법 중 검출되는 결함의 유형이 다른 것은?

① 침투비파괴
② 자기비파괴
③ 와전류검사
④ 초음파비파괴

해설
- 외부 결함검사 : 침투비파괴, 자기비파괴, 와전류검사
- 내부 결함검사 : 초음파비피괴, 방사선검사

정답 1 ③ 2 ① 3 ① 4 ④

05 인장시험 전 표점거리 50mm, 평행부의 지름 14mm인 4호 인장시험편을 인장시험한 결과 표점거리 56.8mm, 평행부의 지름 12mm로 측정되었다면, 이 시험편의 연신율(%)은?

① 8.4　　② 13.6
③ 16.8　　④ 26.5

해설
연신율 : 시험편이 파괴되기 직전의 표점거리(l_1)와 원표점 길이(l_0)와의 차

$$\delta = \frac{\text{변형 후 길이} - \text{변형 전 길이}}{\text{변형 전 길이}} \times 100\%$$
$$= \frac{l_1 - l_0}{l_0} \times 100\%$$
$$= \frac{56.8 - 50}{50} \times 100\%$$
$$= 13.6\%$$

06 순철의 자기변태점과 온도를 옳게 나타낸 것은?

① A_1, 210°C
② A_2, 768°C
③ A_3, 910°C
④ A_4, 723°C

해설
- A_0 변태 : 210℃ 시멘타이트 자기변태점
- A_1 상태 : 723℃ 철의 공석온도
- A_2 변태 : 768℃ 순철의 자기변태점
- A_3 변태 : 910℃ 철의 동소변태
- A_4 변태 : 1400℃ 철의 동소변태

07 탄소강 중에 포함된 망간(Mn)의 영향에 대한 설명으로 옳지 않은 것은?

① 고온에서 결정립 성장을 억제시킨다.
② 주조성을 좋게 하고 황(S)의 해를 감소시킨다.
③ 강의 담금질 효과를 저감시켜 경화능을 작게 한다.
④ 강의 연신율은 크게 감소시키지 않고 강도, 경도, 인성을 증가시킨다.

해설
망간(Mn) : 적열 취성의 원인이 되는 황(S)를 MnS의 형태로 결합하여 슬래그를 형성하여 제거 후 황의 함유량을 조절하며 절삭성을 개선시키며, 시멘타이트를 안정하게 하여 담금질성을 향상시킨다.

08 금속의 재결정온도에 대한 설명으로 옳지 않은 것은?

① 가공도가 클수록 재결정온도는 낮아진다.
② 재결정은 합금이 더 빠르게 일어나며 온도는 합금을 첨가할수록 낮아진다.
③ 가열시간이 길수록 재결정온도는 낮아진다.
④ 가공 전의 결정입자가 미세할수록 재결정온도는 낮아진다.

해설
- 재결정은 냉간가공도가 높을수록 낮은 온도에서 일어난다.
- 재결정 가열온도가 동일하면 가공도가 낮을수록 오랜 시간이 필요하고, 가공도가 동일하면 풀림시간 길수록 낮은 온도에서 일어난다.
- 재결정 입자 크기는 주로 가공도에 의하여 변화하고, 가공도 낮을수록 큰 결정 생긴다.
- 재결정은 합금보다 순금속에서 더 빠르게 일어나며, 온도는 합금 원소를 첨가할수록 높아진다.

5 ② 6 ② 7 ③ 8 ② 정답

09 Al–Si계 합금의 설명으로 옳지 않은 것은?

① 10~13%의 Si가 함유된 합금을 실루민이라고 한다.

② Si의 함유량이 증가할수록 팽창계수와 비중이 높아진다.

③ 다이캐스팅 시 용탕이 급랭되므로 개량처리하지 않아도 조직이 미세화된다.

④ Al–Si계 합금 용탕에 금속나트륨이나 수산화나트륨 등을 넣고, 10~50분 후에 주입하면 조직이 미세화된다.

해설

- Al–Si : 실루민, 10~14%Si 및 Na을 첨가하여 개량화처리를 실시하며, 용융점이 낮고 유동성이 좋아 넓고 복잡한 모래형 주물에 이용된다. 개량화처리 시 용탕과 모래형 수분과의 반응으로 수소를 흡수하여 기포가 발생하고 다이캐스팅에는 급랭으로 인한 조직 미세화로 열간 메짐이 없다. Si 함유량이 많아질수록 팽창계수와 비중은 낮아지며 주조성, 가공성이 나빠진다.
- 개량화처리 : 금속나트륨, 수산화나트륨, 플루오린화알칼리, 알칼리 염류 등을 용탕에 장입하면 조직이 미세화되는 처리이다.

10 스테인리스강 중 내식성이 가장 크고 18%Cr – 8%Ni을 함유하고 있으며, 비자성체이며 대표적으로 SUS 304 제품이 지닌 조직은?

① 페라이트　② 마텐자이트

③ 오스테나이트　④ 석출경화형

해설

스테인리스강 : Cr 또는 Cr–Ni계가 있으며, 표면이 치밀한 Cr_2O_3의 산화피막이 형성되어 내식성이 뛰어난 강, 불수강

- 페라이트 스테인리스강 : 13%의 Cr이 첨가되어 내식성을 증가시켜 질산에는 침식이 안 되지만, 다른 산류에서는 침식이 발생한다.
- 마텐자이트계 스테인리스강 : 12~14%의 Cr이 첨가되어 탄화물의 영향으로 담금질성은 좋지만, 풀림처리에도 냉간가공성이 나쁘다.
- 오스테나이트계 스테인리스강 : 18%Cr–8%Ni이 대표적인 강으로, 비자성체이며 산과 알칼리에 강하다.
- 석출경화형 스테인리스강 : 17%Cr–4%Ni PH(Precipitation Hardening, 석출경화)이 첨가되어 있으며 성형 후 석출물 상이 생성될 수 있도록 열처리를 통해 강화시킨 강이다.

11 다음 중 공정반응을 옳게 나타낸 것은?(단, L은 융체이며, α, β, γ는 고용체이다)

① $L \leftrightarrow \alpha + \beta$

② $L + \alpha \leftrightarrow \beta$

③ $\alpha + \beta \leftrightarrow \alpha$

④ $\gamma \leftrightarrow \alpha + \beta$

해설

공정은 액체상 L이 고상 α, 고상 β가 생성되는 현상으로, 대표적으로 1,130℃, 4.3% 탄소를 가진 액상의 철이 응고되어 γ철과 Fe_3C(시멘타이트)의 혼합물로 존재한다.

12 강과 주철을 구분하는 탄소의 함유량은 약 몇 %인가?

① 0.1%　② 0.5%

③ 1.0%　④ 2.0%

해설

조직에 의한 분류

- 순철 : 0.025%C 이하
- 아공석강 : 0.025%C~0.8%C 이하, 공석강 : 0.8%C, 과공석강 : 0.8%C~2.0%C
- 아공정주철 : 2.0%C~4.3%C, 공정주철 : 4.3%C, 과공정주철 : 4.3%C~6.67%C

정답 9 ② 10 ③ 11 ① 12 ④

13 비중 7.3, 용융점 232℃, 13℃에서 동소변태하는 금속으로, 전연성이 우수하며 의약품, 식품 등의 포장용 튜브, 식기, 장식기 등에 사용되는 것은?

① Al ② Ag

③ Ti ④ Sn

해설

주석(Sn)은 원자량 118.7g/mol, 녹는점 231.93℃, 끓는점 2,602℃이다. 모든 원소 중 동위원소가 가장 많으며 전성, 연성과 내식성이 크고 쉽게 녹기 때문에 주조성이 좋아 널리 사용되는 금속이다.

14 높은 내마멸성을 요하는 부품에 사용되는 주철로서, 표면 부위를 금형에 의하여 급랭함으로써 백선화시키고, 내부는 비교적 강인한 회주철을 만든 것은?

① 백주철

② 반주철

③ 칠드주철

④ 백심가단주철

해설

칠드주철 : 금형의 표면 부위는 급랭시키고, 내부는 서랭시켜 표면은 경하고 내부는 강인성을 갖는 주철로, 내마멸성을 필요로 하는 롤이나 바퀴에 많이 사용한다.

15 자기변태에 대한 설명으로 옳은 것은?

① 고체상태에서 원자 배열의 변화이다.

② 일정온도에서 불연속적인 성질 변화를 일으킨다.

③ 고체상태에서 서로 다른 공간격자구조를 갖는다.

④ 일정온도 범위 안에서 점진적이고, 연속적으로 변화한다.

해설

자기변태는 원자의 스핀 방향에 따라 자성이 강자성에서 상자성체로 바뀌는 것으로, 일정 범위 안에서 점진적이고 연속적으로 일어난다.

16 다음 그림과 같은 입체도에서 제3각법에 의해 3면도로 적합하게 투상한 것은?

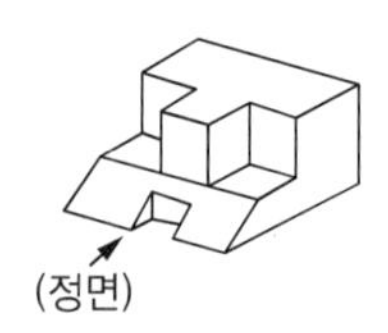

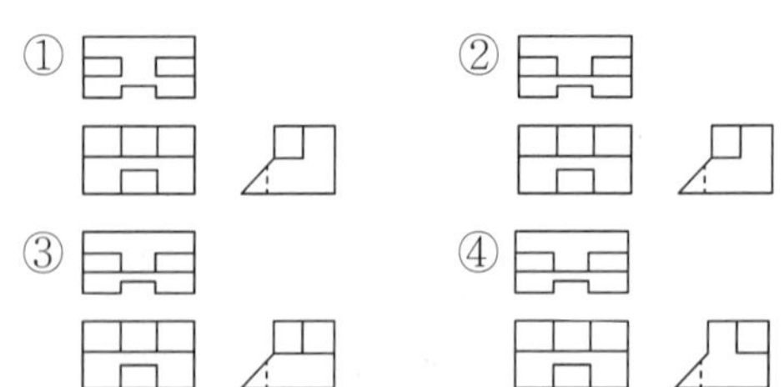

해설

정면도를 기준으로 위에서 본 것을 위쪽에, 오른쪽에서 본 것을 오른쪽에 배치하고, 모양을 적절히 표시한 것을 선택한다.

13 ④ 14 ③ 15 ④ 16 ② 정답

17 다음 그림과 같은 제3각 정투상도면의 입체도로 가장 적합한 것은?

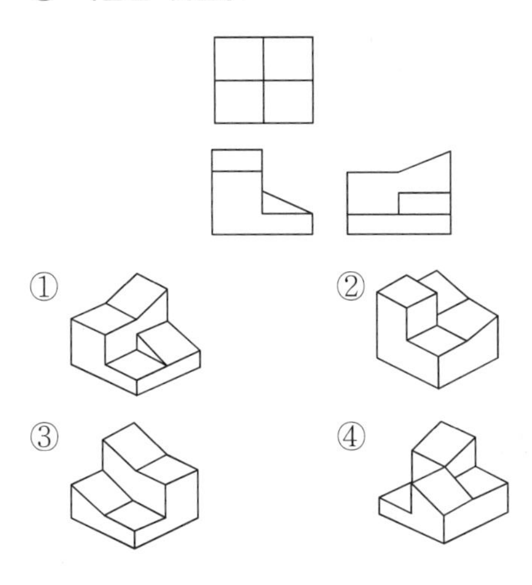

해설

정면도, 평면도, 우측면도를 보고 종합적인 입체도를 완성해 본다.

18 다음 중 위치공차를 나타내는 기호가 아닌 것은?

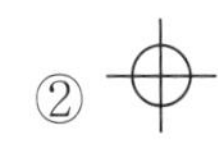

④ ⌯

해설

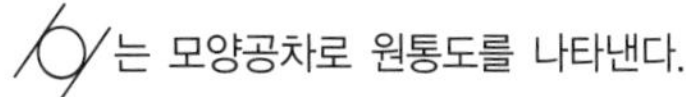

는 모양공차로 원통도를 나타낸다.

위치공차	위치도(공차)	⌖
	동축도(공차) 또는 동심도(공차)	◎
	대칭도(공차)	⌯

19 나사 표시 "M15×1.5-6H/6h"에서 6H/6g가 의미하는 것은?

① 나사의 호칭치수

② 나사부의 길이

③ 나사의 등급

④ 나사의 피치

해설

나사의 호칭방법

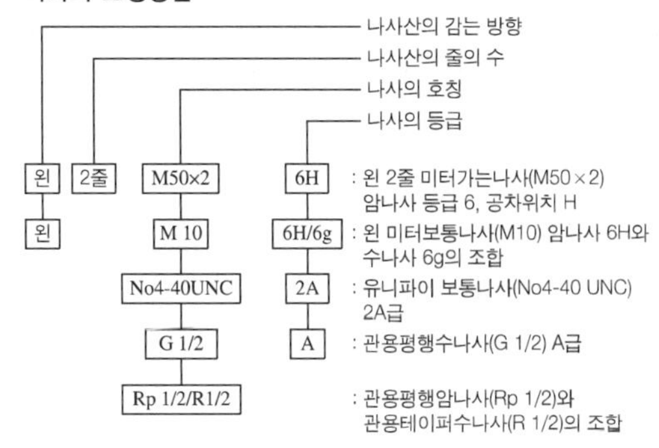

20 다음 중 가는 2점 쇄선의 용도가 아닌 것은?

① 인접 부분 참고 표시

② 공구, 지그 등의 위치 표시

③ 가공 전 또는 가공 후의 모양 표시

④ 회전단면도를 도형 내에 그릴 때의 외형선

해설

가는 2점 쇄선의 용도

- 인접 부분을 참고로 표시할 때
- 공구, 지그 등의 위치를 참고로 나타내는 데를 표시할 때
- 가동 부분을 이동 중의 특정한 위치 또는 이동 한계의 위치로 표시할 때
- 가공 전 또는 가공 후의 모양을 표시하는 데 사용
- 되풀이하는 것을 나타내는 데 사용
- 도시된 단면의 앞쪽에 있는 부분을 표시할 때
- 단면의 무게중심을 연결한 선을 표시할 때

정답 17 ① 18 ③ 19 ③ 20 ④

21 치수공차와 끼워맞춤에서 구멍의 치수가 축의 치수보다 작을 때 구멍과 축과의 치수의 차를 무엇이라고 하는가?

① 틈 새 ② 죔 새
③ 공 차 ④ 끼워맞춤

22 다음 그림과 같이 경사면부가 있는 대상물에서 그 경사면의 실형을 표시할 필요가 있는 경우에 사용하는 투상도는?

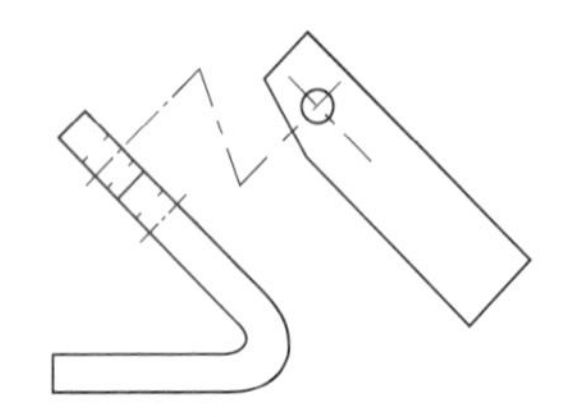

① 부분투상도 ② 보조투상도
③ 국부투상도 ④ 회전투상도

해설

경사면과 평행하게 나열하여 해당면의 상태를 나타내는 것은 보조투상도에 해당한다.

23 다음 도면에서 Ⓐ로 표시된 해칭의 의미로 옳은 것은?

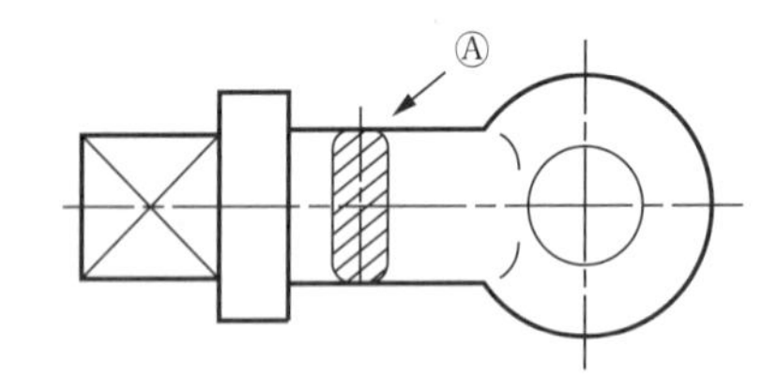

① 특수 가공 부분이다.
② 회전단면도이다.
③ 키를 장착할 홈이다.
④ 열처리 가공 부분이다.

해설

문제의 도면은 회전 도시 단면도로, 물체의 두께 방향의 모양을 90° 회전시켜 물체의 내부에 그린 후 해칭으로 나타낸 것이다.

24 호와 현의 치수 표시에 대한 설명으로 옳지 않은 것은?

① 현의 치수 숫자 위에 기호(⌒)를 덧붙인다.
② 현과 호의 치수 보조선은 현에 직각되도록 긋는다.
③ 호의 길이를 표시하는 치수선은 호와 평행하게 긋는다.
④ 각도를 표시하는 치수보조선은 연장선으로 그린다.

해설

⌒는 호의 길이를 의미한다.

치수보조선과 치수선의 활용

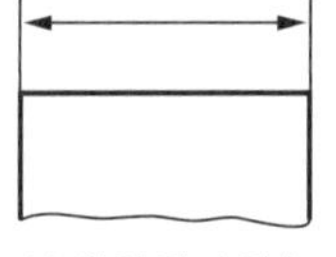
(a) 변의 길이 치수

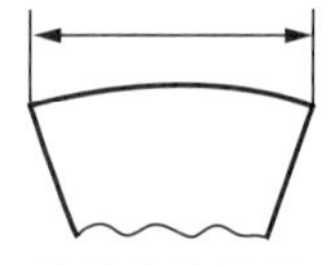
(b) 현의 길이 치수

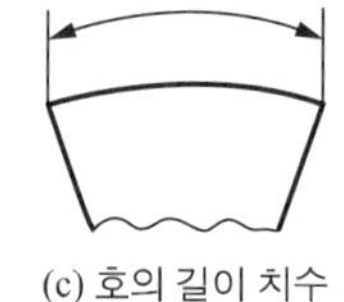
(c) 호의 길이 치수

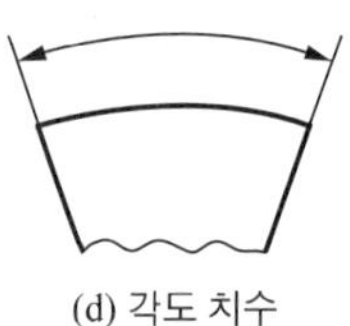
(d) 각도 치수

25 Ni · Cr강에 템퍼링 후 취성이 나타나는데 이를 방지하기 위한 첨가원소로 옳지 않는 것은?

① Mo ② V
③ S ④ W

해설

뜨임취성 : 뜨임 후 재료에 나타나는 취성으로, 주로 Ni · Cr강에 나타나며 이를 방지하기 위해 냉각속도를 크게 하거나 소량의 Mo, V, W을 첨가한다.

정답 21 ② 22 ② 23 ② 24 ① 25 ③

26 어닐링 작업의 목적이 아닌 것은?

① 경화된 재료를 연화시킨다.
② 조직의 균일화 미세화로 절삭성을 개선한다.
③ 가공 후 발생한 내부 응력을 제거한다.
④ 경화된 조직의 인성을 부여한다.

해설

어닐링(풀림)의 목적
- 경화된 재료를 연화시킨다.
- 조직의 균일화 미세화로 절삭성을 개선한다.
- 가공 후 발생한 내부 응력을 제거한다.

27 변형을 극도로 주의해야 하는 부분을 금형으로 누른 상태에서 구멍으로부터 냉각제를 분사시켜 담금질하는 방식은?

① 분사 담금질　② 인상 담금질
③ 프레스 담금질　④ 선택 담금질

해설

① 분사 담금질 : 가열된 소재를 고압의 냉각액으로 분사하여 담금질하는 방식이다.
② 인상 담금질 : 변형, 균열 및 치수의 변화를 최소화하기 위해 냉각수 속에 넣어 일정온도로 급랭한 후 꺼내 유랭시키거나 공랭시키면서 냉각시간을 조절하는 방법이다.
④ 선택 담금질 : 가열된 소재의 일부분만 냉각시켜 담금질하는 방식이다.

28 열처리 냉각방법의 3가지 형태가 아닌 것은?

① 변형냉각　② 2단 냉각
③ 항온냉각　④ 연속냉각

해설

열처리 냉각방법
- 연속냉각 : 냉각속도를 일정하게 완전히 냉각시킨다. 보통풀림, 보통불림, 보통담금질
- 2단 냉각 : 냉각 도중 Ar′, Ar″ 기준으로 냉각속도를 변화시킨다. 2단 풀림, 2단 불림, 시간담금질
- 항온냉각 : 냉각 도중 일정온도에서 항온 유지시킨 후 냉각시킨다. 오스템퍼링, 마템퍼링, 마퀜칭

29 냉각제의 선택과 관리에서 고려해야 할 사항이 아닌 것은?

① 가열된 부품의 보유 열량과 냉각제가 흡수하는 열량의 밸런스
② 냉각제의 온도 유지를 위한 냉각 설비 능력
③ 냉각제의 교반 능력과 적합성
④ 가열설비의 온도 유지 능력

해설

냉각제의 선택과 관리에서 고려해야 할 사항
- 가열된 부품의 보유 열량과 냉각제가 흡수하는 열량의 밸런스
- 냉각제의 온도 유지를 위한 냉각 설비 능력
- 냉각제의 교반 능력과 적합성
- 안전에 관한 대책

30 공석강을 항온변태곡선에서 일반적으로 350~550℃ 온도 범위에서 항온변태시킬 경우 형성되는 조직은?

① 펄라이트　② 베이나이트
③ 마텐자이트　④ 시멘타이트

해설

오스템퍼링 : 강을 오스테나이트 상태로부터 M_s 이상 코(550℃)온도 이하인 적당한 온도의 염욕에서 담금질하여 과랭 오스테나이트가 염욕 중에서 항온변태가 종료할 때까지 항온을 유지하고, 공기 중으로 냉각하여 베이나이트를 얻는 조작

정답 26 ④ 27 ③ 28 ① 29 ④ 30 ②

31 표면경화 열처리 방법 중 화학적인 경화법은?

① 화염경화법
② 고주파경화법
③ 질화법
④ 방전경화법

해설
- 물리적 경화법 : 화염경화법, 고주파경화법, 쇼트피닝, 방전경화법
- 화학적 경화법 : 침탄법, 질화법, 금속침투법

32 서로 다른 두 종류의 금속에 온도차를 주면 기전력이 발생하는 현상으로, 열전쌍 온도계에 사용되는 효과는?

① 제베크 효과
② 제로백 효과
③ 펠티어 효과
④ 줄톰슨 효과

33 강의 임계냉각속도에 미치는 합금원소의 영향에서 임계냉각속도를 빠르게 하는 원소가 아닌 것은?

① Co ② S
③ Se ④ Mn

해설
임계냉각속도는 담금질 시 마텐자이트 조직이 나타나는 최소냉각속도로 Co, S, Se 등의 함유량이 많아지면 냉각속도를 빠르게 한다.

34 오스테나이트 상태로부터 상온으로 급랭시켜 α철 안에 탄소가 과포화 상태로 고용된 조직은?

① 베이나이트
② 마텐자이트
③ 시멘타이트
④ 트루스타이트

해설
마텐자이트 변태 : 오스테나이트를 임계냉각속도 이상 급랭하면 탄소가 확산할 시간을 가지지 못하고 α철 안에 고용된 상태로 존재한다. α철의 작은 공간격자 안에 탄소가 들어가 팽창하게 되고 이때 발생한 응력 때문에 경도가 증가하며, α철에 탄소가 과포화된 조직을 마텐자이트라고 한다.

35 담금질 냉각제로서의 구비조건 중 옳은 것은?

① 점도가 커야 한다.
② 액온이 높아야 한다.
③ 비등점이 높아야 한다.
④ 열전도도가 작아야 한다.

해설
냉각제에 따라 다소 차이가 있으나 일반적으로 냉각속도는 열전도도, 비열 및 기화열이 크고 끓는점이 높을수록 높고, 점도와 휘발성이 적을수록 크다.

31 ③ 32 ① 33 ④ 34 ② 35 ③ **정답**

36 노멀라이징 열처리에서의 가열온도 및 냉각방법이 옳게 짝지어진 것은?

① $A_1 \sim A_{cm}$ 선보다 30~60℃ 높은 온도로 가열 후 서랭

② $A_3 \sim A_{cm}$ 선보다 30~60℃ 높은 온도로 가열 후 공랭

③ $A_3 \sim A_1$ 선보다 30~60℃ 높은 온도로 가열 후 공랭

④ A_1 선보다 30~60℃ 높은 온도로 가열 후 서랭

해설

불림(노멀라이징)

- 목적 : 강을 미세하고 균일한 표준화된 조직을 얻음을 목적으로 하는 열처리이다.
- 방법 : $A_3 \sim A_{cm}$ 선보다 30~60℃ 높은 온도로 가열한 다음 일정 시간을 유지 후 공기 중에 냉각하면 미세하고 균일한 표준조직이 형성된다.

37 열처리용 치공구에 필요한 조건으로 옳지 않은 것은?

① 내식성이 좋아야 한다.

② 작업성이 좋아야 한다.

③ 열팽창계수가 커야 한다.

④ 열피로 저항성이 커야 한다.

해설

열처리용 치공구의 열팽창계수는 작아야 고온에서 변형이 작다.

38 열처리 시에 각종 분위기로부터 부품 표면을 보호하기 위해 침탄방지제를 도포하는 것은?

① 방청제 도포

② 화성처리

③ 마스킹 처리

④ 각인처리

39 다음 중 고체침탄법에 대한 설명으로 옳지 않은 것은?

① 저탄소강을 침탄제와 함께 침탄상자에 넣고 밀폐 후 900~950℃으로 가열한다.

② 침탄제로는 주로 목탄, 코크스가 사용된다.

③ 침탄 촉진제는 염화바륨, 염화나트륨이 사용된다.

④ 담금질은 1차 중심부 조직 미세화, 2차 침탄층 경화를 목적으로 한다.

해설

고체침탄법 : 저탄소강을 침탄제와 함께 침탄상자에 넣고 밀폐 후 900~950℃으로 가열하는 방법

- 화학식 : $C + O = CO \rightarrow 2CO + 3Fe \rightarrow Fe_3C + CO_2$
- 침탄제 : 목탄, 코크스
- 침탄 촉진제 : 탄산바륨, 탄산나트륨
- 담금질 목적 : 1차 중심부 조직 미세화, 2차 침탄층 경화

40 심랭처리의 효과가 아닌 것은?

① 강의 전연성을 증가시켜 가공성을 향상시킨다.

② 내마모성, 내부식성, 내침식성을 증대시키고, 강을 강인하게 만든다.

③ 시효에 의한 형상 및 치수의 변형을 방지한다.

④ 열처리 후에 발생하는 내부 조직 내의 잔류응력을 제거하고 내부응력을 안정화시킨다.

해설

심랭처리는 강을 강인하게 만들고 내부에 불안한 변형 요소를 제거함에 목적이 있으며, 전연성을 증가시키는 처리와는 거리가 멀다.

정답 36 ② 37 ③ 38 ③ 39 ③ 40 ①

41 오스테나이트강을 재결정온도 이하와 M_s점 이상의 온도범위에서 변태가 일어나기 전에 과랭 오스테나이트 상태에서 소성가공을 한 다음 냉각하여 마텐자이트화하는 열처리 조작으로 인장강도가 높은 고강인성 강을 얻는 데 사용되는 열처리는?

① 오스템퍼링 ② 마템퍼링
③ 마퀜칭 ④ 오스포밍

해설

① 오스템퍼링 : 강을 오스테나이트 상태로부터 M_s 이상 코(550℃) 온도 이하인 적당한 온도의 염욕에서 담금질하여 과랭 오스테나이트가 염욕 중에서 항온변태가 종료할 때까지 항온을 유지하고, 공기 중으로 냉각하여 베이나이트를 얻는 조작
② 마템퍼링 : 강을 오스테나이트 영역에서 M_s와 M_f 사이에서 항온변태처리를 행하며 변태가 거의 종료될 때까지 같은 온도로 유지한 다음 공기 중에서 냉각하여 마텐자이트와 베이나이트의 혼합조직을 얻는 조작
③ 마퀜칭 : 오스테나이트 상태로부터 M_s 바로 위 온도의 염욕 중에 담금질하여 강의 내외가 동일한 온도가 되도록 항온 유지하고, 과랭 오스테나이트가 항온변태를 일으키기 전에 공기 중에서 Ar″ 변태가 천천히 진행되도록 하여 균열이 일어나지 않는 마텐자이트를 얻는 열처리

42 열처리 가스 중 침탄성 가스에 해당하지 않는 것은?

① 일산화탄소 ② 메탄(CH_4)
③ 프로판(C_3H_8) ④ 암모니아가스

해설

분위기 가스의 종류

성 질	종 류
불활성 가스	아르곤, 헬륨
중성 가스	질소, 건조수소, 아르곤, 헬륨
산화성 가스	산소, 수증기, 이산화탄소, 공기
환원성 가스	수소, 일산화탄소, 메탄가스, 프로판가스
탈탄성 가스	산화성 가스, DX가스
침탄성 가스	일산화탄소, 메탄(CH_4), 프로판(C_3H_8), 부탄(C_4H_{10})
질화성 가스	암모니아가스

43 열처리로로 사용되는 내화제에서 산성 내화제의 주요 성분은?

① 규산(SiO_2)
② 마그네시아(MgO)
③ 알루미나(Al_2O_3)
④ 산화크롬(Cr_2O_3)

해설

내화재의 분류

- 산성 내화재 : 규산(SiO_2)을 다량으로 함유한 내화재로 샤모트벽돌, 규석벽돌 등이 있다.
- 염기성 내화재 : 마그네시아(MgO)와 산화크롬(Cr_2O_3)을 주성분으로 한다.
- 중성 내화재 : Al_2O_3를 주성분으로 하며 고알루미나질 벽돌, 크롬벽돌 등이 있다.

44 최대사용온도가 가장 높은 열전대는?

① K(CA) ② J(IC)
③ T(CC) ④ R(PR)

해설

열전쌍 재료

재 료	기 호	가열 한도(℃)
구리 · 콘스탄탄(CC)	T	600
철 · 콘스탄탄(IC)	J	900
크로멜 · 알루멜(CA)	K	1,200
백금 · 로듐(PR)	R	1,600

41 ④ 42 ④ 43 ① 44 ④ 정답

45 열처리 노에서 그을림을 제거하기 위해 정기적으로 공기를 불어 넣어 연소시켜 제거하는 작업은?

① 화염커튼 ② Sooting
③ 번 인 ④ 번아웃

해설
① 화염커튼 : 분위기로에 열처리품을 장입하거나 꺼낼 때 노 안의 공기가 들어가는 것을 방지할 수 있도록 가연성가스를 연소시켜 불꽃의 막을 생성하는 것을 의미한다.
② Sooting : 변성로나 침탄로 등의 침탄성 분위기가스에서 유리된 탄소가 열처리품, 촉매, 노 벽에 부착되는 현상이다.

46 염욕 열처리의 특징이 아닌 것은?

① 염욕관리가 쉽고 환경오염이 적다.
② 냉각속도가 빨라 급랭이 가능하다.
③ 소량, 다품종 부품의 열처리에 적합하다.
④ 균일한 온도 분포를 유지할 수 있다.

해설
염욕 열처리의 장단점
• 장 점
  – 설비비가 저렴하고, 조작방법이 간단하다.
  – 열전달이 전도에 의하므로 가열속도가 대기 중보다 4배 빠르며, 결정 성장에 민감한 고속도강에 적합하다.
  – 균일한 온도 분포를 유지할 수 있다.
  – 표면에 염욕제가 부착하여 피막을 형성해 대기와 차단시켜 산화를 막고 처리 후 표면이 깨끗하다.
  – 냉각속도가 빨라 급속한 처리를 할 수 있다.
  – 소량 부품의 열처리 및 금형 공구류의 열처리에 적합하다.
  – 국부적인 가열이 가능하다.
• 단 점
  – 염욕관리가 어렵다.
  – 염욕의 증발 손실이 크며 제진장치가 필요하다.
  – 폐가스와 노화된 염의 폐기로 인한 오염에 신경 써야 한다.
  – 열처리 후 제품 표면에 붙어 있는 염욕의 제거가 곤란하며 균일한 열처리품을 얻기 힘들다.

47 전기회로를 2회로 분할하여 한쪽을 단속시켜 전력을 제어하는 방법으로, 양호한 온도제어가 필요할 때 가장 많이 사용하는 방법은?

① 온오프식
② 비례제어식
③ 정치제어식
④ 프로그램제어식

해설
정치제어식 온도제어장치 : 전기회로를 2회로 분할하여 한쪽을 단속시켜 전력을 제어하는 방법으로, 양호한 온도제어가 필요할 때 가장 많이 사용하는 방법이다.

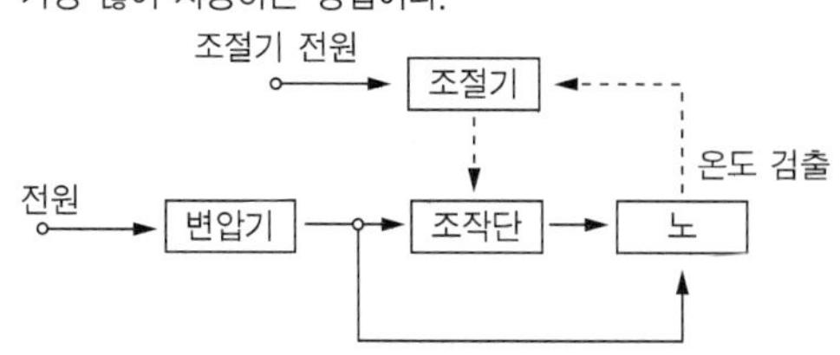

48 알루미늄 합금의 열처리 기호로 옳지 않은 것은?

① F : 급랭 후의 재질
② O : 완전 풀림 상태의 재질
③ H : 가공경화만으로 소정의 경도에 도달한 재질
④ W : 용체화 후 자연시효경화가 진행 중인 상태의 재질

해설
F : 제조 그대로의 재질

정답 45 ④ 46 ① 47 ③ 48 ①

49 **재료의 표면은 급랭에 의해 담금질이 잘되는데 반해 재료의 중심에 가까울수록 안되는 현상은?**

① 질량효과
② 경화능
③ 표피효과
④ 담금질 결함

해설
질량효과 : 재료 표면은 급랭에 의해 담금질이 잘 되는데 반해 재료의 중심에 가까울수록 안 되는 현상으로, 같은 조성의 재료를 같은 조건에서 담금질을 해도 질량이 다르면 담금질 깊이가 다르다. Cr, Ni, Mo 등을 첨가하여 개선할 수 있다.

50 **강의 담금질성을 판단하는 시험법으로, 일정한 치수의 시편을 소정의 온도로 가열한 후 시험편 하단면에 물을 분사하여 시험하는 검사방법은?**

① 임계냉각속도 시험법
② 임계지름에 의한 방법
③ 냉각능 시험법
④ 조미니 시험법

해설
조미니시험법은 일정한 치수의 시편을 소정의 온도로 가열한 후 시험편 하단면에 물을 분사하여 시험하는 검사법으로, 담금질성을 측정하는 데 사용한다.

51 **담금질 균열을 방지하기 위한 방법에 대한 설명으로 옳은 것은?**

① 가능한 한 담금질 가열온도를 높여 균열을 방지한다.
② 담금질한 후 가능한 한 장시간 방치한 후 뜨임처리한다.
③ 550℃ 전후는 급랭하고, M_s 점 이하에서는 서랭한다.
④ 열응력에 의한 균열을 방지하기 위하여 표면과 내부의 냉각속도 차를 크게 한다.

해설
- 550℃까지 : 냉각속도에 따라 경도(담금질효과)를 결정, 임계구역이라고 하며 경도를 높이기 위해 급랭한다.
- 550℃ : Ar′변태점, 화색소실온도, 코 온도
- 250℃ 이하 : 담금질 균열이 나타날 수 있으므로 위험구역이라 하며 서랭처리한다.
- 250℃ : Ar″변태점, M_s(마텐자이트 변태가 시작됨)점

52 **열처리할 부품의 크기나 형상에 제한이 없고 국부적인 담금질이 가능하지만, 가열온도의 조절이 어려운 열처리는?**

① 연질화법
② 화염경화법
③ 고주파 경화법
④ 분위기 열처리법

해설
화염경화법 : 산소-아세틸렌 화염을 사용하여 강의 표면을 적열상태가 되도록 가열한 후 냉각수를 뿌려 급랭시켜 강의 표면층만 경화시키는 열처리법으로, 가열온도 조절은 어렵다.

49 ① 50 ④ 51 ③ 52 ② 정답

53 강을 표면경화 열처리할 때 침탄법과 비교한 질화법의 장단점에 대한 설명으로 옳은 것은?

① 침탄법보다 질화법에 의한 변형이 크다.
② 질화 후에는 열처리가 필요 없다.
③ 질화층의 경도는 침탄층보다 낮다.
④ 침탄법보다 질화법이 단시간 내에 같은 경화 깊이를 얻을 수 있다.

해설

구 분	침탄법	질화법
경 도	질화보다 낮다.	침탄보다 높다.
열처리	침탄 후 열처리를 실시한다.	질화 후 열처리가 필요 없다.
수 정	수정이 가능하다.	수정 불가능하다.
시 간	처리시간이 짧다.	처리시간이 길다.
변 형	경화로 인한 변형이 생긴다.	변형이 작다.
취약성	취성이 작다.	상대적으로 취성이 높다.
강종 제한	제한 없이 적용 가능하다.	강종 제한을 받는다.

54 내열 및 내산화성을 향상시키기 위해 철강 표면에 알루미늄을 확산 침투시키는 처리는?

① 세라다이징
② 칼로다이징
③ 크로마이징
④ 실리코나이징

해설

금속침투법의 종류

종 류	세라다이징	칼로라이징	크로마이징	실리코나이징	보로나이징
침투원소	Zn	Al	Cr	Si	B

55 금형 공구강 열처리에 사용되는 진공 열처리법의 특징에 대한 설명으로 옳지 않은 것은?

① 광휘 열처리가 가능하다.
② 다품종, 소량 생산 제품에 적합하다.
③ 피열처리물이 함유하고 있는 가스의 제거가 가능하다.
④ 표면의 불순물을 산화나 탈탄반응을 통하여 제거할 수 있다.

해설

진공 열처리의 특징

- 산화와 탈탄이 없고 변형이 작으며 광휘 상태를 유지한다.
- 표면에 이물질 흡착이 없어 미려한 광휘성을 지닌다.
- 고온 열처리, 고급 열처리가 가능하며 공정의 생략으로 원가가 절감된다.
- 열손실이 적고 상승시간을 단축시킬 수는 있으나 냉각에 장시간이 필요하다.

56 인청동에서 응고로 인한 화학적 편석이나 유핵조직(Corning)을 감소시키기 위해 장시간 고온에서 유지하는 처리는?

① 담금질처리
② 인공시효처리
③ 안정화처리
④ 균질화처리

해설

화학적 편석이나 합금의 불균일 등을 해소하기 위해 균질화 처리를 하며 1,000℃ 이상의 고온에서 가열하여 서랭하는 확산풀림이 균질화처리의 일종이다.

정답 53 ② 54 ② 55 ④ 56 ④

57 **회전용기에 다량의 공작물, 연마제, 콤파운드를 넣고 회전시켜 공작물 표면을 다듬질하는 연마방법은?**

① 연 삭
② 쇼트피닝
③ 액체호닝
④ 배럴연마

해설
배럴다듬질 : 배럴이라는 통 안에 제품, 연마제, 콤파운드를 넣은 다음 회전시켜 표면을 다듬질하는 방법

58 **질화처리의 결함 중 강의 표면에 매우 거세고 경도가 낮은 백층이 많은 경우나 탈탄된 재료를 질화했을 때 나타나는 결함은?**

① 취 성
② 수소취성
③ 질화층 박리
④ 경도 과다

해설
박리 : 강의 표면에 백층이 많은 경우에 발생하며, 표면층 일부가 벗겨져 나가는 현상이다. 질화시간을 짧게 하고 질화온도를 높게 하며, 해리도를 20% 이상으로 하고, 2단질 화법 사용하여 박리를 방지한다.

59 **열처리 후처리 유기용제 탈지법 중 세정효과가 가장 좋은 것은?**

① 기상법
② 기상법-액상법
③ 다중액상법
④ 단일액상법

해설
탈지법
- 기상법 : 증기 중에서 탈지한다.
- 기상법-액상법 : 증기 탈지와 액체 탈지의 장점을 혼합한 것으로, 세정효과가 가장 좋다.
- 다중액상법 : 2개 이상 액조를 사용하는 방법이다.

60 **물질안전보건자료의 약자로, 산업안전보건법에 의거하여 사업주가 취급자 또는 근로자가 쉽게 볼 수 있는 곳에 비치해야 하는 것은?**

① ABS ② MSDS
③ GHS ④ SEM

57 ④ 58 ③ 59 ② 60 ② 정답

교육이란 사람이 학교에서 배운 것을 잊어버린 후에 남은 것을 말한다.

– 알버트 아인슈타인 –

Win-Q

PART 03

실 기

Win-Q

SECTION 01 금속재료시험기능사 실기(필답형)

회독 CHECK 1 2 3

CHAPTER 01

필답형

SECTION 01 금속재료시험기능사 실기(필답형)

※ 실기 필답형 문제는 수험자의 기억에 의해 복원된 것입니다. 실제 시행문제와 상이할 수 있음을 알려 드립니다.

합 / 격 / 포 / 인 / 트

금속재료 실기 복합형 중 필답형 시험의 경우 금속 재료 조직 및 조직 시험, 기계적 시험법, 비파괴 시험법, 그 밖의 시험법에서 **80% 이상이 출제**된다고 생각하면 되며, 기존 이론 부분의 내용을 정확히 파악하고 있다면 충분히 작성할 수 있는 문제들로 구성되어 있다. 본 편에서 구성되는 문제의 경우 2001년부터 2017년 1회까지의 기출 문제를 분석하여 중복되는 문제를 삭제 후 **자주 출제되는 문제만 추려서 정리**하였다. 출제 문제의 모든 부분은 핵심이론별로 정리되어 있고, 해설의 경우 주관식으로 작성되는 부분이므로 답을 참고하여 관련 이론에서 보충 공부할 수 있도록 한다.

[01] 금속재료 일반

1 금속재료 기초

01 다음 그림의 금속의 결정격자 명칭을 쓰시오.

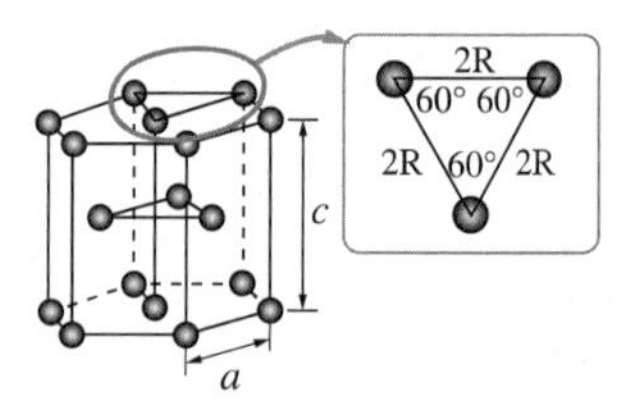

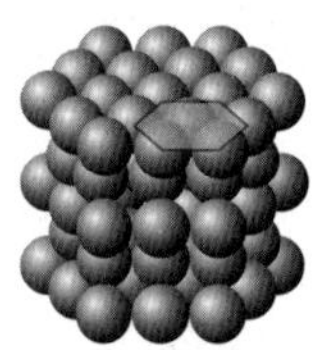

정답
조밀육방격자(HCP 또는 CPH)

02 다음 그림처럼 나뭇가지 모양으로 형성된 것은?

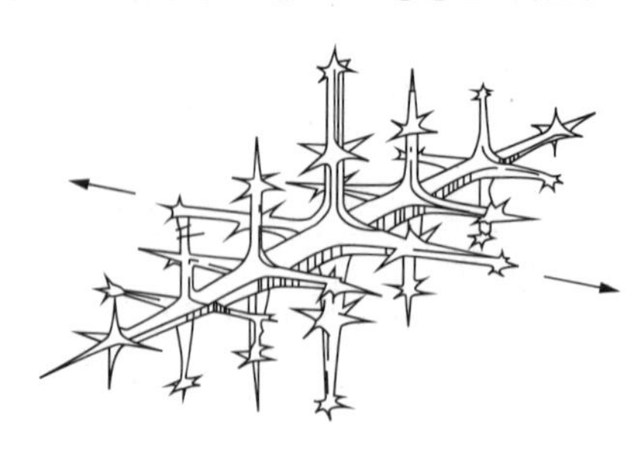

정답
수지상 결정

03 충격적인 힘이 작용하였을 때 파괴가 잘되지 않는 질긴 성질을 무엇이라 하는가?

정답 »
인 성

2 철강재료

01 철광석 산화 반응식으로 옳은 것은?

(1) $3Fe_2O_3$ + CO → (　　) + CO_2

(2) Fe_3O_4 + CO → (　　) + CO_2

(3) FeO + CO → (　　) + CO_2

정답 »
(1) $2Fe_3O_4$
(2) 3Fe
(3) Fe

02 탄소강에 함유된 인(P)이 강도, 경도, 연신율, 충격치에 미치는 영향에 대하여 옳은 내용에 ○표 하시오.

(1) 인(P)은 강도를 (감소, 증가)시킨다.

(2) 인(P)은 경도를 (감소, 증가)시킨다.

(3) 인(P)은 연신율을 (감소, 증가)시킨다.

(4) 인(P)은 충격치를 (감소, 증가)시킨다.

정답 »
(1) 증 가
(2) 증 가
(3) 감 소
(4) 감 소

03 각종 취성에 대한 다음 물음에 답하시오.

(1) 철강재료가 300℃ 부근에서 인장강도는 증가하나 연신율은 갑자기 감소하여 나타나는 현상은 무엇인지 쓰시오.

(2) S(황)으로 인하여 발생하는 취성은 무엇인지 쓰시오.

(3) P(인)으로 인하여 발생하는 취성은 무엇인지 쓰시오.

정답 »
(1) 청열취성
(2) 적열취성
(3) 상온취성

04 Fe-C 상태도에 나타나는 알맞은 반응명은?

정답 »
공정 반응, 공석 반응, 포정 반응

05 다음은 철(Fe)의 동소변태를 나타낸 것이다. 각 상의 결정격자를 ①, ②, ③에 쓰시오.

$\alpha-\mathrm{Fe}$(①) $\xleftrightarrow{910℃}$ $\gamma-\mathrm{Fe}$(②) $\xleftrightarrow{1,400℃}$ $\delta-\mathrm{Fe}$(③)

정답 »»

① 체심입방격자(BCC)
② 면심입방격자(FCC)
③ 체심입방격자(BCC)

06 Fe−C 평형상태도가 가지는 조직 4가지를 쓰시오.

정답 »»

(1) 오스테나이트(γ) = FCC
(2) 페라이트(α) = BCC
(3) 레데부라이트 = $\gamma + Fe_3C$
(4) 펄라이트 = $\alpha + Fe_3C$

07 0.45%C 탄소강의 조직을 도시한 것이다. 각각의 조직 명칭을 쓰시오.

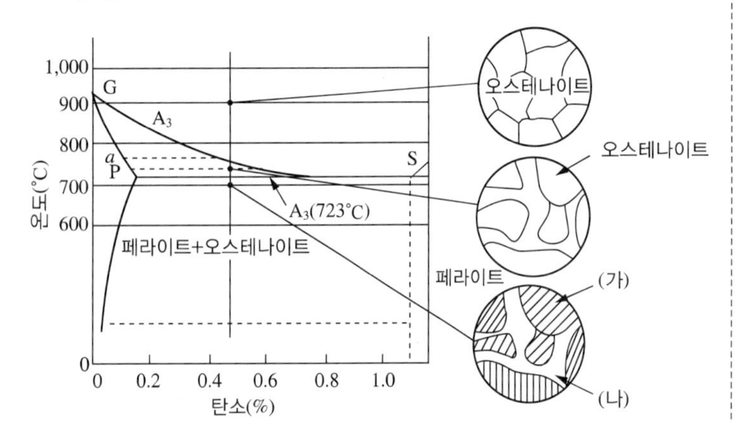

정답 »»

(가) 펄라이트
(나) 페라이트

3 특수강

01 쾌삭강의 설명 중 (   ) 안에 들어갈 알맞은 용어는?

쾌삭강은 피절삭성이 양호하여 고속 절삭에 적합한 강으로 일반 탄소강보다 황(S)과 인(P)의 함유량이 많거나 (   ) 등의 원소를 조합하여 쾌삭강을 제조한다.

정답 »»

납(Pb), 황(S)

4 주 철

01 내마멸성에 사용되는 것으로(굳고 깨지기 쉽다), 주철에 나타나는 스테다이트의 3원 공정 원소 또는 조직을 모두 쓰시오.

정답
철(Fe), 인화철(Fe_3P), 시멘타이트(Fe_3C)

02 보통 주철에서 인장강도가 큰 순서대로 나열하시오(×100배).

(1)

(2)

(3)

(4)

정답
(4) > (3) > (1) > (2)

03 구상흑연주철에서 나타나는 조직이 불스아이(Bull's Eye)이다. 중심부의 둥근 검은 부분과 주위를 둘러싸고 있는 흰색 부분의 조직은 무엇인가?

정답
- 중심부 둥근 검은색은 흑연이다.
- 주위를 감싸는 흰색은 페라이트이다.

04 불스아이(Bull's Eye)형 구상흑연주철에 대한 다음 물음에 답하시오(단, 3% 나이탈에 8초 정도 부식하여 120배 확대한 현미경 사진이다).

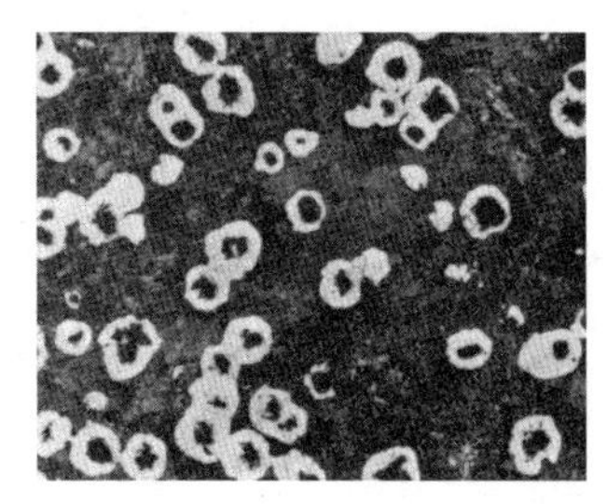

(1) 흰색 속에 들어 있는 검은 구상은 무엇인지 쓰시오.

(2) 검은 부분 주위의 흰 부분의 조직은 무엇인지 쓰시오.

정답
(1) 탄 소
(2) 페라이트

05 그림은 주철의 현미경 조직을 나타낸 것이다. 그림의 조직사진에 알맞은 명칭을 보기에서 찾아 (a), (b), (c)에 맞게 쓰시오.

보기
구상흑연주철, 회주철, 흑심가단주철

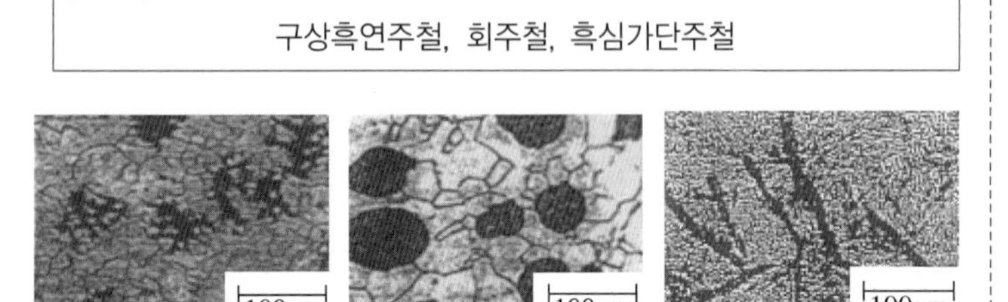

(a) (b) (c)

정답

(a) 흑심가단주철

(b) 구상흑연주철

(c) 회주철

06 편상흑연을 구상흑연으로 바꾸기 위하여 용탕에 첨가하는 원소 2가지를 기술하시오.

정답

Mg, Ca, Ce

07 다음 그림은 주철에서 나타나는 여러 가지 흑연의 모양이다. (a)의 흑연 명칭은 무엇인가?

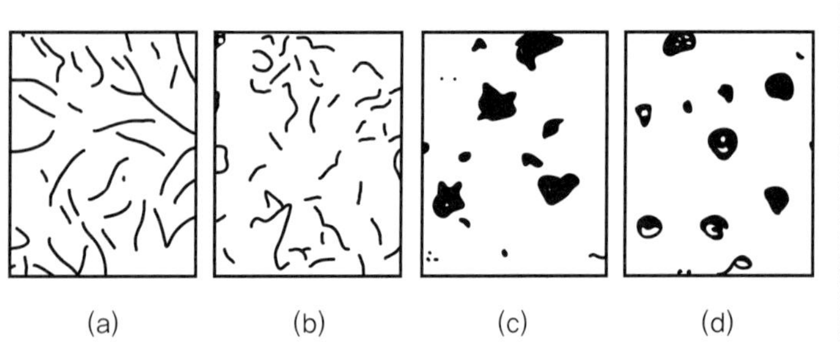

(a) (b) (c) (d)

정답

편상흑연

08 다음 그림의 흑연의 모양 및 크기를 보고 A~E형까지 작성하시오.

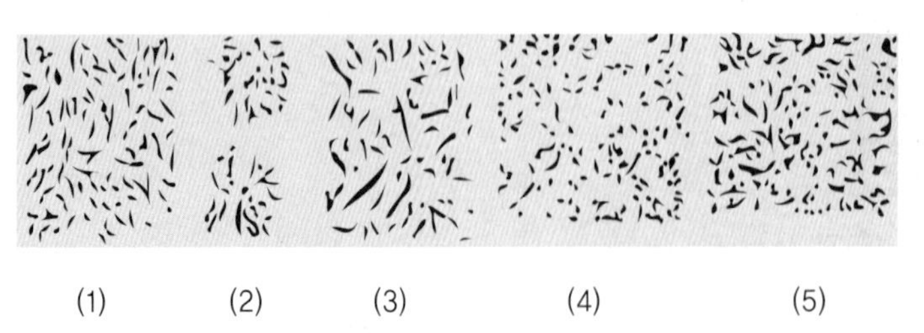

(1) (2) (3) (4) (5)

정답

(1) A형 (2) B형 (3) C형

(4) D형 (5) E형

09 ASTM의 분류법에 따라 분류하면 흑연의 형상은 A형에서 E형까지로 분류할 수가 있다. 다음 물음에 답하시오.

(1) C보다 냉각속도가 빠르고 기계적 성질이 우수한 것은?

(2) 규소가 많고 속도가 빠를 때 나타나며, 내마멸성이 나쁜 것은?

(3) A보다 속도가 느릴 때 나타나며, 강도가 낮고 절삭면이 나쁜 것은?

정답 »»

(1) A형

(2) D형

(3) C형

10 주철 현미경 조직은 철 바탕과 흑연조직으로 나누어진다. 그 모양에 따른 흑연의 종류를 3가지 쓰시오.

정답 »»

편상흑연, 괴상흑연, 구상흑연

11 다음은 보통 주철(GC 20)을 부식하지 않은 상태에서 150 배율로 관찰한 것이다. 가장 검게 나타난 부분의 조직명은?

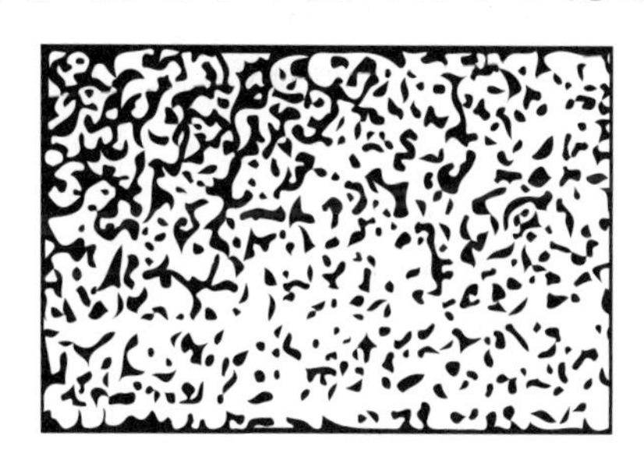

정답 »»

흑연(Graphite)

12 용융 상태의 주철에 마그네슘(Mg), 세륨(Ce) 등을 첨가하여 흑연 구상화가 가능하다. 구상흑연 주위에 페라이트가 둘러싸이고, 그 외부 펄라이트 조직으로 구성되는데 이 조직을 무엇이라고 하는가?

정답 »»

불스아이(Bull's Eye)

13 펄라이트 가단주철을 제조하는 방법 3가지를 기술하시오.

정답

- 흑심가단주철의 흑연화를 완전히 하지 않고 제2단 흑연화를 막기 위하여 제1단의 흑연화가 끝난 후에 약 800℃에서 일정 시간 유지 후 급랭한다.
- 제2단 흑연화 도중에 중지하고 급랭하면 그 정도에 따라 펄라이트를 적당히 남게 하여 인장강도가 크고 연율이 다소 감소된 펄라이트 가단주철이 된다.
- 제2단 흑연화 도중에 중지하여 냉각시켜 펄라이트를 적당히 잔류시킨 주철이다.

14 다음 조직은 어떤 주철의 현미경 조직 사진이다. 이러한 주철의 이름을 무엇이라 하는가?

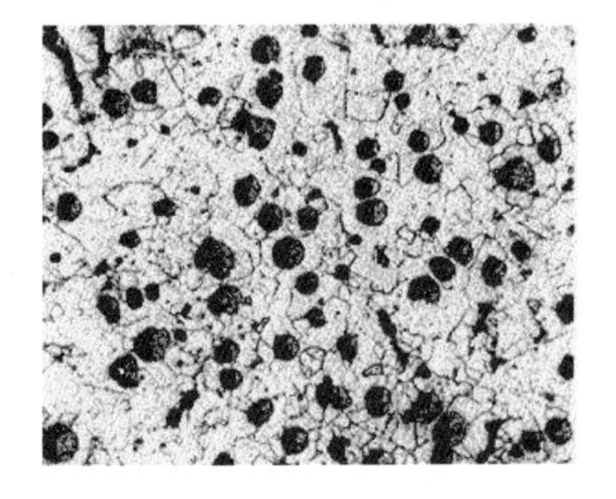

정답

구상흑연주철

15 다음 사진은 주조 직전에 0.2%Mg을 첨가해서 구상흑연주철로 만든 것이다. 하얀 부분(페라이트) 안에 들어 있는 검은 점은 무엇인가?

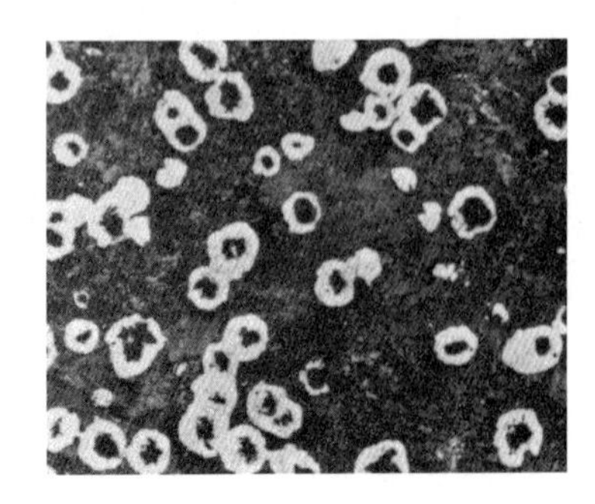

정답

흑연(또는 그래파이트)

16 그림의 마우러주철 조직도에서, Si(3%)를 함유한 공정주철의 기지 조직은 무엇인가?

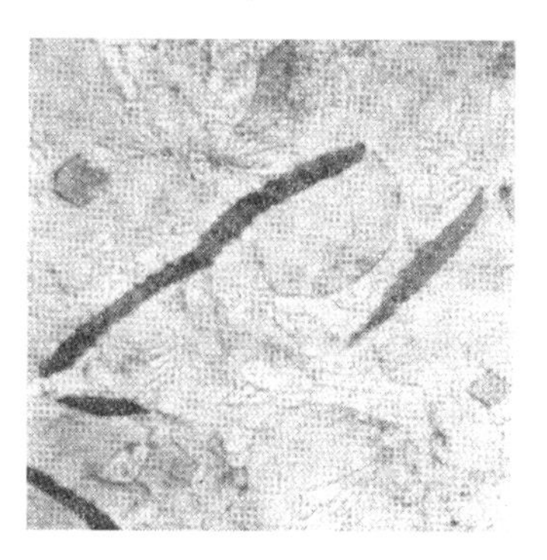

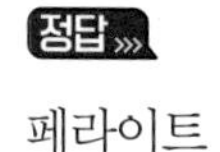

정답

페라이트

17 다음 사진은 주철의 조직을 광학현미경으로 관찰한 것이다. 각각의 번호에 해당되는 조직의 명칭을 쓰시오(단, A 조직은 주철의 서랭 조직이고, B 조직은 주철의 급랭 조직이다).

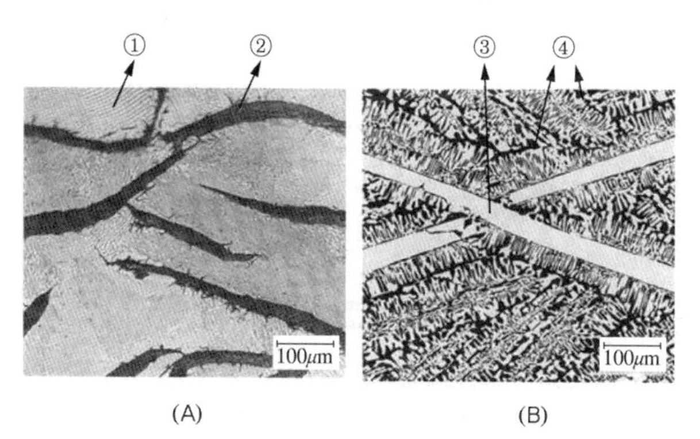

(A) (B)

정답

① 페라이트
② 흑 연
③ 시멘타이트
④ 펄라이트

5 비철금속재료

01 내식성이 가장 뛰어난 오스테나이트계 스테인리스강에서 대표 강종의 화학성분 중 Ni과 Cr의 기준 함량(wt%)을 순서대로 쓰시오.

정답

- Ni : 8%
- Cr : 18%

02 고속도강과 소결합금강 및 스텔라이트의 정의를 쓰시오.

정답

- 고속도강 : 500~600℃로 가열해도 연화되지 않은 채, 경도를 유지하고 있는 철합금을 말한다. 표준 조성으로는 텅스텐 10%, 크롬 4%, 바나듐 1%를 함유하는 강이다. 기호 SKH로 표기한다.
- 소결합금강 : 경도가 높은 탄화물 가루인 WC, TiC, TaC 등에 결합제인 Co분말을 혼합하고 이를 압축 성형시켜 소결제조한 것을 초경합금이라 한다. 보통 660℃ 이상에서도 경도저하가 일어나지 않는다.
- 스텔라이트 : Co, Cr, W 등을 함유한 주조 경질합금으로, 단조는 불가능하다. 약 1,000℃까지 경도저하가 일어나지 않는다.

6 신소재 및 그 밖의 합금

01 신소재 합금에 대한 다음 물음에 답하시오.

(1) 어느 응력하에서 파단에 이르기까지 수백% 이상의 많은 연신을 나타내는 재료로서 낮은 응력으로 변형하는 것이 특징인 합금을 무엇이라고 하는지 쓰시오.

(2) 처음에 주어진 특정한 모양의 것을 인장하거나 소성변형한 것이 가열에 의하여 원형으로 돌아가는 합금을 무엇이라 하는지 쓰시오.

정답

(1) 초소성 합금
(2) 형상기억합금

[02] 재료시험과 검사

1 금속의 소성 변형

01 파괴에 대한 다음 물음에 답하시오.

(1) 크랭크축, 차축 등과 같이 재료의 안전하중 상태에서도 작은 힘이 계속적으로 반복하여 작용하면 파괴되는 경우가 있다. 이와 같은 파괴를 어떤 파괴라 하는가?

(2) 파단면 부근에서 현저한 늘어남 현상이 생기면서 파괴가 일어나는 경우를 어떤 파괴라 하는가?

(3) 취성이 있는 재료에서 많이 발생하며, 다축 응력, 낮은 온도, 높은 변형 및 응력 속도에서 사용되는 재료에서 나타나는 파괴를 어떤 파괴라 하는가?

정답

(1) 피로파괴
(2) 연성파괴
(3) 취성파괴

02 비조질 고장력강의 강화기구 2가지를 기술하시오.

정답

- 합금 원소 첨가에 의한 연강의 페라이트 고용 강화
- 미량 합금 원소 첨가에 의한 결정립 미세화 및 석출 강화
- 제어압연에 의한 강인화

03 소성변형이 진행되면 슬립에 대한 저항이 점차 증가하고 그 저항이 증가하면 금속의 경도와 강도가 증가한다. 이런 현상을 무엇이라고 하는가?

정답

변형강화 혹은 가공경화

04 내마모를 좌우하는 인자를 3가지 쓰시오.

정답

기계적 강도, 충격치, 용융점

05 다음 금속에 해당되는 금속침투법의 명칭을 쓰시오.

(1) 아연(Zn)을 재료표면에 침투시키는 방법

(2) 알루미늄(Al)을 재료표면에 침투시키는 방법

(3) 규소(Si)를 침투하여 내산성을 향상시키는 방법

정답 >>>

(1) 세라다이징

(2) 칼로라이징

(3) 실리코나이징

06 냉간 가공한 금속재료를 가열하여 풀림(Annealing)을 하면 가공에 의해 변화한 금속의 성질이 가공 전의 상태로 되돌아간다. 이때 그림의 각 단계별 상태를 쓰시오.

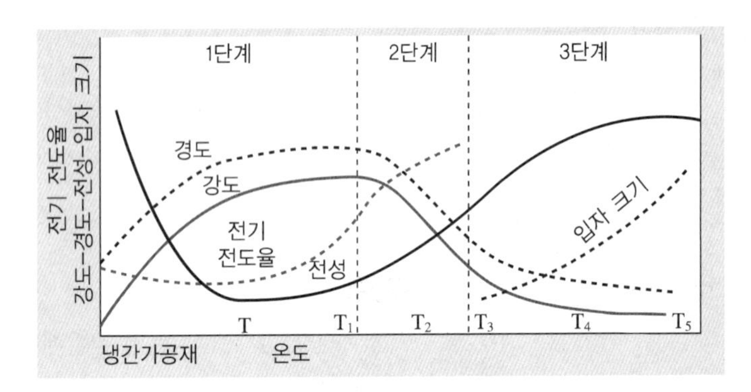

정답 >>>

- 제1단계 : 회복(내부응력제거)
- 제2단계 : 재결정
- 제3단계 : 결정립 성장

07 다음 그림은 풀림에서 한 황동의 아연 함량에 따른 기계적 성질의 변화를 나타낸 것이다. ①, ②, ③번 곡선이 나타내는 것은 무엇인가?

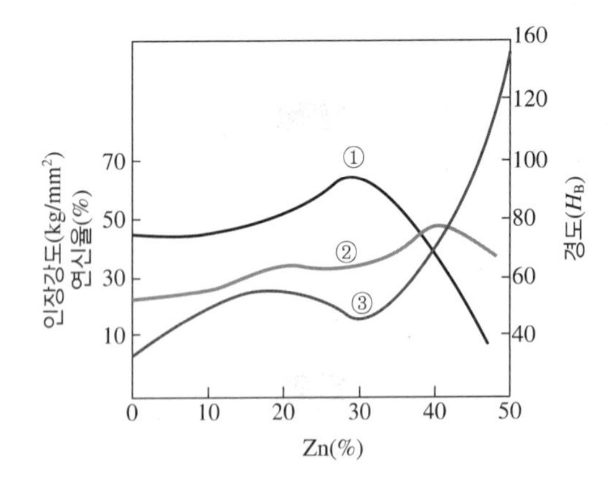

정답 >>>

① 연신율

② 인장강도

③ 브리넬 경도

08 다음 그림은 냉간가공의 가열에 의한 성질과 결정립의 크기 변화를 도시한 것이다. ①, ②, ③은 무엇을 나타낸 것인가?

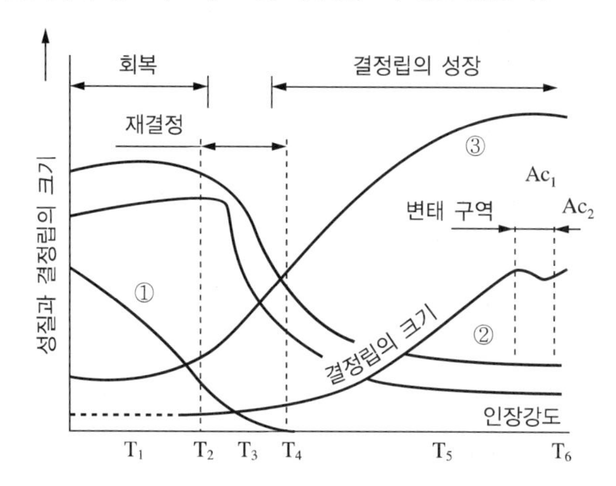

정답 »

① 응력제거

② 경 도

③ 인성 또는 연신율

2 기계적 시험법

01 경도시험 시 압입자를 사용하는 경도시험 3가지와 반발력을 이용한 경도시험 1가지를 기술하시오.

(1) 압입자를 사용하는 경도시험

(2) 반발력을 이용하는 경도시험

정답 »

(1) 브리넬 경도시험, 로크웰 경도시험, 비커스 경도시험

(2) 쇼어 경도시험

02 경도와 자성이 비례하는 점을 이용, 강자성체의 경도 측정하며 특히 담금질한 강의 경도 측정에 사용되는 경도시험은 무엇인가?

정답 »

자기적 경도시험

03 긋기 경도시험의 일종으로 꼭지각 90° 원추형의 다이아몬드 첨단을 잘 연마된 시험편 표면에 폭이 0.01mm인 긋기 흠집을 만들기 위해 다이아몬드에 가할 하중의 무게를 그램(g)으로 표시한 시험법을 쓰시오.

정답 »

마텐스 긁힘 경도계

04 다음 그림은 Martens 경도계의 그림이다. 이 경도계는 어떤 방법으로 시험하는가?

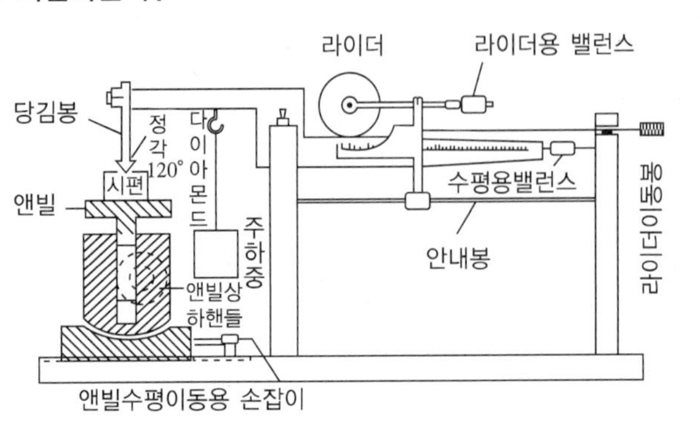

정답

긁기식

05 경도시험에 대한 다음 물음에 답하시오.

(1) 로크웰 경도시험에서 압입자의 각도는 얼마인지 쓰시오.

(2) 비커스 경도시험에서 압입자의 각도는 얼마인지 쓰시오.

(3) 로크웰 경도시험에서 기준하중(kgf)은 얼마인지 쓰시오.

정답

(1) 120°

(2) 136°

(3) 10kgf

06 기계적 성질의 시험법을 정적시험과 동적시험으로 구분하여 2가지씩 쓰시오.

(1) 정적시험 :

(2) 동적시험 :

정답

(1) 브리넬 경도시험, 비커스 경도시험

(2) 샤르피 충격시험, 마텐스 경도시험

07 브리넬 경도시험에서 지름이 10mm인 강구를 사용하여 하중 3,000kgf를 적용하여 실험한 결과, 압흔자국의 지름이 4.0mm로 나타났다. 이때 브리넬 경도 계산식은?(강구의 지름 : D, 하중 : P, 압흔의 지름 : d로 표시된다)

정답

$$HB = \frac{2P}{\pi D(D - \sqrt{D^2 - d^2})}$$

$$= \frac{2 \times 3,000}{3.14 \times 10(10 - \sqrt{10^2 - 4^2})}$$

$\therefore$ HB = 228.9

08 경도시험을 실시한 후 결과가 다음과 같이 표시되었을 때 각 기호가 나타내는 의미는?

보기

HBS (10/3000)341

정답

- HB : 브리넬 경도값
- 10 : 강구 압입자 직경
- 341 : 브리넬 경도값

09 브리넬 경도기의 원리를 이용하였으나 압입 자국 표면적 대신 투영 면적으로 하중을 나눈 값을 경도로 표시하는 경도계는?

정답

마이어 경도계

10 경도시험법 중에서 압입 경도시험으로 시험자가 직접 시편의 압입 자국의 지름을 확대경으로 측정하여 경도값 산정하는 경도계는?

정답

브리넬 경도계

11 브리넬 경도시험의 순서를 알맞게 나열하시오.

(1) 시험편 재질에 알맞은 누르개와 시험하중 선정 후 시험기에 누르개(압입자)와 하중추를 설치한다.

(2) 누르개(압입자)와 시험편을 밀착시킨다.

(3) 배출밸브를 닫고, 시험편에 가만히 하중을 가한다.

(4) 압력지시 바늘이 소정의 하중에 달할 때까지 하중추를 부상한다.

(5) 배출밸브를 열어 하중유압을 제거한 다음 시료대를 낮추어 시험편을 꺼낸다.

(6) 계측 현미경으로 오목부의 길이를 측정하여 브리넬 경도값을 게신한다.

(7) (1)~(6)까지 3번 반복하여 브리넬 경도값을 계산한다.

정답

(1) – (2) – (3) – (4) – (5) – (6) – (7)

12 규정의 강구 또는 다이아몬드 압입체 시험편에 압입하여 생긴 압입 자국의 깊이로 경도를 표시하는 경도계의 명칭을 쓰시오.

정답

로크웰 경도계

13 **로크웰 경도 C 스케일에 대한 다음 물음에 답하시오.**

(1) 꼭지각 각도는 몇 도인지 쓰시오.

(2) 압입자는 무엇을 사용하는지 쓰시오.

(3) 기준하중은 얼마인지 단위를 포함하여 쓰시오.

정답 »

(1) 120°

(2) 시험하중 150kg 다이아몬드 원뿔

(3) 10kg

14 **로크웰 경도시험에 대한 다음 물음에 답하시오(단, 경도값을 적을 때 로크웰 경도시험의 기호를 포함하여 쓰시오).**

(1) B 스케일의 로크웰 경도시험 시 압흔의 깊이가 0.1mm이었다면 경도값은 얼마인가?

(2) C 스케일의 로크웰 경도시험 시 압흔의 깊이가 0.1mm이었다면 경도값은 얼마인가?

(3) B 스케일과 C 스케일 중 경질합금의 경도 측정에 사용되는 스케일은?

정답 »

(1) $HRB = 130 - 500h$

(2) $HRC = 100 - 500h$

(3) C 스케일

15 **로크웰 경도시험에 대한 다음 물음에 답하시오.**

(1) 연한 금속의 경도시험에 사용되며, 강철볼 압입자, 시험하중이 100kgf인 경도시험기의 스케일을 쓰시오.

(2) 단단한 금속의 경도시험에 사용되며, 다이아몬드 압입자, 시험하중이 150kgf인 경도시험기의 스케일을 쓰시오.

(3) 로크웰 경도시험기의 압입자의 각도는 몇 도인지 쓰시오.

정답 »

(1) B 스케일

(2) C 스케일

(3) 120°

16 **로크웰 경도시험 C 스케일로 시험할 때의 압입자 각도와 재질명, 시험하중을 쓰시오.**

(1) 각도 :

(2) 재질명 :

(3) 시험하중 :

정답 »

(1) 120°

(2) 다이아몬드

(3) 150kgf

17 다음은 어떤 경도기의 작동순서이다. 이 경도기의 명칭을 쓰시오.

1. 시험편의 재질에 따라 압입자와 시험하중을 결정한다.
2. 핸들을 돌려 기준하중(10kgf)으로 시험편을 누른다.
3. 다이얼을 돌려 Set의 위치가 바늘과 일치하도록 한다.
4. 시험하중으로 시험편을 누른다.
5. 시험하중을 제거한다.
6. 다이얼의 눈금을 소수점 아래 첫째자리까지 읽고 기록한다.

정답
로크웰 경도시험기

18 로크웰 A 스케일을 사용하여 경도시험을 한 결과 깊이 차 h가 0.1mm 나타났다. 이 수치 이용하여 HRA 경도값을 구하시오.

정답

$$\begin{aligned} HRA &= 100 - 500 \times h \\ &= 100 - 500 \times 0.1 \\ &= 50 \end{aligned}$$

19 로크웰 경도시험에 대한 다음 물음에 답하시오.

(1) 로크웰 경도시험의 기준하중(kgf)은?

(2) 로크웰 경도시험에서 C스케일의 압입자 각도는 몇 도인가?

(3) 동합금, Al합금, 가단주철, 연강 등을 측정할 때 사용되는 B, F, G 스케일의 압입자 직경은?

정답
(1) 10kgf
(2) 120°
(3) 1/16″

20 로크웰 경도시험에 대한 다음 물음에 답하시오(단, 경도값을 적을 때 로크웰 경도시험의 기호를 포함하여 쓰시오).

(1) C 스케일의 로크웰 경도시험 시 압흔의 깊이가 0.1mm이었다면 경도값은?

(2) B 스케일과 C 스케일 중 경질합금의 경도 측정에 사용되는 스케일은 무엇인가?

정답

(1)
$$\begin{aligned} HRC &= 100 - 500h \\ &= 100 - 500 \times 0.1 \\ &= 100 - 50 \\ &= 50 \end{aligned}$$

(2) C 스케일

21 다음 그림은 하중시험, 표면 및 형상검사, 재질시험을 하는 장비이다. 시험기 명칭은 무엇인가?

비커스 경도시험기

22 다음 그림과 같은 압입자와 그 눌린 자국으로 경도를 측정하는 방법은?

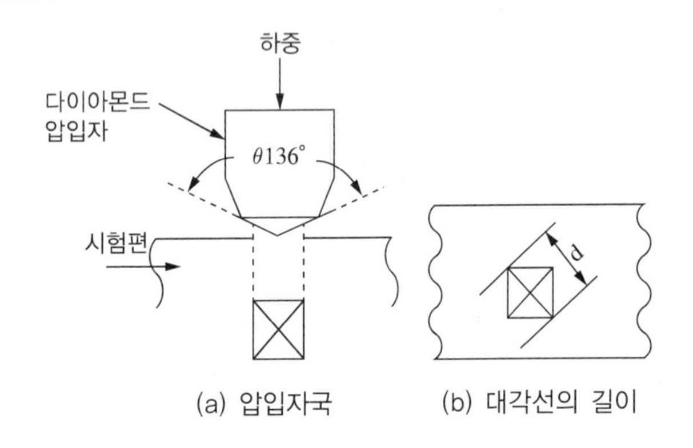

(a) 압입자국 (b) 대각선의 길이

비커스 경도시험

23 비커스(Vickers) 경도계의 꼭지각인 대면각은 몇 도인가?

정답

136°

24 열처리된 제품의 탈탄 정도를 측정하려고 할 때 어떤 경도시험기를 사용하는가?

정답

마이크로 비커스(미소) 경도기

25 절삭용 고탄소 공구강의 열처리 시 분위기 조절을 잘못하여 공구의 성능을 제대로 발휘하지 못하였다. 그 이유는 무엇이며, 어떤 방법으로 표면의 열화 정도를 측정할 수 있는가?

(1) 이유 :

(2) 기계적 성질시험 :

정답

(1) 고탄소 공구강의 열처리 시 표면탈탄
(2) 누프(Knoop) 경도 또는 비커스 경도로 하중 300g 정도로 하여 표면에서부터 0.5mm 간격으로 측정한다.

26 강의 침탄 경화 층에서 유효 경화 층의 깊이는 HV와 HMV로 각각 얼마까지를 말하는가?

(1) HV :

(2) HMV :

정답

(1) 550
(2) 513

27 그림과 같은 형식의 경도계의 명칭은 무엇인가?

정답

쇼어 경도계

28 쇼어 경도기의 구조 A와 B의 명칭은?

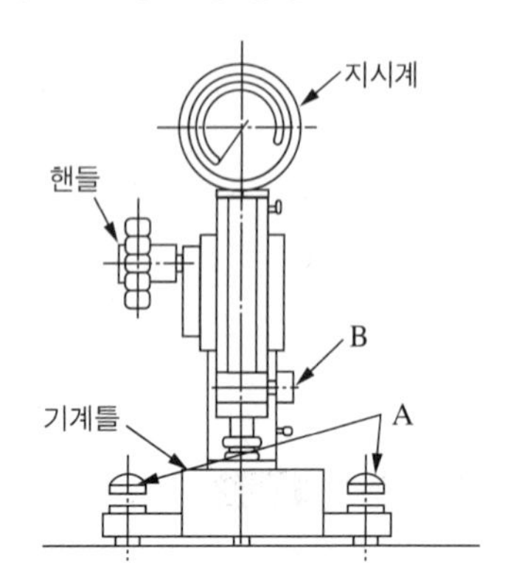

(1) A :

(2) B :

정답

(1) 수평 조정 나사

(2) 해머 핸들

29 경도시험기 중에서 실제로 큰 물건의 경우를 테스트하기 위한 경도기로서 반발력을 이용한 경도계는?

정답

쇼어 경도시험기

30 피검재에 흠이 나지 않고도 하중의 반발에 의하여 측정하는 경도는 어떤 것인가?

정답

쇼어 경도시험기

31 해머를 일정한 높이에서 낙하시켜 반발력을 이용한 후 그 수치를 이용하여 경도를 측정하는 시험방법으로 완제품의 경도시험에 적합한 시험기는?

정답

쇼어 경도시험기

32 다음은 재료의 경도를 측정하기 위한 장비이다. 이 시험기의 명칭은 무엇인지 쓰고, 경도계의 가장 큰 장점(특징) 2가지를 쓰시오.

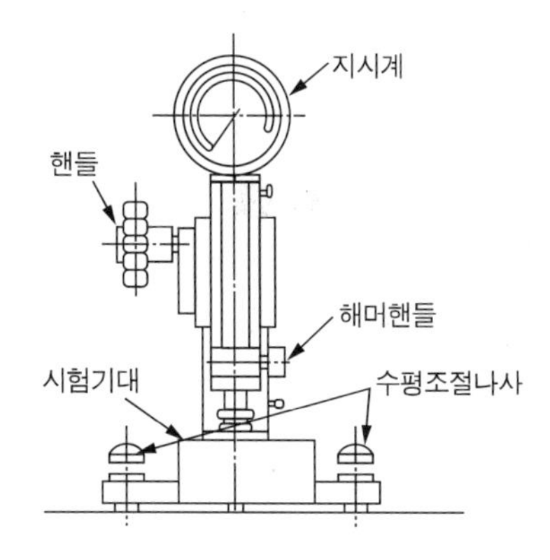

(1) 시험기의 명칭 :

(2) 장점 :

정답

(1) 쇼어 경도계

(2) 압입 자국이 남지 않고 시험편이 클 때, 비파괴적으로 경도를 측정할 때 사용한다. 휴대가 간편하고 완성품에 직접 측정이 가능하다.

33 일정한 인장 응력을 작용시킬 때의 변형과 시간과의 관계를 나타내는 측정 곡선을 얻는 시험을 무엇이라고 하는가?

정답

인장시험

34 인장시험에 대한 다음 물음에 답하시오

(1) 인장시험 시 비례한도 내에서 응력을 구하는 식을 쓰시오.

(2) 인장하중 곡선에서 하중을 가하였다가 하중을 제거하면 연신이 대략 0(Zero)이 되어 원상으로 복귀하는 성질을 무엇이라 하는지 쓰시오.

정답

(1) $\sigma = E \cdot \varepsilon$

(2) 탄성력

35 인장강도와 탄성계수의 정의를 기술하시오.

정답

- 인장강도 : 인장하중에 의해 시료편이 끊어질 때까지의 최대응력으로, 파단까지의 최대하중을 시험편 원래의 단면적으로 나눈 값을 말한다. 단위는 N/m^2이다.
- 탄성계수 : 비례한도, 즉 탄성한도 안에서는 'Hook 법칙'에 따라 응력과 변형은 정비례하고, 그때의 비례정수를 탄성계수라고 한다.

36 금속재료 인장시험 방법에서 내력을 구하는 방법 3가지를 쓰시오.

정답 »

오프셋법, 영구 연신율법, 전체 연신율법

37 금속재료 인장시험에서 항복점이 나타나지 않는 경우에 규정된 영구 변형을 일으킬 때의 하중을 시험편 평행부의 원단면적으로 나눈 값을 무엇이라 하는가?(단, 규정되지 않을 경우 영구 변형값의 0.2%로 표시하기도 한다)

정답 »

내력시험

38 항복점 측정에서 연강 이외의 비철금속이나 고장력강에서는 항복점이 나타나지 않으므로 그림과 같이 응력-변형률 곡선상에서 0.2%의 변형률이 생기는 점에서 직선부의 평행선을 긋고, 곡선과의 교점의 응력을 항복점 또는 무엇으로 규정하고 있는가?

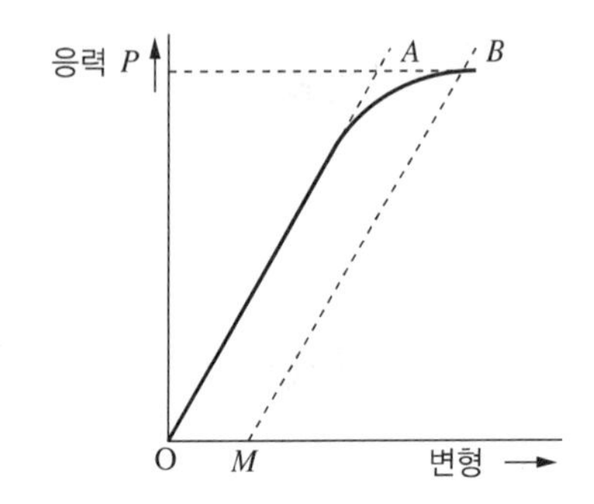

정답 »

내 력

39 한국산업표준 KS B 0801에 규정하고 있는 4호 인장시험편에서 다음의 치수는 얼마인지 쓰시오.

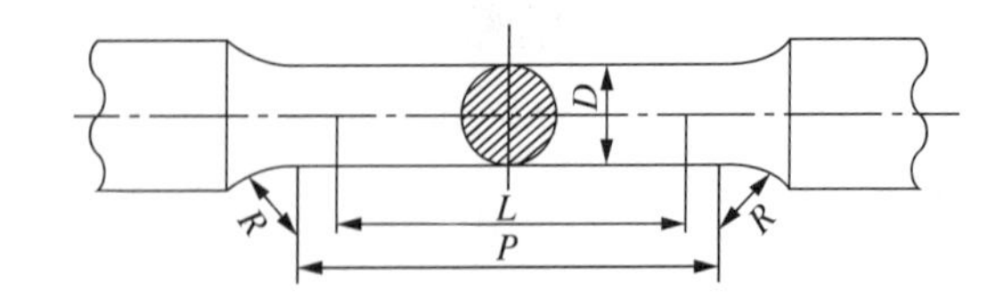

(1) 평행부의 길이(P) :

(2) 표점거리(L) :

(3) 지름(D) :

(1) 60mm

(2) 50mm

(3) 14mm

40 그림은 KS B 0801에서 규정한 인장시험편의 일종이다. 일반적으로 주강, 압연, 강재, 주철, 비금속 등의 인장시험용으로 많이 이용되는 그림의 시험편은 몇 호인가?(단, D : 14mm, L : 50mm, P : 60mm, R : 15mm 이상으로 규정한다)

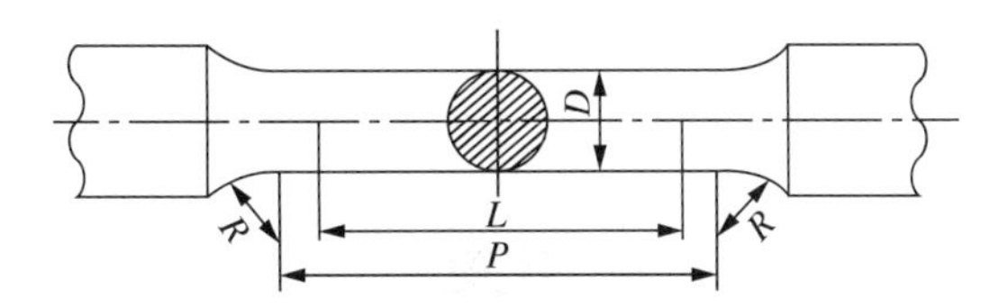

정답

4호 시험편

41 비철금속의 인장시험편은 봉재인 경우 4호 시험편을 쓴다. 4호 시험편의 지름과 표점거리는?

(1) 표점거리 :

(2) 지름 :

정답

(1) 50mm

(2) 14mm

42 평행부 지름이 10mm인 재료를 이용하여 인장시험을 할 때 최대하중이 4,500(kgf)으로 나타났다. 이때의 인장강도(kgf/mm^2)는 얼마인가?

정답

$$\text{인장강도} = \frac{\text{최대하중}}{\text{원단면적}} = \frac{P_{\max}}{A_0}(\text{kg/mm}^2) = \frac{4,500}{5\times5\times3.14} = 57.3\text{kgf/mm}^2$$

43 인장시험을 할 때 표점거리 112mm, 지름 14mm인 재료에 하중을 가한 결과 최대하중 2,340kgf로 나타났다. 이 결과치를 이용하여 인장강도를 구하시오.

정답

$$\text{인장강도} = \frac{2,340}{7\times7\times3.14} = \frac{2,340}{153.86} = 15.2\text{kgf/mm}^2$$

44 지름(D)이 20mm인 시험편에 외력을 가하여 파괴될 때까지 가한 최대인장 하중을 측정하였더니 6,280kgf였다. 인장강도는?

정답 »»

$$인장강도 = \frac{6,280}{10 \times 10 \times 3.14} = 20\text{kgf/mm}^2$$

45 주강 직경이 15mm, 길이가 100mm일 때, 최대하중이 5,000kgf라면 이때 나타나는 인장강도는?

정답 »»

$$인장강도 = \frac{5,000}{7.5 \times 7.5 \times 3.14} = 28.3\text{kgf/mm}^2$$

46 지름이 10mm인 인장시험편을 인장시험해서 다음 그림과 같이 나타났다. 항복강도와 인장강도를 구하시오. 단, 이 그림상에서 Y (=Y_1, Y_2)가 항복점을 나타내며, 이 점에서의 하중이 1,570kgf였다. 그리고 M이 최대하중을 나타내며 이 점에서의 하중을 2,355 kgf로 설정하였다.

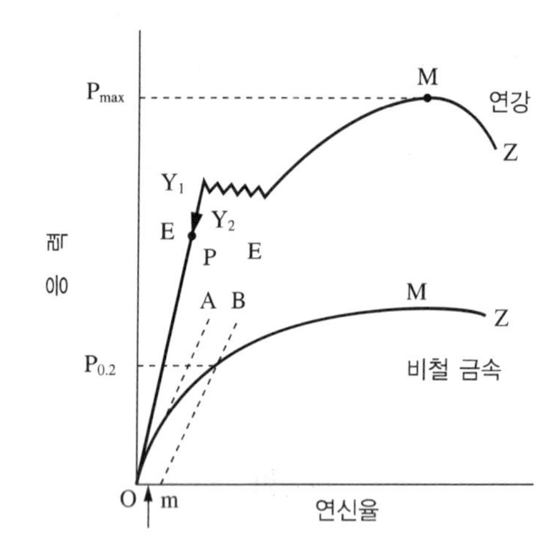

(1) 항복강도 :

(2) 인장강도 :

정답 »»

(1) $\frac{1,570}{5 \times 5 \times 3.14} = 20\text{kgf/mm}^2$

(2) $\frac{2,355}{5 \times 5 \times 3.14} = 30\text{kgf/mm}^2$

47 강판재의 기계적 성질을 알아보기 위해 강판으로 1호의 1B 시험편을 제작하여 만능 재료시험기로 인장시험을 하였다. 최대인장하중이 7,000kgf이었을 때 이 재료의 인장강도를 구하시오.

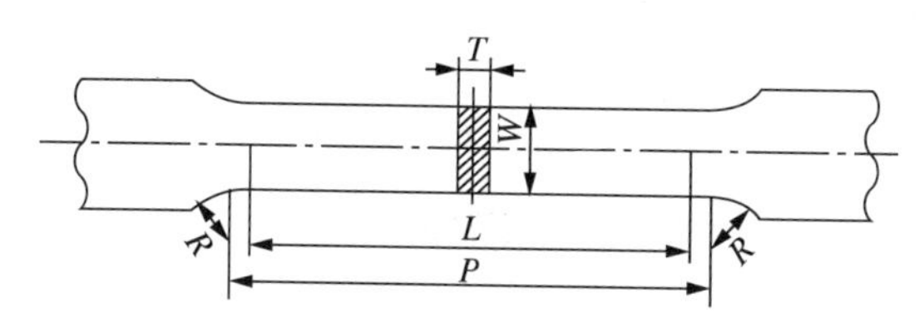

단위 : mm

너비(W)	표점거리(L)	평행부 길이(P)	어깨부의 반지름(R)	두께(T)
25	200	약 220	25 이상	8

정답

$$강도 = \frac{하중}{\pi r^2}$$

$$\therefore \frac{7,000}{100^2 \times \pi} = 0.22\text{kgf/mm}^2$$

48 인장강도와 탄성계수의 정의를 기술하시오.

(1) 인장강도 :

(2) 탄성계수 :

정답

(1) 인장하중에 의해 시료편이 끊어질 때까지의 최대응력으로, 파단까지의 최대 하중을 시험편 원래의 단면적으로 나눈 값을 말한다. 단위는 N/m^2이다.

(2) 비례한도, 즉 탄성한도 안에서는 'Hook 법칙'에 따라 응력과 변형은 정비례하고, 그때의 비례정수를 탄성계수라고 한다.

49 보기의 내용을 이용하여 물음에 답하시오.

보기	
• 인장강도	• 탄성한계
• 항복점	• 연신율
• 단면수축률	• 상부 항복점
• 파단 응력점	• 파 괴

(1) 시험편이 파단될 때의 최대인장하중 원단면적으로 나눈 값은?

(2) 그래프의 기울기가 비교적 직선으로 일정해지는 구간은?

정답

(1) 인장강도

(2) 탄성한계

50 직경이 20mm이고, 표점거리가 50mm인 시험편을 인장시험하였을 때, 연신율은 20%인 경우 파단 직전의 표점거리는 얼마인지 계산하시오.

정답

$50 + (50 \times 20 \div 100) = 60\text{mm}$

51 표점거리 200mm 판재시험편을 인장시험한 결과 파단 후의 표점거리가 246mm이었다. 연신율을 산출하시오.

정답

$$연신율 = \frac{l - l_0}{l_0} \times 100(\%)$$

$$= \frac{246 - 200}{200} \times 100(\%) = 23(\%)$$

52 표점거리 50mm인 4호 시험편을 인장시험한 결과 파단 후 표점거리가 60mm이었다. 이때의 연신율을 구하시오.

정답

$$\frac{60 - 50}{50} \times 100(\%) = 20(\%)$$

53 직경이 10mm인 인장시험편을 인장시험한 후 측정한 파단면의 직경이 6mm로 측정되었다. 이때의 단면 수축률을 구하시오.

정답

$A_0 = 5 \times 5 \times 3.14 = 78.5\text{mm}^2$

$A_1 = 3 \times 3 \times 3.14 = 28.26\text{mm}^2$

$$\frac{78.5 - 28.26}{78.5} \times 100(\%)$$

$$= \frac{50.24 \times 100}{78.5} = 64(\%)$$

54 직경이 25mm이고, 표점거리가 50mm인 시험편을 인장시험하였을 때, 연신율은 20%인 경우 파단 직전의 표점거리는 얼마인지 계산하시오.

정답

$50 + (50 \times 25 \div 100) = 62.5\text{mm}$

55 인장시험에 대한 다음 물음에 답하시오.

(1) 항복점이 일어나지 않은 재료는 항복점 대신 무엇을 사용하는지 쓰시오.

(2) 시험편의 원래 단면적을 A_0, 시험 후 파단면의 단면적을 A_f라 할 때 단면 수축률을 구하는 식을 쓰시오.

정답

(1) 내 력

(2) $\frac{A_0 - A_1}{A_0} \times 100$

56 정적하중의 파괴양상이 그림과 같을 때 (c)는 2중컵 파괴, (d)는 끌형상 파괴이다. (a), (b), (e) 파괴의 명칭을 쓰시오.

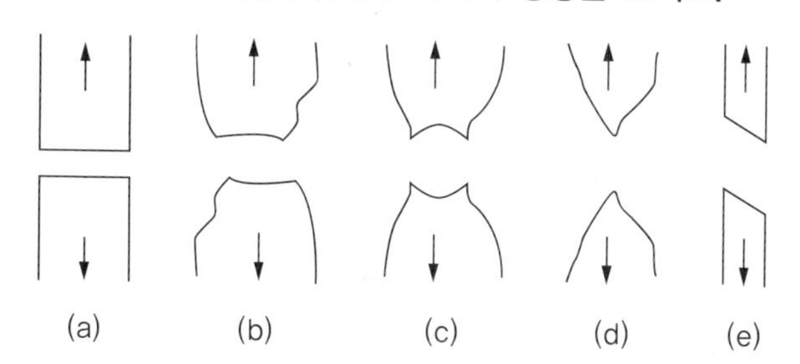

정답

(a) : 취성파괴

(b) : 중간연성파괴

(e) : 전단파괴

57 인장시험편이 네킹(Necking)을 일으킨 후 파단에 이르기까지의 단계이다. (b)의 현상은?

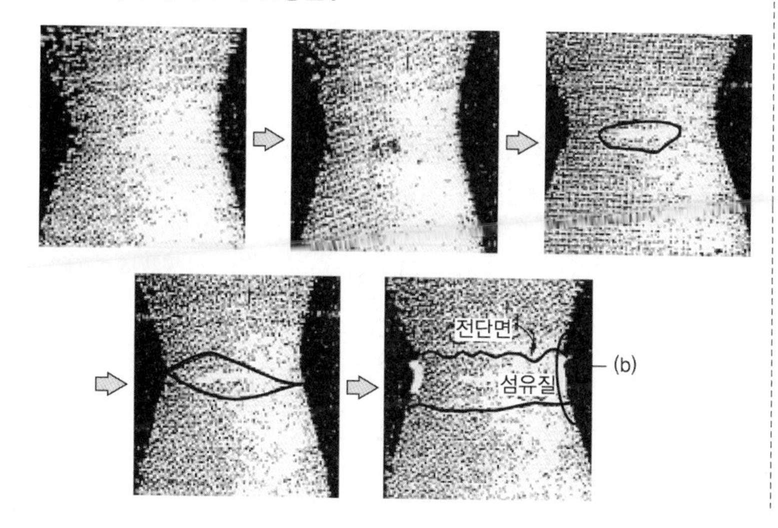

정답

Void가 발생된 후 확대되어 Cup and Cone 파단이 일어난다.

58 전단 응력이 작용할 때 변형되는 힘에 대한 재료의 강도저항으로 횡 탄성계수 또는 전단 탄성계수(G)를 구하는 공식은?

정답

$G = \dfrac{E}{2(1+V)}$

G : 강성률, V : 푸아송비, E : 탄성률

59 시험편의 원단면적이 30mm²인 시험편을 인장시험하였더니 파단부의 최소 단면적이 24mm²이었다. 이 재료의 단면 수축률(%)은 얼마인가?

정답

$$a = \frac{(A_0 - A_1)}{A_0} \times 100\%$$

$$= \frac{30-24}{30} \times 100\%$$

$$= 20\%$$

60 샤르피 충격시험에서 노치(홈) 깊이가 2mm인 표준충격시험편으로 충격시험한 결과 해머의 초기 들어 올린 각도(α)가 140°이고, 파단 후 올라간 각도(β)가 130°이고 해머의 무게(W)가 20kgf, 암의 길이(R)는 800mm였다. 충격에너지 E는?

정답

$$E = WR(\cos\beta - \cos\alpha)$$

$$= 20 \times 0.8(\cos 130° - \cos 140°)$$

$$= 16(-0.6427 + 0.7660)$$

$$= 16 \times 0.1233$$

$$= 1.9728\text{kgf} \cdot \text{m}$$

61 시험편 노치부의 원 단면적이 0.8cm²인 U 노치 샤르피시험편을 충격시험한 결과 충격에너지 값이 3.6kgf · m로 나타났다. 이때의 충격값을 구하시오.

정답

$$\text{충격값}(U) = \frac{3.6}{0.8} = 4.5$$

$\therefore$ 4.5kgf · m/cm²

62 충격시험에서 구하고자 하는 성질은 (1)이며, 이를 구할 수 있는 시험기는 (2)이다. (   ) 안에 들어갈 말을 쓰시오.

정답

(1) 취 성

(2) 샤르피 충격 시험기

63 다음 그림은 충격시험기의 구조를 나타낸 그림이다. 어떤 충격시험기인지 명칭을 쓰고, 충격흡수에너지(E)를 구하는 식을 쓰시오 [단, W : 해머의 무게(kg), R : 해머의 회전축 중심에서부터 해머의 중심까지의 거리(m), α : 해머를 올렸을 때의 각도, β : 시험편 파괴 후 해머가 올라간 각도이다].

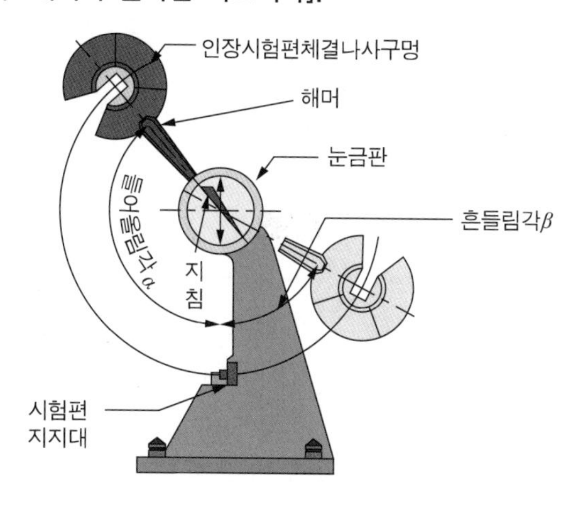

정답

(1) 충격시험기의 명칭 :
샤르피 충격시험기

(2) 충격흡수에너지(E)를 구하는 식 :
$E = WR(\cos\beta - \cos\alpha)$

64 보기의 4가지 강종을 대상으로 충격시험을 하였을 경우, 충격값이 높은 순서에서 낮은 순서로 나열하시오.

보기
SM45C, STC3, GC250, 연강

정답

GC, STC, SM, 연강

65 충격시험에 대한 다음 물음에 답하시오.

(1) 충격시험은 무엇을 알기 위한 시험인지 쓰시오.

(2) 다음 ( ) 안에 알맞은 내용을 쓰시오.

천이온도보다 저온으로 갈수록 ( )이 증가되고, 천이온도보다 고온으로 갈수록 ( )이 증가한다.

정답

(1) 재료의 취성

(2) 취성, 연성

66 마멸 시험의 원리 및 종류를 2가지 쓰시오.

정답

- 원리 : 2개 이상의 물체가 접촉하여 상대 운동을 할 때 그 면이 감소하는 현상을 파악
- 종류 : 응착마모, 연삭마모, 표면피로마모, 부식마모

67 다음 물음에 답하시오.

(1) 강의 담금질 경화능 시험법으로 시험편을 담금질 온도로 가열한 다음 30분간 유지 후 5초 이내에 수직으로 매달아 놓고 분수에 의해 담금질하는 시험법은?

(2) 경화능에 대해 기술하시오.

정답

(1) 조미니시험법

(2) 재료의 크기에 따라 담금질의 경화 깊이가 달라지는 것으로, 열처리하여 퀜칭할 시 경화되기 쉬운 정도이다.

3 재료조직시험

01 육안 또는 10배 이내 확대경을 사용하여 검사하는 시험법은?

정답

매크로 시험(Macro Test)

02 강산 부식법이라 하며, 강재의 표면이나 단면에 대하여 적당한 부식액으로 부식시켜 결함을 육안으로 검출하는 검사법은 무엇인가?

정답

매크로 부식법

03 재료의 조직검사에서 매크로(Macro) 시험과 마이크로(Micro) 시험을 구분하여 설명하시오.

(1) 매크로 시험 :

(2) 마이크로 시험 :

정답

(1) 육안 관찰 혹은 10배 이내의 확대경을 사용하는 방법

(2) 10배 이상의 현미경을 이용하여 시험하는 방법

04 재료의 조직검사에서 육안으로 관찰하거나 10배 이내의 확대경을 사용하여 조직을 검사하는 매크로 조직시험의 종류를 3가지 쓰시오.

정답

파면검사, 육안조직검사, 설퍼프린트법

05 다음 그림은 강괴의 응고 과정에서 결정상태의 변화 또는 성분의 변화에 따라 윤곽 상으로 부식의 농도차가 나타난 것이다. 결함의 명칭과 기호를 쓰시오.

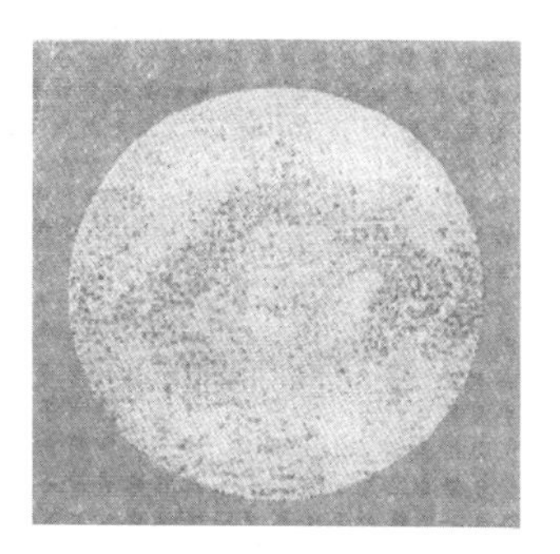

(1) 결함의 명칭 :

(2) 기호 :

정답

(1) 잉곳 패턴

(2) I

06 그림은 매크로 조직검사에서 부식에 의하여 단면에 미세하게 모발 상으로 나타난 결함이다. 그 명칭은 무엇인가?

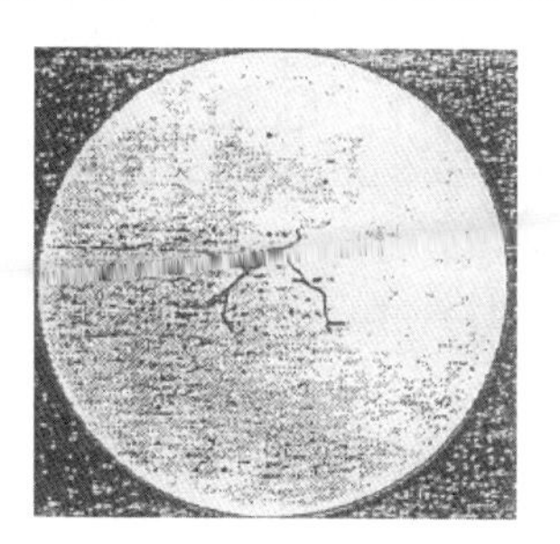

정답

모세 균열(Hair Crack : H)

07 강의 매크로시험에서 개재물과 파이프에 대한 결함의 기호는 어떻게 표시하는가?

(1) 개재물 :

(2) 파이프 :

정답

(1) N

(2) P

08 탄소강 및 합금강 매크로 조직시험 염산법에 대한 부식액 조성과 온도는 어느 상태가 가장 효과적인가?

(1) 조성 :

(2) 온도 :

정답
(1) 염산 1 : 물 1
(2) 75~80℃

09 단면 전체에 걸쳐 수지상 결정 및 피트가 나타나 있으며 중심부편석이 있고 개재물이 보일 때의 매크로 조직의 표시기호를 표시하려고 한다. ( ) 안에 알맞은 기호는 무엇인가?

DT-(가)-(나)

정답
- 가 : S_C
- 나 : N

10 매크로 검사를 할 때 육안으로 볼 수 있는 비금속 개재물 기호를 기술하시오.

정답
N(Nonmetallic Inclusion)

11 강괴의 응고에서 수지상으로 발달한 1차 결정 단조 또는 압연에도 그 형태를 그대로 가지고 있는 것의 기호는?

정답
D(수지상 결정)

12 강괴의 기포 또는 핀 홀이 완전히 압착되지 않고 그 흔적이 남아 있는 것의 기호는?

정답
B(기포)

13 다음 보기는 매크로 조직검사에 관한 용어들이다. 용어 설명을 읽고 해당되는 용어를 보기에서 찾아 쓰시오.

보기
다공질, 중심부편석, 피트, 기포, 모세균열

(1) 부식에 의하여 단면에 가늘게 머리카락 모양으로 나타난 흠

(2) 강재 단면 전체에 걸쳐서 또는 중심부에 부식이 단시간에 진행하여 해면상으로 나타난 것

(3) 부식에 의하여 강재 단면의 전체 또는 중심 부분에 육안으로 볼 수 있는 크기의 점 모양의 구멍이 생긴 것

정답 »

(1) 모세 균열

(2) 다공질

(3) 피 트

14 매크로 조직 검사 시 "단면 전체에 걸쳐서 수지상정 및 피트가 나타나 있고, 그 중심부에 편석이 있다."에서 밑줄 친 부분을 기호로 표시하시오.

정답 »

- 수지상정 및 피트 : D, T
- 중심부 편석 : S_C

15 매크로 조직검사에 대한 다음 물음에 답하시오.

(1) 매크로 조직검사의 기호 중 "F"가 의미하는 것은 무엇인가?

(2) 매크로 조직검사의 기호 중 "N"이 의미하는 것은 무엇인가?

(3) 매크로 조직검사의 기호 중 "H"가 의미하는 것은 무엇인가?

정답 »

(1) 중심부 파열

(2) 비금속 개재물

(3) 모세 균열

16 강재 중 황의 분포상태를 검출하는 데 사용되는 검사법으로, 흠의 검출과 고스트라인(Ghostline)을 검출하기 위해 브로마이드(Bromide) 감광지를 사용하는 시험방법을 무엇이라 하는가?

정답 »

설퍼 프린트법

17 그림과 같이 황은 MnS이나 FeS과 같은 화합물 형태로 존재한다. 이 중에서 MnS은 일반적으로 결정입자 내에 분포되어 있고 반면에 FeS은 일반적으로 결정립계에 주로 존재한다. 이러한 황의 분포를 시험하는 것은?

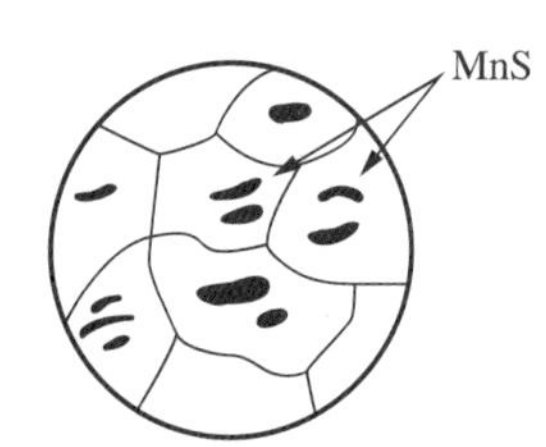

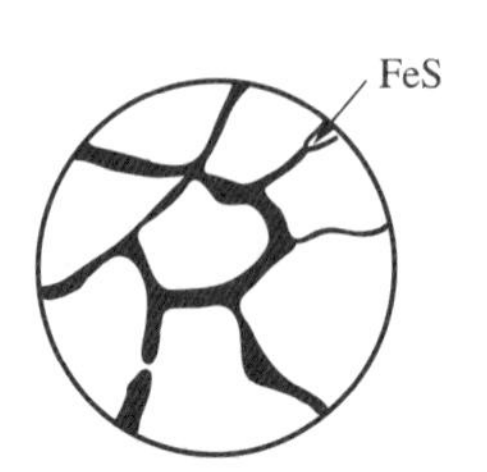

정답»

설퍼 프린트법(Sulfur Print)

18 설퍼 프린트 시험 순서이다. (   ) 안에 알맞은 말을 보기에서 찾아 써넣으시오.

철강 재료 중 황의 분포상태를 검사하기 위하여 1.5%의 (가)수용액에 (나)를 5분간 담근 후 수분을 제거한다. 이것을 피검사체의 시험면에 1~3분 밀착하고, 이 상태에서 철강 재료 중의 황화물과 반응하여 (다)가 발생하고, 이것이 (라)에 붙어있는 취화은과 반응하여 (마)을 생성시킨다.

보기

- 황화은
- 황화수소
- 황 산
- 브로마이드

※ 브로마이드 대신 브로마이드 인화지라고 써도 된다.

정답»

(가) 황 산
(나) 브로마이드
(다) 황화수소
(라) 브로마이드
(마) 황화은

19 철강 중의 황 분포 상태에 대한 다음 물음에 답하시오.

(1) 강의 외부로부터 중심부로 향하여 감소되고, 외부보다 중심부 쪽의 착색도가 낮게 된 편석을 어떤 편석이라고 하는가?

(2) 황의 형태가 기둥모양을 하고 있는 편석을 어떤 편석이라고 하는가?

(3) (1), (2)번과 같이 철강 중의 황의 분포상태를 시험하는 방법을 어떤 시험법이라 하는가?

정답»

(1) 역편석(S_I)
(2) 주상편석
(3) 설퍼프린트 시험법

20 설퍼 프린트법에서 황화수소가 인화지의 브롬화은과 작용하여 무엇을 발생시키는가?

정답»

황화은(취화은 : Ag_2S)

21 설퍼 프린트법은 황(S)을 검출하기 위한 방법이다. 화학 반응식에서 빈칸에 알맞은 답을 쓰시오.

(1) $MnS + H_2SO_4 \rightarrow MnSO_4 + (\quad)$

(2) $FeS + H_2SO_4 \rightarrow (\quad) + H_2S$

(3) $2AgBr + H_2S \rightarrow Ag_2S + (\quad)$

정답

(1) $MnS + H_2SO_4 \rightarrow MnSO_4 + (H_2S)$

(2) $FeS + H_2SO_4 \rightarrow (FeSO_4) + H_2S$

(3) $2AgBr + H_2S \rightarrow Ag_2S + (2HBr)$

22 설퍼 프린트 시험법을 통하여 나타나는 황(S)은 탄소강 중에서 화합물 형태로 나타난다. 이 중 결정입자 내에 존재하는 화합물과 결정립계에 존재하는 화합물 쓰시오.

정답

FeS 또는 MnS

23 강재 중의 황의 편석 및 분포상태를 검출하는 시험법에서 인화지를 처리하는 약품은?

정답

황 산

24 다음 그림은 설퍼 프린트 시험을 시행한 후 나타난 모양이다. 이것은 어떤 편석에 속하는가?

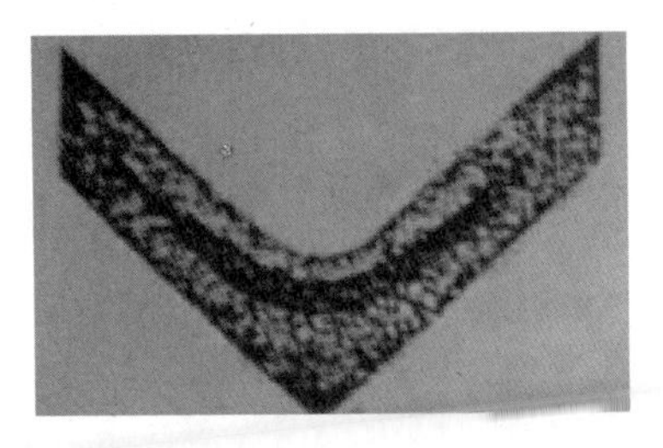

정답

주상 편석(S_{Co})

25 설퍼 프린트(Sulfur Print) 시험 후 나타난 현상으로 강재에서 황(Sulfur)이 강재 외부로부터 중심을 향해 감소하여 분포하고 외부보다 중심부 쪽의 착색부가 낮게 되었다. 이 결함의 명칭은 무엇인가?

정답

역편석(S_I)

26 다음 그림은 설퍼 프린트로서 황이 강재 외부로부터 중심을 향해 감소하여 분포하고 있기 때문에 외부의 착색도가 높고, 중심부 쪽의 착색도는 낮게 나타난 경우의 그림이다. 이 그림을 보고 설퍼 프린트의 분류와 기호를 쓰시오.

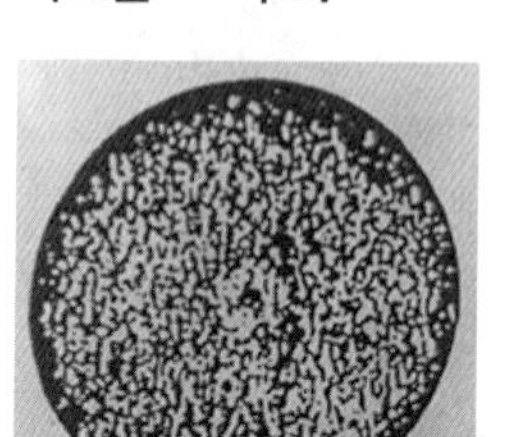

(1) 분류 :

(2) 기호 :

정답

(1) 역편석

(2) S_I

27 설퍼 프린트 시험에서 "S_c"란 어떤 결함인가?

정답

중심부 편석

28 주강품의 설퍼 프린트(Sulfur Print) 시험에서 S_N과 S_L의 기호는 무슨 편석을 뜻하는가?

정답

S_N : 정편석, S_L : 선상편석

29 설퍼 프린트 시험을 했을 때 용접부와 모재의 색깔은 어떻게 나타나는지 기술하시오.

(1) 용접부 :

(2) 모재 :

정답

(1) 백 색

(2) 흑 색

30 설퍼 프린트 기호 중 S_N-S_L이 뜻하는 것은 무엇인가?

(1) S_N :

(2) S_L :

정답

(1) 정편석

(2) 선상편석

31 설퍼 프린트 중 형강 등에서 볼 수 있는 편석으로, 중심부 편석이 주상으로 나타난 것을 뜻하는 기호를 쓰시오.

정답 »

S_{Co}

32 설퍼 프린트 시험에 의한 황 편석의 분류와 기호를 완성하시오.

(1) 정편석 :

(2) 역편석 :

(3) 점상편석 :

정답 »

(1) S_N

(2) S_I

(3) S_D

33 강재 중의 S의 분포상태를 검출하는 데 사용되는 설퍼 프린트법에 있어서 P, S 등이 편석되어 있는 강괴를 압연하여, 판, 봉, 관으로 만들 때 편석부분이 늘어나 긴 띠 모양을 이룬 것을 무엇이라 하는지 쓰시오.

정답 »

선상편석

34 설퍼 프린트법에서 해당 명칭에 대한 기호는?

(1) 중심부 편석 :

(2) 수지상 결정 :

(3) 피트 :

(4) 개재물(비금속 개재물) :

정답 »

(1) S_C

(2) D

(3) T

(4) N

35 철강재의 설퍼프린트법에서 브로마이드 인화지를 어떤 수용액에 담근 다음 수분을 제거하고 시험편의 표면에 밀착시키는데, 이때 사용하는 수용액의 명칭과 이 시험법은 무엇을 관찰하기 위한 시험 방법인지 쓰고, 다음 화학식을 완성하시오.

(1) 수용액의 명칭 :

(2) 관찰대상 :

(3) 화학식 : $2AgBr + H_2S \rightarrow Ag_2S + (\quad)$

정답 »

(1) 황산수용액

(2) 황의 편석 및 분포도

(3) $2AgBr + H_2S \rightarrow Ag_2S + (2HBr)$

36 현미경 조직을 관찰하려고 한다. 빈칸에 알맞은 순서를 쓰시오.

(①) → 마운팅(몰딩) → (②) → (③) → 검경(현미경 검사)

정답
① 시험편 채취, ② 연마, ③ 부식

37 다음 현미경 조직 시험 방법의 공정별 순서에 맞는 답은?

마운팅 → (1) → (2) → 검경

정답
(1) 연마(거친연마, 중간연마, 미세연마)
(2) 부 식

38 파장이 짧은 전자선이 전기장 또는 자기장에 들어가면, 힘을 받아 굽어지는 원리를 이용한 것으로, 적당한 전기장 또는 자기장 만들어 전자렌즈가 구성되고, 이 전자렌즈에 의해 형성된 상을 이용하며 사진을 촬영하거나 규광판을 대고 관찰하는 현미경은?

정답
전자현미경

39 전자현미경 사용 시 금속은 전자 흡수하는 힘이 크므로 실제로 금속 시편을 전자현미경에 쓸 수 없고, 원 금속 시료면 굴곡을 복제한 엷은 막을 쓰는 것은?

정답
레플리카(Replica)

40 ϕ3mm 강선을 현미경 조직으로 관찰할 수 있는 중요 공정 4가지를 기술하시오.

정답
마운팅(몰딩, 매몰성형) → 각종연마(거친연마 → 중간연마 → 미세연마) → 부식 → 현미경 검사

41 빛 대신 파장이 짧은 전자선을 이용하여 시료에 투과시키고, 전자렌즈로 상을 확대하여 형성시키는 현미경으로 가속 전자빔을 광원으로 사용하고, 배율 조정을 위한 렌즈의 작동을 전기장으로 이용하는 현미경의 명칭을 쓰시오.

정답
투과전자현미경

42 **전자현미경과 광학현미경에 사용되는 시험편을 제작하는 방법에 대한 다음 물음에 답하시오.**

(1) 전자현미경을 사용할 때 실제 금속시편을 전자현미경에 쓰기 곤란할 때 원금속 시료면의 굴곡을 복제한 엷은 막을 쓰는데 이것을 무엇이라 하는가?

(2) 열경화성 페놀수지, 디아릴수지, 열가소성 아크릴수지 등에 시험편을 매립하고, 135~150℃로 가열시켜 150~200kgf/mm^2의 압력으로 5분간 가압성형하는 방법은 무엇인가?

정답

(1) 레플리카

(2) 마운팅

43 **주사전자현미경에 대한 다음 (　) 안에 알맞은 내용을 쓰시오.**

> 주사전자현미경에서 시험편의 표면을 분석하려면 미세한 크기의 프로브가 필요한데 이는 전자총에서 전자파를 만들고 전자기렌즈로 수렴하여 만들 수 있다. 프로브의 크기와 전류량은 전자현미경의 (　　) 및 (　　)와 깊은 관계가 있다.

정답

이차전자, 반사전자

44 **광학현미경을 이용하여 금속의 조직을 관찰할 때 그 순서를 보기에서 찾아 번호로 나열하시오.**

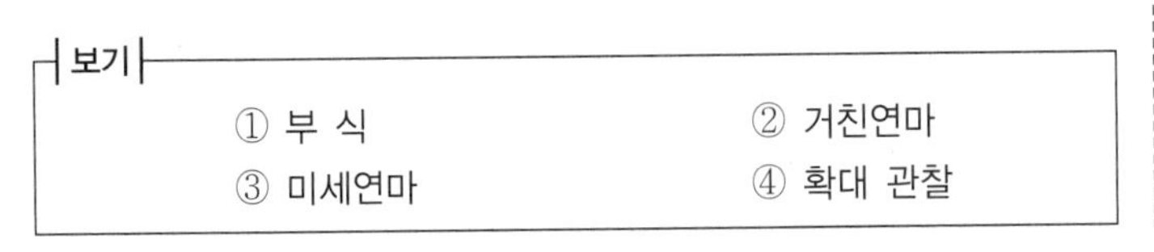

보기

① 부 식　　② 거친연마

③ 미세연마　　④ 확대 관찰

정답

②, ③, ①, ④

45 **다음 물음에 가장 알맞은 답을 기술하시오.**

(1) 다음은 현미경 조직을 관찰하는 순서를 나타낸 것이다. 보기를 이용하여 공정별 순서에 맞도록 나열하시오.

> 보기
>
> 시험편 채취, 마운팅, 부식, 연마, 관찰

(2) 관찰하는 조직 표면에 질산 알루미늄(또는 셀룰로이드)을 도포한 투명 박막을 광선을 투과하여 보통 현미경으로 관찰하는 방법을 무엇이라고 하는가?

정답

(1) 시험편 채취 → 마운팅 → 연마 → 부식 → 관찰

(2) 피막검사법

46 현미경 조직검사에서 철강재에 사용되는 연마재 3가지만 쓰시오.

정답

산화철(Fe_2O_3), 산화알루미늄(Al_2O_3), 산화크롬(Cr_2O_3)

47 현미경의 대물렌즈 배율 M40×이며 접안렌즈 WF10×인 경우 현미경으로 보이는 시험편의 배율은 몇 배인가?

정답

40 × 10 = 400

∴ 400배의 배율

48 현미경 조직 시험의 부식제에서 염화제이철 용액은 어느 금속을 시험할 때 사용하는가?

정답

구 리

49 알루미늄과 알루미늄 합금의 현미경 조직시험에 필요한 부식제와 염화제이철용액으로 부식할 수 있는 재료는 무엇인지 쓰시오.

(1) 알루미늄과 알루미늄 합금의 부식제 :

(2) 염화제이철용액으로 부식할 수 있는 재료 :

정답

(1) 수산화나트륨, 플루오린화수소산

(2) 구 리

50 금, 백금 등 귀금속 시험편을 현미경 조직시험하려고 할 때 10% 불화수소산 수용액 또는 왕수를 사용한다. 왕수를 제조하는 데 필요한 용액을 3가지 쓰시오.

정답

염산, 질산, 물

51 철강재의 현미경 조직시험에 사용되는 부식액 중에서 나이탈은 알코올에 어떤 시약을 첨가한 것인지 쓰시오.

정답

질 산

52 현미경 조직시험편 채취방법 3가지를 쓰시오.

정답

- 재료를 대표할 수 있는 부위
- 결함 발생 부위와 가까운 곳
- 단조가공 재료는 종단면, 횡단면 모두 시험할 수 있게 채취
- 냉간압연 재료는 가공방향과 평행이 되게 채취

53 철강 비금속 개재물 시험에서 dA(60)×400 = 0.15의 의미는 각각 무엇인가?

(1) 60 :

(2) 400 :

(3) 0.15 :

정답

(1) 시야수
(2) 현미경 배율
(3) 청정도

54 다음은 공구 현미경을 도시한 것이다. ①~③의 명칭을 쓰시오.

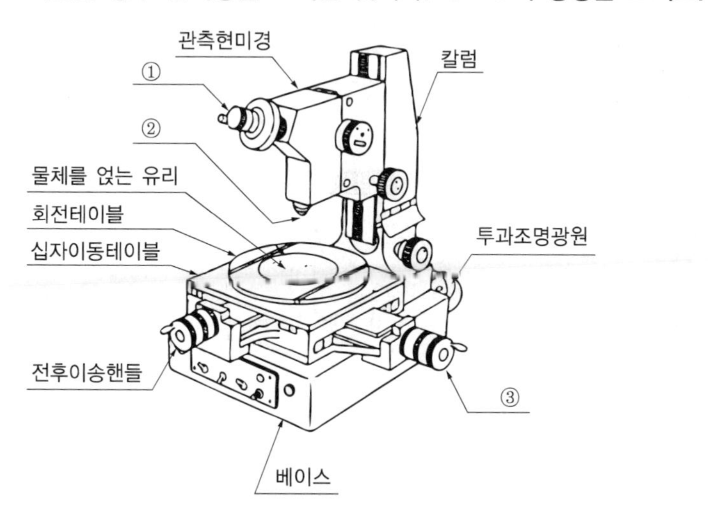

정답

① 접안렌즈
② 대물렌즈
③ 좌우이송핸들

55 금속현미경에 대한 다음 물음에 답하시오.

(1) 금속현미경에서 물체에 가까운 쪽의 렌즈를 무엇이라 하는지 쓰시오.

(2) 금속현미경에서 눈으로 보는 쪽의 렌즈를 무엇이라 하는지 쓰시오.

(3) 금속현미경 시험편 중 두 물체를 마찰하였을 때보다 무른 쪽에 생기는 긁힌 자국을 무엇이라 하는지 쓰시오.

정답

(1) 대물렌즈

(2) 접안렌즈

(3) 균 열

56 다음 금속재료에 대한 부식제를 1가지씩 쓰시오.

(1) 철강 :

(2) Al 합금 :

(3) Au, Pt 등 귀금속 :

정답

(1) 나이탈

(2) 수산화나트륨

(3) 왕 수

57 다음 보기에서 현미경 조직 관찰을 위한 시험편 연마 순서를 옳게 나열하시오.

보기

거친연마, 시험편 채취, 부식, 정연마, 현미경 관찰, 마운팅

정답

시험편 채취 → 마운팅 → 거친연마 → 정연마 → 부식 → 현미경 관찰

58 다음 합금의 부식액을 1가지씩 쓰시오.

(1) Ni 및 그 합금 :

(2) Al 합금 :

(3) 구리, 황동, 청동 :

정답

(1) 질산 용액

(2) 수산화나트륨

(3) 염화제이철 용액

59 다음 현미경 조직사진은 표면경화처리한 조직이다. 어떤 표면처리인지 기술하시오.

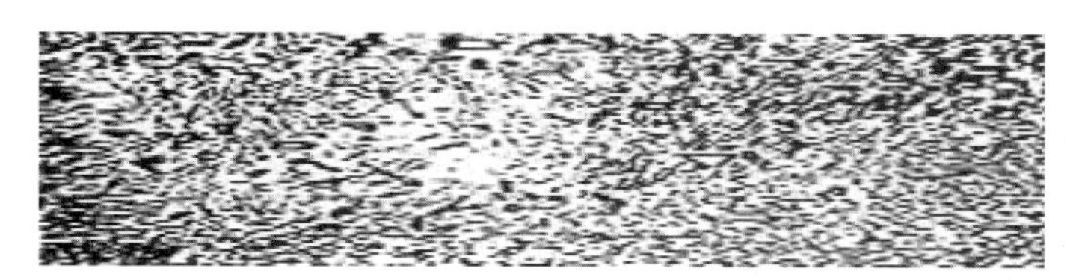

정답 침탄법

60 다음은 0.45% 탄소(C)의 탄소강현미경 조직변화이다. ①, ②의 조직명이 무엇인지 쓰시오.

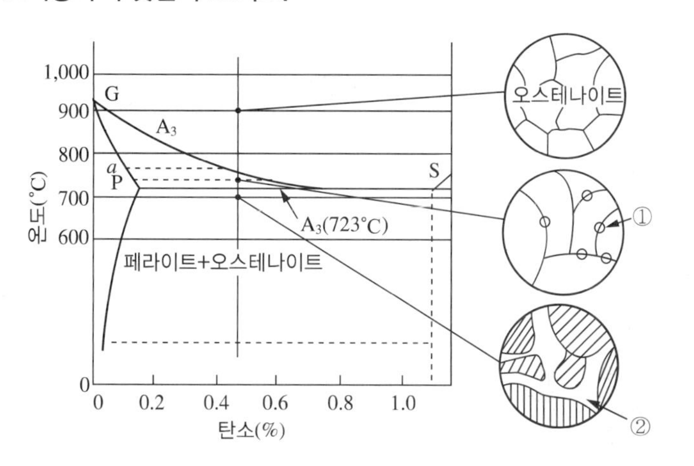

정답

① 오스테나이트

② 페라이트

61 다음 조직은 0.32%C의 탄소강을 950℃에서 1시간 가열 후 노 중에서 냉각시킨 조직이다. 검은 부분의 명칭은 무엇인가?(단, 5% 피크랄 부식액을 1~3분간 사용하고, 현미경 배율은 100배를 응용한다)

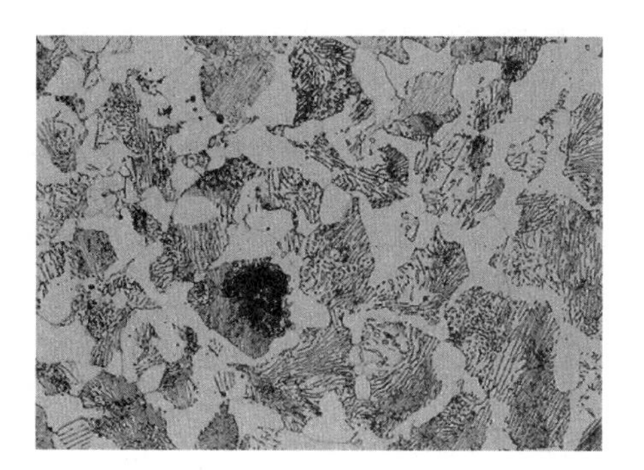

정답 펄라이드

62 다음 조직은 0.32%C 탄소강을 950℃에서 1시간 가열 후 노 중에서 냉각시킨 조직이다. 검은 부분의 명칭은 무엇인가?(단, 5% 피크랄 1~3분 부식, 100배율)

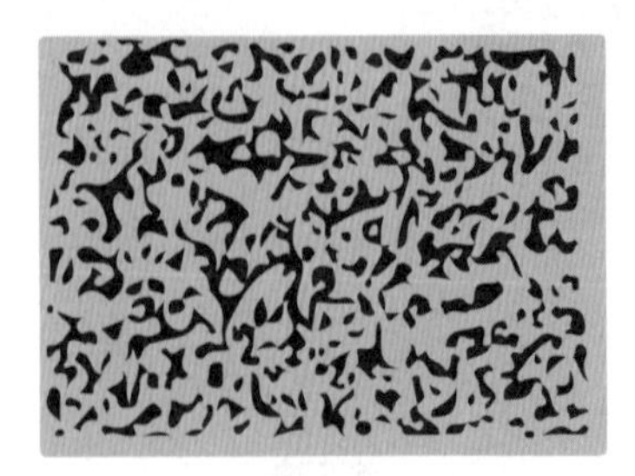

정답

펄라이트

63 탄소강 현미경 조직으로 그림 (a)는 공석강이며 그림 (b)는 과공석강으로 1.5%C, ×600로서 펄라이트이다. 그림 (b)에서 백색부분은 무엇인가?

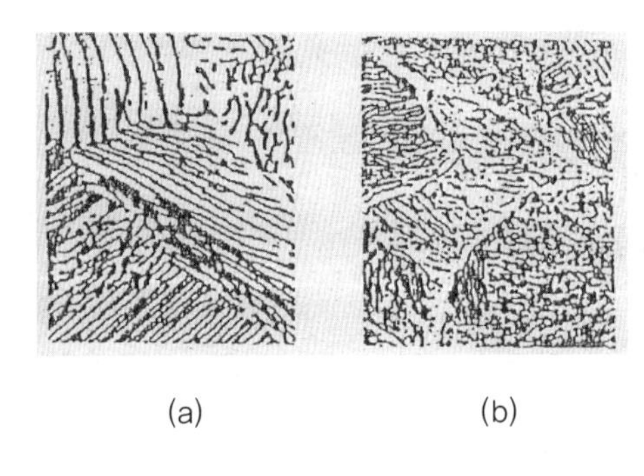

(a) (b)

시멘타이트(Fe_3C 또는 금속간 화합물)

64 0.35%C 탄소강의 표준조직현미경 조직검사 시에 나타나는 조직은 무엇인가?

정답

아공석강으로 순철과 펄라이트가 표준조직이다.

65 다음은 공석강(0.8%C)을 770℃에서 수분을 포함한 H_2 가스를 다량으로 통과시키면서 6시간 가열한 탈탄조직이다. 왼쪽 흰 부분의 조직명은 무엇인가?

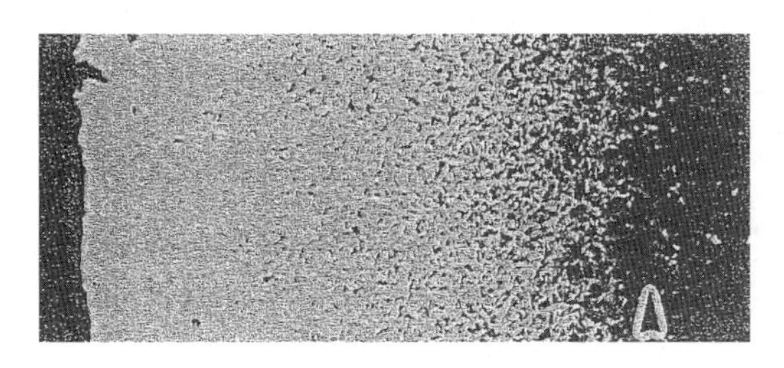

페라이트

66 탄소공구강인 STC4(C : 0.99%, Si : 0.21%, Mn : 0.45%, P : 0.017%, S : 0.008%) 재료를 1,100℃에서 1시간 가열한 후 유랭하였을 때의 현미경 조직 사진이다. 다음 물음에 답하시오(단, 부식은 나이탈로 하였으며, 배율은 ×670이다).

(1) 흰 부분의 조직 명칭을 쓰시오.

(2) 검은색의 침상조직의 명칭을 쓰시오.

정답

(1) 오스테나이트

(2) 마텐자이트

67 다음 사진은 1.4%C 과공석강을 970℃에서 오스테나이트화한 다음 서랭(100/h)하여 얻은 현미경 조직사진이다. 입계의 흰색은 무엇인지 쓰시오.

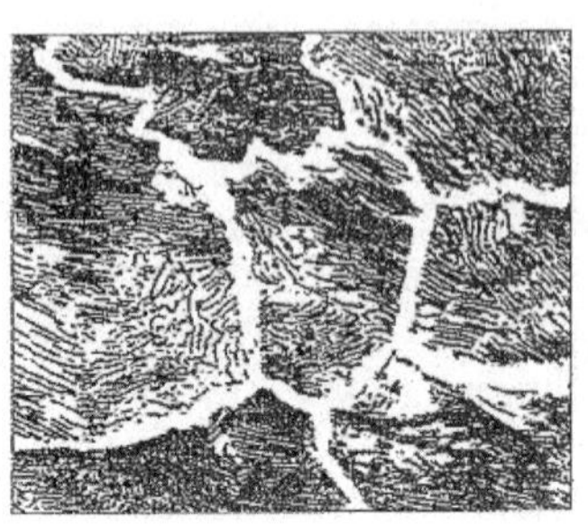

(1) 입계 :

(2) 결정내 :

정답

(1) 시멘타이트

(2) 펄라이트

68 그림은 주사 전자현미경으로 촬영한 파면의 사진으로 파단 부근에서 현저한 늘어남 현상이 생기면서 파괴가 일어난 것이다. 그림과 같은 파괴 형태를 무엇이라고 하는지 쓰시오.

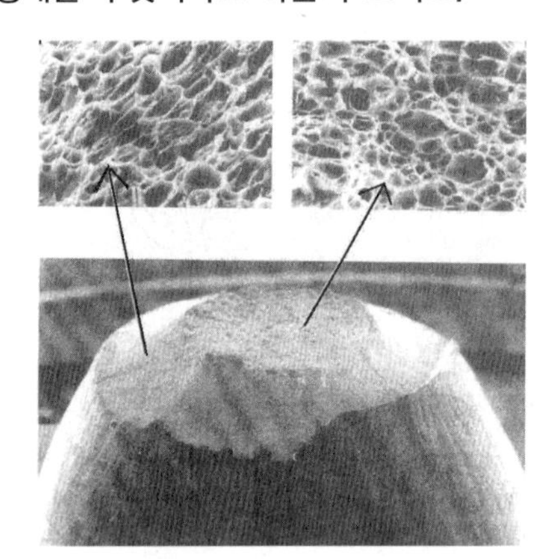

정답

딤플(Dimple)

69 철강 봉재를 이용하여 개재물 시험을 하고자 한다. 시험편 채취 시 봉재의 어떤 부위에서 시험편을 채취해야 하는가?

정답

압연 방향 또는 단면 축에 평행으로 그 중심선을 따라서 절단하여 채취한다.

70 탄소강의 조직검사 과정에서 광택 연마 시 ① 철강재에 사용되는 연마제와 ② 경합금에 사용되는 연마제를 쓰시오.

정답

① Fe_2O_3(산화철), Cr_2O_3(산화크롬), Al_2O_3(산화알루미늄)

② MgO(산화마그네슘), Al_2O_3(산화알루미늄)

71 다음 조직사진은 0.02%C, 0.24%Si, 0.22%Mn, 0.005%P, 0.017%S을 함유한 강의 조직사진을 나타낸 것이다. 다음 물음에 답하시오.

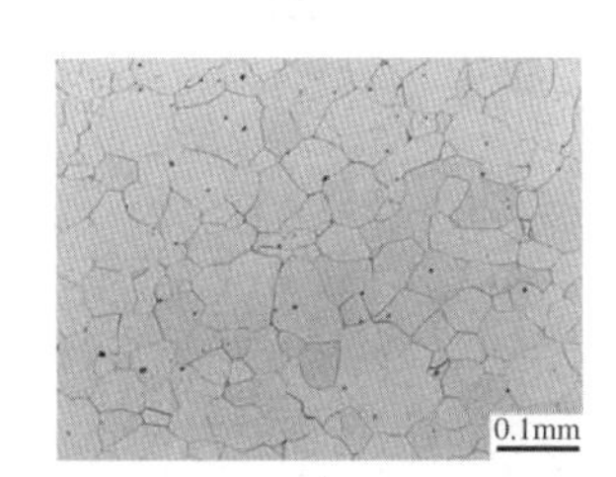

A

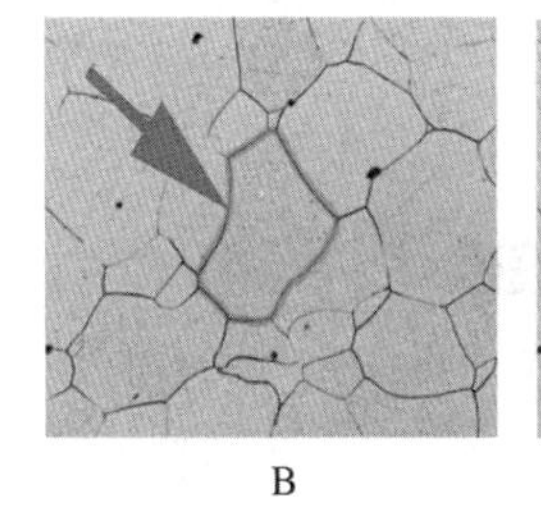

B

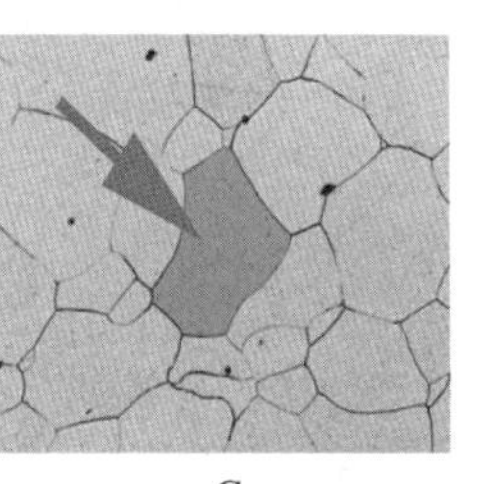

C

(1) A가 나타내는 조직은 무엇인가?

(2) 화살표 B가 선에 닿아 있다. 무엇을 나타내는가?

(3) 화살표 C가 나타내는 것은 무엇인가?

정답

(1) 페라이트

(2) 결정립계

(3) 페라이트 결정

72 철강의 비금속 개재물 시험에서 dA(60) × 400 = 0.15로 결과를 나타내었다. 60, 400, 0.15 의미는 무엇인가?

(1) 60 :

(2) 400 :

(3) 0.15 :

정답

(1) 시야수

(2) 현미경 배율

(3) 청정도

73 **한국산업표준에서 정한 강의 비금속 개재물 측정방법-표준도표를 이용한 현미경 시험방법에 대한 다음 물음에 답하시오.**

(1) 그룹 A는 어떤 비금속 개재물인지 쓰시오.

(2) 그룹 B는 어떤 비금속 개재물인지 쓰시오.

(3) 그룹 C는 어떤 비금속 개재물인지 쓰시오.

정답

(1) 압연, 단조로 소성변형한 황화물, 규산염 등

(2) 가공방향으로 집단을 이루어 불연속적으로 입상의 개재들이 연속된 것

(3) 압연, 단조가공을 받았어도 점성변형하지 않고 불규칙하게 분산한 것

74 **비금속 개재물 현미경 시험방법에서 개재물의 종류를 그룹 A, B, C, D, DS계 개재물로 KS D 0204에서 규정하고 있다. 다음에 해당하는 개재물은 어떤 종류에 해당하는지 그 종류를 쓰시오.**

(1) 규산염 종류 :

(2) 구형 산화물 종류 :

(3) 알루민산염 종류 :

정답

(1) C

(2) D

(3) B

75 **비금속 개재물에 대한 다음 물음에 답하시오.**

(1) 쉽게 잘 늘어나는 개개의 회색 입자들로서 가로세로의 비가 넓은 범위에 걸쳐 있고 그 끝은 보통 둥글게 되어 있는 A계 개재물의 대표적인 것을 쓰시오.

(2) 변형이 안 되며 모가 나고 흑색이나 푸른색이 도는 많은 수의 입자들로서 가로세로의 비가 낮으며 변형방향으로 정렬되어 있는 B계 개재물의 대표적인 것을 쓰시오.

정답

(1) 황화물계 개재물(FeS)

(2) 알루미늄 산화물계 개재물

76 다음 사진은 강 중에 황화물, Al 산화물, 규산염, 내화물 같은 혼합물이 개재되어서 나타난 결함으로 철강재의 표면을 연마하여 400배의 배율로 찍은 것이다. 사진에서 나타난 이와 같은 혼합물들의 총칭을 어떤 개재물이라고 하는지 쓰시오.

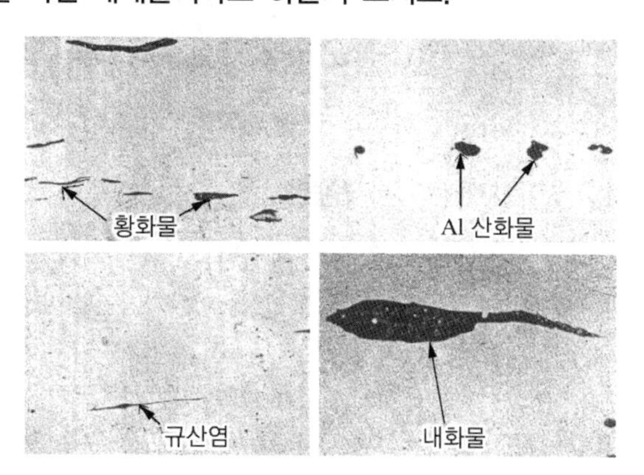

정답» 비금속 개재물

77 페라이트 결정입도시험법의 명칭을 쓰시오.

정답»
(1) FGI : 절단법(헤인법)
(2) FGP : 평적법(제프리즈법)
(3) FGC : 비교법(ASTM, 결정립측정법)

78 부식 면에 나타난 입도를 금속현미경(Metallurgical Micro-scope)에 부착된 카메라로 촬영하여 일정한 넓이를 가진 원 또는 사각형 안에 들어 있는 결정립 수를 측정하는 결정입도시험방법의 명칭을 쓰시오(단, 결정입자의 계산은 완전히 경계선 안에 있는 결정립 수와 경계선에서 만나는 결정립 수의 절반을 합한 것으로 한다).

정답» 평적법(FGP)

79 금속의 결정입도 측정 시 일정한 길이의 직선을 임의로 긋고 직선과 결정립이 만나는 점의 수를 측정하여 직선 단위당의 교차점의 수로 표시하는 방법을 무슨 측정법이라고 하는가?

정답» 절단법(FGI)

80 결정입도 측정하는 방법을 2가지 쓰고, 다음 물음에 답하시오.

(1) 결정입도 측정법 2가지

(2) 결정입도 측정법에서 입도 번호(N)가 커지면 결정립의 수는 어떻게 되는지 쓰시오.

정답

(1) 비교법, 평적법, 절단법

(2) 입도번호가 커지면 결정립의 수는 많아진다.

81 강의 페라이트 결정입도시험에서 종합판정 기호가 FGI-V35(10)일 때 FGI는 무엇을 뜻하는가?

- 비교법 : FGC, 평적법 : FGP
- V : 수직, P : 평행

정답

절단법

82 강의 페라이트 결정입도시험에서 "비교법으로 평행 단면에서 10시야의 종합 판정에 의한 결과 입도 번호가 15임을 나타내는" 종합판정방법의 기호를 쓰시오.

정답

FGC-P15(10)

83 강의 페라이트 결정입도를 시험하여 보고서에 FGC-V4.5(10)이란 결과를 얻었다. 다음 물음에 답하시오.

(1) FGC의 의미 :

(2) 10의 의미 :

(3) 4.5의 의미 :

정답

(1) 비교법 직각 단면

(2) 10시야

(3) 종합판정결과 입도번호 4.5

84 강의 페라이트(Ferrite)결정입도시험의 종합판정법에서 입도번호가 6인 시야수는 3, 6.5인 시야수는 6, 입도번호가 7인 시야수는 1이었다. 평균입도번호를 구하시오.

[종합판정법]

각 시야별 입도번호(a)	시야수(b)	$a \times b$	평균입도번호(n)	입 도
6	3	18		
6.5	6	39		
7	1	7		
계	10	59		

정답

5.9

85 탄소강의 페라이트 결정입도시험에서 FGC는 무슨 방법인가?

정답
비교법

86 그림과 같이 일정한 길이의 직선을 임의의 방향으로 긋고, 그은 직선과 결정립이 만나는 점의 수를 측정하여 입도를 나타내는 방법을 무엇이라 하는가?

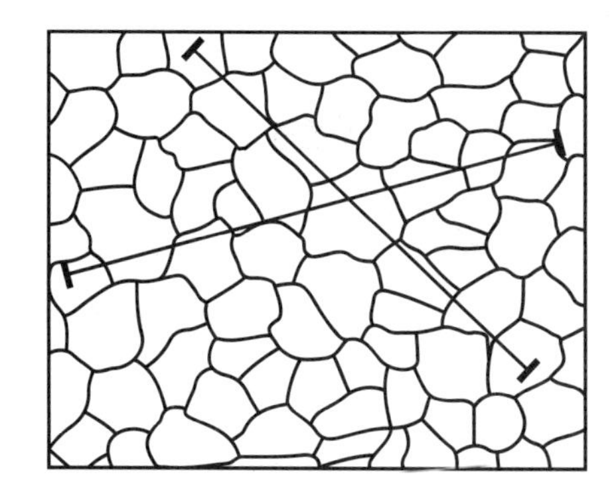

절단법(FGI)

87 강의 페라이트(Ferrite) 결정입도시험에 대한 3가지 방법을 쓰시오.

정답
비교, 평적, 절단

88 0.2%C인 탄소강의 결정입도를 시험하고자 현미경으로 측정하여 비교한 결과가 다음과 같다. 평균결정입도를 계산하시오.

시야에 있어서의 입도번호(a)	시야수(b)	$a\times b$
8	4	32
5	2	10
7	6	42

정답
평균결정입도번호

$$=\frac{(4\times8)+(5\times2)+(7\times6)}{(4+2+6)}=\frac{84}{12}=7$$

89 배율 100배의 현미경 검사로 25.4mm×25.4mm의 면적에 16개 결정립이 있을 때 결정입도는 얼마인가?(ASTM 적용)

정답

$$\text{입도번호(N)}=\frac{\log n}{0.301}-3=\frac{\log 16}{0.301}-3$$

$$=\frac{4\log 2}{0.301}-3=4-3=1$$

90 다음 표는 강의 페라이트 결정입도시험 종합판정표이다. 결정입도를 산출하시오[단, 입도$(n) = \Sigma a \times b / \Sigma b$].

시야에 있어서의 입도번호(a)	시야수(b)	$a \times b$
6	2	12
6.5	6	39
7	2	14
계	10	

정답

$$\frac{(6 \times 2) + (6.5 \times 6) + (7 \times 2)}{2 + 6 + 2}$$

$$= \frac{12 + 39 + 14}{10}$$

$$= \frac{65}{10} = 6.5$$

91 0.2%C인 탄소강의 결정입도를 시험하고자 현미경으로 측정하여 비교한 결과가 다음과 같다. 평균결정입도를 계산하시오.

시야에 있어서의 입도번호(a)	시야수(b)	$a \times b$
5	3	15
6	3	18
5	6	30
7	1	7

정답

평균결정입도번호

$$= \frac{(5 \times 3) + (6 \times 3) + (5 \times 6) + (7 \times 1)}{(3 + 3 + 6 + 1)}$$

$$= \frac{70}{13} = 5.38$$

92 0.45%C 탄소강의 결정입도를 표준도와 비교하였더니 다음 표와 같이 판정되었다. 평균결정입도번호를 계산하시오.

입도번호	시야의 수
6	3
6.5	6
7	1

정답

평균결정입도번호

$$= \frac{(6 \times 3) + (6.5 \times 6) + (7 \times 1)}{(3 + 6 + 1)}$$

$$= \frac{64}{10} = 6.4$$

93 비교법으로 강의 페라이트 결정입도를 시험할 경우 현미경 표준 배율은 100배로 한다. 그러나 100배로 판정이 곤란할 경우에는 50배나 200배의 배율을 사용한 후에 반드시 입도를 수정해야 한다. 어떻게 수정하여야 하는가?

정답

- 50배의 경우 입도번호 2번호 낮게 한다.
- 200배의 경우 입도번호 2번호 높게 한다.

94 단위 면적당 결정입도의 수를 측정하는 방법으로 크기를 알고 있는 원을 적당한 배율로 확대한 조직사진 위에 그림과 같이 그린 후 그 원 안에 들어 있는 결정입수와 원주와 교차하는 결정입수를 구하여 결정입도를 시험하는 방법은 무엇인지 쓰시오.

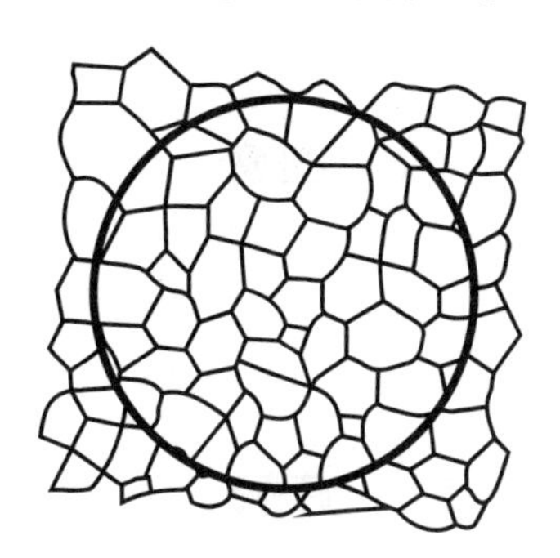

정답»»

평적법(헤인법, FGP)

95 강의 페라이트 결정입도시험에서 비교법의 측정 결과(KS D 0209 규정)에 의한 입도번호가 1일 때 단면적 $1mm^2$당 결정입자수를 산출하시오.

정답»»

16

입도번호(N)$=\dfrac{\log n}{0.301}-3$

단, n은 실제 넓이 $1mm^2$ 안에 있는 입자수이다.

※ 참고 : 평적법 산출식 이용

입도번호	입자수	입도번호	입자수
1	16	6	512
2	32	7	1,024
3	64	8	2,048
4	128	9	4,096
5	256	10	8,192

96 0.2%C인 탄소강의 결정입도를 시험하고자 현미경으로 측정하여 비교한 결과가 다음과 같다. 평균결정입도를 계산하시오.

시야에 있어서의 입도번호(a)	시야수(b)	$a\times b$
6	3	18
6	3	18
5	6	30
7	1	7

정답»»

평균결정입도번호

$$=\frac{(6\times3)+(6\times3)+(5\times6)+(7\times1)}{(3+3+6+1)}$$

$$=\frac{73}{13}=5.61$$

97 입도시험 결과로서, 비교법으로 직각 단면에서 10시야의 종합판정에 의한 결과, 입도번호는 45였다. 종합판정 결과를 기호를 이용하여 쓰시오.

정답 »
FGC-V45

98 금속조직 내에서의 상의 양을 측정하는 금속조직량 계산법 3가지를 쓰시오.

정답 »
면적 분율법(중량법), 직선법, 점산법

99 조직검사를 통하여 존재하는 상의 종류 및 상간의 계면 등을 측정하여 상의 양을 결정하는 데 사용되는 3가지는 무엇인가?

정답 »
면적 분율법(중량법), 직선법, 점산법

100 금속의 변태점 측정법을 3가지 쓰시오.

정답 »
시차열분석법, 열분석법, 열팽창법

4 그 밖의 시험

01 다음 (   ) 안에 알맞은 내용을 쓰시오.

그라인더 불꽃시험에서 불꽃의 구조 중 뿌리 부분의 유선 한 개, 한 개를 관찰하여 (①)의 양을 추정하고, 끝 부분은 (②)에 의해 Mn, Mo, W의 원소를 판정한다.

정답 »
① 탄 소
② 탄소의 파열

02 탄소강 및 저합금강의 불꽃시험에 대하여 (   ) 안에 알맞은 탄소량을 쓰시오.

탄소강 및 저합금강의 불꽃시험에서는 제1분류에서 탄소파열의 유무를 판별한 후 제 2분류에서 탄소파열의 다소에 따라 C%를 추정하여 (①)%C 이하, (①)%C 초과 (②)%C 이하, (②)%C를 초과하는 것으로 크게 나눈다.

정답 »
① 0.25
② 0.5

03 불꽃시험에 대한 다음 물음에 답하시오.

(1) 강의 불꽃시험에서 탄소의 함량이 많아질수록 불꽃의 수량변화는 어떻게 되는지 쓰시오.

(2) 국화꽃 모양의 불꽃이 나타나는 합금강에 포함된 합금원소는 무엇인지 쓰시오.

(3) 합금강에서 탄소의 파열을 저지하는 원소를 1가지만 쓰시오.

정답

(1) 불꽃의 수량은 많아진다.

(2) Cr

(3) W, Si, Ni, Mo

04 불꽃시험에서 불꽃에 의한 강종추정 3단계를 쓰시오.

(1) 1단계(제1분류) :

(2) 2단계(제2분류) :

(3) 3단계(제3분류) :

정답

(1) 탄소파열의 유무

(2) 탄소파열의 다소

(3) 특수원소의 유무

05 강의 불꽃시험은 불꽃 유선의 관찰이 매우 중요하다. 다음 그림은 탄소강의 유선 모양 나타낸 것이다. (a), (b), (c)의 명칭을 쓰시오.

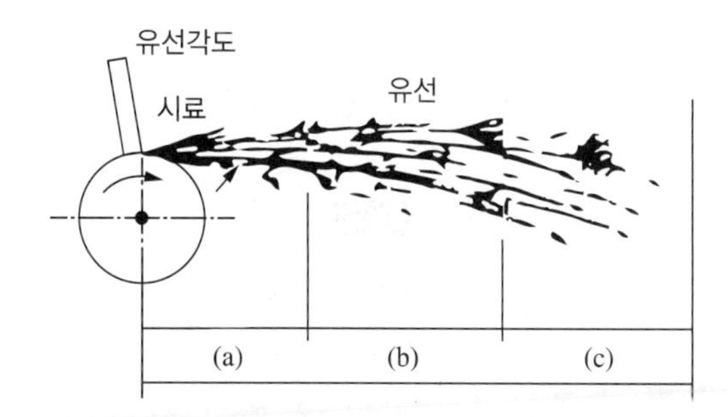

정답

(a) : 뿌리, (b) : 중앙, (c) : 앞 끝

06 그림은 불꽃시험을 나타낸 것이다. 그림을 참조하여 (　　) 안에 알맞은 내용을 쓰시오.

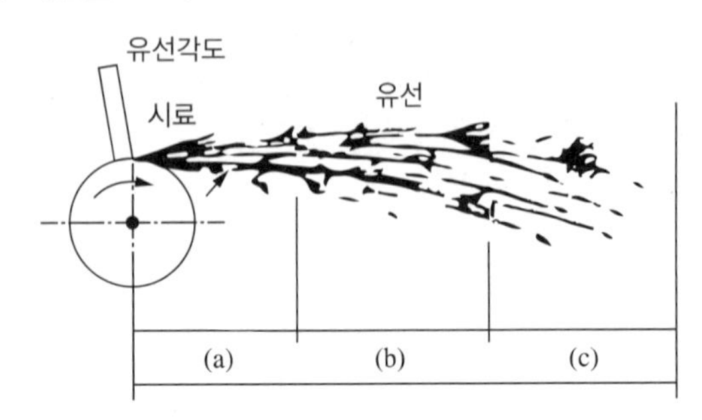

뿌리 부분에서는 (①) 판정하고 중앙 부분에서는 유선의 (②)을 앞 끝 부분에서는 불꽃의 (③)을 관찰한다.

정답

① 미량의 C, Ni
② 명암 및 형태에 의해서 Ni, Cr, Mn, Si, C 등
③ 형태 및 파열에 의해서 Mn, Cr, W 등

07 다음 설명은 금속재료의 불꽃시험을 나타낸 것이다. (　　) 안에 알맞은 단어를 서술하시오.

불꽃의 뿌리 부분에서는 유선의 (　), 중앙 부분에서는 유선의 (　)을 그리고 끝 부분에서는 유선의 (　)을 관찰한다.

정답

각도, 흐름, 파열

08 강재를 그라인더로 연마하여 불꽃시험을 할 수 있다. 불꽃시험 시 발생되는 어떤 내용들에 의하여 강의 종류를 식별할 수 있는가? 3가지를 쓰시오.

정답

불꽃 분열상태, 불꽃 색상, 불꽃 모양, 금속 종류, 성분

09 불꽃시험에서 탄소파열을 저지하는 원소와 조장하는 원소를 3가지 쓰시오.

(1) 저지하는 원소 :

(2) 조장하는 원소 :

정답

(1) W, Si, Ni, Mo
(2) Mn, Cr, V

10 강의 불꽃시험은 표준 시료를 참고하여 제1분류에서 탄소파열의 유무, 제2분류에서 탄소 %를 추정하고, 제3분류에서 탄소량이 0.5% 이하이면 함유된 원소를 추정한다. 이때 탄소량이 0.5% 이하의 강에서 자주 관찰되는 원소의 종류를 3가지만 쓰시오.

정답

Ni, Cr, Si, Mn, Mo

11 그라인더 불꽃시험에서 끝인 꼬리부분의 모양만으로 알 수 있는 원소 2가지만 쓰시오.

정답

망간(Mn), 텅스텐(W), 몰리브덴(Mo)

12 강종을 불꽃시험할 때 탈탄부분과 침탄 부분, 질화 부분의 불꽃 특징을 쓰시오.

(1) 탈탄 부분 :

(2) 침탄 부분 :

(3) 질화 부분 :

정답

(1) 불꽃폭발이 적다(저탄소강).

(2) 불꽃폭발이 많다(고탄소강).

(3) 불꽃발생이 적어진다.

13 철강 재료를 시험하는 불꽃시험(Spark Test)에서 피검재 세분(細紛)을 전기로 또는 가스로 중에 넣어서 그때 생기는 불꽃의 색, 형태 파열음을 관찰, 청취해서 강질(강종)을 검사, 판정하는 불꽃 시험법은 무엇인가?

정답

분말불꽃시험법

14 다음 보기는 탄소강 불꽃시험 그림이다. 탄소량이 많은 것부터 나열하시오.

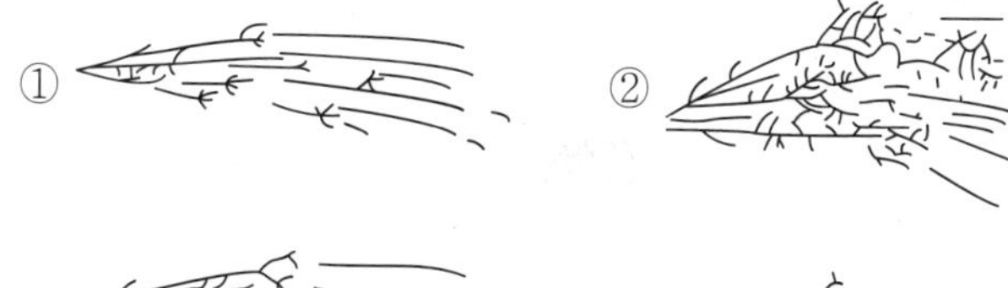

정답

② – ③ – ① – ④

15 다음 그림은 탄소강의 불꽃을 스케치한 것이다. 탄소 함유량과 불꽃의 명칭을 쓰시오.

(1) 탄소 함유량 :

(2) 불꽃 명칭 :

(1) 약 0.15%

(2) 4본 파열

16 탄소강을 불꽃시험한 결과 그림과 같았다. 약 몇 %C의 강종인가?

약 0.5%C의 강종

17 탄소강 불꽃시험한 결과 나타난 모양이다. 몇 %C의 강종인가?

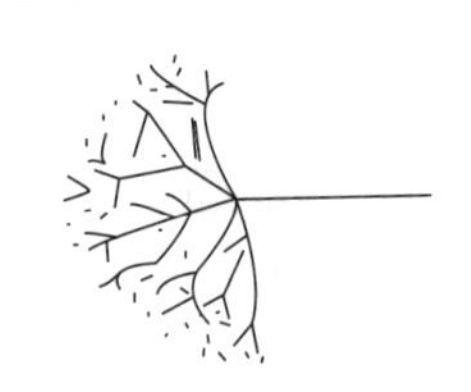

정답

약 0.5%C 강종

18 다음 그림과 같이 탄소강에서 나타난 불꽃시험의 명칭은?

정답

림드강(깃털 모양)

19 STC3의 불꽃 특징을 기술하시오.

정답

(1) 밝기 : 밝다.

(2) 크기 : 불꽃폭발이 많다.

(3) 길이 : 보통 정도의 길이가 된다.

20 금속 판재 드로잉(Drawing)가공을 위한 성형성, 즉 전연성을 알기 위하여 실시하는 이 시험의 명칭은 무엇인가?

정답

에릭센시험(커핑시험)

21 재료의 연성(Ductility)를 알기 위한 시험방법은 무엇인가?

정답

에릭센시험(커핑시험)

22 재료의 연성을 측정하며 시험범위는 0.1~0.2mm를 표준으로 하여 너비 70mm 이상의 띠 또는 1판에 한하는 시험은?

정답

에릭센시험법

23 연성을 측정하는 방법 중의 한 가지로 Cu, Al판 및 기타 연성 판재를 가압성형하여 변형 능력을 시험하기 위한 시험법을 무엇이라 하는가?

정답

에릭센시험 혹은 커핑시험

24 에릭센 시험은 재료의 어떤 성질을 알아보기 위한 시험방법인가?

정답

전성・연성, 즉 소성가공성이나 전연성 측정

25 에릭센(Erichsen) 시험은 시험판을 다이(Dies) 위에 놓고 강구로 눌러서 재료의 전연성을 측정하는 시험이다. 무엇을 측정하여 계산하는가?

정답

눌러 들어간 깊이

26 구리, 알루미늄 등의 전연성을 알기 위하여 파단될 때까지 행하는 실험 방법은?

정답

에릭센 시험

27 압축강도의 측정은 어떤 재료에서 많이 이용하는가?

정답

주 철

28 압축시험에서 결정할 수 있는 기계적 성질 3가지는?

정답

압축강도, 비례한도, 항복점 등

29 압축시험과 비틀림시험을 통해 얻을 수 있는 값을 3가지씩 쓰시오.

(1) 압축시험 :

(2) 비틀림시험 :

정답

(1) 압축강도, 비례한도, 항복점, 탄성계수

(2) 강성계수, 비틀림강도, 비틀림 모멘트

30 주철이나 콘크리트 같은 제품에 압축시험을 했을 때 얻고자 하는 것은 무엇인가?

정답

주로 내압에 사용되는 재료의 압축강도, 항복점, 비례한도, 탄성한계 등을 측정한다.

31 지름 10mm, 높이 40mm의 고력 황동 봉으로 압축시험한 결과 최대하중 12,000kgf에서 파괴되었다. 파괴 후의 높이가 24mm였다면 압축률(%)을 계산하시오.

정답

압축률(ε) : $\dfrac{H-H_0}{H}\times 100(\%)$

$=\dfrac{40-24}{40}\times 100(\%)=40.0\%$

32 지름 20mm, 높이 40mm의 고력 황동 봉을 압축시험한 결과 최대하중 18,000kgf에서 파괴되었다. 파괴 시 높이가 24.8mm이었다면 압축률(%)은?

정답

압축률(ε) : $\dfrac{H-H_0}{H}\times 100(\%)$

$=\dfrac{40-24.8}{40}\times 100(\%)=38\%$

33 연성 재료는 압축강도를 구할 수 없다. 이때 연성 재료에서 압축강도 대신에 무엇을 구하여야 하는가?

정답

설계상 파괴에 상당하다고 여겨지는 변형량에 대응하는 압축응력을 압축강도로 간주한다.

34 재료에 압축력을 가했을 때 이에 견디는 저항력 구하는 시험으로 압축강도, 비례한도, 항복점, 탄성계수 등 측정할 수 있는 압축시험에서 사용하는 재료 이름 2가지만 쓰시오.

정답 »

베어링 합금, 토목 건축재, 주철

35 순동(Cu)의 압축에 의한 응력-변형 선도의 일례로 공칭응력-변형 곡선과 진응력-변형 관계를 나타낸 곡선 중 공칭응력과 진응력의 차이점에 대해 설명하시오.

(1) 공칭응력 :

(2) 진응력 :

정답 »

(1) $\dfrac{\text{하중}(P)}{\text{원단면적}(Ao)}$

(2) $\dfrac{\text{하중}}{\text{그때 단면적}}$

36 압축시험에서 재료의 지름을 d라고 할 때, 단주, 중주, 장주시험편의 높이(h)를 각각 구하시오.

(1) 단주시험편 :

(2) 중주시험편 :

(3) 장주시험편 :

정답 »

(1) $h=0.9d$(베어링합금, 압축강도 측정)

(2) $h=3d$(일반 금속재료, 항압력 측정)

(3) $h=10d$(탄성계수 측정)

37 그림의 장주시험편 압축시험은 시험편이 굽혀지면서 그림 (b)와 같이 파괴된다. 이때의 파괴 형식은 무엇인가?

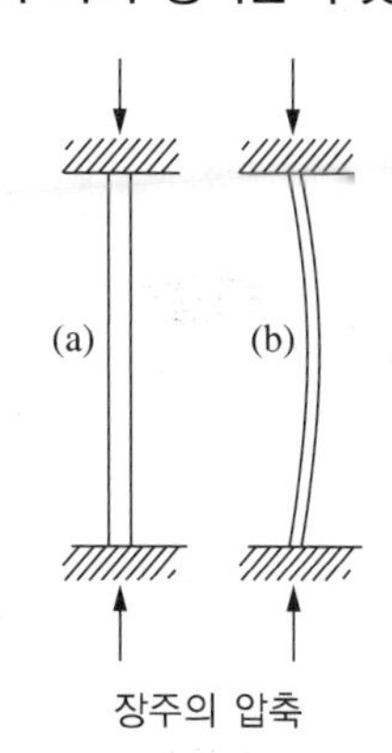

장주의 압축

버클링(Buckling)

38 다음 그림은 굽힘(굴곡)시험을 시행하는 방법들이다. 몇 점 굽힘 방식인지 ( ) 안에 쓰시오.

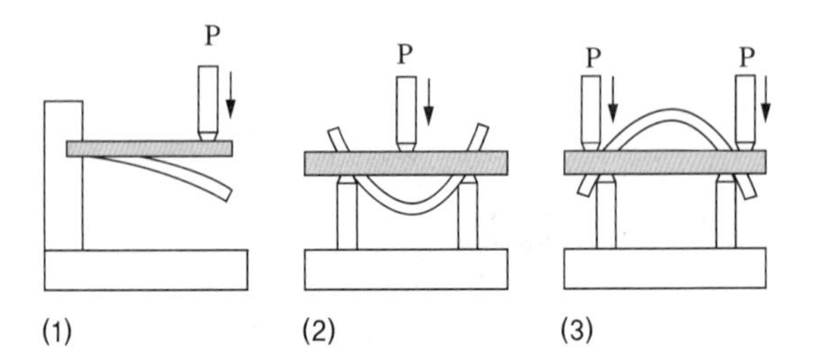

정답

(1) 2점 굽힘 시험

(2) 3점 굽힘 시험

(3) 4점 굽힘 시험

39 다음 그림과 같이 굽힘시험을 실시하고자 한다. 이때의 누름쇠의 한쪽 반지름(r) : 10mm, 시험편의 두께(t) : 5mm일 때, L의 길이를 설정하시오.

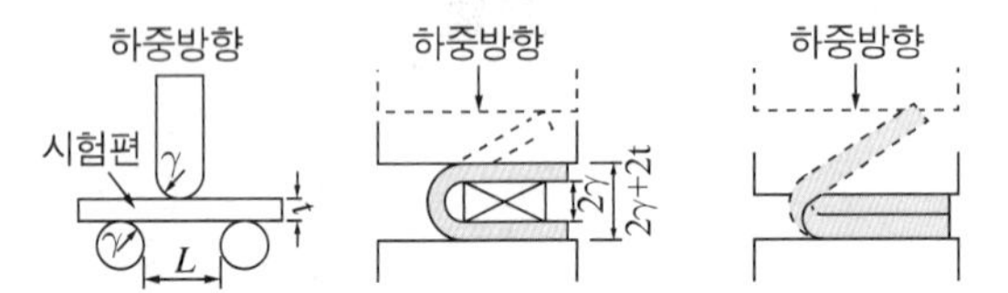

정답

$L = 35\text{mm}$

※ $L = 2r + 3t$에 수치를 대입하여

$L = 2 \times 10 + 3 \times 5$이므로 35이다.

40 굽힘에 대한 재료의 저항력, 재료의 탄성계수 및 탄성 에너지를 결정하기 위한 구부림(굽힘)시험을 무슨 시험이라고 하는가?

정답

굽힘 저항시험

41 굽힘시험을 했을 때 탄성 한계점을 넘어서 응력을 제거했다. 처음 각도보다 더 벌어진 각을 무엇이라 하는가?

정답

스프링백(Spring Back)

42 굽힘시험은 재료의 굽힘에 대한 저항력을 조사하는 (①)과 전성, 연성 균열의 유무를 시험하는 (②)으로 분류된다. ①, ②에 알맞은 답을 쓰시오.

정답

① 항절시험(휨 저항시험)

② 휨 균열시험

43 굽힘시험에서 힌지(Hinge) 대신 롤러를 사용하는 이유?

정답

냉간가공 상태의 항복점을 감소시키고, 연신율을 증가시킬 수 있다.

44 그림을 보고 굽힘 시험에 대한 다음 물음에 답하시오.

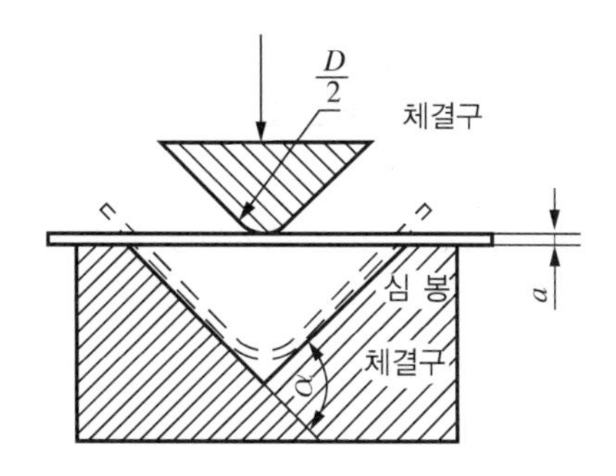

(1) 굽힘 시험의 목적은 무엇인가?

(2) V블록의 테이퍼진 면들은 $(X-\alpha)$°각도를 이루어야 한다. X의 각은 몇 도인가?

(3) 받침의 길이와 심봉의 너비는 시험편의 너비 또는 지름보다 (커야, 작아야) 한다.

정답

(1) 굽힘에 대한 재료의 저항력, 재료의 탄성계수 및 탄성 에너지를 알기 위해 시험한다.

(2) 180°

(3) 커 야

45 다음은 무슨 실험에 대한 설명인가?

시험편에 일정하게 정적 하중을 가하였을 때 시간의 경과와 더불어 증대하는 변형량을 측정하여 각종 재료의 역학적 양을 결정하는 시험

정답

크리프시험(Creep Test)

46 재료에 일정한 하중을 가하고 일정 온도에서 긴 시간 동안 유지하면 시간이 지남에 따라 변형이 증가하여 파괴된다. 이 작업을 하는 시험법은 무엇인가?

정답

크리프시험

47 크리프시험은 금속재료의 무엇을 나타내는가?

정답 »

시험편에 일정한 하중을 가하였을 때, 시간의 경과와 더불어 증대하는 변형량을 측정하여 각종 재료의 역학적 양을 결정하는 시험법이다.

48 크리프시험에 대한 설명이다. 물음에 답하시오.

(1) 크리프율이 일정한 값(Zero)에서 정지한 응력의 한도는?

(2) 크리프 조건은 (　　), (　　)와(과) 시간이다.

정답 »

(1) 크리프 한도

(2) 일정한 하중, 일정한 온도

49 크리프 한도에 대한 다음 (　) 안에 알맞은 내용을 쓰시오.

(1) 일정온도에서 어떤 시간 후에 크리프 속도가 (　　)이(가) 되는 응력

(2) 어떤 시간 후에 크리프가 정지하는 (　　)응력

(3) 일정한 온도에서 비교적 장시간 걸친 일정한 시간에 규정한 크리프 (　　)이(가) 생기도록 하는 응력

정답 »

(1) 0

(2) 가장 큰

(3) 변 율

50 크리프 곡선에서 가로축과 세로축은 각각 무엇을 나타내는지 쓰시오.

(1) 가로축 :

(2) 세로축 :

정답 »

(1) 시 간

(2) 변 형

51 크리프시험을 통해서 얻어지는 재료의 성질은?

정답 »

시험편을 일정한 온도로 유지하고 여기에 일정한 하중을 가하여 시간과 더불어 변화하는 변형을 측정하는 시험이다. 그 결과로부터 크리프 곡선 및 크리프 강도를 구한다. 응력의 종류에 따라 인장 크리프시험, 압축 크리프시험 등으로 분류 가능하다.

52 표준적인 크리프 3단계 곡선에서 처음 단계인 제1기(천이, 감속) 크리프는 하중이 작용했을 때 먼저 어느 정도 순간 변형을 일으키나, 그 다음 시간과 함께 변형속도가 감소하는 현상이 나타나는데 이때 재료에는 어떤 현상이 일어나는가?

정답

탄성변형과 소성변형이 합쳐진 상태로 나타난다.

53 크리프(Creep) 곡선에서 가공경화와 회복이 번갈아 일어나는 단계를 무엇이라 하는가?

정답

2차 크리프 상태(정상 크리프)

54 크리프의 3단계를 그리고, 설명하시오.

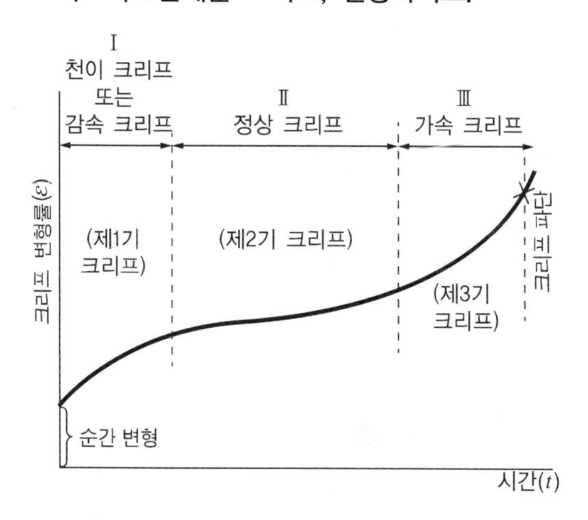

정답

※ 왼쪽 그림 참조

(1) 제1기 : 감속 크리프

(2) 제2기 : 정상 크리프

(3) 제3기 : 가속 크리프

55 크리프 현상을 3단계로 나누어 특징을 간단히 설명하시오.

정답

(1) 제1단계 : 초기 크리프에서 변율이 점차 감소하는 단계(감속 크리프)

(2) 제2단계 : 크리프 속도가 점차 증가되어 진행되는 단계(정상 크리프)

(3) 제3단계 : 크리프 속도가 점차 증가되어 파단에 이르는 최후 단계(가속 혹은 파단 크리프)

56 크리프시험에 대한 다음 물음에 답하시오.

(1) 철강 및 경합금 등은 약 몇 ℃ 이상의 온도가 되어야 크리프 현상이 일어나는지 쓰시오.

(2) 크리프의 3단계 과정을 보기에서 찾아 각 단계에 써넣으시오.

보기

가속 크리프, 감속 크리프, 정상 크리프

정답

(1) 250℃

(2) • 제1단계 : 감속 크리프
 • 제2단계 : 정상 크리프
 • 제3단계 : 가속 크리프

57 정상 크리프의 단계에서 하중을 제거할 때의 크리프 곡선의 변화를 그리시오.

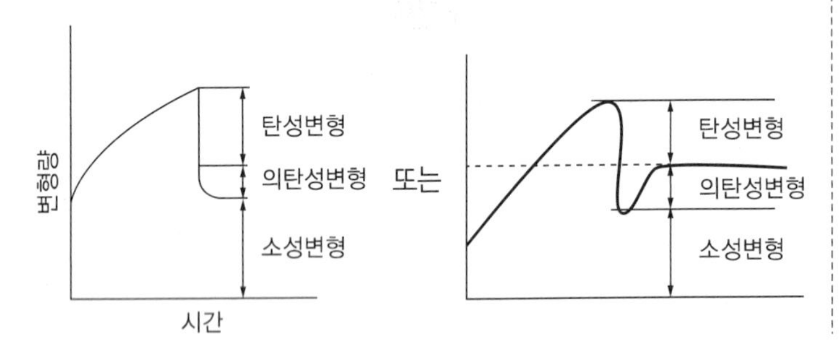

정답

(1) 탄성변형 : 하중을 제거할 때에 바로 회복하는 변형

(2) 의탄성변형 : 시간의 경과에 따라서 회복하는 변형

(3) 소성변형 : 영구히 회복하지 않는 변형

58 어떤 재료에 크리프가 생기는 원인 3가지를 쓰시오.

정답

온도, 하중, 시간

59 일정온도에서 어떤 시간 후에 크리프 속도가 0이라는 응력을 가지는 경우를 무엇이라 하는가?

정답

크리프 한도

60 크리프시험기에 사용되고 있는 시험장치 구조 3가지를 쓰시오.

정답

• 변형률 측정장치
• 가열로장치
• 하중장치

61 크리프 3단계 곡선에서 처음 단계인 1단계는 (감속)크리프로서 하중이 작용했을 때 어느 정도는 순간 변형을 일으키나 그 후 시간에 따라 변형속도가 감소하는 현상이 나타난다. 이때 재료에는 어떤 현상이 일어나는지 쓰고, 2단계와 3단계는 어떤 크리프인지 1단계의 ( ) 내용처럼 쓰시오.

(1) 재료에 일어나는 현상 :

(2) 2단계 크리프 :

(3) 3단계 크리프 :

정답 »»

(1) 변형률이 점차 감소하게 된다.

(2) 크리프 속도가 점차 증가되어 진행되는 단계

(3) 크리프 속도가 점차 증가되어 파단에 이르는 최후 단계

62 다음 그림은 탄소강 S-N 곡선 나타낸 것이다. 피로한도는 얼마인가?

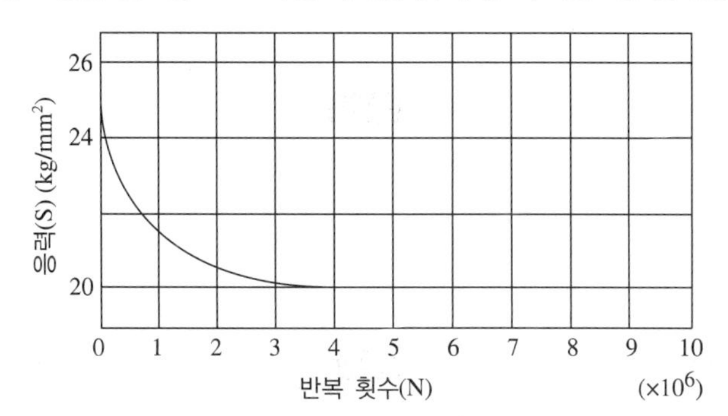

정답 »»

• 피로응력(S) : 20kgf/mm^2

• 피로한도(N) : 3×10^6회

63 다음 기기는 기계적 재료 시험기이다. 이 시험기의 명칭은 무엇인가?

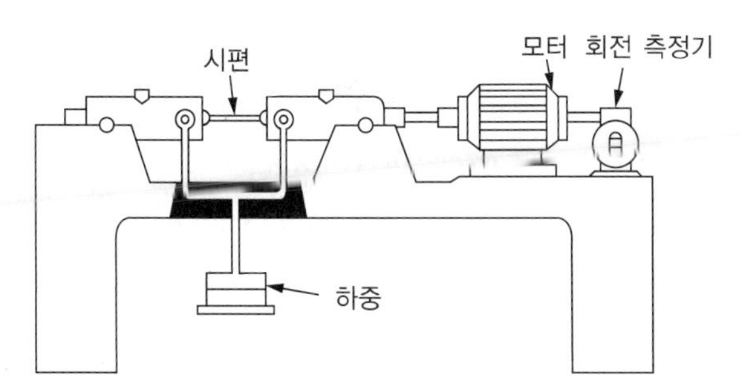

정답 »»

피로시험기

64 금속재료는 그 재료가 가지는 강도보다 작은 하중이 가해져도 반복하여 여러 번 작용하면 점차 약화되어 피로파괴 현상이 생긴다. 각 그림에 해당하는 응력을 쓰시오.

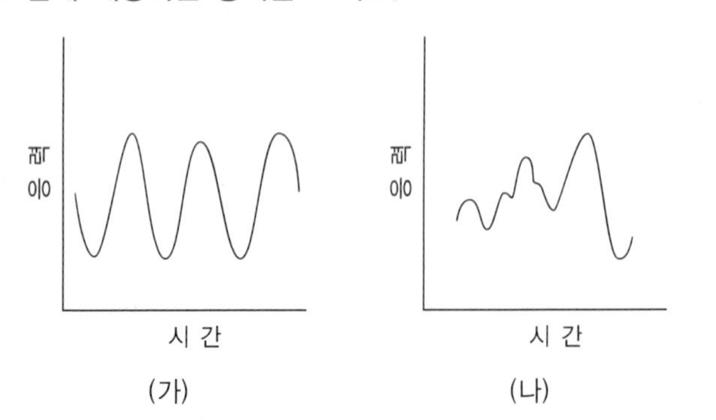

(가)　　　　(나)

정답

(가) : 반복응력

(나) : 변동응력

65 피로시험에서 S-N 곡선이란 무엇인가?

정답

피로응력과 반복 횟수

66 크랭크 축, 차 축 등과 같이 재료 안전하중 상태에서도 작은 힘이 계속적으로 반복하여 작용하면 파괴되는 경우가 있다. 이와 같은 파괴를 무엇이라 하는가?

정답

피로파괴 현상

67 피로시험에 영향을 주는 요인 4가지를 쓰시오.

정답

시험편 형상, 시험편가공 방법, 표면 다듬질 상태, 열처리 상태

68 **피로시험에서 노치효과(Notch Effect)란 무엇인가?**

정답

노치가 있는 시험편의 피로한도가 노치가 없는 시험편의 피로한도보다 작아지는 것

69 **피로시험 시 시험편의 지름은 보통 10mm 정도의 것을 사용하는데 지름이 커지면 피로한도가 작아진다. 이런 현상을 무엇이라고 하는가?**

정답

치수효과

70 **다음 (　　) 안에 맞는 알맞은 내용을 쓰시오.**

(　　)의 목적은 어떤 기계나 구조물 등을 제작하여 사용할 때 변동응력이나 반복응력이 무한히 반복되어도 파괴되지 않는 (　　)를 찾고자 하는 것이다.

정답

피로시험, 피로한도

71 **피로시험에 대한 물음에 대하여 옳은 것에 ○표 하시오.**

(1) 지름이 클수록 피로한도가 (커진다, 작아진다).

(2) 노치가 없는 시험편에 비해 노치가 있는 시험편의 피로한도가 (크다, 작다).

(3) 표면이 거친 것이 매끄러운 것보다 피로한도가 (커진다, 작아진다).

정답

(1) 작아진다.

(2) 작다.

(3) 작아진다.

72 **피로시험에 있어 피로한도란 무엇이며, 노치계수의 정의를 쓰시오.**

(1) 피로한도 :

(2) 노치계수 :

정답

(1) 피로시험 시 재료가 파괴되지 않는 응력 중에서 최대 응력

(2) 노치가 없는 평활한 재료의 피로한도를 노치가 있는 재료의 피로한도로 나눈 값

73 금속재료를 피로시험을 한 결과, 그래프와 같은 S-N곡선이 얻어졌다. 이 그래프에서 응력 P는 무엇을 나타내는지 쓰시오.

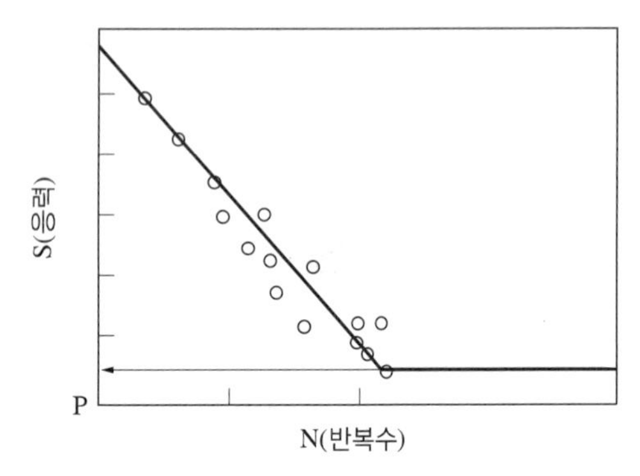

정답 »

피로한도

74 피로시험에 사용되는 시험편에 대한 다음 각 물음에 답하시오.

(1) 시험편 지름의 크기와 피로한도의 정도에 대한 관계를 설명하시오.

(2) 노치가 있는 시험편의 피로한도는 노치가 없을 때와 비교할 때 어느 것이 더 큰가?

(3) 시험편의 표면이 거친 것과 고운 것을 비교할 때 피로한도는 어느 것이 더 큰가?

정답 »

(1) 비 례

(2) 노치가 없을 때

(3) 고운 것

75 재료가 반복응력을 오랫동안 받게 되면 단일 하중 시의 파괴응력보다 훨씬 작은 응력에서도 파괴가 일어나는데 이러한 현상을 무엇이라 하는지 쓰고, 노치계수란 무엇인지 쓰시오.

(1) 파괴가 일어난 현상

(2) 노치계수

정답 »

(1) 피로파괴

(2) 노치가 없는 평활한 재료의 피로 한도를 노치가 있는 재료의 피로 한도로 나눈 값

76 **피로시험에 대한 다음 물음에 답하시오.**

(1) 피로시험 시 시험편의 지름은 보통 10mm 정도의 것을 사용하는데 지름이 커지면 피로한도가 작아지는 이러한 현상을 무엇이라 하는지 쓰시오.

(2) 노치가 없는 시험편보다 노치가 있는 시험편의 피로한도가 작아지는 이러한 현상을 무엇이라 하는지 쓰시오.

(3) 노치가 없을 때와 있을 때의 피로한도 비를 무엇이라 하는지 쓰시오.

정답

(1) 치수 효과

(2) 노치 효과

(3) 노치 계수

77 **다음 그림은 무슨 시험기인가?**

정답

마멸시험기

78 **마모시험에 미치는 인자에 대한 다음 (　　) 안에 알맞은 내용에 ○표 하시오.**

(1) 접촉하중이 증가할수록 마모량은 (증가, 감소)한다.

(2) 미끄럼 속도가 어느 임계 속도까지는 마모량이 (증가, 감소)하다가 그 이상의 고속에서는 (증가, 감소)한다.

정답

(1) 증 가

(2) 증가, 감소

79 다음 그림은 어느 기계적 시험기를 나타낸 것이다. 시험기의 명칭은 무엇인가?

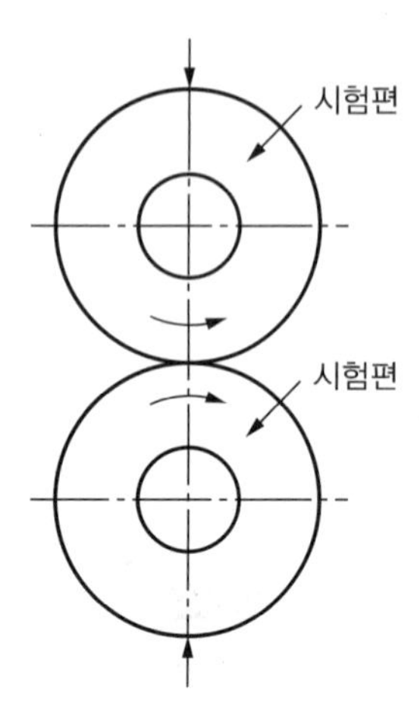

마멸시험기

80 2개 이상의 물체가 접촉하면서 상대 운동을 할 때 그 면이 감소(또는 소모)되는 현상을 측정하기 위한 시험의 이름은 무엇인가?

정답

마멸시험기

81 다음과 같이 2개 이상의 물체가 접촉하여 상대운동을 할 때 그 면이 감소하는 현상을 파악하여 재료의 강도, 즉 내마멸성을 알아보기 위한 시험은 무엇인지 쓰시오.

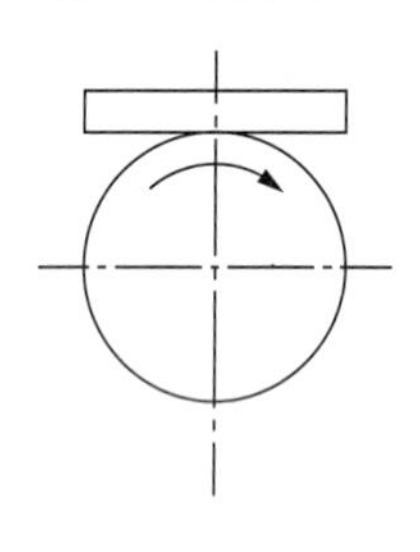

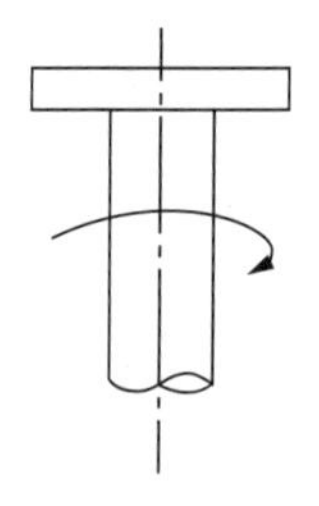

정답

마멸시험기

82 비틀림시험의 목적을 쓰시오.

정답

비틀림에 대한 저항력을 전단 저항력으로 구하는 시험

83 금속재료의 한쪽 끝에 고정시키고 다른 끝을 비틀어 토크(Torque)에 대한 저항력과 비틀림각의 곡선을 만들어서 사용하며 시험편에 비틀림 모멘트(Moment)를 가하여서 토션(Torsion)에 대한 저항력을 전단저항으로 구하는 시험은 무엇인가?

정답

비틀림시험

84 압축시험과 비틀림시험을 통해 얻을 수 있는 값들을 3가지씩 쓰시오.

(1) 압축시험 :

(2) 비틀림시험 :

정답

(1) 압축강도, 비례한도, 항복점, 탄성계수

(2) 강성계수, 비틀림강도, 비틀림모멘트

5 비파괴시험

01 비파괴시험에 대한 다음 물음에 답하시오.

(1) 철강재를 비롯한 강자성체의 표면에 자성 분말을 살포하여 표면부의 결함을 검출하는 비파괴시험법은 무엇인지 쓰시오.

(2) 초음파 신호를 시험체에 직접 입사시켜 시험체 내의 이상조직이나 결함 등과의 상호작용에 의해 반사된 파를 수신하여 재료에 대한 정보를 얻는 비파괴시험법은 무엇인지 쓰시오.

(3) 지진의 계측과 같이 시험체에 하중을 가할 때 미끄럼 변형, 쌍정 변형 등 재료의 미세한 파괴에 의해 발생하는 탄성파를 검출하여 재료의 결함 등을 평가하는 비파괴시험법은 무엇인지 쓰시오.

정답

(1) 자기비파괴검사

(2) 초음파비파괴검사

(3) 음향방출검사

02 금속재료시험편의 결함을 검사하는 데 적합한 비파괴시험방법의 종류 3가지를 쓰시오.

정답

초음파탐상법(UT), 방사선탐상법(RT), 자기탐상법(MT), 침투탐상법(PT)

03 침투탐상법의 원리를 순서대로 나열하시오.

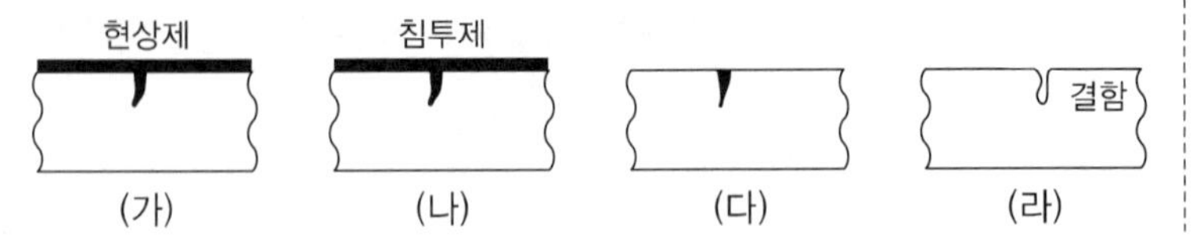

정답

(라) → (나) → (가) → (다)

04 침투탐상시험방법에 대한 VC-S의 순서를 쓰시오.

정답

전처리 – 침투처리 – 제거처리 – 현상처리 – 관찰

05 침투탐상에 대한 다음 물음에 답하시오.

(1) 사용하는 침투액에 따른 분류 중 염색침투액을 사용하는 방법을 기호로 쓰시오.

(2) 잉여침투액의 제거방법에 따른 분류 중 수세에 의한 방법을 기호로 쓰시오.

(3) 현상방법에 따른 분류 중 건식현상제를 사용하는 방법을 기호로 쓰시오.

정답

(1) V

(2) A

(3) D

06 다음 그림은 어떠한 시험장치를 나타내는가?

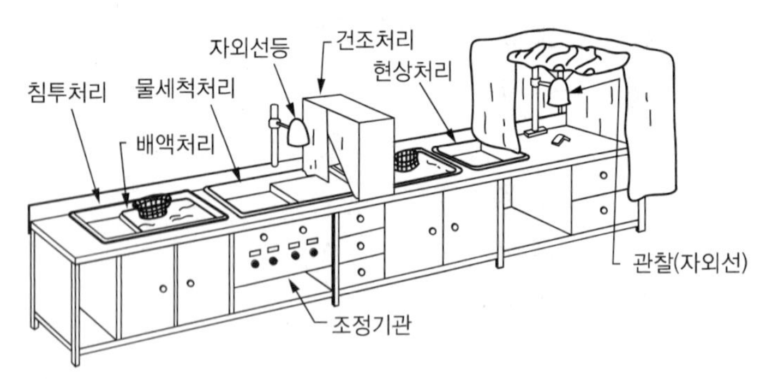

정답

침투탐상검사

07 강자성체를 자장에 놓고 자분을 사용하여 누설자속으로 결함을 발견하는 검사방법을 쓰시오.

정답 자기비파괴검사

08 강재를 자화시키고 결함부에 철분을 흡입, 부착시켜 결함 위치와 종류를 알아내는 재료검사법은 무엇인가?

정답 자분탐상법(MT)

09 다음 그림은 어떤 시험법을 설명하는 것인가?

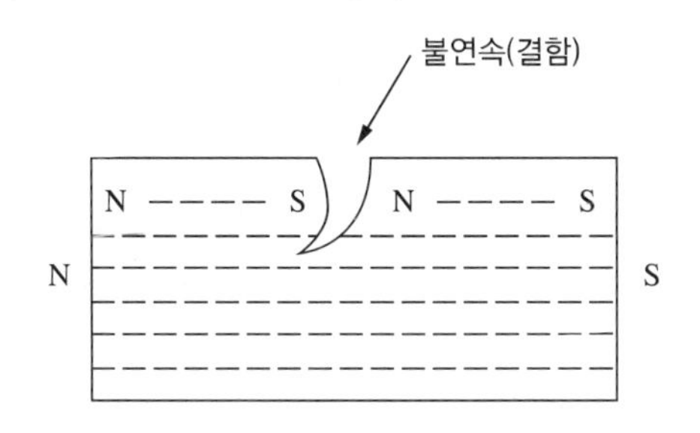

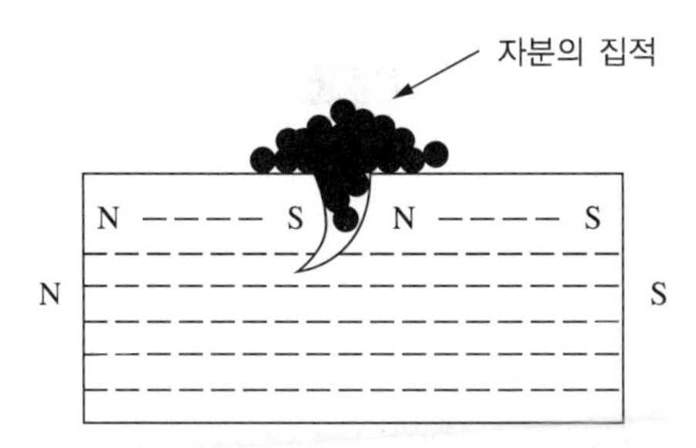

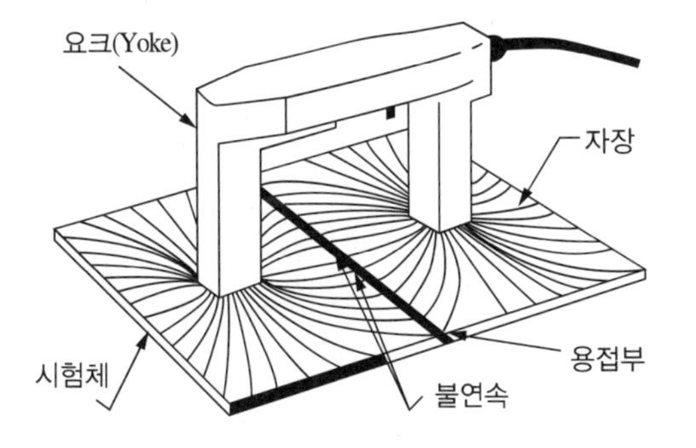

정답 자분탐상검사

10 금속재료에서 히스테리시스란 무엇인가?

정답

가해진 자기장의 변화에 대해 비선형적으로 자화가 진행되는 현상이다. 자기유도는 자기장과 선형 관계식을 가지나, 실제로 강자성 물질을 자기장 내에 두었을 때는 선형적으로 반응하지 않는다. 이러한 자기장과 자기유도의 관계를 그림으로 나타낸 것을 자기이력곡선이라 한다. 외부 자기장을 증가시키면 자기유도가 증가하다가 더 이상 증가하지 않는 한계점인 포화점에 이른다. 이로부터 자기장을 감소시키면 자기유도도 감소하나 외부 자기장이 0이 되어도 자기유도가 남아 있게 되는데 이를 잔류자기라고 한다. 잔류자기를 없애기 위해 요구되는 반대 방향의 자기장을 항자기력이라고 한다. 자기장을 항자기력보다 더 증가시키면 자기유도는 음의 포화점에 도달하게 된다.

11 다음 그림은 자분탐상시험 중 어떤 방법인가?

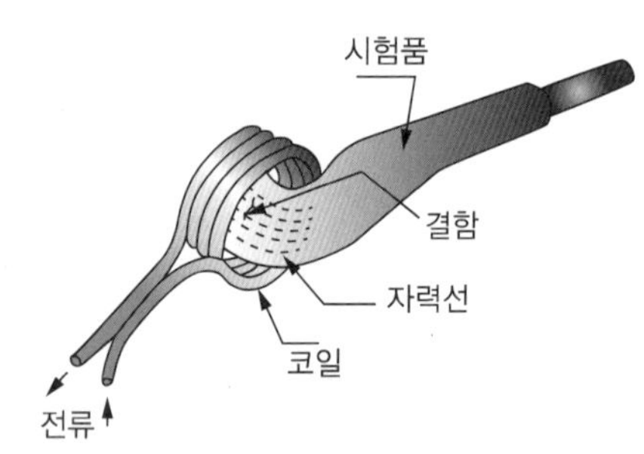

정답

코일법

12 다음 그림은 자기탐상검사의 자화방법을 나타낸 것이다. (A)~(C)의 자화방법 명칭을 쓰시오.

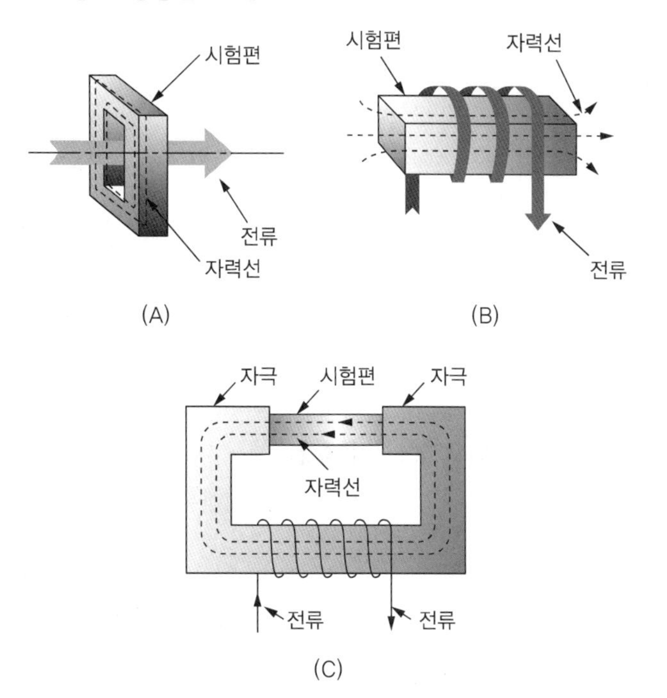

정답
(A) 전류관통법
(B) 코일법
(C) 요크법(극간법)

13 다음 그림은 재료를 자화했을 때 표면 부근의 결함에 의해 자속선이 변형되어 나타낸 면을 표시한 것이다. 어떠한 결함 검사법인가?

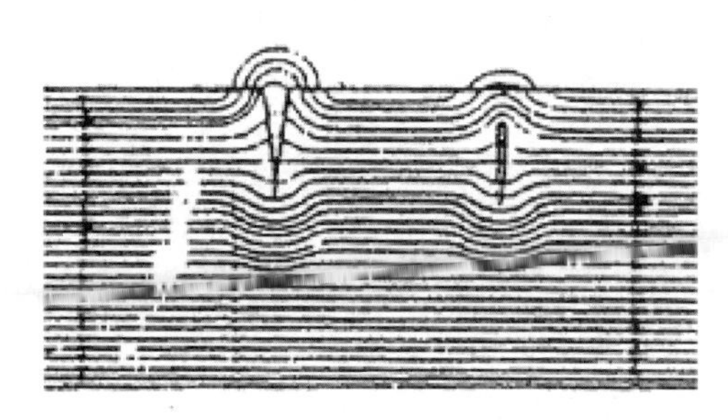

정답
자분탐상법

14 다음은 자분탐상시험에 이용되는 시험편이다. KS A 시험편의 표준시험편 ①, ②에 치수를 기입하시오.

(단위 : mm)

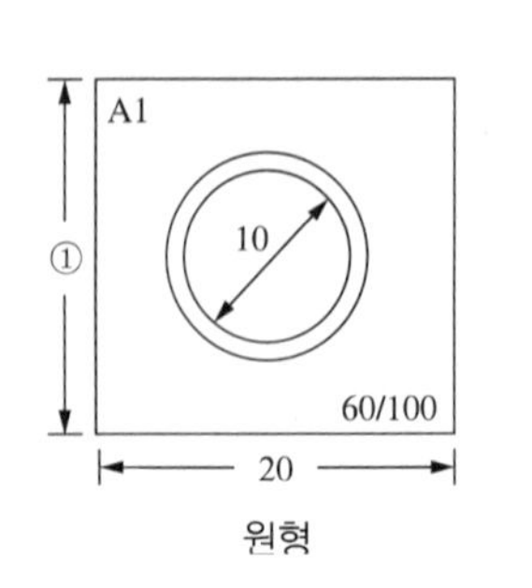

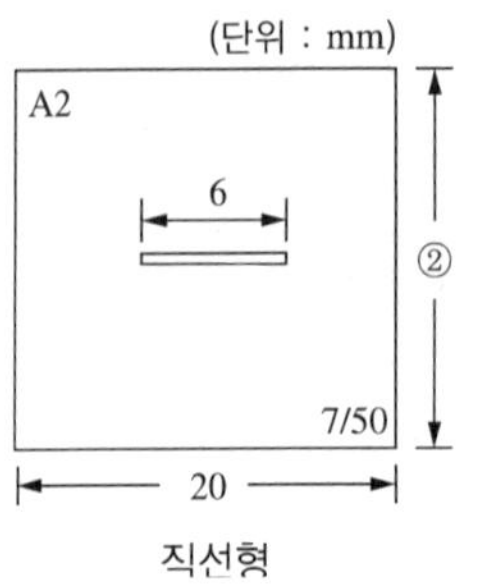

정답

①, ② 각각 20mm

15 자기(자분)탐상비파괴검사에서 피검사체에 원형자화를 일으키는 자화방법 3가지를 쓰시오.

정답

축통전법, 직각통전법, 전류관통법, 프로드법

16 자분탐상시험에서 각 시험에 대한 기호를 쓰시오.

자화방법	부호(기호)	비 고
축통전법	①	시험체의 축방향으로 직접 전류를 흐르게 한다.
직각통전법	②	시험체의 축에 대하여 직각방향으로 직접 전류를 흐르게 한다.
프로드법	③	시험체의 국부에 2개의 전극을 대어서 전류를 흐르게 한다.
전류관통법	④	시험체의 구멍 등에 통과시킨 도체에 전류를 흐르게 한다.
코일법	⑤	시험체를 코일 속에 넣어 코일에 전류를 흐르게 한다.
극간법	⑥	시험체 또는 시험할 부위를 전자석 또는 영구자석의 자극 사이에 놓는다.
자속관통법	⑦	시험체의 구멍 등에 통과시킨 자성체에 교류자속을 가함으로써 시험체에 유도전류를 흐르게 한다.

정답

① EA
② ER
③ P
④ B
⑤ C
⑥ M
⑦ I

17 자분탐상시험에서 의사지시모양의 종류를 3가지만 쓰시오.

정답

자기펜흔적, 전류지시, 표면거칠기지시, 재질경계지시

18 **다음은 자분탐상검사의 개략적인 작업의 순서도를 나타낸 것이다. 물음에 답하시오.**

1. 작업 준비를 한다. 2. 전처리를 한다. 3. (A) 4. 시험체에 자분을 살포한다. 5. 시험체에 나타난 자분모양지시를 관찰한다. 6. 시험체의 자분모양지시를 분류한다. 7. (B) 8. 후처리를 한다.

(1) (A)에 적합한 작업과정을 쓰시오.

(2) (B)에 적합한 작업과정을 쓰시오.

정답

(1) 자화를 개시한다.

(2) 탈자작업을 한다.

19 **강자성체에 작용시킨 자장의 세기 H와 자성체의 자속밀도 B와의 관계를 나타낸 곡선을 무엇이라 하는가?**

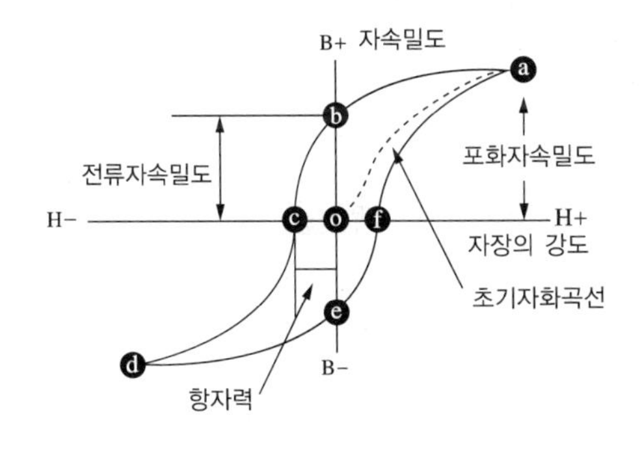

정답

자기이력손실(자화곡선, 히스테리시스 루프)

20 다음 그림과 같이 검사 대상물의 한쪽 발진장치에서 연속적으로 초음파를 보내고, 반대쪽 수신장치에서 신호를 받아서 결함의 위치와 크기를 측정하는 초음파탐상법을 무엇이라 하는가?

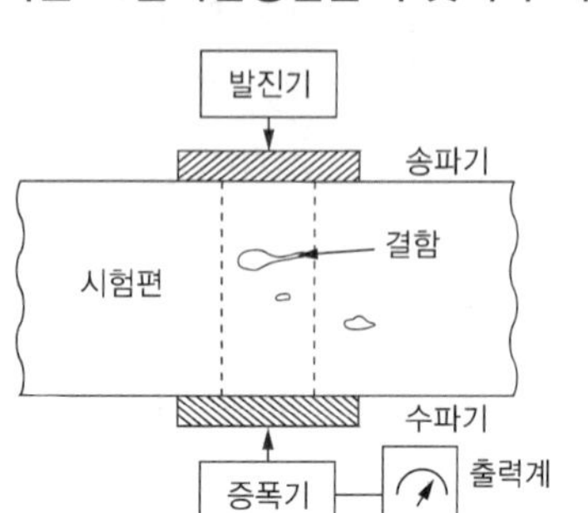

정답 투과법

21 비파괴검사법 중에서 투과법, 펄스반사법, 공진법 등이 있는 비파괴검사법은 무엇인가?

정답 초음파비파괴검사

22 다음은 수직탐상법의 원리도이다. 왼쪽 그림의 결함 ⓑ는 오른쪽의 초음파 표시 화면의 어느 부분인가?

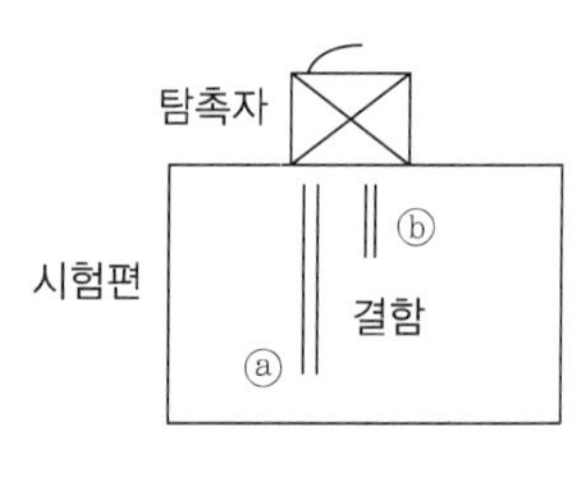

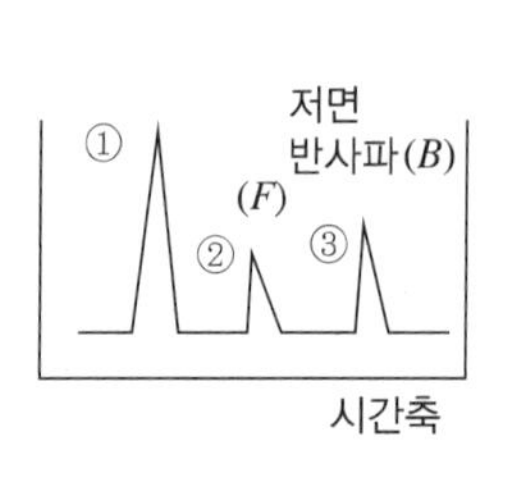

정답 ②

23 다음 그림은 초음파검사에 사용되는 경사각 탐촉자의 구조이다. (　　)의 부품명을 쓰시오.

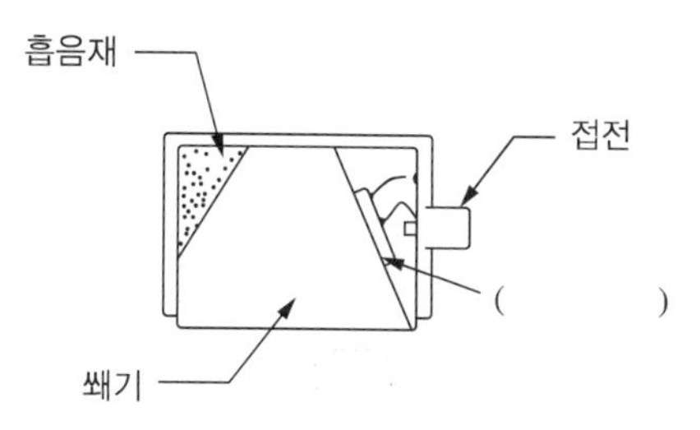

정답

탐촉자(진동자)

24 초음파탐상법에서 시험편의 내부에 진행되는 파형의 종류 4가지를 쓰시오.

종파, 횡파, 표면파, 판파

25 다음 그림은 비파괴시험으로 시편의 내부결함을 찾는 시험기이다. 비파괴시험방법의 명칭을 쓰시오.

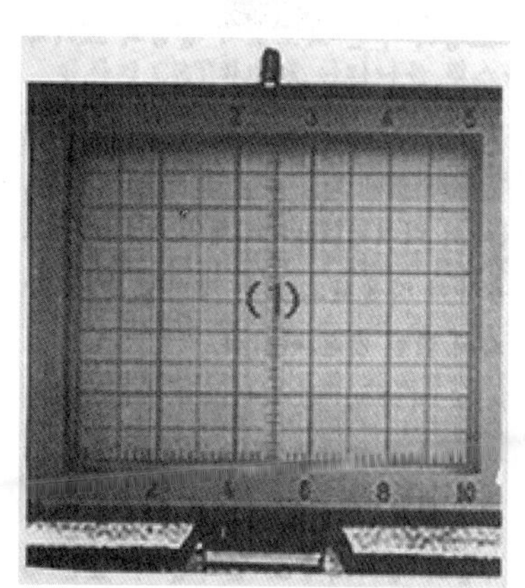

정답

초음파탐상법(UT)

26 압연 재료의 판면에 평행하게 나타난 래미네이션(Lamination)과 같은 결함을 검출하기에 가장 적절한 비파괴검사법은?

정답

초음파탐상법(UT)

27 초음파탐상법은 금속 내부의 결함을 탐상하는 데 가장 많이 활용된다. 이 검사법의 원리 3가지를 쓰시오.

정답
펄스반사법, 투과법, 공진법

28 다음 그림은 초음파탐상장치의 오실로그래프에 나타난 신호(Echo)를 표시한 것이다. (b)에 나타난 반사파는?

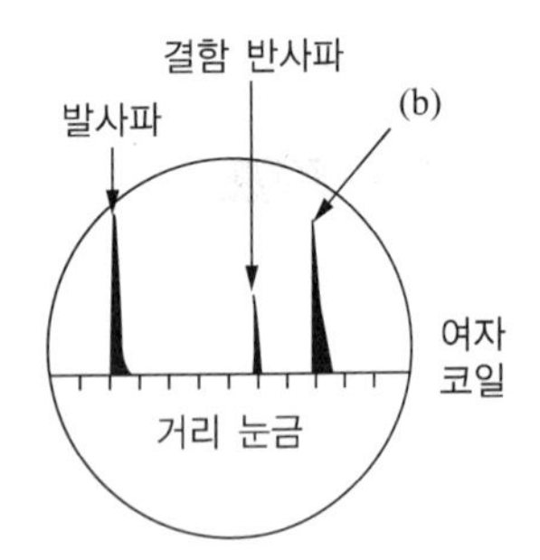

정답
저면 반사파

29 초음파탐상기 장비의 명칭 혹은 용어와 관계있는 것을 찾아 쓰시오.

탐촉자, 산란, 분해능, 댐핑, 에코, 표준시험편

(1) 진동자 위에서 발생하는 진동을 흡수하기 위해 흡음 재료를 부착하여 불필요한 진동을 흡수하는 것

(2) 탐상기 본체의 송신부로부터 송신한 전기 신호를 초음파펄스로 변환하고, 또 초음파펄스로 수신하면 전기 신호로 변환하여 보내는 역할을 하는 것

(3) 초음파의 작은 반사체에 부딪혀 난반사가 되는 것

정답
(1) 댐 핑
(2) 탐촉자
(3) 산 란

30 초음파탐상시험에 나타나는 각각의 용어를 정의하시오.

(1) 탐촉자 :

(2) 분해능 :

(3) 산란 :

(4) 댐핑 :

(5) 표준시험편 :

(6) 에코 :

정답

(1) 초음파 송신 · 수신 또는 양자의 역할을 하는 것으로 진동자를 케이스 등에 넣고 취급에 편리하도록 한 것
(2) 탐촉자 내에서의 거리 또는 방향이 다른 근접한 두 개의 흠집을 표시기 위에서 두 개의 에코로서 식별할 수 있는 능력. 근거리, 원거리, 방위 분해능 등이 있음
(3) 파동이나 입자선이 물체와 충돌, 여러 방향으로 흩어지는 현상. 충돌 전후에 운동 에너지의 변화가 없는 탄성 산란과 변화가 있는 비탄성 산란이 있음
(4) • 탐촉자에서 댐퍼에 의해 불필요한 진동이 흡수되는 현상
    • 전기적 또는 기계적으로 연속하는 사이클 진폭을 감소시켜 펄스 압력을 받는 탐촉자로부터 신호의 지속을 제한하는 것
(5) 재질, 모양, 치수가 규정되어 초음파적으로 검정된 시험편. 탐상기의 성능 시험 또는 감도 조정 등에 사용. KS B 0831에는 5종류가 규정. STB
(6) 시험체 흠집, 바닥면, 경계면 등에서 반사되어 수신된 펄스 및 그것이 탐상기의 표시기에 나타낸 지시

31 초음파탐상검사에서 측정 범위의 조정, 탐상감도 조정 등 초음파탐상장비의 점검을 위해 사용되는 표준시험편 2가지를 쓰시오.

정답

STB-A1, STB-A2

32 초음파탐상검사에서 초음파가 파동으로서 갖는 성질을 3가지만 쓰시오.

정답

지향성, 직진성, 동일 매질에서의 일정한 속도, 온도변화에 대한 속도 일정, 굴절, 반사, 회절

33 초음파 종류에 대한 다음 물음에 답하시오.

(1) 탐상면에 대해 초음파의 진행 방향이 수직으로 진동하는 파의 종류를 쓰시오.

(2) 입자의 진동 방향이 파를 전달하는 입자의 진행 방향과 일치하는 파를 말하며, 초음파탐상시험에 있어 수직탐상 및 두께 측정에 이용되는 파의 종류를 쓰시오.

(3) 표면으로부터 1파장 깊이 정도의 매우 얇은 층에 에너지의 대부분이 집중되어 있고, 표면 부근의 입자는 종진동과 횡진동의 혼합된 거동을 나타내는 파의 종류를 쓰시오.

정답

(1) 횡 파

(2) 종 파

(3) 표면파

34 다음은 초음파탐상법에 사용되는 측정 장비 중의 일부분으로, 시료 표면에 접촉하여 초음파를 발생시키고 반사된 초음파를 받아 CRT 화면에 나타낼 수 있게 하는 것으로 이 기기의 명칭을 쓰시오.

탐촉자

35 다음 시험기는 어떤 시험장치의 원리인가?

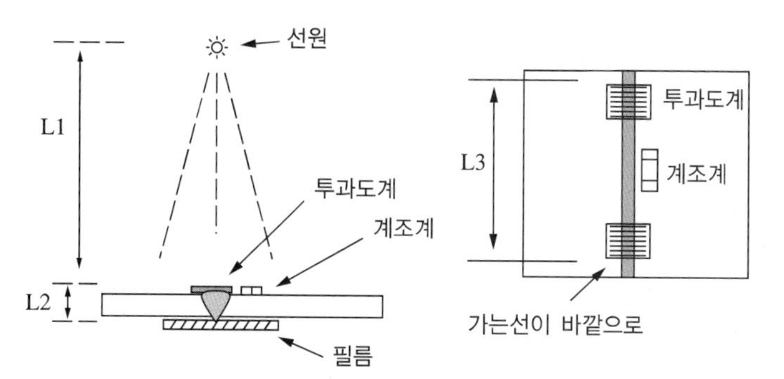

정답
방사선 탐상기

36 다음 시험기는 어떤 시험기의 구조를 나타낸 것인가?

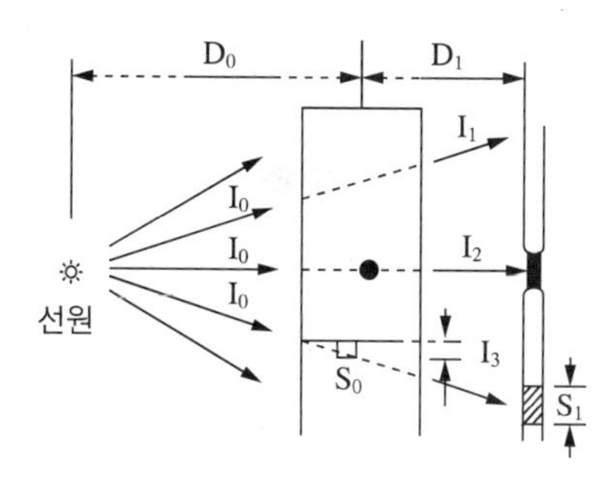

정답
방사선 탐상기

37 다음 시험기는 어떤 시험기의 구조를 나타낸 것인가?

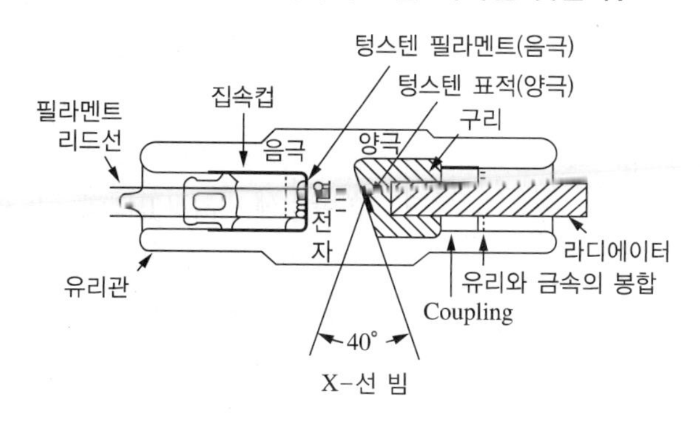

정답
X-선 방사선시험기

38 그림과 같은 시험기는 무엇을 하기 위한 시험기인가?

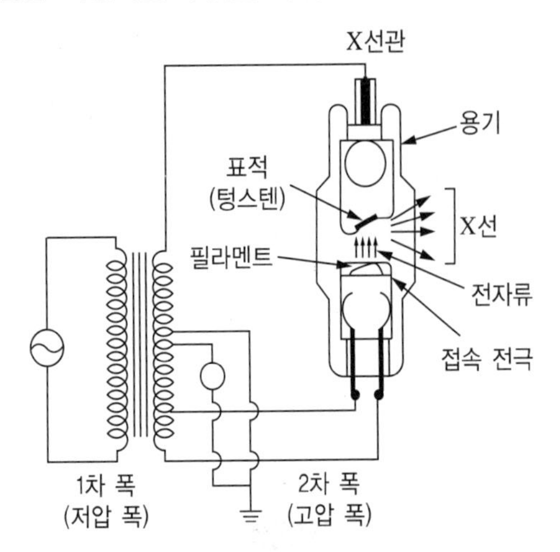

정답»

방사선투과시험기(X-선법)

39 방사선 물질을 투과할 때 물질의 원자핵 주위의 궤도전자와 부딪쳐 상호작용을 한다. 이때 상호작용에는 어떤 것이 있는지 3가지만 쓰시오.

정답»

- 광전효과(Photoelectric Effect) : 자유전자의 결합력보다 큰 X선의 광양자가 물질에 입사하여 자유전자와 충돌할 경우, 궤도 바깥으로 떨어져 나가며 광양자의 에너지가 원자에 흡수하는 효과
- 톰슨산란(Thomson Scattering) : 파장의 변화 없이 X선이 물질에 입사한 방향을 바꾸어 산란하는 효과이며, 탄성산란이라고도 함
- 콤프턴산란(Compton Scattering) : X선을 물질에 입사하였을 때 최외각 전자에 의해 광양자가 산란하여, 산란 후의 X선 광양자의 에너지가 감소하는 현상
- 전자쌍 생성(Pair Production) : 아주 높은 에너지의 광양자가 원자핵 근처의 강한 전장(Coulomb 장)을 통과할 때, 음전자와 양전자가 생성되는 현상

40 방사선시험에 사용되는 투과도계와 계조계의 용도 각각 1가지씩 서술하시오.

정답

- 투과도계 용도 : 방사선 사진으로부터 내부 결함을 판별하는 데 사용
- 계조계 용도 : 사진의 농도차 결정 및 측정

41 방사선투과의 비파괴시험에 사용되는 기기로서 계조계의 역할은 무엇인가?

정답

X-선 사진의 농도차를 결정하는 기기로서 Ⅰ형, Ⅱ형이 있다.

42 RT 시험에서 사용하는 계조계의 역할과 흐림 현상을 기술하시오.

정답

- 계조계의 역할 : 투과사진 상질을 평가하기 위한 게이지. 투과사진 콘트라스트를 구하기 위하여 사용하는 두께를 2단 또는 3단으로 변화시킨 블록. 1~4mm의 각 두께의 블록인 것도 있다.
- 흐림(Fog) 현상 : 증감지와 필름이 밀착되지 않거나, 필름의 입상이 너무 클 때, 암실 내에 빛이 스며들 때, 암등에 의한 과노출이 있을 때, 필름이 방사선에 노출된 경우 및 필름이 열, 습기 등에 노출된 경우, 파잉 현상, 현상액이 오염될 때 필름에 나타나는 현상으로 결함과는 다르다.

43 X-선 투과에 의한 비파괴시험에서 방사선 차폐로 가장 적합한 것은?

정답

납(Pb), 철근, 콘크리트 등

44 방사선 투과사진을 촬영하여 규정된 사진 농도 범위의 투과사진을 얻으려면 노출량을 정확하게 해야 한다. 노출인자(E)를 구하는 식을 쓰시오(단, I는 관 전류[mA] 또는 감마선원의 강도[Bq], t는 노출시간[s], d는 선원·필름 사이의 거리[m]이다).

정답

노출인자$(E) = \frac{I_1 \times t_1}{d_1^2} = \frac{I_2 \times t_2}{d_2^2}$

45 방사선투과검사에서 사용되는 방사선의 선량당량의 단위를 쓰고, 방사성 물질의 유무나 레벨 또는 조사선량율을 측정하는 휴대형 방사선 측정기를 1가지만 쓰시오.

정답

- 선량당량의 단위 : R(Rem)
- 휴대형 방사선 측정기 : 포켓도시미터, 서베이미터

46 다음은 방사선투과검사에 사용되는 방사성 동위원소를 나타낸 것으로 반감기가 가장 긴 것부터 짧은 순서로 쓰시오.

Tm, Cs, Co, Ir

정답

Cs(30년) > Co(5.27년) > Tm(127일) > Ir(74.4일)

47 강재의 내부 결함에 대한 X-선 투과시험에서 기포, 수축구멍, 편석 등이 혼입된 부분은 X-선 사진에 진한 검은색으로 나타난다. 그 이유는 무엇인가?

정답

감광도가 큰 영향으로 X-선의 흡수가 적어져 검은색으로 나타난다.

48 X-선 회절시험에서 브래그 법칙 $n\lambda = 2d\sin\theta$ 중 d가 의미하는 것은 무엇인가?

정답

d = 원자면 간격

49 방사선 비파괴검사에서 필름의 감도를 높이기 위해 사용되는 증감지(스크린)의 종류를 3가지 쓰시오.

정답

연박 증감지, 산화납 증감지, 금 증감지, 구리 증감지, 혼합 증감지, 형광 증감지

50 와전류탐상시험에서 사용되는 코일의 종류를 시험체에 대한 적용 방법에 따라 분류할 때 분류방법을 3가지 쓰시오.

정답
평면형 코일, 관통형 코일, 내삽형 코일

51 재료에 가해지는 외부의 충격 또는 압력 등의 에너지에 의하여 재료가 변형될 때 발생하는 음파(탄성파)를 모아서 정형화하고 분석하여 재료 어느 부분에 어떤 결함이 진행되는지 확인하는 검사방법은?

정답
음향방출비파괴검사

52 와류탐상시험은 단순한 형상의 시험체 검사에 적합하다. 이와 같은 시험에 이용되는 시험 코일 3종류를 쓰시오.

정답
관통코일, 내삽코일, 표면코일

Win-

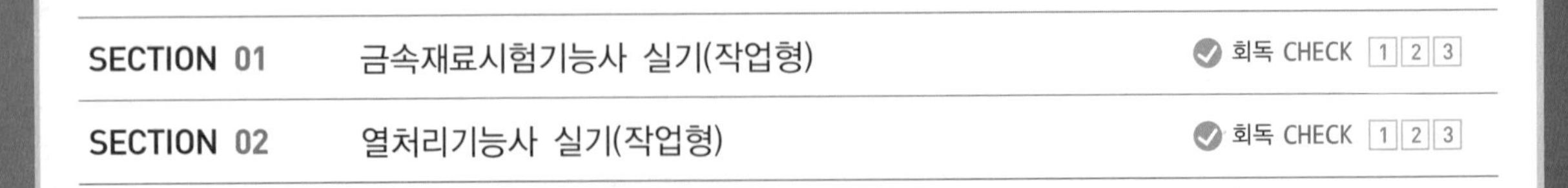

CHAPTER 02

작업형

SECTION 01 금속재료시험기능사 실기(작업형)

KEYWORD 본 편에서는 금속재료시험기능사 작업형에 대하여 설명하며, 그 종류로는 불꽃시험, 경도시험, 충격시험, 조직시험이 해당된다. 기존 이론과 더불어 해당 시험기의 작동 방법에 대해 알아보고 불꽃시험의 방법, 종류, 불꽃의 유형을 사진 및 동영상으로 확인하고, 조직시험 후 관찰하는 법에 대해 설명한다.

[01] 금속재료시험 작업형 개요

(1) 불꽃시험

시험 보기에서의 4종류 시험편을 받은 후 그라인더 불꽃시험법을 이용하여 각각의 강종을 판별한다.

(2) 브리넬시험

시험 보기에서의 4종류 시험편 중 한 가지 시험편을 받은 후 임의의 3곳을 측정하여 평균치를 이용하여 경도값을 측정한다.

(3) 충격시험

시험 보기에서의 4종류 시험편 중 한 가지 시험편을 받은 후 샤르피 충격시험기를 이용하여 충격에너지 및 충격치를 계산한다.

(4) 조직시험

시험 보기에서의 4종류 시험편 중 한 가지 시험편을 받은 후 연마 → 부식 → 현미경 관찰 순으로 강종을 판별한다.

(a) 불꽃 시편 (b) 브리넬 경도 시편 (c) 충격 시편 (d) 조직 시편

[금속재료시험 시험편]

※ 시험 순서는 감독관의 지시에 따르며 다음의 사항을 반드시 숙지한 후 시험에 응한다.

- 기입 내용은 반드시 흑색 또는 청색 필기구를 사용하며, 한 가지 색으로만 작성해야 한다. 또한 연필류, 굵은 사인펜 등은 사용하지 않는다.
- 지급받은 각 시험편의 고유번호와 불꽃시험 및 조직시험편의 재질명 정정은 불가하므로 반드시 확실하다고 판단할 때 작성하고 수정하지 않는다.
- 브리넬 경도시험 및 샤르피 충격시험의 경우 기입 내용을 정정할 수 있으나, 반드시 시험위원의 확인을 받아야 한다(비번호, 시험편 번호는 정정 불가).
- 장비 조작 시 장비 조작 미숙으로 인한 장비 파손 시에는 퇴장된다.
- 측정값은 소수점 이하 둘째 자리에서 반올림하는 것이 기본이나, 시험 시 배부되는 유의사항에 적힌 대로 측정한다. 단위는 무조건 작성하며 이미 나와 있는 단위라면 생략해도 좋다.
- 불꽃시험 및 조직시험 시 KS 규격을 적용하여도 상관은 없으나 보기에 나와 있는 강종명을 작성할 수 있도록 한다.

[02] 불꽃시험

(1) 불꽃시험 개요

① 강철의 불꽃시험 방법은 KS D 0218에 규정되어 있으며, 강을 그라인더로 연삭할 때 발생하는 불꽃의 색과 모양에 따라 탄소량과 특수 원소를 판별할 수 있어 강의 종류를 간편하게 판정할 수 있다. 시험편은 지름 15~20mm, 길이 100~150mm의 크기로 여러 종류의 봉강으로 만든다.

② 불꽃의 유선 모양은 세 부분으로 구분하여 판별하며, 뿌리 부분은 C나 Ni 함유량이 미량 나타나며, 중앙 부분은 유선의 밝기, 불꽃의 모양에 따라 Ni, Cr, Al, Mn, Si, V 등이 판별된다. 끝 부분은 꼬리 불꽃의 변화에 따라 Mn, Mo, W 등의 원소를 판별할 수 있다. 불꽃의 색깔은 보면 밝을수록 탄소량이 많고, 눌림의 느낌 강도에 따라 특수 원소의 함량을 느낄 수 있다.

(2) 불꽃시험 방법

① 시험기

㉠ 대부분 그라인더 불꽃시험법으로 시험하며, 다음 그림은 그라인더 불꽃시험기를 나타내고 있다. 그라인더는 전동형, 압축 공기형이 있으며, 관찰하는데 충분한 불꽃을 방출시킬 능력을 가지고 있어야 하며, 연삭 및 관찰을 안전하게 할 수 있는 것이어야 한다.

㉡ 숫돌은 KS L 6501(비트리파이드 연삭 숫돌)에 규정하는 입도 36 또는 46, 결합도 P, M 또는 Q 정도의 숫돌을 써, 20m/s 이상의 원주 속도로 사용하는 것을 표준으로 한다.

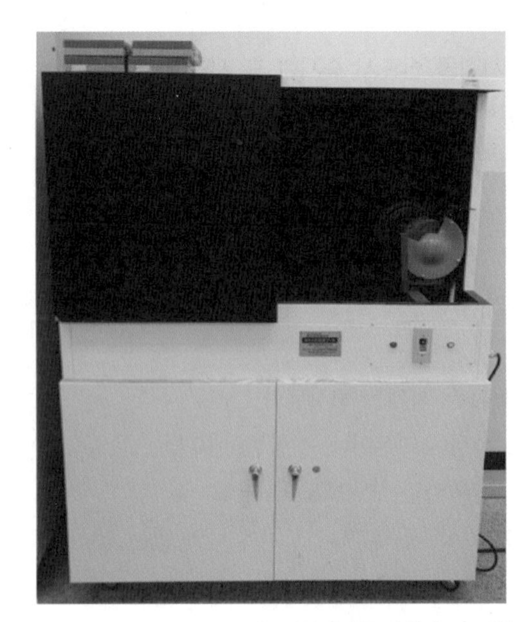

[그라인더 불꽃시험기 및 시험편 잡는 모습]

② 시험편

㉠ 시험편의 형상은 봉강이며, 연필을 쥐듯 잡은 후 그라인더 위 지지대에 손바닥을 받쳐 시험편이 회전 속도에 의해 떨어지지 않도록 한다.

㉡ 표준 시료는 탈탄층, 침탄층, 질화층, 가스절단층 및 스케일 등을 제거하고, 그 강종을 대표하는 것으로 사용하여야 한다.

③ 불꽃의 관찰

불꽃을 관찰할 때에는 뿌리, 중앙, 앞 끝의 각 부분에 걸쳐 유선, 파열의 특징에 대하여 잘 파악해 두고, 비슷한 불꽃의 경우 탐상 시에 들려오는 강종의 연삭 소리를 듣고 판단할 수 있도록 한다.

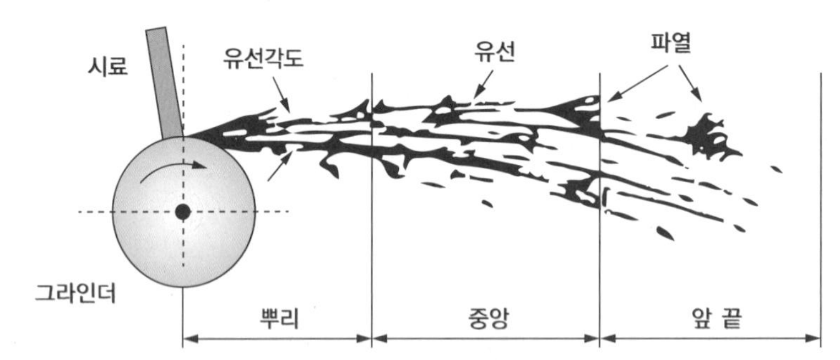

※ 뿌리 : 유선의 각도, 중앙 : 유선의 흐름, 앞 끝 : 불꽃의 파열

[불꽃의 유선 모양 구분]

④ 시험 통칙

㉠ 시험은 항상 동일한 기구를 사용하고 동일 조건으로 하여야 한다.

㉡ 시험은 원칙적으로 적당히 어두운 실내에서 한다. 여의치 않을 경우 배경의 밝기가 불꽃의 색 또는 밝기에 영향을 주지 않도록 조절해야 한다.

㉢ 시험할 때에는 바람의 영향을 피하여야 하고, 특히 바람 방향으로 불꽃을 방출시켜서는 안 된다.

㉣ 시험품의 연삭은 모재의 화학성분을 대표하는 불꽃을 일으키는 부분에 하여야 한다. 강재의 표면 탈탄층, 침탄층, 질화층, 가스 절단층, 스케일 등은 모재와 다른 불꽃을 일으키므로 피해야 한다.

㉤ 시험품을 그라인더에 누르는 압력 또는 그라인더를 시험품에 누르는 압력은 될 수 있는 한 같도록 하며, 0.2%C 탄소강의 불꽃 길이가 500mm 정도 되도록 하는 압력을 표준으로 한다.

㉥ 불꽃은 수평 또는 경사진 윗 방향으로 날리고 관찰은 원칙적으로 견송식 또는 방견식으로 한다.

- 견송식 : 전방에 불꽃을 날리고 유선의 후방에서 불꽃을 관찰하는 방법이다.
- 방견식 : 유선을 옆에서 관찰하는 방법이다.

⑤ 불꽃시험 시 유의사항

㉠ 그라인더에 연마 도중 시험편을 놓치지 않는다.

㉡ 보안경을 반드시 착용한 후 실시한다.

㉢ 숫돌의 이상 여부를 정기적으로 점검한다.

㉣ 불꽃시험 시 누르는 압력을 일정하게 한다.

㉤ 그라인더를 시험 가동 후 시험을 실시한다.

㉥ 시험 시 숫돌의 옆면에 서서 작업한다.

(3) 금속별 불꽃시험 특징

다음의 강종 별 불꽃시험의 모식도와 사진, 동영상을 확인하고 많은 연습을 하여 실습을 준비하도록 한다. 특히, 비슷한 불꽃모양의 경우 탐상 시에 들려오는 강종의 연삭 소리를 듣고 판단할 수 있도록 한다.

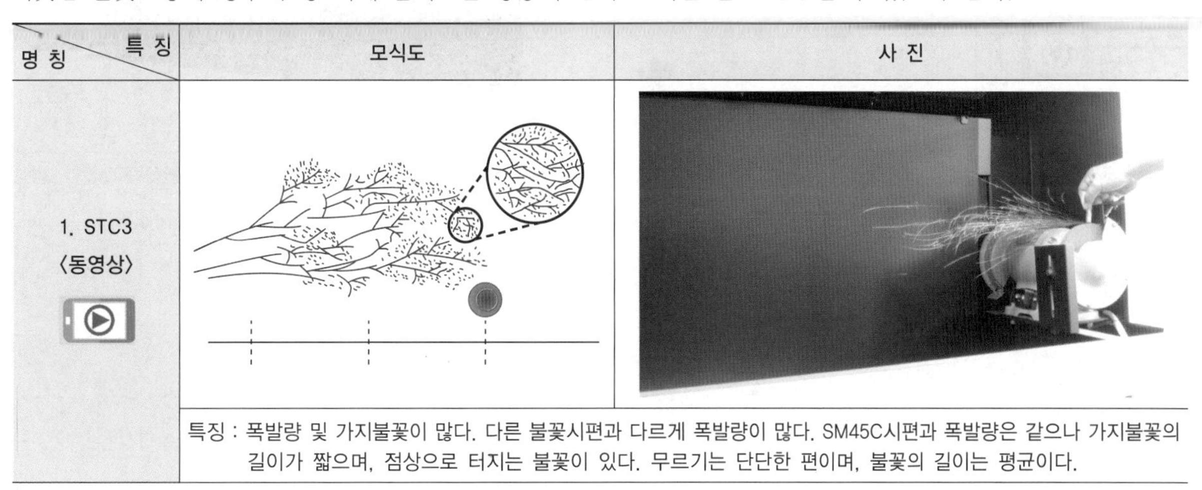

특징 / 명칭	모식도	사진
1. STC3 〈동영상〉		
	특징 : 폭발량 및 가지불꽃이 많다. 다른 불꽃시편과 다르게 폭발량이 많다. SM45C시편과 폭발량은 같으나 가지불꽃의 길이가 짧으며, 점상으로 터지는 불꽃이 있다. 무르기는 단단한 편이며, 불꽃의 길이는 평균이다.	

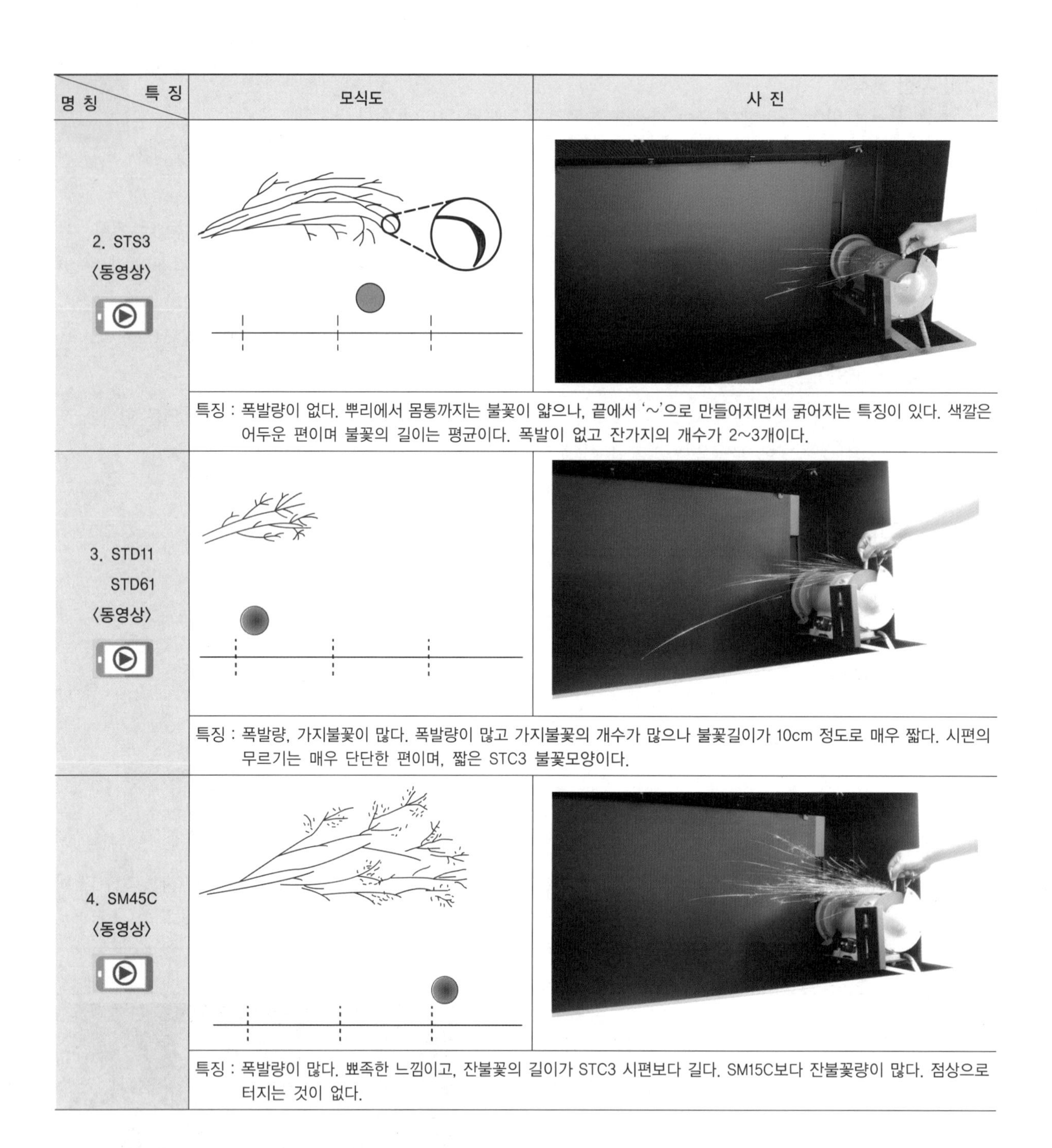

특 징 / 명 칭	모식도	사 진
2. STS3 〈동영상〉		
	특징 : 폭발량이 없다. 뿌리에서 몸통까지는 불꽃이 얇으나, 끝에서 '~'으로 만들어지면서 굵어지는 특징이 있다. 색깔은 어두운 편이며 불꽃의 길이는 평균이다. 폭발이 없고 잔가지의 개수가 2~3개이다.	
3. STD11 STD61 〈동영상〉		
	특징 : 폭발량, 가지불꽃이 많다. 폭발량이 많고 가지불꽃의 개수가 많으나 불꽃길이가 10cm 정도로 매우 짧다. 시편의 무르기는 매우 단단한 편이며, 짧은 STC3 불꽃모양이다.	
4. SM45C 〈동영상〉		
	특징 : 폭발량이 많다. 뾰족한 느낌이고, 잔불꽃의 길이가 STC3 시편보다 길다. SM15C보다 잔불꽃량이 많다. 점상으로 터지는 것이 없다.	

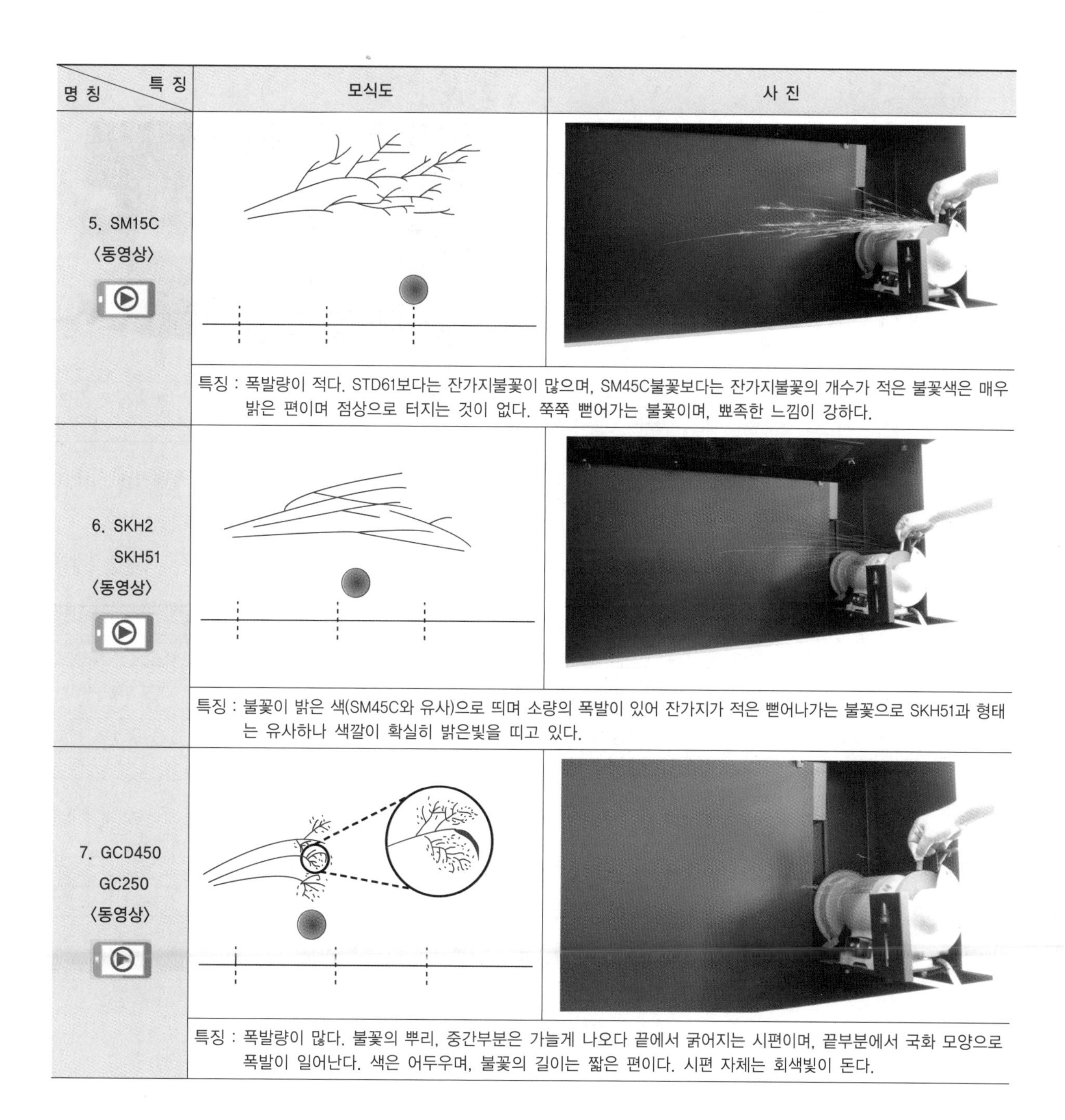

명 칭 \ 특 징	모식도	사 진
5. SM15C 〈동영상〉		
	특징 : 폭발량이 적다. STD61보다는 잔가지불꽃이 많으며, SM45C불꽃보다는 잔가지불꽃의 개수가 적은 불꽃색은 매우 밝은 편이며 점상으로 터지는 것이 없다. 쭉쭉 뻗어가는 불꽃이며, 뾰족한 느낌이 강하다.	
6. SKH2 SKH51 〈동영상〉		
	특징 : 불꽃이 밝은 색(SM45C와 유사)으로 띄며 소량의 폭발이 있어 잔가지가 적은 뻗어나가는 불꽃으로 SKH51과 형태는 유사하나 색깔이 확실히 밝은빛을 띠고 있다.	
7. GCD450 GC250 〈동영상〉		
	특징 : 폭발량이 많다. 불꽃의 뿌리, 중간부분은 가늘게 나오다 끝에서 굵어지는 시편이며, 끝부분에서 국화 모양으로 폭발이 일어난다. 색은 어두우며, 불꽃의 길이는 짧은 편이다. 시편 자체는 회색빛이 돈다.	

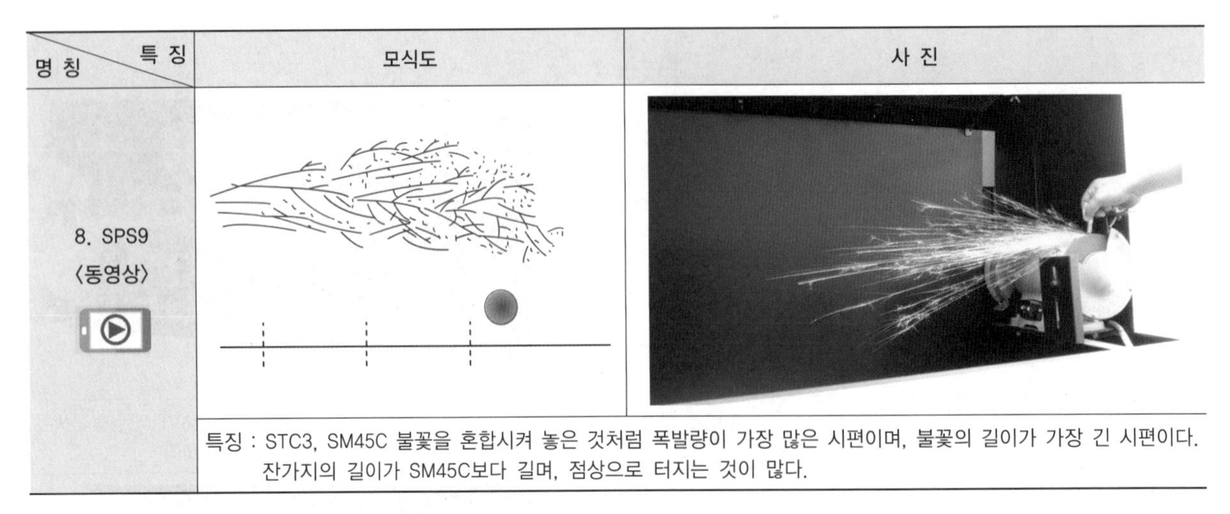

명칭 \ 특징	모식도	사진
8. SPS9 〈동영상〉		
	특징 : STC3, SM45C 불꽃을 혼합시켜 놓은 것처럼 폭발량이 가장 많은 시편이며, 불꽃의 길이가 가장 긴 시편이다. 잔가지의 길이가 SM45C보다 길며, 점상으로 터지는 것이 많다.	

※ STC3, STS3, STD11, SM45C, SM15C, SKH51, GC250, SPS9의 불꽃모양 동영상은 시대에듀 홈페이지(시대플러스 무료동영상)에서 보실 수 있습니다.

※ **참고** : 불꽃 특성에 미치는 합금원소의 영향

영향의 종류	합금 원소	유선				파열				손의 느낌	특징	
		색 깔	밝 기	길 이	굵 기	색 깔	모 양	숫 자	꽃가루		모 양	위 치
탄소 파열 조장	Mn	황백색	밝다.	짧다.	굵다.	흰 색	가는 나뭇가지모양	많다.	있다.	연하다.	꽃가루	중 앙
	Cr	오렌지색	어둡다.	짧다.	가늘다.	오렌지색	국화꽃모양	불 변	있다.	단단하다.	꽃	앞 끝
	V	변화 적다.				변화 적다.	가늘다.	많다.	–	–	–	–
탄소 파열 저지	W	암적색	어둡다.	짧다.	가는 파상 단속	빨간색	작은방울 여우꼬리	적다.	없다.	단단하다.	여우꼬리	앞 끝
	Si	노란색	어둡다.	짧다.	굵다.	흰 색	흰구슬	적다.	없다.	–	흰구슬	중 앙
	Ni	붉은황색	어둡다.	짧다.	가늘다.	붉은황색	팽창섬광	적다.	없다.	단단하다.	팽창섬광	중 앙
	Mo	붉은 오렌지색	어둡다.	짧다.	가늘다.	붉은 오렌지색	창 끝	적다.	없다.	단단하다.	창 끝	앞 끝

[03] 브리넬 경도시험

(1) 브리넬 경도시험 개요

일정한 지름(D)의 강구 또는 초경합금을 이용하여 일정한 하중(P)을 주어 시험편에 구형의 오목부를 만든 후 하중을 제거하고 오목부의 표면적으로 하중을 나눈 값으로 측정하는 시험

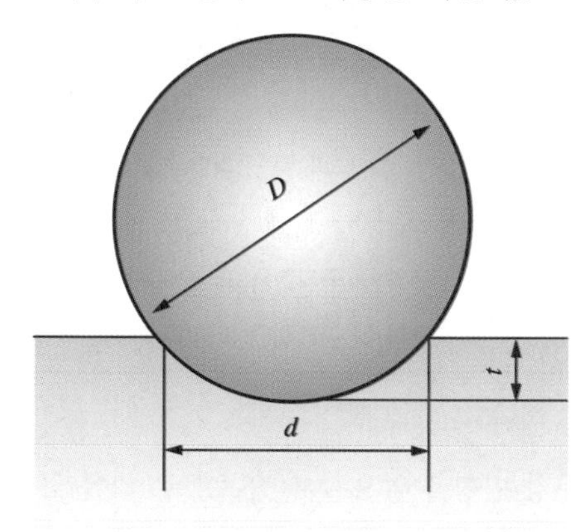

$$H_B = \frac{P}{A} = \frac{2P}{\pi D(D - \sqrt{D^2 - d^2})} = \frac{P}{\pi D t}$$

- P : 하중(kg)
- D : 강구의 지름(mm)
- d : 오목부의 지름(mm)
- t : 들어간 최대깊이(mm)
- A : 압입 자국의 표면적(mm^2)

[브리넬 경도 계산 공식]

(2) 브리넬 경도시험 방법

① 브리넬 경도시험기의 구조

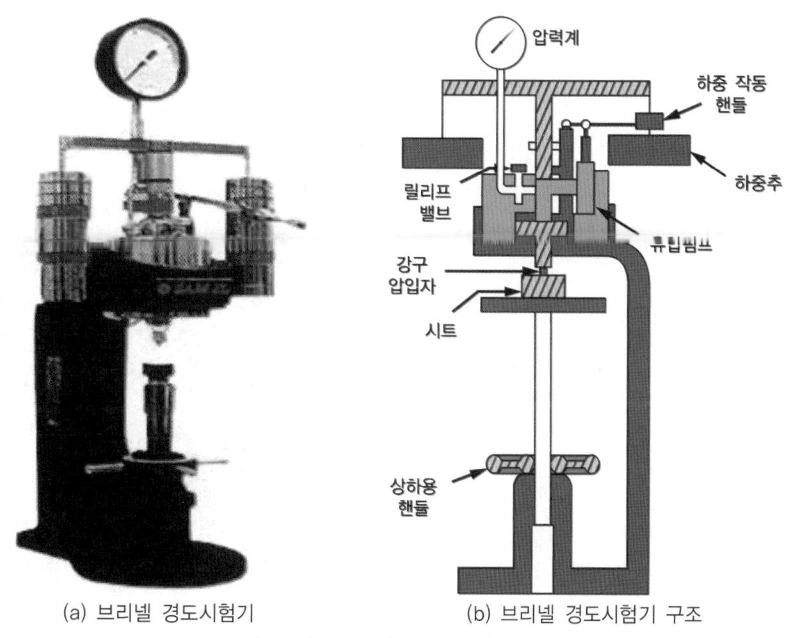

(a) 브리넬 경도시험기　　(b) 브리넬 경도시험기 구조

[브리넬 경도시험기의 구조]

㉠ 압입자의 지름과 시험 하중의 조합

- 강구 압입자는 HBS 450을 초과하는 시험편에 사용하면 안 되며, 초경 합금구 압입자는 HBS 650을 초과하는 시험편에 사용해서는 안 된다.
- 압입자의 지름과 시험 하중의 크기는 다음 표와 같으며, 재료의 종류와 경도에 따라 정한다.

압입자의 지름(D, mm)	시험하중 [F, kN(kgf)]	경도 기호	참 고 적용 재료(브리넬 경도)
10	29.42(3,000)	HBS(또는 HBW) (10/3,000)	강, 주철(140 이상), 구리 및 구리합금(200을 초과하는 것)
5	7.355(750)	HBS(또는 HBW) (5/750)	
10	9.807(1,000)	HBS(또는 HBW) (10/1,000)	주철(140 미만), 구리 및 구리합금(35~200), 경금속 및 경금속의 합금
10	4.903(500)	HBS(또는 HBW) (10/500)	구리 및 구리합금(35 미만), 경금속 및 경금속의 합금

㉡ 볼의 재질에 따른 사용 범위

경도가 큰 재질의 경도를 측정 시에는 사용된 볼이 소성 변형을 일으킬 수 있으므로 다음 표와 같이 적당한 범위를 결정하여 볼을 사용하여야 한다.

볼의 재질	사용 범위(HB)
탄소강 볼	< 400~500
크롬강 볼	< 650~700
텅스텐 카바이드 볼	< 800
다이아몬드 볼	< 850

② 시험편

㉠ 시험편의 양면은 충분히 두껍고 평행하며, 시험면이 잘 연마되어 있어야 한다.

㉡ 시험편의 두께는 들어간 깊이의 10배 이상이 되어야 하며, 너비는 들어간 깊이의 4배 이상되어야 한다.

㉢ 오목부의 중심에서 시험편 가장자리까지 거리는 2.5배 이상으로 한다.

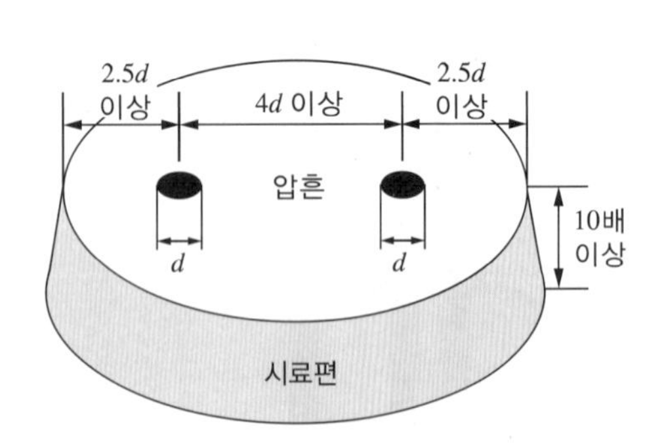

[압흔 사이의 거리]

㉣ 시험편이 시험기 받침대와 평행이 되도록 조정한다.

[시험편 조정]

㉤ 상하 조절 레버를 돌려 시험면에 압입자와 밀착(접촉)시킨다.

[압입자와 시험면 밀착(접촉)]

ⓑ 유압 밸브를 손으로 돌려 잠근다.

ⓢ 하중 레버를 상하로 천천히 움직여 하중 3,000kg을 가한다.

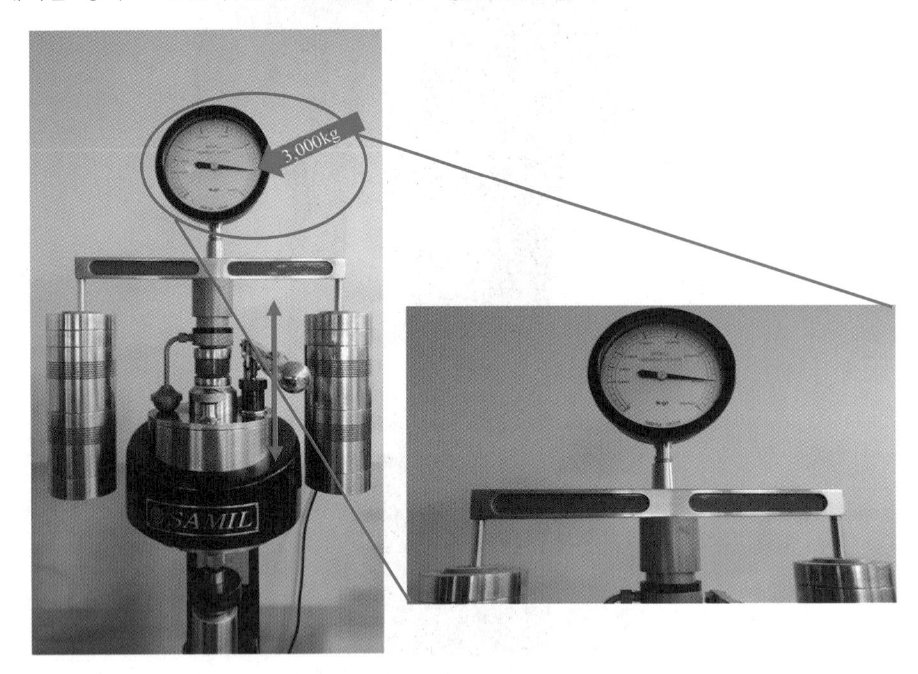

ⓞ 일정 시간(대략 10초) 유지 후 유압 밸브를 천천히 열어 유압을 서서히 제거하고 핸들을 돌려 시험편을 꺼낸다.

[유압 밸브를 천천히 열어 하중을 제거]

ⓩ 확대경을 이용하여 압입된 오목부 지름(d)을 측정한다. 확대경은 여러 종류가 있지만 다음 두 종류가 가장 많이 사용되며, 내부를 들여다보면 0점을 압흔의 왼쪽에 맞춘 후 레버를 돌려 미세조정점을 압흔의 오른쪽 끝단에 맞추면 지름은 4 이상이며 소숫점은 다이얼 내에 숫자를 읽어 알 수 있다.

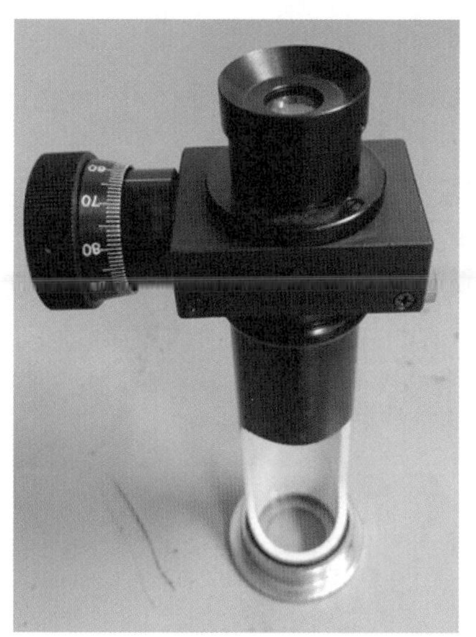

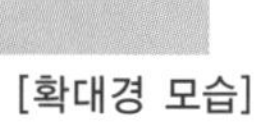

[확대경 모습]

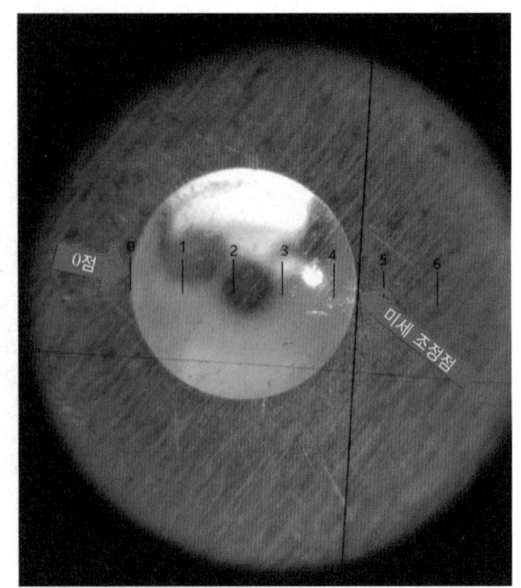

[확대경 내 측정방법]

㉫ 브리넬 경도측정공식을 사용하여 경도를 측정한 후 HB값을 작성한다.

〈브리넬 경도시험 동영상〉

③ 브리넬 경도시험 시 유의사항

㉠ 경도가 큰 재질의 경도를 측정할 때는 다음과 같은 범위에서 볼의 재질을 적당한 것으로 선정하여 시험하여야 한다.

- 탄소강 볼(< HB400~500), 크롬강 볼(< HB650~700), 텅스텐 카바이드 볼(< HB800), 다이아몬드 볼(< HB850)

㉡ 하중 시간이 길어지면 경도가 증가되므로 시험 결과에 하중 시간을 표시하여 준다.

㉢ 규정 하중을 초과하여 시험하지 않는다.

- 철강재(3,000kg), 구리, 알루미늄 합금(1,000kg), 연질 합금(500kg), 굳은 재료의 박판(750kg)

※ 브리넬 경도시험 동영상은 시대에듀 홈페이지(시대플러스 무료동영상)에서 보실 수 있습니다.

(3) 계산 방법

① 압흔 지름은 3지점의 압흔을 확대경을 이용하여 지름(d)을 측정 후 기재한다. 오차는 최대한 작아야 좋으며, 경도값을 계산할 때에는 이 지름의 평균으로 계산한다. 만약 4.32, 4.32, 4.29가 측정되었다면, 다음과 같이 작성한다.

② 압흔 지름
- 1회 : 4.32
- 2회 : 4.32
- 3회 : 4.29

평균 : $\dfrac{4.32+4.32+4.29}{3}=4.31$

③ 경도값 : $HB=\dfrac{2P}{\pi D(D-\sqrt{D^2-d^2})}=\dfrac{2\times 3{,}000}{\pi\times 10(10-\sqrt{10^2-4.31^2})}$

$=\dfrac{6{,}000}{31.4(10-\sqrt{100-18.58})}=195.69\text{kgf/mm}^2$

$HB=195.69$

※ 계산과정은 필히 작성되어야 하며, 계산과정에서의 단위는 작성하되 HB값에는 작성하지 않도록 한다.

[04] 샤르피 충격시험

(1) 샤르피 충격시험 개요

① 충격력에 대한 재료의 충격저항을 알아보는 데 사용하며, 파괴되지 않으려는 성질인 인성과 파괴가 잘되는 성질인 취성의 정도를 알아보는 시험이다.

② 시험편을 지지대에 지지하고, 노치부를 지지대 사이 중앙에 일치한 뒤 노치부 뒷면을 해머로 1회 충격을 주어 파단시킨 후 지시판의 지시된 각도를 읽어 충격값을 구하는 시험이다.

③ 충격시험 결과값

㉠ 충격에너지 값 : $E=WR(\cos\beta-\cos\alpha)$[kgf · m]

E : 충격에너지, W : 해머의 무게(kgf), R : 해머 암의 길이(m), $\cos\alpha$: 파단 전 해머를 들어 올린 각도
$\cos\beta$: 파단 후 해머가 올라간 각도

㉡ 충격값 : $U=\dfrac{E}{A}$[kgf · m/cm^2], A : 절단부의 단면적, E : 충격에너지

(2) 샤르피 충격시험 방법

① 샤르피 충격시험기의 구조

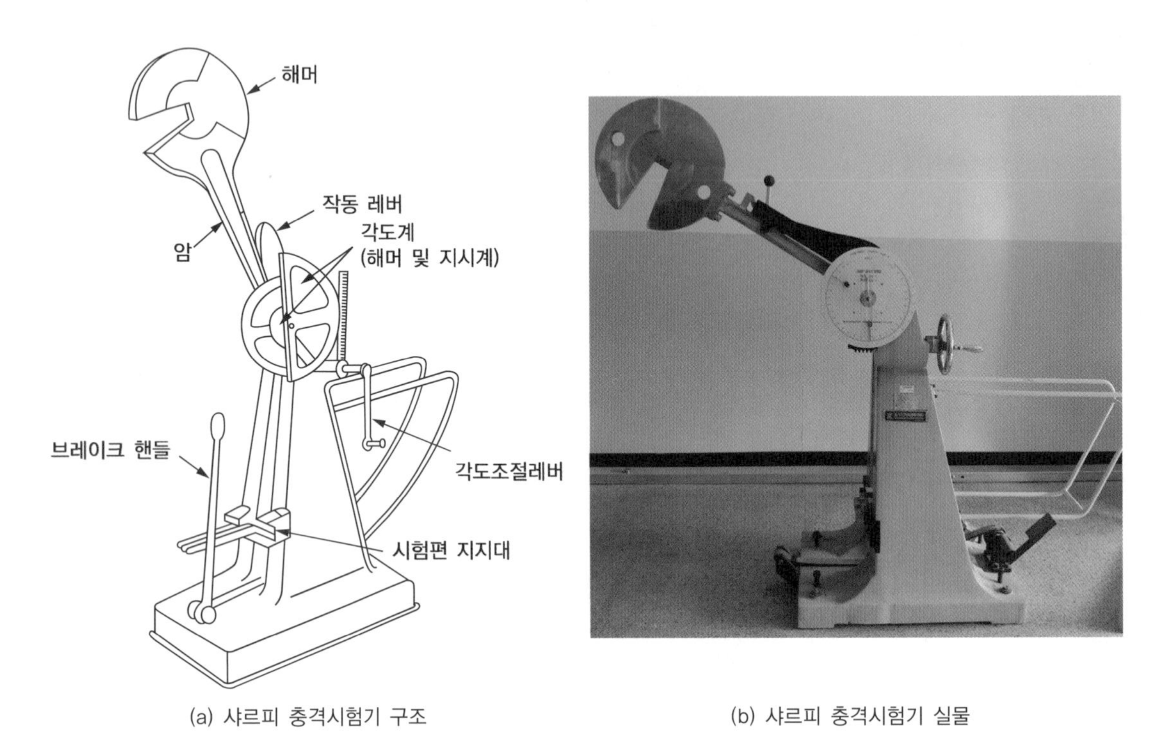

(a) 샤르피 충격시험기 구조 (b) 샤르피 충격시험기 실물

[샤르피 충격시험기의 구조 및 실물]

② 시험편

㉠ 시험편은 KS B 0809의 규격에 맞도록 준비하며 샤르피 시험편의 경우 V노치 시험편을 주로 사용한다.

㉡ 샤르피 시험편

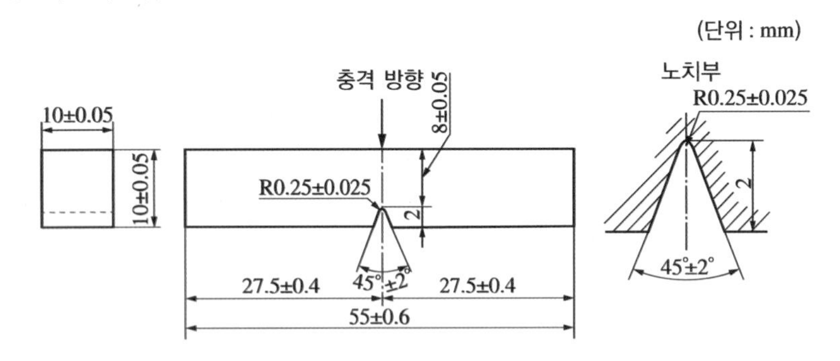

㉢ 시험편의 단면적과 노치부의 형상 및 깊이를 측정하여 둔다.

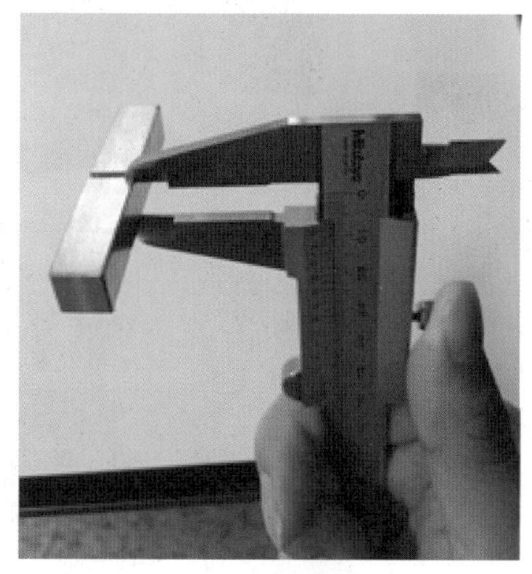

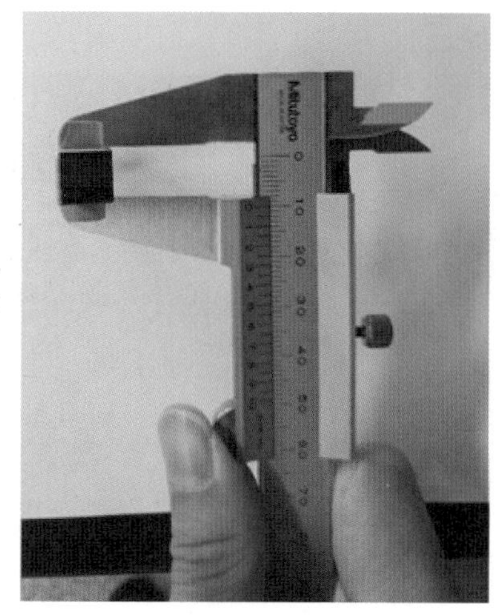

[단면적 측정을 위한 시험편 형상 및 깊이 측정]

㉣ 시험기를 아무것도 놓지 않은 상태에서 작동시켜 α값과 β값의 각이 같은지 확인한다(해머를 120°에 위치시킨 후 작동시키면 지시계의 각도 역시 120°를 이루고 있어야 정확한 시험을 위한 준비가 되어 있는 것이다).

㉤ 해머를 초기 각도 120°로 맞춘 후 시험편을 지지대에 올려놓으며, 노치부가 정중앙에 위치하도록 한다.

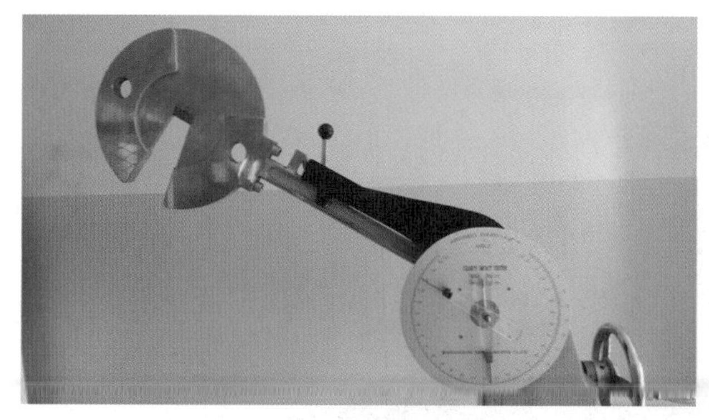

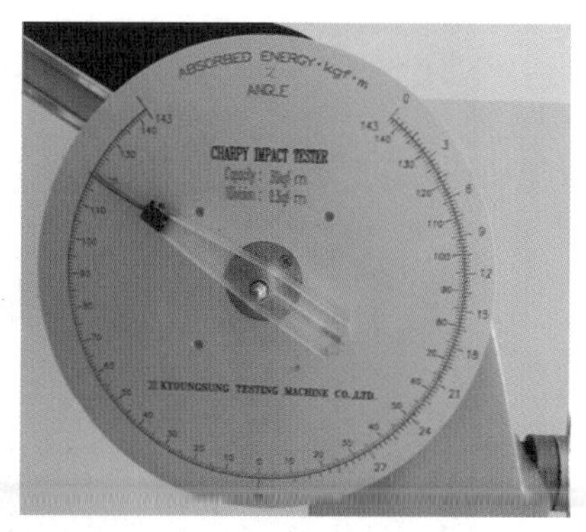

[해머를 120°로 설정 후 적색 지시계를 위치한 모습]

[시험편을 지지대 중앙에 위치한 모습]

ⓑ 작동 레버를 당겨 해머를 낙하시킨다.

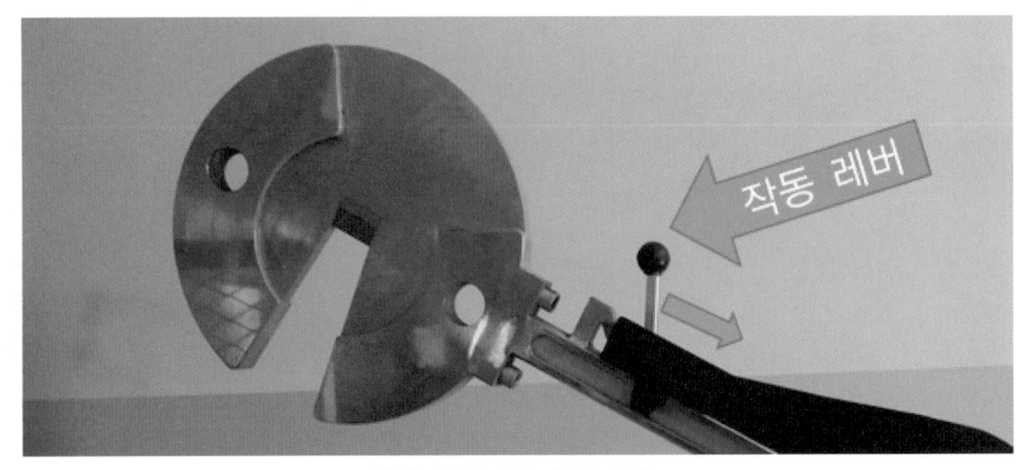

[작동 레버를 당겨 해머를 낙하]

ⓢ 시험편이 파단된 후 해머 제동장치를 이용하여 정지시킨다.

[낙하 후 제동장치를 이용하여 해머를 정지]

ⓞ 파단 후 각도계의 적색 지시 각도를 기록한 뒤 해머를 원위치시킨다.

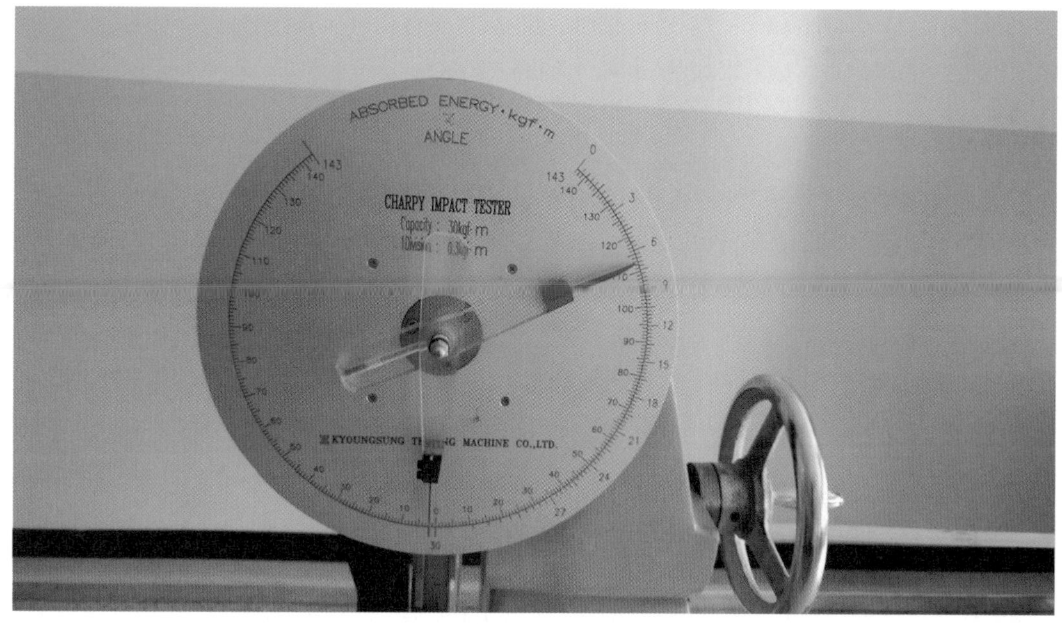

[파단 후 적색 지시 각도를 기록]

ⓩ 충격에너지 및 충격값 결과를 계산 및 기록한다.

㉫ 파단 후 시험편의 형상은 다음과 같으며 취성 → 인성 순으로 볼 수 있다. 인성의 경우 질긴 성질이 있기 때문에 늘어나 파단되는 형상을 보이며, 취성이 큰 재료의 경우 표면이 매끈하게 파단되는 모습을 볼 수 있다.

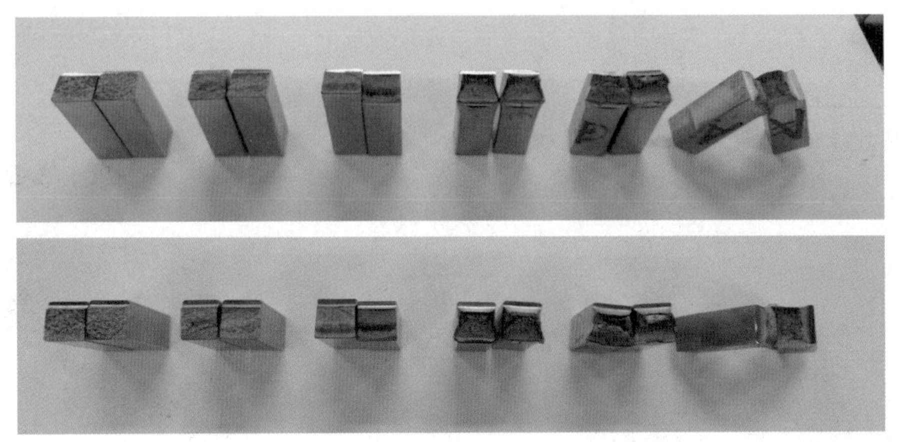

[파단 후 시험편 형상(취성 → 인성)]

(3) 계산 방법

충격시험 후 적색지시 각도의 결과가 113°로 나왔으며, 이를 통해 충격에너지 및 충격치를 계산하는 방법에 대해 설명한다. 여기서 해머의 무게 및 암의 길이는 해당 시험장에 따라 다를 수 있으며 주어지는 값으로 계산한다. 이 시험에서의 해머의 무게는 22.4kgf이며, 암의 길이는 0.75m로 주어지고, 다음과 같은 방법으로 계산된다.

① 충격에너지 : $E = WR(\cos\beta - \cos\alpha) = 22.4 \times 0.75 \times (\cos 113° - \cos 120°)$

$= 16.8 \times (-0.39 + 0.5) = 1.84\text{kgf} \cdot \text{m}$

② 충격치 : $U = \dfrac{E}{A_0} = \dfrac{1.84}{0.1 \times 0.8} = 23\text{kgf} \cdot \text{m/cm}^2$

〈샤르피 충격시험 동영상〉

(4) 충격시험 시 유의사항

① 충격시험은 온도에 영향을 많이 받으므로, 온도를 항상 나타내어 주고, 특별한 지정이 없는 한 23±5℃의 범위 내에서 한다.

② 노치부의 표면은 매끄러워야 하며 절삭 흠 등 균열이 없어야 한다.

③ 시험편을 지지대에 올려둘 때 해머가 너무 높으면 위험하므로 안전하게 조금만 올린 후 세팅한다.

④ 시험편이 파괴될 때 튀어나오는 경우가 있으므로 주의한다.

[05] 현미경 조작시험

(1) 현미경 탐상의 개요

금속은 빛을 투과하지 못하므로 생물 또는 광물의 관찰에 이용되는 일반 투과형 현미경으로는 금속의 조직을 관찰할 수 없다. 따라서 금속, 합금, 세라믹 등과 같이 불투명한 물질의 구조를 관찰하기 위해 반사형 현미경을 사용하며, 조명 장치를 이용해 시험편을 쬐어 조직을 관찰한다. 이를 통해 다음과 같은 사항을 알 수 있다.

① 금속 조직의 구분 및 결정 입도 측정
② 주조, 열처리, 압연 등에 의한 조직의 변화 측정
③ 비금속 개재물의 종류와 형상, 크기 및 편석부 측정
④ 균열의 형상과 성장 원인 분석
⑤ 파단면 관찰에 의한 파괴 양상 파악

(2) 금속 조직검사 방법

① 현미경의 구조

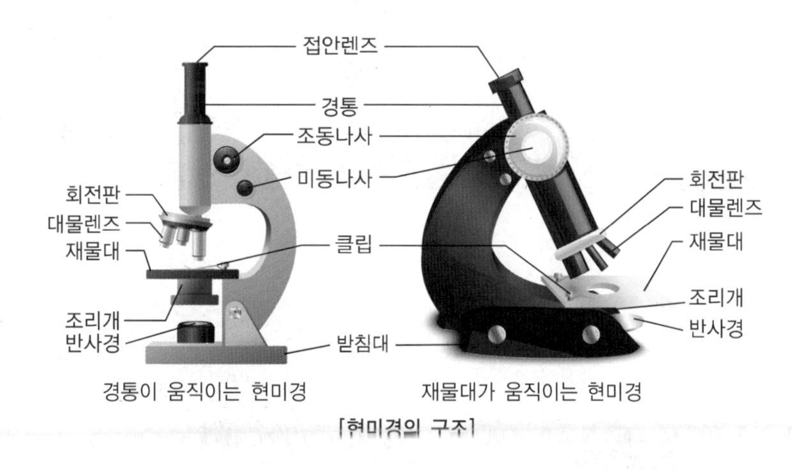

[현미경의 구조]

㉠ 대물렌즈 : 물체를 확대하는 렌즈로, 경통 아래 회전판에 붙어 있으며 프레파라트에 접하는 렌즈이다. 배율이 높을수록 길이가 길다.
㉡ 접안렌즈 : 대물렌즈로 확대한 상을 다시 확대하는 렌즈로 관찰자가 눈으로 들여다보는 렌즈
㉢ 조절나사 : 조동나사와 미동나사가 있으며 조동나사는 경통을 상하로 움직여 물체를 찾는데 사용하는 나사로 처음 상을 찾아 대강 초점을 맞출 때 사용하며 미동나사는 찾아 낸 물체의 상의 초점을 정밀히 맞추는 데 사용
㉣ 반사경 : 물체를 밝게 비추기 위해 빛을 반사시키는 거울
㉤ 회전판 : 여러 개의 대물렌즈가 붙어 있는 판
㉥ 재물대 : 프레파라트를 올려놓는 판으로 가운데 구멍이 뚫려 반사경이 반사한 빛을 통과
㉦ 경통 : 아래쪽 대물렌즈, 위쪽 접안렌즈가 붙어 있는 관

ⓞ 클립 : 프레파라트를 재물대 위에 고정시키는 장치

ⓩ 조리개 : 재물대 밑에 있으며, 프레파라트에 비치는 양 조절

② **시험편의 채취** : 시험 목적에 맞는 부분을 채취하며, 냉간압연재료의 경우 표면이 가공 방향과 평행하게 채취하고, 강도가 높은 재료는 절단 시 발생열로 인한 조직 변화에 주의하여 채취한다. 이때 너무 작은 시험편의 경우 열경화성 페놀수지, 디아릴수지, 열가소성 아크릴수지 등에 시험편을 매립하고 135~150℃로 가열시켜 150~200kgf/mm^{2}의 압력으로 5분간 가압성형하는 마운팅을 한 후 연마 작업으로 넘어간다.

※ 기능사 수준에서는 조직 시험편이 별도로 지급되지 않기 때문에 마운팅을 하지는 않고 이를 연마, 부식시킨 후 조직관찰로 이루어진다.

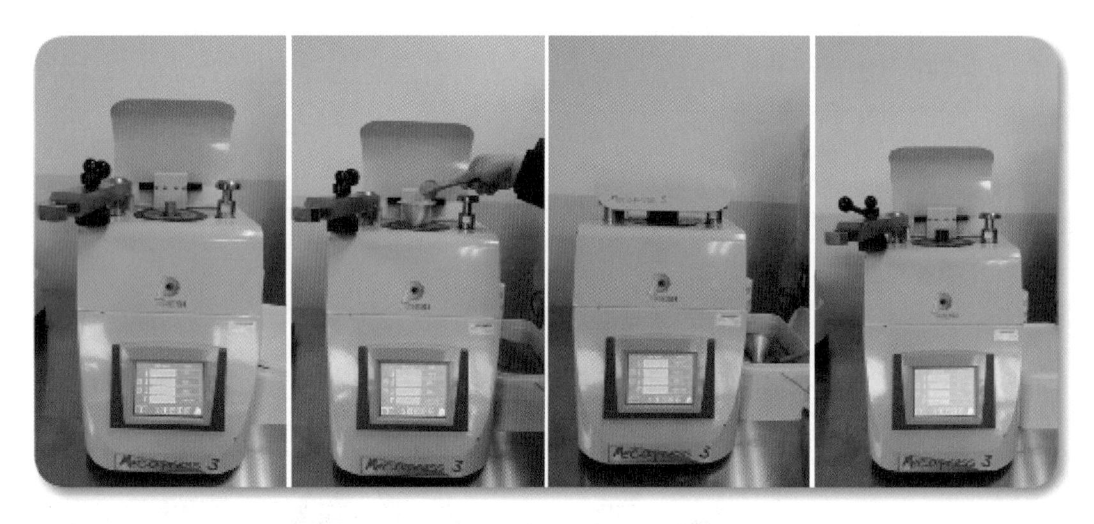

[마운팅 과정]

[조직 시험편 및 마운팅된 시험편]

③ 시험편의 가공과 연마

채취한 시험편은 한쪽 면을 연마하여 현미경으로 볼 수 있도록 한다. 시험편은 평면가공 → 거친 연마 → 중간 연마 → 광택(미세) 연마 순으로 한다. 기본적으로 연마는 2배 정도의 입방을 가진 연마지를 사용하며, #200 → #400 → #800 → #1200 or #1600 → 미세 연마의 순으로 이루어진다.

기능사 수준에서는 시험편이 평면 가공 및 거친 연마가 되어 있는 상태로 #600 → #1200의 순으로 연마를 진행하였다. 또한 연마 방법으로는 시험편을 수직 방향으로 돌려가며 연마하여야 한다. 그러나 표면이 깨끗한 경우 한쪽 방향으로 연마하여도 무관하며, 스크래치가 적게 나는 장점이 있다. 연마지를 변경할 때마다 표면을 깨끗이 세척한 후 작업하여야 이전 연마지의 SiC가 남아 있지 않고 미세하게 연마가 가능하다.

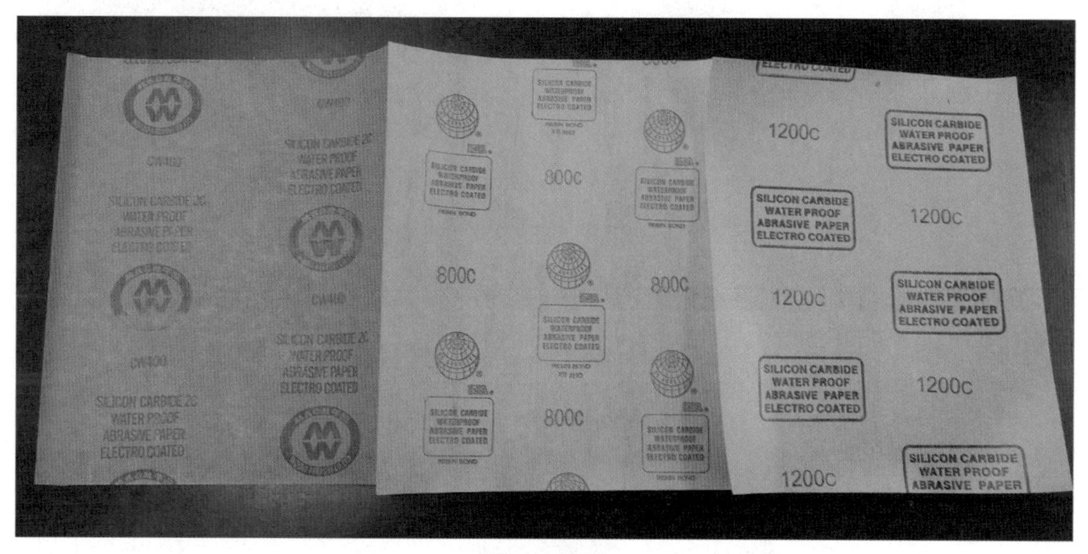

[연마지 모습]

〈중간 연마 및 미세 연마 동영상〉

※ 중간 연마 및 미세 연마 동영상은 시대에듀 홈페이지(시대플러스 무료동영상)에서 보실 수 있습니다.

④ 부식액 제조

금속의 완전한 조직을 얻기 위해서는 얇은 막으로 덮여있는 표면층을 제거하고, 하부에 있는 여러 조직 성분이 드러나도록 부식시켜야 한다. 이 시험에서는 철강재료를 사용하므로 나이탈을 제조하여 사용한다. 철강 부식용 질산(5mL)과 알코올(100mL)을 사용하여 부식액을 제조한다.

[부식액 제조]

⑤ 현미경 조정

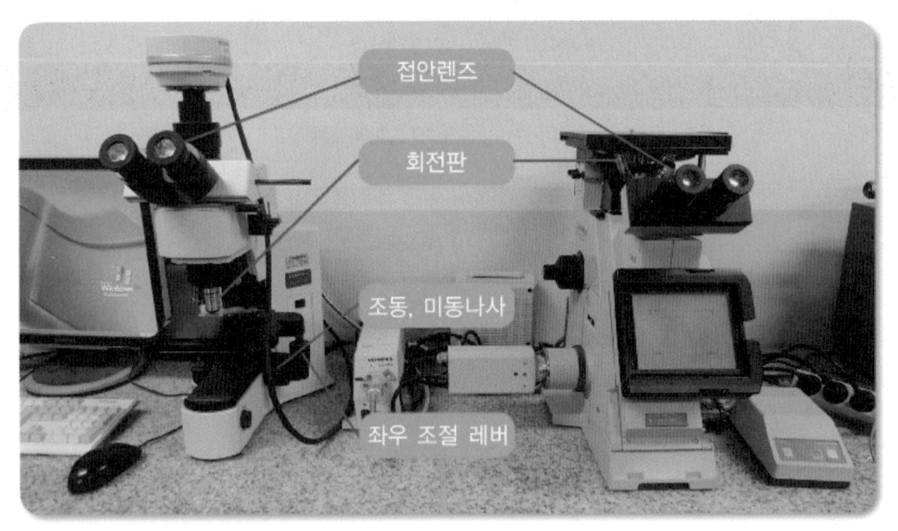

직립형 금속현미경 도립형 금속현미경

[현미경 구조 및 조정]

㉠ 조동나사를 이용하여 경통을 올린 후 대물렌즈 회전장치를 돌려 저배율의 대물렌즈를 재물대와 수직이 되게 놓는다.

[저배율(×100배)의 대물렌즈를 고정시킨 상태]

㉡ 조리개를 조절해 광원을 조정하고 디지털 방식의 경우 광원 밝기 조절을 맞춘다.

[광원 조절]

㉢ 접안렌즈를 통해 시험면을 보면서 조동나사를 돌려 상이 나타나게 한다.

㉣ 대략적인 상이 나타났다면 미동나사를 돌려 상이 정확히 보이도록 초점을 조절한다.

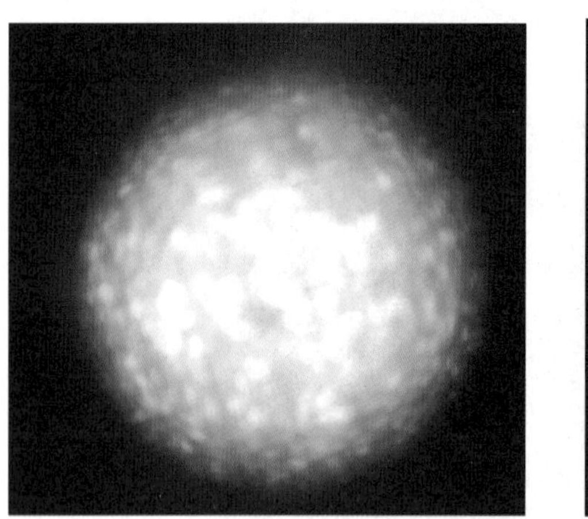

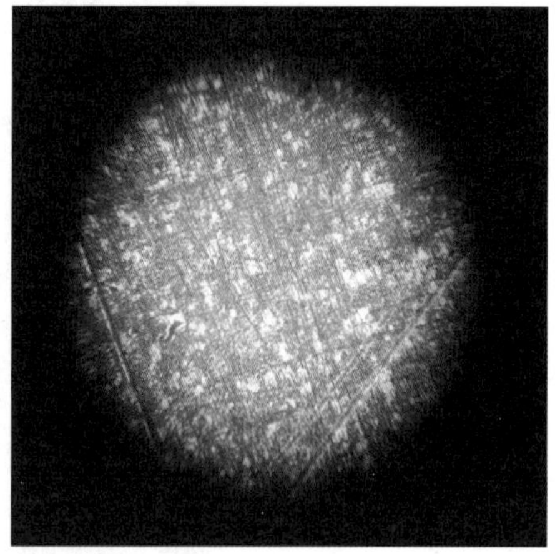

[조동나사로 대략적인 상을 잡은 상태 및 조동나사로 초점을 맞춘 상태]

(3) 금속별 조직시험 특징

다음의 강종별 조직시험의 사진을 확인하고 많은 연마 → 부식 → 관찰을 연습하여 실습을 준비하도록 한다. 특히, 비슷한 조직 모양의 경우 각 조직별 특징을 잘 생각하며 파악하도록 한다.

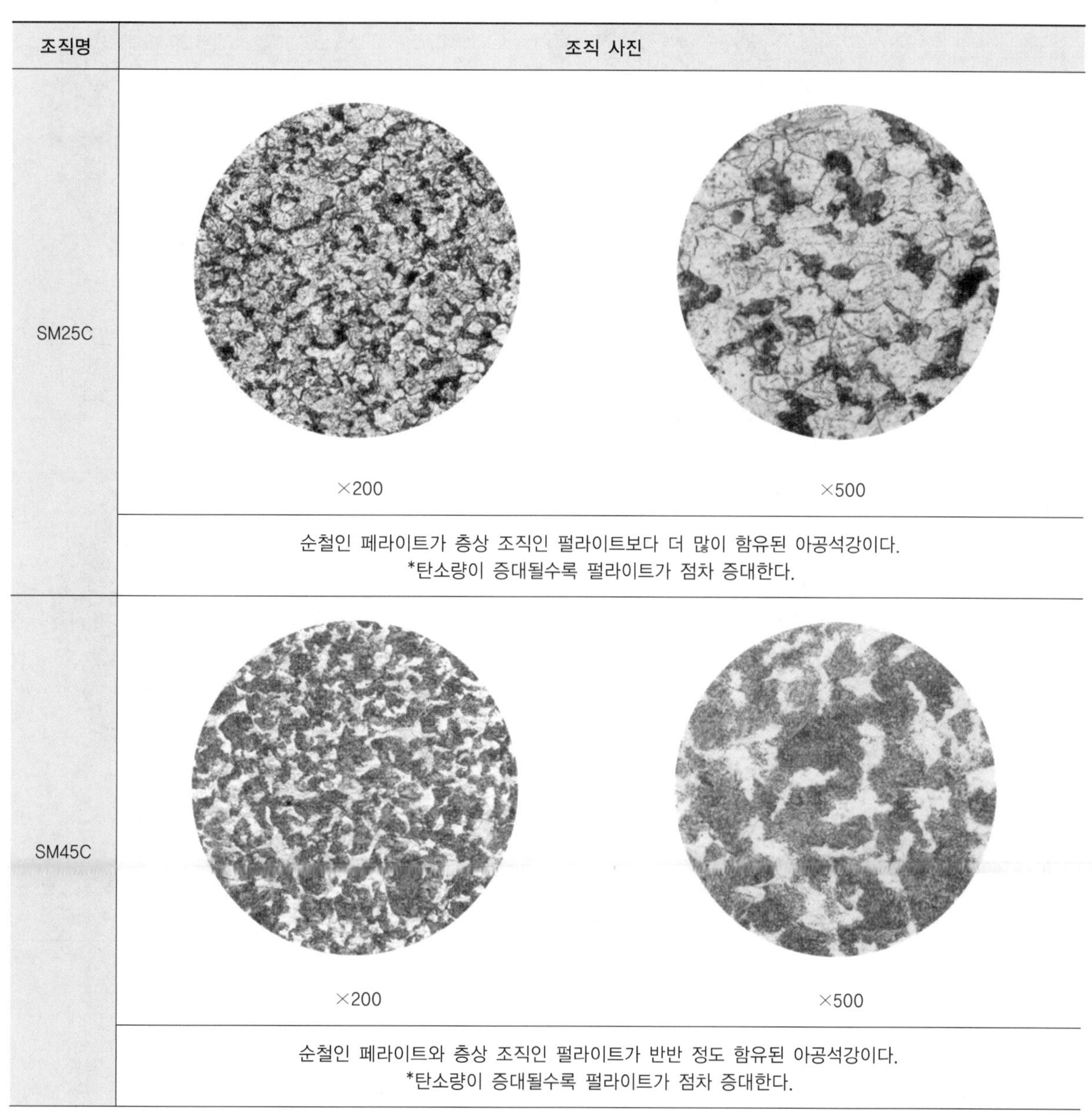

조직명	조직 사진
SM25C	×200 ×500
	순철인 페라이트가 층상 조직인 펄라이트보다 더 많이 함유된 아공석강이다. *탄소량이 증대될수록 펄라이트가 점차 증대한다.
SM45C	×200 ×500
	순철인 페라이트와 층상 조직인 펄라이트가 반반 정도 함유된 아공석강이다. *탄소량이 증대될수록 펄라이트가 점차 증대한다.

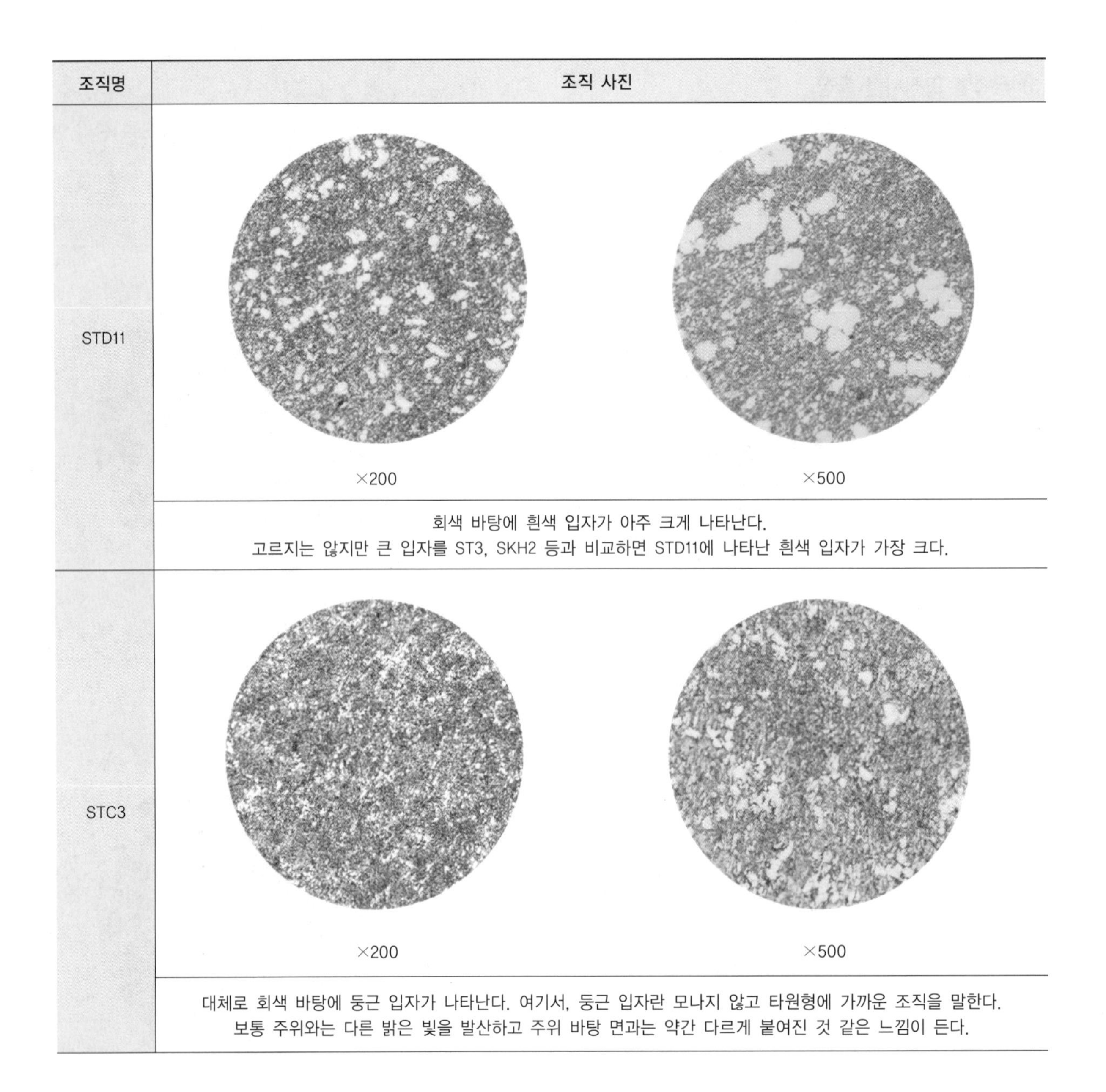

조직명	조직 사진
STD11	×200 ×500 회색 바탕에 흰색 입자가 아주 크게 나타난다. 고르지는 않지만 큰 입자를 ST3, SKH2 등과 비교하면 STD11에 나타난 흰색 입자가 가장 크다.
STC3	×200 ×500 대체로 회색 바탕에 둥근 입자가 나타난다. 여기서, 둥근 입자란 모나지 않고 타원형에 가까운 조직을 말한다. 보통 주위와는 다른 밝은 빛을 발산하고 주위 바탕 면과는 약간 다르게 붙여진 것 같은 느낌이 든다.

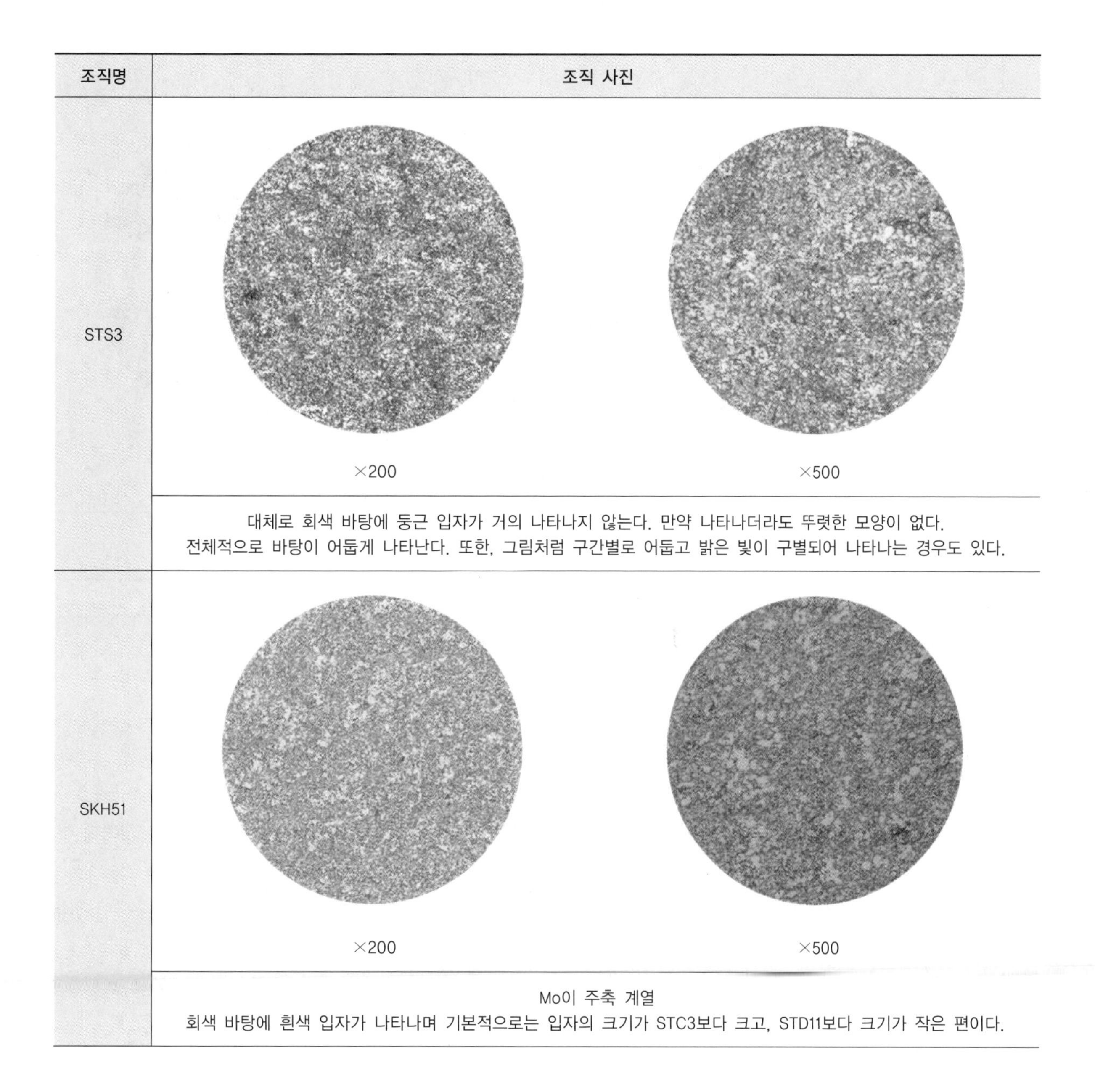

조직명	조직 사진	
STS3	×200	×500
	대체로 회색 바탕에 둥근 입자가 거의 나타나지 않는다. 만약 나타나더라도 뚜렷한 모양이 없다. 전체적으로 바탕이 어둡게 나타난다. 또한, 그림처럼 구간별로 어둡고 밝은 빛이 구별되어 나타나는 경우도 있다.	
SKH51	×200	×500
	Mo이 주축 계열 회색 바탕에 흰색 입자가 나타나며 기본적으로는 입자의 크기가 STC3보다 크고, STD11보다 크기가 작은 편이다.	

조직명	조직 사진	
GCD250	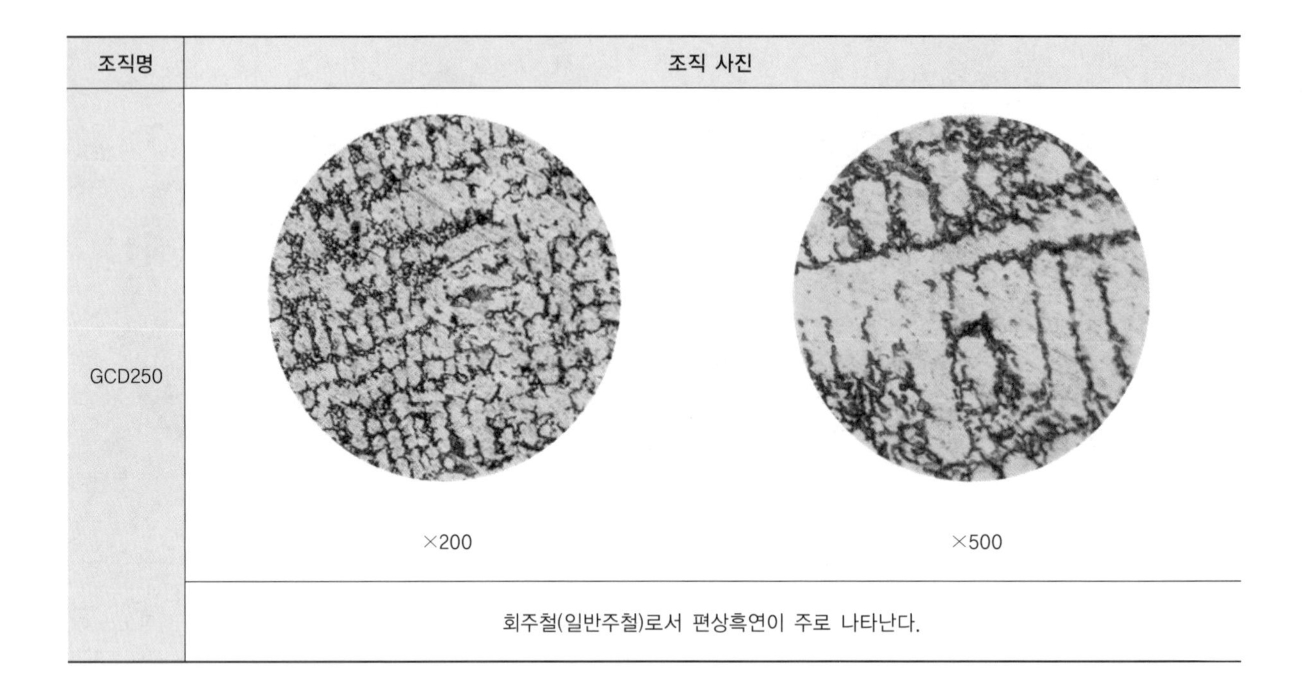 ×200	×500
	회주철(일반주철)로서 편상흑연이 주로 나타난다.	

(4) 현미경 사용 시 유의사항

① 현미경 운반 시 똑바로 세운 채 두 손으로 운반한다.

② 먼저 저배율로 초점을 맞춰 관찰하고 그 후 고배율로 관찰한다.

③ 시료를 관찰할 때에는 대물렌즈를 시료와 가장 가깝게 한 후 점차 올리면서 초점을 맞춘다.

④ 현미경 조작 시 무리한 힘을 가하지 않고 렌즈를 더럽히지 않도록 해야 하며 사용한 후에는 데시케이터에 넣어 보관한다.

⑤ 시편 절단 시 조직 손상을 막기 위해 냉각수를 사용하거나 저속으로 절단한다. 또한, 작업 공구의 안전수칙을 잘 지키며 작업한다.

⑥ 연마 작업 시 시험편이 튀어나가지 않도록 한다.

SECTION 02 열처리기능사 실기(작업형)

KEYWORD 본 편에서는 열처리기능사 작업형의 수검자 유의사항에서부터 작업하는 전 단계를 하나씩 살펴보면서 작업에 대한 이해도를 높이고 어떻게 하는지 노하우를 파악하는 것을 목표로 한다. 실습장의 환경에 따라 시험의 조건도 다소 다를 수 있기 때문에 시험장별 환경을 미리 확인하고 실기시험에 적절히 대처하도록 한다.

[01] 작업 전 유의사항

(1) 수행 작업사항

① $\phi10\times60$인 환봉 6개에 대한 재질 판별을 그라인더 불꽃시험기를 통해 재질을 판별한다.

예 SM45C, STD11, STD61, SKH51, STC103(STC3), STS3

② 지급된 재료의 퀜칭 조건에 대한 열처리 선도를 그리고 퀜칭 후 경도를 측정한다.

지급 시험편 : SM45C(기계구조용 탄소강), SCM440(크롬-몰리브덴강) 중 하나가 지급됨

③ 지급된 재료의 지급된 재료의 템퍼링(Tempering) 조건에 대한 열처리 선도를 그리고, 템퍼링 후 경도(HRC)를 측정한다.

※ 요구경도값

1. 퀜칭경도(HRC) : SM45C 48 이상 , SCM440 46 이상
2. 템퍼링경도(HRC) : SM45C 18~30 , SCM440 28~39

(2) 수검자 유의사항

① 시험편은 수령과 동시에 시험편에 쓰여 있는 비번을 실기 답안지(별지)에 기입하되 비번과 재질명의 정정은 없도록 해야 한다.

② 각 시험의 순서는 감독위원의 지시에 따라 작업해야 한다.

③ 불꽃시험편의 경우 고유번호는 감독위원의 지시에 따라야 하며, 강종 명칭란에는 불꽃시험을 하고 예시 강종 중에서 실기시험 답안지에 기입한다.

④ 불꽃시험의 고유번호 및 정답란은 수정할 수 없으며, 감독위원의 확인이 있더라도 그 항목은 0점 처리된다. 6가지 중 수정사항이 있는 부분은 0점이며 나머지 것에 대해서는 부분 점수를 받을 수 있다.

⑤ 불꽃시험 시 시험편 1개당 1분 이상의 시간은 허용되지 않으며, 1개의 시험편이 끝나면 고유번호와 재질명을 기입해야 한다.

⑥ 열처리 시험편(SM45C, SCM440 둘 중 하나)을 감독위원에게 확인받고 답안지에 기입해야 한다.

⑦ 퀜칭과 템퍼링된 요구경도(HRC)값 또한 감독위원에게 확인 후 요구경도값은 답안지 요구경도값란에 기입한다.

⑧ 수험자는 부여받은 요구경도값으로 열처리하기 위해 흑판에 기재된 내용 중 선택하여 답안지에 열처리 방법(온도, 냉각방법, 유지시간)을 기입하고 열처리 선도를 그리며 온도와 시간에 따른 가열 및 유지시간 등을 구체적으로 적어야 한다.

⑨ 작업 조건 등을 완전히 숙지한 후 실기 답안지는 비번, 시험편 비번, 재질명, 온도, 냉각방법 등의 조건을 기입하고 열처리 작업 전에 제출한다.

⑩ 열처리 선도 작업이 끝나면 감독위원 지시에 따라 퀜칭 및 템퍼링 작업을 수행한다.

⑪ 열처리로가 인원에 비해 부족할 때에는 감독위원 입회하에 수험자들끼리 묶어 열처리로의 작업에 알맞도록 분배할 수 있다.

⑫ 찰흙은 시험편의 구멍 또는 홈을 메우고 철사는 노 내 장입 및 추출에 용이하도록 사용하는 것 이외에 활용해서는 안 된다.

⑬ 가열된 시험편의 냉각은 반드시 본인이 직접 해야 하며 작업 완료된 시험편에 대한 다듬질 등 불량에 대한 위장은 할 수 없다.

⑭ 경도 측정 전 감독위원은 표준시험편으로 경도를 측정하여 경도기의 이상 유무를 확인하고 수험자에게 고지해야 한다.

⑮ 경도(HRC)시험은 감독위원 입회하에 수험자가 퀜칭 후 3회, 템퍼링 후 3회 측정해야 하고 측정값을 기입한다.

⑯ 모든 작업은 안전수칙에 따라 진행되어야 하며, 시험 종료 후 주변을 깨끗이 정리정돈한다. 또한 안전수칙을 지키지 않을 때에는 퇴장시키고, 채점대상에서 제외된다.

⑰ 다음의 경우에는 채점 대상에서 제외된다.

• 기 권
  – 수험자 본인이 수험 도중 시험에 대한 의사를 표시하고 포기하는 경우

• 실 격
  – 열처리 작업을 본인이 하지 않은 경우(노 내 장입 및 냉각)
  – 장비 조작 미숙, 장비 파손 및 안전 불이행 등 수검이 불가능한 경우

• 오 작
  – 시험편을 석면이나 철사로 완전히 메워서 작업할 때

⑱ 수험자의 인적사항 및 계산식을 포함한 답안 작성은 흑색 필기구만 사용해야 하며, 그 외 연필류, 빨간색, 청색 등 필기구 및 수정테이프(액)로 작성한 답항은 0점 처리된다.

[02] 작업형 실기

(1) 불꽃시험

총 6개의 시험편 중 하나를 지급받은 다음 바로 그라인더 불꽃시험을 실시하여 강종을 판별 후 답안지에 기재하고 시험편을 반납 후 다른 시험편을 지급받고 불꽃시험을 하는 방식으로 총 6번 불꽃시험을 진행한다.

하나의 불꽃시험당 1분의 제한 시간이 있으며 이때 시험편에 제시된 비번호와 기재한 답안은 수정할 수 없다. 6개 중 수정한 부분이 있으면 수정 부분만 0점 처리되며 나머지 부분은 채점 대상이 되고 정답인 경우 부분 점수를 받을 수 있다.

① 시험방법

㉠ 시험할 때에는 바람의 영향을 피해야 하고, 특히 바람 방향으로 불꽃을 방출시켜서는 안 된다.

㉡ 시험품을 그라인더에 누르는 압력 또는 그라인더를 시험품에 누르는 압력은 될 수 있는 한 같도록 하며, 0.2%C 탄소강의 불꽃 길이가 500mm 정도 되도록 하는 압력을 표준으로 한다.

㉢ 불꽃을 관찰할 때는 뿌리, 중앙, 끝의 각 부분에 걸쳐 유선, 파열의 특징에 대하여 잘 파악해 두고, 비슷한 불꽃의 경우 탐상 시에 들려오는 강종의 연삭 소리를 듣고 판단할 수 있도록 한다.

② 강종에 따른 불꽃의 모양

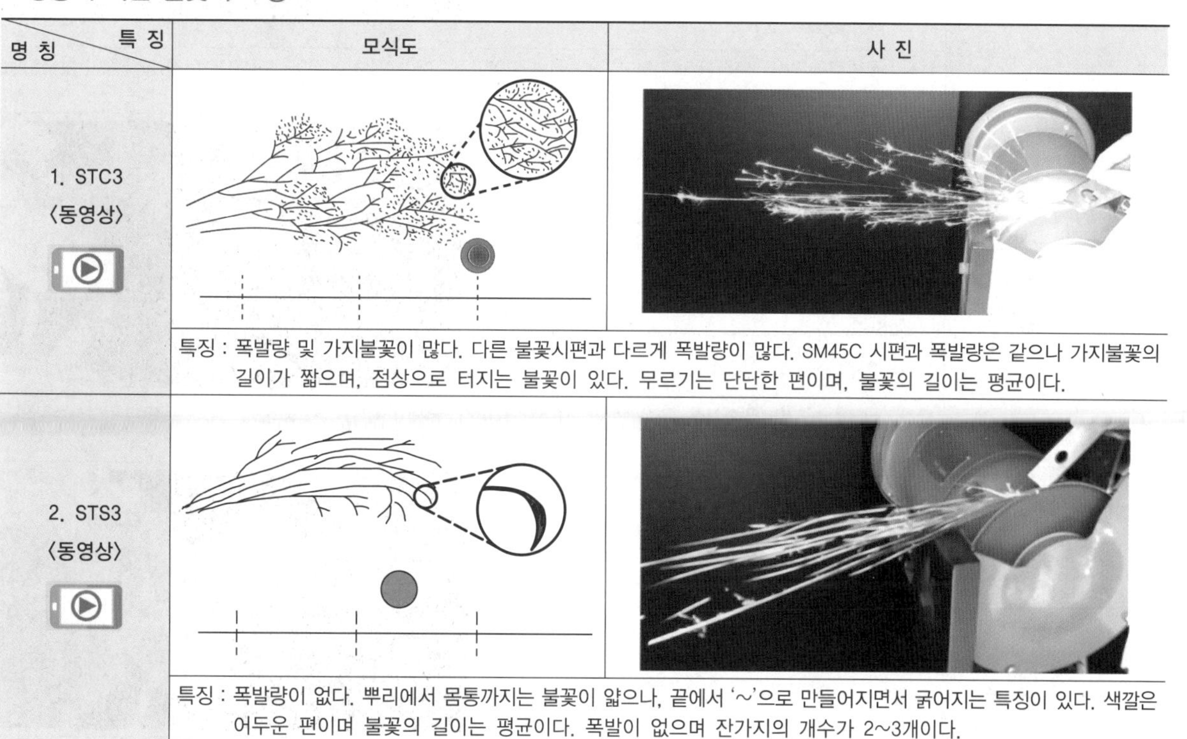

명 칭 \ 특 징	모식도	사 진
1. STC3 〈동영상〉		
	특징 : 폭발량 및 가지불꽃이 많다. 다른 불꽃시편과 다르게 폭발량이 많다. SM45C 시편과 폭발량은 같으나 가지불꽃의 길이가 짧으며, 점상으로 터지는 불꽃이 있다. 무르기는 단단한 편이며, 불꽃의 길이는 평균이다.	
2. STS3 〈동영상〉		
	특징 : 폭발량이 없다. 뿌리에서 몸통까지는 불꽃이 얇으나, 끝에서 '~'으로 만들어지면서 굵어지는 특징이 있다. 색깔은 어두운 편이며 불꽃의 길이는 평균이다. 폭발이 없으며 잔가지의 개수가 2~3개이다.	

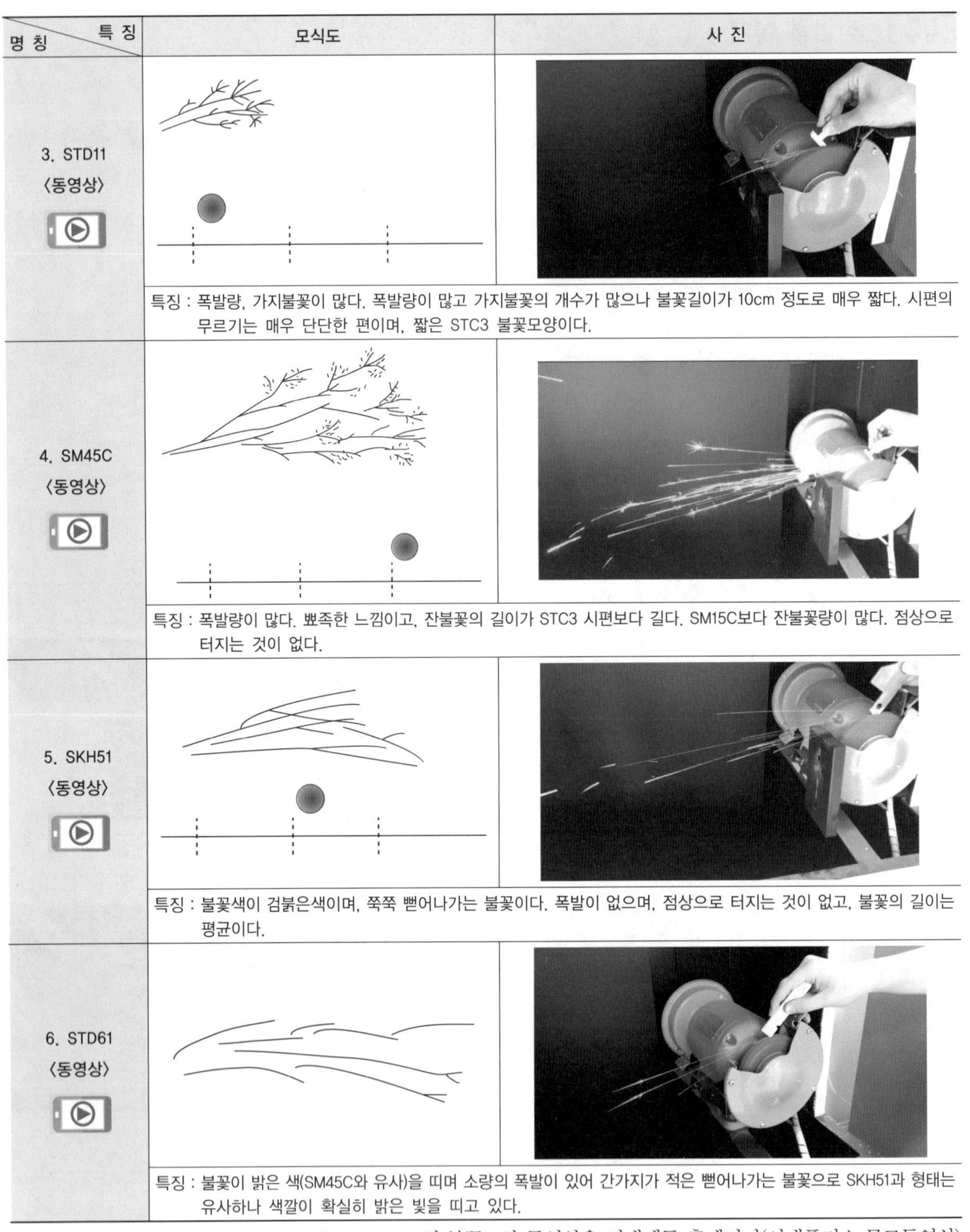

명칭 \ 특징	모식도	사진
3. STD11 〈동영상〉		
	특징 : 폭발량, 가지불꽃이 많다. 폭발량이 많고 가지불꽃의 개수가 많으나 불꽃길이가 10cm 정도로 매우 짧다. 시편의 무르기는 매우 단단한 편이며, 짧은 STC3 불꽃모양이다.	
4. SM45C 〈동영상〉		
	특징 : 폭발량이 많다. 뾰족한 느낌이고, 잔불꽃의 길이가 STC3 시편보다 길다. SM15C보다 잔불꽃량이 많다. 점상으로 터지는 것이 없다.	
5. SKH51 〈동영상〉		
	특징 : 불꽃색이 검붉은색이며, 쭉쭉 뻗어나가는 불꽃이다. 폭발이 없으며, 점상으로 터지는 것이 없고, 불꽃의 길이는 평균이다.	
6. STD61 〈동영상〉		
	특징 : 불꽃이 밝은 색(SM45C와 유사)을 띠며 소량의 폭발이 있어 간가지가 적은 뻗어나가는 불꽃으로 SKH51과 형태는 유사하나 색깔이 확실히 밝은 빛을 띠고 있다.	

※ STC3, STS3, STD11, SM45C, SKH51, STD61의 불꽃모양 동영상은 시대에듀 홈페이지(시대플러스 무료동영상)에서 보실 수 있습니다.

③ 배 점

- 불꽃시험편 개당 5점×6개, 총 30점을 부여하고, 틀린 개수당 하나씩 5점을 감점한다.
- 불꽃시험을 충분히 연습하여 많은 점수를 얻을 수 있도록 하여 경도 측정의 오차 점수를 불꽃시험으로 미리 만회하도록 해야 한다.

(2) 열처리 작업

SM45C, SCM440 중 하나의 시험편을 지급받은 후 요구경도에 맞게 열처리 작업을 실시하며 열처리 선도 및 답안지 작성 – 연마 – 스탠드 제작 – 장입 – 담금질 작업 – 연마 – 경도 측정 – 스탠드 제작 – 장입 – 뜨임냉각 – 연마 – 경도 측정 순서로 작업을 진행한다.

① 시험편 지급

SM45C, SCM440 둘 중 하나의 시험편을 감독위원 입회하에 지급받는다.

② 열처리 선도 및 답안지 작성

SM45C, SCM440가 요구경도범위에 들어갈 수 있도록 온도범위 및 냉각방법 유지시간을 답안지에 기입 후, 선도를 그린 후에 제출한다.

– 칠판 기재사항 –

가. SCM440

- 퀜칭경도 HRC 46 이상, 템퍼링 HRC 29, HRC 38이 나오도록 온도와 냉각방법을 수험자가 선택한다.
- 감독관은 수험자에 따라 템퍼링 온도 목표 경도값을 따로 지정하며, 수험자는 이에 따른 온도와 냉각방법을 선택해야 한다.
  - 퀜칭온도 : 650°, 750°, 850° 중 선택한다.
  - 냉각방법 : 5분 유지한 후 유랭, 수랭, 공랭 중 선택한다.
  - 템퍼링 온도 : 530°, 600° 중 선택한다.
  - 냉각방법 : 25분 유지한 후 유랭, 수랭, 공랭 중 선택한다.

나. SM45C

- 퀜칭 경도 HRC 48 이상 , 템퍼링 HRC 24, HRC 29이 나오도록 온도와 냉각방법을 수험자가 선택한다.
- 템퍼링 경도값은 상황에 따라 변화할 수 있다(예 : 24~29 사이의 임의 값 2개 지정).
- 감독관은 수험자에 따라 템퍼링 온도 목표 경도값을 따로 지정하며, 수험자는 이에 따른 온도와 냉각방법을 선택해야 한다.
  - 퀜칭온도 : 650°, 750°, 850° 중 선택한다.
  - 냉각방법 : 5분 유지한 후 유랭, 수랭, 공랭 중 선택한다.
  - 템퍼링 온도 : 530°, 600° 중 선택한다.
  - 냉각방법 : 25분 유지한 후 유랭, 수랭, 공랭 중 선택한다.
- 수험자 본인이 선택한 값으로 열처리 선도 및 답안지를 작성한다.

※ 추후 추세로 선택할 수 있는 온도값을 없애고 수험자가 직접 온도를 알아서 적는 방법으로 시험이 변경될 수 있다.

다. 작성 예시

• SCM440

	온 도	냉각방법	유지시간
퀜 칭	850(850, 750, 650 중 선택)	수랭(수랭, 유랭, 공랭 중 선택)	5분
뜨 임	530(530, 600 중 선택)	수랭(수랭, 유랭, 공랭 중 선택)	25분
선 도	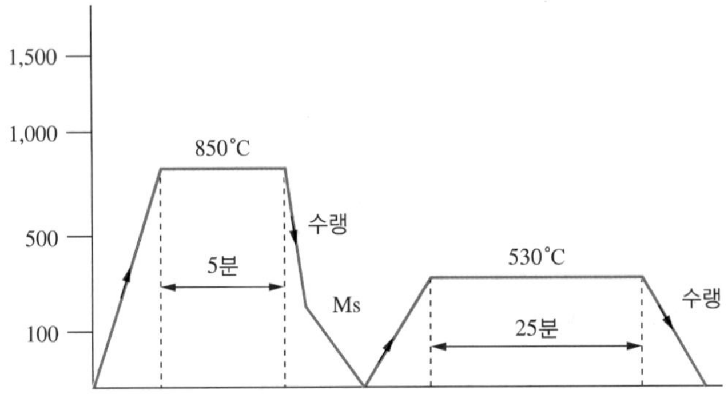 1,500 1,000 500 100 850˚C 5분 수랭 Ms 530˚C 25분 수랭		

• SM45C

	온 도	냉각방법	유지시간
퀜 칭	850(850, 750, 650 중 선택)	수랭(수랭, 유랭, 공랭 중 선택)	5분
뜨 임	530(530, 600 중 선택)	수랭(수랭, 유랭, 공랭 중 선택)	25분
선 도	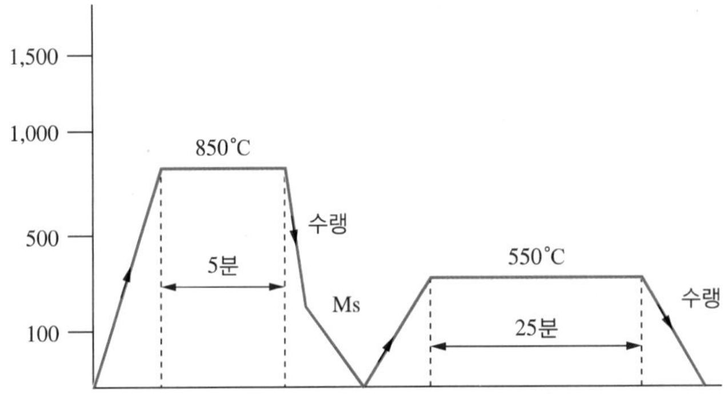 1,500 1,000 500 100 850˚C 5분 수랭 Ms 550˚C 25분 수랭		

• 채점기준

- 열처리 선도 10점 : 그래프를 도시하고 온도, 냉각방법, 유지시간 등을 적절히 기재한다.
- 퀜칭 경도 20점 : 요구경도값 이상이 나올 수 있어야 하며, 이하 시 감점 처리된다.
  ※ 경도가 높게 나올 수 있도록 담금질 온도를 높이고 냉각속도를 빠르게 할 수 있는 냉각법을 선택한다.
- 템퍼링 경도 30점 : 요구경도 ±2 이내에 오차 30점 , 요구경도 ±2 이외 ±4 이내 15점, 그 외 0점을 부여한다.
  ※ 주어진 범위 안에서 템퍼링 경도값의 경우 템퍼링 온도가 높으면 상대적으로 낮은 경도값이 나오고, 템퍼링 온도가 낮으면 상대적으로 높은 경도값이 나오기 때문에 본인에게 주어진 경도값에 따라 적절한 템퍼링 온도를 선택하고 냉각방법을 선택한다.
- 안전 5점 : 안전화 및 작업복 착용 여부가 관건이므로, 가급적 복장을 착용하고 시험에 임한다.
- 결함 5점 : 균열, 파손 등에 대한 육안검사로 특별한 이상이 없을 경우 5점을 받을 수 있다.

(3) 연 마

열처리하기 전 표면에 부착되어 있는 불순물 제거 및 표면을 깨끗하게 하기 위해서 사포로 연마작업을 간단히 실시한다.

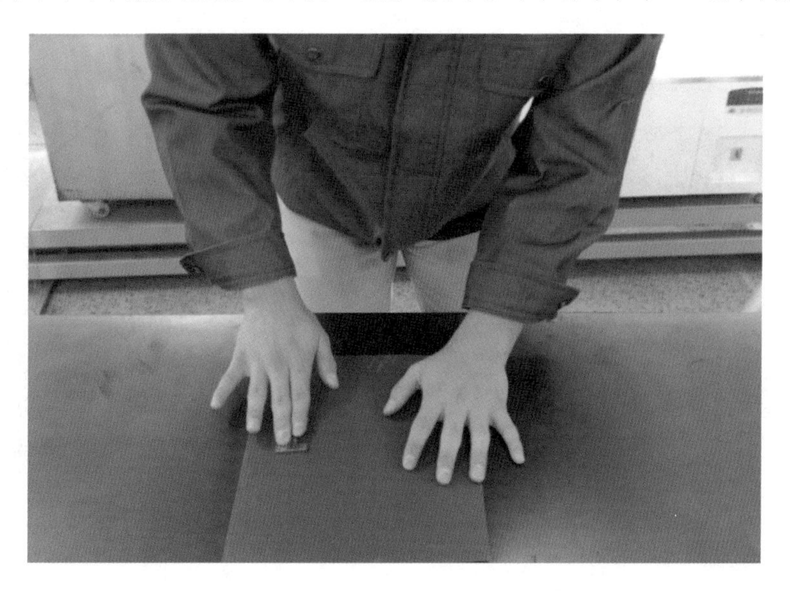

① 주의사항

㉠ 사포로 연마할 때는 길이 방향으로 일정하게 밀어 주면서 앞뒤 방향으로 충분히 연마한다.

㉡ 세로 방향이나 모서리 부분은 연마하지 않는다.

(4) 스탠드 제작

연마가 다된 시험편은 열처리로에 장입하기 쉽고 열을 고르게 받을 수 있도록 가로로 세운 형태의 스탠드를 제작한다.

① 주의사항

㉠ 구멍이나 단면이 급감하는 부분에 담금질 균열을 방지하기 위해 찰흙을 적절히 넣어준다.

㉡ 철사나 찰흙을 과도하게 사용하여 시험편을 메우지 않도록 한다(오작사항).

㉢ 열처리로의 내부가 작고 여러 수험생이 같이 넣어야 할 수도 있기 때문에 과도하게 크게 만들어서 장입 및 담금질 시 노 안의 옆 시험편에 방해가 되지 않도록 한다.

(5) 장 입

스탠드 제작이 완료된 시험편은 담금질을 하기 위해 집게를 사용하여 일정온도에 도달되어 있는 노에 장입한다.

① 주의사항

㉠ 노 장입작업은 위험한 작업이므로 시험장의 통제에 따라 철저히 안전사항에 준수하여 진행한다.

㉡ 주로 사용하는 노는 안이 비교적 좁다. 여러 사람이 한꺼번에 장입할 경우 안쪽부터 장입하여 뒷사람이 넣을 수 있는 공간을 확보하도록 한다.

㉢ 최소 500℃ 이상의 고온의 노에 장입하기에 반드시 방열장갑을 착용하고 안전화를 준비해 간다.

(6) 담금질 작업

장입된 시험편이 목표온도에 도달 후 일정시간이 지나고 노의 문을 열고 방열장갑을 착용한 상태에서 갈고리를 사용하여 꺼낸 후 본인이 장입한 시험편을 냉각방법에 따라 냉각시킨다.

[담금질 작업]

① 주의사항

㉠ 장입 순서의 역순으로 담금질을 실시해야 앞쪽부터 순차적으로 꺼낼 수 있다.

㉡ 꺼낼 때 옆 사람의 시험편이 넘어지거나 걸리지 않도록 주의한다.

㉢ 노의 양쪽 벽에 기둥형태로 있는 발열체를 건드려서 깨지지 않도록 갈고리 사용에 신중을 기해야 한다.

㉣ 앞사람이 충분히 냉각이 완료되고 나서 자리를 이탈했을 경우 시험편을 노에서 꺼낸다. 미리 꺼내어 놓고 옆 사람과 닿을 경우 화상의 우려가 있다.

② 담금질 방법

㉠ 임계구역에서는 급랭을 시켜야 하므로 노에서 꺼낸 후 지체하지 말고 바로 수랭조나 유랭조에 투입하여 경도를 높인다.

㉡ 냉각조에 투입 시 시험편이 일정하게 서 있는 상태로 투입한다. 기울어지거나 한쪽 면이 전면으로 들어갈 경우 담금질 변형이 발생하여 시험편이 휜다.

㉢ 시험편을 냉각조에 넣었다 빼었다를 반복하는 경우 냉각속도가 일정하지 않게 되므로 한번 넣고 충분히 냉각된 후 꺼내도록 한다.

(7) 연 마

담금질 후 시험편에 생성된 산화 및 탈탄부분을 깨끗이 제거해 주고 표면을 깨끗하게 해 주는 작업을 한다. 방법은 (3)의 연마작업과 동일하다.

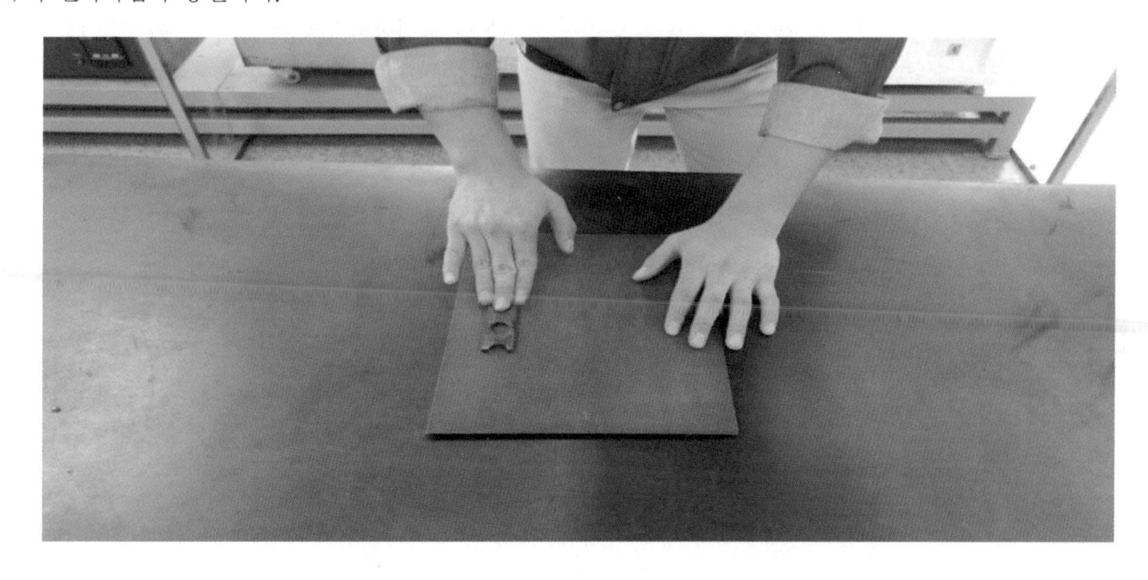

(8) 퀜칭경도 측정

감독위원 입회하에 로크웰시험기를 사용하여 본인이 담금질한 시험편의 경도를 3회 측정하고 해당 경도값을 본인의 답안지에 기입한다. 담금질이 된 시험편은 세 번의 경도를 측정하여 평균값으로 최종 경도를 산정한다.

㉠ 경도 측정 시 한쪽에만 집중되게 측정하지 않고, 앞·뒷면 위치를 골고루 돌아가면서 측정한다.

㉡ 로크웰 경도시험기의 사전 사용법을 충분히 숙지하여 경도를 측정하도록 한다.

※ 요구경도값보다 낮은 경우 발생 시 감점되기 때문에 경도가 높게 나올 수 있는 조건을 설정한다(퀜칭온도 높게, 냉각속도 빠르게).

(9) 스탠드 제작

연마가 완료된 시험편을 뜨임작업하기 위해 스탠드를 제작한다. 방법은 (4)번과 동일하며 이때 찰흙으로 메우지 않아도 된다.

(10) 장 입

일정 온도에 도달한 노에 뜨임작업을 위한 장입작업을 실시한다. 방법은 (5)번과 동일하다.

(11) 뜨임냉각

노에 장입 후 뜨임시간이 지나면 꺼내서 냉각시키는 작업을 한다. SM45C, SCM440 강종은 고온뜨임작업을 진행하며 선택한 냉각방법에 따라 냉각을 실시한다.

[고온뜨임 수랭]

(12) 연 마

뜨임이 완료된 시험편은 경도 측정을 하기 전 최종적으로 스케일 및 거칠기를 개선하고 마무리 단계의 연마를 실시한다.

(13) 경도 측정

열처리가 완료된 시험편은 세 번의 경도를 측정하여 평균값으로 최종 경도를 산정한다. 방법은 (8)과 동일하다.

※ 주어진 온도값 중 템퍼링 온도가 높으면 상대적으로 낮은 경도값이 나오고, 템퍼링 온도가 낮으면 상대적으로 높은 경도값이 나온다.

(14) 주변 정리

측정된 경도값을 실기시험 답안지 기입하고 실습한 자리를 정리 및 비번호 반납 후 퇴실할 수 있다.

[03] 합격 전략

① 불꽃시험을 충분히 연습하여 가급적 고득점을 받아서 추후 경도값 오차 발생 시 감점에 대비한다.

② 퀜칭 요구경도값을 맞추기 위해 가급적 고온에서 빠른 냉각속도를 가질 수 있도록 선택한다.

③ 템퍼링 요구경도값은 낮은 경도의 경우 선택지 중 높은 온도값을 선택하고, 높은 경도의 경우 선택지 중 낮은 경도값을 선택한다.

④ 아쉽게 작은 점수차로 불합격되지 않기 위해 안전화 및 작업복을 준비하여 안전점수를 놓치지 않는다.

참 / 고 / 문 / 헌

- 고진현 외, 비파괴공학, 원창출판사 2006년
- 교육인적자원부, 금속재료, 대한교과서주식회사, 2002년
- 교육인적자원부, 금속처리(상), 대한교과서 주식회사, 2002년
- 권호영 외, 비파괴검사기초론, 선학출판사, 2000년
- 김상호 외, 최신 재료학, 도서출판골드, 2001년
- 김정근 외, 금속현미경조직학, 도서출판골드, 1999년
- 박익근, 비파괴검사개론, 노드미디어, 2012년
- 이병권 외, 금속열처리, 한국산업인력공단, 2014년
- 조수연 외, 금속재료공학, 구민사 2014년
- 중앙검사, 방사선투과검사, 중앙검사
- 최병강 외, 금속재료시험 열처리학과, 남양문화, 2001년
- 한국직업능력개발원, 금속열처리, NCS학습모듈, 2014년
- William D. 외, 재료과학과 공학, 사이텍미디어, 2004년

우리 인생의 가장 큰 영광은 결코 넘어지지 않는 데 있는 것이 아니라

넘어질 때마다 일어서는 데 있다.

– 넬슨 만델라 –

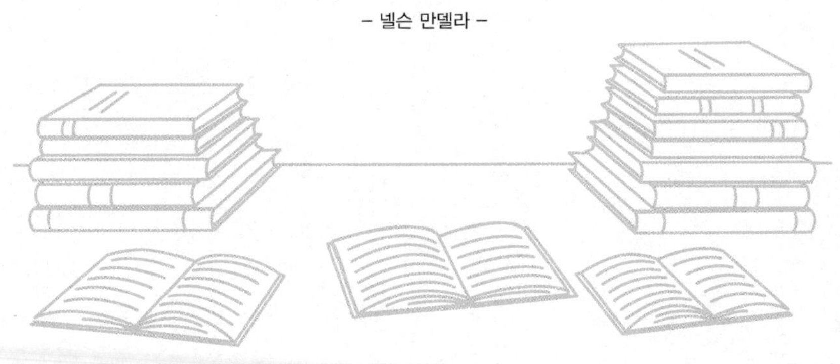

얼마나 많은 사람들이 책 한권을 읽음으로써

인생에 새로운 전기를 맞이했던가.

– 헨리 데이비드 소로 –

Win-Q 금속재료시험 · 열처리기능사 필기+실기

개정8판1쇄 발행	2025년 01월 10일 (인쇄 2024년 08월 23일)
초 판 발 행	2017년 01월 25일 (인쇄 2016년 11월 11일)
발 행 인	박영일
책 임 편 집	이해욱
편 저	권유현, 김풍환
편 집 진 행	윤진영, 최 영
표지디자인	권은경, 길전홍선
편집디자인	정경일
발 행 처	(주)시대고시기획
출 판 등 록	제10-1521호
주 소	서울시 마포구 큰우물로 75 [도화동 538 성지 B/D] 9F
전 화	1600-3600
팩 스	02-701-8823
홈 페 이 지	www.sdedu.co.kr

I S B N	979-11-383-7728-7(13550)
정 가	30,000원